LEHRBUCH DER PALÄOZOOLOGIE

Band II

INVERTEBRATEN

Teil 1

Protozoa — Mollusca 1

4. Auflage

LEHRBUCH DER PALÄOZOOLOGIE

Prof. Dr. rer. nat. habil. Arno Hermann Müller
Freiberg (Sachsen)

Band II

Invertebraten

Teil 1

Protozoa — Mollusca 1

Mit 746 Abbildungen

Vierte, neu bearbeitete und erweiterte Auflage

Gustav Fischer Verlag Jena · Stuttgart · 1993

1. Auflage 1958
2. Auflage 1963
3. Auflage 1980

Prof. Dr. rer. nat. habil. Arno Hermann Müller
Johann-Sebastian-Bach-Straße 4
O-9200 Freiberg

Die Deutsche Bibliothek – CIP-Einheitsaufnahme

Müller, Arno Hermann:
Lehrbuch der Paläozoologie / Arno Hermann Müller. – Jena ;
Stuttgart : G. Fischer.
Literaturangaben
ISBN 3-334-00222-5

Bd. 2. Invertebraten.
Teil 1. Protozoa – Mollusca 1. – 4., neu bearb., und erw. Aufl.
– 1993
ISBN 3-334-60409-8

© Gustav Fischer Verlag Jena, 1993
Villengang 2, O-07745 Jena

Das Werk einschließlich aller seiner Teile ist urheberrechtlich geschützt. Jede Verwertung außerhalb der engen Grenzen des Urheberrechtsgesetzes ist ohne Zustimmung des Verlages unzulässig und strafbar. Das gilt insbesondere für Vervielfältigungen, Übersetzungen, Mikroverfilmungen und die Einspeicherung und Verarbeitung in elektronischen Systemen.

Gesamtherstellung: Friedrich Pustet, Regensburg
Printed in Germany
ISBN 3-334-60409-8
ISBN (Gesamtwerk) 3-334-00222-5

Vorwort zur 4. Auflage

Nach Überarbeitung, Berücksichtigung von Wünschen und inzwischen notwendig gewordenen Ergänzungen kann nun auch die vierte Auflage zum ersten Teil des Wirbellosenbandes mit der Hoffnung vorgelegt werden, daß das Buch weiterhin den Ansprüchen genügen möge. Wie in den anderen Teilbänden werden die benutzten Quellen im laufenden Text sowie in umfangreichen Literaturverzeichnissen gebührend gewürdigt, so daß sich eine besondere Aufzählung erübrigt.

Der Verfasser dankt allen, die ihn direkt oder indirekt unterstützt haben. Im Hinblick auf die vorliegende Auflage gilt dies besonders für: Prof. Dr. E. Flügel, Erlangen; Prof. Dr. H. Flügel, Graz; Prof. Dr. O. Geyer, Stuttgart; Prof. Dr. M. F. Glaessner †, Adelaide; Dr. J. Gründel, Berlin; Prof. Dr. R. F. Hecker, Moskau; Prof. Dr. H. Hiltermann, Solbad Laer; Prof. Dr. H. Hölder, Münster/Westfalen; Dr. H. Kozur, Budapest; H. Kowalski †, Moers; Prof. Dr. H. Mostler, Innsbruck; Prof. Dr. N. D. Newell, New York; Prof. Dr. J. Schneider, Freiberg; Prof. Dr. R. Schroeder, Frankfurt a. Main; Prof. Dr. A. Seilacher, Tübingen; Dr. W. Struve, Frankfurt a. Main; Prof. Dr. K. A. Tröger, Freiberg; Prof. Dr. Dr. h. c. E. Voigt, Hamburg; Dr. D. Weyer, Berlin; Prof. Dr. Dr. h. c. H. Zapfe, Wien; Dr. H. Zibrowius, Marseille.

Sehr zum Danke verpflichtet ist der Verfasser wiederum dem Verlag, der Wünsche hinsichtlich der Ausstattung bereitwillig erfüllte. Besonderer Dank gilt der Leitenden Lektorin, Frau Johanna Schlüter, der Lektorin, Frau Ina Koch und der Herstellerin, Frau Erika Winkler, für die gute Zusammenarbeit, ferner Frau Christa Pingel für die bewährte und sorgfältige Anfertigung der Register.

A. H. Müller

Die Fotografien zu folgenden Abbildungen wurden ausgeführt von:
a) Herrn H. Zimmermann †, früher Freiberg: 69, 72, 73, 115, 132, 141, 160, 170, 174–176, 183, 216, 222, 234, 239, 273, 278, 305, 310, 313, 321, 324, 326b, 328B, 402, 434, 470, 542, 560, 569, 585, 587, 590, 602B, 607–608, 612, 614, 617, 620, 654, 657, 664, 668, 671, 673, 683–686, 690, 695, 699, 705, 708, 713, 716–718, 735;
b) Herrn O. Jütgens, Jena: 220, 260, 293, 295, 297, 318A, 329, 355, 539;
c) Herrn K. Braune, Freiberg: 657B.

Inhaltsverzeichnis

Vorwort 5

A. Die verwandtschaftlichen Beziehungen der Tierstämme und einiger ihrer wichtigsten Untergruppen 17
    Literaturverzeichnis 24

B. Stamm Protozoa GOLDFUSS 1818 (Urtiere) 26
    1. Allgemeines 26
    2. Vorkommen 26
    3. Systematik 26

        I. Klasse Flagellata COHN 1853 (Geißeltierchen, Mastigophora) 27
            1. Allgemeines 27
            2. Vorkommen 27
            3. Systematik 27
                Ordnung Chrysomonadina STEIN 1878 28
                    Literaturverzeichnis 29
                Ordnung Coccolithophorida LOHMANN 1902 29
                    Literaturverzeichnis 34
                Ordnung Peridiniina EHRENBERG 1830 36
                    Literaturverzeichnis 39
                Ordnung Ebriida LEMMERMANN 1900 41
                    Literaturverzeichnis 43
                Ordnung Volvocea FRANCÉ 1894 43
                    Literaturverzeichnis 43
                Gruppe der Ophiobolidae DEFLANDRE 1952 43
                    Literaturverzeichnis 44
                Ordnung Silicoflagellata BORGERT 1891 44
                    Literaturverzeichnis 46

        II. Klasse Rhizopoda V. SIEBOLD 1845 47
            1. Allgemeines 47
            2. Vorkommen 47
            3. Systematik 47
                Sammelgruppe „Thekamöben" 48
                    1. Allgemeines 48
                    2. Vorkommen 48
                        Literaturverzeichnis 49
                Ordnung Foraminifera D'ORBIGNY 1826 49
                1. Allgemeines 49
                2. Vorkommen 50

3. Geschichtliches 50
4. Zur Morphologie 50
5. Fortpflanzungsverhältnisse und Generationswechsel 56
6. Systematik 56
    Unterordnung Allogromiina LOEBLICH & TAPPAN 1961 57
    Unterordnung Textulariina DELAGE & HÉROUARD 1896 57
    Unterordnung Fusulinina WEDEKIND 1937 63
    Unterordnung Miliolina DELAGE & HÉROUARD 1896 69
    Unterordnung Rotaliina DELAGE & HÉROUARD 1896 74
Literaturverzeichnis 101

III. Klasse Actinopoda CALKINS 1909 107
1. Allgemeines 107
2. Vorkommen 107
3. Systematik 107
    Unterklasse **Heliozoa** HAECKEL 1866 107
    Unterklasse **Radiolaria** J. MÜLLER 1858 107
    1. Allgemeines 107
    2. Vorkommen 108
    3. Zur Morphologie 109
    4. Zur Ökologie und Sedimentbildung 110
    5. Systematik 111
        Ordnung Spumellaria EHRENBERG 1875 111
        Ordnung Nassellaria EHRENBERG 1875 112
        Ordnung Phaeodaria HAECKEL 1879 113
        Ordnung Acantharia HAECKEL 1862 113
    Literaturverzeichnis 115

IV. Klasse Ciliata PERTY 1852 (Infusorien oder Wimpertierchen) 117
    Ordnung Spirotrichida BÜTSCHLI 1889 117
        Unterordnung Tintinnina CLAPARÈDE & LACHMANN 1858 117
    Literaturverzeichnis 119

V. Mikrofossilien unbekannter oder unsicherer systematischer Stellung 120
    Nannoconus KAMPTNER 1931 120
        Literaturverzeichnis 120
    Hystrichosphaeridea EISENACK 1938 (Acritarcha EVITT 1954, pars) 121
        Literaturverzeichnis 123
    Chitinozoa EISENACK 1931 125
        Literaturverzeichnis 128

C. Stamm Archaeocyatha VOLOGDIN 1937 (Cyathospongia OKULITCH 1935, Pleospongia OKULITCH 1937) 130

1. Allgemeines 130
2. Vorkommen 130
3. Morphologie 130
4. Größenverhältnisse 133
5. Ökologie 133
6. Systematik und Phylogenetik 133
    I. Klasse Monocyathea OKULITCH 1943 134

II. Klasse **Archaeocyathea** OKULITCH 1943 134

III. Klasse **Anthocyathea** OKULITCH 1943 135

Literaturverzeichnis 136

D. Stamm Porifera GRANT 1872 137

1. Allgemeines 137
2. Vorkommen 137
3. Geschichtliches 138
4. Morphologie 138
5. Fortpflanzungsverhältnisse 146
6. Ökologie 146
7. Systematik 147

I. Klasse **Heteractinida** HINDE 1887 147

Ordnung Chancelloriida WALCOTT 1920 147
Ordnung Octactinellida HINDE 1887 149

II. Klasse **Demospongea** SOLLAS 1875 150

1. Allgemeines 150
2. Vorkommen 150
3. Systematik 150

Ordnung Keratosida GRANT 1861 150
Ordnung Haplosclerida TOPSENT 1898 152
Ordnung Poecilosclerida TOPSENT 1898 153
Ordnung Hadromerida TOPSENT 1898 153
Ordnung Epipolasida SOLLAS 1888 155
Ordnung Carnosida CARTER 1875 156
Ordnung Choristida SOLLAS 1888 156
Ordnung Lithistida O. SCHMIDT 1870 157

Unterordnung Rhizomorina ZITTEL 1878 158
Unterordnung Megamorina ZITTEL 1878 160
Unterordnung Tetracladina ZITTEL 1878 161
Unterordnung Anomocladina ZITTEL 1878 . . . 166
Unterordnung Eutaxicladina RAUFF 1893 167

? Ordnung Chaetetida OKULITCH 1936 167

III. Klasse **Hexactinellidea** SCHMIDT 1870 (Hyalospongiae VOSMAER 1886) . . . 170

1. Allgemeines 170
2. Vorkommen und Ökologie 171
3. Systematik 171
Ordnung Lyssakida ZITTEL 1877 172
Ordnung Dictyida ZITTEL 1877 174
Ordnung Lychniskida SCHRAMMEN 1902 175

IV. Klasse **Calcispongea** DE BLAINVILLE 1834 (Calcarea Bow. 1864) . . . 180

1. Allgemeines 180
2. Vorkommen 180
3. Systematik 181

Ordnung Dialytina RAUFF 1893 181
Ordnung Pharetronida ZITTEL 1878 182
Ordnung Sphinctozoa STEINMANN 1882 185

Literaturverzeichnis 188

V. Schwammähnliche Organismen unsicherer systematischer Stellung 193

Receptaculitidae EICHWALD 1860 193
   Literaturverzeichnis 196
Radiocyatha DEBRENNE, H. & G. TERMIER 1970 197
   Literaturverzeichnis 198
Stromatoporoidea NICHOLSON & MURIE 1878 198
   Literaturverzeichnis 206

E. Stamm Coelenterata FREY & LEUCKART 1847 (Hohltiere) 209

1. Allgemeines 209
2. Vorkommen 209
3. Systematik 209

Unterstamm Cnidaria HATSCHEK 1888 209

1. Allgemeines 209
2. Vorkommen 210
3. Systematik 210

I. Klasse ? Protomedusae CASTER 1945 210

1. Allgemeines 210
2. Vorkommen 211

Literaturverzeichnis 211

II. Klasse ? Dipleurozoa HARRINGTON & MOORE 1955 211

Literaturverzeichnis 212

III. Klasse Scyphozoa GÖTTE 1887 213

1. Allgemeines 213
2. Vorkommen 213
3. Systematik 213

Unterklasse Scyphomedusae LANKESTER 1881 213
  Ordnung Coronatida VANHÖFFEN 1892 217
  Ordnung Lithorhizostomatida VON AMMON 1886 217
  Literaturverzeichnis 219
Unterklasse Conulata MOORE & HARRINGTON 1956 221
  Unterordnung Conchopeltina MOORE & HARRINGTON 1956 225
  Unterordnung Conulariina MILLER & GURLEY 1896 225
Literaturverzeichnis 226

IV. Klasse Hydrozoa OWEN 1843 227

1. Allgemeines 227
2. Vorkommen 227
3. Systematik 227

Ordnung Trachylinida HAECKEL 1877 228
  Literaturverzeichnis 229
Ordnung Hydroida JOHNSTON 1836 229
  Unterordnung Eleutheroblastina ALLMAN 1871 230
  Unterordnung Gymnoblastina ALLMAN 1871 230
  Unterordnung Calyptoblastina ALLMAN 1871 230
  Unterordnung Velellina 231
  Literaturverzeichnis 235

Medusen unsicherer taxonomischer Stellung 236
　　　Literaturverzeichnis 240
　　Ordnung Siphonophorida Eschscholtz 1829 240
　　Ordnung Milleporina Hickson 1901 241
　　　Literaturverzeichnis 242
　　Ordnung Stylasterina Hickson & England 1905 242
　　　Literaturverzeichnis 243
　　Ordnung Spongiomorphida Alloiteau 1952 244
　　　Literaturverzeichnis 245

V. Klasse Anthozoa Ehrenberg 1834 245

　　1. Allgemeines 245
　　2. Vorkommen 245
　　3. Systematik 245

　　　Unterklasse Septodaearia Bischoff 1978 246
　　　Unterklasse Octocorallia Haeckel 1866 246

　　　　Ordnung Stolonifera Hickson 1883 247
　　　　Ordnung Alcyonacea Lamouroux 1816 247
　　　　Ordnung Gorgonacea Lamouroux 1816 251
　　　　Ordnung Pennatulacea Verrill 1865 252
　　　　Literaturverzeichnis 257

　　　Unterklasse Zoantharia de Blainville 1830 258

　　　　Ordnung Rugosa M.-Edwards & Haime 1850 276

　　　　　Unterordnung Streptelasmatina Wedekind 1927 279
　　　　　Unterordnung Columnariina Rominger 1876 290
　　　　　Unterordnung Cystiphyllina Nicholson 1889 295

　　　　Ordnung Heterocorallia Schindewolf 1941 300
　　　　Ordnung Scleractinia Bourne 1900 301

　　　　　Unterordnung Astrocoeniina Vaughan & Wells 1943 303
　　　　　Unterordnung Fungiina Verrill 1865 307
　　　　　Unterordnung Faviina Vaughan & Wells 1943 313
　　　　　Unterordnung Caryophylliina Vaughan & Wells 1943 . . . 314
　　　　　Unterordnung Dendrophylliina Vaughan & Wells 1943 . . . 322

　　　　Ordnung Tabulata M.-Edwards & Haime 1850 323

　　Literaturverzeichnis 333

F. Stamm Bryozoa Ehrenberg 1831 (Polyzoa Thompson 1830; Moostierchen) 339

1. Allgemeines 339
2. Vorkommen 339
3. Geschichtliches 339
4. Morphologie 339
5. Fortpflanzungsverhältnisse 344
6. Systematik 344

　I. Klasse Stenolaemata Borg 1926 344

　　1. Allgemeines 344
　　2. Vorkommen 345
　　3. Systematik 345

　　Ordnung Cyclostomata Busk 1852 345

　　　Unterordnung Tubuliporina M.-Edwards & Haime 1838 346
　　　Unterordnung Cancellata Gregory 1896 348

Unterordnung Cerioporina v. Hagenow 1851 350
Unterordnung Rectangulata Waters 1887 352
Unterordnung Ceramoporoidea Bassler 1913 352
Ordnung Trepostomata Ulrich 1882 353
Unterordnung Amalgamata Ulrich & Bassler 1904 354
Unterordnung Integrata Ulrich & Bassler 1904 355

II. Klasse Gymnolaemata Allman 1856 356
    1. Allgemeines 356
    2. Vorkommen 356
    3. Systematik 356
Ordnung Cryptostomata Vine 1883 357
Ordnung Cheilostomata Busk 1852 361
Unterordnung Anasca Levinsen 1909 363
Unterordnung Ascophora Levinsen 1909 373
Ordnung Ctenostomata Busk 1852 375

III. Klasse Phylactolaemata Allman 1856 378
    1. Allgemeines 378
    2. Vorkommen 378
    3. Systematik 378
Literaturverzeichnis 378

G. Stamm Brachiopoda Duméril 1806 382
1. Allgemeines 382
2. Vorkommen 382
3. Geschichtliches 384
4. Der Weichkörper 385
5. Die Hartteile 388
6. Die Spicula 390
7. Das Schloß und die mit ihm in Verbindung stehenden Bildungen 391
8. Die Stielöffnung und ihre Verschlußplatten 395
9. Systematik 396

I. Klasse Inarticulata Huxley 1869 396
    1. Allgemeines 396
    2. Vorkommen 396
Ordnung Atremata Beecher 1891 397
Ordnung Neotremata Beecher 1891 400

II. Klasse Articulata Huxley 1869 405
    1. Allgemeines 405
    2. Vorkommen 405
    3. Systematik 405
Ordnung Palaeotremata Thomson 1927 405
Ordnung Orthida Schuchert & Cooper 1932 406
Unterordnung Orthidina Schuchert & Cooper 1932 406
Unterordnung Clitambonitidina Öpik 1934 411
Unterordnung Triplesiidina Moore 1952 412
Ordnung Strophomenida Öpik 1934 413
Unterordnung Strophomenidina Öpik 1934 413
Unterordnung Chonetidina Muir-Wood 1955 418

Unterordnung Productidina Waagen 1883 419
Unterordnung Oldhamninidina Williams 1953 424
Ordnung Pentamerida Schuchert & Cooper 1931 424
Unterordnung Syntrophiidina Ulrich & Cooper 1936 424
Unterordnung Pentameridina Schuchert & Cooper 1931 425
Ordnung Rhynchonellida Kuhn 1949 427
Ordnung Terebratulida Waagen 1883 430
Unterordnung Centronellidina Stehli 1965 431
Unterordnung Terebratulidina Waagen 1883 433
Unterordnung Terebratellidina Muir-Wood 1955 437
Ordnung Spiriferida Waagen 1883 439
Unterordnung Atrypidina Moore 1952 439
Unterordnung Spiriferidina Waagen 1883 442
Unterordnung Retziidina Boucot, Johnson & Staton 1964 449
Unterordnung Athyrididina Boucot, Johnson & Staton 1964 449
Stellung unsicher: Thecideina Elliot 1958 451

Literaturverzeichnis 452

H. „Stammgruppe" Vermes 456

1. Allgemeines 456
2. Vorkommen 456
3. Systematik 456

Stamm **Plathelminthes** (Plattwürmer) 457

Stamm **Nemertea** (Schnurwürmer) 457

Stamm **Nemathelminthes** (Schlauchwürmer) 458

Stamm **Entoprocta** Nitsche 1869 (Kelchwürmer) 459

Stamm **Echiurida** (Stern- oder Igelwürmer) 461

Stamm **Chaetognatha** (Pfeilwürmer) 461

1. Allgemeines 461
2. Systematik und Beispiele 462

Stamm **Annelida** Lamarck 1801 (Ringelwürmer) 463

1. Allgemeines 463
2. Vorkommen 464
3. Systematik 464

I. Klasse Polychaeta Grube 1850 (Borstenwürmer) 464

1. Allgemeines 464
2. Vorkommen 465
3. Morphologie 465
4. Fortbewegung 466
5. Ökologie 466
6. Systematik 467

Ordnung Errantia 467
Ordnung Miskoa 471
Ordnung Sedentaria 473

Unterordnung Serpulimorpha 473

II. Klasse ? Palaeoscolecida Conway-Morris & Robison 1986 494
III. Klasse Myzostomida Graff 1884 495
1. Allgemeines 495
2. Vorkommen 495
3. Beispiele 496
IV. Klasse Gephyrea de Quatrefages 1847 498
1. Allgemeines 498
2. Vorkommen 498
3. Beispiele 498
V. Die Scolecodonten 499
1. Allgemeines 499
2. Vorkommen 500
3. Geschichtliches 500
4. Systematik 501

Literaturverzeichnis 503

I. Stamm Mollusca Cuvier 1797 (Weichtiere) 508
1. Allgemeines 508
2. Vorkommen 508
3. Geschichtliches 508
4. Systematik 508

I. Klasse Amphineura v. Ihering 1876 509
1. Allgemeines 509
2. Vorkommen 509
3. Geschichtliches 509
4. Systematik 509

Ordnung Aplacophora v. Ihering 1876 510
Ordnung Polyplacophora de Blainville 1816 510

Literaturverzeichnis 513

II. Klasse Scaphopoda Bronn 1862 515
1. Allgemeines 515
2. Vorkommen 515
3. Geschichtliches 516
4. Lebensweise 517
5. Größenverhältnisse 517
6. Systematik 517

Literaturverzeichnis 519

III. Klasse Lamellibranchiata de Blainville 1824 520
1. Allgemeines 520
2. Vorkommen 521
3. Geschichtliches 522
4. Der Weichkörper 522
5. Die Schale, ihre Struktur und Zusammensetzung 524
6. Über Fortpflanzungsverhältnisse und Ontogenie 532
7. Systematik 533

Die ältesten Muscheln 534
Ordnung Cryptodonta Neumayr 1883 535
Ordnung Taxodonta Neumayr 1883 537

Unterordnung Nuculina DALL 1889 537
Unterordnung Arcina STOLICZKA 1871 543
Ordnung Schizodonta STEINMANN 1888 547
Ordnung Dysodonta NEUMAYR 1883 554
Unterordnung Pteriina NEWELL 1965 554
Unterordnung Mytilina RAFINESQUE 1815 567
Unterordnung Pinnina LEACH 1819 577
Unterordnung Ostreina FÉRUSSAC 1822 578
Unterordnung Dreissenina GRAY in TURTON 1840 584
Ordnung Isodonta DALL 1895 587
Ordnung Heterodonta NEUMAYR 1884 590
Ordnung Pachyodonta STEINMANN 1903 607
Ordnung Desmodonta NEUMAYR 1883 623

8. Bemerkungen zur Phylogenetik 636

Literaturverzeichnis 638

Anhang: Über rhythmische Wachstumsvorgänge bei Muscheln und anderen hartteilbildenden Invertebraten 645

Personenregister 651

Sachregister 655

A. Die verwandtschaftlichen Beziehungen der Tierstämme und einiger ihrer wichtigsten Untergruppen

Die in den letzten Jahrzehnten wesentlich gesteigerte paläontologische Tatsachenforschung hat gemeinsam mit den Erkenntnissen der Vergleichenden Anatomie die Vorstellungen über die verwandtschaftlichen Beziehungen der Tierstämme und der von ihnen umschlossenen systematischen Kategorien erheblich vermehrt. Bestehende Unsicherheiten betreffen vor allem die zwischen den einzelnen Stämmen und ihren Abzweigungen verbindenden Glieder. Aber auch in anderer Hinsicht ergeben sich zahlreiche voneinander abweichende Ansichten, so daß der Versuch, die Verwandtschaften der Tierstämme und ihrer wichtigsten Gruppen darzustellen, immer einen mehr oder weniger hypothetischen Grundcharakter tragen wird. Unter diesen Voraussetzungen ist Abb. 1 zu betrachten. Hier wurden in Übereinstimmung mit der am weitesten verbreiteten Anschauung zwei Hauptzweige angenommen, die wie die beiden Äste eines Y von einer gemeinsamen Basis ausgehen. An oder in diesen Ästen und der Basis sitzen die verschiedenen Stämme und ihre wichtigsten Untergruppen. Die dabei hervortretenden Zwischenräume und die Art der Anordnung sollen die sicheren bzw. mutmaßlichen Beziehungen stammesgeschichtlicher Art zu erkennen geben.

Die **Basis** des Stammbaumes wurzelt im Anorganischen. Darüber sind unter anderem Bakterien anzunehmen, aus denen die **Protozoa** entstanden sind. Von diesen gingen nach der einen Seite zunächst die Pflanzen hervor, wobei die Grenze zu den Tieren auf ernährungsphysiologischer Grundlage gezogen wird. Und zwar rechnet man konventionell alle Einzeller, die assimilieren, das heißt phototroph zu leben vermögen, unter die Pflanzen, solche die organische Kohlenstoffquellen benötigen, also heterotroph sind, zu den Tieren. Da es bei den Flagellaten sowohl heterotrophe als auch phototrophe Vertreter gibt, geht die Grenze zwischen Pflanzen- und Tierreich mitten durch diese Klasse. Darüber hinaus finden sich Fälle, in denen sogar Individuen der gleichen Art auf beide Weisen zu leben vermögen. Zum Beispiel bilden einige assimilationsfähige *Euglena*-Arten, die man dunkel stellt und mit geeigneten organischen Kohlenstoffverbindungen ernährt, ihre Chromatophoren zu farblosen Plastiden zurück. Da sich im Verlauf der sehr schnell durch Teilung erfolgenden Vermehrung die Plastiden viel langsamer teilen als die Individuen selbst, sind nach einer gewissen Zeit bei den dunkel gehaltenen Stücken überhaupt keine Plastiden mehr vorhanden. Aus diesem Grunde können aber auch keine Chromatophoren neu gebildet werden, wenn man die Organismen ans Tageslicht zurückbringt. Es sind „Tiere" geworden. In diesem Fall geht die Grenze zwischen Tier- und Pflanzenwelt mitten durch eine Art.

Von planktisch lebenden Flagellaten, die eine einschichtige, aus Geißelzellen zusammengesetzte, hohlkugelartige Kolonie bildeten, dürften einmal die **Porifera**, zum anderen die sonst ihrer systematischen Stellung nach sehr unsicheren **Archaeocyatha** hervorgegangen sein. Die Porifera und eventuell auch die Archaeocyatha gehören zu den **Parazoa**. Bei den unter Gabelung von der Basis ausgehenden beiden Hauptzweigen der **Eumetazoa** endet der eine mit der Herausgestaltung der Arthropoda, der andere mit den Vertebrata. Innerhalb der Eumetazoa werden Coelenterata und Bilateralia unterschieden, sowie bei den letzteren Protostomia und Deuterostomia.

Hiervon schließt sich bei den **Protostomia** (Abb. 1, rechter Zweig) der Blastoporus (Urmund) im Verlaufe der Ontogenese bis auf eine kleine Lücke, die zur Mundöffnung wird. Die

18 A. Verwandtschaftliche Beziehungen d. Tierstämme u. einiger ihrer wichtigsten Untergruppen

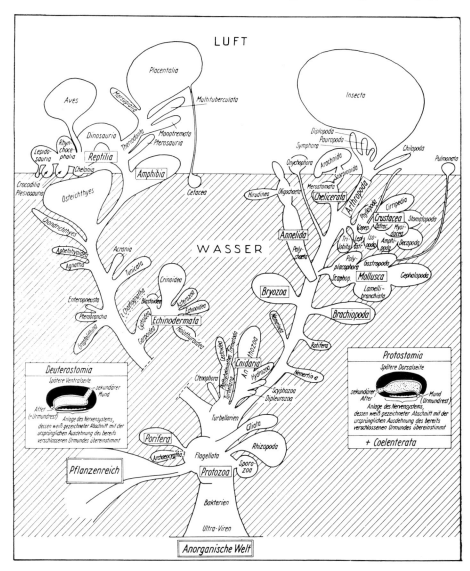

Abb. 1. Versuch, die verwandtschaftlichen Beziehungen der Tierstämme und ihrer wichtigsten Untergruppen stammbaumartig darzustellen; zum Teil in Anlehnung an J. CUÉNOT (1952) und unter Zugrundelegung der Coelenteraten-Theorie von J. HADŽI (1944).

Afteröffnung bildet sich als sekundärer Durchbruch. Das Zentralnervensystem des Rumpfes liegt ventral.

Im Gegensatz hierzu beginnt bei den **Deuterostomia** (Abb. 1, linker Zweig) der Verschluß des Urmundes am späteren Vorderende des Embryonalrumpfes, während der After als Blastoporus-Rest erhalten bleibt. Das Zentralnervensystem des Rumpfes liegt dorsal. Die Eier sind vor und während der Furchung ebenso wie die Larven bilateral-symmetrisch.

Ob die bei den Protostomia und Deuterostomia zu beobachtende Segmentierung ebenso wie die bei ihnen auftretenden Metanephridien nur Konvergenzerscheinungen darstellen, läßt sich noch nicht mit Sicherheit entscheiden. Deshalb halten manche Autoren die Zweiteilung der Bilateralia für künstlich. Nach dieser Ansicht ist das Schicksal des Urmundes eine sekundäre, nebensächliche Erscheinung; während Metamerie, Coelomhöhlen und Metanephridien tief im Bau verankert sein sollen. Von Anhängern dieser Richtung werden die Bilateralia lediglich nach der Organisationshöhe in linearer Folge gruppiert.

In den meisten neozoologischen Lehrbüchern wird im Sinne der von E. HAECKEL (1872) entwickelten und 1873 bis 1877 ausgebauten **Gastraea-Theorie** die Anschauung vertreten, daß die Gastrula die wichtigste Embryonalform des Tierreiches darstellt und daß sich auf sie die Keimformen aller Vielzeller zurückführen lassen. Die Gastraea-Theorie besagt etwa folgendes:

a) Die hypothetische Urform der Vielzeller ist die Blastaea. Sie geht auf planktisch lebende, koloniale Flagellaten zurück und entspricht einer einschichtigen, aus Geißelzellen zusammengesetzten Hohlkugel.
b) Aus dieser entstand durch Invagination die hypothetische Gastraea. Diese bildet die gemeinsame Stammform sämtlicher Eumetazoa.
c) Aus den „Gastrula-Tieren" (Coelenteraten) entwickelte sich sodann der Coelomaten-Typ, wobei sich zwischen Integument und Darm das Mesoderm einschob.

Hiernach wären die **Coelenteraten** die Stammgruppe aller Eumetazoa, eine Ansicht, die sich aber nicht mit den paläontologischen Befunden in Einklang bringen läßt. Aus diesem Grunde wird nachstehend die Theorie J. HADŽI's (1944, 1949) zugrunde gelegt, in der sich keinerlei Widersprüche zur Paläontologie ergeben und mit deren Hilfe sich auch andere Erscheinungen zwanglos erklären lassen. Nach HADŽI soll die Abzweigung der Coelenteraten (vgl. Abb. 1) von rhabdocoelen Turbellarien als primitivsten Eumetazoa erfolgt sein, die er wiederum auf Ciliaten zurückführt. Dabei geht er von der Anschauung aus, daß die zwischen den Turbellarien und den Ciliaten bestehende Ähnlichkeit auf echter Homologie beruht und daß sich zum Beispiel die drei primären Körperschichten der Eumetazoa direkt auf entsprechende Körperzonen der Ciliaten zurückführen lassen. Das letztere gilt für die verdauende (innen), die kortikale (außen) und die parenchymale Schicht (dazwischen). — Für die Abstammung der Coelenteraten von den Turbellarien lassen sich folgende Argumente anführen:

a) die Cnidarier sind als ein spezialisierter Seitenzweig mit ausgesprochen regressiver Entwicklung zu betrachten, wobei durch die von ihnen angenommene sessile Lebensweise die ursprüngliche bilaterale Symmetrie in eine radial-symmetrische umgewandelt wurde. Hierfür spricht, daß die Septen der paläozoischen Korallen (Rugosa oder Tetrakorallen, Tabulaten) eine bilaterale Anordnung zeigen (S. 276) und daß sich die hexamere, radiale Symmetrie, wie sie für die meisten jüngeren Korallen (Scleractinia oder Hexakorallen) charakteristisch ist, erst im Laufe der Zeit entwickelt hat (S. 301). Doch finden sich auch bei letzteren noch zahlreiche Erinnerungen an die bilateralen Vorfahren.
b) Cniden treten schon bei den Protozoa auf. Von diesen haben sie die Turbellarien und von diesen die Cnidarier übernommen. Die primitivste Form der Nesselkapsel (Spirocyste) tritt jedoch erst bei den Anthozoa auf.
c) Den rhabdocoelen Turbellarien fehlt ein echter Darm. Seine Funktion wird von einem wenig differenzierten, verdauenden Syncytium übernommen. Die Darmvertikel der Turbellarien dürften den Mesenterien der Anthozoa homolog sein. — Das Fehlen von Exkretionsorganen bei den Anthozoa ist kein Gegenargument, da auch die Turbellarien keine haben.

Im Anschluß an die Coelenteraten mit ihren beiden Gruppen, den Cnidaria und Ctenophora, dürfte es zunächst zur Abzweigung der **Rotiferen** und **Nematoden**, sodann etwa gleichzeitig zu der von **Brachiopoden** und **Bryozoen** gekommen sein. Als nächstes entstanden wohl die **Anneliden** (Ringelwürmer) und vermutlich zu gleicher Zeit mit ihnen, eventuell auch aus primitiven Anneliden selbst, die **Mollusken**. Dies überrascht vielleicht etwas, da die Mollusken nur wenige Formenelemente der Anneliden wiederholen, so bei den Polyplacophoren und Tryblidiacea („Monoplacophoren", vgl. Teil 2). Letztere sind eine Gruppe der Mollusken, die man bis vor kurzem nur fossil aus dem Paläozoikum (Kambrium — Ob. Devon) kannte, von denen aber das dänische Meeresforschungsschiff „Galathea" 1952 erstmalig eine Anzahl lebender Vertreter aus 3590 m Tiefe an der Westküste Mittelamerikas erbeutet hat. Diese Tiere, die von K.-G. WINGSTRAND und H. LEMCHE bearbeitet wurden, zeigen große Übereinstimmung mit den Polyplacophoren; doch ist die innere Metamerie (Segmentierung) viel stärker als bei diesen. Die Geschlechtsprodukte werden zum Beispiel durch 5 Paar Nephridien abgegeben. Muskulatur und Nervensystem sind entsprechend segmentiert. Auch die Zirkulationsorgane zeigen eine gewisse Metamerie. Vorhanden sind aber nur 5 Paar Kiemen. Der Kopf wird aus drei zum Teil verschmolzenen Segmenten gebildet, wobei sich Andeutungen weiterer Nephridien vorfinden. Eine genaue Analyse steht zwar bisher noch aus; doch ist schon sicher, daß hier die gleichen ursprünglichen Kopfsegmente vorliegen, die bei den Larven der Anneliden (spätes Trochophora-Stadium) und Crustaceen (Nauplius) den gesamten Körper aufbauen.

Die bei vielen Mollusken (Gastropoden, Nautiloidea, Ammonoidea, schwächer bei den Sepioidea) hervortretende Tendenz zur Torsion des Eingeweidesackes und der Schale wird bei den Anneliden sowie bei den letzten Abkömmlingen des rechten Zweiges in Abb. 1 vollständig oder nahezu vollständig unterdrückt.

Zwischen den Anneliden und den Arthropoden stehen die **Onychophoren**. Die Aufgliederung ihres Körpers in eine Anzahl mehr oder weniger gleichartiger Segmente (Metamerie), die zahlreichen an Parapodien erinnernden Beinpaare, die glatte Muskulatur sowie die Ausbildung von Nephridien sprechen für eine nahe Verwandtschaft zu den Anneliden, die Chitinkutikula unter anderem für eine solche zu den Arthropoden.

Von den **Arthropoden** (Bd. II, Teil 2 und 3) nehmen die Cheliceraten, Trilobiten und Crustaceen wohl etwa zu gleicher Zeit ihren Ursprung bei den Protarthropoden. Später zweigte sodann noch das Heer der Insekten und anderer Formen ab. Detaillierte Angaben hierüber finden sich bei der Besprechung der einzelnen Gruppen.

Der **linke Ast** des Stammbaumes ist weniger reich gegliedert als der rechte. Er umfaßt die Deuterostomia, das heißt alle Formen, bei denen der After als Blastoporus-Rest erhalten bleibt und das Zentralnervensystem des Rumpfes an der Dorsalseite liegt. Als erstes zweigen, und zwar ziemlich nahe der Basis, die **Echinodermen** (Band II, Teil 3) ab, eine Gruppe, bei der sich die ursprüngliche bilaterale Symmetrie in eine pentamer radiale umgewandelt hat. So zeigen die ihrer systematischen Stellung innerhalb der Echinodermata nach noch recht unsichere *Peridionites navicula* (WHITEH.) aus dem Unt. Kambrium von Queensland (Australien) und die vom Mittl. Kambrium bis ins Mittl. Devon reichenden Carpoidea auch im Alter eine ausgesprochene bilaterale Symmetrie, ohne irgendeine Andeutung radialer Elemente. Erst bei den Cystoidea (Unt. Ordovizium — Ob. Devon) finden sich neben überwiegend bilateralen Formen solche mit schwacher, zum Teil aber schon pentamerer radialer Symmetrie. Diese tritt dann bei den Blastoidea (Mittl. Ordovizium — Ob. Perm), Crinoidea (Mittl. Kambrium — rezent), Asterozoa (Stelleroidea) (Unt. Ordovizium — rezent), Echinoidea (Ordovizium — rezent) und Holothuroidea (? Kambrium, Ordovizium — rezent) als dominierendes Merkmal in Erscheinung. Hierbei muß beachtet werden, daß das Coelom der Echinodermenlarven ebenso wie bei den etwas später abzweigenden Enteropneusta dreiteilig, das Skelett der erwachsenen Formen entsprechend dem der Chordata mesodermal ausgebildet ist; Erscheinungen, die sich nur bei den Deuterostomia finden.

Im Anschluß an die Echinodermata sind vermutlich die Chaetognatha abgezweigt, dann die relativ kleinen Gruppen der Pterobranchia und die Graptolithina. Sodann folgen die nahe miteinander verwandten, wenig hervortretenden Gruppen der Tunicata und der Acrania und schließlich der ausgedehnte Stamm der **Vertebraten** mit dem Menschen an seiner Spitze. Auf die sich hier zeigenden phylogenetischen Zusammenhänge wird erst in Band II genauer eingegangen.

Die ältesten, bisher bekannten Metazoa stammen aus dem Jungalgonkium und umfassen einen Zeitraum von ca. 65 Millionen Jahren, der vor ca. 630 bis 640 Millionen Jahren einsetzte und bis zum Beginn des fossilführenden Kambriums (vor ca. 570 bis 580 Mill. J.) dauerte. Das arten- und individuenreichste Vorkommen (Abb. 2) ist der Pound Sandstein, ein bis 112 m mächtiger Schichtverband aus Silten und Tonen, der bei Ediacara nördlich Adelaide (Südaustralien) ansteht. Seine Fauna (**Ediacara — Fauna**) wurde eingehend bearbeitet (M. F. GLAESSNER z. B. 1958, 1975, 1977; ders. & B. DAILY 1959, ders. & M. WADE 1977). Es handelt sich um etwa 1600 Reste weichkörperiger Tiere, die sich wie folgt verteilen:

a) Coelenterata ca. 67% mit 7 Gattungen und 10 Arten medusenartiger Organismen („Medusae"), 3 Gattungen und 3 Arten von Hydrozoa, 1 Art und 1 Gattung von Conulata, 3 Gattungen und 5 Arten von ? Pennatulacea;
b) Anneliden ca. 25% mit 3 Gattungen und 7 Arten;
c) Arthropoda ca. 5% mit je 1 Art und Gattung von Trilobitomorpha (od. Chelicerata) und Branchiopoda;
d) *Tribrachidium* ca. 3%, ein Fossil noch unbekannter taxonomischer Stellung;
hinzu kommen 8 „Arten" von Lebensspuren (Ichnia).

Zur Ediacara-Fauna werden im erweiterten Sinne auch andere, etwa gleichaltrige Vorkommen in Südwestafrika, England, Sibirien und in der Antarktis gestellt. Überraschend für sie ist der relativ hohe Differenzierungsgrad der Coelenteraten und der Coelomaten. Der Zeitraum von der ersten Amöbe bis zum ersten Coelomaten dürfte also wesentlich länger gewesen sein als der vom Coelomaten zum Menschen. Ab Kambrium waren die Metazoa zunehmend in der Lage, mineralisierte Gewebe (Hartteile) auszuscheiden, was in der Regel Kollagen voraussetzt. Dessen Biosynthese wiederum ist nur bei freiem Sauerstoff in der Umgebung der Organismen möglich.

Einen besonderen Einblick in die Lebewelt des ältesten Phanerozoikums bietet die erst 1984 entdeckte, auch zahlreiche weichkörperige Organismen enthaltende Fauna des Unt. Kambrium (*Eoredlichia*-Zone) von Chengjiang (Yunnan, SW-China). Hierüber findet sich ein umfassendes Literaturverzeichnis in J.-Y. CHEN & M. LINDSTRÖM 1991.

Nachgewiesen wurden bisher ca. 21 Arten Porifera, mehrere Arten Cnidaria (z. B. *Yunnanomedusa* SUN & HOU 1987 und *Stellostomites* SUN & HOU 1987, Abb. 200a), ca. 6 Arten Brachiopoda (z. T. mit erhaltenen Setae, Stiel und Mantelkanal), wenige Hyolithen, Priapuliden (z. B. *Maotianshania* SUN & HOU 1987), Arthropoden (ca. 30 Arten, überwiegend weichhäutig, Ausnahme Trilobiten) und eine Anzahl weichkörperiger, interessanter, aber rätselhafter Tiere. Von diesen sind zu nennen:

a) **Microdictyon** CHEN, HOU & LU 1989: wurmartig, mit langen nicht segmentierten Beinen; darüber am Körper paarweise schuppenartige Gebilde (Abb. 562);
b) **Facivermis** HOU & CHEN 1989: wurmartig, mit 5 Paar Tentakeln; Verwandtschaft zu den Anneliden möglich (Abb. 551);
c) **Luolishania** HOU & CHEN 1989: deutlich zwischen Anneliden und Arthropoden stehend, mit kreisförmigem Fortsatz hinter dem letzten Beinpaar;
d) **Dinomischus** CONWAY MORRIS 1977: vermutlich lateral abgeflachter Benthont mit becherförmigem, von zahlreichen abgeflachten Rippen bedecktem Körper, der mit einem stammartigen Fortsatz am Untergrund befestigt war. Beziehungen zu den Entoprocta fraglich (Abb. 512a, b).

Die Frage, ob die Fossilien von Ediacara, Chengjiang und Burgess (siehe Bd. II/2, 3. Aufl. S. 418—425, 517, 518) Beziehungen zu den bereits bekannten Tierstämmen aufweisen, oder ob es sich um nachkommenlos erloschene Metazoenstämme von ein oder mehreren erfolglosen „Versuchen" der Stammesgeschichte handelt, wird in jüngster Zeit zunehmend diskutiert (z. B. M. A. FEDONKIN 1986; J. BERGSTRÖM 1989, 1991; A. SEILACHER 1989). Verfasser bejaht die monophyletische Natur der Metazoa ebenso, wie dies z. B. für A. V. IVANOV 1976 und M. F. GLAESSNER in seinen zahlreichen Arbeiten zur Ediacara-Fauna gilt. Sicher ist aber auch, daß viele der fraglichen Arten rätselhaft erscheinen. Besonders eindrucksvoll ergibt sich dies aus den

22 A. Verwandtschaftliche Beziehungen d. Tierstämme u. einiger ihrer wichtigsten Untergruppen

A. Verwandtschaftliche Beziehungen d. Tierstämme u. einiger ihrer wichtigsten Untergruppen

beiden nachstehenden Beispielen, von denen das zuletzt aufgeführte aus einer wesentlich jüngeren Zeit stammt, aus dem Ob. Karbon:

a) *Opabinia regalis* WALCOTT 1911 (Mittl. Kambrium, Burgess-Schiefer von Britisch-Kolumbien) (hierzu Bd. II/2, 3. Aufl., Abb. 691, S. 513): ein ca. 7—8 cm langes, der Länge nach dreigegliedertes Tier mit 5 großen, gestielten Komplexaugen, langem, erektilem Rüssel und ca. 16 Abdominalsegmenten, die jederseits zwei plattenartige Anhänge tragen. Zweifellos bestehen Beziehungen zu den Arthropoden; doch läßt sich O. bei keiner der bekannten Klassen unterbringen. Vielleicht handelt es sich um praearthropode und/oder praeannelide Übergangsformen.

b) *Tullimonstrum gregarium* RICHARDSON 1966 (Ob. Karbon, Mittl. Pennsylvanian von Mazon Creek, Illinois, USA) (hierzu Bd. II/2, 3. Aufl., S. 511 ff., Abb. 690): ein bilaterales, homogen segmentiertes, weichkörperiges Tier mit einer maximalen Länge von 34 cm, an dem eine Kopf-, Rumpf- und Schwanzregion zu unterscheiden sind. Der augenlose Kopf läuft nach vorn in einen dünnen, vermutlich nicht retraktilen „Rüssel" (Proboscis) aus, der an seinem distalen Ende einen winzigen, kieferartigen (?) Fangapparat trägt. Die beiden „Kiefer" sind an der Innenkante mit feinen, nadelspitzen Stiften besetzt.

Im Band II, der sich mit den Invertebraten beschäftigt, werden die Stämme in der nachstehenden Reihenfolge betrachtet:

Protozoa   „Vermes" als Stammgruppe
Archaeocyatha   Mollusca
Porifera   Arthropoda
Coelenterata   Echinodermata
Bryozoa   Hemichordata
Brachiopoda

Hierbei fällt auf, daß die „Würmer" noch als geschlossene Einheit erscheinen, obgleich man sie heute in eine ganze Reihe von Unterstämmen bzw. von selbständigen Stämmen aufgliedert, die an verschiedenen Stellen des Systems unterzubringen sind. Die geschlossene Betrachtung erfolgt aber deshalb, weil aus Gründen der Fossilisation die Zahl der eindeutig nachgewiesenen fossilen Vertreter meist recht gering ist. Unter diesen herrschen bei weitem die Anneliden vor, so daß die Würmer insgesamt an der Stelle besprochen werden, an der die Anneliden stehen. Einzelheiten über die recht komplizierte Taxonomie der Würmer insgesamt und ihre moderne Betrachtungsweise finden sich z. B. bei A. KAESTNER (ab 1954) und H.-E. GRUNER 1982. Hier soll lediglich auf die wichtigsten Fragen im Zusammenhang mit der stammesgeschichtlichen Problematik eingegangen werden. Die Stellung der wesentlichsten Gruppen im System ist aus Abb. 1 ersichtlich.

Zur Kennzeichnung der oberhalb der Gattungen stehenden Taxa wurden bisher die in Tabelle 1 aufgeführten Wortendungen benutzt.

Abb. 2. Fossilien aus dem Jungalgonkium (Pound Sandstein) von Ediacara (Südaustralien). Der größte Durchmesser (cm) ist jeweils in Klammern beigefügt: a) *Spriggina floundersi* GLAESSNER, die Verwandtschaft mit den Anneliden ergibt sich aus dem äußerlich unsegmentierten, hufeisenförmigen Kopfabschnitt und den (maximal ca. 40) undifferenzierten Segmenten dahinter (4,5); b) *Dickinsonia* sp., ? freilebender Vorfahre der heute parasitären Myzostomida (6,5); c) *Beltanella gilesi* SPRIGG, medusenartiges Fossil (9,0); d) medusenartiges Fossil (5,0); e) *Parvancorina minchami* GLAESSNER, hat Ähnlichkeit mit rezenten Notostraca (2,5); f) dgl. (0,6); g) *Tribrachidium heraldicum* GLAESSNER, ? aberranter Coelenterate mit triradiater Symmetrie oder ? primitiver Vorläufer der Echinodermata (? Edrioasteroidea) (3,0); h) „*Broocksella" canyonensis* BASSLER, künstlicher Ausguß, ? Lebensspur (5,0); i) *Charnodiscus arboreus* (GLAESSNER), ? Pennatulacea (12,0); k) dgl. (5,0); l) *Glaessnerina grandis* (GLAESSNER & WADE) (16,0); m) *Kimberella* sp., vermutlich zu den Siphonophora gehörend (7,0); n) wie i) (11,0); o) medusenartige Fossilien (16,0); p) wie l) (15,0). — a—d, g, h, k, l, p, nach GLAESSNER 1962; f nach GLAESSNER 1958; e, i, m—o nach GLAESSNER & DAILY 1959; aus A. H. MÜLLER 1964.

Tabelle 1
Endungen für die Namen der oberhalb der Gattungen stehenden Taxa.
Nach einer Zusammenstellung von R. C. MOORE 1954

Pflanzenreich	Systematische Kategorie	Tierreich
-a	Stamm	-a, -ea
-ida	Unterstamm	-a
-eae, -es	Klasse	-a, -ae, -ea, -es, -ida, -idea
-ae, -eae, -ideae, -oideae	Unterklasse	-a, -ata, -es, -ea, -i, -ia, -ida, -idia, -ina
-ales, -ata	Ordnung	-a, -ae, -acea, -aria, -ata, -ea, -i, -ia, -ida, -idea, -iformes, -ina, -oidina
-atae, -eae, -ineae, -oideae	Unterordnung	-a, -aria, -ata, -ea, -ia, -ina, -ites, -oidea
-oideae	Oberfamilie	-a, -acea, -aceae, -icae, -ida, -oida, -oidae
-aceae	Familie	-idae
-oideae, -ideae	Unterfamilie	-inae
-eae, -ae	Tribus	-ae, -i, -ites, -ides
-inae	Untertribus	

Literaturverzeichnis

BENGTON, St.: The origin and extinction of phyla. — Geol. Fören. Stockholm Förhandl. **113** (1), 76—77, Stockholm 1991.

BERGSTRÖM, J.: The origin of animal phyla and the new phylum Procoelomata. — Lethaia **22**, 259—269, Oslo 1989.

— Radiation of the early Metazoa. — Geol. Fören. Stockholm Förhandl. **113** (1), 77—79, Stockholm 1991.

BIEDERMANN, W.: Physiologie der Stütz- und Skelettsubstanzen. — In: H. WINTERSTEIN (Hrsg.), Handbuch der vergleichenden Physiologie **III**, 1, 319—1188, 1914.

BRIGGS D. E. G., & MORRIS, S. C.: Problematica from the Middle Cambrian Burgess shale of British Columbia. — Oxford Monogr. Geol. Geophys. **5**, 167—183, 16 Abb., New York, Oxford 1986.

CHEN, JUN-YUAN, & LINDSTRÖM, M.: A Lower Cambrian soft-bodied fauna from Chengjiang, Yunnan, China. — Geol. Fören. Stockholm Förhandl. **113** (1), 79—81, Stockholm 1991. — Darin umfassendes Literaturverzeichnis.

CUÉNOT, J.: Phylogenèse du règne animal. — In: P.-P. GRASSÉ, Traité de Zoologie **I**, 1—33, 4 Abb., Paris 1952.

— La phylogenèse du règne animal. — In: J. PIVETEAU, Traité de Paléontologie **I**, 74—86, 2 Abb., Paris 1952.

FEDONKIN, M. A.: Precambrian-Cambrian ichnocoenoses of the European platform. — In: T. P. CRIMES & J. C. HARPER (Eds.), Trace fossils **2**, 183—194, 1 Abb., 5 Taf., Liverpool 1977.

— Precambrian problematic animals: their body plan and phylogeny. — Oxford Monogr. Geol. Geophys. **5**, 59—67, 1 Abb., New York, Oxford 1986.

FISCHER, A. S.: Atmosphere and the evolution of life. — Main currents in modern thought **28** (5), 8 S., 1 Abb., 1972.

GLAESSNER, M. F.: The oldest fossil faunas of South Australia. — Geol. Rdsch. **47**, 522—531, 5 Abb., Stuttgart 1958.

— The Ediacara fauna and its place in the evolution of the Metazoa. — Symposium: Correlation of the Precambrian Moscow 1975, Abstracts of papers, S. 47—48, Moskau 1975.

— The Ediacara fauna and its place in the evolution of the Metazoa. — In: A. V. SIDORENKO (Ed.), Correlation of the Precambrian **I**, 257—268, 2 Abb., Moskau 1977.

— The dawn of the animal life. A biohistorical study. 241 S., Cambridge 1984.

— & DAILY, B.: The geology and late precambrian fauna of the Ediacara fossil reserve. — Rec. Austral. Mus. **13**, 369—401, 2 Abb., 2 Taf., Adelaide 1959.

— & WADE, M.: The late Precambrian fossils from Ediacara, South Australia. — Palaeontology **9**, part 4, 599—628, 3 Abb., 7 Taf., 1966.

GRUNER, H.-E. (Hrsg.): Lehrbuch der Speziellen Zoologie. Begründet von A. KAESTNER, Bd. I: Wirbellose Tiere, Teil 1, Einführung, Protozoa, Porifera, 4. Aufl., 318 S., 115 Abb., 5 Taf., 1980; Teil 2, Cnidaria bis Priapulida, 4. Aufl., 621 S., 348 Abb., 8 Taf., 1984; Teil 3, Mollusca, Sipunculida, Echiurida, Annelida, Onychophora, Tardigrada, Pentastomida, 4. Aufl., 608 S., 377 Abb., Jena (Fischer) 1982.

HADŽI, J.: Turbelarijska teorija Knidarijev. Filogenija knidarijev in njih polozaj v zivalskem sistemu. (Die Turbellarien-Theorie der Cnidarier. Stammesgeschichte der Cnidarier und ihre Stellung im zoologischen System). — Slovenska Akad. znanosti in umetnosti v Ljubljani, matem. prirodosl. razred, Dela 3, 238 S., 1944.

— Die Ableitung der Cnidarien von den Turbellarien und einige Folgerungen dieser Ableitung. — XII. Congr. Internat. Zool. Paris 21. — 27. juillet 1948, 448—449, 1949.

IVANOV, A. V.: On the monophyletic nature of Metazoa. — Zool. Zh. **46** (10), 1446—1455, 1976 (russ.).

KAESTNER, A.: Lehrbuch der Speziellen Zoologie. Erscheint seit 1954 in Lieferungen bei G. Fischer, Jena.

KOVAL, A. P.: [Der erste Vertreter der Ediacara Fauna im Vendian der Russischen Plattform (Oberes Präkambrium)]. — Paleont. Zhurnal **2**, 132—134, 1968 (russ.).

LEMCHE, H.: *Neopilina galatheae*, ein rezenter Tiefsee-Repräsentant der Kambro-Silurischen Molluskengruppe Tryblidiacea. — Kurzreferat zum Vortrag auf der Tagung der Geologischen Vereinigung in Wiesbaden, März 1957.

— Neuer Tiefsee-Fund eines rezenten Vertreters der kambrosilurischen Molluskengruppe Tryblidiacea. — Geol. Rdsch. **47**, 249—252, 4 Abb., Stuttgart 1958.

MOORE, R. C.: Kingdom of organisms named Protista. — J. Paleont. **28**, 588—598, Menasha 1954.

MÜLLER, A. H.: Der Großablauf der stammesgeschichtlichen Entwicklung. 1. Aufl., 51 S., 25 Abb., Jena (Fischer) 1955; 2. Aufl., VIII, 116 S., 71 Abb., 4 Taf., Jena (Fischer) 1961.

— Die präkambrische Lebewelt. Erscheinungen und Probleme. — Biol. Rdsch. **2**, 53—67, 10 Abb., Jena 1964.

— Einiges über spirale und schraubenförmige Strukturen bei fossilen Tieren unter besonderer Berücksichtigung taxonomischer und phylogenetischer Zusammenhänge. — Teil 1: Monatsber. Deutsch. Akad. Wiss. Berlin **13**, 345—359, 6 Abb., Teil 2: 369—382, 8 Abb., Teil 3: 463—478, 11 Abb., Teil 4: 613—624, 6 Abb., Berlin 1971; Teil 5: Freiberger Forschungsh. **C 298**, 73—79, 2 Abb., 1974; Teil 6: ebd. **C 395**, 69—81, 16 Abb., Leipzig 1984.

PAX, F.: Die Abstammung der Cölenteraten nach der Theorie von Jovan Hadži. — Naturw. Rdsch. **7**, 288—290, Stuttgart 1954.

PORTMANN, A.: Das Urmollusk aus der Tiefe des Pazifik. — Naturw. Rdsch. **10**, 225, 3 Abb., Stuttgart 1957.

RHOADS, D. C., & LUTZ, R. A. (Eds.): Skeletal growth of aquatic organisms. Biological records of environmental change. 750 S., New York, London (Plenum Press) 1980.

SEILACHER, A.: Vendozoa: Organismic construction in the Proterozoic. — Lethaia **22**, 229—239, 5 Abb., Oslo 1989.

SIDORENKO, A. V. (Ed.): Correlation of the Precambrian. Bd. **1**, 403 S., Moskau 1977.

SNODGRASS, R. E.: Evolution of the Annelida, Onychophora and Arthropoda. — Smithson. misc. Coll. **97**, Nr. 3483, 1938.

SOKOLOV, B. S.: Stages of development of the Precambrian biosphere in terms of paleontological data. — Symposium: Correlation of the Precambrian, Moscow 1975, Abstracts of papers, S. 49—51, Moskau 1975.

WADE, M.: Preservation of soft-bodied animals in Precambrian sandstones of Ediacara, South Australia. — Lethaia **1**, 238—267, 1968.

WHITTINGTON, H. B.: The Burgess Shale. 1—151 S., New Haven 1985.

B. Stamm Protozoa GOLDFUSS 1818
(Urtiere)

1. Allgemeines

Meist mikroskopisch kleine, einzellige Organismen, welche die niederste Entwicklungsstufe im Tierreich einnehmen. Die Zelle besteht aus einem oder mehreren Zellkernen, die in einem Zellkörper (Protoplasma) eingeschlossen sind. Sie hat im Gegensatz zu den Zellen der Metazoa absolute Selbständigkeit und ist somit die Trägerin aller Lebensvorgänge, wie der Bewegung, des Stoffwechsels, des Wachstums sowie der Fortpflanzung. Koloniebildende Vertreter sind Übergangsformen zu den Metazoa. Zellteile, die bestimmte Funktionen zu erfüllen haben, bezeichnet man als Organelle. Ungeschlechtliche Fortpflanzung überwiegt. Dabei werden jeweils eine oder mehrere Tochterzellen abgespalten. Im Gegensatz hierzu verschmelzen bei der selteneren geschlechtlichen Fortpflanzung zwei verschieden gestaltete Zellen (eine männliche und eine weibliche) unter Bildung einer Zygote (Befruchtung). — Alle Protozoa sind Bewohner des Wassers oder wäßriger Flüssigkeiten (auch Körperflüssigkeiten). Hier vermögen manche Formen infolge ihrer Kleinheit mit winzigen Wassermengen auszukommen, also etwa der Feuchtigkeit, die sich in den Kapillaren des Bodens befindet. Deshalb sind sie auch vielfach in das Grundwasser eingedrungen, das in der Regel eine besondere Protozoen-Fauna aufweist.

Die Entscheidung, ob einzellige Organismen zum Tier- oder Pflanzenreich gehören, ist dann schwierig, wenn sie unter gewissen Voraussetzungen nicht nur heterotroph, sondern auch phototroph zu leben vermögen. Da man alle phototrophen, das heißt assimilierenden Vertreter, konventionell zu den Pflanzen rechnet, geht die Grenze Tier-/Pflanzenreich mitten durch die Klasse der Flagellaten.

2. Vorkommen

Paläontologisch von Interesse sind vor allem die Formen, die Hartteile ausscheiden. Entsprechende Überreste finden sich mit Sicherheit seit dem Kambrium, zum Teil gesteinsbildend und in großer Mannigfaltigkeit. Hartteilfreie Vertreter sind dagegen sehr selten und nur unter ganz besonders günstigen Bedingungen erhalten (z. B. als „Frühdiagenetische Konserven" in Kieselgesteinen).

3. Systematik

Man unterscheidet fünf Klassen:

a) **Flagellata** COHN (Geißeltierchen, Mastigophora): ausgezeichnet durch den Besitz von ein oder mehreren geißelförmigen Anhängen, die zur Fortbewegung dienen. — Mindestens seit Lias — rezent.
b) **Rhizopoda** V. SIEBOLD (Sarcodina): Protozoa, deren Protoplasma formveränderliche Fortsätze (Pseudopodien) auszusenden vermag, die zur Bewegung und Nahrungsaufnahme dienen. — ? Präkambrium, Kambrium — rezent.
c) **Actinopoda** CALKINS: Protozoa mit radial abstehenden, in der Regel langen und feinen Pseudopodien. — ? Jungalgonkium, Unt. Kambrium — rezent.
d) **Sporozoa** LEUCKART (Sporentierchen): endoparasitische Formen, die Zellen bestimmter Gestalt haben, aber keine Hartteile ausscheiden. — Fossil unbekannt.

e) **Ciliata** PERTY (Infusorien, Wimpertierchen): gekennzeichnet durch zahlreiche fadenförmige Anhänge (Cilia), welche die Außenseite der Zelle, die eine bestimmte Gestalt aufweist, bedecken und zur Fortbewegung dienen. — ? Silur, Devon — rezent.

I. Klasse **Flagellata** COHN 1853

(Geißeltierchen, Mastigophora)

1. Allgemeines

Es handelt sich um eine sehr heterogene Gruppe einzelliger Organismen, die ein oder mehrere geißelförmige Anhänge tragen, welche zur Fortbewegung dienen. Neben Formen mit phototropher Ernährung finden sich solche mit heterotropher oder gemischter. Demzufolge geht der Schnitt zwischen Tier- und Pfanzenreich mitten durch diese Klasse. Die sich hieraus ergebenden Schwierigkeiten systematischer Art ließen sich dadurch vermeiden, daß man die einzelligen Organismen in einem besonderen Reich der Protista HAECKEL 1866 zusammenfaßt und den Reichen der Plantae LINNÉ 1753 und Animalia LINNÉ 1758 (Metazoa HAECKEL 1874) gegenüberstellt (vgl. hierzu R. C. MOORE 1954).

2. Vorkommen

Ordovizium, Perm — rezent.

3. Systematik

Von den nachstehend aufgeführten zehn Ordnungen werden lediglich diejenigen besprochen, welche eindeutige fossile Überreste geliefert haben.
  a) **Chloromonadina** KLEBS 1892 (Chloromonadophyta PRESCOTT 1950): nur rezent.
  b) **Chrysomonadina** STEIN 1878 (Chrysomonadales PASCHER 1921): Ob. Kreide — rezent.
  c) **Coccolithophorida** LOHMANN 1902 (pro Coccolithophoridae) (Coccolithineae SCHILLER 1930; Coccolithophoraceae FRITSCH 1935): Perm — rezent.
  d) **Cryptomonadina** EHRENBERG 1832 (Cryptophyceae PASCHER 1914): nur rezent.
  e) **Peridiniina** EHRENBERG 1830 (Dinoflagellata BÜTSCHLI 1885; Peridiniales SCHÜTT 1896; Dinophyceae PASCHER 1914); Ordovizium, Perm — rezent.
  f) **Ebriida** LEMMERMANN 1900 (pro Ebriaceae) (Ebriideae DEFLANDRE 1936): Paläozän — rezent.
  g) **Euglenoidina** BÜTSCHLI 1884 (Euglenida BLOCHMANN 1895; Euglenophyceae, Euglenophyta PASCHER 1931; Euglenineae FRITSCH 1935): Eozän — rezent.
  h) **Volvocea** FRANCÉ 1894 (pro Volvocales) (Phytomonadina BLOCHMANN 1895): Jura — rezent.
  i) **Silicoflagellata** BORGERT 1891: Ob. Kreide — rezent.
  k) **Heterokonta** LUTHER 1899 (Xanthophyceae PASCHER 1913; Xanthomonadina DEFLANDRE 1952): nur rezent.

Ordnung **Chrysomonadina** STEIN 1878
(Chrysomonadales PASCHER 1921)

1. Allgemeines

Flagellaten, die in der Regel gelbe oder braune Chromatophoren sowie ein oder zwei Geißeln aufweisen. Die Tiere sind meist nackt, gelegentlich aber auch mit einer Zellulosehülle bzw. mit Schuppen und Scheibchen bedeckt, die aus Kieselsäure bestehen (Abb. 3A). Koloniebildung nicht selten. Cysten weit verbreitet. Es handelt sich um Bewohner des Meeres und des Süßwassers, die oft in großer Anzahl auftreten. Die Bearbeitung der fossilen Formen befindet sich noch in den ersten Anfängen. Phylogenetisch sind sie von besonderem Interesse, da von ihnen vermutlich zahlreiche der heterotrophen Flagellaten (Zooflagellaten) und Rhizopoden abstammen.

2. Vorkommen

Ob. Kreide — rezent. Dabei handelt es sich vor allem um die kugeligen, aus Kieselsäure bestehenden Hüllen von Cysten.

3. Systematik

Man unterscheidet zwei Familien:

a) Die **Archaeomonadidae** DEFLANDRE 1932: Ob. Kreide — rezent. Wahrscheinlich finden sie sich aber auch in älteren Ablagerungen. Ausschließlich marin (Abb. 3B). Die Systematik gründet sich auf die Form und Ausbildung der Pore, die äußere Gestalt sowie die Skulpturverhältnisse der Zellwand.

b) Die **Chrysostomatidae** (CHODAT) DEFLANDRE 1932: Tertiär — rezent. Fossil bisher nur aus Kieselgur, Braunkohle und Torf bekannt. Wegen ihrer starken Anpassung vielleicht noch von

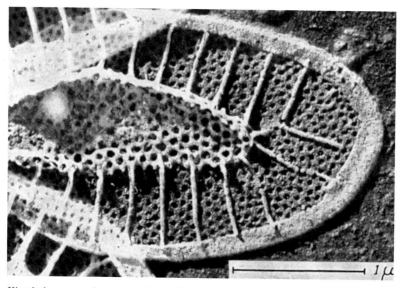

Abb. 3 A. Kieselschuppe von *Synura caroliniana* WHITFORD, elektronenmikroskopische Aufnahme (40 000/1 nat. Gr.). Rezent. — Nach I. MANTON.

Abb. 3 B. Einige Vertreter der Archaeomonadidae (Chrysomonadina). a) *Pararchaeomonas colligera* DEFL., Paläozän; b) *Litharchaeocystis costata* DEFL., Eozän; c) *Archaeomonadopsis lagenula* DEFL., Oligozän; d) *Micrampulla parvula* HANNA, Ob. Kreide. Der Durchmesser beträgt jeweils einige 10 µm. — Aus G. DEFLANDRE 1952 a.

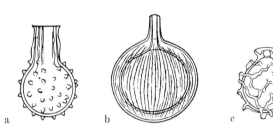

Abb. 4. Einige Vertreter der Chrysostomatidae (Chrysomonadina). a) *Trachelostomum rampii* FRENG., rezent; b) *Deflandreia porteri* FRENG., Quartär; c) *Outesia membranosa* (FRENG.), Quartär. Der Durchmesser beträgt jeweils einige 10 µm. — Aus G. DEFLANDRE 1952 a.

besonderer palökologischer und paläoklimatischer Bedeutung. Ausschließlich Süßwasserbewohner (Abb. 4). Der äußere Habitus entspricht dem der Archaeomonadidae; doch ist die Skulptur im allgemeinen etwas komplizierter.

Literaturverzeichnis

DEFLANDRE, G.: Les Flagellés fossiles. — Actual. Scient. et Ind. **335**, 98 S., Paris (HERMANN) 1936. — Darin die ältere Literatur.
— Sur les Archaeomonadacées. Action lithogénétique. Signification stratigraphique. — C. R. somm. Soc. Géol. France **6**, 53—54, 1944.
— Classe des Chrysomonadines. — In: J. PIVETEAU, Traité de Paléontologie **I**, 99—102, 15 Abb., Paris 1952 (1952a).
— Chrysomonadines fossiles. — In: P.-P. GRASSÉ, Traité de Zoologie **I**, 560—570, 3 Abb., Paris 1952 (1952b).
FIRTION, F.: Sur les Chrysostomatacées du bassin tertiaire de Menat. — Bull. Soc. Géol. France (5) **XIV**, 45—52, 1944.
HOLLANDE, A.: Classe des Chrysomonadines (Chrysomonadina STEIN 1878). — In: P.-P. GRASSÉ, Traité de Zoologie **I**, 470—560, 65 Abb., Paris 1952.
RAMPI, L.: Archaeomonadacee del Cretaceo americano. — Atti Soc. Ital. Sci. nat. **LXXXIX**, 60—68, 1940.

Ordnung **Coccolithophorida** LOHMANN 1902
(pro Coccolithophoridae) (Coccolithineae SCHILLER 1930;
Coccolithophoraceae FRITSCH 1935)

1. Allgemeines

Planktische, meist 2 bis 25 µm große Einzeller mit einer Hülle aus Zelluloseschuppen (scales) und kleinen Kalkkörperchen (Coccolithen) (Abb. 5). Ob es sich bei letzteren um Kalzit oder Aragonit handelt, konnte noch nicht festgestellt werden. Körper gallertig, meist kugelig, mit

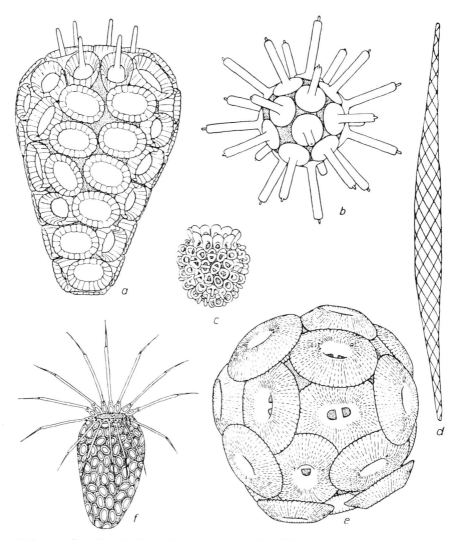

Abb. 5. Rezente Coccolithophorida, bei denen, um die Coccolithen besser hervortreten zu lassen, die Geißeln nicht gezeichnet wurden. Vergr. 2500fach. a) *Syracosphaera cornifera*, b) *Calciosolenia grani*, c) *Coccolithus pelagicus*, f) *Michelsarsia splendens*. — a)—e) nach KAMPTNER, f) nach LOHMANN. Aus K. MÄGDEFRAU 1956.

1—2 Geißeln und gelben oder braunen Chromatophoren. Mit dem vorhandenen Chlorophyll (a und c, kein b) vermögen die C. zu assimilieren. Daneben sind sie aber auch in der Lage, körperfremde in körpereigene Substanz umzuwandeln, sich also heterotroph (tierisch) zu ernähren und sich frei zu bewegen. Wie andere Einzeller werden sie deshalb sowohl zu den Pflanzen (unter den Algen als Coccolithinae oder Coccolithophorales) als zu den Tieren (als Coccolithophorida) gestellt. Für die Stellung zu den Pflanzen wird neben dem Vorkommen von Zellulose der mögliche Formenwandel in eine fadenförmige Alge aufgeführt (v. STOSCH 1955). Die nahestehenden Chrysomonadina unterscheiden sich durch das Fehlen flimmerbesetzter (pleuromatischer) Geißeln und von Kieselschuppen. Die Coccolithen (Durchmesser (0,002—0,01 μm) bestehen aus Aggregaten submikroskopischer Teilchen (Micellen) von meist stäbchenförmiger Gestalt (Abb. 6). Überwiegend marin.

2. *Vorkommen und Lebensweise*

Perm, Lias — rezent, dabei zeichnen sich in der geologischen Vergangenheit drei Virenzphasen ab. Die erste erstreckt sich unter kontinuierlicher Zunahme der Formenmannigfaltigkeit vom Perm bis zur Oberkreide, wo sie im Maastricht das Maximum bildet. Die zweite reicht von einem ausgeprägten Minimum an der Kreide/Tertiär-Grenze bis zu einem ebenfalls sehr scharfen Einschnitt zwischen Oligozän und Miozän. Bei dieser Phase liegt das Maximum, das zugleich dem absoluten Maximum der Formenmannigfaltigkeit bei den fossilen Vertretern entspricht, im Ob. Eozän. Die dritte Phase hat die geringste Intensität. Ihr Maximum wird im Ob. Miozän erreicht. Von da ab vollzieht sich ein kontinuierlicher Niedergang bis zum Pleistozän.

C. finden sich heute fast ausschließlich in der vom Lichte durchfluteten (euphotischen) Zone wärmerer Meeresteile, wo sie einen wesentlichen Bestandteil des Planktons bilden. In kälteren Meeren kommen sie auch vor, doch mit geringer Artenzahl und relativ größerem Individuenreichtum.

Als Gesteinsbildner wichtig sind die C. seit dem Lias. So besteht zum Beispiel die Schreibkreide hauptsächlich aus Coccolithen, und in 1 cm³ des oberbayrischen Eozänmergels sind nach Gümbel ca. 800 Millionen enthalten. Obgleich es sich bei den Coccolithophorida überwiegend um Warmwasserorganismen handelt, wird ihre bathymetrische Verteilung in erster Linie vom Licht, in zweiter durch die Temperatur bestimmt.

Angaben über die biostratigraphische Bedeutung der Coccolithen finden sich u. a. bei D. Maier (1959) und E. Martini (1960, 1969, 1970) für das Tertiär, bei P. Reinhardt (1970, 1971) für das Mesozoikum.

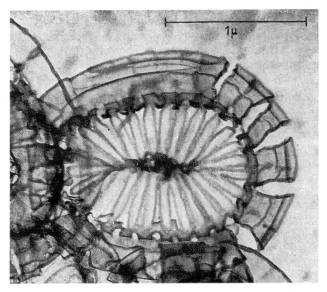

Abb. 6. Elektronenmikroskopische Aufnahme eines Coccolithen von *Syracosphaera mediterranea* Lohmann. Rezent, Atlantik vor der norwegischen Küste. — Nach P. Halldal & J. Markali 1954.

3. Geschichtliches

Die ersten Coccolithen wurden 1836 durch Chr. G. EHRENBERG entdeckt, als er bei der mikroskopischen Untersuchung der Schreibkreide beobachtete, daß diese zum größten Teil aus winzigen Kalkplättchen besteht. Er deutete sie als kristallähnliche Konkretionen anorganischen Ursprungs und nannte sie Morpholitscheibchen. 1865 fand WALLICH die lebenden Coccolithophoriden im Nannoplankton tropischer Meere. Eine Klärung der systematischen Stellung und die Benennung als Coccolithophoriden erfolgte aber erst 1902 durch H. LOHMANN. Vorher beobachtete HUXLEY Coccolithen im Tiefseeschlamm des Atlantiks eingebettet in eine gallertige Masse, die er für lebendes Protoplasma hielt und als *Bathybius* bezeichnete. Fossil wurden sie systematisch erstmalig durch GÜMBEL um 1870 bearbeitet, der sie in zahlreichen Ablagerungen nachweisen konnte. Wichtige Ergebnisse brachten in den letzten Jahrzehnten elektronenmikroskopische Untersuchungen, die zunächst vor allem von HALLDAL, KAMPTNER, MARKALI und BRAARUD durchgeführt wurden.

4. Systematik

Obgleich die Coccolithophoridea im rezenten Nannoplankton eine große Rolle spielen und seit dem Jura auch als Gesteinsbildner von Bedeutung sind, bedarf die Orthotaxonomie sehr einer Neuordnung. Die lückenhafte Kenntnis auch der rezenten Formen ergibt sich aus der Tatsache, daß die Zahl der im Bodenschlamm des Atlantik nachgewiesenen Coccolithen größer ist als die der im lebenden Plankton beobachteten. Nachstehend wird deshalb lediglich auf einige Formengruppen der Coccolithen eingegangen.

Nach der äußeren Gestalt werden unter anderem folgende Gruppen von Coccolithen unterschieden:

a) Discolithen (Abb. 7a): scheiben-, schüssel- oder napfförmig mit einer Wand,
b) Tremalithen (Placolithen) (Abb. 7b—c): manschettenknopfförmig mit zwei Scheiben und einer Wand,
c) Lopadolithen (Abb. 7d—e): becherförmig mit hohem Rand,
d) Rhabdolithen (Abb. 7f—h): stab- bis keulenförmig mit basaler Verbreiterung,
e) Stephanolithen (Abb. 7i—k): kronenförmig,
f) Calyptrolithen (Abb. 7l—m): mützenförmig,
g) Zygolithen (Abb. 8a): ringförmig, Innenraum von einer Brücke, einem Kreuz oder einer Wand überspannt,
h) Pentalithen (Abb. 8b): pentagonal; jede einheitlich orientierte Platte wird als Segment bezeichnet,
i) Goniolithen (Abb. 8c): aus einem pentagonalen Randbereich und granulatem (körnigem) Boden,
k) Asterolithen (Abb. 8d): sternförmig bis dreieckig; einzelne Strahlen längs der Suturen zentral verwachsen, können sich distal gabeln oder zu Knoten verdicken,
l) Ceratolithen (Abb. 8e): groß, hufeisenförmig; aus einem längeren und einem kürzeren Arm; auf der flachen Seite ist mitunter ein Kiel ausgebildet.
m) Mikrorhabdolithen (Abb. 8f.): stabförmig.

Angaben über die zahlreichen Paragenera finden sich u. a. bei LOEBLICH & TAPPAN (1966—1970) und REINHARDT (1970—1971). Zu den formenreichsten Paragenera gehören: *Discolithus* KAMPTNER 1948 (Malm — Pliozän, Abb. 9d), *Coccolithites* KAMPTNER 1955 (Neogen — rezent) und *Zygolithus* KAMPTNER 1949 (Tertiär — rezent, Abb. 9g). Die ältesten mesozoischen Funde stammen aus dem Lias und werden als *Parhabdolithus* DEFLANDRE 1952 (Lias — Malm) bezeichnet.

I. Klasse Flagellata Cohn 1853

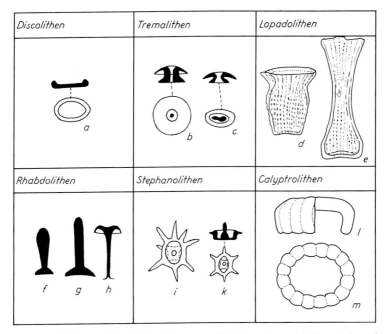

Abb. 7. Einige der wichtigsten Coccolithen-Gruppen: a) *Pontosphaera*; b) *Coccolithus* cf. *leptoporus*; c) *Coccolithus* cf. *carteri*; d) *Scyphosphaera pulcherrima* DEFL.; e) *Scyphosphaera intermedia* DEFL., Miozän; f) *Rhabdosphaera claviger* MURR & BLACK; g) *Rhabdosphaera tignifer* SCHILLER; h) *Discosphaera thomsoni* OST.; i)—k) *Stephanolithion bigoti* DEFL., Oxford; l)—m) *Calyptrolithus galerus* KPT., Torton (l = Seitenansicht, zur Hälfte Querschnitt; m = von unten). Soweit nicht besonders angegeben, handelt es sich um rezente Formen. Der wirkliche Durchmesser der Coccolithen liegt zwischen 0,002 und 0,01 µm. — Im wesentlichen nach J. SCHILLER und G. DEFLANDRE.

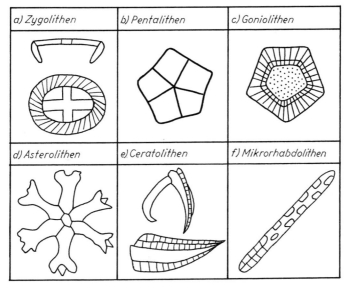

Abb. 8. Einige der wichtigsten Coccolithen-Gruppen. — In Anlehnung an verschiedene Autoren.

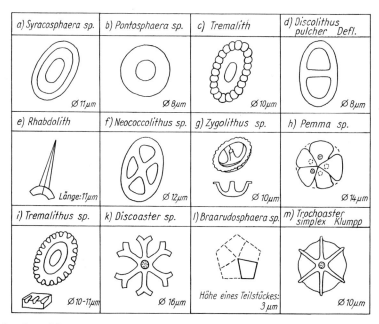

Abb. 9. Einige Coccolithen aus dem niederrheinischen Oligozän und Miozän. — Nach D. MAIER 1959.

Literaturverzeichnis

BRAARUD, T., DEFLANDRE, G., HALLDAL, P., & KAMPTNER, E.: Terminology, nomenclature and systematics of the Coccolithophoridae. — Micropaleontology **1**, Nr. 2, 157—159, 1955.

BRAMLETTE, M. N., & MARTINI, E.: The great change in calcareous nannoplankton fossils between the Maastrichtian and Danian. — Micropaleontology **10**, 291—322, 1 Abb., 7 Taf., 1964.

BUKRY, D.: Upper Cretaceous coccoliths from Texas and Europe. — Univ. Kansas Paleont. Contr. **51** (Protista 2), 79 S., 1 Abb., 50 Taf., 1969.

— & BRAMLETTE, M. N.: Coccolith age determination, Leg. 1, Deep sea drilling project. — In: EWING, M., et al. (Eds.), Initial reports of the deep sea drilling project **1**, 369—387, 3 Abb., 7 Taf., Washington 1969.

DANGEARD, L.: Les craies et les calcaires à Coccolithes de la Limagne. — Bull. Soc. Géol. France (5), **II**, 1932.

GALLOIS, R. W., & MEDD, A. W.: Coccolith-rich marker bands in the English Kimmeridge Clay. — Geol. Mag. **116** (4), 247—260, 3 Abb., 2 Taf., Cambridge 1979.

GRÜN, W., PRINS, B., & ZWEILI, F.: Coccolithophoriden aus dem Lias epsilon von Holzmaden (Deutschland). — Neues Jb. Geol. Paläont., Abh. **143** (3), 294—328, 22 Abb., Stuttgart 1974.

HAY, W. W., MOHLER, H. P., ROTH, P. H., SCHMIDT, R. R., & BOUDREAUX, J. E.: Calcareous nannoplankton zonation of the Cenozoic of the Gulf Coast and Caribbean-Antillean area, and transoceanic correlation. — Trans. Gulf Coast Ass. Geol. Soc. **17**, 428—480, 13 Taf., 1967.

HALLDAL, P., & MARKALI, J.: Electron microscope studies on Coccolithophorids from the Norwegian sea, the Golf stream and the Mediterranean. — Det. Norsk. Vidensk. Akad. Oslo, Math.-Nat. Kl. **1955**, Nr. 1, 30 S., 27 Taf., Oslo 1955.

— — Observations on coccoliths of *Syracosphaera mediterranea* LOHM., *S. pulchra* LOHM., and *S. molischi* SCHILL. in the electron microscope. — J. du Conseil internat. pour l'exploration de la mer **XIX**, No 3, 329—336, 6 Abb., 1954.

HOFFMANN, N.: Elektronenoptische Untersuchungen an Coccolithen aus der Kreide und dem Paläogen des nördlichen Mitteleuropas. — Hall. Jb. Mitteldt. Erdgesch. **11**, 41—60, 1 Abb., 5 Taf., Leipzig 1972a.

— Coccolithen aus der Kreide und dem Paläogen des nördlichen Mitteleuropas. — Geologie, Beiheft **73**, 121 S., 29 Abb., 19 Taf., Berlin 1972b.

Janin, M.-Chr.: Variabilité et évolution chez les *Discoaster* et genres voisins (Nannofossiles calcaires du Cénozoïque). — Revue Micropaléont. **33** (3/4), 175—192, 9 Abb., Paris 1990.

Kamptner, E.: Über das System und die Phylogenie der Kalkflagellaten. — Arch. Protistenk. **64**, 1928.

— Über den submikroskopischen Aufbau der Coccolithen. — Anz. Österr. Akad. Wiss., Math.-Nat. Kl. **87**, Wien 1950.

— Das mikroskopische Studium des Skeletts der Coccolithineen (Kalkflagellaten). Übersicht der Methoden und Ergebnisse. I. Die Gestalt des Gehäuses und seiner Bauelemente. — Mikroskopie **7**, Wien 1952. — II. Der Feinbau der Coccolithen. — Mikroskopie **7**, Wien 1952.

— Zur Frage des geologischen Alters der Coccolithineen und ihre Eignung für fossile Erhaltung. — Anz. Österr. Akad. Wiss., Math.-Nat. Kl. **10**, Wien 1953.

— Betrachtungen zur Systematik der Kalkflagellaten nebst Versuch einer neuen Gruppierung der Chrysomonadales. — Arch. Protistenk. **103**, 54—116, Jena 1958. — Darin weitere Literatur.

Keupp, H.: Ultrafazies und Genese der Solnhofener Plattenkalke (Oberer Malm, Südliche Frankenalp). — Abh. Naturhist. Ges. Nürnberg e. V. **37**, 128 S., 19 Abb., 30 Taf., Nürnberg 1977.

Locker, S.: Coccolithineen aus dem Paläogen Mitteleuropas. — Paläont. Abh., Abt. B, **3** (5), 735—853, 2 Abb., 17 Taf., Berlin 1972.

Loeblich A. R., jr., & Tappan, H.: Annotated index and bibliography of the calcareous nannoplankton. I—V. — Phycologia **5**, 81—216, 1966; J. Paleont. **42**, 584—598, 1967; ebd. **43**, 568—588, 1969; ebd. **44**, 558—574, 1970; Phycologia **9**, 157—174, 1970.

Lohmann, H.: Die Coccolithophoridae, eine Monographie der Coccolithen bildenden Flagellaten, zugleich ein Beitrag zur Kenntnis des Mittelmeerauftriebs. — Arch. Protistenkde. **1**, 89—165, 3 Taf., 1902.

McIntyre, A.: Coccoliths as paleoclimatic indicators of Pleistocene glaciation. — Science **158**, Nr. 3806, 1314—1317, 3 Abb., 1967.

— & Bé, A. W.: Modern Coccolithophoridae of the Atlantic Ocean. I. Placoliths and Cyrtoliths. — Deep-Sea Res. **14**, 561—597, 17 Abb., 12 Taf., 1967.

Maier, D.: Planktonuntersuchungen in tertiären und quartären marinen Sedimenten. Ein Beitrag zur Systematik, Stratigraphie und Ökologie der Coccolithophorideen, Dinoflagellaten und Hystrichosphaerideen vom Oligozän bis zum Pleistozän. — N. Jb. Geol. Paläont. Abh. **107**, 3, 278—340, 4 Abb., 7 Taf., 5 Tab., Stuttgart 1959.

Martini, E.: Braarudosphaeriden, Discoasteriden und verwandte Formen aus dem Rupelton des Mainzer Beckens. — Notizbl. hess. L.-Amt. Bodenforsch. **88**, 65—87, 5 Abb., 4 Taf., Wiesbaden 1960.

— Nannoplankton aus dem Latdorf (locus typicus) und weltweite Parallelisierungen im oberen Eozän und unteren Oligozän. — Senckenbergiana lethaea **50**, 117—159, 4 Abb., 4 Taf., 1969.

— Standard Palaeogene calcareous nannoplankton zonation. — Nature **226**, Nr. 5245, 560—561, London 1970.

Naji, F.: Kalkiges Nannoplankton aus der Oberkreide und dem Alttertiär Jordaniens (Mittel-Santon bis Mittel-Eozän). — Geol. Jb. **55 B**, 3—185, 1 Abb., 30 Taf., Hannover 1983.

Noël, D.: Sur les coccolithes du Jurassique Européen et d'Afrique du Nord. — Éditions du Centre National de la Recherche Scientifique, 208 S., 74 Abb., 29 Taf., Paris 1965.

Okada, H., & Honjo, S.: The distribution of oceanic coccolithophorids in the Pazific. — Deep Sea Res. **20**, 355—374, 13 Abb., 2 Taf., Oxford 1973.

Perch-Nielsen, K.: Remarks on late Cretaceous to Pleistocene coccolithes from the North Atlantic. — Initial Rep. Deep Sea Drilling Project **12**, 1003—1069, 1 Abb., 22 Taf., Washington 1972.

Pirini Radrizzani, C.: Coccoliths from Permian deposits of eastern Turkey. — In: A Farinacci, Proc. II. Planktonic Conf. **2**, 993—1001, 1971.

Reinhardt, P.: Synopsis der Gattungen und Arten der mesozoischen Coccolithen und anderer kalkiger Nannofossilien. I—III. — Freiberger Forschungsh. C **260**, 5—32, 56 Abb., 1 Taf., 1970; C **265**, 41—111, 121 Abb., 8 Taf., 1970; C **267**, 19—41, 49 Abb., 3 Taf., Leipzig 1971.

— Coccolithen. — Neue Brehm-Bücherei **453**, 99 S., 188 Abb., Wittenberg 1972.

Rood, A. P., Hay, W. W., & Barnard, T.: Electron Microscope Studies of Oxford Clay Coccoliths. — Eclog. geol. Helv. **64** (2), 245—272, 3 Abb., 5 Taf., Basel 1971.

Romein, A. J. T.: Lineages in early Paleogene, calcareous Nannoplankton. — Utrecht Micropaleont. Bull. **22**, 231 S., zahlr. Abb., 10 Taf., 1979.

Stradner, H., & Edwards, A. R.: Electron microscopic studies on Upper Eocene coccoliths from the Oamaru Diatomite, New Zealand. — Jb. Geol. Bundesanst. Wien, Sonderbd. **13**, 66 S., 10 Abb., 48 Taf., 1968.

Ordnung **Peridiniina** EHRENBERG 1830
(Dinoflagellata BÜTSCHLI 1885; Peridiniales SCHÜTT 1896;
Dinophyceae PASCHER 1914)

1. Allgemeines

Der ovale, kugelige oder (selten) abgeflachte Körper der P. scheidet meist einen Panzer aus, der bei den rezenten Formen überwiegend aus Zellulose, bei den fossilen gelegentlich aus Kalk (Calciodinellidae DEFLANDRE, Malm — Tertiär) oder Kieselsäure (Lithoperidinidae DEFLANDRE, Malm — Tertiär) besteht. Auch nackte, panzerlose Formen kommen vor. Die Größe schwankt zwischen ca. 8 und 450 µm. Von den beiden dicht nebeneinander liegenden Geißeln wirkt die nach hinten gerichtete als Schleppgeißel, während die andere den Körper meist an der breitesten Stelle bandförmig umgibt. Sie liegt in einer gürtelartigen Furche (Querfurche) und bewirkt über feine Wimpern, die sich an ihrer Außenkante befinden, undulierende Schwingungen. Durch diese wird der Körper um die Längsachse gedreht und, falls die Querfurche spiral verläuft, zusätzlich etwas vorwärts bewegt. Auch die Längsgeißel befindet sich in einer Furche (Längsfurche); doch ragt sie stets ziemlich weit über das Körperende (Antapex) hinaus. Durch sie vor allem wird der Körper vorwärtsgetrieben und gesteuert. Sein Vorderende wird als Apex, der oberhalb der Querfurche liegende Teil des Panzers als Epitheka und der darunter befindliche als Hypotheka bezeichnet. Die Oberfläche ist in der Regel mit Dornen, Hörnern, Leisten oder Kämmen besetzt und in eckige Platten aufgeteilt. Da diese in ihrer Anordnung nur wenig variieren, sind sie von großer taxonomischer Bedeutung (Abb. 10).

Die Vermehrung erfolgt, soweit bekannt, durch Zwei- oder Mehrfachteilung, wozu der Protoplast entweder mit Panzer verbleibt oder diesen zum Beispiel über besondere Schlüpflöcher (Pylome, Abb. 11) verläßt. Vor allem die im Süßwasser lebenden P. bilden vor der Teilung oft Cysten (Ruhestadien). Dies sind meist kugelige und dickwandige Körper, auf denen die Platten und Furchen der zugehörigen Arten in ihrer Lage oft schon durch Fortsätze (Stacheln, Dornen, Membranen usw.) angedeutet werden (Abb. 13c—h). Die Mehrzahl der P. hat braune Chromatophoren, die der Assimilation dienen. Andere Arten ernähren sich daneben oder ausschließlich heterotroph, also tierisch. Im letzteren Fall fehlen Chromatophoren. Die meisten P. leben im Meer und im Süßwasser, einige auch als Parasiten.

2. Vorkommen

Ordovizium, Perm — rezent. Heute zeitweilig in riesigen Mengen im oberflächennahen Wasser der Ozeane, das sie intensiv braun zu färben vermögen. Dann verursachen sie häufig ein Massensterben von Meerestieren, insbesondere von Fischen. Die weltweite Verbreitung und die Häufigkeit der P. bietet gute Voraussetzungen für Schichtkorrelationen über große Strecken.

3. Systematik

Die rezenten Formen unterscheidet man insbesondere nach dem speziellen Aufbau des Kerns. Da dieser bei den fossilen Formen nicht überliefert ist, gründet sich ihre Systematik vor allem auf die Morphologie der Hartteile. Bei den Formen, deren Hülle aus einzelnen Platten besteht, bildet deren Anordnung die Grundlage. Manche Gattungen haben eine außerordentlich große Existenzdauer. Dies gilt zum Beispiel für:

Peridinium EHRENBERG 1832: ? Ob. Karbon, Kreide — rezent, sowohl im Salz- als auch im Süßwasser häufig (Abb. 12).

Sehr verschieden gestaltete Formen mit charakteristischer Anordnung der Platten; von den Polen her nicht zusammengedrückt, im Umriß zuweilen symmetrisch. Apex mitunter in ein Horn auslaufend. Querfurche meist äquatorial-kreisförmig, sonst schraubig-spiral, rechts- oder linksdrehend. Beim Größerwerden bilden sich an den Plattengrenzen Zuwachsstreifen (Intercalarzo-

I. Klasse Flagellata Cohn 1853

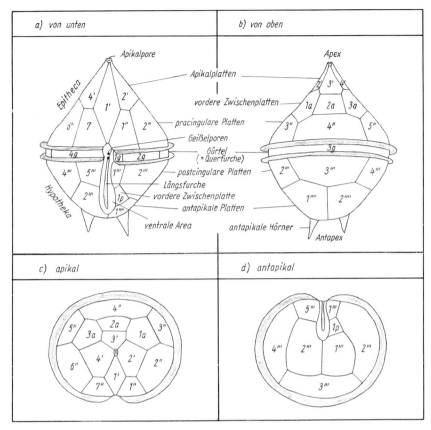

Abb. 10. Schema zur Morphologie und Taxonomie eines hypothetischen Vertreters der Peridiniina, dessen Körperwand aus eckigen Platten besteht. Stark vergrößert. — Nach W. R. Evitt 1961, umgezeichnet.

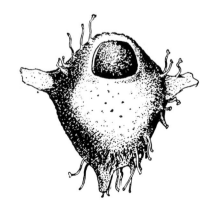

Abb. 11. *Dracodinium solidum* Gocht (bei Auflicht), mit Schlüpfloch (Pylom). Eozän oder Oligozän von Jatznitz bei Pasewalk (Mecklenburg). Länge: 97 μm. — Nach H. Gocht 1955.

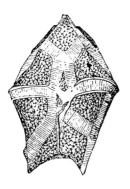

Abb. 12. *Peridinium conicum* GRAN., Ob. Kreide (Dan). Stark vergrößert. — Nach G. DEFLANDRE 1952a.

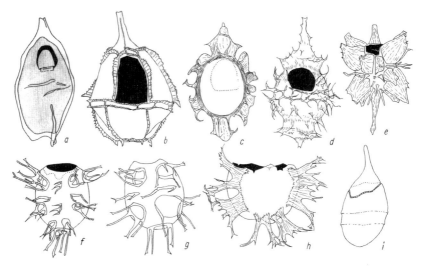

Abb. 13. a) *Deflandrea* sp., Ob. Kreide (Maastricht) von New Jersey, ca. 375/1 nat. Gr.; b) *Gonyaulax jurassica*, DEFLANDRE, Malm (Oxford) von Utah, ca. 375/1 nat. Gr.; c) *Palmnickia lobifera* EISENACK, Unt. Oligozän (Blaue Erde) des Ostseegebiets, ca. 250/1 nat. Gr.; d) *Triblastula* cf. *utinensis* O. WETZEL, Ob. Kreide (Maastricht) von New Jersey, ca. 375/1 nat. Gr.; e) *Hystrichokolpoma cinctum* KLUMPP, Unt. Oligozän (Blaue Erde) des Ostseegebiets, ca. 250/1 nat. Gr.; f)—g) *Systematophora areolata* KLEMENT, Malm delta von Baden-Württemberg, ca. 325/1 nat. Gr.; h) *Areoligera* cf. *senonensis* LEJEUNE-CARPENTIER, Ob. Kreide (Maastricht) von New Jersey, ca. 250/1 nat. Gr.; i) *Pareodinia* sp., Malm von Dänemark, ca. 375/1 nat. Gr. — Nach W. R. EVITT 1961, umgezeichnet.

nen), an denen der Panzer leicht in seine einzelnen Teile zerfällt. Bildung von Cysten vor allem bei Süßwasserformen nachgewiesen. — Es handelt sich um eine der langlebigsten Gattungen. Sehr langlebig sind aber auch einige der Arten, z. B. *Peridinium conicum* (GRAN) OSTENFELD & SCHMIDT 1901 (Abb. 12), das praktisch seit der Kreide keine Veränderungen erkennen läßt.

Deflandrea EISENACK 1938: Kreide — Tertiär, mit zahlreichen Arten (Abb. 13a).

Panzer länger als breit, dorsoventral abgeflacht, mit Apikalhorn und zwei Antapikalhörnern, doch mit Tendenz, ein Apikalhorn zu reduzieren. Seitenhörner fehlen. Wand glatt, gelegentlich mit kleinen Dornen besetzt.

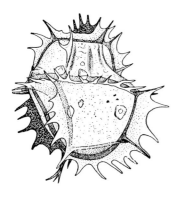

Abb. 14. *Ctenidodinium ornatum* Eis., Unt. Malm (Oxford). Stark vergrößert. — Nach G. Deflandre 1952a.

Neben den sehr langlebigen (persistenten) Gattungen finden sich aber auch kurzlebige. Zu diesen gehören unter anderen:

Ctenidodinium Deflandre 1938: Dogger — Unt. Kreide (Abb. 14).

Hier ist an Stelle einer deutlichen Querfurche nur ein differenzierter, äquatorial verlaufender Gürtel ausgebildet. Die mit flügelartigen Vorsprüngen versehenen Suturen tragen Dornen.

Pareodinia Deflandre 1947: Dogger — Unt. Kreide (Alb) (Abb. 13i).

Panzer oval oder ellipsoidisch, mit kräftigem Apikalhorn, ohne Gürtel und Längsfurche.

Als Cysten von Peridiniina werden mit W. R. Evitt (1961) betrachtet: *Palmnickia* Eisenack 1954: Tertiär (Abb. 13c), *Triblastula* O. Wetzel 1933: Kreide (Abb. 13d), *Hystrichokolpoma* Klumpp 1953: ? Kreide, Tertiär (Abb. 13e), *Systematophora* Klement 1960: Jura (Abb. 13f, g), *Areoligera* Lejeune-Carpentier 1939: Jura-Tertiär (Abb. 13h).

Literaturverzeichnis

Alberti, G.: Zur Kenntnis mesozoischer und alttertiärer Dinoflagellaten und Hystrichosphaerideen von Nord- und Mitteldeutschland sowie einigen anderen europäischen Gebieten. — Palaeontographica **116 A**, 1—58, Stuttgart 1961.

Bandel, K., & Keupp, H.: Analoge Mineralisation bei Mollusken und kalkigen Dinoflagellaten-Zysten. — Neues Jb. Geol. Paläont. Mh. **1985** (2), 65—86, 5 Abb., Stuttgart 1985.

Below, R.: Evolution und Systematik von Dinoflagellatenzysten aus der Ordnung Peridiniales. I. Allgemeine Grundlagen und Subfamilie Rhaetogonyaulacoidea (Familie Peridiniaceae). — Palaeontographica **B 206**, Nr. 1—6, 164 S., Stuttgart 1987 (1987a).

— Desgl., II. Cladopyxiaceae und Valvaeodiniaceae. — Ebd. **B 206**, Nr. 1—6, 115 S., Stuttgart 1987 (1987b).

Bujak, J. B., & Davies, E. H.: Modern and fossil Peridiniineae. — Amer. Ass. Stratigr. Palynol. Contr. Ser. **13**, 202 S., 49 Abb., 12 Taf., Dallas/Tex. 1983.

— & Fisher, M. J.: Dinoflagellate cysts from the Upper Triassic of arctic Canada. — Micropaleontology **22**, 44—70, 6 Abb., 9 Taf., New York 1976.

Cookson, I. C., & Eisenack, A.: Fossil microplankton from Australian and New Guinea Upper Mesozoic Sediments. — Proc. Roy. Soc. Vict. **70**, 19—79, Melbourne 1958.

Davey, R. J., Downie, C., Sarjeant, W. A. S., & Williams, G. L.: Studies on Mesozoic and Cainozoic Dinoflagellate Cysts. — Bull. brit. Mus. (Nat. Hist.) Geol., Suppl. **3**, 1—248, 64 Abb., 26 Taf., London 1966.

Deflandre, G.: Sur quelques nouveaux Dinoflagellés des silex crétacés. — Bull. Soc. Géol. France (5) **XIII**, 499—509, 1943.

— Les Calciodinellidés, Dinoflagellés fossiles à thèque calcaire. — Le Botaniste **34**, 191—219, 37 Abb., Caen 1948.

— Classe des Dinoflagellés. — In: J. PIVETEAU, Traité de Paléontologie I, 16—124, 33 Abb., Paris 1952 (1952a).
— Dinoflagellés fossiles. — In: P.-P. GRASSÉ, Traité de Zoologie I, 391—406, 9 Abb., Paris 1952 (1952b).
DEFLANDRE-RIGAUD, M.: Microfossiles des silex sénoniens du Bassin de Paris. — C. R. somm. Soc. Géol. France 1954, 58—59, Paris 1954.
DOWNIE, CH.: Microplankton from the Kimmeridge Clay. — Quart. J. Geol. Soc. London CXII, 413—434, 6 Abb., 1 Taf., London 1957.
EISENACK, A.: Dinoflagellaten aus dem Jura (Dinoflagellates du Jurassique). — Ann. Protistol. V, 59—64, Paris 1936.
— Mikrofossilien aus dem norddeutschen Apt nebst einigen Bemerkungen über fossile Dinoflagellaten. — N. Jb. Geol. Paläont., Abh. 106, 383—422, Stuttgart 1958.
— Fossile Dinoflagellaten. — Arch. Protistenk. 104, 43—50, Jena 1959.
— Einige Erörterungen über fossile Dinoflagellaten nebst Übersicht über die zur Zeit bekannten Gattungen. — N. Jb. Geol. Paläont., Abh. 112, 3, 281—324, 8 Abb., 5 Taf., Stuttgart 1961.
— Beiträge zur Acritarchen-Forschung. — N. Jb. Geol. Paläont. Abh. 147, 269—293, 50 Abb., Stuttgart 1974.
— & KLEMENT, K. W.: Katalog der fossilen Dinoflagellaten, Hystrichosphären und verwandten Mikrofossilien. I. Dinoflagellaten, 895 S., zahlr. Abb., 9 Taf., 1964—1967. — Darin weitere Literatur.
— & KJELLSTRÖM, G.: Katalog der fossilen Dinoflagellaten, Hystrichosphären und verwandten Mikrofossilien, II, 1130 S., 410 Abb., 6 Taf., Stuttgart 1971.
EVITT, W. R.: Observations on the morphology of fossil dinoflagellates. — Micropaleontology 7, 4, 385—420, 8 Abb., 9 Taf., New York 1961.
— Dinoflagellate studies. I. Dinoflagellate cysts and thecae. — Stanford Univ. Publ. Geol. Sci. 10, Nr. 1, 385—420, 2 Abb., 1 Taf., Stanford 1964.
— Desgl. II. The archeopyle. — Ebd. 10, Nr. 3, 83 S., 50 Abb., 9 Taf., Stanford 1967 (1967a).
— et al.: Desgl. III. *Dinogymnium acuminatum* n. gen., n. sp. (Maastrichtian) and other fossils formerly referable to *Gymnidium* STEIN. — Ebd. 10, Nr. 4, 27 S., 22 Abb., 3 Taf., Stanford 1967 (1967b).
— & WALL, D.: Desgl. IV. Theca and cyst of recent freshwater *Peridinium limbatum* (STOKES) LEMMERMANN. — Ebd. 12, Nr. 2, 15 S., 13 Abb., 4 Taf., Stanford 1968.
FÜTTERER, D.: Kalkige Dinoflagellaten („Calciodinelloideae") und die systematische Stellung der Thoracosphaeroideae. — N. Jb. Geol. Paläont. Abh. 151 (2), 119—141, 25 Abb., Stuttgart 1976.
GERLACH, E.: Mikrofossilien aus dem Oligozän und Miozän Nordwestdeutschlands, unter besonderer Berücksichtigung der Hystrichosphaeren und Dinoflagellaten. — N. Jb. Geol. Paläont., Abh. 112, 143—228, Stuttgart 1961.
GILBERT, M. W., & CLARK, D. L.: Central Arctic Ocean paleogeographic interpretations based on Late Cenozoic calcareous dinoflagellates. — Mar. Micropaleont. 7, 385—401, 16 Abb., 1 Taf., Amsterdam 1983.
GOCHT, H.: Mikroplankton aus dem nordwestdeutschen Neokom (Teil I). — Paläont. Z. 31, 163—185, Stuttgart 1957.
— Mikroplankton aus dem nordwestdeutschen Neokom (Teil II). — Paläont. Z. 33, 50—89, Stuttgart 1959.
KEUPP, H.: Calcisphaeren des Untertithon der südlichen Frankenalb und die systematische Stellung von *Pithonella* LORENZ 1901. — N. Jb. Geol. Paläont. Mh. 1978 (2), 87—98, 14 Abb., Stuttgart 1978.
— Die kalkigen Dinoflagellaten-Zysten der borealen Unter-Kreide (Unter-Hauterivium bis Unter-Albium). — Facies 5, 1—190, 26 Abb., 53 Taf., Erlangen 1981.
— Die kalkigen Dinoflagellaten-Zysten des späten Apt und frühen Alb in Nordwestdeutschland. — Geol. Jb. A 65, 307—363, 7 Abb., 9 Taf., Hannover 1982.
— Die kalkigen Dinoflagellatenzysten des Mittelalb bis Untercenoman von Escalles/Boulonnais (N-Frankreich). — Facies 16, 6—21, 8 Abb., 16 Taf., Erlangen 1987.
KLEMENT, K. W.: Dinoflagellaten und Hystrichosphaerideen aus dem unteren und mittleren Malm Südwestdeutschlands. — Palaeontographica A 114, 1—104, Stuttgart 1960.
KÖTHE, A.: Kalkiges Nannoplankton aus dem Paläogen Nordwestdeutschlands. — Geol. Jb. A 89, 3—114, 12 Abb., 16 Taf., Hannover 1986.
— Paleogene Dinoflagellates from Northwest Germany. — Geol. Jb. A 118, 3—111, 13 Abb., 33 Taf., Hannover 1990.
LENTIN, J. K., & WILLIAMS, G. L.: Fossil Dinoflagellates: index to genera and species, 1989 edition. — Amer. Assoc. Strat. Palynologists 20, 1—473, Dallas 1989.

MÄGDEFRAU, K.: Paläobiologie der Pflanzen. 4. Aufl., 549 S., 395 Abb., Jena 1956.
MAIER, D.: Planktonuntersuchungen in tertiären und quartären marinen Sedimenten. Ein Beitrag zur Systematik, Stratigraphie und Ökologie der Coccolithophorideen, Dinoflagellaten und Hystrichosphaerideen vom Oligozän bis zum Pleistozän. — N. Jb. Geol. Paläont., Abh. **107**, 3, 278—340, 4 Abb., 5 Tab., 7 Taf., Stuttgart 1959.
MANUM, S.: Some Dinoflagellates and Hystrichosphaerids from the Lower Tertiary of Spitzbergen. — Nytt Mag. Bot. **8**, 17—26, 1 Taf., Oslo 1960.
MASURE, E.: L'origine et la phylogénie des Peridiniaceae (Dinoflagellés) d'après les témoins fossiles. — Revue Micropaléont. **33** (3/4), 219—232, 10 Abb., Paris 1990.
ORR, W. N., & CONLEY, ST.: Siliceous dinoflagellates in the northeast Pacific rim. — Micropaleontology **22**, 92—99, 1 Abb. 2 Taf., New York 1976.
PERCH-NIELSEN, K.: Late Cretaceous to Pleistocene archaeomonads, ebridians, endoskeletal dinoflagellates, and other siliceous microfossils from the subantarctic Southwest Pacific, DSDP, Leg 29. — Initial Rep. Deep Sea Drilling Project **29**, 873—907, 3 Abb., 13 Taf., Washington 1975.
SARJEANT, W. A. S.: Acritarchs and Tasmanitids from the Mianwali and Tredian Formations (Triassic) of the Salt and Surghar Ranges, West Pakistan. — In: The Permian and Triassic Systems and their Mutual Boundary, S. 35—73, 5 Abb., 4 Taf., Calgary 1973.
— Fossil and living dinoflagellates. 182 S., 45 Abb., 15 Taf., London — New York (Academic Press) 1974.
SCHAARSCHMIDT, F.: Sporen und Hystrichosphaerideen aus dem Zechstein von Büdingen in der Wetterau. — Palaeontographica (B) **113**, 38—91, Stuttgart 1963.
SPECTOR, D. L. (Ed.): Dinoflagellates. 545 S., 213 Abb., New York – London 1984.
STOVER, L. E., & EVITT, W. R.: Analyses of Pre-Pleistocene Organic-walled Dinoflagellates. — Stanford Univ. Publ. Geol. Sci. **15**, 300 S., 2 Abb., Stanford 1978. — Darin vollständiges Literaturverzeichnis. Wichtige kritische Analyse insbesondere der seit 1970 neu aufgestellten Taxa.
UMNOVA, N. I.: [Acritarcha aus dem Ordovizium und Silurium des Moskauer Gebiets und des Baltikums]. — Moskwa „Nedra", K — **12**, 166 S., 2 Abb., 20 Taf., Moskau 1975 (russ.).
WETZEL, O.: Die in organischer Substanz erhaltenen Mikrofossilien des baltischen Kreide-Feuersteins. — Palaeontogr. **77**, 147—186; **78**, 1—10, 16 Abb., 6 Taf., 1933.
— Eine neue Dinoflagellaten-Gruppe aus dem baltischen Geschiebefeuerstein. — Schr. Naturw. Ver. Schlesw.-Holst. **31**, 81—86, 1 Taf., 1960.
— New microfossils from Baltic flintstones. — Micropaleontology **7**, 337—350, 3 Taf., 1961.
WETZEL, W.: Beitrag zur Kenntnis des dan-zeitlichen Meeresplanktons. — Geol. Jb. **66**, 391—420, Hannover 1952.

Ordnung **Ebriida** LEMMERMANN 1900
(pro Ebriaceae) (Ebriideae DEFLANDRE 1936)

1. Allgemeines

Ausschließlich marine, planktisch lebende Flagellaten mit kieseligem Innenskelett, zwei ungleichen Geißeln und einem Zellkern. Das sehr mannigfaltig gestaltete Skelett wird aus dichten Kieselstäbchen gebildet (Abb. 15). Bei manchen Formen zeigt es große Ähnlichkeit mit gewissen Radiolarien (Abb. 16). Die rezenten Vertreter stehen wegen der Ausbildung des Kernes und der Geißeln den Peridiniina sehr nahe. Dabei handelt es sich heute offenbar ausschließlich um Bewohner kalter und gemäßigter Meere. Das Studium der fossilen Vertreter bietet wegen ihrer Kleinheit und Zerbrechlichkeit sowie des meist sehr komplexen Baues zum Teil erhebliche Schwierigkeiten.

2. Vorkommen

Paläozän — rezent, vor allem in diatomeenreichen Ablagerungen. Maximum der Entwicklung im Tertiär; heute bis auf wenige Gattungen ausgestorben (z. B. *Ebria* BORGERT 1891; *Hermesinum* ZACHARIAS 1906).

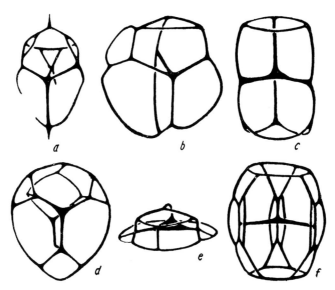

Abb. 15. Der schematische Aufbau des Skeletts bei verschiedenen Gattungen der **Ebriida**. — Nach G. DEFLANDRE 1952 (umgezeichnet). a) *Hermesinum* ZACHARIAS 1906: Paläozän — rezent. Maximum der Entwicklung ab Miozän; b) *Podamphora* GEMEINHARDT 1931: Miozän; c)—d) *Ammodochium* HOVASSE 1932: Paläozän — Miozän; e)—f) *Ebria* BORGERT 1891: Miozän — rezent.

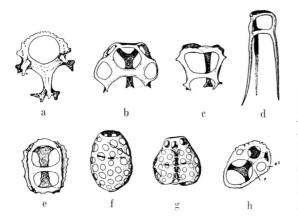

Abb. 16. Einige kennzeichnende Vertreter der **Ebriida**: a) *Hovassebria brevispinosa* (Hov.) DEFL., Oligozän; b) *Ditripodium fenestratum* DEFL., Miozän; c) *Thranium patulum* DEFL., Miozän; d) *Parathranium clathratum* (EHRENBERG), Miozän; e) *Ammodochium rectangulare* (SCHULZ), Miozän; f)—g) *Pseudammodochium dictyoides* Hov., Oligozän; h) *Craniopsis octo* Hov., Oligozän. Stark vergrößert. — Nach G. DEFLANDRE 1952.

3. Systematik

Mit den fossilen Vertretern haben sich zunächst vor allem G. DEFLANDRE (1932—1952), R. HOVASSE (1932, 1943) und J. FRENGUELLI (1940—1941) beschäftigt. Doch steht die Bearbeitung noch in den ersten Anfängen, so daß die bisher vorliegenden systematischen Gruppierungen lediglich ein ungefähres Bild zu geben vermögen. G. DEFLANDRE (1951, 1952) unterscheidet vier Familien, auf die sich 18 Gattungen verteilen. Einige der kennzeichnenden Formen sind in Abb. 15 und 16 dargestellt.

Literaturverzeichnis

DEFLANDRE, G.: Recherches sur les Ébriédiens. Paléobiologie. Évolution. Systématique. — Bull. biol. France Belg. **85**, 1—84, 1951. — Darin eine nahezu vollständige Bibliographie bis 1951.
— Classe des Ébriédiens. — In: J. PIVETEAU, Traité de Paléontologie **I**, 124—128, 1 Abb., Paris 1952 [1952a].
— Classe des Ébriédiens. — In: P.-P. GRASSÉ, Traité de Zoologie **I**, 407—424, 13 Abb., Paris 1952 [1952b].
DUMITRICA, P.: Miocene and Quarternary ebridians from the Mediterranean Sea, Deep Sea Drilling Project Leg 13. — Initial Rep. Deep Sea Drilling Project **13**, 934—939, 2 Taf., 1 Abb., Washington 1972.
GOMBOS, A. M. jr.: Three new and unusual genera of ebridians from the southwest Atlantic Ocean. — J. Paleont. **56** (2), 444—448, 1 Abb., 1 Taf., 1982.
HAQ, B. U., & BOERSMA, A.: Silicoflagellates and Ebridians. — In: B. U. HAQ and A. BOERSMA (Eds.), Introduction to Marine Micropaleontology, S. 167—275, 14 Abb., New York 1978.
HOVASSE, R.: Nouvelles recherches sur les flagellés à squelette siliceux: Ebriidés et Silicoflagellés fossiles de la diatomite de Saint-Laurent-La-Vernède (Gard). — Bull biol. France Belg. **77**, 271—294, 16 Abb., Paris 1943.
LING, H. Y.: Upper Cretaceous and Cenozoic silicoflagellates and ebridians. — Bull. Amer. Paleont **62**, Nr. 273, 135—229, 7 Abb., 10 Taf., Ithaca, N. Y. 1972.
— Early Paleogene silicoflagellates and ebridians from the Arctic Ocean. — Trans. Proc. palaeont. Soc. Japan, n. s. **138**, 79—93, 2 Abb., 4 Taf., Tokio 1985.

Ordnung **Volvocea** FRANCÉ 1894
(pro Volvocales) (Phytomonadina BLOCHMANN 1895)

Es handelt sich ebenso wie bei den Euglenoidina um fossil wenig bekannte, zum Teil koloniebildende Flagellaten, die grüne Chromatophoren aufweisen und sich phototroph oder heterotroph zu ernähren vermögen. Die Mehrzahl der rezenten sowie alle bisher (seit Jura) nachgewiesenen fossilen Vertreter gehören dem Süßwasser an. Dies gilt zum Beispiel für:

a) **Chlamydomonas** aus Koprolithen des Ob. Eozän von Nordamerika (W. H. BRADLEY 1946);
b) **Phacotus**, eine Form mit kalkiger Schale, die vor allem in Dänemark vorkommt, wo sie ab Ob. Miozän bis zum Pleistozän kalkige Seeablagerungen bildet (G. LAGERHEIM 1902).

Literaturverzeichnis

BRADLEY, W. H.: Coprolites from the Bridger formation of Wyoming: their composition and microorganisms. — Amer. J. Sci. **CCXLIV**, 215—239, 1946.
DEFLANDRE, G.: Phytomonadines fossiles. — In: P.-P. GRASSÉ, Traité de Zoologie **I**, 207—209, 1 Abb., Paris 1952.
LAGERHEIM, G.: Untersuchungen über fossile Algen. II. Über das Vorkommen von *Phacotus lenticularis* (Ehr.) Stein in tertiären und quartären Ablagerungen. — Geol. Fören. Stockholm **XXIV**, 475—500, 1902.

Gruppe der **Ophiobolidae** DEFLANDRE 1952

Ovale bis länglich-ovale Körper mit ein oder mehreren fadenförmigen Filamenten, die man ursprünglich zu den nackten Flagellaten gestellt und mit den im Mikroplankton der heutigen Ozeane massenhaft vorkommenden Chrysomonadinen verglichen hat. Entdeckt wurden sie von O. WETZEL (1933) im Feuerstein der Schreibkreide. Neueren Untersuchungen zufolge bestehen die Wand und die fest mit ihr verbundenen Filamente aus einer säureresistenten organischen Substanz (G. ALBERTI 1961, W. R. EVITT 1968), so daß die Stellung bei den nackten Flagellaten ausscheidet. Wahrscheinlich handelt es sich um Cysten oder Eierschalen irgendwelcher mariner

Plankter, die mit den fadenförmigen Fortsätzen an der Oberfläche anderer Plankter befestigt waren, falls die Filamente nicht nur zur Erhöhung der Schwebfähigkeit dienten. — Kreide (Valendis — Maastricht).

Ophiobolus O. WETZEL 1933: Kreide (Valendis — Maastricht) von Europa und N-Amerika (Abb. 17).

Oval bis länglich-oval, maximaler Durchmesser ca. 15 × 40 μm; glatt bis fein punktiert; extrem dünnwandig; mit ein oder meist zwei langen Filamenten. Es fehlt jedes Anzeichen für eine praeformierte Sutur.

Literaturverzeichnis

ALBERTI, G.: Zur Kenntnis mesozoischer und alttertiärer Dinoflagellaten und Hystrichosphaerideen von Nord- und Mitteldeutschland sowie einigen anderen europäischen Gebieten. — Palaeontographica **116 A**, 1—58, 12 Taf., Stuttgart 1961.

DEFLANDRE, G.: Considérations biologiques sur les microorganismes d'origine planctonique conservé dans les silex de la craie. — Bull. biol. France Belg. **69**, 213—244, 5 Taf., 1935.

— Ophiobolides et autres flagellés fossiles. — In: P.-P. GRASSÉ, Traité de Zoologie I, 571—573, 3 Abb., Paris 1952.

EVITT, W. R.: The cretaceous microfossil *Ophiobolus lapidaris* O. WETZEL and its flagellum-like filaments. — Stanford Univ. Publ., Geol. Sci. **12**, Nr. 3, 9 S., 1 Taf., Stanford 1968.

WETZEL, O.: Die Typen der baltischen Geschiebefeuersteine, beurteilt nach ihrem Gehalt an Mikrofossilien. — Z. Geschiebeforsch. **8**, 129—146, 1933.

— Die in organischer Substanz erhaltenen Mikrofossilien des baltischen Kreidefeuersteins. — Palaeontogr. **77**, 147—186; **78**, 1—110, 16 Abb., 6 Taf., 1933.

Ordnung **Silicoflagellata** BORGERT 1891

1. Allgemeines

Ausschließlich marine, planktisch lebende Flagellaten mit Kieselskelett von röhrenring- oder sternförmiger Gestalt. Prinzipiell läßt es sich auf einen Pyramidenstumpf zurückführen, an dem die aus Abb. 18a—b ersichtlichen Teile zu unterscheiden sind. Der Durchmesser beträgt 0,05—0,15 mm. Die Oberfläche kann unterschiedlich skulpturiert sein. Vorhanden sind braune Chromatophoren und eine Geißel, die an der Basis eines der Radialstacheln entspringt. Von den Spitzen der Radialstacheln gehen die langen Pseudopodien aus. Die Variabilität der S. ist in rezenten Populationen ungewöhnlich groß (Abb. 18c—h, k—s). Sie bezieht sich vor allem auf die Zahl der Radialstacheln und den Bau des Apikalapparates. Doppelskelette, die früher meist als Kopulationsstadien gedeutet wurden, sind Folge der vegetativen Vermehrung. Ein Teil entspricht der Mutterzelle, der andere der Tochterzelle (Abb. 18i).

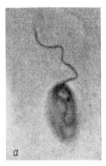
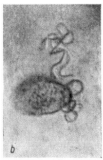

Abb. 17. Ophiobolus lapidaris O. WETZEL. Knollenfeuerstein der Schreibkreide. Pleistozänes Geschiebe des nördl. Mitteleuropa. a) $^{645}/_1$ nat. Gr.; b) $^{825}/_1$ nat. Gr. — Nach O. WETZEL 1933.

I. Klasse Flagellata Cohn 1853

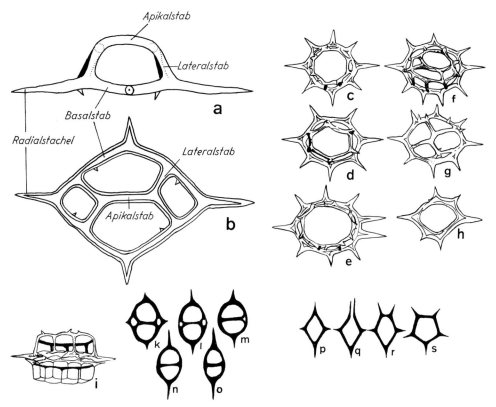

Abb. 18. a)—b) *Dictyocha fibula* (rezent), Skelettelemente (a — von der Seite, b — Apikalansicht); c)—h) *Dichtyocha octonaria* (rezent), Variabilität (c — Normalform mit 8 Radialstacheln), i) *Dictyocha octonaria* (rezent), vegetative Fortpflanzung (Skelett der Mutterzelle oben, Apikalskelett der Tochterzelle unten; letzteres noch im filiformen Zustand); k)—o) *Dictyocha ausonia* (rezent), verschiedene Mutanten; p)—s) *Dictyocha speculum* (rezent), Variabilität in der Zahl der Radialstacheln. Der Durchmesser der Silicoflagellata liegt zwischen 0,05 und 0,15 mm. — Nach G. DEFLANDRE, zusammengestellt und umgezeichnet.

2. Vorkommen

Gault ?, Ob. Kreide — rezent; vor allem in Gesteinen, die reich an marinen Diatomeen sind. Maximum der Entwicklung im Tertiär. Heute nur noch durch drei Gattungen (zum Beispiel *Dictyocha*, Abb. 18) mit wenigen Arten vertreten. Einige der fossilen Arten sind biostratigraphisch bedeutungsvoll, da sie bei geringer vertikaler, aber großer horizontaler Verbreitung häufig vorkommen (z. B. Abb. 19).

3. Systematik

Diese oft auch zu den Chrysomonadina gerechneten Flagellaten umfassen nach G. DEFLANDRE (1952) etwa ein Dutzend Gattungen, die sich auf zwei Familien verteilen.

a) die **Dictyochidae** LEMMERMANN, Ob. Kreide — rezent: Das Skelett besteht in der Regel aus einem ringförmig gestalteten basalen und einem apikalen Teil (Abb. 18, 19a—c);

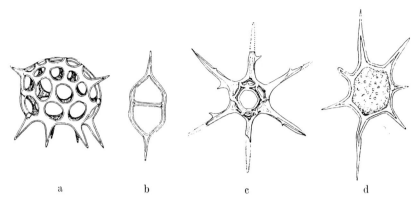

Abb. 19. Einige Vertreter der fossilen **Silicoflagellata.** a) *Cannopilus* sp., Miozän; b) *Naviculopsis robusta* DEFL., Eozän; c) *Nothyocha insolita* DEFL., Miozän; d) *Vallacerta hannai* DEFL., Ob. Kreide. Der Durchmesser von Silicoflagellata beträgt zwischen 0,05 und 0,15 mm. — Nach G. DEFLANDRE 1952a.

b) die **Vallacertidae** DEFLANDRE, Ob. Kreide — rezent: Hier ist das Skelett bis auf den apikalen Teil reduziert (Abb. 19d).

Wegen der außerordentlichen Variabilität, die sich vielfach im Skelett der Silicoflagellata zeigt, ist es praktisch bedeutungslos, nach absoluten Gattungsunterschieden bei den fossilen Vertretern zu suchen.

Literaturverzeichnis

BACHMANN, A.: Silicoflagellaten aus dem oberen Badenien von Walbersdorf (Burgenland). — Sitzber. Österr. Akad. Wiss., math.-nat. Kl., Abt. I, **179** (1/4), 55—72, 3 Abb., 10 Taf., Wien 1971.

BUKRY, D.: Stratigraphic value of silicoflagellates in nontropical regions. — Geol. Soc. Amer. Bull. **85**, 1905—1906, 3 Abb., Washington 1974.

— Coccolith and silicoflagellate stratigraphy, Northwestern Pacific Ozean, Deep Sea Drilling Project Leg 32. — Initial Rep. Deep Sea Drilling Project **32**, 677—701, 5 Abb., 4 Taf., Washington 1975.

— Synthesis of silicoflagellate stratigraphy for Maestrichtian to Quarternary marine sediment. — Spec. Publ. Soc. econ. Paleont. Mineral. **32**, 433—444, 2 Abb., Tusla/Okl. 1981.

— Cenozoic silicoflagellates from Rockall Plateau, Deep Sea Drilling Project Leg. 81. — Initial Rep. DSDP **81**, 547—563, 3 Abb., 3 Taf., Washington 1985.

CIESIELSKI, P. F.: Biostratigraphy and Oligocene silicoflagellates from cores recovered during Antarctic Leg 28, Deep Sea Drilling Project. — Initial Rep. Deep Sea Drilling Project **28**, 625—691, 9 Abb., 13 Taf., Washington 1975.

DEFLANDRE, G.: Contribution à l'étude des Silicoflagellidés actuels et fossiles. — Microscopie **2**, 72—108, 113 Abb.; 117—142, 60 Abb.; 191—210, 70 Abb., Paris 1950.

— Classe des Silicoflagellidés. — In: J. PIVETEAU, Traité de Paléontologie **I**, 103–106, 15 Abb., Paris 1952 (1952a).

— Classe des Silicoflagellidés. — In: P.-P. GRASSÉ, Traité de Zoologie **I**, 425—438, 13 Abb., Paris 1952 (1952b).

DUMITRICA, P.: Miocene and Quarternary silicoflagellates in sediments from the Mediterranean Sea. — Initial Rep. Deep Sea Drilling Project **13**, 902—933, 4 Abb., 12 Taf., Washington 1972.

FILIPESCU, M. G.: Les dépôts à Silicoflagellidés et à Radiolaires du Miocène de la région subcarpathique de Roumanie. — Bull. Soc. Sci. Acad. Roum. **26**, 1943.

HAQ, B. U., & BOERSMA, A.: Silicoflagellates and Ebridians. — In: B. U. HAQ and A. BOERSMA (Eds.), Introduction to Marine Micropaleontology, S. 267—275, 14 Abb., New York (Elsevier) 1978.

HOVASSE, R.: Nouvelles recherches sur les flagellés à squelette silicieux: Ébriidés et Silicoflagellés fossiles de la diatomite de Saint-Laurant-La-Vernède (Gard). — Bull. biol. France Belg. **LXXVII**, 271–294, 16 Abb., Paris 1943.
LING, H. Y.: Upper Cretaceous and Cenozoic silicoflagellates and ebridians. — Bull. Amer. Paleont. **62**, Nr. 273, 135–229, 7 Abb., 10 Taf., Ithaca, N. Y. 1972.
— Early Paleogene silicoflagellates and ebridians from the Arctic Ocean. — Trans. Proc. palaeont. Soc. Japan, n. s. **138**, 79–93, 2 Abb., 4 Taf., Tokio 1985.
LOCKER, S.: Revision der Silicoflagellaten aus der Mikrogeologischen Sammlung von C. G. EHRENBERG. — Eclogae geol. Helvet. **67** (3), 631–646, 4 Taf., Basel 1974.
— & MARTINI, E.: Silicoflagellaten aus einigen russischen Paläogen-Vorkommen. — Senckenbergiana lethaea **68** (1/4), 21–67, 4 Abb., 7 Taf., Frankfurt a. Main 1987.
MANDRA, Y. T., BRIGGER, A. L., & MANDRA, H.: Chemical extraction techniques to free fossil silicoflagellates from marine sedimentary rocks. — Proc. Calif. Acad. Sci., 4. ser., **39**, Nr. 15, 273–284, 3 Abb., San Francisco 1973.
— & MANDRA, H.: Paleoecology and taxonomy of silicoflagellates from an upper Miocene diatomite near San Felipe, Baja California, Mexico. — Occ. pap. Calif. Acad. Sci. **99**, 1–35, 48 Abb., San Francisco 1972.
MARTINI, E.: Silicoflagellaten im Paläogen von Norddeutschland. — Senckenbergiana lethaea **62**, 277–283, 1 Abb., 1 Taf., Frankfurt a. Main 1981.
— Silicoflagellates in the Paleogene of Northwest Germany. — Beitr. Reg. Geol. Erde **18**, 152–156, 2 Abb., Berlin, Stuttgart 1986.
MCPHERSON, L. M., & LING, H. Y.: Surface microstructure of selected silicoflagellates. — Micropaleontology **19** (4), 475–480, 2 Taf., New York 1973.
POELCHAU, H. S.: Distribution of Holocene silicoflagellates in North Pacific sediments. — Micropaleontology **22**, 164–193, 13 Abb., 6 Taf., New York 1976.
SANFILIPPO, A., BURCKLE, L. H., MARTINI, E., & RIEDEL, W. R.: Radiolarians, diatoms, silicoflagellates and calcareous nanno-fossils in the Mediterranean Neogene. — Micropaleontology **19** (2), 209–234, 1 Abb., 6 Taf., New York 1973.
SCHULZ, P.: Beiträge zur Kenntnis fossiler und rezenter Silicoflagellaten. — Bot. Arch. **21**, 225–292, 83 Abb., Leipzig 1928.

II. Klasse **Rhizopoda** v. SIEBOLD 1845

1. Allgemeines

Protozoen, deren nacktes Protoplasma formveränderliche, nicht beständige und nicht schwingende Fortsätze (Pseudopodien) bildet, die zur Fortbewegung und zur Nahrungsaufnahme dienen. Häufig sind Skelette oder Gehäuse vorhanden. Ein Zellmund fehlt. Das Auftreten geißeltragender Stadien weist auf die Verwandtschaft mit den Flagellaten hin.

2. Vorkommen

? Präkambrium, Kambrium — rezent.

3. Systematik

Es werden folgende Ordnungen bzw. Sammelgruppen unterschieden:

a) **Amoebida** EHRENBERG 1830: nur rezent nachgewiesen;
b) **Mycetozoida** DE BARY 1859: nur rezent nachgewiesen;
c) „**Thekamöben**" (Testacea M. SCHULTZE 1884; Testaceafilosa, Testacealobosa DE SAEDELEER 1934): ? Präkambrium — ? Devon, Unt. Karbon — rezent;
d) **Foraminifera** D'ORBIGNY 1826: ? Präkambrium, Unt. Kambrium — rezent.

Von den genannten Gruppen finden nachstehend nur die Berücksichtigung, zu denen sichere Überreste aus der geologischen Vergangenheit vorliegen. Dabei handelt es sich im wesentlichen um hartteiltragende Formen.

Sammelgruppe „Thekamöben"
(Testacea SCHULTZE 1854, Testacealobosa DE SAEDELEER 1934, Thecamoebida DELAGE & HÉROUARD 1896 u. a.)

1. Allgemeines

Es handelt sich um eine Sammelgruppe amöbenähnlicher Protozoa, deren einkammerige Gehäuse im wesentlichen aus einer pseudochitinigen Grundsubstanz bestehen. Eingelagert sind vielfach Fremdkörper, die aus der Umgebung aufgenommen werden (Sandkörnchen, Diatomeenschalen usw.). Die Form der Gehäuse ist meist kugelig oder eiförmig; doch finden sich auch polar oder lateral abgeflachte, stern-, walzen-, hauben- und schüsselförmige sowie anders gestaltete. Die Oberfläche kann skulpturlos sein, aber auch Dornen, Furchen oder Kiele tragen. Die Form und Lage der Gehäuseöffnung (Pseudostom) ist taxonomisch bedeutungsvoll. Die Mehrzahl der Th. lebt im Süßwasser, insbesondere auf Pflanzen oder im Bodenschlamm. Viele Arten kommen auf Waldmoosen oder in Mooren vor, manche im Brackwasser, aber wenige im Meer. Die Kenntnis der marinen Formen der Gegenwart ist überraschend gering. Das gleiche gilt, wenn man vom Pleistozän absieht, für fast alle fossilen Vertreter. Das sehr weitgespannte ökologische Spektrum führt bei vielen Th. zur Herausbildung von Dauermodifikationen, die leicht als selbständige Arten betrachtet oder mit solchen verwechselt werden können. Durch die Bildung von Cysten werden die Th. durch Wind oder Vögel oft weithin verfrachtet, was die häufig weltweite Verbreitung erklärt.

2. Vorkommen

? Präkambrium — ? Devon, Unt. Karbon — rezent. Zu den ältesten sicheren Formen dürfte *Prantlitina* VASIČEK & RUČIČKA 1957 aus dem Oberkarbon (Namur) der ČSFR gehören. Ihr ovales, abgeflachtes Gehäuse ist sehr dickwandig und war vermutlich auf pseudochitiniger Basis agglutiniert. Die Länge beträgt 0,3—0,65 mm. Als Mündung dient ein einfacher, endständiger, langgestreckter Schlitz. Die aus dem Tertiär bekannten Formen lassen sich ohne Schwierigkeiten mit denen der Gegenwart vergleichen. Sehr gut beschrieben sind zum Beispiel die Th. aus dem Mittl. Eozän des Colorado-Gebiets, wo sie in bituminösen Schiefern gefunden wurden (W. H. BRADLEY 1931). Sie gehören alle zu der auch heute noch vertretenen Gattung *Diffluga* LECLERC in LAMARCK 1816 (Abb. 20). Reichere Faunen mit einer großen Anzahl Gattungen und Arten liegen

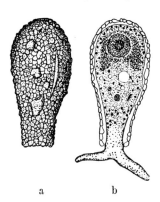

Abb. 20. *Diffluga pyriformis* PERTY, mit flaschenförmiger und durch Sandkörnchen befestigter Schale. Rezent; a) von der Seite, b) Längsschnitt. 125/1 nat. Gr. — Nach KÜHN, aus A. KAESTNER 1954.

aus dem Pleistozän und älteren Holozän vor. Dabei handelt es sich meist um Formen, die sich nicht oder nur wenig von den heutigen unterscheiden. Es besteht deshalb die Möglichkeit, die während der Sedimentation herrschenden ökologischen Bedingungen zu klären.

Literaturverzeichnis

BRADLEY, W. H.: Origin and microfossils of the oil shale of the Green River formation of Colorado and Utah. — U. S. Geol. Surv., Prof. Pap. **168**, S. I—VI und 1—58, 28 Taf., 1931.
DEFLANDRE, G.: Groupe des Thécamoebiens. — In: J. PIVETEAU, Traité de Paléontologie **I**, 131—132, 1 Abb., Paris 1952 (1952a).
— Ordres des Testacealobosa (DE SAEDELEER 1934), Testaceafilosa (DE SAEDELEER 1934), Thalamia (HAECKEL 1862) ou Thécamoebiens (auct.) (Rhizopoda testacea). — In: P.-P. GRASSÉ, Traité de Zoologie **I**, Teil 2, 97—148, 35 Abb., Paris 1952 (1952b).
ELLISON, R. L., & OGDEN, C. G.: A guide to the study and identification of fossil testate amoebae in quarternary lake sediments. — Internat. Rev. ges. Hydrobiol. **72** (5), 639—652, 9 Abb., Berlin 1987.
HAMAN, D.: Testacealobosa from Big Bear Lake, California, with comments on *Difflugia tricuspis* CARTER 1856. — Rev. Española Micropaleont. **XVIII** (1), 47—54, 2 Abb., 2 Taf., 1986.
HESMER, M.: Mikrofossilien in Torfen. — Paläont. Typschr. **XI**, 245—257, 2 Taf., 1929.
HOOGENRAAD, H. R.: Zusammenstellung der fossilen Süßwasserrhizopoden aus postglazialen Sapropelium und Torfablagerungen Europas. — Arch. Protistenk. **87**, 402—416, 1936.
MEDIOLI, F. S., & SCOTT, D. B.: Lacustrine thecamoebians (mainly arcellaceans) as potential tools for palaeoclimatological interpretations. — Palaeogeogr., Palaeoclimatol., Palaeoecol. **62** (1/4), 361—386, 1988.
SAEDELEER, H. DE: Beitrag zur Kenntnis der Rhizopoden: morphologische und systematische Untersuchungen und Klassifikationsversuch. — Mém. Mus. Roy. Hist. Nat. Belg. **60**, 1—112, Brüssel 1934.

Ordnung **Foraminifera** D'ORBIGNY 1826
(Polythalamia BREYN 1732, Thalamophoren HERTWIG 1893)

1. Allgemeines

Verhältnismäßig große Protozoa, die meist ein Gehäuse bilden und netzförmige Pseudopodien aussenden. Das Gehäuse kann einkammerig (monothalam, uniloculin) oder vielkammerig (polythalam, pluriloculin) sein.

Die Mehrzahl der Foraminiferen lebt benthisch. Dabei kriechen sie langsam über den Untergrund (durchschnittlich 1 bis 6 cm/Stunde), falls sie nicht festgewachsen sind. Andere finden sich planktisch und oft in Symbiose mit Algen; dann vor allem in den oberen, vom Lichte durchfluteten Wasserschichten.

Elektronenmikroskopische Untersuchungen an den Gameten der rezenten Foraminifere *Boderia turneri* WRIGHT ergaben, daß sie zwei heterokonte Geißeln aufweisen, von denen die größere eine doppelte Reihe von Härchen trägt. Dies stützt die Hypothese, daß die Foraminiferen von den Chrysomonadines (Chrysophyceae) abstammen (R. H. HEDLEY et al. 1968).

Wie aus Laborversuchen hervorgeht, reagieren viele Foraminiferen bereits auf geringfügige Störungen ihrer Umwelt (Z. M. ARNOLD 1974). Diese Abhängigkeit zeigt sich wohl auch in der fleckenhaften Besiedlung des Meeresbodens durch manche Arten. In solchen Mikro-Biotopen leben die Tiere oft zu Tausenden auf wenigen Quadratzentimetern, während dicht daneben nur einige Exemplare vorkommen. Über die hierbei wirksamen ökologischen Faktoren und ihr Zusammenwirken ist nur wenig bekannt (J. J. LEE 1974).

Die biostratigraphische Wertigkeit benthischer Foraminiferen in känozoischen Tiefseesedimenten ist begrenzt durch ihr fleckenhaftes Vorkommen, ihre meist große stratigraphische Reichweite und das Auftreten lokaler Modifikationen (E. & D. BOLTOVSKOY 1988).

2. Vorkommen

? Präkambrium, Unt. Kambrium — rezent (vgl. Bd. I, 5. Aufl., S. 224—225).

3. Geschichtliches

Im Schrifttum werden fossile Foraminiferen, und zwar Nummuliten, schon von HERODOT und STRABO erwähnt; rezente Formen aber erstmalig von JANUS PLANCUS, der sie 1730 am Strand bei Rimini entdeckte. Man betrachtete sie zunächst als Mollusken (so BREYN, SOLDANI, FICHTEL, D'ORBIGNY u. a.) und stellte sie lange Zeit als Cephalopoda foraminifera den Cephalopoda siphonifera gegenüber. Der einzellige Charakter wurde erst 1835 von DUJARDIN erkannt. Seitdem haben sich zahlreiche Forscher mit den Foraminiferen beschäftigt und die Kenntnisse außerordentlich vermehrt. Vor allem gilt dies, seit man die biostratigraphische Bedeutung der F. (z. B. bei Erdölbohrungen) erkannt hat. Die Zahl der einschlägigen Veröffentlichungen ist fast unübersehbar. Das gleiche gilt für die darin neu aufgestellten Taxa. Seit 1965 erhöht sich die Anzahl der Foraminiferen-Gattungen jährlich um ca. 40 bis 50. A. R. LOEBLICH & H. TAPPAN 1988 verzeichnen insgesamt 2455 valide, d. h. den Internationalen Regeln der zoologischen Nomenklatur (ICZN) entsprechend aufgestellte und anerkannte Gattungen, worin auch die ausschließlich rezenten Vertreter enthalten sind.

4. Zur Morphologie

a) **Der Weichkörper** ist in Endo- und Ectoplasma differenziert, wovon das letztere als dünne Lage die Innen- und zum Teil auch die Außenseite des Gehäuses überzieht. Das Endoplasma füllt dagegen den restlichen Raum im Gehäuse und enthält stets ein oder mehrere Zellkerne. Teile des Cytoplasmas treten durch die Mündung und sonstige Perforationen der Schale nach außen, wo sie die oft langen Pseudopodien bilden. Es befindet sich in ständiger Bewegung und verfrachtet hierbei kleine Nahrungspartikelchen, die von den Pseudopodien aufgenommen wurden.

b) **Das Gehäuse** besteht aus ein oder mehreren Kammern, die je nach Anordnung, Skulptur, Struktur und dem Material der Wände erheblich voneinander abweichen können.

b_1 **Das Baumaterial.** Nach der Zusammensetzung der Gehäusewand unterscheidet man:

Chitinige Formen: Sie zeigen, wenn man von der dünnen, gallertigen Haut mancher Vertreter absieht, die einfachste und ursprünglichste Ausbildung. Sie findet sich heute vor allem bei Brack- und Süßwasserbewohnern (Allogromiina). Das meist einkammerige Gehäuse ist imperforat und biegsam.

Agglutinierte Formen: Diese entstehen durch Einbau von kleinen Fremdkörpern (zum Beispiel Sandkörnchen, Schwammnadeln, Coccolithen, anderen Foraminiferengehäusen, Glimmerblättchen usw.), wobei sich Unterschiede im Hinblick auf die Größe der Körperchen, die Dichte, mit der sie eingebettet sind, und die Art des Zements (Chitin, Kalk) ergeben (Abb. 21a). Zum Teil dürfte die Auswahl des zu agglutinierenden Materials selektiv erfolgen. Auch wirken sich die besonderen ökologischen Verhältnisse oft weitgehend aus. Dies gilt zum Beispiel für die Riff-Fazies, wo sandige Formen kalkig werden, und für das Brackwasser, in dem ursprünglich kalkig agglutinierende Vertreter wenigstens teilweise eine pseudochitinig-kieselige Struktur erwerben. Anhaltender und stärkerer Wechsel im Salzgehalt verursacht unregelmäßiges Wachstum.

Im einzelnen kann die Wandung einfach und dicht oder von Poren durchsetzt sein. Im letzteren Falle erscheint es allerdings noch unsicher, ob echte Poren oder nur Lücken zwischen ungenau aneinander gepaßten Fremdkörpern vorliegen. Zur sicheren Bestimmung ist aber, ähnlich wie bei den Kalkschalern, eine planmäßige Untersuchung im Dünn- oder Anschliff erforderlich. Doch bleibt die Auswirkung ökologischer Faktoren auf den Feinbau des Gehäuses noch etwas umstritten. J. HOFKER (1953) nimmt an, daß jede Art nur bestimmte Materialien agglutiniert. Er

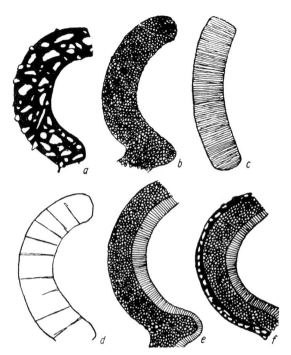

Abb. 21. Schematische Querschnitte durch Teile von Foraminiferen-Gehäusen, um einige der wichtigsten Wandstrukturen zu zeigen: a) agglutiniert (weiß = Fremdkörper, schwarz = Zement); b) feinkörnig-kalkig; c) faserig-kalkig; d) glasig-durchscheinend, kalkig-perforat; e) innen faserig, außen feinkörnig-kalkig; f) wie bei e), doch kommt hier noch eine äußere, agglutinierte Lage hinzu.

betrachtet die Größe (mitunter auch die Form) der verkitteten Körner, ihre chemische Zusammensetzung und die Beschaffenheit des Zements als artkonstant.

Kalkschalige Formen: Auch hier ist der Bau der Wandung sehr unterschiedlich. Sie kann dicht (imperforat) sein oder perforat, das heißt von einer wechselnden Zahl feiner Poren durchsetzt (Abb. 22). Im übrigen finden sich neben der feinkörnigen Ausbildung (die meist imperforate Wand besteht aus winzigen kristallisierten Kalzitkörnchen, Abb. 21b), die faserige (Abb. 21c), die porzellanartige (aus kryptokristallinem Kalzit, meist imperforat) und die glasig-durchscheinende (hyaline), die in der Regel eine perforate Ausbildung zeigt (Abb. 21d).

Kieselschalige Formen sind im Gegensatz zu den bisher betrachteten Vertretern relativ selten zu finden. Dabei ist vielfach ungeklärt, ob die Kieselsäure primär vom Tier eingebaut wurde, wie dies etwa für die in Tabelle 2 aufgeführten Beispiele zutreffen mag, oder ob sie sekundär, das heißt im wesentlichen während der Diagenese einwanderte.

Der zunehmende Einsatz von Transmissions- und Rasterelektronenmikroskop in den letzten Jahren hat zu entscheidenden Fortschritten in der Kenntnis des Wandaufbaus geführt; doch läßt sich die große Mannigfaltigkeit der Ultrastrukturen und ihrer systematischen Zusammenhänge noch nicht überblicken. Ist dies aber einmal der Fall, dürften beträchtliche Veränderungen in der Taxonomie unvermeidlich sein. Schon daraus ergibt sich der provisorische Charakter aller bisher vorliegenden Klassifikationen.

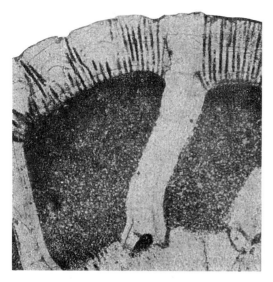

Abb. 22. Längsschliff durch einen Teil der Schale von *Eorupertia cristata* (GÜMBEL). Die dicke, kalkige Gehäusewand ist grob perforat. Die Scheidewände (Septen) bestehen aus drei Schichten, von denen die vordere (= Sekundärlamelle, rechts) gegen die Zentrallamelle weit deutlicher abgegrenzt ist als die rückwärtige (= Primärlamelle, links). Helvetisches Eozän. Rollgraben bei Siegsdorf, Bayrische Alpen. $^{82}/_1$ nat. Gr. — Nach H. HAGN 1955.

Tabelle 2
Spektroskopische Analysen der Gehäuse rezenter pelagischer Foraminiferen (Gew.-%)
Nach C. EMILIANI 1955

Lfd. Nr.	Art	TiO_2	Al_2O_3	SiO_2	FeO_3	MgO	HgO	SrO_3
1	*Globigerinoides cacculifera*	0,050	1,0	2,5	0,35	0,025	0,35	0,15
2	*Globigerinoides cacculifera*	0,049	1,5	3,6	0,45	0,042	0,42	0,11
3	*Globigerina dubia*	0,038	0,95	2,0	0,32	0,015	0,26	0,14
4	*Globorotalia menardii*	0,052	0,30	1,0	0,10	0,007	0,16	0,12

b_2 **Das Proloculum.** Hierbei handelt es sich um die erste, bei weniger differenzierten Formen kugelig gestaltete Kammer. Bei höher entwickelten Vertretern (zum Beispiel Fusulinen) zeigt sie gelegentlich einen komplizierten Bau. Größenunterschiede, die häufig bei ein und derselben Art vorkommen, sind die Folge eines Generationswechsels (vgl. S. 56). — An Stelle des eingebürgerten Begriffes Proloculum findet man neuerdings in der Literatur auch das sprachlich richtige Proloculus.

b_3 **Die Gehäuseform und die Anordnung der Kammern.** Die Gehäuseform ist meist durch die Lebensweise bedingt. So sind planktische Vertreter in der Regel kugelig, vagilbenthische trochispiral und sessilbenthische überwiegend unregelmäßig gestaltet. Schließen sich die Kammern in gerader Linie (orthostyl) aneinander, lassen sich wie auch sonst, einreihige (uniseriale), zweireihige (biseriale), dreireihige (triseriale) und vielreihige (pluriseriale) Gehäuse unterscheiden. — Stirnseite nennt man die distale Fläche der letzten Kammer, welche die Mündung bzw., falls Nebenmündungen vorhanden sind, die Hauptmündung trägt. Diejenige Seite, auf der bei trochispiral aufgerollten Foraminiferen alle oder viele Windungen zu sehen sind, bezeichnet man als die Spiralseite; die gegenüberliegende, an der häufig nur die jüngste Windung von außen sichtbar ist, als die Umbilical- oder Nabelseite. Ihr oft grubenartig vertiefter innerer Windungsbereich ist der Nabel. Suturen (Nähte) sind die peripheren Ränder der Kammerscheidewände. Eine gewisse Vorstellung von der Formenmannigfaltigkeit und Schönheit der Foraminiferen vermitteln Abb. 23 A, B.

b$_4$ **Die Mündungsverhältnisse.** Während bei den Jugendstadien die Ausbildung der Mündung nicht selten erhebliche Veränderungen erleidet, zeigt sie im Alter meist eine relativ große Konstanz. Aus diesem Grunde hat die Mündung zur Klärung stammesgeschichtlicher und taxonomischer Fragen eine erhebliche Bedeutung. Als einfachste Mündungsform findet sich ein

Abb. 23 A. Formengemeinschaft von Foraminiferen aus dem Mittl. Oligozän (Rupelton) des nördl. Mitteleuropa. $^{25}/_1$ nat. Gr. — Nach F. HECHT 1935.

Loch in der seitlichen Gehäusewandung bzw. eine runde Öffnung am distalen Ende oder an der distalen Fläche der letzten Kammer. Vielfach wird die Öffnung durch einen einfachen oder kompliziert gebauten Zahn verengt. In anderen Fällen bildet sich eine röhrenförmige Verlängerung.

Ganz allgemein zeigt sich im Verlauf der stammesgeschichtlichen Entwicklung die Tendenz, daß die Mündung bei orthostylen Gehäusen endständig (terminalzentral), bei trochispiralen

Abb. 23 B. Formengemeinschaft von Foraminiferen aus dem oberen Teil der Unt. Kreide des nördl. Mitteleuropa. $^{25}/_1$ nat. Gr. — Nach F. HECHT 1935.

basal und bei planspiralen an den Rand (lateral) verlagert wird. Einige der wichtigsten Mündungsformen sind in Tabelle 3 zusammengestellt.

b$_5$ **Die Größenverhältnisse.** Die Foraminiferen haben gewöhnlich Ausmaße zwischen 0,1 und 5 mm. Doch finden sich daneben auch kleinere und größere. Von diesen zeigen die ersteren Werte zwischen 0,01 und 0,02 mm (vor allem bei *Lagena*). Bei den größeren erreicht zum Beispiel die mikrosphärische Generation der *Parafusulina kingorum* einen Durchmesser von

Tabelle 3
Schematische Darstellung einiger der wichtigsten, bei den Foraminiferen auftretenden Mündungsformen. In Anlehnung an verschiedene Autoren.

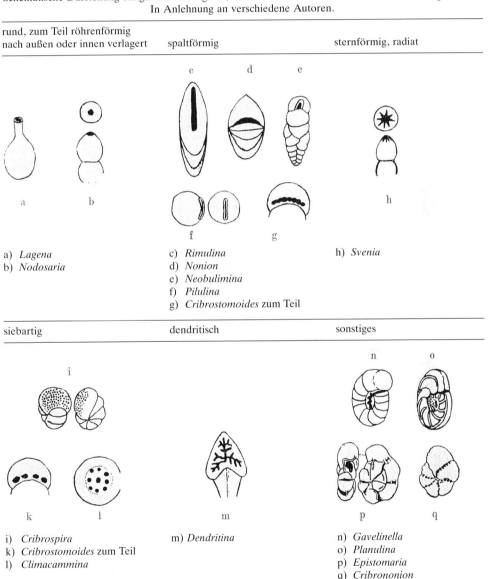

rund, zum Teil röhrenförmig nach außen oder innen verlagert	spaltförmig	sternförmig, radiat
a) *Lagena* b) *Nodosaria*	c) *Rimulina* d) *Nonion* e) *Neobulimina* f) *Pilulina* g) *Cribrostomoides* zum Teil	h) *Svenia*
siebartig	dendritisch	sonstiges
i) *Cribrospira* k) *Cribrostomoides* zum Teil l) *Climacammina*	m) *Dendritina*	n) *Gavelinella* o) *Planulina* p) *Epistomaria* q) *Cribrononion*

0,8 cm und eine Spindellänge von 6, vielleicht sogar von 7 cm. Bei der mikrosphärischen Generation von *Nummulites gizehensis* finden sich Durchmesser bis zu 12 cm und bei der rezenten *Neusina agassizi* (Pazifik) sogar bis zu 19 cm. Die auf den Korallenriffen von Tahiti lebende *Gypsina plana* hat schließlich Ausmaße bis zu 10 × 12,5 cm. Es ist dies die größte, derzeit bekannte Foraminifere. — In den meisten Entwicklungsreihen läßt sich eine ausgeprägte phylogenetische Größenzunahme nachweisen (vgl. Bd. I, 5. Aufl., S. 293—294).

5. Fortpflanzungsverhältnisse und Generationswechsel

Bei zahlreichen Foraminiferen kann ein deutlicher Wechsel von zwei unterschiedlich ausgebildeten Generationen, einer megalosphärischen und einer mikrosphärischen, beobachtet werden.

a) Von diesen entsteht die **megalosphärische Generation** ungeschlechtlich. Sie weist im Gegensatz zu der anderen Generation ein großes Proloculum (Megalosphäre) auf. Trotzdem ist das Gehäuse insgesamt wesentlich kleiner, da wegen der unvollständigen ontogenetischen Entwicklung nur eine relativ geringe Anzahl von Kammern angelegt wird.

b) Die **mikrosphärische Generation** entsteht geschlechtlich. Sie zeigt im Gegensatz zur megalosphärischen eine höhere Kammerzahl und ein entsprechend größeres Gehäuse. Dafür ist aber das Proloculum bedeutend kleiner (Mikrosphäre); auch liegt die Individuenzahl wegen der vollständigen Ontogenie meist erheblich unter der in der megalosphärischen Generation. Bei *Polystomella* beträgt zum Beispiel das Verhältnis etwa 30:1.

Bei den mehrkammerigen Foraminiferen teilt sich das Cytoplasma des ausgewachsenen mikrosphärischen Individuums (Agamonten) in kugelige Massen von etwa gleicher Größe. Jede derselben enthält einen der ursprünglichen Zellkerne und umgibt sich mit einer eigenen Schale. Letztere ist etwas größer als das Proloculum des Muttertieres und bildet das Proloculum der neuen, jetzt megalosphärischen Generation.

Aus diesem Proloculum geht unter Bildung weiterer Kammern das ausgewachsene polythalame Individuum der megalosphärischen Generation (Gamont) hervor. Es enthält im Gegensatz zum Agamonten nur einen Zellkern, der nach dem Erreichen des Erwachsenenstadiums in zahlreiche sekundäre Kerne zerfällt. Jeder derselben umgibt sich mit Cytoplasma und entwickelt eine Geißel. So entstehen die Gameten oder Zoosporen, die nach dem Verlassen des Muttertieres einige Zeit frei herumschwimmen, bis sie auf andere Gameten der gleichen Art treffen. Mit diesen verschmelzen sie paarweise unter Bildung von Zygoten, die eine relativ kleine Schale entwickeln. Dies ist das Proloculum der mikrosphärischen Generation. Durch Anbau weiterer Kammern wird es polythalam.

Selbstverständlich hat der durch den Generationswechsel bedingte Dimorphismus erhebliche systematische Bedeutung. Eine neue Art sollte immer erst dann aufgestellt werden, wenn Vertreter beider Generationen bekannt sind.

Mitunter schaltet sich zwischen zwei oder mehrere megalosphärische Generationen unterschiedlicher Ausbildung eine mikrosphärische Generation. Die mit diesem Polymorphismus verknüpften Fragen sind außerordentlich komplex. Sie lassen sich nur durch kritische Untersuchung an umfangreichem Material beantworten.

6. Systematik

Die moderne Foraminiferen-Taxonomie strebt ebenso, wie dies auch bei anderen Organismengruppen der Fall ist, eine natürliche Gruppierung an. Hierfür sind die Foraminiferen besonders geeignet, da sie meist sehr häufig auftreten. Trotzdem wurde aber bisher dieses Ziel nicht erreicht. Es ist noch sehr viel Arbeit zu leisten, vor allem, um innerhalb der etwas komplexeren Familien, die stammesgeschichtlichen Beziehungen aufzuhellen. Hierbei wird zunehmend der Bau der Wandung mikroskopisch untersucht. Für speziellere Betrachtungen ist vor allem auf POKORNY (1958), LOEBLICH & TAPPAN (1965, 1974, 1988) sowie HEDLEY & ADAMS (1974) zu verweisen.

Unterordnung **Allogromiina** LOEBLICH & TAPPAN 1961

Gehäuse membranartig oder chitinig; gelegentlich mit eisenhaltigen Inkrustationen oder (seltener) geringen Mengen agglutinierten Materials. — Ob. Kambrium — rezent mit ca. 47 Gattungen, fossil erhaltungsbedingt nur selten nachgewiesen. Bei *Archaeochitinia* EISENACK 1954 (Unt. Silur, Europa) bildet das freie, einkammrige und halbkuglige Gehäuse eine chitinige Wandung mit kleinen Poren oder Öffnungen an den Enden kleiner Röhrchen.

Unterordnung **Textulariina** DELAGE & HÉROUARD 1896

Gehäuse agglutiniert. Zement chitinig, kalkig oder kieselig. — Unt. Kambrium — rezent.

Familie **Saccamminidae** H. B. BRADY 1884

Das morphologisch sehr einfache, agglutinierte Gehäuse ist primär einkammerig, kugelig oder scheibenförmig; seltener sind Kolonien lose miteinander verbundener Kammern. Mündung in der Regel einfach. — ? Ob. Kambrium, Ordovizium — rezent.

Psammosphaera SCHULZE 1875: Mittl. Ordovizium — rezent von Europa, Australien, Antarktis, N- und S-Amerika (Abb. 24a).
Die äußere Wand des kugeligen Gehäuses besteht aus fest miteinander verbundenen Fremdkörperchen. Mündung oft nicht oder nur undeutlich zu erkennen. Durchmesser: 1,5—4 mm.

Saccammina SARS 1869: Silur — rezent, weltweit. Heute in kalten Tiefenwässern der Ozeane (Abb. 24b).
Die Außenwand des kugeligen und meist freien Gehäuses wird aus fest miteinander verbundenen Sandkörnchen gebildet. Die Mündung kann in einer kleinen Vertiefung oder auf einem kurzen Hals liegen. Durchmesser bis 3,5 mm.

Thurammina BRADY 1879: Silur — rezent, weltweit. Heute in kalten Tiefenwässern der Ozeane (Abb. 24c).
Das meist freie und nahezu kugelige Gehäuse weist zahlreiche Mündungen auf, die sich am Ende kleiner Erhebungen befinden. Wand dünn. Durchmesser: 0,4—1,6 mm.

Hyperammina BRADY 1878: Unt. Ordovizium — rezent, weltweit (Abb. 24g).
Proloculum aufgebläht; zweite Kammer nicht verzweigt, röhrenförmig, lang gestreckt. Wand außen meist mit Sandkörnern agglutiniert. Länge: 3—8 mm.

Saccorhiza EIMER & FICKERT 1899: Unt. Karbon — rezent im Bereich des Atlantik und Pazifik (Abb. 24h).
Proloculum eiförmig; zweite Kammer verzweigt, röhrenförmig, lang. Mündungen an den offenen Enden der Röhren. Wand außen mit Sandkörnchen oder Schwammnadeln agglutiniert.

Oberfamilie **Ammodiscacea** REUSS 1862

Gehäuse agglutiniert; unregelmäßig, kugelig, planspiral oder röhrenförmig (gerade oder verzweigt). Mündung einfach. — Unt. Kambrium — rezent.

Familie **Astrorhizidae** H. B. BRADY 1881

Gehäuse röhrenförmig, sternförmig oder verzweigt, mit einer meist angeschwollenen zentralen Kammer; frei oder angeheftet. Mündungen in der Regel an den offenen Enden der Röhren. Heute überwiegend in kalten Tiefenwässern der Ozeane. — Unt. Kambrium — rezent.

Astrorhiza SANDAHL 1858: Mittl. Ordovizium — rezent, weltweit (Abb. 24d).

Abb. 24. **Agglutinierende Foraminiferen**, meist etwas schematisiert: a) *Psammosphaera* SCHULZE, 30/1 nat. Gr.; b) *Saccammina* SARS, 5/1 nat. Gr.; c) *Thurammina* BRADY, 50/1 nat. Gr.; d) *Astrorhiza* SANDAHL, ½/1 nat. Gr.; e) *Rhabdammina* SARS, ca. ⅘/1 nat. Gr.; f) *Rhizammina* BRADY, ⅔/1 nat. Gr.; g) *Hyperammina* BRADY, 40/1 nat. Gr.; h) *Saccorhiza* EIMER & FICKERT, 40/1 nat. Gr.; i) *Ammodiscus* REUSS, 50/1 nat. Gr.; k) *Glomospira* RZEHAK, 40/1 nat. Gr.; l) *Reophax* MONTFORT, 42/1 nat. Gr.; m) *Haplostiche* REUSS, 10/1 nat. Gr.; n) *Haplophragmoides* CUSHMAN, 37/1 nat. Gr.; o) *Trochamminoides* CUSHMAN, 35/1 nat. Gr.; p) *Ammobaculites* CUSHMAN, 7/1 nat. Gr.; q) *Flabellammina* CUSHMAN, 20/1 nat. Gr.; r) *Trochammina* PARK. & JON., 60/1 nat. Gr.; s) *Textularia* DEFRANCE, 30/1 nat. Gr.; t) *Bigenerina* D'ORBIGNY, 30/1 nat. Gr.; u) *Monogenerina* SPANDEL, 55/1 nat. Gr.; v) *Ammobaculoides* PLUMM., 50/1 nat. Gr.; w) *Semitextularia* MILLER & CARMER, 60/1 nat. Gr.; x) *Cribrostomum* MÖLLER, 15/1 nat. Gr.; y) *Climacammina* BRADY, 14/1 nat. Gr.; z) *Cribrogenerina* SCHUBERT, 10/1 nat. Gr. — In Anlehnung an verschiedene Autoren.

Mit drei oder mehr kurzen, massigen und röhrenförmigen Ästen, die sternartig von einem Zentrum ausstrahlen. Durchmesser bis 13 mm.
Rhabdammina SARS 1869: Ob. Ordovizium — rezent, weltweit. Heute sehr häufig in arktischen und subarktischen Gewässern verschiedener Tiefe (Abb. 24e).
Ähnlich wie *Astrorhiza*, doch mit wesentlich längeren Röhren. Maximale Größe: 20 mm.
Rhizammina BRADY 1879: rezent in kalten Tiefenwässern der Ozeane (Abb. 24f).
Meist verzweigt, chitinig oder agglutiniert. Mündungen an den offenen Enden der Röhren.
Bathysiphon M. SARS 1872: Unt. Kambrium — rezent, weltweit (Abb. 25).

Abb. 25. *Bathysiphon gigantea* (GRUBBS), Silur (Niagaran) von Illinois (USA). Länge ca. 1 cm.

Gehäuse frei, röhrenförmig, beiderseits offen, mehr oder weniger biegsam, bis 5 cm lang, z. T. mit ringförmigen Einschnürungen. Im Unterschied zu *Rhizammina* nicht verzweigt, dünn; Querschnitt gleichbleibend oder nur wenig verändert.

Familie **Ammodiscidae** REUSS 1862

Ähnlich beschaffen wie die *Hyperammina*; doch windet sich die zweite, hier stets unverzweigte Kammer in der Regel planspiral um das kugelige Proloculum. Daneben finden sich aber auch unregelmäßig aufgewundene Vertreter bzw. solche mit der Tendenz zu trochispiraler Ausbildung. Mündung am Ende der zweiten Kammer. Wandung außen feinsandig, mit viel Zement; innen chitinig. Gehäuse meist gelblich oder rötlichbraun. — Silur — rezent.
Ammodiscus REUSS 1862: Silur — rezent, weltweit. Heute vor allem in kalten Tiefenwässern der Ozeane (Abb. 24i).
Meist regelmäßig planspiral aufgerollt. Durchmesser bis 6 mm.
Glomospira RZEHAK 1885: Silur — rezent, weltweit. Heute vor allem in den kalten Tiefenwässern der Ozeane. Sehr häufig im Karbon der USA (Abb. 24k).
Unregelmäßig aufgewunden. Durchmesser bis 1 mm.
Ammovertella CUSHMAN 1928: Perm — rezent von Europa, N- und Mittl. Amerika.
Anfangsstadien wie bei *Ammodiscus* planspiral, später mäandrierend; aufgewachsen. Länge bis 3 mm.

Oberfamilie **Lituolacea** DE BLAINVILLE 1825

Pluriloculine, meist spiral aufgerollte, sonst gerade gestreckte oder sonst wie nicht aufgewundene Formen mit in der Regel agglutinierter Wand. Zement kalkig, kieselig oder eisenschüssig. Kammern einfach oder labyrinthisch. Mündung einfach oder vielfach. — Unt. Karbon — rezent.

Familie **Hormosinidae** HAECKEL 1894
(syn. Reophacidae CUSHMAN 1927)

Das Gehäuse umfaßt mehr als zwei Kammern, die in gerader oder schwach gekrümmter Reihe angeordnet sind. Mündung gewöhnlich terminal-zentral, einfach oder vervielfacht. Agglutinierend. Es handelt sich um die einfachsten pluriloculinen Vertreter. Ihr Ursprung ist vermutlich in der Nachbarschaft gewisser *Hyperammina*-Arten zu suchen, deren röhrenförmige zweite Kammer mit Einschnürungen versehen ist. — Unt. Karbon — rezent.
Reophax MONTFORT 1808: Unt. Karbon — rezent, weltweit (Abb. 24l).

Die kugeligen Kammern bilden gewöhnlich eine gerade gestreckte, seltener schwach gebogene Reihe. Mündung lochförmig, rund, terminal-zentral. Wenig agglutiniert. Die zu dieser Gattung gehörenden Vertreter gleichen äußerlich vielfach den Nodosarien, die jedoch eine kalkige Wandung aufweisen. Länge bis 10 mm.

Haplostiche REUSS 1861: Ob. Kreide von Europa (Abb. 24m).

Das Gehäuse besteht ebenfalls aus einer uniserialen, gerade gestreckten Kammerreihe; doch ist die sehr dicke, wenig agglutinierte Wandung innen labyrinthisch gestaltet. Die endständige, in der Jugend einfache Mündung vervielfacht sich im Alter oder wird baumförmig. Länge bis 7,5 mm.

Familie **Lituolidae** DE BLAINVILLE 1825
(syn. Haplophragmidae EIMER & FICKERT 1899)

Gehäuse frei oder festgewachsen; frühe Stadien aufgewunden, spätere können gerade gestreckt, unregelmäßig oder ringförmig gestaltet sein. Wand agglutiniert, mit kalkigem Zement; äußere Lage imperforat. Kammern innen einfach oder labyrinthisch. Mündung einfach oder vielfach. — Karbon — rezent.

Haplophragmoides CUSHMAN 1910: Karbon — rezent, weltweit. Heute in seichten bis tiefen Bereichen kalter Meere (Abb. 24n).

Gehäuse involut, planspiral. Die einfache loch- oder spaltförmige Mündung liegt an der Basis der Stirnseite. Kammern meist etwas bauchig aufgetrieben. Wand einfach, in der Regel grob- bis feinsandig. Durchmesser bis 2,5 mm.

Trochamminoides CUSHMAN 1910: Karbon — rezent, weltweit. Heute in kalten Tiefenwässern der Ozeane (Abb. 24o).

Mehr oder weniger involut und planspiral, doch ist die Anordnung der oft sehr unregelmäßig gestalteten und unvollkommen abgeteilten Kammern noch unregelmäßig. Wand feinsandig. Zwischen den Kammern häufig große Öffnungen. Mündung einfach, an der Stirnseite. Durchmesser bis 1,5 mm.

Ammobaculites CUSHMAN 1910: Karbon — rezent, weltweit. Heute in kalten Tiefenwässern der Ozeane (Abb. 24p).

Anfangskammern planspiral aufgewunden, spätere in gerader Reihe angeordnet; dann runder Querschnitt. Bei den Jugendstadien liegt die einfache, loch- oder spaltförmige Mündung an der Basis der Stirnseite; später wird sie endständig und zum Teil siebartig. Wandung einfach. Länge bis 3,5 mm.

Flabellammina CUSHMAN 1928: Unt. — Ob. Kreide von Europa und N-Amerika (Abb. 24q).

Die im Querschnitt abgeflachten Anfangskammern planspiral aufgewunden, die späteren reitend. Megalosphärische Generation schmal, verlängert; mikrosphärische becherförmig, breit. Wand grobsandig. Mündung im Alter elliptisch, terminal. Länge bis 1,65 mm.

Haplophragmium REUSS 1860: Dogger–Ob. Kreide von Europa, N- und S-Amerika.

Kammern anfangs planspiral oder unregelmäßig-knäuelförmig, später in gerader Reihe angeordnet. Mündung loch- oder spaltförmig. Wandung pseudolabyrinthisch und stark porös. Länge bis 5 mm.

Ammobaculoides PLUMMER 1932 (syn. *Spiroplectella* EARLAND 1934): Unt. Kreide — rezent von Europa, N-Amerika und Antarktis (Abb. 24v).

Gehäuse frei, länglich, im Querschnitt oval bis rund. Es zeigt nacheinander alle drei möglichen Stadien in der Anordnung der Kammern: anfangs planspiral, sodann in gerader Linie zunächst zweizeilig, schließlich einzeilig. Mündung rund, lochförmig; terminal-zentral im Alter. Wand agglutiniert, in Säuren nicht löslich.

Familie **Trochamminidae** SCHWAGER 1877

Gehäuse wenigstens in der Jugend trochispiral aufgerollt. Die einfache Mündung liegt meist an der Basis der Stirnseite, zum Teil auf der Nabelseite. Die Wandung zeigt gewisse Verschiedenheiten, ist aber im allgemeinen agglutiniert. Manche Gattungen mit Innenstruktur. — Karbon — rezent.

Trochammina PARKER & JONES 1859: Karbon — rezent, weltweit. Heute in kalten Meeresteilen (Abb. 24r).

Kammern niedrig trochispiral so angeordnet, daß von der Spiralseite alle Umgänge, von der Nabelseite nur der letzte sichtbar ist. Wandung agglutiniert. Mündung schlitzförmig, am Rand der Nabelseite. Durchmesser des Gehäuses bis 2 mm.

Familie **Textulariidae** EHRENBERG 1838

Agglutinierende Zopfkammerlinge; Zement gewöhnlich kalkig. Gehäuse überwiegend frei. Nur die ersten Kammern sind gelegentlich planspiral aufgewunden, die übrigen meist in zwei Reihen angeordnet; bei spezialisierten Formen auch einreihig werdend. Mündung der zweireihigen Vertreter an der Basis der Stirnseite, einfach; die der einreihigen endständig, zum Teil siebartig. — Karbon — rezent.

Textularia DEFRANCE 1824: Ob. Karbon — rezent, weltweit (Abb. 24s und 29a).

Das bis 4 mm lange Gehäuse ist seitlich abgeflacht und von mehr oder weniger dreieckigem Umriß. Mündung als gebogener Schlitz an oder über der Basis der Stirnseite. Wandung sandig. Nur die Anfangskammern der mikrosphärischen Generation sind gelegentlich planspiral aufgerollt. Heute meist im Flachwasser tropischer Meere.

Bigenerina D'ORBIGNY 1826: Jura — rezent, weltweit (Abb. 24t).

Die Kammern der bis 5 mm langen Gehäuse zunächst zweireihig, später einreihig und gerade gestreckt angeordnet. Querschnitt rundlich, nur wenig abgeflacht. Mündung im biserialen Bereich basal; später rund, lochförmig, terminal-zentral. Heute meist in flachen Teilen tropischer bis gemäßigter Meere.

Bolivinopsis YAKOVLEV 1891 (syn. *Spiroplectoides* CUSHMAN 1927): Ob. Kreide von Europa, N- und S-Amerika.

Anfangskammern planspiral aufgerollt, später zweireihig. Mündung schlitzförmig, an der Basis der Stirnseite. Gehäuse seitlich abgeflacht. Wand vermutlich aus feinen Kalkkörnchen agglutiniert. Länge: 2 mm und mehr.

Familie **Ataxophragmiidae** SCHWAGER 1877
(syn. Verneuilinidae CUSHMAN 1927)

Überwiegend dreireihige, im Querschnitt dreieckige Formen, die aber bisweilen zwei- und einreihig werden können. Wandung innen chitinig, außen sandig. Mündung in frühen Stadien schlitzförmig, basal; später oft terminal, siebförmig oder mit Zahn. — Ob. Karbon — rezent.

Verneuilina D'ORBIGNY 1839: Jura — Kreide (häufig), Tertiär — rezent (selten); weltweit. Heute vor allem in flachen Meeresteilen wärmerer Gebiete (Abb. 26b—c).

Die bis 4 mm langen, stets dreireihigen und im Querschnitt dreieckigen Gehäuse sind hochpyramidenförmig gestaltet. Die schlitzförmige Mündung liegt am Innenrand der letzten Kammer; im Gegensatz zu der sonst ähnlichen *Valvulina* D'ORB. ohne Zahn.

Gaudryina D'ORBIGNY 1839: Ob. Trias — rezent, weltweit (Abb. 26d.)

Die bis 5 mm langen, geradegestreckten Gehäuse sind anfangs drei-, später zweireihig. Die schlitzförmige Mündung liegt am Innenrand der letzten Kammer.

Über die stammesgeschichtlichen Veränderungen von *Gaudryina* in der Unt. Kreide von Niedersachsen siehe Bd. I, 5. Aufl., S. 287—289, Abb. 158—160.

Tritaxia REUSS 1860: Unt. Kreide — rezent, weltweit (Abb. 26a).

Gehäuse in frühen Stadien triserial und im Querschnitt dreieckig; im Alter uniserial, selten abgeflacht. Mündung im triserialen Stadium interiomarginal, im uniserialen terminal und mit dickwandiger innerer Röhre, die die Mündungen von mindestens 2 Kammern verbindet.

Valvulina D'ORBIGNY 1826: Ob. Trias (Rhät) — rezent, weltweit (Abb. 27a).

Die bis 1 mm langen, überwiegend dreireihigen und im Querschnitt dreieckigen Gehäuse sind kegelförmig hochgewunden. Altersstadien der megalosphärischen Generation oft mehr als dreireihig. Innenstruktur fehlt. Mündung schlitzförmig, am Innenrand der letzten Kammer; mit Zahn.

Clavulina D'ORBIGNY 1826: Paläozän — rezent, weltweit. Heute vor allem in Tiefen zwischen 730 und 915 m (Abb. 27b).

Die bis 7 mm langen, gerade gestreckten Gehäuse anfangs drei-, später zwei- und schließlich einzeilig. Mündung der Altersstadien terminal-zentral, lochförmig, rund; mit Zahn.

Familie **Orbitolinidae** MARTIN 1890

Das im Jugendstadium trochispiral aufgewundene Gehäuse wird später entweder füllhorn- oder scheibenförmig. Die Kammern sind in sekundäre Kämmerchen aufgeteilt. Die Wand ist feinsandig und enthält kalkigen Zement. Bei den höher differenzierten Formen finden sich zahlreiche Mündungen, die in radialen Reihen an der Unterseite liegen. — Unt. Kreide — Eozän.

Orbitolina D'ORBIGNY 1850: Kreide (Barrême — Maastricht), im äquatorialen Bereich (Abb. 28).

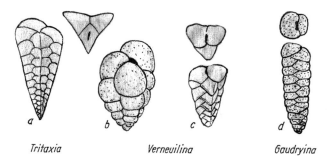

Abb. 26. a) *Tritaxia pyramidata* (REUSS), ca. $13/1$ nat. Gr.; b) *Verneuilina bradyi* CUSHM., ca. $23/1$ nat. Gr.; c) *Verneuilina limbata* CUSHM., $2/1$ nat. Gr.; d) *Gaudryina subrotunda* SCHWAGER, ca. $45/1$ nat. Gr. — Aus J. A. CUSHMAN (1928) und J. SIGAL (1952), umgezeichnet.

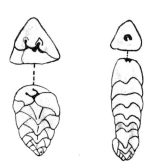

Abb. 27. a) *Valvulina limbata* TERQ., $16/1$ nat. Gr.; b) *Clavulina tricarinata* D'ORB., $31/1$ nat. Gr. — Aus J. SIGAL 1952.

Das abgeflacht kegelförmige Gehäuse kann einen Durchmesser von 2—100 mm erreichen. Die Unterseite ist oft schwach konkav ausgebildet. Jede Kammer wird in ihrem äußeren Teil durch horizontale und vertikale Scheidewände in zahlreiche rechteckige Kämmerchen unterschiedlicher Größe aufgegliedert. Wand außen meist kalkig und imperforat, innen feinsandig.

Unterordnung **Fusulinina** WEDEKIND 1937

Pluriloculine Foraminiferen, bei denen die Wand der ursprünglichen Formen nur aus feinkörnigem Kalzit besteht. Bei den höher entwickelten Vertretern wird sie von zwei oder mehr unterschiedlich differenzierten Lagen gebildet. — Ordovizium — Trias; hierzu nachstehend nur die wichtigsten Oberfamilien und Familien.

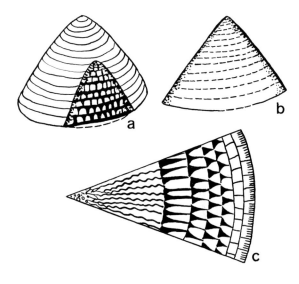

Abb. 28. *Orbitolina* sp., a) konische Form tangential angeschnitten; b) desgl., Axialschnitt, c) Schnitt (Sektor) vertikal zur Achse einer flachen Form mit den Septulen und Kämmerchen. Ohne Maßstab. — Nach L. MORET.

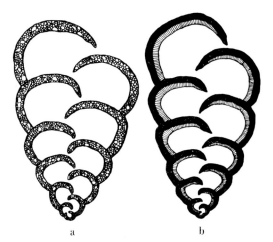

Abb. 29. Schematische Längsschnitte durch a) *Textularia* und b) *Palaeotextularia*, um die Unterschiede im Aufbau der Wandung zu zeigen. Ca. $^{20}/_1$ nat. Gr. — Nach R. H. CUMMINGS 1956.

Oberfamilie **Endothyracea** BRADY 1884

Gehäuse röhrenförmig, in frühen Stadien trochispiral oder unregelmäßig, biserial oder uniserial. Wand kalkig (faserig oder körnig), fein perforat; bei ursprünglichen Formen oft mit etwas agglutiertem Material. Mündung einfach oder siebförmig, basal oder terminal. Kammern im Inneren nie labyrinthisch, gelegentlich in Kämmerchen aufgeteilt. — Unt. Silur — Trias.

Familie **Palaeotextulariidae** GALLOWAY 1933

Unterscheidet sich von den Textulariidae vor allem durch die abweichende Struktur der Wandung. Diese besteht hauptsächlich aus einer Lage von körnigem Kalk, die innen stets von einer solchen aus faserigem Kalk, außen gelegentlich von einer dünnen Schicht agglutinierten Materials überkleidet wird. — ? Devon, Karbon — Perm.

Palaeotextularia SCHUBERT 1921: Unt. Karbon — Perm von Europa und N-Amerika (Abb. 29b).

Abgesehen vom Bau der Wandung im wesentlichen wie *Textularia*.

Climacammina BRADY 1873: Unt. Karbon (Visé) — Ob. Perm von Europa, N-Amerika und Sumatra; Maximum im Ob. Karbon (Abb. 24y und 30).

Das bis 4 mm lange, gerade gestreckte Gehäuse ist anfangs zwei-, später einreihig. Querschnitt schwach abgeflacht. Mündung bei den Altersstadien unregelmäßig siebförmig, endständig.

Cribrogenerina SCHUBERT 1908: ? Ob. Karbon, Perm von Asien (China, Sumatra) (Abb. 24z).

Das bis 5,6 mm lange Gehäuse ist, mit Ausnahme der zweireihig angeordneten Anfangskammern der mikrosphärischen Generation, durchweg einzeilig. Kammern kurz, breit, abgeflacht. Mündung der Altersstadien siebförmig.

Cribrostomum MÖLLER 1879: Unt. Karbon — Perm von Europa und N-Amerika (Abb. 31).

Ähnlich *Palaeotextularia*, also zweireihig; doch ist die Wandung dicker und die Mündung nicht schlitzförmig, sondern in den Endstadien siebartig ausgebildet; terminal. Länge 2 mm und mehr.

? Semitextularia MILLER & CARMER 1933: Mittl. — Ob. Devon von Europa und N-Amerika (Abb. 24w).

Das fächerförmig gestaltete, stark abgeflachte Gehäuse ist im Jugendstadium planspiral, sodann gerade gestreckt zweizeilig und schließlich überwiegend einzeilig aufgebaut. Zahlreiche Mündungen in zwei Reihen auf der Stirnseite.

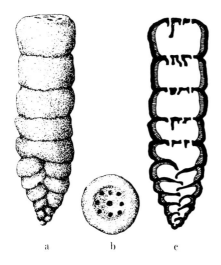

Abb. 30. Schematische Darstellung von *Climacammina* sp., um die charakteristischen Merkmale zu zeigen: a) von der Seite, b) von der Stirnseite, c) axialer Längsschnitt. Ca. $^{15}/_1$ nat. Gr. — Nach R. H. CUMMINGS 1956.

? **Monogenerina** SPANDEL 1901: Perm von Europa und N-Amerika (Abb. 24u).
Die Kammern der bis 1,6 mm langen Gehäuse folgen, mit Ausnahme der allerersten zweireihig angeordneten der mikrosphärischen Generation, durchweg einreihig aufeinander; etwas abgeflacht. Mündung lochförmig, terminal-zentral. Wandung meist mit dünnem Überzug aus agglutiniertem Material.

Familie **Endothyridae** H. B. BRADY 1884

Das Gehäuse dieser in der Regel nahezu planspiral aufgerollten Formen ist feinkörnig-kalkig, die Mündung einfach oder siebartig ausgebildet. Die Wand besteht ähnlich wie bei vielen Fusulinidae aus einem Tectum, einer Diaphanothek und einem Tectorium internum, zu denen gelegentlich auch noch ein Tectorium externum und andere Bildungen treten können. Es handelt sich vermutlich um die unmittelbaren Vorfahren der Fusulinen. — Devon — Perm; Maximum der Entwicklung im Karbon und Perm.

Endothyra PHILLIPS 1846: ? Ob. Devon, Unt. Karbon — Perm von Europa, N-Amerika, S-Amerika, Afrika und Japan (Abb. 32a).
Das nahezu planspirale Gehäuse hat einen Durchmesser von maximal 1,5 mm. Es besteht aus zahlreichen Kammern, von denen ca. 12 auf die letzte Windung entfallen. Die einfache Mündung liegt an der Basis der Stirnseite.

Cribrospira MÖLLER 1878: Unt. Karbon (Visé) von Rußland (Abb. 32b—c).
Das etwas asymmetrische, nur wenige Windungen, aber zahlreiche bauchige Kammern umfassende Gehäuse hat einen Durchmesser bis zu 1,65 mm. Es zeigt im Gegensatz zu *Endothyra* eine siebartige Mündung.

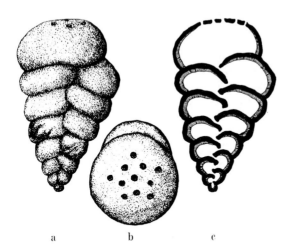

Abb. 31. Schematische Darstellung von *Cribrostomum* sp., um die charakteristischsten Merkmale zu zeigen: a) von der Seite, b) von der Stirnseite, c) axialer Längsschnitt. Ca. 25/1 nat. Gr. — Nach R. H. CUMMINGS 1956.

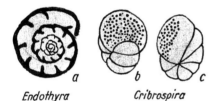

Abb. 32. **Endothyridae**. a) *Endothyra* PHILLIPS (Medianschnitt), ? Ob. Devon, Unt. Karbon — Perm, ca. 15/1 nat. Gr.; b) und c) *Cribrospira* MÖLLER (schematisch), Unt. Karbon, ca. 10/1 nat. Gr. — Aus J. SIGAL 1952, umgezeichnet.

Oberfamilie **Fusulinacea** MÖLLER 1878

Gehäuse planspiral (scheibenförmig, mehr oder weniger kugelig bis fast zylindrisch); Windungsachse entspricht meist dem größten Durchmesser. Wand kalkig-perforat. Proloculum klein, rund. Vorhanden sind unterschiedliche sekundäre Ablagerungen in den Kammern. — Höheres Unt. Karbon — Ob. Perm.

Familie **Fusulinidae** MÖLLER 1878

Planspirale, 0,5—70 mm große Formen von weizenkornähnlicher, subzylindrischer, linsenförmiger oder kugeliger Gestalt. Die Mannigfaltigkeit wird vor allem durch den unterschiedlichen Bau der Gehäusewand und den Verlauf der Kammerscheidewände (Septen) bestimmt. Sekundäre Kammerscheidewände (Septula) fehlen. Die einzelnen Kammern stehen über eine oder mehrere Öffnungen, die an der Stirnseite liegen, in Verbindung (Septalporen und Tunnels).

Hinsichtlich der Wandung unterscheidet man den diaphanothekalen und den keriothekalen Typ.

1. Der **diaphanothekale Typ** (Abb. 33) zeigt bei vollständiger Ausbildung das nur einige μm dicke und dunkel gefärbte Tectum, die dickere, hellere und durchscheinende Diaphanothek und die Tectoria. Letztere überkleiden die beiden anderen Schichten und werden je nach ihrer Lage als inneres und äußeres Tectorium (Tectorium internum, T. externum) bezeichnet. Sie bedecken den Boden, die Wände und die Decke der Kammern.

Alle diese Schichten können innerhalb der Gattungen unterschiedliche Dicke und Ausbildung zeigen, gelegentlich sogar fehlen. Da sie hinsichtlich Durchsichtigkeit und Farbe zum Teil erheblich voneinander abweichen, lassen sie sich im Dünnschliff unter dem Mikroskop verhältnismäßig leicht erkennen. Bei höher differenzierten Formen kann die Diaphanothek aus zahlreichen feinen und dunklen „Fasern" bestehen, die vertikal zur Oberfläche verlaufen (faserige Diaphanothek, Abb. 34).

Abb. 33. Teil eines Sagittalschnitts durch *Fusulinella* sp., um den diaphanothekalen Bau der Wandung zu zeigen. Oberkarbon (Big Saline formation), Parker County, Texas. $^{100}/_1$ nat. Gr. — Nach J. W. SKINNER & G. L. WILDE 1954.

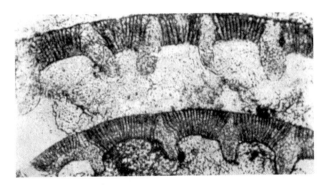

Abb. 34. Teil eines Sagittalschnittes durch *Fusulina* sp., um den Bau der Wandung zu zeigen. Hier erscheinen die Wandporen als dunkle Linien, da sie mit einem eisenhaltigen Mineral gefüllt sind. Oberkarbon (Mingus shale), Parker County, Texas, $^{150}/_1$ nat. Gr. — Nach J. W. SKINNER & G. L. WILDE 1954.

2. Beim **keriothekalen Typ** fehlen die Tectoria. Vorhanden sind lediglich das Tectum und die sogenannte Keriothek, eine wabenartig aussehende Modifikation der Diaphanothek. Dünnschliffe vertikal zur Oberfläche zeigen in der Keriothek helle und dunkle Fasern, über deren Deutung man sich bis heute noch nicht im klaren ist. Meist nimmt man allerdings mit DOUVILLÉ (1906, vgl. auch DUNBAR & SKINNER 1937) an, daß die helleren Partien großen, sekundär mit Kalzit gefüllten Poren, die dunklen der Schalensubstanz entsprechen.

Vorkommen: mittleres Ob. Karbon — Ob. Perm; Maximum der Entwicklung im höheren Perm. Weit verbreitet in Europa, Amerika und Asien, ganz im Gegensatz zu den Verbeekinidae, die ein relativ begrenztes Areal einnehmen und nur im Perm auftreten. Am häufigsten sind die F. in reinen, seltener in sandigen Kalken. In grobklastischen Bildungen fehlen sie. Ähnlich wie die Nummuliten finden sie sich oft zusammen mit Kalkalgen. Bevorzugt sind warme Schelfmeere. Dem Verlauf von Transgressionen folgen die F. nur zögernd, so daß sie in den transgressiven Basishorizonten meist nicht auftreten.

Fusulina FISCHER V. WALDHEIM 1829: Ob. Karbon (Westfal, Stephan; *Fusulina*-Stufe) von N-Amerika, Grönland, Peru, Brasilien, Chile, China, Japan, Rußland und Spanien (Abb. 35a).
Gehäuse spindelförmig, bis 10 mm lang. Wandung diaphanothekal, zum Teil ohne Tectoria. Kammerscheidewände wellblechartig und tief verfaltet. Bis 10 Windungen. Chomata (= spirale Kämme beiderseits der Tunnels) schwächer als bei *Fusulinella*. Mit medianem Tunnel.

Fusulinella MÖLLER 1877: Ob. Karbon (Westfal) von N- und S-Amerika, Grönland, Spitzbergen, China, Japan und Rußland (Abb. 35b).
Gehäuse spindelförmig, relativ kleinwüchsig. Maximal 5 mm lang. Wandung diaphanothekal, stets mit Tectoria. Septen nahezu plan, lediglich an den Polen schwach wellblechartig verbogen. Bis 9 Windungen. Chomata kräftiger als bei *Fusulina*. Mit medianem Tunnel.

Parafusulina DUNBAR & SKINNER 1931: Perm von N-, Mittl. und S-Amerika, Indonesien, Malaya, N-Indien, Japan, China (Abb. 35e).
Gehäuse länglich-spindelförmig. Maximal ca. 6 cm lang. Wandung keriothekal. Kammerscheidewände regelmäßig und stark in der Weise gefaltet, daß sich die Umbiegungsstellen der Falten berühren. Chomata fehlen. Die basalen Septalporen (Foramina) wiederholen sich bei aufeinanderfolgenden Septen. Die mikrosphärische Generation von *P. kingorum* erreicht eine Spindellänge von 6, vielleicht sogar 7 cm. Nur ein Tunnel. Bis 10 Windungen.

Schwagerina MÖLLER 1877: Unt. Perm von Europa, Asien, N-Afrika, N-, Mittl. und S-Amerika (Abb. 35d).
Gehäuse spindelförmig bis kugelig. Größter Durchmesser 10 mm. Wandung keriothekal. Kammerscheidewände wellblechartig verfaltet, am stärksten an den Polen. Mittlerer Tunnel

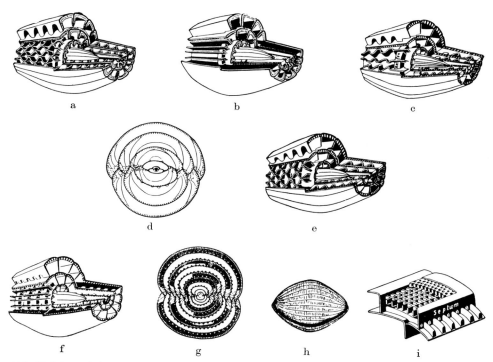

Abb. 35. Schematische Darstellung von Großforaminiferen des Jungpaläozoikums (Fusulinen): a) *Fusulina* FISCHER; b) *Fusulinella* MÖLLER; c) *Triticites* GIRTY; d) *Schwagerina* MÖLLER; e) *Parafusulina* DUNBAR & SKINNER; f)—g) *Verbeekina* STAFF; h)—i) *Neoschwagerina* YABE. — Zusammengestellt nach R. WEDEKIND 1937.

schlitzartig, niedrig. Untere Teile benachbarter Septen berühren sich. Chomata fehlen oder rudimentär. Bis 8 Windungen.

Polydiexodina DUNBAR & SKINNER 1931: Ob. Perm von USA, Mexiko, Rußland, Europa und Asien.

Gehäuse länglich-spindelförmig. Maximal 36 mm lang. Wandung keriothekal. Kammerscheidewände stark und ähnlich wie bei *Parafusulina* in der Weise gefaltet, daß sich die Umbiegungsstellen der Falten berühren. Im Gegensatz zu *Parafusulina* mehrere Tunnels. Bis 12 niedrige, dicht aufeinanderfolgende Windungen.

Triticites GIRTY 1904: Ob. Oberkarbon — Unt. Perm von N- und S-Amerika, Rußland, Japan und ? China (Abb. 35c).

Gehäuse spindelförmig bis kugelig. Größter Durchmesser 16 mm. Wandung keriothekal. Kammerscheidewände in der Mitte der Schale meist schwach, an den Polen relativ stärker verfaltet. Es finden sich aber auch Formen, die fast plane Septen aufweisen. Mit Septalporen, schlitzähnlichem mittleren Tunnel und deutlichen Chomata. Bis 10 Windungen.

Familie **Verbeekinidae** STAFF & WEDEKIND 1910
(syn. Neoschwagerinidae DUNBAR 1948)

Planspiral. Kammerscheidewände nicht verfaltet, sondern eben; jeweils mit zahlreichen Septalporen (Foramina) an der Basis. Tunnels fehlen. Wandung in der Regel keriothekal. Mit sekundären Kammerscheidewänden (Septula). — Perm.

Verbeekina STAFF 1909: Ob. Perm (*Verbeekina*-Stufe) von Europa (Griechenland, Yugoslavien, Sizilien), Asien und N-Amerika (Abb. 35 f—g).
Gehäuse meist kugelig, maximal 14 mm lang. Wandung keriothekal. Kammerscheidewände plan, bilden mit dem vorhergehenden Umgang Winkel von etwa 70 Grad. Ein Tunnel fehlt, dafür findet sich eine Reihe regelmäßig angeordneter basaler Septalporen. Parachomata (spirale Kämme parallel zur Windungsachse auf den Kammerböden) fehlen nur bei den Anfangswindungen. Bis 21 eng aufeinanderfolgende Windungen, die zahlreiche Kammern enthalten.
Neoschwagerina YABE 1903: Ob. Perm (*Verbeekina*-Stufe) von Eurasien, N-Afrika, N-Amerika (Abb. 35 h—i).
Gehäuse kurz-spindelförmig bis kugelig. Maximaler Durchmesser 10 mm. Wandung keriothekal, dünn. Kammerscheidewände plan. Mit zwei Reihen Septula, einer spiralen und einer meridionalen. Ein Tunnel fehlt, dafür findet sich eine Reihe basaler Foramina. Parachomata kräftig entwickelt. Bis 20 dicht aufeinanderfolgende Windungen.

Unterordnung **Miliolina** DELAGE & HÉROUARD 1896

Wand kalkig-porzellanartig, bei postembryonalen Stadien imperforat; häufig mit pseudochitiniger Verkleidung; mitunter auch leicht agglutiniert. Vor allem der hohe Anteil blind endender Pseudoporen spricht für eine Sonderstellung der M. — Karbon — rezent.

Oberfamilie **Miliolacea** EHRENBERG 1839

Wand in der Regel mit innerer pseudochitiniger Schicht, gelegentlich außen mit leicht agglutinierter Lage. Auf das Proloculum folgen zahlreiche planspiral oder sonstwie nach einem bestimmten Plan angeordnete Kammern. Mündung terminal, meist einfach oder siebförmig. — Karbon — rezent.

Familie **Fischerinidae** MILLETT 1898
(syn. Cornuspiridae REUSS 1860)

Ähnlich wie bei den Ammodiscidae folgt auf das kugelige Proloculum eine zweite, röhrenförmig gestaltete Kammer, die zumindest anfangs eine planspirale Aufrollung zeigt. Im Unterschied ist die Wand kalkig, imperforat und porzellanartig ausgebildet. Mündung in der Regel einfach, endständig. — Karbon — rezent.
Cyclogyra WOOD 1841 (syn. *Cornuspira* SCHULTZE 1854): Karbon — rezent, weltweit (Abb. 36 a).
Die zweite, röhrenförmige Kammer ist regelmäßig planspiral aufgerollt. Mündung rund, terminal, bisweilen verengt, mit verdickter Lippe. Durchmesser bis ca. 3 mm.
Hemigordius SCHUBERT 1908: Ob. Karbon — Lias, weltweit (Abb. 36 b).
Ähnlich *Cyclogyra*, doch unregelmäßig aufgewunden, stark involut. Mündung halbmondförmig. Durchmesser bis 0,6 mm.

Abb. 36. a) *Cyclogyra* sp., schematisch, ca. 17/1 nat. Gr.; b) *Hemigordius* sp., schematisch, ca. 47/1 nat. Gr. — Nach J. SIGAL 1952.

Familie **Nubeculariidae** JONES 1875
(syn. Ophthalmidiidae CUSHMAN 1927)

Das zumindest anfangs planspirale Gehäuse zeigt stammesgeschichtlich die Tendenz, sich abzurollen bzw. die Zahl der Kammern auf zwei je Windung zu reduzieren. Wand stets kalkig, imperforat; nie mit sandiger Außenschicht. Windungsachse kurz. Mündung meist einfach, ohne Zahn; gelegentlich siebartig. — ? Mittl., Ob. Trias — rezent.

Nubecularia DEFRANCE 1825: ? Mittl., Ob. Trias — rezent, weltweit (Abb. 37c).

Die Kammern des in der Regel aufgewachsenen Gehäuses (Länge bis 6 mm) sind zunächst planspiral, später unregelmäßig in einer Ebene aufgewunden. Mündung endständig, einfach. Proloculum oval. — Manche Arten bilden kleine Riffe, so im Miozän Bessarabiens und der Krim.

Ophthalmidium KÜBLER & ZWINGLI 1870: Mittl. Trias — rezent, weltweit (Abb. 37a—b).

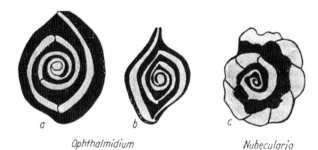

Abb. 37. a) *Ophthalmidium inconstans* H. B. BRADY, ca. 25/1 nat. Gr.; b) *Ophthalmidium northamptonensis* WOOD & BARN., ca. 35/1 nat. Gr.; c) *Nubecularia latifuga* DEFR., ca. 10/1 nat. Gr. — Aus J. A. CUSHMAN (1928) und J. SIGAL (1952), umgezeichnet.

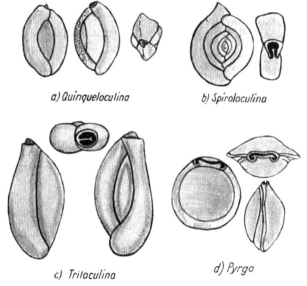

Abb. 38. a) *Quinqueloculina maculata* GALLOW. & HEMINW., 18/1 nat. Gr.; b) *Spiroloculina excavata* D'ORBIGNY, 14/1 nat. Gr.; c) *Triloculina laevigata* D'ORBIGNY, 26/1 nat. Gr.; d) *Pyrgo sarsi* (SCHLOTH.), 11/1 nat. Gr. — Aus J. A. CUSHMAN und J. SIGAL, umgezeichnet.

Das bis 1½ mm lange, unregelmäßig planspirale Gehäuse ist abgeflacht. Es besteht aus lose aufgewundenen, röhrenförmigen Kammern, von denen eins bis drei auf einen Umgang kommen. Die Windungen werden durch eine dünne Platte miteinander verbunden. Mündung rund, ohne Lippe oder Zahn. Proloculum kugelig.

Spiroloculina D'ORBIGNY 1826: Ob. Kreide — rezent, weltweit. Heute vor allem in flachen Meeresteilen tropischer bis gemäßigter Gebiete (Abb. 38b und 39).

Die zahlreichen würstchenförmigen Kammern liegen, wenn man von dem quinqueloculinen Anfangsstadium der mikrosphärischen Generation absieht, im wesentlichen nur in einer Ebene. Das Gehäuse ist fast gleichseitig, stark abgeflacht. Alle Kammern sind von beiden Seiten sichtbar. Mündung mit Hals, Lippe und einfachem oder zweiteiligem Zahn. Länge bis 3,5 mm.

Familie **Miliolidae** EHRENBERG 1839

Die bis 4,5 mm großen Gehäuse bestehen aus langgestreckten, oft würstchenförmigen Kammern, die meist paarweise in verschiedenen Ebenen um eine transversale Achse angeordnet sind. Die Zusammensetzung der Wandung wechselt häufig mit den Umweltbedingungen. Im allgemeinen ist sie jedoch innen chitinig, darüber kalkig-imperforat und außen sandig ausgebildet. Brackwasserformen sind völlig chitinig und durchscheinend. — Jura — rezent. Maximum der Entwicklung zwischen Oberkreide und Eozän.

Quinqueloculina D'ORBIGNY 1826: Jura — rezent, weltweit. Fossil vor allem ab Eozän (Abb. 38a und 40).

Die würstchenförmigen, eine halbe Windung langen Kammern sind in fünf verschiedenen Ebenen um eine transversale Achse aufgewunden. Wandung dick. Mündung einfach, lochförmig, mit Zahn. Länge bis 3,75 mm.

Miliola LAMARCK 1804: Eozän von Europa und N-Amerika.

Das bis 2 mm im Durchmesser zeigende Gehäuse ähnelt weitgehend dem von *Quinqueloculina*. Mündung jedoch siebförmig, ohne Zahn. Wand einfach.

Triloculina D'ORBIGNY 1826: Jura — rezent, weltweit (Abb. 38c).

Die würstchenförmigen, eine halbe Windung langen Kammern sind zunächst wie bei *Quinqueloculina* in fünf, später aber nur noch in drei verschiedene Ebenen um eine transversale Achse aufgewunden. An der Oberfläche lassen sich also lediglich drei Kammern erkennen. Wandung kalkig-imperforat, außen gelegentlich etwas sandig. Mündung rund, lochförmig, mit einfachem schmalen oder zweigeteiltem Zahn. Länge bis 3 mm.

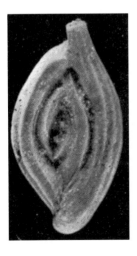

Abb. 39. *Spiroloculina* sp., 68/1 nat. Gr. — Nach G. FOURNIER 1956.

Abb. 40. *Quinqueloculina* sp., Querschnitt. Paläozän von Venezuela. ⁹⁰⁄₁ nat. Gr. — Nach H. H. RENZ 1955.

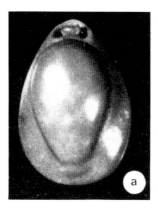 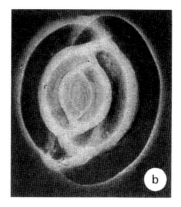

Abb. 41. a) *Pyrgo inornata* (D'ORBIGNY), Ob. Miozän vom Morsumkliff auf Sylt. ⁶⁰⁄₁ nat. Gr. — Nach K. STAESCHE & H. HILTERMANN 1940; b) Röntgenaufnahme von *Pyrgo* sp. (20 kv, 10 mA, 30 cm, 60 Min.). Ca. ¹²⁰⁄₁ nat. Gr. — Nach R. H. HEDLEY 1957.

Pyrgo DEFRANCE 1824 (syn. *Biloculina* D'ORBIGNY 1826): Lias — rezent (Abb. 38 d und 41).

Das linsenförmige oder kugelige Gehäuse (Länge bis 2,5 mm) zeigt zumindest bei der mikrosphärischen Generation ein quinqueloculines Anfangsstadium. Später wird es sodann triloculin und schließlich biloculin, so daß nur die beiden letzten Kammern von außen sichtbar sind. Oberfläche glatt oder gestreift. Mündung bei typischen Exemplaren mit zweigeteiltem Zahn.

Familie **Soritidae** EHRENBERG 1839
(syn. Peneroplidae REUSS 1860)

Flache, meist scheiben- oder linsenförmig gestaltete, in der Regel großwüchsige Vertreter mit kurzer Windungsachse. Kammern häufig durch sekundäre, radial stehende Wände unterteilt. Anfangs planspiral aufgerollt, später bei differenzierteren Formen mehr oder weniger entrollt oder ringartig. Wandung bis auf die des Proloculums und der ersten Kammern imperforat.

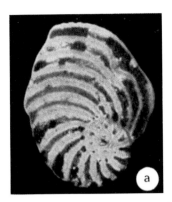 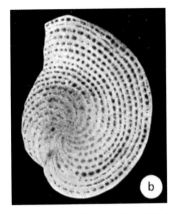

Abb. 42. a) *Peneroplis* sp., rezent, ⁴⁵⁄₁ nat. Gr.; b) *Archaias* sp., rezent, ²³⁄₁ nat. Gr. — Nach G. FOURNIER 1956.

Mündung verschieden gestaltet (basal in Jugendstadien, später schlitzähnlich verlängert oder als rundliche Öffnungen, die in ein oder mehreren Reihen auf der Stirnseite angeordnet sind usw.). — Ob. Trias – rezent. Heute in flachen Bereichen warmer Meere.

Peneroplis MONTFORT 1808: ? Kreide, Eozän — rezent, weltweit (Abb. 42a).

Das aus zahlreichen Kammern bestehende, bis 2 mm lange planspirale Gehäuse ist anfangs involut. Später gewinnen die Kammern aber rasch an Höhe, so daß der Umriß füllhornähnlich bis fächerförmig wird. Kammern nicht durch sekundäre Wände unterteilt. Wandung bis auf die ersten beiden Kammern imperforat. Mündung der Jugendstadien basal, später schlitzähnlich verlängert oder aus einer Reihe feiner Poren bestehend.

Archaias MONTFORT 1808: Mittl. Eozän — rezent, weltweit (Abb. 42b).

Das anfangs planspirale, linsenförmige und bilateral-symmetrische Gehäuse wird im Alter fächer- bis ringförmig. Wandung mit Ausnahme der 1. und 2. Kammer imperforat. Mündungen in mehreren Reihen an der Stirnseite. Kammern in zahlreiche rechteckige Kämmerchen unterteilt. Durchmesser des Gehäuses bis 9 mm.

Familie **Alveolinidae** EHRENBERG 1839

Die Kammern dieser maximal bis 10 cm großen, spindelförmigen, elliptischen oder kugeligen Formen sind, abgesehen von den unregelmäßig angeordneten Anfangskammern primitiver Vertreter, planspiral um eine Längsachse aufgewunden. Ferner sind die Kammern durch sekundäre Scheidewände parallel zur Windungsachse derart unterteilt, daß kleine, röhrenförmige Kämmerchen entstehen. Diese sind durch sogenannte Stolonen miteinander verbunden. Wandung kalkig-porzellanartig sowie, abgesehen von Proloculum und zweiter Kammer, imperforat. Mündung aus feinen, in ein oder mehreren Reihen längs der Stirnseite angeordneten Poren. Zahlreiche Homöomorphien zu den Fusulinen. — Unt. Kreide — rezent.

Alveolinella DOUVILLÉ 1906: Mittl. Miozän — rezent im Bereich des Indopazifik, tropisch (Abb. 43a).

Das bis 25 mm lange Gehäuse ist spindelförmig. Es besteht aus niedrigen Windungen. Jede Kammer enthält mehr als zwei Schichten sekundärer Kämmerchen. Mündungen in mehreren Längsreihen an der Stirnseite.

Praealveolina REICHEL 1933: Kreide (Ob. Alb — Turon) von N-Afrika, Frankreich, Spanien, Portugal, Mittelasien und Indien (Abb. 43b).

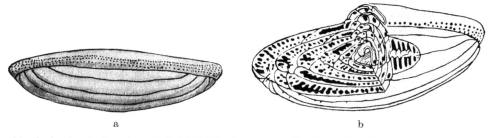

Abb. 43. a) *Alveolinella*, schematisch. Mittl. Miozän — rezent. Ca. ²²⁄₁ nat. Gr.; b) *Praealveolina*, schematisch, zum Teil aufgeschnitten. Ob. Kreide (Cenoman-Turon). Ca. ²⁵⁄₁ nat. Gr. — Nach W. REICHEL 1936—1937, umgezeichnet.

Kugel- bis spindelförmig. Kammern gegen die Pole hin horizontal unterteilt, so daß dort mehrere Schichten sekundärer Kämmerchen übereinanderliegen. Jedem derselben entspricht eine besondere Mündungspore. Individuen der mikrosphärischen Generation bis zu 30mal größer als die der megalosphärischen. Verbindung aufeinanderfolgender Windungen erfolgt durch unregelmäßig angeordnete sekundäre Poren.

Unterordnung **Rotaliina** DELAGE & HÉROUARD 1896

Wand kalkig-perforat. — Perm — rezent.

Oberfamilie **Nodosariacea** EHRENBERG 1838

Wand fein-perforat, radial laminiert. Kammern planspiral aufgewunden, gerade gestreckt, um die Längsachse gewunden oder unregelmäßig angeordnet. Mündung terminal-lateral oder terminal-zentral; loch- oder schlitzförmig; bei lochförmiger Ausbildung häufig gestrahlt (sternartig). — Perm — rezent.

Familie **Nodosariidae** EHRENBERG 1838
(syn. Lagenidae SCHULZE 1877)

Es handelt sich um eine der wichtigsten Foraminiferen-Familien, deren Vertreter vor allem von Trias bis Jura weit verbreitet sind. Die kalkig-hyalin ausgebildeten und fein perforierten Gehäuse sind überwiegend pluriloculin, nur wenige sekundär uniloculin. Von geradegestreckten Kammerreihen bis zu vollständig eingerollten Formen finden sich alle Übergänge. Mündung meist sternförmig. Einfach lochförmig ist sie insbesondere bei den geologisch älteren Vertretern. Mitunter findet sie sich in Verbindung mit einem median gelegenen Spalt. Bei den eingekrümmten bis eingerollten Vertretern liegt sie terminal-lateral, bei den geradegestreckten terminal-zentral. Gelegentlich ist ein Mündungskämmerchen ausgebildet. — Perm — rezent. Etwa 75% der im mitteleuropäischen Lias nachgewiesenen Foraminiferen-Arten gehören zu den N.

Betrachten wir zunächst die bei *Lenticulina* LAMARCK 1804 und ihren Untergattungen entgegentretenden Unterschiede (vor allem nach H. BARTENSTEIN 1948). Eine Abgrenzung ist wegen der zahlreichen Übergangsformen oft recht schwierig. Die Untergattungen werden auch als selbständige Gattungen geführt.

Lenticulina (Lenticulina) LAMARCK 1804: Trias — rezent, weltweit (Abb. 44a).

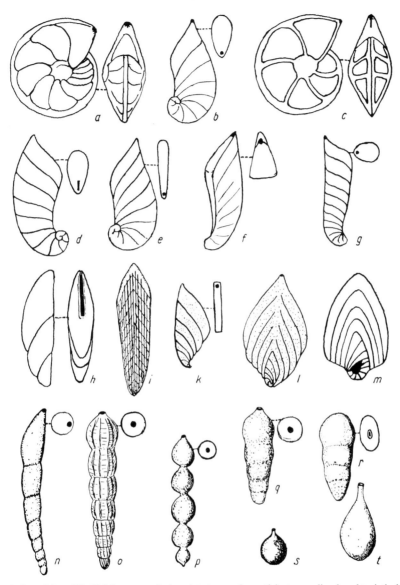

Abb. 44. **Nodosariidae**. Die Zeichnungen sind meist etwas schematisiert, um die charakteristischen Merkmale der Gattungen besser hervortreten zu lassen. Zum Teil in Anlehnung an A. FRANKE 1936 und H. BARTENSTEIN 1948. a) *Lenticulina (Lenticulina)* LAM., 30/1 nat. Gr.; b) *Lenticulina (Astacolus)* MONTF., 40/1 nat. Gr.; c) *Lenticulina (Robulus)* MONTF., 30/1 nat. Gr.; d) *Lenticulina (Hemirobulina)* STACHE, 25/1 nat. Gr.; e) *Lenticulina (Planularia)* DEFR., 50/1 nat. Gr.; f) *Lenticulina (Saracenaria)* DEFR., 50/1 nat. Gr.; g) *Marginulina* D'ORB., 27/1 nat. Gr.; h) *Rimulina* D'ORB., 30/1 nat. Gr.; i) *Frondicularia* DEFR., 20/1 nat. Gr.; k) *Vaginulina* D'ORB., 50/1 nat. Gr.; l) *Neoflabellina* BART., 50/1 nat. Gr.; m) *Palmula* LEA, 25/1 nat. Gr.; n) *Dentalina* RISSO, 60/1 nat. Gr.; o)—p) *Nodosaria* LAM., 40/1 bzw. 15/1 nat. Gr.; q) *Pseudoglandulina* CUSH., 50/1 nat. Gr.; r) *Lingulina* D'ORB., 40/1 nat. Gr.; s)—t) *Lagena* WALK. & JAC., 50/1 nat. Gr.

Alle Kammern planspiral eingerollt, involut. Umriß mehr oder weniger kreisförmig. Seitenflächen gewölbt, bikonvex. Mündung loch- oder sternförmig. Durchmesser bis 5 mm. Übergangsformen zu *Astacolus*, teilweise auch zu *Robulus* nicht selten.

Lenticulina (Astacolus) MONTFORT 1808: Perm — rezent, weltweit (Abb. 44b).

Älteste Kammern wie bei *Lent. (Lent.)* planspiral eingerollt. Der jüngere Abschnitt entrollt, mit gebogenem Rücken. Seitenflächen gewölbt, bikonvex. Mündung loch- oder sternförmig. Länge bis 1,5 mm.

Lenticulina (Marginulinopsis) SILVESTRI 1904: Lias — rezent, weltweit.

Älteste Kammern wie bei *Lent. (Lent.)* spiral eingerollt, doch ist die Spira meist nur klein. Die jüngeren Kammern sind entrollt und bilden einen relativ großen, geradegestreckten Teil. Seitenflächen im älteren Abschnitt gewölbt und bikonvex. Querschnitt im jüngeren rund. Mündung loch- oder sternförmig. Länge: 4 mm und mehr.

Lenticulina (Vaginulinopsis) SILVESTRI 1904: Trias — rezent, weltweit (Abb. 45).

Ähnlich *Lent. (Marginulinopsis)*, doch sind die Seitenflächen im jüngeren Abschnitt des Gehäuses platt und wie bei *Vaginulina* einander parallel. Mündung terminal-lateral, loch- oder sternförmig. Länge: 5 mm und mehr.

Lenticulina (Robulus) MONTFORT 1808: Jura — rezent (Abb. 44c).

Ähnlich wie *Lenticulina (Lenticulina)* involut, alle Kammern spiral eingerollt. Umriß mehr oder weniger kreisförmig. Seitenflächen gewölbt, bikonvex; meist gesäumt. Mündung mit zusätzlichem Spalt. Durchmesser bis 4 mm.

Lenticulina (Planularia) DEFRANCE 1826: Miozän — rezent, weltweit (Abb. 44e).

Älteste Kammern planspiral eingerollt, doch ist die Spira in der Regel nur klein. Die jüngeren Kammern sind entrollt und bilden einen relativ großen, gerade gestreckten Teil. Der Rücken desselben ist mehr oder weniger gebogen. Seitenränder eben, platt, einander parallel. Mündung rund, gestrahlt. Länge bis 6 mm.

Lenticulina (Saracenaria) DEFRANCE (1824): Lias — rezent, weltweit (Abb. 44f).

Älteste Kammern planspiral eingerollt, doch ist die Spira meist nur sehr klein. Die jüngeren Kammern sind entrollt und bilden ebenfalls einen relativ großen, gerade gestreckten Teil. Der Rücken desselben ist mehr oder weniger gebogen; die Bauchseite scharf. Querschnitt dreieckig. Mündung rund, gestrahlt. Länge bis 5 mm. Übergänge zu *Saracenella*.

Marginulina D'ORBIGNY 1826: Trias — rezent, weltweit (Abb. 44g).

Anfangsteil nicht eingerollt wie bei *Lenticulina*, sondern nur schwach gekrümmt. Die jüngeren Kammern folgen entweder in gerader Linie oder schwach rückwärtsgebogen aufeinander. Querschnitt kreisrund bis oval. Mündung loch- oder sternförmig, terminal-lateral. Länge bis 4 mm. Berippte Formen finden sich anscheinend erst seit dem Unt. Lias (hier wichtig: Formenkreis um *Marginulina prima* D'ORB.). *Marginulina* ist mitunter schwierig von *Dentalina* abzugrenzen. Dies gilt insbesondere für die Vertreter aus dem Valendis.

Rimulina D'ORBIGNY 1826: Pliozän — rezent von Europa (Abb. 44h).

Gerade, Anfangsteil nicht aufgerollt; Kammerzahl gering. Nähte der Kammern stark nach unten gezogen. Querschnitt annähernd oval. Mündung als langer Spalt. Länge bis 1 mm.

Frondicularia DEFRANCE 1826: Perm — rezent, weltweit (Abb. 44i, 45b und 46).

Seitlich stark abgeflacht. Kammern umfassen sich winklig, reitend. Nur die ersten Kammern der mikrosphärischen Generation meist in schwach gebogener Reihe. Mündung terminal, undeutlich sternförmig; gelegentlich mit Hals. Länge bis 3,5 mm.

Die vor dem Lias auftretenden Frondicularien haben im wesentlichen ein glattes Gehäuse. Im unteren und mittleren Lias sind dagegen schmale, berippte Formen (Abb. 46) derart kennzeichnend, daß sogar Bruchstücke in den Schlämmrückständen mit ziemlicher Sicherheit auf diesen Zeitabschnitt hinweisen. Im Ob. Lias, Dogger und Malm finden sich berippte Frondicularien wieder selten. Sie erreichen erst in der Kreide erneut eine größere Formenfülle. Doch sind es jetzt meist nur sehr breite Vertreter.

Abb. 45. a) *Lenticulina (Vaginulinopsis)* sp., rezent, 25/1 nat. Gr.; b) *Frondicularia* sp., rezent, 60/1 nat. Gr. — Nach G. FOURNIER 1956.

Abb. 46. Beispiele für die im Unt. und Mittl. Lias Mitteleuropas charakteristischen schmalen und berippten Frondicularien. a) *Frondicularia pulchra* TERQ., b) *Fr. dubia* BORN, 47/1 nat. Gr. — Nach C. A. WICHER 1938.

Die skulpturierten Frondicularien des Unt. Lias (Hettangien-Sinemurien) lassen nach T. BARNARD (1957) zunächst eine palingenetische Vermehrung der Rippenzahl erkennen, wobei die zusätzlichen Rippen erst gegen Ende der Morphogenese erscheinen und sich bei den Ontogenesen der Nachfahren schrittweise in immer frühere Entwicklungsstadien verlagern. Der ganze Vorgang beginnt mit der fünfrippigen, relativ kleinwüchsigen Form A der *Planorbis*-Zone und der ebenfalls mit fünf Rippen bedeckten größeren A' aus der tieferen *Angulata*-Zone. Hieraus gehen unter progressiver Größensteigerung die mit maximal 14 Rippen ausgezeichneten Vertreter der Formengruppe D' der oberen *Bucklandi*-Zone hervor. Als Zwischenglieder finden sich die 8-rippige Form B (Mittl. *Angulata*-Zone) und die 10- bis 14-rippige Formengruppe C (Ob. *Angulata*-Zone — Mittl. *Bucklandi*-Zone).

In der Ob. *Bucklandi*-Zone beginnt ein allmählicher Skulpturabbau, der zunächst zu einer Reduktion der Rippenzahl auf sechs, vier, zwei und schließlich zur Entwicklung sekundär glatter Vertreter führt. Die Rippen werden überwiegend proterogenetisch, im geringeren Umfange palingenetisch abgebaut. Auf diese Weise entstehen über Zwischenformen zunächst die zur Gruppe H gehörenden Vertreter. Und diese wiederum bilden den Übergang zur zweirippigen Form I, bei der aber die beiden restlichen Rippen bereits ebenfalls eine merkliche Abschwächung zeigen. In der *Davoei*-Zone finden wir schließlich alle Übergänge von zweirippigen Formen mit schwächerer oder stärkerer Reduktion der Rippen bis zu glatten.

Vaginulina D'ORBIGNY 1826: Trias — rezent, weltweit (Abb. 44k).

Anfangsteil wie bei *Marginulina* nur schwach eingekrümmt (nicht aufgewunden). Die jüngeren Kammern folgen entweder in gerader Linie oder schwach rückwärts gebogen. Seitenflächen eben, einander parallel. Mündung sternförmig. Länge bis 7 mm. Übergänge zu *Lent. (Planularia), Lent. (Vaginulinopsis)* und teilweise zu *Marginulina*. Die aus dem Unt. Lias bekannten Vertreter haben durchweg eine glatte Schale: außerdem zeigen sich fließende Übergänge zu *Marginula*. Erst im Ob. Lias erscheinen berippte Formen mit geradem Rücken und ebenen, einander parallelen Seitenflächen, die nicht mehr an *Marginulina* erinnern. Besonders zahlreiche und feinstratigraphisch gut verwertbare Arten finden sich in der Kreide.

Saracenella FRANKE 1936: Lias — rezent, weltweit.

Anfangsteil wie bei *Marginulina* und *Vaginulina* nur schwach eingekrümmt. Die jüngeren Kammern folgen in gerader Linie aufeinander. Querschnitt dreieckig, mit breiter Bauchseite und mehr oder weniger scharfem Rücken. Mündung rund, sternförmig. Länge bis 2 mm.

Neoflabellina BARTENSTEIN 1948 (*Flabellina* D'ORBIGNY 1840, ein Homonym der Molluske *Flabellina* VOIGT 1834): ? Ob. Turon, Emscher — Dan, weltweit (Abb. 44l).

Das im Umriß sehr wechselnde, meist rhombische, deltoid- oder eiförmige Gehäuse ist in der Regel stark abgeflacht. Maximale Länge 5 mm. Oberfläche stets mit scharfen, schmalen Nahtleisten, Gitterleisten oder Körnern. Zwischen den Rippen findet sich meist eine starke Körnelung. Anfang eingekrümmt.

Palmula LEA 1833: Lias — rezent von Europa und N-Amerika (Abb. 44m).

Das im Umriß eiförmige bis elliptische Gehäuse ist im Querschnitt selten flach. Maximale Länge 20 mm. Anfangsspirale oft vorgewölbt. Oberfläche meist glatt, selten mit Längsstreifen. Nähte in der Regel flach oder dick und wulstförmig, gelegentlich aber auch scharf oder unterbrochen. Als zusätzliche Verzierung gelegentlich Knoten oder Wülste, die sich meist auf der Spirale befinden.

Dentalina RISSO 1826: Perm — rezent, weltweit (Abb. 44n).

Kammerreihe schwach gekrümmt. Mündung terminal-lateral, meist gestrahlt. Länge bis 8 mm. — Im Lias ist die Berippung, ähnlich wie bei *Nodosaria*, eines der wichtigsten Kennzeichen.

Nodosaria LAMARCK 1812: Perm — rezent, weltweit (Abb. 44o—p).

Kammerreihe gerade. Mündung terminal-zentral, meist gestrahlt; gelegentlich mit Mündungskämmerchen. Länge bis 16 mm. Heute hauptsächlich in wärmeren Regionen.

Skulptur ist bei den Nodosariidae anfangs nur spärlich anzutreffen. Bei *Nodosaria* findet sich allerdings schon im Zechstein eine berippte Art; doch wird Berippung erst im Lias, ähnlich wie bei *Dentalina*, zu einem wichtigen Kennzeichen dieser Gattung. Sie ist gelegentlich nur unter Schwierigkeiten gegen *Dentalina* und *Marginulina* abzugrenzen, wenn die Lage der Mündung, die Kammerfolge oder Gehäusekrümmung zu der einen oder anderen Gattung tendieren.

Pseudoglandulina CUSHMAN 1929: Trias — rezent, weltweit (Abb. 44q und 47a).

Kammerreihe wie bei *Nodosaria* gerade, doch besteht sie nur aus wenigen und stark ineinandergeschobenen Kammern. Mündung terminal-zentral, gestrahlt.

Lingulina D'ORBIGNY 1826: Perm — rezent, weltweit. Heute in wärmeren Meeren (Abb. 44r).

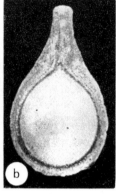

Abb. 47. a) *Pseudoglandulina* sp., rezent, $^{40}/_1$ nat. Gr.; b) *Lagena* sp., rezent, $^{35}/_1$ nat. Gr. — Nach G. FOURNIER 1956.

Kammerreihe bis auf den planspiralen Anfangsteil wie bei *Pseudoglandulina* gerade. Sie besteht ebenfalls nur aus wenigen und stark übergreifenden Kammern. Querschnitt elliptisch abgeflacht. Mündung terminal-zentral, gestrahlt, zum Teil mit Zähnen. Länge bis 2 mm.

Lagena WALKER & JACOB 1798: Jura — rezent, weltweit (Abb. 44s—t und 46b).

Uniloculin, durch Reduktion aus pluriloculinen Vorfahren hervorgegangen. Mündung einfach rundlich oder spaltförmig bzw. sternförmig. Gehäuse kugelig. Mündung häufig auf einer röhrenartigen Verlängerung, so daß das Gehäuse eine flaschenförmige Gestalt zeigt.

Die Gattung *Lagena* ist vielfach umstritten, weil zahlreiche der zu ihr gestellten Formen lediglich die noch einkammerigen Wachstumsstadien pluriloculiner Foraminiferen-Gattungen (zum Beispiel *Nodosaria*) sein dürften.

Familie **Polymorphinidae** D'ORBIGNY 1839

Die Kammern der überwiegend freilebenden Vertreter sind meist spiral um eine Längsachse aufgewunden; doch können spezialisiertere Formen einreihig oder unregelmäßig röhrenförmig werden. Wandung dünn, sehr fein perforat, durchscheinend. Skulptur fehlt meist; selten mit Dornen, Knoten und Längsrippchen. Mündung terminal-zentral, überwiegend sternförmig. Bei vielen Formen überdecken sich die Kammern in charakteristischer Weise. — Trias — rezent.

In oberkretazischen und paläozänen Ablagerungen z. B. von Frankreich, Deutschland, Dänemark und den Niederlanden, die vor allem im Litoral unter extremer Wasserbewegung gebildet wurden, finden sich eigenartige fixosessile P., deren Festheftung auf vergänglichen oder harten Substraten nicht nur über die Gehäusewandung, sondern auch über röhrenförmige Kammern erfolgte (Abb. 48). Letztere können kammartige Strukturen mit tiefen Inzisionen oder ganze Büschel mit stumpfähnlicher Basis bilden, von der zahlreiche feine, sich bisweilen gabelnde Zweige divergierend ausgehen. Bei anderen Exemplaren sind die röhrenförmigen Vorragungen in Gruppen einzelner Stolonen ausgebildet. Insgesamt herrscht große Mannigfaltigkeit, was die Schwierigkeiten bei der taxonomischen Zuordnung der fraglichen Funde erklärt; doch handelt es sich meist um die Gattungen *Guttulina*, *Globulina* (*Raphanulina*), *Polymorphina* und *Webbina*, also um P. mit fragilem Gehäuse, die sich dem Leben im Litoral unter hochenergetischer Wasserbewegung anpassen mußten (J. HOFKER 1966; P. POZARYSKA & E. VOIGT 1985).

Polymorphina D'ORBIGNY 1826: Paläozän — rezent, weltweit. Heute meist in flachen Meeresteilen (Abb. 49e).

Die langen, schmalen und zahlreichen Kammern sind anfangs S-förmig, spiral aufgerollt, später durchweg zweireihig angeordnet. Gehäuse stark abgeflacht, oft sehr breit. Länge: 3 mm und mehr.

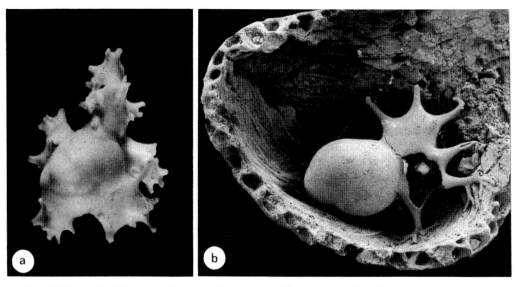

Abb. 48. Fixosessile Polymorphinidae mit röhrenförmigen Kammern: a) *Guttulina adhaerens* OLSZEWSKI, ursprünglich auf einem vergänglichen Substrat festgewachsen, 25 X nat. Gr.; b) *Globulina (Raphanulina) gravis* KARRER, fixiert auf der konkaven Seite einer unilaminaren cyclostomen Bryozoe; Paläozän von Curfs quarry bei Maastricht, 43 X nat. Gr. — Nach K. POZARYSKA & E. VOIGT 1985.

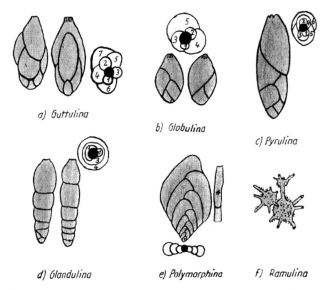

Abb. 49. Die wichtigsten Vertreter der **Polymorphinidae**, etwas schematisiert. a) *Guttulina spicaeformis* (ROEM.). 27/1 nat. Gr.; b) *Globulina consobrina* (FORNAS.), 13/1 nat. Gr.; c) *Pyrulina fusiformis* (ROEM.), 25/1 nat. Gr.; d) *Glandulina kalimnensis* PARR., 15/1 nat. Gr.; e) *Polymorphina frondea* (CUSH.), 50/1 nat. Gr.; f) *Ramulina globulifera* BDY., 18/1 nat. Gr. — Nach verschiedenen Autoren.

Globulina D'ORBIGNY 1839: Malm — rezent, weltweit (Abb. 49b).

Das rundliche bis ovale Gehäuse besteht gewöhnlich aus fünf, etwas kugeligen Kammern, die ähnlich wie bei *Quinqueloculina* angeordnet sind. Äußerlich erscheint das Gehäuse aber wegen der starken Überdeckung der Kammern dreikammerig. Nahtvertiefungen fehlen.

Ramulina JONES 1875: Jura — rezent, weltweit (Abb. 49f).

Kugelige und oft mit Dornen besetzte Kammern, vielfach durch dünne Röhrchen miteinander verbunden. Am Ende weiterer, aber freier Röhrchen finden sich die runden Mündungen. Wandung kalkig, fein perforat. Länge bis 2 mm.

Guttulina D'ORBIGNY 1839: Jura — rezent, weltweit. Heute meist in flachen Meeresteilen (Abb. 49a).

Die bis 1 mm langen, spindelförmigen oder rundlichen Gehäuse zeigen fünf Kammern je Windung. Jede der aufeinander folgenden Kammern erstreckt sich weiter von der Basis entfernt. Überlappung stark. Suturen eingesenkt. Mündung gestrahlt.

Familie **Glandulinidae** REUSS 1860

Wand kalkig, fein perforat. Neben sekundär uniloculinen Formen finden sich solche mit uniserialer, biserialer und pluriserialer Anordnung der Kammern. Mündung terminal, gestrahlt oder schlitzförmig, mit einfacher, gerader oder gekrümmter, nach innen gerichteter röhrenförmiger Vorragung. — Lias — rezent.

Glandulina D'ORBIGNY 1839: Paläozän — rezent, weltweit. Heute meist in tieferen Bereichen gemäßigter Meeresteile (Abb. 49d).

Die stark an *Pseudoglandulina* erinnernden, gerade gestreckten Gehäuse sind anfangs zweireihig, später im Hauptteil einreihig. Querschnitt rund. Kammern greifen stark über. Länge: 2 mm und mehr.

Oberfamilie **Buliminacea** JONES 1875

Das meist trochispirale Gehäuse zeigt eine spindelförmige, zylindrische oder pyramidale Gestalt, mit der Tendenz biserial, dann uniserial und schließlich einkammerig zu werden. Wandung kalkig, meist fein perforat. Mündung bei primitiven Formen im allgemeinen längs der Basissutur der letzten Kammer, im Verlaufe der stammesgeschichtlichen Entwicklung dann häufig kommaförmig und vertikal zur Basissutur. Bei noch höher differenzierten, uniserialen Formen kann die Mündung auch rund, lochförmig und endständig, schließlich durch Verschmelzung von ein oder mehreren Zähnen siebartig werden. Häufig ist eine innere Zunge ausgebildet. Oberfläche glatt, gestreift, mit Rippen oder Dornen. — Ob. Trias — rezent.

Bulimina D'ORBIGNY 1826: Paläozän — rezent, weltweit (Abb. 50).

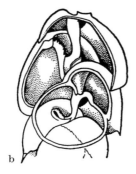

Abb. 50. *Bulimina marginata* D'ORBIGNY, rezent. a) Seitenansicht, $^{67}/_1$ nat. Gr.; b) innerer Bau. In jeder Kammer erstreckt sich eine Zunge von der Mündung bis zum Außenrand der vorhergehenden Kammer. Ca. $^{115}/_1$ nat. Gr. — Nach H. HÖGLUND 1947.

Das bis 1 mm lange, in der Regel birnenförmige und hochgewundene Gehäuse enthält meist drei bauchig aufgetriebene Kammern je Windung. Wandung fein perforat; mit oder ohne Skulptur. Die kommaförmige Mündung zeigt eine plattenartige, nach innen führende Zunge.

Bolivina D'ORBIGNY 1839: Unt. Kreide — rezent, weltweit (Abb. 51).

Das bis 1,5 mm lange, seitlich abgeflachte Gehäuse anfangs spiral, später biserial. Wandung fein oder grob perforat; mit oder ohne Skulptur. Mündung kommaförmig, oft mit plattenartiger, nach innen führender Zunge.

Bolivinoides CUSHMAN 1927: Ob. Kreide (Ob. Santon) — Paläozän von Europa, N-Amerika, Karibik, S-Amerika, Australien, Neuseeland und Indonesien. Maximum der Entwicklung im Mittl. Campan (Abb. 52).

Die Kammern des seitlich zusammengedrückten, im Umriß rhombischen bis keulenförmigen Gehäuses sind biserial und alternierend angeordnet. Dabei überdeckt jede Kammer (im Gegensatz zu *Bolivina*) die darunterliegende mit ihrer an der Außenseite etwas herabgezogenen Kammerbasis. Quer über die Suturen verläuft (ebenfalls im Gegensatz zu *Bolivina*) eine aus Knoten und Rippen bestehende Skulptur, wodurch die Suturen verdeckt werden. Wandung kalkig, fein perforat. Die relativ große Mündung besteht aus einem länglichen, schlitzförmigen Trichter, der zur Basis der Stirnseite der letzten Kammer hin offen ist. — Verschiedene Arten und Unterarten von *Bolivinoides* haben außerordentliche Bedeutung für die biostratigraphische Gliederung der Oberkreide (vgl. H. HILTERMANN & W. KOCH 1950 und Band I, 5. Aufl., S. 285, Abb. 155).

Abb. 51. *Bolivina textularioides* REUSS, Ob. Valendis von Rehburg (Bohrung), 45/1 nat. Gr. — Nach H. BARTENSTEIN & E. BRAND 1951.

Abb. 52. a)—b): *Bolivinoides draco draco* (JONES): a) von der Seite; b) von oben. Ob. Kreide (Maastricht). Ca. 70/1 nat. Gr. c)—d): *Bolivinoides decorata decorata* (JONES): c) von der Schmalseite; d) von der Breitseite. Ob. Kreide (Campan) des nordwestl. Mitteleuropa. Ca. 60/1 nat. Gr. – Nach H. HILTERMANN & W. KOCH 1950.

Reussella GALLOWAY 1933: Mittl. Eozän (Lutet) — rezent, weltweit.

Das bis 0,75 mm lange, im Querschnitt dreieckige und triseriale Gehäuse besteht aus pyramidal gewinkelten Kammern, von denen drei auf eine Windung kommen. Wandung grob oder fein perforat. Mündung schlitzförmig, oval, basal.

Uvigerina D'ORBIGNY 1826: Eozän — rezent, weltweit (Abb. 53).

Das bis 1 mm lange, triseriale, im Querschnitt runde oder dreieckige Gehäuse ist hochgewunden und lang-spindelförmig gestaltet. Von den bauchig aufgetriebenen Kammern kommen je drei auf einen Umgang. Wandung fein perforat. Mit oder ohne Skulptur, meist aber längsberippt. Mündung rund, terminal, mit Hals und Lippe; oft mit spiralem Zahn und innerer, gedrehter Röhre.

Pseudouvigerina CUSHMAN 1927: Ob. Kreide von Europa und N-Amerika.

Das bis 0,36 mm lange, im Querschnitt dreieckige Gehäuse ist bei den mikrosphärischen Formen zunächst bi-, später triserial. Kammern gewinkelt, meist etwas unregelmäßig angeordnet. Wandung grob perforat. Mündung terminal, in der Regel auf kurzem Hals, mit Lippe.

Oberfamilie **Discorbacea** EHRENBERG 1838

Gehäuse meist trochispiral aufgewunden, in der Regel von linsen- oder kegelförmiger Gestalt. Wandung kalkig, perforat; bei den Anfangsstadien mancher Gattungen mit innerer Chitinschicht. Gelegentlich findet sich auch eine äußere sandige Lage. Mündung ähnlich wie bei den Rotaliidae schlitzförmig, basal längs der Naht an der Stirnseite; doch erreicht der Schlitz nicht die Peripherie. — Mittl. Trias — rezent.

Discorbis LAMARCK 1804 (syn. *Discorbites* LAMARCK 1804): Eozän — rezent, fast weltweit. Heute meist in flachen Meeresteilen (Abb. 54 a—c).

Das bis 1 mm große, plankonvexe, trochispiral aufgewundene Gehäuse ist an der Umbilicalseite abgeflacht. Skulptur fehlt in der Regel. Nabelregion zum Teil von Kammern bedeckt. Mündung schlitzförmig, schmal.

Abb. 53. *Uvigerina gallowayi basiquadrata* PETTERS & SARMIENTO, a) lateral; b) Mündung. Ob. Oligozän von Carmen-Zambrano (Kolumbien). — Nach V. PETTERS & R. SARMIENTO 1956.

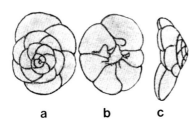
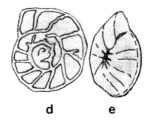

Abb. 54. a)—c) *Discorbis* sp., die Gattung ist weltweit bis heute seit dem Eozän verbreitet, ca. $^{64}/_1$ nat. Gr.; d)—e) *Stensioina exsculpta* (REUSS), Ob. Kreide (Unt. Senon) von Schweden, $^{60}/_1$ nat. Gr. — a)—c) nach J. SIGAL, d)—e) nach F. BROTZEN, umgezeichnet.

Oberfamilie **Cassidulinacea** D'ORBIGNY 1839

Gehäuse mehr oder weniger gerade gestreckt, planspiral oder trochispiral. Wand perforat, feinkörnig kalkig. Mündung schlitzförmig, schleifenförmig oder mannigfach. — Ob. Trias — rezent.

Familie **Pleurostomellidae** REUSS 1869
(syn. Ellipsoidinidae A. SILVESTRI 1923)

Gehäuse überwiegend birnenförmig oder kugelig, anfangs biserial, dann oft uniserial ausgebildet. Dabei umfassen sich die Kammern mehr oder weniger stark. Wandung kalkig, glatt, fein perforat. Mündung spaltförmig, schmal, gerade oder gebogen, stets subterminal, häufig von einer kapuzenartigen Vorragung der Wandung überdacht. Nicht selten findet sich ferner ein röhren- oder plattenförmiger Fortsatz, der von der Mündung nach innen ragt und an ähnliche Bildungen der Buliminidae erinnert. — ? Jura, Unt. Kreide — rezent.

Pleurostomella REUSS 1860: Unt. Kreide — rezent, weltweit (Abb. 55).
Das bis über 1 mm lange, im Querschnitt runde Gehäuse bleibt in der Regel biserial; doch zeigt sich auch die Tendenz zur Einreihigkeit bzw. zum Umfassen. Mündung gebogen, beiderseits mit zwei breiten Zähnen. Oberfläche, falls skulpturiert, mit feiner Streifung.

Ellipsoglandulina SILVESTRI 1900: ? Jura, ? Kreide, Eozän — rezent von Europa, N-Amerika, Karibik, Neuseeland.
Die Kammern des gerade gestreckten, uniserialen Gehäuses umfassen sich stark. Mündung halbmondförmig.

Familie **Osangulariidae** LOEBLICH & TAPPAN 1964

Gehäuse trochispiral; Wand bilamellar, kalkig-körnig, perforat. Mündung meist interiomarginal, mit vertikalem oder schiefem Teil, der sich auf die Aperturalseite ausdehnt. — Unt. Kreide — rezent.

Globorotalites BROTZEN 1942: Kreide (Barrême — Maastricht), weltweit (Abb. 56).
Gehäuse plankonvex. Suturen schief, auf der Spiralseite verdickt. — Als Leitform wichtig ist *Globorotalites (Conorotalites) bartensteini* BETTENSTAEDT 1952 (Abb. 56): Unt. Barrême — Unt. Apt. Diese Art hat einen besonders hohen stratigraphischen Wert, da sich der Gehäuse-

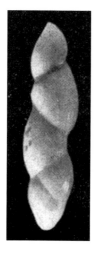

Abb. 55. *Pleurostomella* sp. $^{50}/_1$ nat. Gr. — Nach G. FOURNIER 1956.

Querschnitt, die Ausbildung des Nabels und die Seitenwinkel zwischen Umbilical- und Spiralseite kontinuierlich und orthogenetisch ändern. Die gleichen Unterarten wie in Mitteleuropa finden sich in denselben Horizonten der borealen und mediterranen Fazies, so daß die Art für weltweite Schicht-Parallelisierungen geeignet erscheint (F. BETTENSTAEDT 1952; siehe Band I, 5. Aufl., S. 287, Abb. 156).

Familie **Cassidulinidae** D'ORBIGNY 1839

Das linsenförmige bis kugelige, gelegentlich auch abgerollte Gehäuse zeigt zumindest anfangs eine trochispirale Aufwindung. Die späteren Kammern sind meist biserial angeordnet. Wand kalkig, fein perforat, in der Regel glatt. Mündung langgestreckt, meist kommaförmig und mit Zahn. — Eozän — rezent.

Cassidulina D'ORBIGNY 1826: Eozän — rezent, weltweit. Heute in kalten Meeresteilen (Abb. 57 d—f).

Das bis 1 mm große, meist involute, dicht planspiral aufgewundene Gehäuse ist linsenförmig bis halbkugelig gestaltet. Es besteht aus zahlreichen zweireihig und alternierend angeordneten Haupt- sowie großen Nebenkammern. Wand glatt bis stark skulpturiert. Die langgestreckte und schmale Mündung liegt in der Nähe des Randes. Sie zeigt oft einen plattenförmigen Zahn.

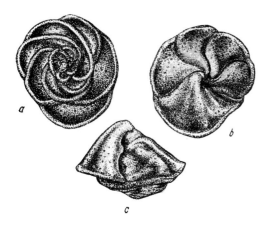

Abb. 56. *Globorotalites (Conorotalites) bartensteini* BETTENSTAEDT, Holotypus. a) Spiralseite, b) Umbilicalseite, c) Stirnseite. Unt. Apt (*Bodei*-Zone), Bohrung Georgsdorf 81 (norwestl. Mitteleuropa). Ca. $70/1$ nat. Gr. — Nach F. BETTENSTAEDT 1952.

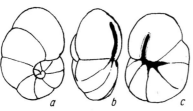
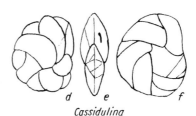

Abb. 57. a)—c) *Ceratobulimina pacifica* CUSHM. & H. HARRIS, $36/1$ nat. Gr.; d)—f) *Cassidulina laevigata* D'ORBIGNY, $45/1$ nat. Gr. — Nach H. B. BRADY, umgezeichnet.

Familie **Nonionidae** SCHULTZE 1854

Mehr oder weniger involute, überwiegend planspirale Formen mit einfachen Septen und kalkiger, meist fein perforater Wandung. Mündung einfach oder siebförmig. Die höchstdifferenzierten Formen mit Kanalsystem. — Jura — rezent.

Nonion MONTFORT 1808: ? Ob. Kreide, Paläozän — rezent, weltweit. Heute benthisch in allen Meerestiefen (Abb. 58 a—b).

Eng planspiral aufgewunden, bis 12 Kammern in der letzten Windung. Wandung fein oder grob perforat. Mündung niedrig, gebogen, an Basis der Stirnseite. Durchmesser bis 0,8 mm. — Die sonst ähnliche *Nonionella* CUSHMAN 1926 (Ob. Kreide — rezent, Abb. 58c—e) ist leicht trochispiral ausgebildet.

Bei der verwandten, z. B. im Schelfbereich von Neuseeland sowie der Auckland- und Campell-Inseln häufigen rezenten *Nonionellina flemingi* (VELLA) sind Gehäuseform und -größe von der Umgebungstemperatur abhängig. So bildet die Art im Norden Neuseelands im ausgewachsenen Zustand kleine trochispirale Formen, im Bereich der antarktischen Inseln aber planspirale, die zwei- bis dreimal größer sind und lediglich im Jugendstadium einen trochispiralen Abschnitt aufweisen (K. B. LEWIS & C. JENKINS 1969). Dies beruht auf temperaturabhängiger Neotenie, derzufolge die Tiere in niederen geographischen Breiten viel früher geschlechtsreif werden als in höheren. Die mittlere Gehäuselänge und die Anzahl der auf der letzten Windung angelegten Kammern stehen in inverser Funktion zur mittleren Wassertemperatur am Standort. So lassen sich im Verbreitungsgebiet der Art rückläufig die Wassertemperaturen bis zum Ob. Miozän einschließlich bestimmen.

Familie **Anomalinidae** CUSHMAN 1927

Gehäuse meist niedrig trochispiral bis etwa planspiral, doch finden sich auch Übergänge zur serialen oder ringförmigen Ausbildung. Zum Teil mit der abgeflachten oder konkaven Spiralseite festgewachsen. Wandung kalkig, perforat. Perforationen mitunter sehr groß. Oberfläche glatt oder grubig. Suturen flach oder bandförmig. Die gewöhnlich nabelständige schlitzförmige Mündung erreicht während der stammesgeschichtlichen Entwicklung den peripheren Rand. Sie verläuft zum Teil interiomarginal. Bei höher differenzierten Formen kann sie auch terminal liegen bzw. aus zahlreichen Poren am Außenrand bestehen. Gelegentlich kommt eine zusätzliche Mündung hinzu. Bei manchen Gattungen finden sich Überreste einer agglutinierten Außenschicht. Dies ist eine Erscheinung, die auf nahe Verwandtschaft zu gewissen Discorbidae hinweist. — Ob. Trias — rezent.

Anomalina D'ORBIGNY 1826: Ob. Kreide — rezent, weltweit. Heute meist in flachen Meeresteilen (Abb. 59 a—b).

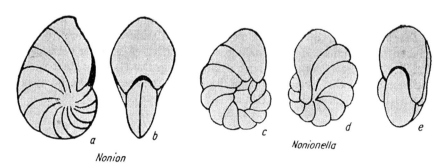

Abb. 58. a)—b): *Nonion incisum*; c)—e): *Nonionella auris*, c) Spiralseite, d) Umbilicalseite, e) Stirnseite. Ca. 45/1 nat. Gr. — Nach J. A. CUSHMAN (1949), umgezeichnet.

Das linsenförmige, bis 0,75 mm große Gehäuse ist anfangs niedrig trochispiral, später etwa planspiral aufgewunden. Es zeigt flache oder bandförmige Suturen und zahlreiche Kammern. Mündung zunächst umbilical, später marginal.

Anomalinoides BROTZEN 1942 (Mündung greift auf die Spiralseite über) wird als Untergattung von *Anomalina* betrachtet.

Stensioina BROTZEN 1936: Ob. Kreide, weltweit (Abb. 54d−e).

Das plankonvexe, niedrig trochispiral aufgewundene Gehäuse ist im Gegensatz zu *Discorbis* an der Spiralseite abgeflacht. Rand winklig. Suturen der Spiralseite erhaben und verziert, mit Ausnahme der primitivsten Formen verzweigt; die der Umbilicalseite flach. Mündung lang, schlitzförmig. Die Gattung stellt wichtige Leitfossilien für die Ob. Kreide, zum Beispiel *St. pommerana* (Ob. Campan − Unt. Maastricht) und *St. exsculpta* (Coniac − Ob. Campan).

Oberfamilie **Robertinacea** REUSS 1850

Gehäuse trochispiral. Kammern durch innere Scheidewände im Laufe der Stammesgeschichte zunehmend in Teilkammern gegliedert. Wand aragonitisch, perforat. Hauptmündung bildet einen niedrigen Schlitz an der Stirnseite. Nebenmündung in jedem Septum. − ? Trias, Jura − rezent.

Familie **Ceratobuliminidae** CUSHMAN 1927
(syn. Epistominidae WEDEKIND 1937)

Die Kammern des meist trochispiralen, bei einigen Gattungen aber auch abgerollten Gehäuses sind durch eine interne Struktur in zwei Räume geteilt. Diese stehen in Verbindung, und zwar einmal über eine Spalte, die sich meist an der Umbilicalseite befindet und interiomarginal-septal verläuft, zum anderen über eine zweite, lateral oder lateromarginal liegende Öffnung. Bei höher differenzierten Formen zeigt die interne Struktur die Tendenz zu verschwinden. − ? Trias, Lias − rezent.

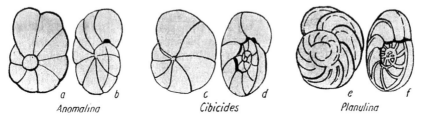

Abb. 59. a)−b) *Anomalina punctulata* D'ORBIGNY, Ob. Kreide, ⁶⁰/₁ nat. Gr.; c)−d) *Cibicides lobatulus* WALK. & JAC., ca. ²⁵/₁ nat. Gr.; e)−f) *Planulina ariminensis* D'ORBIGNY, ca. ²⁵/₁ nat. Gr. − Aus J. SIGAL, umgezeichnet.

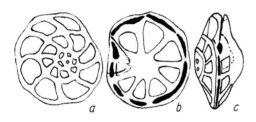

Abb. 60. *Epistomina ornata* (F. A. ROEM.), Ob. Valendis, Bohrung Düste 1 (nordwestl. Mitteleuropa). a) Spiralseite, b) Umbilicalseite, c) von der Kante. ³⁵/₁ nat. Gr. − Nach H. BARTENSTEIN & E. BRAND 1951.

Epistomina TERQUEM 1883: ? Trias, Dogger — Unt. Kreide von Europa, N-Amerika und Afrika (Abb. 60).

Das bis 2 mm große, niedrig trochispiral aufgewundene Gehäuse zeigt ähnlich wie bei *Rotalia* eine bikonvexe Ausbildung. Auch hier ist der Nabel gefüllt; doch sind im Unterschied zu *Rotalia* Nebenmündungen ausgebildet. Hauptmündung lang, schlitzförmig, verläuft parallel zum winkeligen oder gekielten Rand. Sie ist in den älteren Kammern mit Schalensubstanz verschlossen. Die Nebenmündungen befinden sich an der Umbilicalseite in der Nähe des Randes. Skulptur fehlt meist; dann ist die Oberfläche des Gehäuses glatt und glänzend. Im übrigen treten netzartige Verzierungen auf.

Ceratobulimina TOULA 1915: Kreide (Alb) — rezent, weltweit (Abb. 57a—c).

Das im Umriß ovale und bis 0,8 mm große Gehäuse ist gänzlich trochispiral aufgewunden. Die schwach bauchigen Kammern nehmen rasch an Größe zu und sind alle von der Spiralseite aus sichtbar. Die lange und schlitzförmige Mündung erstreckt sich in den Nabel. Sie wird bei erwachsenen Formen von einer dünnen Platte bedeckt. Wand glatt.

Oberfamilie **Globigerinacea** CARPENTER, PARKER & JONES 1862

Gehäuse trochispiral, planspiral, mehr oder weniger gerade gestreckt oder in irgendwelcher Weise modifiziert. Kammern meist kugelig, werden später aber auch abgeflacht oder sonstwie verändert. Wand kalkig-hyalin, perforat; doppelt oder lamellar. Mündung ursprünglich interiomarginal; später oft modifiziert, zum Teil mit Lippe. Nebenmündungen können auftreten. — Dogger — rezent, planktisch.

Familie **Heterohelicidae** CUSHMAN 1927
(syn. Guembelinidae WEDEKIND 1937)

Ursprünglich trochispiral, planspiral, biserial oder triserial; später vielfach mit Reduktion oder Vermehrung der Zahl der Kammerreihen. Mündung groß, ohne innere Fortsätze; einfach und interiomarginal und terminal bei uniserialen Formen. — Dogger — Oligozän.

Heterohelix EHRENBERG 1843 (syn. *Guembelina* EGGER 1899): Unt. Kreide (Alb) — Ob. Kreide (Maastricht), weltweit (Abb. 61a—b).

Das bis 0,5 mm lange Gehäuse ist anfangs spiral, später biserial ausgebildet. Kammern kugelig aufgetrieben. Mündung gebogen, basal, interiomarginal.

Pseudotextularia RZEHAK 1891: Ob. Kreide von Europa, N- und S-Amerika (Abb. 61c—d).

Anfangs ähnlich wie *Heterohelix* spiral, später biserial, schließlich pluriserial. Gestalt im einzelnen ziemlich variabel. Letzte Kammern oft klein und unregelmäßig. Mündung groß, mit dünner Lippe. Länge des Gehäuses ca. 0,5 mm.

Familie **Globotruncanidae** BROTZEN 1942

Gehäuse trochispiral. Kammern kugelig bis winklig, extern gewöhnlich abgeplattet oder gekielt. Hauptmündung umbilikal, bedeckt mit spiral angeordneten Vorragungen (Tegilla) des Nabels

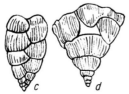

Abb. 61. a)—b) *Heterohelix reussi* (CUSHMAN), 60/1 nat. Gr.; c)—d) *Pseudotextularia varians* RZEHAK, 37/1 nat. Gr. — Nach J. SIGAL.

mit intralaminalen und infralaminalen Öffnungen. — Unt. Kreide (? Apt, Alb) — Ob. Kreide (Maastricht).

Globotruncana CUSHMAN 1927: Ob. Kreide (Turon — Maastricht), weltweit (Abb. 62).

Das bis 0,8 mm große, niedrig gewundene Gehäuse ist linsen- bis kegelförmig ausgebildet. Das Anfangsstadium erinnert ähnlich wie bei *Globorotalia* an *Globigerina*. — Viele der meist sehr kurzlebigen Arten bilden heute eines der geläufigsten Mittel für eine weltweite stratigraphische Korrelation der Ob. Kreide.

Familie **Globorotaliidae** CUSHMAN 1927

Aufwindung anfangs ähnlich wie bei *Globigerina*, im Alter jedoch niedrig und flach. Mündung einfach, groß, ventral, in der Umbilicalregion. Rand gekielt. Kammerscheidewände gebogen; Suturen meist bandförmig ausgebildet. Überwiegend pelagisch. — Paläozän — rezent.

Globorotalia CUSHMAN 1927: Paläozän — rezent, weltweit (Abb. 63).

Das bis 2 mm große, niedrig gewundene Gehäuse ist ebenfalls linsen- oder kegelförmig ausgebildet. Umbilicalseite stark konvex, Spiralseite abgeflacht. Rand der äußeren Windung gekielt oder dornig. Die fein perforate Wandung ist entweder glatt oder mit Dornen bzw. Höckern besetzt. Mündung einfach, ventral, basal, am Nabel; mitunter teilweise bedeckt.

Familie **Globigerinidae** CARPENTER, PARKER & JONES 1862

Das kalkige und grob perforate Gehäuse besteht aus großen, kugeligen Kammern, deren Oberfläche meist mit langen Stacheln bedeckt ist und eine feine, netzartige Verzierung trägt. Aufwindung gewöhnlich niedrig trochispiral; bei verschiedenen höher spezialisierten Vertretern auch nahezu planspiral. Mündung entweder einfach, groß oder aus zahlreichen kleinen Öffnungen, die sich am Nabel oder längs der Suturen befinden. Es handelt sich überwiegend um planktische Formen, die sich stark an das pelagische Leben angepaßt haben. Hieraus erklärt sich die weite Verbreitung. — Ob. Kreide (Maastricht) — rezent.

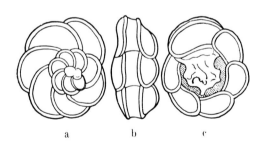

Abb. 62. *Globotruncana linnei* D'ORBIGNY. a) Spiralseite, b) Schmalseite, c) Umbilicalseite. Ob. Kreide. $^{33}/_1$ nat. Gr. — Aus J. SIGAL 1952.

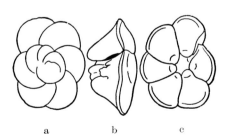

Abb. 63. *Globorotalia velascoensis* (CUSHMAN). a) Spiralseite, b) Stirnseite, c) Umbilicalseite. Ca. $^{60}/_1$ nat. Gr. — Aus J. SIGAL 1952.

Globigerina D'ORBIGNY 1826: Paläozän — rezent, weltweit (Abb. 64).

Die am wenigsten differenzierten Formen, deren kugelige Kammern trochispiral angeordnet sind. Die einfache, große Mündung verläuft in den Nabel. Gelegentlich finden sich zusätzliche Mündungen längs der Suturen. Wandung anfangs dünn, später dick; mit feinen Dornen in den Ecken der netzförmigen Oberflächenskulptur. Durchmesser bis 2 mm.

Globigerinoides CUSHMAN 1927: Unt. Eozän — rezent, weltweit (Abb. 65).

Im Gegensatz zu *Globigerina* mit zahlreichen zusätzlichen Mündungen längs der Suturen. Die Gattung stellt eine Anzahl wichtiger Leitformen des Tertiärs, zum Beispiel *Gl. bisphericus* TODD. (Helvet und Torton des Miozän).

Orbulina D'ORBIGNY 1839: Unt. Miozän — rezent, weltweit (Abb. 66).

Kammern anfangs ähnlich wie bei *Globigerina*, doch entwickelt sich später eine große, kugelige Kammer, die alles andere fast vollständig umhüllt und keine besondere Mündung aufweist. Durchmesser: 1 mm.

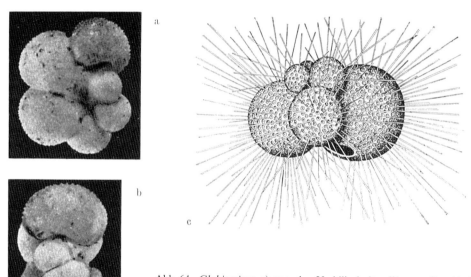

Abb. 64. *Globigerina:* a) von der Umbilicalseite, $35/1$ nat. Gr.; b) das gleiche Exemplar von der Stirnseite, $35/1$ nat. Gr.; c) schematische Darstellung einer anderen Form. Die Länge der Stacheln kann mehr als das Fünffache des Durchmessers einer großen Einzelkammer betragen. Ca. $50/1$ nat. Gr. — a)—b) nach G. FOURNIER (1956); c) nach A. KÜHN (1926).

Abb. 65. a) *Globigerinoides conglobatus* (BRADY), Oligozän von N-Peru, $60/1$ nat. Gr.; b) *Globigerinoides ruber* (D'ORBIGNY), Miozän der Sechura-Wüste (Peru), $60/1$ nat. Gr. — Nach L. WEISS 1955.

Oberfamilie **Rotaliacea** EHRENBERG 1839

Gehäuse ursprünglich trochispiral, später oft planspiral, entrollt, zyklisch verzweigt oder sonstwie differenziert. Wand kalkig-perforat, stets mit Kanalsystem. Kammerscheidewände immer doppelt, aus radialen Schichten. Mündung ursprünglich schlitzförmig, an der basalen Sutur der Stirnwand; kann später vervielfacht oder durch Poren ersetzt sein. — Ob. Kreide — rezent.

Familie **Rotaliidae** REUSS 1860

Das meist trochispiral aufgewundene Gehäuse zeigt in der Regel eine linsen- oder flach kegelförmige Gestalt. Die Wand ist außerordentlich dick. Vorhanden ist ferner ein meist stark entwickeltes Zwischenskelett, das in Form von Pfeilerchen, Knötchen usw. hauptsächlich die Nähte und den Nabel füllt. Mündung schlitzförmig, basal längs der Naht an der Stirnseite. — Ob. Kreide — rezent.

Rotalia LAMARCK 1804: Ob. Kreide (Senon) — rezent, weltweit (Abb. 67).

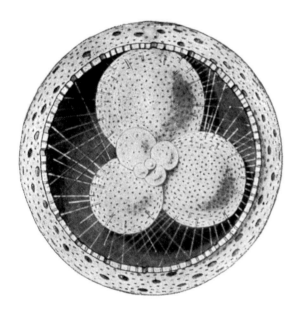

Abb. 66. *Orbulina* sp., rezent. Das Gehäuse ist aufgeschnitten, um die von der letzten kugeligen Kammer umschlossenen Teile zu zeigen. Ca. $75/1$ nat. Gr. — Nach F. DOFLEIN, aus O. ABEL 1920.

Abb. 67. *Rotalia* sp., schematisch. a) Umbilicalseite, b) Querschnitt. Ca. $20/1$ nat. Gr. — Nach DAVIES (1932), umgezeichnet.

Das bis 2 mm große, meist bikonvexe, niedrig trochispiral aufgewundene Gehäuse hat in der Regel eine linsenförmige Gestalt. Der Nabel ist mit wenigen Kalkpfeilerchen gefüllt. Mündung lang, schlitzförmig, umbilical basal, zwischen Rand und Nabelfeld.

Familie **Calcarinidae** SCHWAGER 1876
(syn. Siderolitidae FINLAY 1939)

Die Kammern des mehr oder weniger kugeligen Gehäuses sind anfangs niedrig trochispiral angeordnet. Später verteilen sie sich unregelmäßig über die gesamte Oberfläche. Wand grob perforat, mit Körnchen, Stacheln oder Dornen besetzt, die zum Teil die äußeren Enden von Pfeilern darstellen. Vor allem in den randlichen Teilen mit sekundärem Schalenmaterial. Kanalsystem stark entwickelt. Mündung primitiver Formen und frühontogenetischer Stadien an der Umbilicalseite, einfach. Bei den höher differenzierten Vertretern besteht die Mündung aus zahlreichen kleinen Öffnungen. — Ob. Kreide — rezent.

Siderolites LAMARCK 1801 (syn. *Siderolina* DEFRANCE 1824): Ob. Kreide — Unt. Eozän, weltweit (Abb. 68—69).

Das bis 2 mm große, niedrig trochispiral aufgewundene Gehäuse ist bikonvex ausgebildet und randlich in der Windungsebene meist mit radial stehenden Dornen besetzt. Alle Kammern sind von außen sichtbar. Pfeiler vorhanden.

Familie **Elphidiidae** GALLOWAY 1933

Gehäuse trochispiral oder planspiral-involut, im letzteren Fall bei Endstadien mitunter entrollt. Wand mehrschichtig, radial gebaut. Kanalsystem aus zwei spiralen Kanälen, die durch interseptale Bögen in Verbindung stehen. Suturen der Kammerscheidewände meist mit deutlichen Septalbrücken („retral processes"), zwischen denen sich in Grübchen die Mündungen des Kanalsystems befinden. — Paläozän — rezent.

Elphidium DE MONTFORT 1808 (syn. *Polystomella* LAMARCK 1822): Unt. Eozän — rezent, weltweit (Abb. 70).

Planspiral-involut. Mündung auf der Basis der letzten Kammer, einfach oder eine Reihe rundlicher Öffnungen.

Familie **Nummulitidae** DE BLAINVILLE 1825

Überwiegend großwüchsige planspirale Vertreter von scheibenförmiger, linsenförmiger oder kugeliger Gestalt. Eine Gattung zeigt im Alter ringartige Anordnung der Kammern. Die Mündung der einfachen oder durch Scheidewände sekundär aufgeteilten Kammern liegt bei

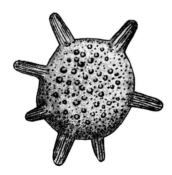

Abb. 68. *Siderolites spengleri* (LINNÉ). 20/1 nat. Gr. — Nach H. B. BRADY, umgezeichnet.

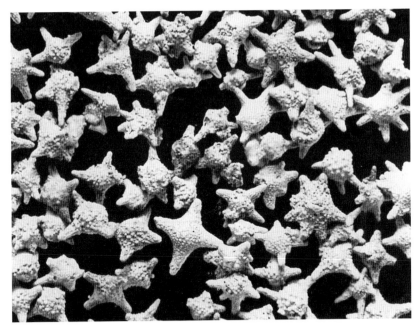

Abb. 69. *Siderolites calcitrapoides* LAM., benthische Foraminiferen mit kalkiger, grob perforater Wand und stark entwickeltem Kanalsystem. Ob. Kreide (Senon) von Maastricht (Holland). Durchmesser ca. 2 mm.

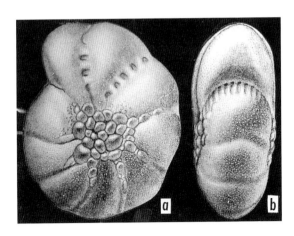

Abb. 70. *Elphidium clavatum* CUSHMAN, a) von der Seite, b) von der Stirnseite. Rezent von Long Island (USA). Größter Durchmesser von a): ca. 0,5 mm. — Nach M. A. BUZAS 1966.

typischer Ausbildung an der Basis der Stirnseite. Höher differenzierte Vertreter weisen ein Kanalsystem in der Wandung und in den Septen auf (Septen-, Rand-, Vertikal- und Radialkanäle), das bei der taxonomischen Bearbeitung eine große Rolle spielt. Das gleiche gilt auch für die Art und die Stärke der Einrollung, so daß zur Bestimmung Axial- und Äquatorialschnitte meist unerläßlich sind. — Ob. Kreide — rezent. Biostratigraphisch sehr wichtig im Tertiär.

Wahrscheinlich lebten die N. wie die meisten rezenten Großforaminiferen und die hermatypischen Korallen (Riffkorallen) in Symbiose mit einzelligen Grünalgen (Zooxanthellae), was das Vorkommen in Sedimenten geringer Wassertiefe erklärt.

94 B. Stamm Protozoa Goldfuß 1818

Nummulites LAMARCK 1801 (Die Priorität hat an und für sich *Camerina* BRUGUIÈRE 1789; doch wurden die Prioritätsregeln zugunsten von *Nummulites* gemäß Entscheidung der International Commission on Zoological Nomenclature vom 21. 8. 1945 aufgehoben): Paläozän — Oligozän, Maximum der Entwicklung im Mittl. Eozän (Abb. 71a, 72 und 73a—b).

Gehäuse bilateral-symmetrisch, planspiral, involut. Maximaler Durchmesser bis 12 cm. Kleinere Formen halbkugelig, größere und größte Formen scheibenförmig. Windungshöhe gering, nur ganz allmählich zunehmend. Windungsquerschnitt meist V-förmig. Periphere Randleiste deutlich. Zahl der Windungen bis 40. Wandung mit kompliziertem Kanalsystem. Mündung einfach, basal, an der letzten Kammer mitunter durch eine Anzahl Poren ersetzt. Die häufig S-förmigen Septen sind in der Regel an der Peripherie nach rückwärts gebogen. Septalleisten unterschiedlich gestaltet, systematisch wichtig; man unterscheidet:

a) **radiate Formen:** Verlauf einfach, radiat. Charakteristisch für die älteren Vertreter, zum Beispiel aus dem Unt. Eozän, und für die am längsten ausdauernden;
b) **sinuate Formen:** Septalleisten mäandrisch verbogen, ohne daß es zu einer netzartigen Verflechtung kommt;

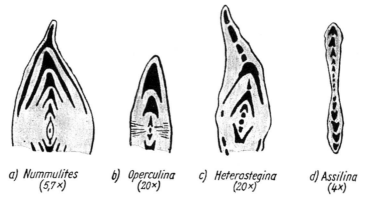

Abb. 71. Nummulitidae. Charakteristische Querschnittsbilder, etwas schematisiert. Zusammengestellt aus J. SIGAL 1952.

Abb. 72. *Nummulites* sp., Mediansschnitt. Mittl. Eozän von Alante Posta (Italien). Ca. 1½ nat. Gr.

c) **reticulate Formen:** Septalleisten durch Verwachsung und Aufspaltung netzförmig; finden sich zusammen mit den sinuaten Formen hauptsächlich im Mittl. Eozän. Dabei wird die Mannigfaltigkeit noch durch warzenförmige Verdickungen der Außenschicht (Granulation) vergrößert. Gleichzeitig erreichen die Nummuliten im Mittl. Eozän nach Größe (maximaler Durchmesser 12 cm) und Individuenzahl das Maximum der Entwicklung.

Mit Ende des Mittl. Eozän verschwinden die meisten radiaten, sinuaten und reticulaten, einfachen oder granulierten Vertreter. Es persistieren lediglich kleinere, einfach gebaute radiate

Abb. 73. Nummulitenkalk: a) parallel zur Schichtung, ca. nat. Gr.; b) vertikal zur Schichtung, ca. 1½ nat. Gr. Mittl. Eozän von Alante Posta (Italien).

Formen und solche, bei denen im Bereich der Kammerflügel die Septen und das Netzwerk durch (pseudoseptale) Leisten ersetzt werden. Diese Leisten entstehen aus umgewandelten Pfeilern.

Die ägyptischen Pyramiden bestehen aus Nummulitenkalken. Die aus ihnen herausgewitterten Nummuliten hielt HERODOT (500—424 v. u. Z.) für die Überreste von Linsengerichten der Erbauer der Pyramiden.

Operculina D'ORBIGNY 1826: Oberkreide — rezent. Heute in flachen Bereichen warmer Meere (Abb. 71 b und 74).

Gehäuse linsen- oder scheibenförmig. Windungen zunächst involut, später evolut, so daß alle Umgänge von außen sichtbar sind. Maximaler Durchmesser: 20 mm. Mündung einfach, basal. Die randlich verdickte Wandung ist glatt oder granuliert. Seitenwände und Kammerscheidewände mit gut entwickeltem Kanalsystem. Zahl der Windungen, die rasch an Höhe zunehmen, gering (3—5); mit zahlreichen Kammern.

Assilina D'ORBIGNY 1829: Paläozän — Ob. Eozän (Abb. 71 d).

Gehäuse linsen- oder scheibenförmig, evolut. Septalleisten greifen nicht auf frühere Windungen über. Windungshöhe nimmt ganz allmählich zu. Zahl der Windungen bis 16. Vertreter des Mittl. Eozän ähnlich wie bei *Nummulites* meist sehr großwüchsig; im Paläozän, Unt. und Ob. Eozän hingegen klein.

Heterostegina D'ORBIGNY 1826: Ob. Paläozän — rezent, weltweit verbreitet in flachen Bereichen warmer Meeresteile, ähnlich wie *Operculina* (Abb. 71 c).

Gehäuse linsen- oder scheibenförmig. Maximaler Durchmesser bis etwa 10 mm. Windungen zunächst involut, später rasch evolut. Sekundäre Septen teilen die Kammern der Außenwindungen in zahlreiche rechteckige Kämmerchen, die untereinander nicht in Verbindung stehen. Stirnseite mit einer Reihe runder Öffnungen als Mündung. Seiten- und Kammerscheidewände sind ähnlich wie bei *Operculina* mit einem gut entwickelten Kanalsystem ausgestattet. Die randlich verdickte Wandung fein perforat, glatt oder granuliert. Zahl der Windungen, die rasch an Höhe zunehmen, gering.

Oberfamilie **Orbitoidacea** SCHWAGER 1876

Gehäuse mehr oder weniger aufgewunden. Wand kalkig, radial-blättrig, aus zwei Lagen. — Kreide — rezent.

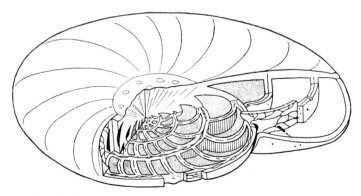

Abb. 74. Schematisches Blockbild von *Operculina* sp. — Abgeändert nach CARPENTER und BANNIK, aus J. SIGAL 1952.

Familie **Cibicididae** Cushman 1927

Gehäuse frei oder festgeheftet, trochispiral bis nahezu planspiral oder unregelmäßig bis cyclisch. Wand engständig perforat, mit doppelten (bilamellaren) Kammerscheidewänden. Mündung meist interiomarginal, kann sich auf die Spiralseite ausdehnen. Peripherale Nebenmündungen können auftreten. — Kreide — rezent.

Cibicides Montfort 1808: Kreide — rezent, weltweit (Abb. 59 c—d).

Das niedrig trochispirale, bis 1,5 mm große Gehäuse ist meist mit der abgeflachten Spiralseite festgewachsen. Umbilicalseite involut, mit seichtem Nabel. Dieser kann mit einer durchscheinenden Schalensubstanz gefüllt sein. Wand hyalin, grob perforat. Die schlitzähnliche Mündung erstreckt sich interiomarginal längs der Naht der Spiralseite über den Rand zur basalen Sutur der letzten Kammer.

Planulina d'Orbigny 1826: Ob. Kreide — rezent, weltweit. Heute im Flachwasser tropischer bis gemäßigter Meeresteile (Abb. 59 e—f und 75).

Das anfangs niedrig trochispirale, später etwa planspirale und stark abgeflachte Gehäuse (Durchmesser bis 1 mm) hat eine scheibenförmige Gestalt. Der Rand ist stumpf oder gekielt, die Wand grob perforat. Suturen flach oder bandförmig und im Gegensatz zu *Cibicides* stark gebogen. Mündung ähnlich wie bei *Cibicides*.

Familie **Orbitoididae** Schwager 1876

Großwüchsige, scheiben- oder linsenförmige, kugelige, seltener sternförmige Foraminiferen, deren Durchmesser 1–9 cm betragen kann. Embryonalapparat der megalosphärischen Generation bi- oder plurilocular. Kammern anfangs zumindest bei der mikrosphärischen Generation niedrig trochispiral, später ringförmig; mit gebogenen äquatorialen Kammern. In den dicken, perforaten Seitenwänden finden sich in der Regel zahlreiche Kämmerchen und einige Pfeiler. Die Verbindung der Kammern erfolgt über Stolonen, deren Zahl im Verlaufe der stammesgeschichtlichen Entwicklung zunimmt. Ein Kanalsystem ist im Gegensatz zu den Nummulitidae nicht ausgebildet. — Ob. Kreide — Paläozän.

Orbitoides d'Orbigny 1848: Ob. Kreide (Campan, Maastricht) von Europa, N-Amerika und Asien (Indien) (Abb. 76).

Der Durchmesser des linsenförmigen Gehäuses beträgt bis zu 15 mm. Zwei bis vier der Kammern des Embryonalapparates sind durch gerade Wände geteilt und insgesamt von einer verdickten Wandung umgeben. Oberfläche mit Pfeilern bedeckt, die sich seitlich zu radial verlaufenden Rippen vereinigen können. Die relativ kurzen Kammern der Äquatorialzone weisen eine gebogene Wand auf und sind durch eine geringe Anzahl runder, randlich gelegener Öffnungen verbunden. Kämmerchen der Seitenwände niedrig und schlitzähnlich.

Abb. 75. *Planulina* sp. $^{27}/_1$ nat. Gr. — Nach G. Fournier 1956.

Lepidorbitoides SILVESTRI 1907: Ob. Kreide (Campan, Maastricht) von Europa, Indien, Mittel- und Nordamerika (Abb. 77).

Die Oberfläche des flachen, linsenförmigen Gehäuses (Durchmesser bis 16 mm) ist warzig ausgebildet. Embryonalapparat bilocular; ebenfalls von einer verdickten Wandung umgeben. Die Dächer und Böden der äquatorialen Kammern und die Dächer der sehr dünnwandigen seitlichen Kämmerchen sind siebartig perforiert. Pfeiler vorhanden.

Familie **Lepidocyclinidae** SCHEFFEN 1932

Gehäuse linsenförmig, flach bis mehr oder weniger aufgeblasen. Vorhanden ist eine Zone äquatorialer Kammern, auf der beiderseits Bereiche mit lateralen Kammern oder aus blättrigem Material mit zwischengeschalteten Vakuolen gebildet sind. Embryonalapparat verschieden

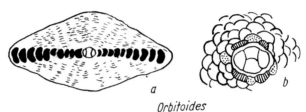

Abb. 76. *Orbitoides media* (D'ARCH.), Ob. Kreide (Ob. Senon). a) Vertikalschnitt, 10/1 nat. Gr.; b) Embryonalapparat und Innenwindungen, Medianschnitt, ca. 15/1 nat. Gr. — Aus J. SIGAL, umgezeichnet.

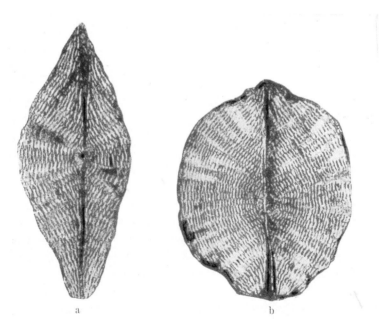

Abb. 77. a) *Lepidorbitoides (Asterobis) havanensis* (PALMER), Querschnitt, 32/1 nat. Gr.; b) *Lepidorbitoides (Asterobis) cubensis* (PALMER), Querschnitt, 27/1 nat. Gr. Ob. Kreide (Maastricht) von Paso Copey (Venezuela). — Nach H. H. RENZ 1955.

differenziert. Kammerwände perforat, mit gut entwickelten Pfeilern (Stolonen); ohne Kanalsystem. — Mittl. Eozän — Mittl. Miozän.

Lepidocyclina GÜMBEL 1870: Mittl. Eozän — Mittl. Miozän, weltweit in Flachmeersedimenten ehemals tropischer Bereiche (Abb. 78—79).

Die Oberfläche des linsenförmigen bis kugeligen Gehäuses ist warzig, gekörnelt oder netzartig skulpturiert bzw. (weniger häufig) mit glatten Bändern oder radialen Kämmen versehen. Äquatoriale Zone nicht dreigeteilt. Ausbildung der äquatorialen Kammern und des Embryonalapparates der megalosphärischen Generation sehr verschieden (wichtig zur Unterscheidung von Untergattungen, Arten und Unterarten). Wände siebartig perforiert, Pfeiler gut entwickelt.

Familie **Pseudorbitoididae** RUTTEN 1935

Gehäuse linsenförmig, mit einer Äquatorial- und zwei Lateralschichten von Kammern. Die Lateralkammern kommunizieren über feine Poren oder Stolonen. Die Äquatorialschicht besteht aus dem bilocularen Embryonalapparat und nachfolgenden vertikal gestellten Radialplatten, die entweder in zwei durch eine Medianlücke getrennten Systemen auftreten oder nur ein System bilden, falls nicht beide Systeme zusammen auftreten. — Ob. Kreide.

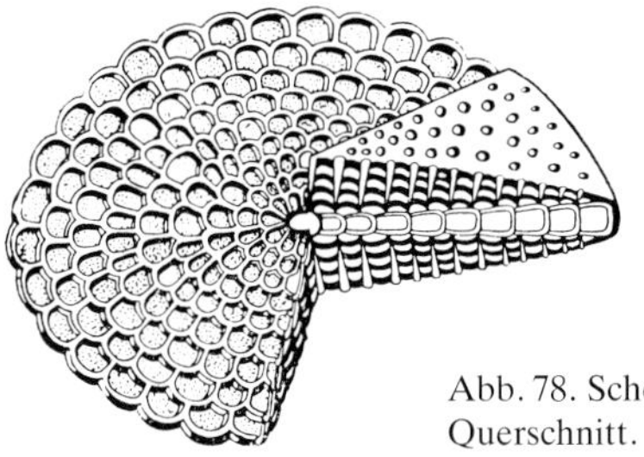

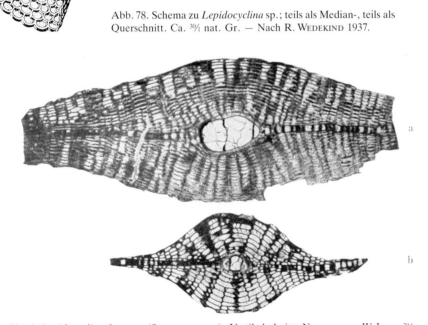

Abb. 78. Schema zu *Lepidocyclina* sp.; teils als Median-, teils als Querschnitt. Ca. 30/1 nat. Gr. — Nach R. WEDEKIND 1937.

Abb. 79. a) *Lepidocyclina formosa* (SCHLUMBERGER), Vertikalschnitt. Neogen von W-Java. 20/1 nat. Gr.; b) *Lepidocyclina rutteni* (V. DE VLERK), Vertikalschnitt. Neogen von W-Java. 16/1 nat. Gr. — Nach W. SCHEFFEN 1932.

Vaughanina PALMER 1934: Ob. Kreide (Campan — Ob. Maastricht) von Mittelamerika und den angrenzenden Gebieten (Abb. 80).

Die Kammern der mit radialen Platten versehenen Äquatorialzone sind randlich durch rechteckige Kämmerchen ersetzt. Seitliche Kämmerchen fehlen. Kammern der inneren Windungen mit warzenförmiger Skulptur. Embryonalapparat bilocular, wobei die kugelige Anfangskammer teilweise von der zweiten Kammer umfaßt wird. Sodann folgen sechs bis acht spiral angeordnete quadratische Kammern und darauf eine Anzahl äquatorialer Kammern mit zugespitzten inneren Enden. Kammern der Äquatorialzone innen nur in einer, außen in drei Lagen.

Familie **Discocyclinidae** GALLOWAY 1928

Das linsen-, scheiben- oder sternförmige Gehäuse ist sehr dünn ausgebildet bzw. bauchig aufgetrieben. Die in zahlreichen Ringen angeordneten rechteckigen oder schwach hexagonalen Kammern der äquatorialen Zone tragen beiderseits zahlreiche kleine Seitenkämmerchen. Ein intraseptales und intramurales Kanalsystem sind vorhanden. Bei den Formen der megalosphärischen Generation wird die innere kugelige Embryonalkammer ganz oder teilweise durch eine zweite Kammer umfaßt. Bei der mikrosphärischen Generation sind die Anfangskammern planspiral aufgewunden. — Paläozän — Eozän. Maximum der Entwicklung im Eozän. Hier sind Discocyclinidae von großer biostratigraphischer Bedeutung. Sie finden sich vor allem in Gesteinen flacher tropischer oder subtropischer Meeresteile.

Discocyclina GÜMBEL 1870: Paläozän — Eozän von Europa, N- und S-Amerika, Indonesien und Pazifische Region (Abb. 81).

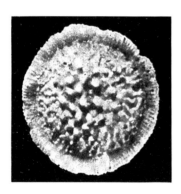

Abb. 80. *Vaughanina* sp., Ob. Kreide. $^{15}/_1$ nat. Gr. — Nach G. FOURNIER 1956.

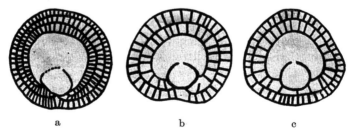

Abb. 81. Die verschiedenen Typen in der Ausbildung des Embryonalapparates sowie in der Anordnung der sich unmittelbar daran anschließenden Kammern bei *Discocyclina* (schematisch). a) Typ α, ca. $^{30}/_1$ nat. Gr.; b) Typ β, ca. $^{75}/_1$ nat. Gr.; c) Typ γ, ca. $^{75}/_1$ nat. Gr. — Nach G. LALICKER in R. C. MOORE, LALICKER & A. G. FISCHER 1952, verändert.

Das scheiben- oder linsenförmige, sehr dünne oder bauchig aufgetriebene Gehäuse (Durchmesser bis 50 mm) zeigt eine glatte, gekörnelte oder warzige Oberfläche. Bei den Körnchen oder Warzen handelt es sich um die Enden von Pfeilern. Embryonalapparat bilocular. Die rechteckigen oder schwach hexagonalen Kammern der äquatorialen Zone sind in zahlreichen etwa konzentrischen Ringen angeordnet und mit den Kammern der anschließenden Windungen durch eine Reihe seitlich gelegener Öffnungen verbunden. Untereinander stehen die Kammern durch ringförmige Stolonen in Zusammenhang. Die stark entwickelten Seitenkämmerchen nehmen den größten Teil des Gehäuses ein.

Familie **Amphisteginidae** CUSHMAN 1927

Das linsen- oder kegelförmige Gehäuse ist niedrig aufgewunden. Es zeigt an der Umbilicalseite zusätzlich ringförmige Kammern. Jede Kammer ist durch ein sekundäres Septum unterteilt. Mündung schlitzförmig, leicht gebogen. — ? Ob. Kreide, Eozän — rezent.

Amphistegina D'ORBIGNY 1826: ? Ob. Kreide, Eozän — rezent, weltweit; Maximum der Entwicklung ab Miozän. Heute vor allem in den flachen Bereichen warmer Meere (Abb. 82).

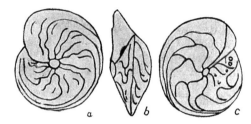

Abb. 82. *Amphistegina* sp., a) Umbilicalseite, b) Lateralseite, c) Spiralseite. Ca. $^{30}/_1$ nat. Gr. — Aus J. SIGAL, umgezeichnet.

Das bis 4 mm, gewöhnlich aber nur 1—2 mm große, im erwachsenen Zustande beiderseits involute Gehäuse ist niedrig gewunden und linsenförmig ausgebildet. Die dicke Wandung ist fein perforat, ohne Kanalsystem. Die Umbilicalseite zeigt unregelmäßig gestaltete rhombische Nebenkammern, die Spiralseite gewinkelte Suturen. Im Nabel steckt beiderseits ein Pfropf. Mündung klein, lochförmig, umbilical, unter dem Rand; hin und wieder mit Lippe.

Literaturverzeichnis

ALBERS, J.: Taxionomie und Entwicklung einiger Arten von *Vaginulina* D'ORB. aus dem Barrême bei Hannover (Foram.). — Mitt. geol. Staatsinst. Hamburg **21**, 75—112, Hamburg 1952.

ARNOLD, Z. M.: Field and Laboratory Techniques for the Study of Living Foraminifera. — In: HEDLEY & ADAMS, Foraminifera **I**, 153—206, 13 Abb., London—New York (Academic Press) 1974.

BANDY, O. L.: Aragonite tests among the Foraminifera. — J. Sed. Petrology **24** (1), 60—61, 1954.

BANNER, F. T., & BLOW, W. H.: The classification and stratigraphical distribution of the Globigerinaceae. — Palaeontology **2**, pt. 1, 1—27, 3 Taf., 1959.

BARNARD, T.: *Frondicularia* from the Lower Lias of England. — Micropaleontology **3**, 171—180, 2 Abb., 2 Taf., 1957.

BARTENSTEIN, H.: Neue Foraminiferenfunde aus dem Mitteldevon der Eifel. — Senckenbergiana **19**, 334—338, 8 Abb., 1937.

— Taxonomische Bemerkungen zu *Ammobaculites, Haplophragmium, Lituola* und verwandten Gattungen (For.). — Senckenbergiana **33**, 313—342, 2 Abb., 7 Taf., Frankfurt a. Main 1952.

— & BRAND, E.: Mikropaläontologische Untersuchungen zur Stratigraphie des nordwest-deutschen Lias und Doggers. — Abh. Senckenberg. naturforsch. Ges. **439**, 224 S., 20 Taf., Frankfurt a. Main 1937.

— — Mikropaläontologische Untersuchungen zur Stratigraphie des nordwestdeutschen Valendis. — Ebd. **485**, 239—339, 25 Taf., Frankfurt a. Main 1951.

Bé, A. W.: Ecology of recent planktonic foraminifera, 1: Areal distribution in western North Atlantic. — Micropaleont. **5**, 77—100, 1959.
— & Hemleben, Ch.: Calcification in a living planktonic foraminifer, *Globigerinoides sacculifer* (Brady). — N. Jb. Geol. Paläont., Abh. **134**, 221—234, 1 Abb., 8 Taf., Stuttgart 1970.
— & Tolderlund, D. S.: Distribution and ecology of living planktonic foraminifera in surface waters of the Atlantic and Indian Oceans. — In: B. W. Funnel and W. R. Riedel (Eds.), The Micropaleontology of the Oceans. Cambridge etc. 1971.
Beckmann, N.: Foraminiferen aus dem Unterdevon des Rheinlandes. — N. Jb. Geol. Paläont. Mh. **1952**, 364—370, 12 Abb., Stuttgart 1952.
Bender, H.: Gehäuseaufbau, Gehäusegenese und Biologie agglutinierender Foraminiferen (Sarcodina, Textulariina). — Jb. Geol. B.-A. Wien **123**, 259—347, 17 Taf., Wien 1989.
Bettenstaedt, F.: Stratigraphisch wichtige Foraminiferen-Arten aus dem Barrême vorwiegend NW-Deutschlands. — Senckenbergiana **33**, 263—295, 4 Taf., Frankfurt a. Main 1952.
— Phylogenetische Beobachtungen in der Mikropaläontologie. — Paläont. Z. **32**, 115—140, 3 Abb., Stuttgart 1958.
— Art- und Gattungsbildung. — Natur und Volk **89**, 367—379, 7 Abb., Frankfurt a. Main 1959.
— Zur Phylogenie und Palökologie einiger Foraminiferen und Ostrakoden aus dem Ober-Hauterive und Mittel-Barrême von Helgoland. — Senckenbergiana lethaea **54**, 265—279, Frankfurt a. Main 1973.
— & Kaever, M.: Die Unterkreide von Helgoland und ihre mikropaläontologische Gliederung. — Senckenbergiana lethaea **54**, 207—264, 7 Abb., 6 Taf., Frankfurt a. Main 1973.
Blow, W. H.: The Cainozoic Globigerinida. XV + 1413 S., XXI + 264 Taf. (2 Textbände u. 1 Tafelband), Leiden 1979.
Blumenstengel, H.: Foraminiferen aus dem Thüringer Oberdevon. — Geologie **10**, H. 3, 316—335, 1 Abb., 3 Taf., Berlin 1961.
Bogdanovich, A. K.: [Miliolidae and Peneroplidae, fossil Foraminifera of the USSR]. — VNIGRI, Trudy, new ser. **64**, 338 S., 70 Abb., 39 Taf., 1952.
Boltovskoy, E., & Wright, R.: Recent Foraminifera. 515 S., 133 Abb., 17 Taf., The Hague (W. Junk) 1976.
— Twinned and flattened tests in planctonic Foraminifera. — J. Foram. Res. **12**, 79—82, 1 Taf., Washington 1982.
— & Boltovskoy, D.: Cenozoic deep sea benthic Foraminifera: faunal turnovers and paleobiogeographic differences. — Rev. Micropaléont. **31**, 67—84, 12 Abb., 1988.
Brady, H. B.: A monograph of the Carboniferous and Permian Foraminifera (the genus *Fusulina* excepted). — Palaeontograph. Soc. London, 166 S., 12 Taf., London 1876.
Brönnimann, P.: Über die tertiären Orbitoididen und die Miogypsiniden von Nordwest-Marokko. – Abh. Schweiz. Paläont. Ges. **63**, 113 S., 11 Taf., 1940.
— & Brown, N. K.: Taxonomy of the Globotruncanidae. — Eclogae geol. Helvetiae **48** (2), 503—561, 24 Abb., 5 Taf., Basel 1956.
Brotzen, F.: Foraminiferen aus dem schwedischen untersten Senon von Eriksdal in Schonen. — Sver. Geol. Undersök. **30**, Nr. 3, ser. C, Nr. 396, 206 S., 14 Taf., 1936.
Calvez, J. Le: Ordre des foraminiferes (Foraminifera d'Orbigny 1826). — In: P.-P. Grassé, Traité de Zoologie **I**, Teil 2, 149—265, 74 Abb., Paris 1952.
Cifelli, R.: Early occurrences and some phylogenetic implications of spiny, honeycomb textured planctonic foraminifera. — J. Foram. Res. **12**, 105—115, 2 Taf., 1982. — Die Arbeit zeigt, wie wenig gesichert und einheitlich Gattungszuordnungen bei planktischen Foraminiferen sind.
CLIMAP-Project Members: The surface of the Ice-Age Earth. — Science **191**, 1131—1136, 1976.
Cline, R. M., & Hays, J. D. (Eds.): Investigation of late Quaternary paleooceanography and paleoclimatology. — Geol. Soc. Amer. Mem. **145**, 1—164, 1976.
Conil, R., & Paproth, E.: Mit Foraminiferen gegliederte Profile aus dem nordwest-deutschen Kohlenkalk und Kulm. — Decheniana **119**, 51—94, 3 Abb., 6 Taf., Bonn 1968.
Crickmay, G. W., & Ladd, H. S.: Shallow-water *Globigerina* sediments. — Bull. Geol. Soc. Amer. **52**, 79—106, 1941.
Cummings, R. H.: Revision of Upper Palaeozoic textulariid foraminifera. — Micropaleontology **3**, 201—242, 24 Abb., 1 Taf., New York 1956.
— The faunal analysis and stratigraphic application of Upper Paleozoic smaller Foraminifera. — Ebd. **4**, 1—24, 1 Taf., 1958.

CUSHMAN, J. A.: Foraminifera, their classification and economic use. 4. Aufl., 605 S., 55 Taf., Cambridge (Harvard Univ. Press) 1948.
DANIELS, C. H. v., & SPIEGLER, D.: Uvigerinen (Foram.) im Neogen Nordwestdeutschlands. — Geol. Jb. A **40**, 3—59, 6 Abb., 9 Taf., Hannover 1977.
EISENACK, A.: Neue Mikrofossilien des Baltischen Silurs. II. (Foraminiferen, Hydrozoen, Chitinozoen u. a.). — Paläont. Z. **14**, 257—277, 13 Abb., 2 Taf., 1932.
— Foraminiferen aus dem baltischen Silur. — Senckenbergiana leth. **35**, 51—72, 1 Abb., 5 Taf., Frankfurt a. Main 1945.
ELLIS, B. F., & MESSINA, A. R.: Catalogue of the Foraminifera. Umfaßt 45 Bände, in denen jede der bisher beschriebenen Arten auf ein oder mehreren Seiten dargestellt wird. — Bull. Amer. Mus. nat. Hist. Erschienen seit 1940.
EMILIANI, C.: Mineralogical and chemical composition of the tests of certain pelagic foraminifera. — Micropaleontology **1**, 377—380, 3 Abb., New York 1955.
ERICSON, D. B., & WOLLIN, G.: Micropaleontological and isotopic determinations of Pleistocene climates. — Micropaleontology **3**, 257—270, 7 Abb., 1956.
FLEURY, J.-J., & FOURCADE, E.: La super-famille Alveolinacea (Foraminifères): systématique et essai d'interprétation phylogénétique. — Revue Micropaléont. **33** (3/4), 241—267, 14 Abb., Paris 1990.
FRANKE, A.: Die Foraminiferen der Oberen Kreide Nord- und Mitteldeutschlands. — Abh. pr. geol. L.-A., N. F. **111**, 207 S., 18 Taf., Berlin 1928.
— Die Foraminiferen des deutschen Lias. — Abh. pr. geol. L.-A., N. F. **169**, 138 S., 2 Abb., 12 Taf., Berlin 1936.
FUTYAN, A. I.: Late Mesozoic and early Cainozoic benthic Foraminifera from Jordan. — Paleontology **19**, pt. 3, 517—537, 2 Abb., 3 Taf., London 1976.
GALLOWAY, J. J.: A manual of Foraminifera. 483 S., 42 Taf., Bloomington (Principia Press) 1933.
GAZDZICKI, A., TRAMMER, J., & ZAWIDZKA, K.: Foraminifers from the Muschelkalk of southern Poland. — Acta Geol. Polonica **25** (2), 285—298, 1 Abb., 12 Taf., Warszawa 1975.
GERHARDT, H.: Biometrische Untersuchungen zur Phylogenie von *Haplophragmium* und *Triplasia* (Foram.) aus der tieferen Unterkreide Nordwestdeutschlands. — Boll. Soc. Paleont. Italiana **2**, Nr. 2, 9—74, 23 Abb., 3 Taf., Modenese—Modena 1963.
GLACON, G., & SIGAL, J.: Morphologie de l'appendice buccal chez *Caucasina* (Foraminifère), suivie d'une comparaison avec celui de divers genres de Buliminidae. — Revista Española Micropaleont. **VI**, Nr. 2, 209—227, 1 Abb., 6 Taf., Madrid 1974.
GLAESSNER, M. F.: Principles of Micropaleontology. 296 S., 64 Abb., 14 Taf., New York (Wiley) 1947.
— New aspects of foraminiferal morphology and taxonomy. — Cushman Found. Foram. Research, Contr. **5**, Teil I, 21—25, 1954.
GRABERT, BR.: Phylogenetische Untersuchungen an *Gaudryina* und *Spiroplectinata* (Foram.) besonders aus dem nordwestdeutschen Apt und Alb. — Abh. Senckenberg. naturf. Ges. **498**, 1—71, 27 Abb., 3 Taf., Frankfurt a. Main 1959.
GRADSTEIN, F. M., & BERGGREN, W. A.: Flysch-type agglutinated Foraminifera and the Maestrichtian to Paleogene history of the Labrador and North Sea. — Marine Micropaleont. **6**, 211—268, 7 Abb., 9 Taf., Amsterdam 1981.
GRIGELIS, A. A., AKIMETS, V. S., & LIPNIK, E. S.: Phylogenesis of benthonic foraminifera — a base of zonal stratigraphy of Upper Cretaceous deposits (as evidence by East-European platform). — Voprosy Micropaleont. **23**, 145—160, Moskau 1980 (russ. m. engl. Zusammenfg.).
GRÜNDEL, J.: Mechanische Gehäusedeformationen im Zusammenhang mit der phylogenetischen Entwicklung in der Gattung *Spiroplectinata* (Foraminifera, Unterkreide). — Freiberger Forschungsh. **C 213**, 63—71, 1 Taf., Leipzig 1967.
GUTSCHICK, R. C., & TRECKMAN, J. F.: Arenaceous Foraminifera from the Rockford limestone of northern Indiana. — J. Paleont. **33**, Nr. 2, 229—250, 3 Abb., 5 Taf., 1959.
HAGN, H. (Hrsg.): Die Bayerischen Alpen und ihr Vorland in mikropaläontologischer Sicht. — Geologica Bavarica **82**, 408 S., 70 Abb., 13 Taf., München 1981.
HEDLEY, R. H.: Microradiography applied to the study of foraminifera. — Micropaleontology **3**, 19—24, 1 Abb., 4 Taf., 1957.
— & ADAMS, C. G. (Eds.): Foraminifera. **I**, 276 S., 81 Abb., London—New York (Academic Press) 1974.
— PARRY, D. M., & WAKEFIELD, J. St. J.: Reproduction in *Boderia turneri* (Foraminifera). — J. Nat. Hist. **2**, 147—151, 1968.

HEMLEBEN, CH.: Ultrastrukturen bei kalkschaligen Foraminiferen. — Naturwiss. **56**, 534—538, 9 Abb., 1969 (1969a).
— Zur Morphogenese planktonischer Foraminiferen. — Zitteliana **I**, 91—133, 4 Abb., 13 Taf., München 1969 (1969b).
— MÜHLEN, D., OLSSON, R. K., & BERGGREN, W. A.: Surface texture and the first occurrence of spines in planctonic Foraminifera from the Early Tertiary. — Geol. Jb. **A 128**, 117—146, 3 Abb., 7 Taf., Hannover 1991.
HERB, R., & HEKEL, H.: Nummuliten aus dem Obereocaen von Possagno. — Schweiz. Paläont. Abh. **97**, 113—211, 45 Abb., 5 Taf., 1975.
HILTERMANN, H.: Zur Morphologie der Benthos-Foraminifere *Spiroplectammina spectabilis* (GRZBOWSKI). — Geol. Jb. **A 4**, 43—61, 2 Abb., 2 Taf., Hannover 1972 (1972a).
— Ökologie und Taxonomie der agglutinierenden Foraminifere *Trochammina globigeriniformis*. — Neues Jb. Geol. Paläont., Mh. **1972**, 643—652, Stuttgart 1972 (1972b).
— Sociology and Synecology of Brackish-Water Foramifera and Thecamoebinids of the Balize Delta, Louisiana. — Facies **13**, 287—294, 1 Abb., Erlangen 1985.
— Agglutinierende Foraminiferen als ökologische Indikatoren. — Erdöl u. Kohle **39** (3), 123—125, 1986.
— Syn-ecological Study of Benthic Foraminifera of the Gulf of Mexico. – Erdöl u. Kohle **40** (1), 9—14, 1 Abb., Leinfelden—Echterdingen 1987.
— & KOCH, W.: Taxonomie und Vertikalverbreitung von *Bolivinoides*–Arten im Senon Nordwestdeutschlands. — Geol. Jb. **64**, 595—632, 7 Abb., Hannover 1950.
— — Stratigraphische Fragen des Campan und Maastricht unter besonderer Berücksichtigung der Mikropaläontologie. — Geol. Jb. **67**, 47—66, 5 Abb., Hannover 1952.
— — Biostratigraphie der Grenzschichten Maastricht/Campan in Lüneburg und in der Bohrung Brunhilde. 1. Teil: Foraminiferen. — Geol. Jb. **70**, 357—383, 3 Abb., 3 Taf., Hannover 1955.
— — Revision der Neoflabellinen (Foram.). I. Teil: *Neoflabellina rugosa* (D'ORB.) und ihre Unterarten. — Geol. Jb. **74**, 269—304, 5 Abb., 8 Taf., Hannover 1957.
HOFKER, J.: The Foraminifera of the Siboga-Expedition. **III.**, 513 S., Leiden (BRILL) 1951.
— Zur Methode der Bearbeitung fossiler und rezenter Foraminiferen. — Geol. Jb. **66**, 1952.
— Arenaceous tests in Foraminifera — chalk or silica? — The Micropaleontologist **7**, 65—66, New York 1953.
— Foraminiferen aus dem Golf von Neapel. — Paläont. Z. **34**, 3/4, 233—262, 6 Abb., 6 Klapp-Beil., 1960.
HOLZER, H.-L.: Agglutinierte Foraminiferen des Oberjura und Neokom aus den östlichen Kalkalpen. — Geologica et Palaeontologica **3**, 97—121, 15 Abb., 2 Taf., Marburg 1969.
HOTTINGER, L.: Foraminifères imperforés du Mesozoique Marocain. — Mem. Serv. géol. Maroc **209**, 1—168, 1967.
— Foraminifères operculiniformes. — Mem. Mus. natl. Hist. nat. Paris **C 40**, 3—159, 1977.
— Funktion und Funktionswandel der Großforaminiferen-Schalen. — Paläont. Kursbücher **1**, 159—172, 5 Abb., München 1981.
HOWELL, B. F., & DUNN, P. H.: Early Cambrian „Foraminifera". — J. Paleont. **16**, 638—639, 1942.
ICHIKURA, M., & UJIIE, H.: Lithology and Planctonic Foraminifera of the Sea of Japan Piston Cores. — Bull. Natn. Sci. Mus., Ser. C (Geol.), **2** (4), 151—178, 6 Abb., 4 Taf., Tokyo 1976.
IRELAND, H. A.: Devonian and Silurian Foraminifera from Oklahoma. — J. Paleont. **13**, 190—202, Fig. A 1—36, B 1—39, 1939.
ISHIBASHI, T.: Fusuline from the Ryukyu Islands, Pt. 3, Iheya-jima 2, Tonaki-jima and Okinawa-jima. — Mem. Fac. Sci., Kyushu Univ., Ser. D, Geol. **26** (1), 95—123, 1 Abb., 10 Taf., Fukuoka 1986.
JAHN, B.: Elektronenmikroskopische Untersuchungen an Foraminiferenschalen. — Z. wiss. Mikrosk. **61**, H. 5, 294—297, 1953.
JEDNOROWSKA, A.: Small Foraminifera assemblages in the Paleocene of the Polish western Carpathians. — Studia Geol. Polonica **XLVII**, 103 S., 1 Abb., 26 Taf., Warszawa 1975.
JENKINS, D. G., & MURRAY, J. W.: Stratigraphical atlas of fossil foraminifera. 510 S., Chicester 1981.
KAHLER, F.: Beobachtungen über Lebensweise, Schalenbau und Einbettung jungpaläozoischer Großforaminiferen (Fusuliniden). — Facies **19**, 129—170, 88 Abb., Erlangen 1988.
— & KAHLER, G.: Über die Doppelschalen der Fusuliniden. — Eclog. geol. Helv. **59** (1), 33—38, Basel 1966.
KANE, J.: North Atlantic planctonic foraminifera as Pleistocene temperature-indicators. — Micropaleontology **3**, 287—293, 1 Abb., 1956.

KOENIGSWALD, G. H. R., EMEIS, J. D., BUNING, W. L., & WAGNER, C. W. (Eds.): Evolutionary trends in Foraminifera, 355 S., Amsterdam, London, New York (Elsevier) 1963.

KRISTAN-TOLLMANN, E.: Neue sandschalige Foraminiferen aus der alpinen Obertrias. — Neues Jb. Geol. Paläont., Mh. **1973**, 416—428, 5 Abb., Stuttgart 1973.

— Foraminiferen aus dem Oberanis von Leidapo bei Guiyang in Südchina. — Mitt. österr. geol. Ges. **76**, 289—323, 4 Abb., 4 Taf., Wien 1983.

KUHNT, W., KAMINSKI, M. A., & MOULLADE, M.: Late Cretaceous deep-water agglutinated foraminiferal assemblages from the North Atlantic and its marginal seas. — Geol. Rdsch. **78** (3), 1121—1140, 4 Abb., Stuttgart 1989.

LEE, J. J.: Towards Understanding the Niche of the Foraminifera. — In: HEDLEY & ADAMS, Foraminifera, **I**, 207—260, 29 Abb., London—New York (Academic Press) 1974.

LEPPIG, U.: Functional anatomy of fusulinids (Foraminifera): Significance of the polar torsion illustrated in *Triticites* and *Schwagerina* (Schwagerinidae). — Paläont. Z. **66**, 39—50, 7 Abb., Stuttgart 1992.

LEWIS, K. B., & JENKINS, C.: Geographical variation of *Nonionellina flemingi*. — Micropaleont. **15**, 1—12, 9 Abb., 1 Taf., New York 1969.

LIEBUS, A.: Die Fauna des deutschen Unterkarbons. 3. Die Foraminiferen. — Abh. preuß. geol. Landesanst., N. F. **141**, 133—175, 2 Taf., Berlin 1932.

LOEBLICH, A. R.: Protistan phylogeny as indicated by the fossil record. — Taxon **23** (2/2), 277—290, 2 Abb., 1974.

— & TAPPAN, H.: Sarcodina, chiefly „Thecamoebians" and Foraminiferida. — In: R. C. MOORE (Ed.), Treatise on Invertebrate Paleontology, Part C, Protista 2, 900 S., 653 Abb., 1964.

— — Recent Advances in the Classification of the Foraminiferida. — In: HEDLEY & ADAMS, Foraminifera, **I**, 1—53, 1 Abb., London—New York (Academic Press) 1974.

— — Foraminiferal genera and their classification. Bd. I (Text): 970 S.; Bd. 2 (Tafeln), 212 S. (Erläuterungen) u. 847 Taf., New York (van Nostrand) 1988.

LOMMERZHEIM, A.: Mikropaläontologische Indikatoren für Paläoklima und Paläobathymetrie in der borealen Oberkreide: Bohrung Metelen 1001 (Münsterland, NW-Deutschland; Obersanton bis Obercampan).
— Facies **24**, 183—254, 23 Abb., 8 Taf., Erlangen 1991.

LUTERBACHER, H.: Foraminifera from the Lower Cretaceous and Upper Jurassic of the Northwestern Atlantic. — Initial Rep. Deep Sea Drilling Project **11**, 561—576, 6 Abb., 7 Taf., 1972.

— Early Cretaceous Foraminifera from the northwestern Pacific: leg 32 of the deep sea drilling project. — Initial Rep. Deep Sea Drilling Project **32**, 703—718, 3 Abb., 5 Taf., Washington 1975 (1975a).

— Paleocene and early Eocene planctonic Foraminifera leg 32, deep sea drilling project. — Ebd. **32**, 725—733, 2 Abb., 2 Taf., Washington 1975 (1975b).

MALMGREN, B. A.: Biostratigraphy of planktic Foraminifera from the Maastrichtian white chalk of Sweden. — Geol. För. Stockholm Förh. **103** (3), 357—375, 12 Abb., Stockholm 1982.

MEISCHNER, D.: Siamesische Zwillinge bei *Ammonia beccarii* (Foraminifera). — Göttinger Arb. Geol. Paläont. **5**, 83—86, 1 Taf., Göttingen 1970.

MOORE, R. C., LALICKER, G., & FISCHER, A. G.: Invertebrate fossils. 766 S., New York etc. 1952.

MOREMAN, W. L.: Arenaceous Foraminifera from the Ordovician and Silurian limestones of Oklahoma. — J. Paleont. **4**, 42—59, 3 Taf., 1930.

— Arenaceous Foraminifera from the Lower Paleozoic rocks of Oklahoma. — J. Paleont. **7**, 393—397, 1 Taf., 1933.

NATLAND, M. L.: The temperature and depth distribution of some recent and fossil Foraminifera in the Southern California region. — Bull. Scripps Inst. Oceanography, Tech. Ser. **3**, 225—230, 1933.

NESTLER, H.: Die Gattung *Tetrataxis* — ein Beitrag zur Morphologie, Schalenstruktur und Taxonomie paläozoischer Foraminiferen. — Z. geol. Wiss. **4**, 867—879, 9 Abb., Berlin 1976.

NUGLISCH, K., & SPIEGLER, D.: Die Foraminiferen der Typus-Lokalität Latdorf (Nord-Deutschland, Unter-Oligozän). — Geol. Jb. **A 128**, 179—229, 2 Abb., 14 Taf., Hannover 1991.

PAPP, A.: Nummuliten aus dem Ober-Eozän und Unter-Oligozän Nordwestdeutschlands. — Ber. Naturhist. Ges. **113**, 39—68, 9 Abb., 1 Taf., Hannover 1969.

PARVATI, S.: A study of some rotaliid foraminifera. — Koninkl. Nederl. Akad. Wetensch., ser. B, **74**, Nr. 1, 1—26, 5 Abb., 4 Taf., Amsterdam 1971.

POKORNÝ, V.: The Middle Devonian Foraminifera of Čelchovice, Czechoslovakia. — Věstn. Král č spol. nauk, tř. mat. přír. **1951**, 9, 29 S., 17 Abb., 2 Taf., Praha 1951.

Pozaryska, K., & Szczechura, J.: Foraminifera from the Paleocene of Poland, their ecological and biostratigraphical meaning. — Palaeont. Polonica **20**, 107 S., 22 Abb., 18 Taf., Warszawa 1968.

— & Voigt, E.: Bryozoans as substratum of fossil fistulose Foraminifera (Fam. Polymorphinidae). — Lethaia **18**, 155—165, 9 Abb., Oslo 1985.

Rabitz, G.: Foraminiferen des Göttinger Lias. — Paläont. Z. **37**, 198—224, 2 Taf., Stuttgart 1963.

Rahaghi, A., & Schaub, H.: Nummulites et Assilines du NE de l'Iran. — Eclogae Geol. Helvetiae **69**, Nr. 3, 765—782, 7 Abb., 9 Taf., Basel 1976.

Riegraf, W.: Benthonische Schelf-Foraminiferen aus dem Valanginium-Hauterivium (Unterkreide) des Indischen Ozeans südwestlich Madagaskar (Deep Sea Drilling Project Leg 25, Site 249). — Geol. Rdsch. **78** (3), 1047—1061, 1 Abb., 2 Taf., Stuttgart 1989.

— & Luterbacher, H.: Oberjura-Foraminiferen aus dem Nord- und Südatlantik (Deep Sea Drilling Project Leg 1—79). — Ebd. **78** (3), 999—1045, 6 Abb., 4 Taf., Stuttgart 1989 (1989a).

— — Benthonische Foraminiferen aus der Unterkreide des „Deep Sea Drilling Project" (Leg 1—79). — Ebd. **78** (3), 1063—1120, 7 Abb., 5 Taf., Stuttgart 1989 (1989b).

Schaub, H.: Nummulites et Assilines de la Téthys paléogène. Taxinomie, phylogenèse et biostratigraphie. — Schweiz. paläont. Abh. **104** (Text), 238 S., 116 Abb., 18 Taf.; **105** (Atlas), Taf. 1—48; **106** (Atlas), Taf. 49—97, Basel 1981.

Schwab, D., & Schlobach, H.: Pigments in monothalamus foraminifera. — J. Foram. Res. **9**, 141—146, 3 Abb., 1979.

Scott, G. H.: Biometry of the Foraminiferal Shell. — In: Hedley & Adams, Foraminifera, **I**, 56—151, 37 Abb., London—New York (Academic Press) 1974.

Seibold, E., & Seibold, I.: Foraminifera in sponge bioherms and bedded limestones of the Malm, South Germany. — Micropaleont. **6**, 301—306, 1960.

Seibold, I.: *Ammonia* Brünnich (Foram.) und verwandte Arten aus dem Indischen Ozean (Malabar-Küste, SW-Indien). — Paläont. Z. **45**, 41—52, 3 Abb., 3 Taf., Stuttgart 1971.

Sigal, J.: Ordre des Foraminifera. — In: J. Piveteau, Traité de Paléontol. **I**, 133—178, 117 Abb., 28 Taf., Paris (Masson) 1952.

Spiegler, D.: Gliederung des nordwest-deutschen Tertiärs (Paläogen und Neogen) aufgrund planktonischer Foraminiferen. — Beitr. z. Regionalen Geol. Erde **18**, 213—299, 10 Taf., 1986.

Staesche, K., & Hiltermann, H.: Mikrofaunen aus dem Tertiär Nordwestdeutschlands. — Abh. Reichsstelle f. Bodenforschung, N. F. **201**, 26 S., 53 Taf., Berlin 1940.

Stewart, G. A., & Lampe, L.: Foraminifera from the Middle Devonian Bone Beds of Ohio. — J. Paleont. **21**, 529—536, 2 Taf., 1947.

Szczechura, J., & Pozaryska, K.: Foraminiferida from the Paleocene of Polish Carpathian (Babica clays). — Palaeont. Polonica **31**, 1—142, 4 Abb., 38 Taf., Warschau—Krakau 1974.

Thunell, R., & Belyea, P.: Neogene planctonic foraminiferal biogeography of the Atlantic Ocean. — Micropaleont. **28**, 381—398, 19 Abb., New York 1982.

Ujiie, H.: Scanning Electron Microscopic Aspect of the Retal Process in Some Elphidiids (Foraminiferida). — Bull. Nat. Sci. Mus., Ser. C, **1**, Nr. 4, 117—126, 8 Taf., Tokyo 1975.

Warnecke, W.: Ökostratigraphische Untersuchungen mit Foraminiferen im Ober-Valendis des Raumes Minden. 65 S., 13 Abb., Diss. Techn. Univ. Braunschweig 1970.

Weidrich, K.: Feinstratigraphie, Taxonomie planktischer Foraminiferen und Palökologie der Foraminiferengesamtfauna der kalkalpinen tieferen Oberkreide (Untercenoman — Untercampan) der Bayerischen Alpen. — Bayer. Akad. Wiss., Math.-nat. Kl., Abh. NF **162**, 1—151, 51 Abb., 21 Taf., München 1984.

Weiss, W.: Planktische Foraminiferen aus dem Cenoman und Turon von Nordwest- und Süddeutschland. — Palaeontographica A **178**, 49—108, 9 Abb., 6 Taf., Stuttgart 1982.

Wendt, J.: Foraminiferen-„Riffe" im karnischen Hallstätter Kalk des Feuerkogels (Steiermark, Österreich). — Paläont. Z. **43**, 177—193, 7 Abb., 2 Taf., Stuttgart 1969.

Wenger, W. F.: Die Foraminiferen des Miozäns der bayerischen Molasse und ihre stratigraphische sowie paleogeographische Auswertung. — Zitteliana **16**, 173—340, 223 Abb., 22 Taf., München 1987.

Weyl, P. K.: Micropaleontology and Ocean Surface Climate. — Science **202**, 475—481, 1978.

Wicher, C. A.: Mikrofaunen aus Jura und Kreide, insbesondere Nordwestdeutschlands. — 1. Teil: Lias α—δ. — Abh. pr. geol. L. A., N. F. **193**, 16 S., 4 Abb., 27 Taf., Berlin 1938.

Wiesner, E.: Foraminiferen aus dem Miozän des Mainzer Beckens. — Senckenbergiana lethaea **55**, 363—387, 3 Taf., Frankfurt a. Main 1974.

WILLEMS, W.: An aberrant *Uvigerina* from the Lower Eocene of Belgium. — Micropaleontology **20**, 478—479, 2 Abb., 1974.
WOOD, A.: The structure of the wall of the test in the Foraminifera, its value in classification. — Quart. J. geol. Soc. London **104**, Teil II, 229—255, 1948.
YASUDA, H.: Cretaceous and Paleocene Foraminifera from northern Hokkaido, Japan. — Science Rep. Tohoku Univ., Sendai, Sec. Ser. (Geol.) **57**, 1—101, 21 Abb., 14 Taf., Sendai 1986.
ZANINETTI, L.: Les Foraminifères du Trias. — Riv. Ital. Paleont. **82**, Nr. 1, 258 S., 12 Abb., 24 Taf., Milano 1976. — Mit umfangreichem Literaturverzeichnis.
ZOBEL, B.: Der Beitrag des Tiefsee-Bohrprogramms zur Foraminiferen-Forschung. — Paläont. Z. **49**, 346—363, Stuttgart 1975.

III. Klasse **Actinopoda** CALKINS 1909

1. Allgemeines

Protozoen mit radial abstehenden, in der Regel langen und feinen Pseudopodien. Vielfach ist ein Skelett vorhanden, das je nach Taxon aus Skelettopal, Strontiumsulfat oder einer chitinigen Substanz besteht. Einige Formen sind nackt.

2. Vorkommen

? Jungalgonkium, Unt. Kambrium — rezent; überwiegend marin.

3. Systematik

Es werden zwei Unterklassen unterschieden:

a) **Heliozoa** HAECKEL 1866: Pleistozän — rezent,
b) **Radiolaria** J. MÜLLER 1858: ? Jungalgonkium, Unt. Kambrium — rezent.

Unterklasse **Heliozoa** HAECKEL 1866

Einzeln lebende, frei bewegliche, überwiegend kugelig gestaltete Actinopoda. Falls ein Skelett vorhanden, besteht dieses in der Regel aus einzelnen kieseligen Schuppen und Stacheln. Bei einigen taxonomisch unsicheren Formen wird es entweder aus einem chitinigen Netzwerk gebildet, das mehr oder weniger mit Kieselsäure imprägniert ist, oder es besteht in seltenen Fällen ganz aus Kieselsäure. Abgesehen von wenigen Meeresbewohnern leben die meisten H. im Süßwasser. — Pleistozän — rezent.

Unterklasse **Radioloria** J. MÜLLER 1858

1. Allgemeines

Die Radiolarien sind die formenschönsten und höchstorganisierten Actinopoda, die durch ihren meist kugeligen Körper sowie die oft von Achsenstäben gestützten Pseudopodien äußerlich den Heliozoen ähneln. Wegen ihrer Winzigkeit (Durchmesser zwischen 110—200 µm) lassen sie sich

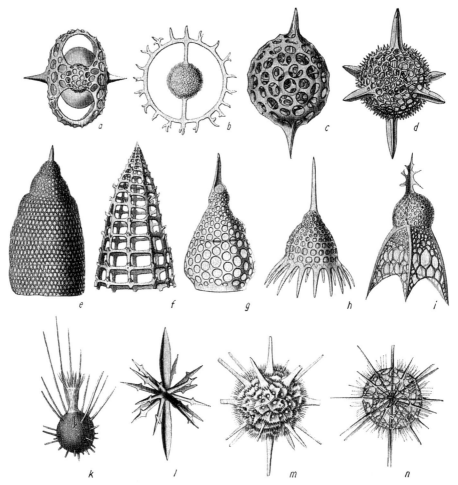

Abb. 83. Typische Vertreter der rezenten Radiolarien-Fauna. Stark vergrößert. — Zusammengestellt nach E. HAECKEL (1887), der zugleich Autor aller genannten Arten ist. — **A. Spumellaria:** a) *Tetrapyle pleuracantha*; b) *Saturnalis rotula*, c) *Amphisphaera cronos*; d) *Hexalonche anaximandri*. — **B. Nassellaria:** e) *Lithostrobus hexastichus*; f) *Bathropyramis ramosa*; g) *Theoconus junonis*; h) *Anthocyrtium chrysanthemum*; i) *Tripocyrtis plectaniscus*. — **C. Phaeodaria:** k) *Polpetta tabulata*. — **D. Acantharia:** l) *Amphilonche hydrotomica*; m) *Hystrichaspis pectinata*; n) *Echinaspis echinoides*.

nur unter dem Mikroskop eingehend studieren. Sie sind marin und leben, abgesehen von einer sessilen Form, alle planktisch (Abb. 83).

2. Vorkommen

? Ob. Algonkium, Kambrium — rezent.

Mit Sicherheit kennt man Radiolarien erst seit dem Kambrium. Bei den Angaben, die sich auf das Jungalgonkium beziehen, handelt es sich um Fehlbestimmungen oder um stratigraphisch unsichere Funde. Als Fehlbestimmungen sind erkannt: einmal die von L. CAYEUX (1894) aus den bituminösen Quarzitschiefern (Briovérien) der Bretagne beschriebenen (G. DEFLANDRE 1949, 1950), zum anderen die ähnlichen Überreste aus den Metakieselschiefern der Spiltserie des Barrandiums (ČSFR). In beiden Fällen handelt es sich um winzige Gebilde, die im Gegensatz zu den Radiolarien (Durchmesser 100—220 µm) nur einige µm groß sind. Die Formen aus dem Briovérien der Bretagne stellt G. DEFLANDRE mit Einschränkung zu den Hystrichosphaeridea, und zwar in die Nähe der Leiofusidae. Stratigraphisch unsicher ist die Zuordnung der Formen (überwiegend Spumellaria), die DAVID & HOWCHIN (1896) in Australien gefunden haben. Sie zeigen zwar die gleichen Größenverhältnisse wie die rezenten Vertreter; doch kommen sie zusammen mit Archaeocyathiden vor, weshalb der Schichtverband wohl in das Kambrium gehört.

Bekannt sind paläozoische Radiolarien u. a. aus Kieselschiefern (Lyditen) des Silur (Langenstriegis i. Sachsen), Devon (Elbingerode i. Harz), Unterkarbon (Wildungen, Ural, Sizilien). Triadische Formen fehlen anscheinend im Bereich des germanischen Beckens; häufig sind sie dagegen unter anderem in den Hornsteinen und Kieselkalken der sogenannten Buchensteiner Schichten. Jurassische Vertreter kennt man in vorzüglicher Erhaltung zum Beispiel aus verkieselten Koprolithen des Lias von Ilsede und Hannover sowie aus den sehr radiolarienreichen Aptychenschiefern (Malm) der Alpen und des Apennin. Dabei erscheinen Spumellarien und Nassellarien etwa mit gleicher Häufigkeit. Berühmt sind die Vorkommen aus dem Tertiär von Italien (Eozäne Hornsteine; kalkhaltige foraminiferenreiche Tripel von Barbados, Caltanisetta und Girgenti). Für das Untereozän des Ostseegebiets sind kugelige Radiolarien charakteristisch. Sie verdanken ihre Blüte dem Schonenschen Basaltvulkanismus, der auch die Lebensbedingungen der Diatomeen besonders günstig gestaltete.

3. Zur Morphologie

Der meist kugelige, mit radiären, oft verzweigten Pseudopodien (Filipodien) versehene Körper besteht aus:

a) **der Zentralkapsel** (Intrakapsulum), einem zentralen, kugelförmigen Plasmateil, der mit zähem, körnigem Plasma gefüllt ist. Er enthält Fettkügelchen, Eiweißkonkretionen und Zellkerne. Kontraktile Vakuolen fehlen. Durch das Vorhandensein von Kernen ist die Zentralkapsel regenerationsfähig und deshalb der wichtigste Teil des Radiolarienkörpers. Er dient hauptsächlich zur Speicherung von Nahrung und zur Fortpflanzung (Zellteilung);

b) **der Kapselmembran,** einer aus chitiniger oder schleimiger Substanz (Tektin) gebildeten Hülle. Sie umgibt die Zentralkapsel und ist entweder allseitig (Spumellaria) oder nur an bestimmten, polar gelegenen Stellen perforiert (Nassellaria). Durch die Perforationen tritt das Plasma der Zentralkapsel (intrakapsuläre Sarkode) in feinen Fäden und breitet sich im extrakapsulären Weichkörper aus. In Lyditen des Karbon, zum Beispiel des Dillgebietes, konnte die Kapselmembran als dünne, verkieselte „Schalenhaut" beobachtet werden;

c) **dem extrakapsulären Weichkörper** (Extrakapsulum): Dabei handelt es sich im wesentlichen um einen Gallertemantel, den das Plasma als Netzwerk durchzieht, ehe es an der Oberfläche feine, kontraktile Pseudopodien bildet;

d) **Skelettbildungen,** die in der Regel eine außerordentliche Mannigfaltigkeit und Schönheit besitzen. Nur wenige Vertreter bilden keine Hartteile. Es handelt sich, abgesehen von den Acantharia, die Strontiumsulfat ausscheiden, um Skelettopal, das heißt wasserhaltige, amorphe Kieselsäure mit zwischengelagerter organischer Substanz. Opalartig ist das Skelett gewöhnlich nur bei geologisch jüngeren Vorkommen unverändert erhalten geblieben (zum Beispiel im Tertiär von Sizilien). Sonst wurde es während der Diagenese entweder in den kryptokristallinen Zustand überführt oder metasomatisch vor allem gegen $CaCO_3$ ausgetauscht. Dies ist bei Wahl der Präparationsmethode und bei der systematischen Bearbeitung zu beachten. Die radial verlaufenden Stacheln des Skeletts wachsen sowohl in zentrifugaler als auch in zentripetaler Richtung. Zusammenhängende Gitterschalen dagegen entstehen durch tangentiales Wachstum.

4. Zur Ökologie und Sedimentbildung

Es handelt sich ausschließlich um marine, überwiegend planktisch lebende Tiere, die vor allem die oberflächennahen Schichten wärmerer (insbesondere tropischer) Meeresteile bewohnen; ganz im Gegensatz zu den marinen Vertretern der Diatomeen, die ihre Hauptverbreitung in kälteren Meeren haben. Die Mehrzahl der Radiolarien findet sich in Tiefen bis zu 300 m; in diesem Bereich führen sie zum Teil eine tägliche passive Wanderung aus, die durch den zwischen Tag und Nacht wechselnden Gasgehalt des Plasmas verursacht wird.

Ein an Radiolarien reiches Sediment der heutigen Tiefsee ist der **Radiolarienschlamm**. Er bildet sich nur dort, wo die Radiolarien beim Absinken in die Tiefe zusammen mit terrigenen Bestandteilen als Lösungsrückstand verbleiben, also zum Beispiel die ebenfalls als Plankton lebenden Foraminiferen wegen der größeren Löslichkeit ihrer Gehäuse bereits zerstört worden sind. Der Radiolarienschlamm findet sich deshalb nur jenseits der 3750-Meter-Linie, wo er vor allem zwischen 4000—8000 m im Indischen und Stillen Ozean wenig ausgedehnte Flächen bedeckt (ca. 2—3% des Ozeanbodens).

Es ist richtig, daß die heutigen Radiolarienschlamme ausschließlich in der Tiefsee vorkommen. Sicher ist aber, daß sich während der geologischen Vergangenheit ähnliche, hauptsächlich aus Radiolarien bestehende Gesteine (Radiolarite, Abb. 84) auch unter Flachmeerverhältnissen und selbst in der Nähe von Flußmündungen gebildet haben. Dies geschah offenbar vor allem dort, wo die Lebensbedingungen für Radiolarien günstig und für Kalkschaler ungünstig waren, und wo wegen besonderer Umstände außer Radiolarien keine oder nur wenig klastische Komponenten mitsedimentiert wurden. Besonders günstige Lebensbedingungen fanden die Radiolarien, wenn der Kieselsäuregehalt des Wassers etwa durch Zufuhr vulkanischer Aschen oder SiO_2haltiger Exhalationen vergrößert wurde; Erscheinungen, die vor allem im Zusammenhang mit dem basischen initialen Vulkanismus aufgetreten sind. So ist es erklärlich, daß fossile Radiolarien hauptsächlich in Sedimenten vorkommen, die in der Nachbarschaft derartiger Vorgänge abgelagert wurden. Aus dem soeben Gesagten ergibt sich aber auch, daß jede fossile Radiolarienfauna

Abb. 84. Radiolarit (Lydit) des Unt. Karbon von Werdorf (Dill), mit der Alkalimethode angeätzt (vgl. Bd. I, 5. Aufl., S. 453). Es handelt sich überwiegend um Spumellaria. Ca. $^{70}/_1$ nat. Gr. — Nach A. SCHWARZ 1928.

kritisch auf ihre Begleitumstände hin zu betrachten ist, ehe weitreichende Folgerungen, etwa auf das Durchlaufen einer „Tiefseephase" im Geosynklinalstadium, gezogen werden dürfen.

Da die Gestalt der Radiolarienskelette weitgehend von der Viskosität und dem spezifischen Gewicht des Wassers abhängig ist, ergeben sich Rückschlüsse auf die Wassertemperatur. So erkennt man Warmwasserformen häufig an einer Vergrößerung des horizontalen Durchmessers, der Ausbildung zahlreicher Fensterchen, Nadeln und Apophysen sowie an dem allgemein feineren Bau. Bewohner kälteren Wassers sind meist in vertikaler Richtung gestreckt.

5. Die Systematik

gründet sich vor allem auf die unterschiedliche Durchbohrung der Kapselmembran, die Zusammensetzung und den Bauplan des Skeletts. Trotz der vorhandenen Mängel findet nachstehend das von E. HAECKEL (1862, 1879) und CH. G. EHRENBERG (1875) aufgestellte System weiterhin Verwendung, da es für den Paläontologen am besten geeignet erscheint. Man unterscheidet darin vier Ordnungen: die Spumellaria, Nassellaria, Phaeodaria und Acantharia.

Ordnung **Spumellaria** EHRENBERG 1875

Kapselmembran allseitig durchbohrt. Kieselskelett meist scheiben- oder kugelförmig, mitunter nur aus lose verbundenen Nadeln zusammengesetzt (Abb. 83a–d, 85–86). Manche Formen sind skelettlos. — ? Ob. Algonkium, Kambrium — rezent. Die kennzeichnenden Merkmale einiger Gattungen finden sich in Tabelle 4.

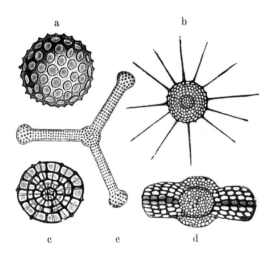

Abb. 85. **Spumellaria.** a) *Cenosphaera macropora* RÜST; b) *Heliodiscus acucinctus* RÜST, Ordovizium von Cabrières; c) *Cenodiscus intermedius* RÜST, Unt. Karbon des Harzes; d) *Amphymenium krautii* RÜST, Ob. Devon des Harzes; e) *Dictyastrum neocomense* RÜST, Neokom von Gadenazza (Alpen). – Nach D. RÜST.

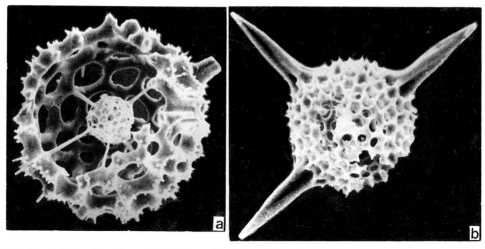

Abb. 86. a) *Heliosphaera* ? sp., ein Teil der äußeren Kapsel ist zerbrochen, ca. $^{1050}/_1$ nat. Gr.; b) *Spongostaurus* ? sp., ein Dorn ist abgebrochen, ca. $^{360}/_1$ nat. Gr.; Eozän (Oceanic Formation) von Barbados. — Nach W. W. Hay & Ph. A. Sandberg 1967.

Tabelle 4
Schema zur Bestimmung einiger Gattungen der Spumellaria.
Nach G. Deflandre 1952b; etwas abgeändert und ergänzt.

		Zahl der Stacheln				
		0	2	4	6	mehr als 6
Zahl der ineinandergeschachtelten Gitterkugeln	1	*Cenosphaera*[1])	*Xiphosphaera*[2])	*Staurosphaera*[2])	*Hexastylus*[5])	*Acanthosphaera*[2])
	2	*Melitophaera*[5])	*Stylosphaera*[4])	*Staurolonche*[1])	*Hexalonche*[4])	*Haliomma*[2])
	3	*Thecosphaera*[5])	*Amphisphaera*[6])	*Staurocontium*[5])	*Hexacontium*[7])	*Actinomma*[4])
	4	*Cromyosphaera*[8])	*Stylocromyum*[8])	*Staurocromyum*[6])	*Hexacromyum*[7])	*Cromyomma*[1])
	5 und mehr	*Caryosphaera*[3])	*Caryostylus*[8])	*Staurocaryum*[8])	*Cubosphaera*[8])	*Caryomma*[8])
	Skelett schwammig	*Plegmosphaera*[7])	*Spongostylus*[8])	*Staurodoras*[5])	*Cubaxonium*[8])	*Spongiomma*[5])

Signaturen: 1) Kambrium — rezent, 2) Ordovizium — rezent, 3) Devon, 4) Devon bis rezent, 5) Jura — rezent, 6) Kreide — rezent, 7) Tertiär — rezent, 8) nur rezent.

Bei verschiedenen Gattungen und Arten konnten alle Übergänge vom spongiösen zum gegitterten Skelettbau nachgewiesen werden. Vielfach bilden sich die Markschalen später als die Außenschale, weshalb die betreffenden Formen mit ein oder zwei Markschalen lediglich als ontogenetische Stadien ein- und derselben Art zu betrachten sind (H. Kozur & H. Mostler 1972).

Ordnung **Nassellaria** Ehrenberg 1875

Kapselmembran nur an einem Pol perforiert. Öffnung (Osculum) durch eine poröse Platte verschlossen. Kieselskelett meist mützen- oder helmförmig, an beiden Polen verschieden; bisweilen aber auch bilateral-symmetrisch oder unregelmäßig (Abb. 83 e—i, 87). — ? Ob. Algonkium, Kambrium — rezent.

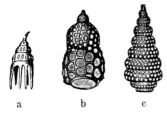

Abb. 87. **Nassellaria.** a) *Eucyrtidium sphaerophilum* EHRENB., Miozän von Barbados; b) *Lithocampe tschernytschewii* RÜST, Unt. Devon des Südurals; c) *Clathrocyclas tintinabulum* VINASSA, Jura von Italien. — Nach RÜST, VINASSA u. a.

Ordnung **Phaeodaria** HAECKEL 1879

Hauptöffnung (Astropyle) der Kapselmembran röhrenartig verlängert, von dunklem Pigment umgeben. Im übrigen zwei Nebenöffnungen (Parapylen). Kieselskelett meist aus hohlen Kieselstäben, die zu flaschenförmig oder verschieden gestalteten Gebilden vereinigt sind (Abb. 83k). Fossil bis auf eine Form (*Cannosphaeropsis utinensis* O. WETZEL 1933, Feuerstein der Ob. Kreide des nördl. Mitteleuropas) unbekannt.

Ordnung **Acantharia** HAECKEL 1862

Es handelt sich um Radiolarien, die eine allseitig durchbohrte, dünne Kapselmembran aufweisen. Das Skelett besteht aus Acanthin, das heißt aus Strontiumsulfat (Cölestin), in das organische Substanz eingelagert ist. Gebildet wird es aus einzelnen Nadeln, die jeweils in einer Gallertscheide sitzen und meist gesondert bewegt werden können (Abb. 83l). Nur dann, wenn die Stacheln durch Querelemente in Gitterkugeln vereinigt sind, trifft dies nicht zu (Abb. 83m—n). Rezent finden sich die Acantharia vor allem im Plankton der Hochsee, wo sie mit ca. 70 Gattungen in Tiefen bis zu 1000 m und mehr auftreten. Am besten gedeihen sie aber offenbar zwischen 50 und 200 m. Fossil konnten sie noch nicht mit Sicherheit nachgewiesen werden. So handelt es sich bei dem von CAMPBELL & CLARK (1944) aus dem Miozän von Kalifornien beschriebenen *Acanthometron astraeforme* um Überreste von Kieselschwämmen. Weniger fraglich sind die zu *Chiastolus* HAECKEL 1887 (? Eozän — rezent) und *Astrolithium* HAECKEL 1860 (? Miozän — rezent) gestellten Funde. — ? Eozän — rezent; heute mit ca. 70 Gattungen.

6. Zur Phylogenetik und biostratigraphischen Bedeutung

Man nimmt heute an, daß die Radiolarien von den Dinoflagellaten abstammen (E. CHATTON 1925, 1934). Dies wird durch zytologische Untersuchungen sowie durch die Tatsache gestützt, daß die rezenten Dinoflagellaten-Gattungen *Gymnaster* und *Gyrodinium* sowohl ein Kieselskelett als auch eine Zentralkapsel aufweisen. Man kann sie deshalb als Formen von Zwischenklassenrang betrachten und sie als Übergangsformen zwischen Dinoflagellaten und Radiolarien stellen. Ontogenetische und zytologische Untersuchungen an rezenten Radiolarien haben ferner gezeigt, daß die Acantharia und die übrigen Radiolarien nicht von gemeinsamen Ahnen abstammen.

Obgleich die fossilen Radiolarien insgesamt mit einer ähnlichen Formenmannigfaltigkeit wie in der Gegenwart auftreten, haben sie zunächst nur eine sehr geringe und dann meist auch noch lokal begrenzte biostratigraphische Verwendung gefunden. Dies hat sich etwa seit Anfang der 70er Jahre grundlegend geändert. So wurden sie mit einer überraschenden Anzahl neuer Arten und Gattungen in der Alpinen Trias nachgewiesen (H. KOZUR & H. MOSTLER 1978—1981, KOZUR 1980, 1981, 1985, P. DUMITRICA, KOZUR & MOSTLER 1980, R. MARTINI et al. 1989 u. a.).

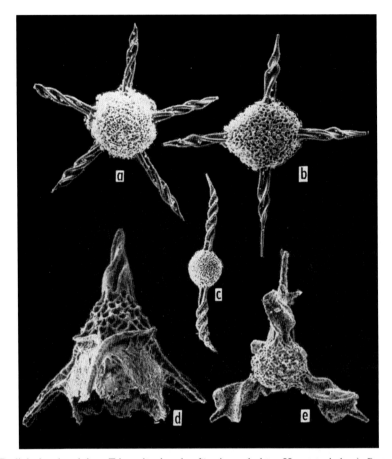

Abb. 88. Radiolarien der alpinen Trias mit schraubenförmig verdrehten Hauptstacheln a) *Pentaspongodiscus ladinicus* DUMITRICA, KOZUR & MOSTLER, Unt. Ladin (Buchensteiner Schichten), Recoaro, 150 X; b) *Plafkerium* ? *nazarovi* KOZUR & MOSTLER, sonst wie a; c) *Spongostylus carnicus* KOZUR & MOSTLER, Ob. Cordevol, Göstling (Österreich), ca. 100 X; d) *Sanfilippoella costata* KOZUR & MOSTLER, Ob. Cordevol, Großreifling, ca. 200 X; e) *Vinassaspongus transitus* KOZUR & MOCK, Unt. Nor (Sulov gamma), aus mittelcenomanen Konglomeraten, Westkarpaten, ca. 150 X. Zusammengestellt nach Originalfotos von H. KOZUR, aus A. H. MÜLLER 1984.

Als Beispiel für die biostratigraphische Verwertbarkeit einiger dieser Formen wird auf die Oberfamilie Actinommacea HAECKEL 1862 der Spumellaria verwiesen. Bei diesen zeigt sich die Tendenz zur Ausbildung meist dreikantiger Hauptstacheln, die wiederum bei den triadischen Vertretern vielfach schraubenartig verdrillt oder sonstwie in auffallender Weise differenziert sind (Abb. 88). Die Erscheinung ist in den Ablagerungen der tethyalen Mittel- und zum Teil Obertrias derart häufig, daß sie hier biostratigraphisch als „Leitmerkmal" verwendet werden kann. — Weitere Beispiele aus anderen Zeitabschnitten der geologischen Vergangenheit finden sich im Literaturverzeichnis.

Literaturverzeichnis

ABERDEEN, E.: Radiolarian fauna of the Caballos formation, Marathon Basin, Texas. — J. Paleont. **14**, 127—139, 2 Abb., 2 Taf., 1940.

ANDERSON, O. R.: Radiolaria. 355 S., 64 Abb., New York etc. (Springer) 1983.

BJØRKLUND, K. R., & GOLL, R. M.: Internal skeletal structures of *Collosphaera* and *Trisolenia*, a case of repetitive evolution in the Collosphaeridae (Radiolaria). — J. Paleont. **53** (6), 1293—1326, 7 Abb., 7 Taf., 1979.

Blome, Ch., & Reed, K. M.: Permian and Early (?) Triassic radiolarian faunas from the Grindstone Terrane, Central Oregon. - J. Paleont. **66** (3), 351–383, 14 Abb., 1992.

BRAUN, A.: Radiolarien aus dem Unter-Karbon Deutschlands. — Cour. Forsch.-Inst. Senckenberg **133**, 177 S., 66 Abb., 17 Taf., Frankfurt a. Main 1990.

— & SCHMIDT-EFFING, R.: Radiolarienfaunen aus dem tiefen Visé (Unter-Karbon) des Frankenwaldes (Bayern). — Neues Jb. Geol. Paläont. Mh. **1988** (11), 645—660, 23 Abb., Stuttgart 1988.

CAMPBELL, A. S.: Radiolaria from Upper Cretaceous of middle California. — Geol. Soc. Am., Special Paper **57**, 61 S., 2 Abb., 8 Taf., 1944.

— An introduction to the study of Radiolaria. — The Micropaleontologist **6**, 2, 29—44, 6 Abb., 1952.

— Radiolaria. — In: R. C. MOORE, Treatise on Invertebrate Paleontology, Part **D**, D 11—D 163, 81 Abb., 1954.

CAYEUX, L.: Les preuves de l'existence d'organismes dans le terrain précambrien. Première note sur les Radiolaires précambriens. — Soc. géol. Fr. Bull., ser. 3, Nr. **22**, 197—228, 1 Taf., 1894.

CHABAKOV, A. V., STRELKOV, A. A., & LIPMAN, R. C.: Podklass Radiolaria. — In: Osnovy paleontologii **1**, 369—467, 173 Abb., 1959.

CHATTON, E.: *Pansporella perplexa*, Amoebien à spores protégés, parasite des Daphnies. Réflexions sur la biologie et la phylogénie des Protozoaires. — Ann. Soc. Nat. Zool. **8**, 10, S. 5, 1925.

— L'origine péridinienne des Radiolaires et l'interprétation parasitaire de l'anisosporogénèse. — C. R. Acad. Sci. **198**, 309—312, Paris 1934.

CORNELIUS, H. P.: Zur Frage der Absatzbedingungen der Radiolarite. — Geol. Rdsch. **39**, 1, 216—221, Stuttgart 1951.

DAVID, T. W., & HOWCHIN, W.: Note on the occurence of casts of Radiolaria in Pre-Cambrian (?) Rocks, South Australia. — Proc. Lin. Soc. N. S. Wales **XXI**, 571—583, 1896.

DEFLANDRE, G.: Les soi-disant radiolaires du précambrian de Bretagne et la question de l'existence de radiolaires embryonnaires fossiles. — Bull. Soc. zool. France **74**, 351—352, Paris 1949.

— *Palaeocryptidium n. g. cayeuxi n. sp.*, microorganismes incertae sedis des phtanites briovériens bretons. — C. R. somm. Soc. géol. France **1955**, 182—185, Paris 1955.

— Radiolaires fossiles. — In: P.-P. GRASSÉ, Traité de Zoologie **I**, Teil 2, 389—436, 36 Abb., Paris 1952 [1952a].

— Classe des Radiolaires. — In: J. PIVETEAU, Traité de Paléontologie **I**, 303—313, 53 Abb., Paris 1952 [1952b].

— & M.: Radiolaires du Paléozoïque et du Trias. — Fichier micropaléontologique, Sér. 4, Arch. orig. Serv. Docum. C.N.R.S., Nr. **188**, fiches I—XX, 255—751, 1944.

DONOFRIO, D. A., & MOSTLER, H.: Zur Verbreitung der Saturnalidae (Radiolaria) im Mesozoikum der Nördlichen Kalkalpen und Südalpen. — Geol. Paläont. Mitt. Innsbruck **7** (5), 1—55, 8 Abb., 5 Taf., Innsbruck 1978.

DREYER, F.: Die Pylombildungen in vergleichend-anatomischer und entwicklungsgeschichtlicher Beziehung bei Radiolarien und bei Protisten überhaupt, nebst System und Beschreibung neuer und der bis jetzt bekannten pylomatischen Spumellarien. — Jenaische Z. Naturwiss. **23** (n. F. **16**), 77—214, 6 Taf., Jena 1889.

DUMITRICĂ, P., KOZUR, H., & MOSTLER, H.: Contribution to the radiolarian fauna of the Middle Triassic of Southern Alps. — Geol. Paläont. Mitt. Innsbruck **10** (1), 1—46, 15 Taf., Innsbruck 1980.

DURHAM, J. B., & MURPHY, M. A.: An occurrence of well preserved Radiolaria from the Upper Ordovician (Caradocian), Eureka County, Nevada. — J. Paleont. **50** (5), 882—887, 2 Abb., 1 Taf., 1976.

FOREMAN, H. P.: Upper Devonian Radiolaria from the Huron member of the Ohio shale. — Micropaleontology **9**, 267–304, 9 Taf., 1969.

— Upper Maastrichtian Radiolaria of California. — Spec. Paper in Paleontology **3**, 1—82, 8 Taf., 1968.

GOODBODY, Q. H.: Wenlock Palaeoscenidiidae and Entactiniidae (Radiolaria) from the Cape Phillips Formation of the Canadian Arctic Archipelago. — Micropaleont. **32** (2), 129—157, 8 Abb., 7 Taf., 1986.

GOURMELON, F.: Les Radiolaires tournaissiens des nodules phosphatés de la Montagne Noire et des Pyrénées centrales. — Biostratigraphie du Paléozoique **6**, 1—194, 22 Taf., 1987.

HAECKEL, E.: Die Radiolarien (Rhizopoda Radiolaria). Eine Monographie. 572 S., 35 Taf., Berlin 1862.

— Entwurf eines Radiolarien-Systems auf Grund von Studien der Challenger Radiolarien. — Jenaische Z. Naturwiss. **15** (n. F. 8), 418—472, Jena 1882.

— Die Radiolarien. Eine Monographie. I. und II. Report on the Radiolaria collected by H. M. S. Challenger during the Years 1873—1876. — Rep. Sci. Results Voyage of H. M. S. Challenger, Zool. **18**, 1—1893, 140 Taf., London, Dublin 1887.

HAY, W. W., & SANDBERG, Ph. A.: The scanning electron microscope, a major break-through for micropaleontology. — Micropaleontology **13** (4), 407–418, 2 Taf., 1967.

KOZUR, R.: Ruzhencevispongidae, eine neue Spumellaria-Familie aus dem oberen Kungurian (Leonardian) und Sakmarian des Vorurals. — Geol. Paläont. Mitt. Innsbruck **10** (6), 235—242, 2 Taf., Innsbruck 1980.

— Albaillellidea (Radiolaria) aus dem Unterperm des Vorurals. — Ebd. **10** (8), 263—274, 3 Taf., Innsbruck 1981.

— Muelleritortiidae n. fam., eine charakteristische longobardische (oberladinische) Radiolarienfamilie, Teil I. — Freiberger Forschungsh. C **419**, 51—61, 4 Taf., Leipzig 1988.

— & MOSTLER, H.: Beiträge zur Erforschung der mesozoischen Radiolarien. Teil I: Revision der Oberfamilie Coccodiscacea HAECKEL 1862 emend. und Beschreibung ihrer triassischen Vertreter. — Geol. Paläont. Mitt. Innsbruck **2**, 1—60, 4 Taf., Innsbruck 1972.

— — Beiträge zur Erforschung der mesozoischen Radiolarien. Teil II: Oberfamilie Trematodiscacea HAECKEL 1862 emend. und Beschreibung ihrer triassischen Vertreter. — Geol. Paläont. Mitt. Innsbruck **8**, 123—182, 5 Taf., Innsbruck 1978.

— — Beiträge zur Erforschung der mesozoischen Radiolarien. Teil III: Die Oberfamilien Actinommacea HAECKEL 1862 emend., Artiscacea HAECKEL 1882, Multiarcusellacea nov. der Spumellaria und triassische Nassellaria. — Ebd. **9** (1/2), 1—132, 21 Taf., Innsbruck 1979.

— — Beiträge zur Erforschung der mesozoischen Radiolarien. Teil IV: Thalassosphaeracea HAECKEL, 1862, Hexastylacea HAECKEL, 1882 emend. PETRUŠEVSKAJA, 1979, Sponguracea HAECKEL, 1862 emend. und weitere triassische Lithocycliacea, Trematodiscacea, Actinommacea und Nassellaria. — Ebd., Sonderbd., 1—208, 69 Taf., Innsbruck 1981.

LAZARUS, D., SCHERER, R. P., & PROTHERO, D. R.: Evolution of the radiolarian species-complex *Pterocanium*: a preliminary survey. — J. Paleont. **59** (1), 183—220, 29 Abb., 1985.

MARTINI, R., et al.: Les radiolarites triasiques de la formation du Monte Facito auct. (Bassin de Lagonegro, Italie meridionale). — Revue de Paléobiologie **8** (1), 143—161, 6 Abb., 3 Taf., Genf 1989.

MÜLLER, A. H.: Einiges über spirale und schraubenförmige Strukturen bei fossilen Tieren unter besonderer Berücksichtigung taxonomischer und phylogenetischer Zusammenhänge, Teil 6. — Freiberger Forschungsh. C **395**, 69—81, 16 Abb., Leipzig 1984.

ORMISTON, A. R., & LANE, H. R.: A unique Radiolarian fauna from the Scyamore Limestone (Mississippian) and its biostratigraphic significance. — Palaeontographica **154 A**, 158—180, 4 Abb., 6 Taf., Stuttgart 1976.

PESSAGNO, E. A.: Upper Jurassic Radiolaria and radiolarian biostratigraphy of the California Coast Ranges. — Micropaleont. **23**, 56—113, 4 Abb., 12 Taf., 1977.

PETRUŠEVSKAYA, M. G.: Radiolaria in the plankton and recent sediments from the Indian ocean and Antarctic. — In: B. M. FUNNELL & W. R. RIEDEL (Eds.), The micropaleontology of oceans, 319—329, 6 Abb., Cambridge 1971.

RIEDEL, W. R.: Mesozoic and Late Tertiary Radiolaria of Rotti. — J. Paleont. **27**, 805—813, 1 Abb., 2 Taf., 1953.

RODIČ, I.: Vorläufiger Bericht über die Resultate von Untersuchungen der Kieselschiefer nordöstlich von Prag. — Lotos **73**, 167—171, Prag 1925.

— Radiolarien in Kieselschiefern Mittelböhmens. — Lotos **79**, 118—136, Prag 1931.

RÜST, D.: Beiträge zur Kenntnis der fossilen Radiolarien aus Gesteinen des Jura. — Palaeontographica **31**, 273—321, 20 Taf., Stuttgart 1885.

— Beiträge zur Kenntnis der fossilen Radiolarien aus Gesteinen der Kreide. — Palaeontographica **34**, 181—213, 7 Taf., Stuttgart 1888.

— Beiträge zur Kenntnis der fossilen Radiolarien aus Gesteinen der Trias und der palaeozoischen Schichten. — Palaeontographica **38**, 107—200, 25 Taf., Stuttgart 1892.

– Neue Beiträge zur Kenntnis der fossilen Radiolarien aus Gesteinen des Jura und der Kreide. – Palaeontographica **45**, 1–67, 29 Taf., Stuttgart 1898.
SCHAAF, A.: Radiolaires crétacés: Biochronologie et paléoenvironment. – Sci. Géol., Bull. **38** (3), 292 S., 13 Abb., Straßburg 1985.
SCHWARZ, A.: Ein Verfahren zur Freilegung von Radiolarien aus Kieselschiefern. – Senckenbergiana **6**, Frankfurt a. Main 1924.
– Über den Körperbau der Radiolarien. – Abh. Senckenberg. Naturf. Ges. **43**, 1, 1–17, 3 Textabb., 2 Taf., Frankfurt a. Main 1931.
TRÉGOUBOFF, G.: Classe des Acanthaires (Acantharia HAECKEL 1881). – In: P.-P. GRASSÉ, Traité de Zoologie **I**, Teil 2, 271–320, 32 Abb., Paris 1952.
– Classe des Radiolaires (Radiolaria J. MÜLLER 1858, emend.). – In: P.-P. GRASSÉ, Traité de Zoologie **I**, Teil 2, 321–388, 79 Abb., Paris 1952.
TROMP, S. W.: Shallow water origin of radiolarites in southern Turkey. – J. Geol. **56**, 492–494, 1948.
WETZEL, O.: Die in organischer Substanz erhaltenen Mikrofossilien des Baltischen Kreidefeuersteins. – Palaeontogr. **77**, 147–188; **78**, 1–110, 16 Abb., 6 Taf., 1933.
WEVER, P. DE: Über das Vorkommen von Zwillingsradiolarien im Paläozoikum. – Rev. Paléobiol. **4**, 111–114, 4 Abb., 1985 (franz.).
WIDZ, D.: Les Radiolaires du Jurassique Supérieur des Radiolarites de la zone des Klippes de Pieniny (Carpathes occidentales, Pologne). – Rev. Micropaléont. **34** (3), 231–260, 12 Abb., 4 Taf., Paris 1991.
WON, M.-Z.: Radiolarien aus dem Unter-Karbon des Rheinischen Schiefergebirges (Deutschland). – Palaeontographica **182 A**, 116–175, 6 Abb., 14 Taf., Stuttgart 1983.
ZITTEL, K. A. VON: Über einige fossile Radiolarien aus der norddeutschen Kreide. – Z. dtsch. Geol. Ges. **28**, 75–86, Berlin 1876.
ŽAMOJDA, A. I., & KOZLOVA, G. E.: Sootnošenie podotrjadov i semejstv v otrjade Spumellaria (radioljarij). – Trudy VNIGRI **291**, 77–80, 2 Taf., 1967.

IV. Klasse **Ciliata** PERTY 1852

(Infusorien oder Wimpertierchen)

Es handelt sich um die hinsichtlich ihres Körperplasmas am höchsten differenzierten Protozoa. Die Außenseite der Zelle ist stets mit zahlreichen fadenförmigen Anhängen (Cilia) bedeckt, die zur Fortbewegung und Nahrungsaufnahme dienen. Fossil sind lediglich die zur Ordnung Spirotrichida BÜTSCHLI gehörenden Tintinnina und Heterotrichina bekannt. Es handelt sich dabei um Formen mit reduzierten, häufig borstenförmig gestalteten Anhängen.

Ordnung **Spirotrichida** BÜTSCHLI 1889

Unterordnung **Tintinnina** CLAPARÈDE & LACHMANN 1858

1. Allgemeines

Das aus einer, ihrer Zusammensetzung nach noch unbekannten organischen Substanz bestehende walzen- oder glockenförmige Gehäuse (Lorica) enthält häufig einzementierte (agglutinierte) Fremdkörper (Abb. 89). Die am vorderen (oralen) Ende befindliche kreisrunde Öffnung (Peristom) ist von einem erhöhten Kragen umgeben. Aboralende der Lorica bei vielen Formen mit einem schlanken und spitzen, mitunter auch verzweigten Fortsatz (Kaudalfortsatz). Oberfläche häufig fein skulpturiert. Länge des Gehäuses: 50–1000 µm, bei fossilen Vertretern (ohne Kaudalfortsatz) meist 50–200 µm. Überwiegend marin-planktisch, seltener Süßwasser. Fortbewegung gewöhnlich mit nach hinten gerichtetem oralen Ende unter schraubenförmiger Torsion um die Längsachse. Als Nahrung dient Nannoplankton.

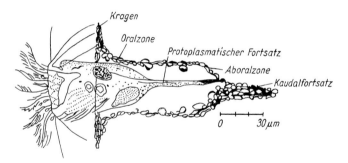

Abb. 89. *Tintinnopsis campanula* (EHRENBERG), Schema. Rezent. — Nach FAURE-FREMIET, umgezeichnet.

2. Vorkommen

? Silur, Devon — rezent; fossil häufig und weit verbreitet vor allem in den Ablagerungen der Tethys vom Oberen Malm (Tithon) bis zum Neokom. In Kalken ist die organische Substanz der Lorica offenbar meist durch Kalzit ersetzt. Bei einigen fossilen Gattungen (z. B. *Calpionellopsis* COLOM 1948, *Remanellina* TAPPAN & LOEBLICH 1968) wurde der Kalzit wahrscheinlich primär vom Organismus ausgeschieden. In der Gegenwart bilden die T. einen Großteil des mikroskopischen Zooplanktons.

3. Geschichtliches

Fossile Tintinninen wurden erstmalig von J. RÜST (1885) beschrieben, der sie bei vorzüglicher Erhaltung in mesozoischen Koprolithen fand. Später haben sich von den älteren Autoren vor allem A. S. CAMPBELL (zum Beispiel 1954), G. COLOM (1934, 1948) und G. & M. DEFLANDRE (zum Beispiel 1949) um ihre Kenntnis verdient gemacht.

4. Systematik

Die Unterscheidung der fossilen Gattungen beruht vor allem auf Kennzeichen, die im Dünnschliff beobachtet werden können. Als Beispiele:

Calpionella LORENZ 1902: Malm (Tithon) — Unt. Kreide (Barrême) (Abb. 90 a—b).

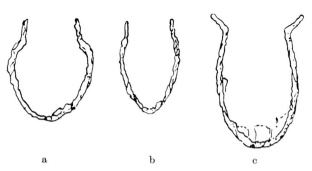

Abb. 90. Längsschnitte durch fossile Tintinninen. a) *Calpionella alpina* LORENZ, Ob. Malm (Tithon) von Brunig (Schweiz); b) *Calpionella elliptica* CADISCH, Ob. Malm (Tithon) von Brunig (Schweiz); c) *Tintinnopsella carpathica* (MURG. & FIL.), Unt. Kreide (Hauterive) von Marokko. $^{425}/_1$ nat. Gr. — Aus G. DEFLANDRE 1952.

Lorica im Längsschnitt oval oder kugelig, „aboral" meist gerundet, seltener spitz. Manche Formen „oral" hals- oder kragenartig gestaltet. Die beiden wichtigsten Arten sind *C. alpina* LORENZ und *C. elliptica* CADISCH aus dem Malm. Sie wurden unter anderem in der Schweiz, in Italien, Frankreich, Tunis, Marokko, Algerien, im Kaukasus und in den Karpaten nachgewiesen.

Tintinnopsella COLOM 1948: Malm (Tithon) — Unt. Kreide (Valendis-Barrême) (Abb. 90c).

Längsschnitt der sehr dünnwandigen Lorica glockenförmig oder zylindrisch; sonst ähnlich wie bei *Calpionella*. Die Mündung entspricht meist der größten Breite des Gehäuses. Die häufigste und am weitesten verbreitete Form ist *T. carpathica* (MURGEANU & FILIPESCU). Sie findet sich stets zusammen mit anderen Tintinninen vom Valendis bis zum Hauterive.

Zur Unterordnung **Heterotrichina** gehören die ersten fossilen Süßwasser-Ciliaten. Es handelt sich um Vertreter der Gattung *Priscofolliculina* DEFLANDRE & DEUNFF 1957, die in einer kieseligen Konkretion aus der Umgebung von Lambarene (Gabun) gefunden wurden. Als Alter wird Senon oder jünger angegeben. Auf einer Art von *Priscofolliculina* wurden winzige ektoparasitische Flagellaten (*Nannocladinella* DEFLANDRE & DEUNFF 1957) beobachtet.

Literaturverzeichnis

CAMPBELL, A. S.: Tintinnina. — In: R. C. MOORE, Treatise on Invertebrate Paleontology, Part D, D 166—D 180, 4 Abb., 1954.

CHENNAUX, G.: Présence de tintinnoïdiens dans l'Ordovicien du Sahara. — Acad. Sci. Paris, Compte Rendu **266**, ser. D, 86—87, 2 Abb., Paris 1968.

COLOM, G.: Fossil tintinnids: Loricated Infusoria of the Order of Oligotrocha. — J. Paleont. **22**, 233—263, 1948.

— Jurassic-Cretaceous pelagic sediments of the western Mediterranean zone and the Atlantic area. — Micropaleontology **1**, 109—124, 4 Abb., 5 Taf., New York 1955.

— Essais sur la biologie, la distribution géographique et stratigraphique des tintinnoïdiens fossiles. — Eclogae Geol. Helvetiae **58**, 319—334, 3 Abb., 3 Taf., 1965.

DEFLANDRE, G.: Embranchement des Cilies. — In: J. PIVETEAU, Traité de Paléontologie I, 317—321, 29 Abb., Paris 1952.

— & DEUNFF, J.: Sur la présence de Ciliés fossiles de la famille des Folliculinidae dans un silex du Gabon. — C. R. Acad. Sci. **244**, 3090—3093, 9 Abb., Paris 1957.

DOBEN, K.: Über Calpionelliden an der Jura/Kreide-Grenze. — Mitt. Bayer. Staatsslg. Paläont. Hist. Geol. **3**, 35—50, 2 Taf., München 1963.

HERMES, J. J.: Tintinnids from the Silurian of the Betic Cordilleras, Spain. — Rev. Micropaléont. **8**, 211–214, 1 Taf., 1966.

LOEBLICH, A. R., jr., & TAPPAN, H.: Annotated index to the genera, subgenera and suprageneric taxa of the ciliate Order Tintinnida. — J. Protozoology **15**, 185—192, 1968.

MURRAY, J. W., & TAYLOR, F. J. R.: Early calpionellids from the Upper Devonian of western Canada, with a note on pyrite inclusions. — Bull. Canad. Petrol. Geol. **13**, 327—334, 2 Abb., 1 Taf., 1965.

REMANE, J.: Les Calpionelles dans les couches de passage Jurassique- Crétacé de la fosse vocontienne. — Travaux Lab. Géol. Grenoble **39**, 25—82, 18 Abb., 6 Taf., 1963.

— Neubearbeitung der Gattung *Calpionellopsis* Col. 1948 (Protozoa, Tintinnina ?). — Neues Jb. Geol. Paläont. Abh. **1965**, 27—49, 7 Abb., 2 Taf., 1965.

— Les Calpionelles, Protozoaires planctoniques des mers mésogéennes de l'époque secondaire. — Ann. Guébhard **47**, 369—393, 8 Abb., Neuchâtel 1971.

SANFILIPPO, A., BURCKLE, L. H., MARTINI, E., & RIEDEL, W. R.: Radiolariens, diatoms, silicoflagellates and calcareous nanno-fossils in the Mediterranean Neogene. — Micropaleontology **19**, 209—234, 1 Abb., 6 Taf., New York 1973.

TAKAHASHI, K., & LING, H. J.: Particle selectivity of pelagic tintinnid agglutination. — Marine Micropaleont. **9**, 87—92, 2 Taf., Amsterdam 1984.

TAPPAN, H., & LOEBLICH, A. R. jr.: Lorica composition of modern and fossil Tintinnida (Ciliate Protozoa), systematics, geological distribution and some new Tertiary taxa. — J. Paleont. **42**, 1378—1304, 1 Abb., 7 Taf., 1968.

V. Mikrofossilien unbekannter oder unsicherer systematischer Stellung

Nannoconus KAMPTNER 1931

1. Allgemeines

Mikroskopisch kleine Gebilde von konischer, kugeliger oder zylindrischer Gestalt (Länge: 5 bis mehr als 50 µm, meist 15 bis 20 µm; Breite: 5 bis etwa 15 µm), die in der Längsachse von einem beiderseits offenen Kanal (Axialkanal) durchzogen werden (vgl. Abb. 91). Die Wandung besteht aus einer einzigen Lage kleiner, etwa 1 µm dicker Kalzitkeile, die senkrecht zur Oberfläche stehen und mit ihrem dünneren Ende zum Axialkanal zeigen. Die Keile sind meist in ein oder mehreren, nach oben steigenden Spiralen angeordnet. Bei einigen der tonnenförmigen Vertreter finden sich vielleicht mehr als zwei Öffnungen. — Systematische Stellung unsicher (Flagellaten ?, Rhizopoden ?).

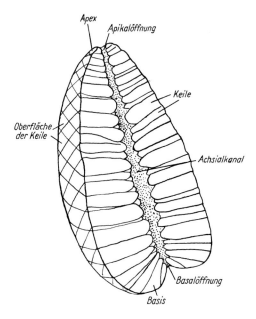

Abb. 91. Schematischer Längsschnitt durch *Nannoconus steinmanni* KAMPTNER. Natürliche Länge: 10—20 µm. Malm — Unt. Kreide (Barrême). — Nach P. BRÖNNIMANN (1955); umgezeichnet.

2. Vorkommen

Malm und Unt. Kreide von Kuba, Mittel- und Südeuropa. Sie treten gesteinsbildend auf (oft zusammen mit Tintinninen, gelegentlich Radiolarien). P. BRÖNNIMANN (1955) konnte in der Unt. Kreide von Kuba 10 Arten unterscheiden und mit ihrer Hilfe die betreffende Schichtfolge feinstratigraphisch gliedern (vgl. Abb. 92).

Literaturverzeichnis

AUBRY, M. P.: Remarques sur la systématique des *Nannoconus* de la craie. — Cahiers micropaléont. **4**, 3—22, 2 Abb., 9 Taf., Paris 1974.

V. Mikrofossilien unbekannter oder unsicherer systematischer Stellung

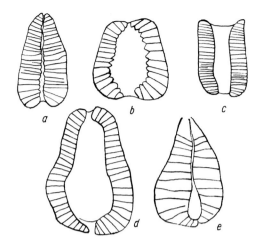

Abb. 92. Verschiedene Arten von *Nannoconus*, die in Kuba zur feinstratigraphischen Gliederung der Unterkreide verwendet werden. Ca. $^{2000}/_1$ nat. Gr. a) *N. steinmanni* KAMPTNER, b) *N. bucheri* BRÖNNIM.; c) *N. elongatus* BRÖNNIM.; d) *N. wassali* BRÖNNIM.; e) *N. colomi* BRÖNNIM. – Nach P. BRÖNNIMANN 1955.

BRÖNNIMANN, P.: Microfossils incertae sedis from the Upper Jurassic and Lower Cretaceous of Cuba. — Micropaleontology **1**, 28—49, 10 Abb., 1955.
HAQ, B. U.: Calcareous nannoplankton. — In: B. U. HAQ & A. BOERSMA (Eds.), Introduction to Marine Micropaleontology, S. 79—107, 37 Abb., New York (Elsevier) 1978.
KAMPTNER, E.: *Nannoconus steinmanni* nov. gen., nov. spec., ein merkwürdiges gesteinsbildendes Mikrofossil aus dem jüngeren Mesozoikum der Alpen. — Paläont. Z. **13**, 288—297, 1931.
— Einige Bemerkungen über *Nannoconus*. — Paläont. Z. **20**, 249—257, 1938.

Hystrichosphaeridea EISENACK 1938
(Acritarcha EVITT 1954, pars)

1. Allgemeines

Eine Sammelgruppe verschiedener Mikrofossilien unbekannter taxonomischer Stellung, deren kugelige, halbkugelige, ei- oder sternförmige Hüllen aus einer hochpolymeren, kutinähnlichen und chemisch sehr widerstandsfähigen Substanz bestehen. Die Oberfläche ist vielfach mit stachelartigen Fortsätzen bedeckt („Stacheleier", „Stachelhüllen"). Die Größe beträgt zwischen ca. 4 und 400 µm; am häufigsten sind jedoch Werte zwischen 50 und 100 µm. Ein Teil zeigt lochartige Perforationen, bei denen es sich vermutlich um Schlüpflöcher (Pylome, Peripylome) handelt, die von einem eingeschlossenen Protoplasten in bestimmter Weise geöffnet und als Austrittsstellen benutzt wurden. Solche Schlüpflöcher finden sich in ähnlicher Weise auch bei manchen Peridiniina. Gelegentlich zu beobachtende Doppelwandigkeit (Abb. 93) läßt möglicherweise auf Cystenbildung schließen. Als Acritarcha EVITT 1954 werden Formen mit skulpturierter Oberfläche und einer Größe zwischen 10—50 µm bezeichnet.

2. Vorkommen

Ob. Algonkium — Holozän, bis Tertiär in marinen Ablagerungen, im Holozän auch im Süßwasser und seinen Sedimenten. Fossil beobachtet sind sie in Kalken, Mergeln, Phosphoriten, Schiefern, vor allem aber in Horn- und Feuersteinen.

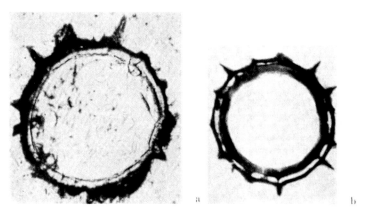

Abb. 93. *Hystrichosphaeridium brevispinosum* EISENACK, in doppelwandiger Ausbildung, die möglicherweise auf Cystenbildung hinweist. Mittl. Devon (Ob. Givet), Frankenwald (Schübelebene). a) $^{200}/_1$ nat. Gr., b) $^{180}/_1$ nat. Gr. — Nach D. SANNEMANN 1955.

3. Systematik

Manche der früher zu den H. gestellten Formen rechnet man heute zu den Peridiniina (Dinoflagellaten). Andere erinnern an Radiolarien; weitere sind vielleicht Sporen von Psilophyten und Pteridophyten. Für einige trifft wohl die Deutung als Eihülle niederer Metazoa zu. Bei den Acritarcha handelt es sich vermutlich um Cysten verschiedener Plankter.

Nachstehend werden nur einige Gattungen aufgeführt:

Hystrichosphaeridium DEFLANDRE 1937: Ob. Kambrium — Tertiär (Abb. 93—95).

Meist kugelige, seltener ovale oder polyedrische Stachelhüllen, deren Membran im Unterschied zu *Hystrichosphaera* nicht durch „Leisten" (Suturen) in einzelne Felder aufgeteilt ist. Durchmesser größer als 20 µm. Radiale Anhänge distal offen und oft trichterförmig erweitert.

Hystrichosphaera O. WETZEL 1933: Jura — Kreide, rezent ?

Kugelige, polyedrische oder eiförmige Stachelhüllen, die durch mehr oder weniger deutliche Leisten in vieleckige Felder aufgeteilt werden. Einige derselben bilden einen spiral verlaufenden

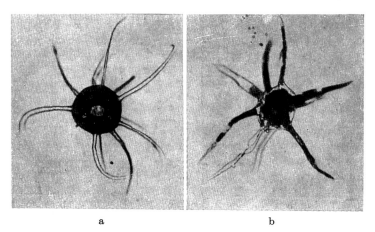

Abb. 94. *Hystrichosphaeridium longispinosum* EISENACK, Ordovizium (pleistozänes, nordisches Geschiebe). $^{218}/_1$ nat. Gr. — Nach A. EISENACK 1951.

V. Mikrofossilien unbekannter oder unsicherer systematischer Stellung

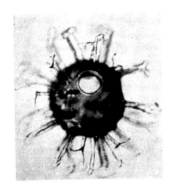

Abb. 95. *Hystrichosphaeridium trifurcatum* EISENACK, mit Pylom (Schlüpfloch). Ordovizium (pleistozänes, nordisches Geschiebe). Ca. 300/1 nat. Gr. — Nach A. EISENACK 1951.

äquatorialen Gürtel. Die stachelartigen Fortsätze haben sehr unterschiedliche Gestalt und entspringen stets radial in den Ecken der Felder.

Membranilarnax O. WETZEL 1933: Jura — Eozän, Oligozän ?
Zentralkörper kugelförmig oder abgeplattet, mit zahlreichen Anhängen, die sich häufig nur in der Äquatorialzone befinden. Die Anhänge sind langgestreckt, distal meist gegabelt und außen durch eine dünne Spannhaut verbunden.

Leiosphaera EISENACK 1938: Ordovizium — Kreide (Abb. 96).
Kugelige Hüllen mit glatter, gekörnelter oder netzförmig verzierter Wand. Radiale Anhänge sind nur gelegentlich vorhanden, dann winzig klein. Neben Pylomen und trichterförmig eingesenkten Peripylomen, die beide auf einen Schlüpfakt schließen lassen, finden sich im Inneren gelegentlich kleinere Formen, meist in der Einzahl, mitunter auch zu dritt (? Vermehrungsstadium oder ? Fossilfalle).

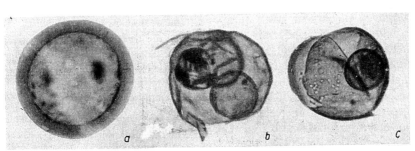

Abb. 96. a) *Leiosphaera media* (EISENACK), mit relativ dicker Wandung. Im optischen Schnitt erkennt man einige Wandporen. Ca. 280/1 nat. Gr.; b)—c) *Leiosphaera* cf. *media* (EISENACK). Die hier sehr dünne Wand ist aufgerissen und umschließt im Inneren Individuen einer kleineren Form (? Fossilfalle oder Vermehrungsstadium). Ca. 150/1 nat. Gr. Silur (*Beyrichia*-Kalk als pleistozänes, nordisches Geschiebe). — Nach A. EISENACK 1955.

Literaturverzeichnis

BAIN, A., & DOUBINGER, J.: Étude d'un microplancton (Acritarches) du Dévonien Supérieur des Ardennes. — Bull. Serv. Carte géol. Als. Lorr. **18**, 1, 15—30, Strasbourg 1965.

COOKSON, I. C., & EISENACK, A.: Fossil microplankton from Australian and New Guinea Upper Mesozoic Sediments. — Proc. Roy Soc. Vict. **70**, 19—78, Melbourne 1958.

— — Upper Mesozoic microplankton from Australia and New Guinea. — Paleontology **2**, 1243—1261, London 1960 (1960a).

— — Microplankton from Australian Cretacous sediments. — Micropaleontology **6**, 1—18, New York 1960 (1960b).
DEFLANDRE, G.: Le problème des Hystrichosphères. — Bull. Inst. océanogr. Monáco **918**, 1947.
— Groupe des Hystrichosphaeridés. — In: J. PIVETEAU, Traité de Paléontologie **I**, 322—326, 35 Abb., 1952.
— & M.: Notes sur les acritarches. — Rev. Micropaléont. **7**, 111—114, Paris 1964.
DEFLANDRE-RIGAUD, M.: Microfossiles des silex sénoniens du Bassin de Paris. — C. R. somm. Soc. Géol. France **1954**, 58—59, Paris 1954.
DEUNFF, J.: Systématique du microplankton fossile à acritarches. Révision de deux genres de l'Ordovicien inférieur. — Rev. Micropaléont. **7**, 119—124, Paris 1964.
DOWNIE, CH.: Microplankton from the Kimeridge Clay. — Quart. J. Geol. Soc. London **CXII**, 413—434, 6 Abb., 4 Taf., London 1957.
— „Hystrichospheres" (acritarchs) and spores of the Wenlock Shales (Silurian) of Wenlock, England. — Palaeontology **6**, 625—652, London 1963.
— Observation on the nature of the acritarchs. — Palaeontology **16**, 239—259, London 1973.
— Acritarchs in British stratigraphy. — Spec. Rep. Geol. Soc. London **17**, 26 S., 11 Abb., London 1984.
— & SARJEANT, W. A. S.: Dinoflagellates, Hystrichospheres and the classification of the Acritarchs. — Stanford Univ. Publ. Geol. Sci. **7**, No. 3, 1—16, Stanford, Calif. 1963.
DUMITRICA, P.: Cryptocephalic and cryptothoracic Nasellaria in some Mesozoic deposits of Romania. — Rev. Roum., géol., géophys., géogr., sér. géol. **14** (1), 45—124, 4 Abb., 21 Taf., Bukarest 1970.
EISENACK, A.: Über Hystrichosphaerideen und andere Kleinformen aus baltischem Silur und Kambrium. — Senckenbergiana **32**, 187—204, 6 Abb., 4 Taf., Frankfurt a. Main 1951.
— Mikrofossilien aus Phosphoriten des samländischen Unteroligozäns und über die Einheitlichkeit der Hystrichosphaerideen. — Palaeontogr. **A 105**, Stuttgart 1954.
— Chitinozoen, Hystrichosphären und andere Mikrofossilien aus dem *Beyrichia*-Kalk. — Senckenbergiana leth. **36**, 157—188, 13 Abb., 5 Taf., Frankfurt a. Main 1955.
— Mikrofossilien aus dem norddeutschen Apt nebst einigen Bemerkungen über fossile Dinoflagellaten. — N. Jb. Geol. Paläont., Abh. **106**, 383—422, Stuttgart 1958.
— Fossile Dinoflagellaten. — Arch. Protistenk. **104**, 43—50, Jena 1959.
— Einige Erörterungen über fossile Dinoflagellaten nebst Übersicht über die zur Zeit bekannten Gattungen. — N. Jb. Geol. Paläont. Abh. **112**, 3, 281—324, 8 Abb., 5 Taf., Stuttgart 1961.
— Beiträge zur Acritarchen-Forschung. — N. Jb. Geol. Paläont., Abh. **147**, 269—293, 50 Abb., Stuttgart 1974.
CRAMER, F. H., & DÍEZ, C. R.: Katalog der fossilen Dinoflagellaten, Hystrichosphären und verwandten Mikrofossilien. Bd. III. Acritarcha, 1, 1104 S., Stuttgart 1974.
EVITT, W. R.: Observations on the morphology of fossil dinoflagellates. — Micropaleontology **7**, 4, 385—420, 8 Abb., 9 Taf., New York 1961.
— A discussion and proposals concerning fossil Dinoflagellates, Hystrichospheres, and Acritarchs, 1, 2. — Proc. Nat. Acad. Sci. **49**, 158—164, 298—302, Washington 1962.
FUNKHOUSER, J. W., & EVITT, W. R.: Preparation techniques for acid-insoluble microfossils. — Micropaleontology **5**, 369—375, New York 1959.
GERLACH, E.: Mikrofossilien aus dem Oligozän und Miozän Nordwestdeutschlands, unter besonderer Berücksichtigung der Hystrichosphaeren und Dinoflagellaten. — N. Jb. Geol. Paläont. Abh. **112**, 143—228, Stuttgart 1961.
GOCHT, H.: Hystrichosphaerideen und andere Kleinlebewesen aus Oligozänablagerungen Nord- und Mitteldeutschlands. — Geologie **1**, 301—320, 10 Abb., 2 Taf., Berlin 1952.
— Mikroplankton aus dem nordwestdeutschen Neokom (Teil I). — Paläont. Z. **31**, 163—185, Stuttgart 1957.
— Mikroplankton aus dem nordwestdeutschen Neokom (Teil II). — Paläont. Z. **33**, 50—89, Stuttgart 1959.
GÓRKA, H.: Microorganismes de l'Ordovicien de Pologne. — Palaeont. Polonica **22**, 1—102, Warszawa 1969.
KLEMENT, K. W.: Dinoflagellaten und Hystrichosphaerideen aus dem unteren und mittleren Malm Südwestdeutschlands. — Palaeontographica **114**, A, 1—104, Stuttgart 1960.
KOZUR, H., & MOSTLER, H.: Beiträge zur Erforschung der mesozoischen Radiolarien. Teil I: Revision der Oberfamilie Coccodiscacea HAECKEL 1862 emend. und Beschreibung ihrer triadischen Vertreter. — Geol. Paläont. Mitt. Innsbruck **2**, 1—60, 1 Abb., 4 Taf., Innsbruck 1972.
MÄDLER, K.: Die figurierten organischen Bestandteile der Posidonienschiefer. — Beih. geol. Jb. **58**, 287—406, Hannover 1963.

MAIER, D.: Planktonuntersuchungen in tertiären und quartären marinen Sedimenten. Ein Beitrag zur Systematik, Stratigraphie und Ökologie der Coccolithophorideen, Dinoflagellaten und Hystrichosphaerideen vom Oligozän bis zum Pleistozän. – N. Jb. Geol. Paläont., Abh. **107**, 3, 278–340, 4 Abb., 5 Tab., 7 Taf., Stuttgart 1959.
MANUM, S.: Some Dinoflagellates and Hystrichosphaerids from the Lower Tertiary of Spitzbergen. – Nytt Mag. Bot. **8**, 17–26, Oslo 1960.
MARHEINECKE, U.: Dinoflagellaten aus der Schreibkreide. – Geol. Jb. **93 A**, 93 S., 16 Abb., 22 Taf., Hannover 1986.
MARTIN, F.: Acritarches du Faménien inférieur à Villers-sur-Lesse (Belgique). – Bull. k. Belg. Inst. Nat. Wet. **52** (2), 1–49, 4 Abb., 8 Taf., Brüssel 1982.
— & KJELLSTRÖM, G.: Ultrastructural study of some Ordovician acritarchs from Gotland, Sweden. – N. Jb. Geol. Paläont., Mh. **1973**, 44–54, Stuttgart 1973.
PESSAGNO, E. A.: Jurassic and Cretaceous Hagiastridae from the Blake-Bahama basin (site 5 A, joides leg I) and the Great Valley sequence, California coast ranges. – Bull. amer. paleont. **60** (264), 5–83, 4 Abb., 19 Taf., New York 1971.
REITZ, E.: Acritarchen des Unter-Tremadoc aus dem westlichen Frankenwald, NE-Bayern. – Neues Jb. Geol. Paläont. Mh. **1991** (2), 97–104, Stuttgart 1991.
SANNEMANN, D.: Hystrichosphaerideen aus dem Gotlandium und Mittel-Devon des Frankenwaldes und ihr Feinbau. – Senckenbergiana leth. **36**, 321–346, 19 Abb., 6 Taf., Frankfurt a. Main 1955.
SARJEANT, W. A. S.: Acritarchs and Tasmanitids from the Mianwali and Tredian Formations (Triassic) of the Salt and Surghar Ranges, West Pakistan. – In: The Permian and Triassic Systems and their Mutual Boundary, S. 35–73, 5 Abb., 4 Taf., Calgary 1973.
— Fossil and living dinoflagellates. 182 S., 45 Abb., 15 Taf., London–New York (Academic Press) 1974.
TIMOFEEW, B. W.: Hystrichosphaeridae aus dem Kambrium. – Ber. Akad. Wiss. UdSSR **106**, Nr. 1, 130–132, 1 Taf., Leningrad 1956 (russ.).
UMNOVA, N. I.: [Acritarcha aus dem Ordovizium und Silurium des Moskauer Gebiets und des Baltikums]. – Moskwa „Nedra", **K-12**, 166 S., 2 Abb., 20 Taf., Moskau 1975 (russ.).
WETZEL, O.: Die in organischer Substanz erhaltenen Mikrofossilien des baltischen Kreidefeuersteins. – Paläontogr. **A 77**, 147–186 und **A 78**, 1–110, Stuttgart 1933.
WETZEL, W.: Beiträge zur Kenntnis dan-zeitlichen Meeresplanktons. – Geol. Jb. **66**, 391–420, Hannover 1952.

Chitinozoa EISENACK 1931

1. Allgemeines

Axial-symmetrische Fossilien von stäbchen-, keulen-, flaschen- oder blasenförmiger Gestalt, mit dünner, undurchsichtiger, pseudochitiniger Wand, deren Baumaterial dem Mucin nahe steht. Das proximale (orale) Ende trägt eine Mündung, die entweder durch einen Deckel oder mit einem tief in der Mündung sitzenden Pfropf (Prosom) verschlossen wird. Die Oberfläche der Wandung ist glatt oder mit feinen Dornen besetzt, die vor allem dem der Mündung gegenüberliegenden Ende ansitzen. Das offene (proximale) Ende wird, abgesehen von der Gattung *Desmochitina*, nach unten orientiert. Die Länge der Chitinozoa beträgt 0,03 bis 1,5 mm, im Mittel 0,2 und 0,3 mm. Dunkle Körper, die im Inneren am aboralen Pol beobachtet wurden (Opisthosome), haben sich als Quetschfalten erwiesen. Kleine, dünnwandige Hohlkugeln, die gelegentlich in Chitinozoa vorkommen, lassen sich vielleicht als die Überreste von Eiern oder Larven deuten.

2. Vorkommen

Ausschließlich in marinen Ablagerungen vom Ob. Algonkium — Ob. Devon; häufig besonders im Ordovizium und Silur von Europa und Nordamerika; fraglich im Perm.

3. Geschichtliches

Die Chitinozoa wurden von A. Eisenack (1931) im Ordovizium und im Silur des Ostseegebiets entdeckt. Später fand man sie auch in anderen Teilen der Erde, so zum Beispiel im Ordovizium des Rheinischen Schiefergebirges, im Silur der ČSFR sowie der Montagne Noire in Frankreich (G. Deflandre 1946), im Silur von Nordamerika (C. N. Cooper 1942) und im Unt. Devon von Brasilien (F. W. Lange 1949). Weiterhin wurden sie u. a. von A. Eisenack (1951) aus dem Kambrium des Ostseegebiets und von B. Bloeser et al. (1977) aus dem Ob. Algonkium von Arizona (USA) verzeichnet.

4. Systematik

Chitinozoa sind außerordentlich merkmalsarm. Dabei variiert insbesondere die Größe oft erheblich. Die Bestimmung der Arten gründet sich vor allem auf die Weite der Mündung sowie die Lage und das Ausmaß des kleinsten und größten Durchmessers.

Familie **Lagenochitinidae** Eisenack 1931

Flaschenförmige Vertreter, deren größte Breite sich etwa in der Mitte der Längsachse befindet. Der „Flaschenbauch" geht allmählich in einen flaschenhalsähnlichen Abschnitt mit glatter Mündung über. − Ordovizium − Silur.

Lagenochitina Eisenack 1931: Ordovizium − Silur (Abb. 97a−b).
Ohne Stacheln.
Angochitina Eisenack 1931: Silur (Abb. 97c).
Mit Stacheln.

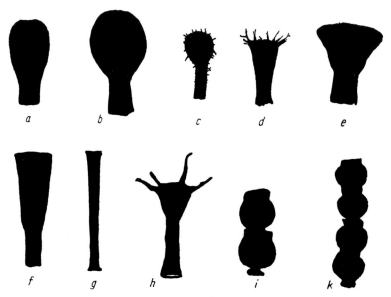

Abb. 97. Verschiedene Chitinozoa aus pleistozänen Silurgeschieben des Baltikums. Soweit nicht anders angegeben, $^{123}/_1$ nat. Gr. − **A. Lagenochitinidae:** a) *Lagenochitina baltica* Eis.; b) *L. prussica* Eis.; c) *Angochitina echinata* Eis. − **B. Conochitinidae:** d) *Conochitina cervicornis* Eis.; e) *C.* cf. *campanulaeformis* Eis.; f) *C. calix* Eis., ca. $^{80}/_1$ nat. Gr.; g) *C. elegans* Eis., ca. $^{80}/_1$ nat. Gr.; h) *Ancyrochitina fragilis* Eis., ca. $^{145}/_1$ nat. Gr. − **C. Desmochitinidae:** i)−k) *Desmochitina nodosa* Eis. − Gezeichnet nach A. Eisenack 1931, 1955.

V. Mikrofossilien unbekannter oder unsicherer systematischer Stellung

Familie **Conochitinidae** EISENACK 1931

Die relativ formenreiche Gruppe umfaßt im allgemeinen kegelförmige Vertreter, deren größter Durchmesser in der Nähe des distalen Endes liegt. Beziehungen bestehen sowohl zu den Lagenochitinidae als auch zu den Desmochitinidae.

Conochitina EISENACK 1931: Ordovizium — Ob. Devon (Abb. 97 d—g und 98).

Abb. 98. *Conochitina calix* EISENACK aus einem pleistozänen Geschiebe des Beyrichienkalkes, Baltikum. Länge ca. 0,4 mm. Die Zeichnung erfolgte bei auffallendem Licht. Aus der Eindellung ragt der Fortsatz des distalen Pols. — Nach A. EISENACK 1931.

Chitinozoa von der Gestalt eines mitunter sehr steilen Kegels, dessen Grundfläche (Polfläche) mit gerundetem Rand in die Mantelfläche übergeht. Wand entweder glatt oder mit zahlreichen mehr oder weniger kurzen Dornen bedeckt, die sich vor allem in der oberen Hälfte vorfinden. Manche Arten zeigen alle Übergänge von glatten zu bedornten Formen.

Ancyrochitina EISENACK 1955: Silur (Abb. 97 h).

Unterteil nahezu zylindrisch, umfaßt ½ bis ⅔ der Gesamtlänge. Oberteil umgekehrt kegelförmig, seltener kugelig. Polfläche eben, schwach eingedellt oder ausgebaucht. Rand der Polfläche mit relativ wenigen (etwa 4—10, meist 5—8) kräftigen, armähnlichen Anhängen, die am Ende ankerförmig vergabelt, aber auch hirschgeweihartig oder unregelmäßig verzweigt sein können. Größe: 0,1—0,3 mm.

Familie **Desmochitinidae** EISENACK 1931

Mehrere blasen- oder flaschenförmige Individuen vereinigen sich entweder kettenartig oder unregelmäßig, im letzteren Fall zu kolonieartigen, zum Teil mit kokonartigen Hüllen versehenen Gebilden. — Ordovizium — Silur.

Desmochitina EISENACK 1931: Ordovizium — Silur (Abb. 97 i—k, 99), zeigt die Merkmale der Familie.

Systematische Stellung: Über die systematische Stellung der Chitinozoa läßt sich zur Zeit noch nichts Sicheres aussagen. Dies liegt vor allem an dem verhältnismäßig einfachen Bau, dessen kegelförmige oder zylindrische Grundgestalt sich bei verschiedenen Tierstämmen in ähnlicher Weise wiederholt. Manches spricht für Protozoen, manches für die Zugehörigkeit zu den Hydrozoen (Gonotheken). Es ist auch an Eikapseln von Gastropoden und Polychaeten gedacht worden. Bei den kettenförmigen Desmochitinidae könnte es sich um Dinoflagellaten (ähnlich etwa *Ceratium*), bei den kokonartig vereinigten um Gelege von Metazoen handeln.

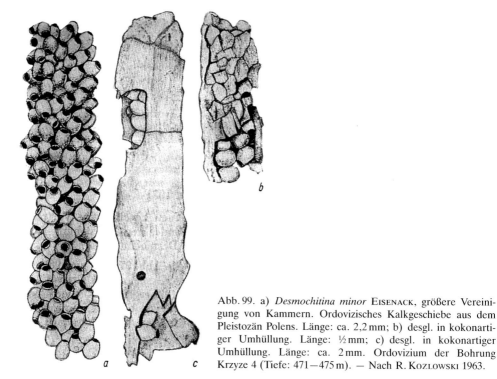

Abb. 99. a) *Desmochitina minor* EISENACK, größere Vereinigung von Kammern. Ordovizisches Kalkgeschiebe aus dem Pleistozän Polens. Länge: ca. 2,2 mm; b) desgl. in kokonartiger Umhüllung. Länge: ½ mm; c) desgl. in kokonartiger Umhüllung. Länge: ca. 2 mm. Ordovizium der Bohrung Krzyze 4 (Tiefe: 471–475 m). – Nach R. KOZLOWSKI 1963.

Literaturverzeichnis

BLOESER, B., SCHOPF, J. W., HORODYSKI, R. J., & BREED, W. J.: Chitinozoans from the Late Precambrian Chuad Group of the Grand Canyon, Arizona. – Science **195**, 676–679, 1977.

CHAIFFETZ, M. S.: Functional interpretation of the sacs of *Ancyrochitina fragilis* EISENACK, and the paleobiology of the Ancyrochitinids. – J. Paleont. **46**, 573–580, 5 Abb., Tulsa/Okl. 1972.

CHLEBOWSKI, R., & SZANIAWSKI, H.: Chitinozoa from the Ordovician conglomerates at Miedzygórz in the Holy Cross Mts. – Acta geol. Polonica **24** (1), 221–228, 1 Abb., 2 Taf., Warschau 1974.

COLLINSON, C., & SCHWALB, H.: North American Paleozoic Chitinozoa. – Illinois State Geol. Surv. **186**, 33 S., 12 Abb., 2 Taf., Urbana 1955.

COMBAZ, A., & POUMOT, CL.: Observations sur la structure des Chitinozoaires. – Revue Micropaléont. **5**, 147–170, 2 Abb., 5 Taf., Paris 1962.

COOPER, C. N.: North American Chitinozoa. – Bull. Geol. Soc. Amer. **LIII**, 1942.

CRAMER, F. H.: Middle and Upper Silurian Chitinozoan Succession in Florida subsurface. – J. Paleont. **47**, 279–288, 2 Taf., Tulsa/Okl. 1973.

DEFLANDRE, G.: Sur les Microfossiles des calcaires siluriens de la Montagne Noire: Les Chitinozoaires (EISENACK). – Compt. Rend. Séanc. Acad. Sci. **215**, 1942.

DEFLANDRE, G., & M.: Chitinozoaires. – Fichier micropal. ser. 7, Arch. orig. Serv. Docum, C.N.R.S. **238**, 1946.

DEUNFF, J.: Microorganismes planctoniques du Primaire breton. I. Ordovicien du Veryhac'h (presqu'île de Crozon). – Bull. Soc. Géol. Minér. Bretagne **2**, 1–41, 8 Abb., 12 Taf., Rennes 1958.

DUNN, D.-L.: Devonian Chitinozoans from the Cedar Valley formation in Iowa. – J. Paläont. **33**, 6, 1001–1017, 2 Abb., 2 Taf., Iowa City 1959.

EISENACK, A.: Neue Mikrofossilien des baltischen Silurs. I.–IV. – Paläont. Z. **13, 14, 16, 19**, Berlin 1931, 1932, 1934, 1937.

- Chitinozoen und Hystrichosphaeriden im Ordoviz des Rheinischen Schiefergebirges. — Senckenbergiana **21**, Frankfurt a. Main 1939.
- Chitinozoen, Hystrichosphären und andere Mikrofossilien aus dem *Beyrichia*-Kalk. — Senckenbergiana leth. **36**, 157—188, 13 Abb., 5 Taf., Frankfurt a. Main 1955 [1955a].
- Neue Chitinozoen aus dem Silur des Baltikums und dem Devon der Eifel. — Senckenbergiana leth. **36**, 311—319, 3 Abb., 1 Taf., Frankfurt a. Main 1955 [1955b].
- Mikrofossilien aus dem Ordovizium des Baltikums. I. Markasitschicht, *Dictyonema*-Schiefer, Glaukonitsand, Glaukonitkalk. — Senckenbergiana leth. **39**, 5/6, 389—405, 4 Abb., 2 Taf., Frankfurt a. Main. 1958.
- Neotypen baltischer Silur-Chitinozoen und neue Arten. — N. Jb. Geol. u. Paläont., Abh. **108**, 1, 1—20, 4 Abb., 3 Taf., Stuttgart 1959.
- Beiträge zur Chitinozoen-Forschung. — Palaeontographica **140 A**, 117—130, 1 Abb., 6 Taf., Stuttgart 1972.

JEKHOWSKY, B. DE, & TAUGOURDEAU, PH.: Sur la présence de nombreux Chitinozoaires dans le Siluro-Dévonien du Sahara. — C. R. somm. Soc. Géol. France **1**, Paris 1959.

KAUFFMANN, A. E.: Chitinozoans in the subsurface Lower Paleozoic of West Texas. — Paleont. Contrib. Univ. Kansas **54**, 12 S., 4 Abb., 16 Taf., Midland 1971.

KOZLOWSKI, R.: Sur la nature des Chitinozoaires. — Acta Palaeont. Polonica **8**, 425—449, 11 Abb., Warschau 1963.

LANGE, F. W.: Novos microfosseis devonianos do Parana. — Arquivos do Museu Paranaense **VII**, 1949.

LAUFELD, S.: Silurian Chitinozoa from Gotland. — Fossils and strata **5**, 130 S., 74 Abb., Oslo 1974.

LOCQUIN, M. V.: Affinités fongiques probables des Chitinozoaires devenant Chitinomycetes. — Cahiers Micropaléont. **1981** (1), 29—55, 1981.

SCHALLREUTER, R.: Chitinozoen aus dem Sularpschiefer (Mittelordoviz) von Schonen (Schweden). — Palaeontogr. **B 178** (4/6), 89—142, 18 Taf., Stuttgart 1981.

TAUGOURDEAU, PH.: Un nouveau type d'assemblage chez les Chitinozoaires. — Compte rendu somm. Séances Soc. Géol. France **1970** (5), 154—156, 4 Abb., Paris 1970.
- Chitinozoaires du Silurien d'Aquitaine. — Rev. de Micropal. **4**, 3, 135—154, 8 Abb., 6 Taf., Paris 1961.
- & JEKHOWSKY, B. DE: Répartition et description des Chitinozoaires Silurodévoniens de quelques sondages de la C.R.E.P.S., de la C.F.P.A. et de la S. N. Repal au Sahara. — Rev. Inst. Franc., Pétr. **15**, 9, 1199—1260, 21 Abb., 12 Taf., Paris 1960.

UMNOVA, N. I.: [Anwendung infraroten Lichtes zur Untersuchung von Chitinozoen]. — Akad. Nauk UdSSR, Paläont. J. **3**, Methoden der Untersuchung, 119—125, 5 Abb., 1 Taf., Moskau 1973 (russ.).

VOSS-FOUCART, M. F., & JEUNIAUX, CH.: Lack of chitin in a sample of Ordovician Chitinozoa. — J. Paleont. **46**, 735—770, Tulsa/Okl. 1972.

WILSON, L.-R.: A Chitinozoan faunule from the Sylvan Shale of Oklahoma. — Okl. Geol. Notes, 67—71, 1 Taf., 1958.

WRONA, R.: Microarchitecture of chitinozoan vesicles and its paleobiological significance. — Acta Palaeont. Polonica **25**, 123—163, 8 Abb., 20 Taf., Warschau 1980.

C. Stamm Archaeocyatha Vologdin 1937

(Cyathospongia Okulitch 1935; Pleospongia Okulitch 1937)

1. Allgemeines

Es handelt sich um eine sehr formenreiche Tiergruppe, über deren systematische Stellung noch keine Einigkeit herrscht, die man aber neuerdings als einen besonderen Stamm betrachten möchte, der zwischen den Coelenterata und den Porifera steht. Charakteristisch ist ein meist kegelförmiges und doppelwandiges Kalkskelett (Abb. 100–101), bei dem der sich zwischen den beiden Wänden befindliche Raum (Intervallum) in der Regel durch vertikal und radial verlaufende Scheidewände (Pseudosepten, „parieties") aufgegliedert wird. Das Skelett ist ganz oder teilweise perforiert. Durch die Poren der Außenwand drang vermutlich das mit Nahrung beladene Wasser in das (vielleicht mit Kragengeißelzellen ausgekleidete) Intervallum. Von hier dürfte es über die Poren der Innenwand zum zentralen Hohlraum gelangt und dann durch die große Öffnung am Oberende entwichen sein. Das Skelett ist feinkörnig-lamellar struiert und enthält keine, mit den Skleren der Porifera vergleichbare Bildungen.

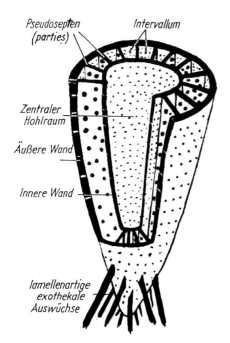

Abb. 100. Schematische Darstellung eines typischen Archaeocyathiden, zum Teil aufgeschnitten.

1. Allgemeines

Abb. 101. a)—c) *Ajacicyathus* sp., Unt. Kambrium von Tuva (Rußland), vergrößert. – Nach Rozanov und Missarjevsky, aus H. & G. Termier 1968; d) *Ethmophyllum* sp., längs aufgebrochen, etwas vergrößert. – Nach Rozanov; e) *Soanites bimuralis* Miagkova, Ordovizium von Rußland, Breite des Ausschnitts ca. 3,2 cm. – Nach E. I. Miagkova 1965.

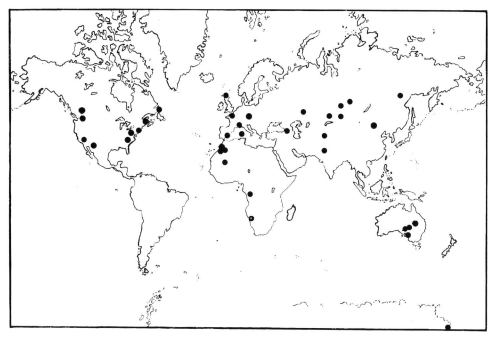

Abb. 102. Die wichtigsten Fundstellen der Archaeocyatha während des Unt. und Mittl. Kambrium. — In Anlehnung an L. JOLEAUD, ergänzt.

2. Vorkommen

Unt. — Mittl. Kambrium in einem mächtigen, die Erde umspannenden Gürtel (Abb. 102). In Nordamerika und Australien erlosch die Gruppe schon am Ende des Unteren, in Eurasien vermutlich mit Abschluß des Mittleren Kambrium. Angaben aus Ordovizium und Silur sind sehr unsicher und bedürfen noch der Bestätigung. Wahrscheinlich handelt es sich um Kalkalgen.

3. Morphologie

Trotz der relativ großen Anzahl der bis heute bekannten Arten lassen sie sich auf wenige Baupläne zurückführen. Dabei handelt es sich ganz allgemein um kegelförmige oder zylindrische Skelette, die mit abwärts gerichteter Spitze durch lamellenartige, exothekale Auswüchse am Untergrunde befestigt waren und aus Kalk bestehen (Abb. 100 und 103). Meist kann man eine äußere und eine innere Wand unterscheiden, die beide von zahlreichen Poren durchquert werden. Der sich dazwischen befindliche Raum (Intervallum) ist meist durch engstehende, radial verlaufende und ebenfalls perforierte Längsscheidewände (Pseudosepten oder „parties") aufgegliedert, die an die Septen der Korallen erinnern. Bei manchen Formen sind auch perforierte, bödenartige Platten (Tabulae) und sehr unterschiedlich gestaltete Differenzierungen („Taenia") vorhanden. Durch sie wird vermutlich das den Tierkörper durchströmende Wasser auf bestimmte Regionen gerichtet. Andere mögen der Versteifung der Wandung dienen, die wie folgt ausgebildet sein kann:

a) Außen- und Innenwand perforiert;
b) Poren lediglich der Innenwand zu gebogenen Röhrchen ausgewachsen;
c) Poren sowohl der Außen- als auch der Innenwand zu gebogenen Röhrchen umgebildet;

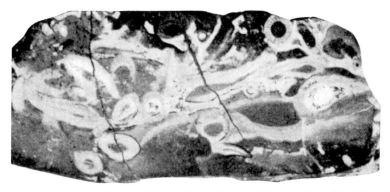

Abb. 103. Archaeocyathidenkalk (angeschliffen) mit *Archaeocyathellus* sp., Unt. Kambrium der Sierra Morena (Spanien). Nat. Gr. — Nach W. SIMON 1939.

d) Röhrchen des gleichen Stockwerkes zu einem Ring verwachsen, der sich wie eine Dachrinne an der Innenseite der Innenwand entlangzieht. Zahlreiche Ringe dieser Art liegen übereinander.

4. Größenverhältnisse

Der Durchmesser der Kelche beträgt zwischen 1,5 und 60 mm, die durchschnittliche Höhe zwischen 15 und 30 mm und die maximale 100 mm.

5. Ökologie

Es ist unsicher, ob die Lebensbedingungen die gleichen waren wie bei den heutigen Riffkorallen. Manche Autoren streiten dies ab. Sie nehmen im Hinblick auf die dünnen und perforierten Wände an, daß die Tiere im kälteren Wasser lebten; doch mag das geschlossene Vorkommen in einem breiten Gürtel beweisen, daß die klimatischen Bedingungen mehr oder weniger einheitlich waren. Im wesentlichen scheinen sie aber höhere Wassertemperaturen bei geringer Tiefe bevorzugt zu haben. Sie lebten mit Kalkalgen zusammen. In den Zwischenräumen der Riffe finden sich insbesondere Brachiopoden und Trilobiten.

6. Systematik und Phylogenetik

Über die systematische Stellung dieser ausgestorbenen Tiergruppe ist bis heute noch keine Einigkeit erzielt worden:

a) an **Korallen** erinnern die radialen Scheidewände (Pseudosepten), die gelegentlich vorkommenden Querböden und die kegel- oder zylinderförmige Gestalt;
b) an **Schwämme** die feine Perforation der Wände und Pseudosepten, sowie die große zentrale Höhle. Auffällig ist weiterhin die Ähnlichkeit mit den Sphinctozoa, insbesondere der Gattung *Barroisia*. Man stellt deshalb die Archaeocyatha vielfach anhangsweise zu den Calcispongea, zumal es bei ihnen Gattungen mit feinkörnig-lamellarem Skelett gibt.
c) Denkbar ist weiterhin, daß es sich im Sinne von A. TAYLOR (1910) um die gemeinsame Stammgruppe der Calcispongea und der Korallen handelt. Die Entwicklung der letzteren wäre dann unter Verlust der Poren in den Wänden erfolgt.

Der bei den Archaeocyatha entgegentretende Formenreichtum ist erstaunlich groß; denn man rechnete bereits 1955 mit mehr als 500 Arten, die sich auf ca. 75 Gattungen, 16 Familien, 11 Ordnungen und 3 Klassen verteilen (V. J. OKULITCH 1943, 1955). Von dieser Fülle werden nachstehend lediglich die Klassen und einige für sie besonders kennzeichnende Gattungen betrachtet. Der neuste Stand findet sich bei D. HILL (1972).

I. Klasse **Monocyathea** OKULITCH 1943

Kegel- oder röhrenförmige Vertreter, die nur eine einfache perforate Wand aufweisen. — Unt. — Mittl. Kambrium.

Monocyathus R. & J. BEDFORD 1934: Unt. Kambrium von Südaustralien (Abb. 104). Dünnwandig, kegelförmig, Poren groß.

Abb. 104. *Monocyathus porosus* R. & J. BEDF., Unt. Kambrium von S-Australien. ⁴/₁ nat. Gr. — Aus V. J. OKULITCH 1955.

II. Klasse **Archaeocyathea** OKULITCH 1943

Überwiegend kelch- oder becherförmige Vertreter mit äußerer und innerer Wand. Diese sind ebenso wie die Pseudosepten und die vielfach vorhandenen Querböden perforat. Die Spitzen erinnern an Monocyathea, was auf gleiche Herkunft hinweist. — Unt. — Mittl. Kambrium.

Archaeocyathus BILL. 1861: Unt. Kambrium, weltweit verbreitet (Abb. 105).

Abb. 105. *Archaeocyathus atlanticus* BILL.; a) Querschnitt, b) Längsschnitt. Unt. Kambrium. ⁹/₁₀ nat. Gr. — Aus V. J. OKULITCH 1955.

Abb. 106. *Ethmophyllum whitneyi* MEEK, Teil eines Querschnitts. Unt. Kambrium von N-Amerika, 10/1 nat. Gr. — Aus V. J. OKULITCH 1955.

Spitzkonisch bis subzylindrisch. Intervallum gefüllt mit kleinen, unregelmäßigen Platten (Taenia) und blasigem Gewebe.
Ethmophyllum MEEK 1868: Unt. Kambrium von Nordamerika, Europa, Asien und Australien (Abb. 101 d und 106).
Innere Wand komplex. Sie besteht aus 1 bis 2 Reihen von Blasen, die von schiefen Kanälen durchquert werden.
Ajacicyathus R. & J. BEDFORD 1939: Unt. Kambrium von Eurasien, N-Amerika und Australien (Abb. 101 a—c).
Innere und äußere Wand perforat, vollständig. Intervallum mit einfachen radialen Pseudosepten. Komplexe und besonders differenzierte Strukturen fehlen. Poren der Wände regelmäßig wechselständig. Bei der inneren Wand findet sich eine Porenreihe über den Pseudosepten und eine weitere dazwischen.

III. Klasse **Anthocyathea** OKULITCH 1943

Äußere Wand und Pseudosepten imperforat. Zentraler Hohlraum zum Teil mit blasigem Gewebe gefüllt. — Unt. Kambrium.
Anthomorpha BORNEMANN 1884: UNT. KAMBRIUM VON EUROPA UND AUSTRALIEN (ABB. 107).
Pseudosepten durch unregelmäßig verlaufende Dissepimente (Querböden) vereinigt. Blasiges Gewebe nur im unteren Teil des zentralen Hohlraumes.
Somphocyathus TAYLOR 1910: Unt. Kambrium von Australien.
Kleine, konische Kelche, deren äußere und innere Wand große, weit voneinander entfernt stehende Poren aufweisen. Intervallum mit relativ wenigen Pseudosepten. Zentraler Hohlraum mit dichtem, kalkigem Gewebe gefüllt, das zahlreiche röhrenförmige Kanälchen enthält.

Die **Aphrosalpingidea** MIAGKOVA 1955 werden von VOLOGDIN & MIAGKOVA 1962 als Klasse in die Nähe der Archaeocyatha gestellt, mit denen die aus dem Kambrium stammenden Syringocnemidae TAYLOR 1910 auch weitgehend übereinstimmen. Dies gilt aber nicht für die beiden Gattungen *Aphrosalpinx* MIAGKOVA 1955 und *Palaeoschada* MIAGKOVA 1955 aus dem Ob. Silur (Ludlow) des Ural (Rußland), für die die Ordnung Aphrosalpingida VOLOGDIN & MIAGKOVA 1962 errichtet wurde. Diese Taxa zeigen viele Merkmale der paläozoischen Codiaceen, z. B. von *Palaeoporella* STOLLEY 1893, weshalb die Stellung der Aphrosalpingidea bei den Archaeocyatha sehr zweifelhaft ist.

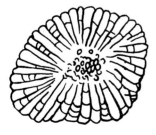

Abb. 107. *Anthomorpha margarita* BORN., Querschnitt durch einen tieferen Abschnitt des Kelches. Unt. Kambrium von Australien. Ca. 4/1 nat. Gr. — Aus V. J. OKULITCH 1955.

Literaturverzeichnis

BALSAM, W. L., & VOGEL, ST.: Water movements in archaeocyathids: evidence and implications of passive flow in models. — J. Paleont. **47**, 979—984, Tulsa/Okl. 1973.

DEBRENNE, F.: Archaeocyatha. Contribution à l'étude des faunes cambriennes du Maroc, de Sardaigne et de France. — Notes Mém. Serv. géol. Maroc **179**, 1–264, 1964.

— ROZANOV, A. Y., & WEBERS, G. F.: Upper Cambrian Archaeocyatha from Antarctica. — Geol. Mag. **121**, 291—299, 1984.

— — & ZHURAVLEV, A.: Regular Archaeocyaths. Morphology, systematic, biostratigraphy, biological affinities. - Cahiers de Paléont., 218 S., 68 Abb., 32 Taf., Paris (Centre nat. Recherch. Sci.) 1990.

— & VACELET, J.: Archaeocyatha: is the sponge model consistent with their structural organization? — Palaeontogr. Americana **54**, 358–369, 1984.

GRAVESTOCK, D. I.: Archaeocyatha from lower parts of the Lower Cambrian carbonate sequence in South Australia. — Assoc. Australasien Paleontologists, Mem. **2**, 139 S., 1984.

HILL, D.: The Phylum Archaeocyatha. — Biol. Rev. **39**, 232—258, 1964.

— Archaeocyatha from Antarctica and a review of the phylum. — Scient. Rep. transantarct. Exped. **10**, 1—151, 1965.

— Archaeocyatha. — In: Treatise on Invertebrate Paleontology, Part E, vol. 1,2. ed., XXX + 158 S., 107 Abb., 1972.

HOLLAND, C. H., & STURT, B. A.: On the occurrence of Archaeocyathids in the caledonian metamorphic rocks of Sørøy and their stratigraphical significance. — Norsk. Geol. Tidsskr. **50**, 341—355, 8 Abb., Oslo 1970.

JAMES, N. P., & KOBLUK, D. R.: Lower Cambrian patch reefs and associated sediments: southern Labrador, Canada. — Sedimentology **25**, 1—35, 12 Abb., Oxford 1978.

MIAGKOVA, E. I.: Kharakteristike klassa Aphrosalpingoida MIAGKOVA, 1955. — Dokl. Akad. Nauk SSSR **104** (4), 478—481, 1955 (1955a) (russ.).

— Novye predstviteli tipa Archaeocyatha. — Ebd. **104** (4), 638—641, 1955 (1955b) (russ.).

— Soanitie, novaia gruppa organizmov. - Paleont. Zh. **1965** (3), 16—22, Moskau 1965.

MORET, L.: Embranchement des Spongiaires (Porifera, Spongiata). — In: J. PIVETEAU: Traité de Paléontologie **I**, 333—374, 22 Abb., Paris 1952.

NITECKI, M. H., & DEBRENNE, F.: The nature of radiocyathids and their relationship to receptaculitids and archaeocyathans. — Geobios **12**, 5—27, 1979.

OKULITCH, V. J.: North American Pleospongia. — Geol. Soc. Amer., Spec. Paper **48**, 1—112, 19 Abb., 18 Taf., 1943.

— Archaeocyatha. — In: R. C. MOORE, Treatise on Invertebrate Paleontology, Part E, Archaeocyatha and Porifera, E 1—E 20, 12 Abb., 1955.

QUIN, H., & YUAN, X.: Lower Cambrian Archaeocyatha from southern Shaanxi Province, China. — Palaeont. Americana **54**, 441—443, 2 Abb., Ithaca 1984.

ROWLAND, S. M., & GANGLOFF, R. A.: Structure and paleoecology of Lower Cambrian reefs. — Palaios **3**, 111—135, 1988.

SIMON, W.: Archaeocyathacea. I. Kritische Sichtung der Superfamilie. II. Die Fauna im Kambrium der Sierra Morena. — Abh. Senckenberg. naturf. Ges. **448**, 1—87, 5 Taf., Frankfurt a. M. 1939.

TAYLOR, T. G.: The Archaeocyathinae from the Cambrian of southern Australia. — Roy. Soc. South Australia, Mem. **2**, 1—188, 16 Taf., 1910.

VOLOGDIN, A. G.: Tip Archaeocyatha. — In: J. A. ORLOV (Ed.), Osnovy Paleontologii **2**, 89—133, 1962.

— & MIAGKOVA, E. I.: Klass Aphrosalpingidea. — Ebd. **2**, 135—137, 1962.

ZHURAVLEVA, I. T.: Arkheotziathy sibirskoi platformi. Leningrad (Akad. Nauk. SSSR) 1960 (russ.).

— Porifera, Sphinctozoa, Archaeocyathi — their connections. — Zool. Soc. London Symposia **25**, 41—59, 1970.

— Radiocyathids. — Oxford Monogr. Geol. Geophys. **5**, 35—44, 6 Abb., New York, Oxford 1986.

— KONYUSHKOV, K. N., & ROZANOV, A. YU.: Archaeocyatha of Siberia. Two-walled Archaeocyatha. 132 S., Nauka, Moskau 1964 (russ.).

D. Stamm Porifera GRANT 1872

1. Allgemeines

Die Schwämme sind aquatische, festsitzende, hauptsächlich im Meere lebende Tiere, die zwar eine mehrzellige Ausbildung zeigen, im übrigen aber gemeinsam mit den Protozoa die unterste Stelle im System einnehmen. Man stellt sie auch als Parazoa den sonstigen, als Eumetazoa bezeichneten Metazoa gegenüber. Die Unterscheidung beruht vor allem auf der Tatsache, daß sie weder echte Organe noch echte Gewebe aufweisen. Soweit Gewebe vorhanden, sind diese unvollkommen, weil ihre Zellen, abgesehen von Körperdecke und Kanalwänden, nicht wie bei den Eumetazoa epithelartige oder ähnliche Verbände bilden und stets einen hohen Grad physiologischer Selbständigkeit bewahren. Es fehlen zum Beispiel Nerven, Blutgefäße und ein Verdauungssystem. Im Verlauf der ontogenetischen Entwicklung vertauschen die beiden ursprünglichen Körperschichten der Larve ihre Lage. Die zunächst außen liegende, bewimperte Schicht tritt, ähnlich wie bei *Volvox*, nach innen und bildet die für Porifera charakteristischen Kragengeißelzellen (Choanocyten). Insgesamt handelt es sich bei den Schwämmen um mesenchymartige Aggregate, deren Zellen (abgesehen von den Choanocyten und Deckzellen) locker nebeneinander liegen und sich amöboid zu bewegen vermögen. Dazwischen ist ein System von Wasserkanälen ausgespart.

2. Vorkommen

? Präkambrium, Unt. Kambrium — rezent.

Maxima der Entwicklung während Malm, Oberkreide und Alttertiär; im übrigen fossil meist relativ selten. Aus der Gegenwart kennt man ca. 5000 Arten, die sich auf ca. 1400 Gattungen verteilen. Von letzteren leben nur 20 im Süßwasser. Alle übrigen finden sich im Meer.

Aus dem Präkambrium von Australien und Rußland wurden (?) Spiculae von Porifera beschrieben (P. R. DUNN 1964, A. G. VOLOGDIN & N. A. DROZDOVA 1970). Da bisher aus dem Präkambrium weder Foraminiferen noch Radiolarien bekannt sind und die aus ihm stammenden Mikrofossilien als Pflanzen im weiteren Sinne betrachtet werden müssen, wären, falls sich diese Befunde bestätigen, die Parazoa die ältesten bekannten fossilen Vertreter des Tierreiches. Nicht berücksichtigt sind dann allerdings die noch immer problematischen Anzeichen von Bioturbation und Grabspuren in präkambrischen Gesteinen, die älter als 900 Mill. J. sind (I. B. SINGH 1969, A. D. SQUIRE 1973).

Die aus dem Präkambrium als Skleren von Porifera gedeuteten Überreste sind unsicher und bedürfen noch der Klärung. Bei den als *Tyrkanispongia* VOLOGDIN & DROZDOVA 1970 bezeichneten hohlen Kieselgebilden (40—110 µm lang) aus der Gonam-„Serie" (Alter 1500—1550 Mill. Jahre) von O-Sibirien (Uchur R.) handelt es sich um fragmentäre, gerade oder gekrümmte „Skleren" mit spitzen, gerundeten oder schmaler werdenden Enden. Sie finden sich zusammen mit hakenförmigen und kugeligen Kieselkörperchen gleicher Größenordnung. Den sklerenartigen, dreiachsigen Formen aus den Kieselgesteinen (cherts) des Carpentarian (Alter ca. 1500 Mill. Jahre) (P. R. DUNN 1964) fehlen Achsenkanäle. Da die Gebilde zudem nur in Dünnschliffen nachzuweisen sind, ist es schwierig, sie von Glasteilchen vulkanischen Ursprungs zu unterscheiden.

3. Geschichtliches

Früher hat man die Porifera zunächst wegen ihrer pflanzenähnlichen Gestalt zu den Pflanzen, später wegen ihres großen zentralen Hohlraumes auch zu den Coelenteraten gestellt. Dabei gründet sich anfangs die Systematik vor allem auf die äußere Gestalt des Schwammkörpers. Erst K. A. V. ZITTEL (1877—1878) richtete das Augenmerk auf die taxonomisch wesentlich wichtigeren Skelettelemente. Seitdem haben sich insbesondere G. J. HINDE (zum Beispiel 1884, 1887—1893), H. RAUFF (1896), A. SCHRAMMEN (zum Beispiel 1901, 1910—1912, 1924, 1936) R. E. H. REID, J. K. RIGBY, P. D. REZVOJ, I. T. ZHURAVLEVA, V. M. KOLTUN u. a. um die Kenntnis der fossilen Schwämme verdient gemacht.

4. Zur Morphologie

a) Der Weichkörper

Das Entoderm der Porifera wird durch die sogenannten **Kragengeißelzellen** oder Choanocyten ausgekleidet. Es sind dies Zellen, die einen wimperförmigen Geißelfaden tragen, der in einem kragenförmigen Wall liegt (Abb. 108). Sie erinnern deshalb weitgehend an einzelne Individuen

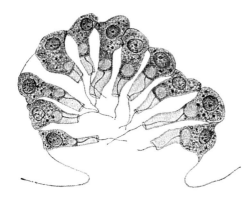

Abb. 108. Kragengeißelzellen (Choanocyten) aus einer Geißelkammer des Süßwasserschwammes (*Spongilla lacustris* L.). Durchmesser der Kammer ca. 30 µm. Rezent. — Nach VOSMAER & PEKELHARING.

der Choanoflagellaten unter den Protozoa, von denen die Porifera aller Wahrscheinlichkeit nach abstammen. Die Geißelzellen sind die wichtigsten und kennzeichnendsten Bestandteile. Der Schlag ihrer Geißeln verursacht einen Wasserstrom, durch den Nahrungspartikelchen herbeigeführt werden. Sie dienen ferner der Nahrungsaufnahme. Doch erfolgt die Verdauung meist nicht in ihrem Inneren.

Je nach Art des Hohlraumsystems und seiner Auskleidung mit Kragengeißelzellen unterscheidet man folgende Schwammtypen:

a) **Ascon-Typ** (Abb. 109a): Der Körper besteht aus einem einfachen, dünnwandigen Sack, der außen mit epidermalen Zellen (Epithel), innen mit Kragengeißelzellen (Choanocytenepithel) ausgekleidet ist. Das Wasser tritt über zahlreiche feine Poren durch die Wandung in den zentralen Hohlraum (Spongocoel) und verläßt ihn wieder durch eine große Öffnung (das Osculum), die sich am oberen Ende des Schwammes befindet. Beispiel: *Leucosolenia* (rezent, Kalkschwamm).

b) **Sycon-Typ** (Abb. 109b—c): Die Wandung des Schwammkörpers ist dicker. Sie wird von zahlreichen radial verlaufenden, meist sehr regelmäßig angeordneten Kanälchen durchzogen, deren Innenwand zum Teil mit Kragengeißelzellen ausgekleidet ist. Das über die Kanäle eintretende Wasser wird durch das Osculum wieder ausgestoßen. Von dem nur mit Plattenepithel bedeckten zentralen Hohlraum ragen Ausstülpungen in die Wandung. Sie sind mit Kragengeißelzellen besetzt und durch Poren mit der Außenseite verbunden. Beispiel: *Sycon*.

4. Zur Morphologie

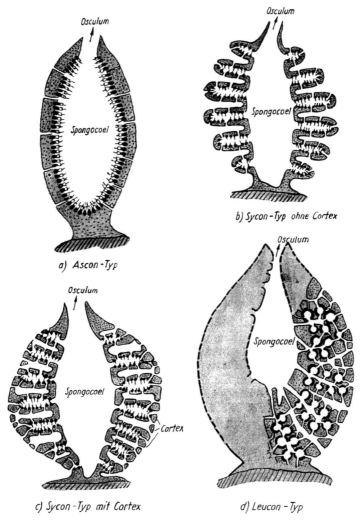

Abb. 109. Schematische Längsschnitte durch Schwammkörper, um die verschiedenen Bautypen zu zeigen.

c) **Leucon-Typ** (Abb. 109 d): Die noch dickere Körperwandung wird von einem komplizierten System sich verzweigender Kanäle durchzogen. Im Verlauf dieser Kanäle liegen kleine, kugelige Kammern, die mit Choanocyten ausgekleidet sind. Sie wirken wie winzige Pumpstationen, die das Wasser von der Außenseite herbeiführen und über Kanälchen zum Spongocoel weiterleiten. Von hier verläßt es den Schwammkörper wieder durch das Osculum. Die Skleren sind im Mesenchym eingebettet. Beispiele: *Leuconia*, Mehrzahl der Kalkschwämme.

Das über die Osculi entweichende Wasser bewirkt eine relativ starke Strömung, durch welche die Exkrete entfernt werden. In Stillwasserbereichen tropischer Flachmeere gerät dabei die Oberfläche gelegentlich derart in Bewegung, daß man an Quellen denken muß, die am Grunde auftreten. Die Bedeutung dieser Erscheinung für die Sedimentgenese liegt auf der Hand.

b) Das Skelett

α) **Die Skelettsubstanz.**

Der Weichkörper der Porifera wird in den meisten Fällen durch ein besonderes, aus einzelnen Elementen (Skleren, Skleriten) bestehendes Skelett gestützt, das von folgenden Substanzen gebildet sein kann:

a) Kieselsäure in Form von **Skelettopal** (amorph, wasserhaltig, meist $H_2Si_3O_7$);
b) Kalziumkarbonat ($CaCO_3$, als **Kalzit** oder **Aragonit**);
c) **Spongin**, einem chemisch sehr widerstandsfähigen Protein (Skleroprotein);
d) kleinen **Fremdkörpern** (zum Beispiel Sandkörnchen, Foraminiferen, Schwammnadeln usw.), die meist in das Innere von Sponginfasern eingebaut sind.

β) **Die Skelettelemente (Skleren oder Sklerite).**

Nur die aus Kalk oder Kieselsäure bestehenden Skelettelemente sind von besonderem Interesse, da sie meist die einzigen Überreste darstellen. Am gleichen Schwamm findet sich meist nur eine der beiden Substanzen. Entsprechende Skleren werden in besonderen Zellen des Mesenchyms (Skleroblasten) ausgeschieden, die aus Spongin gebildeten in den Spongioblasten. Komplizierte Skleren entstehen durch Zusammenwirken mehrerer Zellen.

Bei den Skelettelementen lassen sich zwei Gruppen unterscheiden: die Megaskleren und die Mikroskleren.

a) **Megaskleren:** Es sind dies meist relativ große Elemente, die im gleichen Schwammkörper entweder nur in einer oder in wenigen Formen auftreten, sich dabei regelmäßig wiederholen und in stützender Funktion die Hauptbestandteile des Skeletts bilden. Sie sind im Schwammkörper in bestimmter Weise angeordnet und in der Regel nach einer Richtung nadelartig gestreckt (Schwammnadeln) (Abb. 110). Auf sie gründet sich vor allem das System der fossilen Poriferen.

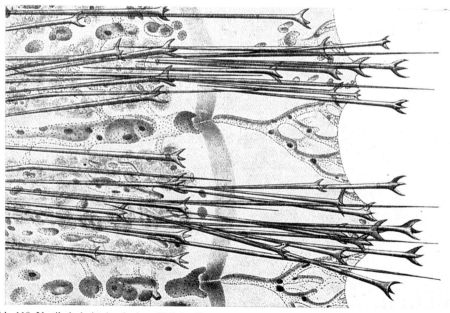

Abb. 110. Vertikalschnitt durch einen Teil der Körperwandung von *Stelletta* sp. (rezent), um die Anordnung der lose eingebetteten Skleren (Monaxone und Tetraxone) zu zeigen. Stark vergrößert. — Nach v. LENDENFELD & F. E. SCHULZE.

Die meisten Megaskleren zeigen einen zentralen, bei rezenten Schwämmen mit organischer Substanz gefüllten **Achsenkanal**. Er fehlt lediglich bei kugeligen und sternchenförmigen Skleren. Bei frischen Nadeln ist der Kanal sehr fein. Bei Kieselnadeln wird er aber im Verlauf der Diagenese vielfach durch Lösungsvorgänge erweitert, so daß er bei fossilen Vertretern häufig ein beträchtliches Lumen aufweist. Dies muß bei systematischen und phylogenetischen Arbeiten berücksichtigt werden. In Kalknadeln wird er dagegen meist durch Sammelkristallisation verschlossen.

Die Megaskleren sind von außerordentlicher Mannigfaltigkeit und Schönheit; doch lassen sie sich stets auf die nachstehend betrachteten Grundtypen zurückführen:

1. **Monaxone** (Abb. 111): Einachsige Formen, die durch gestrecktes oder gekrümmtes Wachstum entstehen, das sich von einem Punkt aus entweder in einer oder in zwei entgegengesetzten Richtungen vollzieht. Neben geraden Formen finden sich gebogene; neben glatten, dornige, knotige, beiderseitig zugespitzte oder abgestumpfte (Nadeln, Walzen, Haken, Spangen, Stecknadeln, Doppelanker usw.). Insgesamt kennt man über 20 verschiedene Formen. In der Umrandung des Osculums sind sie mitunter schopfartig verlängert. Ein Achsenkanal ist immer vorhanden.

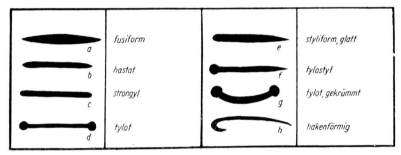

Abb. 111. Die wichtigsten Typen der Monaxone. Ca. 100/1 nat. Gr. — Ähnlich wie Abb. 112 bis 114 in Anlehnung an verschiedene Autoren.

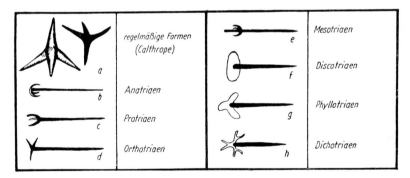

Abb. 112. Die wichtigsten Typen der Tetraxone. Meist ca. 100/1 nat. Gr.

2. **Tetraxone** (Vierstrahler, Abb. 110, 112): Skleren mit vier Achsen, die nicht in der gleichen Ebene liegen. Durch Verlust eines Strahles entstehen triradiate, durch Reduktion weiterer Strahlen sekundär einachsige Gestalten. Man nimmt an, daß die häufigste Sklerenform, die sich bei den Kalkschwämmen findet (triradiater Typ, Abb. 113), auf Tetraxone zurückgeht. Die Enden der einzelnen Strahlen können auch vergabelt sein.

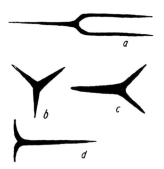

Abb. 113. Die wichtigsten Typen der triradiaten Skleren: a) stimmgabelförmig, b)—c) regelmäßig, d) sagittaler Typ. Ca. $^{100}/_1$ nat. Gr.

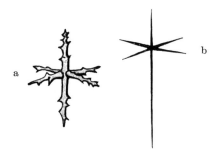

Abb. 114. Grundtypen der regelmäßigen Triaxone. Ca. $^{50}/_1$ nat. Gr.

3. **Triaxone** (Sechsstrahler, Abb. 114, 115): Die Grundform zeigt drei Achsen, die sich unter 90 Grad kreuzen. Hieraus können durch Schwund einzelner Arme 5-, 4-, 3- und sogar einstrahlige Elemente hervorgehen. Unter Gabelung und sonstiger Differenzierung entstehen äußerst zierliche Formen, insbesondere Mikroskleren. Durch Verschmelzung benachbarter Sechsstrahler werden regelmäßige Gitterskelette mit kubischen Maschen gebildet. Triaxone finden sich nur bei den Hexactinellida.

4. **Desmone** (Abb. 116 A): Skleren vom monaxonen, tetraxonen oder triaxonen Grundtyp, deren Arme unregelmäßige wurzelartige oder knorrige Ausläufer und Auswüchse zeigen. Dabei wird die Mannigfaltigkeit und Unregelmäßigkeit durch ungleiche Ausbildung, Spaltung und Verkrümmung einzelner Äste vergrößert. Charakteristisch sind Desmone für die Steinschwämme (Lithistida), bei denen sie zu unregelmäßigen Gitterwerken verschmolzen sind (Abb. 116 B).

5. **Polyaxone:** Vielachsige, meist sternchenförmige Körper, bei denen zahlreiche Strahlen von einem Punkte ausgehen. Sie finden sich nie gemeinsam mit Desmonen. Es sind i. d. R. Mikroskleren.

b) **Mikroskleren:** Hier handelt es sich um meist sehr kleine, außerordentlich vielgestaltige sogenannte Fleischnadeln. Sie finden sich zerstreut überall im Weichkörper der Schwämme, vor allem dort, wo er nur eine dünne Decke bildet, z. B. in den Wandungen der Kanäle und des zentralen Hohlraumes. Mitunter können die M. auch die Größe von Megaskleren erreichen; wesentlich kleiner als diese sind sie aber stets bei den rezenten Kieselschwämmen. Während die Megaskleren als Stützelemente des Skeletts dienen, weiß man über die Funktion der Mikroskleren nur wenig. Sie fehlen bei den Kalkschwämmen. Im übrigen treten sie zusammen mit den Megaskleren auf, von denen sie sich in ihrer Gestalt immer grundsätzlich unterscheiden. So lassen sich bei den Kieselschwämmen (Hexactinellida) vor allem nachstehende Typen unterscheiden:

4. Zur Morphologie 143

Abb. 115. Aus Kieselsäure bestehende Skelettelemente (Triaxone) von Kieselschwämmen (Hexactinellida). Silur von Skandinavien, aus einem pleistozänen Kalkgeschiebe von Espenhain bei Leipzig. Länge der größten Skleren: ca. 3½ mm.

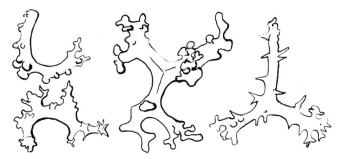

Abb. 116 A. Verschiedene Desmone. Ca. $^{65}/_1$ nat. Gr. — Umgezeichnet nach K. A. v. ZITTEL 1877.

a) Rhizoclone	b) Megaclone	c) Tetraclone
Kennzeichnend für Unt. Ord.: Rhizomorina Zittel, 1878	Kennzeichnend für Unt. Ord.: Megamorina Zittel, 1878	Kennzeichnend für Unt. Ord.: Tetracladina Zittel, 1878
d) Dicranoclone	e) Sphaeroclone	f) Heloclone
Kennzeichnend für Unt. Ord.: Eutaxicladina Rauff, 1893	Kennzeichnend für Unt. Ord.: Anomocladina Zittel, 1878	

Abb. 116 B. Die wichtigsten Typen der bei den Lithistida auftretenden Desmone. Ca. $^{25}/_1$ nat. Gr. — Nach verschiedenen Autoren.

1. **Hexaster** (Orthohexaster) (Abb. 117a): besonders differenzierte Triaxone (Sechsstrahler), deren Primärstrahlen sich in zwei oder mehr Äste (Sekundäräste) aufspalten. Fossil nachgewiesen vom Unt. Ordovizium – obere Ob. Kreide.

Durch Schwund einzelner Äste können 5-, 4-, 3- und sogar einstrahlige Elemente hervorgehen, die wiederum unter Gabelung und sonstiger Differenzierung spezielle Formen entstehen lassen. Hierzu einige Beispiele:

Hemihexaster: nur ein Teil der Primärstrahlen wird aufgespalten (Abb. 117b);
Oxyhexaster (Abb. 117c–d): Primärstrahlen enden meist in 4, weniger häufig in 2–3, sehr selten in 5 spitz zulaufenden Sekundärstrahlen. Fossil seit dem Unt. Ordovizium bekannt;

4. Zur Morphologie 145

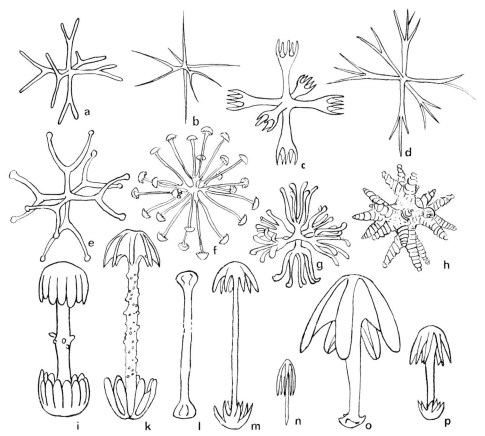

Abb. 117. Einige der wichtigsten der bei den Hexactinellida auftretenden Mikroskleren: a) Hexaster, b) Hemihexaster, c)–d) Oxyhexaster, e) Tylhexaster, f) Discohexaster, g) floricome Mikroskler, h) Spirhexaster, i)–p) Amphidiske. Ohne Maßstab. – Nach verschiedenen Autoren, aus H. MOSTLER 1986 zusammengestellt und umgezeichnet.

Tylhexaster (Abb. 117e): Sekundärstrahlen sind distal knopfartig verdickt. Fossil seit dem Tertiär nachgewiesen;

Graphihexaster: Sekundärstrahlen bestehen aus zahlreichen feinen Fäden. Bekannt seit dem Tertiär;

Discohexaster (Abb. 117f): Sekundärstrahlen verlaufen S-förmig und enden in einem schirmchenartigen Gebilde. Fossil seit dem Tertiär nachgewiesen;

Floricome (Abb. 117g): Sekundärstrahlen blumenkohlartig zusammengefügt. Seit dem Tertiär bekannt;

Spirhexaster (Abb. 117h): stets vier Sekundärstrahlen, die jeweils mit spiral gewundenen Stegen, Leisten oder Bändern bedeckt sind, welche Dornen tragen. Nachgewiesen bisher nur im Paläozoikum (? Ob. Devon. Unt. Karbon – Ob. Perm);

2. **Amphidiske** (Abb. 117i–p): Primärstrahl (Rhabds) meist glatt, selten bedornt; trägt beiderseits eine schirmförmige, in der Regel ganzrandige, weniger häufig in schaufel- oder hakenförmige Zacken auslaufende ebene oder gewölbte Platte. Eine von diesen kann wesentlich kleiner als die andere sein. Fossil nachgewiesen seit dem Ob. Kambrium. Durch mehr oder weniger weitgehende Reduktion einer der beiden Platten entstehen u. a. folgende Formen:

Hemidiske (Abb. 117o): die reduzierte Platte bildet eine kleine gewölbte Scheibe oder Knospe, an denen die Strahlen kaum noch hervortreten;
Clavule (Abb. 117n): der Schirm der einen Seite ist vollständig reduziert, wobei der Primärstrahl dort stark nadelartig verlängert in einer Spitze ausläuft;
Amphigemma (Abb. 117l): Schirme beider Seiten zu kleinen Knospen abgebaut. Bisher nur im Ob. Karbon nachgewiesen.

Der zunehmende Nachweis fossiler Mikroskleren auch in den meso- und paläozoischen Ablagerungen berechtigt die Hoffnung, daß die Taxonomie der fossilen Hexactinellida zunehmend an die der rezenten angebunden werden kann. Angaben hierzu finden sich u. a. bei: R. M. FINKS 1960, 1970; W. D. HARTMAN et al. 1980; S. A. KLING & W. E. REIF 1969; L. S. LIBROVITCH 1919; H. MOSTLER 1978, 1985, 1986c; MOSTLER & A. MOSLEH-YAZDI 1976.

γ) **Größe und Gestalt.**

Größe und Gestalt wechseln in weiten Grenzen und sind deshalb für die Systematik nur beschränkt verwendbar. Die Größe schwankt von Bruchteilen eines Millimeters bis etwas über 2 m. Eine bestimmte Gestalt findet sich nur bei gewissen Formen (zum Beispiel vielen Kalkschwämmen, Lithistida). Neben Vertretern mit kugeliger, zylindrischer, kegelförmiger oder unregelmäßiger Gestalt kommen ästig verzweigte und inkrustierende vor, die auf Fremdkörpern Überzüge bilden.

5. *Fortpflanzungsverhältnisse*

Die Fortpflanzung erfolgt entweder geschlechtlich oder ungeschlechtlich.

1. Hiervon vollzieht sich die **geschlechtliche** im Mesenchym, wobei Eizellen durch Spermien befruchtet werden. Erstere sind amoeboide Wanderzellen (Amoebocyten), die sich durch Phagocytose in andere Zellarten umwandeln können. Die erste Entwicklung erfolgt im Muttertier. Dann verlassen die bewimperten Larven über das Spongocoel und Osculum den Schwammkörper. Sie setzen sich nach einiger Zeit, in der sie frei leben, am Untergrunde fest und entwickeln sich zu ausgewachsenen Tieren. Für eine kurze Zeit sind sie nach dem Festsetzen meist noch zu geringen Ortsbewegungen befähigt.
2. Die **ungeschlechtliche** (vegetative) Fortpflanzung erfolgt durch innere oder äußere Knospung. Hierbei werden Zellgruppen entweder durch Abschnüren oder durch Zerfall des umgebenden Schwammgewebes frei. Aus diesen Gewebeteilen entstehen sodann neue Schwämme. Die Knospen können aber auch mit dem Muttertier in Verbindung bleiben und Kolonien bilden.

6. *Ökologie*

Riffbildung konnte bei rezenten Porifera nur selten beobachtet werden (z. B. F. WIEDENMAYER 1978), findet sich aber bei den fossilen Vertretern stellenweise häufig. Dies gilt etwa für den Malm Württembergs und das Santon von Saint-Cyr-sur-Mer in der Provence (Frankreich). Da aber die Schwämme nicht wie die Riffkorallen in der Lage sind, größere Absenkungsbeträge durch stärkeres Wachstum in der Vertikalen zu kompensieren, müssen die zu der Entstehung von Schwammriffen führenden Bedingungen anders gewesen sein als bei den Korallenriffen. So beträgt das Mindestmaß des Spielraumes hinsichtlich der Wassertiefe, in dem die Kieselschwämme des württembergischen Malm bei Absenkungen ausreichende Lebensbedingungen fanden, ca. 100 m. Dieser Betrag ergibt sich nach A. ROLL (1934) aus der tiefsten „Schüssel" in den dortigen Schwammriffen. Daß auch die am Grunde derselben befindlichen Schwämme voll lebensfähig waren, zeigt die Verzahnung der geschichteten Fazies mit Riffbildungen, die als kleine, vorgelagerte Stotzen in das Innere der Schüsseln ragen.

Über die bathymetrischen Verhältnisse der rezenten Porifera läßt sich folgendes sagen:

a) **Calcispongea** sowie die Mehrzahl der monactinelliden **Demospongea** sind meist Flachwasserbewohner, die vor allem im Gezeitenbereich vorkommen.

b) Die mit Tetraxonen ausgestatteten **Demospongea** finden sich in etwas tieferem Wasser, vor allem aber jenseits der 90-Meter-Linie.
c) Die **Lithistida** trifft man (in den Meeren wärmerer Regionen) hauptsächlich zwischen 100 und 350 m.
d) Die **Hexactinellida** schließlich sind vom Gezeitenbereich bis in die Tiefsee anzutreffen, wo sie bis ca. 6000 m nachgewiesen werden konnten, und zwar, im Gegensatz zu den übrigen Porifera, stets auf schlammigem Untergrund. Am häufigsten sind sie in Tiefen zwischen 200 und 500 m.

Eine ähnliche bathymetrische Verteilung dürfte für die fossilen Schwämme mindestens seit dem Jura Gültigkeit besitzen. Eine Ausnahme machen lediglich die Hexactinellida, die offenbar seit der Ob. Kreide ihr bevorzugtes Wohngebiet zunehmend in größere Tiefe verlagert haben.

7. Systematik

Die systematische Gruppierung der fossilen Porifera beruht im wesentlichen auf der äußeren Gestalt des Schwammkörpers, der Struktur des Skeletts sowie der Art und dem Chemismus der Skelettelemente; die der rezenten Formen daneben auch noch auf dem Verhalten der mit Choanocyten ausgekleideten Teile des Entoderms. Paläontologisch unterscheidet man heute vor allem nach Bau und chemischer Zusammensetzung der Skleren meist vier Klassen: die **Heteractinida**, die **Demospongea**, die **Hexactinellida** und die **Calcispongea**. Bei den von ihnen umschlossenen niederen Taxa spielen jedoch die Skleren vielfach nur eine untergeordnete Rolle, da gleichartige bzw. ähnliche Formen auch bei nicht unmittelbar verwandten Gattungen beobachtet werden konnten.

Aus rezenten Tiefwasserbiotopen z.B. der Karibik und des Mittelmeeres wurden ca. 15 Schwammarten beschrieben, deren Skelett einen besonderen Aufbau zeigt. Einmal handelt es sich um ein massives Basalskelett unterschiedlicher Bauweise, das stets aus Kalk (je nach Art Calcit oder Aragonit) besteht und nicht von Skleren gebildet wird. Auf ihm erhebt sich der lebende, durch isolierte Skleren gestützte und etwas an Riffkorallen erinnernde Skelettbereich. Diese Schwämme wurden von HARTMAN & GOREAU 1970 als **Sclerospongia** bezeichnet, ein Begriff, der aber aufzugeben ist, da die betreffenden Arten teils den Calcispongea, teils den Demospongea zuzurechnen sind (J. VACELET 1979, 1981).

I. Klasse **Heteractinida** HINDE 1887

Porifera, deren überwiegend polyaxiale (vielstrahlige, astrose) Skleren aus Kalziumkarbonat bestehen (Abb. 118 a—f).

Von diesen Skleren lassen sich unter der Voraussetzung, daß ihre Merkmale ursprünglich sind, die grundlegenden Symmetrieformen aller übrigen Klassen der Porifera ableiten, so auch die der Hexactinellida (Abb. 118 k). Dem widerspricht nicht das Baumaterial der Skleren; denn auch bei den kambrischen Hexactinellida bestehen diese noch aus Kalk. Zudem kommen die H. bereits im tiefsten Unt. Kambrium mit mehreren Gattungen vor (vgl. SDZUY 1969). — Unt. Kambrium — Unt. Perm.

Ordnung **Chancelloriida** WALCOTT 1920

Bei den Skleren handelt es sich um „Archiaster" (Abb. 119 a—d), bei denen eine Seite der Zentralscheibe die Basis bildet und die Zahl der Strahlen variabel ist. Die sehr dünne Wand der Skleren umschließt im Unterschied zu allen anderen Porifera sehr weite, ursprünglich vermutlich

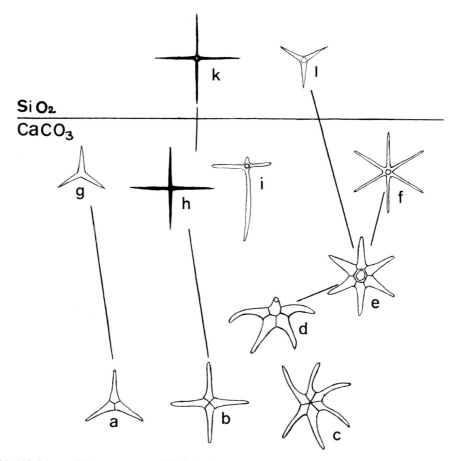

Abb. 118. Die möglichen stammesgeschichtlichen Zusammenhänge der Porifera; unterhalb der horizontalen Linie bestehen die Skleren aus $CaCO_3$, oberhalb der Linie aus SiO_2: a)—e) Chancelloriida (a — *Allonnia tripodophora* DORÉ & REID, b — hypothetischer stauractiner „Archiaster", c — *Archiasterella antiqua* SDZUY, d — *Archiasterella pentactina* SDZUY, e — *Chancelloria* sp.); f) Octactinellida; g) Calcispongea; h) Protospongiidae zum Teil; i) *Calihexactina franconica* SDZUY; K) Mehrzahl der Hexactinellida; l) Demospongea. Ohne Maßstab. — Nach K. SDZUY 1969, umgezeichnet.

mit Spongin gefüllte und durch Wände getrennte Achsenkanäle, von denen in jedem Strahl eine „Basalpore" in die Basis führt. Soweit bekannt, bildet der Schwammkörper ein weites Spongocoel mit dünner Wand, in der die Skleren ohne feste Verbindung liegen. — Tiefstes Unt. Kambrium — Ob. Kambrium, vermutlich als Bewohner flacher Meeresteile.

Chancelloria WALCOTT 1920: Unt. — Ob. Kambrium von Europa und N-Amerika (Abb. 118e).

Archiasterella SDZUY 1969: Unt. — Ob. Kambrium von Spanien und Pakistan (Abb. 118c—d, 119a—b).

„Archiaster" meist mit 5 oder mehr Strahlen, von denen einer fast senkrecht zur Basis stehen kann. Daneben kommen vermutlich diactine Skleren vor.

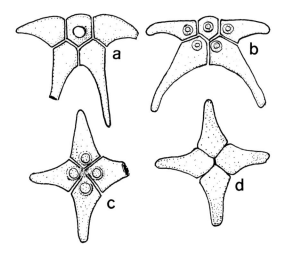

Abb. 119. „Archiaster" verschiedener Chancelloriida: a)—b) *Archiasterella pentactina* SDZUY, a — von oben; c)—d) stauractine „Archiaster", c — von oben; ? Unt. Kambrium (Hazira-Formation) von Hazara (Pakistan); ohne Maßstab. — Nach G. FUCHS & H. MOSTLER 1972.

Ordnung **Octactinellida** HINDE 1887

Heteractinida mit sechs- bis achtstrahligen Skleren (Octactinen, Abb. 118f), deren Strahlen die Achsen einer hexagonalen Dipyramide nachzeichnen. Die der c-Achse entsprechenden Strahlen können fehlen, länger oder kürzer als die anderen sein. Im Unterschied zu den Chancelloriida haben die Skleren keine Basis. Bei den ordovizischen und jüngeren Formen ist die Wand des Schwammkörpers dick und kompliziert gebaut. — ? Unt., Mittl. Kambrium — Ob. Devon, Unt. Perm, weit verbreitet in Riff- und Schelfablagerungen.
   Eiffelia WALCOTT 1920: ? Unt., Mittl. — Ob. Kambrium von N-Amerika, ? S-Amerika, Australien und Spanien (Abb. 118f).
   Schwammkörper kugelig, mit dünner Wand aus meist sechsstrahligen Octactinen verschiedener Größe. Die Strahlen der größten Nadeln liegen dicht beisammen und bilden ein Netzwerk. Osculum deutlich.
   Astraeospongium F. A. ROEMER 1854 (*Astraeospongia* F. A. ROEMER 1860, *Octacium* SCHLÜTER 1885): Silur — Ob. Devon, von Europa und N-Amerika; flachmarin (Abb. 120).

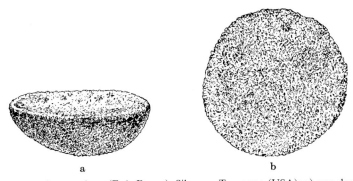

Abb. 120. *Astraeospongium meniscus* (F. A. ROEM.), Silur von Tennessee (USA); a) von der Seite; b) von oben, ca. $7/10$ nat. Gr. — Nach K. A. v. ZITTEL 1915.

Schwammkörper kugelig bis flachschüsselförmig, aus sechs- bis achtstrahligen Octactinen wechselnder Größe. Die Skleren liegen dicht beisammen, sind aber nicht miteinander verwachsen. Durchmesser bis ca. 10 cm.

Astraeoconus RIETSCHEL 1968: Mittl. Ordovizium von N-Amerika.

Schwammkörper klein, rübenförmig, mit Spongocoel. Wand aus mehreren Lagen dicht gepackter Octactine.

II. Klasse **Demospongea** SOLLAS 1875

1. Allgemeines

Hierzu rechnet man alle Schwämme, die keine Triaxone ausscheiden, ferner alle skelettlosen Formen und die Hornschwämme. Bei letzteren wird das gesamte Skelett aus Spongin gebildet, das bei den übrigen Formen mehr oder weniger bis gänzlich zurücktreten kann. Dann findet sich überwiegend Skelettopal. Der Erhaltungszustand ist, wenn man von den Lithistida absieht, im allgemeinen sehr ungünstig.

2. Vorkommen

Kambrium — rezent.

3. Systematik

Es werden die nachstehenden neun Ordnungen unterschieden:

a) **Keratosida** GRANT 1861: Karbon — rezent,
b) **Haplosclerida** TOPSENT 1898: Kambrium — rezent,
c) **Poecilosclerida** TOPSENT 1898: Kambrium — rezent,
d) **Hadromerida** TOPSENT 1898: Kambrium — rezent,
e) **Choristida** SOLLAS 1888: Karbon — rezent,
f) **Epipolasida** SOLLAS 1888: Kambrium — rezent,
g) **Carnosida** CARTER 1875: Karbon — rezent,
h) **Lithistida** SCHMIDT 1870: Kambrium — rezent,
i) ? **Chaetetida** OKULITCH 1936: ? Kambrium, Mittl. Ordovizium —— Tertiär (Eozän), rezent.

Ordnung **Keratosida** GRANT 1861
(ex Keratosa GRANT 1861)

Schwämme, deren Skelett nur aus Sponginfasern besteht, wenn man von gelegentlich eingeschlossenen Fremdkörpern absieht (Hornschwämme) (Abb. 121 a, b). Da sich das Spongin leicht zersetzt, ist die paläontologische Bedeutung dieser Gruppe gering. Mehr oder weniger sichere Formen sind seit dem Karbon bekannt. Dabei handelt es sich in der Regel um Abdrücke des Skeletts oder um Steinkerne des Kanalsystems. Rezente Keratosida finden sich vor allem auf felsigen Gründen tropischer und subtropischer Flachmeerbereiche. Dies gilt zum Beispiel für den feinporigen Badeschwamm *Euspongia officinalis* L. und den mit großen inneren Hohlräumen durchsetzten Pferdeschwamm *Hippospongia communis* (LAM.), die beide nur bei Wassertemperaturen oberhalb 13 °C zu leben vermögen (Abb. 121).

II. Klasse Demospongea Sollas 1875

Abb. 121. a) Hornschwämme (Keratosida) aus dem östlichen Mittelmerr (Ägäis). Es handelt sich vor allem um den Badeschwamm (*Euspongia officinalis* L.) und den Pferdeschwamm (*Hippospongia communis* [LAM.]). Das große Exemplar links hat einen Durchmesser von ca. 45 cm und dürfte etwa 30 Jahre alt geworden sein. Simi, Stadt der Schwammtaucher bei Rhodos; b) desgl., Stadt Rhodos. Fot. Verf. (Okt. 1990).

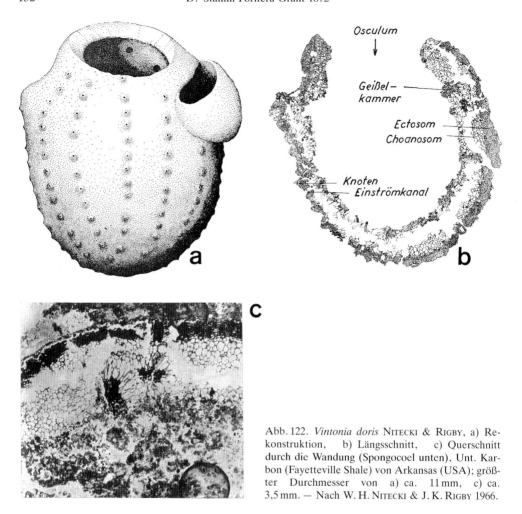

Abb. 122. *Vintonia doris* NITECKI & RIGBY, a) Rekonstruktion, b) Längsschnitt, c) Querschnitt durch die Wandung (Spongocoel unten), Unt. Karbon (Fayetteville Shale) von Arkansas (USA); größter Durchmesser von a) ca. 11 mm, c) ca. 3,5 mm. — Nach W. H. NITECKI & J. K. RIGBY 1966.

Aus einer Konkretion des Unt. Karbon (Fayetteville Shale) von Arkansas (USA) stammt die vorzüglich erhaltene *Vintonia doris* NITECKI & RIGBY zu Abb. 122. Ihre relativ dünne Wand zeigt deutlich das dunklere Ectosom und das hohlraumreichere Choanosom (Abb. 122c). Zu erkennen sind auch die langen und sackförmigen Geißelkammern.

Ordnung **Haplosclerida** TOPSENT 1898
(ex Haplosclerina TOPSENT 1898)

Das meist maschig ausgebildete Skelett besteht hauptsächlich aus Spongin. Die daneben auftretenden Megaskleren sind monaxon und lediglich durch Sponginfasern verbunden. Eine besondere Differenzierung der oberflächennahen Schicht fehlt. — Kambrium — rezent. Zu dieser Ordnung gehören die wenigen, im Süßwasser lebenden Schwämme, zum Beispiel:

Spongilla LAMARCK 1815: Jura — rezent. Heute weltweit verbreitet (Abb. 108, 123).

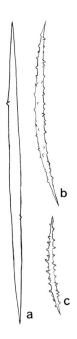

Abb. 123. *Spongilla (Palaeospongilla) chubutensis* OTT & VOLKHEIMER, a) Megasklere, ca. 500 µm lang; b)—c) Mikroskleren (c — Belegnadel, ca. 160 µm lang); Süßwasserablagerungen der Chubut-Gruppe (Kreide) von Patagonien (Argentinien). — Nach E. OTT & W. VOLKHEIMER 1972.

Krusten- und klumpenförmige Überzüge auf Steinen, Schilfstengeln usw., zum Teil mit fingerartigen Fortsätzen. Als Megaskleren finden sich diactine, das heißt beiderseits zugespitzte Monaxone.

Sp. (Palaeospongilla) OTT & VOLKHEIMER 1972: Süßwasserablagerungen der Chubut-Gruppe (Kreide) von Patagonien (Argentinien) (Abb. 123). Skelett aus fast glatten Monaxonen, die sich in Bündeln unter verschiedenen Winkeln abstützen. In Hohlräumen des Gerüsts konnten lagig angeordnete Dauerkeime (Gemmulae) nachgewiesen werden, um die herum bedornte monaxone Mikroskleren sitzen.

Bei *Sp. (Spongilla)* stehen die Gemmulae nesterartig zusammen, bei *Sp. (Euspongilla)* liegen sie isoliert. Wie bei *Sp. (Palaeospongilla)* sind beiderseits zugespitzte und mit Dornen besetzte Monaxone als Belegnadeln um die Gemmulae charakteristisch.

Ordnung **Poecilosclerida** TOPSENT 1898
(ex Poecilosclerina TOPSENT 1898)

Schwämme, die im Gegensatz zu den sonst sehr ähnlichen Haplosclerida eine besondere Differenzierung der oberflächennahen Schicht aufweisen. Radiate Strukturen fehlen ebenso wie vielstrahlige (astrose) Mikroskleren. Nadelförmige Skleren oder Spongin bzw. beides sind vorhanden. — Kambrium — rezent.

Ordnung **Hadromerida** TOPSENT 1898
(ex Hadromerina TOPSENT 1898)

Demospongea, die in der Regel eine radialstrahlige Struktur, astrose Mikroskleren und einen Cortex aufweisen. Im Gegensatz zu den bisher betrachteten Ordnungen fehlt Spongin. Mega-

Abb. 124. Von rezenten Bohrschwämmen (*Cliona*) durchlöcherte Muschelschalen des Alttertiärs, die am Boden des Ärmelkanals von den Wellen ausgespült und von der Brandung an die Küste geworfen wurden. ¾ nat. Gr. — Nach O. ABEL 1920.

skleren monaxon, überwiegend tylostyl (stecknadelförmig). Ohne Tetraxone. — Kambrium — rezent.

Hierzu gehören unter anderem die Bohrschwämme (Clionidae GRAY 1867), die vom Silur bis zur Gegenwart nachgewiesen wurden. Sie legen vor allem während der ersten Wachstumsstadien labyrinthische Gänge (Durchmesser: 1 bis 6 mm) in Molluskenschalen, karbonatischen Gesteinen usw. an und stehen nur über zahlreiche kleine Löcher mit der Außenwelt in Verbindung (Abb. 124). Im Substrat bilden die Schwämme ein Netz aus perlschnurartig aneinandergereihten Kammern, die durch schmale Gänge verbunden sind (Abb. 125). Ist das Substrat völlig durchsetzt, kann sich der Schwamm auch auf der Außenfläche ausbreiten. Die mit der Anlage der Bohrlöcher verbundene Oberflächenvergrößerung und Lockerung des Gefüges beschleunigt die mechanische und chemische Zerstörung. Sie kann bei quantitativ erheblichem Befall zur völligen

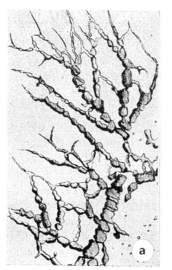

Abb. 125. a) Aneinandergereihte Gänge und Kammern, die von *Cliona corallinoides* HANCOCK in der Schale einer Muschel (*Pecten maximus*) angelegt wurden. Rezent. — Nach HANCOCK 1867. — b) *Cliona fenestralis* ELIAS. Natürliche Steinkerne der Gänge und Kammern aus einer Brachiopodenschale. Unt. Karbon von Oklahoma (USA). Ca. $^{20}/_1$ nat. Gr. — Nach M. K. ELIAS 1957.

Vernichtung der Hartteile führen. Von Bohrschwämmen befallene organische Reste sind fossil nicht selten.

Die Weichteile der Clionidae sind fest mit der Wand ihrer Bohrungen verbunden, da die an der Oberfläche befindlichen Zellen mit feinen, blattförmigen Vorragungen in das kalkige Substrat greifen. Hierbei werden dünne, bogenförmig begrenzte Partikel („ships") abgesprengt und die Höhlungen erweitert. Die „ships" verlassen mit dem ausströmenden Wasser über die Papillen den Schwammkörper und bilden häufig einen nicht unbeträchtlichen Teil des umgebenden Sediments (vgl. z. B. F. E. WARBURTON 1958).

Die wichtigste Gattung ist:

Cliona GRANT 1826: ? Silur — ? Kreide, Tertiär — rezent, weltweit (Abb. 124—125).

Megaskleren hauptsächlich tylostyl; doch finden sich daneben (allerdings weniger häufig) auch zweiseitig zugespitzte Formen. Als Mikroskleren treten Spiraster auf. Das sind wurmförmig gekrümmte Gebilde, an denen ringsum unregelmäßig verteilte Dornen sitzen.

Ordnung **Epipolasida** SOLLAS 1888
(ex Epipolasidae SOLLAS 1888)

Demospongea mit radialstrahligem Bau, astrosen Mikrokleren und Cortex. Das eine oder andere dieser Merkmale kann ausfallen. Nicht ausgebildet sind stecknadelförmige Monaxone, Tetraxone und Spongin; dafür treten meist Monaxone von dicker, spindelförmiger Gestalt auf. — Kambrium — rezent.

Opetionella ZITTEL 1878: Jura — Kreide von Europa (Abb. 126 A).

Kugelige Vertreter, die keine Mikroskleren aufweisen. Monaxone dieser Gattung füllen manche Hornsteinbänke des unteren alpinen Lias (Äquivalente der Angulatenschichten).

Abb. 126 A. *Opetionella radians* ZITTEL, Teil des Skeletts. Ob. Kreide (*Cuvieri*-Pläner) von Salzgitter. ¹⁴/₁ nat. Gr. — Nach K. A. v. ZITTEL 1878.

Ordnung **Carnosida** CARTER 1875

Ohne radiale Strukturen und langschäftige Triaene. Cortex fehlt oder wenig ausgebildet. Die Mehrzahl aller Vertreter enthält kleine Tetraxone mit nahezu gleich langen Armen (Calthrope). Daneben können vielstrahlige (astrose) Mikroskleren auftreten. Mitunter finden sich überhaupt keine Skleren; dann unterscheiden sich die Carnosida lediglich dadurch von den Keratosida, daß Spongin fehlt. — Karbon — rezent.

Propachastrella SCHRAMMEN 1910: Ob. Kreide von Europa (Abb. 126 B).

Mit etwas deformierten Tetraxonen, die nahezu gleich lange Arme aufweisen. Manche sind an den Ästen ähnlich wie bei den Dichotriaenen verzweigt. Mikroskleren meist vorhanden.

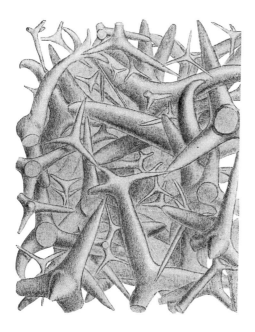

Abb. 126 B. *Propachastrella primaeva* (ZITTEL), Teil des Skeletts. Ob. Kreide (Quadraten-Senon) von Ahlten bei Hannover. Ca. $^{20}/_1$ nat. Gr. — Nach K. A. v. ZITTEL 1878.

Ordnung **Choristida** SOLLAS 1888
(Tetractinellida)

Im Unterschied zu den sonst ähnlichen Epipolasida mit langschäftigen Triaenen, zu denen gewöhnlich noch andere Tetraxone kommen (vgl. Abb. 127). — Karbon — rezent.

Über die fossilen Vertreter dieser Ordnung ist relativ wenig bekannt, da die Skleren lose nebeneinander im Schwammkörper liegen. Besonders selten sind vollständig erhaltene Exemplare. Häufiger kommen isolierte Triaene vor, so zum Beispiel von

Theneopsis SCHRAMMEN 1910 (pro *Tethyopsis* ZITTEL 1878): Kreide von Europa (Abb. 127).

Neben langschäftigen Triaenen finden sich beiderseitig zugespitzte Monaxone.

Abb. 127. *Theneopsis steinmanni* ZITTEL, Teil des Skeletts aus Oberflächennähe. Ob. Kreide (Senon) von Ahlten bei Hannover. $^{21}/_1$ nat. Gr. — Nach K. A. v. ZITTEL 1878.

Ordnung **Lithistida** O. SCHMIDT 1870
(ex Lithistidae O. SCHMIDT 1870)

1. Allgemeines

Überwiegend massive, dickwandige, unterschiedlich gestaltete Kieselschwämme, deren Skelett aus Desmonen besteht, die meist innig miteinander verschmolzen bzw. verflochten sind. Typische Mikroskleren treten ebenfalls auf; doch sind diese in der Regel vor der Fossilisation verlorengegangen. Das Kanalsystem weist bei den einzelnen Gattungen eine sehr verschiedene Ausbildung auf, ist aber stets kompliziert. — Während die Porifera im allgemeinen nur eine geringe Plastizität während der stammesgeschichtlichen Entwicklung zeigen, die zudem noch stark durch den Einfluß der Umweltbedingungen verschleiert werden kann, ist sie bei den Lithistida etwas deutlicher ausgeprägt. Sie äußert sich in einer allmählichen Reduktion von Größe und Regelmäßigkeit der Desmone. Gleichzeitig wird auch die äußere Gestalt der Skelette unregelmäßiger.

2. Vorkommen

Kambrium — rezent. Erstes Maximum der Entwicklung im Ordovizium, absolutes Maximum in der Oberkreide (Abb. 128). Wegen der dickwandigen und steinartigen Beschaffenheit eignen sich die Lithistida ganz besonders für eine fossile Erhaltung. In Malm und Kreide treten sie sogar gesteinsbildend auf. In der Gegenwart finden sie sich bei weltweiter Verbreitung vor allem in einer Tiefe von 100 bis 350 m.

3. Systematik

Je nach der Ausbildung der Desmone (vgl. Abb. 116 B, S. 144) unterscheidet man die nachstehenden fünf Unterordnungen:

a) **Rhizomorina** ZITTEL 1878: Kambrium — rezent,
b) **Megamorina** ZITTEL 1878: Karbon — rezent,
c) **Tetracladina** ZITTEL 1878: Ordovizium — rezent,
d) **Anomocladina** ZITTEL 1878: Kambrium — Jura,
e) **Eutaxicladina** RAUFF 1893: Ordovizium — rezent.

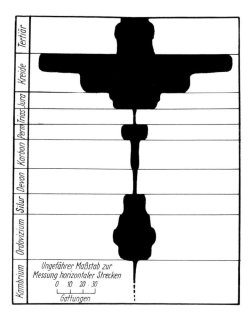

Abb. 128. Schaubild, das die ungefähre zahlenmäßige und zeitliche Verteilung von 271 Gattungen der Lithistida (Demospongea) zeigt.

Unterordnung **Rhizomorina** ZITTEL 1878

Skleren in der Regel klein, unregelmäßig ästig; mit kürzeren oder längeren, einfachen oder zusammengesetzten wurzelartigen Ausläufern oder knorrigen Auswüchsen besetzt (Rhizoclone). Achsenkanal einfach oder ästig. Skelettelemente zu wirren Faserzügen gruppiert oder locker verflochten. — Kambrium — rezent. Maximum der Entwicklung in der Kreide.

Man unterscheidet 10 Familien, auf die nachstehend jedoch nicht eingegangen wird. Es werden lediglich einige der paläontologisch und biostratigraphisch wichtigeren Gattungen betrachtet.

Cnemidiastrum ZITTEL 1878: Ordovizium — Malm von Europa (Abb. 129).

Kreiselförmig, knollig oder schüsselartig. Oberfläche mit meridional verlaufenden Furchen, in denen die feinen Radialkanäle reihenförmig übereinander stehen.

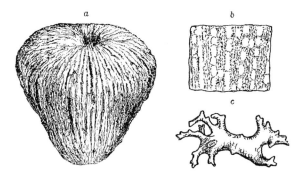

Abb. 129. *Cnemidiastrum stellatum* (GOLDF.), Malm (Schwammkalk) von Hossingen (Württ.). a) ein Exemplar in ½ nat. Gr.; b) vertikaler Tangentialschnitt, um die radialen Kanäle zu zeigen, etwa nat. Gr.; c) Desmon, $^{60}/_1$ nat. Gr. — Nach K. A. v. ZITTEL 1915.

II. Klasse Demospongea Sollas 1875

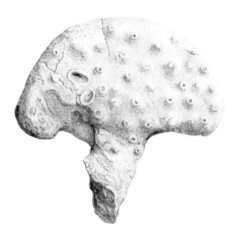

Abb. 130. *Leiodorella expansa* ZITTEL, Malm (Unt. Oxford) von Wodna bei Krakow. 9/10 nat. Gr. — Nach K. A. v. ZITTEL 1878.

Leiodorella ZITTEL 1878: Jura von Europa (Abb. 130).
Plattig, zylindrisch, ohrförmig; Unter- und Oberseite mit kragenartig gerandeten Osculi, sonst glatt. Skleren verschmolzen.
Verruculina ZITTEL 1878: Mittl. Kreide — Tertiär von Europa (Abb. 131).
Ohr-, schüssel- oder becherförmig, mitunter plattig. Im Gegensatz zu der sonst sehr ähnlichen *Leiodorella* nur auf der Oberseite mit warzig vorragenden, kragenartig umrandeten Osculi.

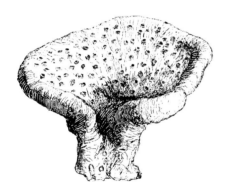

Abb. 131. *Verruculina auriformis* (F. A. ROEMER), Ob. Kreide (Quadraten-Senon) von Hannover. ⅔ nat. Gr. — K. A. v. ZITTEL 1915.

Abb. 132. *Stachyspongia spica* F. A. ROEMER, Turon von Sehlde bei Ringelheim. Ca. ½ nat. Gr.

Stachyspongia ZITTEL 1878: Ob. Kreide von Europa (Abb. 132).

Spongocoel ähnlich wie bei *Chenendopora* relativ groß, so daß der Schwamm eine röhrenartige Gestalt aufweist. Die Außenseite trägt insbesondere am distalen Ende kräftige, kegelförmige Auswüchse.

Unterordnung **Megamorina** ZITTEL 1878

Die Skleren sind meist länger als 1 mm, glatt oder gebogen; unregelmäßig ästig oder nur an den Enden vergabelt; locker miteinander verflochten und mit einfachem Achsenkanal ausgestattet (Megaclone). Dazwischen liegen kleine Skelettelemente von rhizomorinem Habitus. — Karbon — rezent.

Von den ca. 22 Gattungen finden sich 16 in der Ob. Kreide (Maximum der Entwicklung). Aus der Gegenwart kennt man nur noch zwei (*Pleroma* SOLLAS 1888 und *Lyidium* SCHMIDT 1870).

Doryderma ZITTEL 1878: Karbon, Ob. Kreide von Europa (Abb. 133).

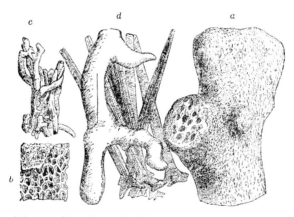

Abb. 133. *Doryderma dichotoma* (F. A. ROEMER), Ob. Kreide von England. a) Seitenansicht eines Exemplars in nat. Gr.; b) Teil der Oberfläche, ⅔ nat. Gr.; c) Desmone, ¹⁰/₁ nat. Gr.; d) Desmon, dahinter einige dreizinkige Anker, ³⁰/₁ nat. Gr. — Nach K. A. v. ZITTEL 1915.

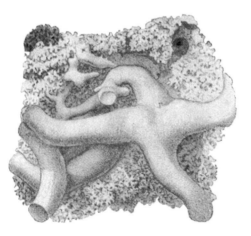

Abb. 134. *Heterostinia cyathiformis* ZITTEL, Ob. Kreide (Senon) von Evreux (Calvados). Teil des Skeletts mit großen, ästigen Megaclonen, die in kleinere, knorrige Formen von rhizomorinem Habitus eingebettet sind. ²⁵/₁ nat. Gr. — Nach K. A. v. ZITTEL 1878.

Massige oder ästige Formen mit zylindrischen Zweigen, die im Inneren jeweils ein Bündel vertikaler Röhren enthalten.
Heterostinia ZITTEL 1878: Kreide von Europa (Abb. 134).
Vasenförmig, gestielt, mit ästiger Wurzel. Wand beiderseits mit Ostien und Radialkanälen. Skelett aus großen, ästigen Megaclonen, die in kleinere, knorrige Formen von rhizomorinem Habitus eingebettet sind.

Unterordnung **Tetracladina** ZITTEL 1878

Das Skelett besteht vor allem aus Tetraclonen, das heißt vierstrahligen Desmonen, deren Arme distal verdickt oder verästelt sind (Abb. 135). Die vier Achsenkanäle stoßen unter einem Winkel von 120 Grad zusammen. An der Oberfläche finden sich tetraxone Gabelanker, deren Zinken distal ebenfalls häufig verästelt sind; ferner gestielte, lappige bzw. ganzrandige Scheiben und monaxone Skleren. — Ordovizium — rezent.

Abb. 135. Teil des Skeletts von *Callopegma acaule* ZITTEL, eines zu den Tetracladina gehörenden Lithistiden; mit verdünnter Salzsäure aus Kalk geätzt. An den Verbindungsstellen sind die Strahlen benachbarter Skleren knotenartig verlötet. Die nicht verdickten Verzweigungen bilden dagegen die Zentren der Skelettelemente. Ob. Kreide von Misburg bei Hannover. Ca. $40/1$ nat. Gr. — Nach A. SCHWARZ 1937.

Von den etwa 97 Gattungen kommen 17 im Ordovizium bzw. Silur, 65 in der Kreide (Maximum der Entwicklung), 9 im Tertiär und nur 4 in der Gegenwart vor.
Aulocopium OSWALD 1847: Ordovizium — Silur von Europa und Nordamerika. Nicht selten auf sekundärer Lagerstätte in den Geschiebemergeln des norddeutschen Pleistozän (Abb. 136).
Halbkugelig oder schüsselförmig, mit kurzem Stiel. Unterseite mit dichter, runzeliger Kieselhaut überzogen. Tetraclone etwas undeutlich vierstrahlig, glattarmig, an den Enden wurzelartig

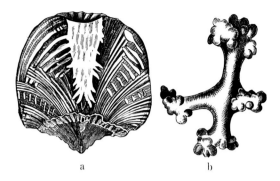

Abb. 136. *Aulocopium aurantium* Osw., Ordovizium (pleistozänes Geschiebe von Sadewitz bei Oels). a) Vertikalschnitt, ⅔ nat. Gr.; b) Tetraclon, 24/1 nat. Gr. — Nach G. Steinmann.

vergabelt; regelmäßig in Richtung der Radialkanäle aneinandergereiht. Außer den Radialkanälen finden sich zahlreiche weitere Kanäle, die parallel zur Peripherie verlaufen.

Chenendopora Lamx. 1821 (syn. *Chenendropora* From. 1860): Ob. Kreide von Europa (Abb. 137).

Becherförmig, gestielt; mit ästiger Wurzel. Innenseite mit verstreut liegenden, vertieften Osculi. Desmone relativ groß.

Phymatella Zittel 1878: Ob. Kreide von Europa (Abb. 138).

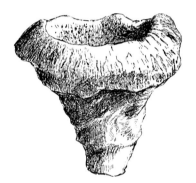

Abb. 137. *Chenendopora fungiformis* Lamx., Ob. Kreide (Senon) von Chatellerault (Touraine). ⅓ nat. Gr. — Nach K. A. v. Zittel 1915.

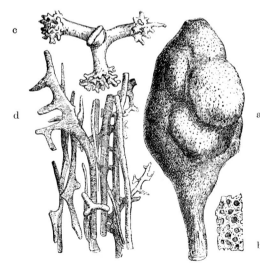

Abb. 138. *Phymatella tuberosa* (Quenst.), Ob. Kreide (Quadraten-Senon) von Linden bei Hannover. a) Exemplar von der Seite, ½ nat. Gr.; b) Teil der Oberfläche in nat. Gr.; c) Tetraclon, 50/1 nat. Gr.; d) Desmone aus dem Stiel, 50/1 nat. Gr. — Nach K. A. v. Zittel 1915.

Unregelmäßig zylindrisch bis knollig, gestielt, mit wulstigen Auswüchsen. Spongocoel relativ eng. Radialkanäle horizontal.

Pachycalymma SCHRAMMEN 1901: Ob. Kreide von Europa (Abb. 139).

Zylindrisch, birnen- oder keulenförmig; gestielt, dickwandig. Spongocoel tief, bis zur Basis reichend. Wandung desselben und Oberfläche mit glatter Kieselhaut überkleidet. Darunter anastomosierende Furchen und unregelmäßig zerstreute, kreisrunde Ostien unterschiedlicher Größe. Tetraclone groß, glattarmig.

Siphonia PARKINSON 1822: Mittl. Kreide — Teritär von Europa (Abb. 140–141).

Abb. 139. *Pachycalymma subglobosa* SCHRAMMEN, Längsschnitt (geätzt). Ob. Kreide (Quadraten-Senon) von Oberg. ¾ nat. Gr. — Nach A. SCHRAMMEN 1901.

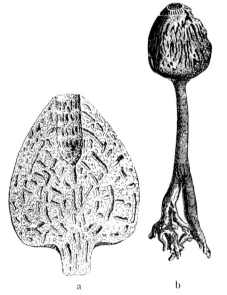

Abb. 140. *Siphonia tulipa* ZITTEL, Ob. Kreide von England. a) Ob. Teil eines Exemplars in nat. Gr., vertikal durchgeschnitten; b) vollständiges Exemplar mit Stiel und Wurzel. ½ nat. Gr. — Nach K. A. v. ZITTEL 1915.

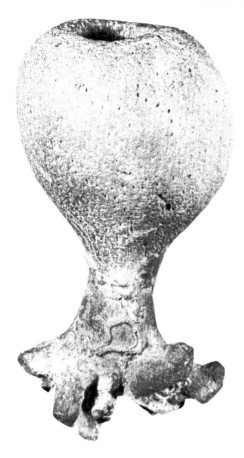

Abb. 141. *Siphonia ficoides* (GOLDF.), Ob. Kreide von Allones (Dep. Maine et Loire, Frankreich). Ca. nat. Gr.

Feigen-, birnen- oder apfelförmig; mit kurzem oder langem Stiel und ästiger Wurzel. Spongocoel tief. In ihm münden bogenförmige, der Peripherie parallel verlaufende Kanäle sowie zahlreiche feine Radialkanälchen. Oberfläche mit monaxonen Skleren und Gabelankern bedeckt. Tetraclone groß, glattarmig.

Callopegma ZITTEL 1878: Ob. Kreide von Nord- und Westeuropa (Abb. 135 und 142).

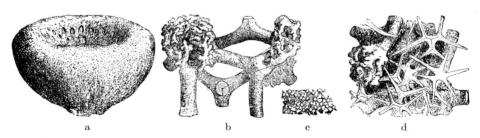

Abb. 142. *Callopegma acaule* ZITTEL, Ob. Kreide (Senon) von Ahlten bei Hannover. a) Exemplar in Seitenansicht, ¾ nat. Gr.; b) Teil des Skeletts, $^{40}/_1$ nat. Gr.; c) Oberfläche, ⅔ nat. Gr.; d) desgl., mit Gabelankern, $^{40}/_1$ nat. Gr. — Nach K. A. v. ZITTEL 1915.

Schüssel- oder trichterförmig, mit weitem Spongocoel; dickwandig und sehr kurzgestielt. Desmone ähnlich wie bei *Phymatella*, doch an den Enden stärker verästelt.
Plinthosella ZITTEL 1878: Kreide von Europa (Abb. 143).

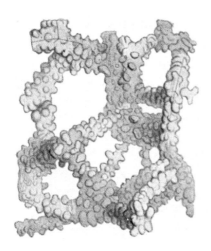

Abb. 143. *Plinthosella squamosa* ZITTEL, Teil des Skeletts. Ob. Kreide (Senon) von Ahlten bei Hannover. Ca. $^{45}/_1$ nat. Gr. — Nach K. A. v. ZITTEL 1878.

Kugelig oder knollig; frei oder mit kurzem Stiel. Osculi relativ weit. Desmone groß und sehr warzig. Oberfläche dachziegelartig mit ganzrandigen oder lappigen Kieselscheiben bedeckt.
Jerea LAMX. 1921: Kreide von Europa (Abb. 144).
Birnen-, flaschenförmig bis zylindrisch, gestielt; mit abgestutztem oder flach eingetieftem Scheitel. In ihn mündet eine Anzahl röhrenförmiger Kanäle, die im Zentrum vertikal, außen bogenförmig verlaufen. Im Habitus gewöhnlich etwas schlanker als die sonst sehr ähnlichen Vertreter von *Siphonia*.

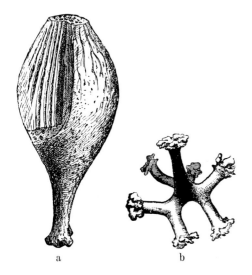

Abb. 144. a) *Jerea pyriformis* LAMX., Ob. Kreide (Cenoman, Grünsand) von Kelheim. Seitenansicht, zum Teil aufgeschnitten, ½ nat. Gr.; b) Tetraclon von *Jerea quenstedti* ZITTEL, Ob. Kreide (Quadraten-Senon) von Linden bei Hannover, $^{40}/_1$ nat. Gr. — Nach K. A. v. ZITTEL 1915.

Abb. 145. *Prokaliapsis janus* (ROEMER), Dermalseite mit den grubenförmigen Lebensspuren fixosessiler Tiere (? Cirripedier), die nicht durch mechanische oder chemische Tätigkeit der Epibionten, sondern durch die Reaktion der Schwämme an den befallenen Stellen entstanden sind. Die Gruben lassen die Umrisse der Kontaktstelle der Epibionten erkennen, die hier basal umwachsen wurden. In den Gruben ist die Deckschicht erhalten; Ob. Kreide (oberes Unt. Campan, Litoralfazies der Ilsenburg-Entwicklung), Wernigerode am Harz; D von a) ca. 6 cm, von b) 4,7 cm. — Nach A. H. MÜLLER 1977.

Prokaliapsis SCHRAMMEN 1901: Kreide von Europa (Abb. 145).

Schwammkörper kugelig, eiförmig bis schüsselartig. Paragaster flach bis tiefschüsselförmig oder fehlend. Schwammform hängt weitgehend von der Lage und der Gestalt des Substrats ab. Desmone mit ringförmigen Verbreiterungen der Strahlen.

Unterordnung **Anomocladina** ZITTEL 1878

Kennzeichnend sind Desmone, die aus einem verdickten Zentrum und 3, 4 oder mehr davon ausgehenden Strahlen bestehen (Sphaeroclone). Der Achsenkanal ist einfach gestaltet. Die Strahlen der Desmone verschmelzen an ihren äußeren Enden mit den Armen benachbarter Skelettelemente. In der oberflächennahen Schicht finden sich zahlreiche Monaxone. — Kambrium — Jura.

Cylindrophyma ZITTEL 1878: Jura von Europa; häufig vor allem im Malm (Abb. 146).

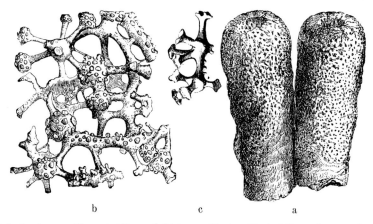

Abb. 146. *Cylindrophyma milleporata* (GOLDF.), Malm von Hochsträß. a) 2 Exemplare von der Seite, ½ nat. Gr.; b) Teil des Skeletts, $^{30}/_1$ nat. Gr.; c) Desmon, $^{60}/_1$ nat. Gr. — Nach K. A. v. ZITTEL 1915.

Zylindrische, dickwandige, festgewachsene Schwämme mit weitem, röhrenförmigem Spongocoel, das bis zur Basis reicht und in das zahlreiche, horizontal verlaufende Radialkanäle münden.
Melonella ZITTEL 1878: Dogger — Malm von Deutschland und England.
Ähnlich *Cylindrophyma*, doch apfelförmig bis halbkugelig mit breiter oder kurzer, gestielter Basis.
Eospongia BILL. 1861: Mittl. Ordovizium von Kanada.
Abgeflacht kegelförmige Vertreter mit deutlich hervortretenden Vertikalkanälen. Desmone sehr unsymmetrisch, meist schlecht erhalten.

Unterordnung **Eutaxicladina** RAUFF 1893

Desmone mit 3—4, selten 5 oder mehr Ästen, die von einem nicht verdickten Zentrum ausstrahlen (Dicranoclone). Die Äste sind zum Teil einfach, zum Teil distal in wurzelartige Auswüchse zerschlitzt. Anordnung der Skleren entweder regelmäßig parallel oder alternierend; Verschmelzung meist an stark verdickten Verbindungsknoten. — Ordovizium — rezent.
Astylospongia F. A. ROEMER 1860: Ordovizium — Devon; weltweit verbreitet. Nicht selten auf sekundärer Lagerstätte im Geschiebemergel des norddeutschen Pleistozän (Abb. 147).

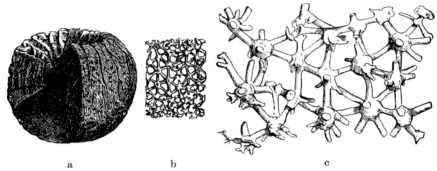

Abb. 147. *Astylospongia praemorsa* (GOLDF.), Silur (pleistozänes Geschiebe von Mecklenburg). a) Exemplar angeschnitten, nat. Gr.; b) Teil des Skeletts, 12/1 nat. Gr.; c) desgl., stark vergrößert, 100/1 nat. Gr. — Nach K. A. v. ZITTEL 1915.

Kugelige Schwämme mit seichtem Spongocoel, die nicht festgewachsen, sondern wahrscheinlich nur mit einigen Basalnadeln festgeheftet waren. Die Außenseite zeigt meridional verlaufende Furchen. Desmone in der Regel mit 5—6 Strahlen.
Palaeomanon F. A. ROEMER 1860: Silur von Nordamerika.
Ähnlich *Astylospongia*, jedoch schüssel- bis napfförmig. Spongocoel weit und seicht.

? Ordnung **Chaetetida** OKULITCH 1936

mit 1 (? 2) Familie (n):

Familie **Chaetetidae** MILNE-EDWARDS & HAIME 1850
(? Varioparietidae SCHNORF-STEINER 1963)

Das massige Skelett besteht aus vertikal verlaufenden, septenlosen, sehr dünnen Röhren, deren porenlose Wände dicht aneinander grenzen und durch quer verlaufende Böden (Tabulae) gegliedert werden. Bei der kalkigen Skelettsubstanz handelt es sich um Kalzit oder Aragonit. Der Durchmesser der Röhren beträgt meist weniger als 1 mm. Nachgewiesen wurden monaxone Kieselnadeln (Skleren; ? Style, ? Acanthostyle) vor allem in den Wänden der Röhren. Das Wachstum erfolgt meist durch pseudoseptale Längsteilung, daneben durch basale Knospung oder die Bildung von Abzweigungen in den Röhrenwandungen. — ? Kambrium, Mittl. Ordovizium — Tertiär (Eozän), rezent mit ca. 6 Gattungen. Während des Mesozoikums erreichten die Ch. ihr Maximum in Malm und Unt. Kreide. Danach nahm die Formenmannigfaltigkeit rasch ab. Eine tertiäre Form ist *Septachaetetes eocenus* RIOS & ALMELA 1944 aus dem Eozän der spanischen Pyrenäen.

Einige Beispiele:

Chaetetes FISCHER V. WALDHEIM in EICHWALD 1829: ? Silur, Mittl. Devon — Perm in Flachwasserkalken und kalkigen Schiefern von Europa, Asien und N-Amerika (Abb. 148).

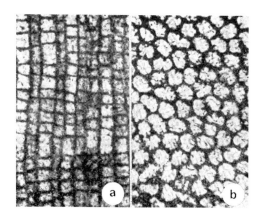

Abb. 148. *Chaetetes lonsdalei* (ETHERIDGE & FOORD), Mittl. Devon (Couvin-Stufe) von Belgien. a) Längsschnitt, $16/1$ nat. Gr.; b) Querschnitt, $12/1$ nat. Gr. — Nach M. LECOMPTE 1952.

Skelett mehr oder weniger kugelig bis halbkugelig, massiv, meist mit zonarem Wachstum. Röhren lang, schlank, durch horizontale, vollständige Böden quergeteilt, Querschnitt i. d. R. prismatisch. Wanddicke wenig variabel. Pseudoseptale Dornen und Rippen können vorhanden sein. Wachstum erfolgt durch Längs- oder Basalteilung.

Blastochaetetes DIETRICH 1919: Trias — Ob. Kreide in Flachwasserkalken von Europa und Asien.

Skelett massiv. Wachstum meist unter Längsteilung der langen, schlanken, unregelmäßig prismatischen Röhren sowie durch basale Knospung. In der Regel geschieht dies zonar, wobei dünne Platten entstehen.

Bei *B. irregularis* (MICHELIN) aus der Ob. Kreide (Santon) der spanischen Pyrenäen wurden im Innenraum der Röhren dicht gepackt und parallel zueinander verlaufende monaxone Skleren nachgewiesen, nicht jedoch in den Wandungen der Röhren. Dort, wo die Skleren die Böden queren, hat man den Eindruck, als ob diese perforiert sind. Die ungewöhnliche Länge und Breite der Skleren sowie ihre engständige Anordnung lassen den Schluß zu, daß für den Weichkörper nur wenig Platz blieb und die Skleren lediglich auf das Röhreninnere beschränkt waren (A. CHERCHI & R. SCHROEDER 1987).

Chaetetopsis NEUMAYR 1890: Malm (Kimmeridge) — Unt. Kreide (Barrême) von Europa (Abb. 149).

Wachstum des Skeletts unter pseudoseptaler Längsteilung und der Bildung von Abzweigungen (offsets) in den Röhrenwandungen. Böden dünn, mehr oder weniger horizontal, entweder unregelmäßig oder in bestimmten Bereichen regelmäßig aufeinander folgend.

II. Klasse Demospongea Sollas 1875

Bei *Ch. favrei* (DENINGER) aus der Unt. Kreide (Barrême) der Krim (Rußland) wurden monaxone Skleren (? Style, ? Acanthostyle) in den Röhrenwandungen als Pseudomorphosen von Pyrit nach der primären Kieselsäure nachgewiesen. Die Längsachsen der Skleren verlaufen meist parallel zu denen der Röhren (J. KAZMIERCZAK 1979).

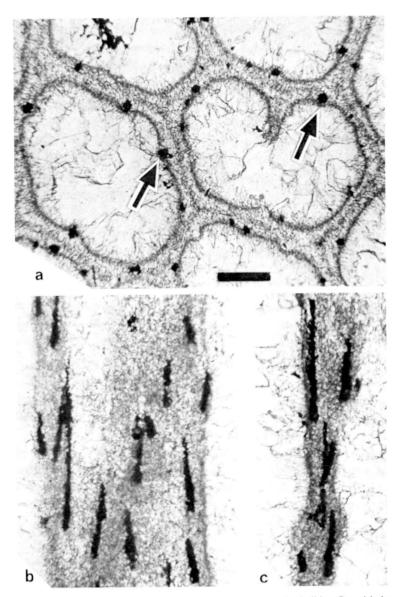

Abb. 149. *Chaetetopsis favrei* (DENINGER), vergrößerte Schnitte durch das kalkige Grundskelett mit darin eingebetteten monaxonen Skleren, die als Pseudomorphosen von Pyrit nach der primären Kieselsäure erhalten sind. a) Schnitt quer zur Längserstreckung der Röhren. Die Pfeile zeigen auf Skleren. Maßstab = 100 µm; b) und c) Längsschnitte durch die Röhrenwandung. Alle im durchscheinenden Licht. Unt. Kreide (Barrême) der Krim (Rußland). — Nach J. KAZMIERCZAK 1979.

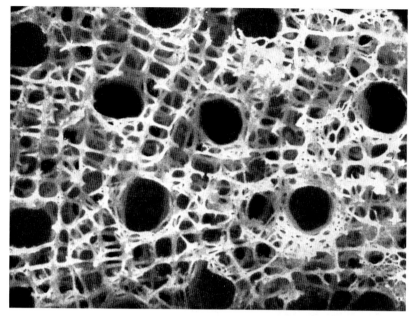

Abb. 150. Ausschnitt aus dem Skelett eines zu den Hexactinellida gehörenden Kieselschwammes. Zwischen den unter rechten Winkeln verschmolzenen Triaxonen befinden sich Kanal-Ostien. Mit verdünnter Salzsäure aus Kalk geätzt. Ob. Kreide der Umgebung von Hannover. Ca. $^{15}/_1$ nat. Gr. — Nach A. SCHWARZ 1937.

III. Klasse **Hexactinellida** SCHMIDT 1870

(ex Hexactinellidae SCHMIDT 1870) (Hyalospongiae VOSMAER 1886)

1. Allgemeines

Das aus Triaxonen bestehende Skelett zeigt Mega- und Mikroskleren von außerordentlicher Mannigfaltigkeit. Dabei erreichen die Megaskleren eine ansehnliche Größe; im Gegensatz zu den Mikroskleren (Abb. 117), die sehr klein sind und fossil oft nicht überliefert wurden. Das Zentrum, in dem sich die Strahlen der Skleren treffen, ist meist knotenartig verdickt (Kreuzungsknoten, Abb. 150). Das weite Spongocoel wird von einer relativ dünnen Wand umgeben, in der sich das sehr einfach gebaute Kanalsystem ausbreitet. Es besteht in der Regel aus kurzen, blind endenden Kanälen, die mehr oder weniger tief in die Wandung eindringen. Mitunter finden sich dünne, mäandrisch gewundene Röhrchen, die größere und kleinere Zwischenräume freilassen (Zwischenkanäle). Die Skelettoberfläche wird nicht selten von einer besonderen Deckschicht unregelmäßiger Sechsstrahler gebildet, bei denen der nach außen gerichtete Strahl verlorengegangen ist. In anderen Fällen zeigt sich eine dichte Kieselhaut mit eingebetteten sternförmigen Skleren, bei denen auch der nach innen verlaufende Strahl fehlen kann. Die Hexactinellida sind entweder mit der Basis oder mit einem besonderen Schopf feiner, langer Glasfäden am Untergrund befestigt (Abb. 151).

III. Klasse Hexactinellida Schmidt 1870

Abb. 151. *Euplectella aspergillum* Ow. (Gießkannenschwamm oder Venuskörbchen), ein zu den Hexactinellida gehörender Kieselschwamm, der heute im Stillen und Indischen Ozean lebt. ¾ nat. Gr. — Aus A. SCHWARZ 1937.

2. Vorkommen und Ökologie

Es handelt sich neben den Lithistiden um die häufigsten fossilen Schwämme, denen man aber auch eine Reihe bisher noch wenig bekannter, systematisch unsicherer Formen zuordnet. Sie finden sich vom Kambrium — rezent; am häufigsten jedoch in Jura und Kreide (Maximum in der Ob. Kreide, Abb. 152). Gegenwärtig bewohnen sie vor allem Tiefen über 300 m. Die fehlende Selektion auf mechanische Festigkeit des Schwammkörpers könnte das Fehlen eines gallertigen Mesenchyms bei den H. erklären.

3. Systematik

Je nachdem, ob die Skleren miteinander verwachsen sind oder nicht, unterscheidet man im wesentlichen drei Ordnungen: die Lyssakida (Skleren in der Regel frei) sowie die Dictyida und Lychniskida (Skleren verschmolzen). Im übrigen lassen sich die fossilen Vertreter nicht wie die rezenten auf Grund der Mikroskleren ordnen, da diese oft nicht gemeinsam mit den zugehörigen Skeletten eingebettet wurden (siehe S. 142 ff.).

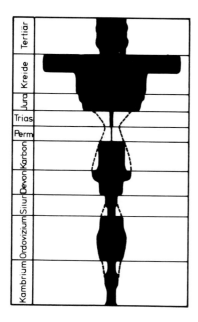

Abb. 152. Die zahlenmäßige und zeitliche Verteilung von 279 Gattungen der Hexactinellida.

Ordnung **Lyssakida** Zittel 1877

1. Allgemeines

Kugelige, zylindrische bis prismatische Vertreter, deren Wand vor allem aus Stauractinen besteht. Daneben finden sich in der Regel Diactone und differenziertere Skleren. Die Skelettelemente sind entweder frei oder zum Teil unvollständig mieinander verlötet. — Unt. Kambrium — rezent. Maxima der Entwicklung in Devon und Gegenwart. Kenntnislücke (?) im Perm.

2. Systematik

M. W. de Laubenfels (1954) verzeichnet 17 Familien, von denen nachstehend aber nur die beiden wichtigsten, zusammen mit einigen charakteristischen Gattungen, betrachtet werden sollen.

Familie **Protospongiidae** Hinde 1887

Sehr dünnwandige, kugel-, sack- bis röhrenförmige Schwämme, deren dünne Wand aus einer einzigen Lage vierstrahliger Sterne (Stauractine) besteht, die quadratische und subquadratische Maschen umschließen. Im Wurzelschopf und rings um das Osculum finden sich mitunter Diactone. Die Vertreter dieser Familie gehören wohl zum Ascon-Typ. — Unt. Kambrium — Silur.

Protospongia Salter 1869: Unt. Kambrium — Ordovizium von Europa, Nordamerika und China (Abb. 153).

Meist bis walnußgroße Hohlkugeln, die aus relativ wenigen Stauractinen bestehen. Wurzelschopf aus Diactonen.

Phormosella Hinde 1887: Ordovizium von England.

Kleine Hohlkugeln ohne Wurzelschopf, sonst wie *Protospongia*.

III. Klasse Hexactinellida Schmidt 1870

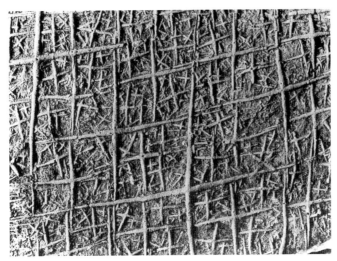

Abb. 153. *Protospongia hicksi* HINDE, vergrößerter Ausschnitt von einem Silikonkautschuk-Abdruck. Mittl. Kambrium von West-Utah (USA). Breite des Ausschnittes: ca. 2,3 cm. – Nach J. K. RIGBY 1966.

Familie **Dictyospongiidae** HALL 1882

Den Protospongiidae sehr ähnliche, aber meist wesentlich größere (Länge: 1—30 cm) Schwämme von zylindrischer oder prismatischer Gestalt. Die ebenfalls aus einer einzigen Lage von Skleren gebildete Wandung besteht aus quadratischen Maschen verschiedener Größe. — Ordovizium — Karbon. Meist als wohlerhaltene Abdrücke in Sandsteinen und Schiefern; jedoch ist die Skelettsubstanz in der Regel völlig aufgelöst. Es handelt sich um eine der wichtigsten Familien paläozoischer Schwämme. Das Entwicklungsmaximum liegt im Devon von Nordamerika und Europa. Sie gehören wohl ebenso wie die Protospongiidae, von denen sie aller Wahrscheinlichkeit nach abstammen, zum Ascon-Typ.

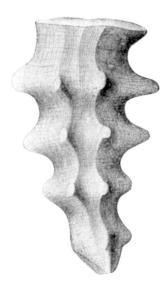

Abb. 154. *Hydnoceras bathense* HALL & CLARKE, Devon (Chemoung group), Jenks quarry bei New York (USA). ⅓ nat. Gr. — Aus K. A. v. ZITTEL 1915.

Hydnoceras CONRAD 1842: Ob. Devon — Karbon von N-Amerika und Frankreich (Abb. 154). Prismatische, längsberippte, im Querschnitt polygonale Formen, deren Wand an den Längsrippen buckelförmige Auftreibungen zeigt.
Dictyospongia HALL & CLARKE 1898: Devon von New York.
Vasenförmige, nichtprismatische Vertreter mit Wurzelschopf aus haarartigen Skleren.

Ordnung **Dictyida** ZITTEL 1877
(pro Dictyonina ZITTEL 1877)

1. Allgemeines

Das Skelett wird aus regelmäßig angeordneten Triaxonen gebildet, die zu einem festen Gitterwerk verschmolzen sind. Die Maschen stehen rechtwinklig aufeinander, da sich die Arme der Skleren mit den entsprechenden benachbarter Elemente verbinden. Ein Wurzelschopf fehlt. Die Skelettsubstanz ist häufig metasomatisch in Kalzit umgewandelt oder vollständig aufgelöst, so daß nur die Hohlräume übriggeblieben sind. — Mittl. Ordovizium — rezent. Maxima der Entwicklung im Mesozoikum und in der Gegenwart.

Familie **Staurodermatidae** ZITTEL 1877
(pro Staurodermidae ZITTEL 1877)

Überwiegend trichter-, kreisel- oder zylinderförmige Vertreter, bei denen zumindest die Außenwand mit meist großen, sternförmigen Skleren (Stauractinen), gelegentlich auch mit ähnlich gestalteten Triaxonen überkleidet ist. — Jura — Miozän.
Stauroderma ZITTEL 1877: Jura von Europa.
Trichter- oder tellerförmig, mit weitem Spongocoel. Oberfläche trägt beiderseits eine Deckschicht aus Stauractinen.
Tremadictyon ZITTEL 1877: Malm von Europa, sehr häufig (Abb. 155).
Ähnlich *Stauroderma*, doch ist hier die Wandung des Spongocoels nicht so deutlich mit einer Deckschicht aus Stauractinen überkleidet. Basis knollig verdickt. Kanalostien stehen beiderseits der Wandung in alternierenden Reihen.

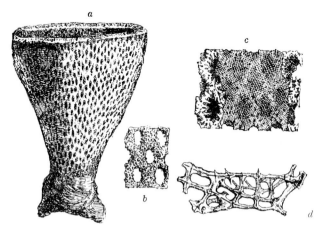

Abb. 155. *Tremadictyon reticulatum* (GOLDF.), Malm von Streitberg (Franken). a) Exemplar in ⅔ nat. Gr.; b) Oberfläche ohne Deckschicht, ¾ nat. Gr.; c) Deckschicht, ¾ nat. Gr.; d) Teil des sonstigen Skeletts, 12/1 nat. Gr. — Nach K. A. v. ZITTEL 1915.

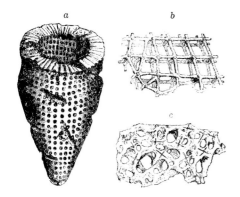

Abb. 156. *Laocaetis paradoxa* (MÜNSTER), Malm von Muggendorf (Franken). a) Exemplar in ⅓ nat. Gr.; b) Teil des sonstigen Skeletts, 12/1 nat. Gr.; c) Teil der Deckschicht, stark vergrößert. — Nach K. A. v. ZITTEL 1915.

Laocaetis POMEL 1872 (syn. *Craticularia* ZITTEL 1878): Jura — Tertiär von Europa und Afrika (Abb. 156).

Überwiegend becher- oder trichterförmige Schwämme, deren äußere und innere Oberfläche mit runden oder ovalen Kanalostien bedeckt sind. Diese bilden vertikal aufeinanderstehende Reihen. Die dünne, von zahlreichen Poren durchsetzte Deckschicht ging meist während der Fossilisation verloren.

Ordnung **Lychniskida** SCHRAMMEN 1902
(ex Lychniskophora SCHRAMMEN 1902)

Der äußere Habitus und der allgemeine Bauplan des Skeletts entspricht dem der Dictyida. Abweichend finden sich im Zentrum jedes Triaxons kurze, diagonal verlaufende Verstrebungen, die zusammen mit den Achsen der Skleren ein Gebilde erzeugen, das an eine offene Laterne erinnert (vgl. Abb. 150, 159d). — ? Trias, Jura — rezent. Maximum der Entwicklung in der Kreide; heute nahezu erloschen. Eigenartigerweise stammen offenbar die meisten fossilen Vertreter von europäischen Fundorten.

Die fossil wichtigeren Formen verteilen sich auf nachstehende Familien:

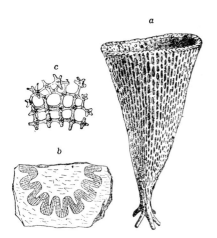

Abb. 157. *Ventriculites striatus* T. SMITH, Ob. Kreide (Quadraten-Senon) von Linden bei Hannover. a) Exemplar in ½ nat. Gr.; b) Querschnitt, nat. Gr.; c) Teil des Skeletts, 12/1 nat. Gr. — Nach K. A. v. ZITTEL 1915.

Familie **Ventriculitidae** T. Smith 1847

Wand der überwiegend teller-, becher- oder zylinderförmigen Schwämme mäandrisch gefaltet; Falten radiär angeordnet. — Jura — Ob. Kreide.

Ventriculites Mantell 1822: Mittl. — Ob. Kreide von Europa, häufig (Abb. 157).

Zylinder-, trichter-, becher-, teller- bis schüsselförmig; mit weitem Spongocoel und verdichteter Deckschicht. Wand relativ dünn. Kanalostien parallel zur Längsachse angeordnet. Basis schmal, mit wurzelartigen Ausläufern.

Pachyteichisma Zittel 1877: Malm von Europa (Abb. 158).

Kreisel- oder schüsselförmig; mit sehr dicker, gefalteter Wand. Die Falten sind an der Außenseite durch tiefe Furchen, innen durch seichte Furchen getrennt. Ohne Deckschicht und Wurzel.

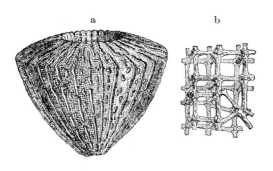

Abb. 158. *Pachyteichisma carteri*, Malm von Hohenpölz (Franken). a) Exemplar in ½ nat. Gr.; b) Teil des Skeletts, ¹²⁄₁ nat. Gr. — Nach K. A. v. Zittel 1915.

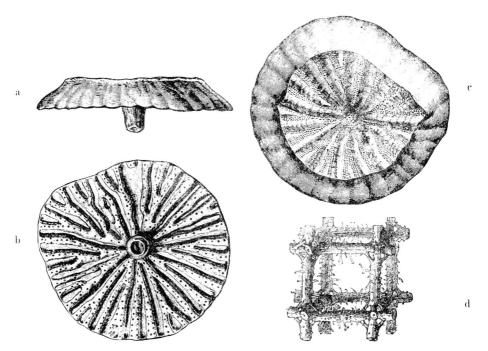

Abb. 159. *Coeloptychium agaricoides* Goldf., Ob. Kreide von Vordorf bei Braunschweig; a) von der Seite; b) von unten; c) von oben, ⅔ nat. Gr.; d) Teil des Skeletts, ⁶⁰⁄₁ nat. Gr. — Nach K. A. v. Zittel 1915.

III. Klasse Hexactinellida Schmidt 1870

Familie **Coeloptychiidae** Zittel 1877

Schirm- oder pilzförmig, gestielt. Wand dünn, mäandrisch gefaltet. — Ob. Kreide.

Coeloptychium Goldfuss 1833: Ob. Kreide von Europa (Abb. 159—160).

Falten radiär angeordnet, gegen den Außenrand des Schirmes gegabelt. Dessen Seitenwand und die Oberfläche sind mit einer porösen Deckschicht überzogen, welche die Falten vollständig füllt. Kanalostien liegen auf den Faltenrücken der Schirmunterseite.

Myrmecioptychium Schrammen 1912: Ob. Kreide von Mitteleuropa.

Ähnlich *Coeloptychium*.

Abb. 160. *Coeloptychium agaricoides* Goldf., a) von oben, b) von unten. Ob. Kreide (Senon) von Haldem (Westfalen). Durchmesser: ca. 13 cm.

Familie **Camerospongiidae** Schrammen 1912

Halbkugelige, kugelige oder birnenförmige, gestielte Lychniskida mit relativ großem Spongocoel. Das Skelett besteht hauptsächlich aus dünnwandigen, ineinander gewundenen, röhrenartigen Kanälen. Zumindest im oberen Teil ist es mit einer feinmaschigen Deckschicht überzogen. Vermutlich war der nicht mit Deckschicht versehene Teil zu Lebzeiten des Tieres im Sediment vergraben. — Jura — Tertiär, ? rezent.

Camerospongia d'Orbigny 1849: Kreide — Tertiär von Europa (Abb. 161).

Kugelig, halbkugelig oder birnenförmig; gestielt. Obere Hälfte mit glatter Kieselhaut überzogen. Im Scheitel liegt die große, kreisrunde Vertiefung des Spongocoels.

Cystispongia F. A. Roemer 1864: Ob. Kreide — Tertiär von Europa, ? rezent (Abb. 162).

Ähnlich *Camerospongia*, doch überzieht die feinmaschige, als dichte Kieselhaut erscheinende Deckschicht den gesamten Schwamm. Sie wird von mehreren großen, unregelmäßig geformten Öffnungen unterbrochen.

Abb. 161. *Camerospongia fungiformis* (GOLDF.), Ob. Kreide von Opole. Nat. Gr. — Nach K. A. v. ZITTEL 1915.

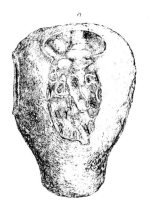

Abb. 162. *Cystispongia bursa* QUENST., Ob. Kreide von Mitteleuropa, a) Exemplar in nat. Gr.; b) Deckschicht mit dem darunterliegenden Skelett, ¹⁸⁄₁ nat. Gr.; c) Ausschnitt des endosomalen Skeletts, ¹²⁄₁ nat. Gr. — Nach K. A. v. ZITTEL 1915.

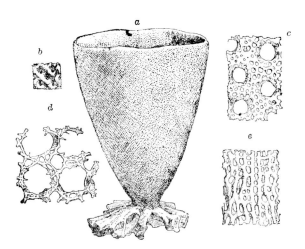

Abb. 163. *Coscinopora infundibulum* GOLDFUSS, a) Seitenansicht eines Exemplars, ½ nat. Gr.; b) Oberfläche, nat. Gr.; c) desgl., ³⁄₁ nat. Gr.; d) Teil des Skeletts, ¹²⁄₁ nat. Gr.; e) Teil der Wurzel, ¹²⁄₁ nat. Gr.; Ob. Kreide von Coesfeld (Westfalen). — Nach K. A. v. ZITTEL 1915.

III. Klasse Hexactinellida Schmidt 1870

Familie **Coscinoporidae** Zittel 1877

Dünnwandige Lychniskida. — Ob. Kreide.
Coscinopora Goldfuss 1833: Ob. Kreide von Europa (Abb. 163).
Becherförmig, mit verästelter Wurzel. Wand beiderseits mit zahlreichen Ostien bedeckt, die wechselständig angeordnet sind.

Als weitere, paläontologisch und geologisch wichtige Gattungen, die anderen, nicht betrachteten Familien der Lychniskida angehören, sind zu verzeichnen:
Cypellia Pomel 1872 (syn. *Phanerochiderma, Cryptochiderma, Paracypellia;* sämtlich Schrammen 1936): Malm von Europa, lokal sehr häufig (Abb. 164).
Kreisel- bis schüsselförmige Vertreter mit Deckschicht aus meist großen, sternförmigen Skleren (Stauractinen). Das endosomale Skelett ähnelt dem der Ventriculitidae.
Becksia Schlüter 1868: Ob. Kreide von Deutschland und Frankreich (Abb. 165).
Becherförmige, dünnwandige Schwämme mit Cortex und einem endosomalen Skelett, das radial angeordnete und seitlich verwachsene Röhren enthält. Zwischen diesen Röhren, die in der Nähe der Basis hohle, stachelförmige Fortsätze bilden, bleiben größere Öffnungen frei.

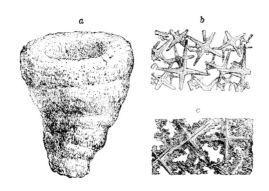

Abb. 164. *Cypellia rugosa* (Goldf.), Malm von Streitberg (Franken). a) Exemplar in ½ nat. Gr.; b)—c) Teil der Deckschicht, ¹²⁄₁ nat. Gr. — Nach K. A. v. Zittel 1915.

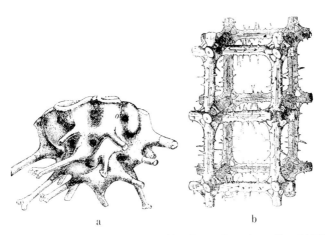

Abb. 165. *Becksia soekelandi* Schlüt., Ob. Kreide (Quadraten-Senon) von Coesfeld (Westfalen). a) Exemplar in ½ nat. Gr.; b) Teil des Skeletts, ⁵⁰⁄₁ nat. Gr. — Nach K. A. v. Zittel 1915.

IV. Klasse **Calcispongea** DE BLAINVILLE 1834

(ex Calcispongiae DE BLAINVILLE 1834) (Calcarea BOWERBANK 1864)

1. Allgemeines

Das Skelett besteht aus Kalzit, das sonst nur noch bei den Heteractinida innerhalb der Porifera ausgeschieden wird. Vorkommen kieseliger und kalkiger Elemente nebeneinander soll z. B. bei der rezenten *Astrosclera* LISTER 1900 beobachtet worden sein (VACELET 1967 u. a.). Bei den meisten C. der Gegenwart finden sich Skleren, die als Monaxone (Enden immer unterschiedlich gestaltet), Tetraxone und als (besonders charakteristisch) triradiate Elemente von Y- oder T-förmiger Gestalt auftreten (Abb. 166, 167). Zwei Skleroblasten bilden die Monaxone, drei oder vier separate Gruppen sich später vereinigender Skleroblasten die Drei- oder Vierstrahler. Dies erklärt, weshalb die Basen der einzelnen Strahlen oft durch Suturen getrennt werden (vgl. auch die Chancelloriida). Liegen die Skleren frei im Weichkörper, werden sie nach dem Tode der Tiere meist verstreut eingebettet. Bei den meisten C. sind die Skleren durch eine kalkige Matrix verkittet. Diese entsteht in besonderen Zellen (Telmatoblasten) und bildet dünne Fasern. Bei einigen rezenten C. fehlen Skleren. Hier ist das Skelett entweder lamellar oder sphaeroidal (z. B. bei *Petrobiona* VACELET & LÉVI) struiert. Bei der sphaeroidalen Struktur konnte noch nicht geklärt werden, ob sie zu Lebzeiten der Tiere von besonders differenzierten Zellen ausgeschieden wird oder nach dem Tode durch Umkristallisation entsteht. Sicher ist aber, daß die Kristallite bei der sphaeroidalen Struktur primär anders orientiert sind als bei der lamellaren.

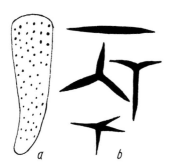

Abb. 166. *Protosycon punctatum* (GOLDF.), Malm von Deutschland. a) Exemplar in nat. Gr.; b) Skleren, stark vergrößert. – Aus M. W. DE LAUBENFELS (1955), umgezeichnet.

Abb. 167. *Sestrostomella rugosa* HINDE, triradiate Skleren. Kreide von England. 150/1 nat. Gr. — Nach G. J. HINDE.

2. Vorkommen

Unt. Kambrium — rezent (Abb. 168) erstmalig häufiger in der alpinen Trias (berühmte Fundstelle: St. Cassian in Tirol). Häufig sind sie lokal auch im Jura (zum Beispiel Bathonien der

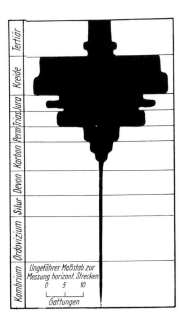

Abb. 168. Schaubild, das die ungefähre zahlenmäßige und zeitliche Verteilung von 94 Gattungen der Calcispongea zeigt.

Normandie, Malm des Schweizer Jura) und in der Kreide (zum Beispiel Neokom von Neuchâtel). Oberhalb der Kreide/Tertiär-Grenze treten sie stark zurück.

3. Systematik

Der allgemein ungünstige Erhaltungszustand ist eine der Ursachen dafür, daß die fossilen Formen kaum oder nicht mit den rezenten Vertretern verglichen werden können. Dies erklärt auch den noch unbefriedigenden Zustand der paläontologischen Systematik. Es werden drei Ordnungen unterschieden:

a) **Dialytina** RAUFF 1893: ? Kambrium — ? Pliozän, rezent,
b) **Pharetronida** ZITTEL 1878: ? Devon, Perm — rezent,
c) **Sphinctozoa** STEINMANN 1882: Ob. Karbon — Ob. Kreide.

Ordnung **Dialytina** RAUFF 1893

Calcispongea mit nicht miteinander verwachsenen ein-, drei- oder vierstrahligen Skleren. Da diese isoliert im Weichkörper liegen, werden sie nach dem Tode der Tiere meist verstreut eingebettet, was die taxonomische Bearbeitung fossiler Vorkommen sehr erschwert. Zu den D. rechnet man die Mehrzahl der rezenten Calcispongea und eine Reihe mehr oder weniger fraglicher fossiler Formen. Zu letzteren gehören isolierte Skleren aus dem Karbon, Mesozoikum und Pliozän von England (HINDE 1887—1896) sowie aus der Ob. Trias der Alpen. Eine der am besten bekannten Arten ist *Leucandra walfordi* HINDE 1889 aus dem Lias von Northamptonshire. Ungenügend bearbeitet sind z.B. *Protosycon* ZITTEL 1879 (Malm von Mitteleuropa) und *Camarocladia* MILLER 1889 (Kambrium — Ordovizium von N-Amerika). Im letzteren Fall handelt es sich um 2 mm dicke, verzweigte Röhren, die etwas an die rezenten Leucosoleniidae erinnern und deren Wandung zweifelhafte dreistrahlige Skleren enthält.

Ordnung **Pharetronida** ZITTEL 1878
(ex Pharetrones ZITTEL 1878)

Bei den Ph. werden die Skleren durch eine kalkige Matrix entweder in faserartigen Elementen (fibres) oder membranartigen Bildungen (Cortex) vereinigt, von denen letztere den Schwammkörper zumindest teilweise überdecken. Fasern und Membranen wurden fossil meist diagenetisch verändert, so daß von den Skleren nichts oder kaum noch etwas zu erkennen ist. Dies erschwert die Unterscheidung von den Hydrozoa. Die kennzeichnenden triradiaten Skleren finden sich entweder in regelmäßiger Ausbildung und/oder stimmgabelförmiger Gestalt. Daneben, aber auch allein, können vierstrahlige oder monaxone Skleren auftreten. Bei *Stellispongia* aus der Trias sind es zum Beispiel kurze, beidseitig gerundete Monaxone, bei den rezenten Gattungen *Porosphaerella* WELTER 1910 und *Petrostroma* DÖDERLEIN 1892 vierstrahlige Formen. Vom Skelett werden als erstes die Skleren (in Skleroblasten), dann die kalkige Matrix der Fasern und Membranen (in Telmatoblasten) gebildet. Fossil ist die faserige Struktur gut zu erkennen, wenn sich Epizoen auf den freiliegenden Fasern lebender Ph. festgesetzt haben und die Aufsiedler von den Schwämmen überwachsen wurden (B. ZIEGLER 1964).

— ? Devon, Perm — rezent. Bei den fraglichen Vertretern aus dem Devon (z. B. „*Peronidella*" ZITTEL 1893) handelt es sich vermutlich um Stammformen. Am häufigsten sind die Ph. im Mesozoikum. An der Kreide/Tertiär-Grenze starben die meisten Gattungen aus, so daß aus dem Tertiär nur wenige Funde bekannt geworden sind. In der Trias und vermutlich auch im Perm bildeten die Ph. Riffe. Während der Kreide und im Tertiär wanderten sie zunehmend vom seichten Flachmeer in etwas tieferes Wasser ab, wo sie heute auf Bereiche unter 80 m und auf lichtlose submarine Höhlen beschränkt sind (hierzu u. a. J. VACELET 1967, 1970; DEBRENNE & VACELET in J. A. FAGERSTROM 1984).

Zu den Pharetronida gehört mehr als die Hälfte der Gattungen der Calcispongea. Nachstehend einige Beispiele:

Sestrostomella ZITTEL 1878: Jura — Kreide von Europa (Abb. 167).
Massige Schwämme mit zahlreichen Osculi. Möglicherweise handelt es sich um mehrere Individuen, wie etwa beim Badeschwamm. Die Osculi können von netzartigen Bildungen bedeckt werden. Charakteristisch sind regelmäßige und stimmgabelförmige triradiate Skleren.

Stellispongia D'ORBIGNY 1849: Trias — Jura, ? Kreide von Europa und Peru.
Meist Stöcke, die aus kugeligen, halbkugeligen oder keulenförmigen Individuen zusammengesetzt sind. Basis, zuweilen auch die Flanken, mit runzeliger Deckschicht überzogen. Scheitel gewölbt. Spongocoel seicht, von radial verlaufenden Kanälchen umgeben, die zu Lebzeiten vermutlich mit Weichteilen überkleidet waren. Jede Faser enthält ein Bündel mehr oder weniger parallel liegender Skleren. Bei diesen handelt es sich um kurze, gerundete Monaxone.

Enaulofungia FROMENTEL 1859: ? Trias, Jura — Kreide von Europa (Abb. 169–170).
Im Habitus ähnlich *Stellispongia*, doch mit großen triradiaten Skleren.

Elasmostoma FROMENTEL 1860: Jura — Kreide von Europa. Häufig vor allem in der Kreide (Abb. 171).

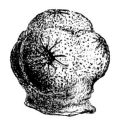

Abb. 169. *Enaulofungia glomerata* (QUENSTEDT), Malm von Nattheim. Nat. Gr. — Nach K. A. v. ZITTEL 1915.

IV. Klasse Calcispongea de Blainville 1834

Abb. 170. *Enaulofungia corallina* FROMENTEL, Malm der Schweiz. Durchmesser ca. 4 mm.

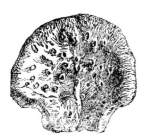

Abb. 171. *Elasmostoma acutimargo* ROEM., von oben. Unt. Kreide (Hils) von Berklingen. Nat. Gr. — Nach K. A. v. ZITTEL 1915.

Schüssel-, blatt- oder ohrförmig, seltener trichterartig. Oberfläche mit glatter Deckschicht, in der seichte Osculi liegen. Unterseite mit zahlreichen Prosoporen; das sind Öffnungen, die zu den Geißelkammern führen.
Corynella ZITTEL 1878: Trias — Kreide von Europa (Abb. 172).
Überwiegend zylindrisch, knollig, selten ästig, kolben- oder kreiselförmig. Wand dick, mit ein

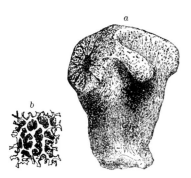

Abb. 172. *Corynella quenstedti* ZITTEL, Malm (Unt. Tithon) von Nattheim. a) Exemplar in nat. Gr.; b) Teil des Skeletts. ⁴⁄₁ nat. Gr. — Nach K. A. v. ZITTEL 1915.

Abb. 173. *Raphidonema farringdonense* (SHARPE). Unt. Kreide (Apt) von Farringdon (England). ⅔ nat. Gr. — Nach K. A. v. ZITTEL 1915.

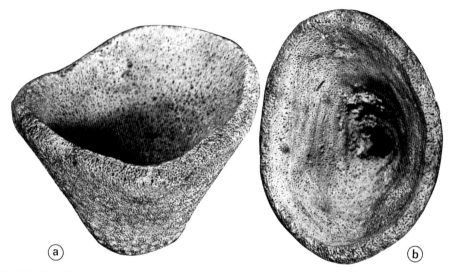

Abb. 174. *Raphidonema* sp., a) von oben, b) seitlich. Ob. Kreide (Kreidemergel) von Frohnhausen bei Eschweiler (Nordrhein-Westfalen). Größter Durchmesser: ca. 2½ cm.

oder mehreren, meist gestrahlten Osculi. Spongocoel in der Regel ziemlich tief, reicht allerdings nur selten bis zur Basis. Diese ist gelegentlich mit einer besonderen Deckschicht überzogen.

Raphidonema HINDE 1884: Trias — Kreide von Europa (Abb. 173—174).

Meist becher- oder trichterförmig. Wandung des Spongocoels glatt. Außenseite rauh, porös. Mittlere Höhe bis ca. 5 cm.

Peronidella HINDE 1893: Trias — Kreide von Europa (Abb. 175).

Zylindrisch, dickwandig; meist buschartig verwachsen. Spongocoel röhrenförmig, reicht bis zur Basis. Im Scheitel jeder Säule ein kleines Osculum. Oberfläche fein porös. Bei den Skleren handelt es sich um triradiate Formen, unter denen der regelmäßige Typ gegenüber dem stimmgabelförmigen dominiert. Gleiches gilt für *Elasmostoma*.

Porosphaera STEINMANN 1878: Kreide von Europa (Abb. 176).

Kugelig. Oberfläche fein porös, mit Stacheln bedeckt. Durchmesser selten größer als 1 cm. Die systematische Stellung war lange Zeit unsicher. Bei den Skleren überwiegen die vierstrahligen Formen, die im Inneren der Fasern „Spitze auf Spitze" aufeinander folgen.

Viele *P.* der Schreibkreide-Fazies der Oberkreide sind zylindrisch an- oder durchgebohrt. Beim Erzeuger handelt es sich vermutlich um einen Sipunculiden (A. H. MÜLLER 1970).

IV. Klasse Calcispongea de Blainville 1834   185

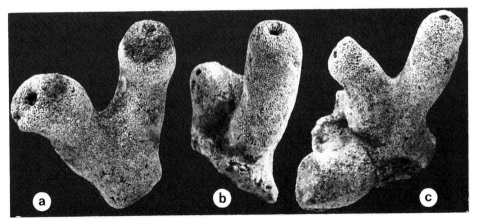

Abb. 175. *Peronidella robusta* GEINITZ, Ob. Kreide von Essen (Ruhrgebiet). Ca. ⅔ nat. Gr.

Abb. 176. *Porosphaera globularis* PHILLIPS, zu den Pharetronida gehörende Kalkschwämme. Die meist vorhandenen Durchbohrungen sind auf Bohrorganismen zurückzuführen, die diese Schwämme bevorzugten. Ob. Kreide (Unt. Maastricht) von Rügen. Der Durchmesser des linken Exemplars beträgt ca. 2½ cm.

Ordnung **Sphinctozoa** STEINMANN 1882
(Thalamida DE LAUBENFELS 1955)

Calcispongea mit segmentartig gegliedertem Skelett, das meist aus hohlen, mehr oder weniger kugelförmigen Abschnitten besteht, die in geraden oder gekrümmten, einfachen oder verzweigten Reihen angeordnet sind. Bei den meisten Gattungen konnten Skleren nicht nachgewiesen werden. Bei diesen Taxa ist die Wand entweder fein lamellar oder sphaeroidal struiert. Drei- oder vierstrahlige Skleren wurden bei den Sphaerocoeliidae STEINMANN 1882 (Jura-Kreide) und etwas fragliche unregelmäßige Gebilde bei *Thaumastocoelia* STEINMANN 1882 (Perm-Trias) beobachtet. Die Wand zeigt bei einem Teil der S. zahlreiche Poren, bei den übrigen nur wenige, allerdings größere Öffnungen (Ostia). In einigen Fällen (z. B. *Celyphia* POMEL 1872, Abb. 177c) dürfte das Skelett vom Weichkörper umgeben gewesen sein (ZIEGLER 1964). Das Innere der segmentartigen Abschnitte war vermutlich mit einem endosomalen Gewebe gefüllt. Hinzu kommen vielfach kalkige Strukturen mit retikularem, trabekularem oder tubulärem Bau (SEILACHER 1961, OTT 1967). In der Regel wurden (vermutlich abgestorbene und nicht mehr mit Weichkörper gefüllte) Teile des Skeletts durch dünne Kalkwände (Diaphragmen, Vesiculae)

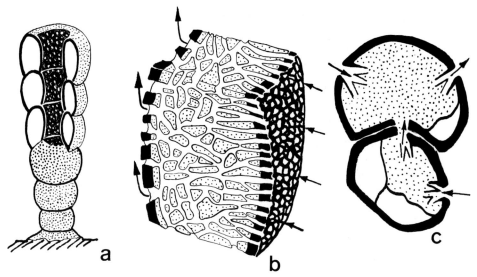

Abb. 177. a)–b) *Polytholosia* sp., Trias (a — Skelett teilweise geöffnet, um den zentralen Hohlraum zu zeigen; b — Kanalsystem, modifiziert nach A. SEILACHER 1961); c) *Celyphia* sp., Längsschnitt mit der Richtung der Wasserzirkulation; Trias. Ohne Maßstäbe. Nach B. ZIEGLER & S. RIETSCHEL 1970, leicht verändert.

abgetrennt, was an die „Böden" anderer Tiere mit corallinem Wachstum (Korallen, Bryozoen, Rudisten, Richthofenien) erinnert (Abb. 177a, c, 178). — Kambrium — rezent, in Flachmeerablagerungen vor allem von Perm und Trias nachgewiesen. Funde aus dem Kambrium (J. PICKETT & P. A. JELL 1983), Eozän und der Gegenwart (J. VACELET 1977, 1979) sind stratigraphisch durch große Kenntnislücken von den übrigen Vorkommen getrennt.

Amblysiphonella STEINMANN 1882 (syn. *Tetraproctosia* RAUFF 1938): Ob. Karbon — Perm von Europa, Nordamerika, Japan, Peru u. a., Ob. Trias von Oregon (Abb. 178).

Abb. 178. Schema von *Amblysiphonella* sp., zum Teil als Längsschnitt. Karbon. Etwa nat. Gr.

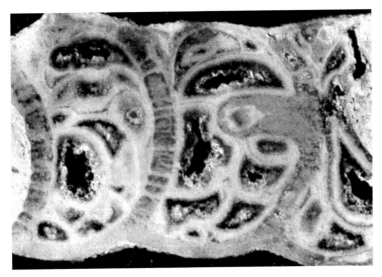

Abb. 179. *Girtycoelia* sp., Längsschnitt mit Poren in der Wand zwischen benachbarten Kammern. Die Kammern sind mit Blasengewebe (Vesiculae) gefüllt. Perm von Rupe di Salomone (Sosio Tal, Sizilien). ⁵⁄₁ nat. Gr. Original in Stanford Univ.; leg. S. W. MULLER. — Nach einem Originalfoto von A. SEILACHER, Tübingen.

Die perlschnurartig aneinandergereihten kugeligen Abschnitte werden der Länge nach von einer Röhre mit perforierter, poröser Wandung durchzogen.

Sehr ähnlich ist **Girtyocoelia** COSSMANN 1909 (Ob. Karbon — Perm von N-Amerika, Riffbildner), bei der die äußere Wandung neben den üblichen feineren Poren einige größere und kragenartig umrandete Öffnungen aufweist. Diese Öffnungen erinnern an Osculi.

Girtycoelia R. H. KING 1932: Ob. Karbon von Nordamerika und Perm von Italien (Abb. 179).

Sphinctozoa, deren Skelett aus kugelförmigen, innen mit Blasengewebe gefüllten Körpern besteht, die in geraden oder gekrümmten, zum Teil verzweigten Reihen angeordnet sind. Die zwischen benachbarten Kammern liegende Wand ist perforiert. — Nicht mit *Girtyocoelia* Coss. 1909 verwechseln.

Barroisia STEINMANN 1882: Kreide, insbesondere von England (Abb. 180).

Im Prinzip ähnlich *Amblysiphonella*, doch sind jetzt die Einschnürungen zwischen den Kammern bis auf gelegentliche, schwache Andeutungen verschwunden. Hierdurch erscheint das

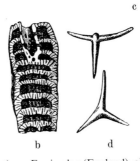

Abb. 180. *Barroisia anastomans* (MANT.), Unt. Kreide (Apt) von Farringdon (England). a) Buschiger Stock, zum Teil angeschnitten, nat. Gr.; b) einzelnes Individuum, schräg durchschnitten, ½ nat. Gr.; c) triradiate Sklere, ³⁶⁄₁ nat. Gr.; d) desgl., ⁷²⁄₁ nat. Gr. — Nach G. STEINMANN 1882.

Gebilde wie ein Zylinder, der im Inneren durch eine Anzahl von Querböden aufgeteilt wird. Die zentrale Röhre, die wohl dem Spongocoel entspricht, reicht nicht bis zur Basis. Außenwand, Röhre und Querböden porös. Meist sind mehrere Exemplare am unteren Ende buschig verwachsen. Mit Skleren.

Vaceletia PICKETT 1982: rezent, nachgewiesen im westlichen Indik (Glorieuses-Inseln) unter Korallenbruchstücken des Vorriffs in 24 m Tiefe und im westlichen Pazifik (Enewetak Atoll) selten am Außenriff in Tiefen von 20—35 m.

Der sehr kleine, kugelige Körper hat einen Durchmesser von ca. 2—3 mm und eine Höhe um 2 mm. Er ist mit breiter Basis am Substrat festgewachsen. Oberfläche gleichmäßig mit Poren besetzt. Skleren konnten weder im Skelett noch in den Weichteilen nachgewiesen werden; doch könnten sie wie bei einigen der fossilen Vertreter fest miteinander verschmolzen sein. Innenwand solid, imperforat, glatt. Von ihr aus ragen zu jeder Pore der Außenwand 4—7 winzige Dornen. Insgesamt besteht der Schwammkörper aus einer Anzahl halbkugeliger Schalen, die in Abständen aufeinander folgen und von zahlreichen senkrecht stehenden, 0,1—0,3 mm hohen Säulchen (pillars) gestützt werden. Ein großer, röhrenförmiger Zentralkanal (Ausströmkanal) zu den Oscularöffnungen auf der Oberseite des Körpers konnte nicht in allen Fällen nachgewiesen werden.

Literaturverzeichnis

ALEOTTI, G., DIECI, G., & RUSSO, F.: Éponges Permiennes de la Vallée de Sosio (Sicile): Révision systematique des sphinctozoaires. — Ann. Paléont. **72** (3), 211—246, 1 Abb., 8 Taf., Paris 1986.

ARNDT, W.: Lebensdauer, Altern und Tod der Schwämme. — Sitz.-Ber. Ges. naturforsch. Freunde **1928**, 23—44, 2 Abb., Berlin 1928.

BASILE, L. L., CUFFEY, R. J., & KOSICH, D.: Sclerosponges, Pharetronids, and Sphinctozoans (Relict cryptic hard-bodied Porifera) in the modern reefs of Enewetak Atoll. — J. Paleont. **58** (3), 636—650, 4 Abb., 1984.

BIDDER, G. P.: The relation of the form of a sponge to currents. — Quart. j. microscop. sci. **67**, 293—323, Oxford 1923.

BROMLEY, R. G.: Borings as trace fossils and *Entobia cretacea* PORTLOCK, as an example. — Geol. J. spec. Issue **3**, 49—90, 4 Abb., 5 Taf., Liverpool 1970.

DEFRETIN-LEFRANC, S.: Contribution à l'étude des spongiaires siliceux du Crétacé supérieur du Nord de la France. 178 S., 47 Abb., 27 Taf., Thèses faculté des sciences de Lille 1958.

CASTER, K. E.: Siliceous sponges from Mississippian and Devonian strata of the Penn-York embayment. — J. Paleont. **13**, 1—20, 8 Abb., 4 Taf., 1939.

CHEN, Jun-yuan, HOU, Xian-guang, & LU, Hao-zhi: Lower Cambrian Leptomitids (Demospongea), Chengjiang, Yunnan.—Acta Palaeont. Sinica **28** (1), 17—31, 6 Abb., 6 Taf., Peking 1989 (chines. m. engl. Zusammenfassg.).

CHERCHI, A., & SCHROEDER, R.: Monaxone Spiculae im Lumen von *Blastochaetetes irregularis* (Demospongea) aus dem Santon der spanischen Pyrenäen. — Senckenbergiana lethaea **68** (1/4), 305—319, 4 Abb., Frankfurt a. Main 1987.

— — Über die Wandstruktur von *Septachaetetes eocenus* (Demospongea) aus dem Eozän der spanischen Pyrenäen. — Ebd. **68** (5/6), 321—335, 7 Abb., 1988.

CUIF, J.-P.: Rôle des Sclérosponges dans la faune récifale du Trias des Dolomites (Italie du Nord). — Geobios **7** (2), 139—153, 5 Abb., 3 Taf., Lyon 1974.

— & GAUTRET, P.: Étude de la répartition des principaux types de démosponges calcifiés depuis le Permien. — Bull. Soc. géol. France **162** (5), 875—886, 1 Abb., 3 Taf., Paris 1991.

DIECI, G., RUSSO, F., & MARCHI, M. S.: Occurrence of spicules in Triassic Chaetetids and Ceratoporellids. — Boll. Soc. Paleont. Italiana **16** (2), 229—238, 1977.

DUNN, P. R.: Triact spicules in Proterozoic rocks of the Northern Territory of Australia. — J. Geol. Soc. Australia **11**, pt. 2, 195—197, 1 Taf., 1964.

ELIAS, M. K.: Late Mississippian fauna from the Redoak Hollow formation of southern Oklahoma, part I. — J. Paleont. **31** (2), 370—427, 12 Taf., 1957.

Literaturverzeichnis

FAGERSTROM, J. A. (Ed.): The paleobiology of Sclerosponges, Stromatoporoids, Chaetetids, Archaeocyathids and non-spicular calcareous sponges. — Palaeontogr. Americana **54**, 303—381, 1984.
FAN, J., & ZHANG, W.: Sphinctozoans from Late Permian of Lichuan, West Hubei, China. — Facies **13**, 1—44, 6 Abb., 8 Taf., Erlangen 1985.
FINKS, R. M.: Late Paleozoic sponges of the Texas region: the siliceous sponges. — Bull. amer. Mus. nat. Hist. **120**, 160 S., 1960.
— The evolution and ecologic history of sponges during Paleozoic times. — In: W. G. FRY (Ed.), The biology of the Porifera.-Symp. zool. Soc. **25**, 3—22, London 1970.
FRY, W. C. (Hrsg.): The biology of the Porifera. — Symp. Zool. Soc. London **25**, 512 S., London (Acad. Press) 1970.
FUCHS, G., & MOSTLER, H.: Der erste Nachweis von Fossilien (kambrischen Alters) in der Hazira-Formation, Hazara, Pakistan. — Geol. Paläont. Mitt. Innsbruck **2**, 1—12, 4 Abb., Innsbruck 1972.
GLAESSNER, M. F.: Precambrian. — In: R. A. ROBINSON & C. TEICHERT (Eds.), Treatise on Invertebrate Paleontology, part **A**, 79—118, 20 Abb., 1979.
GRASSHOFF, M.: Die Evolution der Schwämme. - Natur u. Museum **122**, 201-210, 237-247, 12 Abb., Frankfurt a. Main 1992.
HALL, J., & CLARKE, J. M.: Paleozoic reticulate sponges constituting the family Dictyospongidae. — Univ. State N. Y., Mem. **2**, 1—97, 1900.
HARTMAN, W. D.: New genera and species of coralline sponges (Porifera) from Jamaica. — Postilla **137**, 3—39, 1969.
— A new sclerosponge from the Bahamas and its relationship to mesozoic stromatoporoids. — Coll. internat. Centre nat. Rech. sci. **291**, 467—474, 12 Abb., Paris 1979.
— & GOREAU, T. F.: *Ceratoporella*, a living sponge with stromatoporoid affinities. — Amer. Zoologist **6** (1), 563—564, Utica/N.Y. 1966.
— — Jamaican coralline sponges: their morphology, ecology and fossil relatives. — Symp. Zool. Soc. **25**, 205—243, 22 Abb., London 1970 (1970a).
— — *Ceratoporella* (Porifera: Sclerospongiae) and the chaetetid „corals". — Conn. Acad. Arts Sci. Trans. **44**, 133—148, 1970 (1970b).
— — A Pacific tabulate sponge, living representative of an new order of Sclerosponges. — Postilla **167**, 1—21, 15 Abb., New Haven 1975.
— WENDT, J. W., & WIEDENMAYER, F.: Living and fossil sponges. — Sedimenta **8**, 274 S., Univ. of Miami 1980.
HINDE, G. J.: On the structure and affinities of the family of Receptaculitidae. — Quart. J. Geol. Soc. **40**, 795—849, 1884.
— A monograph of the British fossil Sponges. — Palaeontogr. Soc. London, S. 1—254, 1887 bis 1893.
KAZMIERCZAK, J.: Lower Cretaceous sclerosponge from the Slovakian Tatra Mountains. — Palaeontology **17**, 341—347, 2 Taf., London 1974.
— Sclerosponge nature of chaetetids evidenced by spiculated *Chaetetopsis favrei* (DENINGER 1906) from the Barremian of Crimea. — Neues Jb. Geol. Paläont. Mh. **1979** (2), 97—108, 4 Abb., Stuttgart 1979.
— & HILLMER, G.: Sclerosponge nature of the Lower Hauterivian „Bryozoan" *Neuropora pustulosa* (ROEMER, 1839) from western Germany. — Acta Palaeont. Polonica **XIX** (4), 443—453, 1 Abb., 4 Taf., Warschau 1974.
KEMPEN, TH. M. G. VAN: The biology of aulocopiid lower parts (Porifera-Lithistida). — J. Paleont. **57** (2), 363—376, 8 Abb., 1983.
— & KATE, W. G. H. Z. TEN: The skeletons of two Ordovician anthaspidellid sponges: a semi-numerical approach. — Proc. Koninkl. Nederl. Akad. Wetensch. B **83** (4), 437—453, 2 Abb., 4 Taf., Amsterdam 1980.
KEUPP, H., KOCH, R., & LEINFELDER, R.: Steuerungsprozesse der Entwicklung von Oberjura-Spongiolithen Süddeutschlands: Kenntnisstand, Probleme und Perspektiven. — Facies **23**, 141—174, 8 Abb., 3 Taf., Erlangen 1990.
KING, R. H.: New Carboniferous and Permian sponges. — Bull. Geol. Surv. Kansas **47**, 1—36, 3 Abb., Lawrence 1943.
KIRKPATRICK, R.: On *Merlia normani*, a sponge with a siliceous and calcareous skeleton. — Quart. J. microsc. Soc. **56** (4), 657—702, London 1911.
KLING, S. A., & REIF, W. E.: Devonian carbonate complexes of central Europe. — Spec. Publ. Soc. Econom. Paleont, Miner. **18**, 155—208, 1969.

Kolb, R.: Die Kieselspongien des Schwäbischen weißen Jura. — Palaeontogr. **57**, 141—256, 1910.

Krüger, S.: Zur Taxionomie und Systematik isolierter Schwammskleren mit Beispielen aus der Unterkreide Ostniedersachens. — Mitt. Geol. Inst. Techn. Univ. Hannover, 146 S., 3 Taf., Hannover 1978.

Kuznetsov, V.: Entwicklung und Riffstrukturen in der Zeit: Tektonische und biologische Kontrolle. — Facies **22**, 159—168, 5 Abb., Erlangen 1990.

Lang, B.: Die Schwamm-Biohermfazies der Nördlichen Frankenalb (Urspring; Oxford, Malm): Mikrofazies, Palökologie, Paläontologie. — Facies **20**, 199—274, Erlangen 1989.

Laubenfels, M. W. de: The oecology of Porifera, and possibilities of deductions as to the paleoecology of sponges from their fossils. — Nat. Research Council, Rept. Comm. Paleoecology, S. 44—54, 1936.

— Porifera. — In: R. C. Moore, Treatise on Invertebrate Paleontology, Part E, E 21—E 112, 75 Abb., 1955.

Librovitch, L. S.: *Uralonema karpinskii* nov. gen., nov. sp. i drugie kremnevie gubki iz kamennougolnikh otlozhenii vostochnogo sklona Urala. — Trudy geol. Kom-ta, nov. ser. **179**, 11—57, 1929.

Lokke, D. H.: Calcareous spicules in *Talpaspongia clavata* R. H. King, lower Permian of Concho Country, Texas. — J. Paleont. **38**, 778—781, 3 Abb., Tulsa/Okl. 1964.

Moret, L.: Embranchement des Spongiaires (Porifera, Spongiata). — In: J. Piveteau, Traité de Paléontologie **I**, 333—374, 22 Abb., Paris 1952.

Mostler, H.: Ein Beitrag zur Mikrofauna der Pötschenkalke an der Typuslokalität unter besonderer Berücksichtigung der Poriferenspiculae. — Geol. paläont. Mitt. Innsbruck **7** (3), 1—28, 1978.

— Neue heteractinide Spongien (Calcispongea) aus dem Unter- und Mittelkambrium Südwestsardiniens. — Ber. nat.-med. Verein Innsbruck **72**, 7—32, 11 Abb., 5 Taf., Innsbruck 1985.

— Ein Beitrag zur Entwicklung phyllotriaener Megaskleren (Demospongea) aus oberjurassischen Beckensedimenten (Oberalmer Schichten, nördliche Kalkalpen). — Geol. Paläont. Mitt. Innsbruck **13** (13), 297—329, 11 Abb., 9 Taf., Innsbruck 1986 (1986a).

— Neue Kieselschwämme aus den Zlambachschichten (Obertrias, nördliche Kalkalpen). — Ebd. **13** (14), 331—361, 8 Abb., 9 Taf., 1986 (1986b).

— Beitrag zur stratigraphischen Verbreitung und phylogenetischen Stellung der Amphidiscophora und Hexasterophora (Hexactinellida, Porifera). — Mitt. österr. geol. Ges. **78**, 319—359, 12 Abb., 9 Taf., Wien 1986 (1986c).

— & Mosleh-Yazdi, A.: Neue Poriferen aus oberkambrischen Gesteinen der Milaformation im Elburzgebirge. — Geol. paläont. Mitt. Innsbruck **5** (1), 1—36, 1976.

Müller, A. H.: Zur Morphologie von *Receptaculites neptuni*. — Neues Jb. Geol. Paläont., Abh. **129**, 231—239, 2 Abb., 3 Taf., Stuttgart 1967.

— Dysodonta (Lamellibranchiata) als bemerkenswerte Epizoen auf Porifera. — Monatsber. deutsch. Akad. Wiss. **12**, 621—631, 3 Abb., 3 Taf., Berlin 1970 (1970a).

— Über *Porosphaera* (Porifera, Calcarea) und ihr Endolithion. — Ebd. **12**, 708—720, 5 Abb., 2 Taf., Berlin 1970 (1970b).

— Zur Ichnologie der subherzynen Oberkreide (Campan). — Z. geol. Wiss. **5**, 881—897, 7 Abb., 2 Taf., Berlin 1977.

Müller, W. E. G., Zahn, R. K., & Maidhof, A.: *Spongilla gutenbergiana* n.sp., ein Süßwasserschwamm aus dem Mittel-Eozän von Messel. — Senckenbergiana lethaea **63** (5/6), 465—472, 8 Abb., Frankfurt a. Main 1982.

Nestler, H.: Spongien aus der weißen Schreibkreide (Unt. Maastricht) der Insel Rügen (Ostsee). — Paläontol. Abh. **I**, Teil 1, 1—70, 6 Abb., 12 Taf., Berlin 1961.

Nitecki, M. H., & Rigby, J. K.: *Vintonia doris*, a new Mississippian Demosponge from Arkansas. — J. Paleont. **40**, 1373—1378, 2 Abb., 1 Taf., Tulsa/Okl. 1966.

Ott, E.: Segmentierte Kalkschwämme (Sphinctozoa) aus der alpinen Mitteltrias und ihre Bedeutung als Riffbildner im Wettersteinkalk. — Abh. bayer. Akad. Wiss., math.-nat. Kl., N. F. **131**, 1—96, 9 Abb., 10 Taf., München 1967.

— & Volkheimer, W.: *Palaeospongilla chubutensis* n. g. n. sp. — ein Süßwasserschwamm aus der Kreide Patagoniens. — Neues Jb. Geol. Paläont., Abh. **140**, 49—63, 6 Abb., Stuttgart 1972.

Palmer, T. J., & Fürsich, F. T.: Ecology of sponge reefs from the Upper Bathonien of Normandy. — Palaeontology **24**, 1—23, London 1981.

Parker, G. H.: On the strength of water currents produced by sponges. — J. exp. Zool. **16**, 443—446, Philadelphia 1914.

PICKETT, J. W.: *Vaceletia progenitor*, the first Tertiary sphinctozoan (Porifera). — Alcheringia **6**, 241—247, 1982.
— & JELL, P. A.: Middle Cambrian Sphinctozoa (Porifera) from New South Wales. — Mem. Assoc. Australas. Paleont. **1**, 85—92, 4 Abb., Adelaide 1983.
POČTA, P.: Beiträge zur Kenntnis der Spongien der böhmischen Kreideformation. — Kgl. Böhm. Ges. Wiss. **6** (12), **7** (1), 1—42, 1883—1885.
QUENSTEDT, F. A.: Petrefaktenkunde Deutschlands. S. 1—448, Leipzig 1877—1878.
RAUFF, H.: Palaeospongiologie. — Palaeontogr. **40**, 1—346, 1895; **41**, 223—272, 1896.
REID, R. E. H.: On Hexactinellida, „Hyalospongea", and the classification of siliceous Sponges. — J. Paleont. **31**, 282—286, 1957.
— Hexactinellida or Hyalospongea. — J. Paleont. **37**, 232—243, Tulsa/Okl. 1963.
— Hexactinellid faunas in the Chalk of England and Ireland. — Geol. Mag. **105**, 15—22, 1968 (1968a).
— Bathymetric distributions of Calcarea and Hexactinellida in the present and the past. — Geol. Mag. **105**, 546—559, London 1968 (1968b).
— *Tremacystia, Barroisia*, and the status of Sphinctozoida (Thalamida) as Porifera. — The University of Kansas, Paleontological Contrib. **34**, 10 S., 5 Abb., Kansas 1968 (1968c).
REIF, W.-E. & BRAUN, J.: Mechanik des Schwammgerüstes. Eine Bibliographie zur Genese und Physiologie des Schwammskelettes. — Zbl. Geol. Paläont. **1986**, Teil II, 249—264, Stuttgart 1987.
REITNER, J.: A new calcitic sphinctozoan sponge belonging to the Demospongiae from the Cassian Formation (Lower Carnian), and its phylogenetic relationship. — Geobios **20** (5), 571—559, 1987.
— & ENGESER, TH.: Revision der Demospongier mit einem thalamiden, aragonitischen Basalskelett und trabeculärer Internstruktur („Sphinctozoa" pars). — Berliner geowiss. Abh. **60 A**, 151—193, 10 Abb., 6 Taf., Berlin 1985.
— & KEUPP, H. (Hrsg.): Fossil and recent Sponges. 595 S., 233 Abb., Berlin, Heidelberg (Springer) 1991.
REZVOJ, P. D., ŽURAVLEVA, I. T., & KOLTUN, V. M.: Tip Porifera. Gubki. — In: J. A. ORLOV (Ed.), Osnovy Paleontologii, Gubki, Archeociaty, Kišečnopolostnye, Červi, 17—74, 107 Abb., 8 Taf., Moskau 1962.
RIETSCHEL, S.: Die Octactinellida und ihnen verwandte paläozoische Kalkschwämme (Porifera, Calcarea). — Paläont. Z. **42**, 13—32, 4 Abb., 1 Taf., Stuttgart 1968.
RIGBY, J. K.: *Protospongia hicksi* HINDE from the Middle Cambrian of western Utah. — J. Paleont. **40**, 549—554, 7 Abb., 1 Taf., Tulsa/Okl. 1966.
— Two new early paleozoic sponges and the sponge-like organism, *Gaspespongia basalis* PARKS. from the Gaspé Peninsula, Quebec. — J. Paleont. **41**, 766—775, 5 Abb., 2 Taf., Tulsa/Okl. 1967.
— A new Middle Cambrian Hexactinellid sponge from western Utah. — J. Paleont. **43**, 125—128, 2 Abb., 4 Taf., Tulsa/Okl. 1969.
— Some unusual hexactinellid sponge spicules from the Cambrian Wilberns Formation of Texas. — J. Paleont. **49**, 412—415, 2 Abb., 1975.
— Porifera of the Middle Cambrian Wheeler Shale from the Wheeler Amphitheater, House Range, in Western Utah. — J. Paleont. **52**, 1325—1345, 6 Abb., 2 Taf., Tulsa/Okl. 1978.
— Sponges of the Burgess shale (Middle Cambrian), British Columbia. — Palaeontogr. Canadiana, Monogr. **2**, 105 S., 1988.
— Evolution of Paleozoic heteractinid calcareous sponges and demosponges — pattern and records. — In: J. REITNER and H. KEUPP (Eds.), Fossil and recent sponges, S. 83—101, 15 Abb., Berlin 1991.
— JIASONG, F., & WEI, Z.: Sphinctozoan sponges from the Permian reefs of South China. — J. Paleont. **63** (4), 404—439, 20 Abb., 1989.
— & NITECKI, M. H.: An unusually well preserved heteractinid sponge from the Pennsylvanian of Illinois and a possible classification and evolutionary scheme for the Heteractinida. — J. Paleont. **49**, 329—339, 3 Abb., 1 Taf., 1975.
— & POTTER, A. W.: Ordovician sphinctozoan sponges from the Eastern Klamath Mountains, Northern California. — J. Paleont. **60**, part II of II, Suppl. 4, 47 S., 11 Abb., Tulsa 1986.
— & STANLEY, G. D., jr.: Triassic sponges (Sphinctozoa) from Hells Canyon, Oregon. — J. Paleont. **62** (3), 419—423, 3 Abb., 1988.
— & STEARN, C. W.: Sponges and Spongiomorphs. — Studies in Geology **7**, 220 S., Knoxville 1983.
— & WEBBY, B. D.: Late Ordovician Sponges from the Malongulli Formation of Central New South Wales, Australia. — Palaeontogr. Americana **56**, 147 S., 1988.
RÖMER, F. A.: Die Spongarien des norddeutschen Kreidegebirges. — Palaeontogr. **13**, 1—64, Stuttgart 1864.

Russo, F.: Nuove spugne calcarea triassische di Campo (Cortina d'Ampezzo, Belluno). — Boll. Soc. Paleont. Italiana **20**, 3—17, 1981.
Schrammen, A.: Neue Kieselschwämme aus der oberen Kreide. — Mitt. Mus. Hildesheim **14**, 1—26, 1901.
— Die Kieselspongien der Oberen Kreide von Nordwestdeutschland. — Palaeontogr., Suppl. **5**, 1—385, 1910—1912.
— Kieselspongien der Oberen Kreide von Nordwestdeutschland. — Monogr. Geol. Paläont., S. 1—159, 1924.
— Die Kieselspongien des Oberen Jura von Südwestdeutschland. — Palaeontogr. **84**, 149—194, 1936.
Sdzuy, K.: Unter- und mittelkambrische Porifera (Chancelloriida und Hexactinellida). — Paläont. Z. **43**, 115—147, 9 Abb., 3 Taf., Stuttgart 1969.
Seilacher, A.: Die Sphinctozoa, eine Gruppe fossiler Kalkschwämme. — Akad. Wiss. Lit., Abh. Math.-nat. Kl. **1961**, Nr. 10, 70 S., 8 Abb., 9 Taf., Mainz 1962.
Senowbari-Daryan, B.: Neue Sphinctozoen (segmentierte Kalkschwämme) aus den „oberrhätischen" Riffkalken der nördlichen Kalkalpen (Hintersee/Salzburg). — Senckenbergiana lethaea **59**, 205—227, 4 Abb., 3 Taf., Frankfurt a. Main 1978.
— „Sphinctozoa": an overview. — In: J. Reitner & H. Keupp (Hrsg.), Fossil and rexent sponges, S. 224—241, 1991.
— & Rigby, J. K.: Segmentierte Schwämme aus dem Oberperm von Djebel Tebaga (Tunesien). — Facies **19**, 171—250, 15 Abb., 19 Taf., Erlangen 1988.
Sokolov, B. S.: Gruppa Chaetetida. — In Y. A. Orlov (Hrsg.), Osnovy Paleont. **2**, 169—176, 8 Abb., Moskau 1962.
Stearn, C. W.: The relationship of the stromatoporoids to the sclerosponges. — Lethaia **5**, 369—388, 9 Abb., Oslo 1972.
— Stromatoporoids: affinity with modern organisms. — Studies in Geology **7**, 164—166, Knoxville 1983. — Growth forms and macrostructural elements of coralline sponges. — Palaeontogr. Americana **54**, 315—325, 9 Abb., Ithaca/N.Y. 1984.
Stock, C. W.: The function of tube-pillars in *Cliefdenella* (Stromatoporoidea) inferred by analogy with Calcifibrospongia (Sclerospongea). — Paleontogr. Americ. **10**, 349—353, 1984.
Termier, H., & Termier, G.: Contribution à l'étude des Spongiaires permiens du Djebel Tebaga (Extrême Sud Tunesien). — Bull. Soc. Géol. France (6) **5**, 613—630, Paris 1955.
— — Évolution et Biocinèse. 241 S., 433 Abb., Paris (Masson) 1968.
Trammer, J.: Some aspects of the biology of fossil solid-branching demosponges, exemplified by *Reiswigia ramosa* gen. n., sp. n., from the Lower Oxfordian of Poland. — Acta Geol. Polonica **29** (1), 39—49, 5 Abb., 3 Taf., Warschau 1979.
— Lower to Middle Oxfordian sponges of the Polish Jura. — Ebd. **32** (1/2), 39 S., 16 Abb., 18 Taf., 1982.
— Middle and Upper Oxfordian sponges of the Polish Jura. — Ebd. **39** (1/4), 49—91, 14 Abb., 18 Taf., 1989.
Ulbrich, H.: Die Spongien der Ilsenburg-Entwicklung (Oberes Unter-Campan) der Subherzynen Kreidemulde. — Freiberger Forschungshefte **C 291**, 121 S., 25 Abb., 10 Taf., Leipzig 1974.
Vacelet, J.: Quelques éponges pharétronides et „silico-calcaires" de grottes sous-marines obscures. — Rec. Trav. Stat. mar. Endoume **6**, 37—62, 1967.
— Les éponges pharetronides actuelles. — In: W. G. Fry (Ed.), The Biology of the Porifera, Symp. Zool. Soc. London **25**, 189—204, 1970.
— Description et affinités d'une éponge sphinctozoaire actuelle. — Coll. intern. C.N.R.S. **291**, 483—493, 1979.
— Eponges hypercalcicifiées („Pharetronides", „Sclerosponges") des cavités des récifs coralliens de Nouvelle-Calédonie. — Bull. Mus. natl. Hist. nat. **3A**, 315—351, Paris 1981.
— Les éponges hypercalcifiées, reliques des organismes constructeurs du Paléozoique et du Mésozoique. — Bull. Soc. zool. **108** (4), 547—557, Paris 1983.
— Coralline sponges and the evolution of Porifera. — Syst. Ass., spec. Vol. **28**, 1—13, 2 Abb., Oxford 1985.
— Recent Calcarea with a reinforced skeleton („Pharetronids"). — In: J. Reitner & H. Keupp (Hrsg.), Fossil and recent Sponges, 252—265, 1991.
Vologdin, A. G., & Drozdova, N. A.: [Ein neuer Fund der ältesten Fauna]. — Akad. Nauk. SSSR, Dokl. **190**, 195—197, 1970 (russ.).
Volz, P.: Die Bohrschwämme (Clioniden) der Adria. — Thalassia **3**, Nr. 2, 64 S., 14 Abb., 5 Taf., Bolzano 1939.

VOSMAER, G. C. J.: Dr. H. G. BRONNS Klassen und Ordnungen der Spongien (Porifera). 496 S., Leipzig u. Heidelberg 1882—1886.

WAGNER, W.: Zum Skelettbau oberjurassischer Kalkschwämme. — Mitt. bayer. Staatsslg. Paläont. hist. Geol. **4**, 13—21, 1964.

WALCOTT, CH. D.: Cambrian geology and paleontology IV. Nr. 6. Middle cambrian spongiae. — Smithsonian Miscell. Coll. **67** (6), 261—364, 7 Abb., 31 Taf., Washington 1920.

WARBURTON, F. E.: The manner in which the sponge *Cliona* bores in calcareous objects. — Canad. J. Zool. **36**, S. 555 ff., 1958.

WEISSENFELS, N.: Biologie und mikroskopische Anatomie der Süßwasserschwämme (Spongillidae). XII + 110 S., 112 Abb., Stuttgart, New York (Fischer) 1989.

WENDT, J.: Der Skelettbau aragonitischer Kalkschwämme aus der alpinen Obertrias. — Neues Jb. Geol. Paläont., Mh. **1974**, 498—511, 9 Abb., Stuttgart 1974.

— Skelettbau und -entwicklung der massiven Kalkschwämme vom Jungpaläozoikum bis in die Gegenwart. — Neues Jb. Geol. Paläont. Abh. **157**, 91—98, Stuttgart 1978.

— Development of skeletal formation, microstructure and mineralogy of rigid calcareous sponges from the Late Paleozoic to Recent. — Coll. internat. C.N.R.S. **291**, 449—457, 1979.

WIEDENMAYER, F.: Shallow-water sponges of the western Bahamas. — Experientia Suppl. **28**, 287 S., Basel (Birkhäuser) 1977.

— Modern sponge bioherms of Great Bahama Bank. — Eclogae geol. Helv. **71**, 699—744, 36 Abb., Basel 1978.

WILSON, E. C.: The first Tertiary sclerosponge from the Americas. — Paleontology **29** (3), 577—583, 1 Abb., 1 Taf., Oxford 1985.

ZIBROWIUS, H.: Unexpected deep-water records of calcareous sponges (Calcarea). — Deep-Sea Newsletter **15**, 24—25, 3 Abb., 1989.

ZIEGLER, B.: Die Cortex der fossilen Pharetronen (Kalkschwämme). — Ecolog. geol. Helv. **57** (2), 803—822, 3 Taf., Basel 1964.

— Die Variabilität der Pharetronen (Kalkschwämme). — Paläont. Z. **39**, 106—110, Stuttgart 1965.

Nachtrag auf S. 208

V. Schwammähnliche Organismen unsicherer systematischer Stellung

Familie **Receptaculitidae** EICHWALD 1860

1. Allgemeines

Eiförmige, kugelige, zylindrische bis schüsselförmige, oft durch besondere Wachstumsverhältnisse gestaltlich veränderte und vermutlich ringsum geschlossene Körper mit zentralem Hohlraum (Abb. 181 b—d), dessen primär kalkige, ziemlich dicke und kompliziert gebaute doppelte Wand aus gleichförmigen Elementen (Meromen) gebildet wird. Diese sind spiralig um einen unteren (Nucleus) und einen oberen Pol (Apex) angeordnet. Jedes Merom (Abb. 181 a) besteht (von außen nach innen) aus einem im Umriß meist rhombischen Täfelchen (Lamnula), vier darunter folgenden und sich kreuzenden Tangentialarmen (Brachia) sowie einem mehr oder weniger langen Säulchen (Columella). Letzteres verläuft vom Zentrum der Lamnula einwärts, wo es sich füßchenartig verbreitert und das Pediculum bildet. Tangentialarme und Columnella sind von je einem Kanal durchzogen.

2. Vorkommen

Unt. Ordovizium-Perm, weltweit, nur nicht in der Antarktis nachgewiesen; im Ob. Devon relativ selten, in Karbon und Perm lediglich von wenigen Lokalitäten bekannt. Als Lebensraum

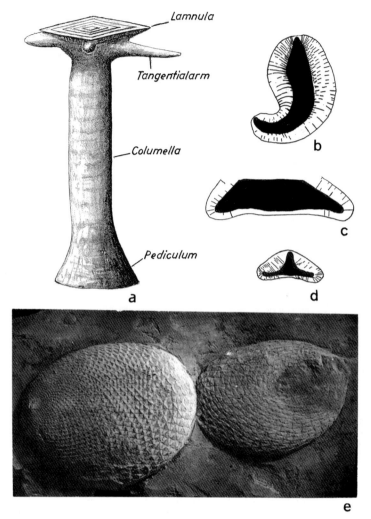

Abb. 181. a) *Receptaculites neptuni* DEFRANCE, Merom von außen, stark vergrößert; b) *Ischadites jonesi* (BILLINGS), innerer Hohlraum, Devon von Kanada, L ca. 6 cm; c) *Receptaculites* sp., innerer Hohlraum, ? Silur von ? Kanada, L ca. 9 cm; d) *Tetragonis murchisoni* EICHWALD, Ordovizium von Estland, L ca. 4,2 cm; e) *Ischadites koenigi* MURCHISON, links mit Apex, rechts mit Nucleus, Silur (Ludlow) von Ledbury (England), Breite des Abschnitts ca. 7 cm. – Nach S. RIETSCHEL 1969.

dienten, wie sich aus den paläogeographischen Verhältnissen und der begleitenden Fauna ergibt, flache und überwiegend ruhige Meeresbereiche. Die Toleranz gegenüber Wassertrübung ist relativ groß. In oberdevonischen Korallenriffen waren sie offenbar an Nischen mit ruhigen Strömungsverhältnissen gebunden.

3. Systematik

Die systematische Stellung der hier als besondere Familie betrachteten Organismen ist unsicher. Je nach Autor wurden sie zum Beispiel den Kalkalgen, Foraminiferen, Schwämmen, Korallen

V. Schwammähnliche Organismen unsicherer systematischer Stellung

oder Echinodermen angeschlossen. Andere betrachten sie als einen besonderen Stamm. Gegen die Zugehörigkeit zu den Echinodermen spricht, daß die Skelettelemente nicht wie dort eine bienenwabenartige Struktur aufweisen. Manche Autoren stellen die R. in die Nähe der Calcispongea; doch ist ein begründeter Vergleich der Merome mit den Spiculae dieser Schwämme

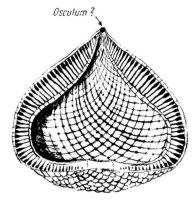

Abb. 182. Schematischer und mutmaßlicher Längsschnitt durch *Receptaculites* (Rekonstruktion). Ca. ½ nat. Gr. — Nach BILLINGS (1865), umgezeichnet und etwas verändert.

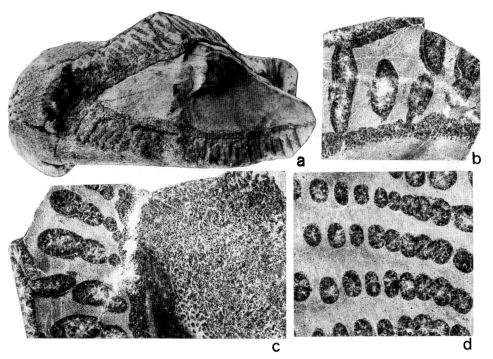

Abb. 183. *Receptaculites neptuni* (DEFRANCE), a) körperlich erhaltenes Endstück mit dem unteren Pol (links), D ca. 10 cm; b) Schnitt vertikal zur Wand, links Säulchen mit distalem Tangentialarm, Mehrzahl der Säulchen mit Schaltstücken, D ca. 1,5 cm; c) in der rechten Bildhälfte Schnitt durch schwammig-poröse Teile der Innenwand, in der linken Hälfte Schnitt durch die hier stark umbiegende Wand mit Säulchen, eines davon mit dem in der Längsrichtung getroffenen distalen Tangentialarm, D ca. 2,6 cm; d) mauerartig vereinigte Säulchen und Querschnitte durch Schaltstücke, D ca. 1,7 cm. — Nach A. H. MÜLLER 1967.

nicht möglich. In jüngster Zeit mehren sich Stimmen (z. B. M. H. NITECKI, seit 1969; S. RIETSCHEL 1969), die für eine Stellung bei den Kalkalgen sprechen und sie in der weiteren Verwandtschaft der Dasycladales unterbringen. Die R. würden danach einem Wachstumsprozeß unterliegen, der von einem Vegetationspunkt ausgeht und in dessen Verlauf gleichartige, aber unterschiedlich proportionierte Organe durch Sprossung entstehen. Die gegen Dasycladales selbst sprechenden Gründe finden sich bei NITECKI 1986. Neuerdings denkt man mehr an die ebenfalls problematischen und den verschiedensten Organismengruppen zugewiesenen Cyclocrinitiden, die im Ordovizium und Silur von Nordamerika, Großbritannien, Norwegen, Baltikum und Kazakhstan nachgewiesen wurden und bei denen es sich um Kalkalgen handeln könnte (hierzu u. a. E. STOLLEY 1896, M. B. GNILOVSKAYA 1972, M. H. NITECKI 1986).

Receptaculites DEFRANCE 1927: Mittl. Ordovizium — Ob. Devon, weltweit (Abb. 181a, c, 182, 183).

Becher- oder schüsselförmig. Durchmesser bis ca. 30 (? 50) cm.

Ischadites MURCHISON 1839 (syn. *Tettragonis* EICHW. 1842; *Tetragonis* LONSD. 1845): Ordovizium — Mittl. Devon von Europa und Nordamerika (Abb. 181e).

Ei- oder kugelförmig. Apikalseite mit ? Öffnung, die vielleicht einem Osculum entspricht. Äußere Wand aus konzentrisch angeordneten rhombischen Platten, deren Radialarme so kurz sind, daß die vier seitlich gerichteten Arme, der Innenseite der äußeren Wand anzuliegen scheinen.

Sphaerospongia PENGELLY 1861 (syn. *Polygonosphaerites* F. A. ROEMER 1880): Ordovizium — Devon von Europa und Australien (Abb. 184).

Die äußere Wand besteht aus hexagonalen Täfelchen. Die darunter befindlichen Arme sind sehr kurz. Columella und Pediculum konnten nicht beobachtet werden.

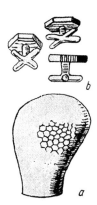

Abb. 184. *Sphaerospongia tesselata* (PHILL.) aus dem Devon von England. a) Seitenansicht, ½ nat. Gr.; b) Skelettelemente (Rekonstruktionen), vergrößert. — Aus M. W. DE LAUBENFELS 1955.

Literaturverzeichnis

FISHER, D. C., & NITECKI, M. H.: Problems in the analysis of receptaculitid affinities. — Proc. 3rd North Amer. Paleont. Conv. Mem. **1**, 181—186, 1982.

GNILOVSKAYA, M. B.: Die Kalkalgen des Mittleren und Späten Ordovizium von Ost-Kazakhstan. 195 S., Akad. Nauk. SSSR, Leningrad 1972.

HINDE, G. J.: On the structure and affinities of the family of Receptaculitidae. — Quart. J. Geol. Soc. **40**, 795—849, 1884.

MÜLLER, A. H.: Zur Morphologie von *Receptaculites neptuni*. — Neues Jb. Geol. Paläont., Abh. **129**, 231—239, 2 Abb., 3 Taf., Stuttgart 1967.

NITECKI, M. H.: Surficial pattern of Receptaculitids. — Fieldiana, Geology **16**, Nr. 14, 361—376, 11 Abb., 1969.

— Redescription of *Ischadites koenigii* MURCHISON, 1839, — Ebd. **16**, Nr. 13, 341—359, 15 Abb., 1969.

- North American cyclocrinid algae. — Ebd. **21**, 108 S., 53 Abb., 1970.
- Notes on the Siluro-Devonian *Ischadites stellatus* (FAGERSTROM 1961), a Dasycladaceous Alga. — Ebd. **23**, Nr. 3, 23—30, 3 Abb., 1971 (1971a).
- *Ischadites abbottae*, a North American Silurian species (Dasycladales). — Phycologia **10**, 263 bis 275, 15 Abb., 1971 (1971b).
- North American Silurian Receptaculitid Algae. — Fieldiana, Geol. **28**, 108 S., 45 Abb., 1972.
- Silurian *Ischadites tenuis* n. sp. (Receptaculitids) from Indiana. — Ebd. **35**, Nr. 2, 11—20, 8 Abb., 1975.
- Receptaculitids and their relationship to other problematic fossils. — Oxford Monogr. Geol. Geophys. **5**, 27—34, 3 Abb., New York, Oxford 1986.

RAUFF, H.: Untersuchungen über die Organisation und systematische Stellung der Receptaculitiden. — Abh. Bayer. Akad. Wiss. Math.-Phys. **17** (3), 645—722, 1892.

RIETSCHEL, S.: Die Receptaculiten. Eine Studie zur Morphologie, Organisation, Ökologie und Überlieferung einer problematischen Fossil-Gruppe und die Deutung ihrer Stellung im System. — Senckenbergiana lethaea **50**, 465—517, 14 Abb., 4 Taf., Frankfurt a. Main 1969.

- Rekonstruktionen als Hilfsmittel bei der Untersuchung von Receptaculiten (Receptaculitales, Thallophyta). — Ebd. **51**, 429—447, 7 Abb., 3 Taf., Frankfurt a. Main 1970. STOLLEY, E.: Untersuchungen über *Coelosphaeridium, Cyclocrinus, Mastopora* und verwandte Gattungen des Silur. - Arch. Anthropol. Geol. Schlesw.-Holst. Benach. **1** (2), 177—282, 1896.

STOLLEY, E.: Untersuchungen über *Coelosphaeridium, Cyclocrinus, Mastopora* und verwandte Gattungen des Silur. — Arch. Anthropol. Geol. Schlesw.-Holst. Benach. **1** (2), 177—282, 1896.

Klasse Radiocyatha DEBRENNE, H. & G. TERMIER 1970

Problematische, in ihrer taxonomischen Stellung unsichere Organismen überwiegend kugeliger oder birnenförmiger Gestalt, deren doppelwandiges Kalkskelett aus zahlreichen morphologisch identischen Nesastern besteht. Diese ähneln den Meromen der Receptaculitidae (S. 193), doch verbindet hier der Schaft eine äußere und eine innere Rosette aus radial vom jeweiligen Schaftende auswärts verlaufenden Strahlen. Verschmelzen die Strahlen mit denen der benachbarten Nesaster, entstehen wandartige Strukturen, die streng parallel zueinander verlaufen und durch die Schäfte verbunden werden.

Die durchschnittliche Größe der R. beträgt zwischen 2 und 55 cm, entspricht somit etwa der der meisten Porifera, ist aber deutlich größer als bei den Receptaculitidae, wo sie nur 0,5—2,5 cm erreicht. Bei den Archaeocyatha wird die innere Wand im Unterschied zu den R. häufig durch Teile der abwärts gebogenen äußeren Wand gebildet. Unterschiede zeigen sich auch hinsichtlich von Knospung und Körperteilung. Beide sind häufig zu finden bei den Archaeocyatha und Porifera, selten jedoch bei den R. und Receptaculitidae.

Zur Klärung der stammesgeschichtlichen Beziehungen ist vor allem eine genauere Kenntnis des Skelettbaues erforderlich; doch sprechen Details mehr für Receptaculitidae als für Porifera. — Unt. Kambrium mit ca. 5 Gattungen, u. a. von Australien, Sibirien, Transbaikal, Kanada, Marokko und Antarktis.

Beispiel:
Girphanovella ZHURAVLEVA 1967: Unt. Kambrium (Botomian, ? Ob. Atdabanian) von Mongolei, Transbaikal, Kanada, ? Marokko (Abb. 185).

Skelett kugelig bis birnenförmig. Durchmesser 2—12 cm (meist 2—5 cm). Gelegentlich können 2 Schäfte vom Zentralknopf einer Rosette der Innenwand ausgehen, wovon jeder Schaft in einer Rosette der Außenwand endet. Die hinsichtlich ihrer Größe variierenden äußeren Rosetten tragen 8—12 radial vom Zentrum ausstrahlende primäre Strahlen. Diese gabeln sich unmittelbar neben dem Zentralknopf. Hierdurch entstehen ca. 20 sekundäre Strahlen, die ein dichtes, porös erscheinendes Netz bilden. Rosetten der Innenwand sind selten überliefert.

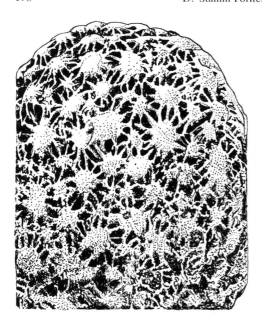

Abb. 185. *Girphanovella georgensis* (Rozanov), Skelettrekonstruktion. Unt. Kambrium von Mongolei und Transbaikalien. Mittlerer Durchmesser des meist kugeligen Skeletts 2 bis 5 cm. — Nach A. Y. Zhuravlev 1986, umgezeichnet.

Literaturverzeichnis

Barnes, R. D.: Origins of the lower invertebrates. — Natures **306**, 224—225, 1983.
Debrenne, F., Termier, H., & Termier, G.: Radiocyatha. Une nouvelle classe d'organismes primitifs du Cambrian inférieur. — Bull. Soc. Géol. France, ser. 7, **12**, 120—125, 1970.
— — — Sur les nouveaux représentants de la classe de Radiocyatha. Essai sur l'évolution des Metazoaires primitifs. — Ebd. **13**, 439—444, 1971.
Finks, R. M.: The evolution and ecologic history of sponges during Paleozoic times. — Symp. Zool. Soc. London **25**, 3—22, London 1970.
Nitecki, M. H., & Debrenne, F.: The nature of radiocyathids and their relationship to receptaculitids and archaeocyathids. — Geobios **12**, 5—27, 1979.
Zhuravlev, A. Y.: Radiocyathids. — Oxford Monogr. Geol. Geophys. **5**, 35—44, 6 Abb., 1986.
Zhuravleva, I. T., Konyushkov, K. N., & Rozanov, A. Yu.: Archaeocyatha of Siberia. Two-walled Archaeocyatha. 132 S., Nauka, Moskau 1964 (russ.).
— & Miagkova, E. I.: Materialien zum Studium der Archaeata. — In: B. S. Sokolov (Hrsg.), Probleme des Phanerozoikum, S. 41—74, Nauka, Moskau 1981 (russ.).

? Klasse **Stromatoporoidea** Nicholson & Murie 1878

1. Allgemeines

In ihrer taxonomischen Stellung unsichere, lange als erloschene Ordnung der Hydrozoa betrachtete, heute vielfach in Anlehnung an C. W. Stearn (1972, 1975, 1980), der allerdings nur die paläozoischen Vertreter einbezieht, wegen einiger mit den rezenten Gattungen *Astrosclera* und *Calcifibrospongia* gemeinsamer Merkmale (z. B. Astrorhizen) den Porifera zugeordnete Organismen. Alle fossilen und rezenten Formen stellt W. D. Hartman (1980, 1983) als Ordnung Stromatoporoidea zu den Porifera. Wir betrachten sie als eine weiterhin problematische Klasse

? Klasse Stromatoporoidea Nicholson & Murie 1878

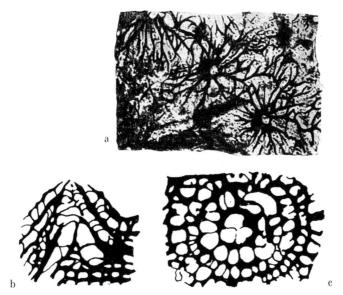

Abb. 186. Astrorhizen von Stromatoporoidea. a) *Clathrocoilona eifeliensis*, Oberfläche mit mehreren Astrorhizen, 7/1 nat. Gr.; b) Vertikalschnitt durch eine von Querböden gegliederte Astrorhiza der gleichen Art, 8/1 nat. Gr.; c) Querschnitt durch eine Astrorhiza von *Stromatopora solitaria*, 2/1 nat. Gr. — Nach H. A. Nicholson 1886, zum Teil umgezeichnet.

mehrzelliger Tiere, die ihrem Organisationsgrad entsprechend zwischen letzteren und den Hydrozoa steht. Die drei aus der Gegenwart bekannten Arten stellt J. Vacelet 1981 zu den Demospongea.

Ihr netzförmiges kalkiges Skelett (Coenosteum) wird aus parallel zur Oberfläche verlaufenden Lamellen sowie vertikal zu diesen angeordneten Elementen, den sog. Säulchen oder Pilae, gebildet. Es handelt sich ausschließlich um koloniale Formen mit massiven, knolligen, kugeligen, säulenartigen, inkrustierenden oder ästigen Stöcken.

Bei den meisten Gattungen finden sich als besondere Strukturen die Astrorhizen (Abb. 186), das sind kleine Kanäle, die mehr oder weniger vertikal nach außen verlaufen, wo sie sich dicht unter der Oberfläche sternförmig verzweigen. Die Oberfläche selbst kann mit kleinen Knoten (Mamelonen) bedeckt sein. Manche Stöcke erreichen eine Dicke von ca. 1 m und einen Durchmesser von ca. 2 m. Bei anderen beträgt er kaum 1 cm. — Umfassende Bibliographien finden sich bei J. J. Galloway & J. St. Jean jr. 1956, E. Flügel & E. Flügel-Kahler 1968, L. M. Bolshakova 1973, V. Zukalova 1971, neuere Angaben u. a. bei B. D. Webby 1986.

2. Vorkommen

? Unt. Kambrium, Ordovizium (Arenig) — Ob. Kreide, rezent. Maxima der Formenmannigfaltigkeit einmal in Ordovizium, Silur und Devon, zum anderen in Malm und Kreide. Bekannt sind zur Zeit mehr als 330, in ihrer Berechtigung teilweise sehr umstrittene Gattungen. Man hat versucht, die paläozoischen Riffe mit Hilfe der St. zu gliedern. Dies hat große praktische Bedeutung, da zum Beispiel in Nordamerika viele Erdöllagerstätten an Riffe gebunden sind.

Die aus dem Unt. Kambrium der Altai-Sayan Region Westsibiriens stammenden Funde sind noch sehr umstritten. Es handelt sich um die Gattungen *Altaicyathus* Vologdin, *Praeactinostroma* Khalfina, *Cambrostroma* Vlasov und *Korovinella* Khalfina. H. Nestor 1966 und andere

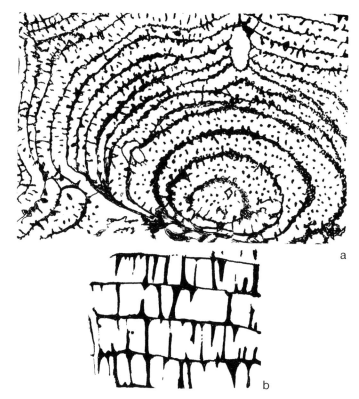

Abb. 187. *Korovinella sajanica* (YAVORSKY), a) schräger Schnitt, ca. $5/1$ nat. Gr., b) Vertikalschnitt, ca. $10/1$ nat. Gr., Unt. Kambrium von Sibirien. — Nach Fot. in B. D. WEBBY 1986 gezeichnet.

Autoren deuten sie als Archaeocyatha; KHALFINA & YAVORSKY 1967 verteidigen die Zugehörigkeit zu den St. In diesem Zusammenhang ist die von ZHURAVLEVA & MIAGKOVA 1974 diskutierte mögliche Verwandtschaft zwischen Archaeocyatha und St. von Interesse.

Am besten bekannt von den genannten Gattungen ist *Korovinella* (Abb. 187). Sie wurde verschiedenen Familien der Archaeocyatha zugeordnet, zum Teil auch als jüngeres Synonym von *Altaicyathus* betrachtet.

Wie die typischen Stromatoporoidea zeigt *Korovinella* ein vollständiges Netzwerk aus parallel zur Oberfläche verlaufenden Lagen (Laminae) und vertikal zu ihnen stehen Säulchen (Pilae) (Abb. 187b). Die Laminae sind aber perforat, was an irreguläre Archaeocyatha erinnert.

3. Zur Morphologie

Das Coenosteum besteht aus zahlreichen welligen Lagen (**Laminae**, Abb. 188—191 B), die parallel zur Oberfläche verlaufen. Sie können nur unter dem Mikroskop oder mit der Lupe an Dünn- bzw. Anschliffen erkannt werden. Außer den Laminae zeigt sich meist eine blätterige, gröbere Struktur. Jedes dieser gröberen Elemente (**Latilaminae**, Abb. 189) umfaßt eine Anzahl, durch Pigmentanreicherung gekennzeichneter Laminae, die einer besonderen Wachstumsperiode entsprechen. Am deutlichsten findet man sie bei *Stromatopora concentrica*. Da die Erscheinung offenbar stark von Umwelteinflüssen abhängig ist, hat sie taxonomisch kein oder nur ein sehr untergeordnetes Interesse.

? Klasse Stromatoporoidea Nicholson & Murie 1878

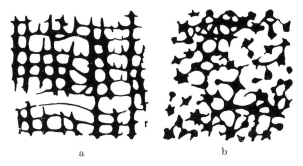

Abb. 188. *Actinostroma clathratum* Nicholson, Mittl. Devon. a) Vertikalschnitt, b) Horizontalschnitt. ⁵⁄₁ nat. Gr. — Nach H. A. Nicholson 1886, umgezeichnet.

Abb. 189. *Actinostroma clathratum* Nicholson (L = Laminae, LL = Latilaminae, P = Pilae). Mittl. Devon (Couvin-Stufe), Gerolstein (Eifel), ⅔ nat. Gr. — Nach E. Flügel 1957.

Die vertikal (radial) zu den Laminae verlaufenden Elemente (Abb. 188, 190), durch welche die Laminae mehr oder weniger vollständig verbunden werden, bezeichnet man als **Säulchen** (Pilae, engl. pillars). Der Querschnitt ist bei manchen Gattungen rund bis elliptisch (zum Beispiel *Actinostroma*), bei anderen abgeplattet bis unregelmäßig. Daneben finden sich Formen, bei denen sie ähnlich wie die Laminae gestaltet sind. „Unvollkommene" Pilae, wie sie zum Beispiel bei *Clathrodictyon carnatum* Vinassa auftreten, sind kurz und dornenförmig; „vollkommene" oder „durchlaufende" Pilae dagegen lang. Sie reichen zumindest von Lamina zu Lamina, durchziehen aber meist, wie bei *Actinostroma*, mehrere Interlaminarräume.

Verlaufen die Laminae auf größere Erstreckung ohne Unterbrechung, so spricht man von „vollkommenen" Laminae. Reichen sie jedoch nur von Pfeiler zu Pfeiler, sind sie „unvollkommen". Das letztere ist besonders deutlich bei den silurischen Vertretern der Gattung *Actinostroma* zu erkennen.

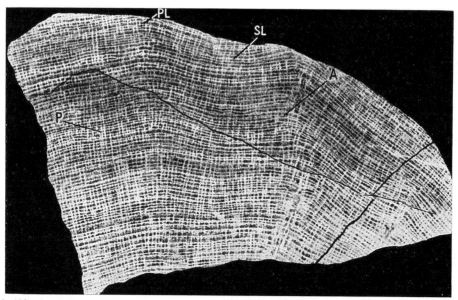

Abb. 190. *Actinostroma hebbornense* Nicholson, Vertikalschliff. Mittl. Devon (Givet) von Selbecke-Quellen (Sauerland). ¾ nat. Gr. Man erkennt die horizontal verlaufenden, zum Teil dichotom aufgespaltenen Laminae und die duch mehrere Interlaminarräume verlaufenden Pilae (P). Die „Zwischenräume" („*galleries*") sind viereckig ausgebildet, teilweise sekundär abgerundet. Wo die Laminae sekundäre Verdikkungen aufweisen, zeigt sich der Übergang von Primärlaminae (PL) zu Sekundärlaminae (SL). Vereinzelt finden sich auch Schnitte durch astrorhizale Verzweigungen (A). — Nach einem Originalfoto von E. Flügel, Erlangen.

Bei manchen Gattungen finden sich vertikal zur Oberfläche, langgestreckte, relativ große, runde Röhrchen, die unregelmäßig durch kleinere Querböden (Tabulae) gegliedert sind. Man bezeichnet diese Röhrchen meist als **Caunoporen** oder Zooidalröhren. Ihre funktionelle Bedeutung ist ebenso wie die der Astrorhizen (Abb. 191 A) noch ungeklärt.

Als **Mamelonen** (Monticuli Shrock & Twenhofel 1953) bezeichnet man kleine, knotenartige Erhöhungen, die dort liegen, wo Pilae über die Oberfläche emporragen (Abb. 191 B). Später verwandte man diesen Begriff auch zunehmend für Höcker, die mit den Astrorhizen in Verbindung stehen (Abb. 186b—c). Da die Mamelonen im Verlaufe der Diagnose sehr leicht zerstört werden, ist ihr taxonomischer Wert nur gering.

Als beschreibende Ausdrücke für die Skelettstruktur benutzt man die Bezeichnungen retikulat (netzförmig) und vermikulat (wurmförmig). Hierbei versteht man mit E. Flügel (1957) unter „retikulat" eine netzförmige Struktur, wie sie zum Beispiel bei *Actinostroma clathratum* Nich. (Abb. 188) und *Clathrodictyon tesselatum* Lemaître vorkommt; unter vermikulat eine solche, bei welcher vertikale und horizontale Elemente, wie etwa bei *Stromatopora pora*, miteinander verschmolzen sind.

4. Systematik

Zur Unterscheidung von Gattungen und Arten sind Dünn- bzw. Anschliffe erforderlich. Doch bestehen hinsichtlich der Deutung der verschiedenen Skelettstrukturen und ihres taxonomischen Wertes noch gewisse Unsicherheiten.

? Klasse Stromatoporoidea Nicholson & Murie 1878

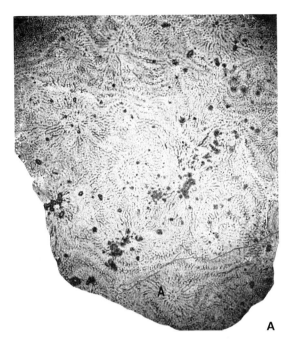
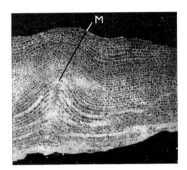

Abb. 191 A. *Actinostroma verrucosum* (GOLDF.), Horizontalschliff. Mittl. Devon (Givet) von Dornap-Hahnenfurt. ⅔ nat. Gr. Man erkennt die sternförmigen Querschnitte durch die Astrorhizen (A), weniger häufig solche durch Pilae und verbindende Laminae. — Nach einem Originalfoto von E. FLÜGEL, Erlangen.

Abb. 191 B. *Clathrodictyon laxum columnare* PARKS. (M = Mamelon). Mittl. Devon (Couvin-Stufe), Prümer Mulde (Eifel). ⅔ nat. Gr. — Nach E. FLÜGEL 1957.

Die Gestalt und die Ausbildung von Coenosteum und Epithek sind, je nach den ökologischen Bedingungen, großen Schwankungen unterworfen, da die gleiche Art in ein und demselben Riff als massiger Stock, aber auch als dünner, krustenartiger Überzug auftreten kann. Taxonomisch sehr wichtig sind die Zahl sowie Ausbildung der Pilae und Laminae, schon deshalb, weil sie in jedem, nur annähernd guten Vertikalschliff deutlich zu erkennen sind. Gewöhnlich gibt man an, wieviel von ihnen auf 1 bzw. 5 mm entfallen.

Ein sehr auffälliger Unterschied besteht zwischen der Mikrostruktur der paläozoischen und mesozoischen Vertreter. Bei den ersteren ist das Skelett entweder kompakt und dicht (nur bei manchen Arten von *Actinostroma* zeigt sich eine dunkle Achse in den Skelettelementen) oder zellig (vascuolar). Demgegenüber sind die mesozoischen Formen, wenn man von wenigen Gattungen absieht, alle faserig ausgebildet.

Man hat versucht, diese Abweichungen auf Umkristallisationen zurückzuführen, die sich im Verlauf der Zeit während der Diagenese vollzogen haben (STEINER 1932). Doch ist schwer zu verstehen, wie sich dann die oft sehr regelmäßig angeordneten Zellen bei einigen Gattungen bilden konnten. Der Strukturwechsel, der an der phylogenetisch auch sonst sehr kritischen Perm/Trias-Grenze hervortritt, dürfte wohl eher auf stammesgeschichtliche Vorgänge zurückzuführen sein.

In diesem Zusammenhang ist von Interesse, daß J. KAZMIERCZAK (1976, 1981) bei drei Gattungen stromatoporoide Strukturen (*Stictostroma, Trupetostroma, Parallelopora*) aus dem Ob. Devon S-Polens Aggregate coccoider Zellen beschreibt. Er vergleicht sie mit ähnlichen Bildungen rezenter coccoider Cyanophyceen und coccoiden, als Blaugrünalgen gedeuteten Mikrofossilien aus präkambrischen Stromatolithen. Danach soll es sich bei den „echten" paläozoischen Stromatoporoidea (Mittl. Ordovizium — unterstes Karbon) um stromatolithenartige in-situ-Verkalkungen coccoider Cyanophyceen-Matten handeln, während die systematische Stellung der jüngeren, zu den Stromatoporoidea gestellten Formen weiterhin als fraglich zu betrachten sei.

Wegen fehlender oder geringer Überlieferung im jüngeren Paläozoikum, in der Unt. Trias, im Lias und im Dogger ist es vorerst nicht möglich, die zwischen den paläo- und mesozoischen St. bestehenden Beziehungen abzuleiten. Dies ist zugleich der Grund, weshalb die meisten Autoren für die paläozoischen und die mesozoischen Formen verschiedene Taxa verwenden. Da zudem über die taxonomische Bedeutung der Astrorhizen, Mikrostrukturen und sonstigen Merkmale des Skeletts die Ansichten sehr abweichen, bestehen vor allem hinsichtlich der Familien und Oberfamilien große Diskrepanzen. Nachstehend werden nur einige Gattungen als Beispiele angeführt.

Actinostroma NICHOLSON 1886: Ordovizium — Unt. Karbon im Riffbereich mit zahlreichen Arten weltweit verbreitet (Abb. 188—191 A).

Das Skelett wird von einem Gewebe rechteckiger Maschen gebildet. Es ist retikulat. Die Pilae sind lang, schlank und können zwischen mehreren der aufeinanderfolgenden Latilaminae verbinden. Die Oberfläche der Kolonien zeigt Granulationen, da die Pilae über sie emporragen. Die Laminae, die etwa die gleiche Dicke wie die Pilae aufweisen, sind komplett.

Die früher zu *Actinostroma* gestellten mesozoischen Formen rechnet man jetzt zu *Actinostromaria* DEHORNE 1920 (Jura — Kreide).

Clathrodictyon NICHOLSON & MURIE 1878: ? Kambrium, Ordovizium — Devon, ? Perm in Flachwasserkalken, weltweit mit mehr als 50 Arten verbreitet (Abb. 191 B).

Pilae auf einen einzigen interlaminaren Zwischenraum beschränkt. Sie liegen über Emporragungen der dominierenden, durchlaufend ausgebildeten Laminae. Astrorhizen und Mamelonen können fehlen.

Stromatoporella NICHOLSON 1886 (syn. *Stictostroma* PARKS 1936): Ordovizium — Karbon (Abb. 192 A).

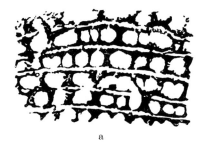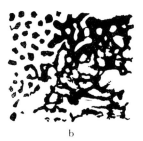

Abb. 192 A. *Stromatoporella* sp. a) Vertikalschnitt, b) Horizontalschnitt. 10/1 nat. Gr. — Nach H. A. NICHOLSON 1886, umgezeichnet.

Skelettstruktur unvollständig. Laminae und Pilae etwa von gleicher Dicke. Laminae weniger deutlich zu unterscheiden. Dafür sind die Latilaminae sehr gut sichtbar. Zooidalröhren kurz; durch wenige kleine Querböden (Tabulae) gegliedert. Astrorhizen stark entwickelt, ebenfalls mit Querböden versehen. Pilae kurz, spulenförmig, zeigen bei starker Vergrößerung eine feine poröse Struktur.

Stromatopora GOLDFUSS 1826: Ordovizium — Unt. Karbon vor allem im Riffbereich, weltweit verbreitet.

Skelettstruktur vermikulat, da die etwa gleich stark ausgebildeten Laminae und Pilae unregelmäßig miteinander verbunden sind. Kolonien überwiegend massiv. Latilaminae deutlich sichtbar, wodurch das Coenosteum ein schichtiges Aussehen erhält. Astrorhizen und Zooidalröhren sehr groß.

Labechia M.-EDWARDS & HAIME 1851: Ordovizium — Karbon von Europa, Asien und N-Amerika in Flachwasserkalken und kalkigen Schiefern, oft in Riffen (Abb. 192 B, C).

Inkrustierende, mit einer dicken, konzentrisch gefalteten Holothek ausgestattete Kolonien. Sie enthalten kräftige, radial stehende Säulchen sowie horizontal verlaufende, blasenförmige Elemente, deren Krümmung meist nach oben zeigt. Astrorhizen und Laminae fehlen.

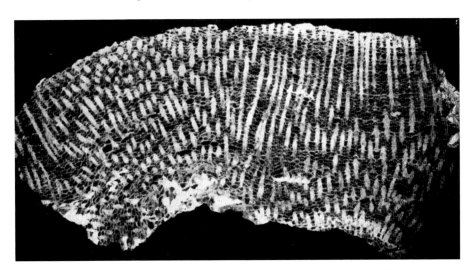

Abb. 192 B. *Labechia* sp., Vertikalschliff. Mittl. Devon von ? Gerolstein. $^{21}/_{10}$ nat. Gr. Man erkennt als Vertikalelemente dicke, ungleich lange Pilae und zwischen ihnen als Horizontalelemente feine Dissepimente. — Ebenso wie Abb. 192 C nach Originalfotos von E. FLÜGEL, Erlangen.

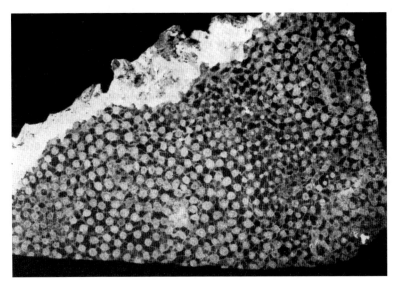

Abb. 192 C. *Labechia* sp., Horizontalschliff. Mittl. Devon von ? Gerolstein, ¾ nat. Gr. Man erkennt die runden bis eckigen Querschnitte durch die Pilae und die im Schnitt getroffenen Dissepimente.

Literaturverzeichnis

ALLOITEAU, J.: Classe des Hydrozoaires. — In: J. PIVETEAU, Traité de Paléontologie I, 378—398, 11 Abb., 1952.

BOGOYAVLENSKAYA, O. V.: K postroyeniyu klassifikatsii stromatoporoidei. — Paleont. Zhurn. **1969**, 4, 12—27, 2 Taf., 1 Abb., Moskva 1969.

— Siluriiskie stromatoporoidei urala. — Akad. nauk SSSR, Puti i zakonomernosti istoricheskogo razvitiya shivotnykh i rastitelnykh organizmov, 96 S., 26 Taf., Moskva (Nauka) 1973.

BOLSHAKOVA, L. M.: Perimenenijye statischeskogo metoda v izuche: niy roda *Lophiostroma*. — Paleont. Zhurn. **1968**, 3, 23—28, 4 Abb., 1 Taf., Moskva 1968.

— Stromatoporoidei silura i nischnego devona podolii. — Akad. nauk SSSR, Trudy paleont. inst., 141 136 S., 36 Abb., 20 Taf., Moskva 1973.

BROOD, K.: Campanian Stromatoporoids from the Upper Cretaceous of Southern Sweden. — Geol. Fören. Stockholm Förhandl. **94** (3), 393—409, 12 Abb., Stockholm 1972.

CHUDINOVA, I. I.: Classis Hydrozoa. — In: ORLOV, Y. A., Osnovy paleontologii **2**, 146—156, Moskva (Akad. nauk SSSR) 1962.

FENNINGER, A., & FLAJS, G.: Zur Mikrostruktur rezenter und fossiler Hydrozoen. — Biomin. Forsch.-Ber. **7**, 69—99, 10 Abb., 10 Taf., Stuttgart-New York 1974.

— & HÖTZL, H.: Die Hydrozoa und Tabulozoa der Tressenstein- und Plassenkalke (Ober-Jura). — Mitt. Mus. Bergbau, Geol. u. Techn. a. Landesmus. „Johanneum" Graz **27**, 63 S., 4 Abb., 8 Taf., Graz 1965.

FISCHBUCH, N.: Devonian stromatoporoids from central Alberta, Canada. — Canad. J. Earth Sci. **6**, 167—185, 14 Taf., Ottawa 1969.

FLÜGEL, E.: Zur Biographie der Stromatoporen. — Mitt. naturw. Ver. Steiermark **86**, 26—31, Graz 1956 (1956a).

— Revision der devonischen Hydrozoen der Karnischen Alpen. — Carinthia II, **66**, 41—60, 1 Taf., Klagenfurt 1956 (1956b).

— Über die taxonomische Merkmale und die Artdiagnose bei Stromatoporen. — Neues Jb. Geol. Paläont., Mh., 97—108, 3 Abb., Stuttgart 1957.

— Die paläozoischen Stromatoporen-Faunen der Ostalpen. Verbreitung und Stratigraphie. — Jb. Geol. Bundesanst. **101**, 167—186, 1 Abb., 4 Tab., Wien 1958.

— Die Gattung *Actinostroma* NICHOLSON und ihre Arten (Stromatoporoidea). — Ann. Naturhist. Mus. Wien **63**, 91—273, 3 Abb., 6 Taf., Wien 1959.

— Fossile Hydrozoen-Kenntnisstand und Probleme. — Paläont. Z. **49**, 369—406, 13 Abb., Stuttgart 1975.

— & FLÜGEL-KAHLER, E.: Stromatoporoidea (Hydrozoa palaeozoica). — Foss. Cat., I, Animalia **115/116**, 681 S., 's-Gravenhage (Junk) 1968.

— & SY, E.: Die Hydrozoen der Trias. — Neues Jb. Geol. Paläont., Abh. **109**, 1—108, 2 Abb., 3 Taf., 3 Tab., Stuttgart 1959.

GALLOWAY, J. J., & JEAN, ST. jr.: Bibliography of the Ordre Stromatoporoidea. — J. Paleont. **30**, Nr. 1, 170—185, Menasha 1956.

— — Ordovician Stromatoporoidea of North America. — Bull. Amer. Palaeont. **43**, 194, 1—102, 13 Taf., Ithaca 1961.

HARTMAN, W. D.: A new sclerosponge from the Bahamas and its relationship to mesozoic stromatoporoids. — Coll. internat. Centre nat. Rech. sci. **291**, 467–474, 12 Abb., Paris 1979.

— Systematics of the Porifera. — In: W. D. HARTMAN, J. W. WENDT, & F. WIEDENMAYER (Eds.), Living and fossil sponges. — Sedimenta **8**, 24—35, 1980.

— Modern and ancient Sclerospongiae. — Studies in Geology **7**, 116—129, 1983.

— & GOREAU, T. F.: *Ceratoporella*, a living sponge with stromatoporoid affinities. — Amer. Zoologist **6** (1), 563—564, Utica/N.Y. 1966.

JORDAN, R.: Deutung der Astrorhizen der Stromatoporoidea (? Hydrozoa) als Bohrspuren. — Neues Jb. Geol. Paläont. Mh. **1969**, 12, 705—711, 5 Abb., Stuttgart 1969.

JUX, U.: Die Riffe Gotlands und ihre angrenzenden Sedimentationsräume. — Acta Univ. Stockholm, Contr., Geol. **1**, 4, 41—89, 11 Abb., 6 Taf., Stockholm 1957.

KAZMIERCZAK, J.: A new interpretation of Astrorhizae in the Stromatoporoidea. — Acta Palaeont. Polonica **14**, 499—525, 8 Taf., Warschau 1969.

— Morphogenesis and Systematics of the Devonian Stromatoporoidea from the Holy Cross Mountains, Poland. — Polska Akad. Nauk, Zaklad Paleozool., Palaeont. Polonica **26**, 150 S., 20 Abb., 3 Tab., 41 Taf., Warschau 1971.

— Cyanophycean nature of stromatoporoids. — Nature **264**, Nr. 5581, 49—51, 2 Abb., 1976.
— Evidence for Cyanophyte Origin of Stromatoporoids. — In: Cl. Monty (Ed.), Phanerozoic Stromatolites, S. 230—241, 3 Taf., Berlin-Heidelberg-New York 1981.

Khalfina, V. K., & Yavorsky, V. I.: Klassifikatsiya stromatoporoidei. — Paleont. Zhurn. **1973**, 2, 19—34, Moskva 1973.

Kühn, O.: Zur Systematik und Nomenklatur der Stromatoporen. — Neues Jb. Min. etc., Abt. B, Centralbl., 546—551, 1927.
— Hydrozoa. — In: O. H. Schindewolf, Handbuch der Paläozoologie **2 A**, 68 S., 96 Abb., 1939.

Lecompte, M.: Les stromatoporoïdes du Dévonien moyen et supérieur du bassin de Dinant. — Inst. Roy. Sci. Nat. Belg., Teil I (Mém. **116**), 215 S., 35 Taf., 1951; Teil II (Mém. **117**), 216—359, 34 Taf., 1952.
— Stromatoporoidea. — In: R. C. Moore, Treatise on Invertebrate Paleontology, Part **F**, F 107—F 144, 28 Abb., 1956.

Mori, Kei: Stromatoporoids from the Silurian of Gotland. Part. 1. — Stockholm Contrib. Geol. **19**, 1—100, 10 Abb., 24 Taf., Stockholm 1969.
— Stromatoporoids from the Silurian of Gotland. Part 2. — Stockholm Contrib. Geol. **22**, 1—152, 29 Abb., 30 Taf., Stockholm 1970.
— Comparison of skeletal structures among stromatoporoids, sclerosponges and corals. — Paleontogr. Americ. **54**, 354—357, 1984.

Nestor, H.: [Ordovician and Llandoverian Stromatoporoidea of Estonia]. — Inst. geol. Akad. nauk Estonskoi SSR, 1—111, 38 Abb., 32 Taf., Tallinn 1964.
— [Wenlockian and Ludlowian Stromatoporoidea of Estonia]. — Inst. geol. Akad. nauk Estonskoi SSR, 1—87, 18 Abb., 1 Taf., Tallinn 1966a.
— O drevneishikh stromatoporoideyakh. — Paleont. Zhurn. **1966**, 2, 3—12, Moskva 1966b.
— The relationship between stromatoporoids and heliolitids. — Amer. Mus. Novitates **2465**, 1—37, 1981.

Nicholson, H. A.: A monograph of the British stromatoporoids. — Paleontogr. Soc., Mon., 234 S., 29 Taf., 1886—1892.

Parks, W. A.: Systematic position of the stromatoporoids. — J. Paleont. **9**, 18—29, 2 Taf., 1935.

Stearn, C. W.: The relationship of the stromatoporoids to the sclerosponges. — Lethaia **5**, 369 bis 388, 9 Abb., Oslo 1972.
— The stromatoporoid animal. — Lethaia **8**, 89—100, Oslo 1975.
— Classification of Paleozoic stromatoporoids. — J. Paleont. **54**, 881—902, 1980.
— Skeletal variation within Paleozoic stromatoporoids. — Geol. Soc. Amer., Abstracts with Progr. **17**, 726—727, 1985.
— Stromatoporoids from the Famennian (Devonian) Wabamun Formation, Normandville Oilfield, North-Central Alberta, Canada. — J. Paleont. **62** (3), 411—419, 5 Abb., 1988.

Steiner, A.: Contribution à l'étude des stromatopores secondaires. — Bull. Lab. Géol. Univ. Lausanne **50**, 117 S., 14 Taf., 1932.

Turnšek, D.: [Upper Jurassic Hydrozoan Fauna from Southern Slovenska]. — Slovenska Akad. Znanosti Umetnosti, Cl. IV, Razprave **9/8**, 1—94, 8 Abb., 19 Taf., Ljubljana 1966.
— & Buser, St.: [The Lower Cretaceous Corals, Hydrozoans and Chaetetids of Banjska Planota and Trnovski Gozd]. — Slovenska Akad. Znanosti Umetnosti, Cl. IV, Razprave **17/2**, 81—144, 3 Abb., 16 Taf., Ljubljana 1974.

Webby, B. D.: Ordovician stromatoporoids from New South Wales. — Palaeontology **12** (4), 637—662, 5 Abb., 13 Taf., London 1969.
— Early Stromatoporoids. — Oxford Monogr. Geol. Geophys. **5**, 148—166, 10 Abb., New York, Oxford 1986.

Wood, R. A.: Biology and revised systematics of some late Mesozoic stromatoporoids. — Spez. Pap. Paleont. **37**, 1—87, 1987.'

Yabe, H., & Suguiyama, T.: Jurassic stromatoporoids from Japan. — Sci. Rep. Tôhoku Imp. Univ. Sendayi, ser. 2, **14**, 135—191, 32 Abb., 32 Taf., 1935.

Yavorsky, V. I.: Stromatoporoidea. — In: Orlov, Yu. A.: Osnovy paleontologii **2**, 157—168, 9 Taf., Leningrad-Moskau 1962 (Akad. nauk SSSR).
— Bemerkungen über Astrorhizen. Eine Entgegnung auf Jordan, R. (1969): Deutung der Astrorhizen der Stomatoporoidea (Hydrozoa) als Bohrspuren. — Neues Jb. Geol. Paläont. Mh. **1973**, 8, 458—461, 1 Abb., Stuttgart 1973.

ZHURAVLEVA, I. T., & MIAGKOVA, E. I.: Stravnitelnaya kharakteristika Archaeata i Stromatoporoidea. — In: SOKOLOV, B. S., Drevnie Cnidaria, tom 1, Akad. nauk SSSR, Sibirskoe otdel. Trudy inst. geol. geofiz. **201**, 63—70, 10 Abb., Novosibirsk 1974.

ZUKALOVA, Vl.: Stromatoporoidea from the Middle and Upper Devonian Moravian Karst. — Rozpravy, Ustredniho ustavu geol. **37**, 143 S., 40 Taf., 16 Abb., Praha 1971.

Nachtrag zu S. 188—193

HANCOCK, A.: Note on the excavating sponges; with descriptions of four new species. — Ann. and Mag. Nat. Hist., ser. 3, **19**, 229—242, 1867.

ZIEGLER, B., & RIETSCHEL, S.: Phylogenetic relationships of fossil calcisponges. — Symp. zool. Soc. London **25**, 23—40, 4 Abb., London 1970.

ZITTEL, K. A.: Studien über Spongien. — Abb. kgl. bayer. Akad. Wiss., math.-phys. Cl. **13**, 1—63, 1877; ebd. **13**, 1—90, 10 Taf., 1878; ebd. **13**, 1—48, 2 Taf., München 1878.

— Beiträge zur Systematik der fossilen Spongien. — N. Jb. Min. etc. **1877**, 327—348, 4 Taf., 1877; ebd. **1878**, 561—618, 4 Taf., 1878; ebd. **1879**, 1—40, 2 Taf., München 1879.

— Grundzüge der Paläontologie (Paläozoologie). I. Invertebrata. 4. Aufl., 697 S., 1458 Abb., 1915; 5. Aufl. (bearb. v. F. BROILI), VIII u. 733 S., 1457 Abb., München u. Berlin 1921.

E. Stamm Coelenterata Frey & Leuckart 1847
(Hohltiere)

1. Allgemeines

Es handelt sich um primitive Eumetazoa, deren Körper im wesentlichen aus einer inneren (entodermalen) und aus einer äußeren (ectodermalen) Schicht von Epithelien besteht, die ähnlich wie bei der Gastrula einen einzigen sackartigen Hohlraum (Gastralraum) umschließen. Eine sekundäre Leibeshöhle fehlt. Ecto- und Entoderm berühren sich entweder unmittelbar oder sind durch eine mehr oder weniger strukturlose, gallertartige Masse (Mesogloea) getrennt. Der Gastralraum (Enteron) steht lediglich durch eine Öffnung (Mund) mit der Außenwelt in Verbindung. Typisch ist für die rezenten und zahlreiche fossilen Formen eine radiale Symmetrie, die von den Larvenstadien übernommen wird; sonst treten Züge einer zum Teil sehr ausgeprägten ursprünglichen bilateralen Symmetrie in Erscheinung. Ein zirkulatorisches, exkretorisches und respiratorisches System fehlen. Es sind ausschließlich Wasserbewohner.

2. Vorkommen

Algonkium — rezent.

3. Systematik

Innerhalb der Coelenterata werden zwei Unterstämme ausgeschieden:

a) die **Cnidaria** Hatschek 1888 (Algonkium — rezent): Mit Nesselzellen (Cniden). Teile des Körpers können mit Hilfe von Muskeln bewegt werden;
b) die **Ctenophora** Eschscholtz 1829 (rezent, fossil sehr unsicher): Ohne Nesselzellen. Fortbewegung mit Hilfe von Cilien.

Da die Ctenophora fossil noch nicht mit Sicherheit nachgewiesen werden konnten, wird nachstehend lediglich auf die Cnidaria eingegangen.

Unterstamm Cnidaria Hatschek 1888
(Nesseltiere)

1. Allgemeines

Primitive Eumetazoa mit radialer, bilateraler oder radiobilateraler Gestalt, deren Mund von ein oder mehreren Tentakelkränzen umgeben wird. Die Tentakel sind mit Cniden oder Nematocysten (Nesselkapseln) besetzt. Diese dienen zur Verteidigung und zur Überwältigung der Beute. Die Tiere sind solitär oder kolonial, sessil oder freischwimmend und nicht selten hoch polymorph. Die sich durch Knospung vergrößernden Kolonien scheiden meist ein besonderes Skelett aus. Freischwimmende Formen sind in der Regel medusoid, koloniale polypoid. Die geschlechtliche Fortpflanzung ergibt gewöhnlich freischwimmende Planula-Larven. Aus diesen entstehen die polypoiden Kolonien. Fast alle Cnidaria sind marin.

2. Vorkommen

Algonkium — rezent.

3. Systematik

Es werden folgende Klassen unterschieden:

a) ? **Protomedusae** CASTER 1945: Ob. Algonkium, Mittl. — Ob. Kambrium, ? Ordovizium, ? Karbon;
b) ? **Dipleurozoa** HARRINGTON & MOORE 1955: Ob. Algonkium;
c) **Scyphozoa** GÖTTE 1887: Ob. Algonkium — rezent;
d) **Hydrozoa** OWEN 1843: Ob. Algonkium — rezent;
e) **Anthozoa** EHRENBERG 1834: Mittl. Ordovizium — rezent.

I. Klasse ? **Protomedusae** CASTER 1945

1. Allgemeines

Ursprünglich zu den Scyphomedusen gestellte, inzwischen sehr unterschiedlich gedeutete Fossilien, die hinsichtlich ihrer äußeren Gestalt eine große Variabilität aufweisen. Betrachtet wurden sie unter anderem als sternförmige Freßbauten eines unbekannten Erzeugers (? Anneliden), als anorganisch entstandene Strukturen und als Protomedusen. — Der im Umriß elliptische, maximal 7 cm große Körper besteht aus melonenartig aufgetriebenen radialen Segmenten (Loben), die durch scharf ausgebildete Furchen getrennt werden. Die Zahl der Segmente schwankt erheblich. Sie kann 4 bis 14 und mehr betragen. Dabei weisen Formen mit 4, 8 oder 12 Segmenten eine deutliche tetramere Symmetrie auf; jedoch sind Vertreter mit 5 oder 7 Segmenten am häufigsten. Mitunter schalten sich weitere Loben zwischen die übrigen. Hierbei handelt es sich vielleicht um zusätzliche orale Arme (WALCOTT). Bei anderen Formen finden sich an der Unterseite 4 oder 5 Anhänge, die man wohl richtig als echte Oralarme deutet. Im übrigen sind die Loben der Oberseite im allgemeinen größer als die der Unterseite. Randliche Sinnesorgane und Tentakel konnten nicht beobachtet werden. Ringkanal und zentraler Mund fehlen. In marinen Ablagerungen (Abb. 193).

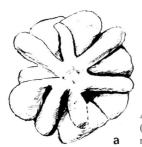

Abb. 193. *Brooksella alternata* WALCOTT, Mittl. Kambrium von N-Amerika (Alabama). a) Ansicht von unten, b) von der Seite. Nat. Gr. — Umgezeichnet nach CH. D. WALCOTT 1898.

2. Vorkommen

Ob. Algonkium (Nankoweap-Schichten, Grand Canyon-Serie) von N-Amerika, Mittl. — Ob. Kambrium von Sibirien (Rußland) und N-Amerika. Berühmt sind vor allem die Funde aus den Kieselkonkretionen des Mittl. Kambrium (Conasauga-Schiefer) von Coosa Valley (Alabama). Fragliche Hinweise beziehen sich auf das Ordovizium von Schweden und Frankreich sowie das Karbon von Ägypten.

Literaturverzeichnis

BASSLER, R. S.: A supposed jellyfish from the pre-Cambrian of the Grand Canyon. — U.S. Natl. Mus., Bull. **89**, Nr. 3104, 519—522, 1941.
CLOUD, P. E. jr.: Pseudofossils — a plea for caution. — Geology **1**, Nr. 3, 123—127, 7 Abb., 1973.
HÄNTZSCHEL, W.: Miscellanea. Supplement 1. Trace fossils and Problematica. — In: C. TEICHERT (Ed.), Treatise on Invertebrate Paleontology, part **W**, 2. Ed., 269 S., 110 Abb., Lawrence 1975.
HARRINGTON, H. J., & MOORE, R. C.: Protomedusae. — In: R. C. MOORE, Treatise on Invertebrate Paleontology, Part **F**, Coelenterata, F 21—F 23, 2 Abb., 1956.
HUENE, F. v.: Geologische Notizen aus Oeland und Dalarne sowie über eine Meduse aus dem Untersilur. — Zbl. für Min. etc. **1904**, 450—461, 6 Abb., 1904.
WALCOTT, CH. D.: Fossil Medusae. — U. S. Geol. Survey, Mon. **30**, IX + 201 S., 47 Taf., 1898.

II. Klasse ? **Dipleurozoa** HARRINGTON & MOORE 1955

Primitive, medusoide Organismen mit glockenförmigem, bilateral-symmetrischem Körper („Umbrella") von elliptischem Umriß. Über die Oberfläche verläuft eine mediane Furche. Von ihr strahlen radial zahlreiche einfache und schmale Segmente aus, die am Rande einen kurzen Lappen mit je einem einfachen Tentakel (?) tragen. Vorder- und Hinterende sind unterschiedlich ausgebildet. Marin.

M. F. GLAESSNER (1958) neigt zur Annahme, daß es sich bei diesen Fossilien nicht um Coelenteraten, sondern um Anneliden handelt, die möglicherweise nahe mit der aus der Gegenwart bekannten Gattung *Spinther* (Ordnung Amphinomorpha) verwandt sind. Die Amphinomorpha stehen den Turbellarien ziemlich nahe. Denkbar ist aber auch, daß die D. Vorfahren der heute parasitären Myzostomida sind. M. A. FEDONKIN 1983, 1986 wiederum betrachtet die D. als einen

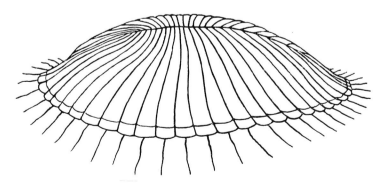

Abb. 194 A. *Dickinsonia* sp., Rekonstruktion als Meduse, Ob. Algonkium (Pound Sandstein) von Ediacara (S-Australien). ¾ nat. Gr. — Nach H. J. HARRINGTON & R. C. MOORE 1956.

Abb. 194 B. *Dickinsonia minima* Sprigg, Ob. Algonkium (Pound Sandstein) von Ediacara (S-Australien). Ca. 1⅕ nat. Gr. — Nach M. F. Glaessner 1958.

blind endenden Seitenzweig primitiver Bilateralia des von ihm errichteten Stammes der Proarticulata.

Es ist bisher nur die nachstehende Gattung bekannt:

Dickinsonia Sprigg 1947: Ob. Algonkium von Südaustralien und nördlichem Rußland (Abb. 194 A, B).

Kleine bis mittelgroße Formen, bei denen die Zahl der radialen Segmente ca. 20 bis 140 beträgt. Sie sind an einer Seite (Vorderseite ?) zahlreicher als auf der anderen.

Literaturverzeichnis

Fedonkin, M. A.: Organic world of the Vendian. Stratigraphy and paleontology. — Itogi Nauki Tekhniki Viniti an SSR **12**, 127 S., 1983 (russ.).
— Precambrian problematic animals: their body plan and phylogeny. — Oxford Monogr. Geol. Geophys. **5**, 59—67, 1 Abb., New York, Oxford 1986.
Glaessner, M. F.: New fossils from the base of Cambrian in South Australia. — Trans. R. Soc. S. Austral. **81**, 185—188, 1 Taf., 1958 (1958a).
— The oldest fossil faunas of South Australia. — Geol. Rdsch. **47**, 522—531, 5 Abb., Stuttgart 1958 (1958b).
— Trace fossils from the Precambrian and basal Cambrian. — Lethaia **2**, 369— 393, Oslo 1969.
— & Daily, B.: The geology and the late precambrian fauna of the Ediacara fossil reserve. — Rec. Austral. Mus. **XIII**, 369— 401, 2 Abb., 2 Taf., Adelaide 1959.
Harrington, H. J., & Moore, R. C.: Dipleurozoa. — In: R. C. Moore, Treatise on Invertebrate Paleontology, part **F**, Coelenterata, F 24—F 27, 4 Abb., 1956.
Ivanov, A. V.: On the monophyletic nature of Metazoa. — Zool. Zh. **46** (10), 1446—1455, 1976 (russ.).
Seilacher, A.: Vendozoa: Organismic construction in the Proterozoic biosphere. — Lethaia **22**, 229—239, 5 Abb., Oslo 1989.
Sprigg, R.: Early Cambrian „jellyfishes" of Ediacara, South Australia, and Mt. John, Kimberley District, Western Australia. — Roy. Soc. S-Australia, Trans. **73**, Teil 1, 72—99, Taf. 9—21, 1949.
Wade, M.: *Dickinsonia*: polychaete worms from Late Precambrian Ediacara fauna, South Australia. — Mem. Queensland Mus. **16**, 171—190, 1972.

III. Klasse **Scyphozoa** Götte 1887

1. Allgemeines

Überwiegend freischwimmende (medusoide), sonst festgeheftete (polypoide) Cnidaria mit deutlicher tetramerer Symmetrie. Meist sind vier interradiale entodermale Septen ausgebildet. Abgesehen von den Conulata, die hier als Unterklasse der Scyphozoa betrachtet werden, ohne Hartteile. Bei den Conulata findet sich ein dünnes chitiniges oder chiting-phosphatisches Periderm. Marin.

2. Vorkommen

Ob. Algonkium — rezent. Fossile Überreste hartteilfreier Formen sind in der Regel selten.

3. Systematik

Es werden zwei Unterklassen unterschieden:

a) **Scyphomedusae** Lankester 1881: Unt. Kambrium — rezent;
b) **Conulata** Moore & Harrington 1956: Ob. Algonkium — Ob. Trias.

Unterklasse **Scyphomedusae** Lankester 1881

1. Allgemeines

Der Bau gleicht grundsätzlich dem der Hydromedusen, doch fehlt meist das Velum. Auch sind sie im allgemeinen wesentlich größer. Da sie einen Durchmesser von 2,25 m erreichen können (*Cyanea arctica*, rezent), gehören sie zu den größten bekannten Coelenterata. Ähnlich wie bei den Hydromedusae wird der Gastralraum durch vier radial nach innen gerichtete Falten in einen zentralen Bereich und vier periphere Gastraltaschen aufgeteilt (Abb. 198). Allerdings fehlen bei manchen Formen diese Falten im Erwachsenenstadium. Am Schirmrand befinden sich mindestens 8 Paar Randlappen, zwischen denen gewöhnlich abwechselnd Sinneskolben (Rhopalien) und Tentakel angeordnet sind. Von den Gastraltaschen führen oft zahlreiche und verzweigte Radialkanäle zum Ringkanal, der den Schirmrand umzieht. Die Mehrzahl der Arten ist getrennt geschlechtlich. Die aus den Eiern hervorgehenden bewimperten Planulae bilden in der Regel einen Scyphopolypen, seltener direkt eine neue Meduse. Deren Oberseite wird als Exumbrella, die Unterseite als Subumbrella bezeichnet.

Der Gallertekörper rezenter Medusen besteht zu etwa 99% aus Wasser, woraus auf eine geringe Erhaltungsfähigkeit geschlossen werden kann. Um so mehr überrascht die große Anzahl von Fossilien, die meist unter besonderen Namen als medusenartige Problematika erklärt oder mit Bestimmtheit zu den Quallen gestellt wurden. Nicht verwunderlich ist dagegen die Unsicherheit, die fast immer bei der Deutung solcher Gebilde besteht: denn schon bei den rezenten Vertretern zeigt sich eine enorme Mannigfaltigkeit an Einbettungsformen. Sie ist weitgehend von der Beschaffenheit des Sediments und vom Zustand des einzubettenden Körpers abhängig, so daß vom gleichen Fundort kaum übereinstimmende Abdrücke zu erwarten sind (Abb. 195–197). Dies erklärt auch, weshalb eine orthotaxonomische Behandlung fossiler Quallen meist von vornherein ausscheidet. Trotz der großen Anzahl schwer kontrollierbarer taphonomischer Faktoren ist der Nachweis fossiler Formen vor allem dann von Interesse, wenn sie Rückschlüsse zur Bildungsweise und Biochronologie fossilarmer Schichtfolgen gestatten. Beobachtungen an

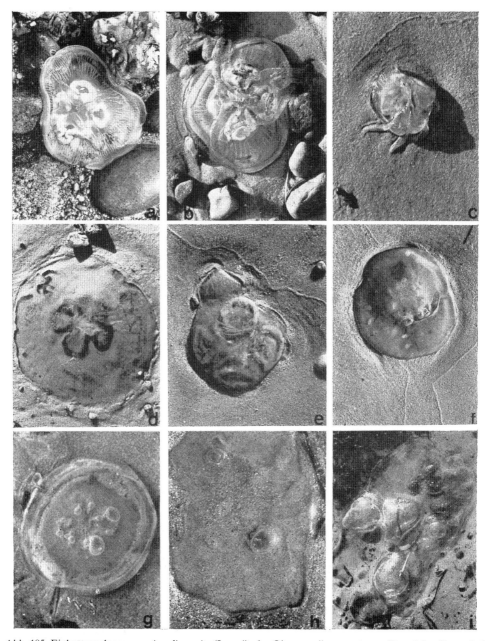

Abb. 195. Einbettungslagen von *Aurelia aurita* (LINNÉ), der Ohrenqualle; rezent vom Strand der Ostsee bei Graal-Müritz und Ahrenshoop: a)−c) im frischen Zustand, d) leicht eingetrocknet, e)−i) mehr oder weniger in Zersetzung übergegangen, zum Teil mit Gasblasen; Schirmdurchmesser maximal 18 cm.

III. Klasse Scyphozoa Götte 1887

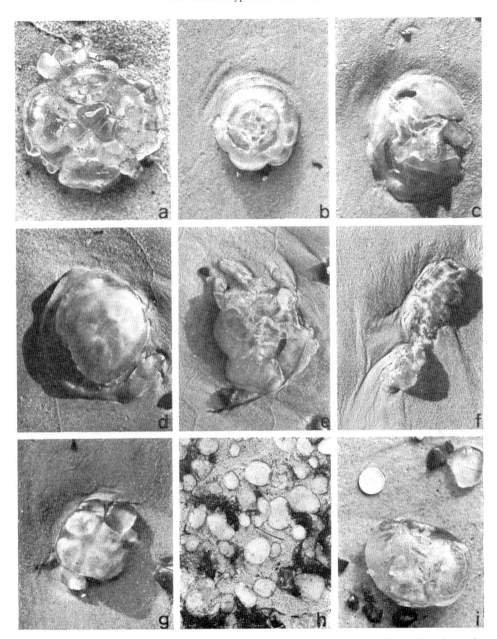

Abb. 196. Fortsetzung zu Abb. 195; die Tiere sind im Wechselspiel von Schwall und Sog mehr oder weniger zerrissen und/oder abgerollt; bei a) ging der dünne Randsaum des Schirmes verloren, während sich weitere Zerreißlinien radial zwischen den Gonaden vorzeichnen; bei h) beginnen die „geröllartig" aufgearbeiteten Teile zu hauchdünnen, rundlichen Häutchen einzutrocknen.

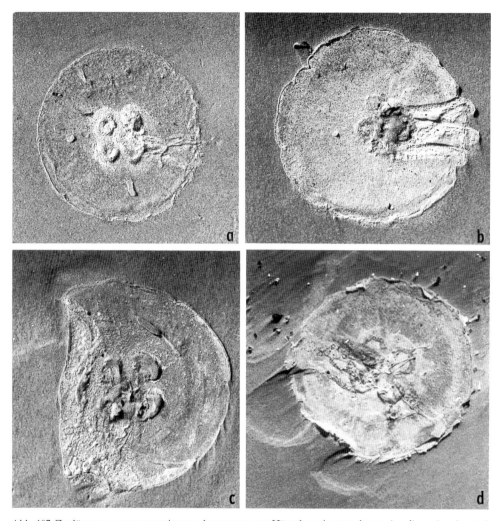

Abb. 197. Zu dünnen, pergamentartigen und transparenten Häutchen eingetrocknete *Aurelia aurita*, c) und d) wurden von trockenem Flugsand bei Stärke 7 überweht. Rezent vom Sandstrand westlich Prerow am Darß (Fischland, Ostsee). Schirmdurchmesser ca. 12 cm. Fot. Verf. (6. 9. 85).

der Küste heutiger Meere zeigen gelegentlich, daß sogar Quallen, die zu einem dünnen Häutchen eingetrocknet sind, Abdrücke mit Einzelheiten hinterlassen. Weitere Angaben zur Taphonomie fossiler und rezenter Quallen finden sich in Bd. I (5. Aufl.), S. 55–58, Abb. 24A–27, 1992.

2. Vorkommen

Unt. Kambrium – rezent; ausschließlich marin. Als Fundort vorzüglich erhaltener Reste ist der Solnhofener Plattenkalk (Malm zeta) bekannt, der in der Umgebung von Solnhofen (Bayern) ansteht. Die reichsten Funde stammen von Pfalzpaint.

3. *Systematik*

Man unterscheidet die nachstehenden sechs Ordnungen:

a) **Stauromedusida** HAECKEL 1880: nur rezent,
b) **Carybdeida** CLAUS 1886: ? Malm, rezent.
c) **Coronatida** VANHÖFFEN 1892: ? Unt. Kambrium, Malm — rezent,
d) **Semaeostomatida** L. AGASSIZ 1862: ? Malm, rezent,
e) **Lithorhizosomatida** VON AMMON 1886: Malm,
f) **Rhizostomatida** CUVIER 1799: Ob. Karbon — rezent.

Hiervon sind lediglich die Coronatida, Lithorhizostomatida und Rhizostomatida fossil eindeutig nachgewiesen.

Ordnung **Coronatida** VANHÖFFEN 1892

Exumbrella aus Zentralscheibe und peripherem Ring mit Randlappen, beide durch eine tiefe Ringfurche geschieden. Schirm zum Teil hochgewölbt, spitzglockig, mit stielartigem Kegel; zum Teil flach und fingerhutförmig. Mund einfach, kreuzförmig. Vorhanden sind 4—32 feste Tentakel. Heute überwiegend Bewohner der Tiefsee, doch finden sich einige auch an der Oberfläche wärmerer Meeresteile. — ? Unt. Kambrium, Malm — rezent.

Beispiel:
Epiphyllina KIESLINGER 1939: Malm von Mitteleuropa.
Zentralscheibe glatt, mit 4 Rhopalien, 12 Tentakeln und 8 adradial angeordneten Gonaden, die unter einem Winkel von 45 Grad verteilt sind.

Ordnung **Lithorhizostomatida** VON AMMON 1886

Exumbrella glockenförmig, mit 6 Randlappen, 8 Rhopalien und kurzen Tentakeln. Vorhanden sind vier, im Umriß nierenförmige bis fast dreieckige Gonaden sowie ein Ringkanal. Der Ringmuskel ist kräftig, der Mund kreuzförmig und ohne Mundarme entwickelt. — Malm.
Einzige Gattung (Familie Rhizostomitidae HARRINGTON & MOORE 1956):
Rhizostomites HAECKEL 1866: Malm zeta (Solnhofer Plattenkalk) (Abb. 198—199).
Die Subumbrella zeigt vier zackige, ausgefranste Nähte, die kreuzförmig angeordnet sind. Sie entstanden durch Verwachsung des ursprünglich offenen, kreuzförmigen Mundes. Als Abnormitäten finden sich gelegentlich Formen mit sechszähligem Mundkreuz.

Zur Ordnung **Rhizostomatida** CUVIER 1799 gehört als sicherer fossiler Vertreter *Prothysanostoma eleanorae* OSSIAN 1973 aus dem Oberkarbon (Missouri Series, Kansas City Group) von Nordamerika. Deren Exumbrella ist kuppelförmig, ohne Coronalfurche und Randtentakel. Vorhanden sind 16 Randlappen und 8 sehr lange, schlanke Mundarme. — *Leptobrachites* HAECKEL 1869 aus dem Solnhofener Plattenkalk (Malm zeta) ist fraglich.

Abb. 198. *Rhizostomites admirandus* HAECKEL. Blick auf die Oberfläche der Subumbrella mit entspannter Ringmuskulatur. Malm zeta (Solnhofener Plattenkalk) von Solnhofen (Bayern). Ca. ½ nat. Gr. — Nach L. v. AMMON 1883.

Ordnung fraglich

Familie **Stellostomitidae** SUN & HOU 1987

Freischwimmende scyphozoe Medusen mit im Umriß ganzrandiger, kreisförmiger Umbrella, die keine marginalen Tentakel trägt. Radialkanäle zahlreich, einfach oder verzweigt. Annulares Muskelband entwickelt. Mund sternförmig, ohne Mundarme. — Unt. Kambrium (Chiungchussu Formation) von Chengjiang (Yunnan, Südchina) mit 2 Gattungen.

Stellostomites SUN & HOU 1987: mit einfachen, unverzweigten Radialkanälen. Durchmeser der Umbrella 3—10,2 cm (meist 6—8 cm) (Abb. 200b).

Yunnanomedusa SUN & HOU 1987: mit verzweigten Radialkanälen. Durchmesser der Umbrella um 8 cm (Abb. 200a).

III. Klasse Scyphozoa Götte 1887

Abb. 199. *Rhizostomites admirandus* HAECKEL, Blick auf den zentralen Teil der Exumbrella. Malm zeta (Solnhofener Plattenkalk) von Solnhofen (Bayern). Ca. ¾ nat. Gr. — Nach L. v. AMMON 1908.

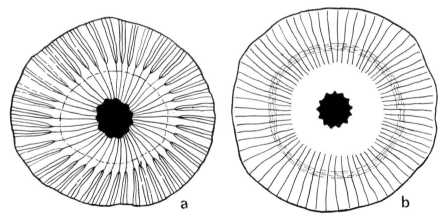

Abb. 200. a) *Yunnanomedusa eleganta* SUN & HOU, Subumbrellarseite, schematisiert; b) *Stellostomites eumorphus* SUN & HOU, Subumbrellarseite. Unt. Kambrium (Chiungchussu Formation, *Eoredlichia-Wutingaspis*-Stufe) von Chengjiang (Yunnan, SW-China). Durchmesser von a) ca. 8 cm, von b) 7,8 cm. — Nach W. SUN & X. HOU 1987, umgezeichnet.

Literaturverzeichnis

AMMON, L. v.: Über neue Exemplare von jurassischen Medusen. — Abh. Kgl. Bayr. Akad. Wiss., Math.-Nat. Kl. **15**, 66 S., 5 Taf., 1883.

— Über eine coronate Qualle (*Ephyropsites jurassicus*) aus dem Kalkschiefer. — Geogn. Jh. **19**, 169—186, 1 Taf., 1908.

BISCHOFF, G. C. O.: Bryoniida new order from early Palaeozoic strata of eastern Australia (Cnidaria, thecate scyphopolyps). — Senckenbergiana lethaea **69** (5/6), 467—521, 6 Abb., 8 Taf., Frankfurt a. Main 1989.

BRANDT, A.: Über fossile Medusen. — Mém. Acad. Imp. Sci. St. Petersbourg (7) **16**, Nr. 11, 1—28, 2 Taf., 1871.
HAECKEL, E.: Über zwei neue fossile Medusen aus der Familie der Rhizostomiden. — Neues Jb. Min. etc., Jahrg. **1866**, 257—282, 2 Taf., 1866.
— Über die fossilen Medusen der Jurazeit. — Z. wiss. Zool. **19**, 538—562, 1 Taf., 1869.
— Über eine sechszählige fossile Rhizostome und eine vierzählige fossile Semaeostome. — Jenaische Z. Naturw. **8** (Neue Folge, Bd. 1), 308—330, 2 Taf., 1874.
HARRINGTON, H. J., & MOORE, R. C.: Kansas Pennsylvanian and other jellyfishes. — Kansas Geol. Survey **114**, Teil 5, 153—163, 2 Taf., 1955.'
— Scyphomedusae. — In: R. C. MOORE, Treatise on Invertebrate Paleontology, Part **F**, Coelenterata, F 38—F 53, 12 Abb., 1956.
HERTWECK, G.: Möglichkeiten des Fossilwerdens von Quallen — im Experiment. — Natur u. Museum **96**, 456—462, 1966.
KRAMP, P. L.: Synopsis of the medusae of the world. — J. mar. biol. Assoc. U. K. **40**, 1—469, 1961.
KIESLINGER, A.: Scyphozoa. — In: O. H. SCHINDEWOLF, Handbuch der Paläozool. **2 A**, Lief. 5, A 69—A 109, 42 Abb., 1939.
— Revision der Solnhofener Medusen. — Paläont. Z. **21**, 287—296, 5 Abb., 1939.
KUHN, O.: Eine neue Meduse (Hydromeduse) aus dem Oberjura von Solnhofen. — Zool. Anz. **122**, Nr. 11—12, 307—312, 3 Abb., 1939.
MAAS, O.: Über Medusen aus dem Solnhofener Schiefer. — Palaeontogr. **48**, 293—315, 2 Taf., 1902.
— Über eine neue Medusengattung aus dem lithographischen Schiefer. — Neues Jb. Min. etc., Jahrg. **1906**, 90—99, 4 Abb., 1906.
MITZOPOULOS, M.: Ein Medusen-Vorkommen im Eozänflysch des Peloponnes. — Praktika. Akademias Athenon **14**, 258—259, 1 Taf., 1939.
MÜLLER, A. H.: Aktuopaläontologische Beobachtungen an Quallen der Ostsee und des Schwarzen Meeres. — Natur u. Museum **100**, 321—332, 11 Abb., 1970.
— Aktualistische Beiträge zur Taphonomie fossiler Quallen. — Freiberger Forschungsh. **C 395**, 82—95, 4 Abb., 6 Taf., Leipzig 1984.
— Desgl., 2. Teil. — Ebd. **C 400**, 77—79, 1 Abb., 1 Taf., Leipzig 1985.
— Desgl., Teil 3. — Ebd. **C 445**, 95—103, 1 Abb., 4 Taf., Leipzig 1992.
OSSIAN, C. R.: New Pennsylvanian Scyphomedusan from western Iowa. — J. Paleont. **47**, 990—995, 3 Abb. 2 Taf., 1973.
POPOV, Y. N.: New Cambrian Scyphozoan. — Palaeont. Zh. **2**, 107—108, Moskau 1967 [russ.].
RENZ, C.: Problematische Medusenabdrücke aus der Olenus-Pindos-Zone des Westpeloponnes. — Verh. naturf. Ges. Basel **36**, 220—233, 1 Abb., 1925.
— Ein Medusenvorkommen im Alttertiär der Insel Zypern. — Eclogae Geol. Helvet. **23**, 295—300, 1 Abb., 1930.
SCHÄFER, W.: Fossilisations-Bedingungen von Quallen und Laichen. — Senckenbergiana **23**, 189—216, 19 Abb., Frankfurt a. M. 1941.
SPRIGG, R. G.: Early Cambrian „jellyfishes" of Ediacara, South Australia, and Mt. John, Kimberley District, Western Australia. — Roy. Soc. S. Australia, Trans. **71**, Teil 2, 212—224, 3 Taf., 1949.
SUN, W.: Late Precambrian scyphozoan medusa *Mawsonites randellensis* sp. nov. and its significance in the Ediacara metazoan assemblage, South Australia. — Alcheringa **10** (3), 169—181, 1986.
— & HOU, X.: [Early Cambrian Medusae from Chengjiang, Yunnan, China. — Acta Palaeont. Sinica **26**(3), 257—271, 7 Abb., 6 Taf., 1987] [chines. m. engl. Zusammenfassung].
WALCOTT, CH. D.: Fossil Medusae. — U. S. Geol. Survey., Mon. **30**, IX + 201 S., 47 Taf. 1898.
ZUBER, R.: Eine fossile Meduse aus dem Kreideflysch der ostgalizischen Karpathen. — Verh. K.K. geol. Reichsanstalt **2**, 57—59, 1 Abb., 1910.

Unterklasse **Conulata** MOORE & HARRINGTON 1956

1. Allgemeines

Aus Chitin oder einer chitinig-phosphatischen Substanz bestehende pyramidenförmige, flachkonische oder etwa zylindrische, biegsame und sehr dünne Gehäuse, die im Querschnitt meist eine deutliche tetramere Symmetrie aufweisen (Abb. 201). Die Außenseite ist in der Regel mit feinen Längs- und Querstreifen bedeckt (Abb. 202—203); doch kann sie gelegentlich auch glatt sein. Die Jugendstadien waren wenigstens teilweise mit dem geschlossenen Apikalende festgewachsen (Abb. 204). Zumindest einige Formen lösten sich im weiteren Verlauf des Wachstums ab und

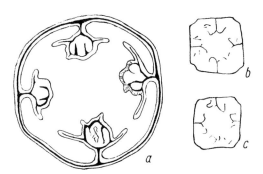

Abb. 201. Querschnitte durch Scyphozoa. a) *Craterolophus tethys*, eine rezente Scyphomeduse, 9/10 nat. Gr.; b)—c) *Eoconularia loculata* (WIMAN), eine Conularie des Silur, ca. 7/1 nat. Gr. — In beiden Fällen sind die Enden der vier Septen gegabelt. — a) Nach C. CLAUS 1883; b)—c) nach C. WIMAN 1895 (beide umgezeichnet).

Abb. 202. *Conularia gemuendina* RUD. RICHTER. a) Seitenansicht, die zwei Flächen der Pyramide zeigt. An der mit Kreuz signierten Stelle läuft die Mittellinie durch. Nat. Gr. b) Skulptur. 8/1 nat. Gr. Unt. Devon (Hunsrückschiefer) von Gemünden. Nat. Gr. — Nach Rud. RICHTER 1930.

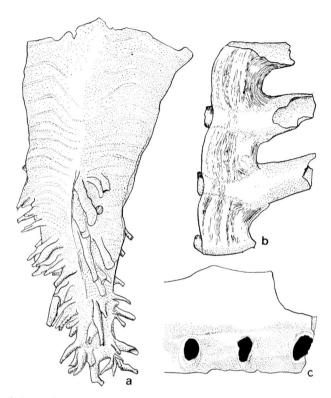

Abb. 203. a) *Conularia* sp., Jugendform mit ziemlich unregelmäßigen Stacheln am unteren Teil, Länge ca. 2,3 mm; b) desgl., Fragment einer Rippe mit 4 Choanophymen von der Seite, Länge ca. 0,9 mm; c) desgl., Fragment einer Rippe mit 3 Choanophymen von außen, Länge ca. 0,7 mm; erratisches Geschiebe des Ordovizium von Polen. — Nach R. KOZLOWSKI 1968, umgezeichnet.

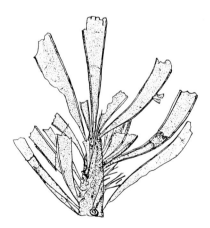

Abb. 204. Junge Individuen von *Sphenothallus angustifolius* HALL, die sich auf älteren festgeheftet haben. Mittl. Ordovizium, Canajoharie (New York). Nat. Gr. — Nach R. RUEDEMANN 1898.

wurden freischwimmend (Abb. 205). Aller Wahrscheinlichkeit nach war die Mündung von einer Anzahl Tentakeln umgeben (Abb. 206). Sie konnte in der Regel durch vier lobenförmige Vorragungen des Periderms verschlossen oder eingeengt werden.

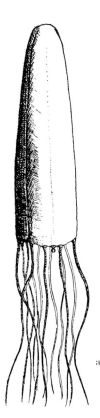

Abb. 205. *Exoconularia consobrina* (BARRANDE), Mittl. — Ob. Ordovizium der ČSFR und Frankreichs. a) Rekonstruktion als freischwimmende Meduse. Apikalende durch Querscheidewand (Diphragma) abgeschlossen; b) Querschnitt. ½ nat. Gr. — Nach H. KIDERLEN 1937.

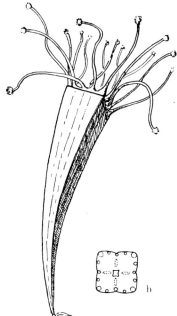

Abb. 206. *Archaeoconularia fecunda* (BARRANDE), Ordovizium der ČSFR. a) Rekonstruktion (festgeheftet) in Seitenansicht; b) Querschnitt. ⅔ nat. Gr. — Nach H. KIDERLEN 1937.

2. Vorkommen

Ob. Algonkium — Ob. Trias.

3. Morphologie

Jede Seitenfläche wird durch eine mehr oder weniger deutliche Furche (Mittellinie) in zwei spiegelbildliche Hälften geteilt, von denen jede wiederum von einer anderen Linie (Seitenlinie) aufgegliedert werden kann. Als weitere Elemente von taxonomischer Bedeutung treten Längsfurchen hinzu, die bei den meisten Arten in den Seitenkanten des Gehäuses entlangziehen. Dabei ist vielfach der betroffene Teil des Periderms etwas verdickt. Merkmale der Skulptur haben im allgemeinen nur Bedeutung bei der Unterscheidung von Arten. Das Gehäuse konnte in verschiedener Weise durch lobenförmige Vorragungen des Mündungsrandes verschlossen oder eingeengt werden. Ursprünglich festgewachsene Formen, die sich von ihrer Unterlage abgelöst haben, zeigen am Apikalende eine glatte, konvexe Scheidewand. Die Conularien erreichen gewöhnlich eine Länge von 6 bis 10 cm; maximal wurden ca. 22 cm festgestellt. In diesem Falle betrug der Durchmesser an der Mündung etwa 12 cm. Das Skelett war, wie eingebeulte Reste zeigen, biegsam (Abb. 207).

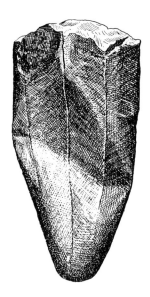

Abb. 207. *Exoconularia pyramidata* (HOEN.), mit eingebeultem Periderm. Mittl. Ordovizium der ČSFR. Apikalende abgerundet (mit Diphragma). ⅔ nat. Gr. — Nach H. KIDERLEN 1937.

Vergleichbar mit den Conulata ist **Stephanoscyphus** ALLMAN 1874 (rezent fast weltweit vom Schelf bis in größere Meerestiefen) mit schlanker, im Querschnitt runder Peridermröhre, die den Weichkörper vollständig umgibt und aus der nur die Tentakelkrone mit zahlreichen Tentakeln ragt. Die meist 10—30 mm, maximal 80 mm lange Röhre ist mit einer kleinen basalen Haftscheibe am Substrat befestigt. Sie trägt auf der sonst glatten Innenseite 5 bis 7 horizontale Kränze zahnähnlicher Peridermbildungen, von denen jeweils vier größere und vier kleinere kreuzweise gegenüberstehen, also tetramer angeordnet sind. Tetramer gebaut ist auch der Weichkörper, der wie das Scyphistoma der Semaeostomatida und Rhizostomatida vier Gastraltaschen und vier Septalmuskeln aufweist. Aus dem Weichkörper entstehen Medusen durch terminal beginnende Querteilung (Strobilation) (B. WERNER 1966, 1971).

Die Septen der Conulata wuchsen in Richtung zur Mündung des Gehäuses und dienten zur Anheftung von Längsmuskeln. Plötzliche Unterbrechungen im Längenwachstum mehrerer

Septen, auf die neue, kleine Septenabschnitte folgen, dürfte auch mit einer Querteilung (Strobilation) und der Entstehung „medusenartiger" Stadien zusammenhängen (G. C. BISCHOFF 1978).

4. Systematik

Die Conularien wurden zunächst als eine Gruppe erloschener Mollusken betrachtet. Sodann glaubte man längere Zeit, daß es sich um Gastropoden handelt. Neuerdings stellt man sie mit gutem Recht, wenn auch gelegentlich noch mit einem gewissen Vorbehalt, zu den Scyphozoa (H. KIDERLEN 1937, J. B. KNIGHT 1937, B. BOUČEK 1939, R. C. MOORE & H. J. HARRINGTON 1956, B. WERNER seit 1966 u. a.). Gegenargumente finden sich vor allem bei R. KOZLOWSKI 1968 und M. F. GLAESSNER 1971. Gegen die Zugehörigkeit zu den Schnecken spricht neben der radialen, tetrameren Symmetrie das chitinige bzw. chitinig-phosphatische, biegsame Gehäuse.

Die Unterklasse umfaßt nach R. C. MOORE & H. J. HARRINGTON (1956), die sich im wesentlichen dem System von G. W. SINCLAIR (1952) anschließen, nur die einzige Ordnung Conulariida MILLER & GURLEY (1896), mit den Kennzeichen der Unterklasse. Sie umfaßt zwei Unterordnungen mit insgesamt vier Familien, auf die sich etwa 20 Gattungen verteilen.

Unterordnung **Conchopeltina** MOORE & HARRINGTON 1956

Breite, flachkonische Vertreter mit ausgesprochen tetramerer Symmetrie, deren sehr dünnes Periderm allem Anschein nach nur aus Chitin bestand. Die von zahlreichen Tentakeln umgebene Mündung weist meist keine Anzeichen dafür auf, daß der Rand wie bei den anderen Formen einwärts gebogen werden konnte. — Ob. Algonkium, Mittl. Ordovizium.

Conomedusites GLAESSNER & WADE 1966: Ob. Algonkium (Pound Sandstein) von Südaustralien (Ediacara-Fauna).

Vorhanden sind 4 (selten 8) scharf begrenzte Furchen, die nach außen tiefer werden. Es fehlen im Unterschied zu *Conchopeltis* deutliche radiale Streifen und regelmäßige, engständige Zuwachslinien.

Conchopeltis WALCOTT 1876: Mittl. Ordovizium (Trenton) der USA.

Periderm fein konzentrisch und radial gestreift.

Unterordnung **Conulariina** MILLER & GURLEY 1896

Überwiegend pyramidenförmige, im Querschnitt vierseitige Vertreter mit chitinig-phosphatischem Periderm. Mündung ganz oder teilweise durch vier dreieckige Loben verschließbar. — Unt. Kambrium — Ob. Trias.

Von den ca. 19 hierzu gehörenden Gattungen nachstehend nur die wichtigsten:

Conularia SOWERBY 1821: Unt. Kambrium — Perm, weltweit verbreitet (Abb. 202—203).

Die nicht verdickten Längskanten des regelmäßig viereckigen Gehäuses zeigen Längsfurchen, durch welche die Querskulptur nicht unterbrochen wird. Diese ist sehr engständig und fein gekörnelt.

An frühontogenetischen Stadien von *Conularia* sp., die vor allem aus pleistozänen Geschieben des Ordovizium von Polen mit Essigsäure freigelegt wurden, konnte R. KOZLOWSKI 1968 Poren und hohle Stacheln nachweisen (Abb. 203). Er bezeichnet die Poren als Choanophyme und nimmt an, daß durch sie besondere Sinnesorgane nach außen traten.

Paraconularia SINCLAIR 1940: Mittl. Silur — Mittl. Perm von Europa, Australien und Nordamerika.

An den Längskanten ist das Periderm rinnenartig und stark nach innen gebogen, wobei die kräftige Querskulptur unterbrochen wird. Mittellinie lediglich durch eine leichte Verbiegung der Querrippchen angedeutet.

Anaconularia SINCLAIR 1952: Mittl. Ordovizium von Europa. Ecken gerundet oder scharf, ohne die geringste Spur von Furchen.

Calloconularia SINCLAIR 1952: Ob. Karbon von Nordamerika. Ähnlich *Paraconularia*, doch Querrippen niedrig und dicht gedrängt, in den Zwischenräumen durch kleine Stäbchen verbunden.

Literaturverzeichnis

BABCOCK, L. E., & FELDMANN, R. M.: The phylum Conulariida. — Oxford Monogr. Geol. Geophys. **5**, 135—147, 4 Abb., New York, Oxford 1986.

— — & WILSON, M. T.: Teratology and pathology of some Paleozoic conulariids. — Lethaia **20** (2), 93—105, 1987.

BARRANDE, J.: Ordre des Ptéropodes. — Système silurien du centre de la Bohême, Teil 1, **3**, XV + 179 S., 16 Taf., Prag 1867.

BOUČEK, B.: Ordo ? Conularida. — In: O. H. SCHINDEWOLF, Handbuch der Paläozoologie **2 A**, Lief. 5, A 113—A 131, 13 Abb., Berlin 1939.

CONWAY MORRIS, S., & MENGE, Ch.: Carinachitiids, Hexangulaconulariids, and *Punctatus*: Problemmatic Metazoans from the Early Cambrian of South China. — J. Paleont. **66** (3), 384—406, 15 Abb., 1992.

GLAESSNER, M. F.: The genus *Conomedusites* GLAESSNER & WADE and the diversification of the Cnidaria. — Paläont. Z. **45**, 7—17, 2 Abb., 1 Taf., Stuttgart 1971.

HALL, J.: Pteropoda. — New York Geol. Surv., Paleont. **5**, Teil 2, 154—216, 3 Taf., 1879.

— Pteropoda, Cephalopoda, and Annelida. — New York Geol. Surv., Paleont. **5**, Teil 2, Suppl., 5—24, 3 Taf., 1888.

HERGARTEN, B.: Die Conularien des Rheinischen Devons. — Senckenbergiana lethaea **66** (3/5), 269—297, 6 Taf., Frankfurt a. Main 1985.

— Conularien in Deutschland. — Aufschluß **39**, 321—356, 30 Abb., Heidelberg 1988.

HOLM, G.: Sveriges Kambrisk-Siluriska Hyolithidae och Conulariidae. — Sver. Geol. Udersök. (C), Nr. **112**, Stockholm 1893.

KIDERLEN, H.: Die Conularien. Über Bau und Leben der ersten Scyphozoa. — Neues Jb. Min. etc., Beil.-Bd. **77**, B, 113—169, 47 Abb., 1937.

KNIGHT, J. B.: *Conchopeltis* WALCOTT, an Ordovician genus of Conularida. — J. Paleont. **11**, 186—188, 1937.

KOZLOWSKI, R.: Nouvelles observations sur les Conulaires. — Acta Palaeont. Polonica **13**, 497–535, 20 Abb., 2 Taf., Warszawa 1968.

MOORE, R. C., & HARRINGTON, H. J.: Conulata. — In: R. C. MOORE, Treatise on Invertebrate Paleontology, Part F, Coelenterata, F 54—F 66, 10 Abb., 1956.

OSSWALD, K.: Mesozoische Conulariiden. — Cbl. Miner. Geol. Paläont. **1918**, 337—344, 4 Abb., Stuttgart 1918.

RICHTER, R., & E.: Bemerkenswert erhaltene Conularien und ihre Gattungsgenossen im Hunsrückschiefer (Unterdevon) des Rheinlandes. — Senckenbergiana **12**, 152—171, 5 Abb., Frankfurt a. M. 1930.

RUEDEMANN, R.: The discovery of a sessil Conularia. — New York State Geol., Ann. Rept. **15**, 701—720, 5 Taf., 1898.

SINCLAIR, G. W.: The Chazy Conularida and their congeners. — Ann. Carnegie Mus. **29**, 219—240, 3 Taf., Pittsburgh 1942.

— A classification of the Conularida. — Fieldiana, Geol. **10**, Nr. 13, 135—145, 1 Abb., Chicago 1952.

SLATER, I. L.: A monograph of British Conulariae. — Palaeont. Soc. Monogr. **61**, 1—41, 5 Taf., London 1907.

STEUL, H.: Die systematische Stellung der Conularien. — Gießener Geol. Schriften **37**, 136 S., 36 Abb., Gießen 1984.

SUGIYAMA, T.: Studies on the Japanese Conularida. — Geol. Soc. Japan **49**, 390—399, 1 Taf., Tokio 1942.

THOMAS, G. A.: *Notoconularia*, a new conularid genus from the Permian of Eastern Australia. — J. Paleont. **43**, 1283—1290, 2 Abb., 2 Taf., Tulsa/Okl. 1969.

WATERHOUSE, J. B.: Permian and Triassic conulariid species from New Zealand. — J. roy. Soc. New Zealand **9**, 475—488, 3 Abb., Wellington 1979.

WERNER, B.: *Stephanoscyphus* (Scyphozoa, Coronatae) und seine direkte Abstammung von den fossilen Conulata. — Helgoländer wiss. Meeresunters. **13**, 317–347, 15 Abb., Heide 1966.
— Neue Beiträge zur Evolution der Scyphozoa und Cnidaria. — Simp. Internat. Zoofilogenia, Salamanca **1969**, 223–244, 10 Abb., 1971.
— Bau und Lebensgeschichte der Polypen von *Tripedalia cystophora* (Cubozoa, class. nov., Carybdeidae) und seine Bedeutung für die Evolution der Cnidaria. — Helgoländer wiss. Meeresunters. **27**, 461–504, 26 Abb., Heide 1975.

IV. Klasse **Hydrozoa** OWEN 1843

1. Allgemeines

Überwiegend koloniale, seltener solitäre polymorphe Coelenteraten, deren Mund von einem oder mehreren Tentakelkränzen umgeben wird. Mitunter sind die Tentakel aber auch über die ganze Oberfläche verteilt. Der Mund führt in das einfache, nicht durch Mesenterien in radiale Nischen gegliederte, röhrenförmige Enteron. Die Symmetrie ist meist tetramer oder polymer, stets radial. Die Mundscheibe trägt kein Stomodaeum (schlundartige Vorragung). Der Mesogloea fehlen Zellen, die vom Ento- bzw. Ectoderm eingewandert sind. Manche der festsitzenden Formen scheiden ein Exoskelett aus.

Die Mehrzahl der Vertreter zeigt einen ausgesprochenen Generationswechsel. Hiervon führt die

a) **ungeschlechtliche Generation** (Polypengeneration) überwiegend eine sessile, seltener (vgl. Siphonophorida) schwimmende Lebensweise. Es handelt sich dabei meist um koloniale Formen (Länge der Einzelindividuen selten mehr als 1 mm), aus denen durch Knospung die in der Regel freischwimmenden Individuen der

b) **geschlechtlichen Generation** (Medusengeneration) hervorgehen. Diese zeigen im Gegensatz zu den Scyphomedusen gewöhnlich nur eine geringe Größe (mittl. Durchmesser 2–6 cm). Allerdings finden sich auch Formen mit einem Durchmesser um 40 cm. Charakteristisch ist das Velum, das heißt eine meist horizontal verlaufende ectodermale Duplikatur, durch die die unter dem Mund liegende Subumbrellarhöhle bis auf eine zentrale Öffnung membranartig verschlossen wird.

2. Vorkommen

Ob. Algonkium — rezent.

3. Systematik

Es werden folgende Ordnungen unterschieden:

a) Trachylinida HAECKEL 1877: ? Ob. Algonkium, Unt. Trias — rezent;
b) Hydroida JOHNSTON 1836: Ob. Algonkium — rezent;
c) Siphonophorida ESCHSCHOLTZ 1829: rezent, fossil fraglich;
d) Milleporina HICKSON 1901: Ob. Kreide — rezent;
e) Stylasterina HICKSON & ENGLAND 1905: Paläozän — rezent;
f) Spongiomorphida ALLOITEAU 1952: Trias — Unt. Kreide.

Ordnung **Trachylinida** HAECKEL 1877

Freischwimmende, solitäre Hydromedusen, bei denen die Polypengeneration fehlt oder stark reduziert ist. Die Medusen entstehen entweder unmittelbar aus dem Ei oder, weniger häufig, durch Knospung. Die Gastralhöhle enthält 4, 8 oder 12 taschenförmige Ausbuchtungen („Gastraltaschen"), von denen radiale Kanäle (in der Regel 4, 6 oder 8) zum Ringkanal verlaufen. Radialkanäle, Sinnesorgane, Gonaden, Tentakeln und andere Elemente sind bei typischer Ausbildung tetramer-symmetrisch angeordnet. Die Oberseite des Körpers wird als Exumbrella, die Unterseite als Subumbrella bezeichnet. Tentakeln an der Exumbrella befestigt. Sinnesorgane ektodermal gebildet. Statocysten hängen frei vom Schirmrand herab. — ? Ediacara-Fauna, Unt. Trias — rezent. Heute, abgesehen von zwei im Süßwasser lebenden Gattungen, Bewohner des offenen Meeres (epi- und bathypelagisch); ca. 120 Arten. Sichere fossile Vertreter sind nur wenige bekannt (etwa 5 Arten) (Abb. 208 A).

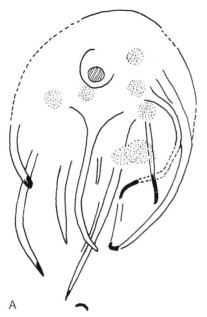
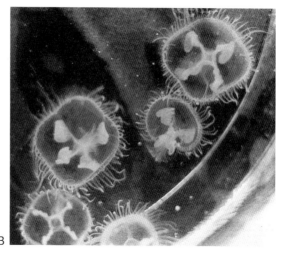

Abb. 208 A. *Progonionemus vogesiacus* GRAUVOGEL & GALL, junges Exemplar. Ob. Buntsandstein (Grès à *Voltzia*), Vilsberg (Vogesen), größter Durchmesser ca. 1,4 cm. — Nach L. GRAUVOGEL & J.-CL. GALL 1962, umgezeichnet.

Abb. 208 B. *Craspedacusta sowerbyi* LANKESTER, rezent aus einem Steinbruchteich bei Göriz (Sachsen); Schirmdurchmesser maximal 2,2 cm; Fot. Verf. (Juli 1969).

Die Anzahl der im Süßwasser lebenden Arten ist gering; doch treten sie oft in Massen auf. Dies gilt z. B. für *Craspedacusta sowerbyi* LANKESTER (Abb. 208 B), die im Unterschied zu anderen Trachylinida eine Polypengeneration besitzt und an zahlreichen Stellen in Europa, Asien und Amerika nachgewiesen werden konnte. Bei einem Schirmdurchmesser der Medusen von meist weniger als 2,2 cm wird die Polypengeneration der Art nicht größer als 1 mm. Bemerkenswert für die paläökologische Interpretation fossiler Hydromedusen ist die Tatsache, daß die Polypen von *Craspedacusta* in stehenden limnischen Gewässern ohne Kontakt zu großen, ins Meer münden-

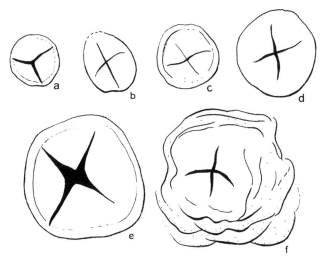

Abb. 208 C. *Medusina limnica* A. H. MÜLLER, verschiedene Einbettungslagen und Größen. Unteres Rotliegendes (Hornburger Schichten) von Sittichenbach und Rothenschirmbach bei Eisleben. Durchmesser von a) 2,4 mm, c) 3,2 mm, e) 8,1 mm, f) 10,5 mm. – Nach A. H. Müller 1978.

den Flüssen geschlechtsreif werden und neben anderen extremen Bedingungen auch Austrocknung zu überdauern vermögen. Als Hydromedusen zu deuten sind *Medusina limnica* A. H. MÜLLER 1979 (Abb. 208 C) und *Medusina atava* (POHLIG 1892) aus dem Rotliegenden von Mitteleuropa.

Literaturverzeichnis

GRAUVOGEL, L., & GALL, J.-CL.: *Progonionemus vogesiacus* nov. gen., nov. sp., une méduse du Grès à Voltzia des Vosges septentrionales. – Bull. Serv. Carte géol. Als. Lorraine **15**, 17–27, Straßburg 1962.
HÄNTZSCHEL, W.: Erhaltungsfähige Abdrücke von Hydromedusen. – Natur u. Volk **67**, 141–144, 1937.
KOZUR, H.: Die Verbreitung der limnischen Meduse *Medusina limnica* MÜLLER 1978 im Rotliegenden Mitteleuropas. – Paläont. Z. **58** (1/2), 41–50, 2 Abb., Stuttgart 1984.
KRAMP, P. L.: Synopsis of the medusae of the world. – J. mar. biol. Assoc. U. K. **40**, 1–469, 1961.
MÜLLER, A. H.: Zur Taphonomie und Ökologie rezenter und fossiler Hydromedusen. – Z. geol. Wiss. **1**, 1475–1480, 1 Abb., 2 Taf., Berlin 1973.
— Über Hydromedusen (Coelenterata) und medusoide Problematica aus dem Rotliegenden von Mitteleuropa. – Freiberger Forschungshefte **C 342**, 29–44, 8 Abb., 7 Taf., Leipzig 1978.
— Weitere Hydromedusen (Coelenterata) und medusoide Problematika aus dem mitteleuropäischen Rotliegenden. – Ebd. **C 366**, 29–43, 9 Abb., 5 Taf., Leipzig 1982.
WERNER, B.: Bau und Lebensgeschichte des Polypen von *Tripedalia cystophora* (Cubozoa, class. nov., Carybdeidae) und seine Bedeutung für die Evolution der Cnidaria. – Helgoländer wiss. Meeresunters. **27**, 461–504, 1975.

Ordnung **Hydroida** JOHNSTON 1836

Eine relativ kleine Gruppe der Hydrozoa mit Generationswechsel, wobei die Polypengeneration überwiegt.

1. Polypengeneration: Sie ist gewöhnlich kolonial, seltener solitär und fast immer sessil. Die kolonialen Formen scheiden meist ein horniges oder (weniger häufig) verkalktes Exoskelett

aus. Dieses überzieht in der Regel die Oberfläche des inkrustierten Körpers oder bildet etwas dickere, schichtige Lagen von unregelmäßiger Gestalt. Solitäre Hydropolypen sind entweder mit einer Fußscheibe oder mit wurzelartigen Gebilden (Stolonen) am Untergrund verankert. — Der eigentliche Körper der Polypen wird als Hydranth bezeichnet.

2. Medusengeneration: Die sich durch Knospung an den Polypen bildenden Medusen verbleiben zum Teil am Stock, werden aber in den meisten Fällen frei. Sie enthalten ein Velum und ectodermale Statocysten.

Ob. Algonkium — rezent, überwiegend marin (Schelf- und Küstenregion), sonst im Brack- und Süßwasser. Medusen vor allem im Litoralbereich, jedoch auch in der Tiefsee oder holopelagisch. Polypengeneration oft abhängig vom Substrat.

Systematik

Es wird nachstehend auf 4 Unterordnungen eingegangen:

Unterordnung **Eleutheroblastina** ALLMAN 1871

Solitär, skelettlos. Hierzu gehört der Süßwasserpolyp (*Hydra*). — Fossil unbekannt.

Unterordnung **Gymnoblastina** ALLMAN 1871
(Athecata)

Kolonial. Hydranthen ohne Hydrotheken, Gonophoren nackt. Exoskelett der Hydrorhizae und Caulome hornig oder (gelegentlich) schwach verkalkt. — ? Trias, ? Jura, ? Kreide, Eozän — rezent.

Beispiel:
Hydractinia VAN BENEDEN 1841: ? Jura — ? Kreide, Eozän — rezent (Abb. 209).
Meist inkrustierend auf Schneckenschalen. Periderm hornig oder kalkig.

Abb. 209. *Hydractinia echinata* (FLEMING), rezent. Längsschnitt durch einen Teil der Basis. ³⁰/₁ nat. Gr. Aus D. HILL & J. W. WELLS (1956), umgezeichnet.

Unterordnung **Calyptoplastina** ALLMAN 1871
(Thecaphora)

Mit Hydrotheken und Gonotheken. Periderm hornig. Freie Medusen in der Regel mit Statocysten und Gonaden, die an den Radialkanälen entstehen. — Mittl. Kambrium — rezent. Die wenigen fossilen Formen, die man zu dieser Unterordnung stellt, lassen sich bei keiner der heute vertretenen Familien anschließen.

IV. Klasse Hydrozoa Owen 1843

Unterordnung **Velellina**
(Segelquallen)

Früher als Chondrophorina CHAMISSO & EYSENHARDT 1821 (Disconanthae HAECKEL) zu den Siphonophorida gestellt. Da es sich aber um metagenetische, stockbildende holopelagische Hydrozoa mit echtem Generationswechsel handelt, werden sie jetzt als Unterordnung Velellina den Hydroidea zugeordnet. Bei ihnen ist die Basalplatte des Polypenstockes zu einem scheibenförmigen, segellosen oder mit einem aufrechten Segel versehenen, frei an der Wasseroberfläche treibenden Schwimmfloß (Pneumatophor) umgewandelt, das aus zahlreichen konzentrischen, luftgefüllten Chitinringen besteht (Abb. 210—211). An der Unterseite befinden sich die polymorphen Polypen, von denen die Gastrogonozooide (soweit beobachtet) große Massen von Medusen durch seitliche Knospung erzeugen. Wegen der geschlechtlichen Fixierung der Stöcke handelt es sich dabei entweder um männliche oder um weibliche Tiere. Fossile Medusen wurden aber bisher noch nicht beobachtet, und von der rezenten *Porpita* kennt man lediglich die als Chrysomitra bezeichnete, geschlechtlich unreife Jungmeduse. — Ob. Algonkium — rezent mit 3 Familien.

Aus den wenigen, bis ins jüngere Präkambrium zurückreichenden fossilen Belegen ist ersichtlich, daß es sich bei den Velellina um eine extrem langlebige, evolutionsträge Tiergruppe handelt. Die relativ geringen morphologischen Veränderungen seit dem Ob. Algonkium beruhen wohl wie bei den meisten bradytelischen Taxa auf einem ausgewogenen genphysiologischen Gefüge derart, daß die meisten Mutanten als unharmonisch durch (stabilisierende) Selektion wieder ausgemerzt wurden.

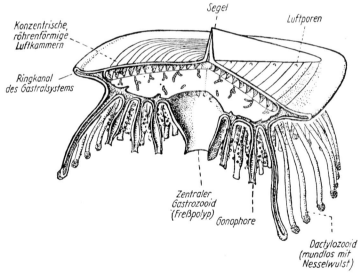

Abb. 210. *Velella* spec., aus der ein Sektor von 120° seitlich herausgeschnitten ist. Rezent. Durchmesser 4—6 cm. *Velella* ist die einzige, heute noch vertretene Gattung der Velellidae. — Nach DELAGE & HÉROUARD, aus A. KAESTNER, Bezeichnungen zum Teil abgeändert.

Familie **Chondroplidae** WADE 1971

Schwimmfloß bilateral-symmetrisch, mit schmaler Achse, der sich die Kammern von einem Ende zum anderen nähern und wobei eine Kerbe entweder am schmaleren Ende oder an beiden Enden entsteht. – Ob. Algonkium (Riphäikum, Vendium).

Chondroplon WADE 1971: Ob. Algonkium von Südaustralien (Abb. 213a).
Schwimmfloß groß, zweigeteilt, im Umriß rund. Achse deutlich durch eine Furche an der Unterseite markiert, darüber vermutlich ein stumpfer Kiel. Anfangskammer und die unmittelbar darauf folgenden Kammern ringförmig. Spätere Kammern bilden an ihrer breitesten Stelle eine randliche Kerbe.

Ovatoscutum GLAESSNER & WADE 1966: Ob. Algonkium von Südaustralien (Abb. 214b).
Schwimmfloß schildförmig, mit konzentrischen Kammern, undeutlich markierter Achse; durch eine radiale, am schmaleren Ende mündende Furche geteilt.

Familie **Porpitidae** BRANDT 1835

Schwimmfloß im Umriß kreisförmig bis elliptisch, flach, ohne Segel. – Ob. Algonkium – rezent.

Eoporpita WADE 1971: Ob. Algonkium von Südaustralien (Abb. 213b).
Schwimmfloß mit konzentrischen und radialen Kanälen und vorragender zentraler Region. Die radial verlaufenden Streifen entsprechen wohl den gastrodermalen (gastrovaskulären) Kanälen der rezenten *Porpita*. Ein Exemplar zeigt Details der Dactylozooide.

? **Velumbrella** STASINSKA 1960: Unt. Kambrium von Polen.
Schwimmfloß mit kräftigen radialen Kanälen und eingesenkter zentraler Region. Vermutlich mit *Eoporpita* verwandt.

Rotadiscus SUN & HOU 1987: Unt. Kambrium von Yunnan (China).
Schwimmfloß außen mit zahlreichen äußerst feinen konzentrischen und radialen Streifen. Unterseite zentral mit Y-förmigem Schlitz, der von einem kleinen Kreis umschlossen wird. Von hier verlaufen einige (zumindest zwei) bandartige Anhänge nach außen (ursprünglich wohl abwärts). Vermutlich handelt es sich um abgeflachte Gonozooide. Maximaler Durchmesser soweit bekannt 6,2 cm.

Discophyllum HALL 1847: Mittl. Ordovizium der USA.
Schwimmfloß scheibenförmig, elliptisch, mit radialen und konzentrischen Streifen bedeckt.

Paropsonema CLARKE 1956: Silur von Austalien, Devon der USA.
Schwimmfloß scheibenförmig bis konvex, kreisrund, mit engständigen, radial verlaufenden, in Zyklen angeordneten Kanälen. Sehr ähnlich *Porpita* und *Discophyllum*.

Porpita LAMARCK 1801: rezent in einem breiten, alle tropischen und subtropischen Meere umspannenden Gürtel (Abb. 211).
Das Schwimmfloß bildet eine kreisrunde, radialsymmetrische, aus Chitin bestehende flache Scheibe (Durchmesser 3–5 cm). Diese enthält in ihrem Inneren bis zu 100 luftgefüllte, konzentrische Kammern, die sehr deutlich von zahlreichen, radial verlaufenden gastrovaskulären Abschnitten überprägt werden.

P. bildet ebenso wie die rezenten Physalien große, mitunter kilometerlange, in Fortpflanzung stehende Schwärme und wird wie diese bei auflandigen Winden oft in Massen an Land gespült. Dies erfolgt mit abwärts gerichteten Gastrogonozooiden, wobei die tentakelartigen, mit kurzgestielten Nesselköpfchen ausgestatteten Dactylozooide flächig um das Schwimmfloß ausgebreitet und durch das anbrandende Wasser eingeregelt werden (Abb. 211).

Die passiv an der Meeresoberfläche treibenden Tiere sind wegen ihrer bläulichen Färbung weder von oben noch von der Seite im Wasser kaum zu erkennen. Sie vermögen sich selbständig aufzurichten, wenn sie etwa bei Sturm kentern. Dabei wird der muskulöse Randsaum, der oben und unten Epithelmuskeln mit glatten, radialen Muskelfasern enthält, nach oben oder unten umgeschlagen. Ein Massensterben nach starkem Wellengang scheidet somit aus.

Abb. 211. *Porpita porpita* (Linné), a)–c) verschiedene Exemplare, im Spülsaum des Südchinesischen Meeres nördlich Vung Tau (Vietnam) gestrandet. Durchmeser ca. 4,5 cm. Fot. Verf. (Febr. 1984).

An Land trocknen die Schwimmflöße von *P*. nach Trennung von den Weichteilen zu pergamentähnlichen, meist etwas wellig verbogenen dünnen Scheibchen aus, die bei genauerem Suchen fast stets in den am höchsten gelegenen Spül- und Strandsäumen zu finden sind. Von hier können sie wie andere leichte Skelettelemente (z. B. leere Seeigelgehäuse, getrocknete Physalien und Velellen) durch stürmsiche Winde landeinwärts verfrachtet und in terrestrisch-limnische Sedimente eingebettet werden.

Von den Feinden ist vor allem die ebenfalls blau gefärbte Veilchenschnecke (*Janthina sp.*) zu nennen, die sich vorwiegend von *P.* ernährt. *Janthina* umgibt und verklebt Luftblasen mit erhärtendem Schleim zu einem bis 12 cm langen und 2 cm breitem Floß, mit dem sie passiv vor allem mit den Meeresströmungen an der Meeresoberfläche treibt. Trifft sie zufällig mit einer

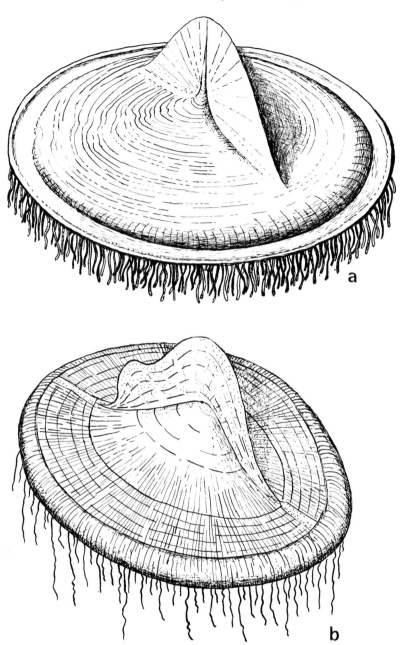

Abb. 212. *Plectodiscus discoideus* (RAUFF), Rekonstruktion in Lebendstellung, Unt. Devon (Hunsrückschiefer), Hunsrück, Durchmesser ca. 12,5 cm; b) *Plectodiscus circus* CHAMBERLAIN, Rekonstruktion (Gestalt des Segels rein spekulativ, entspricht der eines frühontogenetischen Stadiums der rezenten *Velella cristata*), Ob. Karbon (Atoka Formation, Flysch), Oklahoma (USA), Durchmesser ca. 5,5 cm. — a) nach E. L. YOCHELSON, W. STÜRMER & G. D. STANLEY jr. 1983, vereinfacht umgezeichnet, b) nach C. K. CHAMBERLAIN 1971, umgezeichnet.

Porpita zusammen, schneidet sie mit ihrer Radula halbkreisförmige Stücke vom Schwimmfloß oder, falls es sich um kleinere Stöcke handelt, weidet sie deren Unterseite ab.

Familie **Velellidae** BRANDT 1835

Schwimmfloß im Umriß kreisförmig, elliptisch oder länglich-viereckig bis rhombisch; im Unterschied zu den Porpitidae und Chondroplidae mit Segel. Radiale Strukturen im Bereich des Apex nicht ausgebildet. — ? Ob. Silur, Unt. Devon — rezent mit 2 (? 3) Gattungen.

Plectodiscus RUEDEMANN 1916 (syn. *Palaeonectris* RAUFF 1939, ? *Silurovelella* FISHER 1957); ? Ob. Silur von N-Amerika, Unt. Devon von W-Deutschland, Ob. Devon — mittl. Ob. Karbon von N-Amerika (Abb. 212).

Schwimmfloß kreisförmig bis elliptisch, bilateral-symmetrisch, mit konzentrischen, mehr oder weniger breiten Kammern. Scheibendurchmesser 2,7—13,5 (? 14,5) cm.

Velella LAMARCK 1801: rezent weltweit als Holoplankter oft massenhaft in den tropischen und subtropischen Meeren (Abb. 210).

Schwimmfloß wie bei *Porpita* konzentrisch entwickelt, doch ohne die radial verlaufenden (gastrovasculären) Kanäle. Im Unterschied zu *Porpita* ist das Schwimmfloß nicht kreisrund, sondern länglich-viereckig bis rhombisch und in der Diagonale mit einem dreieckigen, etwas geschweiften Segel ausgestattet, das durch Auffaltung der oberen Körperdecke gebildet wird. In ihm fängt sich selbst die feinste Windbrise und läßt den Stock mit größerer Geschwindigkeit über das Wasser gleiten, da andes als bei *Physalia* keine langen, als Treibanker wirkende Anhänge vorhanden sind, sondern nur kurze, tentakelartige Dactylozooide. Wie *Porpita* vermag sich *V.* wieder aufzurichten, wenn sie bei Sturm oder starkem Wellengang kentert.

Die einzige Art ist *V. velella* (LINNÉ 1758). Sie bildet oft riesige Schwärme, so daß Schiffe mitunter Tage benötigen, um sie zu durchqueren. Im westlichen Mittelmeer ist sie besonders häufig im Frühjahr anzutreffen. Hier kann sie bei auflandigen Winden massenhaft stranden und maximal 50 cm hohe und 1 km lange Strandwälle bilden.

Die glockenförmigen Medusen von *V. velella* konnten bis zur Geschlechtsreife gezüchtet werden. Als Jungmedusen sind sie tentakellos, während sie im Alter zwei einander gegenüber liegende perradiale Tentakeln tragen. Die geschlechtsreifen Medusen werden höchstens 1,5 mm hoch, und es ist anzunehmen, daß dies auch für die Vertreter der geologischen Vergangenheit größenordnungsmäßig zutrifft und wohl einen der Gründe bildet, weshalb bisher fossile Medusen der Velellina nicht nachgewiesen wurde.

Literaturverzeichnis

CHAMBERLAIN, C. K.: A "by-the-windsailor" (Velellidae) from the Pennsylvanian Flysch of Oklahoma — J. Paleont. **45**, 724—728, 1971.

DECKER, CH. E.: Additional graptolites and hydrozoan-like fossils from Big Canyon, Oklahoma. — J. Paleont. **21**, 124—130, Tulsa 1947.

— A new hydrozoan from the Devonian of Michigan. — J. Paleont. **26**, 656—658, 10 Abb., Tulsa 1952.

HILL, D., & WELLS, J. W.: Hydroida and Spongiomorphida. — In: R. C. MOORE, Treatise on Invertebrate Paleontology, Part F, Coelenterata, F 81 + F 89, 10 Abb., 1956.

HOGLER, J. A., & HANGER, R. A.: A new Chondrophorine (Hydrozoa, Velellidae) from the Upper Triassic of Nevada. — J. Paleont. **63** (2), 249—251, 2 Abb., 1989.

KOZLOWSKI, R.: Les Hydroides ordoviciens à squelette chitineux. — Acta Palaeont. Polonica **4**, 209—271, Warschau 1959.

KÜHN, O.: Hydrozoa. — In: O. H. SCHINDEWOLF, Handbuch der Paläozoologie **2 A**, Lief. 5, A 1—A 68, 1939.

MACKIE, G. O.: The evolution of the Chondrophora (Siphonophora-Discoanthae): new evidence from behavioral studies. — Trans. Roy. Soc. Canada **53** (5), 7—20, 1959.

NARBONNE, G. M., MYROW, P., LANDING, E., & ANDERSON, M. M.: A chondrophorine (medusoid

Hydrozoan) from the basal Cambrian (Placentian) of Newfoundland. – J. Paleont. **65** (2), 186–191, 3 Abb., 1991.

RAUFF, H.: *Palaeonectris discoidea* RAUFF, eine siphonophoroide Meduse aus dem rheinischen Unterdevon nebst Bemerkungen zu umstrittenen *Brooksella rhenana* KINKELIN. – Paläont. **Z. 21**, 194–213, 4 Taf., 1939.

RUEDEMANN, R.: Note on *Paropsonema cryptophya* CLARKE and *Discophyllum peltatum* Hall. – N. Y. State Mus. **189**, 22–27, 2 Taf., 1916.

SKEVINGTON, D.: Chitinous Hydroids from the Ontikan Limestone (Ordovician) of Oland, Sweden. – Geol. Fören. Stockholm Förhandl. **87**, 152–162, 17 Abb., Stockholm 1965.

STANLEY, G. D. jr.: Chondrophorine hydrozoans as problematic fossils. – Oxford Monogr. Geol. Geophys. **5**, 68–86, 14 Abb., 1986.

– & KANIE, Y.: The first Mesozoic chondrophorine (medusoid hydrozoan) from the Lower Cretaceous of Japan. – Palaeontology **28**, 101–109, 1985.

– & YANCEY, T.: A new Late Paleozoic chondrophorine (Hydrozoa, Velellidae) By-the-Wind-Sailor from Malaysia. – J. Paleont. **60**, 76–83, 1986.

STASIŃSKA, A.: *Velumbrella czarnockii* n. gen., n. sp. – Méduse du Cambrian Inférieur des Monts de Saint-Croix. – Acta Palaeont. Polonica **5**, 337–348, 1960.

SUN, W.: Precambrian medusoids: The *Cyclomedusa plexus* and *Cyclomedusa*-like pseudofossils. – Precambrian Research **31**, 325–360, 1968.

– & HOU, X.: [Early Cambrian Medusae from Chengjiang, Yunnan, China. – Acta Palaeont. Sinica **26** (3), 257–271, 7 Abb., 6 Taf., 1987] [chines. m. engl. Zusammenfassung].

VOIGT, E.: *Hydrallmania graptolithiformis* n. sp., eine durch Biomuration erhaltene Sertulariidae (Hydroz.) aus der Maastrichter Tuffkreide. – Paläont. Z. **47** (1/2), 25–31, 4 Taf., Stuttgart 1973.

YOCHELSON, E. L., & MASON, CH. E.: A chondrophorine coelenterate from the Borden Formation (Lower Mississippian) of Kentucky. – J. Paleont. **60** (5), 1025–1028, 1 Abb., 1986.

– STÜRMER, W., & STANLEY, G. D. jr.: *Plectodiscus discoideus* (RAUFF): A redescription of a Chondrophorine from the Early Devonian Hunsrück Slate, West Germany. – Paläont. Z. **57**, 39–68, 18 Abb., Stuttgart 1983.

Medusen unsicherer taxonomischer Stellung

Überreste fossiler Medusen, bei denen man nicht mit Sicherheit sagen kann, ob sie zu den Trachylinida, Leptolinida oder Scyphomedusen gehören, wurden vielfach in der Literatur beschrieben. Nachstehend einige Beispiele:

Mawsonites GLAESSNER & WADE 1966: höchstes Präkambrium (Pound Sandstein) von Ediacara (Südaustralien) (Abb. 213d).

Exumbrella mit glattem, konischem Zentrum und umfangreicherem Randbereich, der von mehr oder weniger unregelmäßigen, sich außen radial und lobenförmig gestalteten Gebilden bedeckt ist. Randsaum lobat. Subumbrella unbekannt.

Ediacaria SPRIGG 1947 (syn. *Protodipleurosoma* SPRIGG 1949): höchstes Präkambrium (Pound Sandstein) von Ediacara (Südaustralien) (Abb. 214a).

Oberfläche der Exumbrella mit Zentralscheibe und äußerem Ring, wovon letzterer meist mit feinen radialen Streifen bedeckt ist. Eine konzentrische Furche begrenzt wohl den Gastralraum. Subumbrella zentral mit dem runden, anhanglosen Mund.

Cyclomedusa SPRIGG 1947 (syn. *Tateana* SPRIGG 1949, *Spriggia* SOUTHCOTT 1958): Ob. Präkambrium von Südaustralien, Nordschweden, südl. Rußland, Südwestafrika (Abb. 213a, 215 A).

Exumbrella mit mehreren konzentrischen Gruben, die leicht vorragende, bandartige Bereiche trennen. Oberfläche vielfach mit feinen, gerade verlaufenden radialen Streifen bedeckt, die als Gastrodermalkanäle gedeutet werden.

Abb. 214. a) *Ediacaria flindersi* SPRIGG, Durchmesser 12,5 cm; b) *Ovatoscutum concentricum* GLAESSNER & ▶ WADE, Durchmesser 6,3 cm; Ob. Algonkium (Pound Sandstein), Ediacara nördlich Adelaide (Südaustralien); nach Plasteabdrücken der im Südaustralischen Museum befindlichen Originale.

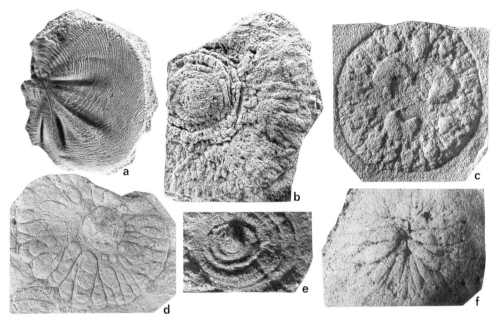

Abb. 213. Medusen aus dem höchsten Präkambrium von Australien: a) *Chondroplon bilobatum* WADE, größter Durchmesser des Fragments D = 1,9 cm; b) *Eoporpita medusa* WADE, D = 4,8 cm; c) *Skinnera brooksi* WADE, D = 2,8 cm; d) *Mawsonites spriggi* GLAESSNER & WADE, D = 3,7 cm; e) *Cyclomedusa davidi* SPRIGG, D = 3,9 cm; f) *Pseudorhizostomites howchini* SPRIGG, D = 5,4 cm; a)–b) und d)–f) stammen von Ediacara bei Adelaide, c) von Mt. Skinner (Mittelaustralien). — Nach dem jeweils angegebenen Autor.

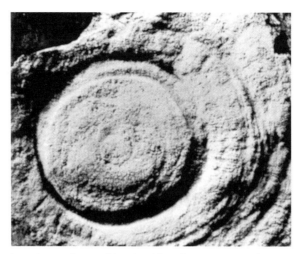

Abb. 215 A. *Cyclomedusa gigantea* SPRIGG, Ob. Algonkium (Pound Sandstein) von Süd-Australien. Ca. nat. Gr. — Nach R. G. SPRIGG 1947.

Abb. 215 B. *Peytoia nathorsti* WALCOTT, vermutlich Abdruck der Exumbrella. Mittl. Kambrium (Burgess-Schiefer) von Britisch-Kolumbien. Ca. nat. Gr. — Nach CH. D. WALCOTT 1911.

Pseudorhizostomites SPRIGG 1949 (syn. *Pseudorhopilema* SPRIGG 1949): höchstes Präkambrium von Südaustralien (Abb. 213f.).
Vom unterschiedlich ausgebildeten Zentrum verlaufen einfach gegabelte oder verästelte Furchen radial nach außen, wobei sie feiner werden. Randsaum unbekannt.

Peytoia WALCOTT 1911: Mittl. Kambrium (Burgess-Schiefer) von Britisch-Kolumbien (Abb. 215 B).
Umbrella aus 32 Loben, die durch Furchen begrenzt werden. Vier dieser Loben stehen sich kreuzförmig gegenüber und sind größer als die anderen in den dazwischenliegenden Quadranten. Inneres Ende der Loben mit je zwei kurzen, breiten Vorragungen. Mittelfeld nahezu quadratisch. Tentakel und Ringkanal fehlen.

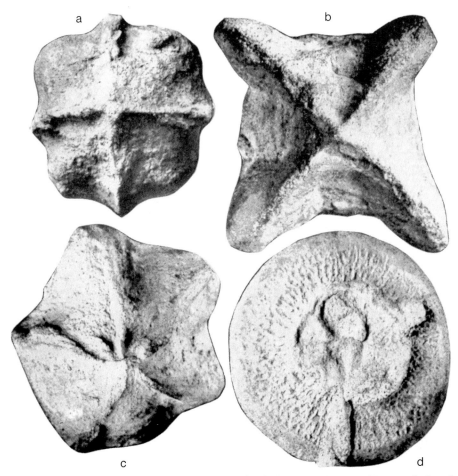

Abb. 216. Medusen unsicherer taxonomischer Stellen: a)—c) *Spatangopsis costata* TORELL, d) *Protolyella radiata* (LINNARSSON). Unt. Kambrium von Lugnas (Schweden). Ca. 1½ nat. Gr. — Originale im Museum für Naturkunde Berlin.

Protolyella TORELL 1870 (syn. *Hydromedusites* FRECH 1897): Unt. Kambrium von Schweden, Süd-Australien, ? USA; Mittl. Kambrium der ČSFR (Abb. 216d).
Körper scheibenförmig, Umriß nahezu kreisförmig. (?) Subumbrella mit großem, glatten, runden Mittelfeld und ringförmiger Außenzone. Diese wird von zahlreichen radialen, einfachen oder verzweigten Furchen unterschiedlicher Ausbildung bedeckt.

? **Spatangopsis** TORELL 1870: Unt. Kambrium von Schweden (Mickwitzia-Sandstein) und Estland (Lükati-Sandstein) (Abb. 216a—c).
Meist als Sandsteinkern von Medusen im Sinne von A. G. NATHORST 1910 wie folgt gedeutete Fossilien:
Körper unregelmäßig scheibenförmig, Umriß nahez kreisrund. Subumbrella mit großem, kreisförmigen Mund und zahlreichen, radial verlaufenden Furchen. Exumbrella glatt. Vorkommen, bei denen es sich vermutlich um Steinkerne des Gastralraumes handelt (Abb. 216a—c), sind pyramidenförmige Körper, deren Basis gleichmäßig abgerundet ist oder vier bzw. fünf

rundliche Vorwölbungen trägt. Diese werden seitlich von scharf hervortretenden Leisten begrenzt, die zum Apex führen.

Nach S. JENSEN 1991 spricht aber einiges dafür, daß es sich um Lebensspuren handelt.

Literaturaverzeichnis

BARROIS, CH.: Memoir sur la faune du grès amoricain. — Soc. géol. Nord France, Ann. **19**, 134—237, 5 Taf., 1891.
BRANDT, A.: Über fossile Medusen. — Mem. Acad. Imp. Sci. St. Petersbourg (7) **16**, Nr. 11. 1—18, 2 Abb., 3 Taf., 1871.
GLAESSNER, M. F.: New fossils from the base of Cambrian in South Australia. — Trans. R. Soc. S. Australia **81**, 185—188, 1 Taf., 1958 (1958a).
— The oldest fossil faunas of South Australia. — Geol. Rdsch. **47**, 522—531, 5 Abb., Stuttgart 1958 (1958b).
— & DAILY, B.: The geology and late precambrian fauna of the Ediacara fossil reserve. — Rec. Austral. Mus. **13**, 369—401, 2 Abb., 2 Taf., Adelaide 1959.
GÜRICH, G.: Die Kuibis-Fossilien der Nama-Formation von Südwest-Afrika. Nachträge und Zusätze. — Paläont. Z. **15**, 137—154, 1 Abb., 1933.
HARRINGTON, H. J., & MOORE, R. C.: Medusae incertae sedis and unrecognizable forms. — In: R. C. MOORE, Treatise on Invertebrate Paleontology F, Coelenterata, F 153—F 161, 10 Abb., 1956.
JENSEN, S.: The Lower Cambrian problematicum *Spatangopsis costata* TORELL, 1870. — Geol. Förening. Stockholm Förhandl. **113** (1), 86—87, 1 Abb., Stockholm 1991.
LINNARSSON, J. G. O.: Geognostika och Paleontologiska Jakttagelser öfver Eophytonsandstenen i Vestergötland. — K. Svenska Vetenskapakad. Handl. **9**, Nr. 7, 1—16, 2 Taf., 1871.
NATHORST, A. G.: Ein besonders instruktives Exemplar unter den Medusenabdrücken aus dem kambrischen Sandstein bei Lugnås. — Sveriges Geol. Undersök. **C 228**, 1—9, 1910.
RUEDEMANN, R.: Paleozoic plankton of North America. — Geol. Soc. Amer., Mem. **2**, 141 S., 6 Abb., 26 Taf., 1934.
SPRIGG, R. G.: Early Cambrian (?) jellyfishes from the Flindersranges, South Australia. — Rox. Soc. Australia, Trans. **71**, pt. 2, 212—224, 4 Taf., 1947.
— Early Cambrian „jellyfishes" of Ediacara, South Australia and Mt. John, Kimberly District, Western Australia. — Roy. Soc. S. Australia, Trans. **73**, pt. 1, 72—99, 13 Taf., 1949.
TORELL, O.: Petrifacta suecana formationis cambricaea. — Lunds Univ. Arskrift **1869**, pt. 2, Nr. 8, 1—14, 1870.
WALCOTT, CH. D.: Fossil Medusae. — U. S. Geol. Surv., Mon. **30**, IX + 201, S., 47 Taf., 1898.
— Middle Cambrian holothurians and medusae. — Smithsonian Misc. Coll. **57**, Nr. 3, 41—68, 6 Taf., 1911.
ZELISKO, J. V.: Einige Bemerkungen über das Vorkommen von frei schwimmenden Medusen in der kambrischen Formation. — Zbl. Min. etc., **1937** B, 205—208, 1937.

Ordnung **Siphonophorida** ESCHSCHOLTZ 1829
(Staatsquallen)

Hochspezialisierte, freilebende, koloniale Hydrozoa, deren planktische bzw. nektische Kolonien sowohl aus medusoiden als auch polypoiden Individuen bestehen. Dabei unterscheidet man hinsichtlich der **polypoiden** Formen:

1. Gastrozooide (Freßpolypen): Mit Mundöffnung und einem Tentakel, das zahlreiche kontraktile Seitenzweige trägt.
2. Dactylozooide (Tastpolypen): Ohne Mundöffnung. Die basalen Tentakeln sind unverzweigt.
3. Gonozooide: Ähnlich wie die Gastrozooide mit Mundöffnung, doch fehlen die Tentakel.

Bei den **medusoiden** Individuen lassen sich unterscheiden:

1. Nectophoren: Medusenartige Formen mit Segel, vier Radialkanälen und einem Ringkanal. Mund, Tentakel und Sinnesorgane sind nicht ausgebildet.

2. **Hydrophyllia**: Dicke, blattförmige Körper aus gallertiger Substanz, die nur einen einfachen oder verzweigten Radialkanal enthalten.
3. **Gonophoren**: Geschlechtstiere, zum Teil von medusenähnlicher Gestalt; bei manchen Formen frei.
4. **Pneumatophoren**: Individuen, welche die Gestalt einer umgestülpten Glocke haben. Die Wandung umschließt einen Gastrovaskularraum, der meist durch Querscheidewände in einzelne Kammern aufgeteilt ist. Mit chitiniger Innenplatte.

Alle Individuen einer Kolonie entstehen durch Knospung aus einem gemeinsamen Stamm (Coenosarc) von scheiben- oder röhrenförmiger Gestalt. Dabei sind die Individuen gruppenweise in sogenannten Cormidia vereinigt, von denen jedes aus verschiedenen medusoiden und polypoiden Tieren gebildet wird. Der mit Cormidia besetzte Teil (Siphonosoma) ist am Nectosoma, das heißt dem mit Nectophoren ausgestatteten oberen Abschnitt der Kolonie, befestigt. — Rezent mit ca. 150 meist als Epiplankton lebenden marinen Arten. Fossil fraglich. Die früher als Chondrophorina CHAMISSO & EYSENHARDT 1821 zu den Siphonophorida gestellten Formen haben sich als metagenetische, stockbildende holopelagische Hydrozoa mit echtem Generationswechsel herausgestellt und werden diesen als Unterordnung Velellina zugerechnet (siehe S. 231ff.).

Ordnung **Milleporina** HICKSON 1901
("Feuerkorallen")

Früher zu den Scleractinia gestellte, jetzt als Hydrozoa erkannte Formen, die ein sehr unterschiedlich gestaltetes Kalkskelett ausscheiden. Sie bilden im Gegensatz zu den Stylasterina freischwimmende, kleine Medusen, die in besonderen Poren (Ampullen) der Stockoberfläche entstehen. Das Skelett enthält vertikal verlaufende und durch Böden quergeteilte Röhrchen verschiedener Dicke, die zur Aufnahme der Polypen dienen. Bei diesen unterscheidet man:

1. **Gastrozooide (Freßpolypen)**: Kurze, zylindrische, mit vier Tentakeln versehene Individuen, welche die dickeren Röhrchen (Gastroporen) bewohnen.
2. **Dactylozooide (Wehrpolypen)**: Lange, schlanke, mundlose Formen mit fünf bis sieben kurzen Tentakeln, die in den kleineren Röhren (Dactyloporen) sitzen. Sie finden sich gewöhnlich in Kreisen zu fünf bis sieben Individuen um je einen Gastrozooid angeordnet. Auf diese Weise bilden sie das, was man ein Cyclosystem nennt. Mitunter tritt diese Anordnung weniger deutlich oder überhaupt nicht in Erscheinung. Dann ist die Oberfläche des Stockes unregelmäßig mit zahlreichen Dactyloporen bedeckt, zwischen denen einzelne Gastroporen liegen.

Gastrozooide und Dactylozooide stehen an ihrer Basis über ein chitiniges Stolonen-Skelett in Verbindung. — Ob. Kreide — rezent. Die Tiere finden sich in der Regel nicht unterhalb 30 m, da sie wohl ähnlich wie die riffbildenden Korallen in Symbiose mit einzelligen Grünalgen leben. Heute mit ca. 10 Arten häufig in bestimmten ökologischen Bereichen von Korallenriffen. Viele der zu den M. gestellten fossilen Formen bedürfen einer Überprüfung.

Familie **Milleporidae** FLEMMING 1928

Mit Gastroporen und Dactyloporen, doch fehlen beiden axiale Strukturen. — Ob. Kreide — rezent.
Beispiel:
Millepora LINNÉ 1758: Ob. Kreide — rezent.

Familie **Axoporidae** Boschma 1951

Gastroporen mit axialer Struktur. Datyloporen fehlen. — Eozän — Oligozän.
Beispiel:
Axopora M.-Edwards & Haime 1850: Eozän — Oligozän (Abb. 217).

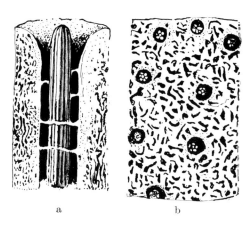

Abb. 217. a) *Axopora michelini* Duncan, Längsschnitt durch eine Gastropore mit Gastrostyle und Querböden. Oligozän von England. Vergr.; b) *Axopora solanderi* (Defr.), Oberfläche einer Kolonie. Eozän von Frankreich. Nat. Gr. — Aus H. Boschma (1956), umgezeichnet.

Literaturverzeichnis

Boschma, H.: Milleporina and Stylasterina. — In: R. C. Moore, Treatise on Invertebrate Paleontology, Part **F**, Coelenterata, F 90—F 106, 11 Abb., 1956.
Rosen, B. R.: The distribution of Reef Coral Genera in the Indian Ocean. — In: Stoddart, D. R., & Yonge, M., Regional Variation in Indian Coral Reefs, Symp. zool. Soc. London **28**, 263—299, 8 Abb., London-New York 1971.

Ordnung **Stylasterina** Hickson & England 1905

Ausschließlich koloniale Hydrozoa, deren Stöcke sehr unterschiedlich gestaltet sein können (zum Beispiel inkrustierend, ästig mit kurzen, klumpenförmigen Enden, baum- oder buschförmig verzweigt mit dünnen Ästen). Im Gegensatz zu den Milleporina ist das ausgeschiedene Skelett viel härter, da die kalkigen Elemente enger beisammenstehen. Dabei erstreckt sich aber das Coenosarc wesentlich tiefer unter die Oberfläche. Es besteht hauptsächlich aus einem komplizierten Geflecht von Kanälen, durch welche die polymorphen Individuen verbunden werden. Man unterscheidet:

1. Gastrozooide: Gestalt kurz, zylindrisch. Falls Tentakel vorhanden, sind diese fadenförmig (filiform).
2. Dactylozooide: Gestalt klein, fingerförmig. Tentakel fehlen.
3. Gonophoren: Sie bilden die geschlechtliche Generation, die aber nicht frei wird, sondern an der Kolonie verbleibt.

Hiervon sitzen die Gastrozooide in den **Gastroporen** (Abb. 218a). Das sind zylindrische Röhren, die sich in der Nähe der Mündung trichterförmig erweitern können. Im Inneren werden sie nicht selten durch einen Gürtel einwärts gerichteter Dornen oder eine durchlaufende Kalkleiste in eine geschlossene proximale „Ventralkammer" und einen offenen, röhrenförmigen distalen Abshcnitt geteilt. In manchen Gastroporen sind Querböden ausgebildet.

IV. Klasse Hydrozoa Owen 1843

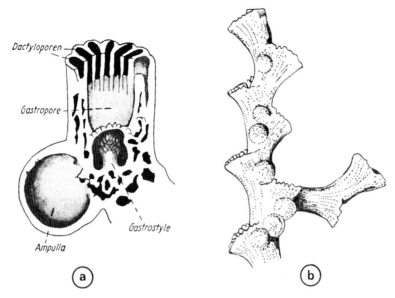

Abb. 218. a) *Stylaster densicaulis*, rezent. Schematischer Längsschnitt durch eine Gastropore mit Dactyloporen, Gastrostyle und Ampulla. Ca. ⁹/₁ nat. Gr.; b) *Stylaster microstriatus* BROCH, rezent (Japan). Teil eines Zweiges. Die kleinen, kugeligen Gebilde sind Ampullen. ¹⁰/₁ nat. Gr. — Nach H. BOSCHMA (1956), umgezeichnet.

Die kleineren Dactylozooide leben in den **Dactyloporen** (Abb. 218 a). Es handelt sich hierbei um engere Röhren als bei den Gastroporen. Doch zeigen sie ähnlich wie diese oft eine trompetenartig erweiterte Mündung. Besonders kennzeichnend ist die Tendenz, sich kreisförmig in verschiedener Zahl um die Gastroporen anzuordnen. Radiale Rippen, die zwischen den Dactyloporen stehen, geben den Kolonien gelegentlich das Aussehen gewisser Scleractinia. — ? Ob. Kreide (Maastricht), Paläozän — rezent.

Heute mit ca. 10 Gattungen und 160 Arten nahezu weltweit verbreitet sowohl in den Flachmeeren als auch in der Tiefsee, wo sie bis 2745 m beobachtet werden konnten. Im Flachwasser warmer Meere oft zusammen mit Milleporina. Fossil sind etwa 15 Arten aus 10 Gattungen bekannt; wichtig z. B. die Vertreter aus dem Dan von Faxe (Dänemark) (K. B. NIELSEN 1919).

Stylaster GRAY 1831: Miozän — rezent. Heute sehr häufig in den wärmeren Meeren (Abb. 218). Die Gastroporen haben das Aussehen kleiner Scleractinia-Polypare.

Literaturverzeichnis

BOSCHMA, H.: Milleporina and Stylasterina. — In: R. C. MOORE, Treatise on Invertebrate Paleontology, Part F, Coelenterata, F 90—F 106, 11 Abb., 1956.

NIELSEN, K. B.: En hydrocoralfauna fra Faxe og bemaerkninger om Danien'ets geologiske stilling. — Danm. geol. Undersg. (4) **1**, 66 S., 2 Taf., Kopenhagen 1919.

ZIBROWIUS, H., & CAIRNS, St. D.: Revision of the northeast Atlantic and Mediterranean Stylasteridae (Cnidaria: Hydrozoa). — Mém. Mus. Natl. Hist. Nat., sér. A, Zool. **153**, 136 S., 42 Abb., Paris 1992. — Darin umfassendes Literaturverzeichnis und vorzügliche Abbildungen.

Stellung unsicher:

Familie **Heterastridiidae** FRECH 1890

Merkwürdige, im Bau von den Hydrozoa stark abweichende Fossilien, die kugel- oder brotlaibartige Kolonien von Erbsen- bis Kindskopfgröße bilden (Abb. 219). Im Anschliff zeigen diese eine meist nur schmale, randliche Zone, die aus radialstrahlig angeordneten Röhren besteht. Ursprünglich handelt es sich wohl um Hohlkugeln, die frei im Wasser schwebten. Nach dem Tode sanken sie zu Boden, öffneten sich und wurden von kleinen Lebewesen besiedelt (winzige Schnecken, Foraminiferen usw.). — Ob. alpine Trias, wichtig als Leitfossilien des Karn und Nor. Im roten Hallstätter Kalk des Salzkammergutes oft in großer Zahl zu finden.

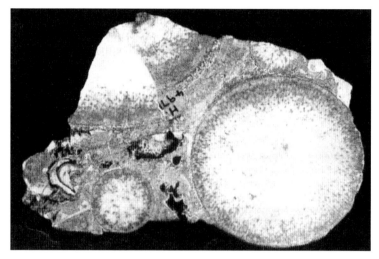

Abb. 219. *Heterastridium conglobatum* REUSS, verschieden große Kolonien im Anschliff. Skelettelemente deutlich nur in einer schmalen Randzone zu erkennen. Ob. Trias der Insel Zypern. Ca. nat. Gr. — Nach E. FLÜGEL 1958.

Ordnung **Spongiomorphida** ALLOITEAU 1952

Eine sehr kleine Gruppe der Hydrozoa (?), deren kalkiges Skelett enge Beziehungen zu den Stromatoporoidea aufweist. Wie bei diesen finden sich vertikal stehende Säulchen. Da aber jeweils sechs derselben kreisförmig um ein siebentes gruppiert sind, hat man die Spongiomorphida zunächst zu den Scleractinia (Hexakorallen) gestellt. Strukturen, die mit den Astrorhizae (?) der Stromatoporoidea verglichen werden können, sind vorhanden; doch zeigen sie eine wesentlich höhere Differenzierung. Latilaminae fehlen. Die systematische Stellung der Spongiomorphida ist noch nicht vollständig geklärt. Echte Septen sind nicht ausgebildet. Die Feinstruktur der vertikalen Skelettelemente („pennules") soll nach GILL 1967 eher auf Korallen verweisen. Andererseits wird auch an die Möglichkeit gedacht, daß es sich um eine eigenständige Gruppe innerhalb der Cnidaria handelt (TURNŠEK 1968). — Ob. Trias — Unt. Kreide mit ca. 25 Arten. Charakteristisch vor allem für die Trias der Tethys.

Literaturverzeichnis

FLÜGEL, E.: Fossile Hydrozoen-Kenntnisstand und Probleme. — Paläont. Z. **49**, 369—406, 13 Abb., Stuttgart 1975.
FRECH, F.: Die Korallenfauna der Trias. I. Die Korallen der juvavischen Triasprovinz. — Palaeontogr. **37**, 116 S., 21 Taf., 1890.
GILL, G.: Quelques précisions sur les septes perforés des Polypiers mésozoiques. — Mém. Soc. géol. France, n. s. **106**, 57—81, Paris 1967.
HILL, D., & WELLS, J. W.: Hydroida and Spongiomorphida. — In: R. C. MOORE, Treatise on Invertebrate Paleontology, Part **F**, Coelenterata, F 81—F 89, 10 Abb., 1956.
TURNŠEK, D.: [Some Hydrozoans and Corals from Jurassic and Cretaceous Strata of Southwestern Jugoslavia]. — Slovenska Akad. Znanosti Umetnosti, Cl. IV., Razprave **11**, 351—376, 1 Abb., 9 Taf., Ljubljana 1968.

V. Klasse **Anthozoa** EHRENBERG 1834

1. Allgemeines

Überwiegend sessile Cnidaria, die entweder als Einzelformen (solitär) oder in Stöcken vereinigt (kolonial) leben. Sie sind ausschließlich marin und polypoid. Charakteristisch ist ein ectodermales Schlundrohr (Stomodaeum), das vom Mund in den Gastralraum ragt. Die Mundscheibe wird von ein oder mehreren Tentakelkränzen umgeben. Von den Seitenwänden und von der Fußscheibe verlaufen sechs, acht oder mehr radial und vertikal angeordnete Mesenterien (Weich- oder Sarkosepten) zum Schlundrohr, an dem sie befestigt sind. Durch die Mesenterien wird der Gastralraum in eine entsprechende Anzahl von Radialtaschen (Mesenterialfächer) geteilt, von denen jede mit einem der hohlen Tentakel in Verbindung steht. Während manche Formen keine Hartteile ausscheiden, finden sich bei anderen kalkige, hornige oder kalkig-hornige Skelette, die sowohl als Endo- wie auch als Exoskelett auftreten können. Neben der geschlechtlichen Fortpflanzung vollzieht sich eine ungeschlechtliche durch Knospung oder Teilung.

2. Vorkommen

Ob. Algonkium — rezent.

3. Systematik

Man unterscheidet folgende Unterklassen:
  a) **Ceriantipatharia** VAN BENEDEN 1898 (Miozän — rezent): Sie umfassen die Ordnungen der Antipatharia M.-EDW. & HAIME (Miozän — rezent) und Ceriantharia PERRIER 1893 (nur rezent). Charakteristisch für beide sind einfach gestaltete Tentakel. — Man kennt 20 Gattungen, von denen aber nur eine (*Leiopathes* HAIME 1849: Miozän, rezent) auch fossil vorkommt. Auf die Unterklasse wird deshalb nicht besonders eingegangen.
  b) **Septodaearia** G. C. BISCHOFF 1978: Unt. Ordovizium — Unt. Devon.
  c) **Octocorallia** HAECKEL 1866 (? Ob. Algonkium — ? Karbon, Perm — rezent): Ausschließlich koloniale Formen mit acht gefiederten Tentakeln und einer entsprechenden Anzahl vollständiger Mesenterien.
  d) **Zoantharia** DE BLAINVILLE 1830 (Mittl. Ordovizium — rezent. Angaben aus dem Kambrium bedürfen der Bestätigung): Solitäre oder koloniale Formen, die zum Teil ein kalkiges Exoskelett ausscheiden und stets paarige Mesenterien aufweisen.

Unterklasse **Septodaearia** G. C. Bischoff 1978

Koloniale Anthozoa, deren mikroskopisch kleine Polypare aus organischer Substanz bestehen. Diese wurden (wie oft auch die Weichteile) in Kalziumphosphat umgewandelt und blieben so erhalten. Das Stomodaeum der radial symmetrischen Polypen hat einen kreisförmigen Querschnitt. Der orale Bereich wird meist durch 6 Stomodaea-Mesenterien radial unterteilt, die jederseits kräftige Retraktor-Muskeln tragen. Letztere betätigen zugleich Stomodaea-Membranen, die sich zwischen den Stomodaea-Mesenterien erstrecken. Die periphere Zone zeigt 6, 7, oder 8 vollständige Mesenterien, die radial stehen und nie Paare bilden. Auch sie sind mit kräftigen Retraktoren besetzt. — Unt. Ordovizium (Arenig) von Skandinavien, Silur — Unt. Devon (Unt. Ems) von Neusüdwales (Australien) mit einer Art (*Septodaeum siluricum* Bischoff).

Unterklasse **Octocorallia** Haeckel 1866

(Octactinia Ehrenberg 1828; Alcyonaria Dana 1846)

1. Allgemeines

Marine, meist festgewachsene und koloniale Anthozoa, deren Polypen acht Mesenterien (Sarkosepten) und eine entsprechende Anzahl gefiederter bzw. gefranster Tentakeln tragen. Hartsepten sind nur bei wenigen Formen entwickelt. Das vielfach aus isolierten, kalkigen Elementen (Skleren) bestehende Skelett wird vom Ectoderm ausgeschieden, wobei Konvergenzen zu den Rugosa und Scleractinia auftreten. Neben den Skleren findet man auch gemeinsame Achsen, die mehr oder weniger verkalkt sind oder aus einer hornartigen Substanz bestehen. Selten ist ein massives Corallum aus faserigem Kalk entwickelt. Die Knospung erfolgt an entodermalen Röhren (Solenia), die aus dem Mutterpolypen entspringen und in das gemeinsame Coenosarc eingebettet sind. — Über die stammesgeschichtlichen Zusammenhänge und die Herkunft der Octocorallia läßt sich zur Zeit wenig aussagen, da im allgemeinen nur die Überreste verkalkter Formen überliefert wurden.

2. Vorkommen

? Ob. Algonkium — ? Karbon, Perm — rezent. — Die ältesten, unzweifelhaften Vertreter stammen aus dem Perm. Doch wurden auch aus dem früheren Paläozoikum verschiedenfach Reste beschrieben, die aller Wahrscheinlichkeit nach hierher gehören. Fossil nur ausnahmsweise häufiger. Dabei handelt es sich vor allem um kalkige Achsen, isolierte Skleren und Röhren. Diese Gebilde sind gelegentlich auch in rezenten Meeresablagerungen nicht selten zu finden.

3. Systematik

F. M. Bayer (1956) unterscheidet sieben Ordnungen. Von diesen werden nachstehend die wichtigsten betrachtet:

Ordnung **Stolonifera** Hickson 1883

1. Allgemeines

Die Polypen entstehen aus basalen Stolonen, die auf festen Gegenständen angewachsen sind. Soweit vorhanden, haben die Skleren die Gestalt schlanker, dornenförmiger Nadeln. Außerdem finden sich gelegentlich dünne Röhren und diese verbindende Plattformen. Stolonen und Polypen werden häufig von einer hornigen, externen Hülle umgeben, die bei manchen Vertretern die einzige Skelettbildung darstellt.

2. Vorkommen

Kreide — rezent. Heute Bewohner flacher Meeresteile tropischer und gemäßigter Gebiete.

3. Beispiel

Tubipora Linné 1758 (Orgelkoralle): rezent, Pazifik und Indischer Ozean. Häufig auf Korallenriffen (Abb. 220).

Corallum massiv, klumpig, bis kopfgroß; aus kalkigen, rotgefärbten Röhren bestehend, die isoliert und parallel nebeneinander verlaufen. Die sehr langen Polypen werden nicht nur an der Basis durch Stolonen, sondern auch in höheren Regionen durch horizontale, plattenartige Röhrensysteme zusammengehalten. Die einzelnen Röhren sind mit Mesogloea und Ectoderm umkleidet.

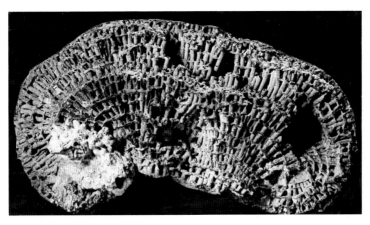

Abb. 220. Corallum von *Tubipora* sp., in der Mitte durchgebrochen. Rezent. Indischer Ozean. Ca. ¾ nat. Gr.

Ordnung **Alcyonacea** Lamouroux 1816
(Weich- oder Lederkorallen)

1. Allgemeines

Überwiegend kolonial, fleischig, lappig oder ästig. Polypare sehr langgestreckt, in mehr oder weniger entwickeltes Coenenchym eingebettet, das isolierte, knorrige oder nadelartige Skleren enthält. Länge der Skleren ca. 0,01—10 mm. Bei den Xeniidae finden sich scheibenförmige Skleren, bei anderen Familien haben sie eine spindel- oder walzenförmige, im einzelnen stark wechselnde Gestalt.

2. Vorkommen

Lias — rezent. Heute in Meeren aller Breiten und in allen Tiefen (ca. 800 Arten). Manche Formen (Alcyoniidae) sind wichtige Riffbildner in den tropischen Bereichen des Pazifiks. Im Atlantik beherrschen demgegenüber die Gorgonacea das Bild. Fossile Skleren kennt man zum Beispiel aus der Ob. Kreide von Europa (PH. POČTA 1885) und aus dem Mittl. Miozän (Balcombien) von Australien (M. DEFLANDRE-RIGAUD 1955 bis 1957) (Abb. 221 A). Es ist zu erwarten, daß der derzeitige Aufschwung der Mikropaläontologie auch die Kenntnis der fossilen Alcyonacea bereichern wird, deren meist kleine und unscheinbare Reste in den Schlämmrückständen zuweilen recht häufig vorkommen. Das gleiche gilt auch für die Gorgonacea.

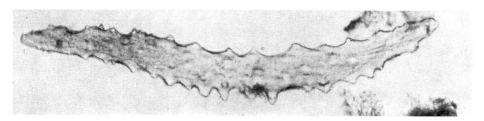

Abb. 221 A. *Microalcyonarites vulgaris* DEFLANDRE-RIGAUD, Mittl. Miozän (Balcombian), Balcombe Bay (Australien). $^{280}/_1$ nat. Gr. — Nach M. DEFLANDRE-RIGAUD 1957.

3. Systematik

Eine sichere artliche und generische Zuordnung isolierter Skleren, die fossil in der Regel als einzige Überreste vorliegen, erscheint praktisch unmöglich. Bei den Coralliidae findet sich im Inneren des Corallums eine Achse, die durch Verschmelzung der dort gelegenen Skleren entsteht.

Eine wichtige Gattung ist:

Sarcophytum LESSON 1834: rezent, am häufigsten auf den Korallenriffen des Indik und Pazifik (Abb. 221 B, C).

Meist plumpe, lappige Tierstöcke von lederartiger Beschaffenheit. Bei *S. lobatum* (H. MILNE-EDWARDS) sind die Stöcke mit einem kurzen, breiten Stamm am Untergrund festgewachsen, während der Oberteil zahlreiche Falten und Lappen bildet und einen Durchmesser von mehr als 1 m erreichen kann.

Ähnlich ist die in den europäischen Meeren von der Arktis bis zur Bucht von Biskaya häufige Tote Manneshand oder Meerhand, *Alcyonium digitatum* LINNÉ, so genannt, weil ihre Stöcke nach oben in 5 bis 8 dicke, fingerartige Lappen aufspalten. Die Polypen können sich zweimal am Tage wohl im Zusammenhang mit dem Gezeitenrhythmus durch Wasseraufnahme in ihre Gastralräume um eine Mehrfaches aufblähen, so daß die Stöcke maximal bis über 20 cm hoch werden. Dann ändert sich auch ihre Farbe und wird gelblich, orange oder weißlich. Solche Farbunterschiede treten auch bei *Sarcophytum* auf und sind wohl ähnlich zu deuten.

Abb. 221 B. *Sarcophytum lobatum* (H. MILNE-EDWARDS), verschiedene Exemplare. Rezent von einem Korallenriff vor Candidasa im Südosten von Bali (Indonesien). Durchmesser von a) ca. 40 cm, b) ca. 15 cm, c) ca. 55 cm. Fot. Verf. (Okt. 1991).

Abb. 221 C. *Sarcophytum* sp., rezent in einem Korallenriff vor Candidasa (Bali, Indonesien). Durchmesser ca. 25 cm. Fot. Verf.

Abb. 222. Skelett von *Gorgonia* (syn. *Rhipidigorgia*) sp., rezent (W-Indien). Höhe 33 cm.

Ordnung **Gorgonacea** LAMOUROUX 1816
(Rinden- oder Hornkorallen)

1. Allgemeines

Corallum gewöhnlich ästig oder fächerförmig, im Inneren entweder von einer dichten, einheitlichen, kalkigen bzw. hornigen Achse (Abb. 222) oder einer zentralen Zone lose verbundener bis isolierter Skleren durchzogen. Im Coenosarc finden sich isolierte Skleren (Abb. 223) verstreut, die mit Dornen, Knoten und sonstigen Vorsprüngen verziert sind.

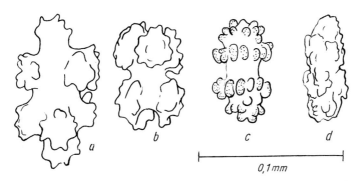

Abb. 223. Skleren rezenter Gorgonacea. a)—b) *Corallium borneënse* BAYER, N-Borneo; c) *Ellisella funiculina* (DUCHA SSAING & MICHELOTTI), Golf v. Mexiko; d) *Verrucella delicatula* (NUTTING), Philippinen. — Nach F. M. BAYER 1956.

2. Vorkommen

Sicher bekannt nur von Kreide – rezent; vermutlich aber auch schon vor beziehungsweise seit dem Kambrium vorhanden. Fossil bisher wenig nachgewiesen, rezent mit mehr als 1000 Arten.

3. Systematik

Man unteschneidet zwei Unterordnungen, die vor allem in der Gegenwart eine große Anzahl von Arten und Gattungen umfassen.
Nachstehend nur einige Beispiele:
Corallium CUVIER 1798: Kreide – Tertiär (selten), rezent (Abb. 223 a—b).
Feste, bei rezenten Formen rotgefärbte Achse, die aus knorrigen Skleren besteht. Diese werden durch feinfaserigen Kalzit, der mit organischer Substanz durchsetzt ist, verbunden. Hierzu gehört die rezente Edelkoralle (*Corallium rubrum*). — Skleren von *Ellisella* GRAY 1558 (rezent) und *Verrucella* M.-EDWARDS & HAIME 1857 (Ob. Kreide — rezent) zeigt Abb. 223 c—d.
Isis LINNÉ 1758: Ob. Kreide — rezent. Heute im Indischen und Stillen Ozean (Abb. 224).
Die Achse besteht aus rein hornigen Nodien und kalkigen Internodien, von denen die Verzweigungen ausgehen. Wie Material aus der Ob. Kreide zeigt, dürfte die Einschaltung der Hornglieder das Ergebnis einer späteren Differenzierung sein. — Manches von dem, was man von den fossilen Resten bei *Isis* untergebrcht hat, gehört wohl zu anderen, verwandten Gattungen.

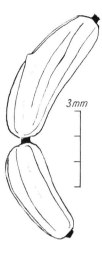

Abb. 224. Entrindete Achsen von *Isis hippuris*, rezent, Philippinen. — Nach F. M. Bayer 1956.

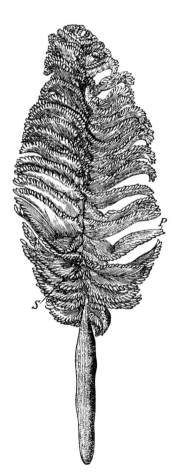

Abb. 225. *Pennatula rubra* Ellis, rezent. P = Freßpolypen; S = Siphonozooide am Stamm. Länge: 20 cm. — Nach Kölliker aus A. Kaestner 1954/55.

Ordnung **Pennatulacea** VERRILL 1865
(Seefedern)

1. Allgemeines

Unverzweigte, meist federartig gestaltete Octocorallia (Abb. 225), die im Gegensatz zu den übrigen Vertretern nicht am Untergrund festgewachsen sind, sondern nur lose in ihm stecken. Das Corallum besteht aus einem sehr langen Primärpolypen, an dessen oberem Abschnitt seitlich zahlreiche kleinere Sekundärpolypen sitzen. Das Achsenskelett besteht aus dem hornigen Pennatulin, einem Skleroprotein, in das mehr oder weniger viel Kalzium oder Kalziumphosphat eingelagert ist. Im Körpergewebe finden sich sehr unterschiedlich gestaltete, meist glatte Skleren (im Stiel plattenförmig, in den Sekundärpolypen nadelartig, Abb. 226). Als Nahrung dient den von einer Ausnahme abgesehen getrennt geschlechtlichen Tieren vor allem Zooplankton (Copepoden, Molluskenlarven u. a.), als Wohnraum sandige oder schlickige Weichböden, in die sie sich unter An- und Abschwellen des Stieles eingraben. Bei ungünstigen Lebensbedingungen vermögen sie auch zu kriechen und den Standort zu wechseln. Einige Bewohner der Tropen leben im Gezeitenbereich, wo sie sich während der Ebbe tief in den Boden zurückziehen.

Abb. 226. Skleren von *Pennatula aculeata* DANIELSSEN, rezent. — Nach F. M. BAYER 1956.

2. Vorkommen

? Ob. Algonkium, ? Trias, Tertiär — rezent; heute vor allem im Sublitoral, doch auch in Tiefen bis ca. 4800 m beobachtet (z. B. *Umbellula monocephalus* PASTERNAK, Sekundärpolyp einzeln am Stamm, bis 25 cm lang; Gesamtlänge des Corallum maximal 77 cm, Stiel peitschenförmig; im Indik und Pazifik, 3500—4800 m).

Abb. 227. *Pteroeides spinosum* (ELLIS), rezent im Spülsaum des Südchinesischen Meeres bei Vung Tau (Süd-Vietnam). Länge ca. 6 cm. Fot. Verf. (Sept. 1986).

3. Beispiel

Pteroeides HERKLOTS 1858 (Unt. Ordnung Subsessiliflorae KÜKENTHAL 1915): Tertiär (Sumatra) — rezent (Ostatlantik, Mittelmeer, Indik, Pazifik) (Abb. 227).

Federförmig mit gedrungenem Stiel. Polypen in Querreihen, Seitenblätter durch Skleren gestützt, die bis zum Blattrand und darüber ragen. Blätter breit, graugelb bis bräunlich, Polypen auch weiß. Länge maximal ca. 30 cm. Meist auf zähen Schlammböden zwischen 35 und 250 m, nicht häufig. Einzige Art: *P. spinosum* (ELLIS) (Abb. 227).

Vermutlich zu den Pennatulacea gehören die

Pteridiniidae RUD. RICHTER 1955

Dünne, fast zweidimensionale „Blätter" mit zusammenhängender Fläche und bilateral-symmetrischem Bau. Die beiden Seiten der „Blätter" werden wie bei den Pennatulacea als dorsal und ventral bezeichnet. Die Rhachis erscheint auf der Dorsalseite oft als ein breites Band, auf der Ventralseite als dünne Zickzacklinie. Die Rhachis kann sich in einen Stiel verlängern. In einigen Fällen läuft er in ein rundes, an Medusen erinnerndes Gebilde (ähnlich *Charniodiscus* FORD) aus. — Ob. Algonkium.

Pteridinium GÜRICH 1930: Ob. Algonkium (Ediacara-Fauna i. w. S.) von SW-Afrika, Sibirien (Arkhangelsk) und Australien (Abb. 228 A).

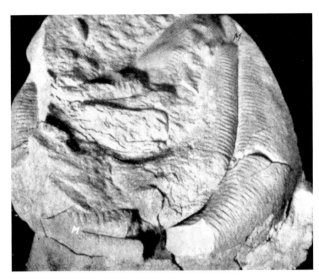

Abb. 228 A. *Pteridinium simplex* GÜRICH, Kuibis-Quarzit (Ob. Nama-Formation), Gegend östlich Aus, SW-Afrika. Ca. ½ nat. Gr. Die einfach erscheinende Mittellinie M — M ist die Berührungslinie der verzahnten Mittellinien von zwei selbständigen Blättern. — Nach RUD. RICHTER 1955.

Abb. 228 B. *Rangea schneiderhoehni* GÜRICH (Holotypus), Kuibis-Quarzit (Ob. Nama-Formation), Gegend östlich Aus, SW-Afrika. Nat. Gr. — Nach RUD. RICHTER 1955.

„Blätter" lang und bandförmig, elastisch biegsam; ursprünglich vermutlich im Sand verwurzelt, wo sie ähnlich wie *Laminaria* flutende Wiesen bildeten. Primärzweige im Unterschied zu *Rangea* durch deutlich eingeschnittene Furchen begrenzt. Sekundärzweige und die sie begrenzenden Furchen nur sehr selten und dann schwach ausgebildet.

Rangea GÜRICH 1930: Ob. Algonkium von SW-Afrika und Australien (Abb. 228 B; 230 b—d).

Umriß fusiform, zum Teil sehr langgestreckt. Von der Rhachis gehen zahlreiche Primärzweige aus, die wie bei *Charnia* deutlich in Sekundärzweige geteilt sind. — *Charnia* FORD 1958 (Abb. 229) ist verzeichnet aus dem Ob. Algonkium von Australien, N-Sibirien, England und ? Neufundland.

Abb. 229. *Charnia masoni* FORD, jüngstes Präkambrium von Charnwood (England). L ca. 23 cm. — Nach T. D. FORD 1958.

Arborea GLAESSNER 1966: Ob. Algonkium (Ediacara-Fauna) von Australien (Abb. 230, a). Ähnlich *Rangea*. Rhachis in einen Stiel verlängert. — *A.* wird auch als synonym zu *Charnodiscus* FORD 1958 betrachtet.

Als „Petalonamae" (Petalonamidae PFLUG 1970, Stamm Petalonamae PFLUG 1972) bezeichnet PFLUG vielzellige Organismen von Zentimeter- bis Dezimeter-Größe, deren blattförmige Strukturen (Petaloide) eine regelmäßige Fiederung 1., 2. und gelegentlich 3. Ordnung zeigen. Die

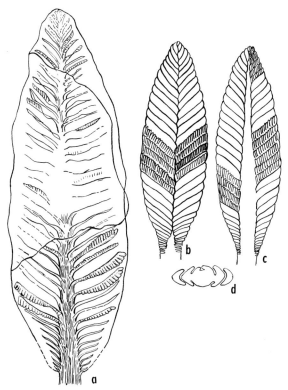

Abb. 230. Rekonstruktionen von Pteridiniidae aus dem Ob. Algonkium (Pound Sandstein, Ediacara-Fauna), Ediacara (S-Australien): a) *Arborea arborea* (GLAESSNER), L ca. 32 cm; b) *Rangea longa* GLAESSNER & WADE, Ventralseite, L ca. 19 cm; c) desgl., Dorsalseite, d) desgl., Querschnitt im unteren Drittel. — Nach M. F. GLAESSNER & M. WADE 1966.

Petaloide haben meist eine Mittellinie oder -furche, von der seitlich Furchen oder Rippen ausgehen. Zugerechnet werden die hier fraglich als Pennatulacea betrachteten Pteridiniidae und verwandten Formen, wozu auch die Erniettidae PFLUG 1972 gehören. Letzteres sind meist rundliche oder subzylindrische, abgeflachte Körper, die einem gefalteten *Pteridinium* ähneln und deren stark entwickelte Rippen median durch eine Zickzacklinie unterbrochen werden. Wichtigste Gattung ist *Ernietta* PFLUG 1966. — Ob. Algonkium (Ediacara-Fauna i. w. S.).

Die stark hypothetischen Überlegungen von PFLUG bedürfen noch der Klärung. Störend wirkt sich z. B. bei den Erniettidae aus, daß ohne Beachtung taphonomischer Faktoren, der möglichen Variabilität und unter Berücksichtigung feinster Unterschiede an Hand eines z. T. ungenügend erhaltenen Materials 13 Gattungen (mit 28 Arten) in 5 Unterfamilien, 4 Familien und 2 Ordnungen einer Klasse Erniettomorpha unterschieden werden. Diese Fülle wurde von GLAESSNER 1979 auf die genannte Familie (mit zwei Unterfamilien) eingeschränkt.

Literaturverzeichnis

ALLOITEAU, J.: Sous-Classe des Alcyonaria. — In: J. PIVETEAU, Traité de Paléontologie I, 408—417, 3 Abb., 1952.
BAYER, F. M.: Octocorallia. — In: R. C. MOORE, Treatise on Invertebrate Paleontology, Part F, Coelenterata, F 166—F 231, 28 Abb., 1956.
BISCHOFF, G. C. O.: *Septodaeum siluricum,* a representative of a new subclass of the Anthozoa, with partial

preservation of soft parts. — Senckenbergiana lethaea **59**, 229—273, 5 Abb., 8 Taf., Frankfurt a. Main 1978.
CARY, L. R.: The Gorgonacea as a factor in the formation of corall reefs. — Carnegie Inst. Washington **213**, 341—362, 5 Taf., 1918.
DEFLANDER-RIGAUD, M.: A classification of fossil, alcyonarian sclerites. — Micropaleontology **3**, 357–366, 2 Taf., 1957.
FORD, T. D.: Pre-Cambrian fossils from Charnwood Forest. — Yorkshire Geol. Soc. Proc. **31**, 211—217, 3 Abb., 1958.
GERMS, G. J. B.: A reinterpretation of *Rangea schneiderhoehni* and the discovery of a related new fossil from the Nama Group, South-West Africa. — Lethaia **6**, 1—10, 1973.
GIAMMONA, CH. P., & STANTON, R. J., Jr.: Octocorals from the Middle Eocene Stone City Formation, Texas. — J. Paleont. **54** (1), 71—80, 1 Abb., 2 Taf., 1980.
GLAESSNER, M. F.: Precambrian. — In: R. A. ROBINSON & C. TEICHERT (Eds.), Treatise on Invertebrate Paleontology, part **A**, 79—118, 20 Abb., 1979.
— & WADE, M.: The late Precambrian fossils from Ediacara, South Australia. — Palaeontology **9**, part 4, 599—628, 3 Abb., 7 Taf., 1966.
HÄNTZSCHEL, W.: Oktokoralle oder Lebensspur? — Mitt. Geol. Staatsinst. Hamburg **27**, 77—87, 7 Abb., Hamburg 1958.
MILNE-EDWARDS, H., & HAIME, J.: A monograph of the British fossil corals. Pt. 1: Introduction; corals from the Tertiary and Cretaceous formations. — Paleontogr. Soc. Monogr., 71 S., 11 Taf., London 1850.
NIELSEN, K. B.: *Moltkia isis*, Steenstrup og andre Octocorallia fra Danmarks Kridttidsaflejringer. — Mindeskrift f. Japetus Steenstrup **18**, 1—20, 2 Abb., 4 Taf., 1913.
— *Heliopora incrustans* nov. sp., with a survey of the Octocorallia in the deposits of the Danian in Denmark. — Medd. fra Dansk geol. Forening **5**, Teil 8, 1—13, 17 Abb., 1917.
— Nogle nye Octocoraller fra Danienet. — Medd. fra Dansk geol. Forening **6**, Teil 28, 1—6, 3 Abb., 1925.
PFLUG, H. D.: Zur Fauna der Nama-Schichten in Südwest-Afrika. I—IV. — Paleontographica **134 A**, 153—262, 14 Abb., 3 Taf., 1970; **135 A**, 198—231, 12 Abb., 3 Taf., 1970; **139 A**, 134—170, 9 Abb., 13 Taf., 1972; **144 A**, 166—202, 10 Abb., 9 Taf., Stuttgart 1973.
— Vor- und Frühgeschichte der Metazoen. — Neues Jb. Geol. Paläont. Abh. **145** (3), 328—347, Stuttgart 1974 (1974a).
— Feinstruktur und Ontogenie jung-präkambrischer Petalo-Organismen. — Paläont. Z. **48**, 77—109, Stuttgart 1974 (1974b).
POČZA, PH.: Über fossile Kalkelemente der Alcyoniden und Holothurien und verwandte rezente Formen. — Sitzb. Akad. Wiss. **92**, Nr. 1, 7—12, 1 Taf., 1885.
RICHTER, RUD.: Die ältesten Fossilien Süd-Afrikas. — Senckenbergiana leth. **36**, 243—289, 2 Abb., 7 Taf., Frankfurt a. M. 1955.
VOIGT, E.: Untersuchungen an Oktokorallen aus der oberen Kreide. — Mitt. Geol. Staatsinst. Hamburg **27**, 5—49, 8 Abb., 13 Taf., Hamburg 1958.

Unterklasse **Zoantharia** DE BLAINVILLE 1830

1. Allgemeines

Solitäre oder koloniale, ausschließlich polypoide Anthozoa, die zum Teil ein trabekuläres, kalkiges Exoskelett ausscheiden. Die Mesenterien sind paarig angeordnet. Das Skelett des Einzelindividuums (Polypen) bezeichnet man als Polypar, das einer Kolonie als Corallum.

2. Vorkommen

Mittl. Ordovizium — rezent. Angaben aus dem Kambrium bedürfen noch der Bestätigung. Die ungefähre zahlenmäßige und zeitliche Verteilung von 794 fossil vertretenen Gattungen, die ein kalkiges Exoskelett ausscheiden, ergibt sich aus Abb. 231 A.

3. Zur Morphologie der Formen, die ein kalkiges Exoskelett ausscheiden

Die ausschließlich als Polypen auftretenden Einzelindividuen bestehen aus Fußscheibe, Rumpf und Mundscheibe (Abb. 232—233 A—C). Hiervon trägt die Mundscheibe einen oder mehrere

V. Klasse Anthozoa Ehrenberg 1834

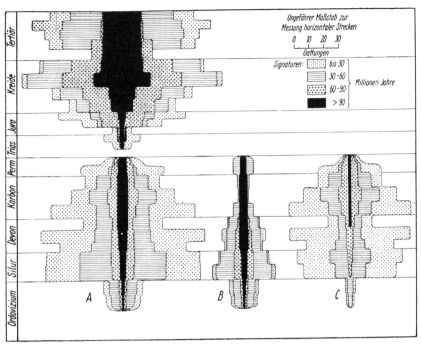

Abb. 231. **A.** Halbschematisches Bild, das die ungefähre zahlenmäßige und zeitliche Verteilung von 794 Korallen-Gattungen unter Berücksichtigung ihrer vermutlichen Existenzdauer zeigt. Die erfaßten Gattungen verteilen sich wie folgt: 326 Rugosa (Tetrakorallen), 361 Scleractinia (Hexakorallen), 105 Tabulata (Bödenkorallen), 2 Heterocorallia. — **B.** Desgl. für 105 Gattungen der Tabulata allein. — **C.** Desgl. für 326 Gattungen der Rugosa allein. — Als Grundlage dienten vor allem Angaben von J. W. WELLS (1956) und D. HILL & E. C. STUMM (1956).

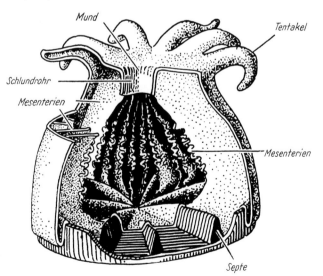

Abb. 232. Schematisches Bild eines solitären Polypen der Zoantharia, um die zwischen Weichteilen und Skelett bestehenden Beziehungen zu zeigen. — Nach R. C. MOORE 1952.

Abb. 233 A. Polypen auf der Oberfläche eines Korallenstockes. Die in der linken Bildhälfte befindlichen haben sich zurückgezogen, nachdem man sie mit dem Finger berührt hatte. Rezent. Die Länge der Polypen beträgt ca. 1½ cm.

Abb. 233 B. Blick auf die mit Polypen bedeckte Oberfläche eines Korallenstockes. Rezent, Great Barrier Reef (Australien). Ca. ½ nat. Gr. — Wie Abb. 233 A nach N. D. NEWELL 1959.

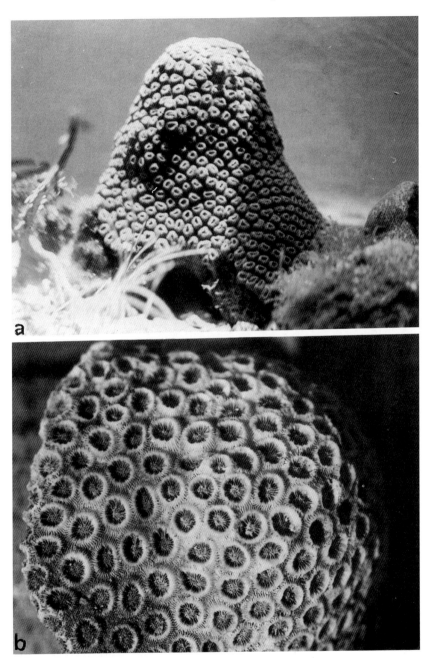

Abb. 233 C. a) Kegelförmiger Stock von *Monastrea cavernosa* (LINNÉ) mit zurückgezogenen Polypen, Meeresaquarium Havanna, Durchmesser an der Basis ca. 14 cm; b) kleines Corallum der gleichen Art, Marea del Portillo bei Pilon (Kuba), Durchmesser 12 cm. Fot. Verf.

Tentakelkränze, welche die Mundöffnung umgeben. Von dieser ragt ein kurzes ectodermales Schlundrohr (Stomodaeum) in den Gastralraum. Das Innere des Gastralraumes wird im Gegensatz zu den Hydropolypen durch radiale, vertikalstehende fleischige Falten (Mesenterien oder Sarkosepten) in entsprechende Nischen aufgeteilt. Die Mesenterien sind stets paarig angeordnet. Sie erstrecken sich zwischen Mund- und Fußscheibe und sind mit ihrem Außenrand an der Rumpfwand festgewachsen. Das stets nur vom unteren Abschnitt des Polypen gebildete Skelett besteht im einfachsten Fall aus (Abb. 232):

a) **Basalplatte:** Sie wird von der Fußscheibe des jugendlichen Polypen ausgeschieden, kurz nachdem sich die Larve (Planula) am Untergrund festgeheftet hat. Der Durchmesser der Fußscheibe beträgt zu diesem Zeitpunkt ca. 1 mm.

b) **Epithek (äußere Wand):** Diese bildet die randliche und nach oben gerichtete Fortsetzung der Basalplatte. Sie entsteht in einer schwach übergefalteten, gewöhnlich sehr dünnen und mit Zuwachsstreifen bedeckten Zone („Edge"-Zone) am unteren Teil des Polypen. Die Epithek vereinigt bei den Korallen, die keine besonders differenzierte Wandung haben, die äußeren Enden der Septen (Abb. 234).

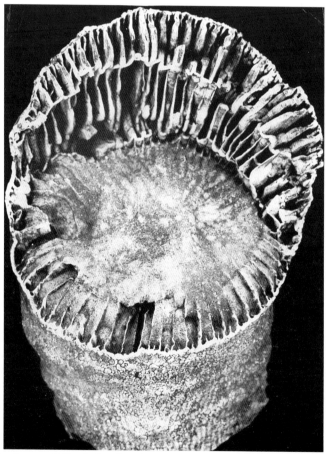

Abb. 234. Blick in das zum Teil aufgebrochene Polypar der paläozoischen Einzelkoralle *Siphonophrentis elongata* (RAFINESQUE & CLIFFORD), Mittl. Devon von Ohio, USA. Zu sehen sind die in ihren randlichen Teilen erhaltenen Septen der gegenüberliegenden Wand und einer der Böden, durch die das Innere des Polypars in eine Anzahl von Stockwerken aufgegliedert wird. Ca. 1½ nat. Gr.

c) **Septen:** Das sind die radial- und vertikalstehenden Elemente im Inneren des Polypars. Sie werden ebenfalls im basalen Teil des Polypen gebildet, und zwar in flachen, radialen Auffaltungen der Fußscheibe. Dabei bezeichnet man die Septen, die zwischen den Mesenterien eines Mesenterienpaares liegen, als Endosepten; solche, die außerhalb in den Exocoelia gebildet werden, als Exosepten.

Die obere Öffnung des Polypars ist der **Kelch.** Er zeigt gewöhnlich eine konkave, seltener ebene oder konvexe Ausbildung.

Die Form des Kelches hat große Bedeutung für die Wirksamkeit der hier angrenzenden Muskelstränge. Folglich hat jede Veränderung in seinem Bereich adaptiven Wert, was für eine besondere Bedeutung der Kelchform als Merkmal in der Taxonomie spricht.

Das Polypar wächst, indem der Polyp an seiner Unterseite kalkige Querelemente ausscheidet und mit diesen die tieferen, verlassenen Teile abgrenzt. Gleichzeitig werden die Epithek und die Septen am Oberrand um einen entsprechenden Betrag erhöht. Der Polyp bewohnt also jeweils nur die oberste offene Abteilung seines „Hochhauses". Das Wachstum erfolgt unter Ausbildung von **Sklerodermiten.** Es handelt sich hierbei um kleinste Skelettelemente, von denen jedes aus einem Kalzifikationszentrum und davon sphaerolithisch ausstrahlenden Kalzitfasern besteht. In den Septen bilden die Sklerodermite reihenförmige Verbände, die sogenannten **Trabekel** (Abb. 235). Enthalten diese jeweils nur eine Reihe, sind sie „einfach"; liegen mehrere Reihen

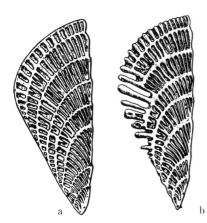

Abb. 235. Schematische Darstellung blattförmiger Septen, um den trabekulären Aufbau zu zeigen: a) kompakt, Trabekel miteinander verschmolzen; b) acanthin, Trabekel nicht oder nur teilweise miteinander verschmolzen. — Nach R. WEDEKIND 1927.

nebeneinander, „zusammengesetzt". Strahlen bei den einfachen Trabekeln die Fasern nur von einer gemeinsamen Achse aufwärts und auswärts, handelt es sich um monacanthine Septen (Abb. 236a). Sie entstehen dann, wenn sich die Kristallisationszentren allmählich und regelmäßig nach oben verlagern. Geschieht dies nicht, und beziehen sich die Fasern auf mehrere kleinere und vorübergehende Zentren, die aber um ein Hauptzentrum gruppiert sind, spricht man von rhabdacanthinen Septen (Abb. 236b). Berühren sich die Trabekel allseitig, sind die Septen imperforat (kompakt). Im übrigen sind sie perforat, gegittert oder gefenstert. Auch sonst ist die Struktur der Septen sehr unterschiedlich. Sie bilden eine der wichtigsten Grundlagen für die Systematik, vor allem der mesozoischen und jüngeren Formen. Einige besonders charakteristische Typen finden sich in Abb. 237.

Die **Seitenflächen (Septalflächen)** sind meist nicht glatt, sondern mit feinen Granulationen oder Graten bedeckt. In ähnlicher Weise können auch die Ränder der Septen **(Septalränder)** glatt, gezähnelt oder geperlt sein. Dann zeigen sich folgende Beziehungen zur Ausbildung der Trabekel:

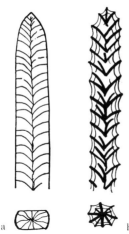

Abb. 236. Die wichtigsten Typen der „einfachen" Trabekel: a) monacanthin, b) rhabdacanthin. Stark vergrößert. — Nach D. HILL, aus M. LECOMPTE 1952.

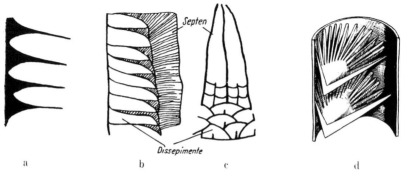

Abb. 237. Einige besonders charakteristische Typen in der Ausbildung des Septalapparates: a) amplexoid, Seitenansicht (nach EASTON); b)—c) lonsdaleioid (b = Seitenansicht, c = Querschnitt) (nach HILL); d) Septalkegel (nach WEDEKIND).

a) scharfe, gleichmäßige Zähnelung bei imperforaten Septen, die aus einfachen Trabekeln bestehen;
b) rundliche Zähnelung bis Perlung bei perforaten Septen;
c) rundliche und unregelmäßige Zähnelung bei imperforaten Septen, die aus zusammengesetzten Trabekeln bestehen.

Durch Serienschliffe, die quer zur Längsachse der Polypare angelegt werden, ist man bei den Korallen in der glücklichen Lage, am gleichen Individuum den gesamten ontogenetischen Werdegang verfolgen und hieraus unter anderem wichtige Rückschlüsse auf die stammesgeschichtliche Entwicklung ziehen zu können. Von besonderem Interesse ist die Reihenfolge, mit der die Septen angelegt wurden.

Die **Columella** ist eine Axialstruktur, die genetisch stets an die Septen gebunden ist und sich bei vielen Korallen findet. Je nach der besonderen Ausbildung kann sie sein:

a) trabekulär, das heißt aus Trabekeln, Synaptikeln und paliformen Lappen der inneren Septalränder gebildet;
b) fascikular, das heißt aus stab- oder bandförmigen Längselementen zusammengesetzt, die Ähnlichkeit mit den Pali oder paliformen Lappen aufweisen;

c) **styliform** (griffelförmig), das heißt als solides, griffelförmiges Gebilde in der Längsachse der Polypare;
d) **lamellar**, das heißt als blattförmiges Gebilde, das sich in der Längsachse seitlich komprimierter Polypare findet. Der obere Abschnitt ist in der Regel frei.

Die Bezeichnungen „echte Columella" und „Pseudocolumella" im Sinne von K. v. ZITTEL sollte man nicht mehr verwenden, da die Columellen genetisch stets an die Septen gebunden sind. Bei manchen Rugosa (zum Beispiel *Carruthersella*) verbinden sich die inneren Enden der Hauptsepten wirbelartig.

Die funktionelle Bedeutung der Columella dürfte vor allem auf einer Verkleinerung des Gastralraumes beruhen, derzufolge sich der expandierende Polyp weit über den Kelch zu erheben vermag. Wichtig ist dies vor allem für Arten, die sich nur mit Hilfe ihrer Tentakeln ernähren.

Pali (Pfählchen) sind vertikal verlaufende, meist stäbchen- oder lamellenförmige Elemente, die gewöhnlich in ein oder zwei Kreisen vor den inneren Rändern der Septen und um die Columella als Zentrum stehen. Sie sind sekundäre Bildungen der Septen. Eine gewisse Ähnlichkeit mit Pali können Fortsätze der inneren Septenenden haben, die man als **paliforme Lappen** bezeichnet. Sie sind in der Regel nur mit Schwierigkeiten von den Pali zu unterscheiden.

Als **Synaptikel** bezeichnet man kleine Querbälkchen, die bei manchen Formen nebeneinanderliegende Septen verbinden. Synaptikel sind charakteristisch für Korallen mit perforaten Septen (Fungiina); finden sich aber auch bei den meisten anderen Scleractinia. Sie dienen ebenso wie die Dissepimente zur Unterstützung und Verstärkung des Septalapparates.

Bei den Bildungen, durch die der Polyp von tieferen Teilen des Polypars geschieden wird, unterscheidet man (Abb. 238—239):

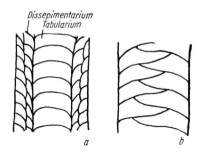

Abb. 238. a) Teil eines Polypars (Längsschnitt) mit Dissepimentarium und Tabularium. Das letztere enthält „vollständige" (= komplette) Böden (Tabulae); b) desgl., mit „unvollständigen" Böden. Ein Dissepimentarium ist hier nicht ausgebildet. — Nach W. H. EASTON, verändert.

a) **Böden** (Tabulae): Das sind meist relativ flache, konvexe oder konkave dünne Platten. Der von ihnen eingenommene Bereich wird als Tabularium bezeichnet. Erstrecken sie sich hier von einer Seite zur anderen, sind sie vollständig oder komplett.

b) **Dissepimente:** Das sind kleine, gekrümmte, im Längsschnitt meist blasig oder kugelig erscheinende und sich überlappende Gebilde, die sich zwischen benachbarten Septen einschalten. Sie bilden das Dissepimentarium, das gewöhnlich einen mehr oder weniger breiten Saum um den von Böden eingenommenen Raum (Tabularium) bildet.

Gelegentlich werden Böden und Dissepimente auch als Dissepimente im weiteren Sinne zusammengefaßt.

Als **Coenosteum** bezeichnet man das bei manchen Formen außerhalb des Polypars gebildete und zwischen den Polyparen eines Corallums verbindende kalkige Gewebe. Die Ausscheidung erfolgt durch das Coenosarc, das ist der zwischen den Polypen eines Stockes befindliche Weichkörper. Enthält es extrathekale Fortsetzungen der Mesenterien, besteht das Coenosteum

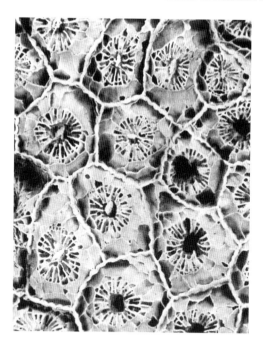

Abb. 239. Querschnitt durch das cerioide Corallum von *Petalaxis ? stylaxis* (TRAUTSCHOLD), um die Ausbildung von Dissepimentarium und Tabularium zu zeigen. Ob. Karbon (Ob. Westfal, Mjachkovo-Horizont), Gebiet von Moskau. Durchmesser der Polypare ca. 8 mm.

aus Costae, die confluent zwischen benachbarten Polyparen verlaufen. Außerdem finden sich blasige oder bödenförmige Dissepimente im weiteren Sinne. Sind extrathekale Mesenterien nicht ausgebildet, wird das Coenosteum nur von Dissepimenten im weiteren Sinne aufgebaut. — Coenenchym ist ein Ausdruck, der sowohl das Coenosarc als auch das Coenosteum umfaßt. Er ist an sich überflüssig.

Die ursprüngliche **Polyparwandung** wird vor allem bei den mesozoischen und jüngeren Vertretern durch besondere Strukturen verstärkt oder ersetzt. Die Wandung kann wie folgt ausgebildet sein:

a) epithekal (Abb. 240a): Dann umgibt die Epithek die äußeren, sich nicht berührenden Enden der Septen, wobei deren Außenflächen und die Innenflächen der Epithek in der Regel durch Auflagerung von Stereom verdickt sind. Unter Stereom versteht man eine genetisch mit der Epithek vergleichbare Bildung. Epithekale Wände finden sich in den frühontogenetischen Stadien fast aller Korallen, im Alter jedoch meist nur bei den paläozoischen Vertretern;

b) septothekal Abb. 240b): Die Septen verdicken sich nach außen und bilden hier unter Verschmelzung eine dichte, mauerartige Randzone. Gelegentlich vollzieht sich dies unter Einschaltung zusätzlicher Sklerodermite. Eine mehr oder weniger ausgebildete Epithek kann außerdem vorhanden sein (Abb. 240c). Sie umgibt dann als eine äußere Hülle zum Beispiel die über eine septothekale Wandung als Costae hinausragenden Septenenden. — Eine besonders breite Randzone, die aus dichtem Kalkgewebe besteht, findet sich bei manchen paläozoischen Korallen (Rugosa). Sie wird als marginale Stereozone bezeichnet;

c) dissepimental (Abb. 240d): Die Wand wird aus locker angeordneten Dissepimenten gebildet;

d) parathekal (Abb. 240e): Die Wand besteht aus sehr dicht nebeneinanderliegenden Dissepimenten, die die Septenenden mauerartig verbinden;

e) synaptikulothekal (Abb. 240f): Die Wand wird hier durch ein oder mehrere Ringe von einfachen oder zusammengesetzten Synaptikeln gebildet, zeigt also genetisch eine ähnliche

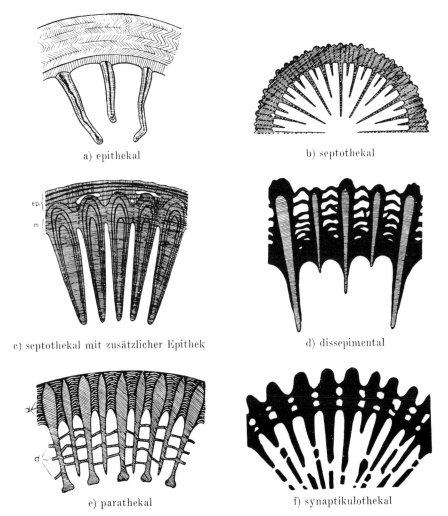

Abb. 240. Die wichtigsten Ausbildungsformen der Polyparwandung (schematisch). Meist stark vergrößert. — Nach J. ALLOITEAU (1952) und M. LECOMPTE (1952).

Beschaffenheit wie die septothekale. Sie ist aber im Gegensatz zu dieser durchbrochen, so daß eine unmittelbare Verbindung zu benachbarten Polyparen bzw. zum umgebenden Coenosarc besteht.

Von Bedeutung ist schließlich die äußere **Gestalt von Corallum und Polypar.**

Sie kann sein:
a) **bei den solitären Formen** (Einzelkorallen, Abb. 241):

discoid (scheibenförmig, mit flacher Basis und flacher, schwach konvexer Oralseite, zum Beispiel *Discotrochus*);
cupolat (halbkugelig, mit flacher Basis und hochgewölbter Oralseite, zum Beispiel *Microbacia*);

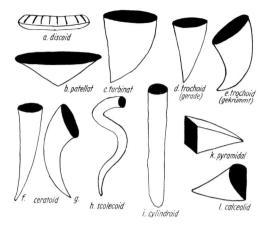

Abb. 241. Die wichtigsten Formen des Corallums bei den Einzelkorallen (schematisch).

cornutiform (hornförmig);
cuneiform (keilförmig);
longiconiform (langkonisch);
pyramidal und calceolid (keilförmig mit ein oder mehreren Kanten);
cylindroid (zylindrisch, zum Beispiel *Lophosmilia*);
scolecoid (desgl., aber wurmförmig und unregelmäßig, zum Beispiel *Onchotrochus*).

Bei den kegel- bis hornförmigen Vertretern werden im einzelnen unterschieden:

ceratoid (Basiswinkel um 20°);
trochoid (Basiswinkel um 40°);
turbinat (Basiswinkel um 70°);
patellat (flachkonisch, Basiswinkel um 120°; zum Beispiel bei *Paracycloseris*).

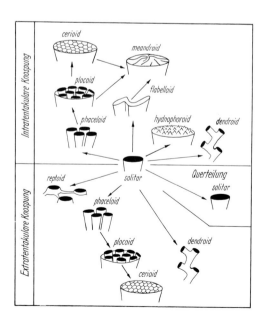

Abb. 242. Die verschiedenen Möglichkeiten der Koloniebildung bei den skelettbildenden Korallen. Ohne Maßstab. — Abgeändert nach J. W. WELLS 1954.

b) **bei den kolonialen Formen** (Abb. 242):

dendroid (verzweigt; mit überwiegend dünnen, weit ausgebreiteten Ästen);

phaceloid (verzweigt; mit überwiegend dicken, parallel oder fast parallel zueinander verlaufenden Ästen, zum Beispiel *Thecosmilia*);

plocoid (die vorragenden, mehr oder weniger zylindrischen Polypare sind durch Perithekalstrukturen verbunden, die aus confluenten oder nicht confluenten Costae und aus Dissepimenten bestehen, zum Beispiel *Stylina*);

thamnasterioid (Septen bzw. Septocostae confluent, Kelchumgrenzungen undeutlich oder fehlend, zum Beispiel *Thamnasteria*);

circumoral (wie vorher, doch sind die Polypare konzentrisch um einen zentral gelegenen Kelch angeordnet);

cerioid (prismatische Polypare grenzen mit den Polyparstrukturen (Epithek) direkt aneinander, Coenosarc fehlt, zum Beispiel bei *Isastrea*);

meandroid (thamnasterioide Polypare in Reihen angeordnet, die durch Hügel voneinander getrennt sind, wie zum Beispiel bei *Microphyllia*);

hydnophoroid (Polypare jeweils um hügelartig hervortretende Kuppen angeordnet, zum Beispiel *Aspidiscus*);

reptoid (Polypen durch stolonenartige Vorragungen der Randzone verbunden);

flabelloid (meandroide Polypare in einer meist gewundenen Reihe angeordnet, zum Beispiel *Rhipidogyra*).

Hiervon können die plocoiden, hydnophoroiden, thamnasterioiden, cerioiden und meandroiden Formen wie folgt ausgebildet sein:

massiv (knollig bis dick-fladenförmig);

ramos (wulstig bis ästig);

folios (blattartig bis dünn-fladenförmig);

inkrustierend (dünne Lagen, die auf einem Fremdkörper aufgewachsen sind und dessen Oberfläche folgen).

4. Die Fortpflanzungsverhältnisse

Die Vermehrung kann geschlechtlich oder ungeschlechtlich erfolgen. Hiervon vollzieht sich die viel häufigere ungeschlechtliche Fortpflanzung durch Knospung oder Teilung, wobei die neugebildeten Individuen zumeist untereinander und mit dem Mutterpolypen in Verbindung bleiben. Auf diese Weise entstehen Kolonien (Stöcke) verschiedener Größe und Ausbildung. Nur in wenigen Fällen erfolgt eine vollständige Ablösung.

Je nachdem, ob sich die Knospung innerhalb oder außerhalb des Kelches vollzieht, unterscheidet man Innen- und Außenknospung.

a) Bei der **Innenknospung** (intratentakularen Knospung) werden Mund und Tentakelkranz des neuen Polypen innerhalb der Mundscheibe des Mutterpolypen gebildet. Dies geschieht, wenn man vom Skelett ausgeht, vor allem dadurch, daß sich einzelne Septen vergrößern, verbinden und innerhalb des Kelches ein neues Polypar umgrenzen (Septalknospung, Abb. 243a). Es können sich aber auch die Böden taschenförmig nach oben krümmen und die Außenwände der neuen Polypare bilden. Man spricht dann von Tabularknospung (Abb. 243b). Ein Sonderfall ist schließlich die Verjüngung (Abb. 243c), bei der jeweils nur eine Knospe entsteht, die sich solange vergrößert, bis sie den Kelch des Mutterpolypars vollständig einnimmt. Ein derartiger Stock umfaßt also eine Reihe etwa gleich großer Polypare, die reihenförmig übereinander folgen und bei denen der lebende Polyp im Kelch der obersten (jüngsten) Knospe sitzt.

b) Bei der **Außenknospung** (extratentakularen Knospung) bilden sich die jungen Polypen entweder an der Seitenwand des Mutterpolypen (Lateralknospung, Abb. 243d) oder im Zwi-

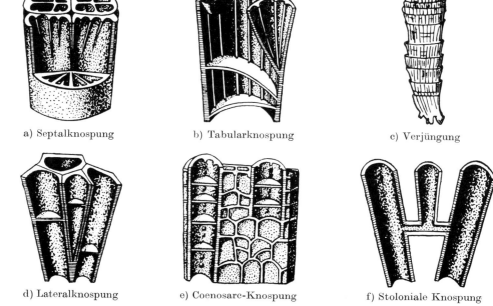

Abb. 243. Möglichkeiten der Knospung bei den skelettbildenden Zoantharia: a)—c) intratentakulare Knospung; d)—f) extratentakulare Knospung. — Nach KOCH (1883) und HILL (1935), aus R. R. SHROCK & W. H. TWENHOFEL (1953).

schengewebe (Coenosarc), das die verschiedenen Individuen eines Stockes verbindet (Coenosarc-Knospung, Abb. 243e). In seltenen Fällen entspringen an der Außenwand des Mutterpolypen hohle, röhrenartige Verlängerungen (Stolonen), auf denen sich sodann die jungen Polypen entwickeln (stoloniale Knospung, Abb. 243f).

5. Die Lebensweise der Korallen und das Absterben von Korallenriffen

Alle Korallen sind Bewohner des Meeres, wo sie in Tiefen bis zu 5800 m beobachtet werden konnten. Die Mehrzahl bevorzugt allerdings seichte und klare Gewässer und eine Tiefe von weniger als 180 m (Abb. 244A). Manche Vertreter vermögen hierbei Temperaturen ab 1 °C zu ertragen. Es sind dies hauptsächlich Einzelkorallen. Die riffbildenden (hermatypischen) Korallen leben, von wenigen Ausnahmen abgesehen, nicht unter 50 m. Am besten gedeihen sie oberhalb 35 m und bei Wassertemperaturen zwischen 25 und 30°. Jedoch lassen sie sich auch noch, dann aber meist nur vorübergehend, bis zu Temperaturen von 19 und 36° beobachten. Unterhalb von 18° sind sie nicht mehr lebensfähig. Deshalb finden sich die meisten Korallenriffe zwischen 28° nördlicher und südlicher Breite (Abb. 244B) bzw. dort, wo warme Meeresströmungen weiter nach Norden vorstoßen. Am Bikini-Atoll liegt das Maximum an Gattungen und Arten zwischen 0 und 15 m. Ihre Zahl nimmt nach der Tiefe rasch ab. Wo bei Riffen, die der Küste parallel verlaufen, Süßwasser vom Lande her einmündet oder wo allgemein das Wasser durch Schlamm getrübt wird, sterben sie sofort ab. Aus diesem Grunde ist das australische Barrierriff vor den Flußmündungen stets unterbrochen.

Obgleich man aus dem Vorkommen von Korallenriffen in der geologischen Vergangenheit nicht unmittelbar Rückschlüsse auf die Wassertemperatur und somit die klimatischen Verhältnisse ziehen darf, da sich eine Veränderung in ökologischer Hinsicht vollzogen haben kann, ist aus anderen Gründen anzunehmen, daß auch die fossilen Riffe in relativ warmem Wasser gebildet wurden.

Abb. 244 A. Saumriff der Seychellen bei Ebbe. Rezent. — Aus A. ROBIN.

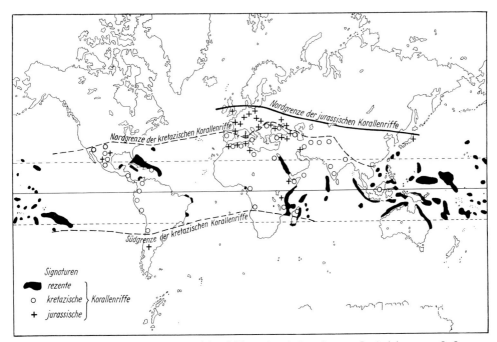

Abb. 244 B. Die Verlagerung des äquatorialen Riffgürtels seit dem Jura. — In Anlehnung an L. JOLEAUD 1939, ergänzt.

Die Bindung der meisten Riffkorallen an Tiefen bis zu 35 m wird dadurch bedingt, daß sie in Symbiose mit einzelligen Grünalgen (Zooxanthellae) leben, die das Sonnenlicht zur Assimilation benötigen. Die Bedeutung der Algen für die Korallen beruht offenbar darin, daß die Symbionten die Exkrete, zu denen auch NH_3 gehört, übernehmen und verwerten. Die Gefahr, daß die Algen von den Korallen gefressen werden, besteht nicht, da diese rein carnivor sind. Pflanzliche Organismen werden von den Tentakeln oder vom Stomadeum zurückgewiesen.

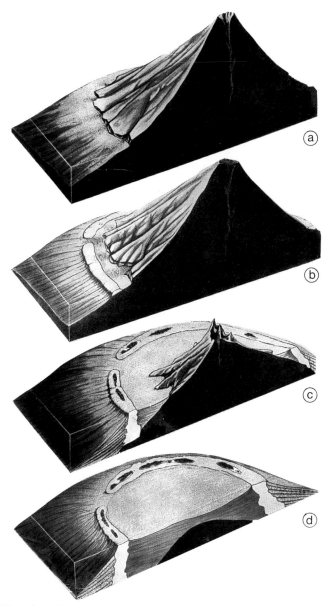

Abb. 244 C. Die Entstehung eines Atolls: a) neugebildeter Vulkan, der noch nicht von einem Riff umgeben wird; b) ein Riff beginnt sich zu gestalten; c) der Untergrund sinkt ab, das Riff wächst nach oben; d) das Atoll ist allein übriggeblieben. — Nach N. D. NEWELL 1959.

Von besonderer paläontologischer und geologischer Bedeutung ist die Geschwindigkeit, mit der Korallenstöcke zu wachsen vermögen. Je nach Wassertemperatur, Alter, Ernährung, Wassertrübung und Art der betrachteten Formen kann man bei rezenten Riffen jährlich durchschnittlich mit einem Höhenzuwachs von ½ bis 3 cm rechnen, so daß zur Bildung eines 80 m hohen Riffes ein Mindestzeitraum von etwa 2670 bis 16 000 Jahren erforderlich ist; eine entsprechende Absenkung des Meeresbodens vorausgesetzt, durch welche die lebende Oberseite des Riffes stets in dem kritischen Tiefenbereich gehalten wird (Abb. 244C). Der Aufwuchs selbst erfolgt meist fototaktisch, das heißt, daß die Bewegungen vor allem durch den Lichteinfall verursacht werden.

Aus den oben angeführten Punkten ergibt sich, daß ein Korallenriff absterben kann, wenn ein oder mehrere der nachstehend aufgeführten Vorgänge auftreten:

a) Absenkung, in der Regel unter 35 m (Tod durch Lichtmangel);
b) länger anhaltende Trockenlegung;
c) Verschlammung, Überdeckung mit vulkanischen Auswurfsprodukten (Asche) usw.;
d) Veränderung im Salzgehalt;
e) Erniedrigung der Wassertemperatur unter 18 °C.

Der Nachweis von Temperaturerniedrigung und Änderung im Salzgehalt dürfte in der Regel nur durch biologische Rückschlüsse an Hand der begleitenden und neu hinzutretenden Tier- und Pflanzenformen möglich sein und dies wohl auch nur unter besonderen Bedingungen. Anders verhält es sich bei den unter a) und c) genannten Faktoren. Der Schuttfall in Korallenriffen ist mechanisch begründet und vor allem auf die Wellenbewegung, insbesondere die Brandung zurückzuführen. Schuttfall hört auf, wenn eine Absenkung unter den Bereich der Wellenbewegung erfolgt. Da die maximale Reichweite derselben relativ groß ist, muß man in diesem Falle mit erheblichen Absenkungsbeträgen rechnen.

Eine kurzfristige Trockenlegung während der Ebbe vermögen die Polypen zu überstehen (Abb. 244 A, D). Sie ziehen sich in ihre Kelche zurück und schützen sich durch verstärkte Schleimabsonderung auch gegen intensive Sonnenbestrahlung.

Ein grauer Saum an den erhaltenen Organismenresten zeigt, wie Analysen ergeben, einen relativ hohen Gehalt an organischer Substanz. An Hartteilen, für die man ein längeres Verweilen in sauerstoffreichem Meerwasser annehmen kann (abgestorbene Reste, Trümmer, Bruchstücke), ist die organische Substanz mehr oder weniger zersetzt. Entsprechende fossile Reste haben infolgedessen diesen grauen Saum nicht. Er ist nur dann zu erwarten, wenn die Zersetzung verhindert wurde. Wir finden graue Ränder deshalb nicht in den tiefer liegenden Teilen von Riffen und bei Bruchstücken der Schuttkegel, da diese vor ihrer Einbettung in der Regel längere Zeit dem Einfluß des Meerwassers ausgesetzt waren, das im Lebensbereich der Korallen immer sehr sauerstoffreich ist.

Entsprechend ergab die berühmte Bohrung auf Funafuti in verschiedener Tiefe folgende Gehalte an organischer Substanz:

a) in den höheren Lagen bis zu 1%;
b) unter 30 m fast ganz fehlend.

In gehobenen Riffen beträgt der Gehalt bis zu 1,5%.

Ganz allgemein kann man sagen, daß das Auftreten von grauen Rändern an den Korallenresten im oberen Teil eines Riffes auf rasche Einbettung zurückzuführen ist.

Für Riffbildung insgesamt gibt es keine allgemeingültige Erklärung. Jedes Riff muß speziell untersucht werden. Gleiches gilt auch für alle rezenten oder subfossilen Riffe, die über oder unter dem eigentlichen Lebensbereich der hermatypischen Korallen liegen. Hier kann es sich um Hebungen, Senkungen, aber auch um Meeresspiegelschwankungen durch Abschmelzen oder Wachsen der polaren Eiskalotten handeln (Abb. 244 E). (Siehe u. a. W. C. DULLO 1990, G. EINSELE et al. 1967, H. F. FRICKE & H. SCHUHMACHER 1983, J. GEISTER 1983, V. KUZNETSOV 1990).

Entgegen der ursprünglichen Annahme läßt sich die bei Einzelkorallen häufige Krümmung der Polypare nicht auf positive Rheotaxie zurückführen. Eine solche ist nur bei Organismen zu erwarten, die ihre Nahrung aus dem Wasser filtern, während sie bei den Korallen wahllos als

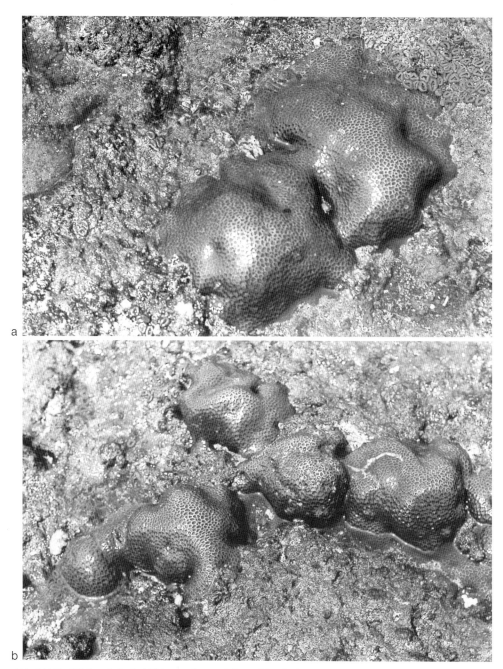

Abb. 244 D. Blick auf die bei Ebbe trocken gefallene Oberfläche eines Korallenriffs bei Candidasa (Bali, Indonesien). Breite des unteren Abschnitts ca. 55 cm. Fot. Verf. (Okt. 1991).

V. Klasse Anthozoa Ehrenberg 1834

Abb. 244 E. a) Gehobener Bankriffkalk (letzte Hebungsphase) über tiefgründig zermürbtem Granit (hell); unten der bei Flut unter Wasser stehende Strandstreifen; b) Detail, Breite ca. 25 cm; Daiquiri bei Santiago de Cuba (Kuba). Fot. Verf. (April 1985).

Suspension nur mit Hilfe ihrer Tentakeln gewonnen wird. Die Fixierung der Larven der Scleractinia erfolgt unter dem Einfluß von positiver Fototaxie, Thigmotaxie und negativer Geotaxie. Die Krümmungsebene solitärer Rugosa geht stets durch das Haupt- und Gegenseptum. Vermutlich haben sich ihre Larven (statistisch gesehen) immer so festgesetzt, daß das Hauptseptum (etwas seitlich) an der Unterseite zur Entwicklung kam.

6. Systematik

Man unterscheidet nach der Anordnung der Mesenterien und der ihnen entsprechenden Septen (falls solche vorhanden sind) acht Ordnungen, von denen aber nur die nachstehenden paläontologisches Interesse aufweisen. Die anderen sind fossil noch nicht bzw. nur sehr unsicher nachgewiesen worden.

a) **Rugosa** M.-EDWARDS & HAIME 1850 (Mittl. Ordovizium — Perm): Solitäre und koloniale Formen mit Epithek. Die ersten sechs Septen (Protosepten) entstehen nacheinander. Die übrigen zeigen zumindest anfangs eine deutliche bilateral-seriale Anordnung.

b) **Heterocorallia** SCHINDEWOLF 1941 (Unt. Devon — Ob. Karbon): Die vier ersten Septen (Protosepten) bilden im Inneren des Polypars ein einfaches Septenkreuz. Die übrigen Septen entstehen durch Gabelung an den freien Septenenden, das heißt nicht wie bei den Rugosa bilateral-serial, sondern radial-zyklisch in einheitlichen Kränzen.

c) **Scleractinia** BOURNE 1900 (Trias — rezent): Die ersten sechs Septen (Protosepten) entstehen gleichzeitig. Sie sind ähnlich wie die übrigen Septen bei typischer Ausbildung streng radial und hexamer eingeschaltet.

d) **Tabulata** M.-EDWARDS & HAIME 1850 (Mittl. Ordovizium — Perm; ? Trias — ? Eozän): Ausschließlich koloniale Formen, deren Polypare meist sehr schlank ausgebildet und durch zahlreiche Böden quer gegliedert sind. Septen rudimentär oder fehlend.

Ordnung **Rugosa** M.-EDWARDS & HAIME 1850
(Tetracorallia HAECKEL 1866 pars; Pterocorallia FRECH 1890;
Tetracoelia YABE & SUGIYAMA 1940)

1. Allgemeines

Solitäre oder koloniale Formen mit Epithek. Die ersten sechs Septen (Protosepten) entstehen nacheinander. Die übrigen zeigen eine bilaterale Anordnung.

2. Vorkommen

? Kambrium, Mittl. Ordovizium — Perm. Angaben aus dem Kambrium sind zweifelhaft. Erster sicherer Nachweis im Mittl. Ordovizium (Blackriver-Schichten) von Nordamerika. Maxima der Entwicklung finden sich im Silur, im Mittl. Devon sowie im Unt. und Mittl. Karbon. Die ungefähre zahlenmäßige und zeitliche Verteilung von 326 fossil belegten Gattungen ergibt sich aus Abb. 231 C.

3. Die Bildung der Septen (Abb. 245–246) und Fossulae

Von den sechs Protosepten, die nacheinander entstehen, bilden sich zunächst das **Hauptseptum** (H) und das in der gleichen Ebene (Symmetrieebene) liegende **Gegenseptum** (G), sodann neben dem Hauptseptum die beiden **Hauptseitensepten** (S) und neben dem Gegenseptum die beiden **Gegenseitensepten** (GS). Hauptseitensepten und Gegenseitensepten stehen anfangs bilateralsymmetrisch, richten sich aber sodann vor der Ausbildung weiterer Septen für kurze Zeit radial aus, wodurch das Polypar vorübergehend eine regelmäßige hexamere Aufteilung erfährt. Diese

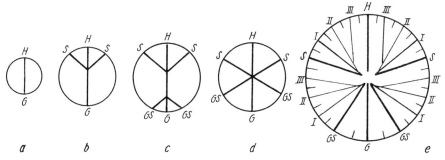

Abb. 245. Seriale Querschnitte (schematisch) durch das Polypar einer rugosen Koralle (Tetrakoralle), um die Anlagenfolge der Septen im Verlaufe der Ontogenese zu zeigen.

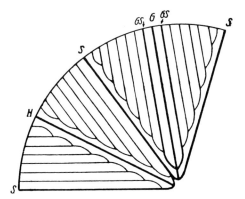

Abb. 246. Die Lage der Proto- und Metasepten an der Polypar-Außenseite der Rugosa (schematisch). Der Kegelmantel wurde in eine Ebene abgerollt.

geht aber wieder verloren, weil die Gegenseitensepten dicht an das Gegenseptum heranrücken. Da hierbei die zwischen den Gegenseitensepten und dem Gegenseptum befindlichen Radialtaschen stark reduziert werden, verbleiben im wesentlichen vier Räume (Sektoren), in denen die Bildung der meisten weiteren Septen erfolgt. Aus diesem Grunde nennt man die Rugosa auch Tetrakorallen. Die nach den Protosepten angelegten Septen, die etwa bis zum Zentrum des Polypars reichen, sind die sogenannten **Metasepten.**

In einigen Fällen beginnt die Bildung der Protosepten nicht in der Spitze des Polypars. Vielmehr entsteht erst ein winziger hohler Kegel und anschließend das Hauptseptum (JULL 1969, FEDOROWSKI 1973).

Die vier großen **Sektoren** bezeichnet man als Hauptquadranten, sofern sie beiderseits des Hauptseptums liegen, und als Gegenquadranten, falls sie an das Gegenseptum grenzen. In ihnen bilden sich die weiteren Septen zunächst nacheinander, unter abgestufter Längenentwicklung und fiederiger Anordnung einmal vom Gegenseptum, zum anderen von den Hauptseitensepten aus; in beiden Fällen aber in Richtung zum Hauptseptum (Abb. 245e).

Außer den Großsepten (Proto- und Metasepten), die mehr oder weniger bis zum Zentrum des Polypars reichen, wird in vielen Fällen noch ein Kranz kleinerer Septen **(Kleinsepten)** ausgebildet, der sich später zwischen die vorher entstandenen Elemente einschaltet. Dies gilt jetzt auch für die beiden reduzierten Räume beiderseits des Gegenseptums, in denen keine Anlage von Metasepten erfolgt.

Abb. 247. Anordnung der Septen bei den Plerophyllen. Es handelt sich um eine „Scheincyclomerie". Aus ihr geht durch Änderung der relativen Wachstumsgeschwindigkeiten der Septen die echte Cyclomerie der Scleractinia hervor. — Nach O. H. SCHINDEWOLF 1950.

Bei manchen mittel- und jungpaläozoischen Vertretern (Plerophyllen) geht die Verkümmerung der neben dem Gegenseptum liegenden Räume nicht so weit (Abb. 247). Dann bilden sich hier Kleinsepten von relativ großer Länge. Gleichzeitig bahnt sich in den übrigen Sektoren eine Entwicklung an, die zu der hexameren, radialen Symmetrie der Scleractinia (Hexakorallen) hinüberleitet. Diese Übergangsformen unterscheiden sich von den sonstigen Rugosa (vgl. O. H. SCHINDEWOLF), da jeweils das in der Mitte der Haupt- und Gegenquadranten liegende Septum eine besondere Länge und Dicke aufweist. Die beiderseits hiervon befindlichen Septen nehmen progressiv an Länge ab, so daß die Septen bei äußerlicher Betrachtung durchaus ein Bild wie bei den Scleractinia bieten. Im Unterschied zu diesen wird aber das große, mittelständige Septum nicht an erster Stelle gebildet. Es überflügelt lediglich die anderen durch seine Länge. Alle Septen werden in der gleichen Reihenfolge angelegt wie bei den übrigen Rugosa. Es handelt sich also nur um eine „Scheincyclomerie". Aus ihr geht aber durch Änderung der relativen Wachstumsgeschwindigkeiten die echte Cyclomerie der Scleractinia hervor.

Im Kelch vieler Rugosa finden sich deutlich hervortretende, langgestreckte Vertiefungen, die man als **Fossulae** (sing. Fossula) bezeichnet. Sie liegen über Protosepten, die in ihrem Längenwachstum zurückgeblieben sind. Am häufigsten kommen Cardinalfossulae (über dem Hauptseptum, Abb. 254, S. 282) vor, weniger häufig Flügelfossuale (über den beiden Gegenseitensepten), am seltensten Fossulae über dem Gegenseptum. Häufig sind die betroffenen Interseptalräume verbreitert. Fossulae finden sich vor allem bei solitären Formen, selten bei koloniebildenden Taxa und solchen mit Axialstrukturen. Sind Dissepimente vorhanden, bleiben sie auf das Tabularium beschränkt. Die Fossulae stehen vermutlich in einem (noch nicht geklärten) Zusammenhang mit der Richtung des den Polypen durchströmenden Wassers. — Besonders entwickelte Interseptalräume, die an Fossulae erinnern, bei denen aber keine Eindellung der Tabulae vorliegt, bezeichnet man als **Pseudofossulae.**

4. Systematik

Die moderne Taxonomie der Rugosa verwendet ebenso wie die der Scleractinia mit großem Erfolg den mikroskopischen Aufbau der Septen (H. C. WANG 1950, M. LECOMPTE 1952). Auf diese Weise ist es vor allem möglich, die zahlreichen Homöomorphien als solche zu erkennen und die durch ökologische Plastizität verursachten Schwierigkeiten zu überwinden. Trotzdem wird es vermutlich noch eine lange Zeit dauern, bis das System der Rugosa ein wirklich befriedigendes Bild zeigt und den phylogenetischen Zusammenhängen gerecht wird. Nachstehend werden folgende Unterordnungen betrachtet:

Streptelasmatina WEDEKIND 1927: Mittl. Ordovizium — Perm;
Columnariina ROMINGER 1876: Ordovizium — Perm;
Cystiphyllina NICHOLSON 1889: Ordovizium — Devon.

V. Klasse Anthozoa Ehrenberg 1834

Unterordnung **Steptelasmatina** WEDEKIND 1927

Überwiegend solitär. Septen kräftig entwickelt, fiederständig. Falls Dissepimente vorhanden, sind diese klein und kugelig. Wand meist septothekal. Böden in der Regel nach oben gewölbt. — Mittl. Ordovizium — Perm.

Oberfamilie **Cyathaxoniaceae** M.-EDWARDS & HAIME 1850

Solitär, kleinwüchsig, deutlich längsberippt; mit einer dünnen septothekalen Wand. Septen der Hautquadranten häufig dicker und weniger zahlreich als in den Gegenquadranten. — Mittl. Ordovizium — Perm.
Von dieser Oberfamilie werden nachstehend nur einige Gattungen betrachtet:
Metriophyllum M.-EDWARDS & HAIME 1850: Mittl. — Ob. Devon von Europa, N-Amerika und Australien (Abb. 248).

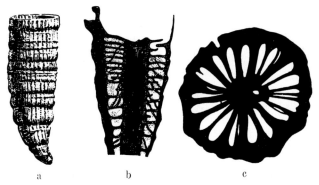

Abb. 248. *Metriophyllum bouchardi* M.-EDWARDS & HAIME, Ob. Devon (Frasne-Stufe) von Frankreich. a) Polypar von der Seite, nat. Gr.; b) Längsschnitt; c) Querschnitt. — Aus M. LECOMPTE 1952.

Trochoid, mit styliformer Columella. Die langen, dicken Septen verschmelzen außen zu einer septothekalen Wand. Seitenflächen der Septen oft horizontal gestreift. Cardinalfossula auf der konvexen Seite. Dissepimente fehlen. Böden weitständig.
Petraia MÜNSTER 1839: Silur von Europa (Abb. 249).

Abb. 249. *Petraia radiata* MÜNSTER, Querschnitt. Silur von Mitteleuropa. Ca. 10/1 nat. Gr. — Nach O. H. SCHINDEWOLF.

Polypar klein, subcylindroid oder trochoid, etwas gekrümmt. Böden wenig zahlreich. Septen dünn. Hauptseptum auf der konvexen Seite. Kelch sehr tief. Kleinsepten konsequent serial inseriert, lang.

Calophyllum DANA 1846 (syn. *Polycoelia* KING 1849, obj.): Unt. Karbon — Perm von Europa.

Ceratoid, kleinwüchsig. Haupt-, Gegenseptum und die beiden Flügelsepten oben länger und außen dicker als die übrigen Septen; kreuzförmig angeordnet. Cardinalfossula und jederseits eine laterale Fossula deutlich ausgebildet. Böden weitständig.

Plerophyllum HINDE 1890: Ob. Devon — Perm von Europa, Asien und Australien (Abb. 250).

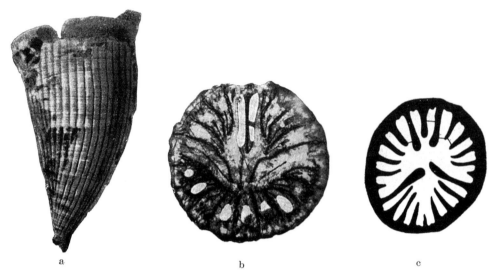

Abb. 250. *Plerophyllum (Ufimia) schwarzbachi* SCHINDEWOLF, a) Polypar, Seitenansicht. Namur der Kasimir-Grube bei Dombrowa. ³/₁ nat. Gr.; b) desgl., Querschnitt, ⁷/₁ nat. Gr.; c) schematischer Querschnitt durch das Polypar einer anderen Form. Namur (Mariner Horizont VII) der Concordia-Grube (Górny Slásk). ⁴/₁ nat. Gr. — Nach O. H. SCHINDEWOLF 1952.

Ceratoid, mit fünf differenzierten Protosepten. Diese sind länger und dicker als die übrigen. Gegenseptum im Alter reduziert. Metasepten tetramer und fiederig angeordnet. Septen im Tabularium wohl entwickelt. Böden zahlreich, kuppelförmig aufgewölbt. Ohne Dissepimente und innere Wand. Äußere Wand kann reduziert sein.

Pleramplexus SCHINDEWOLF 1940: Mittl. Perm von Timor.

Mit fünf differenzierten Protosepten. Diese sind länger und dicker als die anderen. Gegenseptum nur im Jugendstadium entwickelt. Metasepten radiär, erscheinen relativ spät. Septen im Alter peripher verkürzt. Hauptseptum ebenso lang wie die Metasepten. Cardinalfossula tief. Böden engständig, peripher stark nach unten gebogen. Dissepimente und innere Wand fehlen.

Cyathaxonia MICHELIN 1847: Ob Devon — Ob. Perm von Europa, N-Afrika, Asien, N-Amerika und Australien (Abb. 251).

Ceratoid, kleinwüchsig. Columella stark entwickelt, styliform; ragt über die Septen empor. Böden zahlreich, dünn; nach außen zur Wand geneigt. Kleinsepten lang. Dissepimente fehlen.

Amplexus SOWERBY 1814: ? Devon, Unt. Karbon von Europa, Asien und N-Amerika (Abb. 252).

Polypar lang, cylindroid oder scolecoid. Großsepten dünn und kurz; nur auf der nach oben gekehrten Seite der Böden ausgebildet. Kleinsepten fehlen meist. Böden komplett, weitständig;

V. Klasse Anthozoa Ehrenberg 1834

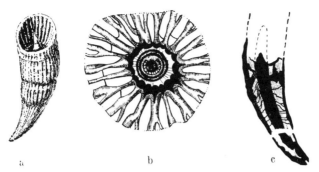

Abb. 251. *Cyathaxonia cornu* MICHELIN, Unt. Karbon (Tournai): a) von der Seite (nat. Gr.); b) Querschnitt (6½ nat. Gr.); c) Längsschnitt (1¾ nat. Gr.). — Aus M. LECOMPTE 1952.

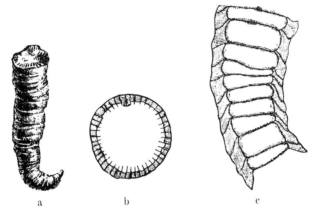

Abb. 252. *Amplexus* sp., Unt. Karbon von Schottland: a) von außen (ca. ⅓ nat. Gr.); b) Querschnitt (ca. nat. Gr.); c) Längsschnitt (ca. nat. Gr.). — Aus M. LECOMPTE 1952.

randlich nach unten gebogen. Mit Cardinalfossula und jederseits einer lateralen (Flügel-)Fossula.

Lophophyllidium GRABAU 1928: Ob. Karbon — Mittl. Perm von Europa, Asien, Australien, N- und S-Amerika (Abb. 253).

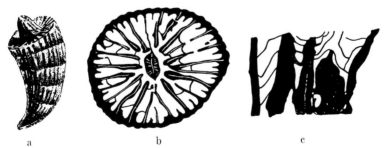

Abb. 253. *Lophophyllidium proliferum* (McCHESNEY), Ob. Karbon von N-Amerika. — a) Von außen (²⁄₁ nat. Gr.); b) Querschnitt (³⁄₁ nat. Gr.); c) Längsschnitt (³⁄₁ nat. Gr.). — Aus M. LECOMPTE 1952.

Cornutiform, Kelch tief. Gegenseptum nach innen verdickt, bildet im oberen Teil des Polypars eine kompakte Columella. Diese ist seitlich komprimiert und ragt über die Septen empor. Die übrigen Septen erreichen in der Regel nicht die Columella. Cardinalfossula mit verkürztem Hauptseptum. Böden zahlreich, meist vollständig; stark gegen die Columella geneigt. Dissepimente fehlen.
Hapsiphyllum SIMPSON 1900: Unt. Karbon — Perm von Europa, N-Amerika und Asien (Abb. 254).

Abb. 254. *Hapsiphyllum calcariformis* (HALL). a) Seitenansicht, b) Kelchansicht bei weggebrochenem Rand. Unt. Karbon (St. Louis-Kalk), Indiana (USA). ⅔ nat. Gr. — Nach O. H. SCHINDEWOLF.

Polypar klein, konisch oder hornförmig. Kelch ziemlich tief. Cardinalfossula tief und geschlossen, auf der kürzeren, konkaven Seite des Polypars. Flügelfossulae in den Altersstadien nicht oder nur schwach ausgebildet. Böden unvollständig, gekrümmt. Hauptseptum im Erwachsenenstadium kurz. Kleinsepten relativ lang. Septen in den Hauptquadranten fiederständig, in den Gegenquadranten radiär angeordnet; größenmäßig alternierend.
Zaphrentoides STUCKENBERG 1895: Unt. Karbon von Europa und Nordamerika.
Ceratoid. Cardinalfossula auf der längeren, konvexen Seite; Flügelfossulae stehen nahezu vertikal zu ihr. Gegenseptum lang. Kleinsepten sehr kurz.

Oberfamilie Zaphrentiacea M.-EDWARDS & HAIME 1850
(Steptelasmacea WEDEKIND 1927; Streptelasmaticae HILL 1954)

Meist solitär. Böden überwiegend konisch aufgewölbt. Septen in der Regel mit paliformen Lappen. — Mittl. Ordovizium — Ob. Perm; meist in Kalken und Kalkschiefern flacher Meeresbereiche.

Familie Streptelasmatidae NICHOLSON 1889

Meist solitär. Hauptsepten mit paliformen Lappen. Septothekale Wand mehr oder weniger breit. Rand der Septen gezähnelt. Dissepimente fehlen. Böden kuppelförmig aufgewölbt, vollständig oder unvollständig. — Mittl. Ordovizium — Mittl. Devon.
Streptelasma HALL 1847: Mittl. Ordovizium — Unt. Silur, weltweit (Abb. 255).
Solitär, in der Jugend meist cornutiform, im Alter oft cylindroid. Septen sehr dick, keilförmig; im Altersstadium blattförmig bis auf die randlichen Teile. Kleinsepten relativ kurz. Hauptsepten der Jugendstadien meist zu einer schwachen Axialstruktur verschmolzen.
Kodonophyllum WEDEKIND 1927: ? Ob. Ordovizium, Silur, ? Ob. Devon von Europa, Asien und N-Amerika.
Meist solitär, dann cornutiform oder cylindroid; selten kolonial. Septen dick, bilden eine breite septothekale Wand. Kleinsepten sehr kurz. Böden engständig, unvollständig. Kelchrand eben oder abfallend.

V. Klasse Anthozoa Ehrenberg 1834

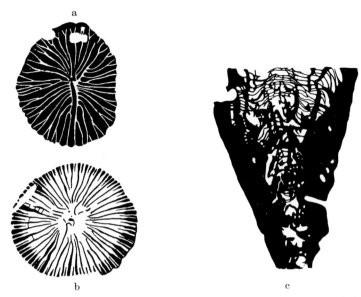

Abb. 255. *Streptelasma* ? sp., a) Querschnitt durch Jugendstadium, ³⁄₁ nat. Gr.; b) desgl. durch Altersstadium, ²⁄₁ nat. Gr.; c) Längsschnitt, 1¼ nat. Gr. Mittl. Ordovizium von N-Amerika. — Nach R. WEDEKIND.

Familie **Halliidae** CHAPMAN 1893

Solitär, ceratoid oder trochoid. Cardinalfossula sehr ausgeprägt; liegt bei gekrümmten Polyparen stets auf der konvexen Seite. Die in den ersten Stadien dicken und in engem Kontakt stehenden Septen werden, abgesehen von denen der Hauptquadranten und gelegentlich von gewissen Teilen der Gegenquadranten, nach oben dünner. Im Querschnitt sind die Septen der Hauptquadranten fiederig, die der Gegenquadranten radiär angeordnet. Septen vollständig oder unvollständig. Wand septothekal, schmal oder mit kleinen, kugeligen interseptalen Dissepimenten. Böden aufgewölbt, in der Regel unvollständig. — Mittl. Ordovizium — Devon.

Aulacophyllum M.-EDWARDS & HAIME 1850: Unt. — Mittl. Devon von N-Amerika und Neusüdwales.

Ceratoid bis trochoid. Fiederständige Anordnung der Septen ausgeprägt. Die Kleinsepten erreichen nur etwa ¼ der Länge der Großsepten, die in der Regel fast bis zum Zentrum gehen. Cardinalfossula infolge starker Reduktion des Hauptseptums sehr ausgeprägt. Böden meist unvollständig. Dissepimente klein.

Phaulactis RYDER 1926: Unt. Silur — Ob. Silur, ? Unt. Devon von Europa, Asien, N-Amerika und Australien (Abb. 256).

Solitär, mit deutlicher bilateraler Symmetrie; trochoid oder subcylindroid, gerade oder gebogen. Cardinalfossula und gelegentlich kleine Flügelfossulae vorhanden. Böden klein, etwas exzentrisch gebogen; unvollständig. Dissepimentarium regelmäßig und breit. Verdickte Septen auf einer Seite des Polypars.

E. Stamm Coelenterata Frey & Leuckart 1847

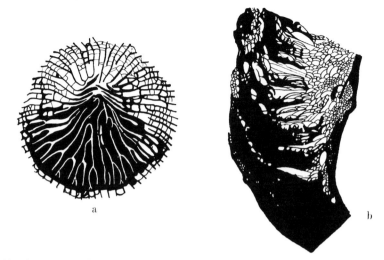

Abb. 256. *Phaulactis tabulata* (WEDEKIND). a) Querschnitt, 3½ nat. Gr.; b) Längsschnitt, 1½ nat. Gr. Silur von Gotland. — Nach R. WEDEKIND.

Familie **Acervulariidae** LECOMPTE 1952
(Acervulariens DE FROMENTEL 1861, invalid)

Kolonial, phaceloid bis cerioid. Mit echter innerer Wand, die etwa zwischen Dissepimentarium und Tabularium verläuft. An ihr enden meist die Kleinsepten. Dissepimente klein und blasenförmig. Böden umgekehrt konisch. — Silur.

Acervularia SCHWEIGGER 1819: Silur von Europa und N-Amerika (Abb. 257).

Die mitunter gestreiften Septen werden zum Teil an der inneren Wand dicker. Böden vollständig, horizontal; oder unvollständig, klein und konkav. Dissepimente entweder von gleicher Art, dann horizontal und flach, oder in zweierlei Form. Dann sind die inneren horizontal

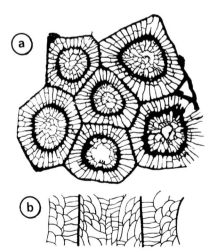

Abb. 257. *Acervularia ananas* (LINNÉ), Silur von Gotland. a) Querschnitt; b) Längsschnitt, 1¾ nat. Gr. — Nach ST. SMITH & W. C. LANG.

und flach, die der äußeren Randzone kugelig. — Als *Acervularia* wurden in der Literatur zahlreiche Korallenarten des Devon bezeichnet, die aber meist zu *Hexagonaria* und *Phillipsastrea* gehören.

Familie **Zaphrentidae** EDWARDS & HAIME 1850

Solitär oder kolonial. Septen distal gezähnelt und in der Regel gekielt. Gewöhnlich mit regelmäßigem Dissepimentarium. — Devon.

Zaphrentis RAFINESQUE & CLIFFORD 1820: Devon von Nordamerika.
Solitär. Kelch tief. Cardinalfossula gut ausgebildet, gekennzeichnet durch die Reduktion des Hauptseptums. Großsepten lang; reichen meist bis zum Zentrum, wo sie sich berühren. Dissepimentarium schmal; aus einfachen, kugeligen Dissepimenten. Böden meist unvollständig.

Heliophyllum HALL in DANA 1846: Unt. — Mittl. Devon von Europa, N-Afrika, Australien, N- und S-Amerika (Abb. 258).
Solitär oder kolonial. Septen gekielt. Eine eigentliche Fossula ist nicht ausgebildet; doch kann das Hauptseptum verkürzt und in den Kelch eingesenkt sein. Dissepimentarium breit. Böden schwach aufgewölbt, meist unvollständig.

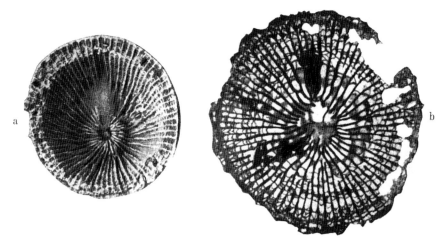

Abb. 258. *Heliophyllum venatum* (HALL), Mittl. Devon (Onondaga-Kalk), a) Kelchansicht, Fossula zum Teil vom Gestein verdeckt, Falls of the Ohio (USA), ca. ¾ nat. Gr.; b) Querschnitt, Louisville (USA), ca. ¾ nat. Gr. — Nach O. H. SCHINDEWOLF 1938.

Familie **Phillipsastraeidae** C. F. ROEMER 1883
(Disphyllidae HILL 1939)

Meist kolonial, büschelförmig oder cerioid. Septen zeigen die Tendenz zur Verdickung und zur Entwicklung trabekulärer Leisten. Kleinsepten relativ lang. Die im allgemeinen unvollständigen Böden finden sich einmal als horizontale Bildungen in einem axialen Bereich, zum anderen mit schräger Neigung nach innen oder außen in einer schmalen, periaxialen Zone. Das gut entwickelte Dissepimentarium besteht aus Reihen kleiner, überwiegend kugeliger Dissepimente. — Unt. Devon — Unt. Karbon. Maximum der Entwicklung im Devon.

? **Disphyllum** DE FROMENTEL 1861: Unt. — Ob. Devon, weltweit verbreitet.
Kolonial, phaceloid. Septen dünn, überwiegend lang; zum Teil nur leicht verdickt, gelegent-

Abb. 259. *Phillipsastrea hennahi* (LONDS.), Mittl. Devon (Givet) von Europa, ca. ⅔ nat. Gr. — Umgezeichnet nach St. SMITH 1945, aus D. HILL 1956.

lich gekielt. Dissepimente meist in zwei Reihen; die der inneren Reihe in der Regel stark geneigt. Hufeisenförmige Dissepimente fehlen.

Phillipsastrea D' ORBIGNY 1849: Devon von Europa, N-Amerika Australien und Asien (Abb. 259).

Kolonial, plocoid oder subcerioid. Polypare entweder durch ein Gewebe von Dissepimenten vereinigt oder nur durch eine dünne Epithek getrennt. Septen im allgemeinen am inneren Rand des Dissepimentariums verdickt, meist gekielt. Hier setzen auch die Kleinsepten aus. Dissepimente stark entwickelt; an der Grenze zum Tabularium gewöhnlich viel kleiner und kugeliger als weiter außen. Es handelt sich um eine der wichtigsten Gattungen paläozoischer Korallen. Zahlreiche Arten und Unterarten haben leitenden Charakter im Oberdevon.

Hexagonaria GÜRICH 1896: Mittl. — Ob. Devon, Kalke und kalkige Schiefer des Flachwasserbereichs, gelegentlich in Riff-Fazies von Europa, Asien, N-Amerika und Australien (Abb. 260 A, B).

Abb. 260 A. *Hexagonaria philomena* A. GLINSKI, Corallum von der Seite. Mittl. Devon (Eifel-Stufe) von Gerolstein. Ca. ½ nat. Gr.

V. Klasse Anthozoa Ehrenberg 1834

Abb. 260 B. Ausschnitt von der Oberfläche eines Corallums von *Hexagonaria philomena* A. GLINSKI, um den cerioiden Bau zu zeigen. Mittl. Devon (Eifel-Stufe) von Gerolstein. Ca. 1¾ nat. Gr.

Kolonial, cerioid. Septen in der Regel peripher verdickt, nach innen dünn werdend; oft gekielt. Großsepten können die Achse erreichen. Böden meist in eine axiale Zone als horizontale Bildungen und eine schmale periaxiale Zone mit Neigung nach außen oder innen differenziert. — Der Generotypus dieser Gattung, die Übergänge zu *Phillipsastrea* und *Disphyllum* aufweist, ist *Hexagonaria hexagona* (GOLDF.) (früher als *Cyathophyllum* bezeichnet).

Familie **Lithostrotionidae** D'ORBIGNY 1850

Kolonial, büschelförmig, phaceloid, cerioid oder plocoid. Groß- und Kleinsepten verlaufen meist in das regelmäßige, konzentrische Dissepimentarium; mitunter sind sie allerdings auch verkürzt. Böden oft in eine axiale Zone mit nach oben gewölbten und eine periaxiale Zone mit horizontalen oder geneigten Elementen differenziert. Columella meist vorhanden. — Unt. Karbon — Perm.

Lithostrotion FLEMING 1828: Unt. Karbon — Perm, im Unt. Karbon weltweit verbreitet (Abb. 261 A, B).
Phaceloid oder cerioid. Columella styliform oder abgeflacht; meist von den Großsepten erreicht. Die Columella kann gelegentlich bei einzelnen Polyparen des gleichen Corallums fehlen. Dissepimente bei den großwüchsigen Formen in erheblicher Zahl; bei sehr kleinen nicht vorhanden.

Aulina SMITH 1917: Unt. — Ob. Karbon von Eurasien und N-Amerika.
Vornehmlich plocoid. Homöomorph mit *Eridophyllum*; doch sind die Septen dicker, die periaxialen Böden stärker geneigt und die Dissepimente kleiner. Septen gekielt.

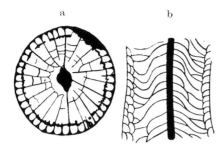

Abb. 261 A. *Lithostrotion irregulare* (PHILLIPS). a) Querschnitt; b) Längsschnitt. 4½ nat. Gr. Unt. Karbon. — Nach ST. SMITH, aus D. HILL 1956.

Abb. 261 B. *Lithostrotion junceum* (FLEMING), Querschnitt durch die Äste eines Corallums. Im Nebengestein finden sich zahlreiche Foraminiferen (*Tritaxia, Endothyra* u. a.). Schwarze, organogene Kalke des Unt. Karbon von Bestrice bei Tesin (Slásk). Ca. 6½ nat. Gr. — Nach Originalfoto von B. BOUČEK, Prag.

Familie **Aulophyllidae** DYBOWSKI 1873

Überwiegend solitär. Septen zahlreich, meist radiär. Kleinsepten vielfach verkümmert. Großsepten oft im Bereich des Tabulariums, vor allem aber in den Hauptquadranten verdickt. Mit offener Cardinalfossula. Axialstrukturen aus Septallamellen, einer axialen Serie von Böden und gelegentlich einer Columella. Böden unvollständig, kegelförmig. Dissepimente zahlreich, klein, meist kugelig. — Unt. Karbon — Unt. Perm.

Dibunophyllum THOMSON & NICHOLSON 1876: Unt. — Ob. Karbon von Europa, Nordafrika, Asien und N-Amerika (Abb. 262).

Solitär, subturbinat, trochoid oder subcylindroid. Innerer Teil der Kleinsepten verkümmert. Axialstruktur breit, variabel; gewöhnlich aus Septallamellen und zahlreichen Böden, die an der

V. Klasse Anthozoa Ehrenberg 1834

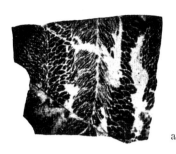

a   b

Abb. 262. *Dibunophyllum* cf. *kankouense* Yü, Unt. Karbon (*Dibunophyllum*-Zone) von Tsutsui, Kakisakomura (Japan). Nat. Gr. a) Längsschnitt; b) Querschnitt. — Nach M. Minato 1955.

Peripherie stark nach oben gebogen sind; häufig durch ein langes, medianes Blatt zweigeteilt. Dissepimentarium breit; aus kleinen, ziemlich gleichförmigen Dissepimenten.

Familie **Cyathopsidae** Dybowski 1873
(Caniniidae Hill 1938)

Solitär oder bündelförmig vereinigt, mit offener Fossula. Septen meist verdickt, nicht gekielt; im Dissepimentarium häufig unterbrochen. Böden vollständig, horizontal oder aufgewölbt. Dissepimentarium überwiegend lonsdaleioid. Tabularium breit. — Unt. Karbon — Ob. Perm.

Caninia Michelin in Gervais, 1840: Unt. — Ob. Karbon von N-Amerika, Europa, Asien und N-Afrika (Abb. 263 A).

Solitär. Großsepten in der Jugend vor allem im Tabularium der Hauptquadranten verdickt; im Alter amplexoid und weniger verdickt. Benachbarte Septen zur Fossula hingebogen. Böden horizontal, flach; Ränder nach unten gekrümmt.

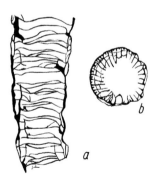

Abb. 263 A. *Caninia cornucopiae* Michelin, Unt. Karbon von Europa. a) Längsschnitt; b) Querschnitt. ⁹/₁₀ nat. Gr. — Umgezeichnet nach R. G. Carruthers.

Oberfamilie **Calostyliaceae** Zittel 1879

Streptelasmatina mit porösen Septen, die sonst bei keiner anderen Gruppe der Rugosa beobachtet werden konnten. — Mittl. Ordovizium — Unt. Devon (Gedinne) (vgl. D. Weyer 1973).

Calostylis Lindström 1868: Mittl. Ordovizium (Mittl. Caradoc) — Ob. Silur von West-, Mittelund Osteuropa, Sibirien, Kasachstan, Himalaya, China und N-Amerika (Abb. 263 B).

Solitär oder (seltener) kleine fasciculate Kolonien bildend mit evertem Kelch, niedriger, aus Synaptikeln bestehender Columella und synaptikulothekaler Wand, die extern eine unvollstän-

Abb. 263 B. Bauplan-Schema eines Septums der Calostylidae. Ohne Maßstab. — Nach D. Weyer 1973.

dig entwickelte Epitheka aufweist. Septen radial angeordnet, relativ deutlich, trabekulär (Trabekeln fächerförmig gestellt). Tabulae in der peripheren Zone asymmetrisch aufgewölbt.

Unterordnung **Columnariina** Rominger 1876

Meist kolonial, dann vor allem cerioid oder phaceloid. Septen im Bereich des Tabulariums stets dünn, axial nicht gelappt. Böden in der Regel vollständig und flach; randlich mitunter abwärtsgebogen. Stratigraphisch älteste Vertreter epithekal, spätere septothekal. Überwiegend mit lonsdaleioiden oder langgestreckten Dissepimenten. Gelegentlich finden sich dann auch Axialstrukturen, die meist aus Septallamellen bestehen. — Ordovizium — Perm.

Familie **Stauriidae** M.-Edwards & Haime 1850
(Columnariae Rominger 1876; Columnariidae Nicholson 1879)

Kolonial; phaceloid oder cerioid. Polypare klein, dünn. Meist mit einer Gruppe langer und einer weiteren Gruppe sehr kurzer Septen. Dissepimente nur bei manchen Formen entwickelt, vertikal gestreckt. — Ordovizium — Ob. Devon, ? Unt. Karbon.
Columnaria Goldfuss 1826: Mittl. Devon von Europa (Abb. 264).

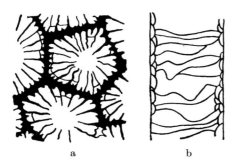

Abb. 264. *Columnaria sulcata* Goldf. a) Querschnitt; b) Längsschnitt. Mittl. Devon von Mitteleuropa. Ca. 3¼ nat. Gr. — Nach W. D. Lang & St. Smith 1935, aus J. Alloiteau 1952.

Meist cerioid. Polypare außerordentlich schlank. Basis der sehr dünnen Septen verbreitert. Böden in der Regel vollständig. Dissepimente fehlend oder klein; dann in ein oder zwei Reihen angeordnet.
Stauria M.-Edwards & Haime 1850: Unt. — Mittl. Silur von Europa, China u. a. (Abb. 265 A, B).

V. Klasse Anthozoa Ehrenberg 1834

 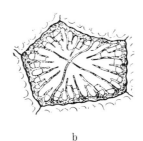 

a b c

Abb. 265 A. *Stauria astraeiformis* M.-EDWARDS & HAIME 1850 (Generotypus), Silur von Gotland. a) Querschnitt durch ein Corallum, nat. Gr.; b) desgl. durch ein Polypar, vergrößert; c) vier Kelche von außen gesehen. — Aus K. v. ZITTEL 1915.

Abb. 265 B. *Stauria favosa* (LINNÉ), Silur von Gotland. Ca. ⅔ nat. Gr. — Umgezeichnet nach W. N. DYBOWSKI 1873—1874, aus D. HILL 1956.

Ähnlich *Columnaria*, doch sind vier der Großsepten länger und dicker als die übrigen. Sie treffen sich kreuzförmig im Zentrum und teilen den Kelch in vier nahezu gleichgroße Felder. Cardinalfossula oft sehr deutlich ausgebildet. Dissepimente wenig zahlreich, groß, abgeplattet, aber nur gelegentlich vorhanden. Sie bilden keine konstante Zone.

Familie **Spongophyllidae** DYBOWSKI 1873

Kolonial, phaceloid, plocoid oder cerioid. Dissepimente langgestreckt, zum Teil lonsdaleioid. Böden komplett, dünn; gerade oder axial gekrümmt; engständig. — Mittl. Silur — Ob. Devon.

Spongophyllum M.-EDWARDS & HAIME 1851: Mittl. Silur — Mittl. Devon, im Mittl. Devon fast weltweit verbreitet (Abb. 266 A, B).

Überwiegend cerioid. Kelch tief, Kelchboden eben. Böden horizontal oder schwach konkav. Columella fehlt.

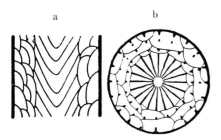

Abb. 266 A. Schematische Darstellung von *Spongophyllum* sp. — Nach R. WEDEKIND 1937.

Abb. 266 B. *Spongophyllum sedgwicki* M.-EDWARDS & HAIME. a) Querschnitt; b) Längsschnitt. Unt. Devon von Torquay. Ca. ⅔ nat. Gr. — Umgezeichnet nach M.-EDWARDS & HAIME 1851.

Familie **Chonophyllidae** HOLMES 1887

Meist solitär, dann patellat, subcylindroid bis turbinat. Polypare großwüchsig, mit septothekaler Wand. Die aus zusammengesetzten Trabekeln bestehenden Septen erstrecken sich weit in das Dissepimentarium, wo sie sich seitlich berühren oder nur sehr enge Zwischenräume übriglassen. Im letzteren Falle fehlen oft die Dissepimente. Böden in der Regel vollständig. — Silur — Devon.

Chonophyllum M.-EDWARDS & HAIME 1850: Mittl. — Ob. Silur von Gotland.
Meist solitär, dann turbinat bis patellat. Polypare durch Verjüngung repetiert. Kelch mit großem ebenen Rand und axialer Grube. Septen im Dissepimentarium stark verbreitert, so daß sie sich seitlich fast berühren. Tabularium sehr schmal. Böden in der Regel vollständig, flach.

Ketophyllum WEDEKIND 1927: Ob. Silur von Europa und China (Abb. 267).
Solitär; meist turbinat. Polypare außen oft mit Knötchen und wurzelförmigen Fortsätzen. Septen lösen sich in dünne, niedrige Grate auf, die sukzessiv den einzelnen Böden aufsitzen. Böden horizontal, leicht konvex, oft vollständig. Sie verbinden sich mit den sehr großen Dissepimenten.

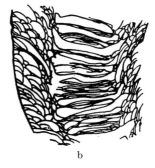

Abb. 267. *Ketophyllum incurvatum* WEDEKIND, Silur von Gotland. a) Querschnitt; b) Längsschnitt. Ca. ¾ nat. Gr. — Nach R. WEDEKIND 1927.

V. Klasse Anthozoa Ehrenberg 1834

Familie **Ptenophyllidae** WEDEKIND 1923
(Acanthophyllidae HILL 1939)

Solitär oder kolonial. Septen lang; in der Jugend dick, später dünn. Doch bleiben die Hauptsepten in ihren mittleren und axialen Teilen häufig verdickt; in vier Gruppen angeordnet. Septen im Dissepimentarium meist verkümmert. Kleinsepten in der Nähe des Gegenseptums länger als an den anderen Stellen. Dissepimente stark entwickelt; bei stratigraphisch älteren Formen lonsdaleioid, bei jüngeren klein und kugelig gekrümmt. Böden folgen eng aufeinander; in der Regel unvollständig, schwach konkav. Fossula nicht bezeichnend. — Silur bis Devon.

Acanthophyllum DYBOWSKI 1873: ? Unt. — Mittl. Devon von Europa, N-Afrika, Asien und Australien in Kalken und kalkigen Schiefern flacher Meeresbereiche (Abb. 268 A, B).

Solitär, subcylindroid. Kelch tief; mit breitem ebenen Rand. Großsepten ungleich, axial oft spiral eingedreht; im inneren Teil des Dissepimentariums relativ dick; nach außen dünner

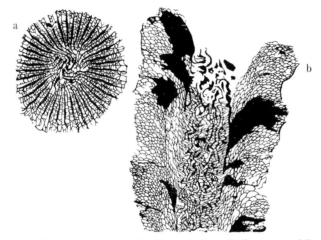

Abb. 268 A. *Acanthophyllum heterophyllum* (M.-EDW. & HAIME), Devon von Mitteleuropa, a) Querschnitt; b) Längsschnitt. Nat. Gr. — Nach T. J. H. MA 1937, aus J. ALLOITEAU 1952.

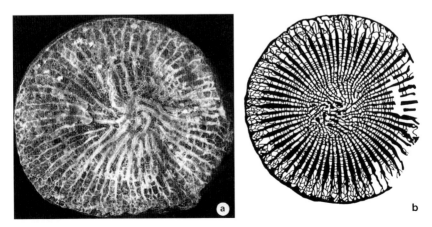

Abb. 268 B. *Acanthophyllum heterophyllum* (M.-EDWARDS & HAIME), Querschnitte, Unt. Mitteldevon (Eifel) der Eifel, Durchmesser von a) 3,9 cm, von b) ca. 1,5 cm; a) nach Originalfoto von H. KOWALSKI, Moers, b) nach R. WEDEKIND 1924.

werdend, falls sie sich nicht zwischen den Dissepimenten verlieren. Letztere zahlreich, kugelig. Septen im Tabularium häufig gewellt und gekielt. Böden konkav.

Dohmophyllum WEDEKIND 1923 (syn. *Trematophyllum* WEDEKIND 1923): Mittl. Devon von Europa und Australien (Abb. 269).

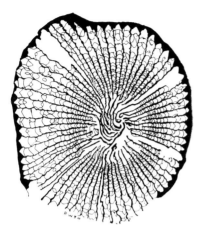

Abb. 269. *Dohmophyllum involutum* WEDEKIND, Querschnitt. Unt. Mitteldevon der Eifel. 1⅗ nat. Gr. — Nach R. WEDEKIND 1924.

Solitär, trochoid bis patellat, selten ceratoid. Kelchrand sehr breit; eben oder nach unten gebogen. Septen innen unregelmäßig mit Kielen verziert, gelegentlich verdickt. Kleinsepten reichen bis an das schmale Tabularium. Dissepimente klein, überwiegend in konvexen Lagen angeordnet. Böden engständig, unregelmäßig aufgewölbt, nicht trichterförmig und meist unvollständig.

Familie **Stringophyllidae** WEDEKIND 1922

Meist solitär, sonst phaceloid. Septen relativ dick, entweder durchlaufend oder peripher abgewandelt. Dann findet sich hier ein Netz von lonsdaleioiden Dissepimenten.*) Die bilateral angeordneten Großsepten reichen in der Regel bis zur Achse. Kleinsepten meist unvollständig. Böden vollständig oder unvollständig, stark konkav. — Unt. — Mittl. Devon.

Stringophyllum WEDEKIND 1922: Mittl. Devon, kosmopolitisch (Abb. 270).

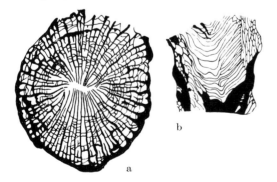

Abb. 270. *Stringophyllum normale* WEDEKIND, Ob. Mitteldevon von Mitteleuropa. a) Querschnitt; b) Längsschnitt. 1¾ nat. Gr. — Nach R. WEDEKIND.

---

*) G. ENGEL & A. v. SCHOUPPÉ (Paläont. Z. **32,** 1958) weisen nach, daß diese präseptal enstanden sind und bezeichnen sie deshalb mit einem besonderen Terminus als „Wandblasen". – Vielleicht empfiehlt sich, zur Entlastung der Terminologie einfach zwischen präseptalen und postseptalen Dissepimenten zu unterscheiden.

Septen am Rande relativ dick, nach innen dünn werdend. Kleinsepten in Septalleisten umgewandelt.

Familie **Lonsdaleiidae** CHAPMAN 1893

Meist kolonial; dann phaceloid, cerioid oder astraeoid. Dissepimente lonsdaleioid, kräftig entwickelt. Septen stark reduziert. Axialstrukturen komplex. — Karbon.
Lonsdaleia McCoy 1849: Unt. — Ob. Karbon von Eurasien, Unt. Karbon von O-Australien und N-Amerika (Abb. 271).

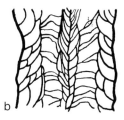

Abb. 271. a) *Lonsdaleia duplicata* (MARTIN), Längsschnitt. Karbon von England. Ca. ⅔ nat. Gr. — Aus M. LECOMPTE 1952; b) schematischer Querschnitt durch *Lonsdaleia* sp. — Nach R. WEDEKIND 1937.

Kolonial; phaceloid. Zwischen Septen und Epithek eine breite Zone aus großen lonsdaleioiden Dissepimenten. Mit komplexer Axialstruktur, die aus Septallamellen, einem medianen Blatt, einer Columella oder stark nach oben gewölbten, kegelförmig ineinanderstreckenden Böden besteht. Die Gattung ist vermutlich aus *Spongophyllum* hervorgegangen.

Unterordnung **Cystiphyllina** NICHOLSON 1889

Solitär oder kolonial. Septen meist durch isolierte große Trabekel vertreten, die den Oberflächen der kleinen, kugeligen Dissepimente oder der Böden aufsitzen. Böden entweder umgekehrt konisch und unvollständig oder flach und meist vollständig. — Ordovizium — Devon.

Familie **Tryplasmatidae** ETHERIDGE 1907

Solitär oder kolonial. Trabekel rhabdacanthin oder holacanthin. Kleinsepten fehlen oder schwach entwickelt. Böden vollständig. Dissepimente meist nicht ausgebildet, sonst auf den Rand beschränkt. — Ordovizium — Devon.
Tryplasma LONSDALE 1845: Ob. Ordovizium — Unt. Devon von Europa, Asien, Nordamerika und Australien (Abb. 272).
Überwiegend solitär. Septen in der Regel rhabdacanthin oder holacanthin. Im letzteren Fall bestehen sie aus zahlreichen geradegestreckten Fasern, die radial von der Achse nach oben verlaufen. Unterer Teil der Polypare mit lamellärer Skelettsubstanz gefüllt. Böden vollständig. Dissepimente fehlen.
Porpites SCHLOTHEIM 1820 (syn. *Palaeocyclus* M.-EDWARDS & HAIME 1849): Unt. — Mittl. Silur von Europa und N-Amerika (Abb. 273).
Solitär, discoid. Septen monacanthin. Hauptsepten reichen bis zum Zentrum. Böden und Dissepimente fehlen.

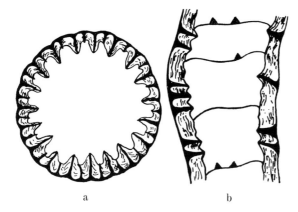

Abb. 272. *Tryplasma flexuosa* (LINNÉ). a) Querschnitt, ¹⁰⁄₁ nat. Gr.; b) Längsschnitt, 7½ nat. Gr. — Nach ST. LANG & W. D. LANG, aus J. ALLOITEAU 1952.

Abb. 273. *Porpites porpita* (LINNÉ), a) von unten, b) von oben; Silur der Insel Gotland; Durchmesser ca. 12 mm.

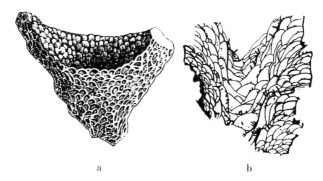

Abb. 274. *Cystiphyllum siluriense* LONSDALE, Längsschnitte (a = nat. Gr.; b = 1½ nat. Gr.). Silur. – Aus M. LECOMPTE 1952.

Familie **Cystiphyllidae** M.-Edwards & Haime 1850

Solitär oder kolonial. Septen sehr zahlreich; in der Regel aus vertikalen Serien holacanthiner Trabekel. Der von Dissepimenten gefüllte Raum sehr groß. Böden durchgebogen bis umgekehrt kegelförmig, unvollständig; auf schmale Zone um die Längsachse der Polypare beschränkt. — Silur — Mittl. Devon.

Cystiphyllum Lonsdale 1839: Silur, weltweit in Kalken und Kalkschiefern flacher Meeresteile (Abb. 274).

Solitär; turbinat oder cylindroid. Septen, insbesondere auch die Kleinsepten, sehr lang. Kelch wenig tief. Böden weitgehend durch kugelige Dissepimente ersetzt. Dissepimentarium breit. Septen aus isolierten holacanthinen Trabekeln, die der Oberfläche der Dissepimente aufsitzen.

Familie **Digonophyllidae** Wedekind 1923

Solitär oder phaceloid. Septalapparat zum Teil blattförmig, zum Teil in Kegel aufgelöst, die in einem sie trennenden blasigen Gewebe eingebettet sind. Septen in den Anfangsstadien zunächst dick und durchlaufend, wandeln sich im Laufe der Ontogenese um. Sie werden randlich außerordentlich dünn und bleiben nur in den axialen Teilen der Polypare dick. Dissepimente blasig, sehr stark entwickelt; erstrecken sich zum Teil ins Tabularium. — Devon.

Digonophyllum Wedekind 1923: Mitteldevon von Europa, Ural, Kuzbass und Australien.

Solitär, mittelgroß bis groß, subcylindroid. Septen zum Teil blattförmig, zum Teil in Septalkegel aufgelöst. Böden vollständig oder unvollständig. Sie sind nur auf eine schmale, axiale Zone beschränkt und im distalen Abschnitt der Polypare konkav ausgebildet. Mit Fossulae über Haupt- und Gegenseptum.

Mesophyllum Schlüter 1889: Mitteldevon (Eifel-Stufe) von W- und M-Europa, Ural, Australien, ? N-Amerika in Kalken und Kalkschiefern flacher Meeresteile (Abb. 275).

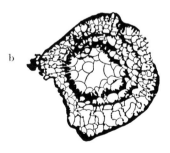

Abb. 275. *Mesophyllum (Mesophyllum) auburgense* (Wedekind), Querschnitte. Mittl. Devon der Eifel, ca. 1⅗ nat. Gr. — Nach R. Wedekind 1924.

Solitär (bis 10 cm Durchmesser) oder phaceloid. Kelch tief, mit Cardinalfossula. Hauptseptum seitlich etwas verschoben. Raum zwischen Gegenseptum und Gegenseitensepten klein, auch dann ohne weitere Septen, wenn die sonstigen Septen 2. Ordnung deutlich und regelmäßig entwickelt sind. Dissepimente bläschenförmig. Tabulae ähnlich, doch größer und flacher.

Wie bei vielen anderen „Cystimorphen" erfolgte die Ausscheidung der Septen nur dann fortlaufend, wenn keine Wachstumsstörungen an der Unterseite der Polypen auftraten. Meist sind aber Unterbrechungen häufig und regelmäßig. Dann entstanden die sog. „Septalkegel" (WEDEKIND 1924). Im Querschnitt sind sie ringförmig. Bei einigen Arten entstanden einfache Blattsepten, deren Feinstruktur nicht mehr aus einfachen Lamellen, sondern aus Trabekeln bestehen. Da die Lebensfunktion des Polypen sich stark auf die Septen-Entwicklung auswirkte, ist bei der Aufstellung von Arten nach dem Ausmaß mehr oder weniger vollständig ausgebildeter Septen größte Vorsicht geboten. So sind von den ca. 80 „Arten", die bisher von M. aufgestellt wurden, nur ca. 18 Arten und Unterarten berechtigt (R. BIRENHEIDE 1962, 1964).

Gedeckelte Korallen

Solitär, calceolid oder pyramidal. Kelch durch ein- oder mehrteiligen Deckel verschlossen. An die Stelle der Blattsepten kann ein acanthiner oder semiacanthiner Septalapparat treten, wobei sich ein blasiges Gewebe entwickelt. Die gesamte Gruppe ist vermutlich polyphyletisch. Über die verwandtschaftlichen Beziehungen weiß man noch nichts Sicheres. Vorkommen in Kalkschiefern und Kalken flacher Meeresbereiche.

Familie **Calceolidae** LINDSTRÖM 1883

Calceolid, pantoffelförmig, mit tiefem Kelch. Deckel halbkreisförmig, einteilig, auf der Innenseite parallel zur Symmetrieebene gestreift. Septen gewöhnlich kurz, verschmelzen außen meist zu einer kompakten Wand. Böden kurz, vollständig oder unvollständig. Dissepimente länglich oder blasenförmig, mitunter stärker als der Septalapparat entwickelt. — Unt. Silur — Mittl. Devon. Die hierzu gehörenden Gattungen werden neuerdings auch zu den Goniophyllidae DYBOWSKI gestellt.

Rhizophyllum LINDSTRÖM 1866: Unt. Silur — Unt. Devon von Europa, Asien, Australien und Nordamerika.

Auf der abgeplatteten Seite mit hohen wurzelförmigen Fortsätzen. Dissepimente blasenförmig. Septen reduziert, kurz, blattförmig oder acanthin; an der abgeplatteten Seite des Polypars oder in den seitlichen Winkeln.

Calceola LAMARCK 1799: Unt. — Mittl. Devon von Europa und Asien; im Mittl. Devon von Afrika, Australien und Kalifornien (Abb. 276–277).

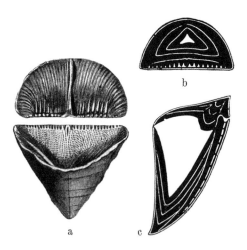

Abb. 276. *Calceola sandalina* (LINNÉ), Mittl. Devon. a) Ein Exemplar aus dem unt. Mitteldevon der Eifel, darüber der Deckel von innen. Nat. Gr. — Nach K. A. v. ZITTEL 1915; b) schematischer Querschnitt; c) schematischer Längsschnitt. — Nach WEDEKIND 1937.

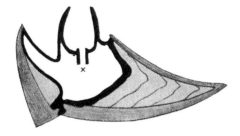

Abb. 277. Rekonstruktion von *Calceola sandalina* (LINNÉ) aus dem Mittl. Devon. Deckel in natürlicher Lage geöffnet; Tentakel fangbereit ausgestreckt. Signaturen: schwarz = Weichkörper; x = Mund; hellgrau = Deckelseptum und Kalkeinbauten im Kelch; dunkelgrau = Wandung. Nat. Gr. — Nach RUD. RICHTER 1929.

Halbkreis- oder pantoffelförmig, mit dreieckiger Grundfläche. Kelch sehr tief, reicht bis dicht an die Spitze des Polypars. Septalapparat aus eng aufeinanderfolgenden Septalkegeln. — Eine wichtige Leitform ist *Calceola sandalina* (LINNÉ 1771). Sie erscheint im höchsten Unt. Devon und erreicht im Mittl. Devon ihre Hauptverbreitung. In der *Cultrijugatus*-Stufe handelt es sich um mittelbreite Formen, auf die in der Eifel-Stufe extrem breite folgen. Im Givet finden sich zunächst schmale, im höheren Teil dann wieder mittelbreite Vertreter (Rud. RICHTER 1928).

Familie **Goniophyllidae** DYBOWSKI 1873

Pyramidal, mit vierteiligem Deckel. Septen blattförmig oder acanthin. Blasiges Gewebe je nach der Ausbildung des Septalapparates mehr oder weniger stark entwickelt. — Silur.

Goniophyllum M.-EDWARDS & HAIME 1850: Unt. — Mittl. Silur von Europa und N-Amerika (Abb. 278–279).

Abb. 278. *Goniophyllum pyramidale* (HIS.), a) von oben, b) schräg von der Seite. Silur von Visby (Gotland). Die Kantenlänge von a) beträgt ca. 2½ cm.

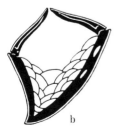

Abb. 279. *Goniophyllum pyramidale* (HIS.), a) schematischer Querschnitt, b) schematischer Längsschnitt. — Nach R. WEDEKIND 1937.

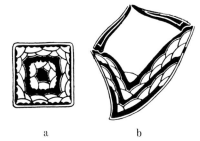

Abb. 280. *Protaeropoma wedekindi* TING, schematisch; Silur. a) Querschnitt, b) Längsschnitt mit Deckeln. — Nach R. WEDEKIND 1937.

Spitze des Polypars etwas gekrümmt, mit wurzelförmigen Fortsätzen. Kelch tief, vierseitig. Septen dick, zahlreich, meist blattförmig, im Altersstadium unvollständig; zwischen blasigem Gewebe eingebettet. Gegenseptum auf der konvexen Seite des Polypars, stark entwickelt. Hauptseptum schwach, in Fossula. Böden zahlreich, meist verdickt.

? **Protaeropoma** TING 1937: Silur von Gotland (Abb. 280).

Ähnlich *Goniophyllum*, doch besteht der Septalapparat aus Septalkegeln, zwischen denen sich blasiges Gewebe befindet.

Ordnung **Heterocorallia** SCHINDEWOLF 1941

1. Allgemeines

Die dünnen, prismatischen oder zylindrischen solitären Polypare zeigen eine längsgerifte, mitunter dornige Außenfläche. Die Länge beträgt bis zu 50 cm, der Durchmesser im allgemeinen zwischen 5 und 15 mm. Die vier ersten Protosepten (Haupt- und Gegenseptum sowie die beiden Hauptseitensepten) bilden ein einfaches Septenkreuz, das im Inneren der Polypare liegt. Die übrigen Septen fügen sich sodann nicht wie die bei den Rugosa bilateral-serial ein, sondern radial-zyklisch in einheitlichen Kränzen.

Der axiale Teil der H. wird von einem kurzen, vertikal verlaufenden Septum gebildet. Es steht schief zu den vier Protosepten und spricht für eine primäre Asymmetrie dieser Tiere (J. LAFUSTE 1979); hierzu auch J. FEDOROWSKI 1991.

2. Vorkommen

Unt. Devon — Ob. Karbon mit 9 Gattungen, wovon eine *(Tetraphyllia)* im Unt. Devon von Wenshan (Yunnan) und fünf weitere in der Tatang-Stufe von China nachgewiesen wurden (davon *Pentaphyllia*, *Crepidophyllia* und *Longlinophyllia* endemisch). Die übrigen sind weit über ganz Europa, Nowaja Semlja, ? Marokko bis nach Ostasien (Laos, China, Japan) verbreitet. Angaben aus dem Ob. Karbon (Namur) von Schottland beruhen auf falsch interpretierten stratigraphischen Angaben. Es handelt sich um Ob. Visé. Die stratigraphisch jüngsten Heterocorallia stammen aus dem Ob. Karbon (Taiyuan Formation) von Nordchina mit den Gattungen *Heterophyllia* und *Dichophyllia* LIN & PENG 1990.

3. Beispiele

Hexaphyllia STUCKENBERG 1904: Unt. Karbon (Abb. 281).

Einfachste Form mit dicker Wandung, deren Septalapparat aus vier kreuzförmig gestellten Septen besteht, die sich im Zentrum vereinigen. Die beiden seitlichen Septen sind außen jeweils in zwei gleichwertige Äste gegabelt. Dissepimente fehlen.

Abb. 281. *Hexaphyllia mirabilis* (DUNC.), Unt. Karbon (Ob. Visé, D₂) von Altwasser in Dolny Slásk. ¹¹⁄₁ nat. Gr. — Nach O. H. SCHINDEWOLF 1941.

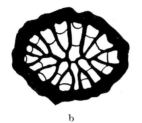

a   b

Abb. 282 A. *Heterophyllia reducta* SCHINDEW., a) Querschnitt durch Jugendstadium, ⁸⁄₁ nat. Gr.; b) desgl. durch Altersstadium, ⁶⁄₁ nat. Gr. Unt. Karbon (Ob. Visé, D₂). — Nach O. H. SCHINDEWOLF 1941.

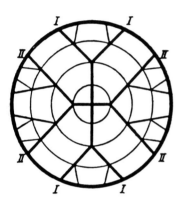

Abb. 282 B. Schema, welches das Prinzip der sich während der Ontogenese von *Heterophyllia* vollziehenden Septenvermehrung zeigen soll. — Nach O. H. SCHINDEWOLF 1950.

Heterophyllia McCoy 1849: Unt. — Ob. Karbon (Abb. 282 A, B).
Weiter differenziert als *Hexaphyllia;* zeigt im Gegensatz zu dieser eine erhebliche Vermehrung der Septen. Das hierbei maßgebende Prinzip ist aus Abb. 282 B ersichtlich. In diesem Schema sind die verschiedenen, bei ausgewachsenen Formen aufeinanderfolgenden ontogenetischen Entwicklungsstadien von konzentrischen Kreisen umschlossen. Hiervon zeigt der innerste Kreis ähnlich wie im Zentrum von *Hexaphyllia* vier vertikal aufeinanderstehende Septen. Der nächste Kreis umschließt einen Zustand, wie er bei *Hexaphyllia* im Alter zu beobachten ist. Im weiteren Verlauf des Wachstums spalten sich sodann die bisher unvergabelten Septen auf, indem sich innen neue Septen (Metasepten) anlehnen. In späteren Stadien werden auch die Gabeläste des oberen und unteren Septums betroffen.

Ordnung **Scleractinia** BOURNE 1900
(Hexacorallia HAECKEL 1866 zum Teil; Cyclocorallia SCHINDEWOLF 1942)

1. Allgemeines

Diese Ordnung umfaßt nahezu alle mesozoischen und jüngeren Korallen. Sie enthält sowohl koloniale als auch solitäre Vertreter, bei denen aber im Gegensatz zu den Rugosa die sechs ersten Septen (Protosepten) gleichzeitig gebildet und mit hexamerer radialer Symmetrie angeordnet

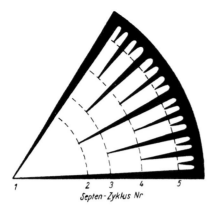

Abb. 283. Schema, das die Einschaltung der Septen bei den Scleractinia (Hexacorallia) zeigen soll. Dargestellt ist lediglich ein Segment, das sich zwischen zwei benachbarten Protosepten (Septen des 1. Zyklus) erstreckt.

werden. Die übrigen Septen schalten sich unter abgestufter Längenentwicklung in 6-, 12-, 24- usw. zähligen Zyklen dazwischen (Abb. 283). Die Septen gleicher Zyklen haben meist dieselbe Länge und Dicke. Dabei lassen sich die jüngeren fast immer durch ihre schwächere Entwicklung von den älteren unterscheiden. Durch Verkümmerung oder Unregelmäßigkeiten bei der Einschaltung neuer Septen entstehen zuweilen 4-, 5-, 7- oder 8-zählige Zyklen.

2. Vorkommen

Trias — rezent. Die ungefähre zahlenmäßige und zeitliche Verteilung von 361 der wichtigsten fossil vertretenen Gattungen ergibt sich aus Abb. 231 A (oben).

3. Zur Morphologie und Phylogenetik

Im Gegensatz zu den Rugosa werden nicht nur vier, sondern alle sechs der von den Protosepten gebildeten Radialräume mit Metasepten besetzt. Doch sind diese Radialräume gelegentlich nicht ganz gleichwertig. Hierbei handelt es sich um Formen, bei denen die ursprüngliche Bilateralität des Septalapparates, wie wir sie bei den meisten paläozoischen Vertretern finden, noch nicht völlig durch die hexamere Radialität der typischen Scleractinia ersetzt wurde. Die damit verknüpfte Änderung des Bauplanes durchzieht, mehr oder weniger orthogenetisch, als weitgespannter Vorgang von außerordentlicher Langsamkeit die stammesgeschichtliche Entwicklung der skeletttragenden Zoantharia (O. H. SCHINDEWOLF 1950). Er ist trotz der bisherigen Dauer von ca. 400 Millionen Jahren noch nicht abgeschlossen; denn auch in der Gegenwart finden sich Formen mit bilateralen Zügen in der Anordnung der Septen.

Eine andere phylogenetische Tendenz zielt darauf hinaus, die Wachstumsgeschwindigkeit der Polypare und Stöcke zu vergrößern. Dies geschieht vor allem durch:

1. zunehmende Porosität von Polyparwandung und Septen,
2. Reduktion der Septen zu kleinen Dornen oder Leisten,
3. Vermehrung der zwischen den Polyparen befindlichen Hart- und Weichteile (Coenosarc, Coenosteum).

Am erfolgreichsten waren in dieser Beziehung die **Acroporidae** und **Poritidae,** zu denen die wichtigsten Riffbildner der Gegenwart gehören. Diese beiden Familien umfassen etwa die gleiche Artenzahl, wie alle anderen Scleractinia zusammen.

Hinsichtlich der Polyparwandung ist zu sagen, daß die ursprüngliche epithekale Ausbildung zunehmend durch eine septothekale, dissepimentale, parathekale bzw. synaptikulothekale ersetzt wird (vgl. S. 267).

3. Systematik

Allgemeine Anwendung fand lange Zeit die von M.-EDWARDS & J. HAIME (1857/60) vorgeschlagene Klassifikation, die später mehrfach ergänzt und verbessert wurde, so durch F. KOBY (1880/89), M. M. OGILVIE (1897) u. a. Das im nachstehenden zugrunde gelegte System wird aber dem heutigen Stand der Kenntnisse eher gerecht. Es geht im wesentlichen auf A. VAUGHAN & J. W. WELLS (1943), J. ALLOITEAU (1952) und J. W. WELLS (1956) zurück. Von taxonomischer Bedeutung sind dabei vor allem die Polyparwandung sowie Bau und Anordnung der Septen. Man unterscheidet die nachstehenden fünf Unterordnungen:

Astrocoeniina VAUGHAN & WELLS 1943: Mittl. Trias — rezent,
Fungiina VERILL 1865: Mittl. Trias — rezent,
Faviina VAUGHAN & WELLS 1943: Mittl. Trias — rezent,
Caryophylliina VAUGHAN & WELLS 1943: Jura — rezent,
Dendrophylliina VAUGHAN & WELLS 1943: Ob. Kreide — rezent.

Die stammesgeschichtlichen Beziehungen dieser Unterordnungen und der von ihnen umfaßten Familien sind aus Abb. 284 ersichtlich.

Unterordnung **Astrocoeniina** VAUGHAN & WELLS 1943

Ausschließlich kolonial. Polypare meist klein (Durchmesser 1—3 mm). Die imperforaten oder (seltener) schwach perforaten Septen bestehen aus relativ wenigen (bis 8) einfachen oder zusammengesetzten Trabekeln und sind oft rudimentär. Ränder der Septen meist geperlt. — Mittl. Trias — rezent.

Familie **Astrocoeniidae** KOBY 1890

Phaceloide, plocoide oder cerioide Stockkorallen, im wesentlichen mit extratentakularer Knospung. Wand in der Regel septothekal. Die Septen bestehen aus wenigen einfachen, aber relativ großen Trabekeln. Columella fehlt oder styliform. Endothekale Dissepimente (falls entwickelt) bödenförmig. — Mittl. Trias bis rezent.

Actinastrea D'ORBIGNY 1849 (non *Actinastraea*): Ob. Jura — rezent, weltweit (Abb. 285—286).

Corallum cerioid, ästig oder inkrustierend. Die dicht gedrängt stehenden Polypare ragen kaum hervor. Anordnung der Septen in zwei bis drei Zyklen. Columella styliform; im allgemeinen gut entwickelt. — Ein Großteil der bisher zu *Astrocoenia* M.-EDWARDS & HAIME 1848 gestellten Arten gehört hierzu.

Familie **Thamnasteriidae** VAUGHAN & WELLS 1943

Corallum kolonial, thamnasterioid; massiv, ästig oder inkrustierend. Knospung intratentakular. Wandstrukturen fehlen oder sind kaum zu erkennen. Die gewöhnlich schwach perforaten, durch Synaptikel verbundenen Septen bestehen aus einfachen Trabekeln. Die Ränder der Septen sind schwach geperlt. Columella, falls vorhanden, styliform. Dissepimente bödenförmig. — Mittl. Trias — rezent.

Thamnasteria LESAUVAGE 1823 (syn. *Thamnastraea* LESAUVAGE 1832, pars): Trias — Mittl. Kreide. Weltweit verbreitet, doch nicht in Australien (Abb. 287).

Corallum massiv, ästig oder inkrustierend; thamnasterioid. Polypare in der Regel durch kurze Septocostae verbunden. Die Septalflächen der schwach perforaten Septen mit Reihen von Granulationen oder unterbrochenen Rippen bedeckt, die parallel zu den Rändern verlaufen. Columella styliform.

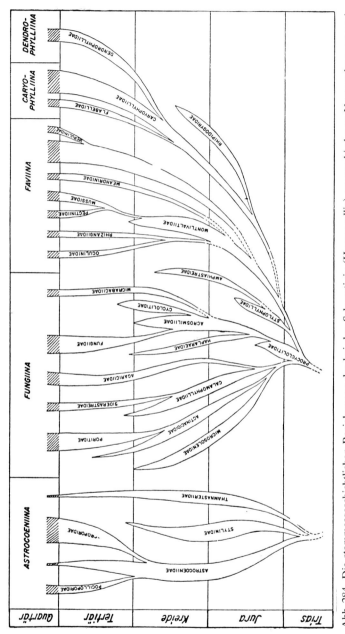

Abb. 284. Die stammesgeschichtlichen Beziehungen der bei den Scleractinia (Hexacorallia) ausgeschiedenen Unterordnungen und Familien. — Nach J. W. WELLS.

V. Klasse Anthozoa Ehrenberg 1834

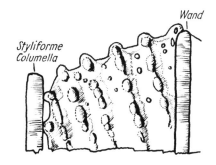

Abb. 285. *Actinastrea decaphylla* (MICHELIN). Blick auf Distalrand und Seitenfläche einer Septe. ¼ nat. Gr. – Nach J. ALLOITEAU (1952), umgezeichnet.

Abb. 286. *Actinastrea octolamellosa* (MICHELIN), Ob. Santon von Figuières (Bouches-du-Rhône). Nat. Gr. — Nach J. ALLOITEAU 1952.

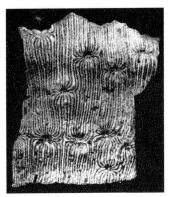

Abb. 287. *Thamnasteria blaburensis* GEYER, Malm von Sotzenhausen (Württemberg). Nat. Gr. — Nach O. F. GEYER 1954.

Familie **Stylinidae** D'ORBIGNY 1851

Corallum kolonial, Knospung extra- oder intratentakular. Die imperforaten Septen bestehen aus einfachen, fächerförmig angeordneten Trabekeln. Ränder der Septen glatt, fein gekerbt oder granuliert. Dissepimente in der Regel gut ausgebildet, meist tabular; selten blasig. Falls Columella vorhanden, ist diese styliform oder lamellär. — Mittl. Trias — Eozän.

Von den 17 (? 19) Gattungen nachstehend nur einige als Beispiele:

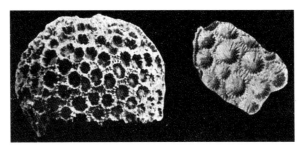

Abb. 288. a) *Cyathophora bourgueti* (DEFR.), Malm (Unt. Tithon) von Nattheim. Nat. Gr., b) *Cyathophora claudiensis* ETALLON, Malm von Bermaringen (Württemberg). Nat. Gr. — Nach O. F. GEYER 1954.

Cyathophora MICHELIN 1843: Lias — Ob. Kreide von Europa und Amerika (Abb. 288).
Corallum massig, plocoid. Polypare dicht gedrängt, ragen kaum hervor. Sie sind durch tabulares Coenosteum verbunden. Oberfläche desselben mit Stacheln besetzt. Septen sehr kurz, rudimentär. Columella fehlt. Endothekale Dissepimente tabular, stark ausgebildet.
Stylina LAMARCK 1816: Ob. Trias. — Unt. Kreide. Weltweit verbreitet, nur nicht in Australien (Abb. 289).

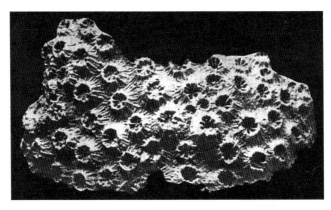

Abb. 289. *Stylina delabechii* M.-EDW. & HAIME, Malm von Bermaringen (Württemberg). Nat. Gr. — Nach O. F. GEYER 1954.

Corallum massig oder ästig, plocoid. Polypare durch confluente Costae verbunden. Die wenig zahlreichen Septen sind tetramer, pentamer oder hexamer angeordnet. Columella fehlt (sekundär) oder styliform. — Gehört ebenso wie *Cyathophora* zu den relativ artenreichen und langlebigen Gattungen.
Stylosmilia M.-EDWARDS & HAIME 1848: Dogger — Unt. Kreide von Europa und Südamerika.
Corallum phaceloid, mit kleinen Polyparen. Zahl der Septen gering. Columella styliform. Costae nur in der Nähe des Kelchrandes ausgebildet.
Enallohelia M.-EDWARDS & HAIME 1849: Dogger — Unt. Kreide von Europa, Asien und Südamerika.
Corallum dendroid; die einzelnen Äste mit der Tendenz, sich in einer Ebene auszubreiten. Polypare klein, alternierend. Zahl der Septen gering. Columella styliform, kräftig. Costae kurz.

Auf die beiden restlichen Familien der Astrocoeniina wird nicht besonders eingegangen. Es handelt sich um die **Pocilloporidae** GRAY 1842 (Ob. Kreide — rezent) mit ausgedehntem Coenosteum und die **Acroporidae** VERRILL 1902 (Ob. Kreide — rezent).
Zu letzteren gehört die Gattung
Acropora OKEN 1815 (syn. *Madrepora* auctt., *Heteropora* EHR. 1834; *Isipora* STUDER 1878): Eozän — rezent von Europa, Westindien, Nordamerika, aus dem Pazifik und dem Indischen Ozean. Wichtigster Riffbildner der Gegenwart. Stellt mit ca. 200 Arten etwa 40% aller rezenten Scleractinia.
Kolonial, meist verzweigt, seltener massiv oder inkrustierend. Knospung extratentakular. Polypare klein (Durchmesser 1—3 mm), wenig vom Coenosteum unterschieden. Septen in zwei Zyklen; aus einfachen, dornenförmigen Trabekeln. Columella schwach oder fehlend. Nicht selten finden sich Stöcke, die eine Fläche von etwa 2,5 m^2 bedecken.

Unterordnung **Fungiina** VERRILL 1865

Corallum kolonial oder solitär. Septen perforat, basal mit Durchbrüchen; aus zahlreichen einfachen oder zusammengesetzten Trabekeln. Ränder der Septen geperlt oder gezähnelt. Synaptikel stets vorhanden. — Mittl. Trias — rezent.

Oberfamilie **Agariciicae** GRAY 1847

Solitär oder kolonial. Septen meist aus einem Fächersystem einfacher Trabekel gebildet, die durch Synaptikel verbunden werden. Ränder der Septen geperlt. — Mittl. Trias — rezent.
Calamophyllia BLAINVILLE 1830: Dogger — Ob. Kreide von Eurasien, N-Amerika, Afrika und W-Indien.
Corallum phaceloid, hochästig, wenig verzweigt. Die einzelnen Äste verlaufen fast parallel zueinander. Septen und Epithek dünn. Columella klein, trabekulär, oft schwach entwickelt.
Isastrea M.-EDWARDS & HAIME 1851: Mittl. Trias — Ob. Kreide von Europa, Afrika und N-Amerika (Abb. 290).

Abb. 290. *Isastrea explanata* (MÜNSTER), Malm (Unt. Tithon) von Nattheim (Württemberg). Nat. Gr. — Nach O. F. GEYER 1954.

Kolonial, meist cerioid und massiv. Querschnitt der gedrängt stehenden Polypare rundlich bis polygonal. Seitenflächen der Septen fein berippt. Mit Columella.
Protoseris M.-EDWARDS & HAIME 1851: Dogger — Malm von Europa.
Corallum folios bzw. etagen- oder wedelförmig gebaut. Die nicht besonders gedrängt stehen-

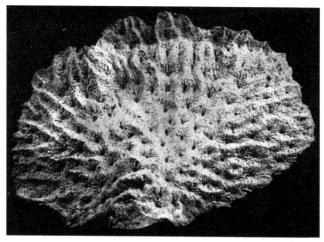

Abb. 291. *Microphyllia seriata* (BECKER), Malm (Unt. Tithon) von Nattheim (Württemberg). ⅚ nat. Gr. — Nach O. F. GEYER 1954.

den Kelche sind durch confluente Costae verbunden. Septen regelmäßig perforat. Columella trabekulär, mehr oder weniger gut entwickelt.

Microphyllia D'ORBIGNY 1849: Malm von Europa, Asien, Afrika und Südamerika (Abb. 291).

Corallum massiv oder folios; meandroid. Kelche in einfachen, durch Hügel getrennten Reihen angeordnet. Septen und Columella wie bei *Calamophyllia*. Viele der früher als *Latomeandra* (syn. *Latimaeandra*) beschriebenen Formen gehören hierher.

Cycloseris M.-EDWARDS & HAIME 1849 (syn. *Microseris* FROM. 1870): Ob. Kreide — rezent von Eurasien, rezent im Indischen Ozean (Abb. 292).

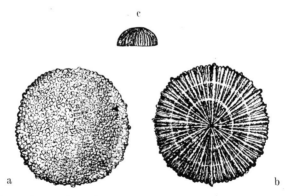

Abb. 292. *Cycloseris hemisphaerica* (FROM.), Cenoman (Grünsand) von Le Mans: a) von unten; b) von oben, vergr.; c) von der Seite, nat. Gr. — Nach K. A. v. ZITTEL 1915.

Solitär; einfach scheibenförmig, zum Teil oben gewölbt (cupolat), kleinwüchsig. Wand nicht perforat. Septen der höheren Zyklen im Gegensatz zu den anderen perforat. Unterseite flach, mit Körnchen besetzt.

Fungia LAMARCK 1801 (Pilzkoralle): Miozän — rezent; heute nur in den tropischen Bereichen des Indopazifik (Abb. 293—294).

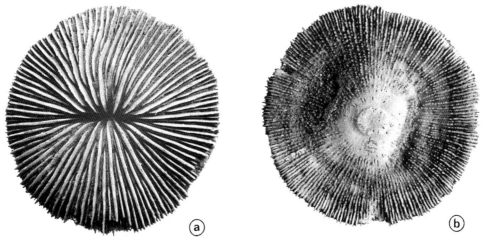

Abb. 293. *Fungia* sp., rezent (Indischer Ozean): a) von oben; b) von unten. Nat. Gr.

Abb. 294. „Metagenese" bei *Fungia*. a) Trophozooid, 8 mm hoch; b) Trophozooid mit fast vollständig ausgebildetem Geschlechtspolypen, der sich später ablöst. Dieser Vorgang, der mit der Strobilation der Scyphomedusen zu vergleichen ist, kann sich mehrfach wiederholen. – Nach BOURNE 1893.

Solitär; scheibenförmig bis langoval, im Alter nicht aufgewachsen. Kelch flach oder konvex. Unterseite eben. Costae meist zu Stachelreihen reduziert.

Das durch das Stomodaeum einströmende Wasser wird nach Zirkulation in den Interseptalräumen in Richtung einer zentralen, rinnenartigen Vertiefung („Fossula") gelenkt, von wo es zusammen mit unverdaulichen Resten der Nahrung usw. entlang der Septenkanten emporzieht und über das Stomodaeum den Tierkörper wieder verläßt (YONGE 1930).

Diese Gattung zeigt eine besondere Art der Fortpflanzung (Metagenese), die mit der Strobilation der Scyphomedusen verglichen werden kann (Abb. 294). Dabei entsteht nach der Festsetzung der Larve zunächst ein becherförmiger Polyp (**Trophozooid**). Aus diesem geht sodann unter horizontalem Wachstum der Seitenwandung ein scheibenförmiger Polyp hervor, der sich nach Zerstörung der verbindenden Skelettsubstanz ablöst und frei weiterlebt. Da der Trophozooid im Anschluß weitere Knospen zu bilden vermag, kann sich der Vorgang mehrfach wiederholen. Die scheibenförmigen Polypen erzeugen die Geschlechtsprodukte.

Vor der Ablösung des scheibenförmigen Polypen stirbt das Gewebe im Bereich der späteren Trennzone ab, so daß das Kalkskelett hier nach der Zersetzung der Weichteile von bohrenden Kalkalgen befallen werden kann. Diese zerstören es derart, daß sich der alte, ausgewachsene Polyp leicht von der Unterlage abzulösen und seinen Platz für die nächste Generation freizumachen vermag (G. C. BOURNE 1893).

Stephanophyllia MICHELIN 1841: Eozän — rezent von Europa, Asien; rezent im westlichen Pazifik (Abb. 295).

Solitär; scheibenförmig, oben gewölbt (cupolat); nicht festgewachsen. Septen aus fächerförmig gestellten, einfachen Trabekeln, perforat. Ränder der Septen, die mit den Costae alternieren, ragen nahezu vertikal über die Peripherie des Polypars.

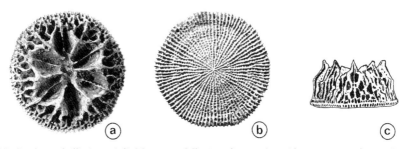

Abb. 295. *Stephanophyllia imperialis* MICHELIN, Miozän: a) von oben; b) von unten; c) von der Seite. 1½ nat. Gr.

Oberfamilie **Fungiicae** DANA 1846

Solitär oder kolonial. Knospung meist intratentakular. Wandung der Polypare synaptikulothekal, sekundär septothekal. Septen aus zusammengesetzten Trabekeln. Ränder der Septen kräftig gezähnelt oder geperlt. — Dogger — rezent.

Synastrea M.-EDWARDS & HAIME 1848: Dogger — Ob. Kreide von Europa, N-Amerika und W-Indien (Abb. 296).

Abb. 296. *Synastrea foliacea* (QUENSTEDT), Ob. Malm von Nattheim (Württemberg). ⅕ nat. Gr. — Nach O. F. GEYER 1954.

Abb. 297. *Cyclolites elliptica,* Turon von Corbières. a) von oben; b) von unten. Nat. Gr.

Corallum massiv oder fladenförmig; thamnasterioid. Polypare in Reihen angeordnet. Septen randlich perforat und geperlt. Synaptikel zahlreich. Columella trabekulär.

Acrosmilia D'ORBIGNY 1849: Dogger — Ob. Kreide von Europa und N-Amerika.

Pilzartige Einzelkorallen mit kleiner, meist gestielter Basisfläche. Septen zahlreiche, regelmäßig geperlt. Columella klein, trabekulär.

Cyclolites LAMARCK 1801: Kreide — Eozän von Europa, Nordafrika, Asien und Westindien (Abb. 297).

Solitär, einfach scheibenförmig, oben gewölbt (cupolat); unten flach, mit runzeliger Epithek. Septen zahlreich, dünn; meist perforat. Die Metasepten bilden bis zu vier Zyklen. Dabei zeigt sich eine gewisse Übereinstimmung im Bau des Septalapparates mit dem der Heterocorallia; doch handelt es sich wohl zweifellos um Homöomorphie und nicht um einen Ausdruck phyletischer Beziehungen. Anzeichen ungeschlechtlicher Fortpflanzung, wie sie etwa bei *Fungia* deutlich zu erkennen sind, lassen sich nicht nachweisen. Die Cycloliten lebten in normal salzhaltigem, zeitweise bewegtem Wasser in einer Tiefe von schätzungsweise 30 bis 50 m. Sie lagen mit der Basis auf und waren nicht festgewachsen. Ein unmittelbarer Nachkomme von *Cyclolites* ist *Siderastrea* (Tertiär — rezent).

Aspidiscus KÖNIG 1825: Ob. Kreide (Cenoman) von Europa, Mittelasien, N-Afrika und ? Uruguay (Abb. 298).

Abb. 298. *Aspidiscus cristatus* (LAMARCK), a) große Kolonie mit unregelmäßig angeordneten Polyparen, Cenoman von Cettabah (Algerien), nat. Gr.; b) Ausschnitt von der Oberseite des Corallums, Cenoman von Le Beausset (Frankreich), ⅔ nat. Gr. — Nach H. D. THOMAS & S. OMARA 1957.

Kolonial, einfach scheibenförmig, mit rundem oder elliptischem Umriß, oben gewölbt (cupolat). Kolonien hydnophoroid, wobei die Polypare vom Zentrum der Oberseite ausstrahlen und durch scharfe Kämme voneinander getrennt sind. Unterseite mit runzeliger Epithek.

Diese leicht erkennbare, auf das tethyale Cenoman beschränkte Gattung findet sich besonders häufig in Nordafrika zwischen Algerien, Tunesien und Tripolitanien.

Oberfamilie **Poriticae** GRAY 1842

Überwiegend kolonial. Septen aus einfachen Trabekeln; perforat, gefenstert; seitlich durch einfache Synaptikel verbunden. — Jura — rezent.

Microsolena LAMOUROUX 1821: Dogger — Kreide, fast weltweit.
Kolonial, massiv oder folios; thamnasterioid. Knospung intratentakular. Polypare flach, ragen nicht hervor. Septen dünn, zahlreich. Columella fehlt oder schwach ausgebildet.

Actinaraea D'ORBIGNY 1849: Malm von Europa (Abb. 299).
Kolonial, massiv bis fladenförmig. Knospung intratentakular. Wandung synaptikulothekal. Polypare im Coenosteum eingebettet. Septen wenig zahlreich; ohne paliforme Lappen der endständigen Trabekel. Columella durch lockeres Maschenwerk angedeutet. Basalepithek gut ausgebildet.

Porites LINK 1807: Eozän — rezent, weltweit verbreitet. In der Gegenwart nach *Acropora* der wichtigste Riffbildner (Abb. 300).

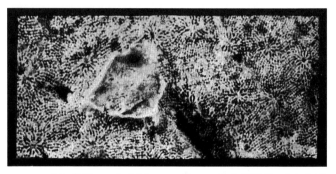

Abb. 299. *Actinaraea granulata* (MÜNSTER), Malm von Gussenstadt (Württemberg). ³⁄₁ nat. Gr. — Nach O. F. GEYER 1954.

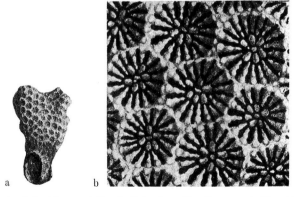

Abb. 300. *Porites pelegrinii* D'ACH., a) Bruchstück eines Coralluns, nat. Gr.; b) Ausschnitt von der Oberseite des Coralluns, ca. ⁶⁄₁ nat. Gr. Eozän (Ob. Lutet, Schichten v. St. Giovanni Ilarione), südalpine Vortiefe. — Nach A. E. REUSS 1869.

Kolonial, massiv, verästelt oder inkrustierend. Knospung intratentakular. Die kleinen Polypare (Durchmesser bis 2 mm) stehen meist dicht nebeneinander. Dann ist kein verbindendes Coenosteum ausgebildet. Septen regelmäßig perforat, aus drei bis vier nahezu vertikal stehenden Trabekeln. Columella einfach, trabekulär; von einem Pali-Kranz umgeben.

Unterordnung **Faviina** VAUGHAN & WELLS 1943

Solitär oder kolonial. Septen aus einfachen oder zusammengesetzten Trabekeln; imperforat, blattförmig oder aus isolierten Stacheln. Ränder der Septen meist regelmäßig und kräftig gezähnelt. Synaptikel fehlen. Dissepimente deutlich. Manche Vertreter sind Tief- oder Kaltwasserformen. — Mittl. Trias — rezent.

Oberfamilie **Stylophyllicae** VOLZ 1896

Solitär oder kolonial. Knospung extra- oder intratentakular. Septen meist blattförmig. Columella fehlt oder durch ein verlängertes Septum vertreten. Endothekale Dissepimente in der Regel zweizonig (außen blasig, innen tabular). Wand epithekal, innen sekundär verdickt. — Mittl. Trias — Kreide.

Stylophyllum REUSS 1854: Ob. Trias von Europa.
Solitär oder phaceloid bis cerioid. Trabekel selten blattförmig verschmolzen. Endothekale Dissepimente sämtlich tabular.

Amphiastrea ETALLON 1859: Dogger — Ob. Kreide von Europa, Asien, Afrika und N-Amerika. Maximum der Entwicklung im Malm (Abb. 301).

Abb. 301. a) *Amphiastrea gracilis* KOBY, Malm (Tithon) der ČSFR. ⁴/₁ nat. Gr. b)—c) *Amphiastrea waltheri* DE ANGELIS (Längs- und Querschnitt). Unt. Kreide (Apt) von Italien. ²/₁ nat. Gr. — Aus J. W. WELLS 1956.

Kolonial, massiv, cerioid. Septen aus relativ wenig Trabekeln zusammengesetzt. Eine der Protosepten kräftig entwickelt.

Placophyllia D'ORBIGNY 1849: Dogger — Malm von Europa. Maximum der Entwicklung im Malm (Abb. 302).

Kolonial, phaceloid. Querschnitt der Polypare rundlich, mit leicht vorragenden Septen. Ein Septum des ersten Zyklus über das Zentrum hinaus verlängert. Epithek kräftig.

Axosmilia M.-EDWARDS & HAIME 1848: Dogger — Ob. Kreide von Europa, Afrika und N-Amerika (Abb. 303).

Solitär, turbinat oder fast zylindrisch. Querschnitt der Polypare rundlich bis eiförmig. Ränder der zahlreichen und kräftigen Septen glatt. Ein Septum des ersten Zyklus verlängert („*Cloison columellaire*"). Endothekale Dissepimente sämtlich blasig.

Abb. 302. *Placophyllia dianthus* (GOLDF.), Malm von Nattheim (Württemberg). Nat. Gr. — Nach O. F. Geyer 1954.

Abb. 303. *Axosmilia marcoui* (ETALLON). a) Kelch; b) von der Seite. Malm von Oberstotzingen (Württemberg). Nat. Gr. — Nach O. F. GEYER 1954.

Oberfamilie **Faviicae** GREGORY 1900

Solitär oder kolonial. Wandung septo- oder parathekal. Septen wenig perforat, randlich gezähnelt. — Mittl. Trias — rezent.

Die beiden wichtigsten Familien der Faviicae, die insgesamt neun Familien mit über 150 Gattungen umfassen, sind die Montlivaltiidae DIETRICH 1926 (Mittl. Trias — Eozän) und die Faviidae GREGORY 1900 (Dogger — rezent).

Familie **Montlivaltiidae** DIETRICH 1926

Solitär oder kolonial. Knospung intratentakular. Septen aus großen, meist einfachen Trabekeln. Seitenflächen der Septen gestreift oder gezähnelt, Ränder regelmäßig gezähnelt. Epithek gut entwickelt. Durchmesser der Polypare gewöhnlich um 8 mm. Es handelt sich um eine der wichtigsten Familien mesozoischer Korallen. — Mittl. Trias — Eozän. Maximum der Entwicklung von Malm bis Unterkreide.

Montlivaltia LAMOUROUX 1821: Mittl. Trias — Kreide, weltweit verbreitet (Abb. 304).

Solitär, cupolat, trochoid oder fast cylindroid; mit zahlreichen Septen. Septalflächen granuliert oder berippt. Columella fehlt. Epithek meist gut ausgebildet. Zahlreiche Arten.

Thecosmilia M.-EDWARDS & HAIME 1848: Mittl. Trias — Kreide, weltweit verbreitet (Abb. 305).

Abb. 304. *Montlivaltia ellipsocentra* (QUENSTEDT), Seiten- und Kelchansicht. Malm von Sotzenhausen (Württemberg). Nat. Gr. — Nach O. F. GEYER 1954.

Abb. 305. *Thecosmilia trichotoma* (GOLDF.), nach der Einbettung in das kalkige Nebengestein durch Metasomatose in Kieselsäure umgewandelt und vom Präparator mit verdünnter Salzsäure aus dem Gestein herausgelöst. Malm von Stuple Ashton (England). Das rechte Exemplar hat einen größten Durchmesser von 9 cm.

Kolonial, phaceloid. Distales Ende der Polypare frei. Septen zahlreich und wie bei *Montlivaltia* ausgebildet. Columella fehlt. — Gehört ebenso wie *Montlivaltia* zu den artenreichsten und langlebigsten Gattungen der Scleractinia.

Familie **Faviidae** GREGORY 1900

Solitär oder kolonial; dann meist riffbildend. Knospung intra- oder extratentakular. Septen randlich gezähnelt, überwiegend aus einfachen Trabekeln. Endständige Glieder der Trabekeln bilden oft paliforme Lappen. Columella meist vorhanden, dann in der Regel trabekulär, seltener styliform. Epithek fehlt häufig. Durchmesser der Polypare gewöhnlich unter 1 cm. — Dogger — rezent.

Favia OKEN 1815: Kreide — rezent; weltweit verbreitet (Abb. 306).
Kolonial, plocoid, massiv, folios oder inkrustierend, Knospung intratentakular. Endo- und exothekale Dissepimente blasig. Columella trabekulär, schwammig.

Leptoria M.-EDWARDS & HAIME 1848: Ob. Kreide — rezent; fossil in Europa.
Kolonial, meandroid. Columella dünn, blattförmig.

Abb. 306. *Favia profunda* REUSS: a) Corallum, nat. Gr.; b) Ausschnitt von der Oberfläche des Corallums, ca. ⁴⁄₁ nat. Gr. Eozän (Ob. Lutet, Schichten von St. Giovanni Ilarione), südalpine Vortiefe. — Nach A. E. REUSS 1869.

Goniocora M.-EDWARDS & HAIME 1851: Dogger — Malm von Europa.
Kolonial, dendroid. Knospung intratentakular. Septenzahl gering. Columella styliform. Epithek dünn.

Auf die übrigen Familien wird nicht besonders eingegangen. Zitiert werden lediglich noch folgende Gattungen:

Madrepora LINNÉ 1758: Eozän — rezent; weltweit verbreitet (Abb. 307).
Kolonial, dendroid. Knospung extratentakular, alternierend. Pali fehlen. Polypare innen mit Stereom gefüllt. Coenosteum dicht. Columella schwammig oder fehlend.

 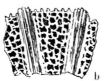

Abb. 307. *Madrepora anglica* DUNCAN, Oligozän von Brokkenhurst (England). a) Querschnitt durch einen Teil des Corallums, vergrößert; b) desgl., Vertikalschnitt, vergrößert. — Nach K. A. v. ZITTEL 1915.

V. Klasse Anthozoa Ehrenberg 1834

Abb. 308 A. *Barysmilia vicentina* D'ACH., Eozän (Ob. Lutet, Schichten von St. Giovanni Ilarione), südalpine Vortiefe. Nat. Gr. — Nach A. E. REUSS 1869.

Barysmilia M.-EDWARDS & HAIME 1848: ? Malm, Ob. Kreide — Eozän von Europa (Abb. 308 A).

Kolonial, plocoid, massiv. Knospung intratentakular. Polypare bei manchen Formen im Querschnitt nicht rundlich, sondern seitlich komprimiert; durch blasiges, costates oder dichtes Coenosteum vereinigt. Septenzahl gering. Columella wenig entwickelt, trabekulär; von außen oft blattförmig erscheinend.

Diploria M.-EDWARDS & HAIME 1848 (Neptunsgehirn): Ob. Kreide — rezent mit zahlreichen Arten (Abb. 308 B).

Kolonial, riffbildend. Knospung intratentakular, meandroid. Septen wie bei *Favia*. Columella zum Teil kontinuierlich. Mäandrierende Furchen lang und schmal, durch mehr oder weniger breite Zwischenfelder getrennt.

Familie **Meandrinidae** FAUGHAN & WELLS 1943

Kolonial oder solitär. Knospung intratentakular; meist riffbildend. Trabekel immer einfach, ohne Synaptikel. Polypen in mäandrierenden Furchen. Die Mäanderform erklärt sich wie bei *Diploria* aus der unvollständigen Knospenbildung, wobei die Mundscheibe in ein langes Band mit zahlreichen Mundöffnungen ausgezogen wird und die Längsgrate durch Verwachsung der dicht aufeinander folgenden, in Reihen angeordneten Polypen entstehen. Mundöffnungen der Polypen über der Furchenmitte, Tentakel über den Längsgraten. — Ob. Kreide — rezent.

Meandrina LAMARCK 1801 (Hirnkoralle): Miozän — rezent (Abb. 308 C).

Kolonial, meandroid. Columella lamellär, klein, mitunter diskontinuierlich. Wände septothekal unter Einkrümmung der peripheren Septenränder.

Unterordnung **Caryophylliina** VAUGHAN & WELLS 1943

Kolonial oder solitär. Septen imperforat, blattförmig; aus einfachen, stets sehr kleinen Trabekeln. Ränder der Septen meist glatt. Synaptikel fehlen. Dissepimente in der Regel nicht vorhanden. — Jura — rezent. Es handelt sich um Scleractinia, die am erfolgreichsten auf Änderungen der Umweltbedingungen zu reagieren vermögen.

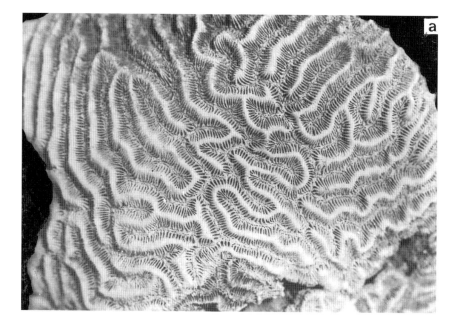

Abb. 308 B. a) *Diploria labyrinthiformis* (LINNÉ), rezent von Pilon (Kuba). Breite des Abschnitts ca. 14 cm; b) *Diploria clivosa* (ELLIS & SOLLANDER), lebend. Meeresaquarium von Havanna (Kuba). Breite des Abschnitts ca. 12 cm. Fot. Verf.

Abb. 308 C. *Meandrina meandrites meandrites* (Linné), halbkugelige Kolonie. Rezent von Varadero (Kuba). Durchmesser 7 cm. Fot. Verf.

Familie **Caryophylliidae** Gray 1847

Meist solitär; bei Koloniebildung phaceloid oder dendroid. Knospung gewöhnlich extratentakular. Septalflächen glatt oder fein gekörnelt. Columella in der Regel vorhanden; dann meist dicht, schwammig, seltener blattförmig. Pali oder paliforme Lappen häufig ausgebildet. Endothekale Dissepimente gelegentlich vorhanden. Costae gewöhnlich von Epithek oder Stereom überdeckt. — Jura bis rezent.

Caryophyllia Lamarck 1801: Malm — rezent; weltweit verbreitet. Heute in Tiefen zwischen 0 und 2743 m beobachtet (Abb. 309—310).

Abb. 309. *Caryophyllia cyatha* Sol., Vertikalschnitt. Rezent. Nat. Gr. — Nach M.-Edwards, aus K. A. v. Zittel 1915.

Abb. 310. *Caryophyllia* sp., Tertiär von Sizilien. Länge: ca. 4 cm.

Solitär, turbinat bis cyclindroid. Septen zahlreich. Pali in einem Ring um die Columella angeordnet. Epithek fehlt oder schwach ausgebildet.

Trochocyathus M.-Edwards & Haime 1848: Dogger — rezent (Abb. 311).

Solitär, turbinat bis ceratoid; frei oder aufgewachsen. Septen zahlreich. Columella meist schwammig. Pali in zwei Ringen um die Columella angeordnet.

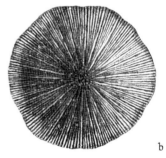

Abb. 311. *Trochocyathus concinnus* Reuss: a) von der Seite; b) von oben. Eozän (Ob. Lutet, Schichten v. St. Giovanni Ilarione), südalpine Vortiefe. ⅚ nat. Gr. — Nach A. E. Reuss 1869.

Turbinolia Lamarck 1816: Eozän — Oligozän von Europa, Amerika und Westafrika (Abb. 312).

Solitär, meist trochoid; nicht aufgewachsen. Das Polypar war völlig vom Polypen umschlossen. Wand perforat oder außen zwischen den Costae mit Gruben bedeckt. Columella in der Regel styliform.

Parasmilia M.-Edwards & Haime 1848: Unt. Kreide — rezent; weltweit verbreitet (Abb. 313).

Solitär, trochoid; aufgewachsen. Endothekale Dissepimente tief im Polypar. Columella schwammig.

V. Klasse Anthozoa Ehrenberg 1834

Abb. 312. *Turbinolia bowerbanki* E. H., Eozän von Highgate (England). ⁵/₁ nat. Gr. — Nach K. A. v. ZITTEL 1915.

Abb. 313. *Parasmilia centralis* (MANTELL), Ob. Kreide (Unt. Maastricht, Schreibkreide) von Rügen. Höhe: ca. 3 cm.

Familie **Rhipidogyridae** KOBY 1904

Solitär oder kolonial, riffbildend. Knospung intratentakular. Septen wenig zahlreich, dick, nicht gezähnelt. Polypare meist durch ein dichtes Coenosteum verbunden bzw. äußerlich verstärkt. Columella lamellar, vertieft, dünn, Epithek fehlt. — Malm — Unt. Kreide; besonders kennzeichnend für Malm.

Rhipidogyra M.-EDWARDS & HAIME 1848: Malm von Europa (Abb. 314).
Kolonial, flabelloid. Polypare frei, erstrecken sich lateral linear; in der Regel etwas verbogen und verdreht.

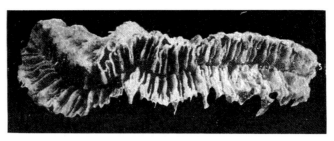

Abb. 314. *Rhipidogyra costata* BECKER (Aufsicht). Malm von Nattheim (Württemberg). Nat. Gr. — Nach O. F. GEYER 1954.

Familie **Flabellidae** BOURNE 1905
(Fächerkorallen)

Solitär. Wand epithekal, innen durch Stereom verstärkt. Septen aus einem Fächersystem einfacher Trabekel. Seitenflächen der Septen glatt oder granuliert; Ränder glatt, Dissepimente und Pali fehlen. Polypare außen im Unterschied zu den meisten anderen Korallen nicht vom Weichkörper bedeckt; erinnern von der Breitseite gesehen an einen Fächer; größter Durchmesser bis ca. 25 cm. — Kreide — rezent.

Flabellum LESSON 1831: Eozän — rezent; weltweit verbreitet. Heute in Tiefen zwischen 3 und 3183 m nachgewiesen (Abb. 315).

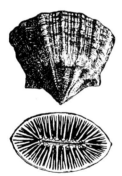

Abb. 315. *Flabellum roissyanum* M.-EDW. & HAIME, Miozän von Baden bei Wien. Nat. Gr. — Nach K. A. v. ZITTEL 1915.

Polypar meist abgeflacht turbinat. Septen zahlreich. Columella fehlt oder sehr schwach ausgebildet. Tiere liegen meist frei auf dem Untergrund, wo sie vom Wellengang oder Strömungen oft hin und her geworfen werden.

Bei *F. rubrum* (rezent, Indopazifik) tritt intratentakulare Knospung auf, wobei sich zunächst aus der Larve ein gestielter Kelch mit zwei seitlichen Dornen bildet. Aus diesem wächst eine Knospe. Sie fällt ab, wenn sie die Größe der Mutter erreicht hat und lebt, ohne festzuwachsen, frei weiter.

Unterordnung **Dendrophylliina** VAUGHAN & WELLS 1943

Solitär oder kolonial. Septen ähnlich wie bei den Caryophylliina ausgebildet, doch in der Regel sekundär verdickt; unregelmäßig perforat. Septenränder glatt oder leicht gezähnelt. Wandung synaptikulothekal, unregelmäßig perforat. — Ob. Kreide — rezent. Nur wenige der Gattungen sind Riffbildner.

V. Klasse Anthozoa Ehrenberg 1834

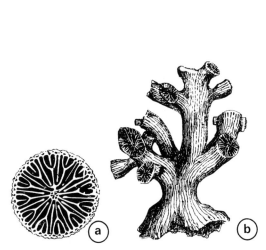
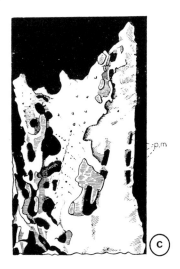

Abb. 316. *Dendrophyllia elegans* Duncan, Oligozän von Brockenhurst (England). a) Querschnitt in der Nähe des Kelches, vergrößert; b) Corallum in nat. Gr. — Nach K. A. v. Zittel 1915; c) oberer Teil der Seitenfläche einer Septe von *Dendrophyllia ramea* (Linné). Bezeichnung: *p.m.* = Poren in der Wandung. Stark vergrößert. — Nach J. Alloiteau 1952.

Dendrophyllia Blainville 1830: Eozän — rezent; weltweit verbreitet (Abb. 316).
Kolonial, dendroid. Knospung extratentakular.

Turbinaria Oken 1815: Oligozän — rezent (Europa, Pazifik und Indischer Ozean).
Kolonial, foliat. Polypare durch ein stark entwickeltes Coenosteum vereinigt. Riffbildner.

Ordnung **Tabulata** M.-Edwards & Haime 1850
(Bödenkorallen)

1. Allgemeines

Ausschließlich koloniale Organismen, deren Polypare meist sehr schlank ausgebildet und durch zahlreiche quer verlaufende Böden gegliedert sind. Demgegenüber treten die Septen zurück. Sie sind entweder rudimentär bzw. zu Septalleisten oder -dornen reduziert. Wände vielfach von Poren durchsetzt. Sonst erfolgt die Verbindung der Polypare über Röhrchen oder zwischengeschaltetes Coenosteum. Die Tabulata unterscheiden sich von den

a) **Octocorallia** (Ausnahme *Heliopora* und Verwandte) durch das faserige Kalkskelett und die trabekuläre Ausbildung der Septen;

b) von den **Rugosa und Scleractinia** durch die Tatsache, daß stets nur ein Septenkranz entwickelt ist.

2. Vorkommen

Mittl. Ordovizium — Perm. Angaben aus dem Kambrium sind zweifelhaft. Erster sicherer Nachweis im Mittl. Ordovizium (Chazyan) der Appalachen-Geosynklinale von Nordamerika. Die Tabulata sind also offenbar etwas älter als die Rugosa. Maximum der Entwicklung vom Unt. Silur — Ob. Devon (Abb. 231 B). Im Ordovizium waren sie der Arten- und Gattungszahl nach häufiger als die Rugosa.

3. Geschichtliches

M.-EDWARDS & HAIME (1850) stellten zunächst auch einige Gattungen der Stromatoporoidea und Bryozoa zu den Tabulata. Als dies erkannt wurde, bestritt man deren Selbständigkeit und verteilte sie auf die übrigen Ordnungen der Korallen. Heute betrachtet man die Tabulata meist als natürliche Einheit vom Range einer Ordnung. Eine Revision findet sich bei D. HILL & E. C. STUMM 1956.

4. Morphologie

Die Form des Corallums ist, ähnlich wie bei den anderen Korallen, sehr verschiedengestaltig. Am häufigsten finden sich aber massive, knollige bis halbkugelige, ferner unregelmäßig und ästig verzweigte Vertreter. Dabei kann der Durchmesser 2 m und mehr betragen, während er bei den in der Regel sehr schlanken und schmalen Polyparen selten 1½—2 cm übersteigt.

In den meisten Fällen stehen die Polypare unmittelbar in Kontakt. Das Corallum zeigt dann entweder einen cerioiden oder meandroiden Bau. Fehlen trennende Wände und ist zwischen den Polyparen ein gemeinsames Gewebe (Coenosteum) entwickelt, spricht man von „coenenchymaler" Ausbildung. Als Besonderheit finden wir innerhalb der Halysitidae eine palisadenartige Anordnung der Polypare derart, daß sich benachbarte Polypare seitlich nur längs einer Linie berühren. Der Querschnitt hat dann ein kettenförmiges Aussehen (Abb. 325—326).

Im Gegensatz zu den Rugosa zeigt die Epithek bei typischer Ausbildung keine Längsfurchen und -rippen; doch sind Zuwachssteifen und -ringe häufig zu finden. Gelegentlich, so bei *Michelinia*, treten schuppenartige Elemente auf. Als Besonderheit lassen sich in den Wänden der Favositidae und cerioiden Syringoporidae mehr oder weniger regelmäßige Systeme kreisförmiger oder ovaler Wandporen beobachten, durch die eine Verbindung zwischen den Polyparen erfolgt. Wie bei den Rugosa und Scleractinia bestehen die Skelettelemente aus nadelartigen, faserigen Kalkaggregaten. Zur Frage, ob es sich hierbei ursprünglich um Kalzit oder um Aragonit handelt, siehe B. D. WEBBY 1990. Weichteilreste sind nicht überliefert; doch dürften die Beziehungen zwischen Weichteilen und Skelett mit denen der Scleractinia zu vergleichen sein.

5. Systematik

Man kennt u. a. nachstehende fünf Familien, die sich je nach der Ausbildung von Wandung, Septen und Böden sowie dem Vorhandensein oder Fehlen von Coenosteum leicht unterscheiden lassen.

Umfassend und unter weitgehender taxonomischer Gliederung wurden die Tabulata von B. S. SOKOLOV (1955, 1962) bearbeitet. Spezielle Angaben über ihre Morphogenese und den Bau des Skeletts finden sich bei A. SCHOUPPÉ & K. OEKENTORP 1974. Die eventuelle Stellung von *Favosites* und Verwandten bei den Porifera wird von H. FLÜGEL 1976 diskutiert.

Familie **Syringophyllidae** POČTA 1902

Corallum massiv, meist „coenenchymal", sonst cerioid. Septen dick und gewöhnlich in Dornen aufgelöst: Wände perforat. Dabei sind die Wandporen jeweils in Höhe der Böden in Querreihen angeordnet. — Mittl. Ordovizium — Unt. Silur.
Billingsaria OKULITCH 1936: Mittl. Ordovizium von N-Amerika und Australien.
Septen am äußeren Rande keilförmig verdickt, wo sie eine dicke Wand bilden. Zahl der Septen beträgt 16. Coenosteum fehlt.
Sarcinula LAMARCK 1816 (syn. *Syringophyllum* M.-EDW. & HAIME 1850): Ob. Ordovizium v. Europa, N-Amerika, Asien.
Die Zahl der gleichgroßen Septen beträgt 20—24. Mit Coenosteum.

Familie **Heliolitidae** Lindström 1876

Corallum massiv oder verzweigt, mit dissepimentalem, trabekulärem oder tubulärem Coenenchym. Polypare mit 12, in Dornen aufgelösten Septen und vollständigen Böden. — Mittl. Ordovizium — Mittl. Devon in Kalken und kalkigen Schiefern flacher Meeresbereiche.

Heliolites Dana 1846: Mittl. Ordovizium — oberes Mittl. Devon, weltweit verbreitet (Abb. 317—318 A, B).

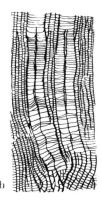

Abb. 317. a) *Heliolites porosus* Goldf., Devon. Teil der Oberfläche eines Stockes. $^{11}/_1$ nat. Gr. b) *Heliolites interstinctus* Lindström, Längsschnitt. Polypare mit Columella. Silur. ¾ nat. Gr. — Nach G. Lindström 1899, aus J. Alloiteau 1952.

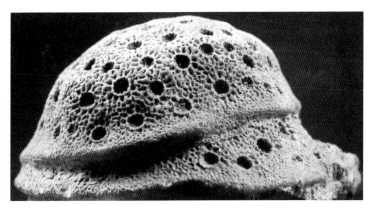

Abb. 318 A. Halbkugeliges Corallum von *Heliolites porosus* Goldf., Mittl. Devon der Eifel. Ca. 1½ nat. Gr.

Corallum massiv oder verzweigt. Querschnitt der Polypare kreisförmig bis polygonal. Coenosteum aus dünnen Röhrchen (Tubuli), die jeweils eine vollständige, dünne Wand und quer verlaufende Diphragmen aufweisen.

Propora M.-Edwards & Haime 1849: Mittl. Ordovizium — Ob. Silur, weltweit verbreitet (Abb. 319).

Corallum massiv. Coenosteum dissepimental, aus gewölbten Platten und isolierten Trabekeln, die nirgends besondere Verdickungen aufweisen. Andere Trabekel sind miteinander verschmolzen und bilden unregelmäßig umgrenzte Tubuli. Böden horizontal, aufwärts oder abwärts gekrümmt.

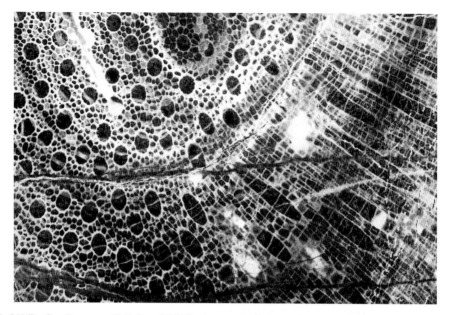

Abb. 318 B. Corallum von *Heliolites (Heliolites) porosus* GOLDF. Die Polypare wurden auf der rechten Bildseite vertikal, auf der linken mehr oder weniger schräg bis parallel zur Längserstreckung geschnitten. Mittl. Devon (Eifel-Stufe) vom Frauenkogel bei Gösting (Ostalpen). Ca. 2½ nat. Gr. – Nach Originalfoto zu H. FLÜGEL 1956.

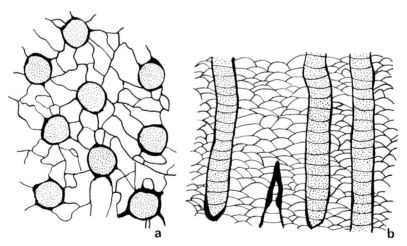

Abb. 319. *Propora exigua* (BILLINGS), a) Querschnitt, b) Längsschnitt. Silur (Ob. Llandovery – Unt. Wenlock) von Neubraunschweig. Breite von a) ca. 4,4 mm, von b) ca. 5,3 mm. – Nach J. P. A. NOBLE & G. A. YOUNG 1984, umgezeichnet.

Familie **Favositidae** DANA 1846

Corallum überwiegend massiv. Polypare dünn und lang, gewöhnlich nicht durch Coenosteum verbunden. Sie zeigen stets Wandporen, deren Durchmesser im Verlaufe des Wachstums konstant bleibt. Septen kurz, gleich groß; als Septalleisten oder -dornen ausgebildet. Septenzahl verschieden. Böden komplett, relativ engständig. — Mittl. Ordovizium — Perm, ? Trias.

Palaeofavosites TWENHOFEL 1914: Mittl. Ordovizium — Ob. Silur von Europa und N-Amerika.
Poren vor allem an den Ecken der Wandungen.

Favosites LAMARCK 1816: Ob. Ordovizium — Mittl. Devon; weltweit (Abb. 320—321).
Poren hauptsächlich um die Mitte der Wandungen.

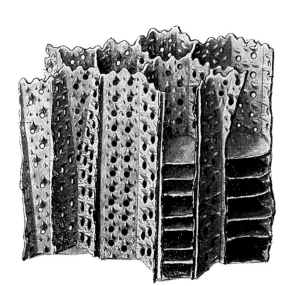

Abb. 320. Teil des Corallums von *Favosites* sp. mit Böden, Wandporen und zu Dornenreihen abgebauten Septen. Ca. ⅗ nat. Gr. — Nach F. W. SARDESON 1896.

Thamnopora STEININGER 1831 (syn. *Pachypora* LINDSTRÖM 1873): Silur — Perm; weltweit verbreitet.
Corallum meist massiv oder verzweigt. Wandung verdickt, mit zahlreichen Poren. Septaldornen wenig häufig. Böden dünn.

Alveolites LAMARCK 1801: Silur — Devon; weltweit verbreitet (Abb. 322).
Corallum massiv, inkrustierend oder ästig verzweigt. Kelchöffnungen der geneigt angeordneten Polypare schief. Querschnitt der Polypare nicht prismatisch; Wand im oberen Teil vorgewölbt.

Pleurodictyum GOLDFUSS 1829: Unt. — Mittl. Devon, weltweit (Abb. 323).
Corallum scheibenförmig bis halbkugelig, von rundem oder ovalem Umriß. Unterseite mit runzliger Epithek überzogen. Polypare groß. Wände dick, mit groben Poren. Septen als Dornenreihen oder Leisten. Böden fehlen. Die Gattung ist besonders charakteristisch für die sandige Ausbildung des Unt. Devon, zum Beispiel *Pl. problematicum* (GOLDFUSS).

Die Festheftung von *Pl. problematicum* erfolgte i. d. R. auf relativ großen, nicht vom Corallum umwachsenen Gastropoden- oder Brachiopoden-Schalen. Nachträglich wurde der Korallenstock meist durch einen Wurm *(Hicetes)* angebohrt, der vermutlich zu den Polychaeten gehört und keine besondere Röhrenwandung ausbildete. Die Röhre ist U-förmig gestaltet und mündet

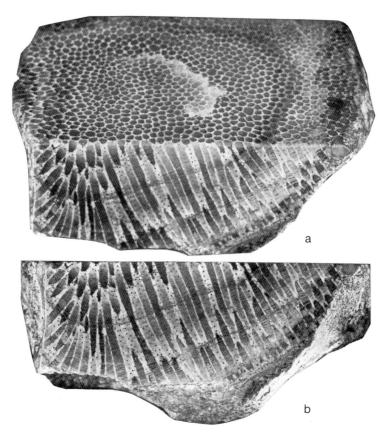

Abb. 321. *Favosites* sp., verschiedene Schnitte durch ein Corallum. Devon von Iowa (Nordamerika). Breite ca. 6½ cm.

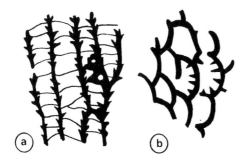

Abb. 322. *Alveolites* spec., a) schematischer Längsschnitt; b) schematischer Querschnitt, wobei die in Dornenreihen aufgelösten Septen nur in zwei Polyparen ausgeführt wurden. ¹⁰/₁ nat. Gr. — Nach H. A. NICHOLSON (1879), aus HILL & STUMM 1956; umgezeichnet.

mit zwei aufsteigenden Schenkeln an der Oberseite des Stockes. Es dürfte sich um Synökie mit einer Hinneigung zum „Raumparasitismus" handeln, da einerseits ein Nutzen der Vergesellschaftung für die Koralle nicht ersichtlich ist, während sie andererseits Schädigungen, wenn auch nicht gerade schwerer Art, erlitt (O. H. SCHINDEWOLF 1959).

Die im Unt. Karbon von Europa weit verbreiteten und bisher als *Pleurodictyum dechenianum* KAYSER 1882 und *Emmonsia parasitica* (PHILLIPS 1836) bezeichneten Tabulata gehören zur

Abb. 323. *Pleurodictyum problematicum* (GOLDF.) Querbruch durch das scheibenförmige Corallum mit wurmförmigem Körper. Die ursprüngliche Kalkwandung ist aufgelöst, das Innere der Polypare mit Nebengestein gefüllt. Unt. Devon (Unt. Ems) von Oberstadtfeld (Eifel); größter Durchmesser 2,3 cm. — Nach Originalfoto von H. KOWALSKI, Moers.

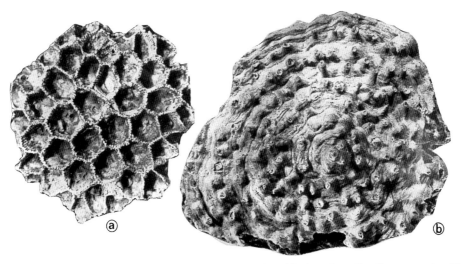

Abb. 324. *Michelinia favosa* DE KONINCK, a) Corallum von oben, b) ein anderes Corallum von unten. Unt. Karbon (Kohlenkalk) von Tournai (Belgien). Das unter b) gezeigte Exemplar hat einen größten Durchmesser von ca. 8 cm.

Gattung *Sutherlandia* COCKE & BOWSHER 1968 (Unt. Karbon — Unt. Perm von Europa, N-Amerika und China). Im Unterschied zu *P*. finden sich hier stets zahlreiche Tabulae.

Michelinia DE KONINCK 1841: Ob. Devon — Perm; weltweit verbreitet (Abb. 324).

Corallum scheibenförmig bis halbkugelig, gelegentlich von erheblichen Ausmaßen. Unterseite mit runzeliger Epithek überzogen, die häufig wurzelförmige Fortsätze aufweist. Polypare sehr groß, polygonal. Septen zahlreich, durch vertikale Wandleisten ersetzt. Wandporen unregelmäßig verteilt. Böden im Gegensatz zu dem sonst sehr ähnlichen *Pleurodictyum* unvollständig, zahlreich, konvex.

Familie **Halysitidae** M.-EDWARDS & HAIME 1850

Corallum phaceloid. Polypare lang, zylindrisch, seitlich zusammengedrückt; mitunter dimorph. Sie sind meist mit den schmalen Enden über die ganze Länge mit den unmittelbaren Nachbarn verwachsen, so daß sie im Querschnitt wie die Glieder einer Kette aneinandergereiht erscheinen. Wand dicht, mit runzeliger Epithek. Böden horizontal oder gekrümmt. Septen können fehlen, sonst durch 12 Dornenreihen ersetzt. — Mittl. Ordovizium — Ob. Silur in Kalken und kaligen Schiefern des Flachwassers.

Halysites FISCHER V. WALDHEIM 1828: Mittl. Ordovizium — Ob. Silur; weltweit verbreitet, nur nicht in Südamerika (Abb. 325—326).

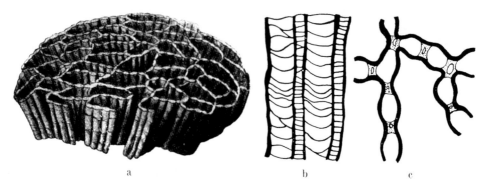

Abb. 325. *Halysites catenularia* (LINNÉ), Silur. a) Corallum, nat. Gr. — Nach C. K. SWARTZ; b) Längsschnitt, 3⅗ nat. Gr.; c) Querschnitt, 3⅗ nat. Gr. — b)—c) aus D. HILL & E. C. STUMM (1956), umgezeichnet.

Zwischen die normalen Polypare schaltet sich jeweils ein Polypar mit kleinerem Querschnitt (Mikropolypar). Letztere mit einer größeren Anzahl von Böden. Die uniserial angeordneten Polypare umschließen palisadenartig verschieden große, hofartige Bereiche (Lacunen). Septaldornen schwach ausgebildet oder fehlend. Böden vollständig.

Catenipora LAMARCK 1816: Mittl. Ordovizium — Ob. Silur von Europa, N-Amerika, Asien und Australien.

Besteht im Gegensatz zu *Halysites* aus gleichartigen Polyparen. Septaldornen in 12, meist gut ausgebildeten Reihen.

Familie **Auloporidae** M.-EDWARDS & HAIME 1851

Corallum kriechend, ästig oder netzförmig verzweigt, meist inkrustierend. Polypare zylinder-, becher- oder trompetenförmig, zum Teil aufgerichtet. Corallum wächst durch Lateralknospung.

V. Klasse Anthozoa Ehrenberg 1834   331

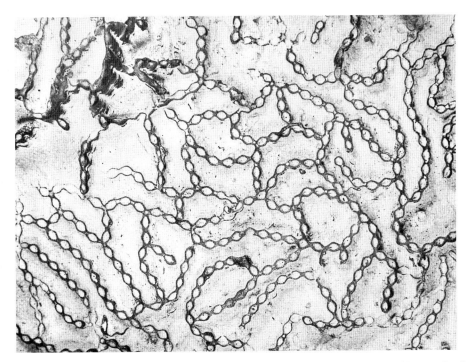

Abb. 326. *Halysites catenularia* (LINNÉ), Querschnitt durch einen Teil des Corallums. Silur von Dudley (England). Durchmesser der Röhrchen: ca. 2 mm.

Abb. 327. *Aulopora serpens* (GOLDFUSS), Mittl. Devon von Gerolstein (Eifel). Das Corallum inkrustiert die Oberfläche eines anderen Tabulaten-Stockes. Ca. ¾ nat. Gr.

Wand dicht, mit quergerunzelter Epithek. Septen zu Septalleisten oder Dornenreihen abgebaut, zum Teil fehlend. Böden horizontal oder konkav, eng- oder weitständig; bei manchen Formen wenig zahlreich oder fehlend — ? Unt., Mittl. Ordovizium — Ob. Perm, weltweit verbreitet in Kalken und kalkigen Schiefern flacher Meeresbereiche.

Aulopora GOLDFUSS 1829: ? Unt., Mittl. Ordovizium — Ob. Perm, weltweit (Abb. 327).

Netzwerk kleiner, meist trompetenförmiger, in der Regel mit der gesamten Unterseite auf einem Substrat festgewachsener schmaler Polypare. Kelche kreisförmig, nicht erweitert, leicht aufwärts gestellt. Wandung dick, aus konzentrischen Lagen von Skelettsubstanz. Falls Böden vorhanden, sind diese horizontal, gekrümmt oder geneigt ausgebildet.

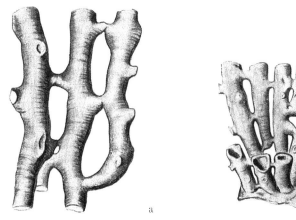

Abb. 328 A. a) *Syringopora reticulata* GOLDF., Unt. Karbon (Kohlenkalk) von Tournai. Ca. ⅟₁ nat. Gr. b) *Syringopora fascicularis* L., Silur von Gotland. Ca. ¾ nat. Gr. — Nach W. WEISSERMEL 1897.

Abb. 328 B. *Syringopora* sp., Teil eines Coralluins. Unt. Karbon von Maljewka (Tula). Durchmesser der Polypare: ca. 2 mm.

Den Syringoporidae zugerechnet wird:

Syringopora GOLDFUSS 1826: Ob. Ordovizium — Unt. Karbon, ? Ob. Karbon, ? Unt. Perm, weltweit verbreitet in Kalken und kalkigen Schiefern flacher Meeresteile (Abb. 328 A, B).

Corallum aus dünnen, zylindrischen, etwas hin- und hergebogenen Polyparen, die meist durch hohle Querröhrchen (Stolonen) verbunden sind. Septen fehlen oder durch 12 vertikal verlaufende Dornenreihen vertreten. Böden sehr engständig; axial scharf nach unten gebogen, so daß bei manchen Arten eine durchgehende axiale Röhre entstehen kann. Lateralknospung.

6. Zur Phylogenetik

Als wichtigste Erscheinung zeigt sich während der stammesgeschichtlichen Entwicklung die Tendenz zur Herausgestaltung besonderer Verbindungen zwischen benachbarten Polyparen. Dabei handelt es sich entweder um Wandporen wie bei den Favositidae oder um hohle Querröhrchen wie bei den Syringoporidae.

7. Literaturverzeichnis

ABE, N.: Migration and righting reaction of the coral, *Fungia actiniformis* var. *palawensis* DOEDERLEIN. — Palao Trop. Biol. Sta. Studies **1**, 671—694, 9 Abb., 1939.

ALLOITEAU, J.: Madréporaires Post-Paléozoiques. — In: J. PIVETEAU, Traité de Paléontologie I, 539—684, 130 Abb., 10 Taf., 1952.

BARNABAS, G.: Studien über *Cyclolites* (Anth.). — Geol. hungar., ser. Palaeontol. **24**, 1—158, 51 Abb., 10 Taf., Budapest 1954.

BASSLER, R. S.: Faunal lists and descriptions of Paleozoic corals. — Geol. Soc. Amer., Mem. **44**, 1—315, 20 Taf., 1950.

BEAUVAIS, M.: Le nouveau sous-ordre des Heterocoeniida. — Mém. Bur. rech. géol. et minières **89**, 271—282, 1977.

— Sur la taxionomie des madréporaires mésozoiques. — Acta palaeont. Polonica **25**, 245—360, Warschau 1980.

— Révision systématique de madréporaires des couches de Gosau (Crétacé supérieur, Autriche). 5 Bde. Traveaux du laboratoire de Paléontologie des Invertebrés, Univ. Pierre et Marie Curie 1982.

BIRENHEIDE, R.: Entwicklungs- und umweltbedingte Veränderungen bei den Korallen aus dem Eifler Devon. Teil I. — Natur u. Museum **92**, 87—94, 7 Abb., Frankfurt a. M. 1962.

— Entwicklungs- und umweltbedingte Veränderungen bei den Korallen aus dem Eifeler Devon. Teil II. — Natur u. Museum **92**, 134—138, 1 Abb., Frankfurt a. M. 1962.

— Die „Cystimorpha" (Rugosa) aus dem Eifeler Devon. — Abh. Senckenb. naturf. Ges. **507**, 1—120, 23 Abb., 2 Tab., 28 Taf., Frankfurt a. M. 1964.

— Haben die rugosen Korallen Mesenterien gehabt? — Senckenbergiana lethaea **46**, 26—34, 5 Abb., Frankfurt a. M. 1965.

— Untersuchungen an *Microcyclus clypeatus* (GOLDFUSS) (Rugosa; Mitteldevon). — Senckenbergiana lethaea **52**, 501—527, 18 Abb., 4 Taf., Frankfurt a. M. 1971.

— Rugose Korallen des Devon. — In: Leitfossilien (begründet von G. GÜRICH), 2. Aufl., **2**, VI + 265 S., 119 Abb., 21 Taf., BORNTRAEGER, Berlin u. Stuttgart 1978.

— Chaetetida und tabulate Korallen des Devon. — Leitfossilien (begründet von G. GÜRICH), 2., völlig neu bearbeitete Auflage, 259 S., 87 Abb., Berlin—Stuttgart 1985.

— Neue rugose Korallen aus dem W-deutschen Ober-Devon. — Senckenbergiana lethaea **67** (1/4), 1—31, 3 Abb., 10 Taf., Frankfurt a. Main 1986.

— & KAYA, O.: Stratigraphy and Middle Devonian corals of the Adapazari area, N. W. Turkey. — Ebd. **68** (1/4), 263—303, 4 Abb., 13 Taf., 1987.

— & LÜTTE, B.-P.: Rugose Korallen aus dem Mittel-Givetium (Mittel-Devon) des Rheinischen Schiefergebirges. — Ebd. **70** (1/3), 1—28, 5 Taf., 1990.

BOROVICZÉNY, F., & FLÜGEL, H.: Biometrische Untersuchungen an *Favosites styriacus* PENECKE (Tabulata) aus dem Mitteldevon von Graz. — Mitt. Naturwiss. Ver. Steiermark **92**, 7—16, 2 Taf., Graz 1962.

BOURNE, G. C.: On the post-embryonic development of *Fungia*. — Proc. Roy. Soc. Sci. Dublin **5 B**, 205—238, 1893.

— Studies on the Structure and Formation of the Calcareous Skeleton of the Anthozoa. — Quart. J. Microscop. Sci. (N. S.) **41**, 499—545, 4 Taf., London 1899.

CARRUTHERS, R. G.: The primary septal Plan of the Rugosa. — Ann. Mag. natur. hist. (7) **18**, 356—363, 7 Abb., 1 Taf., London 1906.

CHEVALIER, J.-P.: Recherches sur les madréporaires et les formations récifales miocènes de la Méditerranée occidentale. — Mém. géol. Soc. Françe (n. s.) **40** (93), 1—562, 26 Taf., 1962.

— Les scléractinaires de la Mélanèsie française, Nouvelle-Calédonie, Iles Chesterfield, Iles Loyauté, Nouvelles Hébrides, 1. partie. — Expédition française sur les récifs coralliens de la Nouvelle-Calédonie **5**, 1—307, 38 Taf., Paris 1971.

CLAUSS, K. A.: Über Oberdevon-Korallen von Menorca. — Neues Jb. Geol. u. Paläont., Abh. **103**, 5—27, 5 Abb., 2 Taf., Stuttgart 1956.

COEN-AUBERT, M.: Representants des genres *Phillipsastrea* D'ORBIGNY, 1849, *Billingsastrea* GRABAU, A. W., 1917 et *Iowaphyllum* STUMM, E. C., 1949 du Frasnien du Massif de la Vesdre et de la bordue orientale du Bassin de Dinant. — Bull. Inst. r. Sci. nat. Belg. **49**, Nr. 8, 38 S., 4 Abb., 8 Taf., Brüssel 1974.

— Rugueux solitaires du Frasnien de la Belgique. — Ebd. **54** (6), 1—65, 4 Abb., 12 Taf., 1982.

— Deuxième note sur les Rugueux coloniaux de l'Eifelien supérieur et de la base du Givetien à Wellin (bord sud du Bassin de Dinant, Belgique). — Ebd. **60**, 5—28, 3 Abb., 6 Taf., 1990.

COTTON, G.: The Rugose Coral Genera. 358 S., London (Elsevier Sci. Publ. Comp.) 1973.

CUIF, J.-P.: Recherches sur les madréporaires du Trias. 1. Famille Stylophyllidae. — Bull. Mus. natl. Hist. nat. (3) Sciences de la Terre **17** (97), 213—291, 1972; II. Astraeoida. — Ebd. **40** (275), 293—400, 1974; III. Études des structures pennulaires chez les madréporaires triasiques. — Ebd. **44** (310), 46—127, 1975; IV. Formes cerioméandroides et thamnastérioides du Trias des Alpes et du Taurus sud-anatolien. — Ebd. **53** (381), 69—195, 1976.

— Microstructure versus morphology in the skeleton of Triassic scleractinian corals. — Acta palaeont. Polonica **25**, 361—374, Warschau 1980.

DAVIS, W. J.: Kentucky fossil corals, part 2. — Kentucky Geol. Surv., I—XIII, 139 Taf., 1887. — Der Textteil (= part 1) ist nicht erschienen.

DULLO, W.-Ch.: Fazies, Fossilüberlieferung und Alter der pleistozänen Riffe am Roten Meer (Saudi Arabien). — Facies **22**, 1—46, 21 Abb., 13 Taf., Erlangen 1990.

DUNCAN, P. M.: A monograph of the British fossil corals. — Palaeontogr. Soc. Monogr. **1**, 66 S., 10 Taf., 1866; **2**, 1—26, 9 Taf., 1869; 27—46, 5 Taf., 1870; **3**, 24 S., 7 Taf., 1873; **4**, 43 S., 11 Taf., 1876.

EINSELE, G., GENSER, H., & WERNER, F.: Horizontal wachsende Riffplattformen am Südausgang des Roten Meeres. — Senckenbergiana lethaea **48**, 359—379, 6 Abb. 3 Taf., Frankfurt a. Main 1967.

FABRICUS, F.: Aktive Lage- und Ortsveränderungen bei der Koloniekoralle *Manicina areolata* und ihre paläoökologische Bedeutung. — Senckenbergiana lethaea **45**, 299—323, 7 Abb., 3 Taf., Frankfurt a. M. 1964.

FEDOROWSKI, J.: Lower Permian Tetracoralla of Hornsund, Vestspitsbergen. — In: BIRKENMAJER, K. (Ed.), Geological Results of the Polish 1957—1958, 1959, 1960 Spitsbergen Expeditions. — Stud. geol. Polonica **17**, 173 S., 61 Abb., 8 Tab., 15 Taf., Warszawa 1965.

— Development and distribution of Carboniferous corals. — Mém. Bur. rech. géol. et miniéres **89**, 234—248, 1977.

— Dividocorallia, a new subclass of Palaeozoic Anthozoa. — Bull. Inst. roy. Sci. Nat. Belgique, Sciences de la Terre **61**, 21—105, 31 Abb., 12 Taf., Brüssel 1991.

FELIX, J.: Die Anthozoen der Gosauschichten in den Ostalpen. — Palaeontogr. **49**, 163—359, 67 Abb., 9 Taf., 1903.

FLÜGEL, E., & H.: Stromatoporen und Korallen aus dem Mitteldevon von Feke (Anti-Taurus). — Senckenbergiana lethaea **42**, 377—409, 4 Taf., Frankf. a. M. 1961.

FLÜGEL, H. Revision der ostalpinen Heliolitina. — Mitt. „Johanneum" Graz **1956**, Heft 17, 55—102, 4 Abb., 4 Taf., Graz 1956.

— Korallen aus dem Silur von Ozbak-Kuh (NE-Iran). — Jb. Geol. B. A. **105**, 287—330, 4 Abb., 4 Taf., Wien 1962.

— Bibliographie der paläozoischen Anthozoa (Rugosa, Heterocorallia, Tabulata, Heliolitida, Trachypsammiacea). 262 S., Wien (Österr. Akad. Wiss.) 1970.

— Die paläozoische Korallenfauna Ost-Irans 2. Rugosa und Tabulata der Jamal-Formation (Darwasian ?, Perm). — Jahrb. Geol. B. A. **115**, 49—102, 17 Abb., 6 Taf., Wien 1972.

— Rugose Korallen aus dem oberen Perm Ost-Grönlands. — Verh. Geol. B.-B. **1973**, 1—57, 21 Abb., 4 Taf., Wien 1973.
— Skelettentwicklung, Ontogenie und Funktionsmorphologie rugoser Korallen. — Paläont. Z. **49**, 407—431, 10 Abb., Stuttgart 1975.
— Ein Spongienmodell für die Favositidae. — Lethaia **9**, 405—419, 3 Abb., Oslo 1976.
FRICKE, H. W., & SCHUHMACHER, H.: The depth limits of Red Sea stony corals: An ecophysiological problem (a deep diving survey by submersible). — Marine Ecology **4** (2), 163—194, 16 Abb., Berlin—Hamburg 1983.
GEISTER, J.: Holozäne westindische Korallenriffe: Geomorphologia, Ökologie und Fazies. — Facies **9**, 173—284, 57 Abb., 11 Taf., Erlangen 1983.
GEYER, O. F.: Die oberjurassische Korallenfauna von Württemberg. — Palaeontogr. **104A**, 121—220, 8 Taf., 1954.
— Beiträge zur Korallenfauna des Stramberger Tithon. — Paläont. Z. **29**, 177—216, 2 Abb., 5 Taf., 1955.
GILL, G. A., & COATES, A.-G.: Mobility, growth patterns and substrate in some fossil and recent corals. — Lethaia **10**, 119—134, 1977.
GLINSKI, A.: Cerioide Columnariidae (Tetracoralla) aus dem Eiflium der Eifel und des Bergischen Landes. — Senckenbergiana lethaea **36**, 73—114, 27 Abb., 2 Taf., Frankfurt a. M. 1955.
GROOT, G. E. DE: Rugose corals from the Carboniferous of Northern Palenica (Spain). 123 S., 39 Abb., 3 Tab., 26 Taf., Leiden (J. J. Groen & Zn.) 1963.
HILL, D.: British terminology for rugose corals. — Geol. Mag. **72**, 481—519, 21 Abb., 1935.
— The Ordovician corals. — Proc. Roy. Soc. Queensland **62**, 1—27, 1951.
— Rugosa and Tabulata. — In: R. C. MOORE, R. A. ROBISON & C. TEICHERT (Eds.), Treatise on Invertebrata Paleontology, part **F**: Coelenterata, suppl. 1: 762 S., 462 Abb., Lawrence 1981. — Darin weitere Literatur.
— & STUMM, E. C.: Tabulata. — In: R. C. MOORE, Treatise on Invertebrate Paleontology, Part **F** (Coelenterata), F 444—F 477, 17 Fig., 1956.
KISSLING, D. L.: Population structure characteristics for some paleozoic and modern colonial corals. — Mém. Bur. rech. géol. et minières **89**, 497—506, 1977.
IVANOVSKIY, A. B., et al.: Ostorija Izushenija paleozoiskich Korallov i Stromatoporoidei. — Trudy Akad. Nauk. SSSR, Sibirsk. Otded. **131**, 288 S., Moskau 1973.
— Quelques aspects de l'évolution des rugeux. — Mém. Bur. rech. géol. et minières **89**, 62—64, 1977.
JAMES, N. P.: Diagenesis of scleractinian corals in the subaerial vadose environment. — J. Paleont. **48**, 785—799, 11 Abb., 1974.
JELL, P. A., & JELL, J. S.: Early Middle Cambrian corals from western New South Wales. — Alcheringa **1**, Nr. 2, 181—195, 1976.
KNUTSON, D. W., & BUDDEMEIER, R. W.: Coral Chronometers: Seasonal Growth Bands in Reef Corals. — Science **177**, 270—272, 1 Abb., 1 Tab., Washington 1972.
KÜHLMANN, D.: Das lebende Riff. 186 S., 80 Abb., 150 Taf., Hannover (Landbau-Verl.) 1984.
LAFUSTE, J.: Asymétrie de l'appareil septal des Hétérocoralliaires. — C. R. somm. Soc. géol. France **1979**, fasc. 3, 11—113, 8 Abb., Paris 1979.
— & PLUSQUELLEC, Y.: Les Polypiers. Tabulata. — Mém. Soc. Géol. Miner. Bretagne **23**, 143—173, 27 Abb., 9 Taf., Rennes 1980.
LECOMPTE, M.: Les tabulés du Devonian moyen et supérieur du bord sud du bassin de Dinant. — Mus. Roy. Hist. Nat. Belg., Mém. **90**, 229 S., 23 Taf., 1939.
— Madréporaires paléozoiques. — In: J. PIVETEAU, Traité de Paléontologie I, 419—538, Paris 1952.
LEE, D.-J., & ELIAS, R. J.: Mode of growth and life-history strategies of a late Ordovician halysitid coral. — J. Paleont. **65** (2), 191—199, 8 Abb., 1991.
LIN, Ying-tang, & PENG, Xiang-dong: Some Heterocorals from Late Carboniferous Taiyuan Formation in North China. — Acta Palaeont. Sinica **29** (3), 371—375, 1 Abb., 1 Taf., Peking 1990 (chines. m. engl. Zusammenfassg.).
MILNE-EDWARDS, H. M., & HAIME, J.: A monograph of the British fossil corals. — Paleont. Soc., Mon., 1—299, 72 Taf., 1850—1854. — Ein sehr wichtiges Werk über paläozoische Formen.
— — Histoire naturelle des coralliaires. — Bd. **1**: 326 S., Bd. **2**: 633 S., Bd. **3**: 560 S., Atlas: 31 Tafeln. 1857—1860.
MINATO, M.: Japanese carboniferous and permian corals. — J. Fac. Sci. Hokkaido Univ., IV. ser., **IX**, 202 S., 25 Abb., 43 Taf., Sapporo 1955.

— & ROWETT, CH. L.: Modes of Reproduction in Rugose Corals. — Lethaia **1**, 175—183, 5 Abb., Oslo 1967.

MORYCOWA, E.: Middle Triassic Scleractinia from the Cracow-Silesia region, Poland. — Acta Palaeont. Polonica **33** (2), 91—121, 11 Abb., 10 Taf., Warschau 1988.

NOBLE, J. P. A., & YOUNG, G. A.: The Llandovery-Wenlock heliolitid corals from New Brunswick, Canada. — J. Paleont. **58** (3), 867—884, 16 Abb., 1984.

OEKENTORP, K.: Sekundärstrukturen bei paläozoischen Madreporaria. — Münster. Forsch. Geol. Paläont. **24**, 35—108, 9 Abb., 1 Tab., 13 Taf., Münster 1972.

— Aragonit und Diagenese bei jungpaläozoischen Korallen. — Münster. Forsch. Geol. Paläont. **52**, 119—239, 25 Abb., 15 Taf., Münster 1980.

OLIVER, W. A., jr.: Some aspects of colony development in corals. — J. Paleont. **42**, Nr. 5, part II of II, 16—34, 6 Abb., 1968.

— The relationship of the scleractinian corals to the rugose corals. — Paleobiology **6**, 146—160, 1980.

PHILCOX, M. E.: Growth forms and role of colonial Coelenterates in reefs of the Gower Formation (Silurian), Iowa. — J. Paleont. **45** (2), 338—346, 9 Abb., 1971.

POČTA, P.: Die Anthozoen der böhmischen Kreideformation. — Kgl. Böhm. Ges. Wiss., Abh. **7**, 1—60, 2 Taf., Praha 1887.

REUSS, A. E.: Paläontologische Studien über die älteren Tertiärschichten der Alpen. — Denkschr. Akad. Wiss. Wien, math.-nat. Kl. **28**, 129—184, 16 Taf., 1868; **29**, 215—298, 10 Taf., 1869; **33**, 1—60, 20 Taf., Wien 1872.

RICHTER, RUD.: Fortschritte in der Kenntnis der *Calceola*-Mutationen. — Senckenbergiana **10**, 169—184, 13 Abb., Frankfurt a. M. 1928.

— Das Verhältnis von Funktion und Form bei den Deckelkorallen. — Senckenbergiana **11**, 57—94, 28 Abb., Frankfurt a. M. 1929.

ROBINSON, W. J.: The relationship of the Tetracoralla to the Hexacoralla. — Connecticut. Acad. Arts and Sci. Trans. **21**, 145—200, 7 Abb., 1 Taf., 1917.

ROMINGER, C. L.: Fossil corals. — Michigan Geol. Surv. **3**, 2, 161 S., 55 Taf., 1876. — Wichtig zur Kenntnis der devonischen Vertreter.

ROZKOWSKA, M.: Blastogeny and individual Variations in Tetracoral Colonies from the Devonian of Poland. — Acta Paleont. Polonica **5**, 3—64, 43 Abb., 7 Tab., Warszawa 1960.

RUSSO, A.: Studio monografio sui coralli dell'Eocene di Possagno Trevisio, Italia. — Mem. Acad. naz. Sci. Lett. Art. Modena **6**, 1—87, 15 Taf., 1970.

SARDESON, F. W.: Beziehungen der fossilen Tabulaten zu den Alcyonarien. — N. Jb. Min. etc., Abt. B, **10**, 249—362, 1896.

SAVILLE-KENT, W.: The Great Barrier Reef of Australia. XII + 387 S.; zahlreiche, zum Teil farbige Tafeln, London 1893.

SCHINDEWOLF, O. H.: Über die Symmetrie-Verhältnisse der Steinkorallen. — Paläont. Z. **12**, 214—263, 60 Abb., 1930.

— Zur Kenntnis der Heterophylliden, einer eigentümlichen paläozoischen Korallengruppe. — Paläont. Z. **22**, 213—306, 54 Abb., 8 Taf., 1941.

— Zur Kenntnis der Polycoelien und Plerophyllen. Eine Studie über den Bau der Tetrakorallen und ihre Beziehungen zu den Madreporien. — Abh. Reichsanst. Bodenforsch. **204**, 324 S., 155 Abb., 36 Taf., Berlin 1942.

— Korallen aus dem Oberkarbon (Namur) des oberschlesischen Steinkohlen-Beckens. — Abh. Akad. Wiss. u. Lit. Mainz, Math.-Nat. Kl., Jahrg. **1952**, Nr. 4, 147—227, 29 Abb., 2 Taf., Wiesbaden 1952.

— Würmer und Korallen als Synöken. Zur Kenntnis der Systeme *Aspidosiphon / Heteropsammia* und *Hicetes / Pleurodictyum*. — Ebd. **1958**, 6, 263—328, 13 Abb., 14 Taf., Wiesbaden 1959.

— Rugosa Korallen ohne Mesenterien? — Senckenbergiana lethaea **48**, 135—145, 7 Abb., Frankfurt a. M. 1967.

SCHLÜTER, C.: Anthozoen des rheinischen Mitteldevons. — Abh. geol. Spezialkarte Preuß. Thür. Staat. **8**, Heft 4, 259—465, 16 Taf., 1889.

SCHOUPPÉ, A., & OEKENTORP, K.: Morphogenese und Bau der Tabulata unter besonderer Berücksichtigung der Favositida. — Palaeontographica **A 145**, 79—194, 35 Abb., 10 Taf., Stuttgart 1974.

— & STACUL, P.: Morphogenese und Bau des Skeletts der Pterocorallia. — Palaeontographica Supl. **11**, 186 S., 132 Abb., 8 Tab., 6 Taf., Stuttgart 1966.

SCRUTTON, C. T., & ROSEN, B. R.: Cnidaria. — In: J. W. MURRAY (Ed.), Wirbellose Makrofossilien, 11—49, zahlr. Abb., Stuttgart (Enke) 1990.

Second Symposium international sur les coraux et recifs, coralliens fossiles, Paris, Sept. 1975. — Mém. Bur. rech. géol. et minières **89**, XV + 542 S., 1977.
SHROCK, R. S., & TWENHOFEL, W. H.: Principles of Invertebrate Paleontology. 2. Aufl., 816 S., 470 Abb., New York etc. 1953.
SOKOLOV, B. S.: Tabuljaty paleozoja evropejskoj čacti SSSR. — Trudy VNIGRI, n. s. **85**, 1—527, 1955.
— Podklass tabuljaty. Tabuljaty. — In: Y. ORLOV (Ed.), Osnovy paleontologii **2**, 192—257, 1962.
SORAUF, J. E.: Microstructure and formation of dissepiments in the skeleton of the recent Scleractinia (hexacorals). — Biomineralisation **2**, 22 S., 6 Abb., 6 Taf., Stuttgart 1970.
— Microstructure in the Exoskeleton of some Rugosa (Coelenterata). — J. Paleont. **45**, 23—32, 3 Abb., 7 Taf., Menasha 1971.
— Skeletal microstructure and microarchitecture in Scleractinia (Coelenterata). — Palaeontology **15**, 88—107, 3 Abb., 13 Taf., London 1972.
SOSHKINA, F. D.: Subclass Tetracoralla (Rugosa). General Section. — In: YU. A. ORLOV (Ed.), Fundamentals of Palaeontology **2**, 439—462, 49 Abb., Jerusalem (Übers.: Osnovy paleontologii 1962) 1971.
SPASSKIY, N. YA.: Paleocology of Tetracorals. — Paleont. J. **1967** (2), 1—6, Moskau 1967.
STODDART, D. R.: Ecology and Morphology of Recent Coral Reefs. — Biol. Rev. **44**, 433—498, 4 Abb., Cambridge 1969.
STUMM, E. C.: Type invertebrate fossils of North America (Devonian): Tabulata. — Wagner Tree Inst., cards 1—114 (Auloporidae) 1949; 115—260 (Favositidae) 1949; 261—405 (Favositidae) 1950.
SYTOVA, V. A. On the origin of rugose corals. — Mém. Bur. rech. géol. et minières **89**, 65—68, 1977.
TAYLOR, D. L.: The cellular interactions of Algal-Invertebrate Symbiosis. — Adv. mar. Biol. **11**, 1—56, 8 Abb., London 1973.
TIDTEN, G.: Morphogenetisch-ontogenetische Untersuchungen an Pterocorallia aus dem Permo-Karbon von Spitzbergen. — Palaeontographica **A 139**, 63 S., 4 Abb., 2 Tab., 15 Taf., Stuttgart 1972.
VAHL, J.: Sublichtmikroskopische Untersuchungen der kristallinen Grundbauelemente und der Matrixbeziehung zwischen Weichkörper und Skelett an *Caryophyllia* LAMARCK 1801. — Z. Morph. Ökol. Tiere **56**, 21—38, 15 Abb., Berlin 1966.
VAUGHAN, T. W., & WELLS, J. W.: Revision of the suborders, families, and genera of the Scleractinia. — Spec. Pap. geol. Soc. Amer. **44**, XV + 363 S., 51 Taf., 1943.
WANG, H. C.: A revision of the Zoantharia Rugosa in the light of the minute skeletal structures. — Roy. Soc. London Phil. Trans., ser. B, **234**, Nr. 611, 175—246, 4 Abb., 6 Taf., 1950.
WANG, Zhi-Peng: Distribution of Heterocorallia in China and microstructure of *Hexaphyllia*. — Acta palaeont. Sinica **27** (4), 475—480, 1 Abb., 2 Taf., Peking 1988 (chines. m. engl. Zusammenfassg.).
WEBBY, B. D.: Comments on a paper supposedly giving the first evidence of aragonitic mineralogy in tetradiid tabulate corals. — Paläont. Z. **64**, 379—380, Stuttgart 1990.
WEDEKIND, R.: Das Mitteldevon der Eifel. 1. Teil: Die Tetrakorallen des unteren Mitteldevon. — Schr. Ges. Naturw. Marburg **14**, Heft 3, 93 S., 122 Abb., Marburg/L. 1924.
— Die Zoantharia Rugosa von Gotland. — Sveriges Geol. Unders. **19**, 1—95, 30 Taf., Stockholm 1927.
— Einführung in die Grundlagen der Historischen Geologie. 2. Mikrobiostratigraphie. Die Korallen- und Brachiopodenzeit. VIII u. 136 S., 35 Abb., 16 Taf., Stuttgart 1937.
WEISSERMEL, W.: Die Korallen des thüringischen Devons. I. Korallen aus dem Oberdevon im westlichen Schiefergebirge. — Jb. pr. geol. L.-A. **59**, 1939. — Teil II: Unterdevon. — Zschr. Dtsch. geol. Ges. **93**, 1941.
WELLS, J. W.: Scleractinia. — In: R. C. MOORE, Treatise on Invertebrate Paleontology, Part **F**, Coelenterata, F 328—F 444, 117 Abb., 1956.
WEYER, D.: Zur stratigraphischen Verbreitung der Heterocorallia. — Jb. Geol. **1**, 481—489, Berlin 1967.
— Zur Morphologie der Rugosa (Pterocorallia). — Geologie **21**, 710—737, 7 Abb., 2 Taf., Berlin 1972 (1972a).
— Rugosa (Anthozoa) mit biformem Tabularium. — Jb. Geol. **4**, 439—463, 15 Abb., Berlin 1972 (1972b).
— Über den Ursprung der Calostylidae ZITTEL 1879 (Anthozoa Rugosa, Ordoviz — Silur). — Freiberger Forschungsh. **C 282**, 23—87, 2 Abb., 15 Taf., Leipzig 1973.
— Zur Taxonomie der Antiphyllinae ILJINA, 1970 (Anthozoa, Rugosa; Karbon). — Z. geol. Wiss. **3**, 755—775, 3 Abb., 4 Taf., Berlin 1975.
— Korallen-Funde im Europäischen Zechstein-Meer. — Z. geol. Wiss. **7**, 981—1021, 9 Abb., 4 Taf., Berlin 1979.
— Korallen im Paläozoikum von Thüringen. — Hall. Jb. Geowiss. **9**, 5—33, 14 Abb., Gotha 1984.

WILSON, E. C.: Permian corals of Bolivia. — J. Paleont. **64** (1), 60—78, 11 Abb., Lawrence 1990.
WISE, W. S. & HAY, W. W.: Ultrastructure of the Septa of Scleractinian Corals. — Spec. Paper Geol. Soc. America **87**, 181—188, New York 1966.
WOODHEAD, P., & WEBER, J. N.: The Evolution of Reef-building Corals and the Significance of their Association with Zooxanthellae. — Proc. Symp. Hydrogeochem. Biogeochem. **2**, 280—304, 5 Abb., 2 Taf., Washington 1973.
YABE, H., & SUGIYAMA, T.: Notes on *Heterophyllia* and *Hexaphyllia*. — J. Geol. Soc. Japan **47**, 81—86, 2 Abb., 1 Taf., Tokyo 1940.
YONGE, C. M.: Studies on the Physiology of Corals. I. Feeding Mechanisms and Food. — Sci. Rep. Great. Barr. Reef Exp., Brit. Mus. (Natur. Hist.) **1**, 13—57, 34 Abb., 2 Taf., London 1930.
— The Biology of Coral Reefs. — Adv. Mar. Biol. **1**, 13—57, 34 Abb., 2 Taf., London 1963.
ZIBROWIUS, H.: Les scléractiniaires de la Méditerranée et de l'Atlantique nord-oriental. — Mém. Inst. océanogr. **11**, 284 S., 107 Taf., Monaco 1980
— Mise au point sur les Scléractiniaires comme indicateurs de profondeur (Cnidaria: Anthozoa). – Géol. médit. **15** (1), 27–47, 1989.

F. Stamm Bryozoa EHRENBERG 1831

(Polyzoa THOMPSON 1830; Moostierchen)

1. Allgemeines

Kleine, koloniebildende Tiere (Polypide oder Zooide), die ähnlich wie die Coelenteraten Tentakel und einen sackförmigen Körper haben. Sie unterscheiden sich jedoch durch die Ausbildung einer sekundären Leibeshöhle und eines U-förmig gebogenen Verdauungssystems, das aus Schlund, Magen und Darm besteht. Die Tentakel sind an ihrer Basis zu einem kreis- oder hufeisenförmigen fleischigen Ring (Lophophor) verschmolzen, der die Mundöffnung umgibt. Sie stellen wohl Sinnesorgane dar und dienen außer zum Fang von Beutetierchen (zum Beispiel Diatomeen, Radiolarien) wahrscheinlich auch zur Respiration. Sie können ebenso wie der Mund durch besondere Muskeln nach innen gezogen werden. Der After liegt in der Nähe des Mundes, und zwar entweder inner- oder außerhalb des Tentakelkranzes. Bei den Entoprocta, die von vielen Autoren auch als unabhängiger Stamm betrachtet werden, liegt er zum Beispiel innerhalb. Herz- und Blutgefäßsystem fehlen. Zahlreiche weiße Blutkörperchen (Leucocyten) bewegen sich frei in der Körperhöhle. Zwischen Mund und After befindet sich ein Ganglion. Der Hautmuskelschlauch scheidet — ähnlich wie bei vielen Coelenteraten — das meist aus Kalziumkarbonat bestehende Skelett (Zooecium) aus. Zahlreiche Zooecien bilden zusammen ein Zoarium (vgl. Abb. 329). Die Mehrzahl der rezenten Vertreter bewohnt das Meerwasser; nur wenige Formen, so die Phylactolaemata, das Süßwasser. — Das Spezialistentum hat eine außerordentliche Fülle von Termini aufgestellt, durch die das Literaturstudium sehr erschwert wird. Ein alphabetisches Verzeichnis mit den entsprechenden Erklärungen findet sich bei R. S. BASSLER 1953.

Da man für eine genaue Bestimmung meist einen tangentialen Schnitt nahe der Oberfläche und einen etwas tieferen benötigt, verwendet man heute meist schräg liegende Schliffe, die zugleich höhere und tiefere Lagen der Zoarien zeigen. Oft reicht ein Anschliff aus, wodurch die oft wertvollen Belegstücke nicht zerstört werden.

2. Vorkommen

? Kambrium, Ordovizium — rezent. Eine Vorstellung über die zahlenmäßige und zeitliche Verteilung von 900 fossil belegten Gattungen, bei denen es sich aber ausschließlich um Steno- und Gymnolaemata handelt, ergibt sich aus Abb. 330.

3. Geschichtliches

Die tierische Natur der Bryozoa wurde gegen 1729 von dem Franzosen PEYSSONEL erkannt, aber erst 1744 durch A. TREMBLY endgültig bewiesen. 1830 konnte THOMPSON zeigen, daß jedes Einzelindividuum einen besonderen Darmtractus aufweist. Er sprach von Polyzoa, ein Name, der auch heute noch in England Verwendung findet. Die Bezeichnung Bryozoa wurde dagegen erst 1831 durch EHRENBERG vorgeschlagen; doch hat sie sich heute fast allgemein durchgesetzt. Von den Autoren, die sich um die Bryozoenkunde besonders verdient gemacht haben, sind u. a. noch folgende zu nennen: R. S. BASSLER, F. BORG, G. BUSKI, F. CANU, E R. CUMINGS, A. HILLMER, G. ILLIES, E. MARCUS, L. SILÉN, E. O. ULRICH, E. VOIGT, B. WALTER.

Abb. 329. Bryozoenreste aus der Oberkreide (Schreibkreide des Unt. Maastricht) vom Kieler Bach bei Saßnitz auf Rügen. Es handelt sich im wesentlichen um Cheilostomata. Vergleichsmaßstab mit Millimeterteilung.

4. Morphologie

Das **Zooecium** ist eine chitinige oder kalkige Röhre, in welcher der Zooid lebt. Es ist gewöhnlich sehr klein und hat höchstens einen Durchmesser von einigen Millimetern. Demgegenüber sind die aus den Zooecien gebildeten Kolonien (Zoaria, sing. Zoarium) verhältnismäßig groß. So hat

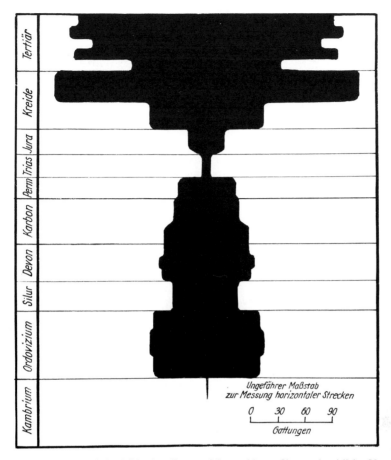

Abb. 330. Halbschematisches Schaubild, das die ungefähre zahlenmäßige und zeitliche Verteilung von 900 Gattungen der Bryozoa zeigt. Die erfaßten Gattungen, bei denen es sich ausschließlich um solche mit fossilen Vertretern handelt, verteilen sich wie folgt: 273 Cyclostomata, 103 Trepostomata, 126 Cryptostomata, 387 Cheilostomata und 11 Ctenostomata.

man bei rezenten Vertretern Durchmesser bis zu 30 cm und bei einigen fossilen Formen bis zu 60 cm beobachtet. Ähnlich wie bei den Hydrozoen und Graptolithen findet sich gewöhnlich ein ausgeprägter Polymorphismus, bei dem folgende polymorphe Individuen unterschieden werden können:

a) **Normale Nährpersonen** (Autozooide): Sie bestehen aus einem Visceralsack, in dem sich vor allem ein U-förmig gebogener Verdauungskanal, ein einfaches Ganglion (nicht immer vorhanden) und eine Anzahl von Muskeln befinden, mit deren Hilfe der Lophophor nach außen oder innen befördert werden kann. Wie auch sonst, fehlen respiratorische, exkretorische und zirkulatorische Organe. Das Coelom ist mit einer farblosen Flüssigkeit gefüllt, die Leucozyten enthält. Die Öffnung des zugehörigen Zooeciums (Autozooecium) wird meist mit einem besonderen Deckel (Operculum) verschlossen.

b) **Ovicellen** (Gonozooide, Ooecia): Das sind rundliche bis eiförmige Kapseln zur Aufnahme befruchteter Eier. Diese Behälter, die meist an der Mündung der Autozooide liegen, haben große taxonomische Bedeutung. Die oft von einem ring- oder röhrenförmigen Randsaum (Oeciostom) umgebene Öffnung der Ovicelle wird als Oeciopore (Oecioporus) bezeichnet.

c) **Vibracularien** (Vibracula): Individuen, welche die Gestalt langer Tastfäden haben und die Tätigkeit der Tentakel unterstützen. Sie fegen, meist unter rhythmischen Bewegungen, Nahrungspartikelchen den Nährpersonen zu und verhindern gleichzeitig, daß sich Larven und schädliche Substanzen an der Oberfläche des Zoariums festsetzen.

d) **Avicularien** (Wehrpersonen): Es sind dies zweiarmige, an Vogelschnäbel erinnernde Zangen, die auf der Außenseite der Zooecien sitzen und sich durch Muskeln bewegen lassen. Tentakel, Mund und Darm fehlen entweder oder sind noch im rudimentären Zustand nachweisbar. Die Avicularien haben wohl nur die Aufgabe zu verhindern, daß sich Larven sowie schädliche Substanzen an der Oberfläche des Zoariums festsetzen. Avicularien sind ebenso wie die Vibracularien niemals verkalkt. Sie können deshalb fossil kaum überliefert werden. Doch läßt sich in der Regel die Stelle, an der sie festsaßen, als porenartige Vertiefung erkennen. — Vibracularien und Avicularien bezeichnet man auch als Heterozooide.

e) **Stolonen:** Sehr vereinfachte Individuen, die zur Befestigung der Zoarien und der Zooecien dienen.

f) **Mesoporen und Acanthoporen** sind besondere Zooecien, die meist bei paläozoischen Bryozoa auftreten. Man nimmt an, daß sie durch polymorphe Individuen gebildet wurden. — Die Mesoporen haben im allgemeinen eine polygonale, röhrenförmige Gestalt und sind kleiner als die daneben vorkommenden Zooecien (Abb. 331). Das Innere enthält meist zahlreiche kalkige Querscheidewände (Diphragmen). Die Acanthoporen sind zylindrische Röhren, die der Wandung der übrigen Zooecien anliegen und parallel zu diesen wachsen. Sie bestehen aus kegelförmigen Lagen, die von einer dünnen zentralen Röhre durchzogen werden. Diese kann winzige Diphragmen enthalten.

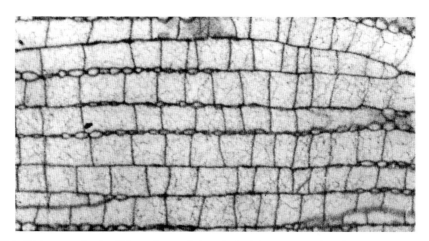

Abb. 331. *Diplotrypa schucherti* FRITZ, Längsschnitt mit den Mesoporen. Mittl. Ordovizium (Long-Point-Formation), W-Neufundland. Breite ca. 0,6 cm. — Nach M. A. FRITZ 1966.

Oakleyite (Calculi) sind perlenartige, aus Calciumphosphat (Dahlit) bestehende Stoffwechselprodukte, die im Coelom von Bryozoen, z. B. der Gattungen *Favositella* und *Ceramoporella* (Familie Ceramoporidae) ausgeschieden werden (Abb. 332 A, B). In Oakleyiten des Obersilurs der Insel Gotland hat A. EISENACK (1965) Amöbocyten nachgewiesen. Diese ca. 10 µm messenden Gebilde sind Zellen der Körperhöhlenflüssigkeit, die etwa den weißen Blutkörperchen (Leucocyten) der Säugetiere entsprechen. Erstaunlicherweise wurden sie nicht abgerundet

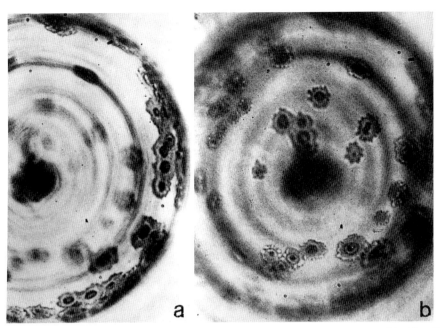

Abb. 332 A. Phosphat-Calculi (Oakleyite) von Bryozoen mit eingebetteten Amöbocyten. Ob. Silur (Roter Hoburgs-Marmor) von Gotland. Ca. $^{900}/_1$ nat. Gr. — Nach A. EISENACK 1965.

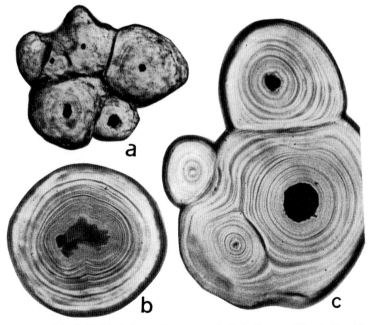

Abb. 332 B. Phosphat-Calculi (Oakleyite) von Bryozoen: a) fünfteilig, ca. $^{160}/_1$ nat. Gr.; b) mit großem, eckig und scharf begrenztem Kern, ca. $^{160}/_1$ nat. Gr.; c) vierteilig, mit großen und kleinen Kernen, die die Ausbildung der Lamellen beeinflussen. Ob. Silur von Gotland. — Nach A. EISENACK 1965, zusammengestellt.

eingebettet, wie dies beim Absterben gewöhnlich der Fall ist, sondern in ihrer typischen Gestalt (Abb. 332 A). Wahrscheinlich haben sie sich chemotaktisch zu den sich bildenden Konkrementen bewegt, wo sie langsam erstickten und so ihre ursprüngliche Form bewahren konnten.

5. Fortpflanzungsverhältnisse

Die meisten Bryozoen sind zweigeschlechtig. Sie enthalten sowohl männliche als auch weibliche Geschlechtsorgane in der mit Körperflüssigkeit gefüllten Leibeshöhle, wo in der Regel auch die Befruchtung erfolgt. Nur bei manchen höher differenzierten Formen geschieht dies in besonderen Individuen, den Ovicellen. Die aus dem Ei schlüpfende Trochophora-Larve schwimmt zunächst frei herum und bildet zwei dreieckige Chitinplatten. Nach etwa 24 Stunden geht sie zu Boden, wo sie sich rasch zum ersten Individuum der neuen Bryozoenkolonie entwickelt. Dabei bildet sich zunächst eine halbkugelige, kalkig-chitinige Schale (Protöcium), die aus einer Basalplatte und den beiden jetzt übereinandergreifenden Platten besteht und so an die doppelklappige Schale der Brachiopoden erinnert. Aus dem Protöcium wächst das röhrenförmige Anceströcium (Ancestrula), das zur Aufnahme des ersten Polypiden dient und aus dem seitlich die Knospen von 1 bis 2 (selten 3) weiteren Individuen hervorgehen. Diese wiederum bilden die Knospen für die nächste Generation usw.

Bei manchen Formen verwandelt sich der Polypid periodisch in eine kugelige oder eiförmige dunkle Masse, den sogenannten „Braunen Körper", der ausgestoßen werden kann. Im Anschluß an diese Degeneration bildet sich im Innern des betroffenen Zooiden jeweils eine Knospe, aus der ein neuer Polypid hervorgeht. „Braune Körper" wurden bereits im Ordovizium nachgewiesen.

6. Systematik

Hier zeigen sich je nach Autor oft erhebliche Unterschiede in der Auffassung. Dies gilt besonders dann, wenn sich die Untersuchung ausschließlich auf rezentes Material gründet. Die nachstehenden Ausführungen folgen im wesentlichen R. S. BASSLER 1953; doch wird die Klasse der Stenolaemata beibehalten, die BASSLER mit seinen Gymnolaemata vereinigt. Sonst werden je nach der Anordnung der Tentakel und der Ausbildung der Zooecien drei Klassen unterschieden:

I. Klasse **Stenolaemata** BORG 1926 (? Ob. Kambrium, Ob. Ordovizium — rezent): Lophophor kreisförmig. Zooecien zylindrisch-röhrenförmig, verkalkt; Aperturae endständig.

II. Klasse **Gymnolaemata** ALLMAN 1856 (? Ob. Kambrium, Ordovizium — rezent): Lophophor kreisförmig. Zooecien meist sehr kurz, krug- oder kastenförmig; mit seitlich liegender Apertura; überwiegend verkalkt. Fast ausschließlich marin, selten im Süßwasser. Paläontologisch von sehr großer Bedeutung.

III. Klasse **Phylactolaemata** ALLMAN 1856 (? Ob. Kreide, ? Pleistozän, rezent): Lophophor hufeisenförmig. Hartteile fehlen. Fossil deshalb noch nicht sicher nachgewiesen. Überwiegend Bewohner des Süßwassers.

Eine Vorstellung über die ungefähre zahlenmäßige und zeitliche Verteilung von 900 der fossil belegten Gattungen ergibt sich aus Abb. 330.

I. Klasse **Stenolaemata** BORG 1926

1. Allgemeines

Ausschließlich marine Bryozoen mit kreisförmigem Lophophor und zylindrisch-röhrenförmigen, verkalkten Zooecien, deren Apertura terminal liegt.

I. Klasse Stenolaemata Borg 1926

2. Vorkommen

? Ob. Kambrium, Ordovizium — rezent.

3. Systematik

Man unterscheidet die nachstehenden beiden Ordnungen:
Cyclostomata Busk 1852: ? Ob. Kambrium, Ordovizium — rezent,
Trepostomata Ulrich 1882: Ordovizium — Perm, ? Trias.

Insgesamt handelt es sich um ca. 408 Gattungen, die sich auf 11 Unterordnungen und 44 Familien verteilen. R. S. Bassler (1953) vereinigt die Klasse mit den Gymnolaemata.

Ordnung **Cyclostomata** Busk 1852
(Centrifugines d'Orbigny 1852)

1. Allgemeines

Zooecien wie bei den Trepostomata dünn, röhrenförmig bis prismatisch, mehr oder weniger lang, verkalkt, fein porös; seitlich meist zusammengewachsen. Sie unterscheiden sich von denen der Trepostomata vor allem durch das Vorhandensein von Vibracularien und Ovicellen. Acivularien sind dagegen noch nicht ausgebildet. Apertura terminal, nicht verengt, meist rundlich, selten polygonal; ohne Operculum. Sehr eigenartig ist die Fortpflanzung, da sich die aus dem Ei schlüpfende Larve in eine Anzahl sekundärer Embryonen teilt, aus denen jewels eine neue Larve hervorgeht. Zoarien von sehr unterschiedlicher Gestalt; mit anderen oft durch Knospung verbunden. Querböden (Diphragmen), die bei den Trepostomata und Cryptostomata so häufig auftreten, sind selten. Bestimmung der Arten im allgemeinen nur mit Hilfe von Dünnschliffen möglich.

2. Vorkommen

? Ob. Kambrium, Ordovizium — rezent. Im Paläozoikum relativ selten, mit einem schwachen ersten Maximum im Devon. Die eigentliche Entfaltung beginnt im Lias, erreicht in der Ob. Kreide das absolute Maximum der bisherigen Entwicklung, um dann mit Beginn des Tertiärs bereits wieder rasch abzunehmen. Das Verhältnis zwischen der Anzahl der rezenten Gattungen und der Gattungszahl der rezenten Cheilostomata beträgt etwa 1:6½. — Eine Vorstellung über die zahlenmäßige und zeitliche Verteilung von 273 fossil belegten Gattungen vermittelt Abb. 333.

3. Systematik

Es werden mehr als 300 Gattungen unterschieden, die sich auf 13 Familien und 9 Unterordnungen verteilen. Dabei spielt die Ausbildung, Lage und Form der Ovicellen die ausschlaggebende Rolle. Früher stützte sich dagegen die Klassifikation dieser Gruppe im wesentlichen auf die äußere Gestalt des Zoariums und die Anordnung der Zooecien.

Nachstehend werden lediglich die wichtigsten Unterordnungen und einige für sie besonders charakteristische Gattungen aufgeführt.

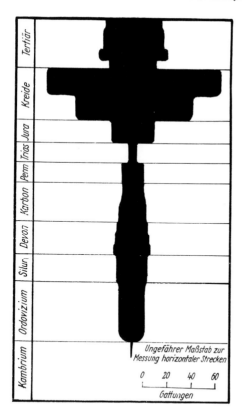

Abb. 333. Die ungefähre und zeitliche Verteilung von 273 Gattungen der Cyclostomata. Ausschließlich in der Gegenwart nachgewiesene Gattungen wurden nicht berücksichtigt.

Unterordnung **Tubuliporina** M.-Edwards & Haime 1838
(Tubulata Gregory 1896; Acamptostega Borg 1926)

Die Ovicellen bestehen meist aus besonders großen Zooecien, die eine spezielle Mündung (Oeciopore) aufweisen. Autozooecien einfach, röhrenförmig; mit kreisförmiger Apertura. — Ordovizium — rezent.

Spiropora Lamouroux 1821: Dogger (Bathonien) — Eozän, ? Miozän (Abb. 334).

Zoarium solide, häufig verästelt; ähnlich wie bei *Entalophora* und *Stomatopora* von außerordentlicher Einfachheit. Zooecien röhrenförmig, oben offen; Aperturae in parallelen Reihen rings um die Zweige angeordnet. Ovicellen groß, langgestreckt; bilden Ausbreitungen, die rings um das Zoarium ziehen, sich verzweigen und meist über den Bereich mehrerer Wirtel erstrecken.

Stomatopora Bronn 1825: Ordovizium — rezent, Beispiel für eine sehr langlebige Gattung (ca. 430 Mill. Jahre) (Abb. 335).

Zoarium uniserial, verzweigt; mit einer Seite auf Fremdkörpern festgewachsen, kriechend. Zooecien offen, einfach röhrenförmig. Ovicellen noch nicht mit Sicherheit beobachtet. Der Nachweis verschiedener Knospungsmuster (Illies 1971, 1973) spricht gegen die bisherige weite Fassung der Gattung.

Entalophora Lamouroux 1821 (syn. *Mecynoecia* Canu 1918): Jura — rezent; eine wichtige und artenreiche Gattung, die vor allem im Alttertiär häufig vorkommt (Abb. 336—337).

Zoarium meist dichotom verzweigt. Die runden, relativ weit auseinanderstehenden Aperturae stehen ringsum und zeigen alle nach oben. Ovicellen meist vorhanden, symmetrisch, parallel zur

I. Klasse Stenolaemata Borg 1926

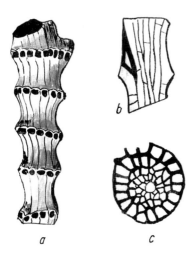

Abb. 334. *Spiropora majuscula* Canu & Bassler, Eozän (Jacksonian) von S-Carolina. a) Seitenansicht, b) Längsschnitt, c) Querschnitt. Ca. 10/1 nat. Gr. — Gezeichnet nach F. Canu & R. S. Bassler.

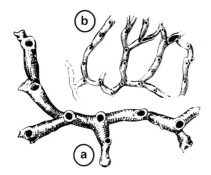

Abb. 335. a) *Stomatopora dichotoma* (Lamouroux), Dogger (Bathonien) von Frankreich. 10/1 nat. Gr. b) *Stomatopora parvipora* Canu & Bassler. Eozän (Jacksonian) von Mississippi. 25/1 nat. Gr. — Aus R. S. Bassler 1953.

Abb. 336. *Entalophora proboscidea* (M.-Edw.), mit Ovicellen besetzter Zweig. Pliozän von Carrubare (Kalabrien). 20/1 nat. Gr. — Nach A. Neviani 1939, aus E. Buge 1952.

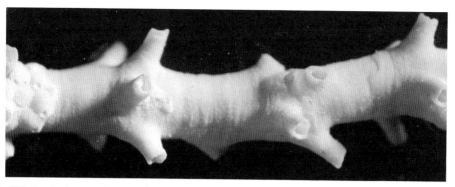

Abb. 337. *Entalophora proboscidea* (MILNE-EDWARDS), Paläozän (Dan), aus einem pleistozänen Geschiebe von Daersdorf bei Hamburg. Länge des Zweigstückes: ca. 1 cm. — Nach einem Originalfoto von E. VOIGT, Hamburg.

Längserstreckung der Autozooecien angeordnet. Mesoporen, Diphragmen usw. sind nicht ausgebildet. Eine häufige Art ist *E. proboscidea* M.-EDWARDS (Dan — rezent, Abb. 336). Sie findet sich heute weltweit verbreitet; fehlt nur in den arktischen Regionen.

Berenicea LAMOUROUX 1821: Ordovizium — rezent (Abb. 338).

Dünne, blattförmige Inkrustationen, die nur auf einer Seite mit einfachen röhrenartigen, zunächst liegenden, später aufgerichteten Zooecien besetzt sind. Ovicellen fehlen.

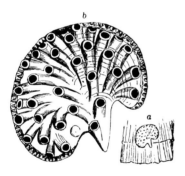

Abb. 338. *Berenicea diluviana* LAMOUROUX, Dogger (Bathonien) von Ranville (Calvados); a) nat. Gr.; b) vergrößert. — Nach J. Haime 1854, aus K. A. v. ZITTEL 1915 (s. S. 208).

Unterordnung **Cancellata** GREGORY 1896

Zoaria überwiegend ästig, seltener scheibenförmig. Neben Mesoporen finden sich Cancelli (geschlossene Röhren oder unregelmäßige Hohlräume zwischen den Zooecien), Vacuolen (kleine, schief verlaufende Röhrchen, die vor allem an der Rückseite der Zoarien in Längsfurchen liegen) und Nematoporen (fadenförmige Perforationen, die ebenfalls hauptsächlich auf der Rückseite der Zoarien vorkommen). — Jura — rezent.

Hornera LAMOUROUX 1821 (syn. *Retihornera* KIRCHENPAUER 1869): Eozän bis rezent (Abb. 339).

Zoaria ästig, aufrecht; mit verbreiteter Basis festgewachsen. Wand der Zooecien mit Vacuolen, die sich in Längsfurchen an allen Seiten des Zoariums öffnen. Aperturae nur an der Vorderseite. Ovicellen groß, sackförmig; lediglich auf der Rückseite der Zoarien.

I. Klasse Stenolaemata Borg 1926

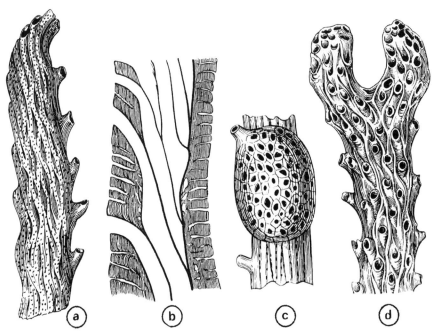

Abb. 339. *Hornera frondiculata* Lamouroux, rezent (Mittelmeer). a) Rückseite eines Zweiges; b) Längsschnitt durch einen Zweig; c) Ovicelle; d) Vorderseite eines Zweiges. Ca. $^{25}/_1$ nat. Gr. — Aus R. S. Bassler 1953.

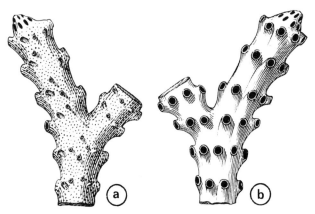

Abb. 340. *Filicrisina verticillata* d'Orbigny, Ob. Kreide (Santon) von Frankreich. a) Rückseite, b) Vorderseite. $^{15}/_1$ nat. Gr. — Nach A. d'Orbigny, aus R. S. Bassler 1953.

Filicrisina d'Orbigny 1853 (syn. *Phormopora* Marsson 1887): Kreide (Abb. 340).
Zoarium aus dünnen, dichotom verzweiten Ästen, wobei je fünf Zooecien in Querreihen an der Vorderseite liegen. Die Ovicellen befinden sich seitlich. Rückseite mit einzelnen, vorspringenden Röhrchen.

Unterordnung **Cerioporina** v. Hagenow 1851
(Heteroporina Borg 1933)

Zoaria im allgemeinen aus dicken, zum Teil hohlen Zweigen oder unterschiedlich gestalteten, schichtigen und dichten Massen. Autozooecien zylindrisch oder prismatisch, mit horizontal verlaufenden Diphragmen. Mesoporen vorhanden. Ovicellen stehen, falls ausgebildet, rechtwinklig zur Längsachse der Autozooecien. Im Gegensatz zu den äußerlich oft sehr ähnlichen Trepostomata fehlen regelmäßig angeordnete Monticuli. — Trias — rezent.

Heteropora de Blainville 1830 (syn. *Thalamopora* Hag. 1846; *Nodicrescis* d'Orbigny 1854); Jura — Kreide (Abb. 341).

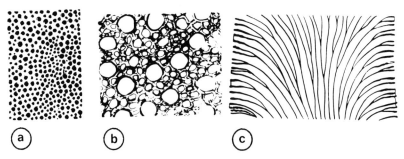

Abb. 341. *Heteropora cryptopora* (Goldf.), Ob. Kreide (Maastricht) von Holland. a) Oberfläche des Zoariums, $10/1$ nat. Gr.; b) Querschnitt, $25/1$ nat. Gr.; c) Längsschnitt, $10/1$ nat. Gr. — Nach F. Canu & R. S. Bassler.

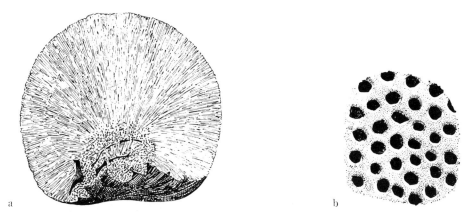

Abb. 342. *Ceriopora tumulifera* Canu & Lecointre, Mittl. Miozän von Savigné (Indre-et-Loire). a) Querschnitt durch ein Zoarium, nat. Gr.; b) Oberfläche, $30/1$ nat. Gr. — Nach E. Buge 1952.

Zoarium ästig verzweigt, glatt. Zooecien lang, zylindrisch oder prismatisch. Zwischen ihnen zahlreiche dünnwandige, im Querschnitt winkelige Mesoporen.
Ceriopora Goldfuss 1826 (syn. *Semimulticava*, *Reptonodicava* d'Orbigny 1854); Trias — Miozän (Abb. 342—343).

Ähnlich *Heteropora*, doch ohne Mesoporen. Zooecien außerdem mit zahlreichen horizontalen Diphragmen.

Abb. 343. *Ceriopora stellata* GOLDF., Ob. Kreide (Cenoman) von Essen. Breite des gezeigten Ausschnittes: ca. 3 cm.

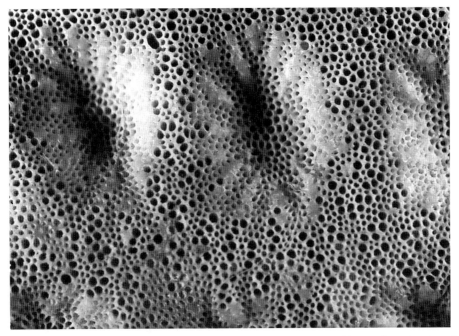

Abb. 344. *Lichenopora suecica* HENNIG, Oberfläche einer Kolonie. Ob. Kreide (Campan) von Balsberg. Der Durchmesser der großen Vertiefungen beträgt etwa 2½ mm. — Nach einem Originalfoto von E. VOIGT, Hamburg.

Unterordnung **Rectangulata** WATERS 1887

Das Zoarium entspringt aus einer relativ großen, trichterförmigen Knospe, die mit ihrer Basis am Untergrunde festgewachsen ist. — Kreide — rezent.

Lichenopora DEFRANCE 1823: Kreide — rezent (Abb. 344).

Oberfläche des Zoariums mit zentraler Vertiefung, von der Reihen von Zooecien radial nach außen strahlen. Als Ovicelle dient eine große Kammer, die etwa im Mittelpunkt des Zoariums liegt.

Unterordnung **Ceramoporoidea** BASSLER 1913

Zoaria von sehr unterschiedlicher Gestalt. Zooecien mit charakteristischer, fein poröser Wandstruktur. Ovicellen bei manchen Gattungen vorhanden. — ? Kambrium, Ordovizium — Perm.

Ceramopora HALL 1851: Ordovizium — Devon (Abb. 345).

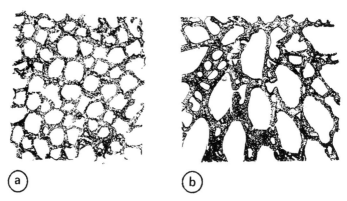

Abb. 345. *Ceramopora imbricata* HALL, Silur (Clintonian) von New York (USA). a) Querschnitt nahe der Basis; b) desgl., nahe der Peripherie, mit Autozooecien und Mesoporen. 20/1 nat. Gr. — Nach R. S. BASSLER 1953.

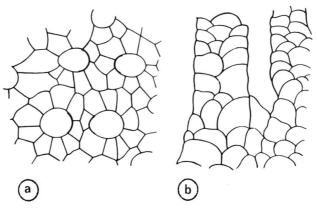

Abb. 346. *Fistulipora minor* McCOY, Unt. Karbon von England. a) Querschnitt durch ein Zoarium, b) Längsschnitt. 20/1 nat. Gr. — Nach R. S. BASSLER 1953.

Zoarium massiv bis scheibenförmig. Zooecien groß, röhrenartig, unregelmäßig gestaltet; mit relativ groben Wandporen und undeutlichen Lunaria. Aperturae schief. Mesoporen groß, unregelmäßig.

Fistulipora McCoy 1850 (nom. conserv., ICZN pend.): Silur — Perm (Abb. 346).

Zoarium dünnlagig, frei oder inkrustierend bzw. ästig bis massiv. Zooecien zylindrisch; mit geraden Diphragmen; regelmäßig verteilt. Aperturae rundlich, mit mäßig entwickelten Lunaria (kapuzenartigen Vorragungen).

Ordnung **Trepostomata** Ulrich 1882

Die überwiegend massiven, schichtigen oder stammförmigen Zoarien bestehen aus langen, röhrenförmigen und verkalkten Zooecien, deren kleine terminale Aperturae subzentral liegen und meist eine charakteristische Wandverdickung aufweisen. Da die vom Tier verlassenen unteren Teile der Zooecien durch kalkige Querböden (Diphragmen, Cystiphragmen) abgetrennt werden, erinnern die Treptostomata oft weitgehend an tabulate Korallen (Tabulata, vgl. S. 323). Dies geht so weit, daß in Einzelfällen eine Zuordnung noch unsicher ist. Kennzeichnend sind das Fehlen von Septen und der Knospungsbeginn. Jedes Zooecium ist in seinem unteren Bereich, der sich in der axialen Zone des Zoariums befindet, durch eine dünne Wandung und weitständige Diphragmen ausgezeichnet. Hier liegen die Zooecien dicht nebeneinander. Der äußere, in der Nähe der Oberfläche des Zoariums befindliche Teil der Zooecien hat dagegen eine verdickte Wandung sowie engständige Diphragmen. Außerdem sind hier spezielle Zooecien (Acantho- und Mesoporen) eingeschaltet. Oft überragen auch besondere Gruppen von Zooecien (Monticuli) die tiefer gelegenen Abschnitte des Zoariums. — Ordovizium — Perm. Angaben aus der Trias bedürfen noch der Bestätigung. — Eine Vorstellung über die zahlenmäßige und zeitliche Verteilung von 103 fossil belegten Gattungen vermittelt Abb. 347, B.

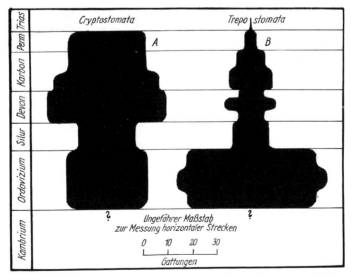

Abb. 347. A. Schematisches Schaubild, das ungefähr die zahlenmäßige und zeitliche Verteilung von 126 Gattungen der Cryptostomata zeigt. — B. Desgleichen für 103 Gattungen der Trepostomata.

Je nach der Wandstruktur benachbarter Zooecien unterscheidet man die nachstehenden Unterordnungen:
Amalgamata ULRICH & BASSLER 1904: Ordovizium — Perm,
Integrata ULRICH & BASSLER 1904: Ordovizium — Perm, ? Trias.

Unterordnung **Amalgamata** ULRICH & BASSLER 1904

Die Wände benachbarter Zooecien sind derart miteinander verschmolzen, daß sie nicht zu unterscheiden sind. — Ordovizium — Perm. Von den sechs hierzu gehörenden Familien wird jeweils eine besonders charakteristische Gattung aufgeführt.
Monticulipora D'ORBIGNY 1850 (nom. conserv. ICZN pend.) (non D'ORBIGNY 1849) (syn. *Monticuliporella* BASSLER 1935): Ordovizium (Abb. 348).

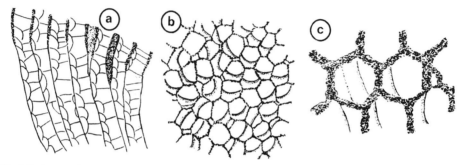

Abb. 348. *Monticulipora mammulata* D'ORB., Ordovizium (Maysvillian) von Ohio (USA). a) Längsschnitt, $^{25}/_1$ nat. Gr.; b) Querschnitt, $^{25}/_1$ nat. Gr.; c) desgl. $^{50}/_1$ nat. Gr. — Nach E. O. ULRICH & R. S. BASSLER 1904.

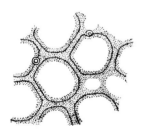

Abb. 349. *Heterotrypa prolifica* ULRICH, Querschnitt. Ordovizium von Ohio (USA). $^{50}/_1$ nat. Gr. — Nach E. O. ULRICH, aus E. BUGE 1952.

Zoarium meist massiv, doch auch inkrustierend bis wedelförmig. Monticuli regelmäßig verteilt. Aperturae polygonal. Acanthoporen klein, mit körniger Wandung. Mesoporen wenig zahlreich, mit Diphragmen.
Heterotrypa NICHOLSON 1879: Ordovizium (Abb. 349).
Zoarium wedelförmig. Zooecien im Querschnitt winkelig, mit geraden Diphragmen, ohne Cystiphragmen (konvex gekrümmte Kalkblätter, die sich quer durch das Zooecium erstrecken). Mesoporen wenig zahlreich, gewöhnlich eng, röhrenförmig. Acanthoporen deutlich, meist groß.
Atactotoechus DUNCAN 1939: Devon.
Zoarium ästig bis massiv. Mesoporen fehlen. Acanthoporen nicht körnig, wenig zahlreich. Oberer Abschnitt der Zooecien mit Cystiphragmen, die an leicht gekrümmte Diphragmen erinnern.

I. Klasse Stenolaemata Borg 1926

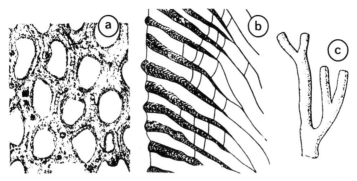

Abb. 350. *Batostomella gracilis* (Nicholson), Ordovizium (Maysvillian) von Ohio (USA). a) Querschnitt, ⁵⁰/₁ nat. Gr.; b) Längsschnitt, ²⁰/₁ nat. Gr.; c) Zoarium, nat. Gr. — Nach E. O. Ulrich, aus R. S. Bassler 1953.

Batostomella Ulrich 1882 (syn. *Bythopora* Ulrich 1890; *Leptotrypellina* Vinessa 1920): Ordovizium (Abb. 350).
Zoarium dünn- bis dickästig, glatt. Wand im höheren Abschnitt der Zooecien besonders verstärkt. Diphragmen gerade. Gewöhnlich mit Acantho- und Mesoporen.

Stenopora Lonsdale 1844 (syn. *Tubuliclidea* Lonsd. 1844; *Ulrichotrypta* Bassler 1929): Unt. Karbon — Perm.
Zoarium massiv oder ästig. Zooecien dickwandig, ohne Diphragmen. Monticuli deutlich ausgebildet. Am distalen Ende jeder Zooecie eine Megacanthopore sowie zahlreiche Microacanthoporen zwischen den benachbarten Zooecien.

Constellaria Dana 1846: Ordovizium (Abb. 351).
Oberfläche der aufrecht wedelförmigen Zoarien mit vertieften Gruppen sternförmiger Mesoporen. Diese und die Zooecien mit geraden Diphragmen.

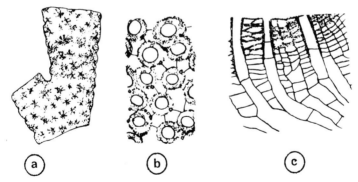

Abb. 351. *Constellaria constellata* (van Cleve), Ordovizium (Maysvillian) von Ohio (USA). a) Zoarium, nat. Gr.; b) Querschnitt, ⁵⁰/₁ nat. Gr.; c) Längsschnitt, ²⁰/₁ nat. Gr. — Nach E. O. Ulrich, aus R. S. Bassler 1953.

Unterordnung **Integrata** Ulrich & Bassler 1904

Im Gegensatz zu den Amalgamata sind die Wände benachbarter Zooecien nicht verschmolzen, sondern durch eine Zone getrennt, die entweder heller oder dunkler als die Umgebung ist. —

Ordnung **Cryptostomata** Vine 1883

Zooecien kurz, birnenförmig, quadratisch oder sechsseitig, nur zuweilen röhrenartig. Apertura bei ausgewachsenen Formen am Grunde eines mehr oder weniger langen, röhrenförmigen Fortsatzes (Vestibulum), der rings von kalkigen, feinporösen Bildungen umgeben wird. Sie ist meist durch eine Vorragung der Wand, das sogenannte Hemiseptum, eingeengt. Es diente wohl zur Befestigung eines beweglichen, vielleicht chitinigen Operculums. Von den äußerlich oft sehr ähnlichen Cheilostomata unterschieden vor allem durch das Fehlen von Avicularien, Vibracularien und Ovicellen (?). Zoarium netz-, busch-, blattförmig, häufig auch trichter- bis baumförmig. Bei trichterförmiger Ausbildung liegen die Mündungen geschützt an der Innenseite. Da diese deshalb fester im Gestein verankert wird als die glatte oder mit feinen Streifen bedeckte Rückseite, sind mit der Vorderseite freiliegende Zoarien im allgemeinen nur selten zu finden. — ? Ob. Kambrium, Ordovizium — Perm; weltweit verbreitet, zum Teil als Gesteinsbildner wichtig. Sie werden infolge ihrer Beschränkung auf das Paläozoikum vielfach als die primitivste Gruppe betrachtet. Maximum der Entwicklung im Devon und Karbon; jedoch auch im Ordovizium und Perm häufig, an dessen Ende sie plötzlich und nachkommenlos aussterben. Eine Vorstellung über die zahlenmäßige und zeitliche Verteilung von 126 fossil belegten Gattungen vermittelt Abb. 347, A.

1. **Formen mit doppelschichtigem Zoarium:** Meist band- oder fächerförmig. Zwei Lagen von Zooecien berühren sich Rücken an Rücken. Hierzu gehört unter anderem *Graptodictya proava* (Eichwald 1840); eine Art, die häufig und gut erhalten im Silur des Baltikums vorkommt (Abb. 353).

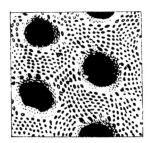

Abb. 353. *Graptodictya proava* (Eichwald), Oberfläche des Zoariums. Silur von Uxnorm (Estland). 5/1 nat. Gr. — Nach R. S. Bassler, aus E. Buge 1952.

2. **Formen mit einschichtigem Zoarium:** Mündungen alle nach einer Seite gerichtet. Unterseite besteht aus einer dichten Kalklage. Dies gilt zum Beispiel für die Fenestellidae King 1850 (Ordovizium — Perm) und die Acanthocladiidae Zittel 1880 (Silur — Perm).

Fenestella Lonsdale 1839: Ordovizium — Perm (Abb. 354—355).

Zoarien meist trichterförmig. Sie bestehen im wesentlichen aus schmalen, etwa parallel zueinander verlaufenden Zweigen. Jeder derselben zeigt zwei Reihen von Zooecien, die durch einen Mediankiel (Carina) getrennt werden. Der Kiel trägt bei manchen Formen Knötchen bzw. Dornen, die Acanthoporen entsprechen. Sie fehlen den sogenannten Dissepimenten, das sind Querbälkchen, die aus Coenosteum bestehen und welche die mit Zooecien besetzten Äste verbinden. Dazwischen verbleiben kleine Fensterchen. — Bei weltweiter Verbreitung besonders häufig in manchen Ablagerungen des Devon und Perm. Bekannt ist vor allem *F. retiformis* v. Schloth. (Abb. 354—355), die sich am Aufbau der aus Kalkalgen und Bryozoen gebildeten Riffe des germanischen Zechsteins beteiligt.

Archimedes Owen 1838: Unt. Karbon — Unt. Perm von Nordamerika, Perm von Rußland (Abb. 356).

Abb. 354. *Fenestella retiformis* v. SCHLOTH., Zechstein, Felsenberg-Riff bei Oepitz (Ostthüringen). Etwa ¾ nat. G.

Abb. 355. *Fenestella retiformis* v. SCHLOTH, Ausschnitt vom zentralen Teil eines Zoariums. Zechstein, Felsenberg-Riff bei Oepitz (Ostthüringen). ³⁄₁ nat. Gr.

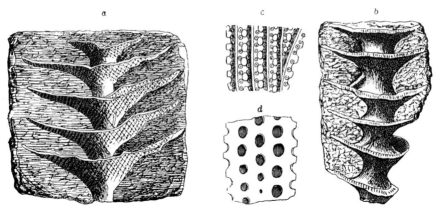

Abb. 356. *Archimedes wortheni* (HALL), Unt. Karbon von Warsow (Illinois). a) Zoarium von der Seite, nat. Gr.; b) desgl., schraubenförmiges Fragment; c) Teil der Oberseite eines Trichters, vergrößert; d) Teil der Unterseite, vergrößert. — Nach A. F. ROEMER, F. A. QUENSTEDT und J. HALL, aus K. A. v. ZITTEL 1915 (s. S. 208).

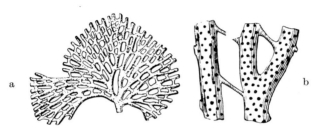

Abb. 357. *Polypora dendroides* McCoy, Unt. Karbon von Irland. a) Zoarium von oben, nat. Gr.; b) desgl., Ausschnitt, 5/1 nat. Gr. — Nach F. McCoy, aus K. A. v. ZITTEL 1915.

Zahlreiche *Fenestella*-artige Trichter, die schraubenförmig um eine zentrale Achse angeordnet sind. Isolierte Bruchstücke lassen sich praktisch nicht von *Fenestella* unterscheiden. Gegen die mitunter vertretene Ansicht, daß die Achse der *Archimedes*-Trichter auf symbiotisch mit den Bryozoen lebende Kalkalgen zurückzuführen sei, spricht die mikroskopische Struktur.

Polypora McCoy 1844 (syn. *Flabelliporella*, *Polyporella* SIMPSON 1895): Ordovizium — Perm (Abb. 357).

Ähnlich *Fenestella*, doch nicht nur mit zwei, sondern drei bis acht Reihen von Zooecien auf dem Zweig. Außerdem fehlt die Carina; falls nicht an ihrer Stelle eine Knötchenreihe ausgebildet ist.

Thamniscus KING 1849 (syn. *Tamniscides* KING 1849): Silur — Perm (Abb. 358).

Ähnlich *Polypora*, doch meist ohne Dissepimente.

Acanthocladia KING 1849: Ob. Karbon — Perm (Abb. 359 A).

Zoarium in der Regel frei verästelt. Äste kurz und kräftig, schräg abzweigend. Rückenseite meist fein längsgestreift.

3. **Formen mit ästig verzweigtem Zoarium,** deren Zooecien rings um eine zylindrische Achse angeordnet sind. Mitunter finden sich gelenkig verbundene Segmente. Dies gilt zum Beispiel für die Arthrostylidae ULRICH 1888 (Ordovizium — Devon) mit

Arthroclema BILLINGS 1862: Ordovizium (Abb. 359 B).

Abb. 358. *Thamniscus geometricus* KORN, Riffkalk des germanischen Zechsteins. a) Teil eines Zoariums vom Alteburg-Riff bei Pößneck. 3½ nat. Gr. — Nach H. KORN 1930. — b) Teil eines Zoariums mit lippenförmig umgestalteten Unterrändern der Aperturae. — Nach W. KING 1850.

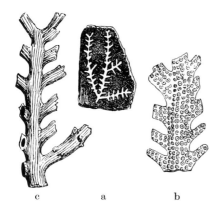

Abb. 359 A. *Acanthocladia anceps* (v. SCHLOTH.), Zechstein (Riffkalk) von Pößneck. a) Zoarium, nat. Gr.; b) Zweig von oben, vergrößert; c) desgl., von unten. — Nach K. A. v. ZITTEL 1915 (s. S. 208).

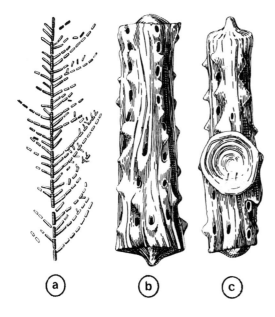

Abb. 359 B. *Arthroclema pulchella* BILL., Ordovizium (Trentonian) von Ontario (USA). a) Zoarium, nat. Gr.; b)—c) Segmente mit distalen und lateralen Gelenkflächen, 20/1 nat. Gr. — Nach E. O. ULRICH, aus R. S. BASSLER 1953.

Zoarium fiederig verzweigt, aus zahlreichen fast zylindrischen Segmenten.
Arthrostylus ULRICH 1888 (pro *Arthronema* ULRICH 1882): Ordovizium.
Zoarium buschig, aus sehr feinen subquadratischen Segmenten. Zooecien in drei Reihen zwischen Längsrippen.

Ordnung **Cheilostomata** BUSK 1852

1. Allgemeines

Zooecien kurz, krug- bis kastenförmig; meist seitlich dicht aneinandergereiht und durch Perforationen in der Wandung verbunden. Umriß rundlich, elliptisch oder polyonal. Apertura lateral-distal, also in der Richtung, in der das Zoarium weiterwächst. Sie kann mit einem beweglichen, chitinigen Deckel (Operculum) verschlossen werden. Vielfach finden sich Avicularien, Vibracularien und Ovicellen am gleichen Zoarium. Die Cheilostomata sind die am höchsten entwickelten und am stärksten differenzierten Bryozoen. Ausschließlich marin.

2. Vorkommen

Malm — rezent. Nach vereinzelten Funden aus Malm und Unterkreide vollzog sich die Entfaltung ab Cenoman derart rasch, daß die Gruppe bereits im Campan und Maastricht die aus dem Paläozoikum herüberragenden Cyclostomata an Arten- und Individuenzahl übertrifft (Abb. 360). Das bisherige Maximum der Entwicklung liegt aber in der Gegenwart. Viele Cheilostomata sind bei großer Verbreitung sehr kurzlebig und somit als Leitfossilien geeignet.

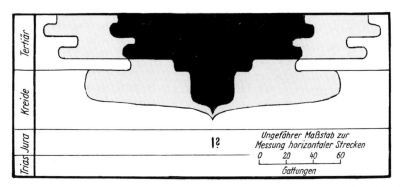

Abb. 360. Halbschematisches Schaubild, das die ungefähre zahlenmäßige und zeitliche Verteilung von 387 Gattungen der Cheilostomata zeigen soll. 184 derselben gehören zu den Anasca (grau), 203 zu den Ascophora (schwarz). Es handelt sich ausschließlich um Gattungen mit fossilen Vertretern. Gattungen, die nur in der Gegenwart nachgewiesen werden konnten, wurden nicht berücksichtigt.

Lange Zeit haben die angeblich aus dem Dogger (Bathonien) stammenden Arten *Castanopora jurassica* (GREGORY) und *Onychocella bathonica* GREGORY als die ältesten Cheilostomata gegolten. Sie wurden inzwischen als Formen des Ob. Maastricht erkannt (VOIGT 1968). Die älteste bekannte cheilostome Bryozoe ist zurzeit *Pyriporopsis portlandensis* POHOWSKY 1973, eine primitive uni- bis pluriseriale Art aus dem Malm von England.

3. Zur Morphologie

Bei den Cheilostomata handelt es sich um die am höchsten differenzierten Bryozoen. So ist es erklärlich, daß die verschiedenen Merkmale eine besonders große Formenmannigfaltigkeit aufweisen, wodurch die Bestimmung der zahlreichen Arten erschwert wird. Die Differenzierungen beziehen sich vor allem auf die Ausbildung des Deckels (Operculums), der Ovicellen, Vibracularien und Avicularien sowie des Mechanismus, durch den Mund und Tentakel nach außen bzw. innen befördert werden können.

Die **Ovicellen** enthalten im Gegensatz zu denen der Cyclostomata, die eine direkte Modifikation der Zooecien darstellen, nur ein Ei oder einen Embryo. Die taxonomische Bedeutung ist außerordentlich groß, da Ausbildung und Lage je nach Gattung oder Familie erheblich wechseln. Infolge der meist sehr versteckten Lage ist aber zur genaueren Bestimmung stets eine besondere Präparation erforderlich. Von etwas widerstandsfähigeren Resten fertigt man am besten einen Längsschliff. Bei zerbrechlicheren, insbesondere rezenten Arten werden die Ovicellen unter dem Mikroskop mit einer feinen Nadel freigelegt. Je nach ihrer Lage im Zoarium bezeichnet man die Ovicellen als:

endozooecial (innerhalb des Zooeciums, Abb. 361, A), hyperstomial (am proximalen Ende des distal folgenden Zooeciums als „Überlapp", Abb. 361, B), endotoichal (an der proximalen Seite, vollständig vom Zooecium getrennt, Abb. 361, C) und peristomial (als verbreiteter Abschnitt im Peristom der Zooecie, Abb. 361, D).

Benachbarte Zooecien können durch mesenchymale Fasern verbunden werden, die über feine Poren die Seitenwände queren. Diese Poren bezeichnet man als **Septulae.** Kleine Hohlräume, die sich in der Nähe der Basis am distalen Abschnitt des Zooeciums befinden und Poren

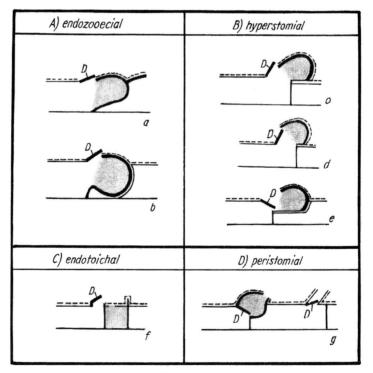

Abb. 361. Die wichtigsten Typen der bei den Cheilostomata vorkommenden Ovicellen. Es handelt sich durchweg um Längsschnitte, bei denen das distale Ende (Richtung, in der das Wachstum erfolgt) auf der rechten Seite liegt. **Signaturen:** schwarze Linien = Wandung von Autocooecien und Ovicellen; grau = Inhalt der Ovicellen; gestrichelte Linien = Ectocyste; D = Operculum. — Nach R. S. BASSLER 1953.

enthalten, durch die mesenchymale Fasern treten, nennt man **Dietellae** (syn. Porenkammer). Unter einer **Cryptocyste** versteht man ein dünnes Kalkblatt, das sich etwas unterhalb der häutigen Stirnwand gewisser Cheilostomata (Anasca) parallel zu dieser erstreckt. Der dazwischenliegende Raum dient zur Aufnahme des hydrostatischen Apparates. Als **Opesium** bezeichnet man die große Öffnung, die bei vielen Anasca den gesamten Vorderteil des Zooeciums einnimmt. Sie wird innen von der Cryptocyste, außen von der häutigen oder chitinigen Stirnwand dieser Formen begrenzt.

4. Systematik

Je nach der Ausbildung der Stirnwand sowie des Mechanismus, durch den Mund und Tentakeln nach außen bzw. innen befördert werden können, unterscheidet man zwei Unterordnungen:
   Anasca LEVINSEN 1909: Malm — rezent,
   Ascophora LEVINSEN 1909: Kreide — rezent.

Unterordnung **Anasca** LEVINSEN 1909

Cheilostomata, deren Stirnwand nicht verkalkt ist, sondern aus einer häutigen oder chitinigen Substanz besteht. Ein hydrostatisches Organ (Kompensationssack) fehlt im Unterschied zu den Ascophora. Dafür findet sich aber ein ähnlich funktionierender Apparat (Abb. 362). Der Austritt der Tentakel erfolgt hier durch den Zug von Parietalmuskeln, der sich auf die elastische Stirnwand der Zooecien auswirkt. — Malm — rezent.

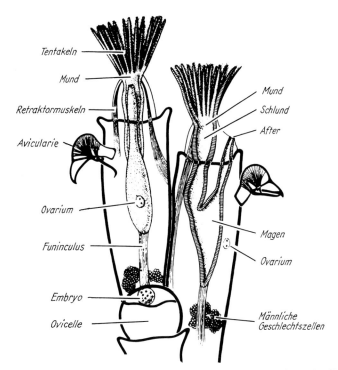

Abb. 362. Schematische Längsschnitte durch Zooecien einer zu den Anasca gehörenden Bryozoe. — Nach PARKER & HASWELL, aus R. S. BASSLER 1953, verändert.

Von den über 330 Gattungen, die sich auf ca. 42 Familien und Divisionen verteilen, werden nur die letzteren sowie einige der charakteristischen und paläontologisch wichtigen Gattungen aufgeführt.

Divisio **Inovicellata** JULLIEN 1888

Die Zoaria bestehen aus feinen, kriechenden Stolonen mit spindelförmigen Anschwellungen. Aus diesen entspringen in Abständen uniserial die Zooecien, die jeweils am distalen Ende ein Operculum aufweisen. Vibracularien, Avicularien und ständige Ovicellen fehlen. — Eozän — rezent.

Einzige Gattung ist:

Aetea LAMOUROUX 1812 (syn. *Anguinaria* LAMARCK 1816; *Salpingia* COPPIN 1848; *Cercaripora* FISCHER 1866): Eozän — rezent.

Fossil sind lediglich die kriechenden Stolonen bekannt, deren Bestimmung zudem große Schwierigkeiten bereitet.

Divisio **Scrupariina** SILÉN 1941

Zoaria aufrecht, zum Teil mit kriechender Basis. Zooecien röhrenförmig. Opesium auf einen Teil der Vorderseite beschränkt. Avicularien und Dornen fehlen. Ovicellen bei manchen Arten vorhanden. — Kreide — rezent. Bekannt sind fünf Gattungen, die sich auf zwei Familien verteilen.

Eucratea LAMOUROUX 1812: Kreide — rezent (Abb. 363).

Die Zooecien der biserialen Zoaria stehen Rücken an Rücken. Die Seitenzweige entspringen seitlich in der Nähe des distalen Endes. Ovicellen fehlen.

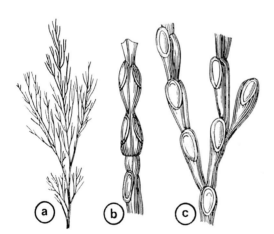

Abb. 363. *Eucratea lorica* (LINNÉ), rezent aus dem nördlichen Atlantik. a) Zoarium, nat. Gr.; b) Zweig von der Seite, $^{25}/_1$ nat. Gr.; c) desgl., von vorn. — Nach A. ROBERTSON und F. CANU & R. S. BASSLER.

Divisio **Malacostega** LEVINSEN 1902

Die Parietalmuskeln sitzen an der stets mehr oder weniger häutigen Stirnwand. Das Operculum ist ein häutiger, undifferenzierter Deckel. — Malm — rezent.

Man unterscheidet ca. 90 Gattungen, die sich auf neun Familien verteilen.

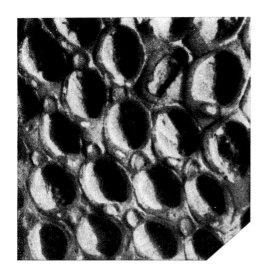

Abb. 364. „*Membranipora*" *exhauriens poculifera* VOIGT, zeigt die abgebrochenen Becher der frontalen Avicularien und ein großes vikariierendes Avicularium. Ob. Kreide (Unt. Campan) von Oberg. $^{16}/_1$ nat. Gr. — Nach E. VOIGT 1949.

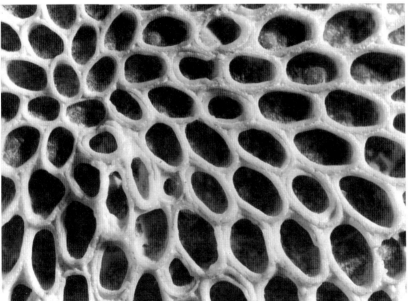

Abb. 365. *Membranipora famelica* BRYDONE, Teil eines Zoariums. Ob. Kreide (Maastricht, Schreibkreide) von Hemmoor (Niederelbe). Durchmesser der Zooecien: ca. $^3/_4$ mm. — Nach einem Originalfoto von E. VOIGT Hamburg.

„**Membranipora**" DE BLAINVILLE 1830; Kreide — rezent (Abb. 364—365).

Eine Sammelgattung membranimorpher Cheilostomata mit inkrustierendem oder aufgerichtetem, bifoliatem Zoarium. Ovicellen, Porenkammern und Spinae fehlen. — Bei der sehr engen Fassung der Gattungen im Sinne von W. D. LANG (1921—1922) und R. S. BASSLER (1953) wird *Membranipora* auf Vertreter ohne interopesiuale Hohlräume beschränkt, deren Opesium nahezu die gesamte Stirnfläche einnimmt und die vom Miozän bis zur Gegenwart vorkommen.

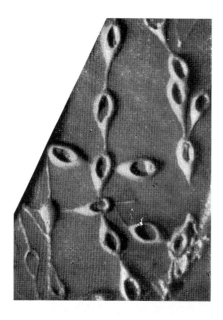

Abb. 366. *Herpetopora dispersa* v. HAG., Ob. Kreide (Maastricht) von Lüneburg. ¹⁶⁄₁ nat. Gr. — Nach E. VOIGT 1949.

Herpetopora LANG 1914: Kreide — Oligozän (Abb. 366).
Zoarium inkrustierend. Frontalwand der Autozooecien zum Teil von einer glatten Gymnocyste eingenommen, das ist der randlich verkalkte Abschnitt der Cryptocyste. Caudalteil lang ausgezogen. Ovicellen und Avicularien fehlen.

Ellisina NORMAN 1903; Kreide — rezent (Abb. 367).
Ähnlich *Membranipora*, doch mit Ovicellen und kleinen Avicularien, die sich zwischen den Zooecien befinden. Über jedem Zooecium liegt ein Avicularium.

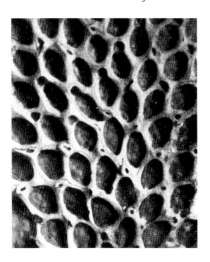

Abb. 367. *Ellisina praecursor* BRYDONE, mit Avicularien und Ovicellen. Ob. Kreide (Unt. Campan) von Lägerdorf. ¹⁶⁄₁ nat. Gr. — Nach E. VOIGT 1949.

Stamenocella CANU & BASSLER 1917: Kreide — Miozän (Abb. 368).
Zoarium aus aufrechtstehenden, dünnen, zweiseitig mit Zooecien besetzten Zweigen. Der randlich verkalkte Teil der Cryptocyste (Gymnocyste) mit kleiner Avicularie und leicht zerbrechlicher, hyperstomialer Ovicelle.

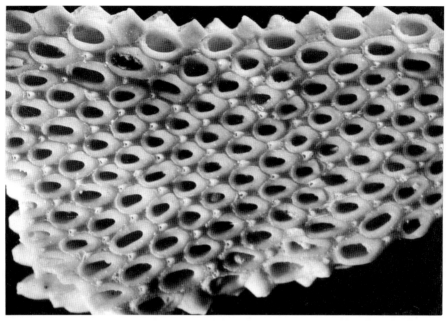

Abb. 368. *Stamenocella cuvieri* v. Hagenow, Ob. Kreide (Ob. Maastricht) von Maastricht (Holland). Ca. 20/1 nat. Gr. — Nach einem Originalfoto von E. Voigt, Hamburg.

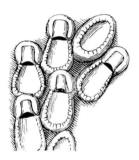

Abb. 369. *Alderina imbellis* (Hincks), rezent aus dem Atlantik. 25/1 nat. Gr. — Nach Th. Hincks, aus R. S. Bassler 1953.

Alderina Norman 1903: Kreide — rezent (Abb. 369).
Zoaria inkrustierend. Häutige Stirnseite mit gekerbtem Rand. Gymnocyste klein. Avicularien und seitliche Spinae fehlen. Hyperstomiale Ovicellen und Dietellae vorhanden.

Divisio **Coilostega** Levinsen 1902
(Coelostega Harmer 1926)

Die Cryptocyste erstreckt sich meist bis zur Apertura nach vorn. Die Parietalmuskeln, welche die Cryptocyste über Opesiualaröffnungen queren, sind an der Ectocyste befestigt. Ovicellen hyperstomial oder endozooecial. Avicularien oder Vibracularien in der Regel vorhanden, dann interzooecial. — Kreide bis rezent.

Abb. 370. *Micropora coriacea* (Esper), rezent aus dem nördlichen Atlantik. ²⁵/₁ nat. Gr. — Nach. F. Canu & R. S. Bassler 1926.

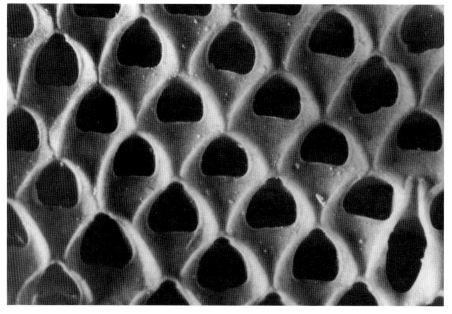

Abb. 371. *Onychocella piriformis* Goldf., Ob. Kreide (Ob. Maastricht) von Maastricht. Breite der Zellenöffnungen: ca. 0,6 mm. — Nach einem Originalfoto von E. Voigt, Hamburg.

Micropora Gray 1848: Kreide — rezent (Abb. 370).

Zoaria inkrustierend. Cryptocyste erstreckt sich, abgesehen von der Apertura und zwei Opesiularöffnungen, über die gesamte Stirnseite. Opesium halbkreisförmig. Über der distalen Ecke der Apertura liegt jeweils ein kleines, mittelständiges Avicularium.

Onychocella Jullien 1882: Ob. Kreide — rezent (Abb. 371).

Cryptocyste auch randlich nicht verkalkt, von einer vorragenden Leiste umgeben. Ovicellen endozooecial.

Stichomicropora Voigt 1949: Oberkreide (Abb. 372).

Ähnlich *Micropora*, doch trägt ein Teil der Zooecien eine Punktreihe (Basen von Spinae, die einen Brutraum überdachen?), die im proximalen Drittel quer über die Cryptocyste zieht.

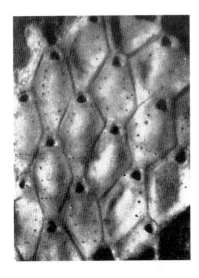

Abb. 372. *Stichomicropora sicki* Voigt, Ob. Kreide (Unt. Campan) von Lägerdorf. 20/1 nat. Gr. — Nach E. Voigt 1949.

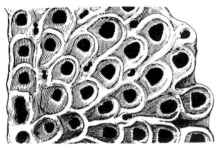

Abb. 373. *Lunulites vicksburgensis* (Conrad), Oligozän von Mississippi (USA). Teil der Vorderseite. 25/1 nat. Gr. — Nach F. Canu & R. S. Bassler 1926.

Apertura halbkreisförmig. Avicularien in der Regel nicht vorhanden. Gewöhnliche Ovicellen fehlen. Porenkammern ausgebildet.

Lunulites Lamarck 1816 (syn. *Lunularia* Busk 1884): Ob. Kreide — rezent mit zahlreichen frei auf dem Meeresboden lebenden Arten (Abb. 373).

Zoarium konisch bis scheibenförmig, wird durch die Zangen randständiger Avicularien am Boden festgehalten. Autozooecien rechteckig bis hexagonal, auf der konvexen Oberfläche meist in radialen Reihen angeordnet. Cryptocyste eingesenkt, darin das breite runde bis rhomboidale Opesium. Ovicellen endozooecial.

Divisio **Pseudostega** Levinsen 1909

Zooecien in Längsreihen angeordnet. Cryptocyste imperforat, da Patrietalmuskeln nicht ausgebildet. Hydrostatisches Organ extern, das heißt auf den Raum zwischen Ecto- und Cryptocyste (Hypostege) jedes Zooeciums beschränkt. Avicularien vorhanden; sitzen jeweils an der Stelle eines Autozoceciums in den Längsreihen. Ovicellen bei typischer Ausbildung endotoichal, mit unabhängiger Öffnung (Spezialpore). — Kreide — rezent.

Cellaria Ellis & Solander 1786: Eozän — rezent.

Zoarium baumförmig verzweigt, aufrecht; mit kleinen, chitinigen Gliedern und verkalkten, rundlichen Zwischengliedern. Apertura trägt zwei kleine, seitlich gelegene Einbuchtungen.

Abb. 374. *Coscinopleura elegans rarepunctata* VOIGT, mit einigen Ovicellen. Ob. Kreide (Unt. Maastricht) von Rügen (Stubbenkammer). $^{20}/_1$ nat. Gr. — Nach E. VOIGT 1956.

Coscinopleura MARSSON 1887: Ob. Kreide (Campan) — Paläozän (Abb. 374).
Ränder der Zoarien mit großen Vibracularien besetzt, deren Stirnseite porös ausgebildet ist. Aperturae der Autozooecien halbkreisförmig, randlich fixiert. Ovicellen hyperstomial. — Einzelne Arten lassen sich, wie E. VOIGT (1956) zeigen konnte, biostratigraphisch ausgezeichnet verwerten.

Divisio **Celluarina** SMITT 1867

Zoarium in der Regel frei verzweigt. Zweige schmal, gewöhnlich einschichtig; mit meist biserial angeordneten, relativ wenig verkalkten Zooecien besetzt. Ovicellen überwiegend hyperstomial, seltener endozooecial. Avicularien und Vibracularien hoch differenziert. — Eozän — rezent.
    Nellia BUSK 1852: Eozän — rezent; eine der wenigen Gattungen mit fossilen Vertretern.
    Zoarium dichotom verzweigt, aus vierseitig mit Autozooecien besetzten Gliedern. Ovicellen klein, endozooecial. An der Basis der Gymnocyste jeweils ein Paar kleine Avicularien.

Divisio **Cribrimorpha** LANG 1916
(Acanthostega LEVINSEN 1902)

Über der mehr oder weniger häutigen Stirnwand erstreckt sich als Schutz ein Rost aus verschmolzenen Spinae, die vom Rand des Opesiums herüberragen. Aus diesem Grunde nehmen die Cibrimorpha eine verbindende Stellung zwischen Anasca und Ascophora ein. Sie gehören jedoch noch zu den Anasca, da ein Kompensationssack fehlt und Patrietalmuskeln in der gleichen Weise wie bei den Malacostega auftreten. Die wichtigsten Termini zur Beschreibung der Autozooecien sind aus Abb. 375 ersichtlich. — Kreide — rezent. Häufig in der Kreide, selten in Tertiär und Gegenwart.

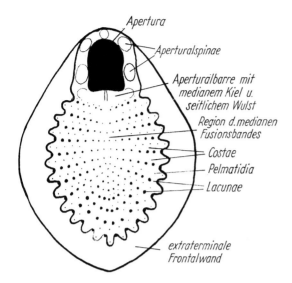

Abb. 375. Schematische Darstellung der Zooecie einer cribrimorphen Bryozoe zur Erklärung der wichtigsten Termini. Ca. $^{40}/_1$ nat. Gr. — Nach W. D. Lang, abgeändert.

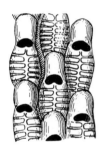

Abb. 376. *Membraniporella nitida* (Johnston), rezent aus dem Atlantik. $^{25}/_1$ nat. Gr. — Nach Th. Hincks, aus R. S. Bassler 1953.

Membraniporella Smitt 1873: Kreide — rezent (Abb. 376).
Zoarium inkrustierend oder aufrecht. Häutige Stirnwand mit zwei Reihen flacher Leisten (Costae) überdeckt. Diese sind zum Teil durch kleine Querschlitze (Lacunae) getrennt. Ovicellen hyperstomial.

Tricephalopora Lang 1916: Kreide (Abb. 377).
Zoarium im allgemeinen inkrustierend. Region des medianen Fusionsbandes breit verschmolzen. Zooecien gut gerundet, in der Regel mit zwei, im Umriß kreisförmigen Avicularien. Ovicellen endozooecial.

Rhiniopora Lang 1916: Kreide (Abb. 378).
Zooecien klein, mit relativ wenigen Costae. Im Gegensatz zu der sonst ähnlichen *Carydiopora* Lang 1916 (Kreide) mit zwei verschiedenen Typen von Avicularien. Ovicellen endozooecial.

Murinopsia Jullien 1886 (syn. *Lagodiopsis* Marrson 1887): Ob. Kreide (Campan — Unt. Maastricht) von Europa (Abb. 379).
Zoarium einschichtig, frei-blattartig, selten inkrustierend. Zooecien radial von der Ancestrula ausstrahlend; frei bis elliptisch; erinnern mit ihrem obersten Avicularienpaar an einen Froschkopf. Frontalwand mit 6—7 (selten 4—10) siebförmig verwachsenen Costae. Apertura halbelliptisch, mit geradem Proximal- und hohem, bogenartig vorspringendem Distalrand; über letzterem ein nasenförmiger Vorsprung. Avicularien klein, interstitial, mit distal zugespitzten Opesien, in Reihen zu je vier beiderseits am Rand der Zooecien; distales Paar am größten, überragt den oberen Zooecienrand.

Abb. 377. *Tricephalopora bramfordensis* BRYDONE, Ob. Kreide (Unt. Campan) von Lägerdorf. $^{15}/_1$ nat. Gr. — Nach E. VOIGT 1949.

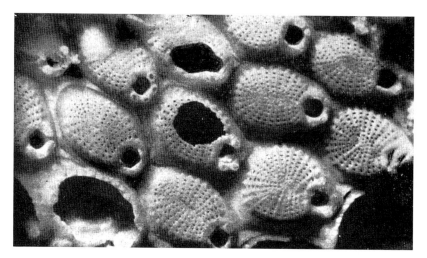

Abb. 378. *Rhiniopora cacus* (BRYDONE), zum Teil mit Regenerationsstrukturen an der breiten extraterminalen Frontalwand. Ob. Kreide (Maastricht) von Hemmoor (Niederelbe). $^{20}/_1$ nat. Gr. — Nach G. ILLIES 1953.

II. Klasse Gymnolaemata Allman 1856

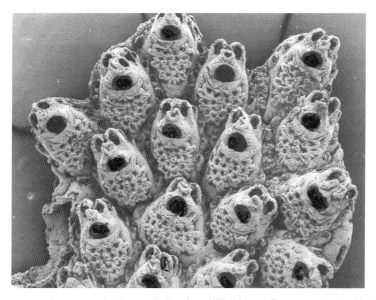

Abb. 379. *Murinopsia francquana* (D'ORBIGNY), Zoarium („Hamburger Bryozoenchor"). Ob. Kreide (Ob. Maastricht) von Basbeck bei Hemmoor (Niedersachsen). Ca. $^{30}/_1$ nat. Gr. — Nach Originalfoto von E. VOIGT, Hamburg.

Unterordnung **Ascophora** LEVINSEN 1909
(Camarostega LEVINSEN 1902)

Cheilostomata, die unter der stark verkalkten, nicht berippten Stirnwand ein dünnwandiges, sackartiges und biegsames Gebilde (= Kompensationssack, Compensatrix, Abb. 380) aufweisen, das sich über eine besondere, meist am proximalen Rand der Apertura befindliche Öffnung (Ascopore) mit Meerwasser füllen läßt. Die hierdurch mögliche Volumenvergrößerung drückt

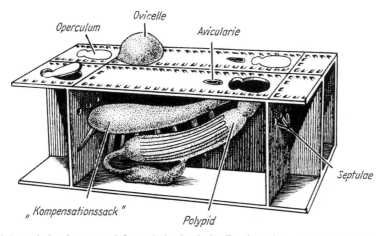

Abb. 380. Schematischer Längs- und Querschnitt durch das Zoarium einer zu den Ascophora gehörenden Bryozoe. Stark vergrößert. — Nach R. S. BASSLER 1953, Bezeichnungen abgeändert.

Mund und Tentakel nach außen, die wiederum durch Muskeln ins Innere zurückgezogen werden können. Gleichzeitig wird dann das im Kompensationssack befindliche Wasser entfernt. — Die Füllung des Kompensationssackes steht meist in Verbindung mit dem Öffnungsmechanismus des Operculums (Abb. 380). Bewegt sich von diesem der größere distale Abschnitt aufwärts, um die nach außen tretenden Tentakel durchzulassen, schwingt der kleinere proximale Teil nach innen und läßt ein entsprechendes Volumen Meerwasser einströmen. Stirnwand meist konvex und mit zahlreichen Poren besetzt, i. d. R. mit dicker sekundärer Verkalkung, wodurch die Poren, die Mündung und die Grenzen der Zooecien zunehmend undeutlich werden können. — Kreide — rezent.

Nachstehend werden nur einige der besonders kennzeichnenden und paläontologisch wichtigen Gattungen betrachtet.

Porina D'ORBIGNY 1852: Ob. Kreide — rezent (Abb. 381).

Stirnwand mit dicker, perforater Kalkschicht (Tremocyste) überdeckt. Ascopore unter dem Operculum. Apertura in der Tiefe eines langen Peristoms. Ovicellen hyperstomial, äußerlich nicht sichtbar. Avicularien am Peristom.

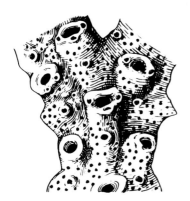

Abb. 381. *Porina saillans* (CANU & BASSLER), Oligozän von Alabama (USA). 25/1 nat. Gr. — Nach F. CANU & R. S. BASSLER.

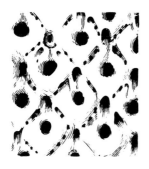

Abb. 382. *Beisselina striata* (GOLDF.), Oberkreide (Maastricht) von Holland. 25/1 nat. Gr. — Nach F. CANU & R. S. BASSLER.

Beisselina CANU 1913: Kreide — Eozän (Abb. 382).

Ähnlich *Porina,* doch sind die Perforationen der Tremocyste und die Ascopore größer.

Gigantopora RIDLEY 1881 (syn. *Galeopsis* JULLIEN 1803): Kreide — rezent; mit großer Artenzahl (Abb. 383).

Zoarium aus inkrustierenden bis aufrechten, zylindrischen Zweigen. Ovicellen hyperstomial. Charakteristisch ist eine große Pore (Spiramen), die seitlich in das Peristom führt und über welche der Kompensationssack mit Wasser gefüllt wird. Das Spiramen hat etwa die gleichen Ausmaße wie die Apertura, an der jeweils zwei Avicularien sitzen.

Abb. 383. *Gigantopora pupa* JULLIEN, rezent aus dem Pazifik. $^{25}/_1$ nat. Gr. — Nach J. JULLIEN, aus R. S. BASSLER 1953.

Ordnung **Ctenostomata** BUSK 1852
(Cheiloctenostomata SILÉN 1942, zum Teil)

1. Allgemeines

Die häutigen, in der Regel nicht erhaltungsfähigen Zooecien entstehen durch Knospung aus einer langgestreckten, röhrenförmigen Achse (Stolone), die an Fremdkörpern (Brachiopoden, Muscheln usw.) festgewachsen ist. Zieht sich das Tier in das Innere zurück, wird die terminal liegende Apertura durch einen kammartigen Borstenkranz verschlossen. Bei manchen Formen sind die Stolonen teilweise verkalkt. Bei anderen vermögen sie, wohl durch chemische Lösung, Hohlräume in der Unterlage zu erzeugen, falls diese aus einem kalkigen Substrat besteht. Die Ctenostomata sind überwiegend marin, nur einige finden sich in Ästuaren. Wichtige Literatur: R. A. POHOWSKY 1978.

2. Vorkommen

Ordovizium — rezent. Viele der paläozoischen Funde deutete man früher als Foraminiferen, Trilobiten-Eier oder Hohlräume, die von Porifera erzeugt wurden. Aus der Trias liegen bisher noch keine Überreste vor. Jurassische, kretazische und tertiäre Vertreter sind selten. Es handelt sich meist um verkalkte Stolonen oder um Bohrgruben, sonst um die Abformung der an sich nicht erhaltungsfähigen, chitinösen Zooecien durch andere inkrustierende Organismen (z. B. Muscheln, Serpuliden), auf deren Unterseite Zooecien und Stolonen als Hohlform erscheinen (VOIGT 1968, 1977).

3. Systematik

Man unterscheidet ca. 43 Gattungen, die sich auf 16 Familien verteilen. Nachstehend werden nur einige der charakteristischen und paläontologisch wichtigen Gattungen verzeichnet.

Ropalonaria ULRICH 1879 (syn. *Rhopalonaria* MILLER 1889): Ordovizium bis Jura (Abb. 384).
Keulenförmige Höhlungen auf der Oberfläche der besiedelten Fremdkörper; durch feine, röhrenartige Stolonen verbunden. Es handelt sich wohl um die häufigsten, zu den Ctenostomata gehörenden Überreste des Paläozoikums.

Eliasopora BASSLER 1952: Silur — Unt. Karbon von Europa und N-Amerika (Abb. 385).
Ovale, fein punctate, blasenförmige Körper, die gruppenweise und radial in bestimmten Abständen angeordnet sind und durch Stolonen verbunden werden. Zahl der Zooecien eines Zoariums 3 bis 8, meist 5 bis 6.

Vinella ULRICH 1890: Ordovizium — Kreide (Abb. 386 A, B).

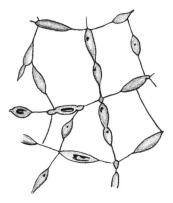

Abb. 384. *Ropalonaria venosa* ULRICH, Ob. Ordovizium (Richmondian) von Ohio (USA). ²⁵/₁ nat. Gr. — Nach E. O. ULRICH (1879), aus R. S. BASSLER 1953, umgezeichnet.

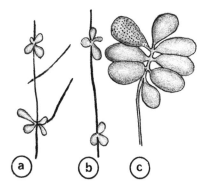

Abb. 385. a)—b) *Eliasopora siluriensis* (VINE), Silur von New York (USA), ¹⁰/₁ nat. Gr.; c) *Eliasopora stellata* (NICH.-E.), Devon von New York (USA), ²⁵/₁ nat. Gr. — Nach E. O. ULRICH & R. S. BASSLER, umgezeichnet.

Abb. 386 A. *Vinella bilineata* ELIAS, als Ätzgrübchen in einer Muschelschale. Unt. Karbon von Oklahoma (USA). ¹⁰/₁ nat. Gr. — M. K. ELIAS 1957, siehe S. 189.

Fein röhrenförmige und jeweils mit einer Reihe kleiner Poren ausgestattete Stolonen, die radial von einem Zentrum ausstrahlen.

Arachnidium HINCKS 1859 (Unterordnung Carnosa GRAY 1841): Mittl. Dogger — Unt. Kreide (Barrême) von Europa; rezent im Atlantik einschl. Nordsee, Arktik, Mittelmeer, Schwarzen Meer und Indik in Tiefen bis zu einigen hundert Metern (Abb. 387).

II. Klasse Gymnolaemata Allman 1856

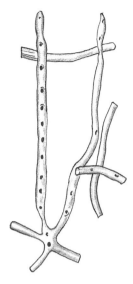

Abb. 386 B. *Vinella repens* ULRICH, Mittl. Ordovizium (Blackriveran) von Minnesota (USA). Ca. 20/1 nat. Gr. — Nach E. O. ULRICH (1890), aus R. S. BASSLER (1953), umgezeichnet.

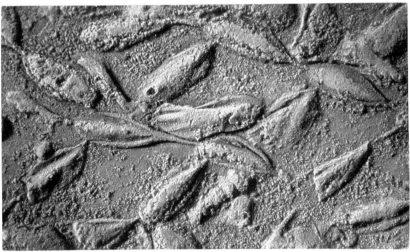

Abb. 387. *Arachnidium brandesi* VOIGT, Holotypus; in der Bildmitte oben links ein Zooecium mit dem ringförmigen Orificium; Unt. Kreide (Barrême), Ziegelei Hoheneggelsen bei Hildesheim; Breite des Abschnitts ca. 6 mm. — Nach E. VOIGT 1968.

Apertura am distalen Ende der becherförmigen Zooide, wird von kreisförmigen Falten der Körperwand geschlossen. Knospung erfolgt seitlich der Ancestrula in gerader Linie hintereinander. Zooecien inkrustierend, bilden meist ein kriechendes Netzwerk. Proximalende der Zooide verlängert, schmal und stolonenartig.

Die *Arachnidium*-Funde aus dem Dogger und der Unterkreide sprechen für einen stammesgeschichtlichen Zusammenhang zwischen den ältesten uniserialen Cheilostomata mit „membranimorphen" Merkmalen und *Arachnidium*-artigen Ctenostomata. Der älteste Vertreter der Cheilostomata ist zur Zeit *Pyriporopsis portlandensis* POHOWSKY 1973 aus dem Malm Englands, eine uni- bis pluriseriale Form.

III. Klasse **Phylactolaemata** ALLMAN 1856

1. Allgemeines

Lophophor hufeisenförmig. Hartteile fehlen. Zooecien gallertig oder hornig; fossil deshalb bisher noch nicht sicher nachgewiesen. Fast ausschließlich Süßwasserbewohner. Kleine Gruppe, die nur wenige Gattungen und Arten umfaßt.

2. Vorkommen

? Ob. Kreide, Pleistozän (?) — rezent.

3. Systematik

Man stellt hierzu mit großer Reserve *Plumatellites* FRIČ 1901 (Abb. 388) aus dem Cenoman der ČSFR und einige, als Statoblasten von Phylactolaemata gedeutete Reste aus dem Pleistozän. Vielleicht sind auch manche der als „Cysten" bezeichneten Körper, die sich vom Ordovizium bis Pleistozän finden, in dieser Klasse unterzubringen.

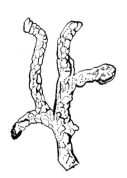

Abb. 388. Zoarium von *Plumatellites proliferus* FRIČ, einer vielleicht zu den Phylactolaemata gehörenden Bryozoe. Ob. Kreide (Cenoman) von Vyserovice (ČSFR). $^{20}/_1$ nat. Gr. — Nach A. FRIČ 1901.

Literaturverzeichnis

BANTA, W. C.: Evolution of Avicularia in Cheilostome Bryozoa. — In: R. S. BOARDMAN et al. (Eds.), Animal Colonies, S. 295—309, 5 Abb., Stroudsburg 1973.
BASSLER, R. S.: The early Paleozoie Bryozoa of the Baltic provinces. — U. S. Natl. Mus. Bull. **77**, 382 S., 226 Abb., 13 Taf., 1911.
— Bryozoa (Silurian, Anticosti). — Can. Geol. Surv. Mem. **154**, 143—168, 8 Taf., 1927.
— Generic descriptions of upper Paleozoie Bryozoa. — Washington Acad. Sci. J. **31**, 173—179, 24 Abb., 1941.
— Bryozoa. — In: R. C. MOORE, Treatise on Invertebrate Paleontology, Part G, Bryozoa, G 1—G 253, 175 Abb., 1953.
BERTHELSEN, O.: Cheilostome Bryozoa in the Danian deposits of East Denmark. — Geol. Surv. Denmark **83**, 1—290, 32 Abb., 28 Taf., Copenhagen 1962.
BOARDMAN, R. S., & CHEETHAM, A. H.: Degrees of Colony Dominance in Stenolaemate and Gymnolaemate Bryozoa. — In: BOARDMAN et al. (Eds.), Animal Colonies, S. 121—220, 40 Abb., Stroudsburg 1973.
BORG, F.: A Revision of the Recent Heteroporidae (Bryozoa). — Zool. Bidr. fr. Uppsala **18**, 1—394, Uppsala 1933.
— The stenolaematous Bryozoa. — Further Zool. Results Studies Swed. Antarct. Exped. 1901—1903, Bd. **3**, Nr. 5, 276 Abb., 16 Taf., 1944.

BROOD, K.: Cyclostomatous Bryozoa from the Upper Cretaceous and Danian in Scandinavia. — Acta Univ. Stockholmiensis, Stockholm Contr. in Geology **26**, 464 S., 148 Abb., 78 Taf., Stockholm 1972.

BUCHNER, P.: Über totale Regeneration bei cheilostomen Bryozoen. — Biol. Zbl. **38**, 457—461, Leipzig 1918.

BUGE, E.: Classe des Bryozoaires. — In: J. PIVETEAU, Traité de Paléontologie I, 688—749, 142 Abb., Paris 1952.

BUSK, G.: A monograph of the fossil Polyzoa of the Crag. — Paleontogr. Soc., Mon., S. V—XIII, 1—136, 7 Abb., 22 Taf., 1859.

— Report on the Polyzoa. The Cheilostomata. — Rep. Voy. Challenger, Zool., Bd. **10**, 216 S., 59 Abb., 36 Taf., 1884.

CANU, F.: Bryozoaires des terrains tertiaires des environs de Paris. — Ann. Paléont. 1907—1910; verschiedene Teile.

— Les bryozoaires fossiles des terrains du Sud-Ouest de la France. — Soc. géol. France Bull., ser. 4, 1907—1919; verschiedene Teile.

— & BASSLER, R. S.: Studies on the cyclostomatous Bryozoa. — U. S. Natl. Mus., Proc. **61**, 1—160, 40 Abb., 28 Taf., 1922; **67**, 1—124; 46 Abb., 31 Taf., 1926.

CHEN, Jun-yuan, HOU, Xian-guang, & LU, Hao-zhi: Early Cambrian hock glass-like rare sea animal *Dinomischus* (Entoprocta) and its ecological features. — Acta Palaeont. Sinica **28** (1), 58—71, 7 Abb., 1 Taf., Peking 1989 (chines. m. engl. Zusammenfassg.).

CONDRA, G. E., & ELIAS, M. K.: Carboniferous and Permian ctenostomatous Bryozoa. — Geol. Soc. Amer. Bull. **55**, 517—568, 13 Taf., 1944.

— — Study and revision of *Archimedes* (Hall.). — Geol. Soc. Amer., Special Paper **53**, 243 S., 6 Abb., 41 Taf., 1944.

COOK, P. L., & VOIGT, E.: *Pseudolunulites* gen. nov., a new kind of lunulitiform cheilostome from the Upper Oligocene of Northern Germany (Bryozoa). — Verh. naturwiss. Ver. Hamburg (NF) **28**, 107—127, 1 Abb., 5 Taf., Hamburg 1986.

CROCKFORD, J.: Permian Bryozoa of eastern Australia. — N. S. W. Roy. Soc. J. Proc., 1941—1943; verschiedene Teile.

CUMINGS, E. R.: Development of some Paleozoic Bryozoa. — Amer. J. Sci., ser. 4, **17**, 49—78, 83 Abb., 1904.

— & GALLOWAY, J. J.: Studies of the morphology and histology of the Trepostomata or monticuliporoids. — Geol. Soc. Amer. Bull. **26**, 349—374, 6 Taf., 1915.

DAVIS, A. G.: English Lutetian Polyzoa. — Geologist's Assoc. Proc. **45**, 205—245, 1 Abb., 3 Taf., London 1934.

DREYER, E.: Die Bryozoen des mitteldeutschen Zechsteins. — Freiberger Forschungsh. C **111**, 5—27, 12 Abb., 11 Taf., Berlin 1961.

DUNCAN, H.: Genotypes of some Paleozoic Bryozoa. — Washington Acad. Sci. J. **39**, 122—136, 1944.

DZIK, J.: The origin and early phylogeny of the cheilostomatous Bryozoa. — Palaeontologica Polonica **20**, 395—423, 4 Taf., Warszawa 1975.

EISENACK, A.: Erhaltung von Zellen und Zellkernen aus dem Mesozoikum und Paläozoikum. — Natur u. Museum **95** (11), 473—477, 6 Abb., Frankfurt a. Main 1965.

FLOR, F. D.: Biometrische Untersuchungen zur Autökologie oberkretazischer Bryozoen. — Mitt. Geol.-Paläont. Inst. Univ. Hamburg **41**, 15—128, 67 Abb., 9 Taf., Hamburg 1972.

FRIČ, A.: Die thierischen Reste der Peručer Schichten. — Arch. naturwiss. Böhmen **11** (2), Prag 1901.

FRITZ, M. A.: *Diplotrypa schucherti*, a new bryozoan species from Long Point Formation (Ordovician), western Newfoundland. — J. Paleont. **40**, 1335—1337, 2 Taf., 1966.

HILLMER, A.: Bryozoen (Cyclostomata) aus dem Unter-Hauterive von Nordwestdeutschland. — Mitt. Geol.-Paläont. Inst. Univ. Hamburg **40**, 5—106, 30 Abb., 22 Taf., Hamburg 1971.

HASTINGS, A. B.: Polyzoa (Bryozoa). — Discovery Reports **22**, 301—510, 66 Abb., 9 Taf., Cambridge 1943.

ILLIES, G.: Variationsstatistische Untersuchungen an *Rhiniopora cacus* (BRYD.) (Bryoz. Cheil.) aus der Oberkreide von Hemmoor/Niederelbe. — Mitt. Geol. Staatsinst. Hamburg **22**, 76—101, 8 Abb., 2 Taf., 1953.

— Multiseriale Bryozoa Cyclostomata mit gewölbtem Zweigquerschnitt aus dem Dogger des Oberrheingebietes. — Oberrhein. geol. Abh. **17** (2), 217—249, 43 Abb., 5 Taf., Karlsruhe 1968.

— Drei Arten der Gattung *Stomatopora* (Bryoz. Cycl.) aus dem mittleren Lias bei Goslar und deren verschiedene Knospungsmuster. — Ebd. **20**, 125—146, 27 Abb., 3 Taf., Karlsruhe 1971.

- On the genus *Stomatoporina* BALAVOINE, 1958 (Bryozoa Cyclostomata). − Doc. Lab. Géol. Fac. Sci. Lyon H. S. **3** (fasc. 1), 51–57, 2 Abb., 1 Taf., Lyon 1975.
- Budding and branching patterns in the genera *Stomatopora* BRONN, 1825 and *Voigtopora* BASSLER, 1952 (Bryozoa, Cyclostomata). − Oberrhein. geol. Abh. **25**, 97–110, Karlsruhe 1976.

JEBRAM, D., & VOIGT, E.: Monsterzooide und Doppelpolypide bei fossilen und rezenten Cheilostomata Anasca (Bryozoa). − Abh. Verh. naturwiss. Ver. Hamburg, (NF) **20**, 151–183, 28 Abb., 5 Taf., Hamburg 1977.

KIEPURA, M.: Bryozoa from the Ordovician erratic boulders of Poland. − Palaeont. Polonica **7**, 3–4, 347–428, 11 Taf., Warszawa 1962.

KORN, H.: Die cryptostomen Bryozoen des deutschen Perms. − Leopoldina **6**, 341–377, 9 Abb., 4 Taf., 1930.

LANG, W. D.: Some new genera and species of Cretaceous cheilostome Polyzoa. − Geol. Mag. Dec. VI, **1** (Nr. 604), 436–444, London 1914.

LEE, G. W.: The British Carboniferous Trepostomata. − G. Brit. Geol. Surv., Mem. Paleont. **1**, 3, 135–195, 3 Taf., 1912.

LIDGARD, S.: Zooid and colony growth in encrusting cheilostome Bryozoans. − Palaeontology **28** (2), 255–291, 1985.

MALECKI, J.: A new reef-building bryozoan species from the Miocene of Roztocze. − Acta Palaeont. Polonica **25**, 91–99, 4 Abb., 4 Taf., Warschau 1980.

MARSSON, T. F.: Die Bryozoen der weißen Schreibkreide der Insel Rügen. − Paläont. Abh. **4**, 112 S., 10 Taf., Berlin 1887.

MCKINNEY, F. M.: Erect spiral growth in some living and fossil Bryozoans. − J. Paleont. **54** (3), 597–613, 16 Abb., Tulsa 1980.

MORRISON, ST. J., & ANSTEY, R. L.: Ultrastructure and composition of brown bodies in some Ordovician trepostome Bryozoans. − J. Paleont. **53** (4), 943–949, 4 Abb., 1979.

MÜLLER, A. H.: Einiges über spirale und schraubenförmige Strukturen bei fossilen Tieren. Teil 3. − Mber. dt. Akad. Wiss. Berlin **13**, 463–478, 11 Abb., Berlin 1971.

- Desgl. Teil 6. − Freiberger Forschungsh. C **395**, 69–81, 16 Abb., Leipzig 1984.

NYE, O. B.: Generic revision and skeletal morphology of some cerioporid cyclostomes (Bryozoa). − Bull. Amer. Paleont. **69** (291), 1–222, 1976.

POHOWSKY, R. A.: A Jurassic Cheilostome from England. − In: G. P. LARWOOD, Living and Fossil Bryoza, S. 447–461, 3 Abb., 1 Taf., London−New York 1973.

- Notes on the study and nomenclature of boring Bryozoa. − J. Paleont. **48**, 556–564, 1 Taf., 1974.
- The boring ctenostomate Bryozoa: taxonomy and paleobiology based on cavities in calcareous substrata. − Bull. Amer. Paleont. **73**, (301), 192 S., 1978.

REUSS, A. E.: Die fossilen Bryozoen des österreich-ungarischen Miocäns. − Denkschr. Akad. Wiss. Wien **33**, 141–190, 12 Taf., 1874.

SCHÄFER, P., & FOIS, E.: Systematics and evolution of Triassic Bryozoa. − Geologica et Palaeontologica **21**, 173–225, 3 Abb., 15 Taf., Marburg 1987.

SILÉN, L.: On spiral growth of the zoaria of certain Bryozoa. − Ark. Zool. **34A**, 2, 1–22, 4 Taf., Stockholm 1942.

SIMPSON, G. B.: A handbook of the genera of the North American Paleozoic Bryozoa. − N. Y. State Geol. Ann. Rep. **14**, 403–669, 222 Abb., Taf. A−E und 1−25, 1895.

SOLLE, G.: Hederelloidea (Cyclostomata) und einige ctenostomen Bryozoen aus dem Rheinischen Devon. - Abh. hess. L.-Amt Bodenforsch. **54**, 40 S., 5 Taf., Wiesbaden 1968.

STACH, L. W.: Correlation of zoarial form with habitat. − J. Geol. **44**, 60–65, Chicago 1936.

ULRICH, E. O., & BASSLER, R. S.: A revision of the Paleozoic Bryozoa. − Smithsonian Misc. Coll. **45**, 256–294, 2 Abb., 4 Taf.; **47**, 15−55, 9 Taf., 1904.

UTGAARD, J.: Mode of Colony Growth, Autozooids, and Polymorphism in the Bryozoan Order Cystoporata. − In: R. S. BOARDMAN et al. (Eds.), Animal Colonies, S. 317–360, 74 Abb., Stroudsburg 1973.

VOIGT, E.: Morphologische und stratigraphische Untersuchungen über die Bryozoenfauna der oberen Kreide. Die cheilostomen Bryozoen der jüngeren Oberkreide in Nordwestdeutschland, im Baltikum und in Holland. − Leopoldina **6**, 397–579, 39 Taf., 1930.

- Cheilostome Bryozoen aus der Quadratenkreide Nordwestdeutschlands. − Mitt. Geol. Staatsinst. Hamburg **19**, 49 S., 11 Taf., 1949.
- Das Maastricht-Vorkommen von Ilten bei Hannover und seine Fauna. − Mitt. Geol. Staatsinst. Hamburg **20**, 15–109, 15 Abb., 10 Taf., 1951.

— Untersuchungen über *Coscinopleura* MARSS. (Bryoz. foss.) und verwandte Gattungen. — Mitt. Geol. Staatsinst. Hamburg **25**, 26—75, 7 Abb., 12 Taf., 1956.
— Revision der von F. v. HAGENOW 1839—1850 aus der Schreibkreide von Rügen veröffentlichten Bryozoen. — Geologie, Beih. **25**, 1—80, 7 Abb., 10 Taf., Berlin 1959 (1959a).
— Über *Fissuricella*, n. g. (Bryozoa foss.). – N. Jb. Geol. Paläont. Abh. **108**/3, 260—269, 2 Taf., Stuttgart 1959 (1959b).
— Sur les différents stades de l'astogénèse de certains Bryozoaires cheilostomes. — Bull. Soc. Géol. France **7**, Teil 1, 688—704, 2 Taf., 1959 (1959c).
— Die Erhaltung vergänglicher Organismen durch Abformung infolge Inkrustation durch sessile Tiere. — Neues Jb. Geol. Paläont. Abh. **125**, 401—433, 6 Abb., 5 Taf., Stuttgart 1966.
— Oberkreide-Bryozoen aus den asiatischen Gebieten der UdSSR. — Mitt. Geol. Staatsinst. Hamburg **36**, 5—95, 2 Abb., 34 Taf., Hamburg 1967.
— Über Immuration bei Bryozoen, dargestellt an Funden aus der Oberen Kreide. — Nachr. Akad. Wiss. Göttingen, II. Math.-Physikal. Kl. **1968** (4), 47—63. 4 Taf., Göttingen 1968 (1968a).
— Eine fossile Art von *Arachnidium* (Bryozoa, Ctenostomata) in der Unteren Kreide Norddeutschlands. — Neues Jb. Geol. Paläont. Abh. **132**, 87—96, 4 Abb., 1 Taf., Stuttgart 1968 (1968b).
— Bryozoen führende Danien-Feuersteingerölle aus dem Miozän der Niederlausitz. - Geologie **19**, 83—105, 4 Taf., Berlin 1970.
— Revision des Genus *Inversaria* v. HAGENOW 1851 (Bryoz. Cheilost.) und seine Beziehungen zu *Solenonychocella* n. g. — Nachr. Akad. Wiss. Göttingen, II. Math.-Physikal. Kl. **1973** (8), 139—178, 20 Taf., Göttingen 1973 (1973a).
— Cretaceous Burrowing Bryozoans. — J. Paleont. **47**, 21—33, 1 Abb., 4 Taf., Tulsa/Okl. 1973 (1973b).
— *Arachnidium jurassicum* n. sp. (Bryoz. Ctenostomata) aus dem mittleren Dogger von Goslar am Harz. — Neues Jb. Geol. Paläont. Abh. **153**, 170—179, 4 Abb., Stuttgart 1977.
— Heteromorphie und taxonomischer Status von *Lopholepis* v. HAGENOW, 1851, *Cavarinella* MARSSON, 1887 und ähnlichen Cyclostomata-Genera (Bryozoa, Ob. Kreide). — Nachr. Akad. Wiss. Göttingen, II. Math.-Phys. Kl. **1981** (2), 91 S., 20 Taf., Göttingen 1982.
— Zur Biogeographie der europäischen Oberkreide-Bryozoenfauna. — Zitteliana **10**, 317—347, 3 Abb., 5 Taf., München 1983.
— Wachstums- und Knospungsstrategie von *Grammothoa filifera* VOIGT & HILLMER (Bryozoa, Cheilostomata, Ob. Kreide) — Paläont. Z. **62** (3/4), 193—203, 5 Abb., Stuttgart 1988.
— Beitrag zur Bryozoen-Fauna des sächsischen Cenomaniums. Revision von A. E. REUSS' „Die Bryozoen des unteren Quaders" in H. B. GEINITZ' „Das Elbthalgebirge in Sachsen" (1872). Teil I: Cheilostomata. — Abh. Staatl. Mus. Min. und Geol. Dresden **36**, 8—87, 20 Taf., Leipzig 1989.
— Mono- or polyphyletic evolution of cheilostomatous bryozoan divisions ? — Bull. Soc. Sci. Nat. Ouest France, Mém. HS **1**, 505—522, 3 Taf., Nantes 1991.
— & FLOR, F. D.: Homöorphien bei fossilen cyclostomen Bryozoen, dargestellt am Beispiel der Gattung *Spiropora* LAMOUROUX 1821. — Mitt. Geol.-Paläont. Inst. Univ. Hamburg **39**, 7—96, 30 Abb., 16 Taf., Hamburg 1970.
— & SCHNEEMILCH, U.: Neue cheilostomate Bryozoenarten aus dem nordwestdeutschen Campanium. — Mitt. Geol.-Paläont Inst. Univ. Hamburg **61**, 113—147, 9 Taf., Hamburg 1986.

WALTER, B.: Les Bryozoaires jurassiques en France. Étude systematique. Rapport avec la stratigraphie et la paléoécologie. — Doc. Lab. Géol. Fac. Sci. Lyon **35**, 328 S., 16 Abb., 20 Taf., Lyon 1969.
— Heteroporidae et Lichenoporidae néocomiens (Bryozoa, Cyclostomata). — Revue de Paléobiologie **8** (2), 373—403, 4 Abb., 7 Taf., Genf 1989.

WOOD, T. S.: Colony Development of Species of *Plumatella* and *Fredericella* (Ectoprocta: Phylactolaemata). — In: R. S. BOARDMAN et al. (Eds.), Animal Colonies, S. 395—432, 23 Abb., Stroudsburg 1973.

G. Stamm Brachiopoda Duméril 1806

1. Allgemeines

Bilateral-symmetrische Meeresbewohner, die wie die Muscheln um ihren Weichkörper eine zweiklappige Schale ausscheiden (Abb. 389 und 396). Obgleich sie auch hinsichtlich ihrer Lebensweise große Ähnlichkeit mit den Muscheln aufweisen, bestehen zu diesen weder entwicklungsgeschichtlich noch anatomisch irgendwelche Beziehungen. So zeigen die Brachiopoden unter anderem nicht eine rechte und eine linke Klappe wie die Muscheln, sondern eine obere und eine untere. Charakteristisch sind ferner zwei spiral aufgerollte fleischige Kiemenarme, die häufig durch kalkige Bildungen (Armgerüste) gestützt werden. Die kalkige, hornig-kalkige bzw. phosphatische Schale ist meist durch einen muskulösen Stiel dauernd oder nur in der Jugend an einer Unterlage befestigt. Manche Formen sind unmittelbar mit der unteren Klappe festgewachsen. Ein primitives Blutgefäßsystem ist vorhanden. Die Fortpflanzung erfolgt getrennt geschlechtlich.

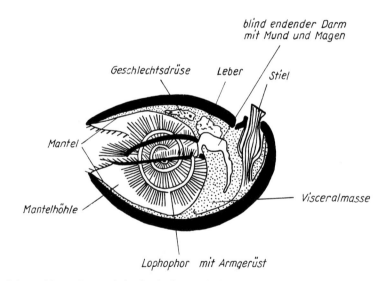

Abb. 389. Schematisierter Längsschnitt durch einen articulaten Brachiopoden.

2. Vorkommen

Unt. Kambrium — rezent mit ca. 1713 Gattungen, wovon etwa 129 auf die Inarticulata und 1584 auf die Articulata entfallen.

Die Brachiopoden durchlaufen während des Kambrium eine vor allem durch Inarticulata verursachte Virenzzeit, deren Maximum mit dem Mittl. Kambrium zusammenfällt. Sodann setzt

Vorkommen 383

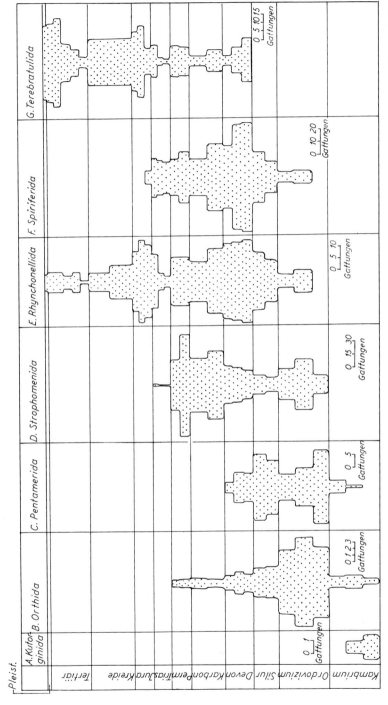

Abb. 390. A. Die zahlenmäßige und zeitliche Verteilung von 3 Gattungen der Kutorginida; B. desgl. für 188 Gattungen der Orthida; C. desgl. für 84 Gattungen der Pentamerida; D. desgl. für 375 Gattungen der Strophomenida; E. desgl. für 270 fossil vertretene Gattungen der Rhynchonellida; F. desgl. für 305 Gattungen der Spiriferida; G. desgl. für 290 fossil vertretene Gattungen der Terebratulida. — Wie Abb. 391 und 392 nach A. H. Müller 1971.

schlagartig mit dem Ordovizium die Hauptphase der Entwicklung ein und erreicht im Devon das Maximum. Sie erstreckt sich bis ins Perm, hat also mit ca. 240 Millionen Jahren eine erhebliche Dauer. Während im Kambrium die Inarticulata ihr erstes Entwicklungsmaximum zeigen und daneben nur wenige Orthida vertreten sind, blühen während der Hauptphase alle übrigen Ordnungen der Articulata in rascher Folge auf. Nach einem erheblichen Niedergang während der Trias, den nur wenige Spiriferida und Terebratulida überdauern, kommt es während der Jurazeit zu einer schwachen Vermehrung der Mannigfaltigkeit. Sie wird vor allem durch die Terebratulida verursacht. Nach einem erheblichen Rückgang während der Unt. Kreide, der stärker war als während der Trias, beginnt mit der Oberkreide eine zweite, heute noch nicht abgeschlossene Virenzzeit. Ihre Intensität ist wesentlich schwächer als bei den vorhergehenden Phasen.

Die zahlenmäßige und zeitliche Verteilung der in den einzelnen Unterordnungen der Articulata ausgeschiedenen Gattungen ist aus Abb. 390 ersichtlich. Sie bestätigt die allgemeine Regel, wonach die Formenmaxima einander im Laufe der Stammesgeschichte ablösender Taxa gleichen Ranges sich regelhaft verlagern und mit wachsender Differenzierung zunehmend der oberen stratigraphischen Verbreitungsgrenze des umfassenden höheren Taxons nähern. Als weitere Beispiele hierzu werden die Unterordnungen der Strophomenida (Abb. 391) und der Terebratulida (Abb. 392) aufgeführt.

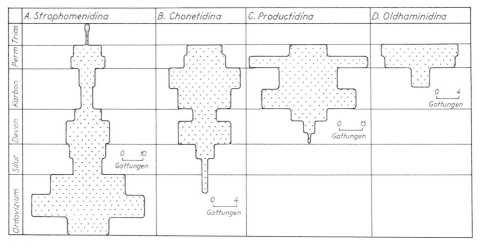

Abb. 391. A. Die zahlenmäßige und zeitliche Verteilung von 150 Gattungen der Strophomenidina; B. desgl. für 29 Gattungen der Chonetidina; C. desgl. für 178 Gattungen der Productidina; D. desgl. für 16 Gattungen der Oldhaminidina.

Die Brachiopoden gehören neben den Ammonoidea, Graptolithina und Trilobita zu den biochronologisch wichtigsten Makrofossilien. Dies gilt insbesondere für die Zeit vom Ordovizium bis Perm.

3. Geschichtliches

Die Brachiopoden erfreuen sich wegen ihrer besonderen biostratigraphischen Bedeutung schon seit langem einer großen Beliebtheit. So haben sich nach den klassischen Untersuchungen von TH. DAVIDSON (1851—1886) und J. HALL & J. M. CLARKE (1891—1895) zahlreiche Forscher mit ihnen beschäftigt, so:

R. S. ALLAN, E. BILLINGS, A. BITTNER, A. J. BOUCOT, S. S. BUCKMAN, T. N. CHERNYSHEV (TSCHERNYSCHWEW), G. A. COOPER, W. H. DALL, TH. DAVIDSON, G. H. GIRTY, J. HALL, V. HAV-

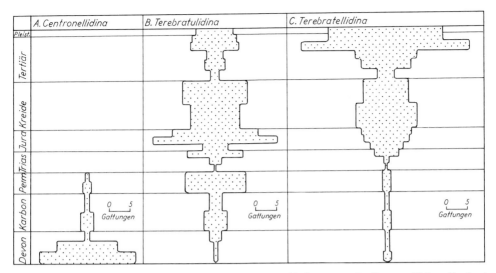

Abb. 392. A. Die zahlenmäßige und zeitliche Verteilung von 39 Gattungen der Centronellidina; B. desgl. für 132 fossil vertretene Gattungen der Terebratulidina; C. desgl. für 117 fossil vertretene Gattungen der Terebratellidina.

LICEK, R. KOZLOWSKI, B. K. LIKHAREV (LICHAREW), H. M. MUIR-WOOD, V. D. NALIVKIN, W. PAECKELMANN, F. R. C. REED, M. A. RZHONSNITSKAYA, CH. SCHUCHERT, A. N. SOKOLSKAYA, G. SOLLE, W. STRUVE, E. O. ULRICH, C. D. WALCOTT, A. WILLIAMS und viele andere.

4. Der Weichköper

ist überwiegend auf das hintere Drittel des Schalenraumes beschränkt (Abb. 389). Er bildet oben („dorsal") und unten („ventral") je einen dünnen fleischigen Mantellappen, der sich bis an den vorderen Schalenrand erstreckt und durch den die beiden Klappen ausgeschieden werden. Im übrigen besteht der Weichkörper aus dem Darmtraktus, den Visceralorganen, verschiedenen Muskeln und tentakeltragenden Anhängen (Kiemenarme, Lophophor). Während aber die Inarticulata der Gegenwart alle einen U-förmigen Darm mit Mund und After zeigen, der zu einem Magen führt, endet er bei den rezenten Articulata blind. Ähnliche Verhältnisse dürften auch bei den fossilen Vertretern geherrscht haben. Eine Leber und eine Genitaldrüse befinden sich in der Nähe des Magens. Sie stehen mit Ausführungsgängen in Verbindung, die in die Mantelhöhle reichen. Ein Herz fehlt. Dafür ist aber ein verzweigtes System von Kanälen vorhanden, die in den Mantel und zu seinen Rändern verlaufen und durch welche die Flüssigkeit, mit der die Körperhöhle gefüllt ist, geleitet wird. Die Eindrücke dieser Gefäße finden sich bei guter Erhaltung auf der Innenseite der Klappen (Pallialeindrücke, Abb. 393). Rings um den Schlund zieht ein Nerv und sendet zu den verschiedenen Teilen des Körpers Abzweigungen. Die Muscheln weisen im Unterschied hierzu drei Nervenzentren auf. Am Hinterende des Weichkörpers liegt der **Stiel**. Es ist dies entweder eine muskuläre Wucherung (Articulata) oder eine Ausstülpung des Eingeweidesackes (Inarticulata). Er dient bei den meisten Brachiopoden zur Befestigung am Untergrund. Nach ihm nennt man die untere („ventrale") Klappe **Stielklappe**. Die obere („dorsale") wird nach den darin befestigten Kiemenarmen als **Armklappe** bezeichnet.

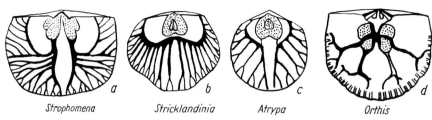

Abb. 393. Eindrücke von Gefäßkanälen (Pallialeindrücke) auf der Innenseite der Schale. Es handelt sich, abgesehen von d), um Stielklappen. Da diese Eindrücke bei den verschiedenen Gattungen eine große Konstanz in der Ausbildung zeigen, haben sie eine nicht geringe taxonomische Bedeutung. Ohne Maßstab, doch im allgemeinen etwa nat. Gr. — Nach R. C. MOORE 1952 (s. S. 105).

Die Öffner- und Schließmuskulatur

Bei den Brachiopoden erfolgt im Gegensatz zu den Muskeln sowohl das Öffnen als auch das Schließen der Klappen durch Muskelzug. Man bezeichnet die Öffnermuskeln als Divaricatores (Diductores), die Schließmuskeln als Adductores. Beide hinterlassen ebenso wie noch andere Muskeln (zum Beispiel Stielmuskeln) auf der Innenseite der Klappen Eindrücke, die auch an den Klappen oder den Steinkernen fossiler Vertreter mehr oder weniger zu erkennen sind. Da sie sich nach Zahl und Anordnung bei den Articulata und Inarticulata, vor allem bei letzteren, zum Teil erheblich unterscheiden, haben sie taxonomische Bedeutung und verdienen spezielle Beachtung. Der oft schlechte Erhaltungszustand macht jedoch die Bearbeitung schwierig.

1. Bei den **Inarticulata** wechseln die Muskeln nach Zahl, Art und Lage stärker als bei den Articulata; so haben sie zum Beispiel mehrere Divaricatores. Diese liegen nicht wie bei den Articulata in der Mitte, sondern in der Nähe der Seitenränder, wodurch eine laterale Verschiebung beider Klappen möglich ist. Die Adductores sind in der Stielklappe weit auseinandergerückt. Neben ihnen befinden sich bei den Gattungen, die auch im Alter noch einen Stiel haben, die Eindrücke der Stielmuskeln (Adjustores). Je nach Zahl und Anordnung der Muskeln sowie ihrer Eindrücke lassen sich zwei Typen unterscheiden:

Der **Lingula-Typ** (Abb. 394): Muskeleindrücke jeder Klappe in einem rhombischen Feld vereinigt. Dabei handelt es sich um:

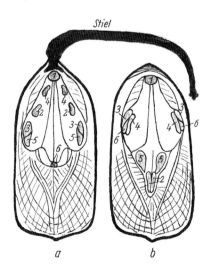

Abb. 394. Schemata, welche die Lage der Muskeleindrücke in den Klappen der rezenten *Lingula anatina* BRUG. zeigen. a) Stielklappe, b) Armklappe. **Bezeichnungen:** 1. hinterer oder umbonaler Muskel (Divaricator); 2. vordere laterale Muskeln (Retractores); 3. laterale äußere; 4. transmediane (Rotatores); 5. zentrale (Adductores); 6. vordere laterale Muskeln. — Nach TH. DAVIDSON (1858—1863), verändert.

a) einen unpaaren Muskel am Hinterende = hinterer oder umbonaler Muskel (Divaricator);
b) die paarigen Zentralmuskeln (Adductores);
c) die paarigen vorderen lateralen Muskeln (Retractores);
d) die ebenfalls paarigen medianen lateralen Muskeln. Sie inserieren zwischen den Zentralmuskeln auf einer Verdickung der Stielklappe. Von hier divergieren sie rasch zur Armklappe, wo sie lateral ansitzen;
e) die äußeren lateralen Muskeln, die nicht nur ein Öffnen der Klappen, sondern auch ein Gleiten derselben aufeinander bewirken;
f) die paarigen transmedianen Muskeln (Rotatores), die eine drehende Bewegung verursachen.

Dieser Typ des Schließ- und Öffnermechanismus findet sich nicht nur bei *Lingula*, sondern in etwas abgeänderter Form auch bei *Obolus* (Abb. 395) und praktisch bei allen Atremata (vgl. S. 397). Der Stiel hinterläßt meist keine Muskeleindrücke, obgleich er bei diesen Formen sehr lang ist.

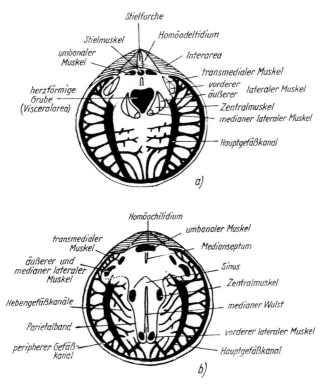

Abb. 395. Schemata von der Innenseite der Klappen eines *Obolus apollinis* Eichw.; a) Stielklappe, b) Armklappe. Ca. ⅔ nat. Gr. — In Anlehnung an A. Mickwitz 1896.

Der **Crania-Typ:** Er ist im Gegensatz zum *Lingula*-Typ wesentlich einfacher gebaut. Hier sind zu unterscheiden:

a) je zwei kräftige vordere und hintere Adductores;
b) zwei Divaricatores (?), die von einer subzentralen Position an der Stielklappe beginnen und von hier S-förmig zur Armklappe ziehen, wo sie sich neben den hinteren Adductores festheften.

2. Bei den **Articulata** ist der Muskelapparat weniger kompliziert als bei den Inarticulata. Dabei lassen sich im allgemeinen unterscheiden:

   a) Zwei Adductores, die in der Stielklappe etwas hinter der Schalenmitte beiderseits der Symmetrieebene ansitzen. Auf ihrem Weg zur Armklappe verdoppeln sie sich, so daß sie dort vier Eindrücke hinterlassen.
   b) Zwei Haupt-Divaricatores, die an der Stielklappe beiderseits der Adductores beginnen und sich zum Schloßfortsatz in der Armklappe erstrecken.
   c) Die akzessorischen Divaricatores bilden nur kleine Eindrücke vor den Adductores.

Hierzu treten noch verschiedene Stielmuskeln, deren Lage und Anordnung ebenso wie die der Schließ- und Öffnungsmuskulatur aus Abb. 396 zu ersehen ist. Verhältnisse, wie die eben beschriebenen, finden sich vor allem bei den Terebrateln im weiteren Sinne und bei den Rhynchonellen.

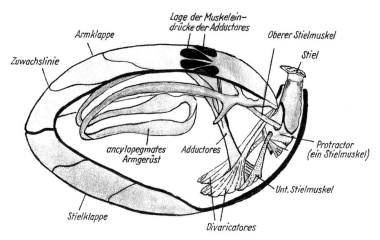

Abb. 396. Schema, das die Lage und Anordnung der Schließ- und Öffnermuskulatur sowie der verschiedenen Stielmuskeln bei den articulaten Brachiopoden zeigen soll. — In Anlehnung an A. HANCOCK (1859).

5. Die Hartteile

Die sehr unterschiedlich gestaltete und skulpturierte zweiklappige **Schale** dient zum Schutz. Sie wird durch besondere Zellen ausgeschieden, die sich in den Mantellappen befinden. Den Wachstumsbeginn jeder Klappe, der zugleich in der Regel der äußeren Spitze entspricht, bezeichnet man als **Wirbel**. Er ist der Punkt, um den sich die Zuwachslinien konzentrisch anordnen und von dem, falls vorhanden, radial verlaufende Rippen, Streifen oder Falten ausgehen.

Unter einem **Sinus** versteht man eine mehr oder weniger breite Einsenkung, die bei vielen Arten in der Mittellinie längs über eine der beiden Klappen zieht. Die entsprechende Aufwölbung in der anderen Klappe wird als **Wulst** bezeichnet,

Hinsichtlich der **Schalenstruktur,** die wesentlich von jener der Schnecken und Muscheln abweicht, läßt sich eine hornig-phosphatische und eine kalkige Ausbildung unterscheiden:

1. **Die hornig-phosphatische Ausbildung** findet sich bei der Mehrzahl der inarticulaten Brachiopoden, wobei die Schale hauptsächlich aus Kalziumphosphat und horniger organischer Substanz besteht, meist vergesellschaftet mit etwas Kalzit, Kalziumsulfat und Magnesium-

phosphat. Hinsichtlich der Anordnung der beiden Hauptbestandteile ergeben sich folgende Möglichkeiten:

a) Wechsel dünner Lagen von Kalziumphosphat mit hornigem Material. Alles wird von sehr feinen, in der Regel verzweigten Kanälchen durchbohrt, die in den phosphatisch struierten Lagen ein weiteres Lumen haben (zum Beispiel bei *Lingula*).
b) Folge horniger Lamellen, die viel Kalziumphosphat enthalten.

2. **Die kalkige Ausbildung** findet sich bei allen Articulata und bei einigen Inarticulata (zum Beispiel den Craniacea). Hier wird die Schale fast vollständig aus Kalziumkarbonat (Kalzit) gebildet. Die Struktur weist aber Unterschiede auf. So lassen sich bei kalzitisch struierten Inarticulata zwei Schichten feststellen, die aus Kalzitlamellen bestehen und wobei die Lamellen der äußeren Lage parallel, die der inneren schräg zur Oberfläche verlaufen. Beide Schichten werden von feinen Kanälchen durchquert, die sich nach innen erweitern, außen aber verjüngen und verzweigen.

Bei den Articulata lassen sich ein oder (meist) zwei Schichten innerhalb der Schale unterscheiden. Bei zweischichtigem Aufbau (zum Beispiel *Terebratula*) besteht die äußere und dünnere Lage aus zahlreichen feinen, faserigen Lamellen, die parallel zur Oberfläche verlaufen, die innere aus langgestreckten Kalzitprismen, die schräg zur Oberfläche angeordnet sind (Abb. 398). Ist nur eine Schicht vorhanden, zeigt diese prismatischen Aufbau. — Im einzelnen können bei den Articulata je nach Ausbildung folgende Gruppen unterschieden werden:

a) Punctata (Abb. 397): Die Schale wird von senkrecht verlaufenden, nach außen trompetenförmig erweiterten Kanälchen durchzogen, in die Fortsätze (Caeca) der Mantellappen ragen. Die porenförmigen Endigungen der Kanäle können unregelmäßig über die Außenfläche verteilt oder regelmäßig in Reihen angeordnet sein. Punctat (punktiert) sind unter anderen die Terebratulacea und die Terebratellacea.

 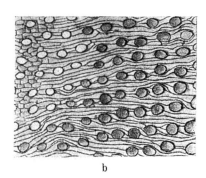 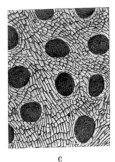

a   b   c

Abb. 397. Beispiel für punctate Brachiopoden-Schalen: a) *Waldheimia australis*, rezent; Vertikalschnitt mit den sich nach außen trompetenförmig erweiternden Kanälchen; b) desgl., parallel zur Oberfläche mit Querschnitten durch die hier abgeflachten Kalzitprismen und die Kanälchen; c) *Spiriferina rostrata*, Lias, sonst wie b). $^{100}/_{1}$ nat. Gr. — Nach CARPENTER, in TH. DAVIDSON 1853.

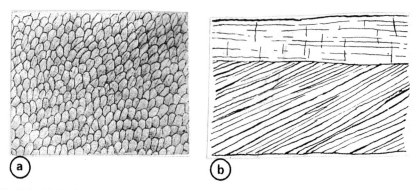

Abb. 398. Beispiel für impunctate Brachiopoden-Schalen: a) *Rhynchonella psittacea*, rezent. Innenansicht der Schale mit Blick auf die schräg verlaufenden Kalzitprismen. $^{100}/_1$ nat. Gr. — Nach CARPENTER, in TH. DAVIDSON 1853. — b) Schematischer Querschnitt durch eine Schale. Ca. $^{25}/_1$ nat. Gr.

    b) **Impunctata** (Abb. 398): Hier zeigt die Schale keine Perforationen, wie zum Beispiel bei den Rhynchonellacea.
    c) **Pseudopunctata**: Die Schale ist nicht perforiert; doch wird durch die besondere Struktur der Prismenschicht eine punctate Ausbildung vorgetäuscht. In der Prismenschicht stehen vertikal stabförmige Elemente, die sich in ihrer Beschaffenheit von der Umgebung unterscheiden. Da sie bei Verwitterung schneller aufgelöst werden, zeigen sich an ihrer Stelle kleine Vertiefungen, die bei oberflächlicher Betrachtung an echte Perforationen erinnern. Pseudopunctat sind nur die Strophomenida.

Die Außenseite der Schale wird stets von einer dichten, hornigen organischen Schicht, dem sogenannten **Periostrakum**, überzogen. Es wird von den Perforationen der Schale, sofern solche vorhanden sind, nicht durchbohrt. Die Embryonalschale (Protegulum) der rezenten Brachiopoden besteht ebenfalls nur aus horniger Substanz.

    Die Unterscheidung punctater, impunctater und pseudopunctater Schalen hat taxonomisch große Bedeutung; doch ist zu beachten, daß in einigen Gruppen, wie zum Beispiel den Orthida und den Spiriferida, punctate und impunctate Vertreter nebeneinander vorkommen.

    Als **Palintrope** bezeichnet man den um- oder zurückgebogenen Abschnitt am Hinterende jeder Klappe. Weist er einen ganz flachen oder nur wenig gekrümmten Bezirk auf, der sogar die gesamte Fläche der Palintrope einzunehmen vermag, spricht man von einer **Interarea** oder Cardinalarea. Falls vorhanden, ist die Interarea der Stielklappe gewöhnlich größer als die der Armklappe. Echte Interarea finden sich nur bei den Articulata. Ähnliche Strukturen der Inarticulata nennt man Pseudo-Interarea (Pseudocardinalarea).

6. *Die Spicula* (Abb. 399)

Es sind dies winzige, in der Regel tafelartig gestaltete Gebilde, die sich bei vielen articulaten Brachiopoden dicht unter dem Epithel, vor allem von Mantel und Lophophor, finden. Sie liegen frei im Bindegewebe und haben offenbar die Aufgabe, die umgebenden Weichteile zu stützen. Jedes dieser Elemente entspricht einem parallel zur Basis (111) abgeflachten Kalzitkristall. Sie zeigen ein sternförmiges oder geweihartiges Aussehen, da der Außenrand mit kleinen, dornenartigen Vorragungen besetzt ist. Viele Spicula sind perforiert.

Fossil wurden sie bisher vor allem bei Thecideidae und bei Terebratulacea beobachtet. Bei *Chatwinothyris subcardinalis* der Schreibkreide (Unt. Maastricht) von Rügen lassen sich die Spicula durch vorsichtiges Schlämmen der die Schalen füllenden Schreibkreide gewinnen. Hier und bei anderen Arten finden sich die Spicula aber auch in situ, wenn es sich um Feuersteinkerne

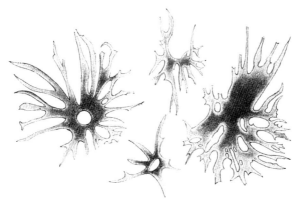

Abb. 399. Spicula aus Mantel und Lophophor der rezenten *Terebratulina caputserpentis*. Stark vergrößert. – Nach O. Schmidt 1854.

handelt oder wenn die Brachidia verkieselt sind. Derart verkieselte Brachidia hat Steinich (1965) von *Meonia semiglobularis* (Posselt), *Terebratulina fajassi* (Roemer) und *Terebratulina gracilis* (v. Schlotheim) beschrieben.

7. *Das Schloß und die mit ihm in Verbindung stehenden Bildungen*

Die Klappen sind am Hinterrand entweder nur durch Muskeln (Inarticulata) oder zusätzlich durch ein besonderes **Schloß** (Articulata) verbunden. Dieses Schloß besteht in den meisten Fällen aus zwei zahnartigen Vorsprüngen (Schloßzähnen) in der Stielklappe und zwei entsprechenden Zahngruben (frz. *fossettes dentales;* engl. *dental sockets*, Abb. 400) in der Armklappe.

Abb. 400. Rekonstruktion der Armklappen-Innenseite und des Armgerüstes von *Gruenewaldtia* sp., Mittl. Devon. Ca. 5/1 nat. Gr. **Abkürzungen:** iS = innerer Teil der Schloßplatte (*inner hinge plate*); äS = äußerer Teil der Schloßplatte (*outer hing plate*); Zg = Zahngrube (*dental socket*); Z = Bruckstück eines Zahnes, das in der Zahngrube stecken geblieben ist; Cb = Cruralbasis (*crural base*); C = Crure (*crus*); Cf = Cruralfortsatz (*crural process*); J = Jugum; M = Muskelplatte (*muscle plate*); K = Kamm der Muskelplatte (= vermutlich der in diese einbezogene Schloßfortsatz); O = Eindrücke der „Ovarien" (*genital impressions*); Ss = Stützseptum der Muskelplatte (*septum supporting muscle plate*); Sp = spirales (= helicopegmates) Armgerüst (*spiralium*). — Nach W. Struve 1955.

Als **Schloßrand** (engl. *hinge line;* frz. *ligne d'articulation*) bezeichnet man den Rand der Schale, längs dem die beiden Klappen schloßtragender Formen miteinander verbunden sind. Bei manchen Vertretern werden die Schloßzähne durch **Zahnstützen** (Zahnplatten; frz. *plaques dentales;* engl. *dental plates*) verstärkt, die sich in Richtung zum Wirbel nach unten erstrecken und Scheidewände bilden, durch die der vom Wirbel eingenommene Hohlraum in einen größeren zentralen (Delthyrialraum; frz. *cavité delthyriale;* engl. *delthyrial cavity*) und zwei kleinere, seitlich der Zahnstützen gelegene Räume geteilt wird. Mitunter sind die beiden Zahnstützen durch eine quer verlaufende Bildung verbunden. Dann, oder durch einfaches Konvergieren, entsteht in der Wirbelregion der Stielklappe das trog- oder löffelförmige **Spondylium**, auf dem das Muskelfeld der Stielklappe liegt. Nach der besonderen Ausbildung werden unterschieden:

a) Spondylium sessile (Pseudospondylium): der mittlere Abschnitt bleibt unmittelbar mit dem Boden der Stielklappe verbunden (z. B. *Billingsella*);
b) Spondylium discretum: die langen Zahnstützen verwachsen ohne sich zu vereinigen unter Bildung einer Rinne mit dem Boden der Stielklappe (z. B. *Choristites mosquensis*);
c) Spondylium simplex: Die Zahnstützen bilden eine einheitliche flache Schüssel, die von einem echten Medianseptum gestützt wird (z. B. *Clitambonites*);
d) Spondylium duplex: die langen Zahnstützen verwachsen unter Bildung eines Pseudo-Medianseptums mit dem Boden der Stielklappe (z. B. *Pentamerus*);
e) Spondylium triplex: die Platte des Spondyliums wird vom Medianseptum und zwei lateralen Septen gestützt.

Cardinalia nennt man alle Bildungen der Schale, die sich in der Nähe des Schloßrandes der Armklappe befinden und mit der gelenkigen Verbindung der Klappen sowie der Befestigung von

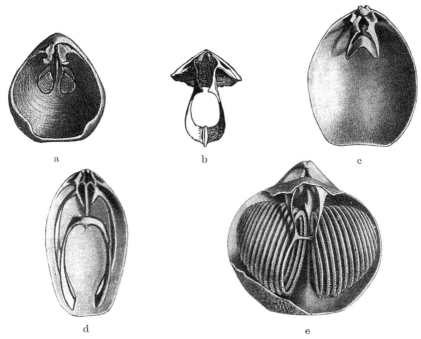

Abb. 401. Beispiele für die wichtigsten Formen der bei den Brachiopoden vorkommenden Armgerüste. — Nach Th. Davidson 1852, 1853 und K. A. v. Zittel 1915. — a) ancistropegmat (*Rhynchonella*, 1⅓ nat. Gr.); b) centronellid (*Centronella*); c) terebratulid (Terebratel, nat. Gr.); d) terebratellid (Terebratel i. w. S., nat. Gr.); e) helicopegmat (*Spiriferina*, ca. 1⅓ nat. Gr.).

Muskulatur und Armgerüst in Zusammenhang stehen. Sie können zu einem geschlossenen Komplex verschmolzen sein, aber auch als selbständige Elemente auftreten. Nachstehend eine Aufzählung der wichtigsten Cardinalia:

Als **Schloßplatte** (Abb. 400) bezeichnet man eine zusammenhängende oder zweiteilige Plattform vor dem Schloßrand, in der sich Vertiefungen (Zahngruben) für die Schloßzähne der Stielklappe befinden. Am Wirbel oder in seiner Nähe liegt der **Schloßfortsatz.** Er dient zur Befestigung der Muskeln, die das Öffnen der Klappen bewirken (Divaricatores). Der Schloßfortsatz kann sehr unterschiedlich gestaltet sein und hat deshalb ein besonderes taxonomisches Interesse. In gewissen Fällen besteht er aus einem vorderen, schlankeren Teil, dem Schaft, und einem hinteren, rauhen Feld (Myophor), an dem die Öffnermuskeln sitzen.

Zu den Cardinalia gehören auch die sogenannten **Armgerüste** (Brachidia, sing. Brachidium), das sind die bei den meisten Brachiopoden ausgebildeten kalkigen Stützen der fleischigen Kiemenarme (Brachia). Ihre genaue Kenntnis ist zur sicheren Bestimmung der Gattungen erforderlich. In weicheren Gesteinen lassen sich die Brachidia gelegentlich mit Präpariernadeln freilegen (vgl. Abb. 401—402). Allerdings erfordert dies eine große Geschicklichkeit. Sind

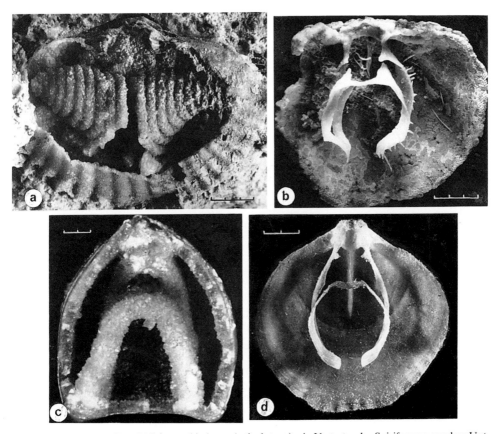

Abb. 402. Armgerüste (Brachidia) verschiedener Articulata: a) ein Vertreter der Spiriferacea aus dem Unt. Devon, helicopegmat; b) *Terebratella pectunculoides* v. SCHLOTH., terebratellid, Malm (Unt. Tithon) von Nattheim; c) ein Vertreter der Terebratellacea, terebratellid, Dogger (Bradford Clay) von England; d) „*Waldheimia*" *australis* KING, terebratellid, rezent von Australien. Maßstäbe mit Millimeterteilung.

Schale und Armgerüste verkieselt, das Nebengestein aber nicht, löst man das letztere mit verdünnter Salzsäure auf und erhält so mühelos vorzügliche Präparate. Versagen diese Möglichkeiten, bleibt nur das Anschleifen. Dann zeichnet man eine größere Zahl von orientierten Parallelschliffen naturgetreu ab und verfertigt mit Hilfe der Bilder eine Rekonstruktion. Ja nach Vorhandensein und der Ausbildung des Armgerüstes unterscheidet man:

a) **Aphaneropegmate Formen:** ohne Armgerüst. Hierzu gehören alle Inarticulata, Palaeotremata und ein Teil der Strophomenida. — ? Jungalgonkium, Kambrium — rezent.

b) **Formen mit Brachiophoren:** Das sind zwei Platten, die sich bei den meisten Orthida beiderseits des Nothyriums, das die Zahngruben begrenzt, finden und als Basis zum Ansatz der fleischigen Kiemenarme dienen. Von hier ziehen lange Fortsätze nach vorn, die bei manchen Gattungen durch vertikal verlaufende Stützen (Brachiophorenplatten; engl. *brachiophore plates* oder *supports*) verstärkt sind. Ein eigentliches Brachidium liegt noch nicht vor, da die Brachia keine Stützung erfahren haben.

c) **Ancistropegmate Formen** (Abb. 401a): Sie zeigen die einfachste Art eines Brachidiums. Es handelt sich um zwei kurze oder etwas verlängerte, hakenartig gekrümmte Fortsätze (Cruren), die der Basis des Schloßfortsatzes ansitzen und den unteren Abschnitt der fleischigen Kiemenarme stützen. Sie finden sich in dieser Form bei den Rhynchonellida. Bei den Pentameracea sind die Cruren zu einem sogenannten Cruralium verschmolzen.

d) **Ancylopegmate Formen:** Hier heften sich an die Cruren zwei kürzere oder längere Schleifen, die meist frei in den Mantelraum herabhängen. Gelegentlich sind sie durch ein Medianseptum oder mehrere radiale Leisten im Inneren der Armklappe gestützt. An der distalen Seite der Cruren befinden sich zwei spitz endende Fortsätze, die schräg nach innen und unten verlaufen (Cruralfortsätze; engl. *crural processes*). — Ancylopegmate Armgerüste sind kennzeichnend für die Terebratulida („Terebrateln" i. w. S.) (Unt. Devon — rezent). Dabei lassen sich, je nach dem Verlauf der Schleifen, folgende Typen unterscheiden:

1. das centronellide Armgerüst (Abb. 401b): einfach, ohne Einbuchtung (Unt. Devon — Perm);
2. das terebratulide Armgerüst (Abb. 401c): mit Einbuchtung (Ob. Devon — rezent);
3. das terebratellide Armgerüst (Abb. 401d, 402b—d): Armschleife rückläufig (Unt. Devon — rezent).

e) **Helicopegmate Formen** (Abb. 400, 401e, 402a): Bei diesen heften sich an die Cruren zwei dünne, spiral zu Hohlkegeln aufgewundene Bänder, deren Anfänge als Primärlamellen bezeichnet werden. Art der Aufrollung, Höhe und Richtung der Spiralkegel können verschieden sein. Zwischen ihnen verläuft meist eine Querbrücke (Jugum). Gelegentlich von ihr ausgehende Fortsätze können bandartig verlängert und ähnlich wie die Primärlamellen eingerollt sein, so daß eine doppelte (diplospire) Spirale entsteht. Helicopegmate Armgerüste sind kennzeichnend für die Spiriferida. — Mittl. Ordovizium — Mittl. Lias.

Die Form der Brachidia ist abhängig von der Art, wie die Brachia verlaufen. So haben sie bei den „Terebrateln" im wesentlichen die Gestalt einer Schleife. Spirale Einrollung erfolgt erst am distalen Ende, so daß hier nur der schleifenartige proximale Teil mit einem Armgerüst ausgestattet ist. Bei den helicopegmaten Formen sind die Brachia von Anfang an spiral eingerollt. Sie werden in ihrer gesamten Erstreckung von der Armgerüstspirale durchzogen.

Während der Ontogenie erfährt das Armgerüst zuweilen sehr beträchtliche Veränderungen, aus denen sich wichtige Rückschlüsse hinsichtlich der verwandtschaftlichen, vor allem stammesgeschichtlichen Beziehungen der einzelnen Gattungen und Arten ergeben. So durchläuft es bei der rezenten *Magellania* BAYLE 1880 (nom. subst. pro *Waldheimia* KING 1850), die im Alter terebratellide Verhältnisse zeigt, nacheinander ein centronellides und ein terebratulides Stadium.

8. Die Stielöffnung und ihre Verschlußplatten

Die Stielöffnung kann in dreierlei Weise ausgebildet sein:

a) als einfache Stielfurche in der Mitte des Hinterrandes einer oder beider Klappen (nur bei primitiven Inarticulata);
b) als begrenzte Öffnung, die beide Klappen betreffen kann. Dann bezeichnet man den in der Stielklappe befindlichen Teil als **Delthyrium,** den der Armklappe als **Notothyrium** (Abb. 403);
c) als begrenzte, differenzierte Öffnung in der Stielklappe. Man spricht dann von einem **Foramen.**

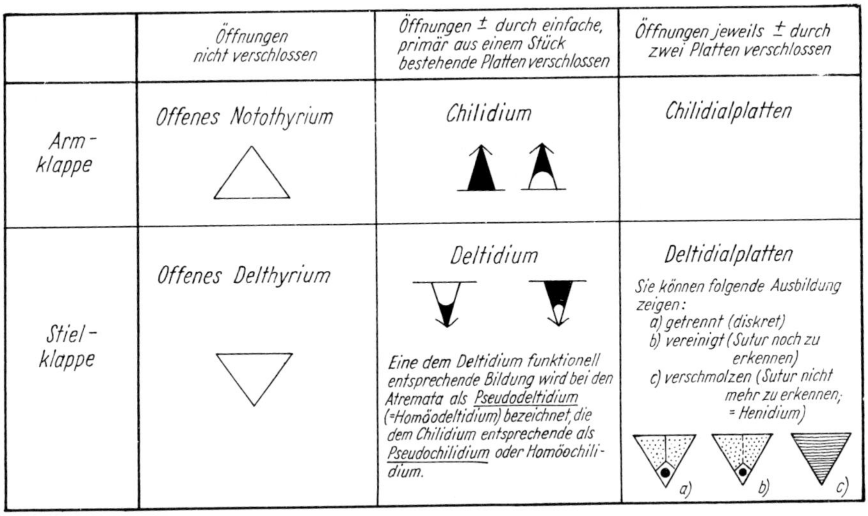

	Öffnungen nicht verschlossen	Öffnungen ± durch einfache, primär aus einem Stück bestehende Platten verschlossen	Öffnungen jeweils ± durch zwei Platten verschlossen
Arm-klappe	Offenes Notothyrium	Chilidium	Chilidialplatten
Stiel-klappe	Offenes Delthyrium	Deltidium Eine dem Deltidium funktionell entsprechende Bildung wird bei den Atremata als *Pseudodeltidium* (=*Homäodeltidium*) bezeichnet, die dem Chilidium entsprechende als *Pseudochilidium* oder *Homöochilidium*.	Deltidialplatten Sie können folgende Ausbildung zeigen: a) getrennt (diskret) b) vereinigt (Sutur noch zu erkennen) c) verschmolzen (Sutur nicht mehr zu erkennen; = Henidium) a) b) c)

Abb. 403. Schemata der verschiedenen Stielöffnungen und ihrer Verschlußplatten.

Hinsichtlich Fall a) und b) füllt der Stiel im Jugendstadium die gesamte Stielöffnung. Hält sodann im weiteren Verlauf des Wachstums die Dickenzunahme des Stieles nicht mit der Vergrößerung der Öffnung Schritt, wird diese ganz oder teilweise durch kalkige Ausscheidungen verschlossen. Dabei lassen sich beobachten:

a) einfache und aus einem Stück bestehende Verschlußplatten. Liegen sie in der Armklappe, bezeichnet man sie als **Chilidium;** befinden sie sich in der Stielklappe, als **Deltidium** (Abb. 403). Sie werden vermutlich vom Stiel ausgeschieden, da sie bei Formen mit punctater Schale keine Perforationen aufweisen.

Ähnliche Bildungen, die von der Manteloberfläche gebildet werden, kommen zum Beispiel bei den Palaeo- und Neotremata vor. Sie sind von der übrigen Schale durch eine Furche getrennt. Liegen sie in der Stielklappe, bezeichnet man sie als Homöodeltidium (Pseudodeltidium im Sinne von Walcott); befinden sie sich in der Armklappe, als Homöochilidium (Pseudochilidium im Sinne von Walcott).

b) Zwei getrennte Platten, die von den Seiten des Delthyriums oder Notothyriums nach innen wachsen, nennt man je nach der Lage **Deltidial-Platten** (Stielklappe) oder **Chilidial-Platten** (Armklappe) (Abb. 403).

9. Systematik

der Brachiopoden wird erschwert durch die besonders häufig auftretenden Homöomorphien. So haben zum Beispiel SCHUCHERT & COOPER (1932) nicht weniger als acht Gattungen der *Orthis*-Gruppe aufgeführt, deren äußere Gestalt im wesentlichen übereinstimmt. Sie unterscheiden sich vor allem hinsichtlich der inneren Struktur. Im gleichen Umfang zeigen sich die Homöomorphien aber auch oberhalb der Familiengrenzen. Dies gilt etwa für die Gestaltähnlichkeit zwischen der zu den Orthida gehörenden Gattung *Productorthis* (Mittl. Ordovizium) und *Dictyoclostus* (Strophomenida) aus dem Ob. Oberkarbon. In solchen Fällen ist eine eindeutige Bestimmung ohne Kenntnis des inneren Aufbaues praktisch unmöglich; und dies erfordert wiederum einen besonders günstigen Erhaltungszustand. Hemmend wirkt sich ferner die Tatsache aus, daß nur wenige der rezenten Vertreter eingehend untersucht wurden.

Taxonomisch bedeutungsvoll, das heißt von der Organisation des Weichkörpers abhängig und während der stammesgeschichtlichen Entwicklung abwandelnd, sind vor allem die äußere Form, die Struktur und die Skulptur der Schale, das Delthyrium, die Ausbildung seiner Verschlüsse, das Armgerüst, das Schloß sowie die Eindrücke von Muskeln und Gefäßen. Hieraus ergibt sich, daß die Zahl der systematisch verwertbaren Merkmale relativ groß ist, größer in der Regel als etwa bei den Lamellibranchiata und Ammonoidea.

Kaum eine der bisher vorliegenden systematischen Gruppierungen des Brachiopoden kann aber Anspruch auf allgemeine Gültigkeit erheben. Dies trifft lediglich für die beiden nachstehend aufgeführten Klassen als solche zu.

Klasse **Inarticulata** HUXLEY 1869 (Unt. Kambrium — rezent): schloßlos. Die beiden Klappen werden nur durch Muskeln zusammengehalten.

Klasse **Articulata** HUXLEY 1864 (Unt. Kambrium — rezent): mit Schloß.

Das nachstehend darüber hinaus benutzte System folgt im wesentlichen R. C. MOORE (1952), der sich wiederum vor allem auf J. A. THOMSON (1927), C. SCHUCHERT & C. M. LE VENE (1929) sowie G. A. COOPER (1944) stützt, sowie dem Part H des Treatise on Invertebrate Paleontology (1965).

I. Klasse **Inarticulata** HUXLEY 1869

(Ecardines BRONN 1862, Lyopomata OWEN 1858, Tretenterata KING 1873, Gastrocaulia THOMSON 1927)

1. Allgemeines

Die meist kleine, hornig-kalkige oder kalkige Schale hat einen ovalen bis kreisförmigen, mitunter zungenartigen Umriß. Sie ist schloßlos und wird lediglich durch Muskeln zusammengehalten. Kiemenarme relativ stark entwickelt, fleischig; ohne Armgerüst. After vorhanden. Wirbel häufig noch nicht ausgebildet. Stiel- und Armklappe am fossilen Material oft nur mit Schwierigkeiten zu unterscheiden. Im allgemeinen ist die Stielklappe die größere; doch kann auch das Gegenteil der Fall sein. Deshalb ist stets eine genaue Untersuchung der Muskeleindrücke und der meist vorhandenen Durchtrittsstellen für den Stiel erforderlich.

2. Vorkommen

Unt. Kambrium — rezent. Entwicklungsmaximum von Kambrium bis Silur; später nur noch von geringer Bedeutung (vgl. Bd. I, 5. Aufl., S. 224, 240—241).

Je nachdem, ob eine besondere Öffnung für den Durchtritt des Stieles vorhanden ist oder nicht, unterscheidet man zwei Ordnungen: die Atremata (ohne besondere Stielöffnung) und die Neotremata (mit besonderer Stielöffnung).

I. Klasse Inarticulata Huxley 1869

Ordnung **Atremata** Beecher 1891

Umriß der meist hornig-phosphatisch ausgebildeten Schale dreieckig-oval bis nahezu kreis- oder zungenförmig. Der Stiel tritt am Hinterende zwischen den beiden Klappen über rinnenartige Vertiefungen nach außen. Zeigt nur die Stielklappe eine derartige Rinne, spricht man von gastrothyriden Formen; befindet sich auch in der Armklappe eine solche, von symbolothyriden. Die Oberfläche der Schale ist mit Zuwachslinien, gelegentlich mit feinen radialen Rippen bedeckt. Taxonomisch wichtig sind vor allem Zahl und Anordnung der Muskeleindrücke. Zu dieser Ordnung gehören viele der ältesten und primitivsten Brachiopoden. — Unt. Kambrium — rezent.

Oberfamilie **Obolacea** King 1846

Umriß der kalkig-phosphatischen oder hornigen Schale rundlich, länglich-oval oder linsenförmig. Stielregion verdickt und gestreift. — Unt. Kambrium — Ob. Ordovizium.

Obolus Eichwald 1929: Mittl. (? Unt.) Kambrium — Unt. (? Mittl.) Ordovizium, weltweit (Abb. 395, 404).

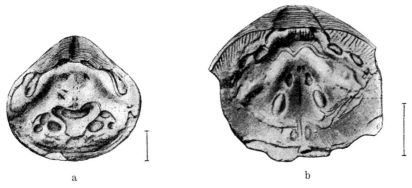

Abb. 404. *Obolus apollinis* Eichwald, Unt. Ordovizium (*Obolus*-Sandstein) von Estland. a) Innenansicht der Stielklappe, b) desgl., Armklappe (vgl. Abb. 395). — Nach Ch. D. Walcott 1912.

Umriß kreisförmig. Die besonders gut bekannten inneren Merkmale siehe Abb. 395.
Lingulella Salter 1866: Unt. Kambrium — Mittl. (? Ob.) Ordovizium, weltweit (Abb. 405).
Unterscheidet sich von der sonst sehr ähnlichen *Lingula* durch die relativ breite, meist vier- oder dreiseitige Schale. Stielklappe zugespitzt, unter dem Wirbel mit dreieckiger Pseudo-Interarea und Stielfurche. — Hierzu gehört unter anderem die für die Lingula flags des englischen Ob. Kambrium charakteristische *L. davisii*.

Oberfamilie **Lingulacea** Menke 1828

Schale hornig-phosphatisch, länglich, dünn, meist kleinwüchsig. Muskulatur stark differenziert. Die Tiere leben in Gruben, die sie mit ihrem langen und wurmartig beweglichen Stiel anlegen; sehr häufig in sauerstoffarmen Brackwasserbereichen. Wegen der geringen Tendenz zu stammesgeschichtlichen Veränderungen biostratigraphisch wenig geeignet. Es handelt sich hauptsächlich um Fasziesfossilien. — Unt. Kambrium — rezent. Im Kambrium stellen sie einen nicht unwesentlichen Bestandteil der Fauna.

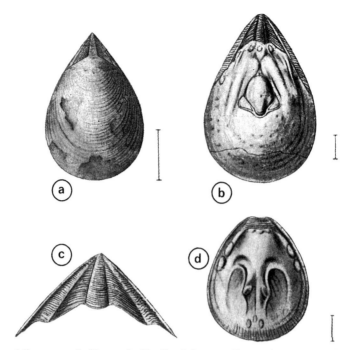

Abb. 405. *Lingulella acutangula* (ROEMER), Ob. Kambrium von Texas: a) von oben; b) Pseudo-Interarea und Stielfurche der Stielklappe; c) Innenseite der Stielklappe mit besonders gut erhaltenen Muskeleindrükken; d) Innenseite der Armklappe. — Nach CH. D. WALCOTT 1912.

Lingula BRUGUIÈRE 1797: Ordovizium — rezent, weltweit (Abb. 370, 406).

Glatt oder fein konzentrisch, selten radial gestreift. Eine der langlebigsten Gattungen (bisher ca. 450 Mill. Jahre); mit zahlreichen meist weltweit verbreiteten Arten.

Oberfamilie **Trimerellacea** DAVIDSON & KING 1872

Schale im Gegensatz zu den Lingulacea dick, sehr ungleichklappig und, dies ist einmalig unter den Brachiopoden, aragonitisch struiert. Beide Klappen mit Plattform, die jeweils durch ein Septum gestützt wird und wohl zum Ansatz von Muskeln diente. Manche der höher differenzierten Arten haben eine vorragende, dreieckige und quergestreifte Pseudo-Interarea. — Mittl. Ordovizium — Ob. Silur.

Trimerella BILLINGS 1862: Mittl. — Ob. Silur von Europa, Asien und N-Amerika (Abb. 407).

Länglich-oval, relativ groß. Stielklappe mit hoher Pseudo-Interarca. Plattform schmal, länglich. Lebendstellung mit vertikal abwärts gerichteten Wirbeln. Vor allem in Kalken als Biohermbildner nachgewiesen. Maximale Länge etwa 6 cm.

Dinobolus HALL 1871: Unt. — Ob. Silur von Europa, Asien und N-Amerika.

Unterscheidet sich von *Trimerella* vor allem durch die V-förmigen, vorn spitz zulaufenden Plattformen und die relativ niedrige Pseudo-Interarea der Stielklappe.

I. Klasse Inarticulata Huxley 1869

Abb. 406. *Lingula anatina* Lamarck, mit Stiel von der Seite. Rezent. Ca. ⅔ nat. Gr. — Nach J. Roger 1952.

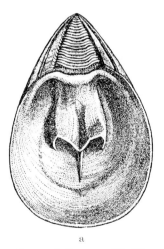
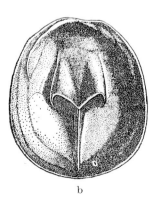

a b

Abb. 407. *Trimerella grandis* Billings, Ob. Silur von Kanada. a) Stielklappe von innen, b) Armklappe von innen. Ca. ⅚ nat. Gr. — Nach Th. Davidson & King.

Ordnung **Neotremata** BEECHER 1891

Schale überwiegend hornig-phosphatisch, seltener kalkig-phosphatisch. Nur bei den Craniacea besteht sie aus Kalk. Der Stiel tritt durch ein subzentral gelegenes Loch oder einen Schlitz, der sich am Wirbel der meist kegelförmig gebauten Stielklappe befindet. Im allgemeinen höher differenziert als die Atremata. — Unt. Kambrium — rezent. Blütezeit der Entwicklung zwischen Kambrium und Silur. Tendenz zu stammesgeschichtlichen Veränderungen, ähnlich wie bei den Atremata, meist gering.

Oberfamilie **Siphonotretacea** KUTORGA 1848

Beide Klappen mit schiefwinkliger Pseudo-Interarea und randlich gelegenem Wirbel. Stielöffnung im Wirbel oder dicht dahinter. — Unt. Kambrium — Silur.

Obolella BILLINGS 1861: Unt. Kambrium von Schweden, England, S-Amerika, Korea, China (Abb. 408).

Ähnlich *Obolus*, doch mit einer Röhre an Stelle der Stielfurche. Einfach konzentrisch gestreift.

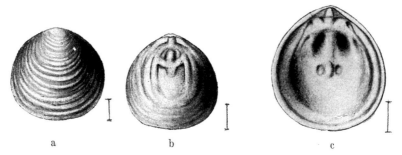

Abb. 408. *Obolella chromatica* BILLINGS, Unt. Kambrium von Labrador. a) Armklappe, ungewöhnlich gut erhaltenes Schalenexemplar; b) Stielklappe von innen, mit den Eindrücken von Gefäßkanälen und Muskeln; c) Armklappe von innen. — Nach CH. D. WALCOTT 1912.

Siphonotreta DE VERNEUIL 1845: ? Ob. Kambrium, Ordovizium von Europa, Asien und N-Amerika (Abb. 409).

Schale länglich-oval, punctat, großwüchsig. Oberfläche mit hohlen, aber nur selten erhaltenen Stacheln bedeckt.

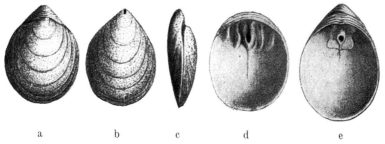

Abb. 409. *Siphonotreta unguiculata* (EICHWALD), Ordovizium: a) von oben; b) von unten; c) von der Seite; d) Armklappe von innen; e) Stielklappe von innen. Ca. 1⅕ nat. Gr. — Nach TH. DAVIDSON 1851—1854.

I. Klasse Inarticulata Huxley 1869

Oberfamilie **Paterinacea** Schuchert 1893

Eine noch wenig bekannte Gruppe kleiner, elliptischer Formen, deren Stielöffnung mehr oder weniger durch ein konvexes Homöochilidium und ein Homöodeltidium verschlossen ist. Wirbel der Stielklappe am hinteren Ende. Schale hornig-phosphatisch. — Unt. Kambrium — Mittl. Ordovizium.

Paterina Beecher 1891 (syn. *Iphidella* Walcott 1905): Unt. — Ob. Kambrium von Eurasien, N-Amerika und Australien (Abb. 410).

Schale dünn, regelmäßig mit konzentrischen Streifen verziert. Homöodeltidium sehr variabel, meist groß.

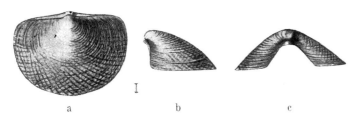

Abb. 410. *Paterina ornatella* (Linnarsson), Mittl. Kambrium von Schweden und Bornholm: a) von oben; b) Stielklappe von der Seite; c) desgl., von hinten. — Nach Ch. D. Walcott 1912.

Micromitra Meek 1873: Unt. — Ob. Kambrium, vor allem von N-Amerika, sonst Europa, Asien und Australien (Abb. 411).

Meist breitovale Formen, deren Oberfläche mit konzentrischen Linien und radikalen Rippen bedeckt ist. Schale relativ dick.

Abb. 411. Armklappe von *Micromitra sculptilis* (Meek), Mittl. Kambrium von N-Amerika. — Nach Ch. D. Walcott 1912.

Oberfamilie **Botsfordiacea** Schindewolf 1955

Schale hornig-phosphatisch, blätterig. Stielklappe konisch, mit schwach hervortretendem, randlich gelegenem Wirbel; darunter eine deutlich abgesetzte Pseudo-Interarea mit großem, offenem Delthyrium. Armklappe flach, ebenfalls mit randlichem Wirbel. Innere Merkmale vgl. Abb. 412. — Unt. — ? Mittl. Kambrium.

Botsfordia Matthew 1891: Unt. (? Mittl.) Kambrium von N-Amerika, Grönland und Asien (Abb. 412).

Stielklappe unter dem Wirbel mit umfangreicher, dreieckiger, scharf abgeknickter Pseudo-Interarea; ohne sekundäre Schalenverdickung. Armklappe mit Medianseptum.

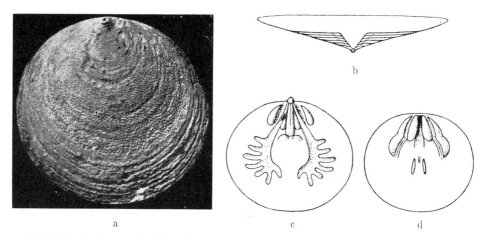

Abb. 412. *Botsfordia granulata* (REDL.), Unt. Kambrium (*Neobelus*-Sch.) von Pakistan. a) Stielklappe, Schalenexemplar, ¹⁰⁄₁ nat. Gr.; b) Stielklappe, Ansicht von hinten, ca. ¹⁴⁄₁ nat. Gr.; c) Stielklappe, Innenansicht, ⁵⁄₁ nat. Gr.; d) Armklappe, Innenansicht, ⁵⁄₁ nat. Gr. — Nach O. H. SCHINDEWOLF 1955.

Oberfamilie **Acrotretacea** SCHUCHERT 1893

Schale hochkonisch (meist) bis flach; überwiegend sehr kleinwüchsig; Umriß kreisförmig. Stielöffnung meist als feine, runde Durchbohrung im Wirbel der Stielklappe oder dicht dahinter. Stielklappe im Gegensatz zu den Paterinacea deutlich konisch ausgebildet; meist mit Pseudo-Interarea. — Unt. Kambrium — Devon.

Acrotreta KUTORGA 1848: Kambrium — Ordovizium von Europa, N-Amerika und ? Asien (Abb. 413).

Stielklappe hochkonisch, mit großer, in der Mitte leicht gefurchter Pseudo-Interarea. Armklappe flach, mit Medianseptum. Sehr kleinwüchsig. — Besonders häufig im Kambrium von Nordamerika.

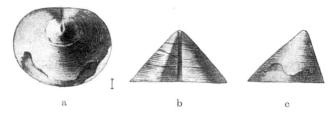

Abb. 413. *Acrotreta socialis* v. SEEBACH, Mittl. Kambrium von Bornholm. a) Stielklappe von außen; b) desgl., von hinten; c) desgl., von der Seite. – Nach CH. D. WALCOTT 1912.

Acrothele LINNARSSON 1876: Mittl. (? Unt.) Kambrium — Unt. Ordovizium von Eurasien, N-Amerika, Australien und ? N-Afrika (Abb. 414—415).

Ähnlich *Acrotreta*, doch größer und mit flacher Stielklappe.

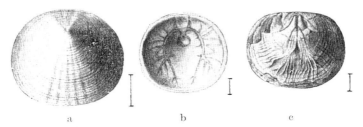

Abb. 414. *Acrothele coriacea* LINNARSSON, Mittl. Kambrium von Schweden. a) Stielklappe von außen; b) desgl., von innen; c) Armklappe von innen. – Nach CH. D. WALCOTT 1912.

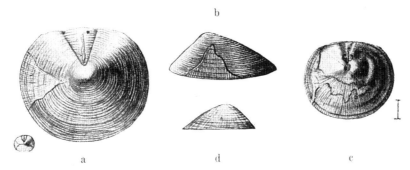

Abb. 415. *Acrothele ceratopygarum* (BRÖGGER), Übergangsschichten vom Kambrium zum Ordovizium, Oslo (Norwegen). a) Stielklappe von außen; b) desgl., von der Seite; c) eine andere Stielklappe, zum Teil ohne Schale; d) desgl., von der Seite. — Nach CH. D. WALCOTT 1912.

Oberfamilie **Discinacea** GRAY 1840

Beide Klappen oval bis kreisförmig, flachkonisch. Stielöffnung modifiziert schlitzförmig; kann durch eine besondere, als Listrium bezeichnete Platte verengt sein. Schale überwiegend hornigphosphatisch. Manche Formen haben aber außen eine dünne Kalklage. — Ordovizium — rezent.

Trematis SHARPE 1848: Mittl. — Ob. Ordovizium, weltweit, meist in flacheren Meeresteilen (Abb. 416).
Stielklappe flach; mit tiefem Stielschlitz, der sich vom Wirbel bis zum Hinterrand erstreckt. Armklappe regelmäßig konvex, Wirbel am hinteren Ende. Schale punctat. Mittlerer Durchmesser bis ca. 4 cm.

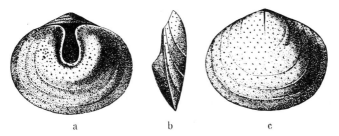

Abb. 416. *Trematis terminalis* (EMMONS), Ordovizium von N-Amerika: a) von unten; b) von oben; c) von der Seite. Ca. 1¾ nat. Gr. — Nach TH. DAVIDSON 1851–1854.

Schizocrania HALL & WHITFIELD 1875: Ordovizium — Unt. Devon von England, Polen, N-Amerika.
Stielklappe eben oder flachkonkav. Sie wird von der wesentlich größeren, konvexen und radial gestreiften Armklappe überragt. Letztere mit starken Eindrücken der hinteren Schließmuskeln.

Discinisca DALL 1871: Trias — rezent, weltweit (Abb. 417).
Wirbel subzentral. Stielklappe flach oder konkav; mit länglicher, schlitzförmiger Stielöffnung, kleinem Septum und buckelartiger Auftreibung am Vorderende. Beide Klappen fein radial oder konzentrisch gestreift.

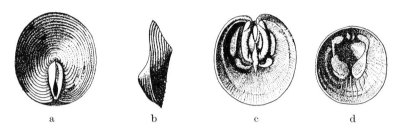

Abb. 417. *Discinisca lamellosa* (BROD.), rezent. a) Stielklappe; b) von der Seite; c) Stielklappe von innen; d) Armklappe von innen. Ca. 1⅓ nat. Gr. — Nach TH. DAVIDSON 1851—1854.

Oberfamilie **Craniacea** MENKE 1828

Schale kalkig, dick, punctat; meist unmittelbar mit der Stielklappe am Untergrund befestigt. Wirbel überwiegend subzentral. Stiel vermutlich nur im frühesten Jugendstadium in Funktion, fehlt später. — ? Mittl. Kambrium, Unt. Ordovizium — rezent mit ca. 15 Gattungen.

Crania RETZIUS 1781: ? Karbon, Kreide — rezent, weltweit.
Schale meist subquadratisch, ungleichklappig. Stielklappe kleiner als Armklappe. Innere Schalenränder breit, glatt oder gekörnelt. Die Innenseite jeder Klappe zeigt zwei große Schließmuskeleindrücke vor dem Hinterrand und zwei Öffnermuskeleindrücke in der Nähe der Schalenmitte. Zwischen den beiden subzentralen Eindrücken der Stielklappe finden sich außer einem dreieckigen Vorsprung (Rostellum), mehrere fingerartig gelappte Gefäßeindrücke. Die Innenseite der Klappe erinnert deshalb an einen stilisierten Totenkopf (Cranium).

Isocrania JAEKEL 1902: Ob. Kreide von Europa, Asien und Afrika (Abb. 418).
Ähnlich *Crania*, doch auf beiden Klappen stark radial berippt. Bei *Crania* dominieren konzentrische Zuwachsstreifen. Stielklappe nur mit dem Apex festgewachsen. Innere Klappenränder breit, gekörnelt.

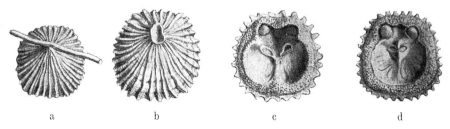

Abb. 418. *Isocrania egnabergensis* (RETZIUS), Ob. Kreide (Maastricht). a)—b) Stielklappen von außen; c) Armklappe von innen; d) Stielklappe von innen. Ca. ⅘ nat. Gr. — Nach TH. DAVIDSON 1851—1854.

II. Klasse **Articulata** HUXLEY 1869
(Testicardines BRONN 1862; Arthropomata OWEN 1858;
Clistenterata KING 1873; Pygocaulia THOMSON 1927)

1. Allgemeines

Schloßtragende, im allgemeinen kalkschalige Formen sehr unterschiedlicher Gestalt. Mit oder ohne Armgerüst. Rezente Vertreter mit blind endendem Darm, ohne After. Zahlreiche Formen haben große Bedeutung als Leitfossilien.

2. Vorkommen

Unt. Kambrium — rezent. Maximum der stammesgeschichtlichen Entwicklung vom Unt. Ordovizium bis zum Ob. Karbon (absolutes Maximum im Devon). Später Maxima zweiter Ordnung im Jura, in der Ob. Kreide und im jüngeren Tertiär (vgl. Abb. 390—392, und Bd. I, 5. Aufl., S. 224, 240—241, Abb. 124).

3. Systematik

Es werden folgende Ordnungen unterschieden:

a) **Palaeotremata** THOMSON 1927: Unt. — ? Mittl. Kambrium;
b) **Orthida** SCHUCHERT & COOPER 1932: Unt. Kambrium — Ob. Perm;
c) **Strophomenida** ÖPIK 1934: Unt. Ordovizium — Lias;
d) **Pentamerida** SCHUCHERT & COOPER 1931: Mittl. Kambrium — Ob. Devon;
e) **Rhynchonellida** KUHN 1949: Mittl. Ordovizium — rezent;
f) **Terebratulida** WAAGEN 1883; Unt. Devon — rezent;
g) **Spiriferida** WAAGEN 1883: Mittl. Ordovizium — Lias.

Ordnung **Palaeotremata** THOMSON 1927
(Kutorginida KUHN 1949)

Hornige, kalkig-phosphatische bis kalkige Schalen mit relativ langem Schloßrand. Eine oder beide Klappen mit Interarea. Homöodeltidium und Homöochilidium mehr oder weniger ausgebildet. Schloßzähne und -gruben noch nicht voll entwickelt, doch deutlich zu erkennen. Hierzu gehören die primitivsten der bisher bekannten Articulata. — Unt. — ? Mittl. Kambrium.

Kutorgina BILLINGS 1861: Unt. — ? Mittl. Kambrium von N-Amerika, Europa und Asien (Abb. 419).

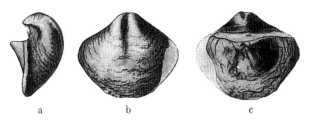

Abb. 419. *Kutorgina cingulata* (BILLINGS), Unt. Kambrium von Vermont, a) von der Seite; b) Stielklappe von außen; c) Ansicht von der Armklappe her. Nat. Gr. — Nach CH. D. WALCOTT 1912.

Dickschalig, nahezu kalkig; konkav-konvex. Umriß meist etwas eckig-queroval. Interarea rudimentär. Weniger primitiv als *Rustella*. Vielleicht handelt es sich schon um einen frühen Vertreter der Orthida.

Ordnung **Orthida** Schuchert & Cooper 1932

Schale meist bikonvex, weniger häufig plankonvex und konvex-konkav. Der Wohnraum des Tieres im Innern der Klappen war also relativ groß. Der gerade Schloßrand entspricht vor allem bei den älteren Formen häufig der größten Schalenbreite. Bei den jüngeren zeigt sich die Tendenz, den Schloßrand zu verkürzen, so daß der Schalenumriß fast kreisförmig wird. In beiden Klappen findet sich meist eine deutliche spitzwinklige Interarea. Delthyrium und Notothyrium können offen sein, sind jedoch gewöhnlich durch ein Chilidium bzw. Homöodeltidium verschlossen. — Die Orthida bilden eine bedeutungsvolle Gruppe paläozoischer Brachiopoden, zu denen unter anderen die ältesten voll ausgebildeten Articulata gehören (*Nisusia* Walcott). — Unt. Kambrium — Ob. Perm mit ca. 160 Gattungen.

Unterordnung **Orthidina** Schuchert & Cooper 1932

Schale punctat oder impunctat, plankonvex bis konvex-konkav; radial berippt oder gestreift. Interarea der Stielklappe meist gekrümmt. Ältere Formen in der Regel mit Homöodeltidium und Chilidium, die später verschwinden. Schloßfortsatz im allgemeinen gut entwickelt, einfach; selten fehlend oder differenziert. Meist mit Brachiophoren. Zu den O. gehören die ältesten voll ausgebildeten Articulata. — Unt. Kambrium — Perm; Maximum der Formenmannigfaltigkeit im Ordovizium.

Nachstehend werden lediglich einige der wichtigsten Gattungen aufgeführt.

a) Impunctate Formen:
  Nisusia Walcott 1905: Unt. — Mittl. Kambrium der Nordhalbkugel (Abb. 420).
  Interarea beider Klappen etwa gleich groß. Delthyrium und Notothyrium teilweise verschlossen durch ein Homöodeltidium und Chilidium. Schale bikonvex, radial berippt, mit kräftigen Zuwachslinien.

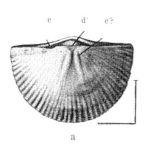 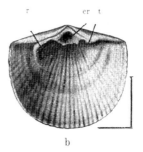

Abb. 420. *Nisusia festinata* (Billings), Unt. Kambrium von Pennsylvania (USA). a) Steinkern einer großen Armklappe; b) Stielklappe von innen. Bezeichnungen: c = Crura; t = Schloßzahn; d' = Abdruck des Pseudocruraliums; e ? = Eindrücke der Adductores ?; cr = Pseudocruralium. — Nach Ch. D. Walcott 1912.

Billingsella Hall & Clarke 1892: Mittl. Kambrium — Unt. Ordovizium (Arenig), weltweit (Abb. 421).

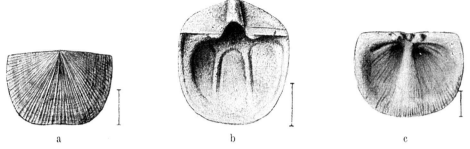

Abb. 421. *Billingsella coloradoensis* (SHUMARD), Ob. Kambrium von N-Amerika. a) Armklappe von außen; b) Stielklappe von innen; c) Armklappe von innen. — Nach CH. D. WALCOTT 1912.

Bikonvex bis plankonvex mit gerundeten radialen Rippen; größte Schalenbreite am Schloßrand. Stielklappe mit breiter Interarea und großem Delthyrium, das mehr oder weniger durch ein konvexes Homöodeltidium verschlossen ist. Das Stielloch liegt an seiner Spitze dicht neben dem Wirbel. Muskelfelder oval. Schloßfortsatz einfach, gebogen. Zahnstützen kräftig. Mittlere Schalenbreite bis ca. 1,5 cm.

Eoorthis WALCOTT 1908: Ob. Kambrium von N-Amerika und Rußland (Abb. 422).
Schale faserig, bikonvex. Stielklappe in der Regel halbkegelförmig. Zahnstützen kräftig. Schloßfortsatz gut entwickelt, einfach. Stielloch im Alter meist weit offen, da Homöodeltidium und Chilidium gewöhnlich nur in der Jugend ausgebildet sind.

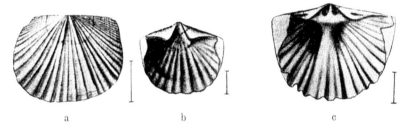

Abb. 422. *Eoorthis remnicha* (N. H. WINCHELL). a) Armklappe von außen. Ob. Kambrium von Wyoming (USA); b) Stielklappe von innen, Ob. Kambrium von Montana (USA); c) Armklappe von innen, sonst wie b). — Nach CH. D. WALCOTT 1912.

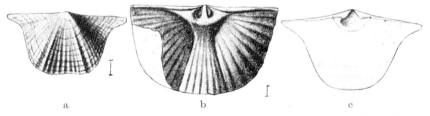

Abb. 423. *Otusia sandbergi* (N. H. WINCHELL), Ob. Kambrium von Wyoming (USA). a) Stielklappe von außen; b) Armklappe von innen; c) hinterer Abschnitt der Stielklappe von innen. — Nach CH. D. WALCOTT 1912.

Otusia WALCOTT 1905: Ob. Kambrium von N-Amerika (Abb. 423).
Kleinwüchsig, ohne Homöodeltidium. Schloßfortsatz kräftig entwickelt. Schloßrand sehr lang; Umriß halbkreisförmig.

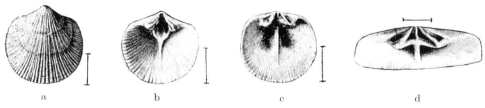

Abb. 424. *Plectorthis parva* (DALMAN), Ordovizium. a) Stielklappe von außen; b) desgl., von innen; c) Armklappe von innen; d) desgl., hinterer Abschnitt, vergrößert. — Nach CH. D. WALCOTT 1912.

Plectorthis HALL & CLARKE 1892: Mittl. — Ob. Ordovizium der Nordhalbkugel (Abb. 424). Schale ungleich bikonvex. Radiale Rippen meist in der Nähe des Wirbels verzweigt.

Platystrophia KING 1850: Ob. Ordovizium (Caradoc) — Mittl. Silur (Wenlock), weltweit verbreitet (Abb. 425).

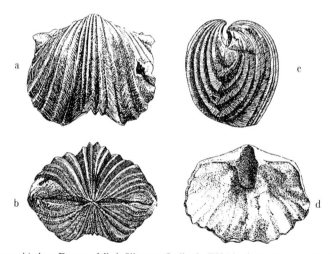

Abb. 425. *Platystrophia lynx* EICHW., Mittl. Silur von Indiania (USA). a) Armklappe; b) Schale von hinten; c) von der Seite; d) Innenansicht der Stielklappe. ⅚ nat. Gr. — Nach J. ROGER 1952.

Bikonvexe, scharfkantig berippte, im Umriß nahezu rechteckige Schalen, deren größte Breite meist am Schloßrand liegt. Stielklappe mit kräftigem Wulst, Armklappe mit entsprechendem Sinus. Etwa gleich große Interareas in beiden Klappen. Basen der Brachiophoren divergierend. Schloßfortsatz niedrig, sattelförmig. Muskelfeld der Stielklappe zweilappig.

Orthis DALMAN 1828: Unt. — ? Mittl. Ordovizium, weltweit (Abb. 426).
Umriß gerundet quadratisch bis halboval; radial berippt; plankonvex. Delthyrium offen. Muskelfeld der Stielklappe kurz, oval, mit relativ langen Eindrücken der Adduktores. Schloßfortsatz einfach. Brachiophoren divergierend, nicht gestützt.

Nanorthis ULRICH & COOPER 1936: Unt. Ordovizium, weltweit.
Ungleich bikonvex; Umriß halbkreisförmig; Interareas kurz. Notothyrium ohne Chilidium. Zahnstützen kurz, divergierend. Delthyrium offen. Rippen bündelartig vereinigt. Schloßzähne kurz. Schloßfortsatz verkümmert.

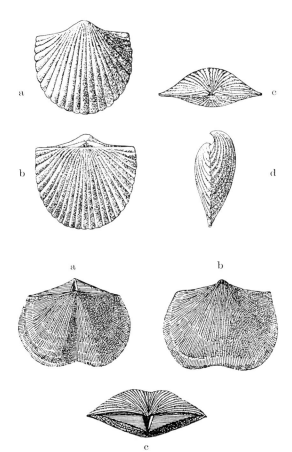

Abb. 426. *Orthis calligramma* DALMAN, Ordovizium von St. Petersburg. a) Ansicht von der Stielklappe; b) Ansicht von der Armklappe; c) Schale von hinten; d) von der Seite. ⅔ nat. Gr. − Nach J. ROGER 1952.

Abb. 427. *Glyptorthis insculpta* HALL, Ob. Ordovizium (Richmond-Stufe) von Cincinnati. a) Ansicht von der Armklappe; b) Ansicht von der Stielklappe; c) Schale von hinten. Ca. 4⅓ nat. Gr. − Nach J. ROGER 1952.

Glyptorthis FOERSTE 1914: Mittl. Ordovizium − Mittl. Silur, weltweit (Abb. 427).
Ungleich bikonvex; radial berippt mit konzentrischen, dachziegelartigen Überschuppungen. Delthyrium und Notothyrium offen. Kanalsystem des Mantels in der Armklappe fingerförmig. Schließmuskelfeld der Stielklappe breit.

b) Punctate Formen:
Dalmanella HALL & CLARKE 1892: Mittl. Ordovizium (Llandeilo) − Unt. Silur der Nordhalbkugel (Abb. 428).
Ungleich bikonvex; Rippen radial, bündelartig vereinigt. Umriß fast kreisförmig, da Schloßrand relativ kurz. Schloßfortsatz nicht differenziert bilobat. Delthyrium und Notothyrium offen. Brachiophorenleisten konvergieren zur Mittelleiste.

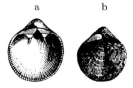

Abb. 428. *Dalmanella elegantula* DALMAN, Silur von Gotland. a) Stielklappe von innen; b) Ansicht von der Armklappe. Nat. Gr. − Nach K. A. v. ZITTEL 1915 (s. S. 208).

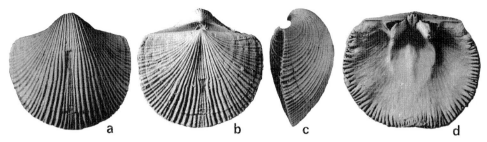

Abb. 429. *Resserella elegantula* (DALMAN), a)–c) vollständiges Exemplar (a-Armklappe, b-Stielklappe, c-lateral), d) Armklappe eines anderen Exemplars von innen; Mittl. Silur (Wenlock) von Gotland. Breite von a) 3,4 cm, von d) 4 cm. – Nach V. G. WALMSLEY & A. J. BOUCOT 1971.

Resserella BANCROFT 1928: Unt. Silur (Llandovery) — Mittl. Devon (Ems) von Europa, N-Amerika, Mittelasien und Australien (Abb. 429).

Bikonvex bis plankonvex. Stielklappe immer stärker konvex als Armklappe. Schale fein und regelmäßig radial berippt. Delthyrium und Notothyrium offen. Muskelfeld der Stielklappe klein, herzförmig. Schließmuskelfeld der Armklappe oval, von Leisten begrenzt. Schloßzähne gekerbt. Schloßfortsatz differenziert bilobat bis trilobat. Basen der Brachiophoren divergieren stark.

Dicoelosia KING 1850: Ob. Ordovizium — Unt. Devon (Ems) von Eurasien, N-Amerika und Australien (Abb. 430).

Kleinwüchsig, bikonvex bis konkavkonvex; am Vorderrand stark bilobat eingebuchtet. Schloßrand meist sehr kurz. Delthyrium und Notothyrium offen. Schloßfortsatz dick, bilobat, kurz. Brachiophoren lang.

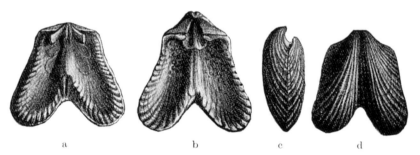

Abb. 430. *Dicoelosia biloba* (LINNÉ), Silur (Wenlock) von England. a) Armklappe von innen; b) Stielklappe von innen; c) Schale von der Seite; d) Stielklappe von außen. ¾ nat. Gr. — Nach TH. DAVIDSON 1968.

Rhipidomella OEHLERT 1890: Unt. Devon (Gedinne) — Ob. Perm, weltweit verbreitet (Abb. 431).

Abb. 431. *Rhipidomella vanuxemi* HALL, Mittl. Devon von New York. a) Stielklappe von außen; b) Armklappe von innen. Nat. Gr. — Nach J. ROGER 1952.

Flach bikonvex, fein berippt. Umriß der geologisch älteren Formen etwa kreisförmig, da Schloßrand relativ kurz; bei jüngeren gerundet dreieckig. Schloßfortsatz dick, kräftig, kugelig vorragend. Muskelfeld der Stielklappe groß, oval, das der Armklappe zweilappig. Durchschnittliche Größe bis 2 cm.

Schizophoria KING 1850: Mittl. Silur — Perm, weltweit verbreitet (Abb. 432).

Großwüchsig, im wesentlichen bikonvex, fein berippt. Rippen häufig hohl und dornig. Stielklappe viel stärker gewölbt als Armklappe, deren Vorderteil meist eine konvaxe Ausbildung zeigt. Umriß der Schale queroval. Schloßzähne kräftig. Zahnstützen umgrenzen als niedrige Leisten das bilobate bis breit-herzförmige Muskelfeld der Stielklappe. Mittlere Größe bis ca. 5 cm.

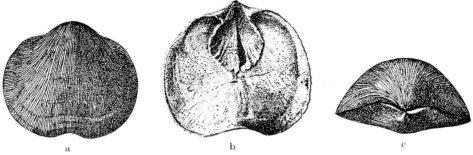

Abb. 432. *Schizophoria striatula* v. SCHLOTH., Mittl. Devon der Sahara. a) Stielklappe von außen; b) Stielklappe von innen; c) Schale von hinten. ⅘ nat. Gr. — Nach J. ROGER 1952.

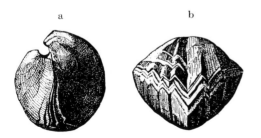

Abb. 433. *Enteletes waageni* GEMMELLARO, Perm von Sizilien: a) von der Seite; b) von vorn. Etwa nat. Gr. — Nach J. ROGER 1952.

Enteletes FISCHER V. WALDHEIM 1825. Ob. Karbon — Ob. Perm, weltweit (Abb. 433).

Stark bikonvex gewölbt, fast kugelig; an der Vorderseite kräftig gefaltet. Schloßland relativ kurz. Stielklappe mit parallelen Zahnstützen und Medianseptum. Delthyrium und Notothyrium offen. Schloßfortsatz klein, gekerbt. Brachiophoren gedrungen, zahnförmig, mit divergierenden Basen. Armklappe meist mit niedrigem, kurzem Medianseptum. Brachiophoren nach oben in die Stielklappe gebogen. Mittlere Größe bis ca. 4 cm.

Unterordnung **Clitambonitidina** ÖPIK 1934

Impunctate oder pseudopunctate Orthida mit konkav-konvexer, plankonvexer oder konvex-konkaver und radial berippter Schale. Schloßrand gerade, entspricht meist dem größten Durchmesser. Stielklappe in der Regel mit Pseudodeltidium, das ein apikales Foramen trägt. Schloßzähne einfach. Zahnstützen meist auf modifiziertem Spondylium triplex oder Sp. simplex.

Schloßfortsatz gewöhnlich eine einfache Leiste, die häufig mit einem kräftigen konvexen Chilidium verwachsen ist. — Ordovizium mit ca. 13 Gattungen.

Clitambonites AGASSIZ 1846 (*Pronites* PANDER 1830): Ordovizium (Arenig-Caradoc) von Eurasien mit zahlreichen Arten (Abb. 434).

Schale impunctat, mit zahlreichen dachziegelartig übereinander geschuppten Rippchen. Pseudodeltidium gekrümmt, mit apikalem Foramen. Armklappe konvex, mit kleinem Chilidium und einfachem Schloßfortsatz. Muskelfeld der Stielklappe auf Spondylium simplex.

Abb. 434. *Clitambonites verneuili* EICHW., Aufsicht von der Armklappe. Ordovizium von Wesenberg. Breite: 2½ cm.

Unterordnung **Triplesiidina** MOORE 1952

Schale bikonvex, impunctat; von sehr unterschiedlicher Gestalt. Jede Klappe in der Regel mit kleiner, stumpfwinkliger Interarea. Pseudodeltidium mit apikalem Foramen. Schloßfortsatz lang, gegabelt. — Ordovizium — Mittl. Silur (Wenlock) mit ca. 10 Gattungen.

Triplesia HALL 1859: Ob. Ordovizium (Caradoc) — Mittl. Silur (Wenlock), weltweit verbreitet, vor allem in feinkörnigen, weicheren Substraten (Abb. 435).

a b

Abb. 435. *Triplesia deformata* (BARR.), Ordovizium (Caradoc) der ČSFR. a) Stielklappe; b) Steinkern der Armklappe mit dem gegabelten Schloßfortsatz. ⅔ nat. Gr. — Nach V. HAVLIČEK 1950.

Ungleich bikonvex, Stielklappe, pyramidenförmig. Armklappe mit tiefem Sinus. Oberfläche bis auf schwache Zuwachslinien glatt. Interarea der Armklappe rudimentär. Zähne und Zahnstützen kräftig. Brachiophoren kurz, mit der Basis des Schloßfortsatzes verschmolzen.

Ordnung **Strophomenida** ÖPIK 1934

Der Schloßrand der im Gegensatz zu den übrigen Brachiopoden pseudopunctaten Schale ist gerade gestreckt (orthokraspedont), die Oberfläche meist radial berippt. Schale meist plankonvex oder konvex-konkav, weniger häufig bikonvex. Pseudodeltidium in der Regel vorhanden, desgleichen ein Schloßfortsatz. Aphaneropegmat. — Unt. Ordovizium — Lias mit ca. 375 Gattungen (Abb. 390D, 391).

Unterordnung **Strophomenidina** ÖPIK 1934

Im Gegensatz zu den ebenfalls pseudopunctaten Productidina in jeder Klappe mit einer dreiseitigen Interarea; auch fehlen dornige Fortsätze der Schale. Schloßrand entspricht dem größten Durchmesser. Schale gewöhnlich breiter als lang, in der Regel mit radialen Rippen bedeckt; überwiegend konvex-konkav oder konkav-konvex. Schalenhohlraum deshalb meist sehr klein. Erst unter den höher spezialisierten Formen des jüngeren Paläozoikums finden sich auch plankonvexe, zum Teil sogar bikonvexe Vertreter.

Die Strophomenidina stehen den Inarticulata recht nahe, da ein Schloß meist fehlt bzw. bei manchen Formen nur eine Anzahl kleiner Zähnchen und Zahngruben umfaßt. Außerdem finden sich ein gut ausgebildetes Pseudodeltidium und Chilidium. Abstammung vermutlich von frühen Orthida. Existenzdauer der Arten vielfach sehr kurz, deshalb zum Teil von großer biostratigraphischer Bedeutung. — Unt. Ordovizium — Trias; wichtig vor allem von Ordovizium — Devon.

Bei den St. mit konkav-konvexer oder konvex-konkaver Schale, die einen langen geraden Schloßrand und kein Brachidium aufweist, erfolgte die Wasserzirkulation vermutlich nicht durch den Schlag der Cilien, sondern durch langsames Öffnen und Schließen der Schale. Bei relativ großer Mantelhöhe (z. B. einigen Productacea und Richthofeniacea) wurden die Nahrungspartikel wohl bei nachlassender Turbulenz während des Schließvorganges auf der Manteloberfläche abgesetzt (H. ZORN 1979).

Oberfamilie **Plectambonitacea** JONES 1928

Schale konkav-konvex bis konvex-konkav, mit Pseudodeltidium, Chilidium und dreilappigem Schloßfortsatz. Stiel vermutlich auch im Alter funktionell, wenn ein apikales Foramen vorhanden ist. Meist ist letzteres aber während der Ontogenese verlorengegangen, so daß die betreffenden Schalen nicht befestigt waren. — Ordovizium — Devon mit ca. 68 Gattungen.

Plectambonites PANDER 1830: Mittl. Ordovizium von N-Europa und ? N-Amerika. Schale konkav-konvex, mit großem Pseudodeltidium und konvexem Chilidium. Stielklappe mit divergenten Eindrücken der Diduktoren. Ein apikales Foramen ist auch im Alter ausgebildet. Armklappe mit Septen und Wülsten, die von den Enden der Cruralplatten ausgehen und eine Art Plattform zur Aufnahme der Visceralmasse bilden.

Taffia ULRICH 1926: Unt. Ordovizium von N-Amerika (Abb. 436). Innere Merkmale ähnlich denen der Orthida, äußerlich an *Rafinesquina* erinnernd. Schale plankonvex bis konvex-konvex. Notothyrium von konvexem Chilidium verschlossen. Schloßzähne einfach, mit kurzen Zahnstützen. Schloßfortsatz nicht ausgebildet. Muskelfeld der Stielklappe klein, fast dreieckig.

Abb. 436. *Taffia planoconvexa* BUTTS, Unt. Ordovizium (Odenville formation), c)—d) Odenville Station bzw. a)—b) Pelham (Alabama). **a)** Stielklappe von außen, 1½ nat. Gr.; **b)** Interarea der gleichen Klappe mit Homöodeltidium, ³⁄₁ nat. Gr.; **c)** Armklappe von außen, 1½ nat. Gr.; **d)** Innenansicht der gleichen Klappe mit den Cardinalia, ³⁄₁ nat. Gr.; **e)** Innenansicht vom Hinterende einer anderen Armklappe, ³⁄₁ nat. Gr. — Nach E. O. ULRICH & G. A. COOPER 1938.

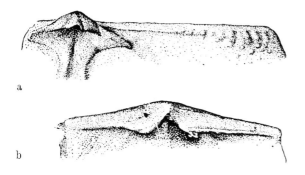

Abb. 437. **a)** *Sowerbyella* aff. *sericea* (Sow.), Armklappe. Ordovizium von Estland. Die Wärzchen am distalen Teil des Schloßrandes sind reihenförmig angeordnet, wodurch sie an die Zähnchen des strophodonten Schlosses erinnern. Ca. 7½ nat. Gr.; **b)** desgl., Hinterende der Stielklappe von innen. ⁴⁄₁ nat. Gr. — Nach HERTA SCHMIDT 1951.

Sowerbyella JONES 1928: Ordovizium (Llandeilo — Ashgill), ? Unt. Silur, weltweit, vor allem auf sandigen und schlammigen Substraten (Abb. 437).

Schale konvex-konkav, mit feinen, unregelmäßigen Rippen. Muskelfeld der Stielklappe klein, zweilappig; hinten von den beiden kurzen Zahnstützen begrenzt. Armklappe mit zwei leicht divergierenden Septen; konkav. Stielklappe hinten mit kurzem Medianseptum.

Oberfamilie **Strophomenacea** KING 1846

Schale konkav-konvex bis konvex-konkav. Schloßrand teils einfach bezahnt, teils zahnlos mit zahlreichen feinen Kerben (stropheodont). Schloßfortsatz bilobat. Delthyrium vollständig oder nur apikal von einem Pseudodeltidium bedeckt. Ein Chilidium kann vorhanden sein. Armklappe selten mit Brachiophoren. — Ordovizium — Karbon mit ca. 68 Gattungen.

Strophomena RAFINESQUE in DE BLAINVILLE 1825: Mittl. — Ob. Ordovizium (Llandeilo — Ashgill), weltweit (Abb. 438).

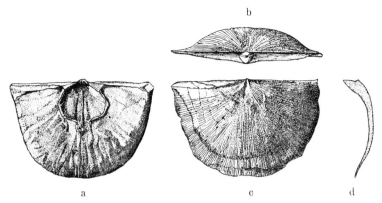

Abb. 438. *Strophomena planumbona* HALL, Ob. Ordovizium (Richmond-Stufe) von Ohio (USA). a) Innenseite der Stielklappe; b) Ansicht von hinten; c) Ansicht von der Armklappe; d) Längsschnitt. Etwa nat. Gr. — Nach J. ROGER 1952.

Stielklappe konkav, Armklappe konvex; also umgekehrt wie bei *Rafinesquina*, die sonst im wesentlichen die gleichen Erscheinungen aufweist (zum Beispiel das kurze Medianseptum in der Armklappe). Radial fein berippt. Schloßzähne glatt oder gestreift. Zahnstützen kräftig. Muskelfeld der Stielklappe rund bis oval, von einem scharfen Kiel umgeben.

Rafinesquina HALL & CLARKE 1892: Mittl. — Ob. Ordovizium (Llandeilo — Ashgill), weltweit, vor allem aber in N-Amerika (Abb. 439).

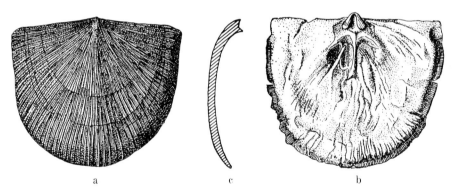

Abb. 439. *Rafinesquina trentonensis* CONRAD, Mittl. Ordovizium (Trenton-Stufe) von Cincinnati (USA). a) Stielklappe; b) Armklappe von innen; c) Längsschnitt. Nat. Gr. — Nach J. ROGER 1952.

Stielklappe konvex, Armklappe konvax. Relativ großwüchsig. Oberfläche mit feinen, unterschiedlich ausgebildeten radialen Rippchen und konzentrischen Anwachsstreifen bedeckt. Stielklappe mit großem, nahezu ovalem Muskelfeld. Armklappe mit kurzem Medianseptum, das zusammen mit zwei seitlich ansitzenden Wülsten eine charakteristische ankerförmige Gestalt zeigt. Kurze Brachiophoren vorhanden.

Leptaena DALMAN 1828: Mittl. Ordovizium (Llandeilo) — Ob. Devon (Frasnien), weltweit, Häufigkeitsmaximum im Devon (Abb. 440)

 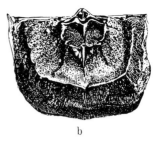

Abb. 440. *Leptaena rhomboidalis* WAHL, Ob. Ordovizium (Richmond-Stufe) von Dudley. a) Armklappe von außen; b) desgl., von innen. Ca. 1⅕ nat. Gr. — Nach J. ROGER 1952.

Konvax-konvex; mit scharfer, knieartiger Umbiegung beider Klappen nach der Armklappe unter Ausbildung einer „Schleppe". Unterschiedliche Skulptur auf „Schleppe" und Hauptfeld. Es handelt sich um feine radiale Rippchen und Streifen sowie konzentrische, meist runzelige Falten. Interarea horizontal gestreift. Eindrücke der Adductores und Divaricatores gleich lang. Pseudodeltidium vorhanden oder resorbiert. Armklappe mit unterschiedlich langem Medianseptum.

Strophodonta HALL 1850 (*Stropheodonta* HALL 1852, nom. van.): Unt. — Mittl. Devon (Siegen — Givetien), weltweit (Abb. 441).

Armklappe konkav, Stielklappe leicht konvex; Umriß halbkreisförmig; radial berippt und gestreift. Schloßrand in seiner ganzen Breite gekerbt, Schloßfortsatz kräftig. Stiel im Alter nicht funktionell, nicht festgewachsen. Muskelfeld der Stielklappe länglich-oval bis dreieckig.

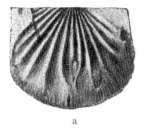 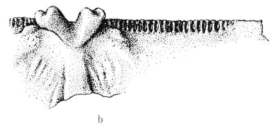

Abb. 441. a) *Strophodonta murchisoni*, Unt. Devon. Nat. Gr. — Aus HERM. SCHMIDT 1935. — b) *Strophodonta* sp., Armklappe mit Schloßfortsatz und einer Reihe von Zahngrübchen des strophodonten Schlosses. Mittl. Devon von Blankenheimersdorf. ⁴⁄₁ nat. Gr. — Nach HERTA SCHMIDT 1951.

Oberfamilie **Davidsoniacea** KING 1850

Stielklappe in der Regel mit dem Wirbel oder großen Teilen der Schale am Substrat festgewachsen. Armklappe bei jungen Wachstumsstadien stets konvex. Delthyrium gewöhnlich von einem konvexen Pseudodeltidium bedeckt. Schloßfortsatz bilobat. Schale meist pseudopunctat. — Mittl. Ordovizium — Trias.

Davidsonia BOUCHARD 1849: Mittl. Devon von Europa (Abb. 442).

Armklappe konvex, Stielklappe unregelmäßig bis plan. Schale ohne radiale Skulptur, mit dem größten Teil der Stielklappe festgewachsen. Pseudodeltidium und Chilidium gut entwickelt.

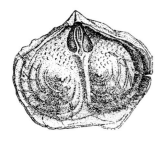

Abb. 442. *Davidsonia verneuili* BOUCHARD, Mittl. Devon von Gerolstein (Eifel). Innenseite der Stielklappe. ⅔ nat. Gr. — Nach J. ROGER 1952.

Inneres beider Klappen jeweils mit zwei niedrigen, kegelförmigen Schwielen, welche die fleischigen, spiralen Kiemenarme mit ihren 6 Windungen getragen haben.

Meekella WHITE & ST. JOHN 1867: Karbon — Perm, weltweit.
Bikonvex, fein radial berippt und gefaltet. Stielklappe hochkonisch, mit dem Wirbel festgewachsen. Zahnplatten lang, nahezu parallel. Schloßfortsatz hoch, gegabelt, von zwei divergierenden Platten gestützt. Chilidium rudimentär.

Schellwienella THOMAS 1910: Devon — Karbon, weltwelt.
Meist bikonvex; radial berippt; mit dem Wirbel der Stielklappe festgewachsen. Armklappe mit, Stielklappe ohne Septum. Pseudodeltidium gut ausgebildet. Chilidium rudimentär. Zahnstützen kurz, divergierend. Schloßfortsatz niedrig, mit zwei getrennten Loben.

Streptorhynchus KING 1850: Karbon — Perm, weltweit (Abb. 443).
Schale bikonvex, fein radial berippt. Stielklappe konisch, mit hoher Interarea; ohne Medianseptum. Chilidium rudimentär. Loben des Schloßfortsatzes hoch, von zwei Septen gestützt.

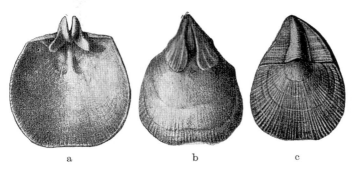

Abb. 443. *Streptorhynchus pelargonatus* v. SCHLOTH., Zechstein des germanischen Beckens. a) Armklappe von innen; b) Steinkern der Stielklappe; c) Ansicht von der Armklappe. Ca. ⅔ nat. Gr. — Nach TH. DAVIDSON 1858.

Orthotetes FISCHER V. WALDHEIM 1829: Devon — Perm, weltweit (Abb. 444).
Schale fein radial berippt. Armklappe konvex, Stielklappe konvex oder konkav; letztere mit kurzem Medianseptum. Stielklappe mit dem Wirbel festgewachsen. Schließmuskelfeld der Armklappe fast kreisförmig, im allgemeinen wenig vertieft.

Derbyia WAAGEN 1884: Ob. Karbon — Perm, weltweit.
Schale bikonvex. Stielklappe unterschiedlich hoch; mit kräftigem Medianseptum, das mit der Innenfläche des Pseudodeltidiums verschmilzt. Zahnstützen fehlen. Interarea der Armklappe und Chilidium rudimentär. Schloßfortsatz mit zwei hohen, divergierenden Loben.

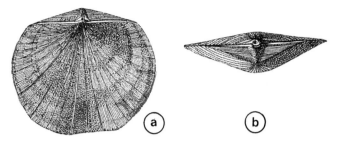

Abb. 444. *Orthotetes elegans* BOUCHARD. a) Ansicht von der Armklappe; b) von hinten. Devon von Ferques. Ca. ⅔ nat. Gr. — Nach J. ROGER 1952.

Unterordnung **Chonetidina** MUIR-WOOD 1955

Schale in der Regel konkav-konvex, meist fein radial berippt, gestreift oder gefaltet. Rand der Interarea der Stielklappe gewöhnlich mit einer Reihe von Dornen. Schale außen mit einer dünnen, lamellaren, innen mit einer faserigen, hohl-pseudopunctaten Lage; glatt oder mit feinen Stacheln bedeckt (abgesehen von der Dornenreihe am Rand der Interarea). Foramen supraapikal, außerhalb des Delthyriums. — ? Ob. Ordovizium, Unt. Silur — Lias mit 29 Gattungen (Abb. 391 B).

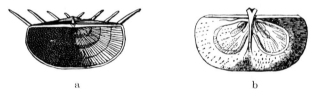

Abb. 445 A. *Chonetes striatella* (DALM.), Silur von Gotland. a) Ansicht von der Armklappe; b) Armklappe von innen. Nat. Gr. — Nach TH. DAVIDSON 1870.

Abb. 445 B. *Chonetes sarcinulatus* (SCHLOTH.), Unt. Devon (Unt. Ems, Stadtfeld-Schichten) von Oberstadtfeld (Eifel). Breite 2,2 cm. — Nach Originalfoto von H. KOWALSKI, Moers.

Chonetes FISCHER v. WALDHEIM 1830 (syn. *Protochonetes* MUIR-WOOD 1962): Mittl. Silur (Wenlock) — Ob. Devon, fast weltweit (Abb. 445 A, B).

Schale klein, quer verlängert, halbkreisförmig; plan-konvex oder leicht konkav-konvex. Medianseptum in jeder Klappe. Pseudodeltidium vorhanden. Stiel nur in frühen Wachstumsstadien funktionell. Laterale Septen der Armklappe dienten vermutlich als Brachiophoren. Muskeleindrücke nicht dentritisch aufgespalten.

Eodevonaria BREGER 1906: Unt. — Mittl. Devon von Europa, Afrika, N- und S-Amerika (Abb. 446 A).

Schale halbkreisförmig, stark konkav-konvex, mit Pseudodeltidium. Schloßrand fein gezähnelt. Schloßfortsatz bilobat oder quadrilobat.

Abb. 446 A. *Eodevonaria dilatata* (F. ROEMER), Unt. Devon (Unt. Ems, Stadtfeld-Schichten) von Oberstadtfeld (Eifel). Breite 2,3 cm. – Nach Originalfoto von H. KOWALSKI, Moers.

Unterordnung **Productidina** WAAGEN 1883

Meist hoch differenzierte Strophomenida mit konvexer Stielklappe und flacher oder konkaver, selten konvexer Armklappe. Stielklappe stets, Armklappe meist mit hohlen, röhrenförmigen Stacheln besetzt. Schale pseudopunctat; innen faserig, außen lamellar struiert. Schloßfortsatz mit Loben. Stielklappe zumindest in frühen ontogenetischen Stadien festgewachen. Ein Stiel ist nicht ausgebildet. Interareas finden sich bei den stratigraphisch älteren Formen noch in beiden Klappen; gehen später vielfach verloren. Bei konkav-konvexen Vertretern sind die vorderen Schalenränder oft unter Schleppenbildung einander derart genähert, daß sie bei geschlossenen Klappen dicht aufeinander liegen. — Unt. Devon — Ob. Perm mit ca. 170 Gattungen (Abb. 391 C).

Oberfamilie **Strophalosiacea** SCHUCHERT 1913

Schale überwiegend konkav-konvex, meist mit dem Wirbel der Stielklappe am Substrat festgewachsen und mit oft sehr langen Stacheln zusätzlich verankert oder befestigt. Interareas können in beiden Klappen vorhanden sein. Schloßfortsatz bei den stratigraphisch älteren Formen bilobat, bei den jüngeren trilobat. — Unt. Devon — Ob. Perm.

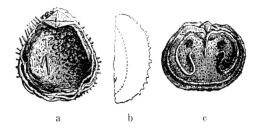

Abb. 446 B. *Strophalosia goldfussi* (MÜNST.), Zechstein von Gera. a) Ansicht von der Armklappe; b) Schale von der Seite; c) Armklappe von innen, mit Brachialeindrücken. Nat. Gr. — Nach K. A. v. ZITTEL 1915 (s. S. 208).

Strophalosia KING 1844: Mittl. Devon — Ob. Perm von Europa, N-Amerika, Asien und Australien (Abb. 446 B).

Beide Klappen mit Stacheln und niedrigen Interareas. Pseudodeltidium und Chilidium vorhanden. — Ein wichtiges Leitfossil des germanischen Zechstein ist *St. (Dasyalosia) goldfussi* (MÜNSTER) (Abb. 446 B).

Oberfamilie **Productacea** GRAY 1840

Im allgemeinen mit ringförmigen Stacheln, selten mit dem Wirbel, während der frühen Wachstumsstadien befestigt. Im Alter frei und durch Stacheln der Schalenoberfläche verankert. Interareas, Schloßzähne und Zahnstützen nur bei primitiven Formen ausgebildet. Schloßfortsatz bilobat oder trilobat, selten quadrilobat. — Unt. Devon — Ob. Perm.

Productella HALL 1867: Mittl. — Ob. Devon von Eurasien und N-Amerika (Abb. 447).

Umriß meist halbkreisförmig. Stielklappe stark konvex, mit kleinen Warzen oder schiefstehenden Dornen bedeckt; am Schloßrand mit einer Reihe von Dornen. Armklappe flach, mit wenig Dornen. Schloßfortsatz klein, innen bilobat. Interareas gewöhnlich schmal, linear. Schloßzähne und Zahnstützen klein. Armklappe mit feinem Medianseptum und fast ovalem Muskelfeld. Mittlere Länge bis ca. 2 cm.

Abb. 447. *Productella subaculeata* (MURCH.), Mittl. Devon von England. a) Ansicht von der Armklappe; b) Ansicht von der Stielklappe. Nat. Gr. — Nach TH. DAVIDSON 1863.

Dictyoclostus MUIR-WOOD 1930: Unt. Karbon von Europa.

Großwüchsig, konkav-konvex, selten knieförmig gebogen; ganze Schale mit deutlicher Gitterskulptur. Feine Stacheln vor allem seitlich und im Mittelbereich der Klappen sowie in einer Reihe nahe dem Schloßrand. Schloßfortsatz massiv, mit kurzem Schaft.

Productus SOWERBY 1814: Unt. Karbon — Ob. Perm von Eurasien, Arktis und Australien (Abb. 448).

Stielklappe stark konvex, Armklappe konkav. Stachelreihen nahe dem Schloßrand. Stielklappe verstreut mit Stacheln besetzt. Mitunter berippt, zum Teil mit Gitterskulptur. Schließmuskelfelder dentritisch, meist weit hinten. Schloßfortsatz groß, trilobat.

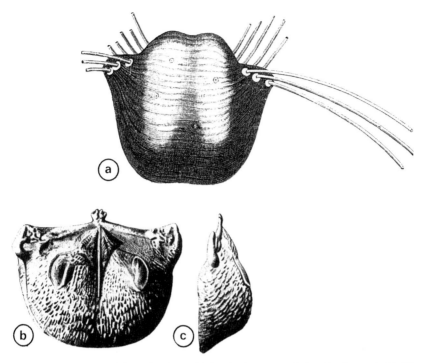

Abb. 448. *Productus (Horridina) horridus* Sow., Zechstein des germanischen Beckens. a) Stielklappe mit Stacheln, rekonstruiert. Nach Herm. Schmidt 1935. — b) Armklappe von innen; c) desgl., von der Seite. Nat. Gr. Nach H. B. Geinitz 1861.

Die alte „Sammelgattung" *Productus,* die auch heute noch bei provisorischer Bezeichnung Verwendung findet, wurde im Laufe der Zeit in eine Vielzahl von Untergattungen und selbständigen Gattungen aufgegliedert. Vorstehend wird sie wieder etwas weiter gefaßt, indem u. a. *Horridina* Chao 1927 sowie andere, ihr nahestehende Taxa als Untergattungen betrachtet werden.

Linoproductus Chao 1927 (syn. *Cora* Fredericks 1928): Unt. Karbon — Ob. Perm, weltweit (Abb. 449).

Die Oberfläche der in langer „Schleppe" auslaufenden Schale ist mit feinen, gewöhnlich etwas geschwungenen Rippchen bedeckt. Eine deutliche Gitterskulptur fehlt. Dornen weit verstreut, in zwei Reihen vor allem auf der Stielklappe. Schloßfortsatz trilobat.

Abb. 449. *Linoproductus cora* (d'Orbigny), Stielklappe von der Seite. Ob. Karbon. 1½ nat. Gr. — Nach Herm. Schmidt 1935.

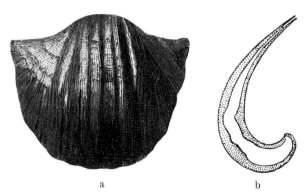

Abb. 450. *Gigantoproductus giganteus* (MARTIN), Unt. Karbon (Kohlenkalk). a) Stielklappe; b) Längsschnitt. ¼ nat. Gr. — Nach HERM. SCHMIDT 1935.

Gigantoproductus PRENTICE 1950: Unt. Karbon (Visé) — Ob. Karbon (Westfal), weltweit in feinkörnigen Kalken, selten in N-Amerika (Felsengebirge) (Abb. 450).

Hohlraum der Schale wie bei *Linoproductus* sehr klein. Oberfläche unregelmäßig berippt, mit einzelnen Dornen und einer Dornenreihe in der Nähe des Schloßrandes. Schloßfortsatz tri- oder bilobat. Schließmuskeleindrücke stark dentritisch. — Mit einer maximalen Schloßrandlänge von ca. 35 cm gehören zu *G.* die größten Brachiopoden. Schale breiter als lang.

Oberfamilie **Richthofeniacea** WAAGEN 1885

Sehr ungleichklappige Formen mit korallinem Höhenwachstum, da die unbewohnten Teile der festgewachsenen, rübenförmig verlängerten Stielklappe durch Querböden abgetrennt sind. Die Oberfläche trägt häufig hohle, röhrenartige Fortsätze. Zwischen den vertieften Muskeleindrücken liegt ein schwaches Septum. Auch die deckelförmige und mit einem wohlentwickelten Schloßfortsatz ausgestattete Armklappe hat einen geraden Schloßrand. Sie ist unter dem fortwachsenden Rand der Armklappe versenkt und trägt bei den Formen des tieferen Unterperm gewöhnlich Stacheln, bei denen des mittleren Unterperm siebartige Perforationen. Schließmuskelfeld der Armklappe dentritisch. Interareas fehlen. — Unt. — Ob. Perm im Riffmilieu.

Prorichthofenia R. E. KING 1931: Unt. Perm von Europa und N-Amerika (Abb. 451).

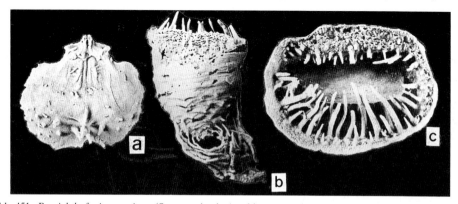

Abb. 451. *Prorichthofenia permiana* (SHUMARD): a) Armklappe von innen mit den Innendornen und dem Schloßfortsatz, b) ein Exemplar von der Seite, c) Stielklappe von oben. Perm (Wordien), Glass Mountains. Breite von a): ca. 1,4 cm, c): ca. 4 cm. — Nach G. A. COOPER.

Vorderer Teil der Öffnung der Stielklappe oft mit langen, meist gegabelten Stacheln, die ein Netzwerk mit den Stacheln im Inneren der Armklappe bilden. Medianseptum in beiden Klappen. Mittlere Höhe der Schale bis ca. 4 cm.

Richthofenia KAYSER 1881: Unt. — Ob. Perm von Europa (Sizilien, Rußland, S-Alpen), N-Afrika (Tunis) und Asien (China, Japan, Pakistan, Timor) (Abb. 452—453).

Pseudodeltidium durch sekundäre Hüllschicht verdeckt. Die Spondylium-artige, hier aber nicht von Zahnstützen gebildete Kammer in der Stielklappe, die der Befestigung von Muskeln dient, hat bei *R. (Richthofenia)* drei und bei *R. (Coscinaria)* MUIR-WOOD & COOPER 1960 nur ein Septum.

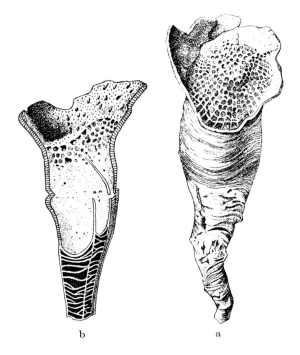

Abb. 452. *Richthofenia communis* GEMMELLARO, Perm von Italien: a) erwachsenes Exemplar von der Seite; b) Längsschnitt. Ca. ¾ nat. Gr. — Nach G. DI STEFANO 1914.

Abb. 453. *Richthofenia communis* GEMM., Längsschnitt. Perm von Italien. Nat. Gr. — Nach G. DI STEFANO 1914, umgezeichnet.

Unterordnung **Oldhaminidina** WILLIAMS 1953

Die konkav-konvexe, sehr ungleichklappige Schale ist in der Jugend mit dem Wirbel der Stielklappe festgewachsen, im Alter frei. Die Armklappe trägt ein Medianseptum, von dem bis zu 15, jedoch nicht unmittelbar ansitzende Seitensepten ausgehen. Die Armklappe, deren Oberfläche im Gegensatz zur glatten Stielklappe eine feine Granulation zeigt, ist durch seitliche Einschnitte zerschlitzt. Auch die Armklappe besitzt ein Medianseptum. Interareas, Stielloch und Schloßzähne fehlen. — Ob. Karbon — Ob. Trias mit wenigen Gattungen; nachgewiesen in Asien (vor allem Timor), viel seltener in Tunis, Texas, Britisch-Kolumbien, auf Sizilien und im Kaukasus (Abb. 391 D).

Oldhamina WAAGEN 1883: Perm von Timor, Indien und China (Abb. 454).

Die halbkugelig aufgetriebene und eingekrümmte Stielklappe trägt ca. 15 Seitensepten, die flache Armklappe eine entsprechende Anzahl lateraler Einschnitte.

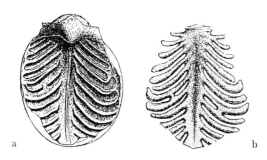

Abb. 454. *Oldhamina decipiens* WAAGEN, Perm (*Productus*-Kalk) aus der Saltrange (Ostindien). a) Stielklappe von innen; b) Armklappe von innen. Nat. Gr. — Nach W. WAAGEN 1882—1885.

Ordnung **Pentamerida** SCHUCHERT & COOPER 1931

Schale bikonvex, impunctat; radial gefaltet, berippt oder gestreift; selten mit feinen Gruben oder Körnchen bedeckt. Schloßrand (abgesehen von den weniger differenzierten Formen) kurz; dahinter in beiden Klappen kleine, stumpfwinklige Interareas, die bei den höher entwickelten Vertretern entweder von den Wirbeln überdeckt oder reduziert sind. Stielklappe mit kräftigem Spondylium. Eine vergleichbare Struktur entsteht gelegentlich auch in der Armklappe durch Verschmelzung der Crurallamellen. Man spricht dann von einem Cruralium. Spondylium, Cruralium und die ebenfalls entwickelten Mediansepten sind wohl durch die stark bikonvexe Ausbildung der Schale bedingt. Die Pentamerida dürften im tieferen Kambrium von primitiven Orthida abgezweigt sein. — Mittl. Kambrium — Ob. Devon mit ca. 84 Gattungen (Abb. 390 C).

Unterordnung **Syntrophiidina** ULRICH & COOPER 1936

Ungleich bikonvex, mit Sinus in der Stielklappe und Wulst in der Armklappe; glatt, berippt oder gestreift; Schloßrand relativ lang. Schale faserig; mit Spondylium simplex oder duplex. Brachiophoren durch Septen unterschiedlicher Länge gestützt. Muskeleindrücke der Armklappe nicht wie bei den Pentameridina von diesen Septen umschlossen. Schloßfortsatz rudimentär oder nicht ausgebildet. — Mittl. Kambrium — Unt. Devon mit ca. 40 Gattungen; meist relativ wenig bekannt und selten.

Syntrophia HALL & CLARKE 1893; Unt. Ordovizium von N-Amerika (Abb. 455).

Bis auf konzentrische Zuwachslinien glatt; mit Spondylium duplex und langem Brachialseptum.

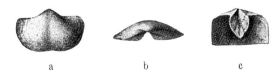

Abb. 455. *Syntrophia lateralis* WHITFIELD, Ordovizium von Vermont. a) Stielklappe; b) desgl., von hinten; c) hinterer Abschnitt der Stielklappe, von innen. Nat. Gr. — Nach J. HALL & J. M. CLARKE.

Porambonites PANDER 1830: Ordovizium (Arenig — Ashgill), anfangs in NO-Europa, dann weltweit (Abb. 456).
Beide Klappen meist fast gleichgroß, hoch gewölbt; glatt bis auf Reihen kleiner Gruben, die sich in Furchen befinden. Wirbel stark eingekrümmt, so daß sie an den Stiel stoßen und hierdurch meist eine Furche erhalten. Zahnstützen konvergieren. Brachiophorenplatten verschmelzen vorn mit dem Medianseptum. Mittlere Länge bis ca. 5 cm.

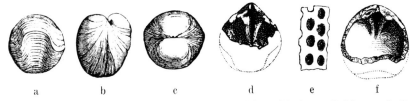

Abb. 456. *Porambonites aequirostris* (v. SCHLOTH.), Ordovizium (Vaginaten-Kalk) von St. Petersburg: a) von vorn; b) von der Seite; c) von hinten; d) Stielklappe von innen; e) Oberfläche mit Grübchen, vergrößert; f) Armklappe von innen. Soweit nicht anders angegeben, nat. Gr. — Nach K. A. v. ZITTEL 1915 (s. S. 208).

Unterordnung **Pentameridina** SCHUCHERT & COOPER 1931

Klappen relativ stark gewölbt; meist länger als breit und verhältnismäßig groß; glatt, radial gefaltet oder berippt, selten mit kleinen Gruben oder Körnchen bedeckt. Schloßrand kurz. Mit Spondylium simplex oder duplex. Interareas meist stark reduziert. Formgestaltung labil, da Stirnrandbasis bald gerade, bald verbogen. Im letzteren Fall liegt der Sinus im Gegensatz zu den meisten anderen Brachiopoden in der Armklappe. Muskeleindrücke der Armklappe im Unterschied zu den Syntrophiidina von den Brachiophoren- oder Crurallamellen umschlossen. — ? Mittl., Ob. Ordovizium — Ob. Devon mit ca. 44 Gattungen.
Stricklandia BILLINGS 1859: Unt. Silur (Llandovery) von England, Norwegen und N-Amerika.
Großwüchsig, glatt oder schwach gefaltet, wenig gewölbt, meist linsenförmig und terebratelähnlich. Spondylium relativ klein, von kurzem Medianseptum gestützt.
Pentamerus SOWERBY 1813: Unt. Silur (Ob. Llandovery) — Mittl. Silur (Wenlock), fast weltweit, nicht in S-Amerika und Afrika (Abb. 457).

Abb. 457. *Pentamerus oblongus* Sow., Mittl. Silur von Niagara Yellow (USA). a) Steinkern von der Armklappe aus gesehen; b) desgl., von der Seite. Etwa nat. Gr. — Nach J. ROGER 1952.

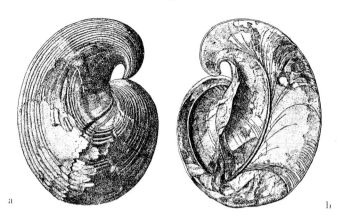

Abb. 458. *Conchidium knighti* Sow., Mittl. Silur von Shropshire (England): a) von der Seite; b) Längsschnitt. ½ nat. Gr. — Nach J. Roger 1952.

Großwüchsig, flach bikonvex, fast glattschalig; Spondylium und das stützende Medianseptum erstrecken sich nicht bis zur halben Schalenlänge nach vorn. Cruralplatten lang. Mittlere Schalenlänge bis ca. 9 cm.
Conchidium Oehlert 1887: Ob. Ordovizium (Ashgill) — Unt. Devon, weltweit (Abb. 458).
Stark bikonvex, radial berippt, mit stark vorragendem und eingekrümmtem Wirbel in der Stielklappe. Spondylium ganz oder teilweise vom Medianseptum gestützt; letzteres reicht im Unterschied zu *Pentamerus* über die halbe Schalenlänge nach vorn.
Gypidula Hall 1867: Silur (Wenlock) — Ob. Devon (Frasnien), weltweit, vor allem in Kalken (Abb. 459).

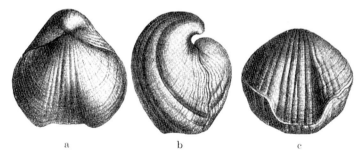

Abb. 459. *Gypidula galeata* Dalman: a) von oben; b) von der Seite; c) von vorn. Silur (Wenlock) von Dudley. ⅝ nat. Gr. — Nach Th. Davidson 1864–1865.

Stielklappe stärker konvex, mit Wulst, schwach berippt oder nahezu glatt, mit Interareas. Umriß der Schale länglich-oval bis fast kreisförmig. Wirbelbereich der Stielklappe angeschwollen, stark über die Armklappe gekrümmt; innen mit krätigem Medianseptum und kleinem Spondylium dahinter. Armklappe mit 2 Paar divergierenden Septen. Mittlere Länge bis ca. 4 cm.

II. Klasse Articulata Huxley 1869   427

Ordnung **Rhynchonellida** Kuhn 1949

Schale bikonvex, mitunter kugelig; klein bis mittelgroß und gefaltet; vorwiegend impunctat. Umriß rundlich bis gerundet dreieckig. Schloßrand sehr kurz. Wirbel spitz, ragen weit nach hinten. Interarea stark reduziert, in einer oder in beiden Klappen; jedoch meist nicht ohne weiteres zu erkennen. Basen der Kiemenarme verkalkt (Cruren). Die Reduktion des Schloßrandes wird ausgeglichen durch eine kräftige Verfaltung des vorderen Schalenrandes, die eine sichere Führung der Klappen beim Öffnen und Schließen ermöglicht. — Mittl. Ordovizium — rezent. Häufigkeitsmaximum im Mesozoikum (Abb. 390 E).

Oberfamilie **Rhynchonellacea** Gray 1848

Schale impunctat, faserig. Delthyrium mehr oder weniger durch Deltidial-Platten verschlossen; hierdurch vor allem von den Pentameracea zu unterscheiden. Die Anordnung der Zahnstützen und Septen wechselt stark und hat große taxonomische Bedeutung. Da die äußere Gestalt meist sehr gleichartig ausgebildet ist, verwendet man zur Bestimmung insbesondere Steinkerne oder Anschliffserien der Wirbelregion. Sinus und Wulst in der Regel vorhanden. Sinus stets auf die Stielklappe beschränkt. — Mittl. Ordovizium — rezent.

Camarotoechia Hall & Clarke 1893; Mittl. Devon — Unt. Karbon von Europa und N-Amerika (Abb. 460).
Relativ stark gefaltete Schalen von etwa dreiseitigem Umriß. Armklappe mit Medianseptum, das sich hinten in zwei Äste teilt. Diese verschmelzen mit der Schloßplatte. Zahnstützen kurz, kräftig. Ohne Schloßfortsatz.

Abb. 460. *Camarotoechia pleurodon* Phillips, Unt. Karbon von Tournai (Belgien). Ca. ⅔ nat. Gr. — Nach J. Roger 1952.

Leiorhynchus Hall 1860: Mittl. — Ob. Devon, weltweit.
Relativ großwüchsig. Glatt, bis auf wenige, das Mittelfeld der Schale betreffende Falten. Zahnstützen gut entwickelt, ventral einander stark genähert, bilden mitunter ein Spondylium duplex.

Uncinulus Bayle 1878: Unt. — Ob. Devon, weltweit (Abb. 461).

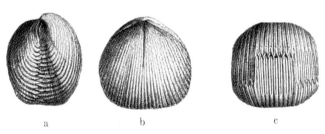

Abb. 461. *Uncinulus wilsoni* (Sow.), Unt. Devon von England. a) Von der Seite; b) Ansicht von der Armklappe; c) Ansicht von vorn. Nat. Gr. — Nach Th. Davidson 1868.

Adult gerundet würfelförmig, juvenil flach. Schloßfortsatz parallel gestreift. Schloßplatte vereinigt. Armklappe mit kräftigem Medianseptum. – Über das Wachstumsverhalten und die Ausbildung des für adulte Tiere charakteristischen Randstachelgitters siehe D. SCHUMANN 1965.

Pugnax HALL & CLARKE 1893: Ob. Devon (Fammenien) — Ob. Karbon von Europa, oft nesterartig vereinigt oder mit dem Stiel am Substrat festgeheftet (Abb. 462).

Schale von der Seite dreieckig. Armklappe stark gewölbt, vorn mit hohem Wulst. Stielklappe hinten konvex, nach vorn konkav und in einen kräftigen, spitz zulaufenden Sinus übergehend. Schloßplatte geteilt. Zahlreiche feine Rippchen, falls vorhanden, auf den Vorderteil der Schale beschränkt.

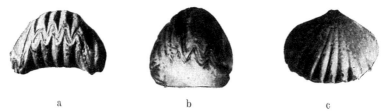

Abb. 462. *Pugnax pugnus* (MARTIN), Unt. Karbon (Kohlenkalk) von Derbyshire (England). a) von vorn; b) schief von der Seite; c) von der Armklappe. Nat. Gr. — Nach D. PARKINSON 1954.

Acanthothiris D'ORBIGNY 1850 (syn. *Acanthothyris* PAETEL 1875): Dogger (Bajocien-Bathonien) von Eurasien.

Kugelig bis stark gewölbt, mit radial vom Wirbel ausgehenden, vielfach bifurkaten Rippen, die in ihrer ganzen Länge mit langen, hohlen Stacheln bedeckt sind. Armklappe ohne, Stielklappe mit Medianseptum. Cruren relativ kurz. Ohne Schloßfortsatz, mit Zahnstützen. Maximal bis ca. 1,5 cm lang.

Rhynchonellina GEMMELLARO 1876: ? Ob. Trias — Lias von S-Europa.

Bikonvex, glatt, mit weitem Delthyrium und rudimentären Deltidial-Platten. Armklappe mit kleinem Medianseptum und sehr langen Cruren, welche die Stielklappe innen berühren.

Rhynchonella FISCHER V. WALDHEIM 1809: Ob. Malm (Tithon) — Unt. Kreide (Hauterive) von Europa, autochthon oft in Nestern (Abb. 463).

Von der Seite fast pyramidenförmig, mit hohem, scharf geknicktem, uniplicatem Wulst in der Armklappe, die kein Medianseptum aufweist. Stielklappe mit kurzem Medianseptum. Cruren

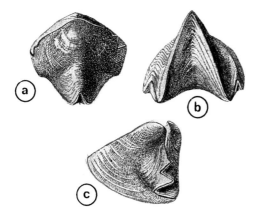

Abb. 463. *Rhynchonella loxia* FISCHER, a) Ansicht von der Armklappe; b) von vorn; c) von der Seite. Malm (Tithon) von Moskau. Ca. ¾ nat. Gr. — Nach J. ROGER 1952.

relativ klein. Schloßfortsatz nicht ausgebildet. Zahnstützen kräftig. Skulptur unterschiedlich, von fast glatt bis zu zahlreichen scharfen Radialrippen.

Die alte „Sammelgattung" *Rhynchonella*, die heute noch bei provisorischer Bezeichnung Verwendung findet, wurde im Laufe der Zeit in eine Vielzahl von selbständigen Gattungen und Untergattungen aufgegliedert.

Peregrinella OEHLERT 1887: Unt. Kreide von Europa und N-Amerika (Abb. 464).
 Großwüchsig, bikonvex, im Umriß kreisförmig, mit geradem Stirnrand; radial berippt. Zahnstützen sehr kurz, schief. Armklappe mit langem Medianseptum. Cruren dicht beisammen, lang.

Abb. 464. *Peregrinella peregrina* BUCH, a) Ansicht von der Armklappe; b) von der Seite. Unt. Kreide (Neokom) von SO-Frankreich. ¾ nat. Gr. — Nach J. ROGER 1952.

Abb. 465. *Cyclothyris vespertilio* D'ORBIGNY, a) Ansicht von der Armklappe; b) von der Stielklappe; c) von der Seite. Ob. Kreide von Royan (Charente-Maritime). Nat. Gr. — Nach J. ROGER 1952.

Cyclothyris MCCOY 1844: Kreide (Apt — Cenoman) von Europa und N-Amerika (Abb. 465).
 Großwüchsig, breit, mit Wulst, rechtwinkligem Sinus und zahlreichen Rippen. Wölbung der Klappen relativ gering. Armklappe mit sehr kurzem Medianseptum, das auch fehlen kann. Schale meist asymmetrisch; Umriß nahezu dreieckig. Maximale Länge ca. 3 cm.

Oberfamilie **Stenoscismatacea** OEHLERT 1887 (1883)

Armklappe mit löffelförmiger Plattform, die von einem Medianseptum gestützt wird und zur Befestigung der Schließmuskeln dient (Camarophorium). Stielklappe mit Spondylium. — Mittl. Devon — Ob. Perm mit ca. 11 Gattungen.

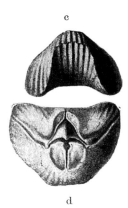

Abb. 466. **a)—b):** *Stenoscisma schlotheimi* (v. Buch), Zechstein von Gera. a) Ansicht von der Armklappe, 1⅓ nat. Gr.; b) Steinkern von hinten, vergrößert. — Nach K. A. v. Zittel 1915. — **c)—d):** *Stenoscisma humbletonensis* (Howse), Zechstein von England. c) Ansicht von vorn; d) Steinkern von hinten. Etwa nat. Gr. – Nach Th. Davidson 1858.

Stenoscisma Conrad 1839 (syn. *Camerophoria* King 1844, *Camarophoria* Herrmannsen 1846): Unt. Karbon — Ob. Perm, im Ob. Perm weltweit (Abb. 466).
  Maximal 3,5 cm lang, relativ gefaltet. Spondylium auf niedrigem Medianseptum befestigt. Camarophorium lang, tief auf hohem Medianseptum fixiert.

Oberfamilie **Rhynchoporacea** Muir-Wood 1955

Schale punctat, ohne Spondylium und Camarophorium. — Unt. Karbon — Perm.
  Rhynchopora King 1865: Unt. Karbon — Perm von Eurasien, N- und S-Amerika (Abb. 467).
  Radial berippt; mit Wulst, Sinus und Zahnstützen. Schloßplatte durchgehend, hinten von Septum gestützt. Cruren nach vorn gerichtet.

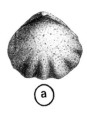

Abb. 467. *Rhynchopora youngii* Dav., a) Ansicht von der Armklappe, b) von vorn. Ob. Karbon von England. Ca. ³⁄₁ nat. Gr. — Nach Th. Davidson 1880.

Ordnung **Terebratulida** Waagen 1883

Brachiopoden mit ancylopegmatem Armgerüst, punctater bikonvexer Schale und meist sehr kurzem Schloßrand. Delthyrium mit Deltidial-Platten oder einer ähnlichen Struktur. Mit oder ohne Zahnstützen. — Unt. Devon — rezent mit ca. 190 fossil vertretenen Gattungen (Abb. 390 G).

Unterordnung **Centronellidina** Stehli 1965

Ursprüngliche Terebratulida mit meist centronellidem Armgerüst. Cruralplatten können vorhanden sein. — Unt. Devon — Ob. Perm mit ca. 39 Gattungen, von denen die Mehrzahl im Unt. und Mittl. Devon vorkommt (Abb. 392 A).

Oberfamilie **Stringocephalacea** King 1850

Mit den Merkmalen der Unterordnung.

Familie **Centronellidae** Waagen 1882

Terebratulida mit relativ breitem, geradem oder schwach gebogenem Schloßrand und ziemlich variablem centronelliden Armgerüst. Schale glatt oder fein gestreift. Schloßplatte mit Cruralplatten. Wirbel der Stielklappe nicht durchbohrt. — Unt. — Mittl. Devon.

Centronella Billings 1859: Unt. — Mittl. Devon von N-Amerika (Abb. 401 b).

Schale klein bis mittelgroß, länglich-oval, konkav-konvex bis fast plankonvex; glatt. Ohne Zahnstützen. Schloßplatte der Armklappe stark entwickelt. Schloßfortsatz klein, apikal.

Rensselaeria Hall 1859: Unt. Devon von Europa und N-Amerika; im Rheinland zum Teil gesteinsbildend in der Siegen-Stufe. Dabei im wesentlichen auf Sandstein beschränkt (Abb. 468).

Schale relativ groß, bikonvex, langoval, fein radial berippt. Die beiden Zweige des Brachidiums vereinigen sich unter Bildung einer dreieckigen Platte, die einen Fortsatz nach hinten entsendet. Cruralplatten ziemlich verdickt. Stirnrand der Schale gerade.

Abb. 468. *Rensselaeria strigiceps* F. A. Roemer, Steinkern von hinten gesehen. Unt. Devon (Siegen). Nat. Gr. — Nach Herm. Schmidt 1935.

Amphigenia Hall 1867: Mittl. Devon von N-Amerika und Brasilien.

Langoval; äußerlich oft an *Rensselaeria* erinnernd, doch überwiegend glattschalig. Stielklappe mit langem Spondylium und Medianseptum. Armgerüstschleife kurz.

Familie **Stringocephalidae** King 1850

Formen mit relativ breitem, geradem oder nur schwach gebogenem Schloßrand. Großwüchsig, meist glatt und dickschalig. Schloßplatten geteilt. Brachidium lang. — Mittl. Devon.

Stringocephalus Defrance 1825: Mittl. Devon der Nordhalbkugel und Australiens. Enthält wichtige Leitformen (Abb. 469—470).

Wirbel der Stielklappe stark vorspringend. Beide Klappen mit Medianseptum. Der mächtige gegabelte Schloßfortsatz umfaßt mit seinen Gabelenden das Medianseptum der Stielklappe. Deltidial-Platten im Alter vereinigt. — *Str. burtini* (Defrance) ist eine wichtige Leitform des Ob. Mitteldevon (Givet); doch kann sie bei oberflächlicher Betrachtung leicht mit den äußerlich ähnlichen Arten von *Bornhardtina* verwechselt werden, die im gleichen Horizont, aber auch schon früher auftreten.

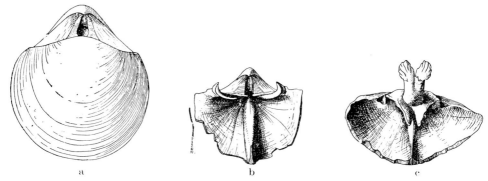

Abb. 469. *Stringocephalus burtini* DEFRANCE, Ob. Mitteldevon (Givet) des Rheinischen Schiefergebirges. a) Ansicht von der Armklappe; b) Hinterende der Stielklappe, von innen; c) Hinterende der Armklappe, von innen. Ca. ⅔ nat. Gr. — Nach O. H. SCHINDEWOLF 1943.

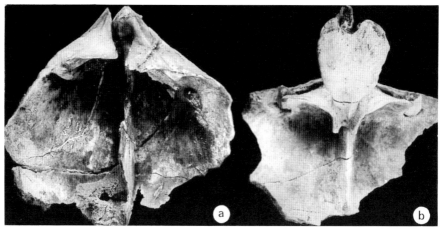

Abb. 470. *Stringocephalus burtini* DEFRANCE, a) Hinterende der Stielklappe, von innen; b) Hinterende der Armklappe, von innen mit dem Schloßfortsatz. Mittl. Devon (Givet) von Paffrath bei Köln. Ca. 1⅓ nat. Gr.

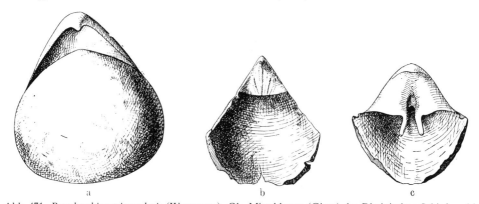

Abb. 471. *Bornhardtina triangularis* (WEDEKIND), Ob. Mitteldevon (Givet) des Rheinischen Schiefergebirges. a) Ansicht von der Armklappe; b) Hinterende der Stielklappe, von innen; c) Hinterende der Armklappe, von innen. Ca. ⅔ nat. Gr. — Nach O. H. SCHINDEWOLF 1943.

Bornhardtina SCHULZ 1914: Mittl. Devon von Europa (Abb. 471).
Im Gegensatz zu *Stringocephalus* ohne Mediansepten. Wirbel der Stielklappe weniger gekrümmt. Auf Grund der Gehäuseähnlichkeiten früher vielfach mit *Stringocephalus* verwechselt. Zahnstützen schwach. Schloßfortsatz fehlt.

Unterordnung **Terebratulidina** WAAGEN 1883

Armgerüst terebratulid, kurz; gelegentlich neotenisch centronellid. Medianseptum fehlt gewöhnlich. — Unt. Devon — rezent mit ca. 132 Gattungen (Abb. 392 B).

Familie **Dielasmatidae** SCHUCHERT 1913

Schale meist glatt, sonst radial gefaltet oder berippt. Armgerüst terebratulid. Armklappe mit modifizierter Schloßplatte, die entweder getrennt ist oder durch ein kurzen Septum gestützt. Deltidial-Platten vorn meist vereinigt. Zahnstützen können vorhanden sein. — Unt. Karbon — Ob. Trias, ? Lias.

Dielasma KING 1859: Höheres Unt. Karbon — Ob. Perm, weltweit (Abb. 472).
Bikonvex, länglich-oval. Stielklappe mit Sinus und kräftigen Zahnstützen.

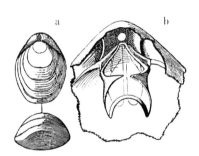

Abb. 472. *Dielasma elongata* v. SCHLOTH., Zechstein von England. a) Exemplar in nat. Gr.; b) Innenansicht mit Armgerüst. Ca. ³⁄₁ nat. Gr. — Nach TH. DAVIDSON 1856.

Coenothyris DOUVILLÉ 1879: Mittl. Trias von Europa (Muschelkalk), Kanada und Asien (Abb. 473—474).

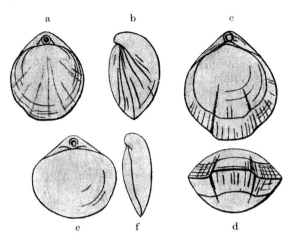

Abb. 473. *Coenothyris vulgaris* (v. SCHLOTH.), aus dem Ob. Muschelkalk des germanischen Beckens. a)—d) große und verhältnismäßig dicke Formen, wie sie vor allem in der Knauerkalkfazies auftreten; e)—f) flache und elegante Form mit spitzem Schalenschlußwinkel, wie sie für die grauen und blaugrauen, splitterigen und geschichteten Kalke charakteristisch ist. Nat. Gr. — Aus M. SCHMIDT 1928 (s. S. 642).

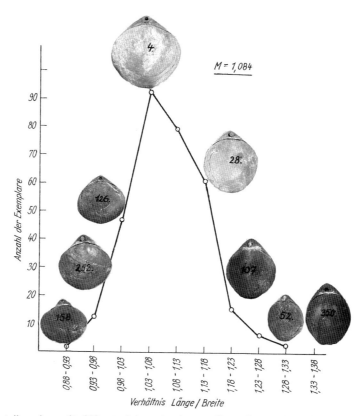

Abb. 474. Verteilungskurve für 312 autochthon eingebettete *Coenothyris vulgaris* (v. SCHLOTH.) aus kleinen „Terebratelnestern" von der Schichtoberfläche einer Kalkbank des Oberen Muschelkalkes (Unt. Ceratitenschichten, *Pulcher*-Zone). Marolterode (Thüringen). Ca. ¾ nat. Gr. — Nach A. H. MÜLLER 1950.

Schale glatt, meist langoval. Stielklappe mit Zahnstützen. Armklappe mit niedrigem Medianseptum. Schleife des Armgerüstes relativ kurz; mit freier, schildförmiger Medianplatte.

Zwei wichtige Arten aus dem germanischen Muschelkalk sind:

a) *C. vulgaris* (v. SCHLOTH.). Wie sich zum Beispiel aus Abb. 474 ergibt, finden sich neben breitovalen alle Übergänge bis zu langovalen Formen. Außerdem läßt sich zeigen, daß Populationen, die in schichtige, graue und blaugraue Kalke eingebettet wurden, meist regelmäßige, elegante und glatte Schalen mit spitzem Schalenschlußwinkel haben. Demgegenüber weisen solche aus dem Knauerkalk einen verhältnismäßig stumpfen Schalenschlußwinkel, einen relativ kleinen Mittelwert für das Verhältnis Länge/Dicke und eine durch unregelmäßige Ausbildung der Zuwachsstreifung rauhe Oberfläche auf. Diese Unterschiede sind zweifellos ökologisch bedingt, da sie auch an gleichalterigen Populationen vorkommen. Vielleicht handelt es sich bei den eleganten, regelmäßigen Formen um solche, die nie durch Schwankungen des Meeresspiegels (Gezeiten ?, Windebbe ?) trockengelaufen sind, im Gegensatz zu den unregelmäßig gestalteten, dickeren. Hier wurde die Schale nach dem Auftauchen hermetisch abgeschlossen, um den Wasservorrat zu erhalten, so daß der Schalenrand vorübergehend jeweils unter stärkerem Druck stand. Gleichzeitig wurde die Nahrungsaufnahme unterbrochen, was weitere Unregelmäßigkeiten im Wachstum der Schale bewirkte.

b) *C. cycloides* (ZENK.), eine kleine, kreisrunde und flache, für die *Cycloides*-Bank der Mittleren Ceratitenschichten charakteristische Form.

Oberfamilie **Terebratulacea** GRAY 1840

Armgerüst terebratulid. Äußere Schloßplatten und Schloßfortsatz meist entwickelt, innere Schloßplatten lediglich bei einigen Gattungen ausgebildet. Zahnstützen nur bei geologisch älteren Formen vorhanden. — Ob. Trias — rezent mit ca. 90 Gattungen.

Familie **Terebratulidae** GRAY 1840

Mesozoische und jüngere Formen mit kurzem, terebratulidem Armgerüst. Schale glatt oder mit Zuwachslinien. Cruralfortsätze nicht zu einer ringförmigen Schleife vereinigt. Armklappe ohne Medianseptum. Zahnstützen fehlen. — Ob. Trias — rezent.

Terebratula MÜLLER 1776: Tertiär (Miozän — Pliozän) von Europa (Abb. 475).

Die alte „Sammelgattung", die auch heute noch als solche bei provisorischer Bezeichnung Verwendung findet, wurde im Laufe der Zeit in eine Vielzahl von Untergattungen und selbständigen Gattungen aufgegliedert. Dabei beschränkt man *Terebratula* im engeren Sinne auf tertiäre Vertreter mit deutlichem Wulst und Sinus, großem Stielloch, geteilten Schloßplatten und langgestreckten Muskeleindrücken. Armgerüst breit, dreieckig, nimmt ⅓ bis ¼ der Schalenlänge ein. Schloßzähne mit verdickten Basen.

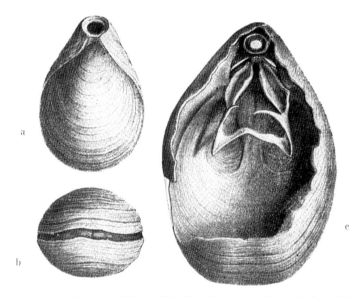

Abb. 475. *Terebratula grandis* BLUM., Pliozän (Coralline Crag) von England. a) Ansicht von der Armklappe; b) von vorn, ¾ nat. Gr.; c) Innenansicht der Armklappe mit Armgerüst. Nat. Gr. — Nach TH. DAVIDSON 1874.

Neoliothyrina SAHNI 1925: Ob. Kreide (Senon) von Europa.

Schale langgestreckt, gerundet pentagonal, mit Wulst und Sinus; Oberfläche an den Seiten mit feinen Radialrippen. Wirbelbereich kurz, kräftig, mit relativ deutlichen Kanten. Foramen groß, nach innen trichterförmig verengt. Schloßplatten stark verbreitert, berühren oder überdecken sich im Alter gegenseitig. Schloßfortsatz lang, löffel- oder hakenförmig.

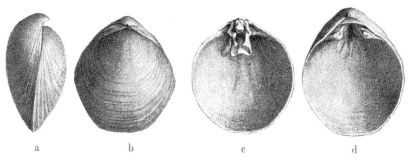

Abb. 476. *Chatwinothyris subcardinalis,* Ob. Kreide (Maastricht) von England. a) von der Seite; b) Ansicht von der Armklappe; c) Innenansicht der Armklappe; d) desgl., Stielklappe. Etwa nat. Gr. — Nach Th. Davidson 1855.

Chatwinothyris Sahni 1925: Ob. Kreide von Europa (Abb. 476).
Schale länger als breit, oval bis fast pentagonal, gleichmäßig bikonvex, oben und unten oft in der Mittellinie abgeflacht. Stirnrand gerade. Oberfläche glatt, bei großen Exemplaren an den Seiten sehr fein radial berippt. Foramen sehr klein. Cardinalia kräftig, die der Armklappe weitgehend miteinander verschmelzend. Schloßfortsatz schwach entwickelt, meist aus zwei voneinander getrennten Röhren bestehend.
Pygope Link 1830: Malm (Kimmeridge) — Unt. Kreide (Neokom) von Europa (Abb. 477).
Unterscheidet sich von den übrigen Terebratulidae vor allem dadurch, daß das Wachstum in der Mitte des Stirnrandes von einem bestimmten Jugendstadium an aufhört. Hierdurch entsteht zunächst (wohl unter Einwicklung in den Stiel?) eine ständig tiefer werdende Einbuchtung. Die Seitenteile derselben vereinigen sich später meist in der Mittellinie unter Bildung eines Loches. Armgerüst sehr kurz, mit wenig gekrümmtem Querband.

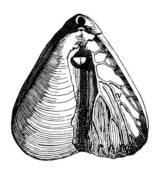

Abb. 477. *Pygope diphya* Colonna, Malm (Tithon) von Trient (S-Tirol). (l = Loch; v = Gefäßeindrücke). Nat. Gr. — Aus K. A. v. Zittel 1915.

Familie **Cancellothyrididae** Thomson 1926

Oberfläche der Schale mit sehr feinen radialen Rippen. Armgerüst mit kurzer Schleife. Cruralfortsätze können sich ringförmig vereinigen. Schloßplatten und Medianseptum nur ausnahmsweise ausgebildet. — ? Lias, ? Dogger, Malm — rezent.
Terebratulina d'Orbigny 1847: Malm — rezent, weltweit (Abb. 478).
Schale bikonvex, meist langoval. Cruren relativ lang. Schloßfortsatz wenig gekrümmt. Deltidial-Platten getrennt. Cruralfortsätze bilden im Alter eine ringförmige Schleife.

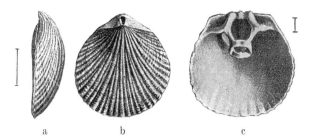

Abb. 478. *Terebratulina gracilis* (v. SCHLOTH.), Ob. Kreide (Maastricht) von England. a) Ansicht von der Seite; b) Ansicht von der Armklappe; c) Innenansicht der Armklappe. — Nach TH. DAVIDSON 1852.

Rugia STEINICH 1963: Ob. Kreide (Unt. Maastricht) von Europa.
Ähnlich *Terebratulina*, doch immer sehr kleinwüchsig. Stirnrand gerade. Wirbelregion länger. Deltidial-Platten lang, spitz zulaufend. Schalenoberfläche stärker gekörnt. Curalfortsätze konvergieren, doch bilden sie keine ringförmige Schleife. Querband zur Stielklappe gekrümmt.

Unterordnung **Terebratellidina** MUIR-WOOD 1955

Armgerüstschleife immer in Kontakt mit den Cardinalia und dem Medianseptum der Armklappe ausgebildet. — Unt. Devon — rezent mit ca. 117 Gattungen (Abb. 392 C).

Oberfamilie **Terebratellacea** KING 1850

Armgerüstschleife in der Regel terebratellid; dauernd oder nur in der Jugend auf ein Medianseptum gestützt. — Ob. Trias — rezent mit ca. 90 Gattungen.
Es werden lediglich einige der wichtigeren Gattungen angegeben.
Megathiris D'ORBIGNY 1847 (syn. *Megathyris* BRONN 1848): Ob. Kreide — rezent; fossil nur in Europa, rezent im Mittelmeer und im O-Atlantik.
Schale bikonvex, mit überraschend langem Schloßrand. Schloßzähne klein, ohne Zahnstützen. Schloßfortsatz klein. Cruren kurz. Von der Armgerüstschleife finden sich nur die beiden nach vorn ziehenden Äste. Diese sind seitlich am Medianseptum befestigt.
Trigonosemus KÖNIG 1825 (syn. *Deltyridea* MCCOY 1844): Ob. Kreide von Europa, W-Asien und Austalien (Abb. 479).
Umriß kreisförmig, mit zugespitztem Wirbel; meist plankonvex; radial berippt. Foramen sehr klein. Zahnstützen kräftig. Schloßfortsatz kurz-löffelförmig, kräftig, mit verdickter Basis.

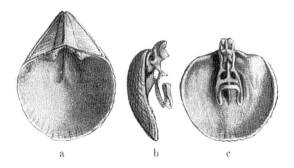

Abb. 479. *Trigonosemus* spec., Ob. Kreide (Maastricht) von England. a) Innenansicht der Stielklappe; b) Ansicht der Armklappe von der Seite; c) Innenansicht der Armklappe. Ca. ¾ nat. Gr. — Nach TH. DAVIDSON 1852.

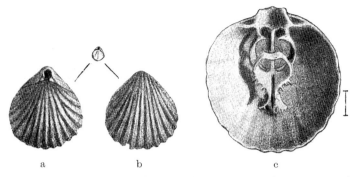

Abb. 480. *Terebratella furcata* Sow., Dogger (Bathonien) von England. a) Ansicht von der Armklappe; b) desgl., von der Stielklappe: c) Innenansicht der Armklappe. — Nach Th. Davidson 1852.

Terebratella d'Orbigny 1847: Jura — rezent. Heute vor allem in den Meeren an der Südspitze von Amerika und Afrika (Abb. 480).

Radial berippt oder glatt. Cardinalia schwach. Basen der Schloßzähne nicht verdickt. Zahnstützen fehlen. Die rückläufigen Schenkel des Armgerüsts durch eine Querbrücke mit dem Medianseptum verbunden.

Magas Sowerby 1816: Ob. Kreide von Europa (Abb. 481).

Kleinwüchsig, glatt, bikonvex bis plankonvex. Wirbel der Stielklappe mit zunehmendem Alter stark einbiegend. Area breit, sehr scharfkantig. Foramen groß, dreieckig. Medianseptum der Armklappe sehr hoch, erreicht die Stielklappe. Die beiden rückläufigen Schenkel des Armgerüsts vereinigen sich nicht.

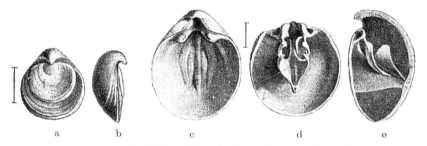

Abb. 481. *Magas pumilus* Sow., Ob. Kreide (Maastricht) von England. a) Ansicht von der Armklappe; b) Ansicht von der Seite; c) Innenansicht der Stielklappe; d) desgl., Armklappe; e) desgl., von der Seite. — Nach Th. Davidson 1852.

Oberfamilie **Zeilleriacea** Allan 1940

Armgerüst terebratellid, lang; absteigende Äste mit Dornen besetzt, im Alter nicht mit dem Medianseptum der Armklappe verbunden. Schloßfortsatz selten entwickelt. Schloßplatten in Kontakt. Zahnstützen ausgebildet. — Trias — Unt. Kreide mit ca. 22 Gattungen.

Cincta Quenstedt 1868: Lias — Dogger, ? weltweit (Abb. 482).

Klein bis mittelgroß, im Umriß fast kreisförmig bis gerundet fünfeckig; flach bikonvex. Wulst und Sinus flach. Wirbel kurz. Stielleich winzig. Armklappe mit Medianseptum. Zahnstützen kräftig entwickelt, konvergierend.

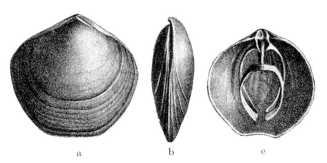

Abb. 482. *Cincta numismalis* (LAMARCK), Mittl. Lias von England. a) Ansicht von der Armklappe; b) von der Seite; c) Armklappe von innen. Nat. Gr. — Nach TH. DAVIDSON 1850.

Ordnung **Spiriferida** WAAGEN 1883

Eine große und stark differenzierte Gruppe mit helicopegmatem Armgerüst sowie überwiegend impunctaten und bikonvexen Schalen. Radial berippte oder gefaltete Vertreter sind in der Mehrzahl. Im Gegensatz etwa zu den Orthida und Strophomenida zeigt die Armklappe keine wahrnehmbare Interarea. Eine solche findet sich gewöhnlich in der Stielklappe, wo sie stark entwickelt sein kann. Das dreieckige Delthyrium der Stielklappe wird meist durch Deltidial-Platten eingeengt, die von den Seitenwänden des Delthyriums nach innen wachsen. Gelegentlich findet sich auch ein Deltidium. — Mittl. Ordovizium — Lias mit ca. 305 Gattungen (Abb. 390 F).

Unterordnung **Atrypidina** MOORE 1952

Eine relativ kleine und weniger differenzierte Gruppe mit impunctater, meist fein radial gestreifter oder grob gefalteter, seltener glatter Schale. Neben zahlenmäßig überwiegenden bikonvexen Formen finden sich auch konvex-konkave, plankonvexe und konkav-konvexe. Der Schloßrand ist relativ kurz und flach geboten (toxokraspedont). Die Stielklappe trägt eine nur sehr wenig hervortretende Interarea. Die helicopegmaten Armgerüste verlaufen zunächst von den kräftigen Cruren nach außen, folgen dem Schalenrand, um sich dann einzudrehen, so daß die Spitzen der beiden Spiralkegel in der Regel gegen die Mitte der Armklappe konvergieren, niemals aber in die äußeren Ecken des Schloßrandes zeigen. Die sich im Verlaufe der Stammesgeschichte vollziehenden Veränderungen sind gering. — Mittl. Ordovizium bis unt. Unterkarbon mit ca. 56 Gattungen.

Zygospira HALL 1862: Ob. Ordovizium (Caradoc — Ashgill) von Europa und N-Amerika (Abb. 483).
Kleinwüchsig, bikonvex, radial berippt oder gefaltet; gewöhnlich mit Wulst in der flacheren Armklappe; ohne Zahnstützen. Armspiralen konvergieren medial, leicht zur Armklappe geneigt. Jugum einfach bandförmig, von variabeler Lage. Mittlere Breite ca. 1 cm.

Atrypa DALMAN 1828: Unt. Silur (Unt. Llandovery) — Ob. Devon (Frasnien), weltweit (Abb. 484).
Stielklappe flach oder schwach konvex. Armklappe stets stärker gekrümmt als Stielklappe, die bei manchen Arten sogar die Tendenz hat, schwach konvax zu werden. Hierdurch gelegentlich weitgehende Frachtsonderung beider Klappen und getrennte Einbettung. Oberfläche der Schale meist fein radial berippt. Jugum liegt weit zurück; neben den Cruren angeheftet. Spitzen der Armspiralen zeigen nach oben. Wichtigste Art in *A. reticularis* (LINNÉ) (Silur bis Devon), deren

Abb. 483. Rekonstruktion des Brachidiums von *Zygospira*. — Nach BEECHER, aus J. ROGER 1952.

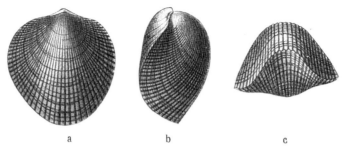

Abb. 484. *Atrypa reticularis* LINNÉ aus dem Mittl. Devon der Eifel. a) Ansicht von der Armklappe; b) lateral; c) von vorn. Nat. Gr. — Nach E. FRAAS 1910 (s. S. 640).

Abb. 485. *Spinatrypa kelusiana* STRUVE, Mittl. Devon (in rheinischer Fazies) der Ardennen, der Eifel und des Sauerlandes. a) Stielklappe von außen; b) desgl., Steinkern; c) Armklappe von außen; d) desgl., Steinkern. Ca. 1¾ nat. Gr. — Nach W. STRUVE 1956.

Häufigkeitsmaximum im Devon liegt. Es ist dies das Beispiel für eine sehr langlebige Art (ca. 60—70 Millionen Jahre).

Spinatrypa STAINBROOK 1951: Unt. — Ob. Devon, weltweit (Abb. 485).

Ähnlich *Atrypa*, doch nicht berippt, sondern gefaltet. Oberfläche mit hohlen, zum Teil langen Stacheln. Die empfindliche Verzierung ist allerdings bei den meisten Schalen abgebrochen oder abgerieben.

Gruenewaldtia TSCHERNYSCHEW 1885 (syn. *Palaferella* SPRIESTERSBACH 1942): Mittl. — Ob. Devon von Europa (Abb. 400 und 486).

Das *Atrypa*-ähnliche Gehäuse ist berippt. Dabei zeigen die Rippen und Furchen nur eine feine Querriefung. Schuppige oder stachelförmig endende Anwachslamellen wurden nicht beobachtet. In beiden Klappen befindet sich je eine Muskelplatte, die frei in das Gehäuse ragt und durch zwei und mehr Septen gestützt wird (Abb. 486). Armgerüst wie bei *Atrypa*. Mit Jugum. — Eine bezeichnende Art ist *Gruenewaldtia latilinguis* (SCHNUR 1851): Mittl. Devon (Abb. 400). Gehäuse hoch linsenförmig, im Alter ausgesprochen kugelig.

Abb. 486. Innenseite der Stielklappe von *Gruenewaldtia latilinguis* (SCHNUR), Mittl. Devon (Rommersheimer Schichten) von Ahrhütte (Eifel). Ca. ¾ nat. Gr. Abkürzungen: L = Stielloch (Foramen); D = mutmaßliche Reste des Syndeltariums; M = Muskelplatte (*muscle plate*); Z = Schloßzahn; Zs = Zahnstütze (*dental plate, dental lamella*); Ss = Stützseptum der Muskelplatte (*septum supporting muscle plate*). Ein Medianseptum fehlt. Die Berippung wurde in der Zeichnung nicht berücksichtigt. — Nach W. STRUVE 1955.

Dayia DAVIDSON 1881: Ob Silur (Lludlow) — Unt. Devon (Gedinne) von Europa, Asien und N-Afrika (Abb. 487).

Glattschalig, ohne Zahnstützen. Armklappe flach, mit Sinus und Medianseptum. Stielklappe konvex, innen kallusartig verdickt, nicht jedoch im Bereich der lateralen Muskelfelder. Schloßplatte getrennt. Spitzen der Armspiralen lateral nach außen gerichtet. Jugum liegt weit vorn. Mittlere Länge der Schale ca. 1,2 cm. — Eine wichtige Leitform des europäischen Ob. Silur (Ludlow) ist *D. navicula* (SOWERBY) (Abb. 487).

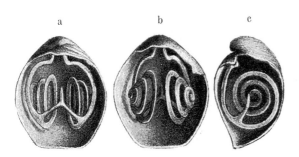

Abb. 487. *Dayia navicula* (Sow.), Ob. Silur (Ludlow) von Shropshire (England). a) Innenansicht von der Armklappe aus; b) desgl., von der Stielklappe aus; c) desgl., von der Seite. — Nach TH. DAVIDSON 1882.

Abb. 488. *Uncites gryphus* (v. SCHLOTH.), Mittl. Devon von Bensberg b. Köln. Nat. Gr. — Nach K. A. v. ZITTEL 1915 (s. S. 208).

Uncites DEFRANCE 1825: Mittl. Devon von Europa und Asien (Abb. 488).
Schale faserig, radial gestreift; Wirbel der Stielklappe rostrumartig weit nach hinten gekrümmt. Schloßrand kurz und gebogen. Die Primärlamellen der spiralen Armgerüste krümmen sich nicht wie bei *Meristella,* bevor sie sich mit den Cruren vereinigen. Sie gehen unmittelbar in die Cruren über. Jugum V-förmig. Deltidial-Platten vereinigt, stark konkav.

Unterordnung **Spiriferidina** WAAGEN 1883

Die wichtigste und größte Gruppe der Spiriferida mit punctater oder impunctater, meist radial berippter oder gefalteter Schale und langem, geradem Schloßrand. Die Spiralkegel des Armgerüstes, deren Spitzen gewöhnlich in die äußeren Ecken des Schloßrandes zeigen, bestehen meist aus zahlreichen Umgängen. Die Stielklappe, die stets den Sinus enthält, weist eine ebene oder in ihrer Längsrichtung gekrümmte Interarea auf. Das sich direkt unter dem Wirbel befindliche Delthyrium kann teilweise von einem Deltidium oder durch Deltidial-Platten verschlossen sein. Die sehr verschieden ausgebildeten inneren Strukturen sind besonders bei der Bestimmung der Gattungen von Bedeutung. — Unt. Silur — Lias mit ca. 185 Gattungen.
Eospirifer SCHUCHERT 1913: Silur (Llandovery — Pridoli), weltweit (Abb. 489).

Abb. 489. *Eospirifer* sp. Die Gattung findet sich vom Unt. Silur bis zum Unt. Devon. Etwa nat. Gr. — Nach R. WEDEKIND 1935 (s. S. 337).

Meist fein radial berippt. Falls Radialfalten vorhanden, sind diese nur schwach entwickelt. Bei stärkerem Hervortreten der Anwachsstreifung können die radialen Elemente granuliert erscheinen. Sinus und Wulst nicht berippt. Zahnstützen kräftig, divergierend. Medianseptum der Stielklappe schwach. Interarea niedrig. Delthyrium nur teilweise durch Deltidial-Platten verschlossen. Schale impunctat. Mittlere Länge bis ca. 2 cm.
Cyrtia DALMAN 1828: Unt. Silur (Ob. Llandovery) — Unt. Devon (Ems), weltweit (Abb. 490).
Schalenstruktur und Skulptur wie bei *Eospirifer.* Interarea stark entwickelt. Delthyrium schmal, mit durchbohrtem Deltidium verschlossen. Zahnstützen wie bei *Eospirifer* stark entwickelt. Im Gegensatz zu *Eospirifer* ohne Medianseptum. Stielklappe pyramidal, Armklappe schwach konvex. Im Habitus also *Cyrtina*-ähnlich, doch nicht punctat.

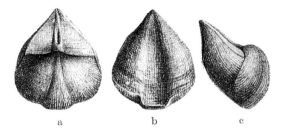

Abb. 490. *Cyrtia trapezoidalis* DALMAN, a) Ansicht von der Armklappe; b) von der Stielklappe; c) von der Seite. Silur (Wenlock) von Dudley (England). Nat. Gr. — Nach TH. DAVIDSON 1866.

Delthyris DALMAN 1828: Mittl. Silur (Wenlock) — Unt. Devon (Gedinne) von Europa (Abb. 491).

Kleine, primitive Formen mit kurzen Zahnstützen und hohem Medianseptum in der Stielklappe. Oberfläche mit dachziegelartig angeordneten Lamellen bedeckt, die wiederum feine Radialstreifen tragen. Bis auf Wulst und Sinus kräftig gefaltet.

Abb. 491. *Delthyris elevatus* (DALMAN), a) Ansicht von der Armklappe; b) von der Seite. Silur von England. Nat. Gr. — Nach TH. DAVIDSON 1866.

Cyrtina DAVIDSON 1858: Unt. Devon (Gedinne) — Perm, weltweit (Abb. 492).

Schale radial gefaltet oder glatt. Stielklappe halbkugelig, mit hoher Interarea. Foramen in der Nähe des Wirbels. Spondylium duplex und vollständiges Jugum vorhanden. Sinus und Wulst glatt oder gefaltet. Seitenteile bei den geologisch älteren Vertretern radial gefaltet, bei den jüngeren zum Teil glatt. Armklappe schwach konvex. Die äußere Gestalt entspricht also im wesentlichen der von *Cyrtia*. Stielklappe mit Medianseptum und Zahnstützen. Delthyrium mit konvexem Pseudodeltidium, das nahe dem Wirbel ein großes Foramen trägt. Schale punctat.

Abb. 492. *Cyrtina heteroclyta* (DEFRANCE), Ob. Devon der Eifel. a) Ansicht von der Armklappe; b) von der Seite, c) von der Stielklappe. Etwas vergrößert. — Nach J. ROGER 1952.

Hysterolites v. SCHLOTHEIM 1820: Unt. Devon (Siegen) — Mittl. Devon, weltweit (Abb. 493 und 494).

Meist stark radial gefaltete und geflügelte Formen mit Papillenstruktur. Sinus und Wulst kräftig, glatt. Medianseptum verkümmert oder fehlend. Ohne Spondylium. — G. SOLLE (1953) unterscheidet die Untergattungen *H. (Hysterolites); H. (Acrospirifer)* sowie *H. (Paraspirifer)*. Er verfolgt die stratigraphische Verbreitung ihrer Arten und Unterarten im rheinischen Unterdevon.

Abb. 493. *Hysterolites (Acrospirifer) arduennensis arduennensis* (SCHNUR), Form α. Die Steinkerne der Stielklappe mit Muskelzapfen, auf denen die Adductores gut zu erkennen sind. Die Armklappen zeigen nur eine radiale Berippung. Unterer Teil des Unter-Ems vom Schwarzen Kreuz bei Oberlahnstein. Nat. Gr. — Nach G. SOLLE 1953.

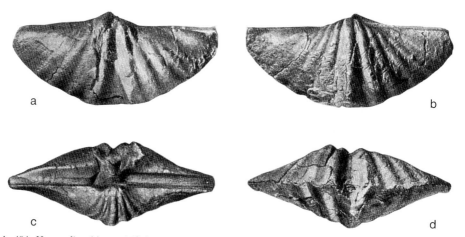

Abb. 494. *Hysterolites (Acrospirifer) supraspeciosus divaricatus* SOLLE, sehr großes zweiklappiges Exemplar. a) Stielklappe, links mit Schale; b) Armklappe; c) Ansicht von hinten; d) desgl., von vorn. Mitteldevon (Eifelstufe). Daasberg östl. Gerolstein (Eifel). Nat. Gr. — Nach G. SOLLE 1953.

Mucrospirifer GRABAU 1931: Mittl. Devon (Couvin — Givet), weltweit (Abb. 495—496).
Stark geflügelte Formen mit sehr breitem Schloßrand. Wulst und Sinus nicht berippt. Zahnstützen kurz. Ohne Medianseptum. Schale impunctat.

Abb. 495. *Mucrospirifer mucronatus* CONRAD, a) Ansicht von der Armklappe; b) von hinten Mittl. Devon von Kanada. Ca. 1⅓ nat. Gr. — Nach J. ROGER 1952.

Abb. 496. *Mucrospirifer mucronatus* CONRAD; man beachte die relativ große Variabilität. Mittl. Devon von Petrolea (Ontario). Breite der Schalen: ca. 3½ cm.

Syringothyris WINCHELL 1863: Ob. Devon — Unt. Karbon, weltweit (Abb. 497).
Schale großwüchsig; oberflächlich mit feinen Wärzchen bedeckt. Stielklappe pyramidal; mit gestreckter, hoher Interarea. Armklappe leicht konvex, mit Medianseptum. Wulst und Sinus meist glatt. Seitenteile in der Regel radial gefaltet. Zahnstützen vorhanden; durch ein Spondylium verbunden. Stielklappe ohne Medianseptum, mit Delthyrialplatte. Schale punctat.

Cyrtospirifer NALIVKIN 1919: Ob. Devon — unteres Unt. Karbon, weltweit.
Sinus und Wulst berippt. Mit Spondylium, das als Querverbindung der Zahnstützen durch Anschleifen leicht nachweisbar ist. Zahnstützen normal. Ohne Medianseptum. Delthyrium im allgemeinen offen. Armklappe ohne Cruralplatten. Schale impunctat.

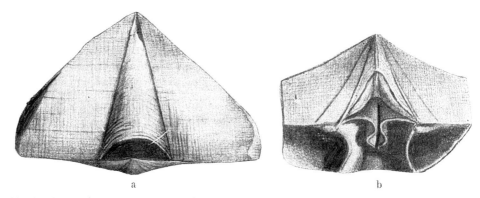

Abb. 497. *Syringothyris cuspidata* Sow. a) Ansicht von hinten. ¾ nat. Gr.; b) hinterer Abschnitt der Stielklappe von innen, mit Interarea, Homöodeltidium, Zahnstützen und einem Teil der Syrinx-Röhre. Unt. Karbon (Kohlenkalk) von Visé (Belgien). Etwas vergrößert. — Nach Th. Davidson 1859.

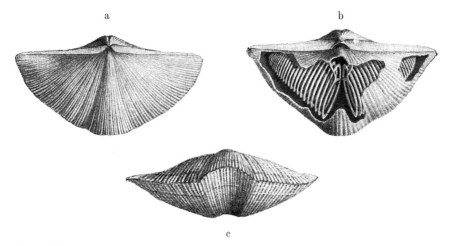

Abb. 498. *Spirifer striatus* Martin, Karbon von Irland und England. a) Ansicht von der Armklappe; b) desgl., mit Armgerüst; c) Ansicht von vorn. Nat. Gr. — Nach Th. Davidson 1856.

Spirifer Sowerby 1816: Unt. — Ob. Karbon, weltweit (Abb. 498).
Schloßrand lang, gerade gestreckt, an den Enden oft etwas gerundet. Hinsichtlich Gestalt und Radialfaltung sehr wechselvoll, zum Teil glatt; meist geflügelt. Sinus und Wulst gefaltet. Stielklappe mit kurzen Zahnstützen, ohne Medianseptum. Delthyrialplatte vorhanden. Cruralplatten fehlen. Schale impunctat.

Choristites Fischer v. Waldheim 1825: Unt. Karbon — Unt. Perm, weltweit (Abb. 499).
Relativ fein berippte Formen mit extrem langen, hohen Zahnstützen und Pseudospondylium (Spondylium discretum im Sinne von Kozlowski). Stielklappe ohne Medianseptum. Schale impunctat.

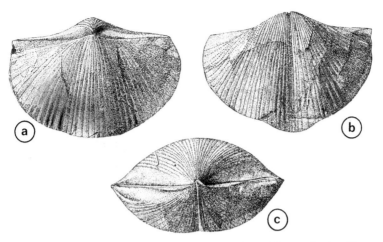

Abb. 499. *Choristites mosquensis* FISCHER, Karbon von Moskau. a) Ansicht von der Armklappe; b) Ansicht von der Stielklappe; c) Ansicht von hinten. Etwa ⅚ nat. Gr. — Nach J. ROGER 1952.

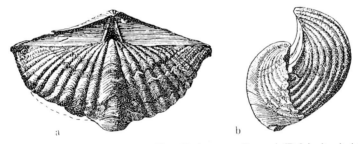

Abb. 500. *Punctospirifer scabricosta* NORTH., Unt. Karbon von Tournai (Belgien). a) Ansicht von der Armklappe; b) von der Seite. ⅓ nat. Gr. — Nach J. ROGER 1952.

Punctospirifer NORTH 1920: Unt. Karbon — Perm, weltweit (Abb. 500).
Schale mit zahlreichen Faltenrippen. Medianseptum lang und hoch. Jugum im Gegensz zu *Spiriferellina* V-förmig. Wulst und Sinus relativ breit, unberippt. Schale punctat.
Spiriferellina FREDERICKS 1919: Perm von Europa, Asien und N-Amerika.
Schale radial gefaltet, mit lamellöser (Papillen-)Struktur. Im Gegensatz zu *Spiriferina*, die ein Pseudoseptum aufweist, mit stark entwickeltem, echtem Medianseptum. Wulst und Sinus tief, schmal, glatt. Jungum vollständig, nicht V-förmig, Zahnstützen einfach, frei. Schale punctat.
Spiriferina D'ORBIGNY 1847: Trias — Lias, weltweit (Abb. 501—502).

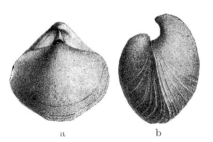

Abb. 501. *Spiriferina rostrata* (v. SCHLOTH.), Mittl. Lias. ⅚ nat. Gr. — Nach TH. DAVIDSON 1853.

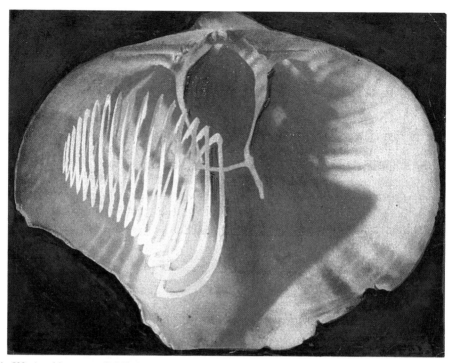

Abb. 502. Armklappe von *Spiriferina pinguis* ZIET., Innenansicht mit teilweise erhaltenem Armgerüst. Mittl. Lias von Frankreich. Die Breite der Klappe beträgt 3,5 cm. Original im Naturhistorischen Museum Wien. — Nach einem Foto von F. BACHMAYER, Wien.

Schale ähnlich der von *Spirifer*. Stielklappe mit kräftig entwickeltem Pseudoseptum. Schale punctat. Cruralplatten fehlen. Delthyrium offen.

Martinia McCoy 1844: Unt. (? Ob.) Karbon, weltweit in Kalken (Abb. 503).

Schalenoberfläche mit Chagrinskulptur, sonst glatt. Schloßrand kurz. Zahnstützen fehlen oder sind zumindest stark reduziert. Der Generolectotypus *M. glabra* MART. hat Zahnstützen, die allerdings in ihrer Stärke stark wechseln. Zahnstützenfreie Formen wurden von LEIDHOLD als *Pseudomartinia* bezeichnet. *Martinia* ist bei oberflächlicher Betrachtung leicht mit glatten Vertretern von *Spirifer* Sow. zu verwechseln. Wulst und Sinus deutlich, glatt. Schale impunctat.

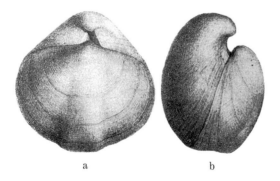

Abb. 503. *Martinia glabra* MARTIN, a) Ansicht von der Armklappe; b) von der Seite. Unt. Karbon (Kohlenkalk) von England. Etwa nat. Gr. — Nach TH. DAVIDSON 1859.

Unterordnung **Retziidina** BOUCOT, JOHNSON & STATON 1964

Berippte oder radial gefaltete Spiriferida mit Rhynchonellida-artiger Gestalt, bei denen die Primärlamellen der Armgerüste medial nach vorn verlaufen und die Spitzen der Spiralkegel nach der Seite gerichtet sind. — Mittl. Silur (Wenlock) — Trias mit ca. 16 Gattungen.

Retzia KING 1850: Unt. Devon von Europa und Rußland.
Fast gleichmäßig bikonvex, radial über die ganze Schale berippt, ohne Wulst und Sinus. Zahnstützen groß, dünn. Stielklappe mit Medianseptum. Schale punctat.

Unterordnung **Athyrididina** BOUCOT, JOHNSON & STATON 1964
(Rostrospiracea MOORE 1952)

Schale impunctat, meist nicht oder nur wenig gefaltet. Schalenform bikonvex, gerundet, überwiegend oval, kräftig gewölbt. Stielklappe ohne wahrnehmbare Interarea. Armgerüst einfach helicopegmat; nur aus wenigen Spiralen. Spitzen der Spiralkegel sind nach den Seiten oder zur Stielklappe gerichtet. Armklappe häufig mit Medianseptum. Jugum differenziert, vielfach mit langen, spitzen Fortsätzen. Schale gleicht in ihrem äußeren Habitus meist den Terebratulidina. — Ob. Ordovizium — Lias mit ca. 46 Gattungen.

Meristina HALL 1867: Mittl. Silur (Wenlock) — Ob. Devon (Frasnien), weltweit meist in Kalken (Abb. 504).

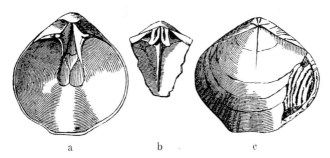

Abb. 504. *Meristina tumida* (DALM.), Silur von Gotland. a) Stielklappe von innen; b) Fragment vom Hinterrand der Armklappe (von innen), mit Medianseptum; c) Steinkern der Armklappe. Nat. Gr. — Nach K. A. v. ZITTEL 1915 (s. S. 208).

Terebratel-ähnlich, mit gebogenem Schloßrand. Zahnstützen stark verlängert, divergierend, ein vertieft liegendes Muskelfeld umschließend. Armklappe mit Medianseptum. Wulst und Sinus wenig ausgebildet. Fortsatz des Jugums dorsal gerichtet und an seinem Ende einfach gegabelt. Nahe mit *Meristella* verwandt. Spiralkegel der Armgerüste seitlich gerichtet.

Meristella HALL 1859: Unt. Devon von Europa und N-Amerika (Abb. 505).
Schale oval, glatt. Wirbel der Stielklappe stark eingekrümmt und vorragend Stielloch rund. Jugum mit seinem Fortsatz scherenförmig, da die beiden Anhänge desselben jeweils einen Ring bilden.

Merista SUESS 1851: Mittl. Silur (Wenlock) — Mittl. Devon von Europa, N- und S-Amerika.
Ähnlich *Meristella*, doch bilden die Fortsätze des Jugum eine brillenförmige Schleife. Zahnstützen kurz.

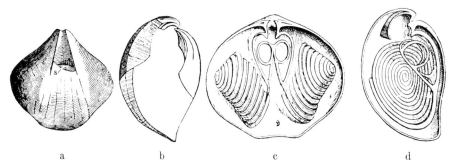

Abb. 505. *Meristella herculea* (BARR.), Unt. Devon von Konjeprus (ĆSFR). a) Stielklappe, Steinkern; b) Längsschnitt, ohne Armgerüst; c) Armklappe von innen; d) Längsschnitt, mit Armgerüst. Nat. Gr. — Nach BARRANDE und DAVIDSON.

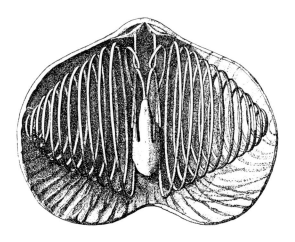

Abb. 506. Rekonstruktion der Armklappe von *Athyris* nach BEECHER. Ca. ¾ nat. Gr. — Aus J. ROGER 1952.

Athyris McCoy 1844: Unt. Devon (Siegen) — Trias, weltweit vor allem in Kalken (Abb. 506).
Bikonvex, fast spiegelbildlich. Schale glatt, stachelig oder lamellös, mit dichtstehenden Zuwachslinien bzw. -lamellen. Schloßplatte der Armklappe perforiert. Jugum bildet eine schildförmige Medianplatte, von der ein medianer, nach hinten und gegen die Armklappe gerichteter Stab entspringt, der zwei zunächst rückwärts verlaufende und dann umgebogene Äste aussendet. Basen der Primärlamellen stark nach oben gekrümmt, bevor sie sich mit den Cruren vereinigen.

Composita BROWN 1849: Ob. Devon — Perm von Europa, N-Amerika und Australien.
Terebratel-ähnlich, glattschalig. Wulst und Sinus deutlich. Armklappe ohne Mediansptum, mit stark vorragender Schloßplatte. Zahnstützen vorhanden. Jugum ähnelt dem von *Athyris*.

Nucleospira HALL 1859: Ob. Silur — Unt. Karbon, weltweit.
Schale fast kreisförmig; mit zahlreichen feinen, kurzen Stacheln bedeckt, sonst glatt. Beide Klappen mit Mediansptum. Hiervon ist das der Stielklappe besonders stark entwickelt. Fortsätze des Jugums sehr lang, nicht gegabelt.

Tetractinella BITTNER 1890: Alpine und germanische Trias (Abb. 507).
Jede Klappe mit vier kräftigen, radialen Rippen. Zahnstützen vorhanden.

Abb. 507. *Tetractinella trigonella* v. SCHLOTHEIM, Alpine Trias (Anis), Recoaro (Tirol). a) Ansicht von der Armklappe; b) desgl., von der Stielklappe; c) desgl., von der Seite. Ca. ⅔/₁ nat. Gr. — Nach J. ROGER 1952.

Stellung unsicher

Unterordnung **Thecideina** ELLIOTT 1958

Meist kleinwüchsige, ungleichklappige und gewöhnlich mit der Stielklappe ganzflächig aufgewachsene, rundliche Schalen, die einen geraden oder leicht gebogenen Schloßrand zeigen. Armklappe in der Regel mit dreieckiger Interarea und Homöodeltidium. Die Adductores liegen auf einem löffelartigen Fortsatz des Schloßrandes. Charakteristisch für die Armklappe sind ein starker Schloßfortsatz sowie ein breiter Rand, von dem radiale Leisten (Septen) ausstrahlen. Falls dieser Rand nicht vielfach durchbrochen oder von einem, aus ästigen Kalkstäbchen bestehenden Blatt umhüllt ist, finden sich in den Zwischenräumen der Septen zahlreiche Kalkelemente. Schale dick, kalkig-faserig, punctat. Armklappe mit einfachem oder verzweigtem Medianseptum. Die komplizierten Kiemenarme sind unmittelbar an der Armklappe befestigt. Weitere Einzelheiten siehe in einer Monographie der kretazischen Vertreter von E. BACKHAUS 1959. — Ob. Trias (Rhät) — rezent. Heute in Meeren wärmerer Gebiete, wo sie in Tiefen zwischen 5 und 500 m beobachtet werden konnten. Über die Problematik der Herkunft (Strophomenida?, Spiriferida?, Terebratulida?) siehe H. HÖLDER 1975.

Oberfamilie **Thecideacea** GRAY 1840

Mit den Merkmalen der Unterordnung. — Ob. Trias — rezent.

Thecidea DEFRANCE 1822 (syn. *Thecidium* SOWERBY 1823): Ob. Kreide (Ob. Maastricht) von Westeuropa (Abb. 508).

Maximal 10 mm lange, meist aber wesentlich kleinere Formen mit länglich ovaler Stielklappe und kleiner Anheftungsfläche. Letztere befindet sich am stark gekrümmten Wirbel. Stielklappe mit spitzer, dreieckiger Interarea und schwachem, granuliertem Medianseptum. Armklappe mit herausgehobenem Brachialapparat und mehr oder weniger aufgerichtetem Schloßfortsatz. Lebte vermutlich auf Tangen im Bereich flacher Meeresbuchten.

 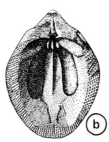 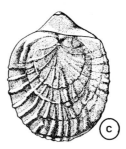

Abb. 508. *Thecidea papillata* v. SCHLOTH., Ob. Kreide von Frankreich. a) Armklappe von innen; b) Stielklappe von innen; c) Ansicht von der Armklappe. Ca. ⅔/₁ nat. Gr. — Nach J. ROGER 1952.

Literaturverzeichnis

AGER, D. V.: British Liassic Terebratulida (Brachiopoda), part. 1. — Monogr. Palaeontogr. Soc. London **143**, 1—39, 12 Abb., 2 Taf., London 1990.

ALEXANDER, R.: Restistance to and repair of shell breakage induced by durophages in Late Ordovician brachiopods. — J. Paleont. **60**, 273—285, 1986.

ALLAN, R. S.: A revision of the classification of the terebratelloid Brachiopoda. — Records Canterbury Museum **4**, Nr. **6**, 267—275, 1940.

BACKHAUS, E.: Monographie der cretacischen Thecideidae (Brach.). — Mitt. Geol. Staatsinst. Hamburg **28**, 5—90, 14 Abb., 7 Taf., Hamburg 1959.

BARRANDE, J.: Système silurien du centre de la Bohême. Teil 1. - Recherches paléontologiques **5**, 1—226, 153 Taf., Prag 1879.

BELL, W. C.: Cambrian brachiopoda from Montana. — J. Paleont. **15**, 193—255, 20 Abb., 10 Taf., 1941.

BIERNAT, G.: Middle Devonian Orthoidea of the Holy Cross Mountains and their ontogeny. — Palaeont. Polonica **10**, 78 S., 12 Taf., Warszawa 1959.

BILLINGS, E.: Palaeozoic fossils: containing descriptions and figures of new or little know species of organic remains from the Silurian rocks. — Canada Geol. Surv. **1**, 426 S., 1861—1865.

BITTNER, A.: Brachiopoden der Alpinen Trias. — Kais.-Kgl. geol. Reichsanst., Abh. **14**, 1—325, 41 Taf., 1890.

BOUCOT, A. J.: Evolution and extinction controls. X + 427 S., Amsterdam etc. 1975.

BUCKMAN, S. S.: Homeomorphy among Jurassic Brachiopoda. — Cotteswold Naturalists Field Club. Proc. **13**, 231—290, 2 Taf., 1901.

CARLS, P.: Die Proschizophoriinae (Brachiopoda; Silurium-Devon) der Östlichen Iberischen Ketten (Spanien). — Senckenbergiana lethaea **55**, 153—227, 4 Abb., 13 Taf., Frankfurt a. Main 1974.

CHAO, Y. T.: Productidae of China. Pt. 1. — Palaeont. Sinica **5**, pt. 2, 192 S., 16 Taf., 1927; desgl. **5**, pt. 3, 103 S., 6 Taf., 1928.

CLOUD, P. E. JR.: Terebratuloid Brachiopoda of the Silurian and Devonian. — Geol. Soc. Amer., Spec. Paper **38**, 1—182, 26 Taf., 1942.

COCKS, L. R. M.: Brachiopoda. — In: J. W. MURRAY (Ed.), Wirbellose Makrofossilien, S. 57—85, zahlr. Abb., Stuttgart (Enke) 1990.

COOPER, G. A.: Brachiopod ecology and paleoecology. — Nat. Research. Council Rept. Comm. on Paleoecology **1936—1937**, 26—53, 1937.

— Phylum Brachiopoda. — In: H. W. SHIMER & R. R. SHROCK, Index fossils of North America, S. 277—365, Taf., 105—143, New York 1944.

— Chazyan and related brachiopods. — Smiths. Misc. Coll. **127**, 1024 S., 1956.

— Genera of Tertiary and Recent rhynchonelloid brachiopods. — Smith Misc. Coll. **139**, 90 S., 22 Taf., 1959.

DAHMER, G.: Gotlandium (Mittel-Ludlow) mit *Dayia navicula* im Taunus. Seine Beziehungen zu den Kübbinghäuser Schichten des Ebbe- und Remscheider Sattels und zu den Schichten von Weismes. — Senckenbergiana **XXVII**, Frankfurt a. M. 1944.

— Die Fauna des Koblenzquarzits (Unterdevon, Oberkoblenz-Stufe) von Kühkopf bei Koblenz. — Senckenbergiana **XXIX**, Frankfurt a. M. 1948.

DAVIDSON, TH.: British fossil Brachiopoda. — Palaeont. Soc. Mon., **Introduction**, 136 S., 9 Taf.; Teil **2** (Tertiary), 23 S., 2 Taf.; (Cretaceous), 117 S., 12 Taf., Teil **3** (Jurassic), 100 S., 18 Taf., append., 30 S., 1 Taf.; Teil **4** (Permian), 51 S., 4 Taf., Teil 5 (Carboniferous), 280 S., 55 Taf.; Teil **6** (Devonian), 131 S., 20 Taf., Teil **7** (Silurian), 397 S., 37 Taf.; **Suppl**. (Carb.-Rec.), 383 S., 42 Taf.; **Suppl**. (Sil.-Dev.), 476 S., 21 Taf.; Bibliogr. 163 S., 1851—1886.

— A monograph of Rezent Brachiopoda. — Trans. Linnean Soc. London, ser. 2, **4**, 248 S., 30 Taf., London 1886—1888.

DROESCHER, R. A.: Living and fossil brachiopod genera 1775—1979. — Smithson. Contr. Paleobiol. **42**, 1—238, 1981.

DZIK, J.: Some terebratulid populations from the Lower Kimmeridgian of Poland an their relations to the biotic environment. — Acta Paleont. Polonica **24** (4), 473—492, 9 Abb., 2 Taf., Warschau 1979.

ERNST, H.: Ontogenie, Phylogenie und Autökologie des inartikulaten Brachiopoden *Isocrania* in der Schreibkreidefaszies NW-Deutschlands (Coniac bis Maastricht). — Geol. Jb. **A 77**, 3—105, 37 Abb., 8 Taf., Hannover 1984.

FABER, P., VOGEL, K., & WINTER, J.: Beziehungen zwischen morphologischen Merkmalen der Brachiopoden und Fazies, dargestellt an Beispielen des Mitteldevons der Eifel und Südmarokkos. — Neues Jb. Geol. Paläont., Abh. **154**, 21–60, 11 Abb., Stuttgart 1977.

FOSTER, M. W.: Brachiopods from the extreme South Pazific and adjacent waters. — J. Paleont. **63** (3), 268–301, 17 Abb., 1989.

FREDERICKS, G.: Über einige oberpaläozoische Brachiopoden von Eurasien. — Mém. Comité Géol. **156**, 87 S., 24 Abb., 5 Taf., 1916.

GEYER, G.: Über die liasischen Brachiopoden des Hierlatz bei Hallstatt. — K. K. geol. Reichsanst., Abh. **15**, 1–88, 9 Taf., Wien 1889.

HALL, J., & CLARKE, J. M.: An introduction to the study of the genera of Paleozoic Brachiopoda. — New York Geol. Survey, Paleontology **8**, Teil 1, 376 S., 39 Abb., 40 Taf.; Teil 2: 394 S., 211 Abb., 63 Taf., 1892–1894. — Das größte und umfassendste Werk, das bisher über amerikanische Brachiopoden veröffentlicht wurde.

— — An introduction to the study of the Brachiopoda. — New York State Geol. Ann. Rept. **11**, 133–300, 286 Abb., 22 Taf.; Ann. Rept. **13**, 749–1015, 382 Abb., 31 Taf.; Ann. Rept. **47**, 945–1137, 1892–1894.

HARPER, D. A. T.: Brachiopods from the Upper Ardmillian succession (Ordovician) of the Girvan District, Scotland. Part. I. — Monogr. Palaeontogr. Soc. London **136**, V + 78 S., 18 Abb., 11 Taf., 1984; Part II, Ebd. **142**, 79–128, 6 Abb., 11 Taf., London 1989.

HAVLIČEK, V.: [The Ordovician Brachiopoda from Bohemia]. — Ustřed. Ustavu Geol., Sbornik **13**, 1–72 (in tschechisch), 75–135 (in englisch), 17 Abb., 13 Taf., Prag 1950.

— Spiriferidae v Českem Siluru a Devonu. — Ebd. **27**, 275 S., 101 Abb., 28 Taf., Prag 1959.

— Rhynchonelloidea des böhmischen mährischen Mitteldevon (Brachiopoda). — Ebd., Rozpr. **27**, 211 S., 87 Abb., 27 Taf., Prag 1961.

— Brachiopods of the order Orthida in Czechoslovakia. — Rozpr. Ustřed. ùstavu geol. **44**, 327 S., 56 Taf., Prag 1977.

HÖLDER, H.: Über Geschichte und Stand der Thecideen-Forschung (Thecideida, Brachiopoda articulata). — Mitt. Geol.-Paläont. Inst. Univ. Hamburg **44**, 133–152, 7 Abb., 2 Taf., Hamburg 1975.

JOSEPH, J. K. S.: Pentameracea of the Oslo region. — Norsk. geol. tidssk. **17**, 225–336, 8 Taf., 1938.

KAZMIERCZAK, J.: Morphology and Palaeoecology of the Productid *Horridina horrida* (SOWERBY) from Zechstein of Poland. — Acta Palaeont. Polonica **12**, 239–260, 7 Abb., 2 Taf., Warszawa 1967.

KOLIHA, J.: Les Atrémates des Couches de Krušná Hora – da. — Palaeontographica bohemiae **X**, 5–61, 8 Abb., 2 Taf., Resumé des tschechischen Textes, Prag 1924.

KOZLOWSKI, R.: Les brachiopodes gothlandiens de la Podolie Polonaise. — Palaeontologia Polonica **1**, 254 S., 95 Abb., 12 Taf., 1929.

LIKHAREV, B. K.: Brachiopoda. In: L. D. KIPARISOVA, B. P. MARKOVSKY & B. P. RADSCHENKO, [Materials for paleontology, new families and genera]. — Vses. Nauchno.-Issledov. Geol. Inst. Mater., n. ser., **12**, Paleont., 267 S., 1956.

MALKOWSKI, K.: Attachment scars of the brachiopod *Coenothyris vulgaris* (Schlotheim, 1820) from the Muschelkalk of Upper Silesia. — Acta Geol. Polonica **25** (2), 275–283, 6 Abb., 2 Taf., Warschau 1975.

MALZAHN, E.: Die deutschen Zechsteinbrachiopoden. — Abh. pr. geol. L.-A., N. F. **185**, 77 S., 6 Abb., 4 Taf., Berlin 1937.

MAXWELL, W. G. H.: *Strophalosia* in the Permian of Queensland. — J. Paleont. **28**, 533–599, 8 Abb., 4 Taf., 1954.

MICKWITZ, A.: Vorläufige Mitteilung über das Genus *Obolus* EICHWALD. — Mélanges Géol. et Paléont. tirés du Bull. Acad. Sc. Pétersbourg **I**, 57–64, 2 Abb., 1890.

— Über die Brachiopodengattung *Obolus* EICHWALD. — Mém. Acad. Sc. St. Pétersbourg VIII série, Vol. **IV**, Nr. 2, 215 S., 7 Abb., 3 Taf., St. Pétersbourg 1896.

MOORE, R. C.: Brachiopods. — In: R. C. MOORE, C. G. LALICKER & A. G. FISCHER, Invertebrate Fossils, S. 197–267, 40 Abb., 1952.

— (Ed.): Treatise on Invertebrate Paleontology, Part H, Brachiopoda, 927 S., 745 Abb., 1965.

MUIR-WOOD, H.: The British Carboniferous Producti. II. *Productus* (sensu stricto) *semireticulatus* and *longispinus* groups. — Mem. Great Britain Geol. Survey (Palaeont.) **3**, pt. 1, 217 S., 35 Abb., 12 Taf., 1928.

— On the morphology and classification of the brachiopod suborder Chonetoidea. — Monogr. Brit. Mus. (Nat. Hist.), VIII + 132 S., 24 Abb., 16 Taf., London 1962.

MÜLLER, A. H.: Stratonomische Untersuchungen im Oberen Muschelkalk des Thüringer Beckens. — Geologica **4**, 74 S., 10 Abb., 11 Taf., Berlin 1950.
— Die Brachiopodenreste aus der Frauenbachserie (Tremadoc) von Siegmundsburg bei Steinheid (Thüringen). — Ber. Geol. Ges. DDR **2**, 51–56, 1 Taf., Berlin 1956.
NALIVKIN, D. V.: [Brachiopoda of the Upper and Middle Devonian and Lower Carboniferous of northeastern Kazakhstan]. — Tsentral. nauchnoissledov. Geol. Inst. Trudy **99**, 200 S., 39 Taf., 1937.
NEUMANN, R. B., & BRUTON, D. L.: Early Middle Ordovician fossils from the Hølonda area, Trondheim Region, Norway. — Norsk Geol. Tidsskrift **54**, 69–115, 17 Abb., Oslo 1974.
PAECKELMANN, W.: Versuch einer zusammenfassenden Systematik der Spiriferidae King. — Neues Jb. Min. etc., Beil.-Bd. **67B**, 1–64, 2 Abb., 1931.
— Die Brachiopoden des deutschen Untercarbons. 1. Die Orthiden, Strophomeniden und Choneten des Mittleren und Oberen Untercarbons. — Abh. pr. geol. L.-A., N. F. **122**, 143–326, 15 Taf., Berlin 1930; Teil 2. Die Productinae und *Productus*-ähnlichen Chonetinae. — Ebd., N. F. **136**, 440 S., 14 Abb., 41 Taf., Berlin 1932.
PARKINSON, D.: Quantitative studies of brachiopods from the Lower Carboniferous reef limestones of England. II. *Pugnax pugnus* (MARTIN) and *P. pseudopugnus* n. sp. — J. Paleont. **28**, 563–574, 18 Abb., 1 Taf., 1954.
PLODOWSKI, G.: Glattschalige Atrypacea aus den Zentralkarnischen Alpen und aus Böhmen. — Senckenbergiana lethaea **52**, 285–313, 10 Abb., 3 Taf., Frankfurt a. Main 1971.
RAU, K.: Die Brachiopoden des mittleren Lias Schwabens mit Ausschluß der Spiriferinen. — Geol.-Paläont. Abh., N. F. **X**, H. 5, 263–355, 5 Abb., 2 Taf., Jena 1905.
ROGER, J.: Classe des Brachiopodes. — In: J. PIVETEAU, Traité de Paléontologie **II**, 3–160, 121 Abb., 12 Taf., Paris 1952.
RZHONSNITSKAYA, M. A.: [Spirifends from Devonian deposits at the edge of the Kuznetsk Basin]. — Vses. Nauchno-Issledov. Geol. Inst., Minist. Geol. i Okhrany Nedr., Trudy, 232 S., 25 Taf., 1952.
SAHNI, M. R.: A monograph of the Terebratulidae of the British chalk. — Palaeont. Soc. Mon., 62 S., 10 Taf., London 1929.
SCHINDEWOLF, O. H., & SEILACHER, A.: Beiträge zur Kenntnis des Kambriums in der Salt Range (Pakistan). — Akad. Wiss. u. Lit., Abh. Math.-Nat. Kl., Jahrg. **1955**, Nr. 10, 190 S., 36 Abb., 33 Taf., Wiesbaden 1956.
— Über einige kambrische Gattungen inartikulater Brachiopoden. — Neues Jb. Geol. Paläontol., Mh., **1954**, 538–557, 7 Abb., Stuttgart 1955.
SCHMIDT, Herm.: Einführung in die Paläontologie. 253 S., 466 Abb., Stuttgart 1935.
SCHMIDT, Herta: Die mitteldevonischen Rhynchonelliden der Eifel. - Abh. senckenberg. naturforsch. Ges. **459**, 1–79, 1 Abb., 7 Taf., Frankfurt a. M. 1941.
— Das stropheodonte Schloß der Brachiopoden. — Ebd. **485**, 103–120, 9 Abb., 2 Taf., 1951.
— & MCLAREN, D. J.: Paleozoic Rhynchonellacea. — In: R. C. MOORE (Ed.), Treatise on Invertebrate Paleontology, part H, 552–597, 1965.
SCHUCHERT, CH., & COOPER, G. A.: Brachiopod genera of the suborders Orthoidea and Pentameroidea. — Peabody Mus. Nat. Hist., Mem. **4**, pt. 1, 270 S., 36 Abb., 30 Taf., 1932.
SCHUMANN, D.: Rhynchonelloidea aus dem Devon des Kantabrischen Gebirges (Nordspanien). — Neues Jb. Geol. Paläont. Abh. **123**, 41–104, 24 Abb., 3 Taf., Stuttgart 1965.
SOKOLSKAYA, A. N.: [Strophomenids of the Russian Platform]. — Akad. Nauk SSSR, Paleont. Inst., Trudy **51**, 191 S., 18 Taf., 1954.
SOLLE, G.: Die Spiriferen der Gruppe *arduennensis-intermedius* im rheinischen Devon. — Abh. hess. L.-A. Bodenforsch. **5**, 1–156, 45 Abb., 18 Taf., Wiesbaden 1953.
— *Brachyspirifer* und *Paraspirifer* im Rheinischen Devon — Abh. hess. L.-Amt Bodenforsch. **59**, 163 S., 20 Taf., Wiesbaden 1971.
STEFANO, G. DI: Le Richthofenia dei calcari con Fusulina di Palazzo Adriano nelle valle del Fiume Socio. — Palaeont. Italica **20**, 29 S., 3 Taf., 1914.
STEINICH, G.: Die artikulaten Brachiopoden der Rügener Schreibkreide (Unter-Maastricht). — Paläont. Abh., Abt. A, **II**, Heft 1, 220 S., 297 Abb., 21 Taf., Berlin 1965.
— Neue Brachiopoden aus der Rügener Schreibkreide (Unter-Maastricht). - Geologie **16**. 1145–1155, 7 Abb., 1 Taf., 1967; **17**, 192–209, 9 Abb., 1 Taf., 336–347, 5 Abb., 1 Taf., Berlin 1968.
STRUVE, W.: *Grünewaldtia* aus dem Schönecker Richtschnitt (Brachiopoda, Mittel-Devon der Eifel). — Senckenbergiana leth. **36**, 205–234, 9 Abb., 4 Taf., Frankfurt a. M. 1955.

— *Spinatrypa kelusiana* n. sp., eine Zeitmarke im Rheinischen Mitteldevon (Brachiopoda). — Senckenbergiana leth. **37**, 383—409, 7 Abb., 3 Taf., Frankfurt a. M. 1956.

— Zur Morphologie, Biochronologie und Phylogenie der mitteleuropäisch-nordafrikanischen *Cyrtinopsis*-Arten. — Fortschr. Geol. Rheinld. u. Westf. **9**, 7—50, 3 Abb., 5 Taf., Krefeld 1965.

— „Curvate Spiriferen" der Gattung *Rhenothyris* und einige andere Reticulariidae aus dem Rheinischen Devon. — Senckenbergiana leth. **51**, 449—577, 12 Abb., 15 Taf., Frankfurt a. M. 1970.

— Zur Paläoökologie fixo-sessiler articulater Brachiopoden aus dem Rheinischen Gebirge. — Senckenbergiana leth. **60**, 399—433, 2 Abb., 8 Taf., Frankfurt a. Main 1980.

— Schaltier-Faunen aus dem Devon des Schwarzbach-Tales bei Ratingen, Rheinland. — Ebd. **63**, 183—283, 14 Abb., 13 Taf., Frankfurt a. Main 1982.

TEMPLE, J. T.: Early Llandovery Brachiopods of Wales. — Monogr. Paleontogr. Soc. London **139**, 137 S., 25 Abb., 15 Taf., London 1987.

THOMSON, J. A.: Brachiopod morphology and genera (Recent and Tertiary). — New Zealand Board Sci. and Art, Manual **7**, 338 S., 103 Abb., 2 Taf., 1927.

TSCHERNYSCHEW, T.: Die obercarbonischen Brachiopoden des Ural und des Timan. — Mém. comité géol. **16**, Nr. 2, Lief. 1, 1—432 (russisch), 433—749 (deutsch), 85 Abb.; Lief. 2, 63 Taf., 1902.

ULRICH, E. O., & COOPER, G. A.: Ozarkian and Canadian Brachiopoda. — Geol. Soc. Amer., Spec. Paper **13**, 323 S., 14 Abb., 57 Taf., 1938.

VOGEL, K.: Das filter-feeding-System bei Spiriferida. — Lethaia **8**, 231—240, 11 Abb., Oslo 1975.

WAAGEN, W.: Salt Range fossils, part 4 (2), Brachiopoda. — Palaeont. Indica, Mem., ser. **13**, 5 fasc., 1882–1885.

WALCOTT, C. D.: Cambrian Brachiopoda. — U. S. Geol. Surv., Monogr. **51**, pt. 1, 872 S., 76 Abb.; pt. 2, 363 S., 104 Taf., 1912.

WALMSLEY, V. G., & BOUCOT, A. J.: The Resserellinae — a new subfamily of Late Ordovician to Early Devonian dalmanellid Brachiopods. — Palaeontology **14** (3), 487—531, 3 Abb., 12 Taf., London 1971.

WESTPHAL, K.: Schalenstrukturen jurassischer Terebratuliden und Pygopiden (Brachiopoda). — Neues Jb. Geol. Paläont., Mh. **1969**, 493—498, 6 Abb., Stuttgart 1969.

WILLIAMS, A. et al.: Brachiopoda. — In: Treatise on Invertebrate Paleontology, part **H**, vol. 1 und 2, XXIII + 927 S., 746 Abb., 1965.

— & WRIGHT, A. D.: Shell structure of the Craniacea and other inarticulate Brachiopoda. — Palaeont. Assoc., Spec. Papers in Paleont. **7**, 51 S., 17 Abb., 15 Taf., Oxford 1970.

ZORN, H.: Form und Funktion von Gehäuse und Lophophor der Strophomenida (Brachiopoda). — Neues Jb. Geol. Paläont. Mh. **1979** (1), 49—64, 5 Abb., Stuttgart 1979.

H. „Stammgruppe" Vermes

(Würmer i. w. S.)

1. Allgemeines

Eine sehr große, stammesgeschichtlich heterogene und nachstehend aus rein praktischen Gründen künstlich vereinigte Gruppe langgestreckter, bilateral-symmetrischer Tiere, die ein unterschiedliches Vorder- und Hinterende sowie eine meist etwas abgeplattete Ventralseite aufweisen. Fossil ist leider der Weichkörper nur in seltenen Fällen überliefert. Häufiger sind Zähnchen, Häkchen, Kiefer, Borsten, Wohnröhren und deren Deckel sowie die meist etwas problematischen Exkremente und Lebensspuren (Ichnia).

2. Vorkommen

Präkambrium — rezent.

3. Systematik

Was hier künstlich vereinigt wird, umfaßt hinsichtlich Bau, Lebensweise und stammesgeschichtlicher Stellung sehr unterschiedliche Tiere, die in zahlreiche selbständige Stämme aufgegliedert werden und an verschiedenen Stellen des Systems unterzubringen sind. Die geschlossene Betrachtung erfolgt, weil aus Gründen der Fossilisation die Anzahl der eindeutig nachgewiesenen Vertreter in den meisten Fällen sehr gering ist und das sonstige Bild unbefriedigend zerrissen würde. Die angenommene Stellung der wichtigsten Stämme ist aus Abb. 1 ersichtlich. Einzelheiten über die komplizierte Taxonomie insgesamt und die modernen Betrachtungsweisen finden sich u. a. bei A. KAESTNER (ab 1954) und H.-E. GRUNER 1982.

Nachstehend folgen zunächst die wichtigsten Stämme der primär unsegmentierten Formen:

Stamm Plathelminthes (Plattwürmer)

Unsegmentierte Würmer mit meist dorsoventral abgeplattetem, bilateral-symmetrischem Körper, dessen Organe nicht frei in einer Leibeshöhle liegen, sondern unmittelbar von mesodermaler Parenchymmasse umgeben sind. Vorder- und Hinterende der Tiere zeigen unterschiedliche Ausbildung. Das Nervensystem ist am Vorderende des Körpers zu einem Zentrum verdickt. Die Herkunft der Plathelminthes liegt noch im unklaren.

Man unterscheidet drei Klassen: die **Turbellaria** (Strudelwürmer), die **Trematoda** (Saugwürmer) und die **Cestoidea** (Bandwürmer). Zu den ? Turbellaria gestellt wird ein nur 0,45 mm langer und lediglich in einem Dünnschliff nachgewiesener Fund aus dem Präkambrium (Tindir Group, ca. 850 Mill. Jahre alt) von NW-Kanada (C. W. ALLISON 1975). Fossile Cestoidea fehlen. Sonst

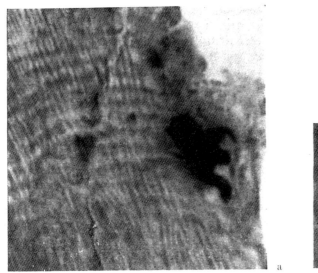
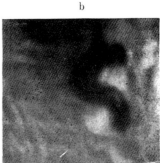

Abb. 509. a) Trematoden-Larve (rechte Bildhälfte) in der Muskulatur eines Käfers, deren Querstreifung und Längsfibrillen deutlich sichtbar sind. Eozäne Braunkohle des Geiseltales bei Halle. $^{1000}/_1$ nat. Gr.; b) desgl., stärker vergrößert. – Nach E. Voigt 1957.

sind von den P. lediglich die Überreste einiger parasitischer Formen bekannt, die in karbonischen und tertiären Insekten gefunden wurden und die man mit einiger Sicherheit zu den Trematoden stellt. Dies gilt zum Beispiel für wurmartige Gebilde (Abb. 509), die E. Voigt (1957) aus der Muskulatur von Coleopteren der eozänen Braunkohle des Geiseltales bei Halle beschrieben hat. Es ist zugleich der einzige Fall von echtem, fossilem Parasitismus, bei dem sowohl der Wirt als auch der Parasit in Weichteilerhaltung vorliegen. Der im allgemeinen Habitus nach an die Spiruridae erinnernde Wurm zeigt aber keine Einzelheiten.

Stamm Nemertea (Schnurwürmer)

Hierzu gehört *Archisymplectes rhothon* Schram 1973 (Abb. 510c) aus den Toneisensteinkonkretionen des Oberkarbon (Westfal C) von Mazon Creek (Illinois, USA). Die 5–12 cm langen Tiere zeigen bemerkenswerte Ähnlichkeit mit rezenten Vertretern, was für das hohe stammesgeschichtliche Alter spricht. Der vollständig erigierte „Rüssel" von *A.* erreicht etwa ½ bis ¾ der Länge des Körpers.

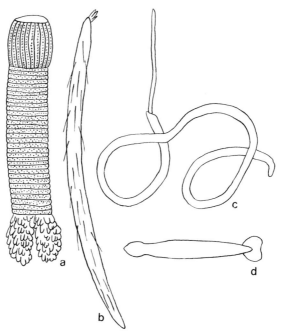

Abb. 510. Rekonstruktionen weichkörperiger „Vermes" aus den Toneisensteinkonkretionen des Oberkarbon (Westfal C) von Mazon Creek (Illinois, USA): a) *Priapulites konecniorum* (ein Priapulide), Länge ca. 5,7 cm; b) *Nemavermes mackeei* (ein Nematode), Länge ca. 10,3 cm; c) *Archisymplectes rhothon* (ein Nemertine), Länge des Rüssels (Proboscis) ca. 1,2 cm; d) *Paucijaculum samamithion* (ein Chaetognathe), Länge ca. 2 cm. — Nach F. R. SCHRAM 1973 (zugleich Autor der genannten Arten).

Stamm Nemathelminthes (Schlauchwürmer)

Unsegmentierte, meist wurmförmig gestreckte Tiere, die in der Regel keine ausgeprägte Bauchseite haben. Der Körper ist mit einer widerstandsfähigen Kutikula bedeckt. Im Gegensatz zu den Plathelminthes tritt das Mesenchym zurück, so daß zwischen Darm und Hautmuskelschlauch ein Hohlraum vorliegt. Das Verdauungssystem ist vollständig und weist stets eine Afteröffnung auf. — Man unterscheidet fünf Klassen, die teilweise auch als selbständige Unterstämme betrachtet werden: die **Rotatoria** (Rädertiere), **Gastrotricha**, **Nematoda** (Fadenwürmer), **Nematomorpha** (Saitenwürmer) und **Kinorhyncha.**

Von den wenigen fossilen Vertretern ist am bekanntesten *Gordius tenuifibrosus* (Abb. 511), den E. VOIGT (1938) in der eozänen Braunkohle des Geiseltales bei Halle entdeckt hat. Gefunden wurde lediglich das 15 mm lange Stück eines Subkutikula-Schlauches. Der Faserbau desselben war aber derart gut zu erkennen, daß nicht nur die Zugehörigkeit zur Gattung unzweifelhaft ist, sondern J. SCLACCHITANO (1955) glaubt, daß die eozäne Form mit dem rezenten *Gordius albopunctatus* G. W. MÜLLER übereinstimmt. Es handelt sich um den ersten fossilen Vertreter der Nematomorpha.

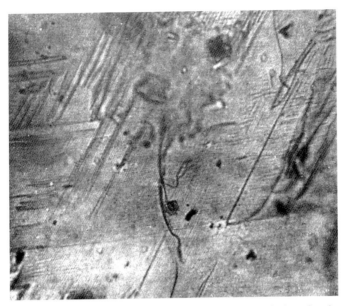

Abb. 511. *Gordius tenuifibrosus* VOIGT, Teil des Subkutikula-Schlauches mit dem charakteristischen Faserbau. Eozäne Braunkohle des Geiseltales bei Halle (Saale). Ca. $^{1000}/_{1}$ nat. Gr. — Nach E. VOIGT 1938.

Zu den Nematoda gehört *Nemavermes mackeei* SCHRAM 1973 (Abb. 510b) aus den Toneisenkonkretionen des Oberkarbon (Westfal C) von Mazon Creek (Illinois, USA). Der mittelgroße bis große, langgestreckte Körper endet relativ stumpf. Er trägt gut ausgebildete Labialpapillen und feine, haarförmige Fortsätze auf der Kutikula, die an ähnliche Gebilde der im Meere freilebenden rezenten Nematoden der Ordnungen Chromadorida und Monhysterida erinnern. Fleischige Vorragungen am Kopfende sind wohl als Oralpapillen oder Cirrhen zu deuten.

Aus dem Unt. Karbon von Schottland wurden verschiedene Nematoda beschrieben (L. STØRMER 1963).

Stamm Entoprocta NITSCHE 1869 (Kelchwürmer)
(Kamptozoa)

Weichhäutige, wurmförmige, vielfach koloniebildende sessile Strudler, deren Einzeltiere (Abb. 512c) aus einem kelchartigen Körper (Calyx) und einem unterschiedlich langen Stiel besteht. Die der Ventralseite der Tiere entsprechende Endfläche des Kelches (Atrium) ist schüsselförmig eingesenkt und wird von einem Kranz aus 6—30 Tentakeln umgeben. Innerhalb des Tentakelkranzes liegen alle Körperöffnungen (Mund, After, Gonaden, Nephroporen). Die Tentakeln tragen beidseitig eine Reihe langer und in der Mitte innen ein Band kurzer Wimpern. Obgleich die E. im Habitus stark von dem der Plathelminthes und Nemertea abweichen, handelt es sich um typische Parenchymtiere; denn die Leibeshöhle ist zwischen den Organen vollständig mit Parenchym ausgefüllt. Ähnlichkeiten mit den Bryozoa, zu denen die E. früher häufig gestellt wurden und die ein Coelom aufweisen, beruhen auf Konvergenz. Bei den Bryozoa liegt zudem die Afteröffnung außerhalb des Tentakelkranzes. Charakteristisch für die E. ist ferner ein eigenartiges „Nicken" als Reaktion auf Störungen und äußere Reize, wobei die Stielmuskulatur einseitig kontrahiert wird. — ? Unt. — ? Mittl. Kambrium, rezent. Heute mit ca. 100 Arten, die abgesehen von einer limnischen Art *(Urnatella),* im Meer zwischen der Niedrigwassergrenze und ca. 300 m Tiefe vorwiegend auf harten Substraten, Algen oder als Epizoen auf sessilen oder sich nur langsam bewegenden Invertebraten leben.

Systematisch werden 2 Ordnungen unterschieden, wovon die Solitaria ausschließlich solitär, die Coloniales koloniebildend vorkommen. Letztere wurden bisher fossil nicht, die Solitaria mit einer fraglichen Gattung nachgewiesen. Es handelt sich um:

? **Dinomischus** CONWAY MORRIS 1977: Unt. Kambrium (*Eoredlichia*-Stufe) von Chengjiang (Yunnan, SW-China) und Mittl. Kambrium (Burgess-Schiefer) von Britisch-Kolumbien (Abb. 512 a, b).

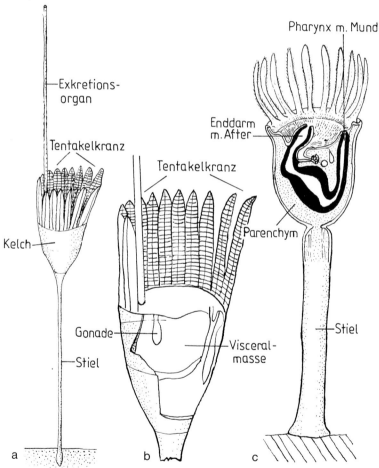

Abb. 512. a) *Dinomischus venustus* CHEN, HOU & LU 1989, Rekonstruktion. Unt. Kambrium (*Eoredlichia*-Stufe) von Chengjiang (Yunnan, SW-China), Länge ca. 10 cm; b) desgl., Kelch und Tentakelkranz, zum Teil geöffnet, Länge ca. 9,5 mm. Nach J.-Y. CHEN, X.-G. HOU & H.-Z. LU 1989, umgezeichnet; c) Längsschnitt (schematisch) durch eine rezente Entoprocta bis zum oberen Teil des Stiels, in diesem oben sichtbar die Längsmuskeln. Von den Tentakeln führen Wimperbahnen zum Mund. Kelch ohne Tentakel 0,4 mm lang. In Anlehnung an A. REMANE umgezeichnet und verändert.

Großwüchsig, bis über 10 cm hoch, mit langem Stiel und auffallend langem dünnen Exkretionskanal über dem After. Calyx seitlich abgeflacht, von der Breitseite konisch gestaltet.

Falls es sich wirklich um Entoprocta handelt, fällt die beträchtliche Größe der kambrischen Formen im Vergleich zu den rezenten auf. Im Unt. Kambrium werden maximal etwas mehr als 10 cm, im Mittl. Kambrium ca. 5 cm und in der Gegenwart nur etwa 1 cm erreicht.

Stamm Echiurida (Stern- oder Igelwürmer)

Der meist nur wenige cm. lange, in sich nicht segmentierte Körper besteht aus dem ungegliederten, sack- oder walzenförmigen Rumpf und einem i. d. R. langen, protraktilen Rüssel (Prostomium). An der Basis des letzteren befindet sich der Mund, am Hinterende des Rumpfes die Afteröffnung. Ein paar kräftige Borsten sitzen gewöhnlich an der Ventralseite hinter dem Mund. Die Tiere leben abgesehen von einigen Brackwasserformen stenohalin im Meer. Hier graben sie vielfach U-förmige Gänge im Sand oder Schlick. Andere suchen Schutz in bereits vorhandenen Spalten, Löchern, zwischen Pflanzenwurzeln usw. Sie vermögen sich in ihren Grabgängen und auf dem Boden peristaltisch fortzubewegen. Größte bekannte Art *(Ikeda taenioides)* wird ca. 1,4 m lang, wovon 40 cm auf den Rumpf entfallen. — Jungalgonkium — rezent, fossil selten nachgewiesen, heute mit etwa 140 Arten weltweit verbreitet. Sie finden sich vom Litoral bis in die Tiefsee (9700 m).

Fossil nachgewiesen in den Toneisensteinkonkretionen des Mittl. Pennsylvanian (Ob. Karbon, Mazon Creek Shale) von Illinois (D. S. JONES & I. THOMPSON 1977) sowie im Jungalgonkium von S-Australien (M. F. GLAESSNER 1979).

Stamm Chaetognatha (Pfeilwürmer)

1. Allgemeines

Der kleine, glasig durchscheinende, torpedoförmige und bilateral-symmetrische Körper (Abb. 513) ist nicht segmentiert. Er besteht aus Kopf, Rumpf und Schwanz, die im Inneren der Leibeshöhle durch querliegende Scheidewände abgegrenzt werden. Der Kopf liegt am angeschwollenen Vorderende und trägt einen Kranz chitiniger Greifhaken, mit denen die Beute erfaßt und in den Mund gestopft wird. Vorhanden sind ein oder zwei Paar Seitenflossen und eine Schwanzflosse, deren Fläche in gleicher Ebene wie die der Seitenflossen liegt. Das Schwanzende befindet sich, ähnlich wie bei den Chordata, hinter der Afteröffnung (postanal). Auch die Embryonalentwicklung erinnert etwas an die der Chordata, sonst an die der Anneliden. Die Größe schwankt von wenigen Millimetern bis zu 9 cm. Die ausschließlich marinen und hermaphroditen Tiere leben meist massenhaft und in waagerechter Stellung an oder in der Nähe der Wasseroberfläche.

Abb. 513. *Sagitta* sp., von der Dorsalseite. Bezeichnungen: m = Mund; d = Darm; sc = Schlundkommissur; bg = Bauchganglion; fl = Seitenflossen; sfl = Schwanzflosse; ov = Ovarium; rs = Receptaculum seminis; h = Hoden; sl = Samenleiter; s = Spermatozoen; sb = Samenblase; dis = Scheidewand zwischen Rumpf und Schwanzhöhle; w = Scheidewand in der Schwanzhöhle. — Nach O. HERTWIG 1880.

2. *Systematik und Beispiele*

Von den sechs rezenten Gattungen, die etwa 30 Arten umfassen, sind am wichtigsten: *Spadella* (ein Paar kleine Seitenflossen am Hinterende), *Sagitta* (zwei Paar kleine Seitenflossen, Abb. 513) und *Eukrohnia* (ein Paar Seitenflossen, die sich aber fast am gesamten Körper entlangziehen). Sichere fossile Vertreter sind selten; doch dürften die aus Chitin bestehenden Greifhaken noch häufiger zu erwarten sein. Zu den fossilen Vorkommen gehört *Paucijaculum samamithion* SCHRAM (Abb. 510d) aus den Toneisensteinkonkretionen des Oberkarbon (Westfal C) von Mazon Creek (Illinois, USA). Kennzeichnend für diese Art ist eine rundliche Schwanzflosse und die schwache Ausbildung der Seitenflossen. Mit Bedenken zu den Ch. gestellt wird:

Amiskwia WALCOTT 1911: Mittl. Kambrium (Burgess-Schiefer) von Britisch-Kolumbien (Abb. 514).

Der bis 2 cm lange, skelettlose Körper erinnert in seiner Form an die planktisch lebende rezente *Sagitta*. Er zeigt aber im Gegensatz zu dieser nur ein Paar (?) Seitenflossen und am Kopf

Abb. 514. *Amiskwia sagittiformis* WALCOTT, Mittl. Kambrium (Burgess-Schiefer) von Britisch-Kolumbien. Ca. ¾ nat. Gr. — Nach CH. D. WALCOTT 1911.

zwei kräftige Tentakel. Letztere lassen sich auch nicht mit den tentakelartigen Fortsätzen an der Kopfkappe der benthisch lebenden rezenten *Spadella* vergleichen. — H. B. OWRE & F. M. BAYER 1962 stellen *A.* zu den Nemertea.

Paläontologisch wesentlich wichtiger als die unsegmentierten Würmer sind die segmentierten. Sie gehören zum

Stamm Annelida LAMARCK 1801 (Ringelwürmer)

1. Allgemeines

Körper meist langgestreckt, seltener gedrungen, mit mehr oder weniger rundem Querschnitt. Man unterscheidet: das Prostomium (Kopfabschnitt) mit Gehirn und Sinnesorganen; das Soma, das meist aus einer Anzahl ringförmiger Segmente (Somite) von ähnlicher Beschaffenheit besteht und von denen jedes ein Ganglionpaar, ein Paar Nephridien und zwei Parapodien aufweist; das Pygidium (Schwanzabschnitt) ohne Ganglien und Parapodien. In ihm endet der Darm. Parapodien mit Borstenbündeln, Borstenreihen und Borstenhaken. Mundöffnung ventral, häufig mit besonderem rüsselartigen Fortsatz (Proboscis) und den Elementen eines Kieferapparates (vgl. Scolecodonten, S. 499). Die Segmentierung des Körpers und der Bau des Nervensystems erinnern an die Arthropoden, von denen sie sich aber durch das Fehlen gegliederter Anhänge und (falls vorhanden) die gleichartige Ausbildung der Segmente in den verschiedenen Teilen des Körpers unterscheiden. Die Körperlänge schwankt zwischen einigen Millimetern und mehr als 3 Metern.

Über die früheste Stammesgeschichte der Annelida herrschen noch sehr widersprüchliche Vorstellungen. Während *Dickinsonia*, *Spriggina* und *Marywadea* aus dem Jungalgonkium von Südaustralien von vielen Autoren als die ältesten Polychaeta betrachtet werden, wird dies u. a. von S. CONWAY-MORRIS 1979 mit dem Hinweis bezweifelt, daß es sich bei den morphologischen

Ähnlichkeiten um Konvergenzerscheinungen handeln könne. Polychaeta mit erhaltenen Borsten (Chaetae) und Parapodien wurden im Ob. Kambrium von Australien nachgewiesen. Die ersten sicheren Annelida mit Parapodien stammen aus dem Mittl. Kambrium, die frühesten Kiefer aus dem Unt. Ordovizium.

2. Vorkommen

? Präkambrium, Kambrium — rezent.

3. Systematik

Man unterscheidet die nachstehenden Klassen:

Polychaeta (? Präkambrium, Kambrium — rezent): Kräftig segmentierte, überwiegend marine Würmer mit zahlreichen Somiten und borstentragenden Parapodien.

Archiannelida (fossil unbekannt): Kleine, marine Anneliden mit Trochophora-Larve und primitiven Merkmalen. Sie sind vermutlich unter Vereinfachung aus Polychaeta hervorgegangen.

Myzostomida (Silur — rezent): Sehr eigentümliche, ausschließlich marine Vertreter, die meist als Ectoparasiten an Echinodermen (vor allem Crinoiden) leben und durchschnittlich zwischen 3 und 5 mm lang werden.

Oligochaeta (fossil nicht mit Sicherheit nachgewiesen): Kräftig segmentierte Würmer mit oft winzigem Prostomium, 6—700 nahezu gleichartigen Segmenten und kleinem Pygidium, auf dem der After liegt. Parapodien fehlen; doch finden sich metamer angeordnete Borstensäcke. Die Zahl der Borsten ist jedoch im Vergleich zu den Polychaeta gering. Es handelt sich um Bewohner des Süßwassers oder feuchter Erde. Unsichere fossile Überreste wurden aus bituminösen Schiefern des Malm von Simbirsk und aus dem Paläozän von Wyoming beschrieben.

Hirudinea (fossil seit dem Malm nachgewiesen): Anneliden, die durch einen vorderen und einen hinteren Saugnapf sowie das Fehlen von Borsten gekennzeichnet sind. Auf das winzige Prostomium folgen meist 33 drehrunde und abgeplattete Segmente. Die Oberfläche der Haut wird von einer ziemlich derben Kutikula bedeckt, die gehäutet und als Ganzes abgestreift werden kann. Parapodien fehlen.

Die einzigen sicheren fossilen H. sind *Epitrachys rugosus* EHLERS 1869 und *Palaeohirudo eichstaettensis* KOZUR 1970 aus dem Solnhofener Plattenkalk (Malm zeta) vom Keilheim und Eichstätt (Bayern). Äußere Metamerisierung der Segmente und die zumindest teilweise vorhandenen Saugnäpfe lassen keine prinzipiellen Unterschiede zu den rezenten H. erkennen. Die Saugnäpfe sind anscheinend nicht so stark ausgeprägt und bei keinem Exemplar deutlich verbreitert.

? **Palaeoscelidia** (Unt. Kambrium – Ob. Silur);
Myzostomida (? Silur — rezent);
Gephyracea (? Mittl. Kambrium, Ob. Karbon — rezent).

I. Klasse **Polychaeta** GRUBE 1850 (Borstenwürmer)

1. Allgemeines

Der äußerlich und innerlich gegliederte Körper besteht aus zahlreichen mit Borsten besetzten Segmenten, die zweiästige oder modifizierte Parapodien aufweisen. Die Kopfregion trägt Tentakeln und enthält oft einen besonderen Kauapparat. Die Fortpflanzung erfolgt überwiegend geschlechtlich, nur bei wenigen Formen durch Knospung. Es handelt sich vor allem um Bewohner des Meeres, weniger häufig um solche des Brack- und Süßwassers.

2. Vorkommen

? Präkambrium, Kambrium — rezent. Es fanden sich Abdrücke des Weichkörpers, Elemente des Kauapparates (Scoleocdonten, vgl. S. 499), Wohnröhren und mehr oder weniger zweifelhafte Lebensspuren. Auf letztere wird in einem besonderen Kapitel über Ichnologie am Ende von Band II, Teil 3, eingegangen.

Vorzüglich mit Aciculae und Setae erhaltene Formen wurden aus dem Pennsylvanian (Essex Fauna) des nördlichen Illinois (USA) beschrieben (I. THOMPSON & R. G. JOHNSON 1977, THOMPSON 1979). Weitere, vollständige Vertreter wurden im Ob. Karbon (Namur, Bear Gulch Limestone) von Montana (USA) gefunden (F. R. SCHRAM 1979): Es handelt sich um:

a) *Carbosesostris megaliphagon* SCHRAM 1979 (Phyllodocida, Goniadidae): 6—9 mm lang, deutlich segmentiert, Parapodien vermutlich einfach uniram, Kieferapparat in situ, häufigste Art der Fauna,

b) *Phiops aciculorum* SCHRAM 1979 (Eunicida, Lumbrinereidae): vollständiger Kieferapparat in situ,

c) *Astreptoscolex anasillosus* THOMPSON 1979 (Phyllodocida, ? Nephthyidae): ca. 9 cm lang, maximal 1 cm breit, Anzahl der Segmente ca. 74, Parapodien groß, biramos.

Die Polychaeta des mittelkambrischen Burgess-Schiefers von Britisch-Kolumbien hat S. CONWAY MORRIS 1977 revidiert.

3. Zur Morphologie

Jedes Körpersegment trägt ein Paar zweiästige oder modifizierte **Parapodien,** auf denen sich Bündel von Borsten befinden (Abb. 515 A, B). Diese stehen im Inneren gewöhnlich mit je einer

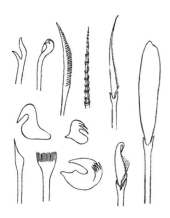

Abb. 515 A. Verschiedene Borsten von rezenten Polychaeten. Stark vergrößert. – Nach F. HEMPELMANN 1931.

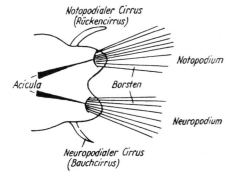

Abb. 515 B. Schematische Darstellung eines zweiästigen Polychaeten-Parapodiums. Stark vergrößert.

besonders dicken Borste in Verbindung (Aciculum), an der die zur Bewegung der anderen **Borsten** dienende Muskulatur sitzt. Borsten sind fossil gelegentlich vorzüglich erhalten, so im mittelkambrischen Burgess-Schiefer von Britisch-Kolumbien (Abb. 525) und im Solnhofener Plattenkalk (Malm zeta).

Viele Polychaeten bewohnen zeitweilig oder dauernd besondere **Röhren.** Je nach der Dauer der Besiedlung bezeichnet man sie als temporär oder permanent.

Hiervon entstehen die temporären Röhren durch Austapezierung von Grabgängen mit Sandkörnchen oder ähnlichen Körpern. Sie sind weniger stabil und können oft an einem Tage erbaut werden. Von ihren Bewohnern werden sie nur zeitweilig benutzt. Dies gilt zum Beispiel für viele Sabellidae und Terebellidae.

Die permanenten Röhren sind demgegenüber wesentlich stabiler. Sie entstehen entweder wie die vorigen durch Einbau von Fremdkörpern, die mit einem vom Tier ausgeschiedenen Sekret verkittet werden, durch Verspinnen besonderer Fäden oder aber durch Ausscheidung von Kalk. Die Röhre wird im allgemeinen nicht verlassen. Sie kann erweitert, verlängert oder ausgebessert, aber nicht von neuem begonnen werden. Einige Ausnahmen finden sich allerdings bei den Terebellidae, Sabellidae und Filograninae. Der Längenzuwachs ist im allgemeinen klein. Er beträgt maximal etwa 10 mm am Tag. Im einzelnen konnten an rezenten Formen folgende Werte (bezogen auf 1 Monat) bestimmt werden: bei *Serpula infundibulum* DELLE CHIAJE 5 mm, bei *Hydroides uncinata* (PHIL.) 10 mm, bei *Protula intestinum* (LAM.) 6 mm und bei *Pomatoceros triqueter* (LINNÉ) 1,5 mm. Bei *Hydroides pectinata* (PHIL.) fanden sich 9 mm in 6—8 Tagen.

4. Hinsichtlich der Fortbewegung unterscheidet man:

a) **das „Paddeln" (Schwimmgang):** Die gegenüberliegenden Parapodien der Segmente bewegen sich in entgegengesetzter Richtung, und zwar gewöhnlich in einer Anzahl benachbarter Segmente gleichzeitig. Hierbei werden die Borstenbündel beim Rückwärtsschlagen auseinandergespreizt, beim Vorwärtsschlagen zusammengelegt. Damit ist eine seitliche Undulation des Körperstammes verbunden, wobei die Parapodien an der konvexen Körperseite nach vorn, an der konkaven nach hinten gehen. Nur der Vorderkörper wird vielfach nicht mit einbezogen, sondern gerade gehalten. Die Wellen der Bewegung nehmen von vorn nach hinten an Höhe zu. Es ist dies die häufigste Art der Fortbewegung, auf die vielleicht
b) **das mastigoide Schwimmen** mancher Vertreter zurückgeht.
c) **Das spannerartige Kriechen** erfolgt im Gegensatz zum „Paddeln" durch peristaltische Bewegungen des Körpers, wobei die Parapodien unterstützend eingreifen. Es findet sich zum Beispiel bei Serpulidae, Sabellidae, Eunicidae. — Auch die Bewegung innerhalb der Röhren kommt vor allem durch Peristaltik zustande, wobei die Borsten der Parapodien mithelfen. Daneben wurde gelegentlich ein direktes Laufen mit den Parapodien beobachtet.
d) **Das Graben und Bohren:** Das Graben erfolgt ebenfalls unter peristaltischer Bewegung, wobei der Rüssel kräftig mithilft und die nach rückwärts gestreckten Borsten der Parapodien ein Zurückgleiten verhindern. Bei Formen, die in harten Substraten bohren (Gesteinen, Organismenschalen usw.), treten chemische Vorgänge hinzu.

5. Ökologie

Die Polychaeten sind, wenn man von einigen Brack- und Süßwasserbewohnern absieht, überwiegend marin. Man findet sie in den heutigen Meeren vor allem nahe der Küste, wo sie bis in eine Tiefe von ca. 40 m ein ausgesprochenes Häufigkeitsmaximum zeigen. Sodann nimmt bis gegen 400 m die Arten- und Individuenzahl rasch ab. In der Tiefsee konnten schließlich (bis 5500 m) nur noch wenige, vor allem zu den Serpulidae und Terebellidae gehörende Formen nachgewiesen werden. Bei den Vertretern des Süßwassers handelt es sich ausschließlich um Höhlenbewohner. Dies gilt zum Beispiel für *Marifugia cavata* ABSOLON (Fam. Serpulidae), die in den Zu- und Abflüssen unterirdischer Wasserbecken des Karsts vorkommt. Im Karbon findet sich gelegentlich *Spirorbis* auf Landpflanzen (Sigillarien, Farnen; vgl. Abb. 516), deren Reste unter Wasserbedeckung eingebettet wurden. Die Mehrzahl der Brackwasserformen gehört zu den Nereidae.

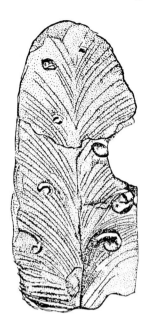

Abb. 516. *Spirorbis pusillus* MARTIN auf einem Blatt von *Neuropteris* sp. Ob. Karbon (Westfal) von Bruay. Ca. ⁶/₁ nat. Gr. — Nach C. BARROIS 1904.

Die Lebensweise ist überwiegend sessil- oder vagil-benthisch, selten vagil-epibenthisch. Nur wenige sind pelagisch. Die häufige Vergesellschaftung mit Kalkalgen erklärt sich wohl meist aus dem großen Kalkhunger mancher Vertreter auf kalkarmem Untergrund. Röhrenbauende und grabende Polychaeten kommen nicht selten auch auf Sand- und Schlammböden vor. Rezent finden sie sich zusammen mit Fischen, Krebsen, Meeresspinnen, Mollusken, Korallen, Algen, Bryozoen, Cnidariern, Schwämmen und Echinodermen. Manche, insbesondere Eunicidae, leben als Kommensalen in Schwämmen, Bryozoen- und Korallenstöcken. Viele sind Fleisch- und Detritusfresser. Einige ernähren sich von Großpflanzen.

6. Systematik

Innerhalb der Polychaeta unterscheidet man drei Ordnungen, von denen zwei heute noch existieren. Diese Einteilung, die sich vor allem auf die Lebensweise bezieht, ist recht unglücklich, da nur wenige Formen während des ganzen Lebens vagil- oder sessil-benthisch bleiben.

Ordnung **Errantia**

1. Allgemeines

Polychaeten mit wohlabgesetztem Kopfabschnitt und häufig kräftig entwickeltem Kauapparat. Sie leben meist vagil-benthisch, seltener in losen, angehefteten oder eingegrabenen Röhren. Manche finden sich in gesponnenen Galerien. Die mit Borsten besetzten Parapodien dienen zur Fortbewegung.

2. Vorkommen

? Präkambrium, Unt. Kambrium — rezent. Bekannte Fundorte sind vor allem die mittelkambrischen Burgess-Schiefer von Britisch-Kolumbien, mit den außergewöhnlich gut erhaltenen Re-

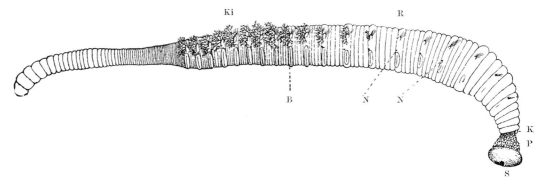

Abb. 517. *Arenicola marina* L., mit ausgestülptem Schlund (S) in Seitenansicht. Das Prostomium (P) ist außerordentlich klein. Weitere Bezeichnungen: B = Ventralast eines Parapodiums; K = Kopflappen; Ki = Kiemen; N = Nephridialporus; R = dorsaler Ast eines Parapodiums. Die Länge des abgebildeten Tieres beträgt 15 cm. — Nach Asworth, aus A. Kaestner 1954/55 (s. S. 25).

sten von ca. 18 Gattungen, die ordovizischen Schiefer von Cincinnati (Ohio) und der Solnhofener Plattenkalk (Malm zeta) von Bayern.

3. Beispiele

Ein kennzeichnender Vertreter aus der Gegenwart ist *Arenicola marina* L., der Sandwurm (Abb. 517), der ausgedehnte Areale im norddeutschen Wattenmeer bewohnt. Hier legt er vertikal einfache, U-förmige und spreitenlose Grabgänge an, um große Sedimentmengen durch seinen Darm wandern zu lassen. Er verrät sich auf der Wattoberfläche durch Kothäufchen und kleine Einsturztrichter (Abb. 518). Unter letzteren befindet sich die Mundöffnung, in die

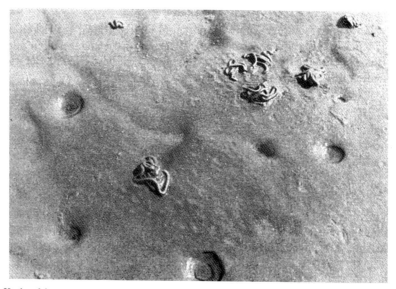

Abb. 518. Kothäufchen und Freßtrichter von *Arenicola marina* L. auf der Oberfläche von Wattenschlick. Jadebusen bei Wilhelmshaven. Ca. ½ nat. Gr.

Abb. 519. Abdruck (?) vom Körper eines anneliden Wurmes. Ob. Muschelkalk (*Robustus*-Zone) von Reiser bei Mühlhausen (Thür.). Das Gebilde ist 4,5 cm lang. — Nach A. H. MÜLLER 1950.

Abb. 520. Abdruck (?) vom Körper eines anneliden Wurmes. Die Länge beträgt 3,2 cm. — Sonst wie Abb. 519.

vornehmlich nachstürzendes Sediment aus den oberen 2—3 cm „eingeschlürft" wird. Da der Mund längere Zeit an gleicher Stelle verbleibt, entstehen hier Trichter, falls diese nicht sofort wieder durch stärkere Wasserbewegung planiert werden. Die aufgenommenen Sedimentstoffe verlassen das Tier am anderen Körperende als glatte Kotschnur und bilden neben den Trichtern die typischen geringelten Häufchen.

Ein gleichartiges Bild zeigen die als „*Arenicoloides*" *franconicus* TRUSH. aus dem germanischen Muschelkalk beschriebenen Lebensspuren. Zusammen mit ihnen fanden sich gelegentlich auch Gebilde, bei denen es sich wohl um Überreste des Erzeugers selbst handelt. Dies gilt für den in Abb. 519 dargestellten bilateralsymmetrischen und skulpturierten Steinkern. Er ist 4—5 cm lang, läuft nach einer Seite spitz zu und verschmälert sich an der anderen. In der Mitte befindet sich eine scharf hervortretende, schildförmige Aufwölbung, die eine feine, von der Mittellinie ausgehende Quergliederung trägt und bei der es sich vielleicht um die Abformungen von Darmanhängen handelt. Die ringartige Skulpturierung in Abb. 520 entspricht wohl den Segmenten eines anderen Wurmkörpers.

Gestaltlich etwas abweichende und auffällige Errantia sind die Aphroditidae, die meist frei auf Sand, Schlamm und Schalentrümmern herumkriechen, gelegentlich aber auch in Röhren leben.

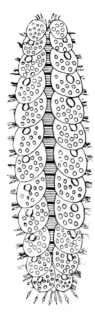

Abb. 521. *Lepidonotus gymnonotus,* ein rezenter Vertreter der Aphroditidae. Nat. Gr. — Nach MCINTOSH 1885.

Abb. 522. *Wiwaxia corrugata* WALCOTT, Mittl. Kambrium (Burgess-Schiefer) von Britisch-Kolumbien. Durchmesser: ca. 3,5 cm. — Nach CH. D. WALCOTT.

Abb. 523. *Spriggina floundersi* GLAESSNER, ein polychaeter Annelid, der vermutlich in die Verwandtschaft der Tomopteridae gehört und Beziehungen zu dern Arthropoden aufweist. Pound Sandstein (Ob. Algonkium) aus dem Gebiet von Ediacara nördlich Adelaide (Südaustralien). Ca. 1¼ nat. Gr. — Nach M. F. GLAESSNER 1958 (s. S. 24).

I. Klasse Polychaeta Grube 1850 (Borstenwürmer)

Diese Formen tragen auf dem Rücken an Stelle von Cirrhen hornige Schuppen (Abb. 521), die mit ähnlichen Bildungen bei *Wiwaxia* aus den mittelkambrischen Burgess-Schiefern von Britisch-Kolumbien verglichen werden können (Abb. 522).

Sehr bemerkenswert ist *Spriggina floundersi* GLAESSNER (Abb. 523) aus dem ? Jungalgonkium (Pound Sandstein) von Ediacara (Südaustralien). Sie wird von M. F. GLAESSNER (1958) zu den Sprigginidae gestellt, einer neuen Familie der Polychaeta. Die Verwandtschaft zu den Anneliden ergibt sich aus dem unsegmentierten hufeisenförmigen Kopfabschnitt und den ca. 40 undifferenzierten, nach hinten schmaler werdenden Segmenten. Jedes derselben trägt ein Paar vermutlich unsegmentierte Parapodien, die in langen, nach außen und rückwärts gerichteten Aciculae enden. Die beiden größten, bisher gefundenen Exemplare sind 46 und 40 mm lang. Ein nicht ausgewachsenes Exemplar hat nur 20 Segmente, ist 15,5 mm lang und 5,5 mm breit. Die einzigen vergleichbaren rezenten Anneliden gehören zu den Tomopteridae. Diese leben heute pelagisch und haben im Gegensatz zu *Spriggina* paddelförmige Enden der Parapodien. Phylogenetisch ist von Bedeutung, daß der hufeisenförmige Kopfabschnitt von *Spriggina* gut der Vorläufer des Acrons der Trilobiten sein könnte (Abb. 523 b).

Ordnung **Miskoa** WALCOTT

Eine Gruppe erloschener, frühpaläozoischer Polychaeten mit gleichartigen Segmenten und Parapodien. Proboscis retraktil. Die bisherigen Funde sind alle recht groß. Sie erreichen zum Teil eine Länge von 30 cm und mehr. — Mittl. Kambrium, ? Ordovizium, ? Silur.

Diese Ordnung wurde auf Grund sehr gut erhaltener Funde aus den mittelkambrischen Burgess-Schiefern von Britisch-Kolumbien errichtet. Einige aus dem Ordovizium und Silur beschriebene Formen gehören wahrscheinlich nicht hierzu, sondern zu anderen Ordnungen der Polychaeta. — Als Beispiele sind zu nennen *Miskoia* (Abb. 524) und *Canadia* (Abb. 525).

Abb. 524. *Miskoia preciosa* WALCOTT, Vorderende eines 9 cm langen Exemplars, dessen Proboscis anscheinend zurückgezogen ist. Im übrigen sieht man die circumoralen Borsten, die Segmentierung und Teile des Verdauungskanals. Mittl. Kambrium (Burgess-Schiefer) von Britisch-Kolumbien. — Nach CH. D. WALCOTT 1911.

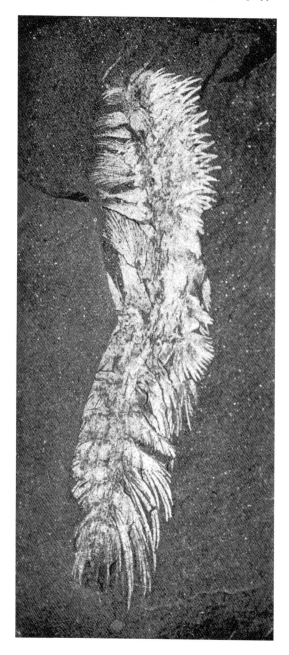

Abb. 525. *Canadia spinosa* WALCOTT, mit vorzüglich erhaltenen Borsten, Borstenbündeln und Fühlern. Mittl. Kambrium (Burgess-Schiefer) von Britisch-Kolumbien. Die Länge beträgt 4,0 cm. Original im Naturhistorischen Museum Wien. — Nach einem Foto von F. BACHMAYER, Wien.

I. Klasse Polychaeta Grube 1850 (Borstenwürmer)

Ordnung **Sedentaria**

1. Allgemeines

Überwiegend sessile Polychaeten, deren Kopfteil nicht besonders abgesetzt ist und gewöhnlich keinen Kieferapparat aufweist. Die Parapodien sind in der Regel einfach, kurz und nicht zum Schwimmen geeignet. Es handelt sich vornehmlich um Planktonfischer, die meist in festen Röhren, seltener in wenig widerstandsfähigen Umhüllungen oder einfachen Grabgängen leben. Manche tragen ihre Röhren frei mit sich herum.

2. Vorkommen

Kambrium — rezent.

3. Systematik

Unterordnung **Serpulimorpha**

Polychaeta, die in konsistenten, kalkigen oder mit Fremdkörpern befestigten Röhren leben. Mit oder ohne Skulptur. — Kambrium — rezent.

In erster Annäherung läßt sich sagen, daß Serpulimorpha zwar schon im Kambrium vorkommen, von da aber bis zum Ende des Paläozoikums nur wenig hervortreten. Erst nach Abschluß dieser relativ langen und stabilen „Anlaufzeit" nimmt ihre Formenmannigfaltigkeit deutlich zu und bewirkt vom Jura bis zur Oberkreide eine Virenzphase mit dem Formenmaximum im Campan und Maastricht (Dauer ca. 110 Mill. Jahre). Abgesetzt durch einen markanten, mit der Fauneninzision an der Kreide/Tertiär-Grenze zusammenhängenden Rückgang, entwickelt sich ab Mittelpaläozän eine weitere, heute offenbar noch nicht abgeschlossene Virenzphase. Deren Formenmannigfaltigkeit dürfte etwas geringer sein als die der vorhergehenden, in der vermutlich bereits die sich hinsichtlich Skulptur und Röhrenquerschnitt bietenden Möglichkeiten erschöpft waren.

2. Zur Morphologie

Das in der Röhre sitzende Tier bringt mit seinen, an das vordere Ende gerückten Kiemen sowie deren Flimmerhärchen das Wasser in Strömung und führt hierdurch die in diesem vorhandenen Nahrungspartikelchen der Mundöffnung zu. Bei zahlreichen Formen wurden ein bis zwei dieser Kiemenfäden zu einem keulenartigen **Deckel** (Operculum) umgestaltet, dessen Bau innerhalb bestimmter Gattungen und Arten weitgehend konstant und damit taxonomisch wichtig ist (Abb. 526—527). Fossil erhaltungsfähig sind aber in der Regel nur die ganz oder teilweise

Abb. 526. Serpuliden-Deckel aus dem Unt. Eozän von Cuise-Lamothe (Oise). a) von oben; b) von der Seite; c) von unten. Ca. 12/1 nat. Gr. — Nach A. WRIGHLEY 1951.

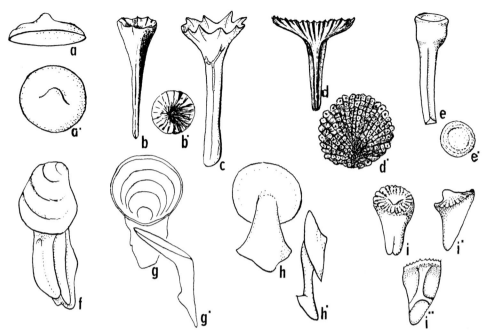

Abb. 527. Opercula fossiler und rezenter Serpuliden meist in verschiedener Ansicht: a) *Pomatoceros-Spirobranchus*-Typ, Ob. Kreide (Unt. Cenoman), Mühlheim–Heißen, D ca. 1,8 mm, nach A. LOMMERZHEIM 1979; b) *Sclerostyla* sp., Unt. Oligozän, Calbe a. d. Saale, L ca. 4,9 mm, nach W. SCHMITT 1927; c) *Sclerostyla ctenactis* (MØRCH), rezent, Karibik, L ca. 4,9 mm, nach H. A. TEN HOVE 1973; d) *Hamulus* sp., Ob. Kreide (Ripley-Fauna), McNairy County Tennessee (USA), L ca. 3,9 mm, nach B. WADE 1922; e) *Paliurus elegans* LOMMERZHEIM, Ob. Kreide (Unt. Cenoman), Mülheim-Heißen, L ca. 2,1 mm, sonst wie a); f) *Neomicrorbis crenatostriatus* (v. MÜNSTER), Ob. Kreide (Unt. Maastricht), Saßnitz (Rügen), L ca. 1,5 mm, nach A. H. Müller 1964; g) *Spirorbis (Palaeospira) calypso* ZIBROWIUS, rezent, Brasilien, L ca. 0,5 mm, nach H. ZIBROWIUS 1970; h) *Janua (Dexiospira)* cf. *pseudocorrugata* (BUSH), Mittl. Paläozän, Tiefseebohrung 433, Emperor Seamounts im NW-Pazifik, L ca. 0,8 mm, nach A. LOMMERZHEIM 1981; i) *Ornatovinea communis* LOMMERZHEIM, Ob. Kreide (Unt. Cenoman), Mülheim-Broich, L ca. 1,1 mm; sonst wie h). – Aus A. H. MÜLLER 1982.

verkalkten Opercula, ausnahmsweise die hornig struierten. Ersteres gilt z. B. für *Neomicrorbis* (Abb. 527f.), *Sclerostyla* (Abb. 527b, c), *Pomatoceros* bzw. *Spirobranchus* (Abb. 527a) und die meisten Spirorbidae (Abb. 527g, i). Hornig struierte Deckel von *Hamulus* fanden sich als Abdrücke in der oberen Ob. Kreide (Maastrichter Tuffkreide).

Die taxonomische Verwertbarkeit der Opercula wird aber vielfach durch eine starke Variabilität beeinträchtigt, wie bei *Serpula, Pseudovermilia, Pomatostegus.* Auch Umwelteinflüsse wirken sich oft störend aus, so bei *Spirorbis (Laeospira) militaris* aus dem Mittelmeer, je nachdem, ob sie z. B. aus dem Infralittoral von Marseille (Abb. 529h), den dortigen submarinen Höhlen (Abb. 529k) oder aus dem Golf von Tarent (Abb. 529i) stammen (H. ZIBROWIUS 1967).

Hinzu kommt, daß sich fossile Opercula nur selten in situ finden. So konnten sie nur in 5 von ca. 1500 *Neomicrorbis* sp. der Schreibkreide (Unt. Maastricht) (H. NESTLER 1963) und in 7 von 9051 Spirorbidae aus dem Mittl. Paläozän der Emperor Seamounts (NW-Pazifik) nachgewiesen werden (A. LOMMERZHEIM 1981). Daß vielfach bei rezenten Arten die Opercula fehlen, während diese in den Mägen kleiner Fische oft massenhaft enthalten sind, dürfte u. a. auf den Freßgewohnheiten

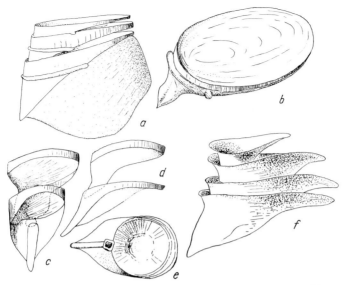

Abb. 528. Brutopercula rezenter Spirorbidae: a) *Spirorbis bernardi* CAULL. & MESN., insgesamt mit Brutsack; b) desgl., einzelnes Element, ca. 120 ×; c) *Sp. koehleri* CAULL. & MESN., insgesamt von vorn; d) desgl., von der Seite; e) desgl., isoliertes unteres Element mit Loch für den Stiel des oberen Elements, ca. 60 ×; f) *Sp. perrieri* CAULL. & MESN., insgesamt von der Seite, ca. 60 ×. — Zusammengestellt nach M. CAULLERY & F. MESNIL 1897.

der Fische beruhen. Sind Opercula an eng begrenzter Stelle im Sediment angereichert, kann es sich um dort eingebettete Kot- bzw. Speiballen von Nahrungsspezialisten handeln.

Bei den Spirorbidae der Gegenwart ist die wiederholte Erneuerung und „Häutung" des Deckels mit einer besonderen **Brutpflege** im Bereich der Opercularapparats verbunden (Abb. 528–529). Deshalb könnte Abb. 530 für Brutpflege sprechen. Bündig ist das Vorkommen jedoch nicht, da die Deckel auch bei solchen rezenten Arten abgeworfen und erneuert werden, deren Embryonen sich in der Röhre selbst entwickeln. Auch ist noch ungeklärt, ob bei jeder Erneuerung der Cuticula im Opercularapparat eine Inkubation von Eiern bzw. Embryonen erfolgt. Phylogenetisch ist der „Häutungsvorgang" offenbar das primäre. Erst sekundär dürfte er von einigen Arten zur Brutpflege ausgenutzt worden sein, als Eier oder Embryonen über einen Riß zwischen alter und neuer Cuticula im Opercularbereich an die Stelle des späteren Brutraums gerieten. Trotz der Variabilität und des durch die Brutpflege im Opercularbereich bestehenden Dimorphismus sind die Opercula rezenter Spirorbidae meist für bestimmte Taxa charakteristisch. Dies dürfte auch für die fossilen Vertreter gelten. Das Brutoperculum von *Spirorbis (Laeospira) militaris* (CLAPARÈDE) und nahe verwandter Arten ist ein gestieltes kugeliges oder zylindrisches Gebilde mit distal gewölbter, von einem Kranz feiner Zähnchen umgebener Fläche. Der verkalkte Bereich ist auf der Dorsalseite umfangreicher als ventral. Die Öffnung an der Basis des Calcar hat selbst bei der gleichen Art sehr unterschiedliche Größe (H. ZIBROWIUS 1967) (Abb. 529d–g).

Die Oberfläche der Röhren kann unterschiedlich skulpturiert sein. So finden sich neben glatten Formen solche mit erstaunlich mannigfaltiger **Skulptur.** Dies überrascht um so mehr, wenn man sich vor Augen hält, daß sich die als Architekten tätigen Tiere frei in ihren Röhren bewegen und um ihre Längsachse drehen können. Im einzelnen finden sich neben gerade verlaufenden oder undulierenden Längskämmen und -leisten, scharfkantigen Rinnen oder Furchen unterschiedlicher Breite spitz endende keilartige oder narbenartige Vertiefungen. Hinzu können Querele-

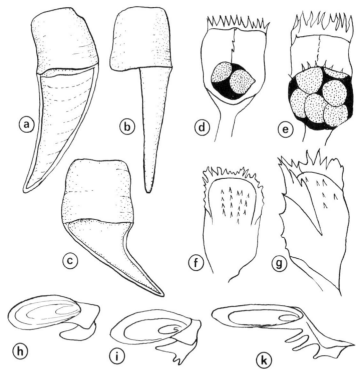

Abb. 529. a)–b) *Cubiculovinea communis* LOMMERZHEIM, Brutoperculum in verschiedener Ansicht, Mittelpaläozän, Tiefseebohrung 433 A, Emperor Seamount (NW-Pazifik), L ca. 1,4 mm; c) desgl., anderes Exemplar von der Seite, L ca. 1,2 mm; d)–g) *Spirorbis (Laeospira) militaris* (CLAPARÈDE), Brutopercula in verschiedener Ansicht, rezent, Golf von Tarent (Italien), D ca. 0,48 mm; h)–k) *Spirorbis (Laeospira) militaris* CLAPARÈDE, verschiedene Primäropercula schräg von der Seite (Variabilität), rezent, Mittelmeer, D ca. 0,4 mm. – a) nach A. LOMMERZHEIM 1979, b–k) nach H. ZIBROWIUS 1967.

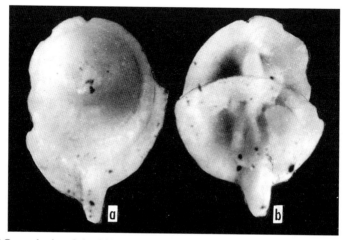

Abb. 530. Zwei Opercula einer Spirorbidae-Art, die über den Calcar des oberen Operculums fest verbunden sind, a) von vorn, b) von hinten; Ob. Kreide (Unt. Maastricht, Schreibkreide-Fazies), Jasmund (Rügen); D ca. 1 mm.

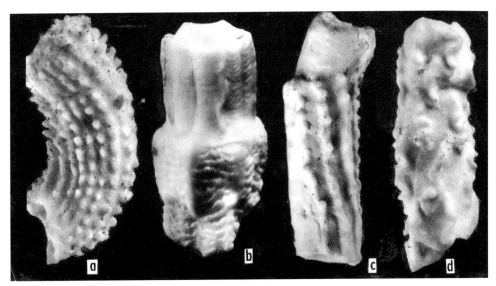

Abb. 531. Röhrenfragmente verschiedener Serpulimorpha aus der Oberkreide (Schreibkreide-Fazies, Unt. Maastricht) von Jasmund (Rügen): a) *Neomicrorbis crenatostriatus* (v. MÜNSTER), frei abstehender Mündungsabschnitt, L = 4 mm; b) ? *Filogranula cincta* (GOLDF.), aberrantes Röhrenfragment, L = 2,5 mm; c) *Vepreculina tubulifera* NIELSEN, oraler Endabschnitt, nach Pseudoproliferation fast glatt, L = 4 mm; d) *Filogranula cincta* (GOLDF.), die im normalen Verlauf regelmäßig undulierenden Längskämme sind teratologisch stark gestört, L = 4 mm.

mente (Ringe, gerade oder geknickte Runzeln oder Rippen), schwingenartige Vorragungen, Schuppen und/oder Dornen, Stacheln, abgerundete Knoten (Pusteln) usw. entwickelt sein. Hiervon ist besonders das (allerdings seltene) Auftreten von Dornen und Stacheln bemerkenswert, so bei *Neomicrorbis* (Ob. Kreide — rezent, Abb. 531a) und *Vepreculina* (Ob. Kreide, Abb. 531c). Bei *Vepreculina* trägt die sehr dünne, zarte Röhre 3, 5 oder 7 Reihen von Dornen, die Längsleisten aufsitzen und im Vergleich zum Ganzen überdimensional groß erscheinen.

Der taxonomisch ebenfalls wichtige Röhrenquerschnitt kann rund und drei- bis achteckig sein. Während der runde Querschnitt seit dem Kambrium vorkommt, findet sich der 6eckige seit Jura, der 3-, 4- und 5eckige erst ab Kreide.

Bei vielen Gattungen treten vor allem im Proximal adulter Röhren abweichend gestaltete Abschnitte auf, deren Besonderheiten durch zeitweilige Unterbrechung bzw. Verlangsamung des Wachstums oft unter gleichzeitiger Verdickung vom Mündungsrand oder mündungsnahem Bereich entstehen. Die Gestalt der einzelnen „Peristome" ist taxonomisch wichtig. Sie kann einfach ausgebildet (z. B. *Mercierella*, *Vermiliopsis*, Abb. 532f), zu einem wulstartigen Rand verdickt, trichterförmig erweitert und/oder am Mündungsrand gezackt sein (Abb. 532g). Bei Abb. 532h handelt es sich um ringförmige, sehr dünnwandige Wülste. Bei Abb. 532g sind trichterförmige Mündungen tütenförmig ineinander geschachtelt.

Bei Gattungen mit aufgerichtetem Röhrenteil (z. B. *Sclerostyla*), weichen Skulptur und/oder Röhrenquerschnitt im fixierten Abschnitt oft deutlich vom erigierten ab. Vielfach ändert sich auch die Windungsform. Da dies vor allem für die Taxonomie der fossilen Formen wichtig ist, sollte mehr als bisher darauf geachtet werden.

Die Röhre adulter Serpulimorpha ist meist wesentlich länger als das zugehörige Tier. So beträgt das Verhältnis von Wurm zum Ganzen bei 2 bis 3 cm langen Röhren der rezenten

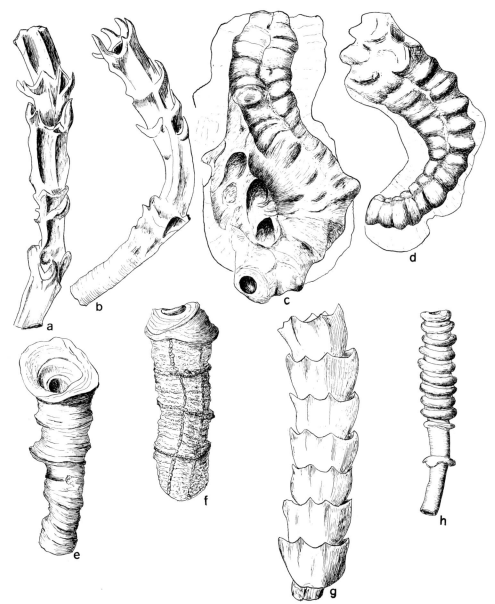

Abb. 532. Zur Morphologie der Röhren rezenter Serpulimorpha: a) *Omphalopoma stellata* SOUTHWARD 1963, „Jean Charcot" P. 157/DS. 9,31. 5. 1970, 38° 27' N, 04° 08' E, 2447 m Tiefe, Schlamm, an Pteropodenschalen angehaftet, Mittelmeer zwischen Menorca und Algerien, L = 5,9 mm; b) desgl., L = 5,6 mm; c) *Vermiliopsis ? torulosa* (delle CHIAJE), Marseille, Canyon de la Cassidaigne, ca. 300 m Tiefe, L = 5,1 mm; d) desgl., L = 4,5 mm; e) *Vermiliopsis labiata* (COSTA), Marseille, Meereshöhlen, ca. 10–20 m Tiefe, L = 6,6 mm; f) *Vermiliopsis monodiscus* ZIBROWIUS 1968, Marseille, Meereshöhlen, ca. 15 m Tiefe, L = 10 mm; g) *Omphalopoma cristata* LANGERHANS 1884 (*O. aculeata* FAUVEL 1909), Marseille, Meereshöhlen, ca. 10–30 m Tiefe, L = 4,1 mm; h) *Filogranula annulata* (COSTA), Marseille, Meereshöhlen, ca. 10–30 m Tiefe, L = 2,6 mm. — Gezeichnet nach einigen von H. ZIBROWIUS, Marseille, zur Verfügung gestellten Belegstücken.

Mercierella enigmatica FAUVEL 1:2,12 und bei 4 bis 6 cm langen Röhren 1:3,26 (G. HARTMANN-SCHRÖDER 1967). Kleinere Röhren dieser Art sind somit etwa doppelt, größere etwa dreimal so lang wie das zugehörige Tier. Dies macht verständlich, weshalb bei *Sclerostyla*-Röhren häufig der hintere, vom Tier nicht mehr bewohnte Abschnitt durch quer verlaufende Scheidewände (**Tabulae**) abgetrennt wird (Abb. 533—535). Fossil wurden sie z. B. bei der oberkretazischen *Sclerostyla macropus*, rezent bei *Sclerostyla ctenactis* in der Karibik nachgewiesen. Fossil bekannt sind sie auch bei *Pentaditrupa subtorquata*, rezent mit mehr oder weniger großer Sicherheit bei *Pomatoceros triqueter*, *Mercierella enigmatica* und *Ditrupa (Serpula ?) crenata*.

Die Tabulae erinnern äußerlich an ähnliche Bildungen der rezenten Landschnecke *Stenogyra truncata* ZIEGLER. Diese zieht sich von Zeit zu Zeit aus den ältesten Teilen ihres langen, schlanken Gehäuses zurück. Dann bildet sie jeweils am Hinterende des Eingeweidesacks eine kalkige Querwand, längs der der geräumte Bereich „amputiert" wird. Im Unterschied hierzu sind die Tabulae der Serpulimorpha (Abb. 535) differenziert. Sie tragen meist eine Perforation (Fistula) auf der proximalen, d. h. durch die Neigung des Tabulums am weitesten vom Peristom entfernten Stelle. Bei *Sclerostyla macropus* hat die Fistula einen querelliptischen oder nierenförmigen

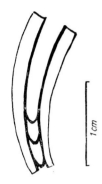

Abb. 533. Längsschnitt durch einen anal gelegenen Abschnitt von *Sclerostyla* sp. mit Querböden. Ob. Kreide (Unt. Maastricht, Schreibkreide) vom Kieler Ufer bei Saßnitz auf Rügen.

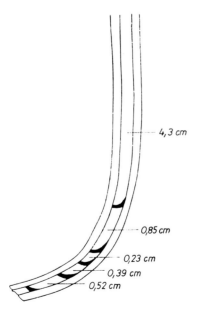

Abb. 534. *Sclerostyla macropus* (Sow.), Röhrenfragment mit Tabulae; Oberkreide (oberes Unt. Maastricht), Glashütte (Mecklenburg), Länge 6,5 cm. — Nach A. H. MÜLLER 1970.

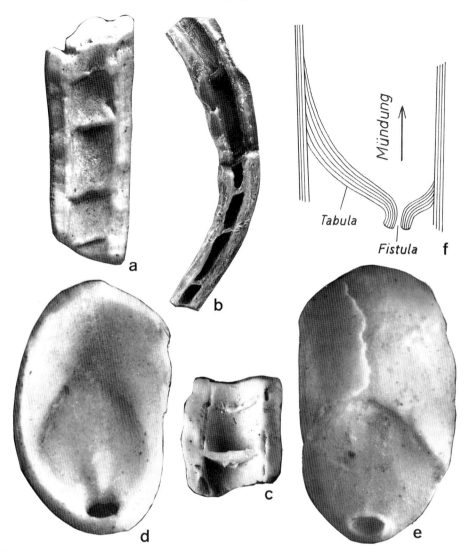

Abb. 535. Böden (Tabulae) in Serpuliden-Röhren: a), d)–e) *Sclerostyla* sp., Unt. Maastricht von Glashütte (Mecklenburg); b) *Sclerostyla macropus* (Sow.), Unt. Maastricht von Saßnitz (Rügen); f) Tabula im Längsschnitt (schematisch), von der Röhrenwand ist lediglich die Innenschicht gezeichnet. Bei d) handelt es sich um die distale Seite eines isolierten Bodens, bei e) um die proximale Seite mit Teilen der Röhrenwandung. Länge von a) ca. 0,8 cm, b) ca. 3,5 cm, c) ca. 0,3 cm, d) ca. 0,3 cm. – Nach A. H. MÜLLER 1963, 1970.

Umriß, wobei der größte Durchmesser stets quer zur Längserstreckung der Röhre und damit senkrecht zur Linie stärkster Neigung des Tabulums verläuft. Vertikal hierzu erstreckt sich in der Mittellinie des Tabulums eine leichte Wölbung nach oben. Dies spricht ebenso wie die Gestalt der Fistula für die Bildung der Tabulae durch einen bilateral-symmetrischen Körperteil, vielleicht den gleichen analen Drüsenkomplex, womit Serpulimorpha Beschädigungen im hinteren Teil ihrer Röhre auszubessern vermögen.

An der zum hinteren Röhrenende gerichteten Seite sind die Fistulae am Rande saumartig aufgewulstet oder leicht kragenförmig verlängert. Das 6,5 cm lange Röhrenfragment von *Sclerostyla macropus* zu Abb. 534 enthält fünf Tabulae, die in den angegebenen Abständen aufeinanderfolgen. In anderen Fällen sind sie zum Teil unmittelbar übereinander gebaut, so daß kein oder nur ein winziger Zwischenraum verbleibt. Andererseits konnten in besonders langen Röhren Abstände zwischen den Tabulae bis zu 0,7 cm gemessen werden. Bei Abb. 534 verlaufen die Tabulae fast parallel zueinander und unter Winkeln zwischen ca. 30 und 40 Grad zur konkaven Röhrenseite. Dort befinden sich auch die Perforationen, woraus zu schließen ist, daß das Tier bei der Anlage der Tabulae stets die gleiche Position zur Röhre eingenommen hat, die Symmetrieebenen von Wurm und Röhre also übereinstimmten. Leider konnte bisher die funktionelle Bedeutung der Fistulae nicht geklärt werden.

Die zwischen der Struktur der verschiedenen Schalenschichten bei den Serpuliden und Gastropoden bestehenden Unterschiede sind in Tabelle 5 unter Beifügung schematischer Zeichnungen derart dargestellt, daß sich eine besondere Besprechung erübrigt.

Tabelle 5
Unterschiede in der Struktur der verschiedenen Schalenschichten bei den Serpulidae und Gastropoda (schematisch).

Querschnitt		Längsschnitt	
Serpulidae	Gastropoda	Serpulidae	Gastropoda
Äußere und innere Schicht bestehen aus konzentrischen Lagen.	Innere Schicht konzentrisch, äußere radialfaserig struiert.	Innere Schicht aus dünnen, der Innenfläche parallel verlaufenden blätterigen Lagen; äußere Schicht dick, mit Parabelbau. Parabelkrümmung zeigt zur Oralseite. Die parabelförmigen Lamellen sind jeweils ein Abbild des Collare.	Innere Schicht aus dünnen, der Innenfläche parallel verlaufenden blätterigen Lagen; äußere Schicht mehr oder weniger vertikal gefasert.

Das durchschnittliche Verhältnis der Dicke der äußeren Schicht zu der Dicke der inneren Schicht beträgt bei den
a) Serpulidae 1 : 0,5
b) Gastropoda 1 : 1 bis 1 : 1,3

3. Systematik

Wie etwa aus den grundlegenden Werken von G. BUSK 1910 und A. J. MALMGREEN 1867 hervorgeht, stützt sich die Taxonomie der rezenten Serpulimorpha vor allem auf den speziellen Bau des Weichkörpers, des Tentakelkranzes und der Borsten. Demgegenüber wurden vor allem bei den älteren Autoren die Röhren oft vernachlässigt, da sie bei vielen Vertretern völlig gleichartig ausgebildet sein können. Wegen der begrenzten Erhaltungsfähigkeit fossiler Serpulimorpha stehen aber dem Paläontologen in der Regel nur die Röhren und (falls verkalkt) die Opercula zur Verfügung; sodaß viele der von ihm aufgestellten „Arten" nur als reine Morphospezies zu betrachten sind, d. h. als Gruppen ähnlicher Röhren und (falls überliefert) Opercula. Dies ist bedauerlich, da vor allem die Röhren oft häufig vorkommen und biochronologisch sowie fazieskundlich an Bedeutung gewinnen.

Familie **Serpulidae** SAVIGNY 1818

Die permanente, meist angeheftete Wohnröhre besteht aus Kalziumkarbonat. Sie ist opak, selten durchscheinend. Querschnitt rund oder polygonal. — Kambrium — rezent.

Unterfamilie **Filograninae** RIOJA

Relativ dickwandige, gerade oder gewellte Röhren, deren Jugendstadien gelegentlich eingerollt sind. Die Oberfläche ist meist glatt; doch finden sich auch einfache Ringleisten oder Runzeln; Längselemente fehlen. Die Röhren sind nicht mit der gesamten Länge aufgewachsen; zum Teil kommen sie vergesellschaftet vor. — ? Unt. Karbon, Mesozoikum — rezent.

Abb. 536. *Protula intestinum* (LAMARCK), Pliozän von Astigiano, ¾ nat. Gr. — Nach W. J. SCHMIDT 1955.

Filograna OKEN 1815: ? Perm, Kreide — rezent.

Die etwa ¼ mm dicken, maximal 1 cm langen Röhrchen finden sich stets in lockeren Anhäufungen, oft zu vielen Tausenden beisammen. Nicht selten bilden sie, von verschiedenen Anheftungsstellen aus, ein Bündel. Die Oberfläche ist glatt oder mit schwacher Querskulptur versehen.

Protula RISSO 1826: Kreide — rezent (Abb. 536).

Verhältnismäßig dickwandige und (abgesehen von den Anfangsstadien) wenig gebogene Röhren, deren Durchmesser fast immer mehr als 5 mm beträgt. Die Oberfläche ist, falls man eine mehr oder weniger deutliche Querrunzelung unberücksichtigt läßt, glatt. Ein Deckel fehlt.

Unterfamilie **Serpulinae** RIOJA

Hierher werden die nicht zu den leichter erfaßbaren Filograninae bzw. Spirorbidae gehörenden und oft mit der gesamten Länge aufgewachsenen Vertreter gestellt. Sie sind glatt oder mit sehr mannigfacher Längs- und Querskulptur versehen. — Perm — rezent.

Ditrupa BERKELEY 1835: Kreide — rezent (Abb. 537).

Nicht angeheftete, zylindrisch-keulenförmige Röhren, die an beiden Enden offen sind. Da sie weiterhin nur eine leichte Krümmung aufweisen, können sie mit Scaphopoden verwechselt werden. Die Oberfläche ist meist glatt, im übrigen mit feinen Querrunzeln versehen, die obere Schalenschicht in der Regel eigenartig durchscheinend ausgebildet. Die Länge der Röhre beträgt meist weniger als 1 cm, maximal einige Zentimeter. Der äußere Durchmesser ist gewöhnlich kleiner als 1 mm, erreicht aber mitunter mehrere Millimeter. Er nimmt anfangs etwas zu, verringert sich aber kurz vor der Mündung wieder, so daß die Röhre ein fast keulenförmiges Aussehen erhält.

Abb. 537. *Ditrupa cornea* (LINNÉ), Altpleistozän von Monte Pellegrina (Italien). Ca. ⅔ nat. Gr. — Nach J. ROGER 1952.

Pomatoceros PHILIPPI 1844: Miozän — rezent, weltweit (Abb. 539).

Die meist einige Zentimeter langen, gerade bis schlingenartig verlaufenden Röhren sind fast immer mit einem deutlichen Basalsockel aufgewachsen. Da sie außerdem an der Oberfläche stets einen Längskiel tragen, ist der äußere Röhrenquerschnitt dreieckig.

Die Röhren von *Pomatoceros triqueter* (Abb. 539) werden meist im Frühjahr, durch Anfügung neuer Abschnitte unterschiedlicher Länge vergrößert. Anfang und Ende derselben bleiben durch äußere Einschnürungen kenntlich.

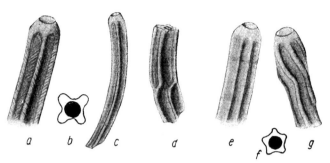

Abb. 538. Serpulidae, deren Skulptur aus Längselementen besteht. Schreibkreide (Maastrich) von Saßnitz auf Rügen. Originale im Geol.-Pal. Institut Greifswald. Del. Verf. **a)–d):** *Tetraserpula canteriata* (v. Hag.), ³/₁ nat. Gr. a) Mündungsabschnitt mit freier, sparrenförmiger Querstreifung; b) schematischer Querschnitt; c) schwach gekrümmter, freier Röhrenabschnitt mit Mündung; d) Röhrenbruchstück mit ? Wachstumsunterbrechung und Änderung im Verlauf der Längsrippen. **e)–g):** *Pentaditrupa subtorquata* (Münster), ²/₁ nat. Gr. e) und g) Mündungsabschnitte; f) schematischer Röhrenquerschnitt.

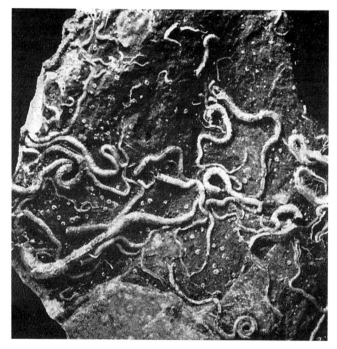

Abb. 539. *Pomatoceros triqueter* (Linné) und *Spirorbis* auf einem Gesteinsstück. Rezent, Ärmelkanal bei Boulogne. Etwa nat. Gr.

In den Abb. 538, 540—542 finden sich einige Arten weiterer Gattungen ohne besonderen Kommentar.

Zur Sammelgattung *Serpula* Linné 1758 (Ob. Perm — rezent) werden vielfach alle Serpulinae gestellt, die sich nicht bei den bereits bekannten Gattungen unterbringen lassen oder nur provisorisch zu betrachten sind.

I. Klasse Polychaeta Grube 1850 (Borstenwürmer)

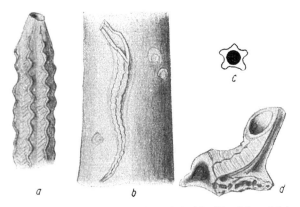

Abb. 540. *Filogranula cincta* (Goldf.), Ob. Kreide (Schreibkreide, Unt. Maastricht) von Rügen, a) Mündungsabschnitt, 5/1 nat. Gr.; b) Röhrenabschnitt, auf der Firstlinie einer *Belemnella lanceolata* Schloth. orientiert festgewachsen. Daneben wachstumsorientierte *Dimyodon nilssoni* v. Hagenow, 2½ nat. Gr.; c) schematischer Querschnitt durch den freien Röhrenteil, 4/1 nat. Gr.; d) Übergang vom festgehefteten zum freien Röhrenabschnitt, 5/1 nat. Gr.; del. Verf.

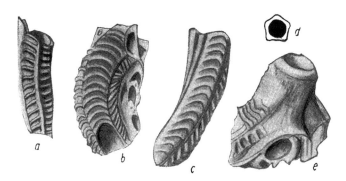

Abb. 541. *Eoplacostegus costatus* (v. Hagenow), Ob. Kreide (Schreibkreide, Unt. Maastricht) von Rügen, a)—c) Bruchstücke des ausgewachsenen Röhrenabschnitts, 12/1 nat. Gr.; d) schematischer Querschnitt durch den freien Röhrenteil, 5/1 nat. Gr.; e) Übergang vom festgehefteten zum freien Röhrenabschnitt mit kurzem Mündungsteil, 11/1 nat. Gr.; del. Verf.

Familie **Spirorbidae** Pillai 1970

Zum Teil planspiral, mitunter aber auch schwach trochispiral, teils rechts-, teils linksgewundene Röhren mit unterschiedlich weitem Nabel. Ferner sind kennzeichnend neben der Asymmetrie des Körpers die Ausbildung verkalkter, meist gattungsspezifischer Opercula, die geringe Anzahl (3—5) rudimentärer Thorakalsegmente und das Vorhandensein von Brutpflege. — Ordovizium — rezent.

Spirorbis Daudin 1800: Ordovizium — rezent (Abb. 543a—d).

Mehr oder weniger regelmäßig planspiral oder trochispiral aufgewundene Röhren, die ein schneckenartiges, z. T. kegelförmiges Gehäuse von meist geringer Größe bilden. Die Festheftung erfolgt mit der Spitze. Die letzte Windung oder Teile derselben sind oft frei. Verstärkt gilt dies etwa für das rezente *Spirorbis spirillum*, das auf Fadenalgen lebt und hierdurch eine korkzieherartige Gestalt mit losen Windungen erhält.

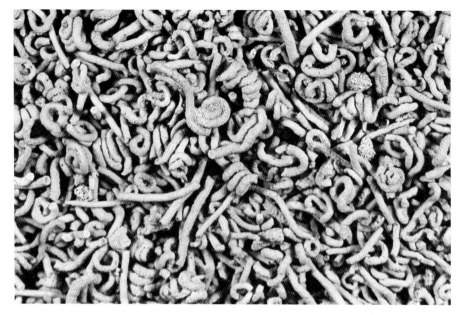

Abb. 542. *Glomerula gordialis* v. SCHLOTH., Ob. Kreide (*Plenus*-Zone, Serpelsande) von Bannewitz b. Dresden. Dicke der Röhren ca. 1,5 mm.

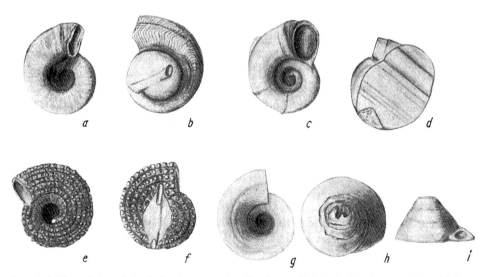

Abb. 543. Verschiedene *Spirorbidae*-Arten aus der Oberkreide (Schreibkreide des Unt. Maastricht) vom Kieler Ufer bei Saßnitz auf Rügen. a)—d) *Spirorbis aspera* (v. HAG.), hiervon zeigt b) die Unterseite mit dem Abdruck des röhrenförmigen Substrats (? Algenstiel, ? Seegraswurzel), auf dem das Gehäuse befestigt war; d) war vermutlich auf einer Muschelschale festgewachsen. Ca. ⁴⁄₁ nat. Gr. e)—f) *Neomicrorbis crenatostriatus* (v. MÜNSTER), ca. ⁴⁄₁ nat. Gr. g)—i) *Conorca trochiformis* (v. HAG.). Ca. ³⁄₁ nat. Gr.

I. Klasse Polychaeta Grube 1850 (Borstenwürmer)

Neomicrorbis Rovereto 1904: Ob. Kreide (Mittl. Cenoman — Ob. Maastricht) von Europa, rezent im Atlantik (Abb. 543e—f, 544—546).

In jüngster Zeit wurde die Gattung, die vorher nur in der Oberkreide beobachtet werden konnte und als ausgestorben galt, mit einer rezenten Art (*Neomicrorbis azoricus* Zibrowius 1972) bei den Azoren nachgewiesen. Der Holotypus stammt aus einer Tiefe von 584 m. Unter Berücksichtigung der Borsten, Uncini und sonstiger, fossil unbekannter Strukturen lautet die beträchtlich erweiterte Gattungsdiagnose jetzt:

„Tube enroulé spirale dextre ou sénestre (ordre de grandeur: 5 mm), comportant en général de nombreuses carènes longitudinales granulées ou dentelées. Opercule correspondant au deuxième filament branchial dorsal d'un côté; ni pseudo-opercule du côté opposé ni membranes palmaires. Opercule entièrement calcifié, composé d'une plaque distale concave ou convexe plus ou moins massive et d'un large talon proximal plus ou moins caréné; opercule à symétrie bilatérale (Abb. 544b—d). Nombreux segments thoraciques (plus de 4, apparemment 7). Premier segment thoracique à soies spéciales comportant un aileron proximal distinct du limbe terminal; soies en faucil („soies d'*Apomatus*") présentes dans les segments thoraciques postérieurs (Abb. 544g—h). Soies abdominales géniculées (Abb. 544i). Uncini allongés, avec plus de 10 dents; dent antérieure simple, non bifurquée; uncini thoraciques à denticulation scie (Abb. 544j), uncini abdominaux à denticulation en râpe" (Abb. 544 k) (H. Zibrowius 1972).

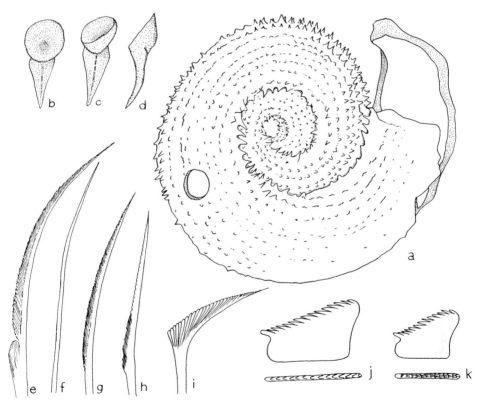

Abb. 544. *Neomicrorbis azoricus* Zibrowius, a) leere Röhre, rechtsgewunden (D — 5mm), b)—d) verschiedene Ansichten vom Operculum eines kleinwüchsigen, linksgewundenen Exemplars, e)—f) Borsten des 1. Thorakalsegments, g)—h) Borsten der hinteren Thorakalsegmente, i) Borsten des Abdomens, j) thorakaler Uncinus, k) abdominaler Uncinus; rezent aus 845 m Tiefe im SO von Terceira (Azoren). — Nach H. Zibrowius 1972.

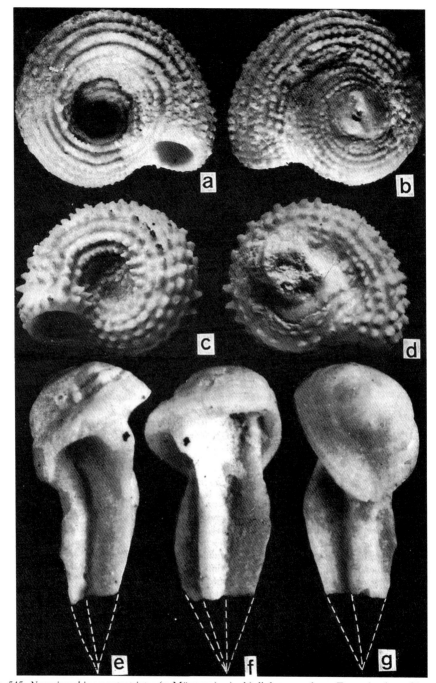

Abb. 545. *Neomicrorbis crenatostriatus* (v. MÜNSTER), a)—b) linksgewundenes Exemplar (a — Oberseite), D — 4,8 mm; c)—d) rechtsgewundenes Exemplar (c — Oberseite), D — 3,4 mm; e)—g) Operculum (e und f — schräg von außen, g — von innen), Länge (ergänzt) ca. 1,8 mm; Oberkreide (Schreibkreide-Fazies, höheres Untermaastricht) von Jasmund (Rügen). — Zusammengestellt nach A. H. MÜLLER 1964 und 1965.

I. Klasse Polychaeta Grube 1850 (Borstenwürmer)   489

Das wichtigste fossil überlieferte Kennzeichen der Gattung ist das vollständig verkalkte Operculum. Es wurde bereits von ROVERETO (1904) isoliert in der Schreibkreide (Maastricht) von Rügen beobachtet, doch erst viel später erstmalig in situ nachgewiesen (NESTLER 1963). Eine große Zahl isolierter Opercula auch weiterer Formen hat MÜLLER 1964 beschrieben. Die Terminologie ergibt sich aus Abb. 546.

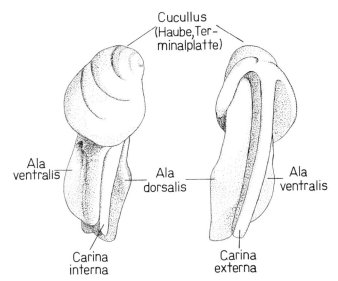

Abb. 546. Zur Terminologie der Deckel (Opercula) der Spirorbiae. Beispiel: *Neomicrorbis* sp., Oberkreide (Schreibkreide-Fazies, höheres Untermaastricht) von Rügen. Länge ca. 1,5 mm. — Nach A. H. MÜLLER 1964.

 Abb. 547. a) Unterseite von *Rotularia bognoriensis* (MANTELL) mit den unregelmäßig aufgewundenen Anfangsteilen der Röhre. Ob. Paläozän. Nat. Größe. Nach A. WRIGLEY 1951. – b) Querschnitt durch *Rotularia clymenioides* (GUPPY) mit zylindisch aufgerollten juvenilen Röhrenteilen. Ob. Eozän. ⅔ nat. Gr. Nach W. J. SCHMIDT 1955.

Rotularia DEFRANCE 1827: Ob. Kreide — Eozän, Maximum der Entwicklung im Eozän (Abb. 547).
Die sehr kleinen und zarten Anfangsteile der Röhre sind unregelmäßig gebogen und vollständig aufgewachsen; der Rest ist bis auf den mehr oder weniger geraden, letzten Röhrenabschnitt meist flach, seltener hoch trochispiral gewunden. Der Durchmesser des Gehäuses schwankt von wenigen Millimetern bis zu einigen Zentimetern.

4. Wachstumsorientierte Serpuliden auf Ammoniten

Wie vor allem Untersuchungen von W. LANGE 1932 und O. H. SCHINDEWOLF 1934 gezeigt haben, wuchsen Serpuliden auf gewissen Ammonoidea des Lias (z. B. *Arnioceras*) bevorzugt an der Externseite entlang zur Mündung in dem Maße, wie sich das Gehäuse vergrößerte und dabei seine allgemeine Lage durch Drehung um die horizontale Windungsachse veränderte

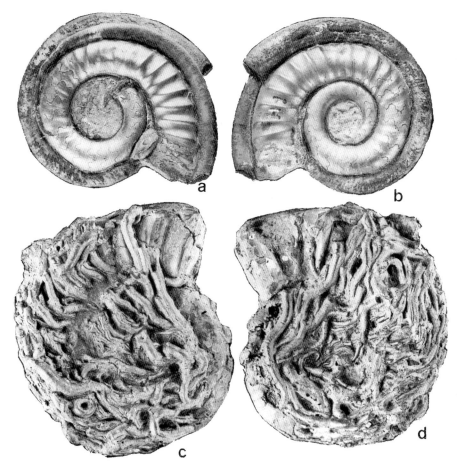

Abb. 548. Wachstumsorientierter Bewuchs von *Serpula raricostata* QUENSTEDT auf *Arnioceras falcarius* QUENSTEDT, Lias α_3 (Arietitenschichten, Unteres Sinemur), Tagebau Sommerschenburg (Lappwaldmulde, BRD), a)—b) zwei der Serpeln als Epizoen auf der Externseite eines Ammoniten, D — 2,4 cm; c)—d) zahlreiche Serpeln auf den beiden Flanken eines anderen Ammoniten, D — 1,7 cm. — Nach A. H. MÜLLER 1966.

(Abb. 548 a—b). Durch Vergleich mit dem jährlichen Längenzuwachs der Röhre rezenter Serpuliden ergab sich hieraus größenordnungsmäßig der Schluß, daß die betreffenden Ammoniten zum Bau ihrer äußeren Windung ca. 1½ bis 2 Jahre benötigten. Serpuliden, die sich seitlich auf der Gehäusescheibe zu Lebzeiten der Ammoniten fixiert hatten, sind nach oben und unter leichter Biegung in Richtung zur Mündung des Gehäuses gewachsen (Abb. 548 c—d).

5. Wachstumsformen und Ökologie

Serpulimorpha mit dicker Röhrenwand und ausgeprägter Parabelschicht zeigen die Tendenz, sich mit distalen Röhrenabschnitten vom Substrat zu lösen und unter größerem oder kleinerem Winkel frei nach oben zu wachsen. Dabei sind Länge und Verlauf des fixierten bzw. erigierten Abschnitts, der Neigungswinkel des letzteren sowie Einzelheiten der Skulptur oft weitgehend von Umweltfaktoren abhängig. So bildet *Mercierella* unter günstigen Bedingungen, d. h. bei

Temperaturen über 18 °C und Salinitäten des Brackwasserbereichs, lange, dicke Röhren mit relativ weitständiger Ringelung, unter weniger günstigen Verhältnissen dicht geringelte Röhren mit wenigen Peristomata übereinander. Dabei ist Massenbefall von Larven vermutlich die Ursache für ungerichteten, knäuelartigen Bewuchs auf kleiner Fläche. Unabhängig hierzu trägt jedoch der proximale Abschnitt fast immer einen Längskiel, während der distale ausgewachsener Röhren stets mehrere Peristome und ein oder drei Längskiele aufweist (G. HARTMANN-SCHRÖDER 1967).

Sehr variabel ist der Röhrenverlauf von *Glomerula gordialis* (v. SCHLOTH.), die zu den Filograninae gerechnet wird und häufig besonders in Transgressionssedimenten des jüngeren Mesozoikums vorkommt. Sie bildet neben gerade verlaufenden Abschnitten nahezu planspirale, regelmäßig trochispirale, mehr oder weniger verknäuelte usw. Bei den trochispiralen biegt die Röhre nach anfangs gerader Erstreckung scharf um und windet sich in entgegengesetzter Richtung bis zu sechsmal schraubenförmig um den orthostylen Teil. Lineares Wachstum findet sich abgesehen von den teils mäandrisch verbogenen fixierten Jugendabschnitten bei Zwischenstücken, die verschiedene Knäuel oder trochispirale Bereiche verbinden, sowie bei Endabschnitten. Ein irgendwie festgelegter Plan fehlt. Häufig liegen unregelmäßig verknäuelte Röhren isoliert im Sediment, und es fragt sich, ob die Tiere dies nicht selbst durch „Amputation" verursacht haben. Ein Anzeichen hierfür könnte sein, daß mitunter aus der Mündung einer dickeren Röhre plötzlich eine viel dünnere hervortritt und nur ganz allmählich wieder an Umfang zunimmt.

Aus allem geht hervor, daß bei stark abwandelnden, auch von Umwelteinflüssen abhängigen Serpulimorpha eine zu weitgehende Taxonomie ad absurdum führt. Andererseits ist es selbst bei rezenten Vorkommen nicht immer möglich, die einzelnen Arten ohne Kenntnis der Röhren eindeutig zu unterscheiden. Dies gilt z. B. für die rezente *Sclerostyla*. In welchem Ausmaß aber auch Spirorbidae gestaltlich durch die Umwelt beeinflußt werden, zeigen die Vorkommen von *Spirorbis refrathiensis* BECKMANN aus dem Mittl. Devon des Rheinlands, von *Spirorbis aberrans* HOHENSTEIN aus dem Unteren Keuper von Mitteleuropa (Abb. 549) und von *Spirorbis spirillum*, die rezent auf Fadenalgen lebt und hierdurch oft korkzieherartig deformiert wird. Im Vergleich mit vermiformen Gastropoden tritt schraubenförmiges freies Wachstum bei Spirorbidae weniger häufig auf; doch dürfte es in beiden Fällen bei sehr dichtem Larvenbefall durch den hierdurch verursachten innerartlichen Konkurrenzdruck ausgelöst werden. Von besonderem Interesse sind aber auch die folgenden Beispiele:

Im oberen Teil der devonischen Martin-Formation (Arizona, USA) und ca. 40 m unter der Basis der dem Unt. Karbon (Mississippian) angehörenden Redwall-Kalke wurden bis 45 cm hohe und 1,25 m breite Bioherme von *Serpula helicalis* BEUS nachgewiesen (St. S. BEUS 1980), deren ca. 1 mm dicken und 1 cm hohen Röhren vertikal nach oben wuchsen und sehr gleichmäßige lose, zylindrische Schrauben bilden. Sie umfassen bis zu vier Umgänge und lassen nirgends Anzeichen planspiraler Aufwindung erkennen. Die Oberfläche der Röhren trägt feine Zuwachsstreifen. Die Unterlage der Bioherme besteht aus feingeschichteten Dolomiten, denen bis 6 cm dicke stromatolithenartige Strukturen zwischengeschaltet sind. Alles läßt auf einen flachen inter- oder subtidalen Lebensraum schließen, wo sich feiner Kalkschlamm zwischen den Serpulidenröhren fing und deren schraubenförmiges Höhenwachstum mit verursachte.

Analoges Verhalten zeigt die vermutlich endemische und wohl zu den „auloporiden" tabulaten Korallen gehörende *Spiropora crispula* COOPER, die in flachmarinen, dünnplattigen Kalken des Ob. Ordovizium (Ashgill, Richmondian) von Ontario (Kanada) nachgewiesen wurde. Sie wächst im Uhrzeigersinn schraubenförmig aufwärts, wobei sie in rhythmischen Abständen zahlreiche Seitenknospen bildet. Ein derartiges Wachstumsverhalten ist bei den Korallen sonst unbekannt (P. COPPER 1981).

Vermutlich zu den Serpulidae gehören die als ? „*Serpula*" *gyrolithiformis* VOIGT & LAFRENZ aus der Unt. Kreide (Ob. Alb) von England beschriebenen korkzieherartig gewundenen dünnen Röhren, die vertikal im cerioiden Corallum einer Scleractinia-Art zu deren Lebzeiten angelegt wurden und auf Kommensalismus schließen lassen.

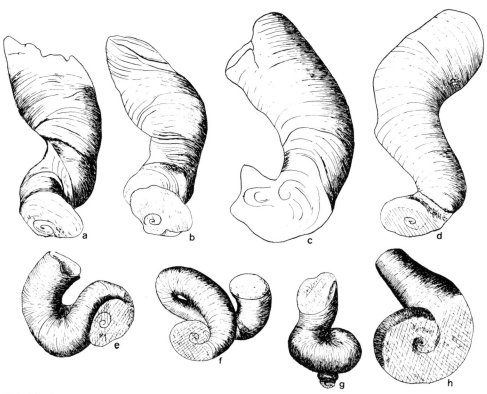

Abb. 549. *Spirorbis aberrans* HOHENSTEIN, a)—d) korkzieherartig umeinander gewachsen, e)—f) unregelmäßig mit großer Anwachsfläche, g) trochispiral mit sehr kleiner Anwachsfläche, h) zunächst planspiral mit großer Anwachsfläche und aufrechtem Endabschnitt; Unt. Keuper (Lettenkohlenkeuper, Bereich der mittleren Dolomite), Ingersleben (Thüringer Becken). Größter Durchmesser von a)—b) 2,6 mm, h) 1,6 mm. — Nach A. H. MÜLLER 1982.

Massenvorkommen von Serpulimorpha an eng begrenzter Stelle beruht vielfach auf der Fähigkeit ihrer Larven, auf chemische Stimuli zu reagieren. Dies gilt z. B. für gewisse Algenextrakte, was die Vorliebe vieler Spirorbidae für bestimmte Algen erklärt. Hinzu kommt, daß die Larven von Spirorbidae mit Brutpflege nur ein sehr kurzes pelagisches Leben besitzen und sich meist unmittelbar neben oder auf der vorhergehenden Generation festsetzen. Laborversuche von STRAUGHAN (1968) zufolge entfernen sie sich nicht weiter als ca. 5 cm von den Adulten. Dabei entstehen oft knollenförmige Vorkommen, die auch fossil nachgewiesen werden konnten. Zudem spielt die Beschaffenheit des Substrats allgemein eine wesentliche Rolle. So fixierten sich im Feldexperiment die Larven von *Mercierella enigmatica* häufiger auf rauher als auf glatter Oberfläche, auf opakem Untergrund öfter als auf transparentem und auf dunklem häufiger als auf hellem. Auch der Winkel der exponierten Oberfläche zum Untergrund und zu Gezeitenströmungen sowie das Vorhandensein anderer fixosessiler Organismen besonders der eigenen Art wirkten sich aus. Unter günstigen und längere Zeit stabilen Umweltbedingungen können kleine Bioherme entstehen; doch ist deren Existenzdauer verglichen mit den Riffen der Korallen und Poriferen wohl durchweg gering.

Serpel-Riffe sind aus dem Unterkarbon von Großbritannien beschrieben, zum Teil aber auf vermiforme Gastropoden zurückgeführt worden. Die ältesten, bisher bekannten Vorkommen stammen aus dem Devon von Arizona (USA). Auf sie wurde bereits in einem anderen Zusammenhang eingegangen. Angaben über rezente Serpelriffe sind zahlreich. Sie betreffen z. B. die Vorkommen von *Serpula vermicuralis* LINNÉ in einer geschützten Bucht bei Ardbaer Lough von Galway County (Eire), die bis 0,7 m hohen und 1,5 m breiten Bioherme lebender Serpuliden im flachen, subtidalen Brackwasser der Chincoteague Bay (Maryland) und die zahlreichen 0,5 bis 6 m großen, oft atollartigen Serpelriffe längs der Südküste der Bermudas. In den „Atollen" sind lebende Würmer nur an der Außenseite vorhanden. Die bis 1 m tiefen „Lagunen" enthalten lediglich Röhren abgestorbener Tiere. Andere Riffe haben einen halbkreisförmigen, halbmondförmigen, S-förmigen Umriß oder sind unregelmäßig gebaut. Die Riffe ragen bei Ebbe bis zu 30 cm aus dem Wasser. Die Röhren der Serpuliden liegen nur anfangs dem Untergrund auf. Später verlaufen sie mehr oder weniger aufrecht mit schief gegen die Brandung gestellter Mündung. In vielen Fällen dürfte das Schwärmen der Larven durch tidale und lunare Zyklen beeinflußt sein. Leider fehlen umfassende diesbezügliche Untersuchungen. Für die Abhängigkeit spricht u. a., daß sich die Larven fixosessiler Organismen, also auch der Serpulimorpha in den Zuflußkammern der Northern Electricity Authority Power Station von Townsville (Australien) vor allem während der Springgezeiten festsetzen (D. STRAUGHAN 1968).

Problematisch bleibt oft der Versuch, vom ökologischen Verhalten rezenter Arten auf das nahestehender fossiler Spezies zu schließen. Viele Anzeichen sprechen für eine Änderung der ökologischen Potenz im Laufe der Stammesgeschichte.

a) So sind die durchweg stenöken rezenten Arten der Gattung *Metalaeospira* auf den subantarktischen Bereich beschränkt. Es überrascht deshalb das häufige Vorkommen von *Metalaeospira pileoformis* in den mittelpaläozänen Lagunensedimenten der Emperor Seamounts (NW Pazifik), deren beschränkter Wasseraustausch zum offenen Ozean sich u. a. aus dem Auftreten von Gipskristallen im Nebengestein ergibt. Sie vermochten also in einen ökologisch instabilen Biotop einzudringen und unter den Serpulimorpha das beherrschende Element zu bilden. Im Hinblick auf die rezenten Arten der Gattung könnte dies für eine beträchtliche Arealreduktion sowie Änderung der ökologischen Potenz seit dem Mittl. Paläozän sprechen (A. LOMMERZHEIM 1981).

b) Ähnliches trifft vermutlich für die Gattungen *Circeis* und *Palaeospira* zu, deren bekannte Arten während des Paläozäns im NW-Pazifik unter tropischen Verhältnissen lebten, in der Gegenwart aber nur in den kühleren Regionen des NO-Atlantik zu finden sind.

c) Hinweise für einen Wechsel von ursprünglich eurybathem zu stenobathem Verhalten ergeben sich für die Gattung *Neomicrorbis*, die fossil vor allem in der Oberkreide von Nord- und Mitteleuropa vorkommt. Sie galt lange Zeit als ausgestorben, wurde dann aber 1972 mit einer rezent bei den Azoren nachgewiesenen Art (*N. azoricus* ZIBROWIUS, Abb. 544, siehe auch S. 587) beschrieben. Die für die Oberkreide wichtigste Art ist *N. crenatostriatus* (Abb. 545). Sie findet sich während des Cenoman selten auf Korallenriffen und unmittelbar über „Hartgründen", wo sie vermutlich auf den dort wachsenden Tangen in relativ geringer Wassertiefe siedelte. In der Schreibkreide-Fazies dienten, wie die Beschaffenheit der Anwachsfläche zeigt, vielfach Zweischaler- und Bryozoenreste als Substrat. Hier ist mit einer Wassertiefe bis ca. 300 m zu rechnen. Der Holotypus der rezenten Art stammt aus einer Tiefe von ca. 845 m. Weitere Exemplare wurden (pers. Mitt. von H. ZIBROWIUS, 12. 11. 1971) in Tiefen von meist 500 bis 800 m gefunden. Alles spricht für eine Verlagerung des Lebensraumes in größere Tiefen, wie es u. a. für die Kieselschwämme seit der Kreidezeit nachgewiesen wurde. Trifft dies zu, sind im Tertiär bathymetrische Übergangsformen zu erwarten.

Zur Biostratigraphie und Phylogenetik

Serpulidae sind seit dem Kambrium bekannt. Abgesehen von einigen systematisch unsicheren Formen handelt es sich dabei bis zum Karbon ausschließlich um Spirorbidae (sechs Arten, zum Beispiel: *Spirorbis carbonarium* MURCH., Silur; *Sp. amonius* GOLDF., Mittl. Devon; *Sp. omphaloides* GOLDF., Mittl. Devon). Serpulinae finden sich erstmalig im Perm (zwei Arten, zum Beispiel *Serpula pusilla* KING), Filograninae aller Wahrscheinlichkeit nach frühestens im Mesozoikum. Insgesamt betrachtet überwiegt bis zur Trias die Gattung *Spirorbis*. *Serpula* hingegen tritt erst ab Jura zunehmend in den Vordergrund. Ähnlich wie auch bei anderen Organismengruppen, ergibt sich eine deutliche Zäsur zwischen Kreide und Tertiär. Ein etwas schwächerer Einschnitt liegt zwischen Paläogen und Neogen.

Hinsichtlich der Skulptur läßt sich sagen, daß bis zur Trias im allgemeinen nur glatte Formen auftreten. Erst im Lias beginnt eine zunehmende Differenzierung, die sich im Dogger steigert und bereits in der Oberkreide fast zu einer Erschöpfung der Möglichkeiten führt.

Die zusammenfassende Bearbeitung der tertiären Serpulidae Österreichs durch W. J. SCHMIDT (1955) ergab, daß sie sich vielfach bei großer horizontaler, oft weltweiter Verbreitung streng an bestimmte Horizonte halten. Dies gilt für 89 Arten. Zu ihnen treten 44 Arten, die in ihrer vertikalen Verbreitung weniger beschränkt sind, aber trotzdem stratigraphische Schlüsse ermöglichen. — Besonders zu verweisen ist ferner auf die umfassenden Arbeiten von H. REGENHARDT (1961), A. LOMMERZHEIM (1979) und M. JÄGER (1983) über die Serpulidenfauna der Oberkreide.

II. Klasse ? **Palaeoscolecida** CONWAY-MORRIS & ROBISON 1986

Anneliden-ähnliche marine Metazoa, deren Körper aus mehreren 100 identischen Segmenten besteht. Cuticula i. d. R. papillat; fest, flexibel, wenig elastisch. Im Unterschied zu den Polychaeta fehlen Parapodien und großwüchsige Borsten (Chaetae). Segmente tragen meist ringsum eine doppelte Reihe von Knötchen (Papillen), was bei den rezenten Anneliden nicht beobachtet werden kann. Beide Körperenden wie bei den Oligochaeta wenig differenziert. Kiefer in einigen Fällen nachgewiesen. — Unt. Kambrium — Ob. Silur mit wenigen Gattungen als Seltenheiten von Nordamerika, West- und Mitteleuropa, Australien, ? China.

Plasmuscolex KRAFT & MERGL 1989: Unt. Ordovizium von Böhmen (Abb. 550).

Körper mittelgroß, vermutlich zylindrisch, aus mehr als 200 Segmenten, bis ca. 4,5 cm im Durchmesser. Ober- und Unterseite nicht differenziert. Segmente etwa von gleicher Größe, begrenzt von tiefen, intersegmentalen Furchen. Knötchen undeutlich begrenzt, firstförmig, elliptisch bis perlenförmig im Umriß, kräftig. Oberfläche der Cuticula dicht mit epicutikularen Vorragungen bedeckt, die auf dem Zentralband der Segmente dichter stehen. Anzahl der Knötchen je Segment 50—70.

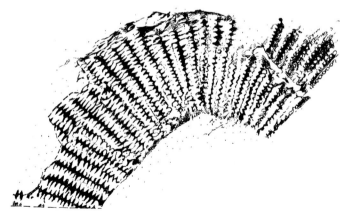

Abb. 550. *Plasmuscolex herodes* KRAFT & MERGL, Unt. Ordovizium (Dobrotivian) von Sutice bei Stary Plzenec (Böhmen). Länge ca. 1,2 cm. — Gezeichnet nach einer Fotografie in P. KRAFT & MERGL 1989.

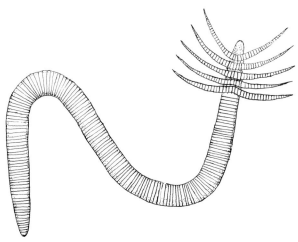

Abb. 551. *Facivermis yunnanicus* X. Hou & J. Chen, Rekonstruktion. Unt. Kambrium (Unt. *Eoredlichia*-Stufe) von Chengjiang, Yunnan. Länge ca. 5,5 cm. — Nach X. Hou & J. Chen 1989, umgezeichnet.

? **Facivermes** Hou & Chen 1989: Unt. Kambrium (Unt. *Eoredlichia*-Stufe) von Yunnan (China) (Abb. 551).

Körper langgestreckt, bilateral-symmetrisch, deutlich segmentiert, vorn in eine retraktile, spitze und mit Papillen besetzte Proboscis auslaufend; dahinter 5 Paar segmentierte Tentakel. Anzeichen von Parapodien und Borsten fehlen. Cuticula mit zahlreichen ringförmig angeordneten Papillen.

III. Klasse **Myzostomida** Graff 1884

1. Allgemeines

Ausschließlich marine Anneliden, die als Parasiten an Echinodermen, insbesondere Crinoiden, leben und meist nur eine Länge von 3 bis 5 mm erreichen. Der Körper bildet eine ovale Scheibe, die einen saumartig verdünnten Rand aufweist und rings mit relativ langen Cirrhen besetzt ist (Abb. 552). In der Nähe des Vorderrandes befindet sich eine Öffnung, durch die der schmale, rüsselartige Vorderkörper (mit Mund, Pharynx und Oberschlundganglion) herausgeschoben werden kann. Die mit Wimpern besetzte Epidermis ist nicht durch Querfurchen gegliedert. Parapodien und Borstentaschen ähneln denen der Polychaeta, die als nächste Verwandte der Myzostomida gelten. Das Fehlen einer Segmentierung ist wohl sekundär und durch die vermutlich schon seit dem Silur angenommene parasitische Lebensweise bedingt. Die Begattung der hermaphroditen Tiere erfolgt wechselseitig.

2. Vorkommen

Fossil vermutlich seit dem Silur. Rezent mit etwa 130 Arten, die vornehmlich als Ectoparasiten an Crinoiden leben.

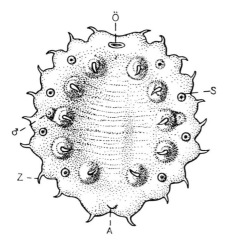

Abb. 552. Unterseite von *Myzostoma* sp. Rezent. Bezeichnungen: A = After; Ö = Öffnung, durch welche der rüsselförmige Vorderkörper herausgestreckt werden kann; S = Seitenorgan; Z = Randcirrhus; ♂ = männliche Geschlechtsöffnung, die neben dem 3. Parapodium liegt. Länge 4,5 mm. — Nach Jägersten, aus A. Kaestner 1954/55.

3. Beispiele

Von paläontologischer Bedeutung sind solche Formen, die nicht als reine Kommensalen auf dem Wirt umherwandern, sondern sich dort festsetzen bzw. in die Haut eindringen. Je nach der Art der Parasiten bilden sich entweder Cysten von lederartiger Beschaffenheit oder Deformationen. Dann sitzen die Tiere oft zeitlebens in der gebildeten Höhlung, aus der sie lediglich den Rüssel über eine besondere Öffnung strecken. Vergleichbare Bildungen konnten seit dem Silur an fossilen Echinodermenresten beobachtet werden. Nachstehend einige Beispiele:

a) Auftreibung an den Stielgliedern fossiler Crinoiden (Abb. 553). Im Inneren findet sich eine Erweiterung des Zentralkanals und ein Gang, der sich mit kreisrunder Mündung nach außen öffnet. Derartige, an Crinoidenstielen nur fossil bekannte Cysten oder „Gallen" lassen sich bis ins Karbon zurückverfolgen (Abb. 554). Bei rezenten Crinoiden kommen meist nur einfache Verdickungen und Verbreiterungen an der Basis der Pinnulae vor, wobei gleichzeitig diejenigen Armglieder etwas angeschwollen sind, an denen die Pinnulae entspringen. Daneben trifft man auf Hautcysten von blasenförmiger Gestalt (Abb. 555), die bald in ganzer Länge festgewachsen, bald nur über einen feinen Stiel mit dem Wirt verbunden sind, dessen Skelett aber in keiner Weise in Mitleidenschaft gezogen wird. Nur an der Wand der Cyste bilden sich oft kleine, unregelmäßige polygonale Plättchen, wodurch sie verkalken und fossil erhaltungsfähig werden kann.

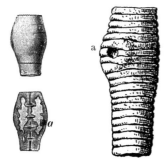

Abb. 553. Stielstücke einer Seelilie (*Millericrinus* sp.) aus dem Malm. Sie wurden vermutlich durch Myzostomiden angebohrt, was zu cystenartigen Auftreibungen führte (a = Mündung des Bohrloches). Nat. Gr. — Nach L. v. Graff und O. Abel.

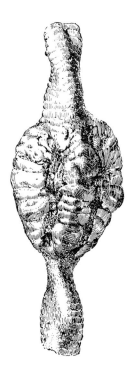

Abb. 554. Crinoidenstiel aus dem Karbon (Koekuk Beds) von N-Amerika mit Auftreibungen, die durch einen Parasiten (? Myzostomiden) erzeugt wurden. ⅔ nat. Gr. – Nach R. L. MOODIE.

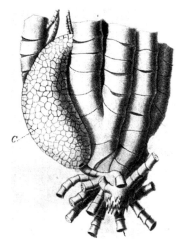

Abb. 555. Hautcyste (c) von *Myzostoma murrayi* GRAFF auf *Antedon radiospina* P. H. C., rezent. Ca. ⅞ nat. Gr. – Nach L. v. GRAFF 1884.

b) Gewebecysten an der Basis der Kelchdecke von *Edriocrinus sacculus* aus dem Devon von Nordamerika, die nach K. EHRENBERG (1933) ebenfalls auf Myzostomiden zurückzuführen sind.

Bei der eigenartigen, aus dem Pound Sandstein (Ob. Algonkium) von Südaustralien stammenden *Dickinsonia* (Abb. 194 B) soll es sich nach M. F. GLAESSNER (1958) nicht um Coelenteraten, sondern um Anneliden handeln, die vielleicht nahe mit der aus der Gegenwart bekannten Gattung *Spinther* (Ordnung Amphinomorpha) verwandt sind. Auch an Beziehungen zu den heute parasitisch lebenden Myzostomida wird gedacht.

IV. Klasse **Gephyrea** DE QUATREFAGES 1847 (Priapulida)

1. Allgemeines

Im Alter nicht segmentierte, grabend lebende marine Würmer, deren Vorderende einen mit Dornen besetzten Rüssel (Proboscis) oder einen Tentakelkranz aufweist. Äußere Gestalt ähnelt vielfach der von Holothurien, mit denen sie früher vereinigt wurden. Parapodien fehlen. Die wenigen rezenten Arten leben an den Küsten kalter Meeresteile und hier oft in anaerobem Schlamm.

2. Vorkommen

? Mittl. Kambrium, Ob. Karbon — rezent.

3. Beispiele

Aus dem mittelkambrischen Burgess-Schiefer von Britisch-Kolumbien hat CH. WALCOTT 1911 die vorzüglichen Überreste von vier vermutlich hierher gehörenden Gattungen (*Ottoia, Banffia, Pickaia, Oesia*) beschrieben. Insgesamt handelt es sich um 5 Arten, von denen jede einer eigenen Familie zugeordnet wurde (S. CONWAY MORRIS 1977). Eine weitere Art (*Priapulites konecniorum* SCHRAM, Abb. 510a) stammt aus dem Ob. Karbon (Westfal) von Mazon Creek (Illinois, USA). Von den Burgess-Formen ist am bekanntesten die Gattung:

Ottoia WALCOTT 1911: Mittl. Kambrium (Abb. 556).

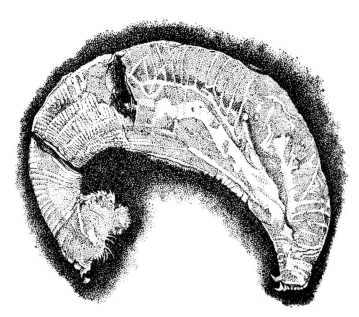

Abb. 556. *Ottoia prolifica* WALCOTT, kleines Individuum. Mittl. Kambrium (Burgess-Schiefer) von Britisch-Kolumbien. ⅔ nat. Gr. — Nach CH. WALCOTT 1911.

Gephyrea mit langgestrecktem, beiderseits spitz zulaufendem und in zahlreiche Segmente gegliedertem Körper, dessen Vorderende zwei kleine Haken aufweist. Äußerlich betrachtet besteht eine gewisse Ähnlichkeit mit *Sipunculus*; doch ist im Gegensatz hierzu der Verdauungskanal nicht U-förmig gekrümmt, sondern geradegestreckt.

V. Die Scolecodonten

1. Allgemeines

Die frei lebenden Anneliden der Gegenwart enthalten im Pharynx einen Kauapparat, der gewöhnlich aus chitinigen, mitunter etwas verkalkten Kiefern und anderen, mehr oder weniger symmetrisch angeordneten Elementen besteht (Abb. 557). Entsprechende Gebilde kennt man

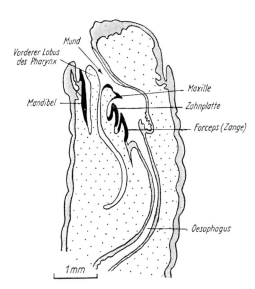

Abb. 557. Schematischer Längsschnitt durch die Kopfregion von *Eunice punctata* Risso, um die Lage der verschiedenen Elemente des Kauapparates zu zeigen. – In Anlehnung an K. Heider (1924), stark vereinfacht.

auch aus der geologischen Vergangenheit, oft zusammen mit den gestaltlich ähnlichen Conodonten (vgl. Bd. III, Teil 1). Im Unterschied zu diesen weisen sie jedoch eine andere chemische Zusammensetzung und eine dunklere Farbe auf. Die Benennung erfolgt am besten (wie folgt) mit Hilfe römischer Ziffern, denen man ein s (sinistre) für Elemente der linken und ein d (dextre) für solche der rechten Seite hinzufügt (vgl. Abb. 558).

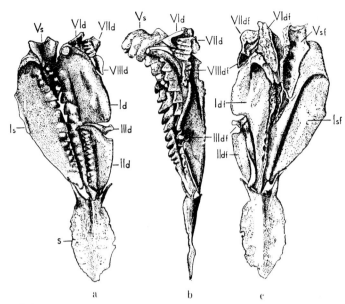

Abb. 558. Oberer Teil des Kauapparates von *Polychaetaspis wyszogrodensis* KOZLOWSKI (Holotypus) aus einem ordovizischen Geröll von Wyszogrod (Polen): a) dorsal, b) lateral, c) ventral. — Zusätzliche Signaturen: S = Träger (Supports), f = Pulpagrube des zugehörigen Elements. — Nach R. KOZLOWSKI 1956.

VIII: Lateraler Zahn (Paragnathus),
VII: Vordere Maxille (Sägeplatte),
VI: Hintere Maxille (Sägeplatte),
V: Unpaare Sägeplatte (Pièce impaire, unpaired plate),
IV: Zahnplatte (Plaque dentaire, dental plate),
III: Zwischenzahn (Dent intercalaire, intercalary tooth),
II: Basalplatte (Pièce basale, basal piece),
I: Forceps (Zange),
Träger (Supports, carriers),
Mandibel (Unterkiefer).

Die Größe schwankt zwischen 0,1 und 16 mm, wobei die kleineren Formen überwiegen. Bei *Eunice sanguina*, einem marinen Vertreter der Gegenwart, sind die Kiefer 5 mm lang.

2. Vorkommen

Fossil trifft man sie zunächst durchgehend vom Oberkambrium bis zum Perm; am häufigsten im Ordovizium und Silur, etwas weniger häufig im Devon (speziell von Nordamerika). Aus dem Karbon kennt man sie wohl nur von Schottland. Nach dem Perm wurden sie u. a. in der Trias, im Lias, im Solnhofener Plattenkalk (Malm zeta) und in der Oberkreide des Libanon beobachtet. Aus Gründen der Fossilisation kommen sie vor allem in dunklen Schiefern und Kalken vor; dabei, ähnlich wie in der Gegenwart, besonders häufig in der unmittelbaren Nachbarschaft von Korallenriffen.

3. Geschichtliches

Scolecodonten wurden erstmalig vor etwa einem Jahrhundert von CH. H. PANDER (1856) beschrieben. Aber erst G. J. HINDE (1879) erkannte, daß es sich um Kauwerkzeuge von Anneliden handelt. Seitdem sind zahlreiche Arbeiten erschienen, die aber leider nicht immer scharf von den gestaltlich ähnlichen Conodonten unterscheiden. Der Name Scolecodont wurde 1933 durch C. CRONEIS & H. W. SCOTT geprägt. Von den älteren Autoren, die sich um die Kenntnis der Scolecodonten verdient gemacht haben, sind unter anderen zu nennen: A. EISENACK (1939), E. R. ELLER (1940, 1945), R. KOZLOWSKI (1956) und F. W. LANGE (1949).

4. Systematik

Abgesehen etwa vom Solnhofener Plattenkalk, aus dem in situ und im Zusammenhang befindliche Scolecodonten vorliegen (E. EHLERS 1869; Abb. 559), trifft man sie ähnlich wie die Conodonten, meist nur isoliert im Gestein. Aus diesem Grunde können die zur gleichen Art gehörenden Elemente in der Regel nicht festgestellt werden. Deshalb hat die Mehrzahl der bisher beschriebenen Gattungen und Arten nur einen provisorischen Charakter. Hinzu kommt, daß die Variabilität und die morphologischen Veränderungen im Verlaufe der Ontogenie ein erhebliches Ausmaß erreichen. Trotzdem zeigen viele der fossilen Scolecodonten eine große Übereinstimmung mit rezenten Formen, so daß man sie wohl mit Recht an diese anschließen kann. Auf Einzelheiten zur Systematik wird verzichtet. Es folgen lediglich einige Beispiele (Abb. 559, 560 und 561). — Vollständige fossile Kieferapparate wurden u. a. beschrieben von: G. J. HINDE 1896, Z. KIELAN-JAWOROWSKA 1961, 1966, R. KOZLOWSKI 1956, H. SZANIAWSKI 1968—1974, dies. & R. M. WRONA 1973, K. ZAWIDZKA 1971, 1975.

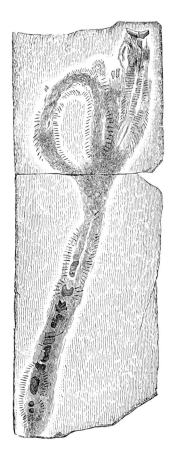

Abb. 559. *Eucinites* ? *avitus* EHLERS, einer der wenigen fossilen Polychaeten, an denen nicht nur die Kiefer, sondern auch die Acicula in situ überliefert wurden. Solnhofener Plattenkalk (Malm, zeta, Tithon) von Eichstätt (Bayern). Nat. Gr. — Nach E. EHLERS 1869.

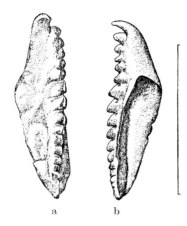

Abb. 560. Linke Zange (Forceps) von *Polychaetaspis wyszogrodensis* KOZŁOWSKI: a) dorsal, b) lateral. Ordovizisches Geröll von Wyszogrod (Polen). — Nach R. KOZŁOWSKI 1956.

Abb. 561. Verschiedene Scolecodonten aus dem Zechsteinkalk von Kamsdorf bei Saalfeld. Ca. $^{60}/_1$ nat. Gr. — Nach Originalfotos von Dipl.-Geol. S. SEIDEL.

Stamm unbekannt

Wurmförmige, marine Metazoa mit je einer Reihe, sich paarweise gegenüber stehenden netzförmig ausgebildeten Schuppen an den Längsseiten und der gleichen Anzahl unsegmentierter, weichkörperiger und beinartiger Anhänge. — Unt. Kambrium — Mittl. Ordovizium.

Familie **Microdictyonidae** CHEN, HOU & LU 1989

Wie oben. — Unt. Kambrium — Mittl. Ordovizium mit 2 Gattungen. Es handelt sich um *Milaculum* MÜLLER 1973 (Ob. Kambrium — Mittl. Ordovizium, weltweit) und um:
Microdictyon BENGTON, MATTHEWS & MISSARZHEVSKY 1981, em. CHEN, HOU & LU 1989: Unt. — Mittl. Kambrium, weltweit (Abb. 562).

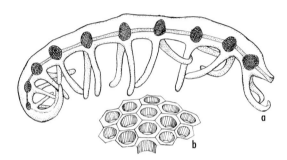

Abb. 562. *Microdictyon sinicum* CHEN, HOU & LU, a) Rekonstruktion, b) Struktur der schuppenförmigen Gebilde. Unt. Kambrium (*Eoredlichia*-Stufe) von Chengjiang, Yunnan. Länge von a) ca. 8 cm; Durchmesser von b) ca. 0,7 mm. – Nach J. CHEN, X. HOU & H. LU 1989, umgezeichnet.

Kleine, schlanke, bis ca. 8 cm lange und 0,3 cm dicke, bilateral-symmetrische Tiere mit 10 Paar Schuppen an den Längsseiten und 10 Paar unsegmentierten, beinartigen Anhängen. Schuppen phosphatisch, konkav-konvex; aus einem inneren Netzwerk hexagonaler Maschen und einer äußeren Lage, welche die Kämme der Maschenwände und die Knoten auf den Wänden verbindet. Im Netzwerk sind runde Hohlräume ausgebildet. Verdauungskanal einfach, gerade von vorn nach hinten verlaufend; After am Hinterende. — Das Vorkommen im Mittl. und Ob. Kambrium ist auf den Nachweis von isolierten Schuppen in Säurerückständen begründet.

Literaturverzeichnis

ALLISON, C. W.: Primitive fossil flatworm from Alaska: New evidence bearing on ancestry of the Metazoa. — Geology **3** (11), 649—652, 1975.
BALL, H. W.: *Spirorbis* from the Triassic Bromsgrove Sandstone Formation (Sherwood Sandstone Group) of Bromsgrove, Worcestershire. — Proc. Geol. Assoc. **91** (3), 149—154, 1 Taf., London 1980.
BANDEL, K.: The reconstruction of „*Hyolithes kingi*" as annelid worm from the Cambrian of Jordan. — Mitt. Geol.-Paläont. Inst. Univ. Hamburg **61**, 35—101, 24 Abb., 10 Taf., Hamburg 1986.
BARROIS, C.: Sur les Spirorbes du terrain houiller de Bruay (Pas-de-Calais). — Ann. Soc. géol. Nord **33**, 50—62, Lille 1904.
BECKMANN, H.: Zur Kenntnis der fossilen Spirorben. — Senckenbergiana leth. **35**, 107—113, 4 Abb., 1 Taf., Frankfurt a. M. 1954.
BERGMAN, C. F.: Revision of some Silurian paulinitid scolecodonts form Western New York. — J. Paleont. **65** (2), 248—254, 3 Abb., 1991.
BEUS, St. S.: Devonian serpulid bioherms of Arizona. — J. Paleont. **54** (4), 1125—1128, 2 Abb., 1980.
BOSENCE, D.: Recent serpulid reefs, Connemara, Eire. — Nature **242**, 40—41, 1973.

BRAGA, J. C., & LOPEZ-LOPEZ, J. R.: Serpulid bioconstructions at the Triassic-Liassic boundary in Southern Spain. — Facies **21**, 1—10, 7 Abb., 1 Taf., Erlangen 1989.
CHEN, Jun-yuan, HOU, Xian-guang, & LU, Hao-zhi: Early Cambrian netted scale-bearing worm-like sea animal. — Acta Palaeont. Sinica **28** (1), 1—16, 6 Abb., 4 Taf., Peking 1989a (chines. m. engl. Zusammenfassg.).
— — — Early Cambrian hock glass-like rare sea animal *Dinomischus* (Entoprocta) and its ecological features. — Acta Palaeont. Sinica **28** (1), 58—71, 7 Abb., Peking 1989b (chines. m. engl. Zusammenfassg.).
CHERCHI, A., & SCHROEDER, R.: Über die Wandstruktur von *Septachaetetes eocenus* (Demospongea) aus dem Eozän der spanischen Pyrenäen. — Senckenbergiana lethaea **68** (5/6), 312—335, 7 Abb., Frankfurt a. Main 1988.
COLBATH, G. K.: Jaw mineralogy in eunicean polychaetes (Annelida). — Micropaleont. **32** (2), 186—189, 1 Abb., 1986.
CONWAY-MORRIS, S.: Fossil priapulid worms. — Spec. Pap. Palaeont. **20**, IV + 95 S., London 1977.
— Middle Cambrian polychaetes from the Burgess shale of British Columbia. — Phil. Trans. R. Soc. London **285 B**, 227—274, London 1979.
— & ROBISON, R. A.: Middle Cambrian priapulids and other softbodied fossils from Utah and Spain. — Univ. Kansas Palaeont. Contr. Pap. **117**, 22 S., Lawrence 1986.
COPPER, P.: *Spirapora*: a new Late Ordovician tabulate coral from Manitoulin Island, Ontario, Canada. — J. Paleont. **55** (5), 1071—1075, 2 Taf., Tulsa/Okl. 1981.
DALES, R. P.: The polychaete stomodaeum and the interrelationships of the families of Polychaeta. — Proc. Zool. Soc. London **139** (3), 389—428, London 1962.
EHLERS, E.: Über fossile Würmer aus dem lithographischen Schiefer in Bayern. — Paläontogr. **17**, 145—175, 1869.
EISENACK, A.: Einige neue Annelidenreste aus dem Silur und dem Jura des Baltikums. — Zschr. Geschiebeforsch. **15**, 153—176, 3 Taf., Leipzig 1939.
ELLER, E. R.: New Silurian scolecodonts from the Albian beds of the Niagara gorge, New York. — Annals Carnegie Mus. **28**, 9—46, 7 Taf., 1940.
— Scolecodonts from the Trenton series (Ordovician) of Ontario, Quebec, and New York. — Annals Carnegie Mus. **30**, 119—212, 7 Taf., 1945.
FAUCHALD, K.: Polychaete phylogeny: a problem in protostome evolution. — System. Zool. **23**, 493—506, 1974.
FISCHER, R., OLIVER, C. G., & REITNER, J.: Skeletal structure, growth, and paleoecology of the patch reef-building polychaete worm *Diplochaetetes mexicanus* WILSON, 1986 from the Oligocene of Baja California (Mexico). — Geobios **22** (5), 761—775, 2 Abb., 4 Taf., Lyon 1989.
GAERTNER, H. R. v.: Vorkommen von Serpelriffen nördlich des Polarkreises an der norwegischen Küste. — Geol. Rdsch. **47**, 72—73, 1 Abb., Stuttgart 1958.
GALL, J.-C., & GRAUVOGEL, L.: Faune du Buntsandstein. III. Quelques Annélides du Grès à *Voltzia* des Vosges. — Ann. Paléont. (Invertebrés) **53** (2), 105—110, Paris 1967.
GEE, J. M.: Chemical stimulation of settlement in larvae of *Spirorbis rupestris*. — Anim. Beh. **13**, 181—186, London 1965.
GERMS, G. J. B.: Possible Sprigginid worms and a new trace fossil from the Nama Group, South-West Africa. — Geology **1**, 69—70, 1973.
GLAESSNER, M. F.: An echiurid worm from the Late Precambrian. — Lethaia **12** (2), 121—124, Oslo 1979.
GÖTZ, G.: Bau und Biologie fossiler Serpuliden. — Neues Jb. Min. etc., B, Beil. - Bd. **66**, 385—438, Stuttgart 1931.
HARTMANN-SCHRÖDER, G.: Zur Morphologie, Ökologie und Biologie von *Mercierella enigmatica* (Serpulidae, Polychaeta) und ihrer Röhren. — Zool. Anz. **179** (5/6), 421—456, 24 Abb., Leipzig 1967.
— Feinbau und Funktion des Kieferapparates der Euniciden am Beispiel von *Eunice (Palola) siliciensis* GRUBE (Polychaeta). — Mitt. Hamburg. Zool. Mus. Inst. **64**, 5—27, 13 Abb., Hamburg 1967.
HEIDER, K.: Vom Zahnwechsel bei polychäten Anneliden. — Sber. Preuß. Akad. Wiss., Phys.-Math. Kl. **1924**, 258—260, Berlin 1924.
HERTWIG, O.: Die Chätognathen, ihre Anatomie, Systematik und Entwicklungsgeschichte. — Studien zur Blättertheorie **II**, Jena 1880.
HINDE, G. J.: On Annelid Jaws from the Cambro-Silurian, Silurian and Devonian Formations in Canada and from Lower Carboniferous in Scottland. — Quart. J. Geol. Soc. London **35**, 370—389, London 1879.

- On Annelid Jaws of the Wenlock and Ludlow Formations of the West of England. — Quart. J. Geol. Soc. London **36**, 368—378, London 1880.
- On the Jaw Apparatus of an Annelid from the Lower Carboniferous of Halkin Mountain, Flintshire. — Quart. J. Geol. Soc. London **52**, 448—450, London 1896.

Hou, Xian-guang, & Chen, Jun-Yuan: Early Cambrian tentacled worm-like animals (*Facivermis* gen. nov.) from Chengjiang, Yunnan. — Acta Palaeont. Sinica **28** (1), 32—41, 4 Abb., 2 Taf., Peking 1989 (chines. m. engl. Zusammenfassg.).

Hove, H. A. ten: Different causes of mass occurence in serpulids. — Syst. Ass. spec. Vol. **11**, 281—298, London, New York 1979.

Jäger, M.: Serpulidae (Polychaeta sedentaria) aus der norddeutschen höheren Oberkreide — Systematik, Stratigraphie, Ökologie. — Geol. Jb. **A 68**, 219 S., 7 Abb., 16 Taf., Hannover 1983.

Jansonius, J., & Craig, J. H.: Scolecodonts: I. Descriptive terminology and revision of systematic nomenclature; II. Lectotypes, new names for homonyms, index of species. — Bull. Canad. Petrol. Geol. **19**, 251—302, 1971.

Jones, D., & Thompson, I.: Echiura from the Pennsylvanian Essex fauna of northern Illinois. — Lethaia **10**, 317—325, Oslo 1977.

Kelber, K.-P.: Spirorbidae (Polychaeta, Sedentaria) auf Pflanzen des Unteren Keupers. Ein Beitrag zur Phyto-Taphonomie. — Neues Jb. Geol. Paläont. Abh. **175** (3), 261—294, 36 Abb., Stuttgart 1987.

Kielan-Jaworowska, Z.: On two ordovician Polychaete jaw apparatuses. — Acta Palaeont. Polonica **VI**, 3, 237—260, 2 Abb., 7 Taf., 1961.
- Polychaete jaw apparatuses from the Ordovician and Silurian of Poland and a comparision with modern forms. — Palaeontologia Polonica **16**, 152 S., 12 Abb., 36 Taf., Warszawa 1966.

Knight-Jones, E. W., Bailey, J. H., & Al-Ogily, S. M.: Ecological isolation in Spirorbidae. — Proc. 9th Europ. Mar. Biol. Symp. Oban, 539—561, Aberdeen 1975.

Kozlowski, R.: Sur quelques appareils masticateurs des Annélides Polychètes ordoviciens. — Acta Palaeont. Polonica **1**, 165—210, 20 Abb., 1956.

Kozur, H.: Scolecodonten aus dem Muschelkalk des germanischen Binnenbeckens. — Mber. Deutsch. Akad. Wiss. Berlin **9**, 842—865, 1 Abb., 3 Taf., Berlin 1967.
- Zur Klassifikation und phylogenetischen Entwicklung der fossilen Phyllodocida und Eunicida (Polychaeta). — Freiberger Forschungshefte **C 260**, 35—81, 12 Taf., Leipzig 1970 (1970a).
- Fossile Hirudinea aus dem Oberjura von Bayern. — Lethaia **3**, 225—232, 6 Abb., Oslo 1970 (1970b).
- Die Eunicida und Phyllodocida des Meszoikums. — Freiberger Forschungshefte **C 267**, 73—89, 17 Taf., Leipzig 1971.

Kraft, P., & Mergl, M.: Worm-like fossils (Palaeoscolecida; ? Chaetognatha) from the Lower Ordovician of Bohemia. — Sbor. geol. věd, Paleont. **30**, 9—36, 8 Abb., 16 Taf., Prag 1989. — Hervorragende Abb. der Cutikula.

Lange, F. W.: Polychaete Annelids from the Devonian of Parana, Brazil. — Bull. Amer. Paleontology **113**, Nr. 134, 1—102, 16 Taf., 1949.

Leeder, M. R.: Lower Carboniferous serpulid patch reefs, bioherms and biostromes. — Nature **242**, 41—42, 1973.

Lommerzheim, A.: Monographische Bearbeitung der Serpulidae (Polychaeta sedentaria) aus dem Cenoman (Oberkreide) am Südwestrand des Münsterländer Beckens. — Decheniana **132**, 110—195, 17 Abb., Bonn 1979.
- Paläozäne Serpulidae und Spirorbidae (Polychaeta) von den Emperor Seamonts, NW-Pazifik. — Zitteliana **7**, 31—54, 11 Abb., München 1981.

Michael, E. L.: Classification and vertical distribution of the Chaetognatha of the San Diego region. — Univ. Cal. Publ. Zool. **8**, 21—186, 1911.

Mierzejewska, G., & Mierzejewski, P.: Ultrastructure of the fossil and recent Eunicida (Polychaeta). — Acta Palaeont. Polonica **23** (3), 317—339, 2 Abb., 14 Taf., Warschau 1978.

Mierzejewski, P.: New placognath Eunicida (Polychaeta) from the Ordovician and Silurian of Poland. — Ebd. **28** (2), 273—281, 2 Abb., 2 Taf., 1978 (1978a).
- Molting of the jaws of the early Palaeozoic Eunicida (Annelida, Polychaeta). — Ebd. **28** (1), 73—88, 4 Taf., 1978 (1978b).
- & Mierzejewska, G.: Xenognath type of polychaeta jaw apparatuses. — Ebd. **20** (3), 437—444, 4 Taf., 1975.

MÜLLER, A. H.: Stratonomische Untersuchungen im Oberen Muschelkalk des Thüringer Beckens. — Geologica **4**, 74 S., 10 Abb., 11 Taf., Berlin 1950.
— Kammerung in Serpulidenröhren (Annelida, Polychaeta) der Oberen Kreide. — Geologie **10**, 1194—1203, 2 Abb., 3 Taf., Berlin 1963.
— Deckel von Serpuliden (Annelida, Polychaeta) aus der Schreibkreide (Unteres Maastricht) von Jasmund (Rügen). — Geologie **13**, 90—109, 1 Abb., 6 Taf., Berlin 1964 (1964a).
— Ein weiterer Beitrag zur Serpulidenfauna der Oberkreide. — Geologie **13**, 617—627, 9 Abb., 1 Taf., Berlin 1964 (1964b).
— Zur Kenntnis mesozoischer Serpuliden (Annelida, Polychaeta). — Geologie **15**, 1053—1075, 22 Abb., 3 Taf., Berlin 1966.
— Über Raubschneckenbefall und Ökologie fossiler Ditrupinen (Polychaeta sedentaria). — Mber. Dt. Akad. Wiss. **11** (7), 517—525, 5 Abb., 1 Taf., Berlin 1969.
— Neue Serpuliden aus dem Mesozoikum und einige Bemerkungen über *Sclerostyla* (Polychaeta sedentaria). — Mber. Dt. Akad. Wiss. **12**, 53—62, 4 Abb., 2 Taf., Berlin 1970.
— Zur Morphologie, Taxonomie und Ökologie fossiler und rezenter Serpulimorpha (Polychaeta). — Biol. Rdsch. **20** (6), 330—351, 20 Abb., Jena 1982.

NESTLER, H.: Das Operculum von *Neomicrorbis (Granorbis) verrucosus* REGENHARDT (Polychaeta sedentaria) aus dem Unter-Maastricht von Rügen. — Geologie **12**, 355—358, 5 Abb., Berlin 1963.
— Querböden bei Serpuliden (Polychaeta sedentaria) aus dem Unter-Maastricht der Insel Rügen. — Geologie **12**, 569—603, 7 Abb., 1 Taf., Berlin 1963.

NIELSEN, K. BRÜNNICH: Serpulidae from the Senonian and Danian Deposits of Danmark. — Medd. Dansk. Geol. Fören **8**, 71—113, 2 Abb., 3 Taf., Kopenhagen 1931.

OWRE, H. B., & BAYER, F. M.: The systematic position of the middle Kambrian fossil *Amiskwia* WALCOTT. — J. Paleont. **36**, 1361—1363, 1 Taf., 1962.

PANDER, CH.: Monographie der fossilen Fische des silurischen Systems der Russisch-Baltischen Gouvernements. I—X, 1—91, St. Petersburg 1856.

PASTERNAK, S. I.: [Kretazische Serpuliden des europäischen Teils der UdSSR]. 82 S., 7 Abb., 9 Taf., Kiew (Naukowa Dumka) 1973 (russ.).

POINCAR, C. S. jr.: Fossil nematodes from Mexican amber. — Nematologica **23**, 232—238, 1977.

POR, F. D.: Class Seticoronaria and phylogeny of the phylum Priapulida. — Zool. Scr. **12** (4), 267—272, Oxford 1983.

PUGACZEWSKA, H.: Serpulidae from the Dano-Montian bore-hole at Boryszew, Poland. — Acta Palaeont. Polonica **12** (2), 179—189, 3 Taf., Warschau 1967.

REGENHARDT, H.: Serpulidae (Polychaeta sedentaria) aus der Kreide Mitteleuropas, ihre ökologische, taxionomische und stratigraphische Bewertung. — Mitt. Geol. Staatsinst. Hamburg **30**, 5—115, 5 Abb., 9 Taf., Hamburg 1961.

ROBISON, R. A.: Annelids from the Middle Cambrian Spence Shale of Utah. — J. Paleont. **43**, 1169—1173, Menasha 1969.

ROGER, J.: Classe des Chaetopodes. — In: J. PIVETEAU, Traité de Paléontologie **II**, 177—202, 43 Abb., Paris 1952.

SCHALLREUTER, R.: Mikrofossilien aus Geschieben. II. Scolecodonten. — Der Geschiebe-Sammler **16** (1), 1—23, 6 Abb., 3 Taf., Hamburg 1982.

SCHMIDT, W. J.: Der stratigraphische Wert der Serpulidae. — Paläont. Z. **29**, 38—45, Stuttgart 1955.
— Die tertiären Würmer Österreichs. — Denkschr. Österr. Akad. Wiss., math.-nat. Kl. **109**, 7. Abh., 121 S., 8 Taf., Wien 1955.
— Die Unterscheidung der Röhren von Scaphopoda, Vermetidae und Serpulidae mittels mikroskopischer Methoden. — Mikroskopie **6**, Wien 1951.

SCHRAM, F. R.: Pseudocoelomaten and a nemertine from the Illinois Pennsylvanian. — J. Paleont. **47**, 985—989, 2 Taf., 1973.
— Worms of the Mississippian Bear Gulch Limestone of central Montana, USA. — Trans. San Diego Soc. Nat. Hist. **19** (9), 107—120, 1979.

SEIDEL, S.: Scolecodonten aus dem Zechstein Thüringens. — Freiberger Forschungsh. C **76**, 1—32, 1 Abb., 4 Taf., Berlin 1959.

STAUFFER, C. R.: Middle Ordovician Polychaeta from Minnesota. — Geol. Soc. Amer. Bull **44**, 1173—1218, 3 Taf., 1933.

Storch, V.: *Iphione muricata* (Savigny), ein den Chitonen ähnlicher Lebensformtyp unter den Polychaeten. — Kieler Meeresforsch. **23** (2), 148—155, 4 Taf., Kiel 1967.
— & Welsch, U.: Über die Feinstruktur der Polychaeten-Epidermis (Annelida). — Z. Morphol. Ökol. Tiere **66**, 310—322, Berlin 1970.
Størmer, L.: *Gigantoscorpio willsi*, a new scorpion from the Lower Carboniferous of Scotland and its associated preying microorganisms. — Scrifter Norsk. Vidensk.-Akad. Oslo, Math.-Nat. Kl., n. s. **8**, 1—171, 1963.
Strauch, F.: Die Feinstruktur einiger Scolecodonten. — Senckenbergiana lethaea **54** (1), 1—19, 6 Taf., Frankfurt a. Main 1973.
Szaniawski, H.: Three new polychaete jaw apparatuses from the Upper Permian of Poland. — Acta Palaeont. Polonica **13**, 255—281, Warszawa 1968.
— Jaw apparatuses of the Ordovician and Silurian Polychaetes from the Mielnik borehole. — Ebd. **15** (4), 445—478, 4 Taf., 1970.
— Some mesozoic scolecodonts congeneric with recent forms. — Ebd. **19** (2), 179—199, 3 Abb., 3 Taf., 1974.
— & Gazdzicki, A.: A reconstruction of three jurassic polychaete jaw apparatuses. — Acta Palaeont. Polonica **23**, 3—29, 9 Abb., 11 Taf., Warszawa 1978.
— & Wrona, R. M.: Polychaete jaw apparatuses and scolecodonts from the Upper Devonian of Poland. — Ebd. **18** (3), 223—267, 1 Abb., 6 Taf., 1973.
Thompson, I.: Errant polychaetes (Annelida) from the Pennsylvanian Essex fauna of northern Illinois. — Palaeontographica **163 A**, 169—199, Stuttgart 1979.
— & Johnson, R. G.: New fossil polychaete from Essex, Illinois. — Fieldiana Geol. **33**, 471—487, 1977.
Ulrich, E. O.: Observations on fossil Annelids and descriptions of some new forms. — J. Cin. Soc. Nat. Hist. **1**, 87—91, 1878—1879.
Voigt, E.: Ein fossiler Saitenwurm *(Gordius tenuifibrosus)* aus der eozänen Braunkohle des Geiseltales bei Halle (Saale). — Nova Acta Leopoldina, N. F. **5**, 351—360, Halle 1938.
— Ein parasitischer Nematode in fossiler Coleopteren-Muskulatur aus der eozänen Braunkohle des Geiseltales bei Halle (Saale). — Paläont. Z. **31**, 35—39, 1 Taf., Stuttgart 1957.
— & Lafrenz, H. R.: Serpuliden (?) als Kommensalen in einer Stockkoralle aus dem englischen Ober-Albien. — Neues Jb. Geol. Paläont. Mh. **1973** (8), 501—511, 9 Abb., Stuttgart 1973.
Wade, M.: *Dickinsonia*: Polychaete worms from the late Precambrian Ediacara fauna, South Australia. — Mem. Queensland Mus. **16** (2), 171—190, 1972.
Walcott, Ch. D.: Middle Cambrian Annelida. — Smithsonian Misc. Coll. **57**, 109—144, 6 Taf., 1911.
Ware, S.: British Lower Greensand Serpulidae. — Palaeontology **18** (1), 93—116, 1 Abb., 4 Taf., 1975.
Warm, J. M.: Presumed myzostomid infestation of an Ordovician Crinoid. — J. Paleont. **48**, 506—513, 4 Abb., 1 Taf., 1974.
Whittard, W. F.: *Palaeoscolex piscatorum* gen. et sp. nov., a worm from the Tremadocian of Shropshire. — Quart. J. Geol. Soc. London **109**, 125—135, London 1953.
Wrigley, A.: Some Eocene serpulids. — Geologist's Assoc., Proc. **62**, 177—202, 1951.
— Serpulid Opercula from the Kunrade-limestone (Upper Cretaceous, Maestrichtian). — Mitt. Geol. Staatsinst. Hamburg **21**, 162—164, 5 Abb., Hamburg 1952.
Zawidzka, K.: A polychaete jaw apparatus and some scolecodonts from the Polish Middle Triassic. — Acta Geol. Polonica **21**, 361—377, 1971.
— Polychaete remains and their stratigraphic distribution in the Muschelkalk of southern Poland. — Acta Geol. Polonica **25**, 257—274, 1975.
Zibrowius, H.: Dimorphisme operculaire et variabilité chez *Spirorbis (Laeospira) militaris* (Claparède) 1870 (Polychaeta Serpulidae). — Thalassia Salentia **2**, 138—146, 19 Abb., 1967.
— Étude morphologique, systématique et écologique des Serpulidae (Annelida Polychaeta) de la région de Marseille. — Thèse Fac. Sci. Marseille; Rec. Traveaux Sta. Mar. Endoume **43** (fasc. 59), 81—252, 14 Taf., 1968.
— Une espèce actuelle du genre *Neomicrorbis* Rovereto (Polychaeta Serpulidae) découverte dans l'étage bathyal aux Açores. — Bull. Mus. Nat. Hist. Naturelle, 3. ser., **39**, 423—430, 1 Abb., 1972.

I. Stamm Mollusca Cuvier 1797
(Weichtiere)

1. Allgemeines

Metazoen mit bilateraler Symmetrie, die jedoch durch Torsion oder Einrollung des Eingeweidesackes verlorengehen kann. Der weiche, nicht gegliederte Körper wird von einer Duplikatur der Haut (dem sog. Mantel) umgeben. Dieser Mantel scheidet meist eine Kalkschale aus, die in der Regel ein- oder zweiteilig, seltener mehrteilig ist. Sie liegt entweder außen oder innen. Dabei findet sich bei zahlreichen Entwicklungsreihen die Tendenz, die Schale zu reduzieren. Deshalb sind rezente Formen, denen Hartteile ganz oder weitgehend fehlen, in dieser Hinsicht als hochdifferenziert zu betrachten. Die Fortbewegung erfolgt mit Hilfe eines besonders ausgebildeten Organs, dem Fuß, der eine unterschiedliche, für die einzelnen Klassen charakteristische Gestaltung zeigt. Zur Respiration dienen meist Kiemen, zuweilen auch „Lungen" oder die gesamte Körperoberfläche.

Das Blut wird vom Herzen, das ein oder zwei Vorkammern aufweist, durch ein reich verzweigtes Gefäßsystem getrieben. Das Nervensystem besteht mindestens aus drei Paar Nervenknoten, die durch Kommissuren verbunden sind. In der Visceralmasse liegen Darm und Magen sowie Nieren, Leber und verschiedenartige Drüsen. Die Fortpflanzung ist ausschließlich geschlechtlich (getrennt oder hermaphrodit). Bei den Mollusken handelt es sich nach den Arthropoden um die erfolgreichste Gruppe der Invertebraten, da sie sich mit außerordentlicher Formenmannigfaltigkeit an die verschiedensten Biotope des Wassers und des Festlandes angepaßt haben. Man rechnet mit ca. 112 000 Arten, davon etwa 60 000 rezenten. Sie erreichen zum Teil erhebliche Ausmaße; so zeigt zum Beispiel das rezente *Architeuthis* des Atlantiks eine Rumpflänge von 6,6 m und bei ausgestreckten Armen eine Gesamtlänge von 22 m. Es ist dies der größte, bisher bekannte Vertreter der Invertebraten. Die kleinsten Mollusken haben eine Länge von ½ mm und weniger.

2. Vorkommen

? Präkambrium, Kambrium — rezent.

3. Geschichtliches

Der Name Mollusca fand ursprünglich nur für weichkörperige Invertebraten Verwendung. Schalen- und skeletttragende Formen waren ausgeschlossen. Erst Cuvier (1795) erkannte die grundsätzliche Übereinstimmung im Körperbau vieler der weichkörperigen und schalentragenden Tiere. Er unterschied drei Klassen: die Gastropoda, Cephalopoda und Acephala. Später rechnete man auch noch für lange Zeit die Brachiopoden, Cirripedier und eine Gruppe der Würmer dazu.

4. Systematik

Heute gliedert man je nach der allgemeinen Gestalt, der Ausbildung der Schale und der Lebensweise in die nachstehend aufgeführten fünf Klassen:
    a) **Amphineura** v. Ihering 1876 (Ob. Kambrium — rezent):

Der bilateral-symmetrische, meist langgestreckte Körper ist entweder nackt oder dorsal mit einer achtteiligen, äußeren Schale ausgestattet. Fuß breit. Kopf reduziert. Respiration mit Kiemen, die entweder hinten oder an den Seiten liegen. Marin.

b) **Scaphopoda** Bronn 1862 (Ordovizium — rezent):
Die einteilige, äußere Sache ist bilateral-symmetrisch, meist schwach gekrümmt und elefantenzahnartig gestaltet, beiderseits offen und nicht gekammert. Fuß konisch, dient vornehmlich zum Graben. Respiration mit der gesamten Körperoberfläche. Marin.

c) **Lamellibranchiata** de Blainville 1816 (Unt. Kambrium — rezent):
Die meist bilateral-symmetrische, stets zweiteilige und außen liegende Schale wird dorsal im allgemeinen durch ein elastisches Band (Ligament) zusammengehalten. Der Fuß zeigt in der Regel eine beilförmige Gestalt und dient vornehmlich zum Graben. Ein Kopf fehlt. Respiration mit hinten liegenden Kiemen. Bewohner des Salz- und Süßwassers.

d) **Gastropoda** Cuvier 1798 (Kambrium — rezent):
Der im allgemeinen asymmetrische Körper wird von einer einteiligen, meist spiral aufgewundenen Schale umschlossen. Der deutlich abgesetzte Kopf trägt ein oder zwei Paar Tentakeln sowie ein Paar Augen. Der Fuß ist in der Regel breit und flach (Kriechfuß). Nur bei einigen nektischen Vertretern (Pteropoden) wurde er in flossenartige Anhänge umgestaltet. Respiration meist mit Kiemen oder „Lungen", zum Teil mit der gesamten Körperoberfläche. Wasser- und Landbewohner.

e) **Cephalopoda** Cuvier 1795 (Kambrium — rezent):
Falls eine Schale ausgebildet ist, kann diese innen oder außen liegen. Sie zeigt häufig einen gekammerten Abschnitt und röhrenförmige Gestalt. Kopf deutlich abgesetzt und mit großen Augen ausgestattet. Mund mit meist hornigen Kiefern, von zahlreichen Fangarmen umstellt. Fuß trichterförmig. Respiration mit Kiemen. Marin.

I. Klasse **Amphineura** v. Ihering 1876

1. Allgemeines

Bilateral-symmetrische, meist langgestreckte Mollusken mit Radula und symmetrischem Nervensystem. Ausschließlich marin; heute weltweit verbreitet, in allen Tiefen.

2. Vorkommen

Ob. Kambrium — rezent.

3. Geschichtliches

Bis zum Jahre 1876, in dem v. Ihering die Ordnung der Aplacophora aufstellte, kannte man nur die Chitonen oder Käferschnecken. Diese ordnete Linné (1748) zusammen mit *Lepas* und *Pholas* bei seinen Multivalvia ein. Später (1816) errichtete de Blainville die Klasse der Polyplacophora. Aber erst v. Ihering (1876) erkannte, daß es sich um Mollusken handelt und vereinigte sie mit den Aplacophora in der Klasse der Amphineura.

4. Systematik

Je nach dem Vorhandensein oder Fehlen einer kalkigen Schale unterscheidet man zwei Ordnungen:

I. Stamm Mollusca Cuvier 1797

Ordnung **Aplacophora** v. Ihering 1876
(Wurmmollusken)

Der schalenlose, wurmähnliche Körper wird gänzlich vom Mantel umschlossen. In ihm sind zahlreiche an sich erhaltungsfähige Spicula eingebettet; doch hat man sie bisher fossil noch nicht nachweisen können. Abgesehen von einigen Formen, die im Schlamm flacher Meeresbereiche graben, finden sich die meisten in verhältnismäßig tiefem Wasser (bis ca. 6300 m), wo sie vor allem an oder in Korallen leben. Man kennt aus der Gegenwart etwa ein Dutzend Gattungen mit ca. 240 Arten; fossil nicht nachgewiesen.

Ordnung **Polyplacophora** de Blainville 1816
(Chitonen, Käferschnecken)

1. Allgemeines

Asselähnliche Mollusken, mit rundlichem, meist ovalem Umriß und mehrteiliger, kalkiger Schale (Abb. 563–564). Diese wird rings von einem Randsaum (Gürtel, Perinotum) umgeben. Fuß breit und söhlig. Die kleinen und blattförmigen Kiemen liegen in großer Zahl jederseits in einer Längsrinne zwischen Mantel und Fuß. Herz mit zwei Vorkammern. Mund mit Radula, die im allgemeinen mit derjenigen der Schnecken vergleichbar ist. Kopf klein, schmal, ohne Augen oder Fühler. Getrennt geschlechtlich.

2. Vorkommen

Ob. Kambrium – rezent (heute ca. 1000 Arten). Fossil überall selten und meist nur durch vereinzelte Platten vertreten (ca. 270 Arten).

Abb. 563. Polyplacophoren (*Ischnochiton* sp.), rezent in situ auf steinigem Untergrund der Gezeitenzone bei Ebbe. Tegmentum vor allem bei b) durch Einwirkung der Brandung korrodiert. Links von a) eine *Nerita versicolor*. Am Hinterende in beiden Fällen (rechts) die stabförmigen Koprolithen. Länge der Tiere ca. 4,5 cm. Karibische Südküste von Kuba bei Pilon. Fot. Verf.

Abb. 564. *Chiton (Amaurochiton) magnificus* DESHAYES, rezent, Westküste von S-Amerika. Länge ca. 10 cm. — Nach J. THIELE 1931.

3. Zur Morphologie

Der Gürtel (Perinotum, Abb. 565) umgibt bei etwa gleichbleibender Breite als Randsaum die Schale. Er wird vom Mantel gebildet und enthält an seiner Außenseite bald große Kalkschuppen, bald andere, unterschiedlich geformte Kalkkörperchen oder chitinige Borsten. — **Die Kiemen** liegen in besonderen Längsrinnen (Kiemenrinnen, Abb. 565) beiderseits zwischen Mantel und Fuß. Die Vermehrung der Kiemen, deren Zahl je nach Art und Gattung zwischen 6 und 80 beträgt, vollzieht sich wohl durch Proliferation aus einem einzigen, ursprünglichen Paar. Es handelt sich dabei um zwei besonders große Kiemen, die am Hinterende in der Nähe der Afteröffnung liegen und die wohl mit dem einzigen Kiemenpaar primitiver Schnecken verglichen werden können. Wie dort, zeigt sich eine doppelte Reihe von Kiemenplättchen.

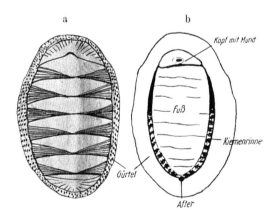

Abb. 565. Schematische Darstellung eines Chitonen. a) Dorsalseite, b) Ventralseite. Etwa nat. Gr.

Die Schale wird im Gegensatz zu allen anderen Mollusken aus acht hintereinanderliegenden, beweglich verbundenen Platten gebildet, von denen jede den Vorderrand der folgenden Platte mit ihrem Hinterrand bedeckt. Die Endstücke haben etwa die Form eines Kreisabschnittes, während die Mittelstücke einen rechteckigen Umriß aufweisen. Alle Platten sind in der Mitte gewölbt oder parallel zur Längsachse gekielt. Durch die Gliederung der Schale vermögen sich die Tiere ähnlich wie manche Asseln einzurollen. Jede Platte besteht aus zwei Schichten:

1. dem Tegmentum (außen): Es ist chitinig, mit Kalziumkarbonat unvollständig imprägniert und von einem System kleiner Kanäle durchsetzt, die Sinnesorgane enthalten. Die vordere und die hintere Endplatte (Kopf- und Analplatte) tragen radialstrahlige Skulptur. Die dazwischenliegenden Platten sind unterschiedlich skulpturiert. In fast allen Lehrbüchern wird die Ansicht vertreten, daß das Tegmentum nur ausnahmsweise erhaltungsfähig sei. In Wirklichkeit ist es aber fast immer überliefert, falls es nicht, wie man häufig am rezenten Tier beobachten kann, schon zu Lebzeiten abgerieben wurde;

2. dem Articulamentum (innen): Es besteht vollständig aus Kalk, ist dicker als das Tegmentum und bildet bei den mesozoischen sowie jüngeren Formen den Teil der Platten, mit dem sie sich dachziegelartig überschuppen. Fossile Reste, deren Tegmentum zerstört wurde, lassen vielfach die Kanälchen, die es durchsetzt haben, als feine Punkte erkennen.

4. Größenverhältnisse

Die Länge der Tiere schwankt etwa zwischen 0,3 und 33 cm. Dabei finden sich die größten Vertreter in der Gegenwart, was wohl als ein Ausdruck phylogenetischer Größenzunahme zu betrachten ist.

5. Lebensweise

Es handelt sich überwiegend um Bewohner des Flachmeeres, vor allem der Gezeitenzone, wo sie auf felsigem Untergrund oder an festen Gegenständen herumkriechen bzw. sich mit ihrem Fuß festhalten. Sie finden sich bei weltweiter Verbreitung hauptsächlich in den Tropen. Die Nahrung ist ausschließlich pflanzlicher Natur.

6. Phylogenetik

Die Amphineura werden wohl mit Recht als die primitivsten Mollusken betrachtet. Darauf weisen unter anderem hin: die ontogenetische Entwicklung, die bilaterale Symmetrie, die Radula, der Kiemenbau usw. Im übrigen ist es eine recht konservative Gruppe, die sich im Verlauf der stammesgeschichtlichen Entwicklung nur wenig verändert hat. Das Articulamentum wurde allem Anschein nach erst im Verlaufe des Paläozoikums erworben. Später vergrößerte es sich allgemein zunächst in Gestalt der Apophysen, die an Breite zunahmen, bis schließlich auch die Afträder als Anbau hinzutraten. Im gleichen Maße gewann der Gürtel immer mehr an Bedeutung; das heißt, die fortschreitende Ausbildung des Articulamentums vollzog sich Hand in Hand mit einer entsprechenden Ausgestaltung und Verstärkung des Gürtels. Hierfür spricht auch die Entwicklung der Haftränder, da an ihnen die Gürtelmuskulatur inseriert. Es handelt sich wohl um eine zunehmende Anpassung an die Wasserbewegung im Küstenbereich, vor allem der Gezeitenmeere.

7. Einige Beispiele

a) Als die primitivsten Polyplacophora werden *Matthevia variabilis* WALCOTT 1885 und *M. walcotti* RUNNEGAR et al. 1979 aus dem Ob. Kambrium von N-Amerika betrachtet. Ihr Panzer ist bis 12 cm lang und besteht aus einer Reihe hoher, kegelförmiger Platten, die zahnartig nach außen ragen. Die Tiere weideten vermutlich auf Stromatolithenrasen im Gezeitenbereich oder dicht darunter. Ihre Stammformen sind wohl bei den primitiven Aplacophora zu suchen, die durch einen breiten Kriechfuß, zahlreiche seitliche Kiemen und einen Rückenpanzer aus dicht gepackten, feinen kalkigen Spiculae (ähnlich den Kalkschuppen im Perinotum der rezenten Polyplacophora) ausgezeichnet waren.

I. Klasse Amphineura v. Ihering 1876

Abb. 566. *Trachypleura triadomarchica* JAEKEL, Abdruck der Schale von innen. Daneben die Abdrücke einiger feiner Stacheln, die dem Gürtel aufsaßen. Unt. Muschelkalk (Schaumkalk) von Rüdersdorf bei Berlin. Ca. ¾ nat. Gr. — Nach O. JAEKEL 1900.

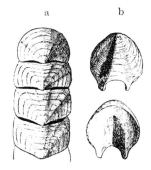

Abb. 567. *Helminthochiton priscus* (MÜNSTER), Unt. Karbon (Kohlenkalk) von Tournai (Belgien). a) Mehrere Platten aneinandergereiht, b) eine Endplatte von außen und von innen. Nat. Gr. — Nach K. A. v. ZITTEL 1915, aber in richtiger Orientierung.

b) Als *Trachypleura triadomarchica* (Abb. 566) bezeichnet O. JAEKEL (1900) einen kleinen, ca. 17 mm langen Chitonen aus dem Unt. Muschelkalk (Schaumkalk) von Rüdersdorf bei Berlin, der zu den wenigen Amphineura-Resten gehört, bei denen sich die acht Platten des Rückenpanzers noch im Zusammenhang befinden. Es handelt sich um den Abdruck der Innenseite und einiger feiner, verkalkter Stacheln, die dem Gürtel aufsaßen. Ein Haftrand fehlte sicher, so daß diese Form sowohl mit allen paläozoischen als auch den jüngeren Lepidopleuriden übereinstimmt.

c) Die ältesten Insertionsränder, die sogar schon Einschnitte aufweisen, wenn auch nicht in Form einer Kämmung, finden sich bei den Gattungen *Allochiton* und *Heterochiton* aus dem Unt. Lias von Sizilien (A. FUCINI 1912), sowie bei *Ischnochiton marloffsteinensis* FIEDEL & KEUPP 1988 aus dem Mittl. Lias (Ob. Pliensbachien) von Franken.

Literaturverzeichnis

ASHBY, E.: Monograph on Australian fossil Polyplacophora (Chitons). — Roy. Soc. Victoria, Proc., n. s. **37**, pt. 2, 170—205, 5 Taf., Melbourne 1925.
— & COTTON, B. C.: South Australian fossil chitons. — Records South. Australian Mus. **5**, pt. 4, 509—512, Adelaide 1936.

BELLE, R. A. VAN: Catalogue of fossil chitons (Mollusca: Polyplacophora). 84 S., Rotterdam (Backhuys) 1981.
— The systematic classification of the Chitons (Mollusca, Polyplacophora). — Inf. Soc. Belg. Malacologie **11** (1—3), 178 S., Brüssel 1983.
BERGENHAYN, J. R. M.: Die fossilen schwedischen Loricaten nebst einer vorläufigen Revision des Systems der ganzen Klasse Loricata. — Lunds Univ. Arssk., n. s. 2, **51**, Nr. 8, 1—41, 2 Taf., 1955.
BISCHOFF, G. C. O.: *Cobcrephora* n. g., representative of a new polyplacophoran order Phosphatoloricata with calciumphosphatic shells. — Senckenbergiana leth. **61**, (3/6), 173—215, 6 Abb., 7 Taf., Frankfurt a. Main 1981.
DEBROCK M. D., HOARE, R. D., & MAPES, R. H.: Pennsylvanian (Desmoinesian) Polyplacophora (Mollusca) from Texas. — J. Paleont. **58**, 1117—1135, 10 Abb., Lawrence 1984.
FIEDEL, U., & KEUPP, H.: *Ischnochiton marloffsteinensis* n. sp., eine Polyplacophore aus dem fränkischen Lias. — Paläont. Z. **62** (1/2), 49—58, 7 Abb., Stuttgart 1988.
FUCINI, A.: Polyplacophora del Lias Inferiore della Montagna di Casale in Sicilia. — Paleontographica Italica **18**, 105—127, 2 Taf., Pisa 1912.
HAAS, W.: Untersuchungen über die Mikro- und Ultrastruktur der Polyplacophorenschale. — Biomineralisation **5**, 52 S., Stuttgart, New York 1972.
HOARE, R. D., & MAPES, R. H.: Articulated specimen of *Acutichnion allysmithi* (Mollusca, Polyplacophora) from Oklahoma. — J. Paleont. **63** (2), 251, 1 Abb., 1989.
— STURGEON, M. R., & HOARE, T. B.: Middle Pennsylvanian (Allegheny Group) Polyplacophora from Ohio. — J. Paleont. **46**, 675—680, 1972.
HOFFMAN, H.: Amphineura (Polyplacophora). — In: H. G. BRONN, Klassen und Ordnungen des Thier-Reichs **3**, pt. 1, suppl. 2, 135—138 (1929); suppl. 3, 369—382, 124 Abb. (1930).
JAEKEL, O.: Über einen neuen Chitoniden, *Trachypleura n. g.*, aus dem Muschelkalk von Rüdersdorf. — Z. Dtsch. geol. Ges. **52**, Verhandlungen, S. 9—14, 2 Abb., Berlin 1900.
KAAS, P., & BELLE, R. VAN: Monograph of living chitons. 1: Order Neoloricata: Lepidopleurina, 240 S.; 2: Suborder Ischnochitonina, Ischnochitonidae: Schizoplacinae, Callochitoninae and Lepidochitoninae. 198 S., London, Köln, Kopenhagen 1985.
KUES, B. S.: Polyplacophora from the Salem Limestone (Mississippian) in Central Indiana. — J. Paleont. **52**, 300—310, 1 Abb., 2 Taf., 1978.
PILSBRY, H. A.: Monograph of the Polyplacophora. — In: Manual of Conchology **14**, XXIV + 350 S., 68 Taf., 1892—1893; **15**, 133 S., 17 Taf., Philadelphia 1893—1894.
PLATE, L.: Die Anatomie und Phylogenie der Chitonen: Fauna Chilensis. Bd. 1, pt. 1, 243 S., 12 Taf., 1897; Bd. 2, pt. 1, 15—216, 9 Taf., 1899; Bd. 2, pt. 2, 281—600, 4 Taf., 1901.
QUENSTEDT, W.: Die Geschichte der Chitonen und ihre allgemeine Bedeutung (mit Zusätzen). — Paläont. Z. **14**, 77—96, 1 Abb., Berlin 1932.
RUNNEGAR, B., POJETA, J. jr., TAYLOR, M. E., & COLLINS, D.: New species of the Cambrian and Ordovician chitons *Matthevia* and *Chelodes* from Wisconsin and Queensland: Evidence for the early history of polyplacophoran mollusks. — J. Paleont. **53**, 1374—1394, 4 Abb., 3 Taf., Tulsa/Okl. 1979.
SMITH, A. G.: Amphineura. — In: R. C. MOORE (Ed.), Treatise on Invertebrate Paleontology, pt. I, Mollusca 1, 141—176, 15 Abb., 1960.
— SOHL, N. F., & YOCHELSON, E. L.: New Upper Cretaceous Amphineura (Mollusca). — U. S. Geol. Surv. Prof. Paper **593**, G 1—G 13, 1968.
THIELE, J.: Revision des Systems der Chitonen. — Zoologica **22**, (56), 1— 132, Stuttgart 1909—1910.
ZITTEL, K. A. V.: Grundzüge der Paläontologie (Paläozoologie). I. Invertebraten. 4. Aufl., 694 S., 1458 Abb., 1915.

II. Klasse **Scaphopoda** BRONN 1862
(Grabfüßler)

1. Allgemeines

(Abb. 568 A): Mollusken mit bilateral-symmetrischer, meist schwach gekrümmter und elefantenzahnartig gestalteter Schale, die beiderseits offen ist und keine Kammerung aufweist. Ein Operculum fehlt. Der Kopf ist rudimentär, der Mund mit Radula und einem distal verbreitertem Apparat fadenförmiger Cirrhen (Captacula) ausgestattet. Der dreilappige, schwellbare Fuß dient zum Eingraben. Da Kiemen fehlen, erfolgt die Respiration durch die Körperfläche. Das sehr einfach gebaute rudimentäre Herz hat keine Vorkammern. Leber und Niere sind paarig entwickelt, die Tiere getrennt geschlechtlich.

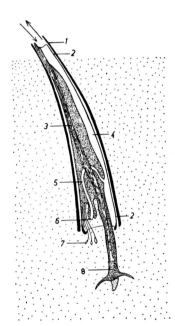

Abb. 568 A. Zur Organisation eines Scaphopoden. — 1 = Kalkschale; 2 = Mantel; 3 = Fußmuskel; 4 = Mantelhöhle; 5 = Darm; 6 = Mundöffnung; 7 = Tentakel; 8 = Fuß; Pfeile = ein- und ausströmendes Atemwasser. Etwas vergrößert. — Nach W. SCHÄFER 1956.

Wären die Scaphopoden nur fossil bekannt, würde ihre systematische Zuordnung sicher ähnliche Schwierigkeiten bereiten wie etwa die der Hyolithen und der Tentakuliten. Dies ergibt sich schon aus der Tatsache, daß sonst keine Mollusken existieren, die ein vergleichbares, beiderseits offenes Gehäuse von elefantenzahnartiger Gestalt haben. An Muscheln erinnern u. a. die Form des Fußes, die paarige Ausbildung von Leber und Niere, der Bau des Nervensystems und der rudimentäre Kopf; an Schnecken die Radula und das röhrenförmige Gehäuse. Der paarige Mantel verwächst ventral röhrenförmig und sondert die gleichgestaltige Schale ab, in die sich das Tier vollständig zurückziehen kann.

2. Vorkommen

Unt. Ordovizium — rezent mit ca. 350 Arten. Im Paläozoikum und Mesozoikum nur lokal und in bestimmten Schichten häufiger; recht häufig zum Teil im Känozoikum (Abb. 568 B).

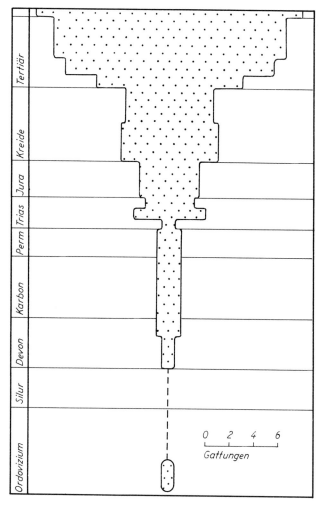

Abb. 568 B. Die zahlenmäßige und zeitliche Verteilung von 25 Gattungen und Untergattungen der Scaphopoda.

Ältester bekannter Vertreter der Scaphopoda ist *Rhytiodentalium kentuckyensis* POJETA & RUNNEGAR 1979 aus dem Ordovizium (Shermanian) von Zentral-Kentucky (USA).

3. Geschichtliches

Zunächst stellte man die Scaphopoden wegen ihrer röhrenförmigen Schale zu den Röhrenwürmern (Serpuliden). Später erkannte DESHAYES (1825) die Verwandtschaft mit den Schnecken, aber erst LACAZE-DUTHIERS (1857) errichtete für sie eine besondere Klasse. Er gab ihr die Bezeichnung Solenoconchae und betonte dabei die Beziehungen zu den Muscheln. An Stelle dieses Namens schlug BRONN (1862) die Bezeichnung Scaphopoda vor, die sich seitdem eingebürgert hat. Wegen der relativ geringen biostratigraphischen Bedeutung wurden die fossilen Vertreter bisher sehr vernachlässigt.

II. Klasse Scaphopoda Bronn 1862

4. Die Lebensweise

Diese ausschließlich das Meer bewohnenden Tiere finden sich vom Gezeitenbereich bis in die Tiefsee, wo sie bis 7000 m beobachtet werden konnten. Sie stecken mit dem oralen Ende voran schräg im Untergrund, so daß oft nur noch die hinterste Spitze vorragt (Abb. 568 A). Die Nahrung besteht hauptsächlich aus Foraminiferen, winzigen Mollusken und anderen kleinen Tieren, die mit dem Captaculum aufgenommen werden.

5. Die Größenverhältnisse

Die meisten Vertreter sind zwischen 2 und 4 cm lang. Daneben finden sich aber auch wesentlich kleinere und größere. So hat zum Beispiel *Prodentalium raymondi* (YOUNG) aus dem Karbon (Pennsylvanian) von Texas zumindest eine Länge von 25,2 cm und einen Durchmesser von 3,5 cm erreicht. Wie sich aus einigen Bruchstücken ergibt, dürften manche Exemplare sogar bis 60 cm lang und 4 cm dick geworden sein. Es handelt sich hierbei um die größten, bisher bekannten Scaphopoden überhaupt (A. K. MILLER 1949). Die längste Art der Gegenwart mißt dagegen nur 13 cm.

6. Zur Systematik

Je nach Gestalt und Ausbildung der Schale lassen sich zwei Familien unterscheiden: die Dentaliidae und die Siphonodentaliidae.

Familie **Dentaliidae** GRAY 1847

Schale in der Regel mit Längsrippen oder quer verlaufender Ringelung, selten glatt. Größter Durchmesser an der Mündung. Mittlerer Zahn der Radula doppelt so breit wie lang. Fuß konisch, endet nicht in einer dehnbaren Scheibe. — Ordovizium — rezent.

Prodentalium YOUNG 1942: Unt. Devon — Ob. Perm von Europa, N-Amerika und Asien.
Schale sehr groß, kreisförmig oder quer elliptisch im Querschnitt, mit feinen Längsrippchen und schief zur Längsachse verlaufenden Zuwachslinien. Skulptur kann im Alter am Vorderende schwächer werden oder fehlen. Schale bis 8 mm dick.

Dentalium LINNÉ 1758: Mittl. Trias — rezent, weltweit (Abb. 569, 570 und 571a, b).
Schale gekrümmt, elefantenzahnartig, in der Jugend mit vorragenden Längsrippen, im Alter gestreift oder glatt. Streifung gewöhnlich gerade, selten spiral zur Längsachse. Apikale Öffnung

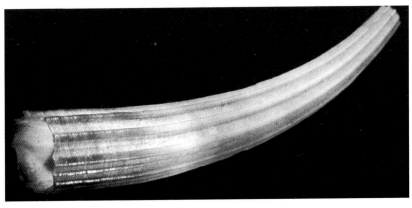

Abb. 569. *Dentalium elephantinum* LINNÉ, rezent. Länge ca. 5 cm.

Abb. 570. *Dentalium (Laevidentalium) regulare* AHLBURG. Der Steinkern schnürt sich kurz vor dem Hinterende auffallend ein. Mittl. Trias (Unt. Muschelkalk) von Jena (Thüringen) Ca. ⅟₁ nat. Gr.

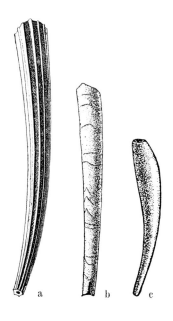

Abb. 571. a) *Dentalium brochii* SOWERBY, Plaisancien von Sizilien. Nat. Gr.; b) *Dentalium (Antalis) grande* (DESHAYES), Ob. Eozän (Bartonien) des Pariser Beckens. Nat. Gr.; c) *Siphonodentalium breve* DESLONGCHAMPS, Unt. Eozän (Ypresien) des Pariser Beckens. 7½ nat. Gr. — Nach C. DECHASEAUX 1952.

meist mit einem durch Absorption entstandenen Schlitz. Mündung oft durch Längsrippen modifiziert.

Plagioglypta PILSBRY & SHARP 1897: ? Unt. Ordovizium von Europa, Ob. Devon — Ob. Kreide von Europa, Asien, N- und S-Amerika.

Schale kreisförmig oder elliptisch im Querschnitt, nach hinten rasch verjüngend, ohne Längsskulptur; hinten mit dicht stehenden, feinen und schief verlaufenden Runzeln. Apikale Öffnung mit ziemlich langem Schlitz. Im Perm erreichten einige Arten eine maximale Länge von ca. 25 cm.

Familie **Siphonodentaliidae** SIMROTH 1894

Schale relativ klein, meist glatt und farblos, selten mit Längs- oder Ringskulptur, am Vorderende meist verengt. Fuß in der Regel mit randlich gezähnelter Endscheibe, weniger häufig einfach wurmförmig; kann eingestülpt werden. Mittlerer Zahn der Radula meist quadratisch. — ? Mittl. Trias, Unt. Kreide — rezent.

Siphonodentalium SARS 1859: Eozän — rezent, weltweit; heute meist in der Tiefsee (Abb. 571 c).

Schale mäßig bis stark gekrümmt, im Querschnitt meist kreisrund, selten dorsoventral abgeflacht. Apikalöffnung groß, lappenförmig geschlitzt. Oberfläche, abgesehen von den Zuwachslinien, glatt.

Cadulus PHILIPPI 1844: Unt. Kreide — rezent, weltweit (Abb. 572).

Schale klein bis mittelgroß (höchstens ca. 3 cm lang), im Querschnitt kreisrund oder elliptisch; in der Mitte oder nahe dem meist verengten Vorderende angeschwollen. Oberfläche gewöhnlich glatt. Apikalöffnung meist einfach, sonst mit 2 bis 4 Kerben.

Abb. 572. *Cadulus (Polyschides) tetrachistus* WATSON, rezent, z. B. von Brasilien. 6½ nat. Gr. — Nach H. A. PILSBRY & B. SHARP 1897—1898.

Literaturverzeichnis

DECHASEAUX, C.: Classe des Scaphopodes (Scaphopoda BRONN 1862). — In: J. PIVETEAU, Traité de Paléontologie **II**, 216—219, 7 Abb., Paris 1952.

EMERSON, W. K.: A classification of the scaphopod molluscs. — J. Paleont. **36**, 461—482, 2 Abb., 5 Taf., 1962.

FANTINET, D.: Contribution à l'étude des scaphopodes fossiles de l'Afrique du nord. — Publ. Serv. Carte Géol. Algérie (n. s.) Paléontologie, Mém. **1**, 112 S., 13 Taf., 1959.

FISHER, D. W.: *Polylopia* CLARK, an Ordovician Scaphopod. — J. Paleont. **32**, 144—146, 1 Taf., 1958.

JANSSEN, R.: Die Scaphopoden und Gastropoden des Kasseler Meeressandes von Glimmerode (Niederhessen). - Geol. Jb. **A 41**, 3—195, 3 Abb., 7 Taf., Hannover 1977.

MILLER, A. K.: A giant scaphopod from the Pennsylvanian of Texas. — J. Paleont. **23**, 387—391, 1 Taf., 1949.

PILSBRY, H. A.: Scaphopoda, Amphineura. — In: EASTMAN, C. R., & K. A. ZITTEL, Textbook of Paleontology (2. Aufl.) **I**, 508—513, 5 Abb., London 1913.

— & SHARP, B.: Tryon's Manual of Conchology; Scaphopoda, ser. 1, Bd. **17**, XXXII + 144 (1897), S. 145—280 (1898), 39 Taf., 1897—1898.

POJETA, J. jr., & RUNNEGAR, B.: *Rhytiodentalium kentuckyensis*, a new genus and new species of Ordovician scaphopod, and the early history of scaphopod mollusks. — J. Paleont. **53**, 530—541, 2 Abb., 3 Taf., Tulsa/Okl. 1979.

RICHARDSON, L.: Liassic Dentaliidae. — Quart. J. Geol. Soc. **62**, London 1906.

ROBSON, G. C.: Scaphopoda. — In: Encyclopaedia Britannica, 14. Aufl., Bd. **20**, S. 51, 4 Abb., 1929.

SCHÄFER, W.: Aktuo-Paläontologie nach Studien in der Nordsee. 668 S., 277 Abb., 36 Taf., Frankfurt a. Main 1962.

TOOMEY, D. F.: Giant scaphopod fragment from lower Strawn (Pennsylvanian) of north-central Texas. — J. Paleont. **31**, 458—461, 2 Abb., 1957.

YOUNG, J. A. jr.: Pennsylvanian Scaphopoda and Cephalopoda from New Mexico. — J. Paleont. **16**, 120—125, 2 Abb., 1 Taf., 1942.

520 I. Stamm Mollusca Cuvier 1797

III. Klasse **Lamellibranchiata** DE BLAINVILLE 1824

(Bivalvia LINNÉ 1758, Acephala CUVIER 1798, Conchifera LAMARCK 1818, Pelecypoda GOLDFUSS 1820)

(Muscheln)

1. Allgemeines

(Abb. 573, 574): Es sind dies kopflose, ausschließlich im Wasser lebende*), bilateral-symmetri-

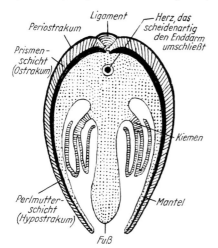

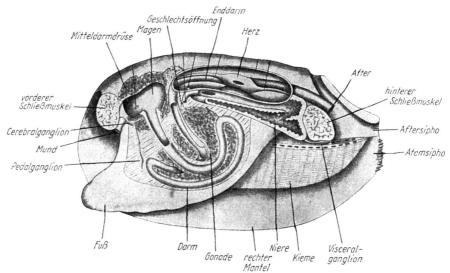

Abb. 573. Schematischer Querschnitt durch eine Muschel.

Abb. 574. Längsschnitt durch den Körper einer Muschel (*Anodonta cygnea* L.). Länge 10 cm. — Nach PARKER & HASWELL sowie D. GEYER 1927, verändert.

---

*) Nur einige Vertreter der Familie Sphaeriidae vermögen das Süßwasser, in dem sie normalerweise leben, zu verlassen und sich auf kurze Strecken mit ihrem muskulösen Fuß auf dem Lande fortzubewegen.

sche Mollusken, die meist einen ovalen oder quer verlängerten Umriß zeigen. Das seitlich etwas zusammengedrückte Muscheltier wird von zwei fleischigen Mantellappen umhüllt, die ihrerseits die beiden kalkigen Klappen der Schale ausscheiden, die dorsal in der Regel durch ein elastisches Ligament verbunden sind. Zwischen den Mantellappen befinden sich die paarig ausgebildeten, blattförmigen Kiemen, der Rumpf mit den Eingeweiden und ein kräftiger, muskulöser Fuß. Die Tiere sind meist getrennt geschlechtig. Der grundsätzliche Bauplan ist bilateral-symmetrisch. Abweichungen finden sich nur dann, wenn sich die ursprüngliche euthetische Stellung zur Unterlage ändert und die Sagittalebene im Zusammenhang mit der Lebensweise nicht mehr vertikal steht.

2. *Vorkommen*

Unt. Kambrium — rezent mit ca. 2032 Gattungen, deren zahlenmäßige und zeitliche Verteilung einen bisher fünfphasigen progressiven Verlauf erkennen läßt (Abb. 575).

Bei den drei ersten Phasen (Ob. Ordovizium, Unt. Devon, Unt. Perm) unterscheiden sich die Formenmaxima nur wenig. Die vierte Phase dagegen, die sich von der Unt. Trias bis zur Ob. Kreide erstreckt, tritt kräftig hervor und erreicht bei zunehmender Tendenz das Maximum in der Ob. Kreide. Nach kräftiger Inzision während des Paläozän steigert sich die Formenmannigfaltigkeit rasch und erreicht im Pleistozän/Holozän das absolute Maximum der bisherigen Stammesgeschichte.

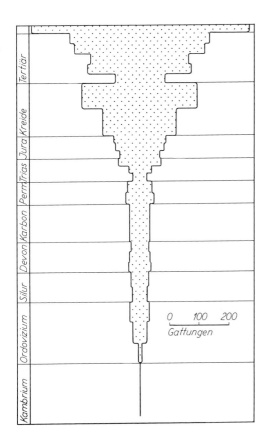

Abb. 575. Die zahlenmäßige und zeitliche Verteilung von 2032 Gattungen der Lamellibranchiata (Bivalvia). — Nach A. H. MÜLLER 1974.

3. Geschichtliches

Als Lamellibranchiata bezeichnete DE BLAINVILLE 1824 eine Gruppe der Acephalophoren, d. h. der kopflosen Mollusken. Dieser Begriff setzte sich weitgehend gegenüber älteren Bezeichnungen, wie Bivalvia LINNÉ 1758, Acephala CUVIER 1798, Pelecypoda GOLDFUSS 1820, durch. Von letzteren entspricht allerdings nur Pelecypoda exakt dem begrifflichen Inhalt von Lamellibranchiata. So vereinigte zum Beispiel LINNÉ in seinen Bivalvia nicht nur die Muscheln, sondern auch die Brachiopoden, welche lediglich die äußere Gestalt mit den Muscheln gemeinsam haben.

4. Der Weichkörper

Der seitlich etwas zusammengedrückte Weichkörper wird von den beiden Mantellappen umhüllt (Abb. 573). Diese sind dorsal und auch sonst meist bis auf die Stellen verwachsen, wo der Fuß und die Siphonen nach außen treten. Die Grenze, bis zu welcher der Mantel an der Innenseite der Klappen festgewachsen ist, wird als **Mantellinie** (Abb. 577) bezeichnet. Über diese, an der zahlreiche kleine Muskeln sitzen, ragt nur ein schmaler, mit Drüsen, Pigment, Tentakeln usw. ausgestatteter Saum.

Am Hinterende des Tieres befinden sich zwischen den beiden Mantellappen stets zwei Öffnungen. Durch die untere strömt das mit Nahrung und Sauerstoff beladene Wasser in die Kiemenhöhle. Es verläßt diese wieder im verbrauchten Zustande durch die obere, wobei es Exkremente und sonstige Abbauprodukte mit nach außen führt. Verlängern sich, wie dies häufig der Fall ist, die hinteren Ränder der Öffnungen, so daß mehr oder weniger lange schlauchartige Gebilde entstehen, spricht man von **Siphonen** (Abb. 576). Ihrer Funktion gemäß wird der untere als Atemsipho, der obere als Aftersipho bezeichnet. Beide können vollständig miteinander verwachsen und eine gemeinsame Umhüllung ausbilden. Besteht diese aus einer dicken, hornigen Schicht, lassen sie sich nicht in das Innere der dann klaffenden Schale zurückziehen. Fast immer verursachen sie aber eine Ausbuchtung der Mantellinie, so daß sich je nach deren Verlauf zwei taxonomisch wichtige Gruppen unterscheiden lassen (Abb. 577):

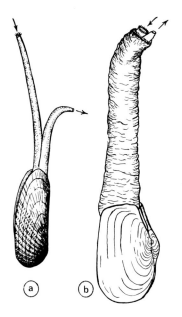

Abb. 576. Die Ausbildung der Siphonen bei grabenden und bohrenden Muscheln. a) Die Bohrmuschel *Petricola pholadiformis* (rezent) zeigt zwei voneinander getrennte, kontraktile Siphonen, von denen der eine dem Atem-, der andere dem Aftersipho entspricht. b) Atem- und Aftersipho werden zum Beispiel bei der tief vergraben lebenden *Mya truncata* (rezent) derart von einer dicken Muskelscheide umschlossen, daß sie nicht in die Schale zurückgezogen werden können. ½ nat. Gr. — Nach TURNER, aus R. SHROCK & W. TWENHOFEL 1953.

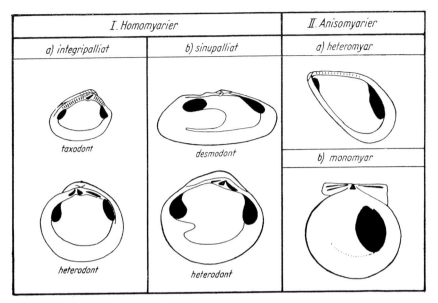

Abb. 577. Schematische Darstellung über die Ausbildung der Schließmuskeleindrücke und den Mantellinienverlauf bei Muscheln.

a) **sinupalliate** Formen: mit Mantelbucht,
b) **integripalliate** Formen: ohne Mantelbucht. Hier zeigt die Mantellinie einen einfachen, nicht unterbrochenen Verlauf.

Die zwischen den beiden Mantellappen eingeschlossene Visceralmasse verlängert sich nach unten zu einem muskulösen, beil- bis wurmförmigen und schwellbaren **Fuß** (Abb. 573—574). Er tritt an der vorderen Ventralseite zwischen den getrennten oder mit einem besonderen Schlitz versehenen Mantellappen hervor. Der Fuß, der stets vollständig in das Innere der Schale zurückgezogen werden kann, dient meist zum Kriechen, bei manchen Formen auch zum Springen und zum Eingraben in lockeren Untergrund. Vielfach finden sich neben den Schließmuskeleindrücken in der Schale kleine akzessorische Muskeleindrücke dort, wo die zum Bewegen des Fußes dienenden Muskeln ansitzen. Die Gestalt des Fußes ist von der Lebensweise abhängig. Bei primitiven, sich kriechend fortbewegenden Formen hat er zum Beispiel eine beilförmige, unten sohlenartig abgeplattete Gestalt.

Vielfach befindet sich am ventralen Ende des Fußes eine Furche, die mit der sogenannten **Byssusdrüse** in Verbindung steht. Deren Innenwandung ist mit Zellen bedeckt, die ein Sekret ausscheiden, das im Wasser als Byssus erstarrt. Er dient zur Verankerung der Tiere am Untergrund. Bei *Mytilus* handelt es sich zum Beispiel um zahlreiche feine, sandige Fasern, bei *Pinna* (Abb. 660a) um relativ grobe Haare. Derart verankerte Muscheln vermögen sich in der Regel selbst wieder freizumachen und andernorts erneut zu befestigen. Bei manchen Vertretern sind Fuß- und Byssusdrüse rudimentär. Dies gilt etwa für die Ostreidae.

Die Atmung erfolgt über **Kiemen,** die unter den Mantellappen liegen. Sie bestehen meist aus dünnen, gitterartigen Blättern, können aber auch bei manchen Formen durch feine, parallelverlaufende Fäden ersetzt sein. Die Mehrzahl der rezenten Muschelarten hat zwei Paar gleichartige Kiemen; doch ist bei manchen das vordere Paar mehr oder weniger rudimentär oder gänzlich rückgebildet. Nur in seltenen Fällen verkümmern beide Kiemenpaare. — Struktur und Bau der Kiemen sind eine wichtige Grundlage für die Systematik der rezenten Formen. Man unterscheidet (Abb. 578):

a) protobranchiat   *b) filibranchiat*   *c) eulamellibranchiat*   *d) septibranchiat*

Abb. 578. Schematische Darstellung der bei den Muscheln auftretenden Kiemen-Typen.

a) **Protobranchia:** Hier ordnen sich die meist großen und einfachen Kiemenfäden beiderseits einer gemeinsamen Achse fiederartig an. Man findet diese Form bei den primitivsten Muscheln (zum Beispiel *Nucula*) sowie in ähnlicher Ausbildung auch bei den Gastropoden und Amphineuren.

b) **Filibranchia:** In diesem Falle strecken sich die dünnen Kiemenfäden zu langen Filamenten, wobei die äußeren nach außen, die inneren nach innen umknicken, so daß die Enden aufwärts ragen. Eine derartige Ausbildung zeigen viele der taxodonten (zum Beispiel Arcacea) und dysodonten Vertreter (zum Beispiel Pectinacea, Mytilacea).

c) **Eulamellibranchia:** Hier werden die bei den Filibranchia entstandenen doppelten Kiemenblätter derart durch Querelemente verbunden, daß nur noch kleine Zwischenräume verbleiben. Solche Kiemen sind kennzeichnend für die Heterodonta und die Mehrzahl der Desmodonta.

d) **Septibranchia:** Hier entsteht durch spezielle Anordnung und Verwachsung des inneren Kiemenpaares hinter dem Fuß eine muskulöse, von Öffnungen durchbrochene Scheidewand. Sie teilt die Mantelhöhle in den oben befindlichen Mündungsraum des Afters (Kloake) und die ventral liegende Atemhöhle zur Aufnahme des mit Sauerstoff und Nahrung beladenen Wassers.

Die beiden Klappen der Muschelschale werden durch Muskeln (Schließmuskeln, Adductores) geschlossen, von denen jeder aus einem dicken Bündel Muskelfasern besteht, die sich quer zur Längsachse von einer Klappe zur anderen erstrecken. Hier sind sie an der Schaleninnenseite in den sogenannten **Schließmuskeleindrücken** befestigt, die eine große taxonomische Bedeutung haben. Je nach ihrer Zahl und Ausbildung unterscheidet man (Abb. 577):

a) **Homomyarier:** mit zwei gleichen oder nahezu gleich großen Schließmuskeleindrücken. Es handelt sich um Vertreter des vagilen Benthos.

b) **Anisomyarier:** mit ein oder zwei sehr ungleichen Schließmuskeleindrücken. Ist der vordere mehr oder weniger rudimentär, aber nicht gänzlich verschwunden, spricht man von Heteromyariern; ist nur noch der hintere ausgebildet, von Monomyariern. In beiden Fällen handelt es sich überwiegend um sessiles Benthos.

5. *Die Schale, ihre Struktur und Zusammensetzung*

Die Schale besteht hauptsächlich aus Kalziumkarbonat, das in seinen beiden Modifikationen, dem Kalzit und dem Aragonit, auftritt. Daneben finden sich Spuren von Magnesiumkarbonat, Phosphaten und Silizium. Alles wird durch eine organische Substanz zusammengehalten, die man als **Konchiolin** bezeichnet. Sie bedeckt auch die Außenseite der Klappen als unterschiedlich dicker Überzug **(Periostrakum).** Es handelt sich um ein Protein aus der Nachbarschaft der Keratine. Die Schale selbst zeigt in der Regel zwei histologisch verschiedene Schichten (Abb. 579):

a) das **Ostrakum** (außen), welches vom Mantelsaum gebildet wird. Es besteht aus Kalzitprismen, die im allgemeinen gegen den Wirbel geneigt sind. Nur bei den Rudisten verlaufen sie

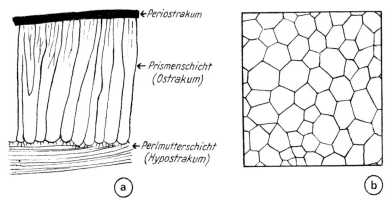

Abb. 579. a) Schematischer Längsschnitt durch eine Muschelschale; b) desgl., Querschnitt durch die Prismenschicht.

parallel zur Schalenoberfläche. Besonders große Prismen haben die Inoceramen der Ob. Kreide, die Vertreter der Gattung *Pinna* und viele Myalinen;

b) das **Hypostrakum** (innen), welches von der Manteloberfläche abgesondert wird und aus A r a g o n i t besteht. Je nach der besonderen Ausbildung zeigt es eine perlmutter- oder porzellanartige Beschaffenheit. Am häufigsten ist die erstere, wobei zahlreiche feine Lamellen auftreten, die sich parallel zur Schale erstrecken.

Bei genauerer Betrachtung ergeben sich Abweichungen, die sich nicht nur auf die Struktur innerhalb der beiden Lagen beziehen. So fehlt bei vielen Heterodontiern (zum Beispiel Veneridae, Cardiidae) die äußere Prismenschicht. Bei den Pectinidae und Limidae ist sie nur im Jugendstadium schwach entwickelt. Umgekehrt überwiegt bei anderen Formen das Ostrakum derart, daß vom Hypostrakum nichts oder kaum etwas übrigbleibt. Wegen der leichteren Löslichkeit des Aragonits und seiner geringeren Widerstandsfähigkeit gegenüber mechanischen Einwirkungen ist das Hypostrakum vor allem bei den geologisch älteren Muschelresten meist nicht überliefert (vgl. Bd. I, 5. Aufl., S. 122).

Die beiden Klappen der Muschelschale werden durch das **Ligament** zusammengehalten. Es ist dies eine Bildung des Mantels, die als Fortsetzung des Periostrakums ebenfalls im wesentlichen aus Konchiolin besteht. Das Ligament ist elastisch und hält die beiden Klappen unterhalb des Wirbels zusammen. Es hat die Aufgabe, beim Nachlassen des Zuges, den die Schließmuskeln auf die Klappen ausüben, diese zum Klaffen zu bringen. Das Ligament kann vollständig oder teilweise nach innen verlagert sein. Man bezeichnet es dann als intern. Handelt es sich um ein dreieckiges Kissen, das in einer zentralen Grube unter dem Wirbel befestigt ist, spricht man von einem **Resilium.** Es besteht aus faserigem Konchiolin, dem Kalksalze eingelagert sind. Seine elastischen Eigenschaften zeigen sich, wenn es unter den Druck der sich schließenden Klappen gerät. Bei manchen, tief vergraben lebenden Formen sind die Ansatzstellen des Resiliums besonders differenziert. Man spricht dann von **Chondrophoren.** Weitere Einzelheiten finden sich in Abb. 580.

Zwischen der mechanischen Wirksamkeit des Ligaments und der Lebensweise der Muscheln besteht ein unmittelbarer Zusammenhang. So konnte R. ANTHONY (1905) zeigen, daß sich die Lage der Schloßachse innerhalb des Ligaments vergraben lebender Muscheln beim Öffnen und Schließen der Schale stark verändert. Um dies sichtbar zu machen, befestigte er an einer der beiden Klappen einen kleinen Stift, mit dem die fraglichen Bewegungen des noch lebenden Tieres auf berußtes Papier übertragen wurden. Das sich zeigende Verhalten (Abb. 581 a) läßt sich durch die lose Verbindung der Zähne, das biegsame Ligament und die Tatsache erklären, daß ein wirklich leistungsfähiges Ligament bei vergraben lebenden Formen gar nicht notwendig

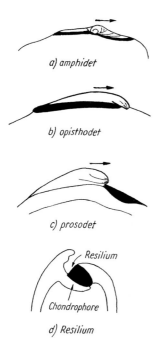

Abb. 580. Einige Ligament-Typen. Hiervon hat das prosodete nur hypothetischen Charakter.

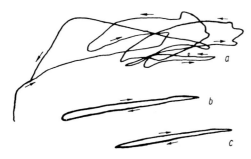

Abb. 581. Wanderung der Schloßachse innerhalb des Ligaments beim Öffnen und Schließen der Klappen einiger rezenter Muscheln. a) *Gari* sp.; b) *Mytilus* sp.; c) *Pecten* sp. — Nach R. ANTHONY (1905), umgezeichnet.

ist. Seitliche und rotatorische Bewegungen erleichtern vielmehr das Graben. Andererseits zeigt sich bei nicht vergraben lebenden Formen, die keine oder nur schwache Schloßzähne aufweisen, daß das Ligament leistungsfähig genug ist, um ein seitliches Gleiten der Klappen zu verhindern (zum Beispiel bei den Pectinacea und Mytilacea, Abb. 581 b, c). Hieraus ergibt sich, daß das eigentliche „Schloß" nicht von den Zähnen und Zahngruben gebildet wird, sondern vom Ligament (N. D. NEWELL 1954).

Der vorspringende Teil jeder Klappe, an dem das Wachstum der Schale begonnen hat, wird als **Wirbel** bezeichnet. Er kann nach vorn (prosogyr) oder nach hinten (opisthogyr) gekrümmt sein. Unter einer **Lunula** versteht man ein oft besonders abgegrenztes und skulpturiertes Feld, das sich längs des Dorsalrandes vor den Wirbeln erstreckt. Bei einer entsprechenden Bildung, die sich hinter den Wirbeln befindet, handelt es sich um eine **Cardinal-Area.**

Bei der Mehrzahl aller Muscheln erfolgt die Verbindung der beiden Klappen nicht nur durch die Muskeln und das Ligament, sondern auch über zahnartige Vorsprünge, die in entsprechende Vertiefungen der anderen Klappe eingreifen. Der ganze Apparat wird als **Schloß,** die Vor-

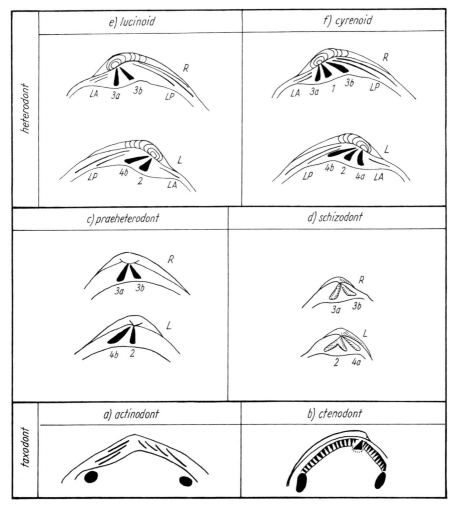

Abb. 582. Schematische Darstellung einiger der wichtigsten, bei den Lamellibranchiaten auftretenden Schloßtypen. Es bedeuten: R = rechte Klappe; L = linke Klappe. Hinsichtlich der Bezeichnung der Cardinal- und Seitenzähne vgl. S. 528.

sprünge als Schloßzähne und die entsprechenden Vertiefungen der anderen Klappe als Zahngruben bezeichnet. Zähne und Zahngruben liegen am dorsalen marginalen Rand, dem sogenannten Schloßrand. Er wird häufig verstärkt durch eine dicke, sich vertikal zur Schale erstreckende **Schloßplatte,** auf der sich dann die Schloßelemente befinden. Da die Gestaltung des Schlosses eine große systematische Bedeutung hat, wird besonders darauf eingegangen. Man unterscheidet folgende **Schloßtypen:**

a) **Das taxodonte Schloß** (Abb. 582, 583): Hier trägt der Schloßrand beider Klappen zahlreiche (bis zu ca. 35), mehr oder weniger gleichartige Zähnchen und Zahngruben. Je nachdem, wie die Zähnchen zum Schloßrand orientiert sind, ergeben sich zwei Untertypen:

1. das ctenodonte Schloß (Abb. 582, 583): Die Zähnchen konvergieren gegen die Mitte der

Abb. 583. Taxodontes Schloß, ctenodonter Untertyp (*Glycymeris obovatus* LAM., Mittl. Oligozän von Weinheim, Mainzer Becken). Ca. 1½ nat. Gr.

Schale. Es ist erstmalig bei der Gattung *Ctenodonta* (Familie Ctenodontidae), deren Vertreter im Ordovizium (Arenig) vorkommen, zu beobachten. Es hat im Verlaufe der Stammesgeschichte keine nennenswerte Umwandlung erfahren, da es sich auch heute noch etwa in der gleichen Ausbildung, zum Beispiel bei der Gattung *Nucula*, vorfindet. Bei *Arca* handelt es sich um ein sekundär ctenodontes Schloß;

2. das actinodonte Schloß (Abb. 582): Hier konvergieren die Kerbzähnchen gegen den Wirbel. Es findet sich zum Beispiel bei *Actinodonta* (Ordovizium). Dieser Typ hat sich im Laufe der Stammesgeschichte erheblich und in verschiedenen Richtungen umgewandelt. Dabei entstanden u. a. die nachstehend aufgeführten Schloßtypen.

b) **Das praeheterodonte (diagenodonte) Schloß** (Abb. 582c): Durch zunehmende Reduktion der Zahl und Länge der am Aufbau des actinodonten Schlosses beteiligten taxodonten Kerbzähnchen verblieben zunächst nur einige (drei oder weniger), die unter dem Wirbel liegen und die man als Cardinalzähne bezeichnet. Diese im wesentlichen wohl von *Lyrodesma* ausgehende Entwicklung zeigt sich zum erstenmal im Devon. Bei den Praeastartidae H. DOUVILLÉS steht je ein Zähnchen symmetrisch rechts und links vom Wirbel.

Zur Bezeichnung und formelmäßigen Erfassung des praeheterodonten Schlosses sowie der aus ihm entstandenen Formen kommt nachstehend das von F. BERNARD (1895—1897) vorgeschlagene Verfahren in Anwendung:

1. Hiernach werden die Cardinalzähne der linken Klappe mit geraden, arabischen Ziffern, die der rechten mit ungeraden bezeichnet. Dabei erhält der unmittelbar unter dem Wirbel der rechten Klappe befindliche die Ziffer 1 und, falls vorhanden, der unter dem Wirbel der linken liegende die Ziffer 2. Die beiderseits vom linken Wirbel stehenden werden mit 3, die daran anschließenden mit 5 usw. bezeichnet. Das gleiche gilt sinngemäß für die rechte Klappe. Befindet sich kein Zahn unter dem Wirbel, erhalten die beiderseits von ihm liegenden Zähne die Ziffer 2, die folgenden die Ziffer 4 usw. Dabei wird jeweils den Ziffern der vor dem Wirbel gelegenen Elemente ein a, den dahinter befindlichen ein b angefügt.

2. Vordere Seitenzähne werden mit LA, hintere mit LP bezeichnet und entsprechend den Lamellen numeriert, aus denen sie entstanden sind. Die niederste Zahl erhält die Lamelle, die am freien Rand der Schloßplatte liegt.

3. Sodann schreibt man die Abkürzungen und Ziffern in der Reihenfolge von vorn nach hinten derart zusammen, daß die der rechten Klappe über, die der linken Klappe unter einem Bruchstrich stehen **(Schloß- oder Zahnformel).** Für das in Abb. 584 schematisch gezeigte Beispiel ergibt sich also:

$$\frac{LA - 3a - 1 - 3b - LP}{LA - 4a - 2a - 2b - 4b - LP}$$

III. Klasse Lamellibranchiata de Blainville 1824

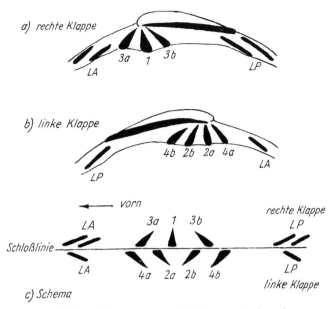

Abb. 584. Schematisches Beispiel zur Darstellung der Schloß- und Zahnformel.

Abb. 585. Schloß der linken Klappe von *Trigonia concentrica* AGASSIZ, Unt. Portland von Nordfrankreich. Ca. ⅔ nat. Gr.

c) **Das schizodonte Schloß** (Abb. 582, 585): In ähnlicher Weise wie beim praeheterodonten Schloß führte wohl die zunehmende Reduktion der am Aufbau des actinodonten Schlosses beteiligten Elemente zum schizodonten. Nur ordnen sich jetzt die Cardinalzähne der linken Klappe nicht symmetrisch, sondern asymmetrisch zum Wirbel derart an, daß einer der beiden Zähne unter, der andere vor ihm zu liegen kommt. Der unter dem Wirbel befindliche Zahn ist gespalten und bildet den charakteristischen Spalt- oder Dreieckzahn der Trigoniacea. Durch ihn wird eine sehr kräftige Verbindung der beiden Klappen bewirkt, die man bei den rezenten Formen erst dann zu lösen vermag, wenn die Klappen zunächst abwärts und dann auseinander bewegt werden. Dies ist wohl auch eine der Ursachen, daß bei den Trigoniacea *(Schizodus,*

Myophoria, Trigonia) besonders häufig doppelkantig erhaltene Exemplare vorkommen. Im übrigen wird der Schloßverband bei einigen Gattungen (zum Beispiel *Trigonia*) durch eine Kerbung der Schloßzähne verstärkt, wie sie in ähnlicher Weise auch bei anderen Muscheln (zum Beispiel Astartidae und Corbulidae) zu beobachten ist. An Formen, die ins Brack- und Süßwasser übergegangen sind, zeigt sich eine Reduktion des Schlosses, so daß schließlich kaum noch ein unmittelbarer Zusammenhang mit den marinen Ausgangsformen festgestellt werden kann. Im übrigen hat das schizodonte Schloß während der Stammesgeschichte nur geringfügige Umwandlungen erfahren.

d) **Das heterodonte Schloß** (Abb. 582): Es ist dadurch entstanden, daß sich zu den Cardinalzähnen des praeheterodonten Schlosses vordere und hintere Seitenzähne entwickelt haben. Es sind dies Elemente, die außerhalb des Ligamentbereiches liegen und meist in Gestalt sehr schräg stehender, langer Leisten auftreten (Leistenzähne). Dieser Typ findet sich erstmalig deutlich im Unterdevon realisiert, wenn man von einigen, noch ungenügend bekannten Vertretern aus dem Ordovizium und Silur absieht. — Je nach der Anzahl der in jeder Klappe vorhandenen Cardinalzähne lassen sich vor allem zwei Typen unterscheiden:

1. der lucinoide (Abb. 582e), der im allgemeinen je Klappe zwei Cardinalzähne sowie ein oder zwei vordere und hintere Seitenzähne aufweist;
2. der cyrenoide (Abb. 582f), der gewöhnlich drei Cardinalzähne sowie zwei vordere und hintere Seitenzähne je Klappe zeigt.

Abb. 586. *Ostrea leopolitana* NIEDZ. (Innenseite der rechten Klappe), aus dem Miozän von Lwow, wo sie vorwiegend in kleinen Nestern relativ häufig vorkommt. Beiderseits des Schloßrandes findet sich eine Anzahl feiner Kerben und Runzeln, die vertikal stehen und die dysodonte Ausbildung des Schlosses zeigen. Nat. Gr. — Nach J. NIEDZWIEDZKI 1909.

e) **Das dysodonte Schloß** (Abb. 586) enthält bei typischer Entwicklung eine Anzahl feiner Kerben und Runzeln, die vertikal zum Schloßrand und unter sich nahezu parallel verlaufen. Sie entsprechen ähnlichen Bildungen, wie sie sich am Prodissoconch (vgl. S. 532) jeder Muschel vorfinden und aus denen sonst während der Ontogenese das taxodonte bzw. heterodonte Schloß mit den verschiedenen Abwandlungen hervorgeht. Dysodont sind die Mytilacea und Ostreacea.

f) **Das isodonte Schloß** (Abb. 587): Hier sind wenige (zwei) Zähne und Zahngruben symmetrisch beiderseits des Ligaments angeordnet. Bei typischen Vertretern dieser Ausbildung, wie zum Beispiel bei *Spondylus*, verlaufen die Zähne schräg und gekrümmt nach hinten, so daß die

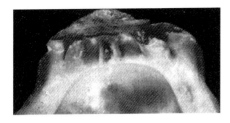

Abb. 587. Isodontes Schloß: *Spondylus gaederopus* LINNÉ, Schloßplatte der linken Klappe. Rezent, Mittelmeer. Ca. ½ nat. Gr.

Klappen nur dann voneinander getrennt werden können, wenn man die Zähne zerbricht. Das isodonte Schloß ist wohl vom heterodonten abzuleiten, obgleich es äußerlich oft stark an das schizodonte erinnert. Doch weichen bei letzerem Gestalt und Ausbildung der beiden Klappen viel mehr voneinander ab als beim isodonten.

g) **Das pachyodonte Schloß** (Abb. 588): ist ebenfalls auf die heterodonte Ausbildung zurückzuführen. Charakteristisch sind ein bis zwei asymmetrische, oft enorm vergrößerte und abgewandelte Zähne, die in tiefe Zahngruben der gegenüberliegenden Klappe eingreifen. Dies gilt insbesondere für die Hippuritacea.

h) **Das desmodonte Schloß** (Abb. 589) zeigt bei typischer Entwicklung keine eigentlichen Schloßzähne. Charakteristisch sind besondere, oft löffelartig verlängerte Fortsätze, an denen das Ligament befestigt ist. Kennzeichnend ist diese Ausbildung vor allem für die Myacea.

Abb. 588. Pachyodontes Schloß: Seitenansicht der linken Klappe von *Hippurites radiosus* DES MOULINS, Ob. Kreide (Maastricht) der Charente (Frankreich). Nat. Gr. — Nach K. A. v. ZITTEL 1915. — Über die Bedeutung der einzelnen Vorsprünge siehe S. 619ff.

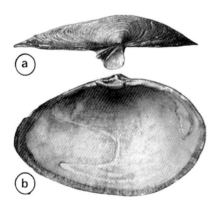

Abb. 589. Desmodontes Schloß mit Ligamentlöffel (Chondrophore) an der linken Klappe (a). Es handelt sich um *Mya arenaria* L., rezent. Ca. ¾ nat. Gr. — Nach G.-J. PAINVIN.

Neben den oben aufgeführten Bezeichnungen existiert noch eine ganze Reihe weitere, über deren Verwendung sich die Spezialisten aber im allgemeinen noch nicht geeinigt haben. Dies erklärt sich vor allem aus der gelegentlich sehr komplexen, schwierig zu deutenden Schloßausbildung mancher Lamellibranchiaten. Man kennt deshalb auch noch kein allgemeingültiges System, in dem alle schloßtragenden Muscheln befriedigend untergebracht werden können.

6. Über Fortpflanzungsverhältnisse und Ontogenie

Die meisten Muscheln sind getrennt geschlechtig. Doch finden sich daneben auch hermaphrodite Vertreter, zu den etwa *Ostrea* und *Pecten* gehören. Abgesehen von wenigen Fällen entsteht aus der Gastrula eine frei schwimmende Trochophora-Larve (Abb. 590), die große Ähnlichkeit mit den entsprechenden Stadien der Polychaeten aufweist. Aus ihr geht unter Bildung eines glockenförmigen Schwimmorgans (Velums) und unter anderen Veränderungen die Veliger-Larve (Abb. 591) hervor. Ehe diese zu Boden sinkt, umgibt sie sich mit zwei einfachen, aus Konchiolin bestehenden Klappen, dem **Prodissoconch.** Es nimmt die Wirbelregion der späteren Schale ein, wird aber meist im Verlaufe der Zeit abgerieben oder sonstwie zerstört. Wegen seiner Vergänglichkeit ist es fossil in der Regel nicht erhalten. Es zeigt zunächst einen geraden, später etwas gebogenen, zahnlosen oder schwach gekerbten Schloßrand und erinnert so an viele paläozoische Muscheln, die im ausgewachsenen Zustand ähnliche Erscheinungen aufweisen. Verbunden werden die beiden Klappen des Prodissoconchs durch ein biegsames, ligamentähnliches Konchiolinband und zwei Schließmuskeln.

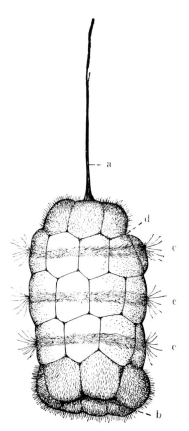

Abb. 590. Trochophora-Larve von *Yoldia limatula*, rezent. Bezeichnungen: a = Wimperschopf; b = Blastoporus; c = Wimperkränze; d = Gegend des Cerebralganglions. — Nach Drew, aus J. Thiele 1931.

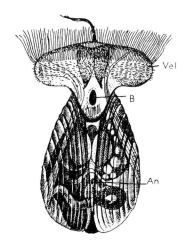

Abb. 591. Veliger-Larve von *Dreissena* (Ventralansicht), rezent. Bezeichnungen: An = After; B = Mund; Vel = Velum. — Nach MEISENHEIMER.

7. Systematik

Nach den ersten Untersuchungen, die insbesondere auf J. B. DE LAMARCK (1801, 1816), G. CUVIER (1817, 1828) und H. M. DE BLAINVILLE (1841) zurückgehen, brachte M. NEUMAYR (1883, 1891) einen erheblichen Fortschritt, indem er sein System hauptsächlich auf den Schloßbau gründete. Er unterschied die fünf Ordnungen der Palaeoconcha, Taxodonta, Dysodonta, Heterodonta und Desmodonta. Als nächster folgte W. H. DALL (1889), dessen System vor allem in Amerika Anhänger fand. Auch er legte das Hauptaugenmerk auf die Schloßstruktur. Leider richtete er einige Verwirrung an, da er neue Namen für Dinge brachte, die schon von NEUMAYR benannt waren. E. SUESS (1890) fügte die Ordnung der Schizodonta und FISCHER (1890) die der Isodonta hinzu.

Der französische Zoologe P. PELSENEER (1884—1911) begründete sein System ausschließlich auf den Kiemenbau, ohne, wie NEUMAYR und DALL, das paläontologische Material zu berücksichtigen. Er betrachtete die Merkmale der Schale als untergeordnet und errichtete die fünf Ordnungen der Protobranchia, Filibranchia, Pseudolamellibranchia, Eulamellibranchia und Septibranchia.

Einen wesentlichen Fortschritt brachte sodann H. DOUVILLÉ (1912), der die stammesgeschichtliche Entwicklung des Schlosses zu klären versuchte und der mehr paläontologische Beobachtungen in den Kreis seiner Betrachtungen zog als irgend einer der Vorgänger. Leider wurden die Ergebnisse seiner Arbeit in Amerika und Deutschland lange Zeit kaum beachtet. Er unterschied entsprechend der Lebensweise drei „Zweige":

a) den „sedentären", der die Mehrzahl der mit einem Byssus ausgestatteten und heteromyaren Formen umfaßt;
b) einen weiteren, in dem die meisten vergraben oder bohrend lebenden Vertreter, die relativ lange Siphonen und ein schwaches Schloß aufweisen, vereinigt sind;
c) den „normalen", zu dem alle übrigen, im wesentlichen frei lebenden Formen gehören.

Viele Autoren haben sich den Ergebnissen von NEUMAYR in ihren Grundzügen angeschlossen, wobei aber im zunehmenden Maße auch andere Kriterien, wie die Mikrostruktur der Schale und die Entwicklung des Ligaments, Berücksichtigung gefunden haben. Leider ist die taxonomische Bearbeitung der Muscheln sehr erschwert durch zahlreiche Homöomorphien, die sich aus der nicht seltenen Entwicklung in Parallelreihen ergeben und durch die vor allem im Paläozoikum zum Teil recht ungünstige Erhaltung. So kommt es, daß zweifellos auch heute noch äußerlich ähnliche Formen zu Gruppen vereinigt werden, die einen durchaus künstlichen Charakter tragen.

Die ältesten Muscheln

Die ältesten bekannten Muscheln wurden im Unteren und Mittleren Kambrium gefunden und folgenden Gattungen zugeordnet (VOGEL 1962; POJETA, RUNNEGAR & KRIZ 1973; KRASILOVA 1977):

Fordilla BARRANDE 1881: Unt. Kambrium von N-Amerika (Staat New York), Neufundland, Grönland, Sibirien und W-Europa (Abb. 592 a—c).

Schale oval, seitlich komprimiert, hintere Hälfte kräftig entwickelt; Durchmesser nicht größer als 5 mm. Die beiden Schließmuskeleindrücke, von denen der hintere größer ist, werden durch eine deutliche, integripalliate Mantellinie verbunden. Diese wird nach hinten auffallend breiter. Unter dem Wirbel befindet sich ein weiterer („Dorsoumbonal"-)Muskeleindruck. Ligamentstrukturen sind nicht zu erkennen.

Nahe verwandt ist **Neofordilla** KRASILOVA 1977, die mit zwei Arten im Unt. Ordovizium von Sibirien nachgewiesen wurde (Abb. 592 d). Sie wird bis 22 mm lang, hat bis zu sechs Dorsoumbo-

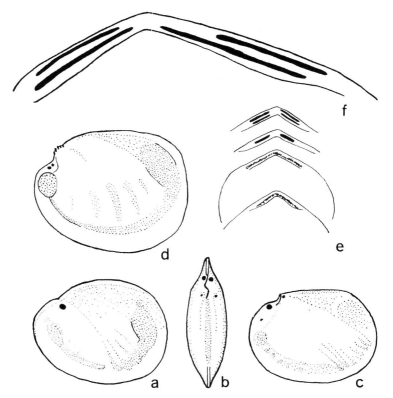

Abb. 592. a) *Fordilla troyensis* BARRANDE, Unt. Kambrium von N-Amerika (Staat New York), Neufundland, Grönland und W-Europa; L ca. 5 mm. — Nach J. POJETA, B. RUNNEGAR & J. KRIZ 1973; b)—c) *Fordilla sibirica* KRASILOVA (b — Steinkern von oben), Unt. Kambrium der Sibirischen Tafel, L ca. 3 mm. — Nach I. N. KRASILOVA 1977; d) *Neofordilla elegans* KRASILOVA, Unt. Ordovizium der Sibirischen Tafel, L ca. 20 mm. — Nach I. N. KRASILOVA 1977; e) *Lamellodonta simplex* VOGEL, Mittl. Kambrium von Spanien, L. ca. 8 mm. — Nach K. VOGEL 1962; f) *Actinodonta cuneata* PHILLIPS, Schloßrand, Unt. Ordovizium (Arenig, Armorikanischer Sandstein) der Bretagne, L ca. 2,5 cm. — Nach C. BABIN 1966.

naleindrücke und stärkere Radialmuskeln. Auch der Schloßrand ist stärker gekrümmt als bei *Fordilla*.

Lamellodonta VOGEL 1962: Mittl. Kambrium von Spanien (Abb. 592 e).

Schale oval bis kreisförmig, mit mittelständigen Wirbeln; amphidet. Schloßrand entweder undifferenziert oder mit ein oder zwei gleichgroßen Leistenzähnen. Diese sind nicht gekerbt und verlaufen parallel dem Schloßrand vor und hinter den Wirbeln. Muskeleindrücke und Mantellinie sind nicht erhalten.

Obgleich die Zusammenhänge noch nicht eindeutig zu erkennen sind, verlief die stammesgeschichtliche Entwicklung der Lamellibranchiata vermutlich von den zahnlosen Formen ähnlich *Fordilla* über *Lamellodonta* und Verwandte zu Vertretern ähnlich *Actinodonta* (Abb. 592f) und *Cyrtodonta*, die wiederum die Stammgruppe der Ambonychiacea, Modiomorphacea und Heterodonta im weiteren Sinne bilden.

Hiergegen bestehen folgende Einwände:

a) bei *Fordilla troyensis* BARRANDE soll es sich nach E. L. YOCHELSON 1981 nicht um eine Muschel, sondern um ein anderes zweiklappiges Weichtier handeln, das sich als Sedimentfresser kriechend auf dem Substrat bewegte. Die Deutung der verschiedenen Vorragungen auf dem Steinkern als Eindrücke von Schließmuskeln und Mantellinie wird abgelehnt;

b) V. HAVLÍČEK & J. KŘÍŽ 1978 betrachten *Lamellodonta simplex* VOGEL als einen muschelähnlich eingebetteten Brachiopoden, den sie als *Trematobolus simplex* (VOGEL) bezeichnen.

Ordnung **Cryptodonta** NEUMAYR 1883
(Palaeoconcha NEUMAYR 1883)

Ziemlich dünnschalige, gleichklappige Muscheln, mit rundlichem bis stark in die Länge gestrecktem, ovalem Umriß und gleich großen Schließmuskeleindrücken. Schloßzähne fehlen entweder oder sind nur sehr schwach entwickelt. Das schmale Ligament ist in der Regel amphidet, der Kiemenbau wohl allgemein protobranchiat, da die rezente Gattung *Solemya* eine entsprechende Ausbildung zeigt. Eine deutliche Mantellinie fehlt ebenso wie eine Mantelbucht. Manche der fossilen Vertreter krochen wohl frei auf dem Meeresboden herum, während andere, wie die rezenten Formen, vergraben im Sediment lebten. Gemeinsam ist allen ein sehr primitiver Bau und das Fehlen besonders differenzierter Strukturen. — ? Ob. Kambrium, Unt. Ordovizium — rezent mit ca. 20 Gattungen.

Cardiola BRODERIP in MURCHISON 1839: Ob. Silur (Unt. Ludlow) — Devon von Europa, N-Amerika; Unt. Karbon von N-Amerika (Abb. 593).

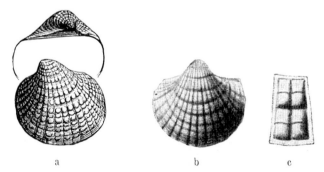

Abb. 593. a) *Cardiola cornucopiae* (GOLDF.), Silur von Elbersreuth (Fichtelgebirge). Nat. Gr. — Nach K. A. v. ZITTEL 1915. — b)—c) *Cardiola bohemica* BARR., Silur der Lindener Mark bei Gießen. ⅔ nat. Gr. — Nach W. KEGEL 1953.

Unter den angeschwollenen und etwas gekrümmten Wirbeln der sehr dünnen, hochgewölbten und eiförmigen Schale findet sich jederseits eine dreieckige, horizontal gestreifte Area. Sonst ist die Oberfläche durch Längs- und Querelemente gitterförmig skulpturiert. Am hinteren Schloßrand befinden sich einige vertikal stehende Zähnchen.

Als Leitfossilien wichtig sind

Cardiola cornucopiae (GOLDF. 1838) (syn. *C. interrupta* SOWERBY 1839) (Abb. 593 a), aus dem europäischen Silur (ČSFR, Polen, Gotland, Mittel- und Westeuropa, Karnische Alpen usw.) sowie *C. bohemica* BARR. Die letztere ist ungleichseitig, etwas länger als hoch und kräftig gewölbt. Die Oberfläche trägt zahlreiche konzentrische Furchen wechselnder Tiefe, die zusammen mit den radialen Furchen viereckige, gelegentlich etwas in die Länge gezogene Polsterchen bilden. Zwischen zwei Querfurchen tritt im Gegensatz zu *C. cornucopiae* jeweils noch eine zarte, schwach wellige Furche auf, die sowohl die radialen Furchen als auch die Polster überzieht. *C. bohemica* findet sich unter anderem im Silur der Lindener Mark bei Gießen, des Kellerwaldes (Unt. Steinhorner Sch.), Böhmens (eß), in der Fauna von Dienten in Salzburg (eß) u. a. (Abb. 593 b—c).

Solemya LAMARCK 1818 (syn. *Solenomya* CHILDREN 1823): Unt. Ordovizium — rezent, weltweit als Schwebstofffresser.

Die sehr in die Länge gezogene, gleichklappige, dünne Schale klafft beiderseits, und zwar vorn, um den Fuß, hinten, um den Sipho durchtreten zu lassen. Das Schloß ist zahnlos, das Ligament intern und an Nymphen befestigt. Im Gegensatz zu den meisten anderen Muscheln hat der vor dem Wirbel liegende Abschnitt eine größere Länge als der hintere. Die Tiere leben ca. 50 cm tief im Sand in Y-förmigen Bauten. Von den bisher bekannten ca. 30 tertiären Arten finden sich 11 im Eozän von Frankreich, Belgien, Italien und N-Amerika.

Solenomorpha COCKERELL 1903 (pro *Solenopsis* MCCOY 1844): Unt. Karbon — Perm, weltweit (Abb. 594).

Abb. 594. *Solenomorpha pelagica* (GOLDF.), Mittl. Devon von Ratingen (Eifel). Nat. Gr. — Nach GOLDFUSS 1833—1840.

Die sehr langgestreckte, relativ dicke, gleichklappige und hinten schwach klaffende integripalliate Schale zeigt bei manchen Arten eine Kante, die vom Wirbel zum Hinterrand verläuft. Das Schloß ist zahnlos, das Ligament extern. Vorderer Schließmuskeleindruck eirund bis nierenförmig, eingesenkt; der hintere sehr flach, schief eiförmig.

? **Palaeosolen** HALL 1885: Unt. — Mittl. Devon von Mitteleuropa und N-Amerika (Abb. 595).

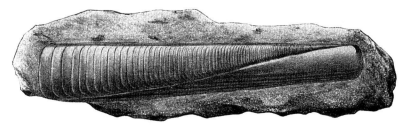

Abb. 595. *Palaeosolen costatus* (v. SANDB.), rechte Klappe. Unt. Devon (Unt. Ems) von Singhofen (Rheinland). ¾ nat. Gr. — Nach L. BEUSHAUSEN 1895.

Ober- und Unterrand der sehr langgestreckten, scheidenartigen Schale verlaufen parallel oder nahezu parallel. Vorder- und Hinterende klaffen weit. Die Wirbel stehen terminal und ragen nicht vor. Ligament extern. — Die Gattung wird oft auch zu den Solenidae gestellt (S. 623); doch fehlen die für diese kennzeichnenden Schloßzähne und die Mantelbucht.

? **Grammysia** DE VERNEUIL 1847: Unt. — Ob. Devon, weltweit (Abb. 596).

Die quer verlängerte, ungleichseitige Schale klafft nicht. Sie ist stark gewölbt und trägt unter den kräftigen, nach vorn gekrümmten Wirbeln jederseits eine tiefe Lunula. Die Oberfläche ist konzentrisch gestreift oder gerunzelt. Hinzu kommen meist zwei Furchen oder stumpfe Falten, die vom Wirbel zum Unterrand verlaufen. Mantellinie integripalliat. Schalenlänge bis ca. 5 cm.

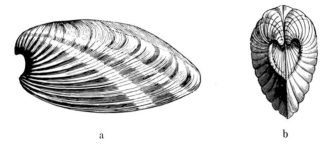

Abb. 596. *Grammysia hamiltonensis* VERN., a) linke Klappe von außen; b) doppelklappige Schale von vorn mit der herzförmigen Lunula. Unt. Devon (Spiriferen-Sandstein) von Lahnstein. Nat. Gr. — Nach K. A. v. ZITTEL 1915.

Ordnung **Taxodonta** NEUMAYR 1883

Es handelt sich um homomyare, überwiegend integripalliate Vertreter mit taxodontem Schloß. Dieses besteht meist aus relativ kurzen Kerbzähnchen, die schräg zum Schloßrand verlaufen und hierbei sowohl das vor als auch hinter dem Wirbel gelegene Feld einnehmen. Nur bei einigen Formen finden sich zusätzlich längere, leistenförmige Zähne, die sich mehr oder weniger parallel zum Schloßrand erstrecken. — Ordovizium — rezent.

Unterordnung **Nuculina** DALL 1889

Überwiegend kleinwüchsige, zu den Protobranchia gehörende Homomyarier mit rundlichem bis länglichovalem Umriß und gleichklappigen Schalen. Die Tiere können mit ihrem beilförmig gestalteten Fuß, der sich am vorderen Ende befindet, umherkriechen. Soweit Skulptur vorhanden, besteht diese aus feinen, konzentrischen Zuwachslinien. Das Ostrakum ist prismatisch, das Hypostrakum entweder perlmutterig oder porzellanartig ausgebildet. Die Mantellinie verläuft bei den meisten Formen integripalliat. Ist sie (schwach) sinupalliat, sind retraktile Siphonen vorhanden und die Schalen am Hinterende mehr oder weniger in die Länge gezogen. — Ordovizium — rezent.

Familie **Ctenodontidae** WÖHRMANN 1893

Äußerlich stark an Nuculidae erinnernde Taxodonta, bei denen aber die Kerbzähnchen meist gegen die Mitte der Schale konvergieren (ctenodont). Im einzelnen zeigt das Schloß aber recht unterschiedliche Ausbildung, vor allem dadurch, daß V-förmige Kerbzähne mit einfachen, geraden kombiniert sind. Ligament extern, hinter dem Wirbel; zylindrisch. Integripalliat. — Ordovizium — Karbon.

Ctenodonta SALTER 1852: Mittl Ordovizium von N-Amerika und Europa (Abb. 597).

Abb. 597. *Ctenodonta typa* TROMELIN, Steinkern der linken Klappe. Sandstein von May. ⅝ nat. Gr. — Nach C. DECHASEAUX 1952.

Die ovale oder in die Länge gestreckte, in der Regel nur wenig ungleichseitige Schale ist glatt bzw. mit feinen, konzentrischen Streifen bedeckt; der Schloßrand gekrümmt oder wie bei *Nucula* winklig gebogen.

Praectenodonta PHILIP 1962: Silur — Mittl. Devon, weltweit (Abb. 598).
Ähnlich *Ctenodonta*, doch mit kräftiger konzentrischer Skulptur.

Abb. 598. *Praectenodonta attenuata* BABIN, Steinkern, Mittl. Devon (Eifel-Stufe) von Lanvoy (Finistère); Länge: ca. 2,4 cm. — Nach CL. BABIN 1966.

Familie **Nuculidae** GRAY 1824

Die gleichklappige, dreieckige bis eiförmige, integripalliate und homomyare perlmuttrige Schale ist hinten oft abgestutzt, doch nicht klaffend; die Oberfläche glatt oder mit konzentrischen bzw. radialen Rippchen bedeckt. Das Ligament der vordevonischen Vertreter befindet sich extern, das der späteren im wesentlichen intern. Dann liegt es in einer kleinen, dreieckigen Grube zwischen den beiden Schenkeln des winklig geknickten Schloßrandes. Zähnchen und Zahngruben sind von gleichartiger Ausbildung. — Ordovizium — rezent.

Nucula LAMARCK 1799: Unt. Kreide — rezent, weltweit (Abb. 599).
Die Skulptur der dreieckigen bis ovalen Schale besteht aus radialen, meist aber nur undeutlich ausgebildeten Rippchen.

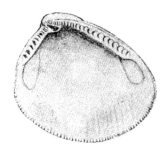

Abb. 599. *Nucula nuclea* (LINNÉ), Innenseite der rechten Klappe Rezent. Vergrößert. — Nach J. THIELE 1935.

Familie **Malletiidae** ADAMS & ADAMS 1858

Schalen hinten verlängert, gewöhnlich sinupalliat; mit oder ohne Fortsatz zur Befestigung des externen Ligaments. — Ordovizium — rezent mit ca. 22 Gattungen.

Palaeoneilo HALL & WHITFIELD 1869 (syn. *Anthraconneilo* GIRTY 1911): Ordovizium — Dogger, weltweit (Abb. 600).

Das Hinterende der gleichklappigen Schale ist oft rostrumartig verlängert. Je ein vor bzw. hinter dem Wirbel gelegener Abschnitt des Schlosses zeigt deutlich zwei Reihen unterschiedlich gerichteter Zähnchen; nur unter dem Wirbel sind sie nicht unterbrochen. Konzentrisch skulpturiert.

Abb. 600. *Palaeoneilo maueri* aff. *dunensis* (BEUSH.), fünf teilweise überprägte Steinkerne. Unt. Devon (Unt. Ems) von Oberstadtfeld. Ca. ⅔ nat. Gr. — Nach G. SOLLE 1956.

Nuculites CONRAD 1841 (syn. *Cleidophorus* HALL 1847, *Cucullella* MCCOY 1881, *Pyrenomoeus* HALL 1852): Ordovizium — Devon, weltweit (Abb. 601).

Ähnlich *Palaeoneilo*, doch mit Innenseptum.

Abb. 601. *Nuculites solenoides* (GOLDFUSS), Steinkern. Unt. Devon (Unt. Ems) von Oberstadtfeld bei Daun (Eifel). Länge 3,1 cm. — Nach Originalfoto von H. KOWALSKI, Moers.

Familie **Nuculanidae** ADAMS & ADAMS 1858
(Ledidae ADAMS & ADAMS 1858, obj.)

Das Schloß der meist rostrumartig nach hinten verlängerten, schwach skulpturierten Schale ähnelt dem von *Nucula*. Das Ligament ist intern oder extern, der Verlauf der Mantellinie sinupalliat. Resilium vorhanden. Hinter dem vorderen Schließmuskeleindruck finden sich nicht selten noch einige Fußmuskeleindrücke. — Devon — rezent; heute vor allem in den arktischen Meeren, sonst aber überall verbreitet.

Nuculana LINK 1807 (syn. *Leda* SCHUMACHER 1817): Trias — rezent, weltweit (Abb. 602 A).

Die meist rostrumartig nach hinten verlängerte Schale ist außen mit feinen, konzentrisch oder schräg verlaufenden Streifen bedeckt. Das Ligament liegt intern. — Ein wichtiges Leitfossil des Mittl. Oligozän ist *Nuculana deshayesiana* (DUCHASTEL).

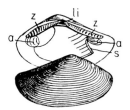

Abb. 602 A. *Nuculana deshayesiana* R. DUCHASTEL, aus dem Mittl. Oligozän von Rupelmonde (Belgien). Bezeichnungen: a = Schließmuskeleindrücke; li = das interne Ligament; s = die seichte Mantelbucht; z = die taxodonten Kerbzähnchen. Nat. Gr. — Nach K. A. v. ZITTEL 1915.

Portlandia MÖRCH 1857: Tertiär — rezent, weltweit (Abb. 602 B).

Schale leicht aufgebläht, hinten etwas rostrumartig in die Länge gezogen. Wirbel fast mittelständig, nach innen gekrümmt; darunter jederseits eine dreieckige Ligamentgrube. Schalenlänge bis ca. 2 cm.

Yoldia MÖLLER 1842: Kreide — rezent, weltweit.

Schale länglich-oval, dünn, hinten meist klaffend, mit tiefer und weiter Mantelbucht. Resiliumgrube groß.

III. Klasse Lamellibranchiata de Blainville 1824

Abb. 602 B. *Portlandia arctica* (GRAY), rechts oben eine rechte Klappe von innen. Charakteristisch für die postglaziale *Yoldia*-Zeit der Ostsee. Die Länge der Klappen beträgt etwa 2 cm.

? Familie **Lyrodesmatidae** ULRICH 1894

Die überwiegend recht kleinwüchsige, stets gleichklappige und ungleichseitige Schale trägt unter den wenig hervortretenden Wirbeln ein actinodontes Schloß, das meist aus zahlreichen Kerbzähnchen besteht. Die Mantellinie ist integripalliat oder schwach sinupalliat. Aus den Lyrodesmatidae sind offenbar die Schizodonta hervorgegangen. — Mittl. — Ob. Ordovizium.
Lyrodesma CONRAD 1841: Mittl. — Ob. Ordovizium von Europa und N-Amerika (Abb. 603).

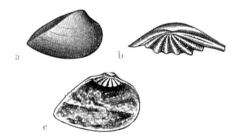

Abb. 603. *Lyrodesma acuminata* ULRICH, a) rechte Klappe von außen; b) Schloß der rechten Klappe; c) linke Klappe von innen. Ordovizium von Minnesota. — Nach E. O. ULRICH 1897.

Die Schloßplatte der kleinen, ovalen oder dreieckigen Schale ist kurz und mit fünf bis neun quergerieften Zähnchen versehen, die fächerförmig vom Wirbel ausstrahlen. Die hinteren zeigen die Tendenz, im Verlauf der Stammesgeschichte länger zu werden. Schale vorn glatt, um den Wirbel fein berippt. Sinupalliat.
? **Actinodonta** PHILIPS 1848: Mittl. Ordovizium von Europa.
Die Schale ist länger als bei *Lyrodesma*; länger sind auch Schloßrand und Zähne. Die Zahl der letzteren wird im Laufe der Stammesgeschichte kleiner.

? Familie **Anthracosiidae** AMALITZKY 1892

Die gleichklappige, meist länglich-ovale bis oval-dreieckige, glatte oder fein konzentrisch gestreifte Schale hat einen geraden oder schwach gekrümmten Schloßrand und ein externes Ligament. Das sehr variable Schloß läßt sich generisch nicht verwenden. Es kann in der linken Klappe aus einem vorderen und hinteren, in der rechten aus einem mittelständigen Zahn bestehen. In anderen Fällen zeigen sich zahlreiche unregelmäßige, häufig gespaltene Kerbzähnchen; ein Grund, weshalb man die Anthracosiidae — wie hier — bei den Taxodonta unterbringt. Wieder andere Vertreter sind zahnlos. Hinter dem vorderen Schließmuskeleindruck befindet sich ein kleiner Fußmuskeleindruck. — In Süß- und Brackwasserablagerungen vom Karbon bis Perm, ? Trias. Einige Formen *(Carb'onicola?)* waren ursprünglich wohl marin. Mit dem Übergang in das Brack- und Süßwasser dürfte sich, ähnlich wie bei anderen Gruppen, eine zunehmende Reduktion des Schlosses vollzogen haben.

Carbonicola McCoy 1855: Ob. Karbon, Rotliegendes von Europa (Abb. 604).

Abb. 604. a) *Carbonicola carbonaria* (GOLDF.), Unt. Rotliegendes von Mitteleuropa; b) *Carbonicola acuta* KING, Ob. Karbon von Essen. Nat. Gr. — Nach E. FRAAS 1910.

Die dünne, meist kleine, länglich-ovale bis oval-dreieckige Schale ist gleichklappig, ungleichseitig und geschlossen. Die Oberfläche trägt feine, konzentrische Zuwachsstreifen. Die dreieckige Schloßplatte zeigt unter dem Wirbel meist einen stumpfen, länglichen Zahn, dahinter einen Seitenzahn. Es finden sich aber auch schloßlose Formen und solche, deren Schloß große Anklänge an *Lyrodesma*, *Actinodonta* und *Ctenodonta* aufweist. Von den beiden Schließmuskeleindrücken liegt der große vordere randlich. Die Mantellinie verläuft integripalliat.

? **Anthraconaia** TRUEMAN & WEIR 1946 (nom. nov. pro *Anthracomya* SALTER 1861, syn. *Saltermya* PALMER 1946): Ob. Karbon (Westfal, Stephan), Rotliegendes von Europa und Kanada (Abb. 605).

Abb. 605. *Anthraconaia elongata* (DAWSON), rechte Klappe. Oberkarbon, Neuschottland. ⅔ nat. Gr. — Aus R. C. MOORE 1952.

Der Wirbel der sehr ungleichseitigen, gleichklappigen, fast trapezförmigen Schale liegt viel weiter vorn als bei *Carbonicola*. Die Oberfläche ist gerunzelt. Schloßzähne konnten bisher noch nicht beobachtet werden.

? **Unionites** WISSMANN 1841 (syn. *Anoplophora* ALBERTI 1864): Unt. — Ob. Trias von Eurasien, Spitzbergen, Bäreninsel und Neuseeland (Abb. 606).

Die länglich-ovale bis oval-dreieckige, relativ wenig gewölbte Schale ist mit konzentrischen Zuwachsstreifen bedeckt. Die rechte Klappe trägt einen sehr dicken und stumpfen Zahn, der in einen Ausschnitt der linken Klappe paßt. Auf der letzteren findet sich ferner ein langer, hinterer Seitenzahn.

Abb. 606. *Unionites lettica* (Qu.), a)–b) Ob. Muschelkalk von Schieberdingen; c) Unt. Keuper (Lettenkohle). Nat. Gr. — Aus M. Schmidt 1928.

Unterordnung **Arcina** Stoliczka 1871

Zu den Filibranchia gehörende homomyare und gleichklappige Taxodonta, die im allgemeinen wesentlich größer sind als die Nuculina. Der gerade oder gekrümmte Schloßrand ist meist ziemlich lang; das duplivinculare, das heißt aus lamellaren, sich serial wiederholenden Bändern bestehende Ligament ist beiderseits an einer großen, meist dreieckig umrissenen und scharf abgegrenzten Ligamentarea befestigt, die sich zwischen Wirbel und Schloßrand erstreckt. Ihre Oberfläche ist in der Regel mit geknickten Furchen bedeckt. Die Mantellinie verläuft stets integripalliat.

Die ausschließlich marinen Muscheln finden sich vor allem in flacheren Meeresteilen. Ihre Jugendstadien sind mit einem Byssus festgeheftet. Sie werden jedoch bald frei und können umherkriechen, so daß sich der kurze sedentäre Abschnitt ihres Lebens nicht auf die Gestalt der Schale auszuwirken vermag. Sie bleibt gleichklappig. Das sessile Jugendstadium sowie der filibranchiate Kiemenbau machen es wahrscheinlich, daß die A. nicht unmittelbar aus den Nuculina hervorgegangen sind und einen besonderen Zweig der Taxodonta bilden. Vermutlich leiten sie zu den pteriomorphen Taxa über. — Unt. Ordovizium — rezent; manche Arten in Kreide und Tertiär als Leitfossilien wichtig (siehe auch S. 638).

Familie **Arcidae** Lamarck 1809

Die Schloßplatte der länglich-ovalen bis rundlichen Schale ist entweder gerade gestreckt oder schwach gekrümmt. Sie enthält stets zahlreiche vertikal oder schief zum Schloßrand verlaufende Kerbzähnchen. Das Ligament ist ganz oder teilweise auf einer ebenen, gefurchten, dreieckigen Area unter den Wirbeln befestigt. Das Hypostrakum hat eine porzellanartige Beschaffenheit. Die integripalliate Mantellinie verbindet zwischen den beiden, nahezu gleich großen Schließmuskeleindrücken. Die Oberfläche der Schale ist glatt bzw. mit radialen Streifen oder Rippen und konzentrischen Zuwachslinien bedeckt. — ? Trias, Jura — rezent mit ca. 1300 Arten, die sich auf zahlreiche Gattungen und Untergattungen verteilen.

Arca Linné 1758: Dogger — rezent, weltweit, mit ca. 500 fossilen und 150 rezenten Arten (Abb. 607).

Die Oberfläche der ovalen bis vierseitigen, gleichklappigen und sehr ungleichseitigen Schale trägt radiale Rippen, die von konzentrischen Zuwachsstreifen gekreuzt werden. Unter dem nach vorn verlagerten Wirbel befindet sich eine dreieckige Ligamentarea mit einer wechselnden Anzahl knieförmig geknickter Furchen. Die Kerbzähnchen der sehr schmalen, nicht gebogenen Schloßplatte stehen in der Mitte vertikal zum Schloßrand; an den Enden konvergieren sie jedoch gegen die Mitte der Schale (ctenodont). Charakteristisch ist eine kräftige Byssus-Spalte.

Die Untergattung *A. (Eonavicula)* Arkell 1929 ist durch besonders zahlreiche gleichartige Kerbzähnchen ausgezeichnet.

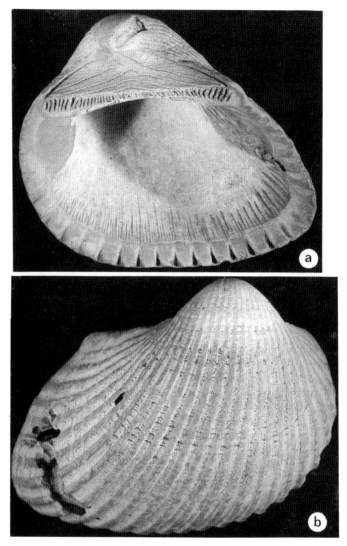

Abb. 607. *Arca diluvii* LAM., rechte Klappe: a) von innen; b) von außen. Unt. Pliozän von Sizilien. Ca. 1½ nat. Gr.

Familie **Glycymerididae** NEWTON 1922

Die dicke, gleichklappige und nahezu gleichseitige Schale hat einen fast kreisrunden bis dreieckigen Umriß, ist hinten meist etwas abgestutzt, klafft aber nicht. Wie bei den Arcidae und Cucullaeidae befindet sich unter dem Wirbel eine dreieckige Ligamentarea mit knieförmig geknickten Furchen. Die Kerbzähne der breiten, schwach gebogenen Schloßplatte konvergieren gegen die Mitte der Schale (ctenodont); unter den Wirbeln können sie fehlen. Die größeren Zähne sind gewöhnlich gerieft. — Unt. Kreide — rezent. Heute Bewohner meist tiefer liegender Sandböden.

Glycymeris DA COSTA 1778 (syn. *Pectunculus* LAMARCK 1799): Unt. Kreide — rezent, weltweit; besonders häufig im Tertiär. Hier stellt die Gattung zahlreiche Leitfossilien. Heute ist sie mit mehreren Arten hauptsächlich in Flachwasserbereichen warmer Meere zu finden (Abb. 608).

Oberfläche der Schale glatt oder radial berippt. Innerer Schalenrand ähnlich wie bei *Cardium* gekerbt. Hinterer Schließmuskeleindruck von einer Leiste begrenzt. Schaleninneres mit versteckten Rippen, die bei Abnutzung sichtbar werden.

Vor allem bei den in Sanden eingebetteten *Glycymeris* kommt es gelegentlich zu einer Trennung von Ostrakum und Hypostrakum, wovon das Ostrakum wie ein sehr dünnschaliger, mäßig erhaltener *Glycymeris* erscheint. Das napfförmige, skulpturlose und lamellar struierte Hypostrakum wurde früher oft falsch interpretiert und als „Capulid" bezeichnet.

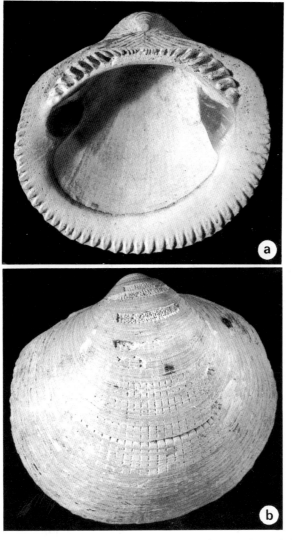

Abb. 608. *Glycymeris obovatus* LAM., linke Klappe: a) von innen; b) von außen. Mittl. Oligozän (Meeressand) von Weinheim (Mainzer Becken). Etwas vergrößert.

Familie **Parallelodontidae** Dall 1898

Die Oberfläche der verlängerten, oval-vierseitigen, gleichklappigen, stark ungleichseitigen Schale ist mit feinen Radialrippen und konzentrischen Zuwachsstreifen bedeckt. Zwischen dem kleinen, weit nach vorn verlagerten Wirbel und der Schloßplatte befindet sich eine niedrige, parallel gestreifte Ligamentarea. Am Vorderende der Schloßplatte liegen drei bis sieben schiefe Kerbzähnchen; dahinter zwei bis drei langgestreckte Leistenzähne, die parallel zum Schloßrand verlaufen. Eine Byssus-Spalte ist vorhanden. — Unt. Ordovizium — rezent.

Parallelodon Meek & Worthen 1866 (pro *Macrodon* Lycett 1845): Unt. Ordovizium (Tremadoc) — Malm, weltweit (Abb. 609).

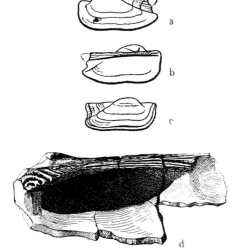

Abb. 609. a)—c) *Parallelodon beyrichi* v. Stromb., Ob. Muschelkalk von Nagold, verkieselt und geätzt. Nat. Gr. — Aus M. Schmidt 1928; d) *Parallelodon* sp., Schloß der rechten Klappe. Ca. ⅘ nat. Gr. — Nach C. Dechaseaux 1952.

Schale mehr als zweimal so lang wie hoch; Wirbel etwa ¼ der Schalenlänge hinter dem Vorderrand. Schloßrand lang, gerade.

Familie **Cucullaeidae** Stewart 1930

Die eiförmige bis subquadratische, glatte oder radial berippte Schale hat nahezu mittelständige Wirbel und geschlossene Ränder. Ligamentarea breit, dreieckig, mit wenigen knieartig gekrümmten Furchen. Schloß in der Mitte aus einigen Kerbzähnchen und jederseits von diesen aus zwei bis fünf etwas schief stehenden bzw. dem Schloßrand nahezu parallel laufenden (Pseudo-) Leistenzähnen. — Lias — rezent; im Tertiär noch nicht nachgewiesen.

Cucullaea Lamarck 1801: Lias — Kreide von Europa und N-Amerika, rezent im Indopazifik; größte Formenmannigfaltigkeit im Jura (Abb. 610).

Die meist stark gewölbte und gleichklappige, rhombische bis trapezförmige, dicke Schale ist fein und dicht gerippt. Der Vorderrand des hinteren Schließmuskeleindrucks ist lamellenartig erhöht, der untere Schalenrand fein gezähnt.

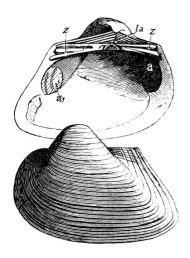

Abb. 610. *Cucullaea hersilia* D'ORB., linke Klappe. Bezeichnungen: la = Ligamentarea; a = vorderer, a_1 = hinterer Schließmuskeleindruck; z = leistenförmige Seitenzähne. Malm (Unt. Oxfordton) von Vieil St. Remy (Ardennen). Nat. Gr. — Nach K. A. v. ZITTEL 1915.

Familie **Limopsidae** DALL 1895

Die kleine bis mittelgroße, rundliche, ungleichseitige Schale trägt eine schwache radiale oder konzentrische Skulptur. Das Ligament liegt in einer tiefen Grube unter den nur wenig hervortretenden, nahezu mittelständigen Wirbeln. Die bogige oder winkelige Schloßplatte trägt eine, in der Mitte unterbrochene Reihe gleichartiger, ctenodonter Kerbzähnchen. Der hintere Schließmuskeleindruck ist größer als der vordere, der untere Schalenrand glatt oder schwach gezähnelt. — Ob. Trias — rezent.

Limopsis SASSI 1827 (syn. *Limopsilla* THIELE 1923): Dogger — rezent, weltweit; heute mit mehreren Arten vor allem in der Tiefsee und in kalten Meeren (Abb. 611).
Schale schief oval, fast gleichseitig.

a   b

Abb. 611. *Limopsis lamellata* LEHM., a) rechte Klappe von außen; b) desgl., von innen. Häufig im Mittl. Miozän von Hemmoor (Niederelbe). Ca. ⁸⁄₁ nat. Gr. — Nach F. KAUTSKY 1925.

Ordnung **Schizodonta** STEINMANN 1888

Filibranchiate, gleichklappige Homomyarier mit schizodontem Schloß, prismatischem Ostrakum sowie dickem, perlmutterigem Hypostrakum. Das Ligament ist schmal und gänzlich auf den Bereich hinter dem Wirbel beschränkt (opisthodet). Die beiden Schließmuskeleindrücke liegen nahe am Schloßrand. — ? Ob. Silur, Devon — rezent.

Familie **Myophoriidae** BRONN 1849

Schale quadratisch, oval oder gerundet-dreieckig; meist mit Arealkante und hinten abgestutzt. Wirbel in der Regel prosogyr. Oberfläche glatt, konzentrisch oder radial berippt. Skulptur vor und hinter der Arealkante meist ähnlich. — ? Ob. Silur, Devon — Ob. Trias, ? Lias.

Abb. 612. *Schizodus obscurus* (Sow.), Steinkern eines doppelklappigen Exemplars. a) von der Seite; b) von oben; c) von vorn. Unt. (?) Zechstein in Randausbildung, Gauern bei Ronneburg (Thür.). Etwa 1½ nat. Gr.

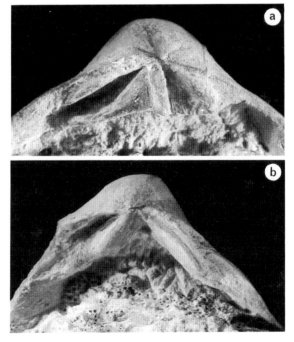

Abb. 613. *Neoschizodus laevigatus* (GOLDFUSS), a) linke Klappe, b) rechte Klappe. Unt. Muschelkalk (mu 1 α) von Rüdersdorf bei Berlin. Ca. 2½ nat. Gr.

Schizodus MURCHISON & VERNEUIL 1844: Karbon — Perm, weltweit (Abb. 612).
Schale dreieckig oder trapezförmig, glatt. Vorderrand gerundet, Hinterrand leicht verlängert oder abgestutzt. Wirbel opisthogyr. Linke Klappe mit großem, tief ausgeschnittenem Dreieckzahn sowie je einem vorderen und hinteren Seitenzahn. Rechte Klappe mit zwei V-förmig divergierenden Cardinalzähnen. Zähne seitlich nicht gerieft. Vorderer Muskeleindruck ohne Stützleiste. — Ein wichtiges Leitfossil ist

Schizodus obscurus (SOWERBY) (Abb. 612): Sehr häufig und charakteristisch im Magnesian Limestone von England und im Zechstein von Mitteleuropa; nicht selten auch in oberpermischen Geröllen der untertriadischen Cape Stosch-Formation von Ostgrönland. Vermutlich ist auch *Sch. subobscurus* aus dem Kazan von Rußland mit *Sch. obscurus* identisch.

Neoschizodus GIEBEL 1855: Unt. Perm — Ob. Trias, weltweit (Abb. 613).
Schale fast dreieckig bis oval im Umriß, nahezu gleichklappig bis stark ungleichklappig, hinten abgerundet bis abgestutzt, glatt, randlicher Kiel bei einigen Arten gut ausgebildet. Linke Klappe mit dreieckigem, einfachem oder gespaltenem Hauptzahn, mäßig großem vorderen und kleinem hinteren Seitenzahn. Rechte Klappe mit stark dreieckigem vorderen Zahn und langgestrecktem hinteren Zahn. Hauptzähne können quer gestreift sein.
Häufige Arten der Germanischen Trias:

N. laevigatus (GOLDFUSS) (Abb. 613): Röt — Lettenkohle, bis 6 cm lang;
N. orbicularis (BRONN): Unt. — Mittl. Muschelkalk, besonders häufig und kennzeichnend in den *Orbicularis*-Schichten (mu2 χ).

Myophoria BRONN in ALBERTI 1834: Unt. — Ob. Trias von Eurasien und N-Afrika (Abb. 614a, b, 615).
Schale dreieckig eiförmig („Dreiecksmuscheln"), sehr ungleichklappig, Wirbel kaum gekrümmt. Meist findet sich eine deutliche Arealkante; davor auf der Flanke eine oder wenige radiale Rippen mit glatten Zwischenräumen. Linke Klappe mit kräftigem, einfachem oder undeutlich gespaltenem Hauptzahn, mäßig großem hinteren Zahn und undeutlichem vorderen.

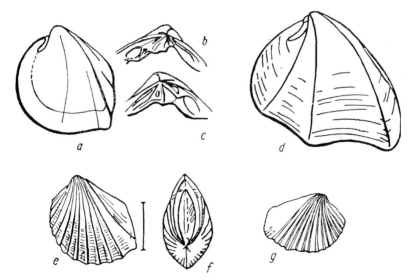

Abb. 614. a)—c) *Myophoria vulgaris* (v. SCHLOTH.), Röt — Lettenkohle; d) *M. pesanseris* (v. SCHLOTH.), Ob. Muschelkalk — Unt. Keuper; e)—f) *Costatoria goldfussi* (v. ALBERTI), Ob. Muschelkalk — Mittl. Keuper; g) *C. costata* ZENKER, Röt. Soweit nicht anders angegeben, nat. Gr. — Nach M. SCHMIDT 1928.

Abb. 615. Muschelpflaster, das im wesentlichen aus *Myophoria transversa* BORN. besteht. Unt. Muschelkalk (mu 1 α) von Rüdersdorf bei Berlin. Etwa nat. Gr.

Rechte Klappe mit kräftigem, mitunter gespaltenem vorderen Dreieckszahn und schwachem hinteren Zahn. Hauptzähne können quer gestreift sein. Muskeleindrücke, vor allem der vordere, durch schwache Leisten gestützt.

Wichtige Arten aus der Germanischen Trias sind:

M. vulgaris (v. SCHLOTHEIM) (Abb. 614a — c): Röt — Lettenkohle; besonders häufig und kennzeichnend in den Myophorien-Schichten (Ob. Röt, so$_3$);

M. pesanseris (v. SCHLOTHEIM) (Abb. 614d): Ob. Muschelkalk (höherer Teil der Ceratiten-Schichten), Unt. Keuper; mit vier Radialkanten; größte Art, bis 10 cm lang;

M. kefersteini v. MÜNSTER: Bleiglanzbank des Mittl. Keuper und zeitlich aequivalente Schichten der Alpinen Trias; wichtig für den zeitlichen Vergleich der Alpinen mit der Germanischen Trias.

Costatoria WAAGEN 1906: Unt. Perm von N-Amerika, Ob. Perm von Europa (Alpen) und Japan, Unt. — Ob. Trias, weltweit (Abb. 614e—g).

Schale dreieckig oval bis rhomboidal, ähnlich *Myophoria*, doch mit zahlreichen radialen Rippen.

Wichtige Arten der Germanischen Trias sind:

C. goldfussi (v. ALBERTI): Ob. Muschelkalk — Mittl. Keuper, besonders häufig und kennzeichnend in der Grenzdolomitregion. Vor der Arealkante liegen 14—17 Rippen; Schale ziemlich gewölbt;

C. costata (ZENKER) (Abb. 614g): Röt; ähnelt *C. goldfussi*, zeigt aber vor der Arealkante nur 10—15 durchlaufende Rippen.

Die unter *Neoschizodus, Myophoria* und *Costatoria* genannten Arten wurden früher meist in der Sammelgattung „*Myophoria*" vereinigt.

Familie **Trigoniidae** LAMARCK 1819

Ähnlich den Myophoriidae, doch meist größer und variabler in Gestalt und Skulptur. Arealfeld in der Regel anders verziert als der übrige Teil der Oberfläche. Cardinalia quer gestreift. — Mittl. Trias — rezent.

Trigonia BRUGUIÈRE 1789: Mittl. Trias — rezent; im Mesozoikum weltweit verbreitet, rezent bei Australien (Abb. 616—617).

a   b

Abb. 616. Trigonien des Dogger: a) *Trigonia navis* LAM., Leitform des Unt. Dogger Mitteleuropas; b) *Trigonia costata* PARK., wichtig im Ob. Dogger Mitteleuropas (*Parkinsoni*-Schichten). Ca. ¾ nat. Gr. — Nach E. FRASS 1910.

Abb. 617. *Trigonia clavellata*, Unt. Malm (Oxford) von Weymouth (Dorset). Breite des Ausschnittes: ca. 57 cm. — Original im Museum für Naturkunde Berlin.

Schale gleichklappig, ziemlich dick, Vorderrand abgerundet; Hinterrand verlängert oder abgestutzt. Wirbel opisthogyr, weit nach vorn gerückt, Ligament extern. Das meist kantig abgesetzte, hinter der Arealkante gelegene Feld ist anders als die übrige Schale verziert. Letztere trägt konzentrische, radial verlaufende oder divergierende Rippen bzw. Knotenreihen. Linke Klappe mit tief gespaltenem Dreieckzahn und je einem vorderen und hinteren Leistenzahn. Rechte Klappe mit zwei V-förmig gestellten Cardinalzähnen, die ebenso wie die übrigen Zähne quer gestreift sind. Muskeleindrücke tief, durch Leisten gestützt. — Diese Formengruppe wurde ähnlich wie z.B. *Inoceramus* in zahlreiche Unterfamilien, Gattungen und Untergattungen „pulversiert".

Erstes Auftreten in der alpinen Trias (St. Cassian); häufiger jedoch erst ab Lias (Unt. Lias von Spanien und Chile, Mexiko, Argentinien, sonst meist ab Mittl. Lias, in Europa ab Ob. Lias), sehr häufig im höheren Jura und in der Kreide (vor allem Malm, Unt. Kreide). Die im Niedergang befindliche Gattung zieht sich ab Oberkreide in zunehmendem Maße auf den Australischen Archipel zurück. Im Tertiär Europas fehlt sie bereits gänzlich. Sie ist seitdem auf Australien (Aquitan — rezent) und Neuseeland (Unt. Miozän) beschränkt. Die tertiären Vertreter bilden die Untergattung *Eotrigonia* COSSMANN 1912 (Unt. Eozän—Miozän, Australien); die heute noch lebenden die Untergattung *Neotrigonia* COSSMANN 1912 (Oligozän — rezent, Australien) (Abb. 618). Diese beiden Taxa werden auch als selbständige Genera geführt.

Abb. 618. Innenseite der linken Klappe von *Trigonia (Neotrigonia) margaritacea* (LAM.); rezent, Australisches Archipel. Eine der wenigen, heute noch lebenden Arten der Trigoniidae. – Nach J. THIELE 1935.

? Familie **Pachycardiidae** Cox 1961

Schale oval, trapezförmig oder keilartig; Oberfläche glatt oder (selten) mit konzentrischen Zuwachsstreifen. Ligament extern, opisthodet. Cardinalia teils kräftig, teils mehr oder weniger reduziert, nicht mehr als zwei in jeder Klappe. Hintere Seitenzähne immer ausgebildet, erstrecken sich meist bis zu den Wirbeln. Vordere Seitenzähne können fehlen. Schließmuskeleindrücke nahezu gleichgroß. Mantellinie integripalliat. Schaleninneres vermutlich in allen Fällen perlmuttrig. Marin, Brack- und Süßwasserbewohner. — Perm — Ob. Trias, ? Lias.

Trigonodus SANDBERGER 1864: Mittl. — Ob. Trias von Eurasien, N-Amerika und Neuseeland, im Brack- und Meerwasser; häufig vor allem im *Trigonodus*-Dolomit des Oberen germanischen Muschelkalks und in den Raibler Schichten (Abb. 619).

Abb. 619. *Trigonodus sandbergeri* v. ALB., a) Steinkern der linken Klappe; b) Schloß der linken Klappe, nach einem Guttapercha-Abdruck. Unt. Keuper (Lettenkohle) von Zimmern (Württemberg). Nat. Gr. — Nach K. A. v. ZITTEL 1915.

Oval bis trapezförmig, hinten verlängert. Links mit einem starken, zuweilen gespaltenen, dreieckigen Cardinalzahn, einem kurzen vorderen und zwei langen, leistenförmigen hinteren Seitenzähnen. Rechte Klappe mit einem Cardinalzahn sowie einem sehr kurzen vorderen und einem langen, leistenartigen hinteren Seitenzahn. Schale glatt oder mit Zuwachsstreifen.

? Familie **Unionidae** FLEMING 1828

Ausschließlich im Süß- und Brackwasser lebende, hier mit einigen Bedenken zu den Schizodonta gestellte integripalliate Muscheln, deren gleichklappige, ungleichseitige, nicht klaffende Schalen eine sehr unterschiedliche Gestalt aufweisen. So finden sich zum Beispiel neben dreieckigen vierseitige und länglich-ovale. Das Ligament ist extern. Der vordere Schließmuskeleindruck liegt etwas tiefer als der hintere. Sowohl in der Nähe des vorderen als auch des hinteren sind weitere Muskeleindrücke zu erkennen, die zur Befestigung des Visceralsackes und des Fußes dienen. Schale überwiegend perlmuttrig, mit dickem Periostrakum. Wo Schloßzähne vorhanden sind, bestehen diese aus einem etwas rauhen Hauptzahn und hinteren Seitenzähnen. Die Larvenstadien leben parasitisch an Fischen. — ? Trias, Jura — rezent; taxonomisch weitgehend aufgegliedert und schwierig zu fassen.

Hinsichtlich der stammesgeschichtlichen Beziehungen der Unionidae und somit auch ihrer systematischen Stellung ist man sich noch nicht im klaren.
  a) Einerseits vertritt man die Ansicht, daß sie von den Anthracosiidae des Paläozoikums abstammen;
  b) andererseits glaubt man (STEINMANN & NEUMAYR), daß sie auf Trigoniidae zurückgehen, die in das Süß- und Brackwasser abgewandert sind. Auf diese Möglichkeit mag neben der Ausbildung des Schlosses die Tatsache hinweisen, daß einige Gattungen (zum Beispiel *Trigonioides* KOBAYASHI & SUZUKI 1936: Kreide von Ostasien, Korea, Japan, Mandschurei) eindeutig in Brackwasserablagerungen vorkommen.
  Neuerdings neigt man allerdings dazu (L. R. Cox 1955), *Trigonioides* und Verwandte zu den Unionidae zu stellen, nachdem das Schloß besser bekannt geworden ist. Es zeigt bei *Trigonioides* rechts zwei vordere und einen hinteren Leistenzahn; links zwei hintere und einen vorderen Leistenzahn. Alle sind kräftig vertikal gerieft. Da keine typischen subumbonalen Cardinalzähne vorliegen, spricht dies für die Zugehörigkeit zu den Unionidae. Das Schloß von *Trigonia* unterscheidet sich von *Trigonioides* durch die starke Rückbildung des 5a und die Verschmelzung des 2a + 2b zu einem kräftigen Spaltzahn.

Unio PHILIPSSON 1788: ? Trias, Jura — rezent von Eurasien, Afrika, N-Amerika und Rußland (Abb. 620).
  Die querovale bis trapezförmige, relativ dicke Schale trägt eine wohl von den ökologischen Bedingungen abhängige Bezahnung. Hiervon bezeichnet man die unter dem Wirbel befindlichen, meist nur schwach ausgebildeten Elemente als Pseudocardinalia, die dem Schloßrand

Abb. 620. *Unio pictorum* LINNÉ, linke Klappe: a) von außen; b) von innen. Rezent, Saale bei Naumburg. Ca. ¾ nat. Gr.

parallel verlaufenden als Pseudolateralia. Es bereitet einige Schwierigkeiten, darin den schizodonten Bau zu erkennen; doch findet sich bei *Unio* und bei den zahlreichen Verwandten ein opisthodetes Ligament. Auch haben die beiden deutlich hervortretenden Schließmuskeleindrücke die gleiche Lage wie bei den Trigoniidae.

Anodonta LAMARCK 1799 (*Pteranodon* L. FISCHER 1886): Ob. Kreide — rezent, weit verbreitet vor allem auf der Nordhalbkugel (Abb. 621).

Abb. 621. *Anodonta cygnea* LINNÉ, mittelgroße Form stehender Gewässer mit dickem, erdigem Bodenschlamm. Rezent. ⅔ nat. Gr. — Nach D. GEYER 1927.

Vor dem Wirbel der dünnen, schloßlosen Schale findet sich eine wenig hervortretende Lamelle, an der das Ligament inseriert. Die Muskeleindrücke sind wenig deutlich ausgebildet. Der Wirbel trägt meist mehrere, oft etwas zweireihige Runzeln, die parallel zueinander verlaufen.

Im übrigen hat man innerhalb der Unionidae einige hundert Gattungen unterschieden, auf die vor allem rezente Vertreter je nach den Besonderheiten im Bau der Kiemen und der Glochidium-Larve verteilt werden. Besonders zu erwähnen sind kräftig und eigenartig skulpturierte Vertreter aus dem Neogen und Pleistozän von Südosteuropa und Ostasien.

Ordnung **Dysodonta** NEUMAYR 1883

Eine sehr heterogene Gruppe von Muscheln mit dysodontem Schloß. Ein Teil gehört zu den Filibranchia, der Rest zu den Eulamellibranchia. Alle sind anisomyar. — Ordovizium — rezent.

Unterordnung **Pteriina** NEWELL 1965

Im Alter mit Byssus befestigt, der durch eine Spalte der rechten Klappe nach außen tritt; falls die Schalen nicht mit der rechten Klappe unmittelbar am Substrat angewachsen sind. Filibranchiat oder eulamellibranchiat. — Ordovizium — rezent.

III. Klasse Lamellibranchiata de Blainville 1824

Oberfamilie **Ambonychiacea** S. A. MILLER 1877

Schale stark ungleichseitig; dreieckig, quadratisch oder trapezförmig; Wirbel am vorderen Ende oder in dessen Nähe; hetero- oder monomyar; integripalliat. Mantellinie aus Reihen kleiner Grübchen. Hypostrakum vermutlich perlmuttrig. — ? Unt., Mittl. Ordovizium — Lias, ? Malm.

Familie **Ambonychiidae** MILLER 1877

Die gewölbte, gleichklappige und sehr ungleichseitige Schale hat einen geraden Schloßrand. Unter dem weit nach vorn verlagerten Wirbel befindet sich eine kleine Anzahl vorderer und hinterer Schloßzähnchen. Das Ligament liegt in parallelen, dem Schloßrand folgenden Furchen. — Mittl. Ordovizium — Ob. Devon, ? Unt. Unterkarbon.
Ambonychia HALL 1847: Mittl. — Ob. Ordovizium von Europa und N-Amerika (Abb. 622).

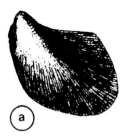

Abb. 622. *Ambonychia bellistriata* HALL, a) linke Klappe; b) von vorn. Ordovizium (Trentonian) von New York. Nat. Gr. — Nach R. C. MOORE 1952.

Schale einfach radial berippt; vorn steil abfallend, hinten flügelartig verbreitert. Schloß aus 2 oder 3 kleinen, radial stehenden Zähnchen unter dem Wirbel in jeder Klappe und einigen lateralen Elementen am hinteren Ende des Schloßrandes.
Gosseletia BARROIS 1882: Unt. — Mittl. Devon von W-Europa und N-Amerika (Abb. 623).

Abb. 623. *Gosseletia kayseri* FRECH, Steinkern der rechten Klappe. Unt. Devon (Ob. Ems), Miellen bei Ems. Nat. Gr. — Nach F. FRECH 1891.

Schale dreieckig, mit terminalen Wirbeln; relativ dick; ohne radiale Rippen, häufig konzentrisch gestreift. Ohne Byssusausschnitt. Schloß aus mehreren schief stehenden Zähnchen hinter den Wirbeln und 2 bis 3 lateralen Elementen am Hinterende.

556   I. Stamm Mollusca Cuvier 1797

Familie **Myalinidae** Frech 1891

Schale dick, gleich- oder ungleichklappig; schiefoval bis dreiseitig, hinten verbreitert. Wirbel terminal oder weit nach vorn gerückt. Schloßrand gerade, zahnlos. Ligament in Rinnen, welche dem gesamten Schloßrand parallel verlaufen. Mit Byssusspalte unter den Wirbeln. Heteromyar. — ? Unt. Devon, Unt. Karbon — Lias, ? Malm; teils im Meer, teils im Süßwasser.

Myalina de Koninck 1842: Unt. Karbon — Mittl. Trias, weltweit (Abb. 624).

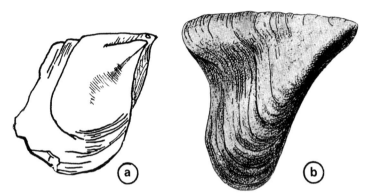

Abb. 624. a) *Myalina blezingeri* Phil., Ob. Muschelkalk (Trochitenkalkstufe, mol) von der Gaismühle bei Crailsheim. Nat. Gr. — Aus M. Schmidt 1928; b) *Myalina copei* Whitf., rechte Klappe. Unt. Perm von Texas. Ca. ½ nat. Gr. — Nach R. C. Moore 1952.

Wirbel spitz, terminal und weit nach vorn gerückt. Schloßrand breit, parallel gestreift. Der vordere, kräftig vertiefte Muskeleindruck liegt unter den Wirbeln. Wie N. D. Newell (1949) nachweisen konnte, vollzog sich innerhalb dieser Gattung eine deutliche phylogenetische Größenzunahme. Dabei bildete sich am Hinterende ein Flügel heraus, so daß der Schloßrand allmählich länger wurde. Er vergrößerte sich von etwa 1,5 cm im Karbon auf etwa 9,2 cm im Oberperm. Marin.

Ein ähnliches Ausmaß erreichte auch *Myalina blezingeri* Phil. (Abb. 624a) aus der Trochitenkalkstufe des Oberen germanischen Muschelkalkes mit einer Schloßrandlänge von ca. 9 cm. Manche Vorkommen dieser Art lassen sich mit den „Muschelsäulen" aus der Kreide von Nordamerika vergleichen. Dabei siedelten sich offenbar kleine Kolonien der Muschel, die frei lebte oder nur lose mit dem Byssus befestigt war, immer wieder an der gleichen, eng begrenzten Stelle an, während sich ringsum und zwischendurch das Sediment anhäufte. Die relativ schweren Klappen wurden nach der Zerstörung von Ligament und Weichteilen voneinander getrennt, verblieben aber dann ohne größere Verlagerungen am Orte. Doch spricht die Dickschaligkeit ebenso wie das nicht seltene Vorkommen kleiner Kalk- und Kalkmergelgerölle im Nebengestein für relativ stark bewegtes Wasser, unter dem sich die Sedimentbildung vollzog (A. H. Müller 1956).

Liebea Waagen 1881: Perm der Nordhalbkugel, weit verbreitet.

Schale klein, selten größer als 2,5 cm; *Mytilus*-ähnlich. Jede Klappe mit einem Zähnchen. Ligament in 6 bis 8 Furchen, die sehr schief zum Schloßrand verlaufen. Marin.

Eurydesma Morris 1845 (*Leiomyalina* Frech 1891): Unt. Perm von Australien, Indien, S-Afrika und Argentinien (Abb. 625).

Schale schief oval, dick, glatt, bauchig. Das Ostrakum nimmt etwa ¼ der Schalendicke ein. Marin.

III. Klasse Lamellibranchiata de Blainville 1824

Abb. 625. *Eurydesma cordatum* Morris, linke Klappe. Unt. Perm von Neusüdwales (Australien). Länge ca. 2,5 cm.

Abb. 626. *Naiadites carbonarius* Dawson, linke Klappe. Unt. Oberkarbon von Neuschottland. Nat. Gr. — Aus R. C. Moore 1952.

Naiadites Dawson 1860 (non *Najadites* Amalitsky 1892): Unt. Karbon von Schottland, Ob. Karbon von Europa und N-Amerika; vor allem Westfal A–B (Abb. 626).

Die meist ungleichklappige, schiefdreieckige Schale wird selten länger als 40 mm. Die Wirbelpartie der linken Klappe ist meist stärker gewölbt als die der rechten; vermutlich deshalb, weil diese Formen mit der linken Klappe auflagen. Die selteneren, gleichklappigen und flacheren Formen waren wohl mit einem Byssus angeheftet und zu Lebzeiten vertikal gestellt. Die Gattung unterscheidet sich von *Myalina* durch den nicht endständigen Wirbel und das hierdurch amphidete Ligament. Überraschend ist die große Ähnlichkeit mit den Jugendstadien von *Myalina*. Schloßzähne undeutlich. Süßwasserbewohner.

Oberfamilie **Pteriacea** Gray 1847 (1820)
(Aviculidae Goldfuss 1820)

Schale ungleichklappig, ungleichseitig; zumindest in der Jugend deutlich prosoklin. Rechte Klappe weniger konvex als die linke. Mantellinie vorn nicht durchlaufend. Byssusschlitz zumindest bei Jugendstadien in der rechten Klappe vorhanden. — Ordovizium — rezent.

Familie **Pterineidae** Miller 1877

Ungleichklappige, meist stark ungleichseitige Schalen, deren linke Klappen stärker konvex sind als die rechten. Vorderes Öhrchen in der Regel klein oder rudimentär. Schloßzähne meist fehlend oder schwach ausgebildet. Heteromyar oder monomyar — Ordovizium — Ob. Perm.

Pterinea Goldfuss 1826: Ob. Ordovizium — Unt. Devon, weltweit (Abb. 627).

Umriß halbkreisförmig. Ligament in mehreren Furchen, die parallel zum langen und breiten Schloßrand verlaufen. Vorderes Öhrchen deutlich, rundlich; hinteres Öhrchen flügelartig verlängert. Oberfläche konzentrisch gestreift. Unter dem Wirbel befinden sich meist 2 oder 3 kurze, schräg stehende Zähnchen.

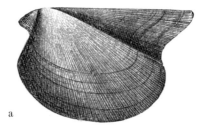 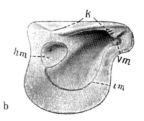

Abb. 627. a) *Pterinea lineata* GOLDF., linke Klappe von außen. Unt. Devon von Niederlahnstein. Nat. Gr.; b) *Pterinea fasciculata* GOLDF., linke Klappe von innen. (vm = vorderer, hm = hinterer Schließmuskeleindruck, lm = Mantellinie, k = Schloßzähnchen). Unt. Devon von Bad Ems. — Nach K. A. v. ZITTEL 1915.

Familie **Pteriidae** GRAY 1847 (1820)
(Aviculidae GOLDFUSS 1820)

Überwiegend stark ungleichklappige und ungleichseitige, meist schiefovale, perlmutterige Schalen, deren rechte Klappe flach und oft deckelförmig, die linke konvex gewölbt ist. Ähnlich wie bei den Pectinidae, finden sich zwei Öhrchen. Hiervon ist das vordere in der Regel viel kleiner als das hintere, das ein flügelartiges Aussehen hat. Auf dem vorderen Öhrchen, das in der rechten Klappe fast immer einen Byssusausschnitt zeigt, liegt der vordere, mehr oder weniger reduzierte Schließmuskeleindruck. Der Schloßrand ist entweder zahnlos oder mit ein bis zwei schwachen Zähnchen besetzt. Wirbel nahe dem Vorderende. Skulptur unterschiedlich; doch überwiegen glattschalige Formen. — Trias — rezent.

Pteria SCOPOLI 1777 (*Avicula* BRUGUIÈRE 1792): Trias — rezent, fossil weltweit verbreitet (Abb. 628—629).

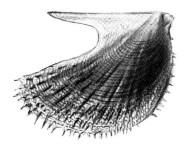

Abb. 628. *Pteria hirundo* (LINNÉ), rechte Klappe von außen. Rezent. Nat. Gr. — Nach J. THIELE 1935.

Abb. 629. *Pteria (Rhaetavicula) contorta* (PORTLOCK), wichtiges Leitfossil in der germanischen (Rhät) und alpinen (Kössener Schichten) Obertrias. Nat. Gr. — Nach K. A. v. ZITTEL 1915.

Jede Klappe zeigt, falls sie nicht ganz zahnlos ist, unter dem Wirbel einen kleinen Kerbzahn, daneben eine Zahnlamelle. Der auf dem vorderen Öhrchen liegende Schließmuskeleindruck ist sehr stark bis gänzlich reduziert. Die Oberfläche trägt Zuwachsstreifen oder -lamellen bzw. radiale Rippen oder Streifen. Das Ligament liegt teils extern, teils intern. — Biostratigraphisch wichtig ist *Pteria (Rhaetavicula) contorta* (PORTLOCK), leitend im Rhät der germanischen und alpinen Obertrias (Abb. 629).

Oberfamilie **Pectinacea** RAFINESQUE 1815

Zu den Filibranchia gehörende monomyare Dysodonta, deren einziger (hinterer) Schließmuskeleindruck stets etwas hinter der Schalenmitte liegt. Über den rundlichen Umriß der Klappen ragen an der Dorsalseite nach vorn und hinten ohr- oder flügelartige Fortsätze, deren obere Ränder den langen, geradgestreckten Schloßrand bilden. Neben gleichklappigen finden sich ungleichklappige, neben gleichseitigen schwach ungleichseitige Vertreter. Dabei sind die Schalen zumindest in den frühesten Jugendstadien mit einem Byssus befestigt, der an den vorderen Öhrchen zwischen den beiden Klappen hervortritt. Später liegen die Tiere jedoch vielfach frei auf dem Meeresgrund. Dann ist bei den weniger differenzierten Formen die als Auflage dienende (rechte) Klappe schwächer konvex als die andere. Bei höher differenzierten Vertretern findet sich aber auch das entgegengesetzte Verhalten, wobei die dem Boden aufliegende Klappe oft eine sehr starke Wölbung zeigt, während die andere einen flachen Deckel bildet.

Obgleich es sich bei den Pectinacea um eine relativ langlebige Gruppe handelt, haben sie sich im Verlauf ihrer stammesgeschichtlichen Entwicklung nur verhältnismäßig wenig umgestaltet. Hieraus ergibt sich der geringe biostratigraphische Wert der meisten Vertreter; wenn man von den Pseudomonotidae und Posidoniidae absieht. — Ordovizium — rezent.

Familie **Aviculopectinidae** MEEK & HAYDEN 1864

Rechte Klappe weniger konvex als die linke, zumindest bei Jugendformen mit tiefem Byssusausschnitt. Ligament amphidetisch, auf zwei flachen, divergierenden Interareas wie bei *Lima*; in der Regel mit dreieckigem, schiefem Resilium unter dem Wirbel. — Ob. Devon — Malm.

Aviculopecten McCoy 1851 (*Limatulina* DE KONINCK 1885): unteres Unt. Karbon — Ob. Perm, weltweit (Abb. 630).

Abb. 630. *Aviculopecten exemplarius* (NEWELL), linke Klappe. Oberes Ob. Karbon von N-Amerika (Kansas). Ca. 1⅔ nat. Gr.

Vorderes und hinteres Öhrchen etwa gleichlang, groß. Linke Klappe meist größer als die rechte. Oberfläche radial berippt; Rippen der rechten Klappe gabeln sich.

Pleuronectites V. SCHLOTHEIM 1820: Mittl. — Ob. Trias; vor allem im germanischen Muschelkalk (Abb. 631).

Die rundliche, ungleichklappige, schwach ungleichseitige Schale trägt meist keine Skulptur. Von den beiden Klappen ist die rechte konvex, die linke flach und deckelförmig. Das vordere Öhrchen, das in der rechten Klappe einen tiefen Byssusausschnitt bildet, ist wesentlich größer als das hintere. Es überwächst häufig den Schloßrand, so daß es schief nach oben ragt. Die linke Klappe zeigt mitunter einige etwas unregelmäßig verlaufende, radiale Farbstreifen. Öhrchen der linken Klappe schief, undeutlich von der übrigen Schale abgegrenzt.

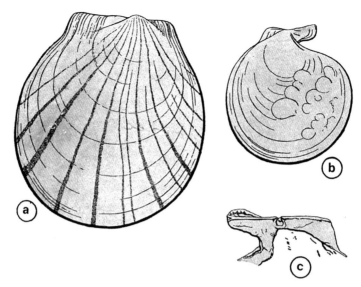

Abb. 631. *Pleuronectites laevigatus* (v. SCHLOTH.), germanische Trias (Muschelkalk). a) linke Klappe mit Farbstreifen; b) rechte Klappe mit aufsitzenden *Placunopsis ostracina* v. SCHLOTH., c) dorsaler Abschnitt der rechten Klappe von innen. Etwa ¾ nat. Gr. — Nach M. SCHMIDT 1928.

Familie **Pseudomonotidae** NEWELL 1938

Schale eiförmig bis unregelmäßig, mit kurzem Schloßrand; postero-dorsaler Rand schief, nicht geflügelt. Linke Klappe mehr oder weniger konvex, rechte Klappe flach oder konkav. Byssusausschnitt im Alter geschlossen, da entweder die rechte Klappe mit dem Wirbel festgewachsen oder der Fuß in den Frühstadien degeneriert ist. — Unt. Karbon — Ob. Perm.

Pseudomonotis BEYRICH 1862: Unt. Karbon (Visé) — Ob. Perm, auf der Nordhalbkugel weit verbreitet.

Schale unregelmäßig radial berippt. — Als Leitfossil wichtig ist:

Pseudomonotis speluncaria (v. SCHLOTHEIM): Sehr charakteristisch für den Zechstein von Westeuropa, England und Ostgrönland, weniger häufig in der Kazan-Stufe von Rußland. Ähnliche Formen werden als *P.* cf. *speluncaria* aus einem untertriadischen Konglomerat der Cape Stosch-Formation von Ostgrönland verzeichnet (MAYNC 1942).

Zu *Pseudomonotis* wurden früher häufig die zu *Meleagrinella* WHITFIELD 1885 (Ob. Trias — Malm, weltweit verbreitet) gehörenden Arten gerechnet. Diese unterscheiden sich u. a. durch ein kleines, spitzes vorderes Öhrchen (Abb. 632) und andere für die Familie Oxytomidae ICHIKAWA 1958 kennzeichnende Merkmale.

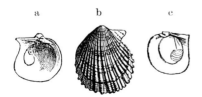

Abb. 632. *Meleagrinella echinata* (SMITH), Ob. Dogger (Callovien) von England. a)—b) linke Klappe von innen und außen; c) rechte Klappe von innen. Nat. Gr. — Nach K. A. v. ZITTEL 1915.

Familie **Posidoniidae** FRECH 1909

Schale dünn, oval, flach gewölbt, fast gleichklappig. Wirbel niedrig, von unterschiedlicher Stellung. Skulptur aus feinen radialen Rippchen und/oder konzentrischen Falten. Schloßrand in der Regel lang, gerade; Dorsalecken abgerundet oder spitz. Byssusausschnitt fehlt meist; nur bei einigen Jugendstadien vorhanden. Keine Schloßzähnchen. — Unt. Karbon — Ob. Kreide.

Posidonia BRONN 1828 (syn. *Posidonomya* BRONN 1834): Unt. Karbon — Malm von Eurasien, O-Afrika, N- und S-Amerika mit ca. 50 Arten, die zum Teil große biostratigraphische Bedeutung haben. Sie füllen im Unterkarbon (Kulmfazies) und im Lias (Posidonienschiefer) oft ganze Schichten (Abb. 633 A, B).

Abb. 633 A. *Posidonia becheri* (BRONN), Unt. Karbon (Kulm) von Herborn (Nassau). Ca. 1½ nat. Gr.

Schale schiefoval, mit konzentrischen, etwa gleichweit voneinander entfernten Falten, die parallel dem Außenrand verlaufen. Schloßrand kurz, verläuft in die kaum hervortretenden Öhrchen. — Als Leitfossilien wichtig sind: *P. becheri* BRONN (Unt. Karbon, Kulm-Fazies) und *P. bronni* (Lias epsilon, Posidonienschiefer).

Daonella MOJSISOVICS 1874: Alpine Trias (Anis-Nor), weltweit verbreitet (Abb. 634).
Ähnlich *Halobia*, doch ohne deutlich begrenztes vorderes Öhrchen. Schließmuskelfeld fast in der Mitte. Radial berippt.

Halobia BRONN 1830: Mittl. — Ob. Trias, weltweit; Hauptverbreitung in der Mittl. Trias.
Schale halbkreisförmig oder oval, mit deutlich begrenztem vorderen Öhrchen. Schloßrand sehr lang, selten schief. Skulptur aus feinen, radialen, unregelmäßig weit voneinander entfernten Furchen bzw. Gruben und konzentrischen Falten. Ligamentarea längsgestreift.

Abb. 633 B. *Posidonia becheri* (Bronn), Unt. Karbon (Kulmfazies) von Herborn (Nassau). Ca. 1½ nat. Gr.

Abb. 634. *Daonella lommeli* (Wissm.), alpine Trias (Ladin) von Wengen (Südtirol). Nat. Gr. — Nach K. A. v. Zittel 1915.

Familie **Buchiidae** Cox 1953

Schale schiefoval, meist ungleichklappig und höher als lang. Schloßrand relativ kurz. Hinteres Öhrchen undeutlich oder fehlend. Ligamentarea dreieckig, meist extern; nur eine Grube. Schloßzähnchen nicht vorhanden. Hypostrakum nicht ausgebildet. Skulptur fehlt oder aus konzentrischen Rippen, wozu gelegentlich undeutliche radiale Elemente treten können. — Ob. Trias — Kreide.

Buchia Rouillier 1845 (*Aucella* Keyserling 1846, suppr. conf. ICZN Opinion 492): Dogger (Aalenien) — Unt. Kreide, weltweit; am häufigsten in den borealen Regionen (Abb. 635).

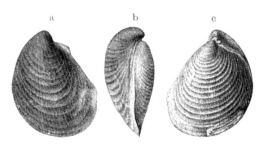

Abb. 635. *Buchia okensis* Pavlow, a) linke Klappe von außen; b) doppelklappige Schale von vorn; c) desgl., Blick auf die rechte Klappe. Unt. Neokom von Pekhorka (Rußland). ½ nat. Gr. — Nach A. P. Pavlow, aus O. Abel 1924.

Die schief verlängerte, ungleichklappige, dünne Schale ist meist konzentrisch verziert; doch finden sich auch Formen mit radialen Streifen. Der stark entwickelte Wirbel der linken Klappe ist über die flache, deckelförmige rechte Klappe, die ein kleines löffelartiges vorderes Ohr aufweist, eingekrümmt. Am hinteren Teil des kurzen, zahnlosen Schloßrandes liegt das Ligament, am vorderen der Byssusausschnitt.

Familie **Pectinidae** RAFINESQUE 1815

Meist ungleichklappige und gleichseitige, monomyare und integripalliate Muscheln unterschiedlicher Größe und Gestalt. Der gerade Schloßrand ist vorn und hinten jeweils in ein Öhrchen verlängert. Die dreieckige, zentrale Ligamentgrube ist nur selten von außen sichtbar. Der einzige Schließmuskeleindruck liegt etwa in der Mitte der Schale. Das Schloß wird mitunter auch als isodont gedeutet, da vor allem bei Jungtieren die Schloßlamellen symmetrisch beiderseits der Ligamentgrube angeordnet sind. Es handelt sich vermutlich um Abkömmlinge der Pteriidae.

Die Lebensweise ist verschieden. So verankern sich manche Formen mit Byssus, der durch eine Spalte unter dem vorderen Öhrchen der rechten Klappe hervortritt, während andere unmittelbar mit dem Wirbel der rechten Klappe festgewachsen sind. Einige vermögen durch Auf- und Zuklappen der Schale zu schwimmen. Die gleichklappigen Formen liegen mit der rechten Klappe frei auf dem Boden. — Trias — rezent mit ca. 28 fossil vertretenen Gattungen. Von diesen wurden lediglich 2 nur in der Gegenwart nachgewiesen. Bisheriges Maximum der Entwicklung vom Tertiär bis heute. Wenige Arten haben leitenden Charakter.

Pecten MÜLLER 1776: Ob. Eozän — rezent, weltweit (Abb. 636—637).

Abb. 636. *Pecten jacobaeus* L., aus dem Pliozän des Monte Pellegrino bei Palermo (Italien). ⅓ nat. Gr. — Nach O. ABEL 1924. Diese Muschel findet sich auch rezent im Mittelmeer. Die stärker gewölbte (rechte) Klappe wird häufig als Ragoutschale benutzt.

Die rundliche, ungleichklappige, gleichseitige bis schwach ungleichseitige Schale trägt radiale Rippen. Die rechte (untere) Klappe ist konvex, die linke plan oder schwach konkav ausgebildet. Die Öhrchen sind nahezu gleich groß. Ein Byssusausschnitt fehlt. Der sehr große Muskeleindruck liegt etwa in der Mitte.

Chlamys RÖDING 1798: Trias — rezent, weltweit (Abb. 638).

Nahezu gleichklappige, etwas ovale Schalen mit ungleichen Öhrchen, von denen die vorderen deutlich größer sind als die hinteren. Die Oberfläche ist meist radialberippt, seltener bis auf konzentrische Zuwachsstreifen glatt. Byssus vorhanden. — Nach Skulptur und Gestalt unterscheidet man 34 Untergattungen, die alle fossil und rezent vertreten sind, zum Beispiel:

Abb. 637. *Pecten solarium* LAM., doppelklappig. Die beiden Klappen durch Hangenddruck schief verschoben. Miozän (Burdigal) von Ortenburg bei Passau. Größter Durchmesser ca. 20 cm.

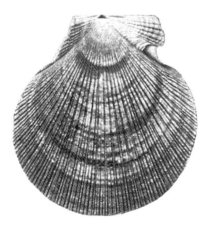

Abb. 638. *Chlamys islandicus* (MÜLLER), rechte Klappe. Rezent an den norwegischen und isländischen Küsten. Höhe fast 9 cm. – Nach J. THIELE 1935.

Chlamys s. str.: Umriß länglichoval bis fast dreiseitig: Oberfläche mit radialen Rippen, die zum Teil Dornen oder Stacheln tragen. — *Aequipecten* FISCHER 1886 (? Malm, Unt. Kreide — rezent): Schale etwas ungleichklappig; Umriß fast kreisförmig. Oberfläche radial berippt.

Amusium RÖDING 1798 (*Amussium* HERRMANNSEN 1846): Unt. Miozän — rezent in tropischen und subtropischen Regionen (Abb. 639).

Die oft etwas ungleichklappigen, vorn und hinten schwach klaffenden Schalen tragen nahezu gleich große Öhrchen. Falls ungleichklappig, ist die rechte Klappe weniger konvex als die linke.

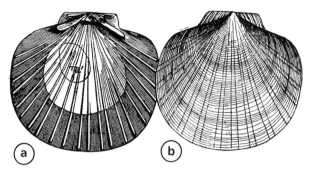

Abb. 639. *Amusium cristatus* (Bronn), Unt. Miozän von Baden bei Wien. a' = hinterer Schließmuskeleindruck. Nat. Gr. — Nach K. A. v. Zittel 1915.

Oberfläche glatt oder undeutlich skulpturiert. Ein Byssusausschnitt fehlt. Schloßrand kurz. Heute nur durch wenige, meist im Schlamm der Tiefsee lebende Arten vertreten.

? **Entolium** Meek 1865: Mittl. Trias — Ob. Kreide, weltweit.

Die gleichklappige, glatte oder undeutlich skulpturierte, fast kreisrunde Schale hat gleich große oder nahezu gleich große Öhrchen. Ein Byssusausschnitt fehlt. — Zu dieser Gattung gehört *E. discites* (v. Schloth), eine der häufigsten Muscheln der germanischen Trias, wo sie im Röt und Muschelkalk auftritt.

Neithea Drouet 1825: Kreide (Neokom — Senon), weltweit (Abb. 640).

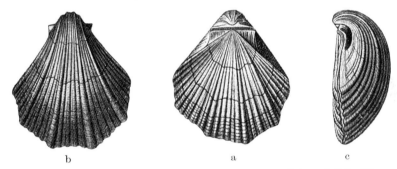

Abb. 640. *Neithea quinquecostata* Sow., Unt. Senon von Bültem b. Peine: a) linke Klappe; b) rechte Klappe; c) von der Seite. Nat. Gr. — Nach E. Fraas 1910.

Sehr ungleichklappige Schalen mit vertikal zum Schloßrand eingekrümmten Wirbeln. Zwischen kräftigere, radial verlaufende Rippen schalten sich jeweils einige, die schwächer ausgebildet sind. Von den beiden Klappen ist die rechte stark konvex, die andere deckelförmig flach oder schwach konkav. Die beiden Öhrchen können gleich sein. Am Schloß finden sich zwei kleine, gekerbte Zähnchen. Mit Byssusfurche.

Leptochondria Bittner 1891: Unt. — Ob. Trias, weltweit verbreitet (Abb. 641).

Abb. 641. *Leptochondria albertii* (Goldf.), Muschelkalk: a) linke Klappe, b) rechte Klappe. Etwa nat. Gr. — Nach M. Schmidt, 1928.

Schale klein, fast kreisförmig bis oval. Linke Klappe leicht konvex, die rechte flach. Linke Klappe mit radialen Hauptrippen, zwischen die sich zwei oder mehr Zyklen von Rippen zweiter Ordnung einschalten. Rechte Klappe glatt oder schwach radial berippt; äußere Ligamentarea mit dreieckiger Grube. — *L. albertii* (GOLDF.) (früher meist zu *Eopecten* DOUVILLÉ 1897 oder *Velopecten* PHILIPPI 1899 gestellt) findet sich häufig in der germanischen Trias (Röt bis Lettenkohle).

Oberfamilie **Limacea** RAFINESQUE 1815

Eine kleine, ebenfalls zu den Eulamellibranchia gehörende Gruppe der Dysodonta mit nahezu gleichklappigen, aber deutlich ungleichseitigen Schalen, die äußerlich in gewisser Hinsicht an Pectinacea erinnern. Wie diese sind die Limacea vielfach gute Schwimmer. — Unt. Karbon — rezent mit ca. 20 Gattungen und Untergattungen, marin.

Familie **Limidae** RAFINESQUE 1815

Die nahezu gleichklappige, schiefovale und oft nach vorn verlängerte monomyare Schale klafft meist etwas am Vorderende. Der zahnlose oder mit einigen parallel zueinander verlaufenden Zähnchen besetzte Schloßrand ist vorn und hinten in ein kleines Öhrchen ausgezogen. Der Wirbel befindet sich über der halb intern, halb extern gelegenen Ligamentgrube. Die Tiere leben frei, falls sie nicht mit Byssus am Untergrunde festgeheftet sind. — Unt. Karbon — rezent.

Lima BRUGUIÈRE 1797: Jura — rezent, weltweit.

Die gewölbte, schiefovale, vorn meist etwas klaffende Schale ist radial berippt oder gestreift, seltener glatt. Die spitzen Wirbel stehen relativ weit auseinander. Der Schloßrand ist glatt oder gezähnelt; mitunter finden sich in den oberen Ecken auch schwache Knoten und Leisten. Die frei lebenden Formen vermögen, ähnlich wie *Pecten*, durch schnelles Öffnen und Schließen der Klappen zu schwimmen. Manche der mit Byssus am Untergrunde verankerten Vertreter bauen regelrechte Nester.

Plagiostoma J. SOWERBY 1814 (syn. *Plagiostomatites* KRUEGER 1823): Mittl. Trias — Ob. Kreide, weltweit (Abb. 642—643).

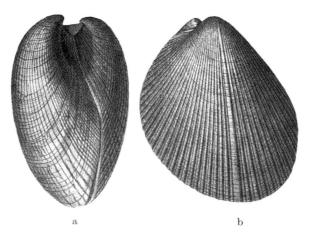

Abb. 642. a) *Plagiostoma lineatum* (v. SCHLOTH.), Unt. Muschelkalk; b) *Plagiostoma striatum* (v. SCHLOTH.), Ob. Muschelkalk. Nat. Gr. Beide Arten wurden früher meist zu *Lima* gestellt. — Nach E. FRAAS 1910.

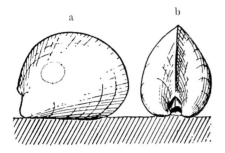

Abb. 643. *Plagiostoma lineatum* (v. Schloth.), in Lebendstellung. a) zeigt die opisthocline und protruncate Schale in Seiten-, b) in Kantenansicht. Unt. Muschelkalk. ½ nat. Gr. — Nach A. Seilacher 1954.

Schale mittelgroß bis sehr groß, schief oval, oft fast glatt, sonst radial berippt oder mit schwachen Rippen, zwischen denen punktierte Bereiche liegen. Schloßrand zahnlos, sonst mit 1 oder 2 längsgerichteten, breiten Zähnen in jeder Dorsalecke. Durch die stark nach vorn gezogene (opisthocline) Schale kommt es leicht zu einer Verwechslung von Vorder- und Hinterseite und somit zu einer falschen Orientierung der Klappen. Für die beiden, im Muschelkalk häufigen und charakteristischen Arten *P. striatum* (v. Schloth.) und *P. lineatum* (v. Schloth.) (Abb. 642) ist anzunehmen, daß sie hochkant auf dem verlängerten Vorderrand der Schalen standen (Abb. 643). Hinten ist dort, wo sich der einzige Schließmuskeleindruck befindet. Die genannten Arten wurden bisher meist zu *Lima* gestellt.

Ctenostreon Eichwald 1862: Lias — Unt. Kreide (Neokom), weltweit (Abb. 644).

Schale nahezu gleichseitig, dick, randlich sehr unregelmäßig gestaltet, oft sehr großwüchsig. Besonders in der Mitte mit derben, radial verlaufenden, knotigen oder dornigen, abgerundeten Rippen. Byssusausschnitt stark entwickelt.

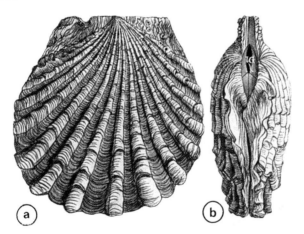

Abb. 644. *Ctenostreon proboscidea* Sow., Malm (Oxfordton) von Dives (Normandie). ⅝ nat. Gr. — Nach K. A. v. Zittel 1915.

Unterordnung **Mytilina** Rafinesque 1815

Überwiegend festgeheftet, seltener frei lebende filibranchiate Dysodontier mit sehr unterschiedlich gestalteten Schalen, bei denen aber gewöhnlich der meist spitz zulaufende Wirbel am vorderen Ende des Schloßrandes oder in seiner Nähe liegt. Neben gleichklappigen Vertretern, die in der Regel mit dem Wirbel nach unten angeheftet sind, finden sich ungleichklappige, die gewöhnlich mit der kleineren und flacheren rechten Klappe auf dem Grunde liegen. Es handelt sich um eine Gruppe, die etwa die gleiche biostratigraphische Verbreitung wie die Pectinacea hat. — Devon — rezent mit ca. 56 Gattungen; überwiegend im Meerwasser, sonst im Brack- und Süßwasser.

Familie **Mytilidae** RAFINESQUE 1815

Der Wirbel der gleichklappigen, sehr ungleichseitigen und schiefen Schale liegt stets terminal oder nahezu terminal. Dahinter befindet sich in einer seichten Rinne das schmale und langgestreckte Ligament, während der zahnlose oder schwach gekerbte Schloßrand in den Hinterrand verläuft. Der vordere Schließmuskeleindruck ist reduziert. — Devon — rezent.

Mytilus LINNÉ 1758: Unt. Trias (Röt) — rezent, weltweit; heute vor allem in flachen Meeresbereichen (Abb. 645).

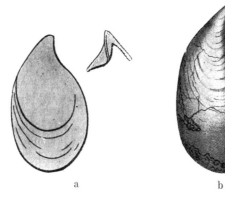

Abb. 645. a) „*Mytilus*" *eduliformis* v. SCHLOTH., Unt. Muschelkalk von Lieskau. Nat. Gr. — Nach M. SCHMIDT 1928; b) *Mytilus faujasii* BRONGN., Ob. Oligozän (Cerithienschichten) des Mainzer Beckens. Nat. Gr. — Nach E. FRAAS 1910.

Der Wirbel der dünnschaligen, radialfaserigen und sehr ungleichseitigen Schale liegt terminal. Die Oberfläche ist glatt oder mit radial verlaufenden Rippchen bedeckt. Der Schloßrand trägt an seinem Vorderende meist einige Kerben. Der vordere, gewöhnlich stark reduzierte Schließmuskeleindruck kann fehlen. Die Gattung hat sich im Verlaufe der Stammesgeschichte kaum verändert.

Modiolus LAMARCK 1799 (syn. *Modiola* LAMARCK 1801): Devon — rezent, weltweit (Abb. 646).

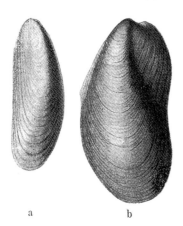

Abb. 646. a) *Modiolus minutus* (GOLDF.), Rhät von Nürtingen (Württ.). Nat. Gr.; b) *Modiolus modiolatus* (LINNÉ), Mittl. Dogger von Lauffen (Württ.). Nat. Gr. — Nach E. FRAAS 1910.

Im Gegensatz zu *Mytilus* sind die Wirbel stumpf und dem hier etwas flügelartig verbreiterten Vorderende genähert, aber nicht terminal. Der Schloßrand ist schmal und zahnlos. Auch diese Gattung hat sich im Verlaufe der Stammesgeschichte kaum verändert.

Die Tiere stecken mit dem Vorderende voran mehr oder weniger flach im weichen Sediment, wo sie mit dem Byssus verankert sind. Sie ernähren sich von Schwebstoffen.

Lithophaga RÖDING 1798 (syn. *Lithodomus* CUVIER 1816): ? Karbon, Jura — rezent, weltweit (Abb. 647—650).

Abb. 647. *Lithophaga lithophaga* (LINNÉ), Außenseite der linken Klappe. Rezent. Nat. Gr. — Nach J. THIELE 1935.

Schale langgestreckt, gleichklappig, fast walzenförmig, nach hinten jedoch etwas schmaler werdend, beiderseits abgerundet, glatt oder mit feinen vertikal verlaufenden Streifen bedeckt. Schloßrand zahnlos. Periostrakum dick. Wirbel terminal oder nahezu terminal. Länge meist 3—4 cm, max. bis 10 cm.

Es handelt sich um chemisch arbeitende Bohrmuscheln, die ihre Höhlungen hauptsächlich in härteren, kalkigen Substraten anlegen. Hierbei wird der Kalk vor allem durch Kohlendioxyd aufgelöst, das sich im Verlaufe der Atmung an der Manteloberfläche ausscheidet. Im Gegensatz etwa zu *Teredo navalis* fehlt offenbar eine ausreichende thigmotaktische Reizbarkeit, die es völlig verhindert, daß benachbarte Bohrlöcher, gleichgültig, ob diese tote Schalen oder lebende Individuen enthalten, angeschnitten werden. Zylindrische und keulenförmige Ausfüllungen von Bohrlöchern, die vermutlich zu *Lithophaga* gehören, kommen seit dem Karbon vor allem in Ablagerungen des Litorals nicht selten vor.

An der felsigen Steilküste der Halbinsel Misaki (Japan) finden sich über dem heutigen Meeresniveau vier verschiedene Bohrmuschelhorizonte (I—IV), die durch *Lithophaga nasuta* verursacht wurden (Abb. 648). Ihnen entsprechen kräftige Hebungen des Untergrundes. Nach A. IMAMURA

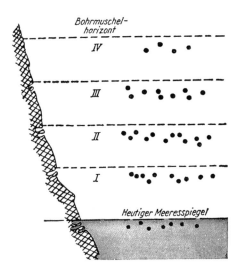

Abb. 648. Schematische Darstellung der vier Bohrmuschelhorizonte, die an der felsigen Steilküste von Misaki (Japan) über dem heutigen Meerespiegel liegen. Ursache der Niveauänderungen sind große Erdbeben. — Nach A. IMAMURA (1927), umgezeichnet.

(1927) soll Horizont I mit dem Erdbeben von 1923, Horizont II mit dem von 1703 und Horizont III mit dem ebenfalls geschichtlich belegten Beben von 818 n. u. Z. in Zusammenhang stehen. Die den Horizont IV betreffenden Bodenbewegungen haben sich vermutlich um das Jahr 33 v. u. Z. vollzogen. Maßgebend für diese zeitliche Zuordnung sind folgende Überlegungen:

a) Die heute im Niveau des Meeresspiegels von den Muscheln angelegten Gruben zeigen einen Längsschnitt, wie er etwa aus Abb. 649 zu ersehen ist. Danach liegt der kleinste Durchmesser an der Mündung, der größte weiter im Inneren, etwa in der Mitte.

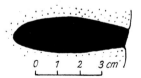

Abb. 649. Schematischer Längsschnitt durch ein Bohrloch von *Lithophaga nasuta*. Rezent, Steilküste von Misaki (Japan).

b) Bei den Bohrlöchern, die durch Hebungsvorgänge in den Bereich der Atmosphärilien geraten sind, hat sich die Tiefe der Gruben im Laufe der Zeit durch Abtragung verkleinert.

c) Vermag man also die Abtragungsgeschwindigkeit, das heißt die durchschnittliche Verringerung der Bohrlochtiefe mit der Zeit, zu ermitteln, läßt sich das Alter der Horizonte größenordnungsgemäßig bestimmen.

d) Eine auf dieser Grundlage durchgeführte statistische Auswertung ergab die in Abb. 650 dargestellten Zusammenhänge. Sie zeigt, daß die Beziehung zwischen dem maximalen Durchmesser und der Tiefe der Bohrlöcher in den einzelnen Horizonten jeweils nahezu linear, sonst aber verschieden ist.

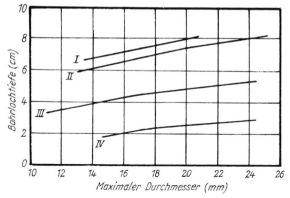

Abb. 650. Die Beziehung zwischen dem maximalen Durchmesser und der Tiefe bei Bohrlöchern, die sich in den vier Bohrmuschelhorizonten an der Steilküste von Misaki (Japan) beobachten lassen (vgl. Abb. 648). — Nach A. IMAMURA 1927.

e) Danach dürfte IV der ältesten Hebung, I der jüngsten (aus dem Jahre 1923) entsprechen, während sich II mit einiger Sicherheit auf das Erdbeben von 1703 zurückführen läßt. Aus Abb. 650 geht weiter hervor, daß sich in den von 1703 bis 1923 verstrichenen 220 Jahren die Tiefe der Bohrgruben um 6 mm verringert hat. Unter der Voraussetzung gleichbleibender Verwitterungsintensität kann folglich aus der Differenz von 29 mm, die hinsichtlich der Bohrlochtiefe zwischen Horizont I und III besteht, ein Alter von ca. 1070 Jahren errechnet werden. Es läßt sich also mit einigem Recht sagen, daß der Horizont III dem großen Erdbeben von 818 n. u. Z. entspricht, und der Horizont IV etwa um das Jahr 33 v. u. Z. gehoben wurde.

III. Klasse Lamellibranchiata de Blainville 1824

Familie **Bakevelliidae** KING 1850

Die gleichklappige oder ungleichklappige, innen perlmutterglänzende Schale hat einen geraden, meist langen Schloßrand. Das Schloß ist zahnlos, gekerbt oder mit feinen Leistenzähnchen bedeckt. Das externe Ligament besteht aus einzelnen Abschnitten, von denen die dickeren und faserig ausgebildeten, isolierten Quergruben des Schloßrandes eingefügt sind, während die dünneren lamellenartig dazwischen liegen. Die Mehrzahl der zu dieser Familie gehörenden Vertreter hat nur noch einen großen, subzentral gelegenen Schließmuskel. — Ob. Perm — Eozän, marin; größte Formenmannigfaltigkeit im Mesozoikum.

Bakevellia KING 1848: Perm — Kreide, weltweit (Abb. 651).

Abb. 651. *Bakevellia antiqua* (v. MSTR.), Ob. Perm von Ostgrönland. ⁵⁄₁ nat. Gr. — Nach N. D. NEWELL 1955.

Die linke Klappe der quer verlängerten, noch heteromyaren Schale ist größer als die rechte. Am Vorderende befindet sich ein Byssusausschnitt. Unter dem Wirbel stehen drei bis vier Leistenzähne. Das Ligament zeigt zwei bis fünf isolierte Quergruben. — Als Leitfossil wichtig ist

B. antiqua (v. MSTR.) (Abb. 651): Charakteristisch für den Zechstein von Mitteleuropa, England und den europäischen Teil von Rußland. Zahlreiche Exemplare wurden auch in einem oberpermischen Kalkgeröll der untertriadischen Cape Stosch-Formation von Ostgrönland gefunden.

Hoernesia LAUBE 1866: Trias — Dogger von Eurasien (Abb. 652).

Schale langgestreckt-trapezförmig, etwas schief verlängert, mitunter leicht schraubenförmig gekrümmt, stark ungleichklappig. Schloßrand gerade. Ligamentbereich wie bei *Bakevellia* nur mit wenigen Querfurchen. Linke Klappe stark konvex, mit breit vorragender, verdickter Wirbelregion. Rechte Klappe leicht konvex bis konkav. Bezahnung auf dem vorderen Flügel variabel, entweder 1 großer Zahn oder eine Serie schmaler, schiefer Leisten, auf dem hinteren Flügel ein schmaler, langgestreckter Zahn.

Zu den häufigsten Fossilien des germanischen Muschelkalkes gehört *H. socialis* (v. SCHLOTH.) (Abb. 652), die früher meist zu *Gervillia* DEFRANCE 1820 oder *Gervilleia* ROMINGER 1846 gestellt wurde. Neuerdings nimmt man an, daß sie mit der stark gewölbten linken Klappe abwärts flach auf weichem Sediment verankert lebte.

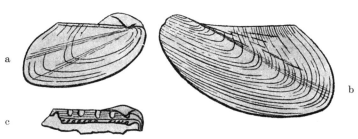

Abb. 652. *Hoernesia socialis* (v. SCHLOTH.), Ob. Muschelkalk. a) Blick auf die rechte, fast ebene Klappe; b) linke Klappe; c) Teil des Schloßrandes. Nat. Gr. — Nach M. SCHMIDT 1928.

Gervillia DEFRANCE 1820 (syn. *Gervilleia* ROMINGER 1846): Ob. Trias — Ob. Kreide, weltweit (Abb. 653).

Ähnlich *Hoernesia*, doch sehr in die Länge gestreckt, schwertförmig, leicht gekrümmt, mit endständigem Wirbel. Hinterer Flügel schief, kurz.

Abb. 653. a) *Gervillia aviculoides* Sow., Außenseite der rechten und Ligamentfeld der linken Klappe. Malm (Oxfordton) von Dives (Calvados); b) *Gervillia linearis* BUVIGNIER, Schloß und Ligamentfeld (LG = Ligamentgruben, Z = Leistenzahn). Nat. Gr. — Nach K. A. v. ZITTEL 1915.

Familie **Isognomonidae** WOODRING 1925

Schale fast gleichklappig bis sehr ungleichklappig, meist mäßig ungleichseitig, von sehr verschiedener Gestalt. Schloßrand im Alter zahnlos. Ligament in zahlreichen Gruben. Hypostrakum meist sehr dick, innen perlmuttrig. Oberfläche glatt, konzentrisch lamellar oder unregelmäßig wellig; radiale Berippung nur bei einer Gattung (*Mulettia* FISCHER 1886, Unt. Kreide). — Ob. Perm — rezent.

Isognomon LIGHTFOOT 1786 (syn. *Perna* BRUGUIÈRE 1789): Trias — rezent, weltweit (Abb. 654—655).

Schale mehr oder weniger breit, ei- oder zungenförmig, vorn gerade oder schief abgestutzt, sehr ungleichseitig, fast gleichklappig. Rechte Klappe mit Byssusausschnitt. Wirbel im allgemeinen endständig. Schloßrand gerade, zahnlos, Ligamentfeld ausgedehnt, breit; mit zahlreichen untereinander parallelen Ligamentgruben. Einziger Schließmuskeleindruck groß, nierenförmig, subzentral.

Im Tertiär des Mainzer Beckens und der angrenzenden Gebiete finden sich nicht selten die nachstehend aufgeführten Arten.

Isognomon (Hippochaeta) maxillata sandbergeri (DESHAYES) (Abb. 655b): groß, zungenförmig, flach gewölbt. — Mittl. — Ob. Oligozän; ziemlich häufig, zum Beispiel im Meeressand von Weinheim bei Alzey;

Isognomon (Isognomon) heberti (COSSMANN & LAMBERT) (Abb. 655a): mittelgroß, länglichoval, fast rechteckig, schmal, gedrungen, zungenförmig. — Mittl. — Ob. Oligozän; ebenfalls ziemlich häufig im Meeressand von Weinheim bei Alzey.

Isognomon (Isognomon) oblongus (RÖMER-BÜCHNER): groß, queroval, zungenförmig, hinten stark verbreitert. — Unt. Miozän (im Mainzer Becken bildet die Art im Cerithien-Kalk oft bis 1 m dicke Bänke).

III. Klasse Lamellibranchiata de Blainville 1824

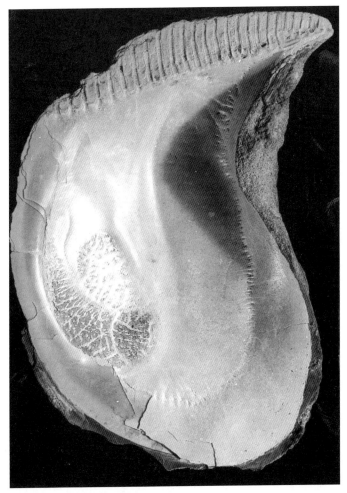

Abb. 654. *Isognomon soldani* (DESH.), Oligozän des Mainzer Beckens. Ca. ¾ nat. Gr.

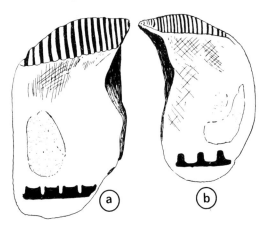

Abb. 655. Zwei Arten von *Isognomon* aus dem Mittl. Oligozän des Mainzer Beckens; jeweils mit einem schematisierten Querschnitt durch einen Teil der Ligamentfläche: a) *Isognomon (Isognomon) heberti* (COSSM. & LAMBERT), Meeressand v. Lindberg bei Waldböckelheim. ½ nat. Gr.; b) *Isognomon (Hippochaeta) maxillata sandbergeri* (DESHAYES), Meeressand von Weinheim bei Alzey. Ca. ¼ nat. Gr. — Nach A. ZILCH 1938, umgezeichnet.

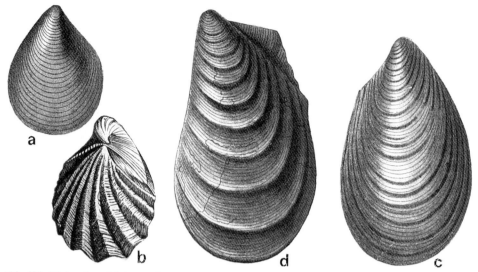

Abb. 656. Einige der wichtigsten *Inoceramus*-Arten: a) *I. dubius* Sowerby, Lias, insbesondere Ob. Lias (Posidonienschiefer); b) *I. (Birostrina) sulcatus* Parkinson, Leitform des Mittl. und Ob. Alb (schiefeiförmig, mit starken radialen Rippen); c) *I. labiatus* v. Schlotheim, Leitform des Unt. Turon (länglich eiförmig mit schwacher konzentrischer Faltung); d) *I. lamarcki* Parkinson (syn. *I. brongniarti* Sowerby), Leitform des Mittl. Turon (groß, dickschalig, grob gefaltet, Flügel stark ausgezogen). — a) c), d) nach E. Fraas 1910, b) nach K. A. v. Zittel 1915.

Abb. 657 A. *Inoceramus labiatus* (v. Schloth.), doppelklappige Exemplare. Ob. Kreide (Unt. Turon) von Sachsen. Breite des Ausschnittes ca. 48 cm.

Familie **Inoceramidae** ZITTEL 1881
(ICZN Opinion 473)

Schale fast gleichklappig bis sehr ungleichklappig, meist konzentrisch gefaltet oder lamellar verziert, selten radial berippt. Linke Klappe in der Regel stärker konvex als die linke. Hinterer Flügel am Schalenrand kann fehlen. Ligamentarea gewöhnlich mit zahlreichen Ligamentgruben (Abb. 657 B). Schloßzähne sind nur bei einer Gattung vorhanden. Hypostrakum perlmuttrig. — Unt. Perm — Ob. Kreide, ? Oligozän. Die Tiere hefteten sich mit ihrem Byssus aneinander und an andere feste Körper.

Inoceramus SOWERBY 1814: Unt. Lias — Ob. Kreide, weltweit (Abb. 656—659).

Die meist eiförmige bis rundliche, ungleichklappige und sehr ungleichseitige Schale ist in der Regel konzentrisch, seltener radial verziert. Die vorragenden, dem Vorderrande genäherten Wirbel sind nach vorn gekrümmt. Der zahnlose Schloßrand zeigt zahlreiche, schmale und vertikalstehende Bandgruben, die aber nicht wie bei *Gervillia* scharf voneinander abgegrenzt und durch ebene Zwischenflächen getrennt sind. Die Bandgruben entstehen hier vielmehr durch einfache, wellenförmige Verbiegung der Ligamentfläche (Abb. 657 B). Die bei den Inoceramen

Abb. 657 B. Ligamentleiste von *Inoceramus hercules* HEINZ, Ob. Turon, vermutlich von Dresden-Strehlen; L ca. 8 cm. — Nach Originalfoto von K.-A. TRÖGER, Freiberg.

Abb. 658. *Inoceramus pachti* ARKHANG., Leitform des Unt. und Mittl. Santon (mäßig gewölbt, sehr schmal und spitz; starke konzentrische Rippen, die in ihrem Verlauf und in ihrer Ausbildung stark wechseln). Etwa nat. Gr. — Nach F. HEINE 1929.

der Oberkreide meist sehr dicke Prismenschicht zerfällt häufig in ihre einzelnen Bestandteile, die dann auch isoliert eingebettet sein können. Sie bilden oft einen Hinweis auf Oberkreide-Alter. Die Blütezeit der Entwicklung liegt in der Kreide vom Alb an aufwärts, wo die Gattung zahlreiche kurzlebige Arten mit großem Leitwert stellt (Abb. 659).

Die außerordentliche Variabilität veranlaßte manche Autoren zu einer weitgehenden Aufsplitterung der Gattung. So unterschied R. HEINZ (1932) zwei Familien, 24 Subfamilien, 62 Gattungen und 29 Untergattungen. Da sich aber die Variabilität der Inoceramen nicht nur auf ein einzelnes Merkmal beschränkt, sondern die ganze Ontogenie betrifft, müssen die Arten weiter gefaßt werden. Hierdurch verlagert sich der Schwerpunkt auf die Unterart.

Einige der wichtigsten Arten sind in Abb. 656 dargestellt. An der Alb/Cenoman-Grenze, wo Makrofossilien (insbes. Ammonoidea) extrem selten sind, kommt *I. (Birostrina) sulcatus* PARK-

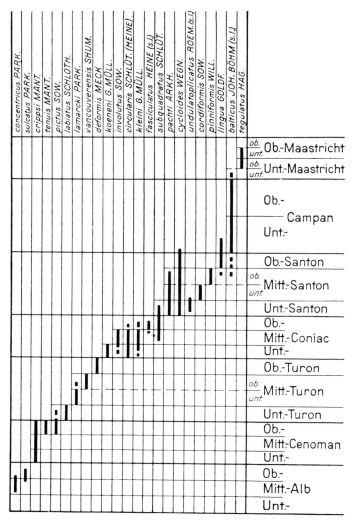

Abb. 659. Die vertikale Verbreitung der wichtigsten Inoceramen im Alb und in der Oberkreide. Der unterschiedliche vertikale Abstand der Stufengrenzen steht in keiner Beziehung zu den mittleren Mächtigkeiten. — Nach O. SEITZ 1956.

INSON (Abb. 656b) relativ häufig vor und bildet so ein ausgezeichnetes Leitfossil zur Bestimmung der Grenze zum Cenoman. Umfassende Angaben über die Taxonomie und Biostratigraphie der Inoceramen finden sich bei K.-A. TRÖGER (1967, 1991), detaillierte Merkmals- und Bestimmungsschlüssel für die vom Cenoman bis Unt. Coniac nachgewiesenen Arten bei S. KELLER 1982.

Überreste riesiger *I. (Sphenoceramus)* aff. *steenstrupi* de LORIOL aus der Ob. Kreide (Santon) von Qilakitsoq (Grönland) befinden sich in der Grönland-Sammlung des Mineralogischen Museums von Kopenhagen. Die Schalen sind bis 2 m lang, aber nur 4—5 mm dick. Charakteristisch ist eine ausgeprägte radiale Berippung, die von konzentrischen Falten überlagert wird.

Unterordnung **Pinnina** LEACH 1819
(Steck- oder Schinkenmuscheln)

Eine relativ kleine, zu den Eulamellibranchia gehörende Gruppe der Dysodonta mit langgestreckter, hinten etwas abgestutzter und klaffender (schinkenförmiger) Schale. Vorhanden sind zwei Schließmuskeleindrücke, von denen der kleinere im vorderen, der größere im hinteren Teil der Klappen befestigt ist. Die Verankerung der Schale, die mit dem spitz zulaufenden Vorderende im Sediment steckt, erfolgt über einen starken, seidenglänzenden Byssus, der ventral aus einer kleinen Öffnung dicht hinter dem Wirbel zwischen den Klappen hervortritt (Abb. 660a). Das Schloß ist zahnlos. Bruchstücke oder einzelne Prismen des meist stark entwickelten Ostrakums finden sich ähnlich wie bei *Inoceramus*, oft isoliert im Nebengestein. Zahlreiche der fossilen Formen sind in Lebendstellung, das heißt zweiklappig und mehr oder weniger vertikal, mit dem Wirbel voran eingebettet worden. — Unt. Karbon — rezent mit 8 Gattungen, marin.

Pinna LINNÉ 1758: Unt. Karbon — rezent, weltweit (Abb. 660).

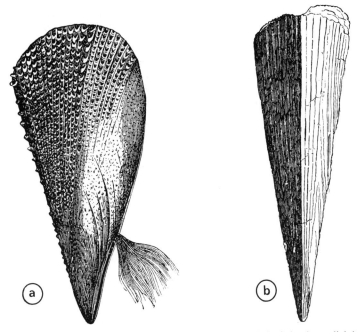

Abb. 660. a) *Pinna squamosa* LINNÉ, rezent im Mittelmeer. Die Muschel wird gelegentlich bis 1 m lang. — Nach E. v. MARTENS 1883; b) *Pinna pyramidalis* MSTR., Ob. Kreide (Quadersandstein) von Bad Schandau. Ca. ⅓ nat. Gr. — Nach K. A. v. ZITTEL 1915.

Die dünne, dreieckige, maximal bis 1 m lange Schale trägt radiale Rippen und konzentrische Wülste, die oft mit kleinen Schuppen oder Knoten besetzt sind. In jeder Klappe lassen sich zwei Teile, ein dorsaler und ventraler, unterscheiden, so daß die geschlossene, doppelklappige Schale einen viereckigen Querschnitt zeigt. Bei den fossilen Vertretern fehlt häufig die Wirbelregion, die sonst nicht selten eine Art Kammerung aufweist.

Im Mittelmeer findet sich heute auf Sandböden ab einer Tiefe von etwa 3 m und meist in der Nähe von Seegraswiesen regelmäßig die bis ca. 80 cm lange *P. nobilis* L. In ihrem Hinterende lebt zwischen Schale und Mantel häufig als Entöke der Muschelwächter *Pinnotheres pinnotheres* (L.), eine Viereckskrabbe.

Unterordnung **Ostreina** FÉRUSSAC 1822

Eine sehr wichtige, zu den Eulamellibranchia gehörende monomyare Gruppe der Dysodonta, die mit ihrer größeren und im allgemeinen stärker gewölbten linken Klappe am Untergrunde festgewachsen sind. Die kleinere rechte ist flacher und bildet eine Art Deckel. Das teils intern, teils extern gelegene Ligament besteht aus einem vertieften Mittelteil und flacheren Seitenteilen. Der einzige Schließmuskeleindruck liegt etwas hinter der Schalenmitte. — Ob. Trias — rezent mit ca. 52 Gattungen.

Familie **Gryphaeidae** VYALOV 1936

Die linke, in der Regel stärker gewölbte Klappe ist meist nur mit sehr kleiner Fläche am Wirbel aufgewachsen. Der Wirbel der linken, bei einigen Formen auch der rechten Klappe ist mehr oder weniger vertikal bzw. parallel zur Schalenbasis eingekrümmt. Oberfläche glatt, radial berippt oder gefaltet. Ostrakum dünn oder fehlend. — Ob. Trias — rezent.

Gryphaea LAMARCK 1801: Ob. Trias — Malm, ab Lias weltweit verbreitet (Abb. 661).

Abb. 661. *Gryphaea (Liogryphaea) arcuata* (LAM.), Unt. Lias. Nat. Gr. — Nach E. FRAAS 1910.

Linke Klappe meist hoch gewölbt, quer zur Schale eingekrümmt; frei oder mit dem Wirbel der linken Klappe festgewachsen. Rechte Klappe flach und deckelförmig. Schale ohne blasige Struktur. Hohlraum unter dem Wirbel der linken Klappe weitgehend mit Schalensubstanz gefüllt.

Pycnodonte FISCHER V. WALDHEIM 1835 (*Pycnodonta* G. B. SOWERBY 1842): Kreide — Miozän, weltweit (Abb. 662 A, B).

Abb. 662 B. *Pycnodonte vesicularis* (LAMARCK), Schließmuskelfeld der rechten Klappe mit den davon ▶ ausstrahlenden Gleitbahnen der Mantelmuskulatur; Oberkreide (Schreibkreide-Fazies, höheres Untermaastricht), Jasmund (Rügen), Breite des Abschnitts 3,4 cm. — Nach A. H. MÜLLER 1970.

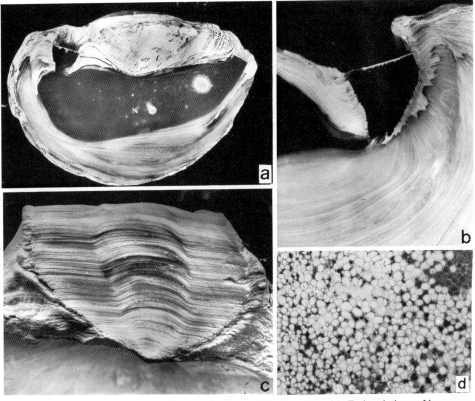

Abb. 662 A. *Pycnodonte vesicularis* (LAMARCK), Oberkreide (Schreibkreide-Fazies, höheres Untermaastricht) von Jasmund (Rügen), a) medianer Längsschnitt mit Feuersteinkern, „Länge" der Schale ca. 9 cm; b) medianer Längschnitt durch die Wirbel- und Ligamentregion eines anderen Exemplars, Breite ca. 3 cm; c) Ligamentfeld einer rechten Klappe, Breite 3,3 cm; d) blasige Struktur in der linken Klappe, vertikal zur Längserstreckung der Vakuolen, Breite ca. 0,3 cm. — Nach A. H. MÜLLER 1970.

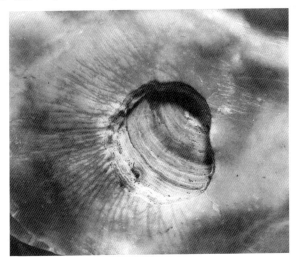

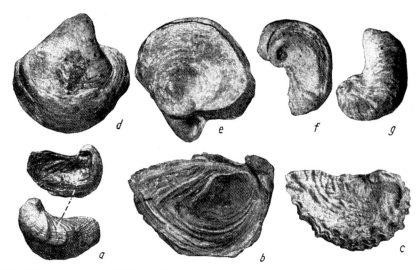

Abb. 663. a) *Nanogyra striata* (W. SMITH 1817) (syn. *Exogyra virgula* GOLDFUSS 1833), Malm (Unt. Kimmeridge) von Frankreich, nat. Gr.; b) *Aetostreon latissimum* (LAMARCK), Neokom von Frankreich, ½ nat. Gr.; c) *Ceratostreon ? flabellatum* (GOLDFUSS), Cenoman, nat. Gr.; d)–e) *Rhynchostreon suborbiculatum* (LAMARCK 1801), syn. u. a. *Exogyra columba* (LAMARCK 1819), Cenoman, ½ nat. Gr.; f)–g) „*Exogyra*" *auricularis*, Ob. Kreide (Senon), nat. Gr. — Nach G.-J. PAINVIN zusammengestellt und z. T. taxonomisch verändert.

Linke Klappe meist hoch-konvex, mit kleiner bis großer Fläche festgewachsen. Maximale Schalenlänge ca. 16 cm. Rechte Klappe eben oder konkav, häufig mit scharfen radialen Furchen. Schale mit blasiger Struktur.

Exogyra SAY 1820 (syn. *Fluctogyra* VYALOV 1936): Kreide von N-Amerika, S-Europa, Afrika, W-Asien und Indien (Abb. 663 f–g).

Schale klein bis sehr groß (max. Durchmesser 21 cm), meist mittelgroß. Rechte Klappe flach bis konkav, linke Klappe hoch, konvex, größer als die rechte, bei einigen Arten mit regelmäßig spiralem Wachstum. Skulptur der linken Klappe, weniger die der rechten aus blätterig gewachsenen Schuppen, wozu unterschiedlich ausgebildete Rippen treten können.

Nanogyra BEURLEN 1958 (syn. *Palaeogyra* MIRKAMELOV 1963): Jura (Bajocien — Kimmeridge) von Europa, Afrika, Arabien und Indien (Abb. 663a).

Schale klein (max. Durchmesser ca. 3 cm), ungleichklappig, in Gestalt und Umriß sehr variabel. Linke Klappe kugelig bis schwach konvex, spiral aufgewunden, doch von Fall zu Fall stark wechselnd; mitunter durch eine spirale Furche in zwei ungleiche Loben geteilt; Oberfläche fein radial berippt oder mit rauhen konzentrischen Schuppen bedeckt. Rechte Klappe flach bis konkav oder konvex, im Umriß sehr variabel.

Aetostreon BAYLE 1878: Unt. Kreide (Valendis — Alb) von Europa, Afrika, Kaukasus (Abb. 663b).

Schale mittelgroß bis groß (max. ca. 16 cm hoch), ungleichklappig, nicht berippt; Umriß rundlich bis gerundet dreieckig. Linke Klappe stark konkav, mit deutlich ausgebildetem, spiral verlaufendem und abgerundetem Kiel; Wirbelregion ragt nur wenig über die rechte Klappe. Diese ist flach bis konkav ausgebildet und etwas in die linke Klappe eingesenkt.

Ceratostreon BAYLE 1878: Unt. Kreide (Apt) von N- und S-Amerika, Ob. Kreide (Neokom — Senon) von Europa und N-Afrika (Abb. 663c).

Schale bis mittelgroß (max. 10 cm), ungleichklappig, in Gestalt und Umriß sehr variabel; Anwachsfläche meist groß; Wirbel stets am breiteren Ende. Beide Klappen gekielt, d. h. mit zwei unterschiedlichen geneigten und skulpturierten Flächen ausgestattet. Skulptur aus dichotomen, ungleichen, gerundeten Rippen und entsprechenden Zwischenräumen.

Rynchostreon BAYLE 1878: Ob. Kreide (Cenoman — Turon) von Europa, Asien und N-Amerika (Abb. 663 d—e, 664).

Schale mittelgroß (max. bis ca. 13 cm hoch). Linke Klappe glatt, stark konvex, Wirbelregion bis zu 2 Windungen spiral eingedreht; Anwachsfläche fehlt oder sehr klein. Rechte Klappe fast kreisförmig bis elliptisch im Umriß, sonst ungleich gewölbt; mit flachem, spiralem Wirbel. Schließmuskeleindruck kreisförmig. Ligamentarea sehr schmal.

Die soeben aufgeführten Taxa *Exogyra* s. str, *Nanogyra*, *Aetostreon*, *Ceratostreon* und *Rynchostreon* können auch als Untergattungen der Sammelgattung *Exogyra* zugewiesen werden, für die folgendes gilt:

Exogyra SAY 1820: Dogger (Bajocien) — Ob. Kreide (Turon), weltweit (Abb. 663—664).

Vorderseite beider Klappen im Uhrzeigersinn und parallel zu ihrer Basis eingekrümmt. Linke Klappe stark gewölbt, rechte flach und deckelförmig. Nur in der Jugend mit dem Wirbel der linken Klappe festgewachsen. Ligament im Unterschied zu den übrigen Ostreina hornförmig gebogen.

Abb. 664. Autochthones Massenvorkommen von doppelklappigen, als Steinkerne erhaltenen *Rynchostreon suborbiculatum* (LAMARCK 1801), Ob. Kreide (Cenoman, Sandstein) von Dippoldiswalde (Sachsen).

Familie **Ostreidae** RAFINESQUE 1815

Die linke Klappe der ungleichseitigen, unregelmäßig gestalteten Schale ist meist stärker gewölbt und mit unterschiedlich großer Fläche am Untergrund festgewachsen. Hierbei formt sich vielfach das Relief derselben auf die andere Klappe durch. Das Ligament befindet sich meist in einer dreieckigen Grube unter dem zahnlosen oder mit feinen Kerben bedeckten Schloßrand. Ostrakum vorhanden, kann relativ dick sein. Manche Arten sind stenohalin, andere euryhalin, manche bilden regelrechte Riffe. *Crassostrea virginica* lebt bei einem Salzgehalt zwischen 10—30‰ (Optimum 18‰), *Ostrea edulis* bei einem solchen zwischen 24—31‰. — Ob. Trias — rezent.

Ostrea LINNÉ 1758: bei enger Fassung der Gattung von Kreide — rezent; weltweit verbreitet, doch nicht in den Polarregionen (Abb. 665).

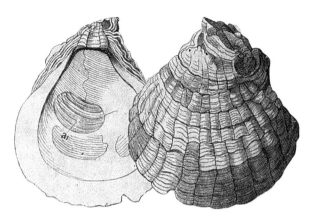

Abb. 665. *Ostrea digitalina* DUBOIS aus dem Miozän des Wiener Beckens. (a_1 = hinterer Schließmuskeleindruck). Nat. Gr. — Nach K. A. v. ZITTEL 1915.

Schale unregelmäßig, konzentrischblättrig bzw. radial berippt oder gefaltet. Wirbel gerade, nicht eingekrümmt. Ligamentgrube dreieckig, quergestreift. Gelegentlich ist die dysodonte Ausbildung des Schlosses auch im erwachsenen Zustande sehr deutlich zu erkennen. Dann findet sich beiderseits des Ligaments eine Anzahl feiner Kerben und Runzeln, die vertikal zum Schloßrand stehen (Abb. 586). Zu *Ostrea* gehört die Mehrzahl der rezenten Ostreidae, zum Beispiel *O. edulis* L. (Eßbare Auster). Die größten Arten erreichen einen Durchmesser von ca. 20 cm.

Etwa 15 km ostwärts von Helgoland befindet sich in einer Tiefe von 23—28 m ein etwa 750 m langes Riff, das ausschließlich aus *Ostrea edulis* besteht.

Crassostrea SACCO 1897: Unt. Kreide — rezent, weltweit (Abb. 666 A, B).

Umriß sehr lang, schmal-spatelförmig; maximaler Durchmesser ca. 60 cm. Vorder- und Hinterrand oft nahezu parallel. Schließmuskeleindruck nahe dem hinteren Schalenrand und weiter vom Schloßrand entfernt als vom Ventralrand. Linke Klappe mit großem Hohlraum im Wirbelbereich.

C. lebt in vertikaler Stellung und bildet auf schlammigen Böden des Intertidals Riffe (Abb. 666 B).

Lopha RÖDING 1798 (syn. *Alectryonia* FISCHER V. WALDHEIM 1807): Trias — rezent, weltweit; heute meist in tropischen Meeresteilen (Abb. 667—668).

Linke Klappe mit kleiner bis großer Fläche festgewachsen. Beide Klappen fast gleichförmig, konvex; mit kräftigen, scharf geknickten Rippen oder mit Falten bedeckt. Schalenränder in der Regel mit Zickzackfalten. Diese greifen wie die Finger zweier Hände ineinander, so daß die Schalen gegen schiefe Pressung ungemein widerstandsfähig sind.

Abb. 666 A. *Crassostrea crassissima* (LAM.) aus dem mediterranen Miozän von Niederösterreich. Ca. ⅓ nat. Gr. — Nach M. HOERNES.

Abb. 666 B. *Crassostrea-Riff*, Ausschnitt. Eozän von Ulciny (S-Jugoslavien). Größte Schalenlänge 14 cm. Fot. Verf.

Abb. 667. *Lopha marshi*, Mittl. Dogger von Württemberg. Nat. Gr. — Nach E. Fraas 1910.

Abb. 668. *Lopha marshi*, Schalenrand. Mittl. Dogger von Württemberg. Breite: ca. 10 cm.

Unterordnung **Dreissenina** Gray in Turton 1840

Eine sehr kleine, ebenfalls eulamellibranchiate Gruppe der Dysodonta, die in ihrer äußeren Gestalt an die filibranchiaten Mytilina erinnern. Innenseite der Klappen ohne Perlmutter. Hohlraum unter dem Wirbel durch Septum oder Myophor überbrückt. Hinterer Muskeleindruck lang. Periostrakum gut ausgebildet. Mit Byssus. — Eozän — rezent.

Familie **Dreissenidae** Gray in Turton 1840

Die langgestreckte, abgerundet drei- oder viereckige Schale bildet kein Hypostrakum. Unter dem terminalen oder nahezu terminalen Wirbel befindet sich eine Platte (Myophor), an welcher der vordere Schließmuskel sitzt. Wie die gestaltlich ähnlichen Mytilidae, heften sich die Dreissenidae mit Byssus fest. Anatomisch bestehen jedoch zwischen den beiden Familien große Unterschiede. — Eozän — rezent.

Abb. 669. *Dreissena polymorpha* (PALLAS), rezent vor allem im Bereich der Tiefebenen zwischen Frankreich und Wolga, in Westasien, sonst im Pleistozän des Ostseegebiets und im Süden des europäischen Teils der ehemaligen UdSSR. Etwa nat. Gr.

Dreissena VAN BENEDEN 1835: Eozän — rezent von Europa und Afrika (Abb. 669).

Abgerundet dreieckig oder vierseitig, *Mytilus*-ähnlich. Rechte Klappe zuweilen mit einem schwachen Cardinalzahn, sonst zahnlos. Ursprünglich marin. Heute in brackischen und süßen Gewässern.

Die bekannteste Art ist die meist 3 bis 4 cm lange *D. polymorpha* (PALLAS) (Wandermuschel), die sich seit Anfang des 19. Jahrhunderts vom Südosten über ganz Europa ausgebreitet hat und heute zu den häufigsten Süßwassermuscheln gehört. In der pontischen Region lebt sie in Flüssen, die in das Schwarze Meer und in den Kaspi-See münden. Die große Ausbreitungsgeschwindigkeit beruht vor allem auf dem Vorhandensein einer freischwimmenden Larve. Dies ist für Süßwassermuscheln ungewöhnlich und erinnert an die im Meere lebenden Vorfahren. Jungtiere können sich zudem von ihren Byssusfäden lösen und in gewissen Grenzen mit dem Fuß fortbewegen. Ältere Tiere sind hierzu nicht in der Lage, da bei ihnen der Fuß zu einem Stummel verkümmert ist. Exemplare allen Alters, die in Gruppen auf kleinen Steinen oder anderen kleinen Gegenständen sitzen, vermögen sich samt dem Substrat über kurze Strecken zu bewegen, indem sie durch kräftiges Auf- und Zuklappen der Schalen gemeinsam einen Rückstoß erzeugen. Vor allem die Jungtiere leben während der warmen Jahreszeit nahe der Wasseroberfläche. Im Herbst wandern sie in die tieferen Regionen, um im kommenden Frühjahr wieder emporzusteigen.

Congeria PARTSCH 1835: Tertiär (Unt. Oligozän — Pliozän) von Europa und W-Asien; besonders häufig im osteuropäischen Neogen (Congerienschichten) (Abb. 670—671).

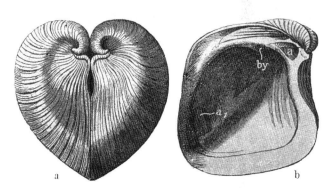

Abb. 670. *Congeria subglobosa* PARTSCH, Unt. Pliozän von Inzersdorf bei Wien. a = vorderer, a_1 = hinterer Schließmuskeleindruck; by = Eindruck des Byssusmuskels. Ca. ¾ nat. Gr. — Nach K. A. v. ZITTEL 1915.

Schale meist abgerundet vierseitig, mit eingekrümmten Wirbeln. Im Gegensatz zu der sonst ähnlichen *Dreissena* mit einem kleinen löffelartigen Vorsprung, der hinter dem Myophor liegt und zur Aufnahme des Byssusmuskels dient.

Eine wichtige Art ist die sehr großwüchsige *C. subglobosa* PARTSCH aus den pontischen Ablagerungen Osteuropas (Abb. 670).

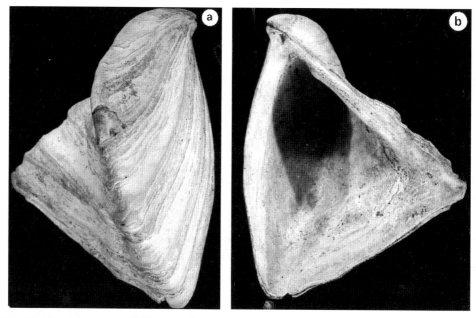

Abb. 671. *Congeria triangularis* PARTSCH, linke Klappe: a) von außen, b) von innen. Pliozän (Pont) von Radmanyest (Rumänien). Ca. ⅔ nat. Gr.

Systematische Stellung unsicher:

Familie **Conocardiidae** MILLER 1889

Die gleichklappige, meist verlängert dreieckige, radial berippte und dicke Schale trägt einen gekerbten Rand. Über die abgestutzte Hinterseite ragt ein schornsteinartig verlängerter Schalenteil. Die Vorderseite ist „geflügelt" und klafft nach unten. Der sehr lange, gerade Schloßrand kann zahnlos oder mit einem schwachen vorderen Seitenzahn ausgestattet sein. — Ordovizium — Perm, ? Trias.

Die taxonomische Stellung dieser Familie ist noch unklar. Die kragenartige Verlängerung am Vorderende diente vermutlich zum Durchtritt eines Byssus.

Conocardium BRONN 1835: Mittl. Ordovizium — Ob. Perm, ? Ob. Trias, weltweit (Abb. 672).

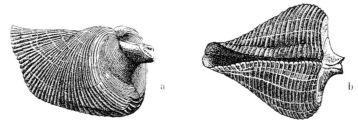

Abb. 672. *Conocardium alaeforme* Sow., doppelklappiges Exemplar: a) von links; b) von unten. Unt. Karbon (Visé) der Ardennen. Ca. 1⅕ nat. Gr. — Nach. C. DECHASEAUX 1952.

Ordnung **Isodonta** DALL 1895

1. Allgemeines

Eine kleine, monomyare Gruppe der Filibranchia mit isodontem Schloß (vgl. S. 530). Das zentrale Ligament liegt intern. Manche der Vertreter haben eine dreieckige, glatte oder horizontal gestreifte Cardinalarea, die sich zwischen Wirbel und Schloßrand befindet. Der einzige Muskeleindruck liegt entweder subzentral oder in der Nähe des Hinterrandes. — Trias — rezent.

Oberfamilie **Spondylacea** GRAY 1826

Marine Isodontier, deren ungleichklappige, aber fast gleichseitige und integripalliate Schale mit der rechten (größeren) Klappe am Untergrunde festgewachsen ist. Diese trägt vielfach eine stark nach außen ragende Cardinalarea. Der Umriß der Schale ist, sofern ihr Wachstum nicht durch Nachbarn usw. gestört wurde, meist rundlich bis oval. Die Skulptur besteht aus radialen Falten und Rippen, auf denen bei manchen Gattungen lange Dornen, Stacheln oder Schuppen sitzen. Ein Byssusausschnitt fehlt. — Trias — rezent.

Spondylus LINNÉ 1758: Jura — rezent, fossil weltweit, heute im Mittelmeer, Indik und W-Pazifik (Abb. 673).

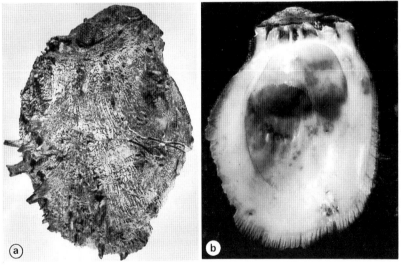

Abb. 673. *Spondylus gaederopus* LINNÉ, a) linke Klappe von außen; b) desgl., von innen. Rezent, Mittelmeer. Etwa nat Gr.

Die Oberfläche der radial berippten, länglichovalen Schale ist mit Dornen, Stacheln oder Lamellen bedeckt, die den dickeren Rippen aufsitzen. Öhrchen fehlen.

Plicatula LAMARCK 1801: Mittl. Trias (Ladin) — rezent von Europa, Afrika, N-Amerika und Indonesien (Abb. 674).

Der Umriß der Schale ist oval bis etwa dreieckig, oft schief. Die radial berippte oder gefaltete Oberfläche trägt weder Dornen noch sonstige Vorragungen. Die Rippen sind oft gegabelt.

Abb. 674. *Plicatula spinosa* Qu., a) rechte Klappe von außen; b) desgl., von innen. Mittl. Lias von Eßlingen (Württ.), ca. ¾ nat. Gr.

? Oberfamilie **Anomiacea** RAFINESQUE 1815

Marine, filibranchiate Monomyarier, deren überwiegend gleichseitige, aber meist ungleichklappige, sehr dünne Schale einen rundlichen Umriß zeigt. Sie ist mit einem verkalkten Byssus, der durch einen Spalt bzw. ein Loch der meist schwach konkaven rechten Klappe tritt, i. d. R. am Untergrund befestigt bzw. ganzflächig mit der rechten Klappe festgewachsen. Schloß ohne echte Zähne; doch wird das zentral liegende Ligament in einigen Fällen durch Leisten (Cruren) gestützt. Das aus durchscheinendem Perlmutter bestehende Hypostrakum überwiegt, während das Ostrakum oft nur angedeutet ist. — ? Perm — ? Dogger, Malm (Kimmeridge) — rezent, marin.

Familie **Anomiidae** RAFINESQUE 1815

Die im Umriß meist unregelmäßig rundliche, oft durchscheinende und dünne Schale ist in der Jugend mit einem verkalkten Byssus festgewachsen. Dieser tritt in der rechten Klappe durch eine tiefe Bucht nach außen, wird aber vom Unterrand meist lochartig umwachsen. Ligament intern, Schloßrand zahnlos. Innenseite der Klappen perlmutterglänzend, Außenseite glatt oder skulpturiert. Der runde, mittelstarke Schließmuskeleindruck liegt etwas unterhalb der Schalenmitte. Neben ihm finden sich häufig akzessorische Eindrücke, die auf Fuß- und Byssusmuskeln zurückzuführen sind. — ? Perm — ? Dogger, Malm (Kimmeridge) — rezent; ausschließlich marin.

Anomia LINNÉ 1758: ? Trias, Kreide — rezent von Europa, Afrika, Mi-Asien, N-Amerika, Australien und Neuseeland; häufiger erst ab Tertiär. Die aus der germanischen Trias verzeichneten Formen gehören wohl alle zu *Placunopsis* (Abb. 675).

Die flache, rechte Klappe zeigt eine tiefe Bucht für den Byssus, der aber vom Unterrande meist derart umwachsen ist, daß ein Loch entsteht. Die gewölbte linke Klappe trägt zusätzlich die Eindrücke von ein oder zwei Byssusmuskeln.

Placuna LIGHTFOOT 1786 (syn. *Ephippium* RÖDING 1798): Eozän — rezent von Europa, Asien, Indik, Pazifik, N-Afrika (Abb. 676).

Umriß kreisrund oder sattelförmig; nicht festgewachsen. Byssusausschnitt reduziert. Schale meist sehr abgeflacht. Ligament auf zwei divergierenden Leisten (Cruren). Durchläuft während der Ontogenese ein *Anomia*-Stadium.

III. Klasse Lamellibranchiata de Blainville 1824

Abb. 675. *Anomia ephippium* (LINNÉ), rezent aus dem Mittelmeer. Etwa nat. Gr. — Nach O. BUCHNER 1913.

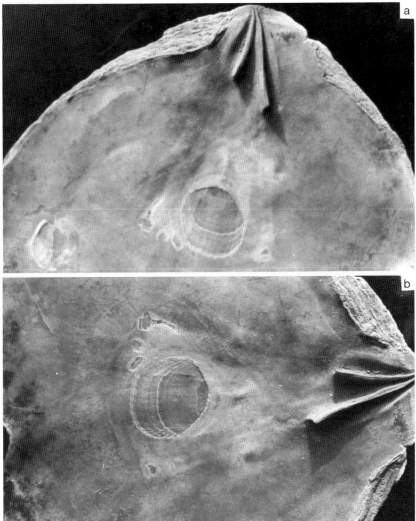

Abb. 676. *Placuna (Placuna)* sp., a)—b) von innen. Rezent, Halong-Bucht (N-Vietnam). Breite von a) 8 cm. Fot. Verf.

Carolia CANTRAINE 1838: Eozän — Miozän von N-Afrika, N- und S-Amerika.
Umriß kreisförmig. Schale flach, mitunter sehr groß. Byssusloch klein oder fehlend. Oberfläche meist radial gestreift.

Stellung unsicher:
Placunopsis MORRIS & LYCETT 1853: Ob. Buntsandstein (Röt) — Tertiär (Oligozän), weltweit; besonders häufig in Muschelkalk und Jura (Abb. 677).

Abb. 677. *Placunopsis matercula* (QU.), aus dem Unt. Muschelkalk (Wellendolomit) von Freudenstadt. Es handelt sich um zwei Exemplare, die auf *Plagiostoma lineatum* festgewachsen sind und deren Deckelklappen durch Hangenddruck abgeschoben wurden. Unter ihnen kommen die rechten, punktiert gezeichneten Klappen zum Vorschein. Ca. 1½ nat. Gr. — Nach A. SEILACHER 1954.

Umriß und Wölbung der Klappen außerordentlich verschieden gestaltet. Die meist ganzflächig aufgewachsene untere Klappe zeigt keine Durchbohrung. Die stärker gewölbte freie Klappe ist vielfach mit Radialskulptur bedeckt. Hinzu kommt, daß sich nicht selten das Relief der Unterlage, auf der die Anheftung erfolgte, durchgeformt hat. Schloßrand kurz, fast gerade. — Wichtig sind u. a. folgende Arten:

Placunopsis ostracina (v. SCHLOTHEIM): Ob. Buntsandstein (Röt) — Lias. Meist glatt, doch findet sich auch eine zarte, dichte Radialstreifung. Durchmesser bis nahezu 5 cm. Sitzt gelegentlich unmittelbar der Schichtoberfläche auf. Dies spricht dann für eine zeitweilige Unterbrechung der Sedimentation. Mitunter kommt es zur Bildung kleiner Muschelriffe. Diese sind meist nur etwa 20 cm hoch und breit, können aber auch eine Höhe von 6 m erreichen, wobei sie oft wie kleine Schwammstotzen von einem punktförmigen Ansatz nach oben und nach der Seite wachsen (hierzu u. a. H. HAGDORN 1978, H. HÖLDER 1961, 1990).

Placunopsis matercula (QU.): Unt. Muschelkalk (Abb. 677). Die gewölbte freie Klappe ist im Gegensatz zu der sonst ähnlichen *Placunopsis ostracina* mit kräftigen, etwas unregelmäßigen Radialrippen bedeckt. Die andere Klappe trägt in der Wirbelgegend eine schräggestellte Leiste, die stark an *Placuna* erinnert. Doch hat diese zwei Leisten (siehe auch *Carolia*).

Ordnung **Heterodonta** NEUMAYR 1884

Es sind dies überwiegend frei lebende Muscheln mit heterodontem Schloß und eulamellibranchiatem Kiemenbau. Die Schale ist meist gleich-, seltener ungleichklappig; das Ligament extern, weniger häufig intern. Das Schloß zeigt je nach Art, Gattung und Familie zum Teil große Unterschiede, die vor allem die Seitenzähne betreffen. Die Mantellinie kann integripalliat oder sinupalliat verlaufen. Zu den Heterodonta gehört etwa die Hälfte aller heute lebenden Muscheln. — ? Unt., Mittl. Ordovizium — rezent mit ca. 1000 Gattungen.

Nachstehend werden lediglich die wichtigsten Familien sowie einige der besonders kennzeichnenden Gattungen betrachtet.

? Familie **Cycloconchidae** ULRICH 1884

Schalen eiförmig, mehr oder weniger homomyar. Wirbel fast mittelständig, nie terminal. Vorhanden sind ein paar langgestreckte Zähne unter den Wirbeln, die um so länger werden, je mehr sie sich dem vorderen und hinteren Rand der Schale nähern. Radiale Skulptur ist nicht ausgebildet. — ? Unt., Mittl. Ordovizium — Ob. Ordovizium.

Actinodonta PHILLIPS 1848: Mittl. Silur — Ob. Devon von W-Europa, flach vergraben in sandigen Ablagerungen küstennaher Bereiche (Abb. 592f).

Schale länglich-oval, hinten etwas niedriger; Oberfläche skulpturlos. Wirbel leicht nach vorn geneigt, etwa ⅓ bis ¼ hinter dem Vorderrand. Vorderer Schließmuskeleindruck etwas kleiner als der hintere; kreisförmig. Vorhanden sind bis zu 9 radial unter dem Wirbel stehende Zähne. Von diesen ist der mittlere am kürzesten. Die übrigen werden nach beiden Seiten länger.

Cycloconcha S. A. MILLER 1874: Mittl. — Ob. Ordovizium von N-Amerika.

Umriß fast kreisförmig. Schloß mit zwei oder drei „Cardinalia" und langen, differenzierten Seitenzähnen vor und hinter den Wirbeln.

? Familie **Modiomorphidae** S. A. MILLER 1877
(Modiolopsidae FISCHER 1887)

Schale meist länglich-oval, homomyar bis leicht anisomyar. Vorderer Schließmuskeleindruck im allgemeinen kleiner als der hintere. Wirbel nahe dem Vorderrand, doch nicht terminal. Schloß entweder (?) zahnlos oder mit Zähnen. Bei diesen handelt es sich um hintere differenzierte Seitenzähne und einige, mit den Cardinalzähnen der Heterodonta vergleichbare Elemente unter den Wirbeln. Vordere Seitenzähne fehlen. Im Unterschied zu den typischen Heterodonta sind jedoch die hinteren Seitenzähne bei wesentlich variablerem Bau nicht durch das Ligament von den „Cardinalzähnen" getrennt. Auch zeigt die Schale eher eine perlmuttrige als kalzitische Struktur. Die Seitenzähne entspringen unter den Wirbeln und erstrecken sich bis zum Hinterrand der Schale. — Unt. Ordovizium — Unt. (? Ob.) Perm.

Modiomorpha HALL & WHITFIELD 1869 (*Dechenia* SPRIESTERSBACH 1915): Mittl. Silur — Unt. Perm, weltweit (Abb. 678c).

Linke Klappe mit einem großen, keilförmigen Zahn, rechte Klappe mit der entsprechenden Zahngrube. Seitenzähne fehlen.

Modiolopsis HALL 1847 (*Orthodesma* HALL & WHITFIELD 1875): Mittl. — Ob. Ordovizium, weltweit (Abb. 678a—b).

Zahnlos; ohne radiale Skulptur.

Abb. 678. Der Schloßbau einiger zu den Modiomorphidae gestellter Muscheln des älteren Paläozoikums. a) *Modiolopsis versaillensis* MILLER, Cincinnatian; b) *Modiolopsis valida* ULRICH, Cincinnatian; c) *Modiomorpha concentrica* CONRAD, Hamiltonian; d) *Modiolodon ganti* (SAFFORD), Trentonian; e)—f) *Modiolodon winchelli* (SAFFORD), Trentonian; g) *Modiolodon oviformis* ULRICH, Trentonian. Nat. Gr. — Nach E. O. ULRICH (1894), aus N. D. NEWELL 1957.

Modiolodon ULRICH 1894: Mittl. — Ob. Ordovizium von N-Amerika, Unt. Silur von Schottland, ? Ob. Perm von Rußland (Wolga-Gebiet) (Abb. 678d—g).
Ähnlich *Modiolopsis*, doch mit 1 bis 3 schiefen „Cardinalia" in jeder Klappe.

Familie **Babinkidae** HORNY 1960

Schale fast gleichklappig, vorn höher werdend; abgeflacht. Schloß in der linken Klappe mit zwei kleinen Cardinalia, in der rechten mit einem großen Cardinalzahn. Schließmuskeleindrücke fast gleichgroß, länglich; zwischen ihnen acht, in einer Reihe angeordnete rundliche Fußmuskeleindrücke. Abb. 679B zeigt im Vergleich hierzu die Verhältnisse bei den protobranchiaten Muscheln. Mantellinie integripalliat. — Mittl. Ordovizium.

Babinka BARRANDE 1881: Mittl. Ordovizium von Europa (Abb. 679A).
Mit den Merkmalen der Familie.

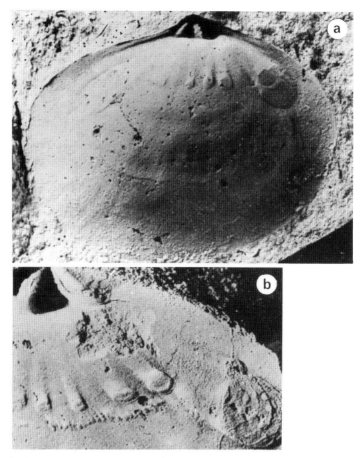

Abb. 679 A. *Babinka prima* BARRANDE, a) Steinkern der linken Klappe, Länge 3,7 cm; b) Bereich des hinteren Schließmuskeleindrucks, Länge ca. 1,3 cm; Mittl. Ordovizium (Unt. Lanvirn, Sarka-Schichten) von Osek (ČSFR); a) nach R. HORNY 1961, b) nach A. L. McALESTER 1964.

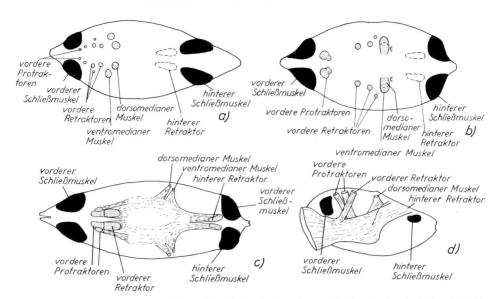

Abb. 679 B. Muskulatur protobranchiater Muscheln: a) *Ctenodonta*, b) *Nuculopsis*, c) *Acila*, d) *Yoldia*. Ohne Maßstab. — a)—b) nach E. G. Driscoll 1964, c)—d) nach H. Heath 1937.

Familie **Lucinidae** Fleming 1828

Die gleichklappige, meist etwas ungleichseitige Schale hat einen rundlichen bis quereiförmigen Umriß. Die Oberfläche ist glatt oder deutlich konzentrisch bzw. radial skulpturiert. Eine meist kleine, vertiefte asymmetrische Lunula kommt vor. Das Ligament liegt entweder extern oder intern. Das Schloß besteht meist aus zwei Cardinalzähnen, zu denen in der rechten Klappe ein vorderer und ein hinterer Seitenzahn, in der linken zwei vordere und zwei hintere Seitenzähne treten. Alle oder einige dieser Zähne, insbesondere aber die Seitenzähne, können verschwinden. Die Mantellinie verläuft stets integripalliat. — Silur — rezent; Maximum der Entwicklung vom Tertiär bis zur Gegenwart.

Lucina Bruguière 1797: Ob. Kreide — rezent von Europa, Afrika, N-Amerika und Asien (Abb. 680).

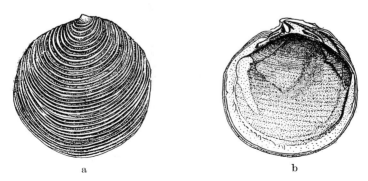

Abb. 680. *Lucina concentrica* Lam., a) linke Klappe von außen; b) rechte Klappe von innen. Mittl. Eozän (Lutet) des Pariser Beckens. Nat. Gr. — Nach C. Dechaseaux 1952.

Die glatte oder konzentrisch gestreifte Schale ist schwach ungleichseitig. Das Schloß kann völlig zahnlos sein; doch finden sich meist zwei verschieden große Cardinalzähne sowie ein oder zwei Seitenzähne in jeder Klappe. Von den beiden ungleich großen Schließmuskeleindrücken ist der vordere schmal und langgestreckt, der hintere oval. Bei der sonst sehr ähnlichen *Astarte* sind sie gleich groß.

Familie **Astartidae** D'ORBIGNY 1844

Schale dick, gleichklappig, ungleichseitig, integripalliat; nicht klaffend; glatt oder konzentrisch verziert. Schalenränder glatt oder gekerbt. Ligament extern. Umriß rundlich dreieckig oder etwas verlängert. Jede Klappe meist mit zwei Cardinalzähnen. Ausbildung der Seitenzähne verschieden, doch am häufigsten rudimentär. Über dem vorderen der ovalen Schließmuskeleindrücke findet sich nicht selten ein Fußmuskeleindruck. Marin. — ? Mittl. Ordovizium Devon — rezent.

Astarte SOWERBY 1816: Jura — rezent, weltweit (Abb. 681).

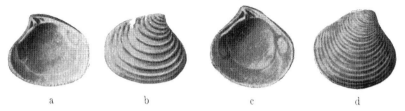

Abb. 681. a)—b) *Astarte kickxi* NYST., Unt. Oligozän von Unseburg. Ca. ¾ nat. Gr. c)—d) *Astarte bosqueti* NYST., Unt. Oligozän (? Ob. Eozän) von Latdorf. Ca. ¾ nat. Gr. — Nach A. v. KOENEN 1893.

Umriß kreisförmig bis oval oder rundlich dreieckig; dickschalig, glatt oder konzentrisch berippt. Unter den Wirbeln eine deutliche, schwach vertiefte Lunula. Schloß variabel, doch meist mit zwei Cardinalzähnen in jeder Klappe. Hiervon ist der vordere der rechten Klappe groß und dick. Die Gattung findet sich heute mit mehreren Arten vor allem in den kalten nordischen Meeren, wo sie im Sand und Schlamm leben.

Astartella HALL 1858: Ob. Karbon — Perm von Europa, N-Amerika, ? Australien.

Unterscheidet sich von der sonst sehr ähnlichen *Astarte* durch den hinten etwas abgestutzten, weniger regelmäßigen ovalen Umriß, durch die stärkere Wölbung und die kleineren, mehr dorsal gelegenen Muskeleindrücke. Klappenrand gekerbt. Muskeleindrücke klein.

Opis DEFRANCE 1825: Lias — Ob. Kreide von Europa, N-Amerika, Japan und Madagaskar (Abb. 682).

Schale dreieckig, gleichklappig, sehr ungleichseitig, konzentrisch berippt; mit stark vorragenden, prosogyr eingekrümmten oder spiralen Wirbeln. Darunter sehr tiefe, kantig begrenzte Lunula. Rechte Klappe mit einem, linke mit zwei ungleichen Cardinalzähnen. Seitenflächen der Cardinalia i. d. R. gestreift. Klappenrand mehr oder weniger gekerbt.

Abb. 682. *Opis cardissoides* GOLDF., Ob. Malm von Nattheim. Nat. Gr. — Nach E. FRAAS 1910.

Familie **Crassatellidae** FÉRUSSAC 1822

Schale dick, gleichklappig, ungleichseitig, nicht klaffend; meist konzentrisch gefurcht oder gestreift. Umriß oval oder hinten etwas schnabelartig verlängert. Wirbel eckig. Lunula deutlich ausgebildet. Rechte Klappe mit zwei bis drei, linke mit zwei Cardinalzähnen, die den Zentralzahn der rechten Klappe einschließen. Seitenzähne schwach entwickelt oder fehlend. Ligament intern, in einer Grube unter den Wirbeln. Mantellinie integripalliat. — Devon — rezent.

Crassatella LAMARCK 1799: Ob. Kreide (Turon) — Miozän von Europa und N-Amerika; fossil mit ca. 70 Arten, die vor allem im Tertiär vorkommen (Abb. 683).

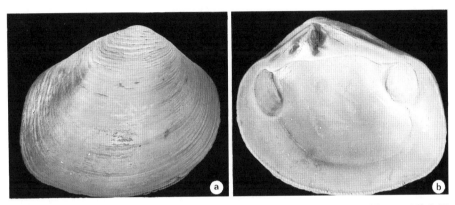

Abb. 683. *Crassatella plumbea* CHEM., a) Außenseite, b) Innenseite der rechten Klappe. Mittl. Eozän (Grobkalk) des Pariser Beckens. Ca. ¾ nat. Gr.

Schale länglichoval, hinten bei manchen Formen abgestutzt oder geschnäbelt. Jede Klappe zeigt zwei Cardinalzähne, zu denen links mehr oder weniger deutlich ein vorderer und zwei hintere, rechts zwei vordere und ein hinterer Seitenzahn treten.

Familie **Cardiniidae** ZITTEL 1881

Die ovale, hinten oft verlängerte, gleichklappige Schale ist glatt oder konzentrisch gestreift; das Ligament liegt extern. Die Cardinalzähne sind meist verkümmert. Hintere Seitenzähne lang, vordere kurz oder fehlend. — Ordovizium — rezent, marin; einige der ursprünglich hierzu gestellten Gattungen werden jetzt bei den Anthracosiidae und Pachycardiidae geführt.

Cardinia AGASSIZ 1841: Ob. Trias (Karn) — Ob. Lias (Toarcien), weltweit; häufig vor allem im Unt. Lias (Abb. 684).

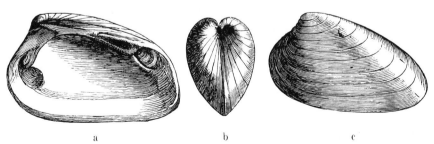

Abb. 684. *Cardinia hybrida* Sow., a) rechte Klappe von innen; b) doppelklappige Schale von vorn; c) linke Klappe von außen. Unt. Lias, Ohrsleben bei Halberstadt. Nat. Gr. — Nach K. A. v. ZITTEL 1915.

Dickschalig, oval oder verlängert. Vorderteil kurz, abgerundet. Cardinalzähne reduziert oder fehlend. Vordere Seitenzähne kurz, klein; hintere dick und leistenförmig.

Familie **Carditidae** FLEMING 1828

Schale dick, gleichklappig, ungleichseitig, meist integripalliat und geschlossen; in der Regel radial berippt. Umriß quer eiförmig oder verlängert, herzförmig und, falls die Wirbel stark vorragen, auch gerundet dreieckig. Wirbel prosogyr, in der Regel nach vorn gerückt. Dann ist der hintere Schließmuskeleindruck größer als der vordere. Ligament meist extern. Lunula klein. Ventralrand der Schale gekerbt. Schloß links mit zwei, rechts mit drei, fast immer quergerieften Cardinalzähnen, von denen aber der vordere häufig verkümmert. Seitenzähne meist rudimentär. Byssusdrüse vorhanden. — Devon — rezent.

Cardita BRUGUIÈRE 1792: Paläozän — rezent, weltweit.

Schale schief-ungleichseitig, *Modiolus*-ähnlich, mit knotigen Radialrippen. Linke Klappe mit schief-dreieckigen und divergierenden Cardinalia und schwachen vorderen Seitenzähnen.

Venericardia LAMARCK 1801: Ob. Kreide (Senon), Paläozän — rezent von Europa, Afrika und N-Amerika (Abb. 685).

Umriß gerundet dreieckig bis fast trapezförmig. Wirbel stark prosogyr. Schale ungleichseitig, dick; mit zahlreichen radialen, im Alter abgeflachten und verbreiterten Rippen. Von den Cardinalzähnen ist der 3a abgeflacht, der 3b höher als lang.

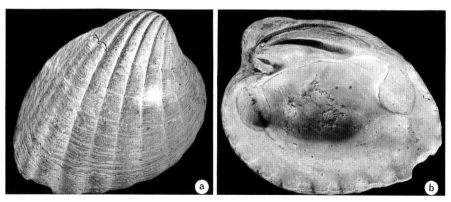

Abb. 685. *Venericardia planicosta* (LAM.), a) Außenseite, b) Innenseite der rechten Klappe. Mittl. Eozän (Lutet), Pariser Becken. Ca. ⅔ nat. Gr.

Familie **Corbiculidae** GRAY 1847
(Cyrenidae GRAY 1840)

Die abgerundet dreieckige, oval bis herzförmige, häufig mit dickem Periostrakum bedeckte Schale ist konzentrisch gestreift. Jede Klappe trägt meist zwei bis drei Cardinalzähne. Hierzu können links ein einfacher vorderer und hinterer, rechts je ein doppelter vorderer und hinterer Seitenzahn treten. Das Ligament ist extern; der Verlauf der Mantellinie integripalliat oder schwach sinupalliat. Es handelt sich bei den rezenten Vertretern um Brack- und Süßwasserbewohner, die vor allem in den schlammigen Ästuaren der wärmeren Regionen leben. Einige Arten bewohnen die Flüsse, Teiche und Seen der kalten und gemäßigten Zonen; fossile Formen finden sich auch in marinen Sedimenten. — ? Lias, Dogger — rezent.

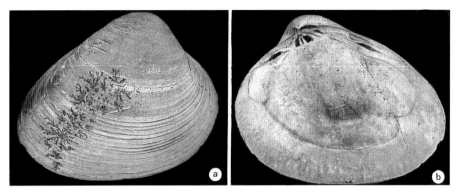

Abb. 686. *Corbicula semistriata* (DESH.), a) Außenseite, b) Innenseite der rechten Klappe. Ob. Oligozän (Chatt, Cyrenenmergel) von Hechtsheim (Mainzer Becken). Ca. 1½ nat. Gr.

Corbicula MEGERLE V. MÜHLFELD 1811 (syn. *Cyrena* LAMARCK 1818): Unt. Kreide — rezent, weltweit (Abb. 686—687).

Umriß gerundet-dreieckig; Oberfläche mit konzentrischen Zuwachslinien. Jede Klappe mit drei Cardinalzähnen und kräftigen, meist langgestreckten, zum Teil quergestreiften Seitenzähnen.

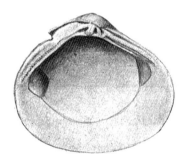

Abb. 687. *Corbicula fluminalis* (MÜLLER), Innenseite der linken Klappe. Rezent. 1½ nat. Gr. — Nach J. THIELE 1935.

Familie **Pisidiidae** GRAY 1857

Die kleinen bis winzigen, meist dünnen Schalen haben einen ovalen, quadratischen oder gerundet dreieckigen Umriß. Ligament ganz oder teilweise nach innen verlagert; selten extern. Schloß gebogen, schmal, nicht mehr als zwei Cardinalzähne. Vordere und hintere Seitenzähne in beiden Klappen. Cardinalzähne der rechten Klappe gerade oder V-förmig vereinigt. Süßwasserbewohner. — ? Malm, Unt. Kreide — rezent.

Pisidium PFEIFFER 1821: Ob. Kreide — rezent, weltweit (Abb. 688).

Klein, kuglig bis gerundet-dreieckig, ungleichseitig. In der linken Klappe je ein vorderer und hinterer Seitenzahn, in der rechten jeweils zwei. Rechte Klappe mit einem, linke mit zwei Cardinalzähnen. Ligament intern. Wirbel dem Hinterende genähert.

Sphaerium SCOPOLI 1777: Kreide — rezent von Europa, N-Amerika, Afrika und der holarktischen Region (Abb. 689).

Wirbel etwa mittelständig; Schale deshalb fast gleichseitig, eiförmig. Rechts mit einem gelegentlich gespaltenen Cardinalzahn, der von den beiden schräg liegenden Cardinalzähnen der linken Klappe eingeschlossen wird. Seitenzähne lamellenförmig.

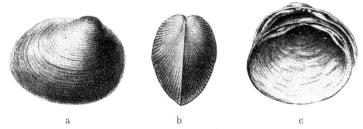

Abb. 688. a)–b): *Pisidium amnicum* MÜLLER, a) rechte Klappe; b) von vorn. Rezent aus der Warta bei Gorozow, c) *Pisidium personatum* MALM, rechte und linke Klappe von innen. Rezent. — Nach D. GEYER 1927.

Abb. 689. *Sphaerium corneum,* rezent aus einem Neckaraltwasser bei Nürtingen (Württ.). ¾ nat. Gr. — Nach D. GEYER 1927.

Familie **Arcticidae** NEWTON 1891
(Cyprinidae D'ORBIGNY 1844)

Schale rundlich, eiförmig bis herzförmig, meist fein konzentrisch gestreift und mit dickem Periostrakum bedeckt. Wirbel vor der Mitte. Schloß jederseits mit zwei bis drei Cardinalzähnen. Hierzu treten je nach Gattung unterschiedlich ausgebildete Seitenzähne. Mantellinie meist integripalliat, selten mit flacher Bucht. Im Gegensatz zu den sonst sehr ähnlichen Astartidae mit externem Ligament und kräftig entwickelten hinteren Seitenzähnen. Zähne haben die Tendenz, sich radial zu den Wirbeln zu stellen. Marin. — Ob. Trias — rezent. Heute in borealen Meeren.

Arctica SCHUMACHER 1817 (syn. *Cyprina* LAMARCK 1818): Unt. Kreide (Alb) — rezent von Europa, N-Amerika, N-Atlantik (Abb. 690).

Abb. 690. *Arctica islandica* (LINNÉ). Rezent, norwegische Küste. Ca. ⅗ nat. Gr.

Schale rund, eiförmig, hoch gewölbt. Die eingekrümmten Wirbel ragen relativ weit hervor. Rechte Klappe mit zwei bis drei divergierenden Cardinalzähnen (der hintere oft gespalten), zwei kurzen vorderen und einem langen hinteren Seitenzahn. Links mit drei Cardinalzähnen (mittlerer am stärksten) und einem vorderen Seitenzahn. — Eine wichtige Art ist

A. islandica (LINNÉ): findet sich bereits im unteren Pliozän des Mittelmeergebietes. Charakteristisch für gewisse Ablagerungen des Eem-Meeres. Rezent in der Nordsee und im Nordatlantik. Bis 11 cm lang.

Anisocardia MUNIER-CHALMAS 1863: Dogger — Tertiär von Europa und Afrika (Abb. 691).

Schale oval bis trapezförmig, hoch gewölbt; glatt, fein konzentrisch oder radial gestreift. Jederseits mit drei Cardinalia sowie je einem vorderen und hinteren Seitenzahn. Hinterer Cardinalzahn der rechten Klappe gespalten. Hinterer Seitenzahn der linken Klappe verläuft in den Schalenrand. Mantellinie hinten abgestutzt.

Abb. 691. *Anisocardia praelonga* (GIEB.), a) rechte Klappe von außen; b) desgl., von innen. Unt. Oligozän (Ob. Eozän ?) von Latdorf. Nat. Gr. — Nach A. v. KOENEN 1893.

Familie **Trapeziidae** LAMY 1920

Schale langgestreckt, mit schmaler Schloßplatte. Wirbel nahe dem Vorderende. Jederseits mit zwei Cardinalia und je einem kleinen vorderen Seitenzahn. Meist integripalliat. — ? Unt., Ob. Kreide — rezent.

Trapezium MEGERLE V. MÜHLFELD 1811 (syn. *Cypricardia* LAMARCK 1819): Ob. Kreide — rezent von Europa, N-Amerika, Indik und Pazifik (Abb. 692).

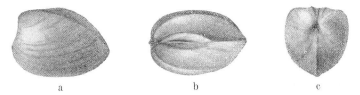

Abb. 692. *Trapezium trapezoidalis* (A. ROEM.), a) von der Seite; b) von oben; c) von vorn. Ob. Kreide (Senon) von Lüneburg. Nat. Gr. — Nach A. WOLLEMANN 1902.

Schale ungleichseitig, quer verlängert, trapezförmig, hinten oft gekielt; meist konzentrisch gestreift. Beide Klappen mit zwei divergierenden Cardinalzähnen und einem starken hinteren Seitenzahn. Der hintere Cardinalzahn der rechten Klappe ist, ähnlich wie bei *Anisocardia*, häufig gespalten. Heute als Bewohner warmer Meere, vor allem in Höhlungen der Korallenriffe und Felsen.

Familie **Cardiidae** LAMARCK 1809

Die gleichklappige, ungleichseitige, ovale, hinten zuweilen etwas verlängerte Schale ist im allgemeinen radial berippt. Untere Schalenränder innen gekerbt. Ligament extern. Das Schloß besteht jederseits aus zwei konischen, kreuzweise gestellten Cardinalzähnen sowie ein bzw. zwei vorderen und hinteren Seitenzähnen. In das Brackwasser abgewanderte Formen zeigen häufig ein reduziertes Schloß. Besonders zu erwähnen sind die eigenartig skulpturierten, stratigraphisch wichtigen Vertreter mit reduziertem Schloß aus dem Neogen von Südosteuropa. — Ob. Trias — rezent, marin.

Cardium LINNÉ 1758: Miozän — rezent (bei enger Fassung) von Europa und N-Afrika (Abb. 693—694).

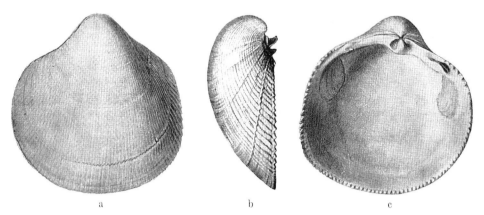

Abb. 693. *Cardium cingulatum* GOLDF., a) linke Klappe von außen; b) desgl., von der Seite; c) desgl., von innen. Unt. Oligozän (? Ob. Eozän) von Latdorf und Westeregeln. ¾ nat. Gr. — Nach A. v. KOENEN 1893.

Abb. 694. *Cardium kochi* SEMP., linke Klappe von außen und innen. Häufig im Miozän von Hemmoor (Niederelbe). Ca. ⁸⁄₁ nat. Gr. — Nach F. KAUTSKY 1925.

Die herzförmige, gewölbte Schale ist meist radial berippt oder gestreift. Das Hinterende klafft in der Regel nicht.

Protocardia BEYRICH 1845: Ob. Trias (Rhät) — Ob. Kreide von Europa, Afrika, N- und S-Amerika (Abb. 695).

Die Oberfläche zeigt, abgesehen vom hinteren Abschnitt, der radiale Rippen oder Streifen trägt, eine konzentrische Skulptur. Als Leitfossil wichtig ist *P. hillana* aus dem Cenoman.

? Tridacna BRUGUIÈRE 1797: Unt. Miozän — rezent von Europa, O-Indien, Afrika und S-Pazifik.

Radial berippte oder gefaltete, bis ca. 1,5 m lange Schalen mit subzentral gelegenen Wirbeln und integripalliater Mantellinie. Maximalgewicht der Tiere (mit Weichkörper) etwa 200 kg. In der Jugend zunächst mit Byssus festgeheftet. Später rotieren die Weichteile in Anpassung an das Leben zwischen den Riffkorallen. Dabei liegen die Tiere mit den Wirbeln abwärts (allein durch das Gewicht fixiert), so daß die Schale nach oben klafft. Fuß und Kiemen sind nach unten orientiert. Hinterer Schließmuskeleindruck fehlt. Vorderer Schließmuskeleindruck und ein großer vorderer Retraktor des Fußes liegen zentral.

Abb. 695. *Protocardia hillana* (Sow.), rechte Klappe. Der nicht skulpturierte Streifen unter dem Wirbel liegt in Steinkernerhaltung vor. Ob. Kreide (Cenoman) von Tyssa (ČSFR). Ca. 1⅓ nat. Gr.

Die Riesenmuschel *Tridacna gigas* der tropischen Korallenriffe lebt ausschließlich von den Assimilaten und dem Zellüberschuß der Zooxanthellen, die sie im Blutlakunensystem ihres nach außen vorquellenden Mantelsaumes in amöboiden Zellen züchtet. Letztere häufen sich in kegelartigen Erhebungen um linsenförmige Gruppen eingesenkter hyaliner Zellen, die offenbar der Lichtleitung für die Assimilation dienen.

Die Stammesgeschichte von *Tridacna* aus *Cardium*-ähnlich gebauten und -lebenden Formen läßt sich seit dem Eozän verfolgen. Sie hat zur vollständigen Abhängigkeit der Muscheln von den Symbionten und zur Änderung ihrer Lebendstellung geführt. Schale und Mantel sind um 180° gedreht, so daß der symbiontentragende Mantelsaum nach oben zeigt. Gleichzeitig wurden die Darmdivertikel reduziert und die Nieren vergrößert.

Familie **Donacidae** FLEMING 1828

Schale dick, gleichklappig, ungleichseitig, opisthogyr. Vorderer Abschnitt im Unterschied zu den meisten anderen Muscheln länger als der hintere. Ligament extern. Jede Klappe mit ein oder zwei (meist zwei) Cardinalzähnen. Seitenzähne können fehlen. Mantelbucht gewöhnlich vorhanden, tief. — Ob. Kreide — rezent mit 7 Gattungen, marin.

Donax LINNÉ 1758: Unt. Eozän — rezent, weltweit; zahlreiche Untergattungen (Abb. 696). Schale eiförmig, länglich, keilförmig oder dreieckig. Hinterrand schräg abgestutzt. Oberfläche konzentrisch oder radialstrahlig gestreift. Schalenrand meist gekerbt. Schloß beidseitig jeweils mit zwei Cardinalzähnen sowie einem vorderen und einem hinteren Seitenzahn. Die Tiere können sich mit Hilfe ihres Fußes in die Höhe schnellen.

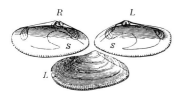

Abb. 696. *Donax lucida* EICHW. (R = rechte; L = linke Klappe; S = Mantelbucht). Ob. Miozän (Sarmat) von Wiesen bei Wien. ¾ nat. Gr. — Nach K. A. v. ZITTEL 1915.

Familie **Tellinidae** DE BLAINVILLE 1814

Schale gleichklappig, vorwiegend dünnwandig, seitlich meist stark zusammengedrückt. Schloß jederseits mit ein oder zwei Cardinalzähnen, gelegentlich ohne Seitenzähne. Ligament extern, von Nymphen getragen. Mantelbucht in der Regel sehr weit und tief. Beide Siphonen lang, nicht verwachsen. — Unt. Kreide — rezent mit 26 Gattungen, marin.

Tellina LINNÉ 1758: ? Kreide, Tertiär — rezent, weltweit (Abb. 697).

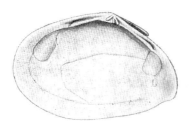

Abb. 697. *Tellina staurella* LAM., Innenseite der rechten Klappe. Rezent. Nat. Gr. — Nach J. THIELE 1935.

Schale etwas ungleichklappig, rundlich bis langeiförmig, glatt. Hinterrand winkelig; vielfach mit Querleiste, die vom Wirbel ausgeht. Vorderrand gerundet. Wirbel mittelständig. Linke Klappe mit einem, rechte mit zwei Cardinalzähnen; außerdem ein oder zwei, oftmals verkümmerte Seitenzähne. Rezent mit zahlreichen Arten, vor allem in wärmeren Meeren. Parallelentwicklung in verschiedenen Meeresbecken hat zu zahlreichen Homöomorphien geführt; zahlreiche Untergattungen.

Familie **Veneridae** RAFINESQUE 1815

Sinupalliate Heterodonta mit gleichklappiger, ovaler oder länglicher Schale, deren Mantelbucht bald tief zungenförmig, bald kurz dreieckig ausgebildet ist. Zuweilen zeigt sich aber auch kaum eine Andeutung. Das externe Ligament sitzt an starken Bandnymphen. Das Schloß besteht jederseits aus zwei bis drei Cardinalzähnen und aus Seitenzähnen, von denen der vordere der linken Klappe oft fehlt oder rudimentär erscheint. — Unt. Kreide — rezent, marin.

Venus LINNÉ 1758: Oligozän — rezent von Europa, Afrika, O-Indien und Nordamerika; zahlreiche Untergattungen (Abb. 698).

Die dicke, ovale bis dreieckige oder herzförmige Schale ist meist konzentrisch, seltener radial berippt. Die Ränder sind glatt oder fein gekerbt. Das Schloß besteht jederseits aus drei einfachen, divergierenden Cardinalzähnen, die einer breiten Schloßplatte aufsitzen. Die Mantelbucht ist kurz und winkelig, eine Lunula deutlich ausgebildet. Linke Klappe mit vorderem Seitenzahn.

Meretrix LAMARCK 1799 (syn. *Cytherea* LAMARCK 1805): Eozän — rezent von Europa, N-Amerika und O-Indien (Abb. 699).

Ähnlich *Venus*, doch trägt die linke Klappe außer den drei, hier gelegentlich gespaltenen Cardinalzähnen noch einen vorderen Seitenzahn (Lunularzahn). Der Schalenrand ist glatt, die Mantelbucht zum Teil breit, zum Teil V-förmig.

Tapes MEGERLE V. MÜHLFELD 1811: Miozän — rezent von Eurasien, Afrika, O-Indien und im Pazifik; heute mit ca. 150 Arten (Abb. 700).

Die Wirbel der querovalen, verlängerten, meist konzentrisch, seltener radial verzierten Schale liegen relativ weit vorn. Die schmale Schloßplatte trägt in jeder Klappe drei divergierende oder fast parallele, oft gespaltene Cardinalzähne. Die Mantelbucht ist tief und gerundet, die Lunula lang und schmal. Seitenzähne fehlen.

III. Klasse Lamellibranchiata de Blainville 1824

Abb. 698. a)—b): *Venus verrucosa* LINNÉ, a) rechte Klappe von innen; b) linke Klappe von außen. Rezent. ¾ nat. Gr. — Nach J. THIELE 1935. — c)—d): *Venus multilamella* (LAM.), Miozän von Dingden b. Wesel; c) linke Klappe von innen; d) desgl., von außen. Ca. 1⅓ nat. Gr.

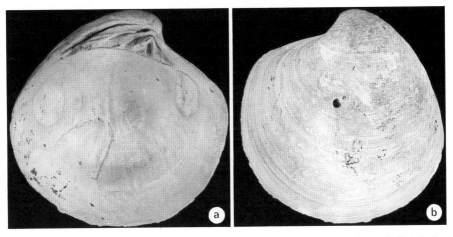

Abb. 699. *Meretrix incrassata* (Sow.), linke Klappe: a) von innen; b) von außen, mit Bohrloch einer Raubschnecke. Mittl. Oligozän (Meeressand) von Weinheim (Mainzer Becken). Ca. 1⅓ nat. Gr.

Abb. 700. *Tapes gregaria* PARTSCH (R = rechte, L = linke Klappe). Ob. Miozän (Sarmat) von Wiesen bei Wien. Nat. Gr. — Nach K. A. v. ZITTEL 1915.

Familie **Petricolidae** DESHAYES 1839

Die meist relativ kleine, rundliche bis langgestreckte Schale trägt ein externes, ziemlich kurzes Ligament. Das Schloß besteht in der rechten Klappe aus zwei, in der linken aus drei, zum Teil unregelmäßig ausgebildeten Cardinalzähnen. Seitenzähne fehlen. Die Mantelbucht ist tief. Die Tiere bohren im Schlamm, in weichen Gesteinen, Korallen, Muscheln usw. — Eozän — rezent.

Petricola LAMARCK 1801: Eozän — rezent von Europa, Asien, Australien, W-Pazifik, N- und Mittl. Amerika (Abb. 701).

Die Oberfläche der verlängerten, vorn kurz abgerundeten, hinten schmaler werdenden Schale ist mit unterschiedlich starken, gelegentlich schrägen Radialrippen bedeckt. Linke Klappe mit drei Cardinalia, wovon der mittlere gespalten ist. Rechte Klappe nur mit zwei Cardinalia. Seitenzähne fehlen. Mantelbucht gut entwickelt.

Abb. 701. a)—b) *Petricola pholadiformis* LAM. (a. erster Fund aus der Ostsee, b. Nordsee); c)—d) *Barnea candida* L., Nordsee, Sankt Peter. Rezent. Nat. Gr. — Nach H.-O. GRAHLE 1932.

Stellung unsicher:

Familie **Megalodontidae** MORRIS & LYCETT 1853

Die gleichklappige, sehr dicke, meist glatte oder fein konzentrisch gestreifte, ungleichseitige Schale hat nach vorn eingekrümmte Wirbel. Eine deutliche Lunula ist im allgemeinen vorhanden. Die sehr breite Schloßplatte trägt jederseits ein bis drei starke, ungleiche Cardinalzähne und zuweilen einen vorderen und hinteren Seitenzahn. Mantellinie integripalliat. Der vordere Schließmuskeleindruck befindet sich am äußeren Ende der Schloßplatte, der hintere auf einer wenig vorragenden Leiste, die sich leicht unter die Schloßplatte neigt. Das Ligament liegt extern in kurzen Furchen. — Mittl. Silur — Unt. Kreide.

Die systematische Zugehörigkeit der M. ist noch nicht befriedigend geklärt. Sie stehen einerseits den Astartidae, andererseits den Pachyodonta, insbesondere der Gattung *Diceras* sehr nahe. Vielfach werden sie als Vorläufer der letzteren betrachtet. C. DECHASEAUX (1952) stellt sie zu den Praeheterodonta DOUVILLÉ 1912; der Verfasser mit einigen Bedenken als Anhang zu den Heterodonta.

Megalodon SOWERBY 1827: Devon — Ob. Trias (Rhät), weltweit (Abb. 702).

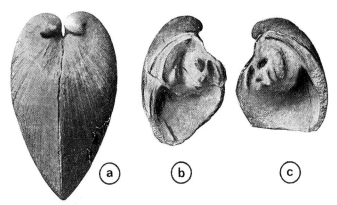

Abb. 702. *Megalodon cucullatus* Sow., a) doppelklappig, von vorn; b) linke Schloßplatte; c) rechte Schloßplatte. Mittl. Devon von Paffrath bei Köln. Ca. ⅗ nat. Gr. — Nach G.-J. PAINVIN.

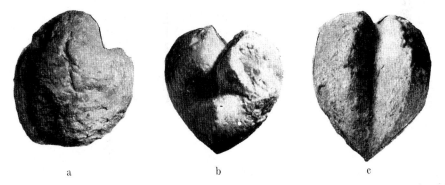

Abb. 703. Zweiklappig erhaltener Steinkern der „Dachsteinmuschel" *(Conchodon infraliasicus)*. a) Ansicht von links; b) von vorn; c) von hinten. Alpine Obertrias (Oberrhätkalk), Riffhalde eines Korallenriffes bei Adnet (Salzburg). Etwa ¼ nat. Gr. — Nach H. ZAPFE 1957.

Die stark gewölbte, ovale oder dreiseitig gerundete Schale ist sehr dick, glatt oder konzentrisch gestreift. Die rechte Klappe trägt zwei ungleiche, stumpfe, längliche, durch eine tiefe Zahngrube getrennte Cardinalzähne. Unmittelbar vor dem vorderen und kleineren Cardinalzahn befindet sich der kleine, aber stark vertiefte vordere Schließmuskeleindruck. Die linke Klappe zeigt ähnliche Verhältnisse wie die rechte. Seitenzähne fehlen.

Conchodon STOPPANI 1865 (*Conchodus* TAUSCH 1891): Ob. Trias (Rhät) von Europa (Kalkalpen, Ungarn, Karpathen) (Abb. 703—704).

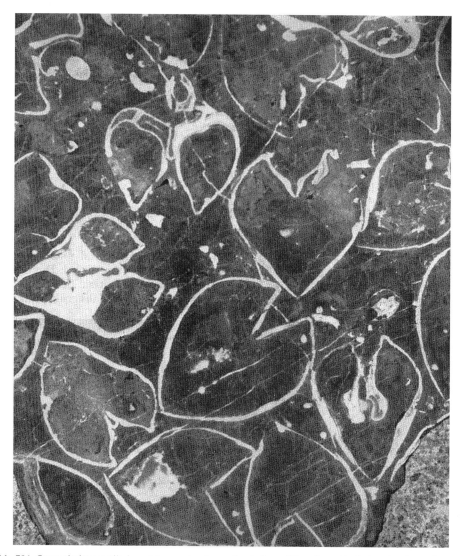

Abb. 704. Querschnitte vertikal zur Längserstreckung durch doppelklappig und in Lebendstellung eingebettete „Dachsteinmuscheln" *(Conchodon infraliasicus)*. Große polierte Platte von Dachsteinkalk (alpine Obertrias, Rhätkalk) vom Paß Lueg am Fuße des Tennengebirges (Salzburg). Der maximale Durchmesser der Querschnitte beträgt 18 cm. — Nach H. ZAPFE 1957.

Sehr dickschalig, fast ebenso lang wie hoch. Wirbel stark prosogyr eingerollt. Beide Klappen hinten scharf gekielt. Linke Klappe mit breiter Zahngrube zwischen den beiden Armen eines hufeisenförmigen Cardinalzahns; rechte Klappe mit dickem, gekrümmtem oder unregelmäßig dreiteiligem Cardinalzahn nahe dem vorderen Dorsalrand. Oberfläche der Schale mit schwachen konzentrischen Zuwachslinien.

Von der „Dachsteinmuschel" *Conchodon infraliasicus* STOPPANI (Abb. 704) finden sich oft die bis 18 cm großen Querschnitte doppelklappiger Exemplare in Massen auf abgewitterten Flächen des geschichteten grauen Dachsteinkalkes (Rhät), so zum Beispiel auf den Hochflächen des Dachsteinmassivs und Toten Gebirges in Oberösterreich sowie am Watzmann bei Berchtesgaden.

Wegen der Ähnlichkeit mit den Trittsiegeln von Paarhufern werden die Querschnitte von der einheimischen Bevölkerung treffend als „Kuhtritte" bezeichnet. An einigen Orten der Steiermark findet sich aber auch noch eine andere Deutung. Dort gelten die Muschelquerschnitte in den Felsen als Spuren der „wilden Jagd" oder als Fußspuren der „Wildfrauen". Das letztere hängt mit der Vorstellung unserer Vorfahren zusammen, daß Waldgeister, Druden, Alben usw. keine Menschenfüße, sondern Tierfüße hatten.

Ordnung **Pachyodonta** STEINMANN 1903

1. Allgemeines

Eigenartige, äußerlich meist nur wenig an Muscheln erinnernde, im allgemeinen mit dem Wirbel einer der beiden Klappen aufgewachsene Tiere. Es handelt sich um hochdifferenzierte meso- und känozoische Abkömmlinge der Heterodonta, bei denen häufig die Wirbel beider Klappen spiral eingerollt sind. Bei manchen Formen zeigt die eine Klappe aber auch eine kegelförmige, die andere eine deckelartige Ausbildung. Das sehr einfach gebaute pachyodonte Schloß besteht aus zwei Cardinalzähnen in der einen sowie einem Cardinalzahn in der anderen Klappe. Fast immer sind zwei Schließmuskeleindrücke vorhanden, die meist an starken Apophysen befestigt sind. Im Gegensatz zu anderen, ebenfalls dickschaligen und sessil-benthisch lebenden Muscheln tritt die Skulptur im Verhältnis zur Masse zurück (zum Beispiel bei *Diceras, Requienia, Hippurites*). — Malm — rezent mit ca. 118 Gattungen.

2. Systematik

Oberfamilie **Chamacea** LAMARCK 1809

Pachyodonta, die sich hinsichtlich Gestalt und Bezahnung zum Teil nur wenig von den Heterodonta unterscheiden. Charakteristisch ist vor allem die Tendenz, die Wirbel schneckenartig einzukrümmen. — Ob. Kreide — rezent.

Familie **Chamidae** LAMARCK 1809

Die unregelmäßig gestaltete, dicke, außen oft mit zerteilten und unterschiedlich langen Stacheln bedeckte Schale zeigt deutlich spirale, prosogyre Wirbel. Das externe Ligament liegt auf kurzen, dicken Leisten und ist vorn gespalten. Das Schloß besteht rechts im allgemeinen aus zwei Cardinalzähnen und einer Zahngrube, links aus einem Cardinalzahn und zwei Zahngruben. Zusätzlich kann auf jeder Seite ein hinterer Seitenzahn angedeutet sein. Die Muskeleindrücke sind groß und langeiförmig, die Mantellinien integripalliat. — Ob. Kreide — rezent als Bewohner warmer Meere.

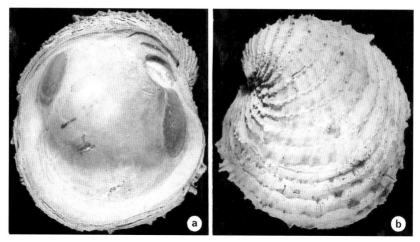

Abb. 705. *Chama lamellosa* LAMARCK, linke Klappe, a) von innen; b) von außen. Mittl. Eozän (Lutet) von Frankreich. Ca. 1½ nat. Gr.

Chama LINNÉ 1758: Ob. Kreide — rezent von Europa und N-Amerika, hauptsächlich im Eozän (Abb. 705).

Die mit der rechten Klappe aufgewachsene Schale zeigt im Gegensatz zu der sonst ähnlichen, aber mit der linken Klappe fixierten *Arcinella* SCHUMACHER 1817 (Miozän — rezent) keine Lunula. Die Schloßzähne sind gerieft, stumpf und etwas verlängert.

Oberfamilie **Hippuritacea** GRAY 1848
(Rudisten)

Meist stark ungleichklappige Pachyodonta, die entweder mit der rechten oder linken Klappe am Untergrund festgewachsen sind und nur in seltenen Fällen auch frei vorkommen. Abgesehen von *Diceras* besteht das Schloß in der festgehefteten Klappe aus einem Zahn und zwei Zahngruben, in der freien Klappe aus zwei Zähnen und einer Zahngrube. Vorhanden sind ferner zwei Schließmuskeln, die unmittelbar an der Schalenwand oder an vorragenden Myophoren befestigt sind. In den meisten Fällen hat sich die sessile Lebensweise so stark auf die Gestaltung ausgewirkt, daß sich die Schalen stark von den Heterodonta unterscheiden. — Malm — Ob. Kreide (Maastricht), Unt. Paläozän mit ca. 115 Gattungen (Abb. 706).

Familie **Diceratidae** DALL 1895

Eine oder beide Klappen hornförmig mit dem Wirbel nach vorn und außen eingekrümmt. Falls die Schalen mit der rechten Klappe festgewachsen sind, haben die Klappen etwa die gleiche Größe und Form. Bei Festheftung mit der linken Klappe ist die andere mehr oder weniger deckelförmig. Zwischen der Wirbelspitze und dem am weitesten hinten liegenden Element des Schlosses erstreckt sich eine lange Ligamentgrube. — Malm (Oxford) — Unt. Kreide (Valendis) (Abb. 706 a).

Diceras LAMARCK 1805: Malm (Ob. Oxford — Unt. Kimmeridge) von Europa und N-Afrika (Abb. 707).

III. Klasse Lamellibranchiata de Blainville 1824

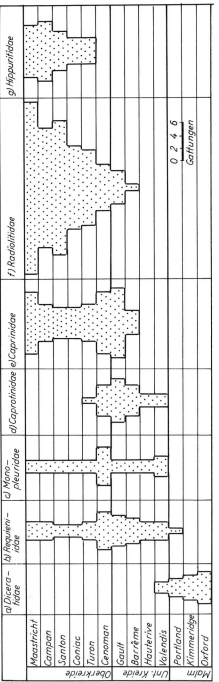

Abb. 706. Die zahlenmäßige und zeitliche Verteilung von 115 Gattungen der Hippuritacea auf die bei ihnen ausgeschiedenen Familien der Diceratidae, Requieniidae, Monopleuridae, Caprotinidae, Caprinidae, Radiolitidae und Hippuritidae. — Nach A. H. MÜLLER 1974.

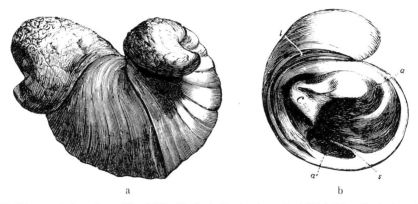

Abb. 707. *Diceras arietinum* LAM., Unt. Malm (Oxford, Coralrag) von St. Mihiel (Meuse): a) doppelklappiges Schalenexemplar; b) Innenseite der linken (freien) Klappe. Bezeichungen: a = vorderer, a' = hinterer Schließmuskeleindruck; c = großer Schloßzahn; l = Ligamentfurche; s = Leiste für den hinteren Schließmuskeleindruck. ⅔ nat. Gr. — Nach K. A. v. ZITTEL 1915.

Die dicke, glatte oder feingestreifte, meist ungleichklappige, beiderseits gewölbte Schale ist mit der größeren rechten Klappe aufgewachsen. Die stark vorragenden Wirbel sind entweder beiderseits oder nur an der aufgewachsenen Klappe spiral nach außen und vorn gedreht. Das Schloß der rechten Klappe besteht aus einem mächtigen, gebogenen, dem Schloßrand nahezu parallel verlaufenden hinteren Cardinalzahn und einem zweiten, schwächeren an der Vorderseite, der von einer hufeisenförmigen Zahngrube umgeben wird. Die linke Klappe zeigt nur einen großen, ohrförmigen, unten ausgebuchteten Cardinalzahn, hinter dem sich eine verlängerte Zahngrube befindet. Der vordere Schließmuskeleindruck liegt unmittelbar auf der Schalenwand, der hintere auf einer vorragenden Leiste, welche sich in die Schloßplatte einsenkt.

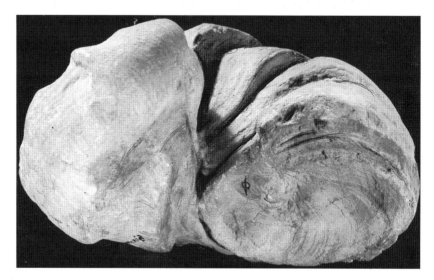

Abb. 708 A. *Requienia ammonia* GOLDF. mit der deckelförmigen rechten und der schneckenförmigen, spiral aufgewundenen linken Klappe. Unterkreide (Barrême) von Südfrankreich. Etwa nat. Gr.

III. Klasse Lamellibranchiata de Blainville 1824   611

Familie **Requieniidae** DOUVILLÉ 1914

Die ungleichklappige Schale ist mit der meist spiral eingerollten linken, stets größeren Klappe festgewachsen. Rechte Klappe deckelförmig. Schloß ähnlich dem von *Diceras*; doch kommen auch zahnartige Verdickungen hinter der hinteren Zahngrube der linken Klappe vor. — Malm (Tithon) — Ob. Kreide (Maastricht).

Requienia MATHERON 1843: Kreide (Valendis-Senon) von Europa, N-Afrika, O-Afrika, N- und S-Amerika; Hauptvorkommen in der Urgonfazies von Südeuropa, den Alpen und Texas (Abb. 708 A, B).

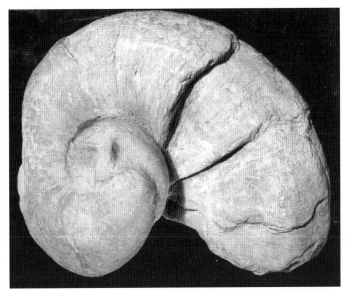

Abb. 708 B. *Requienia ammonia* GOLDF., Blick auf den spiral eingedrehten Wirbel der linken Klappe. Sonst wie Abb. 708 A.

Die glatte, sehr ungleichklappige Schale ist mit dem spiral eingedrehten Wirbel der linken Klappe festgewachsen. Die rechte Klappe hat demgegenüber eine flachdeckelförmige Ausbildung, zeigt aber ebenfalls einen spiral eingedrehten Wirbel. Im Gegensatz zu dem sonst sehr ähnlichen Schloß von *Diceras* sind die Schloßelemente schwächer entwickelt. Der hintere Schließmuskeleindruck liegt auf einer Leiste. Am Hinterrand der linken Klappe zeigen die Zuwachsstreifen sinusartige Verbiegungen. Hiervon werden die beiderseits einer medianen Vorragung liegenden flachen oder schwach konkaven Seitenteile als Siphonalbänder bezeichnet; das vordere im Sinne von H. DOUVILLÉ zusätzlich mit dem Buchstaben E, das hintere mit S.

Toucasia MUNIER-CHALMAS 1873: Kreide (Barrême-Cenoman) von Europa, N-Afrika und N-Amerika (Abb. 709).

Die ungleichklappige, beiderseits oft mit einem Kiel versehene Schale zeigt die gleiche Ausbildung des Schlosses wie bei *Diceras*. Im Unterschied liegt aber der hintere Schließmuskeleindruck der rechten Klappe auf einer stark vorragenden Leiste, deren Verlängerung sich unter die Schloßplatte erstreckt, mit der sie verbunden zu sein scheint.

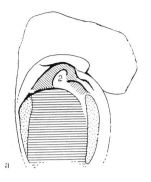 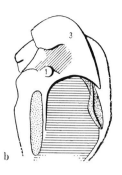

Abb. 709. *Toucasia* sp., Schema vom Schloß der a) linken und b) rechten Klappe. Die Ziffern 1, 2, 3 bezeichnen die Schloßzähne. ⅘ nat. Gr. — Nach C. Dechaseaux 1952.

Familie **Monopleuridae** Munier-Chalmas 1873

Die meist sehr ungleichklappige Schale ist mit der größeren rechten Klappe festgewachsen. Das Schloß besteht links aus zwei gleichen oder ungleichen Zähnen, rechts nur aus einem Zahn. Die Schließmuskeln sind gewöhnlich an Vorragungen der Schloßplatte befestigt. — Kreide (Valendis-Maastricht) — Ob. Eozän.

Monopleura Matheron 1843: Kreide (Valendis — Maastricht) von Europa, N-Amerika und Jamaika; vor allem in der Urgon-Fazies von S-Europa und Texas (Abb. 710).

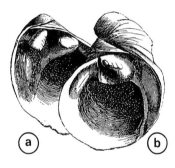

Abb. 710. *Monopleura varians* Math., Unt. Kreide (Urgon-Fazies) von Orgon (Vaucluse): a) linke Klappe von innen; b) rechte Klappe von innen. Nat. Gr. — Nach K. A. v. Zittel 1915.

Die sehr ungleichklappige, glatte, gestreifte oder berippte Schale ist mit dem Wirbel der konischen bzw. spiral eingedrehten rechten Klappe festgewachsen. Die linke Klappe ist meist deckelartig flach, gelegentlich aber auch kegelförmig. Sie trägt zwei kräftige, durch eine Zahngrube getrennte konische Cardinalzähne von nahezu gleicher Größe. Das externe Ligament ruht jederseits in einer vom Schloßrand nach den Wirbeln verlaufenden Rinne. Der hintere Schließmuskeleindruck liegt aber ähnlich wie bei *Requienia* auf einer Leiste, die durch eine Verlängerung der Schloßplatte gebildet wird.

Familie **Caprinidae** d'Orbigny 1850

Die sehr ungleichklappige, dicke Schale besteht aus einer dünnen, prismatischen Außenschicht, einer porzellanartig struierten Innenschicht sowie einer dazwischen befindlichen Lage, die in einer oder in beiden Klappen von zahlreichen parallel zueinander verlaufenden Kanälen bzw. zelligen Maschen durchzogen wird. Die zahlreichen Gattungen unterscheiden sich vor allem durch die Gestalt und den Verlauf der Kanäle. Das Schloß der rechten, konisch oder spiral ausgebildeten, aufgewachsenen Klappe besteht aus einem Cardinalzahn, der zwischen zwei

Zahngruben liegt. Von den beiden Zähnen der eingekrümmten oder spiralen linken Klappe wird der vordere durch ein vertikales Septum gestützt. Der hintere Schließmuskeleindruck befindet sich auf einer Leiste, die in den Schloßrand verläuft. — Kreide (Valendis–Maastricht) — Unt. Paläozän (Abb. 706e).

Die große adaptive Bedeutung der bei den Caprinidae und anderen Hippuritacea mit außerordentlicher Regelmäßigkeit angeordneten Schalenkanäle ergibt sich daraus, daß ähnliche Muster in verschiedenen Entwicklungsreihen homöomorph ausgebildet wurden (COOGAN 1969). Nach VOGEL entsprechen die Kanäle vermutlich den Verzweigungen der Mantelrandmuskeln oder Mantelgefäße.

Caprina D'ORBIGNY 1822: Kreide (Valendis-Cenoman) von Europa, N-Afrika, N-Amerika (Abb. 711).

Abb. 711. *Caprina adversa* D'ORB., linke Klappe. Ob. Kreide (Cenoman) von Frankreich. Ca. ¼ nat. Gr. — Nach G.-J. PAINVIN.

Die dicke, oft sehr großwüchsige Schale ist mit dem Wirbel der kleineren (konischen) rechten Klappe aufgewachsen. Der Wirbel der wesentlich größeren (freien) linken Klappe zeigt spirale Einrollung. Das externe Ligament liegt hinter den Wirbeln. Vom vorderen der beiden Cardinalzähne der rechten Klappe entspringt eine Leiste, durch die der Schalenhohlraum in zwei nahezu gleich große Kammern geteilt wird. Die Mittelschicht der freien, linken Klappe wird von zahlreichen einfachen, weiten Kanälchen durchzogen, die vom Schloßrand bis zum Wirbel verlaufen und durch radiale, meist einfach gegabelte Lamellen begrenzt werden. Die im Bereich der Schloßplatte befindlichen Hohlräume („cavités accessoires") sind zahlreich und polygonal.

Caprinula D'ORBIGNY 1847: Kreide (Alb-Turon) von Europa, Syrien und N-Amerika; besonders häufig in Portugal und Sizilien (Abb. 712).

Die mit der Spitze aufgewachsene rechte Klappe ist konisch oder gekrümmt ausgebildet, die viel kleinere linke stets spiral eingerollt. Im Gegensatz zu *Caprina* sind beide Klappen von zahlreichen parallel zueinander verlaufenden Kanälen durchzogen. Diese haben an der Peripherie einen wesentlich geringeren Durchmesser als innen.

Plagioptychus MATHERON 1843: Ob. Kreide (Cenoman-Maastricht) von Europa, N-Afrika, Mexiko, Jamaika und Kuba (Abb. 713).

Die rechte, eingerollte oder konisch gestaltete Klappe ist mit dem Wirbel festgewachsen; die linke gewölbt mit eingekrümmtem Wirbel. Schloß und Schalenstruktur ähneln denen von

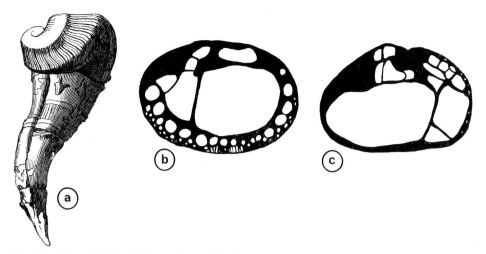

Abb. 712. a) *Caprinula baylei* GEMM., doppelklappiges Exemplar. Ob. Kreide von Addauran bei Palermo. ½ nat. Gr. — Nach GEMMELLARE. b) *Caprinula* sp., schematischer Querschnitt durch die linke Klappe; c) desgl. durch die rechte Klappe. Ca. ¾ nat. Gr. — Nach C. DECHASEAUX 1952.

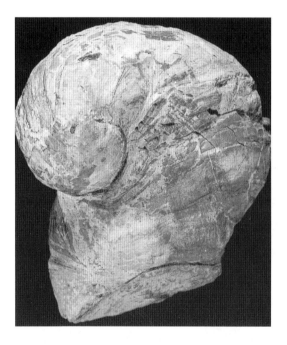

Abb. 713. Doppelklappiges Exemplar von *Plagioptychus* sp., Ob. Kreide (Unt. Senon) von La Cadière (Provence). Etwa nat. Gr.

Caprina; doch enthält bei *P.* nur die Mittelschicht der rechten Klappe Hohlräume. Es handelt sich dabei ausschließlich um Parallelkanäle, deren Begrenzungswände sich nach außen mehrfach verästeln. Hierdurch entsteht an der Peripherie eine größere Anzahl im Querschnitt dreieckiger, nach innen zugespitzter Elemente. Nur bei den ältesten Arten sind die radialen Begrenzungslamellen einfach gegabelt.

III. Klasse Lamellibranchiata de Blainville 1824

Familie **Hippuritidae** Gray 1848

Die rechte, mit der Spitze (Wirbel) am Untergrunde festgewachsene Klappe ist rüben-, kreisel- oder zylinderförmig gestaltet, gerade oder gebogen. Sie wird bis zu 1 m lang. Die glatte oder längsberippte Oberfläche trägt drei, seltener zwei Furchen, die sich vom Oberrand zur Spitze erstrecken (Abb. 714, 716). Die linke Klappe ist dagegen schwach konvex oder konkav und deckelartig ausgebildet. Ihre Außenschicht zeigt im Gegensatz zu den Radiolitidae Poren, von denen kurze Kanälchen ausgehen, die wiederum in stärkere, vom Wirbel nach dem Schalenrand verlaufende Radialkanäle münden. Der Wirbel liegt zentral. Außerdem finden sich, meist dicht

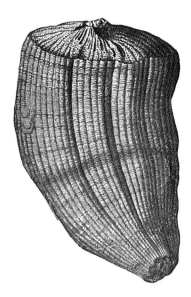

Abb. 714. *Hippurites gosaviensis* Douv., aus der Oberkreide (Gosauschichten) der Gosau (Niederösterreich). An der Vorderseite erkennt man die drei, für Hippuriten charakteristischen Längsfurchen. ⅔ nat. Gr. — Nach E. Stromer.

Abb. 715. Verschiedene Anschnitte von Rudistenkalken aus der Ob. Kreide der Dinariden. Cavtat (Jugoslawien). Ca. ⅓ nat. Gr. Fot. Verf.

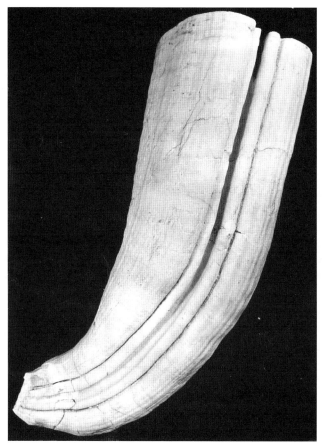

Abb. 716. Rechte Klappe von *Hippurites* sp., an der die äußere Schicht der Schale wegpräpariert wurde, um die drei für die Gattung *Hippurites* kennzeichnenden Längsfurchen deutlicher hervortreten zu lassen. Ob. Kreide (Gosau-Kreide) von Untersberg bei Salzburg. Länge: ca. 25 cm.

nebeneinander, zwei ovale Öffnungen (Osculi), die oft nur undeutlich hervortreten. Vermutlich entsprach die eine dem Aftersipho, die andere dem Atemsipho (Abb. 717). Die rechte Klappe wird aus zwei unterschiedlich struierten und verschieden dicken Schichten gebildet (Abb. 719). Von diesen besteht die häufig bräunlich gefärbte äußere (Ostrakum) aus dünnen, horizontal verlaufenden Lagen, die wiederum aus senkrecht angeordneten Prismen aufgebaut sind. Die gewöhnlich weiß gefärbte und dünne Innenschicht (Hypostrakum) zeigt demgegenüber eine porzellanartige Struktur. Sie umschließt im unteren Teil der Schale häufig eine Anzahl von Hohlräumen. Dort, wo die Längsfurchen an der Oberfläche entlangziehen, erstreckt sich die bräunlich gefärbte Außenschicht nach innen und bildet hier drei charakteristische Vorsprünge. Es handelt sich um (vgl. Abb. 718—719):

Abb. 718. *Hippurites* sp., rechte Klappe von innen. Ob. Kreide (Maastricht) von Südeuropa. Größter ▶ Durchmesser: ca. 8 cm.

III. Klasse Lamellibranchiata de Blainville 1824

Abb. 717. Linke (freie) Klappe von *Hippurites* sp. Oberkreide (Maastricht) von Südfrankreich. Die beiden Vertiefungen entsprechen den Osculi. 5/7 nat. Gr.

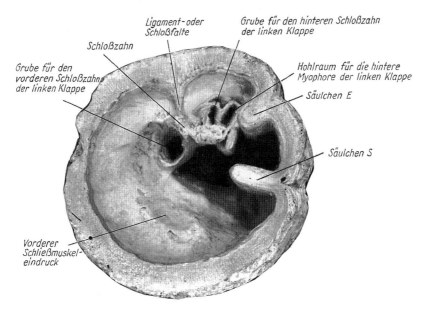

618   I. Stamm Mollusca Cuvier 1797

a) Die Ligament- oder Schloßfalte: Dies ist der dünnere, längere oder auch kürzere der Vorsprünge. An ihm war wohl das Ligament befestigt.

b) Die beiden Säulchen: Sie sind am inneren Ende verdickt und oben von einem kleinen Knopf gekrönt. Das kürzere, neben der Ligamentfalte gelegene, wird im Sinne von H. DOUVILLÉ mit S, das andere, längere mit E bezeichnet. Sie entsprechen wohl der Lage des Atem- und Aftersiphos. Darauf mag hinweisen, daß die knopfartig verdickten Enden genau in die Osculi der Deckelklappe passen.

Nach VOGEL (1970) stehen die Säulchen (Pfeiler) nicht mit den Siphonen in Verbindung. Hierdurch wird das seit DOUVILLÉ eingebürgerte Verfahren in Frage gestellt, die größere und becherförmige Klappe als die rechte zu bezeichnen. Bis zum endgültigen Beweis des Gegenteils ist aber an der herkömmlichen Orientierung der Schale festzuhalten.

Vor der Ligamentfalte liegt als H-förmiger Vorsprung der einzige Schloßzahn der rechten Klappe. Rechts und links von ihm befinden sich (Abb. 718, 719) die Zahngruben für die beiden Schloßzähne der anderen Klappe. Dem hinteren Schließmuskeleindruck entspricht eine kleine, aber tiefe Höhlung zwischen der Grube für den vorderen Schloßzahn der linken Klappe und dem

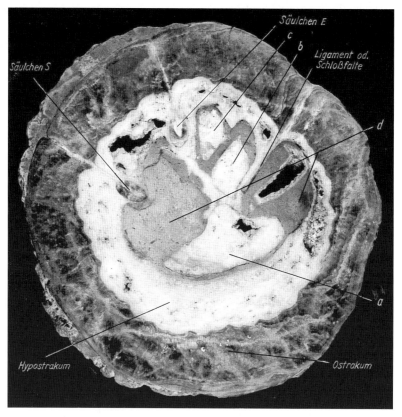

Abb. 719. Querschnitt durch die rechte (untere) Klappe von *Hippurites* sp., etwa ½ cm unter der noch darauf befindlichen Deckelklappe (vgl. Abb. 717). Gezeigt wird die obere, gegen die Deckelklappe gerichtete Fläche. Oberkreide (Maastricht) von Südfrankreich. ⁵⁄₇ nat. Gr. **Signaturen:** a = vorderer Cardinalzahn der linken Klappe; b = hinterer Cardinalzahn der linken Klappe; c = hinterer Myophor der linken Klappe; d = der mit Sediment gefüllte Wohnraum des Tieres.

Säulchen S; dem vorderen Schließmuskeleindruck eine solche zwischen dem Säulchen E und der Grube für den vorderen Schloßzahn. — Das Tier bewohnte lediglich den obersten, freien Teil der rechten Klappe, da der tiefer gelegene Abschnitt ähnlich wie etwa bei den Korallen durch eine Anzahl von Querböden aufgegliedert und sukzessive verlassen wurde.

Die deckelförmige linke Klappe zeigt eine ähnliche Schalenstruktur wie die rechte. Auch bildet die äußere, überwiegend bräunlich gefärbte Schicht drei Falten, die aber wegen der geringen Dicke dieser Klappe nur wenig hervortreten. Das Schloß besteht aus folgenden Elementen (Abb. 720a, b):

a) einem starken, vorderen Schloßzahn von kegelförmiger Gestalt. Seine wulstig verdickte Basis diente als Ansatz für den vorderen Schließmuskel;
b) einem blattförmigen hinteren Schloßzahn;
c) einem weiteren blattförmigen Vorsprung, der vor dem hinteren Schloßzahn liegt, und an dem wohl der hintere Schließmuskel befestigt war;
d) der Ligament- oder Schloßfalte, die zwischen den beiden Schloßzähnen liegt;
e) der ebenfalls zwischen den beiden Schloßzähnen befindlichen, im Querschnitt 8förmigen Grube für den einzigen Schloßzahn der rechten Klappe.

Die Abstammung der H. und der ihnen ähnlichen Radiolitidae ist unter anderem daran zu erkennen, daß die ältesten sicheren Radiolitidae (*Agriopleura* O. KÜHN, Barrême — Maastricht) noch eine, wenn auch beschränkte Scharnierbewegung des Schlosses zeigen. Im Verlaufe der stammesgeschichtlichen Entwicklung wird die von den Vorfahren übernommene bilaterale Sagittalsymmetrie aufgegeben und, unabhängig voneinander, in den verschiedenen Entwicklungsreihen durch eine mehr oder weniger angenäherte Radialsymmetrie ersetzt (O. KÜHN 1941). Eine Herkunft der H. von den Monopleuridae ist möglich (SKELTON 1974).

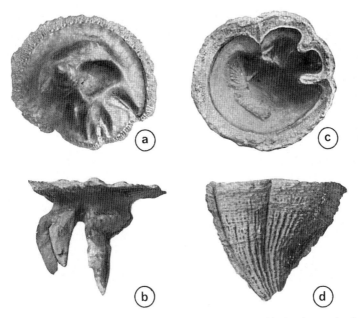

Abb. 720. *Hippurites radiosus* DES MOULINS, a) linke Klappe von innen; b) desgl., von der Seite; c) rechte Klappe von innen; d) desgl., von außen. Ob. Kreide (Maastricht) von Frankreich. Ca. ⅓ nat. Gr. — Nach G.-J. PAINVIN.

Vorkommen: Oberkreide (Turon — Maastricht) mit ca. 12 Gattungen. Viele Arten sind wichtige Leitfossilien, z. B. im Mittelmeergebiet (Abb. 706g).

Hippurites LAMARCK 1801: Oberkreide (Turon — Maastricht) von Europa, Somalia, Asien, N-Amerika und Antillen (Abb. 714, 716—720).

Rudisten mit länglichen oder rundlichen Poren, zwei deutlich verschiedenen Säulchen sowie einer kurzen oder fehlenden Ligamentfalte.

Barretia WOODWARD 1862: Oberkreide (Campan — Maastricht) von Mexiko und W-Indien (Abb. 721).

Formen mit zahlreichen Einfaltungen, die ähnlich wie die Säulchen S und E einen perlschnurförmigen Querschnitt haben. Eine Ligamentfalte ist nicht sichtbar.

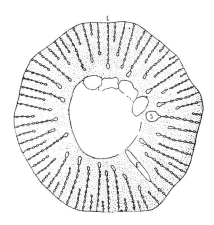

Abb. 721. *Barretia monilifera* WOODWARD, Ob. Kreide (Maastricht) von Jamaika. Bezeichnungen: L = Ligament- oder Schloßfalte; E = vorderes; S = hinteres Säulchen. ⅖ nat. Gr. — Nach C. DECHASEAUX 1952.

Familie **Radiolitidae** GRAY 1848

Rudisten, deren rechte Klappe wie bei den Hippuritidae kegel- bis schüsselförmig, die linke flach und deckelartig ausgebildet ist. Zum Unterschied fehlen aber die Poren in der linken sowie die charakteristischen Furchen und Pfeiler in der rechten Klappe. Die Außenfläche ist entweder glatt, wellig oder längsberippt. Manche Vertreter zeigen an der Hinterseite der rechten Klappe zwei vertikal verlaufende, konkave oder konvexe Längsbänder bzw. Falten, die nach H. DOUVILLÉ vermutlich der Lage von Atem- und Aftersipho entsprechen (Siphonalbänder). Sie tragen eine von der übrigen Schale abweichende Skulptur. Gelegentlich findet sich noch eine weitere Falte an der Stelle des Fußes (?), so zum Beispiel bei *Praeradiolites*. Das Ostrakum besteht aus zahlreichen hohlen Prismen („Zellen"), die einen viereckigen oder polygonalen Umriß aufweisen (Abb. 715, 724). Das Ligament fehlt entweder; oder es ist nach innen eingefaltet. Dann bildet sich an der Schalenoberfläche eine Furche oder Einbuchtung (Ligament- oder Schloßfalte). Bei den höher differenzierten Formen trägt die linke (obere) Klappe zwei lange, schmale, längsgeriefte Zähne. Diese ragen in entsprechende Gruben der zahnlosen rechten Klappe. Neben den Gruben liegt jederseits einer der beiden großen, seichten, aber ungleich gestalteten Schließmuskeleindrücke. Von hier zogen sich die Schließmuskeln zu kräftigen, längsgefurchten und breiten Apophysen, die neben den Zähnen von der rechten Klappe nach unten ragen. Bei manchen Formen wurde offenbar überhaupt kein Schloß ausgebildet. — Kreide (Barrême — Maastricht) mit ca. 40 Gattungen (Abb. 706 B, f).

Praeradiolites DOUVILLÉ 1902: Kreide (Alb — Maastricht) von Europa, N-Amerika, N-Afrika und NO-Asien (Abb. 722).

Der Querschnitt der „Zellen", aus denen das Ostrakum besteht, ist viereckig. Die rechte Klappe trägt keine Apophysen (Myophoren). Die Schalenoberfläche ist glatt oder mit welligen

Abb. 722. *Praeradiolites cylindraceus* DES MOULINS, a) rechte Klappe von außen; b) linke Klappe von der Seite. Die beiden langen Zapfen entsprechen dem vorderen (rechts) und hinteren (links) Zahn; die beiden kleineren der Ansatzstelle des vorderen und hinteren Schließmuskels. Der kleine Vorsprung dazwischen ist die Ligament- oder Schloßfalte. Ob. Kreide (Campan) von Frankreich. Ca. ½ nat. Gr. — Nach G.-J. PAINVIN.

Schalenlamellen bedeckt. Die Siphonalzonen sind entweder konvexe „Rundleisten" oder einfache, wellige Verfaltungen der Schale. Ligament vorhanden.

Radiolites LAMARCK 1801: Ob. Kreide (Cenoman — Maastricht), wie *Praeradiolites* (Abb. 723—724).

Abb. 723. *Radiolites angeoides* P. DE LAPEIROUSE, Ob. Kreide (Senon) von Frankreich. a) doppelklappiges Exemplar; b) linke Klappe von innen. Die beiden Vorsprünge im oberen Teil sind die beiden Schloßzähne. Darüber liegt als Einschnitt die Ligament- oder Schloßfalte. Nat. Gr. — Nach G.-J. PAINVIN.

Abb. 724. *Radiolites mamillaris* MATHERON, waagerechter Schnitt durch die rechte (untere) Klappe, um die Hohlprismen („Zellen") der Außenschicht zu zeigen. Ob. Kreide (Campan) von Caposele bei Neapel. Ca. 5/1 nat. Gr. — Nach F. KLINGHARDT 1935.

Im Gegensatz zu *Praeradiolites* sind die äußeren, quer zur Längserstreckung der Schale verlaufenden Lamellen meist stark wellig verbogen, so daß die Siphonalbänder nur undeutlich hervortreten. Ligament vorhanden.

Sphaerulites LAMARCK 1819 (ex DELAMÉTHERIE 1805, vernac.): Kreide (Apt — Turon) von Europa und N-Afrika.

Im Gegensatz zu *Radiolites* ist hier der Winkel, den die Spitze der rechten Klappe bildet, sehr groß. Diese erscheint deshalb breit und kegelförmig. Die Siphonalbänder sind wulstig nach außen gebogen. Ein Ligament ist vorhanden.

Biradiolites D'ORBIGNY 1850: Ob. Kreide (Turon — Maastricht) von Europa, N-Afrika, N-Amerika, Antillen und Asien (Abb. 725).

Abb. 725. *Biradiolites acuticostatus* D'ORB., waagerechter Schnitt durch den höheren Teil der rechten (unteren) Klappe. Der Wohnraum ist im Gebiet des Schlosses (gestrichelte Linie) breiter als im gegenüberliegenden Siphonalgebiet. Ob. Kreide (Santon) von Sedano (Cantabrien). Ca. ⅔ nat. Gr. — Nach F. KLINGHARDT 1935.

Im Gegensatz zu den bisher genannten Formen fehlt ein Ligament. Die Siphonalbänder sind glatt. Der Schloßapparat ist weitgehend reduziert.

Sauvagesia CHOFFAT in BAYLE 1886: Kreide (Alb — Maastricht) von Europa, N-Amerika, N-Afrika und den Antillen (Abb. 726).

Hypostrakum der rechten Klappe mit „Zellen", die einen prismatischen Längsschnitt und einen polygonalen Querschnitt aufweisen. Rechte Klappe kegelförmig bis zylindrisch-konisch, mit Längsrippen verziert. Siphonalbänder fein berippt. Linke Klappe deckelförmig, radial berippt. Ligamentfalte vorhanden, bei den stratigraphisch älteren Arten meist deutlicher ausgebildet.

Abb. 726. *Sauvagesia sauvagesi* D'HOMBRES PIRMAS, Ob. Kreide (Cenoman) von Frankreich. Ca. ½ nat. Gr. — Nach G.-J. PAINVIN.

Ordnung **Desmodonta** NEUMAYR 1883

Hauptsächlich vergraben oder bohrend lebende sinupalliate Muscheln, bei denen das Ligament oft eine besondere, durch die Lebensweise bedingte Ausbildung zeigt. Dann sitzt es zum Beispiel an besonderen Vorsprüngen des Schloßrandes, die nicht selten eine löffelartige Gestalt haben (Chondrophoren). Der Sipho ist bei vielen Formen derart groß, daß er nicht in das Innere der am Hinterende klaffenden Schale zurückgezogen werden kann. Obgleich es sich um eine sehr heterogene Gruppe handelt, dürften die Vorfahren allgemein bei den Heterodonta zu suchen sein. Vielfach werden sie mit diesen auch vereinigt, da die rezenten Desmodonta (abgesehen von den Poromyacea) ebenso wie die Heterodonta eulamellibranchiaten Kiemenbau zeigen. — ? Unt., Mittl. Ordovizium — rezent mit ca. 250 Gattungen.

Oberfamilie **Solenacea** LAMARCK 1809

Im Schlamm vergraben lebende marine Desmodonta mit beiderseits klaffenden, sehr langgestreckten Schalen. Diese sind sinupalliat, weisen aber nur sehr kurze Siphonen auf. Der Schloßrand trägt 1—3 kleine Cardinalzähne. Das externe Ligament ist schmal ausgebildet. Der ziemlich langgestreckte Fuß dient zum Graben. — Unt. Kreide — rezent mit 12 Gattungen.

Familie **Solenidae** LAMARCK 1809

Eigenartige Formen mit ungewöhnlich verlängerter, meist scheidenartiger, vierseitiger und gleichklappiger Schale, die an beiden Enden stark klafft. Schloß mit ein bis drei Cardinalzähnen; ohne Seitenzähne. Mantel fast vollständig verwachsen, nur vorn und hinten offen. Fuß lang und dick, ohne Byssusdrüse. — Unt. Eozän — rezent.

Solen LINNÉ 1758: Eozän — rezent von Europa, N-Amerika und Pazifik.
Schale sehr langgestreckt, mit parallel verlaufenden Schalenrändern. Wirbel meist am Vorderende. Jede Klappe mit einem Cardinalzahn. Siphonen verschmolzen. Fuß dient zum raschen Eingraben im Sand.

S. vermag sich auch freischwimmend und ziemlich schnell, mit dem Hinterende voran fortzubewegen, wobei der Fuß in der Längsachse des Körpers in rascher Folge kontrahiert und wieder ausgestreckt wird.

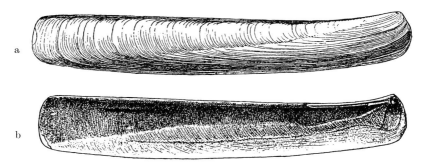

Abb. 727. *Ensis directus* Conrad, Miozän von Maryland. Nat. Gr. — Nach L. C. Glenn.

Ensis Schumacher 1817: Unt. Eozän — rezent von Europa und N-Amerika (Abb. 727).
Schale langgestreckt, doch leicht gekrümmt. Rechte Klappe mit zwei, linke mit drei Cardinalzähnen. Mantelbucht direkt am Hinterrand. Vorderer Schließmuskeleindruck länglich. Wirbel terminal oder fast endständig.

Oberfamilie **Myacea** Lamarck 1809

Vergraben lebende, langsiphonige Desmodonta, die meist eine ungleichklappige und hinten klaffende Schale haben. Das stark reduzierte Schloß zeigt gelegentlich einige schwach ausgebildete Zähne. Charakteristisch ist ein kräftiges, internes Ligament, das häufig an Chondrophoren (Ligamentträgern) sitzt. Die langen Siphonen sind vereinigt. — Malm — rezent mit 29 Gattungen.

Familie **Corbulidae** Lamarck 1818

Kleinwüchsige, ungleichklappige Desmodonta, die vor der Ligamentgrube der rechten Klappe einen kräftigen, hinter dem Ligamentträger der linken Klappe meist einen schwächeren Zahn aufweisen. Die Mantellinie ist nicht oder nur schwach gebuchtet. Fuß mit Byssus. — Malm — rezent.

Corbula Bruguière 1797: Kreide — rezent, fast weltweit. Besonders häufig in Brackwasserbildungen des Tertiärs sowie in wärmeren Meeren der Gegenwart. Einige Arten finden sich im Süßwasser (Abb. 728).
Im Gegensatz zur Mehrzahl der anderen Myacea lebt die relativ kleinwüchsige *Corbula* nicht direkt im Sediment vergraben. Sie liegt mit der größeren rechten Klappe dem Untergrund auf,

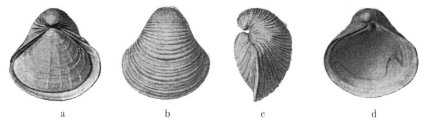

Abb. 728. *Corbula descendens* v. Koenen, a) doppelklappiges Exemplar von links; b) desgl., von rechts; c) desgl., von der Seite; d) rechte Klappe von innen. Unt. Oligozän (Ob. Eozän?) von Westeregeln. ⁴/₁ nat. Gr. — Nach A. v. Koenen 1894.

von dem sie nur leicht eingedeckt wird. Die linke Klappe trägt ebenso wie bei *Mya* einen Ligamentlöffel, die rechte nur eine Ligamentgrube. Vor dieser befindet sich ein kräftiger Schloßzahn. Falls überhaupt eine Mantelbucht vorhanden ist, zeigt diese eine schwache Ausbildung.

Familie **Myidae** LAMARCK 1809

Die gleichklappige oder leicht ungleichklappige Schale trägt ein internes Ligament, das an der rechten Klappe in einer Grube, an der linken auf einem Ligamentlöffel sitzt, der vertikal zum Schalenrand steht. Die Mantelbucht ist tief, das Schloß zahnlos. — Paläozän — rezent.

Mya LINNÉ 1758: Oligozän — rezent von Europa, N-Amerika und Japan; heute vor allem auf schlammigen Gründen und in den Ästuaren kälterer Meere (Abb. 589, 729–730 A).

Abb. 729. *Mya arenaria* L., in Lebendstellung aus dem Wattenschlick des Jadebusens bei Wilhelmshaven. Ca. ½ nat. Gr.

Die linke Klappe der hinten klaffenden Schale ist etwas kleiner als die rechte. Ähnlich wie dies für alle vergraben lebenden Muscheln zutrifft, treten die Wirbel nicht besonders hervor. Der Hinterrand der Schale ist mehr oder weniger abgestutzt. Der vordere Schließmuskeleindruck zeigt einen länglichen, der hintere einen ovalen Umriß.

Oberfamilie **Gastrochaenacea** GRAY 1840

Vergraben lebende Muscheln, deren schloßlose, breit klaffende und porzellanartige Schalen frei in mehr oder weniger gerade verlaufenden Hohlräumen liegen (hierzu u. a. J. G. CARTER 1978, K. CHINZEI et al. 1982). — Malm – rezent mit ca. 4 Gattungen.

Gastrochaena SPENGLER 1783: ? Malm, Ob. Kreide — rezent von Europa, N-Amerika, W- und O-Indien (Abb. 730 B).

Hohlraum flaschenförmig. Schale im Umriß dreieckig bis quadratisch.

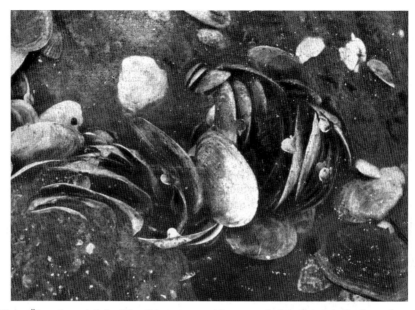

Abb. 730 A. Überwiegend linke Einzelklappen von *Mya arenaria* L., die nach Frachtsonderung durch Strömungsdruck vertikal gestellt und ineinander geschachtelt wurden. Rezent. Ufer eines Prieles vom Jadebusen bei Wilhelmshaven. Ca. ½ nat. Gr.

Oberfamilie **Mactracea** LAMARCK 1809

Vergraben lebende Muscheln mit gleichklappiger, dreieckiger, eiförmiger oder mehr verlängerter Schale und kräftigem, internem Ligament. Das Schloß zeigt links einen oft gespaltenen oder winkelförmig geknickten Cardinalzahn, der von zwei divergierenden Cardinalzähnen der rechten Klappe umfaßt wird. Die langen Siphonen können nur teilweise in das Innere zurückgezogen werden. — Ob. Kreide — rezent.

Familie **Mactridae** LAMARCK 1809

Die gleichklappige, ungleichseitige, geschlossene oder klaffende Schale hat einen dreieckigen bzw. eiförmigen Umriß. Die rechte Klappe trägt einen Cardinalzahn, der zwei divergierende Zweige bildet. Zwischen diese tritt ein kleiner V-förmiger Cardinalzahn der linken Klappe. Seitenzähne sind nicht konstant, doch meist gut entwickelt, lang und glatt. Mantelbucht mehr oder weniger tief. — Ob. Kreide — rezent.

Mactra LINNÉ 1767: Eozän — rezent, weltweit; zahlreiche Leitformen besonders im südosteuropäischen Tertiär. Heute mit ca. 150 Arten weltweit und in den verschiedensten Tiefen verbreitet (Abb. 731).

Außer den oben genannten Cardinalzähnen finden sich auf der linken Klappe je ein vorderer und hinterer, auf der rechten Klappe je zwei vordere und hintere, nicht geriefte Seitenzähne. Die Mantelbucht ist flach.

III. Klasse Lamellibranchiata de Blainville 1824

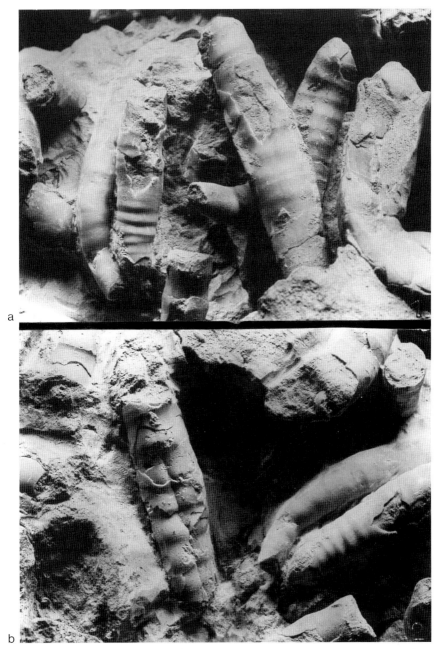

Abb. 730 B. *Gastrochaena amphisbaena* (GOLDF.), frei präparierte Wohnröhren in situ; Ob. Kreide (Basis des Unt. Turon), Hoppenstedt bei Osterwieck (Subherzyne Kreidemulde); Breite des oberen Abschnitts 8,5 cm. Fot. Verf.

Abb. 731. *Mactra podolica* EICHW., linke Klappe. Ob. Miozän (Sarmat) von Wiesen bei Wien. Nat. Gr. — Nach K. A. v. ZITTEL 1915.

Oberfamilie **Pholadacea** LAMARCK 1809
(Adesmacea DE BLAINVILLE 1825)

Es handelt sich um Bohrmuscheln, die in Gestein, Holz oder ähnlichen Substanzen leben. Die Wirbel der Klappen treten deshalb nur wenig hervor. Schloßzähne und Ligament sind entweder verkümmert oder gänzlich reduziert. Unter den Wirbeln findet sich eine gekrümmte Kalkspange (Myophor), die zur Befestigung von Körpermuskulatur dient. Der vordere Schließmuskel sitzt auf dem verbreiterten und nach außen umgeschlagenen vorderen Abschnitt des Dorsalrandes. Der hintere Schließmuskel wirkt dem vorderen entgegen, so daß raspelnde Bewegungen der auf beiden Seiten klaffenden Schale entstehen. Bei den Vertretern, die in festeren Gesteinen bohren, können außer den beiden Klappen noch akzessorische Kalkplatten oder Röhren auftreten, die zum Teil mit der Schale verwachsen sind. Sie bedecken die Wirbel und die dahinterliegenden Teile der Schale, wodurch das Bild sehr vielgestaltig wird. Die oft sehr langen Siphonen sind meist miteinander verwachsen. — Jura — rezent mit ca. 50 Gattungen.

Familie **Pholadidae** LAMARCK 1809

Schale gleichklappig, ungleichseitig, vorn und hinten klaffend; oval, verlängert oder kugelig. Schloßrand zahnlos, meist am Wirbel nach außen umgeschlagen und mit akzessorischen Platten bedeckt, die von einem Umschlag des Mantels ausgeschieden werden. Mitunter finden sich auch am Hinter- oder Vorderende ähnliche akzessorische Gebilde. Ligament intern. Von den Wirbeln ragt ein band- oder löffelartiger Vorsprung nach innen, der zum Ansatz des Fußmuskels dient. Mantelbucht tief. Oberfläche meist mit radial angeordneten, gezähnelten Rippen oder Reifen bedeckt, die am Hinterende in der Regel weniger dicht stehen oder fehlen. — Es handelt sich um mechanisch arbeitende Bohrmuscheln, die in Holz oder Gestein leben. Dabei kleiden sie die Wandungen ihrer charakteristischen Bohrlöcher häufig mit einer dünnen Kalklage aus, die mit der Schale verwachsen kann. Das Bohren erfolgt entweder mit den Rauhigkeiten der Schalenoberfläche oder mit dem Fuße, der kleine Kieselkörperchen enthält. — Es sind Meeresbewohner, die in der Gegenwart Tiefen bis zu 50 m bevorzugen. Dabei zeigen die in härteren Gesteinen (zum Beispiel Mergeln) lebenden am Vorderende der Klappen meist deutliche Abnutzungsspuren, die bei Bewohnern weicher Sedimente (zum Beispiel Ton) gewöhnlich fehlen. Im übrigen läßt sich, ähnlich wie bei den chemisch arbeitenden Vertretern, eine deutliche Trennung von Wachstums- und Ruheperioden nachweisen. Dies erklärt sich schon daraus, daß nur ein völlig verfestigter und ausreichend dicker Schalenrand zum Bohren geeignet ist. — ? Karbon, Jura — rezent.

Pholas LINNÉ 1758: Kreide — rezent von Europa, N-Afrika, O-Atlantik, W-Atlantik, Indopazifik (Abb. 732 A—733).

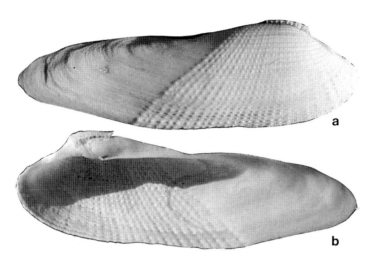

Abb. 732 A. a) *Pholas (Monothyra) orientalis* GMELIN, b) ohne Apophyse. Rezent von Vung Tau bei Saigon, Südchinesisches Meer. Länge ca. 7 cm. Fot. Verf.

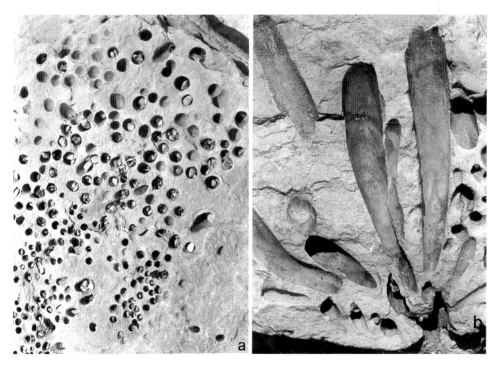

Abb. 732 B. Rezente Bohrungen der Gemeinen Bohrmuschel (*Pholas dactylus* LINNÉ) in weichem Mergel; Küste des Schwarzen Meeres bei Baltschik (Bulgarien). Höhe von a) ca. 30 cm, von b) 18 cm.

Abb. 733. Gneis von Loire-Inférieure, der von Bohrmuscheln *(Pholas)* angebohrt wurde. Rezent. Etwa nat. Gr. — Nach A. Robin 1925.

Schale quer verlängert; vorn mit radial verlaufenden, gezähnelten Rippen und Falten bedeckt, hinten fein gestreift bis nahezu glatt. Als akzessorische Platten finden sich zwei vordere von länglicher Gestalt und etwa gleicher Größe (Protoplaxe), eine mittlere (Mesoplax) und eine hintere (Metaplax). Die letztere liegt zwischen den beiden Klappen und ist leicht asymmetrisch.

Barnea Leach in Risso 1826: Miozän — rezent, weltweit.

Schale breit oval bis elliptisch, vorn gerundet oder schnabelartig verlängert. Akzessorische Platte ein einfacher, kalkiger und langgestreckter Protoplax. Umbiegung am Wirbel einfach. Skulptur aus konzentrischen Furchen und radialen Rippen.

Familie **Teredinidae** Rafinesque 1815

Es handelt sich um Bohrmuscheln, die nur eine sehr kleine, gleichklappige und beiderseits klaffende Schale ausscheiden. Diese bedeckt den vorderen Teil des wurmförmigen Weichkörpers. Akzessorische Platten, wie sie für die Pholadidae charakteristisch sind, fehlen. Die Tiere leben vor allem in Holz und sind deshalb heute als Zerstörer mariner Holzbauten (Schiffe, Buhnen, Pfähle, Hafeneinrichtungen) sehr gefürchtet („Schiffsbohrwürmer", Abb. 735). Der durch die raspelnde Bewegung beider Klappen erzeugte Hohlraum wird mit einer dünnen, röhrenartigen Kalkwand ausgekleidet, die den hinteren Teil des Tieres einschließlich der Siphonen umgibt und nicht mit der eigentlichen Schale in Verbindung steht. Thigmotaxis verhindert, daß sich die Muscheln gegenseitig anschneiden. — ? Kreide, Paläozän — rezent.

Teredo Linné 1758: Tertiär (Eozän) — rezent, weltweit (Abb. 734—735).

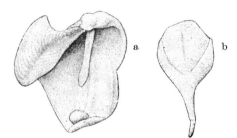

Abb. 734. *Teredo petersi* Roch., rezent. a) Innenseite der linken Klappe. ¾ nat. Gr. b) Palette, vergrößert. — Nach J. Thiele 1935.

Abb. 735. Von *Teredo* angebohrtes Treibholz. Rezent vom Bock bei Stralsund. Etwa nat. Gr.

Die Schale besteht aus drei Abschnitten: einem vorderen, dreieckigen, der mit zahlreichen kleinen Zähnchen bedeckt ist; einem größeren mittleren, der lediglich eine feine Zuwachsstreifung trägt, und einem hinteren ohne besondere Skulptur, an dessen Innenseite der hintere Schließmuskel befestigt ist. Die Tiere bevorzugen Holz; vermögen aber auch frei weiterzuleben, falls das Holz gänzlich verfault ist. Dann wird lediglich die Wandung der die Siphonen umgebenden Kalkröhren verstärkt.

Oberfamilie **Pholadomyacea** GRAY 1847

Schale gleichklappig, oval bis langgestreckt, homomyar. Schloßrand meist verdickt oder eingerollt, zahnlos. Ligament opisthodet, einfach, extern. — ? Unt., Mittl. Ordovizium — rezent mit ca. 58 Gattungen.

Familie **Megadesmidae** VOKES 1967

Die linsenförmige bis aufgeblähte, hinten mitunter schwach klaffende Schale ist konzentrisch skulpturiert, glatt oder rauh. Eine Lunula fehlt. Das hinter den orthogyren Wirbeln gelegene Ligament wird von kräftigen Nymphen getragen. Die Schließmuskeleindrücke sind etwa gleich groß. Zwischen dem vorderen Schließmuskeleindruck und der Klappenmitte finden sich zwei Fußmuskeleindrücke. Das schwache Schloß besteht jederseits meist aus einem einfachen Cardinalzahn. Seitenzähne fehlen. Mantellinie entweder integripalliat oder schwach sinupalliat. — Ob. Karbon — Perm.

Megadesmus SOWERBY 1839 (*Pachydomus* MORRIS 1845): Perm von Australien, Tasmanien, Indien und Argentinien (Abb. 736).

Die Wirbel der eiförmigen, stark aufgeblähten, nicht klaffenden Schale ragen relativ weit vor. Die etwa gleich großen Schließmuskeleindrücke haben einen subquadratischen Umriß. Mantellinie integripalliat.

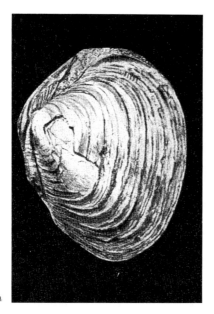
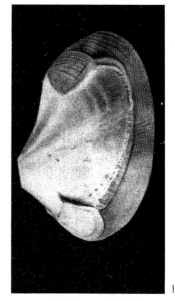

Abb. 736. *Megadesmus cuneatus* Sow., a) doppelklappiges Exemplar von rechts; b) Steinkern. Perm (unterer mariner Horizont) von New South Wales (Australien). ¾ nat. Gr. — Nach N. D. NEWELL 1956.

Familie **Pholadomyidae** Gray 1847

Schale gleichklappig, ungleichseitig, dünnschalig, hoch gewölbt; hinten, zuweilen auch vorn klaffend. Vorderrand kurz und gerundet, Hinterrand verlängert. Oberfläche konzentrisch gestreift oder gerunzelt, mitunter auch radial und knotig berippt. Ligament extern, dünn, kurz. Schloß zahnlos; gelegentlich mit schwachem, länglichem Vorsprung unter dem Wirbel. Mantellinie schwach sinupalliat. — Unt. Karbon — rezent, marin.

Pholadomya Sowerby 1823: Ob. Trias — rezent, weltweit verbreitet (Abb. 737).

Im Gegensatz zu den fossilen Formen, die auf schlammigen Böden im Flachwasser lebten, finden sich die rezenten in tieferen Bereichen des Meeres. Während die Gattung in der Zeit zwischen Jura und Tertiär mit zahlreichen Arten fast weltweit verbreitet war, kommen die verbliebenen beiden Arten der Gegenwart nur in begrenzten Arealen des Atlantiks und Pazifiks vor.

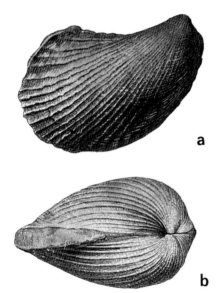

Abb. 737. *Pholadomya weisi* Phil., Oligozän (? Ob. Eozän) von Calbe a. S. ⅕ nat. Gr. — Nach A. v. Koenen 1894.

Goniomya Agassiz 1841: Lias — Eozän, weltweit (Abb. 738).

Ungleichseitig, mit breit gerundeten Wirbeln; hinten stark klaffend. Oberfläche mit Rippen, die auf einem vom Wirbel zur Ventralseite verlaufenden Streifen ein- oder zweimal winklig geknickt sind.

Abb. 738. *Goniomya duboisi* Ag., doppelklappiges Exemplar. Dogger (Unt. Oolith) von Bayeux. Nat. Gr. — Nach K. A. v. Zittel 1915.

I. Stamm Mollusca Cuvier 1797

Familie **Laternulidae** Hedley 1918

Die dünne, eiförmige, innen häufig perlmutterartig glänzende Schale ist gleich- oder ungleichklappig ausgebildet. Der zahnlose Schloßrand trägt in jeder Klappe zur Aufnahme des internen Ligaments einen löffelartigen Fortsatz, von dem sich jeweils eine Verstärkungsleiste schräg nach hinten erstreckt. Wirbel gespalten, Mantellinie deutlich sinupalliat. — Ob. Trias — rezent.

Die wichtigste der fossil vertretenen Gattungen ist:

Laternula Röding 1798: Ob. Kreide — rezent von Europa, N-Amerika, Pazifik und Indik.

Die fast gleichklappige, quer verlängerte, konzentrisch gestreifte oder gerunzelte Schale ist hinten wie bei *Donax* kürzer als vorn. — Ähnlich ist *Cercomya* Agassiz 1843 (Ob. Trias — Kreide, weltweit) (Abb. 739).

Abb. 739. *Cercomya praecursor* (Qu.), Ob. Trias (Rhät) von Württemberg. Nat. Gr. — Nach M. Schmidt 1928.

Familie **Pleuromyidae** Dall 1900

Schale dünn, gleichklappig, ungleichseitig, stark sinupalliat; hinten und zuweilen auch vorn etwas klaffend. Oberfläche glatt oder konzentrisch gestreift, dann mit winzigen Körnchenreihen bedeckt. Schloßrand zahnlos; doch unter dem Wirbel mit kleinerem Fortsatz, der sich über eine entsprechende Bildung der anderen Klappe legt. Ligament zum Teil intern. — Trias — Unt. Kreide.

Pleuromya Agassiz 1842: Trias — Unt. Kreide, weltweit (Abb. 740—741).

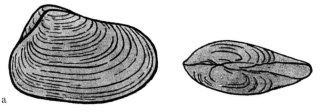

Abb. 740. *Pleuromya musculoides* (v. Schloth.), Ob. Muschelkalk von Mitteleuropa. Nat. Gr. — Nach M. Schmidt 1928.

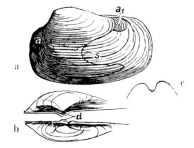

Abb. 741. *Pleuromya peregrina* d'Orbigny, Malm von Choroshowo bei Moskau. a) Steinkern (a = vorderer, a_1 = hinterer Schließmuskeleindruck, S = Bucht der Mantellinie); b) Ansicht von der Dorsalseite, mit den beiden Vorsprüngen und den dahinter liegenden kleinen Einschnitten; c) Schema, welches das Übereinandergreifen der beiden Vorsprünge zeigen soll. Nat. Gr. — Nach K. A. v. Zittel 1915.

Vorderrand kurz, gerundet oder steil abfallend; Hinterrand verlängert, etwas klaffend. Unter den Wirbeln in der rechten Klappe ein dünner, parallel zum Dorsalrand verlaufender Vorsprung, der sich über eine entsprechende Bildung der linken Klappe legt. Hinter diesen Vorsprüngen befindet sich jederseits ein kleiner Einschnitt. Ligament halb äußerlich, linear. Muskeleindrücke schwach. Mantelbucht tief. — Eine häufige Art ist

Pl. musculoides (v. SCHLOTH.): Röt (?), Muschelkalk — Unt. Keuper. Es sind dies bis 6 cm lange, mäßig gewölbte, nicht allzu hohe Formen, die vor allem in den Ceratitenschichten des germanischen Ob. Muschelkalkes vorkommen. Man findet sie nicht selten in Lebendstellung, d. h. doppelklappig und mit dem Siphonalende nach oben, eingebettet.

Familie **Ceratomyidae** ARKELL 1934

Schale länger als hoch, ungleichseitig, mitunter ungleichklappig, hinten gelegentlich leicht klaffend; ziemlich dick. Wirbel prosogyr. Ligament opisthodet, halbintern, zwischen dem umgeschlagenen und verdickten hinteren Schloßrand der rechten und dem überlappenden Rand der linken Klappe. Letztere hat hier eine ins Innere ragende Verdickung. Echte Schloßzähne fehlen. — Ob. Trias — Malm, ? Miozän.

Gresslya AGASSIZ 1843: Lias — Malm, weltweit (Abb. 742).

Unterscheidet sich von der sehr ähnlichen *Pleuromya* vor allem durch eine schwache Schwiele, die in der rechten Klappe vom Wirbel zum hinteren Muskeleindruck verläuft und auf dem Steinkern eine Furche hinterläßt. Mantellinie mit tiefer Bucht.

Abb. 742. *Gresslya latirostris* AG., Dogger (Unt. Oolith) von Tannie (Sarthe). Nat. Gr. — Nach K. A. v. ZITTEL 1915.

Oberfamilie **Poromyacea** DALL 1886

Ein Seitenzweig der Desmodonta, der im Gegensatz zu allen anderen Muscheln septibranchiate Kiemen aufweist. Die meist sehr kleinwüchsigen Schalen sind entweder gleichklappig oder nahezu gleichklappig. Das meist reduzierte Ligament liegt gewöhnlich intern. Die Schloßzähne sind klein, falls sie nicht fehlen. — Kreide — rezent mit 23 Gattungen, wovon 6 nur in der Gegenwart vorkommen.

Cuspidaria NARDO 1840: Ob. Kreide — rezent von Europa, N-Amerika, Mittelmeer, Atlantik und Indopazifik; heute in größerer Tiefe (Abb. 743).

Die vorn kugelig gewölbte, leicht ungleichklappige Schale zeigt konzentrische Zuwachsstreifen. Jede Klappe trägt einen Ligamentlöffel und ein zusätzliches Kalkstück (Lithodesma). Hinterende der Schale stark rostrumartig verlängert. Schloß mit ein oder mehr Zähnchen. Carnivor.

Abb. 743. *Cuspidaria cuspidata* (OLIVI), Miozän von Baden bei Wien. Nat. Gr. — Nach K. A. v. ZITTEL 1915.

I. Stamm Mollusca Cuvier 1797

8. Bemerkungen zur Phylogenetik

Wie viele andere Tiergruppen gestalteten sich die Muscheln während ihrer Stammesgeschichte in mannigfacher Weise um. Leider wird die Klärung der dabei entstandenen, sehr komplexen Zusammenhänge erheblich durch folgende Tatsachen erschwert:

1. Es ist unmöglich, allein mit Hilfe der Vergleichenden Anatomie rezenter Formen eine natürliche Systematik aufzustellen. Dies ergibt sich schon daraus, daß von den 185, bisher aufgestellten Familien 82 (= 44,3%) keine rezenten Vertreter enthalten und 45 (= 24,3%) erst oberhalb der Kreide/Tertiär-Grenze einsetzen.

2. Weiterhin kommt es in vielen Entwicklungsreihen zu einer parallelen Umgestaltung gewisser Merkmale und Merkmalskomplexe. Die Folge sind zahlreiche Homöomorphien. Hierdurch werden vielfach nicht miteinander verwandte Formen in Kategorien vereinigt, so daß die bisher aufgestellten Systeme der Lamellibranchiata einen mehr oder weniger künstlichen Charakter haben.

3. Im übrigen sind die für die Klärung der Abstammungsverhältnisse besonders wichtigen Vertreter des älteren Paläozoikums meist sehr ungünstig erhalten, eine Erscheinung, die wohl hauptsächlich darauf beruht, daß die Schalen überwiegend aus dem relativ leicht löslichen Aragonit bestanden. Was vorliegt, sind in der Regel Abdrücke und Steinkerne, die zudem häufig durch tektonischen Druck deformiert wurden.

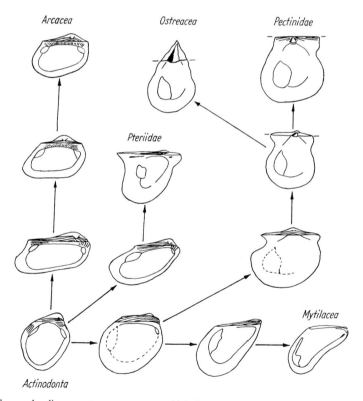

Abb. 744. Schema, das die vermuteten stammesgeschichtlichen Beziehungen der Arcacea, Pteriidae, Pectinidae, Ostreacea und Mytilacea zeigen soll. Dargestellt wurde die Entwicklung des Schlosses, die sich in den verschiedenen Entwicklungsreihen parallel zueinander vollzog. — Nach N. D. Newell 1954.

III. Klasse Lamellibranchiata de Blainville 1824

Trotz dieser Schwierigkeiten sind heute aber bereits zahlreiche Zusammenhänge weitgehend geklärt. Nachstehend einige Beispiele:

a) Die Umgestaltung der Schalenstruktur vollzog sich im wesentlichen vom perlmutterigen über das porzellanartige (ebenfalls aragonitische) zum kalzitischen Stadium.

Hiernach stellt also die perlmutterige Schale die primitivste Ausbildung dar, während sich die porzellanartige im allgemeinen bei den schon etwas höher differenzierten, die kalzitische bei den am höchsten organisierten Formen zeigt. Eine Ausnahme machen lediglich die Arcina, die trotz primitiver Merkmale bereits eine porzellanartige Schale aufweisen. Offenbar vollzog sich die gerichtete Umgestaltung wie auch bei anderen Tiergruppen, mit unterschiedlicher Geschwindigkeit. Sehr instruktiv im Hinblick auf die Ausbildung der Schalenstruktur sind, wie Newell (1937, 1954) nachweisen konnte, viele Dysodonta. So zeigen die postpaläozoischen Vertreter der aus vielen Gründen nahe miteinander verwandten Limidae, Ostreina und Pectinidae sowohl perlmutterige als auch porzellanartige Schalen, während die rezenten ausschließlich kalzitisch struiert sind. Andererseits kennt man keine kalzitischen Formen aus dem Paläozoikum. Offenbar haben sich kalzitische und porzellanartige Schalen mehrfach in der geologischen Vergangenheit aus perlmutterigen Formen entwickelt (vgl. Abb. 744—745).

b) Pelseneer (1889) hat vier Ordnungen aufgestellt, die sich hauptsächlich auf den Kiemenbau gründen. Er unterschied in aufsteigender Reihe und mit zunehmender Komplikation: die Protobranchia, Filibranchia, Eulamellibranchia und Septibranchia (vgl. S. 524 und Abb. 745). Da die verschiedenen Kiementypen bei morphologisch stark voneinander abweichenden Tieren und in Gruppen vorkommen, die aus paläontologischen und sonstigen Gründen homogen sind, dürfte es klar sein, daß sich die Kiemen in einfacher Weise adaptiv umgewandelt haben.

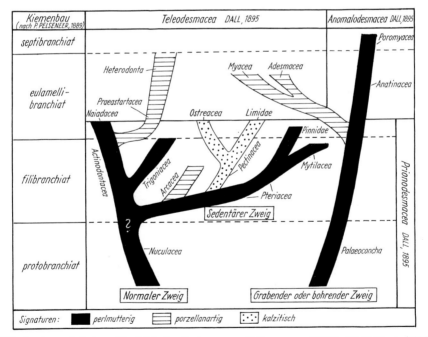

Abb. 745. Stark vereinfachter Vergleich der Systeme von P. Pelseneer (1889), W. H. Dall (1895) und H. Douvillé (1912), wobei zusätzlich die taxonomische Verteilung der wichtigsten Schalenstrukturen (perlmutterig, porzellanartig, kalzitisch) eingetragen wurde. — Nach G. M. Davies (1933) und N. D. Newell (1954), verändert.

c) Auch bei der Umgestaltung des Schlosses kam es zu Homöomorphien (Abb. 744). So haben viele der rezenten Arcina ein taxodontes Schloß, weshalb sie meist in die Nähe der Nuculina gestellt werden. Dies ist jedoch nicht gerechtfertigt, da, wie schon H. Douvillé (1913) zeigen konnte, die mesozoischen und paläozoischen Vorfahren eine abweichende Bezahnung ausgebildet haben, die in vieler Hinsicht an die primitiver Pteriidae, Mytilacea und verwandter Formen erinnert. Die taxodonte Bezahnung der rezenten Arcina hat sich erst im Verlauf der Zeit entwickelt und nur äußerlich an die der grundsätzlich verschiedenen Nuculina angepaßt. Es handelt sich also um Homöomorphie (Newell 1954).

d) Ebenso wie bei zahlreichen anderen Tiergruppen zeigt sich die Tendenz zur phylogenetischen Größenzunahme. Sie besagt, daß am Anfang der Entwicklungsreihen meist relativ kleinwüchsige Formen stehen und daß sich im Laufe der stammesgeschichtlichen Entwicklung eine allmähliche, aber deutlich wahrnehmbare Größensteigerung vollzogen hat. So sind zum Beispiel die paläozoischen Muscheln im allgemeinen wesentlich kleiner als die aus dem Meso- und Känozoikum. Besonders gilt dies für die Zeit vom Jura an aufwärts; speziell für die Trigoniidae, Pectinidae, Spondylidae, Limidae, Ostreidae, Unionidae, Chamacea und Hippuritacea. Oft finden sich die größten Vertreter heute noch nicht abgerissener Entwicklungsreihen in der Gegenwart. Phylogenetische Größenzunahme kommt aber auch innerhalb der Gattungen vor, so bei *Diceras, Chama, Monopleura, Hippurites* und *Radiolites*. Auch die Mehrzahl der Heterodonta, deren Familien meist in der Trias oder im späteren Paläozoikum entstanden sind, zeigen phylogenetische Größenzunahme. Dies gilt etwa für die Carditidae, Fimbriidae, Cardiidae, Veneridae und Tellinidae. Dabei ergibt sich, ähnlich wie bei vielen anderen Tiergruppen, daß nicht selten die variierenden relativen Größen verschiedener Strukturen und Organe durch eine konstante Beziehung ihrer Wachstumsgeschwindigkeit bestimmt werden. Besonders wichtig sind die mit dem Wachstum gekoppelten Veränderungen (Wachstumsallometrien), wobei die Größe eines Teiles durch die jeweilige Größe des Gesamtkörpers bestimmt wird (Abb. 746).

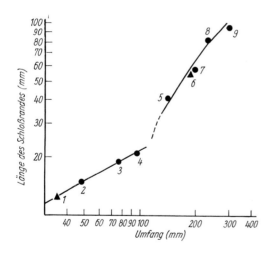

Abb. 746. Die zwischen Umfang und Schloßrandlänge bei einigen spätpaläozoischen *Myalina*-Arten auftretenden allometrischen Beziehungen. Es bedeuten: 1 = *Myalina copha*, mittleres Oberkarbon; 2 = *M*. sp., mittleres Unterkarbon; 3 = *M. lepta*, mittleres Oberkarbon; 4 = desgl.; 5 = *M. wyomingensis*, mittleres und oberes Oberkarbon; 6 = *M. pliopetina*, Unt. Perm; 7 = *M. miopetina*, oberes Oberkarbon; 8 und 9 = *M. copei*, Unt. und Mittl. Perm. — Nach N. D. Newell (1949), umgezeichnet.

Literaturverzeichnis

Abel, O.: Lehrbuch der Paläontologie. 2. Aufl., XIV u. 523 S., 700 Abb., 1924.
Allen, J. A., & Sanders, H. L.: *Nucinella serrei* Lamy (Bivalvia: Protobranchia), a monomyarian solemyid and possible living actinodont. — Malacologia 7, 381—396, Kopenhagen 1969.
Anthony, R.: Influence pleurothétique sur la morphologie des mollusques acéphales dimyaires. — Ann. Sci. nat. (Zool.) (9) **1**, 195—396, Paris 1905.

BABIN, CL.: Mollusques Bivalves et Céphalopodes du Paléozoique Amoricain. 471 S., 115 Abb., 18 Taf., Brest 1966.
— Mollusques Bivalves du Silurien supérieur et de l'extrême base du Dévonien en Normandie. — Ann. Soc. Géol. Nord **XCIV**, 19—45, 3 Abb., 6 Taf., Lille 1974.
— Étude comparée des genres *Babinka* BARRANDE et *Coxiconcha* BABIN (Mollusques Bivalves de l'Ordovicien) intérêt phylogénétique. — Géobios **10**, fasc. 1, 51—79, 6 Abb., 5 Taf., Lyon 1977.
BARKER, R. M.: Microtextural variation in pelecypod shells. — Malacologia **2**, 69—86, 1964.
BARTSCH, P.: An ecological cross section of the lower part of Florida based largely upon its Molluscan fauna. — Nat. Res. Council, Rept. Comm. Paleoecology **1936—1937**, 11—25, 1937.
BERNARD, F.: Note sur le développement et la morphologie de la coquille chez les Lamellibranches. — Bull. Soc. Géol. France, 3. sér., **23**, 104—154, 1895; **24**, 54—82, 412—449, 1896; **25**, 559—566, 1897.
BETEKHTINA, O. A.: [Upper Palaeozoic non-marine pelecypods of Sibiria and Eastern Kazakh stan]. — Nauka, 220 S., 45 Abb., 2 Taf., 1966 (? 1967).
BEUSHAUSEN, L.: Die Lamellibranchiaten des rheinischen Devon mit Ausschluß der Aviculiden. — Abh. Preuß. Geol. L.-A., N. F. **17**, 514 S., Atlas mit 38 Taf., Berlin 1895.
BOTTJER, D. J., & CARTER, J. G.: Functional and phylogenetic significance of projecting peristostracal structures in the Bivalvia (Mollusca). — J. Paleont. **54** (1), 200—216, 8 Abb., 1980.
BUCHNER, O.: Einführung in die europäische Meeresmollusken-Fauna. 166 S., 125 Abb., 26 Taf., Stuttgart 1913.
CARTER, J. G.: Ecology and evolution of the Gastrochaenacea (Mollusca: Bivalvia) with notes on the evolution of the endolithic habitat. — Yale Peabody Mus. Bull. **41**, 91 S., New Haven 1978.
CARTER, R. M.: On the nature and definition of the lunule, escutcheon and corcelet in the Bivalvia. — Proc. Malacol. Soc. London **37**, 243—263, 2 Abb., 2 Taf., 1967.
CHINZEI, K., SAVAZZI, E., & SEILACHER, A.: Adaptational strategies of bivalves living as infaunal secondary soft bottom dwellers. — N. Jb. Geol. Paläont., Abh. **164**, 229—244, 6 Abb., Stuttgart 1982.
CLAPP, W. F., & KENK, R.: Marine borers. An annotated bibliography. XII + 1136 S., Washington 1963.
COMFORT, A.: The pigmentation in molluscan shells. — Biol. Rev. **26**, 285—301, 1951.
— The duration of life in molluscs. — Proc. Malacol. Soc. London **32**, 219—241, 1957.
COOGAN, A. H.: Evolutionary trends in rudist hard parts. — In: Treatise on Invertebrate Paleontology, part. **N**, 766—776, Lawrence 1969.
COOPER, R., & KENSLEY, B.: Endemic South American Permian bivalve molluscs from the Ecca of South Africa. — J. Paleont. **58** (6), 1360—1363, 3 Abb., Lawrence 1984.
COX, L. R.: On the affinities of the Cretaceous Lamellibranch genera *Trigonioides* and *Hoffetrigonia*. — Geol. Mag. **92**, 345—349, 1 Abb., 1955.
— The preservation of moulds of the intestine in fossil *Nuculana* (Lamellibranchia) from the Lias of England. — Paleontology **2**, 262—269, 1 Abb., 1 Taf., 1960.
— General features of Bivalvia. — In: Treatise on Invertebrate Paleontology, part **N**, 2—128, zahl. Abb., Lawrence 1969.
DALL, W. J.: Pelecypoda. — In: EASTMAN-ZITTEL, Textbook of Paleontology **1**, Invertebrata, 422—507, 1899.
DAVIES, J. H., & TRUEMAN, A. E.: A revision of the non-marine lamellibranchs of the coal measures, and a discussion of the zonal sequence. — Quart. J. Geol. Soc. London **83**, 210—259, 10 Abb., 2 Taf., London 1928.
DAVIES, G. M.: The base of classification of Lamellibranchia. — Proc. Malac. Soc. **20**, 322—326, London 1933.
DELGADO, J. F.: Faune cambrienne du Haut-Alemtejo (Portugal). — Commun. Commiss. Serv. geol. Portugal **5**, Lissabon 1904.
DEPÉRET, CH., & ROMAN, F.: Monographie des Pectinidés néogènes de l'Europe et des regions voisins. — Mém. Soc. Géol. France, Paléontologie **26**, 1902.
DESCHASEAUX, C.: Classe des Lamellibranches. — In: J. PIVETEAU, Traité de Paléontologie **II**, 220—364, 215 Abb., Paris 1952.
DICKINS, J. M.: Permian pelecypods and gastropods from Western Australia. — Austral. Bur. Mineral. Resources, Bull. **63**, 150 S., 26 Taf., 1963.
DODD, J. R.: Paleoecological implications of shell mineralogy in two pelecypod species. — J. Geol. **71**, pt. 1, 1—11, 1963.

Douvillé, H.: Observations sur les Ostréidés, Origine et classification. — Bull. Soc. Géol. France (4) **X**, 634, Paris 1910.
— Classification des Lamellibranches. — Bull. Soc. Géol. France **12**, 419—467, 1912.
Driscoll, E. G.: Accessory muscle scars, an aid to protobranch orientation. — J. Paleont. **38**, Pt. 1, 61—66, 7 Abb., 1 Taf., 1964.
Ebersin, A. G.: Tip Mollusca — Klasse Solenogastres, Klass Loricata, Klass Bivalvia, Klass Scaphopoda. — In: Y. A. Orlov (Ed.), Osnovy Paleontologii, Mollyuske, 300 S., Moskau 1960.
Fraas, E.: Der Petrefaktensammler. 249 S., 69 Taf., 1910.
Frank, M.: Über die Verwandtschaftsverhältnisse der germanischen Triasmyophorien. — Zbl. Min. etc., Jahrg. **1929**, B, 558—577, 3 Abb., 1929.
Frech, F.: Die devonischen Aviculiden Deutschlands. Ein Beitrag zur Systematik und Stammesgeschichte der Zweischaler. — Abh. geol. Spezialkarte v. Preußen usw. **IX**, H. 3, 261 S., 23 Abb., Atlas mit 18 Taf., Berlin 1891.
Geyer, D.: Unsere Land- und Süßwasser-Mollusken. Einführung in die Molluskenfauna Deutschlands, 224 S., einige Textabb., 33 Taf., Stuttgart (Lutz) 1927.
Gilchrist, J. D. F.: *Lima hians* and its mode of life. — Trans. Nat. Hist. Soc. Glasgow, n. s. **4**, 218—225, 1896.
Goldfuss, G. A.: Petrefacta Germaniae, Teil 2, mehrere Lieferungen mit zusammen 312 S., 94 Taf., Düsseldorf (Arnz) 1833–1840.
Grahle, H.-O.: Zur Wanderung von *Petricola pholadiformis* Lam. — Natur u. Museum 62, 61—64, 3 Abb., 1932.
Gründel, J.: Ostreen (Bivalvia) aus der Sächsischen Oberkreide. I—II. — Abh. Staatl. Mus. Min. Geol. Dresden **31**, 141—161, 9 Taf., Leipzig 1982.
Haas, F.: Bivalvia. — In: Bronns Klassen und Ordnungen des Tierreiches **3**, Teil 2, 248—322, 1938.
Haffer, J.: Der Schloßbau früh-heterodonter Lamellibranchiaten aus dem Rheinischen Devon. — Palaeontogr. **112**, Abt. A., Lfg. 5—6, 133—192, 25 Abb., 4 Taf., 1 Tab., Stuttgart 1959.
Hagdorn, H.: Muschel/Krinoiden-Bioherme im Oberen Muschelkalk (mo1, Anis) von Crailsheim und Schwäbisch Hall (Südwestdeutschland). — Neues Jb. Geol. Paläont., Abh. **156**, 31—86, 25 Abb., Stuttgart 1978.
Hatai, K., & Nisiyama, S.: Check list of Japanese Tertiary marine Mollusca. — Tohoku Univ., Sci. Rept., ser. 2, spec. vol. **3**, 464 S., 1952.
Havlíček, V., & Kříž, J.: Middle Cambrian *Lamellodonta simplex* Vogel: „Bivalve" turned brachiopod *Trematobolus simplex* (Vogel). — J. Paleont. **52** (5), 972—975, 1 Taf., 1978.
Heide, S. van der: Les Lamellibranches limniques du terrain houiller du Limbourg du Sud (Pays Bas). — Mededeel. Geol. Stichting, ser. C—IV 3, Nr. 1, 94 S., 4 Abb., 6 Taf., Maastricht 1943.
Heine, Fr.: Die Inoceramen des mittelwestfälischen Emschers und unteren Untersenons. — Abh. Preuß. Geol. L.-A. **120**, 124 S., 20 Taf., Berlin 1929.
Heinz, R.: Aus der neuen Systematik der Inoceramen. — Mitt. Min.-Geol. Staatsinstitut Hamburg **13**, 1—26, Hamburg 1932.
Hicks, H. H.: On the tremadoc rocks in the neighbourhood of St. David's, South Wales, and their fossil contents. — Quart. Jour. Geol. Soc. London **29**, 39—52, 1873.
Hind, W.: A monograph of *Carbonicola*, *Anthracomya* and *Naiadites*. — Mon. Pal. Soc. London **48—50**, 1—181, 21 Taf., London 1894—1896.
Hölder, H.: Das Gefüge eines *Placunopsis*-Riffs aus dem Hauptmuschelkalk. — Jber. Mitt. oberrh. geol. Ver. N. F. **43**, 41—48, 2 Abb., 1 Taf., 1961.
— Über die Muschelgattung *Placunopsis* (Pectinacea, Placunopsidae) in Trias und Jura. — Stuttgarter Beitr. Naturk. **165 B**, Nr. 165, 63 S., 14 Abb., 6 Taf., Stuttgart 1990.
Horny, R.: On the phylogeny of the earliest pelecypods (Mollusca). — Vest. ustred. Ust. geol. Ceskosl. **35**, 479—482, Prag 1960.
Ichikawa, K.: Late Triassic Pelecypods from the Kochigatani Group in the Sakuradani and Kito Areas, Tokushima Prefecture, Shikoku, Japan. — Jour. Inst. Polytech., Osaka City Univ., ser. G, pt. I, **1**, 35—57, 2 Taf., 1954; pt. II, **2**, 53—74, 2 Taf., 1954.
— Late Cretaceous Pelecypods from the Izumi Group. Part III. Order Heterodontida (1). — Jour. Geosciences, Osaka City Univ. **7** (5), 113—148, 3 Abb., 4 Taf., Osaka 1963.
Imamura, A.: On the seismic activity of the Kwanto district. — Jap. J. Astro. Geophys. **V**, S. 127, 1927.

JOHNSON, A. L. A.: The palaeobiology of the Pectinidae and Propaeamusiidae in the Jurassic of Europe. — Zitteliana **11**, 235 S., 11 Taf., 1984.
JONES, D. S., & NICOL, D.: Eocene Clavagellids (Mollusca: Pelecypoda) from Florida: The first documented occurrence in the Cenocoic of the western hemisphere. — J. Paleont. **63** (3), 320—323, 3 Abb., 1989.
JOURDY, E.: Histoire naturelle des Exogyres. — Ann. Paleont. **13**, 104 S., 11 Taf., 1924.
KAUTSKY, F.: Das Miozän von Hemmoor und Basbeck-Osten. — Abh. Preuß. Geol. L.-A., N. F. **97**, 255 S., 12 Taf., Berlin 1925.
KEEN, M.: Marine shells of tropical West America. 624 S., Stanford 1958.
— & FRIZZELL, D. L.: Illustrated key to West North American pelecypod genera, 28 S., Stanford 1939.
KELLER, S.: Die Oberkreide der Sack-Mulde bei Alfeld (Cenoman — Unter-Coniac). Lithologie, Biostratigraphie und Inoceramen. — Geol. Jb. A **64**, 3—171, 61 Abb., 8 Taf., Hannover 1982.
KELLY, S. R. A.: Bivalvia of the Spilsby sandstone and Sandringham sands (Late Jurassic — Early Cretaceous) of Eastern England. — Monogr. Palaeont. Soc. London **137**, 1—94, 59 Abb., 20 Taf., London 1984.
KENNEDY, W. J., MORRIS, N. J., & TAYLOR, J. D.: The shell structure, mineralogy, and relationships of the Chamacea (Bivalvia). — Palaeontology **13**, part 3, 379—413, 7 Abb., 8 Taf., London 1970.
KIRA, T.: Shells of western Pacific in color. 224 S., 72 Taf., Osaka 1962.
KOENEN, A. v.: Das norddeutsche Unter-Oligocän und seine Molluskenfauna. — Abh. geol. Spez.-Karte Preuß. Thür. Staaten etc. **10**, 1—1458, 101 Taf., in 7 Teilen, Berlin 1889—1894.
KRASILOVA, I. N.: [Fordilliden (Bivalvia) aus dem unteren Paläozoikum der Sibirischen Tafel]. — Paleont. Zhurn. **1977**, 42—48, 1 Abb., 1 Taf., Moskau 1977 (russ.).
KÜHN, O.: Rudistae. — Fossilium Catalogus I, pars **54**, 200 S., Berlin 1932. — Darin das ältere Schrifttum über Rudisten.
— Morphologisch-anatomische Untersuchungen an Rudisten. I. Die Siphonen der Hippuriten. — Zbl. Min. etc. **1937**, B, 229—240, 1937.
— Morphologisch-anatomische Untersuchungen an Rudisten. II. Die Symmetrieverhältnisse der Rudisten. — Zbl. Min. etc. **1941**, B, 362—371, 5 Abb., 1941.
— Die Gattung *Arnaudia* BAYLE. — Neues Jb. Min. etc., Monatshefte, Jahrg. **1944**, B, 61—67, 1944.
LEMCHE, H.: A possible central place for *Stenothecoides* RESSER, 1939 and *Cambridium* HORNY 1957 (Mollusca Monoplacophora) in Invertebrate phylogeny. — Internat. geol. Congr., Rep. 21 Sess. Norden, P. **22**, 22—101, Kopenhagen 1960.
LILJEDAHL, L.: *Silurozodus,* new genus, the oldest known member of the Trigonioidea (Bivalvia, Mollusca). — Paläont. Z. **66**, 51—65, 7 Abb., Stuttgart 1992.
LUCAS, A.: Recherche sur la sexualité des mollusques bivalves. — Biol. France Belgique, Bull. **99**, Nr. 2, 247 S., 1965.
MCALESTER, A. L.: Transitional Ordovician bivalve with both monoplacophoran and lucinacean affinities. — Science **146**, Nr. 3649, 1293—1294, 2 Abb., 1964.
— Systematics, affinities, and life habits of *Babinka,* a transitional Ordovician lucinoid bivalve. — Palaeontology **8**, pt. 2, 231—246, 3 Taf., 1965.
MOLL, FR.: Die fossilen Terediniden und ihre Beziehungen zu den rezenten Arten. — Palaeontogr. XCIV, Abt. A, Lief. 3, 6, Stuttgart 1942.
MOORE, R. C.: Pelecypods. — In: R. C. MOORE, C. G. LALICKER & A. G. FISCHER, Invertebrate Fossils, 398—451, 29 Abb., 1952.
MÜLLER, A. H.: Beiträge zur Stratonomie und Ökologie des germanischen Muschelkalks. — Geologie **4**, 285—297, 1 Abb., 3 Taf., Berlin 1955.
— Dysodonta (Lamellibranchiata) als bemerkenswerte Epizoen auf Porifera. — Mber. Dt. Akad. Wiss. **12**, 621—631, 3 Abb., 3 Taf., Berlin 1970 (1970a).
— Zur funktionellen Morphologie, Taxiologie und Ökologie von *Pycnodonta* (Ostreina, Lamellibranchiata). Teil 1. — Mber. Dt. Akad. Wiss. **12**, 902—923, 5 Abb., 4 Taf.; Teil 2, ebd., 936—950, 5 Abb., 3 Taf., Berlin 1970 (1970b).
— Einiges über spirale und schraubenförmige Strukturen bei fossilen Tieren unter besonderer Berücksichtigung taxonomischer und phylogenetischer Zusammenhänge. Teil 2. — Mber. Dt. Akad. Wiss. **13** (4/5), 369—382, 8 Abb., Berlin 1971.
— Zur Ichnologie und Ökologie der Baltischen Plattmuschel (*Macoma balthica*) aus dem Litoral der Ostsee. — Freiberger Forschungsh. **C 445**, 89—94, 1 Abb., 2 Taf., Leipzig 1992.

Nestler, H.: Entwicklung und Schalenstruktur von *Pycnodonta vesicularis* (Lam.) und *Dimyodon nilssoni* (v. Hag.) aus der Oberkreide. — Geologie **14**, 64—77, 2 Abb., 3 Taf., Berlin 1965.

Neumayr, M.: Zur Morphologie des Bivalvenschlosses. — Sitzber. Akad. Wiss. Wien, math.-nat. Kl. **88**, 385—419, 2 Taf., Wien 1883.

— Beiträge zur morphologischen Einteilung der Bivalven. — Denkschr. Akad. Wiss. Wien **58**, 701—801, 1891.

Newell, N. D.: Late Paleozoic pelecypods: Pectinacea. — Kansas Geol. Survey **10**, pt. 1, 123 S., 42 Abb., 20 Taf., 1937.

— Late Paleozoic pelecypods: Mytilacea. — Kansas Geol. Survey **10**, pt. 2, 115 S., 22 Abb., 15 Taf., 1942.

— Phyletic size increase, an important trend illustrated by fossil invertebrates. — Evolution **3**, 103—124, 6 Abb., 1949.

— Status of Invertebrate Paleontology, 1953. V. Mollusca: Pelecypoda. — Bull. Mus. Comp. Zoology **112**, 161—172, 3 Abb., 1954.

— Permian pelecypods of East Greenland. — Medd. om Grønland **110**, Nr. 4, 36 S., 5 Taf., Kopenhagen 1955.

— Primitive desmodont Pelecypods of the Australian Permian. — Americ. Mus. Novitates **1799**, 13 S., 5 Abb., New York 1956.

— Notes on certain primitive heterodont Pelecypods. — Americ. Mus. Novitates **1857**, 14 S., 4 Abb., New York 1957.

— A Note on Permian Crassatellid Pelecypods. — Americ. Mus. Novitates **1878**, 6 S., 3 Abb., New York 1958.

— & Boyd, D. W.: Oyster-like Permian Bivalvia. — Bull. Amer. Mus. Nat. Hist. **143**, art. 4, 217—282, 34 Abb., 6 Taf., New York 1970.

— — Parallel evolution in early Trigoniacean Bivalves. — Ebd. **154**, art. 2, 53—162, 97 Abb., 31 Taf., New York 1975.

Nicol, D.: Origin of the pelecypod family Glycymeridae. — J. Paleont. **24**, 89—98, 1950.

Oppenheim, P.: Die Gattungen *Dreyssensia* van Beneden und *Congeria* Partsch, ihre gegenseitigen Beziehungen und ihre Verteilung in Zeit und Raum. — Z. Dtsch. Geol. Ges. **1891**, 923—966, 1 Taf., 1891.

Paproth, E.: Über die stratigraphische Verbreitung der nicht-marinen Muscheln im Ruhr-Karbon. — Geol. Jb. **71**, 21—50, 1 Abb., 3 Taf., Hannover 1955.

Pelseneer, P.: Sur la classification phylogénétique de Pélécypodes. — Bull. Sci. Nat. France et Belg., ser. 3, **20**, 27—52, 1889.

— Mollusca. — In: E. R. Lankester, Treatise on Zoology **5**, 1—355, 301 Abb. (Muscheln: 205—284, Abb. 187—251), London 1906.

Pfannenstiel, M.: Organisation und Entwicklung der Gryphäen. — Palaeobiologica **I**, 381—418, 11 Abb., Wien und Leipzig 1928.

Picard, E.: Die Gattung *Pinna* in der Trias. — Jb. Kgl. Preuß. Geol. L.-A. XXIV, 333—336, 1 Taf., Berlin 1904.

Pojeta, J., Runnegar, B., & Kriz, J.: *Fordilla troyensis* Barrande: The oldest known pelecypod. — Science **180**, 866—868, Washington 1973.

— — Morris, N., & Newell, N. D.: Rostroconchia: A new class of bivalved molluscs. — Science **177**, 264—267, Washington 1972.

Rees, C. B.: The identification and classification of lamellibranch larvae. — Hull. Bull. Mar. Ecology **3**, 73—104, 4 Abb., 5 Taf., 1950.

Ridewood, W. G.: On the structure of the gills of the Lamellibranchia. — Phil. Trans. Roy. Soc. London **195**, 147—284, 1903.

Runnegar, B.: Systematics and biology of some desmodont bivalves from the Australian Permian. — Geol. Soc. Australia, Jour. **13**, Nr. 2, 373—386, 1966.

— & Newell, N. D.: Caspian-like relict molluscan fauna in the South American Permian. — Bull. Amer. Mus. Nat. Hist. **146**, art. 1, 66 S., 27 Abb., New York 1971.

— & Pojeta, J.: Molluscan phylogeny: the paleontological viewpoint. — Science **186**, Nr. 4161, 311—317, 1974.

Schäfle, L.: Über Lias- und Doggeraustern. — Geol. Paläont. Abh., N. F. **17**, H. 2, 88 S., 12 Abb., 6 Taf., Jena 1929.

SCHENK, H. G.: Literature on the shell structure of pelecypods. — Mus. roy. d'hist. nat. Belgique, Bull. **10**, 20 S., 1934.
SCHMIDT, M.: Die Lebewelt unserer Trias. 461 S., 1220 Abb., Oehringen (Rau) 1928.
SEILACHER, A.: Ökologie der triassischen Muschel *Lima lineata* (SCHLOTH.) und ihre Epöken. — N. Jb. Geol.. Paläont. Mh. **1954**, 163—183, 8 Abb., Stuttgart 1954.
SEILACHER, A.: Aberrations in bivalve evolution related to photo- and chemosymbiosis. — Historical Biol. **3**, 289—311, 5 Abb., Harwood 1990.
SEITZ, O.: Über Ontogenie, Variabilität und Biostratigraphie einiger Incoeramen. — Paläont. Z. **30**, 3—6, Stuttgart 1956.
SHROCK, R. S., & TWENHOFEL, W. H.: Principles of Invertebrate Paleontology. 2. Aufl., 816 S., 470 Abb., 1953.
SOLLE, G.: Die Watt-Fauna der unteren Klerfer Schichten von Greimerath (Unterdevon, Südost-Eifel). Zugleich ein Beitrag zur unterdevonischen Mollusken-Fauna. — Abh. hess. L.-A. Bodenforsch. **17**, 47 S., 7 Abb., 6 Taf., Wiesbaden 1956.
STAESCHE, K.: Die Pectiniden des schwäbischen Jura. — Geol. Paläont. Abh., N. F. **15**, H. 1, 136 S., 12 Abb., 6 Taf., Jena 1926.
STANLEY, S. M.: Relation of shell form to life habits in the Bivalvia (Mollusca). — Geol. Soc. Amer., Mem. **125**, 296 S., 1970.
STENZEL, H. B.: Paleoecology of some oysters. — Nat. Res. Council. Comm. Marine Ecology as related to Paleont. **1944—1945**, 37—46, 1945.
STRAUCH, F.: Phylogenese, Adaptation und Migration einiger nordischer mariner Molluskengenera (*Neptunea, Panomya, Cyrtodaria* und *Mya*). — Abh. Senckenberg. Naturf. Ges. **531**, 211 S., 29 Abb., 11 Taf., Frankfurt a. Main 1972.
THIELE, J.: Handbuch der systematischen Weichtierkunde, 2. Bd., 779—1154, 114 Abb., Jena (Fischer) 1935.
TRÖGER, K.-A.: Zur Paläontologie, Biostratigraphie und faziellen Ausbildung der unteren Oberkreide (Cenoman bis Turon). I. Paläontologie und Biostratigraphie der Inoceramen des Cenomans und Turons Mitteleuropas. — Abh. Staatl. Mus. Mineral. Geol. **12**, 13—207, 31 Abb., 14 Taf., 43 Anlagen, Dresden 1967.
— & CHRISTENSEN, W. K.: Upper Cretaceous (Cenomanian — Santonian) inoceramid bivalve faunas from the island of Bornholm, Denmark. — Geol. Surv. Denmark, DGU ser. **A 28**, 45 S., 32 Abb., 4 Taf., Kopenhagen 1991.
TRUEMAN, E. R.: Adaptive morphology in paleoecological interpretation. — In: Approaches to Paleoecology, 432 S., New York (Wiley) 1964.
— & WEIR, J.: A monograph of british carboniferous nonmarine Lamellibranchia. — Mon. Pal. Soc. London, 206 S., 28 Abb., 26 Taf., London 1946—1954.
VANGEROW, E. F.: Zur Gattung *Goniomya*. — Paläont. Z. **19**, 345—349, 3 Abb., Berlin 1937.
VEGH-NEUBRANDT, E.: Triassische Megalodontaceae. Entwicklung, Stratigraphie und Paläontologie. 526 S., 236 Abb., Budapest 1982.
VOGEL, K.: Muscheln mit Schloßzähnen aus dem spanischen Kambrium und ihre Bedeutung für die Evolution der Lamellibranchiaten. — Abh. Akad. Wiss. Lit. Math.-Nat. Kl. 1962, Nr. 4, 52 S., 19 Abb., 5 Taf., Wiesbaden 1962. — Darin weitere wichtige Literatur.
— Die Radiolitengattung *Osculigera* KÜHN (höhere Oberkreide) und die Funktion kennzeichnender morphologischer Eigenschaften der Rudisten. — Paläont. Z. **44**, 63—81, 3 Taf., Stuttgart 1970.
— Forschungsbericht über Muscheln. — Paläont. Z. **49**, 477—492, 9 Abb., Stuttgart 1975.
VOKES, H. E.: Studies on Tertiary and Recent giant Limidae. — Tulane Studies Geol. **1**, Nr. 2, 73—123, 1963.
— Genera of the Bivalvia: a systematic and bibliographic catalogue. — Bull. Amer. Paleont. **51**, Nr. 232, 105—394, 1967.
— Genera of the bivalvia: a systematic and bibliographic catalogue (Revised and updated). 307 S., Ithaca/ N. Y. 1980.
WEIR, J.: A monograph of British Carboniferous non-marine Lamellibranchia. — Palaeontogr. Soc., (a) pt. 10, 273—320, 2 Taf.; (b) pt. 11 (1966), 321—372, 8 Taf., 1960—1966.
WARTH, M.: Die nichtmarinen Muscheln des Westfal A unter besonderer Berücksichtigung des Ruhrkarbons und einige grundlegende Erkenntnisse zur Taxionomie. — Forschungsber. des Landes Nordrhein-Westfalen **1846**, 125 S., 173 Abb., 12 Taf., Köln u. Opladen 1967.

Wiontzek, H.: Über altbekannte Hippuriten aus Südfrankreich und der Gosau. Neue Beobachtungen und kritische Betrachtungen. — Paläont. Z. **19**, 312—341, 4 Abb., 5 Taf., Berlin 1937.

Wolff, H. S.: The hadal community, an introduction. — Deep-Sea Res. **6**, 95—124, 1960.

Yochelson, E. L.: *Fordilla troyensis* Barrande: „The oldest known pelecypod" may not be a pelecypod. — J. Paleont. **55**, 113—125, 6 Abb., 1981.

Yonge, C. M.: The monomyarian condition in the Lamellibranchia. — Trans. Roy. Soc. Edinburgh **62**, pt. 2, Nr. 12, 443—478, 13 Abb., 1953.

— Adaptations to rock-boring in *Botula* and *Lithophaga* (Lamellibranchia, Mytilidae) with a discussion on the evolution of this habit. — J. Science **96**, 383—410, 1955.

— Giant clams — Discovery **16**, 154—158, 6 Abb., 1955.

— On the primitive significance of the byssus in the Bivalvia and its effects in evolution. — Marine Biol. Assoc. United Kingdom, Jour. **42**, 113—125, 6 Abb., 1962.

— Form, habit and evolution in the Chamidae (Bivalvia) with reference to conditions in the rudists (Hippuritacea). — Roy. Soc. London, Phil. Trans., ser. B., Biol. Sci. **775**, v. 252, 49—105, 31 Abb., 1967.

— Significance of the ligament in the classification of the Bivalvia. — Proc. R. Soc. London **B 202**, 231—248, London 1978.

Zappe, H.: Dachsteinkalk und „Dachsteinmuscheln". — Natur und Volk **87**, 87—94, 7 Abb., Frankfurt a. Main 1957.

Zeuner, Fr.: Die Lebensweise der Gryphäen. — Palaeobiologica **V**, 307—320, 4 Abb., 1 Taf., Wien und Leipzig 1933.

Zilch, A.: Die *Pedalion*-Arten des mitteldeutschen Tertiärs. — Senckenbergiana **20**, 363—380, 8 Abb., 1 Taf., Frankfurt a. Main 1938.

Zittel, K. A. v.: Grundzüge der Paläontologie (Paläozoologie). I. Invertebraten. 4. Aufl., 694 S., 1458 Abb., 1915.

Anhang: Über rhythmische Wachstumsvorgänge bei Muscheln und anderen hartteilbildenden Invertebraten

1. Allgemeines

Bei benthisch lebenden Organismen spiegeln sich die geographischen Gradienten ökologischer Grenzfaktoren in den Merkmalen und Merkmalskomplexen eurytypischer Populationen wider und lassen so die synökologischen Beziehungen erkennen. Auch viele der autökologisch wirksamen Faktoren (wie Grad der Wasserbewegung, die Beschaffenheit des Untergrundes) manifestieren sich, bei Muscheln zum Beispiel in Besonderheiten von Skulptur, Dicke und Gestalt der Schale. Wie bei anderen Organismen mit additiv (appositionell) wachsendem Skelett bestehen zwischen Physiologie und Umwelt enge Beziehungen. Sie reagieren wie Umwelt-Recorder, so daß aus den inskriptierten Daten auf die individuelle Lebensgeschichte und damit auf geophysikalische, chronologische sowie ökologische Parameter geschlossen werden kann. Neben jahreszeitlichen, überwiegend temperaturabhängigen Faktoren sind es vor allem die täglichen, monatlichen und jährlichen Rhythmen. Eine besondere Rolle spielt der Gezeitenwechsel, auf dessen Wirksamkeit im wesentlichen die Verwendung von Fossilien für astrophysikalische Zwecke beruht.

Die durch die Erdumdrehung und die Gravitation des Mondes entstehenden Gezeiten sind in ihrer Periode je nach der geographischen Breite verschieden lang. Ihre Dauer beträgt in der Gegenwart entweder 12,4 Stunden (tidal) oder 24,8 Stunden (lunar). Überlagert werden die vom Mond bewirkten Gezeiten durch die der Sonne, die ebenfalls im Zeitraum von 24 Stunden zwei Maxima und zwei Minima verursacht. Allerdings entwickeln die Gezeitenkräfte der Sonne nur ca. 46% der Kräfte des Mondes. Dennoch verändern sie deutlich die Mondgezeiten. Diese erreichen maximale Werte, wenn Sonne, Mond und Erde in einer Linie stehen und geringste, wenn die Verbindungslinie einen rechten Winkel bildet. Dies hat bei Voll- und Neumond maximale Amplituden der Gezeiten (Springtiden), im ersten und letzten Viertel solche kleinsten Ausmaßes (Nipptiden) zur Folge.

Die Wirkung der Gravitationskraft des Mondes auf Luftdruck, Temperatur, Wind, Ozongehalt und Atmosphäre, Intensität und Polarisation der Höhenstrahlung und damit auf die hierdurch beeinflußten Wachstumsvorgänge der Organismen, ist gering. Ähnliches gilt auch für die Intensität des Mondlichtes, die nur ca. 1/500 000 der Sonne erreicht; doch wird die verursachte Periodik in der Helligkeit der Nacht von manchen Organismen als Zeitgeber benutzt.

2. Der tägliche Zuwachs

Das Skelett von Mollusken und Korallen vergrößert sich täglich um einen kleinen Betrag. Diese Stetigkeit im Wachstum ist zum Beispiel selbst bei Muscheln nachzuweisen, die im gefrorenen Zustand oder in wassergefüllten Behältern mehrere Monate ohne Nahrung aufbewahrt werden (PANNELLA & MCCLINTOCK 1968). Allerdings sind die unter diesen ungünstigen Außenbedingungen gebildeten täglichen Zuwachszonen nicht dicker als ein oder zwei Mikrometer und nur bei starker Vergrößerung nachweisbar. Da mit zunehmendem Alter der Zuwachs meist beträchtlich abnimmt, sind vor allem Skelettbereiche jüngerer ontogenetischer Stadien wichtig.

Bei Pflanzen und Tieren, die Kalk ausscheiden und diesen additiv dem Skelett einverleiben (z. B. Mollusken, Korallen, Kalkalgen) ist der tägliche Zuwachsrhythmus im Skelett meist deutlich zu erkennen, da Kalziumkarbonat und organische Matrix der dünnen Lagen innerhalb eines 24-

Stunden-Rhythmus physiologischer Aktivität von Tag zu Tag in wechselnder, von verschiedenen Faktoren abhängigen Menge ausgeschieden werden. Stark beeinflußt wird sie zum Beispiel bei Muscheln durch die Zeit, in der die Schalen klaffen (offen stehen) und der Mantel des Tieres sich längs der Ränder auszudehnen vermag. Bei Mollusken beträgt die Dicke der täglichen Zuwachszonen meist zwischen 10^0 und 12^2 μm.

Durch die Überlagerung von mond- und sonnenabhängigen Gezeiten entstehen Spring- und Nipptiden, die heute im Abstand von 14,7 Tagen (syzygisch-lunar) oder 29,5 Tagen (synodisch-lunar) aufeinander folgen. Sie spiegeln sich in Molluskenschalen und anderen appositionell wachsenden Hartteilen in der periodischen Zu- und Abnahme der Dicke der täglichen Zuwachslagen; und zwar in relativ dünnen während der Nippfluten und relativ dicken während der Springfluten. Am deutlichsten ist dies bei Bewohnern des intertidalen, schwächer bei solchen, des subtidalen Bereiches. Die Unterschiede im Schalenzuwachs nehmen in dem Maße ab, wie die Wassertiefe größer, die Wasserbewegung, Intensität des Lichteinfalles sowie die Änderungen von Salzgehalt, Temperatur und Nahrungsangebot aber geringer werden. Dem monatlichen (synodischen) Rhythmus und damit dem Mondzyklus entsprechend werden bei Muscheln des inter- und subtidalen Bereichs die während eines Monats gebildeten Tages-Lamellen durch eine besonders dicke Lage begrenzt, die der monatlichen Hochflut mit ihren günstigen Lebensbedingungen entspricht.

Bei der bis über 1,5 m langen, dickschaligen Muschel *Tridacna gigas* ist der jährliche Zuwachs bis ca. 16mal größer als bei Austern (BONHAM 1965). Deshalb ist hier sowohl die 14tägige als auch die synodische Periodik bereits an der Oberfläche der Schalen zu erkennen. Sonst sind bei Mollusken die Zuwachsraten in der Regel nur unter dem Mikroskop im Dünnschliff, Anschliff oder an „Acetat-Peels" sichtbar. Bei den Riffkorallen ist die tägliche Zuwachsrate meist beträchtlich und relativ leicht nachweisbar. In der Gegenwart rechnet man mit einem Höhenzuwachs von ca. 1 mm/Tag und 2½–10 cm/Jahr.

Tägliche Zuwachszonen im Gefolge der Photosynthese bilden sich bei inkrustierenden Kalkalgen oder als Induktionswirkungen am Kontakt der Algen (Cyanophyceen, Chlorophyceen, Rhodophyceen). Sie dürften in der Zukunft vor allem für das Präkambrium eine große Bedeutung erlangen, da Stromatolithen bis zu einem Alter von ca. 3 Milliarden Jahren zurück nachgewiesen werden konnten. Als Geochronometer nützlich dürften künftig auch die Kalkröhren von Serpuliden sowie die an Stromatolithen erinnernden Stromatoporoidea werden. Leider ist bei den Stromatolithen die Kalkabscheidung diskontinuierlich, so daß im allgemeinen nur tidale und synodische Zuwachsbereiche, relativ selten aber vollständige Jahreskalender zu erwarten sind.

3. Fossilien als „Geochronometer"

Additiv wachsende Skelette fossiler Tiere zur Bestimmung geophysikalischer Parameter wurden erstmalig von WELLS 1963 verwendet. Er ging davon aus, daß die feinen Ringe und Reifen auf der Epithek von Korallen dem täglichen bzw. jährlichen Wechsel in der Kalkabscheidung entsprechen und solche Korallen folglich als „paläontologische Uhren" („Geochronometer") geeignet sind. Er hat den Zuwachsrhythmus an rezenten und fossilen Korallen bestimmt und die gewonnenen Daten zur quantitativen Ermittlung der Rotationsgeschwindigkeit der Erde und ihrer Änderung seit dem Devon benutzt. Im Anschluß an WELLS begannen auch andere Forscher sich mit der Verwendung von Fossilien als Geochronometer zu beschäftigen, so daß inzwischen eine größere Zahl einschlägiger Daten zur Verfügung steht. Wie ein Blick auf Tabelle 6 zeigt, stammen sie hier überwiegend von Muscheln, weniger von Korallen. Hinzu kommen Zählungen an einem Goniatiten aus dem Unt. Pennsylvanian und an einem Stromatolithen aus dem Ob. Kambrium. In der Tabelle wurden, soweit dies möglich war, die geschätzte Zahl der Tage des synodischen Monats, die Standardabweichung und der Standardfehler angegeben. Wichtig ist, daß sich bei den genannten Fossilien tidale und lunare Rhythmen unabhängig von vollständigen Jahreskalendern verwenden lassen; denn letztere sind ungleich seltener als erstere.

Tabelle 6

Die mittlere Zahl der Tage je synodischem Monat vom Ob. Kambrium bis zur Gegenwart, bestimmt aus Zählungen der Zuwachszonen bei geeigneten Organismenresten. Die von PANNELLA & McCLINTOCK 1968 stammenden Durchschnittswerte wurden von diesen Autoren für die Gegenwart aus 104 Zählungen (3030 Tage), für das Miozän aus 16 Zählungen (470 Tage), für das Eozän aus 88 Zählungen (2624 Tage), für die Kreide aus 55 Zählungen (1648 Tage), für das Ob. Karbon aus 119 Zählungen (3578 Tage) komputert. — Abkürzungen: P — PANNELLA, M — McCLINTOCK, TH — THOMPSON.

Lfd. Nr.	Zeitraum	Taxa	Mittelwerte Zahl der Tage je synodischem Monat	Standard-abweichung	Standardfehler	Autoren
13.	Gegenwart	*Mercenaria mercenaria* (LINNAEUS) (Muschel)	29,13	± 1,07	± 0,11	P., M. & TH. 1968
			29,17	± 1,06	± 0,09	P. & M. 1968
12.	Ob. Miozän	*Mercenaria campechiensis ochlockoneensis* (MANSFIELD) (Muschel)	29,40	± 0,97	± 0,12	P., M. & TH. 1968
			29,38	± 1,93	± 0,48	P. & M. 1968
11.	Eozän (insgesamt)	Muscheln wie unter 9) und 10)	29,82	± 0,93	± 0,10	P., M. & TH. 1968
10.	Ob. Eozän	*Crassatella mississippiensis* CONRAD (Muschel)	29,63	± 0,97	± 0,16	P., M. & TH. 1968 P. & M. 1968
9.	Mittl. Eozän	*Cardita planicosta* (LAMARCK) (Muschel)	29,96	± 0,88	± 0,12	P., M. & TH. 1968 P. & M. 1968
8.	Ob. Kreide (insgesamt)	*Limopsis striatopunctatus* EVANS & SHUMARD, *Cucullaea nebrascensis* OWEN, *Tancredia americana* (MEEK & HAYDEN) (Muscheln)	29,92 29,96	± 1,00 ± 0,98	± 0,10 ± 0,13	P., M. & TH. 1968 P. & M. 1968
7.	Mittl. Trias	*Palaeoneilo lineata* GOLDFUSS, *Cardita crenata* GOLDFUSS (Muscheln)	29,68	± 1,20	± 0,18	P., M. & TH. 1968
6.	Ob. Karbon (insgesamt)	*Conocardium* sp. und der unter 5) aufgeführte Goniatit	30,07	± 0,84	± 0,08	P., M. & TH. 1968
5.	Unteres Ob. Karbon	Goniatit	30,22	± 1,20	± 0,40	P., M. & TH. 1968 P. & M. 1968
4.	Unteres Unt. Karbon	*Conocardium herculeum* KONINCK (Muschel)	30,37	± 1,28	± 0,11	P., M. & TH. 1968
3.	Mittl. Devon	*Conocardium bellum* COOPER & CLOUD (Muschel)	30,53	± 1,25	± 0,23	P., M. & TH. 1968
2.	Mittl. Devon	Korallen (Rugosa)	30,59	—	—	SCRUTON 1964
1.	Ob. Kambrium	Stromatolith (Kalkalgen)	31,56	± 3,15	± 0,74	P., M. & TH. 1968

Einschränkend muß betont werden,

a) daß wegen der noch zu geringen Zahl vergleichbarer Daten, die darauf begründeten Schlüsse einen überwiegend spekulativen Charakter haben;
b) daß bei der Zählung der Zuwachszonen ein beträchtlicher subjektiver Einfluß besteht, zumal bei Fossilien durch diagenetische und andere Ursachen der Erhaltungszustand oft zu wünschen übrig läßt und zwar in der Regel um so mehr, je älter sie sind;
c) daß es nicht immer zu unterscheiden ist, inwieweit Jahreszeiten, Fortpflanzungs- und Entwicklungszyklen vorliegen. Diese Schwierigkeiten lassen sich durch Analyse der Struktur des Mikrowachstums allein nicht beseitigen und sind vor allem bei den prämesozoischen Resten zu erwarten.

Trotz bestehender Unsicherheiten und der relativ wenigen, bisher vorliegenden paläontologischen Daten überrascht es, daß sie weitgehend mit den von den Physikern errechneten übereinstimmen. Dies erklärt wohl, weshalb sie trotz bestehender Unzulänglichkeiten von den Geophysikern (und Astronomen) akzeptiert und zur Stützung ihrer Berechnungen und Theorien über das Erde-Mond-System verwendet wurden (S. K. RUNCORN Nature 204, 823 (1964), Nature 218, 459 (1968); D. L. LAMAR & P. M. MERIFIELD J. Geophys. Res. 72, 3734 (1967), Bull. Geol. Soc. Amer. 78, 1359 (1967) usw.).

Aus den vorliegenden Daten (Tabelle 6) ergibt sich eine Abnahme der Mittelwerte der Tage je synodischen Monat, was sich vor allem auf folgende Werte stützt: $30{,}07 \pm 0{,}08$ für das Ob. Karbon, $29{,}96 \pm 0{,}13$ für die Kreide, $29{,}82 \pm 0{,}10$ für das Eozän, $29{,}38 \pm 0{,}48$ für das Miozän und $29{,}13 \pm 0{,}11$ für die Gegenwart.

WELLS 1963 hat an einem rezenten Polypar (*Manicina areolata*) der Antillen 360 Mikrostreifen zwischen zwei Jahresstreifen gezählt, während er bei rugosen Korallen des Mittl. Devon 399 bestimmte, was einem Zeitraum von etwa 400 Tagen entspricht.

4. Über die möglichen Ursachen der Verminderung der Rotationsgeschwindigkeit der Erde

Die durch paläontologische Befunde gestützte Abnahme der Rotationsgeschwindigkeit der Erde wird von den Astronomen und Geophysikern vor allem auf Energieverlust durch Gezeitenreibung an der Erdoberfläche und/oder im Erdinnern (innere Gezeiten) zurückgeführt. Wirksam soll dabei insbesondere das sich ändernde Drehmoment der Gezeiten in den Flachmeeren gewesen sein; letztlich also die im Laufe der geologischen Zeiträume wechselnde Verteilung der Kontinente und Ozeane mit ihren verschieden großen Schelf- und Flachmeerbereichen (G. J. F. MCDONALD, Ann. N. Y. Acad. Sci. 118, S. 739, 1965; W. H. MUNK & G. J. F. MCDONALD, The rotation of the earth, Cambridge Univ. Press, London 1960).

Daß die Gezeitenreibung an der Erdoberfläche wohl nicht die einzige Ursache für die Verminderung der Rotationsgeschwindigkeit der Erde ist, ergibt sich aus anderen Überlegungen und Beobachtungen. So müßte nach theoretischen Berechnungen die Erdrotation durch die Gezeitenwirkung derart gebremst werden, daß der Tag um derzeit 4 ms/Jahrhundert länger wird. In Wirklichkeit sind es aber nur 1,5 ms. Zu denken ist etwa an Unterschiede in der Rotationsgeschwindigkeit zwischen Erdmantel und Erdkern sowie an plötzliche Anpassungsvorgänge, ja sogar an mögliche Schwankungen der Gravitationskonstanten, wie dies u. a. F. HOYLE vermutet. Daß die Abnahme der Rotationsgeschwindigkeit nicht linear erfolgt und daß vielleicht auch größere Unterschiede und Abweichungen denkbar sind, ergibt sich aus den relativ starken Fluktuationen, die nach MORRISON (Nature 241, S. 519, 1973) dazu führten, daß in der letzten Hälfte des 19. Jahrhunderts die Tage wieder die gleiche Länge erreichten wie im 17. Jahrhundert, während sich in den ersten Jahrzehnten unseres Jahrhunderts ein starker Ausschlag in der anderen Richtung vollzogen hat.

Literaturverzeichnis

AVENI, A. F.: Middle Devonian lunar month. — Science **1951**, 1221—1222, 1966.

BARKER, R. M.: Fossil shell-growth layering and the periods of the day and month during late Paleozoic and Mesozoic time (abst.). — Geol. Soc. Amer. **1966** Ann. Mtg., Programm 10—11, 1966.

BERRY, A. J., & BARKER, R. M.: Fossil bivalve shells indicate longer month and year in Cretaceous than Present. — Nature **217**, 938—939, London 1968.

BONHAM, K.: Growth rate of giant clam *Tridacna gigas* at Bikini Atoll as revealed by radioautography. — Science **149**, 300—302, 1965.

COE, W. R.: Nutrition, environmental conditions, and growth of marine bivalve mollusks. — J. Mar. Research **7**, 586—601, 1948.

DAVENPORT, D. B.: Growth lines in fossil pectens as indicators of past climates. — J. Paleont. **12**, 514—515, Tulsa/Okl. 1938.

DULLO, W.-C., & MEHL, J.: Seasonal growth lines in Pleistocene scleractinians from Barbados: record potential and diagenesis. — Paläont. Z. **63**, 207—214, 3 Abb., Stuttgart 1989.

EISMA, D.: Shell-charakteristics of *Cardium edule* L. as indicators of salinity. — Neth. J. Sea Res. **2**, 493—540, Den Helder 1965.

HAZEL, E. J., & WALLER, TH. R.: Stratigraphic data and length of synodic month. — Science **164**, S. 201, 1969.

HOUSE, M. R., & FARROW, G. E.: Daily growth banding in the shell of the cockle, *Cardium edule*. — Nature **219**, Nr. 5161, 1384—1386, 3 Abb., St. Albans 1968.

JONES, D. S.: Repeating layers in the molluscan shell are not always periodic. — J. Paleont. **55** (5), 1076—1082, 2 Abb., 1981. Darin neuere Lit.

LAMAR, D. L., & MERIFIELD, P. M.: Length of Devonian day from SCRUTTON's coral data. — J. Geophys. Research **71**, 4429—4430, 1966.

LUKYANOV, A. V.: External and internal cycles in some geological phenomena. — J. Interdiscipl. Cycle Res. **3**, Nr. 3—4, S. 358, 1972 (abstrakt).

MALONE, P. G., & DODD, J. R.: Temperature and salinity effects of calcification rate in *Mytilus edulis* and its paleoecological implication. — Limnology Oceanography **12**, 432—436, 1967.

MÜLLER, A. H.: Über Lobendrängung und Ähnliches bei Ammoniten (Cephalopoda), insbesondere Ceratiten. — Mber. Dt. Akad. Wiss. Berlin **12**, 374—390, 11 Abb., 2 Taf., Berlin 1970 (1970a).

— Zur funktionellen Morphologie, Taxiologie und Ökologie von *Pygnodonta* (Ostreina, Lamellibranchiata). Teil 1. — Mber. Dt. Akad. Wiss. Berlin **12**, 902—923, 5 Abb., 4 Taf., Berlin 1970 (1970b).

ORTON, J. H.: On the rate of growth of *Cardium edule*. — J. mar. biol. Ass. U. K. **14**, 239—279, Plymouth 1927.

PANNELLA, G., & MCCLINTOCK, C.: Biological and environmental rhythms reflected in molluscan shell growth. — J. Paleont. **42**, part 2 of II, 64—80, 4 Abb., 9 Taf., Tulsa/Okl. 1968.

— — Mollusk shells and the earth's history. — Discovery **4**, 3—12, 6 Abb., Fall 1968.

— — Stratigraphic data and length of synodic month. — Science **164**, 202, 1969.

— — & THOMPSON, M. N.: Paleontological evidence of variations in length of synodic month since late Cambrian. — Science **162**, 792—796, 1968.

RHOADS, D. C., & PANNELLA, G.: The use of molluscan shell growth patterns in ecology and paleoecology. — Lethaia **3**, 143—161, 9 Abb., Oslo 1970.

ROSENBURG, G. D., & RUNCORN, S. K. (Eds.): Growth Rhythms and History of the Earth's Rotation. 576 S., New York 1975.

RUNCORN, S. K.: Changes in earth's monet of inerta. — Nature **204**, 823—825, 1964.

— Middle Devonian day and month. — Science **154**, 292, 1966.

— Corals as paleontological clocks. — Sci. Amer. **215**, 26—33, 1966.

— Corals and the history of the earth's rotation. — Sea Frontiers **13**, 4—12, 1967.

SCRUTTON, C. T.: Periodicity on Devonian coral growth. — Palaeontology **7**, 552—558, 1964 (1965).

SHINN, E. A.: Coral growth-rate, an environmental indicator. — J. Paleont. **40** 233—240, 6 Abb., 1 Taf., Tulsa/Okl. 1966.

VOGEL, K.: Wachstumsunterbrechungen bei Lamellibranchiaten und Brachiopoden. — N. Jb. Geol. Paläont., Abh. **109**, 109—129, 9 Abb., 1 Taf., Stuttgart 1959.

WELLS, J. W.: Coral growth and geochronometry. — Nature **197**, 948—950, 1963.

WRIGHT, V. P.: Seasonel banding in the alga *Solenopora jurassica* from the Middle Jurassic of Gloucestershire, England. — J. Paleont. **59** (3), 721—732, 5 Abb., 1985.

Personenregister

A
Adams, C. G. 56
Alberti, G. 43
Allan, R. S. 384
Allison, C. W. 456
Alloiteau, J. 303
Anthony, R. 525
Arnold, Z. M. 49

B
Backhaus, E. 451
Barnard, T. 77
Bartenstein, H. 74
Bassler, R. S. 339, 344, 345, 365
Bayer, F. M. 246, 463
Bergström, J. 21
Bernard, F. 528
Bettenstaedt, F. 85
Beus, St. S. 491
Billings, E. 384
Birenheide, R. 298
Bischoff, G. C. 225
Bittner, A. 384
Blainville, H. M. De 509, 522, 533
Bloeser, B. 126
Bolshakova, L. M. 199
Boltovskoy, D. 49
Boltovskoy, E. 49
Bonham, K. 646
Borg, F. 339
Bouček, B. 225
Boucot, A. J. 384
Bourne, G. C. 310
Braarud, T. 32
Bradley, W. H. 43, 48
Breyn 50
Brönnimann, P. 120
Bronn, H. G. 516
Buckmann, S. S. 384
Busk, G. 339, 481

C
Campbell, A. S. 113, 118
Canu, F. 339

Carter, J. G. 625
Cayeux, L. 108
Chatton, E. 113
Chen, J.-Y. 21
Cherchi, A. 168
Chernyshev, T. N. 384 (Tschernyschwew)
Chinzei, K. 625
Clark 113
Clarke, J. M. 384
Colom, G. 118
Conway-Morris, S. 463, 465, 498
Coogan, A. H. 613
Cooper, C. N. 126
Cooper, G. A. 384, 396
Copper, P. 491
Cox, L. R. 553
Croneis, C. 501
Cumings, E. R. 339
Cuvier, G. 508, 533

D
Dall, W. H. 384, 533
David, D. W. 109
Davidson, Th. 384
Dayly, B. 21
Debrenne 182
Dechaseaux, C. 605
Deflandre, G. 42, 45, 109, 118, 126
Deflandre, M. 118
Deflandre-Rigaud, M. 248
Deshayes 516
Douvillé, H. 533, 611, 618, 638
Drozdova, N. A. 137
Dujardin 50
Dullo, W. C. 273
Dumitrica, P. 113
Dunn, P. R. 137

E
Edwards, M. 303, 324
Ehlers, E. 501
Ehrenberg, Chr. G. 32, 111, 339
Ehrenberg, K. 497

Einsele, G. 273
Eisenack, A. 126, 342, 501
Eller, E. R. 501
Engel, G. 294
Evitt, W. R. 39, 43

F
Fagerstrom, J. A. 182
Fedonkin, M. A. 21, 211
Fedorowski, J. 300
Fichtel 50
Finks, R. M. 146
Fischer, P. H. 533
Flügel, E. 5, 199, 202
Flügel, H. 5, 324
Flügel-Kahler, E. 199
Frenguelli, J. 42
Fricke, H. F. 273
Fucini, A. 513

G
Galloway, J. J. 199
Geister, J. 273
Geyer, O. 5
Gill, G. 244
Girty, G. H. 384
Glaessner, M. F. 5, 21, 211, 225, 461, 471, 497
Gnilovskaya, M. B. 196
Goreau, T. F. 147
Gründel, J. 5
Gruner, H.-E. 23
Gümbel, C. W. 32

H
Hadži, J. 19
Haeckel, E. 19, 111
Hagdorn, H. 590
Haime, J. 303, 324
Hall, J. 384
Halldal, P. 32
Harmer, S. F. 339
Harrington, H. J. 225
Hartmann-Schröder, G. 479, 491
Hartman, W. D. 146, 147, 198

Hartmann, W. D. 146, 147, 198
Havlíček, V. 384–385, 535
Hecker, R. F. 5
Hedley, R. H. 49, 56
Heinz, R. 576
Herodot 50, 96
Hill, D. 134, 324
Hiltermann, H. 5, 82
Hinde, G. J. 138, 181, 500, 501
Hölder, H. 5, 451, 590
Hofker, J. 50, 79
Hovasse, R. 42
Howchin, W. 109
Hoyle, F. 648
Huxley 32

I
Ihering, H. v. 509
Illies, G. 339, 346
Imamura, A. 569
Ivanov, A. V. 21

J
Jäger, M. 494
Jaekel, O. 513
Janus Plancus 50
Jean, J. St. 199
Jell, P. A. 186
Jenkins, C. 86
Jensen, S. 240
Johnson, R. G. 465
Jones, D. S. 461

K
Kaestner, A. 23
Kamptner, E. 32
Kazmierczak, J. 169, 203
Keller, S. 577
Khalfina, V. K. 200
Kiderlen, H. 225
Kielan-Jaworowska, Z. 501
Kling, S. A. 146
Knight, J. B. 225
Koby, F. 303
Koch, W. 82
Koltun, V. M. 138
Kowalski, H. 5
Kozlowski, R. 225, 385, 501
Kozur, H. 5, 112, 113
Krasilova, I. N. 534
Kriz, J. 534, 535
Kühn, O. 619
Kuznetsov, V. 273

L
Lacaze-Duthiers 516
Lafuste, J. 300
Lagerheim, G. 43
Lamar, D. L. 648
Lamarck, J. B. De 533
Lang, W. D. 365
Lange, F. W. 126, 501
Lange, W. 489
Laubenfels, M. W. De 172
Lecompte, M. 278
Lee, J. J. 49
Lemche, H. 20
Lewis, K. B. 86
Librovitch, L. S. 146
Likharev, B. K. 385
(Licharew)
Lindström, M. 21
Linné, C. v. 509, 522
Loeblich, A. R. 32, 50, 56
Lohmann, H. 32
Lommerzheim, A. 474, 493, 494

M
Maier, D. 31
Malmgreen, A. J. 481
Marcus, E. 339
Markali, J. 32
Martini, E. 31
Martini, R. 113
Mayr, E. 231
McClintock, C. 645, 647
McDonald, G. J. F. 648
Merifield, P. M. 648
Miagkova, E. I. 135, 200
Miller, A. K. 517
Moore, R. C. 27, 225, 396
Mosleh-Yazdi, A. 146
Mostler, H. 5, 112, 113, 146
Müller, A. H. 184, 489, 556
Muir-Wood, H. M. 385
Munk, W. H. 648

N
Nalivkin, V. D. 385
Nathorst, A. G. 239
Nestler, H. 474, 489
Nestor, H. 199
Neumayr, M. 533, 553
Newell, N. D. 5, 526, 637, 638
Nielsen, K. B. 243
Nitecki, M. H. 196

O
Oekentorp, K. 324
Ogilvie, M. M. 303

Okulitch, V. J. 133
Ott, E. 185
Owre, H. B. 463

P
Paeckelmann, W. 385
Pander, Ch. H. 412, 500
Pannella, G. 645, 647
Pelseneer, P. 533, 637
Pflug, H. D. 257
Pickett, J. 186
Počta, Ph. 248
Pohowsky, R. A. 375
Pojeta, J. 534
Pokorny, V. 56
Pozaryska, P. 79
Prantl, F. 339

R
Rauff, H. 138
Reed, F. R. C. 385
Regenhardt, H. 494
Reid, R. E. H. 138
Reif, W. E. 146
Reinhardt, P. 31, 32
Rezvoj, P. D. 138
Richter, Rud. 299
Rietschel, S. 196
Rigby, J. K. 138
Roll, A. 146
Rovereto 489
Rüst, J. 118
Runcorn, S. K. 648
Runnegar, B. 534
Rzhonsnitskaya, M. A. 385

S
Schindewolf, O. H. 278, 302, 328, 489
Schmidt, W. J. 494
Schneider, J. 5
Schouppé, A. v. 294, 324
Schram, F. R. 465
Schrammen, A. 138
Schroeder, R. 5, 168
Schuchert, C. 385, 396
Schuhmacher, H. 273
Sclacchitano, J. 458
Scott, H. W. 501
Sdzuy, K. 147
Seilacher, A. 5, 21, 185
Silén, L. 339
Sinclair, G. W. 225
Singh, I. B. 137
Sokolov, B. S. 324
Sokolskaya, A. N. 385

Soldani 50
Solle, G. 385, 443
Squire, A. D. 137
Stearn, C. W. 198
Steiner, A. 203
Steinich, G. 391
Steinmann, G. 553
Stolley, E. 196
Størmer, L. 459
Strabo 50
Straughan, D. 492, 493
Struve, W. 5, 385
Stumm, E. C. 324
Suess, E. 533
Szaniawski, H. 501

T
Tappan, H. 32, 50, 56
Taylor, A. 133
Thompson, I. 461, 465
Thomson, J. A. 396
Trembly, A. 339
Tröger, K.-A. 5, 577

U
Ulrich, E. O. 339, 385

V
Vacelet, J. 147, 180, 182, 186, 199
Vaughan, A. 303
Vene, C. M. Le 396
Vogel, K. 534, 613, 618
Voigt, E. 5, 79, 339, 361, 370, 375, 457, 458
Vologdin, A. G. 135, 137

W
Wade, M. 21
Walcott, Ch. D. 210, 385, 498
Wang, H. C. 278
Warburton, F. E. 155
Waters, A. W. 339
Webby, B. D. 199, 324
Wedekind, R. 298
Wells, J. W. 303, 646, 648
Werner, B. 224, 225
Wetzel, O. 43

Weyer, D. 5, 289
Wiedenmayer, F. 146
Williams, A. 385
Wingstrand, K.-G. 20
Wrona, R. M. 501

Y
Yavorsky, V. I. 200
Yochelson, E. L. 535
Yonge, C. M. 309

Z
Zapfe, H. 5
Zawidzka, K. 501
Zhuravleva, I. T. 138, 200
Zibrowius, H. 5, 474, 475, 487, 493
Ziegler, B. 182, 185
Zimmermann, H. 5
Zittel, K. A. v. 138, 265
Zorn, H. 413
Zukalova, V. 199

Sachregister

Kursiv gesetzte Seitenzahlen bedeuten, daß eine Abbildung vorhanden ist.

A
Acamptostega 346
Acantharia *108*, 109, 113
Acanthin 113
Acanthocladia 359
– *anceps 360*
Acanthocladiidae 357
Acanthometron astraeforme 113
Acanthophyllidae 293
Acanthophyllum 293–294
– *heterophyllum 293*
Acanthoporen 342
Acanthosphaera 112
Acanthostega 370
Acanthothiris 428
Acanthothyris 428
Acephala 520
Acervularia 284–285
– *ananas 284*
Acervulariidae 284–285
Achsenkanal 141
Aciculae 465
Aciculum 466
Acila 593
Acrania 20
Acritarcha 121–125
Acropora 307
Acroporidae 302, 307
Acrosmilia 311
Acrothele 402–403
– *ceratopygarum 403*
– *coriacea 403*
Acrotreta 402
– *socialis 402*
Acrotretacea 402–403
Actinaraea 312
– *granulata 312*
Actinastraea 303
Actinastrea 303
– *decaphylla 305*
– *octolamellosa 305*
actinodont *527*, 528
Actinodonta 528, 535, 541, 542, 591, *636*
– *cuneata 534*
Actinodontacea *637*

Actinommacea 114
Actinopoda 26, 107–117
Actinostroma 201, 203, 204
– *clathratum 201, 202*
– *hebbornense 202*
– *verrucosum 203*
Actinostromaria 204
Adductores 386, 388
Adesmacea 628
Adjustores 386
Aequipecten 564
Aetea 364
Aetostreon 580, 581
– *latissimum 580*
Agamont 56
Agariciicae 307–310
Agriopleura 619
Ajacicyathus 135
– *sp. 131*
Aktinomma 112
Alcyonacea 247–250
Alcyonium digitatum 248
Alderina 367
– *imbellis 367*
Alectryonia 582
Alkalimethode *110*
Allochiton 513
Allogromiina 50, 57
Allonnia tripodophora 148
Altaicyathus 199, 200
Alveolinella 73–74
Alveolinidae 73–74
Alveolites 327
– *spec. 328*
Amalgamata 354–355
Amblysiphonella 186–187
– *sp. 186*
Ambonychia 555
– *bellistriata 555*
Ambonychiacea 535, 555–557
Ambonychiidae 555
Amiskwia 462–463
– *sagittiformis 463*
Ammobaculites 58, 60
Ammobaculoides 58, 60

Ammodiscacea 57–59
Ammodiscidae 59
Ammodiscus 58, 59
Ammodochium 42
– *rectangulare 42*
Ammonoidea 20
Ammovertella 59
Amoebida 47
Amoebocyten 146, 342, *343*
Amphiastrea 313
– *gracilis 313*
– *waltheri 313*
amphidet *526*
Amphidiske u25
Amphigemma 146
Amphigenia 431
Amphilonche hydrotomica 108
Amphineura 509–514
Amphinomorpha 211, 497
Amphisphaera 112
– *cronos 108*
Amphistegina 101
– sp. *101*
Amphisteginidae 101
Amphymenium krautii 111
amplexoid *264*
Amplexopora 356
Amplexus 280–281
– sp. *281*
Amputation 491
Amusium 564–565
– *cristatus 565*
Amussium 564
Anaconularia 226
Anasca 361, 363–373
Anatinacea *637*
Anatriaene 141
Anceströcium 344
Ancestrula 344
ancistropegmat *392*, 394
ancylopegmat 394
Ancyrochitina 127
– *fragilis 126*
Angochitina 126
– *echinata 126*
Anguinaria 364
Animalia 27
Anisocardia 599
– *praelonga 599*
Anisomyarier *523*, 524
– monomyar *523*
Annelida 19, 20, 21, 463–502
Anodonta 554
– *cygnea 520*, 554
Anomalina 86–87
– *punctulata 87*

Anomalinidae 86–87
Anomalinoides 87
Anomalodesmacea *637*
Anomia 588
– *ephippium 589*
Anomiacea 588–590
Anomiidae 588–590
Anomocladina *144*, 166–167
Anoplophora 542
Antedon radiospina 497
Anthocyathea 135
Anthocyrtium chrysanthemum 108
Anthomorpha 135
– *margarita 135*
Anthozoa 245–338
Anthracomya 542
Anthraconaia 542
– *elongata 542*
Anthraconneilo 539
Anhracosiidae 542–543, 553, 595
Antipatharia 245
aphaneropegmat 394
Aphroditidae 469
Aphrosalpingida 135
Aphrosalpingidea 135
Aphrosalpinx 135
Aplacophora 510
Aptychenschiefer 109
Arachnidium 376–377
– *brandesi 377*
Aragonit *525*
Arborea 256
– *arborea 257*
Arca 528, 543–544
– *diluvii 544*
– *(Eonavicula) 543*
Arcacea 524, *636*, *637*
Archaeochitinia 57
Archaeoconularia fecunda 223
Archaeocyatha 17, 130–136
Archaeocyathea 134–135
Archaeocyathellus sp. *133*
Archaeocyathidenkalk *133*
Archaeocyathus 134–135
– *atlanticus 134*
Archaeomonadidae 28, *29*
Archaeomonadopsis lagenula 29
Archaias 73
– sp. *73*
Archiannelida 464
Archiaster 147, *149*
Archiasterella 148
– *antiqua 148*
– *pentactina 148*, *149*
Archimedes 357, 359
– *wortheni 359*

Archisymplectes rhothon 457, *458*
Architeuthis 508
Arcidae 543–544
Arcina 543–547, 637, 638
Arcinella 608
Arctica 598
– *islandica* 598, *599*
Arcticidae 598–599
Arenicola marina 468
Arenicoloides franconicus 469
Areoligera 39
– cf. *senonensis* 38
Armgerüste **392**, 393–394
– ancistropegmat *392*, 394
– aphaneropegmat 394
– ancylopegmat 394
– centronellid *392*, 394
– helicopegmat *392*, *393*, 394
– terebratellid *392*, *393*, 394
– terebratulid *392*, 394
Armgerüstspirale 394
Armklappe 385
Arnioceras 489
– *falcarius 490*
Arthroclema 359–361
– *pulchella 360*
Arthronema 361
Arthropoda 17, 20, 21, 23
Arthropomata 405
Arthrostylidae 358
Arthrostylus 361
Articulata 385, 388, 391, 405–451
Articulamentum 512
Ascon 138
– -Typ *139*
Ascophora 361, 373–375
Ascopore 373
Aspidiscus 269, 311–312
– *cristatus 311*
Assilina 94, 96
Astarte 594
– *bosqueti 594*
– *kickxi 594*
Astartella 594
Astartidae 530, 594, 605
Asterolithen 32, *33*
Asterozoa 20
Astraeoconus 150
Astraeospongia 149
Astraeospongium 149–150
– *meniscus 149*
Astreptoscolex anasillosus 465
Astrocoenia 303
Astrocoeniidae 303
Astrocoeniina 303, *304*, 305–307
Astrolithium 113

Astropyle 113
Astrorhiza 57–59
Astrorhizen 198, *199*, 202
Astrorhizidae 57–59
Astrosclera 180, 198
Astylospongia 167
– *praemorsa 167*
Atactotoechus 354
Ataxophragmiidae 61–62
Athecata 230
Athyrididina 449–451
Athyris 450
Atremata 387, 397
Atrium 459
Atrypa 386, 439–441
– *reticularis* 439, *440*
Atrypidina 439–442
Aucella 562
Aulacophyllum 283
Aulina 287
Aulocopium 161–162
– *aurantium 162*
Aulophyllidae 288–289
Aulopora 332
– *serpens 331*
Auloporidae 330–332
Aurelia aurita 214–216
Außenknospung 269–270
Autozooecium 341
Autozooide 341
Avicula 558
Avicularien 342
Aviculidae 557, 558
Aviculopecten 559
– *exemplarius 559*
Aviculopectinidae 559–560
Axopora 242
– *michelini 242*
– *solanderi 242*
Axoporidae 242
Axosmilia 313
– *marcoui 314*

B
Babinka 592
– *prima 592*
Babinkidae 592
Badeschwamm 150, *151*
Bakevellia 571
– *antiqua 571*
Bakevelliidae 571–572
Bandwürmer 456
Banffia 498
Bankriffkalk *275*
Barnea 630

– *candida 604*
Barretia 620
– *monilifera 620*
Barrierriff 270
Barroisia 133, 187–188
– *anastomans 187*
Barysmilia 317
– *vicentina 317*
Basalplatte 262
Bathropyramis ramosa 108
Bathybius 32
Bathysiphon 59
– *gigantea 59*
Batostomella 355
– *gracilis 355*
Becksia 179
– *soekelandi 179*
Beisselina 374
– *striata 374*
Beltanella gilesi 22
Berenicea 348
– *diluviana 348*
Bigenerina 58, 61
Bilateralia 17
Billingsaria 324
Billingsella 392, 406–407
– *coloradoensis 407*
Biloculina 72
Bioherme 491
Biradiolites 622
– *acuticostatus 622*
Bivalvia 520
Blastaea 19
Blastochaetetes 168
– *irregularis 168*
Blastoidea 20
Blastoporus 17
Blaugrünalgen 203
Boderia turneri 49
Böden 265
Bödenkorallen 259, 323–333
Bohrmuschelhorizonte 569–570
Bohrmuscheln 569, 628, 630
Bohrschwämme 154–155
Bolivina 82
– *textularioides 82*
Bolivinoides 82
– *decorata decorata 82*
– *draco draco 82*
Bolivinopsis 61
Bornhardtina 431, 433
– *triangularis 432*
Borstenwürmer 464–494
Botsfordia 401–402
– *granulata 402*
Botsfordiacea 401–402

Braarudosphaera sp. *34*
Brachia 393
Brachidia 393–394
Brachiophoren 394
Brachiophorenplatten 394
Brachiopoda 19, 382–455
Braune Körper 344
Brooksella alternata 210
– *canyonensis 22*
Brutopercula *475, 476*
Brutpflege 475, 485, 492
Bryozoa 19, 339–381, 459
Buchensteiner Schichten 109
Buchia 562–563
– *okensis 562*
Buchiidae 562–563
Bulimina 81–82
– *marginata 81*
Buliminacea 81–83
Byssus 577
Byssusdrüse 523
Bythopora 355

C
Cadulus 519
– *(Polyschides) tetrachistus 519*
Calamophyllia 307
Calcarea 180
Calcarinidae 92–93
Calceola 298–299
– *sandalina 298–299*
calceolid 268
Calceolidae 298–299
Calcifibrospongia 198
Calciodinellidae 36
Calciosolenia grani 30
Calcispongea 133, 146, *148*, 180–188
Calcispongiae 180
Calciumphosphat 342
Calculi 342–344
Calihexactina franconica 148
Calloconularia 226
Callopegma 164–165
– *acaule 161, 164*
Calophyllum 280
Calostyliaceae 289–290
Calostylis 289
Calpionella 118–119
– *alpina 118*, 119
– *elliptica 118*, 119
Calpionellopsis 118
Calthrope *141*
Calyptoplastina 230
Calyptrolithen 32, *33*
Calyptrolithus galerus 33
Camarocladia 181

Camarophoria 430
Camarostega 373
Camarotoechia 427
– *pleurodon* 427
Cambrostroma 199
Camerina 94
Camerophoria 430
Camerospongia 177
– *fungiformis* 178
Camerospongiidae 177–178
Canadia 471
– *spinosa* 472
Cancellata 348–349
Cancelli 348
Cancellothyrididae 436–437
Canina 289
– *cornucopiae* 289
Caniniidae 289
Cannopilus sp. *46*
Cannosphaeropsis utinensis 113
Caprina 613
– *adversa* 613
Caprinidae *609*, 612–614
Caprinula 613
– *baylei* 614
– sp. *614*
Caprotinidae *609*
Captacula 515
Capulid 545
Carbonicola 542
– *acuta 542*
– *carbonaria* 542
Carbosesostris megaliphagon 465
Cardiidae 525, 638
Cardinalarea 390, 526
Cardinalfossula 278
Cardinalia 392–394
Cardinalzähne 528, 530
Cardinia 595–596
– *hybrida 595*
Cardiniidae 595–596
Cardiola 535–536
– *bohemica 535*, 536
– *cornucopiae 535*, 536
– *interrupta* 536
Cardita 596
– *crenata* 647
– *planicosta* 647
Carditidae 596, 638
Cardium 600
– *cingulatum 600*
– *kochi 600*
Carina 357
Carnosa 376
Carnosida 156
Carolia 590

Carpoidea 20
Carruthersella 265
Caryomma 112
Caryophyllia 319–320
– *cyatha 319*
– sp. *320*
Caryophylliidae 319–321
Caryophylliina *304*, 317–322
Caryosphaera 112
Caryostylus 112
Cassidulina 85
– *laevigata 85*
Cassidulinacea 84–87
Cassidulinidae 85
Castanopora jurassica 361
Catenipora 330
Caunoporen 202
Celluarina 370
Celyphia 185
– sp. *186*
Cenodiscus intermedius 111
Cenosphaera 112
– *macropora 111*
Centronella 392, 431
centronellid *392*, 394
Centronellidae 431
Centronellidina *385*, 431–433
Cephalopoda 50, 509
– foraminifera 50
Ceramopora 352–353
– *imbricata 352*
Ceramoporella 342
Ceramoporidae 342
Ceramoporoidea 352–353
Ceratium 127
Ceratobulimina 88
– *pacifica 85*
Ceratobuliminidae 87–88
ceratoid 268
Ceratolithen 32, *33*
Ceratomyidae 635
Ceratostreon 580–581
– ? *flabellatum 580*
Cercaripora 364
Cercomya 634
– *praecursor 634*
Ceriantharia 245
Ceriantipatharia 245
cerioid *266*, 269
Ceriopora 350
– *stellata 351*
– *tumulifera 350*
Cerioporina 350–351
Cestoidea 456
Chaetae 464
Chaetetes 168

– *lonsdalei 168*
Chaetetida 167–169
Chaetetidae 167–169
Chaetetopsis 168–169
– *favrei 169*
Chaetognatha 20, *458*, 461–463
Chama 608, 638
– *lamellosa 608*
Chamacea 607–608, 638
Chamidae 607–608
Chancelloria 148
– sp. *148*
Chancelloriida 147–149, 180
Charnia masoni 256
Charniodiscus 254
Charnodiscus arboreus 22
Chatwinothyris 436
– *subcardinalis* 390, *436*
Cheiloctenostomata 375
Cheilostomata *340*, 345, 361–375
Chelicerata 20
Chenendopora 162
– *fungiformis 162*
Chenendropora 162
Chengjiang 21
Chiastolus 113
Chilidialplatten *395*
Chilidium 395
Chitinozoa 125–129
Chiton (Amaurochiton) magnificus 511
Chitonen 510–513
Chlamydomonas 43
Chlamys 563–564
– *islandicus 564*
Choanocyten 137, 138
Choanophyme 222, 225
Chondrophoren 525, *526*, *531*, 623
Chondrophorina 231, 241
Chondroplidae 232
Chondroplon 232
– *bilobatum 237*
Chonetes 419
– *sarcinulatus 418*
– *striatella 418*
Chonetidina *384*, 418–419
Chonophyllidae 292–293
Chonophyllum 292
Chordata 461
Choristida 156–157
Choristites 446–447
– *mosquensis* 392, *447*
Chromadorida 459
Chromatophoren 17
Chrysomitra 231
Chrysomonadales 28–29
Chrysomonadina 28–29, 30

Chrysomonadines 43, 49
Chrysophyceae 49
Chrysostomatidae *28–29*
Cibicides 97
– *lobatulus 87*
Cibicididae 97
Ciliata 19, 27, 117–119
Cincta 438–439
– *numismalis 439*
Circeis 493
circumoral 269
Cirripedier *166*
Clathrocoilona eifeliensis 199
Clathrocyclas tintinabulum 113
Clathrodictyon 204
– *carnatum 201*
– *laxum columnare 203*
– *tesselatum 202*
Clavule 146
Clavulina 62
– *tricarinata 62*
Cleidophorus 539
Climacammina 55, *58*, 64
– sp. *64*
Cliona 154, 155
– *corallinoides 154*
– *fenestralis 154*
Clionidae 154–155
Clistenterata 405
Clitambonites 392, 412
– *verneuili 412*
Clitambonitidina 411–412
Cnemidiastrum 158
– *stellatum 158*
Cnidaria 19, 209–338
Cniden 209
Coccolithen 29–35
Coccolithinae 30
Coccolithineae 29
Coccolithites 32
Coccolithophoraceae 29
Coccolithophorales 30
Coccolithophorida 29–35
Coccolithophoridae 29
Coccolithus cf. *carteri 33*
– – *leptoporus 33*
– *pelagicus 30*
Codiaceen 135
Coelenterata 17, 19, 21, 130, 209–338
Cölestin 113
Coelomaten-Typ 19
Coeloptychiidae 177
Coeloptychium 177
– *agaricoides 176*, *177*
Coenosarc 241, 265
– Knospung *270*

Coenosteum 265–266
Coenothyris 433–435
– *vulgaris* 433, 434
Coilostega 367–369
Coloniales 460
Columella 264–265
– fascikular 264
– lamellar 265
– styliform *141*, 265
– trabekulär 264–265
Columnaria 290
– *sulcata* 290
Columnariae 290
Columnariidae 290
Columnariina 290
Compensatrix *373*
Composita 450
Conchidium 426
– *knighti* 426
Conchifera 520
Conchodon 606–607
– *infraliasicus 605, 606*, 607
Conchodus 606
Conchopeltina 225
Conchopeltis 225
Congeria 585–586
– *subglobosa* 585
– *triangularis* 586
Conocardiidae 586
Conocardium 586
– *alaeforme* 586
– *bellum* 647
– *herculeum* 647
– sp. 647
Conochitina 127
– *calix 127*
– *cervicornis 126*
– cf. *campanulaeformis 126*
– *elegans 126*
Conochitinidae *126*, 127
Conomedusites 225
Conorca trochiformis 486
Constellaria 355
– *constellata* 355
Conularia 225
– *gemuendina 221*
– sp. *222*, 225
Conulariida 225
Conulariina 225–226
Conulata 221–226
Cora 421
Coralliidae 248
Corallium 251
– *boneense* 251
– *rubrum* 251
Corallum- bzw. Polypargestalt, calceolid 268

– ceratoid 268
– cerioid *266*, 269
– circumoral 269
– cornutiform 268
– cuneiform 268
– cupolat 267
– cylindroid 268
– dendroid 269
– discoid 267
– flabelloid 269
– folios 269
– hydnophoroid 269
– longiconiform 268
– meandroid 269
– patellat 268
– phaceloid 269
– plocoid 269
– pyramidal 268
– ramos 269
– reptoid 269
– scolecoid 268
– thamnasterioid 269
– trochoid 268
– turbinat 268
Corbicula 597
– *fluminalis* 597
– *semistriata* 597
Corbiculidae 596–597
Corbula 624–625
– *descendens 624*
Corbulidae 530, 624–625
Cornuspira 69
Cornuspiridae 69
cornutiform 268
Coronatida 217
Cortex 139
Corynella 183–184
– *quenstedti* 183
Coscinopleura 370
– *elegans rarepunctata* 370
Coscinopora 179
– *infundibulum 178*
Coscinoporidae 179
Costatoria 550
– *costata 549*, 550
– *goldfussi 549*, 550
Crania 404
– -Typ 387
Craniacea 389, 404
Craniopsis octo 42
Craspedacusta sowerbyi 228
Crassatella 595
– *mississippiensis* 647
– *plumbea* 595
Crassatellidae 595
Crassostrea 582

– *crassissima* 583
– *virginica* 582
Crassostrea-Riff 583
Craterolophus tethys 221
Craticularia 175
Crepidophyllia 300
Cribrimorpha 370–373
Cribrogenerina 58, 64
Cribrononion 55
Cribrospira 55, 65
Cribrostomoides 55
Cribrostomum 58, 64
– sp. 65
Crinoida 496
Crinoidea 20, 495
Cromyosphaera 112
Cromyomma 112
Cruralbasis *391*
Cruralfortsatz *391*, 394
Cruralium 394
Cruren 394
Crustacea 20
Cryptochiderma 179
Cryptocyste 363
Cryptodonta 535–537
Cryptomonadina 27
Cryptophyceae 27
Cryptostomata *353*, 357–361
Ctenidodinium 39
– *ornatum* 39
ctenodont *527*, *528*
Ctenodonta 528, 538, 542, *593*
– *typa* 538
Ctenodontidae 528, 537–538
Ctenophora 19, 209
Ctenostomata 375–377
Ctenostreon 567
– *proboscidea* 567
Cubaxonium 112
Cubiculovinea communis 476
Cubosphaera 112
Cucullaea 546–547
– *hersilia* 547
– *nebrascensis* 647
Cucullaeidae 546–547
Cucullella 539
cuneiform 268
cupolat 267
Cuspidaria 635
– *cuspidata* 635
Cyanea arctica 213
Cyanophyceen 203, 204
Cyathaxonia 280
– *cornu* 281
Cyathaxoniaceae 279–282
Cyathophora 306

– *bourqueti* 306
– *claudiensis* 306
Cyathophyllum 287
Cyathopsidae 289
Cyathospongia 130
Cycloconcha 591
Cycloconchidae 591
Cyclocorallia 301
Cyclocrinitiden 196
Cyclogyra 69
– sp. *69*
Cycloides-Bank 435
Cyclolites 311
– *elliptica 311*
Cyclomedusa 236
– *davidi* 237
– *gigantea 238*
Cycloseris 308
– *hemisphaerica* 308
Cyclostomata 345–353
Cyclothyris 429
– *vespertilio 429*
cylindroid 268
Cylindrophyma 166–167
– *milleporata* 166
Cypellia 179
– *rugosa 179*
Cypricardia 599
Cyprina 598
Cyprinidae 598
Cyrena 597
Cyrenidae 596
cyrenoid *527*, 530
Cyrtia 442–443
– *trapezoidalis 443*
Cyrtina 443
– *heteroclyta 443*
Cyrtodonta 535
Cyrtospirifer 445
Cysten 496
Cystiphragmen 353
Cystiphyllidae 297
Cystiphyllina 295–298
Cystiphyllum 297
– *siluriense* 296
Cystispongia 177
– *bursa 178*
Cystoidea 20
Cytherea 602

D
„Dachsteinmuschel" *605*, *606*, 607
Dactyloporen 241, 243
Dactylozooide 240
Dahlit 342

Dalmanella 409
– *elegantula 409*
Daonella 561
– *lommeli 562*
Dasycladales 196
Dauermodifikationen 48
Davidsonia 416–417
– *verneuili 417*
Davidsoniacea 416–418
Dayia 441
– *navicula 441*
Dechenia 591
Deflandrea 38–39
– sp. *38*
Deflandreia porteri 29
Delthyrialraum 392
Delthyridea 437
Delthyris 443
– *elevatus 443*
Delthyrium 395, 396
Deltidialplatten *395*
Deltidium *395*
Demospongea 146, 147, 150–169, 199
Dendritina 55
dendroid 269
Dendrophyllia 323
– *elegans 323*
Dendrophylliina *304,* 322–323
Dentaliidae 517–518
Dentalina 76, 78
Dentalium 517–518
– *(Antalis) grande 518*
– *brochii 518*
– *elephantinum 517*
– *(Laevidentalium)regulare 518*
Derbyia 417
Desmochitina 125, 127
– *minor 128*
– *nodosa 126*
Desmochitinidae *126,* 127–128
desmodont *523,* 531
Desmodonta 524, 623–635
Desmone 142, 157
Deuterostomia 17, 18, 20
diagenodont 528
Dialytina 181
Diaphanothek 66
diaphanothekal 66
Diatomeen 110
Dibunophyllum 288–289
– cf. *kankouense 289*
Diceras 605, 608–610, 638
– *arietinum 610*
Diceratidae 608–610
Dichophyllia 300
Dichotriaene *141*

Dichtyocha octonaria 45
Dickinsonia 212, 463, 497
– *minima 212*
– sp. *22, 211*
Dicoelosia 410
– *biloba 410*
Dicranoclone *144,* 167
Dictyastrum neocomense 111
Dictyida 174–179
Dictyocha 45
– *ausonia 45*
– *fibula 45*
– *octonaria 45*
– *speculum 45*
Dictyochidae 45
Dictyoclostus 396, 420
Dictyonina 174
Dictyospongia 174
Dictyospongiidae 173–174
Diductores 386
Dietella 363
Dielasma elongata 433
Dielasmatidae 433–435
Diffluga 48
– *pyriformis 48*
Digonophyllidae 297–298
Digonophyllum 297
Dimorphismus 56
Dinobolus 398
Dinoflagellata 36, 113, 122, 127
Dinomischus 21, 360–361
– *venustus 460*
Dinophyceae 36
Diphragmen 342, 353
Dipleurozoa 211–212
Diploria 317
– *clivosa 318*
– *labyrinthiformis 318*
Diplotrypa schucherti 342
Discinacea 403–404
Discinisca 404
– *lamellosa 404*
Discoaster sp. *34*
Discocyclina 100–101
Discocyclinidae 100–101
Discohexaster 145
discoid 267
Discolithen 32, *33*
Discolithus 32
– *pulcher 34*
Disconanthae 231
Discophyllum 232
Discorbacea 83
Discorbidae 86
Discorbis 83
– sp. *83*

Discorbites 83
Discosphaera thomsoni 33
Discotriaene *141*
Discotrochus 267
Disphyllidae 285
Disphyllum 285–286
dissepimental 266, *267*
Dissepimentarium 265
Dissepimente 265
Ditripodium fenestratum 42
Ditrupa 483
– *cornea 483*
Divaricatores 386, 388, 393
Dohmophyllum 294
– *involutum 294*
Donacidae 601
Donax 601, 634
– *lucida 601*
Doryderma 160
– *dichotoma 160*
Dracodinium solidum 37
„Dreiecksmuscheln" 549
Dreissena 533, 585
– *polymorpha 585*
Dreissenidae 584–586
Dreissenina 584–586
dysodont 530
Dysodonta 554–586, 637

E
Ebria 41, *42*
Ebriaceae 41
Ebriida 41–43
Ebriideae 41
Ecardines 396
Echinaspis echinoides 108
Echinodermata 20, 195
Echinoidea 20
Echiurida 461
Ectoparasiten 495
Edelkoralle 251
„Edge"-Zone 262
Ediacara-Fauna 21
Ediacaria 236
– *flindersi 237*
Edriocrinus sacculus 497
Eiffelia 149
Einzelkorallen 267, *268*
Elasmostoma 182–183
– *acutimargo 183*
Eleutheroblastina 230
Eliasopora 375
– *siluriensis 376*
– *stellata 376*
Ellipsoglandulina 84
Ellipsoidinidae 84

Ellisella 251
– *funiculina 251*
Ellisina 366
– *praecursor 366*
Elphidiidae 92–93
Elphidium 92–93
– *clavatum 93*
Embryonalapparat *100*
Emmonsia parasitica 328
Enallohelia 306–307
Enaulofungia 182
– *corallina 183*
– *glomerata 182*
Endosepten 263
Endothyra 65
Endothyracea 64–65
Endothyridae 65
endotoichal *362*
endozooecial *362*
Ensis 624
– *directus 624*
Entalophora 346–348
– *proboscidea 347, 348*
Enteletes 411
– *waageni 411*
Enteron 209
Enteropneusta 20
Entolium 565
– *discites 565*
Entoprocta 459–461
Eoconularia loculata 221
Eodevonaria 419
– *dilatata 419*
Eoorthis 407
– *remnicha 407*
Eopecten 566
Eoplacostegus costatus 485
Eoporpita 232
– *medusa 237*
Eorupertia cristata 52
Eospirifer 442
– *sp. 442*
Eospongia 167
Eozänmergel 31
Ephippium 588
Epibionten *166*
Epiphyllina 217
Epipolasida 155
Epipolasidae 155
Epistomaria 55
Epistomina 88
– *ornata 87*
Epistominidae 87
Epithek 262, 324
epithekal 266, *267*
Epitrachys rugosus 464

Eridophyllum 287
Ernietta 257
Erniettidae 257
Erniettomorpha 257
Errantia 467–471
Eßbare Auster 582
Ethmophyllum 135
– sp. *131*
– *whitneyi* 135
Eucinites ? *avitus 501*
Eucratea 364
– *lorica 364*
Eucyrtidium sphaerophilum 113
Euglena 17
Eukrohnia 462
Eulamellibranchia 524
eulamellibranchiat *637*
Eumetazoa 17, 137
Eunice punctata 499
– *sanguina* 500
Eunicidae 465, 466, 467
Euplectella aspergillum 171
Eurydesma 556–557
– *cordatum* 557
Euspongia officinalis 150, *151*
Eutaxicladina *144*, 167
Exoconularia consobrina 223
– *pyramidata 224*
Exogyra 580, 581
– *auricularis 580*
– *columba 580*
– *virgula 580*
Exosepten 263
externum 66
Extrakapsulum 109
extratentakular 269–270
Exumbrella 213, 228

F
Facivermis 21, 495
– *yunnanicus 495*
Fadenwürmer 458
Fächerkorallen 322
Familie 24
fascikular 264
Favia 316
– *profunda 316*
Faviicae 314–317
Faviidae 316–317
Faviina *304*, 313–317
Favositella 342
Favosites 324, 327
– sp. *327, 328*
Favositidae 327–330

Fenestella 357
– *retiformis* 357, *358*
Fenestellidae 357
Filibranchia 524
filibranchiat *637*
Filicrisina 349
– *verticillata 349*
Filipodien 109
Filograna 483
Filograninae 466, 482–483, 491, 493
Filogranula annulata 478
– *cincta 477, 485*
Fimbriidae 638
Fischerinidae 69
Fistula 479
Fistulipora 353
– *minor 352*
Flabellammina 58, 60
Flabellidae 322
Flabellina 78
Flabelliporella 359
flabelloid 269
Flabellum 322
– *roissyanum 322*
– *rubrum 322*
Flagellata 17, 26, 27–47, 119, 120
Floricome 145
Fluctogyra 580
Flügelfossula 278
folios 269
Foramen 395
Foraminifera 49–107, 194
Forceps *499,* 500, *502*
Fordilla 534
– *sibirica* 534
– *troyensis 534,* 535
Fossula 278
Fototaxie 276
Freßpolypen 240, 241
Frondicularia 76–78
– *dubia* 77
– *pulchra* 77
– sp. *77*
Funafuti 273
Fungia 308–310
– sp. *309*
Fungiicae 310–312
Fungiina 265, *304,* 307–313
fusiform *141*
Fuß 523
Fusulina 67
Fusulinacea 66–69
Fusulinella 67
– sp. *66*
Fusulinidae 66–68
Fusulinina 63–69

G
Galeopsis 374
Gameten 56
Gamont 56
Gari sp. *526*
Gastraea 19
– -Theorie 19
Gastralraum 209
Gastrocaulia 396
Gastrochaena 625
– *amphisbaena 627*
Gastrochaenacea 625–626
Gastropoda 20, 225, 481, 509
Gastroporen 242
gastrothyrid 397
Gastrotricha 458
Gastrozooide 240, 241
Gaudryina 61
– *subrotunda 62*
Gavelinella 55
Gegenseitensepten 276
Gegenseptum 276
Geißeltierchen 26, 27–47
Generationswechsel 56, 227, 229, 231
Geochronometer 646–648
Geotaxie 276
Gephyrea 498–499
Gervilleia 571, 572
Gervillia 571, 572
– *aviculoides 572*
Gezeiten 645, 646
Gezeitenreibung 648
Gießkannenschwamm *171*
Gigantopora 374
– *pupa 375*
Gigantoproductus 422
– *giganteus 422*
Girphanovella 197–198
– *georgensis 198*
Girtycoelia 187
– sp. *187*
Girtyocoelia 187
Glaessnerina grandis 22
Glandulina 81
– *kalimnensis 80*
Glandulinidae 81
Globigerina 90
– *bisphericus 90*
– *dubia 52*
Globigerinacea 88–90
Globigerinidae 89–81
Globigerinoides 90
– *cacculifera 52*
– *conglobatus 90*
– *ruber 90*
Globorotalia 89

– *menardii 52*
– *velascoensis 89*
Globorotaliidae 89
Globorotalites 84–85
– *(Conorotalites) bartensteini 84, 85*
Globotruncana 89
-*linnei 89*
Globotruncanidae 88–89
Globulina 81
– *consobrina 80*
– *(Raphanulina) 79*
– – *gravis 80*
Glomerula gordialis 486, 491
Glomospira 58, 59
Glycymerididae 544–545
Glycymeris 545
– *obovatus 528,* 545
Glyptorthis 409
– *insculpta 409*
Goniadidae 465
Goniocora 316
Goniolithen 32, *33*
Goniomya 633
– *duboisi 633*
Goniophyllidae 299–300
Goniophyllum 299–300
– *pyramidale 299*
Gonophoren 241
Gonozooide 240, 341–342
Gonyaulax jurassica 38
Gordius albopunctatus 458
– *tenuifibrosus 458, 459*
Gorgonacea 251–252
Gorgonia 250
Gosseletia 555
– *kayseri 555*
Grabfüßler 515–519
Grammysia 537
– *hamiltonensis 537*
Graphihexaster 145
Graptodictya proava 357
Graptolithina 20
Gravitation 645
Gresslya 635
– *latirostris 635*
Größenzunahme, phylogenetische 638
Gruenewaldtia 441
– *latilinguis 441*
– sp. *391*
Gryphaea 578
– *(Liogryphaea) arcuata 578*
Gryphaeidae 578–581
Guembelina 88
Guembelinidae 88
Guttulina 79, 81
– *adhaerens 80*

– *spicaeformis 80*
Gymnaster 113
Gymnoblastina 230
Gymnocyste 366
Gymnolaemata 356–377
Gypidula 426
– *galeata 426*
Gypsina plana 56
Gyrodinium 113

H
Hadromerida 153–155
Hadromerina 153
Haliomma 112
Halliidae 283
Halobia 561
Halysites 330
– *catenularia 330, 331*
Halysitidae 324, 330
Hamburger Bryozoenchor *373*
Hamulus 474
– sp. *474*
Haplophragmidae 60
Haplophragmium 60
Haplophragmoides 58, 60
Haplosclerida 152–153
Haplosclerina 152
Haplostiche 58, 60
Hapsiphyllum 282
– *calcariformis 282*
hastat *141*
Hauptseitensepten 276
Hauptseptum 276
helicopegmat *392, 393,* 394
Heliodiscus acucinctus 111
Heliolites 325
– *interstinctus 325*
– *porosus 325, 326*
Heliolitidae 325–326
Heliophyllum 285
– *venatum 285*
Heliopora 323
Heliosphaera ? sp. *112*
Heliozoa 107
Helminthochiton priscus 513
Heloclone *144*
Hemidiske 146
Hemigordius 69
– sp. *69*
Hemihexaster 144, *145*
Hemiseptum 357
hermatypisch 270
Hermesinum 41, *42*
Herpetopora 366
– *dispersa 366*
Heteractinida 147–150

Heterastridiidae 244
Heterastridium conglobatum 244
Heterochiton 513
Heterocorallia *259,* 300–301
heterodont *523, 527,* 530
Heterodonta 524, 535, 590–607, 608, *637,* 638
Heterohelicidae 88
Heterohelix 88
– *reussi 88*
heteromyar *523*
Heteromyarier 524
Heterophyllia 300, 301
– *reducta 301*
Heteropora 307, 350
– *cryptopora 350*
Heteroporina 350
Heterostegina 94, 96
Heterostinia 161
– *cyathiformis 160*
Heterotrichina 119
Heterotrypa 354
– *prolifica 354*
Heterozooide 342
Hexacontium 112
Hexacorallia 301
Hexacromyum 112
Hexactinellida 142, *143, 145,* 147, *148,* 170–179
Hexactinellidae 170
Hexagonaria 286–287
– *hexagona 287*
– *philomena 286, 287*
Hexakorallen 19, *259*
Hexalonche 112
– *anaximandri 108*
Hexaphyllia 300
– *mirabilis 301*
Hexaster 144, *145*
Hexastylus 112
Hicetes 327
Hippospongia communis 150, *151*
Hippuritacea 531, 608–623, 638
Hippurites 620, 638
– *gosaviensis 615*
– *radiosus 531, 619*
– sp. *616, 617, 618*
Hippuritidae *609,* 615–620
Hirudinea 464
Hochflut 646
Hoernesia 571
– *socialis 571*
Höhenstrahlung 645
Hohltiere 209–338
Holothuroidea 20
Homöochilidium 395
Homöodeltidium 395
Homöomorphie 278, 396, 533, 636, 638

Homomyarier *523*, 524
– desmodont *523*, 531
– heterodont *523*, *527*, 530
– integripalliat *523*
– sinupalliat 523
– taxodont 523, 527
Hormosinidae 59–60
Hornera 348
– *frondiculata 349*
Hornkorallen 251–252
Hornschwämme 150, *151*
Horridina 421
Hovassebria brevispinosa 42
Hyalospongiae 170
Hydnoceras 174
– *bathense 173*
hydnophoroid 269
Hydractinia 230
– *echinata 230*
Hydranth 230
Hydroida 229–236
Hydroides pectinata 466
– *uncinata* 466
Hydromedusen 229
Hydromedusites 239
Hydrophyllia 241
Hydrozoa 182, 198, 227–245
Hyperammina 57, *58*, 59
hyperstomial *362*
Hypostrakum 525
Hysterolites 443–444
– *(Acrospirifer)* 443
– – *arduennensis arduennensis 444*
– – *supraspeciosus divaricatus 444*
– *(Hysterolites)* 443
Hystrichaspis pectinata 108
Hystrichokolpoma 39
– *cinctum 38*
Hystrichosphaera 122–123
Hystrichosphaeridea *109*, *121–125*
Hystrichosphaeridium 122
– *brevispinosum 122*
– *longispinosum 122*
– *trifurcatum 123*

I
Ichnia 21
Igelwürmer 461
Ikeda taenioides 461
Impunctata 390
Inarticulata 386, 389, 394, 395, 396–406
Infusorien 27, 117–119
Innenknospung 269–270
Inoceramidae 575–577
Inoceramus 574–577
– *(Birostrina) sulcatus 574*, 576

– *brongniarti 574*
– *hercules* 575
– *labiatus* 574
– *lamarcki* 574
– *pachti* 575
– *(Sphenoceramus)* aff. *steenstrupi* 577
Inovicellata 364
Insecta 20, 457
Integrata 355–356
integripalliat *523*
Interarea 390
Intervallum 130
Intrakapsulum 109
intratentakular 269–270
Iphidella 401
Isastrea 269, 307
– *explanata 307*
Ischadites 196
– *koenigi 194*
Ischnochiton marloffsteinensis 513
– sp. *510*
Isipora 307
Isis 251
– *hippuris 252*
Isocrania 404
– *egnabergensis 404*
isodont 530–531
Isodonta 587–590
Isognomon 572–573
– *(Hippochaeta) maxillata sandbergeri 572*, *573*
– *(Isognomon) heberti 572*, *573*
– – *oblongus 572*
– *soldani 573*
Isognomonidae 572–573

J
Janthina sp. 233–234
Janua (Dexiospira) cf. *pseudocorrugata* 474
Jerea 165
– *pyriformis 165*
– *quenstedti 165*
Jugum *391*, 394

K
Käfer 457
Käferschnecken 510–513
Kalkalgen 194, 196
Kalkschwämme 139, 146
Kamptozoa 459–461
Kapselmembran 109
Kauapparat *499*
Kelch 263
Kelchwürmer 459–461
Keratosa 150
Keratosida 150–152
keriothekal 67

Ketophyllum 292–293
– *incurvatum* 292
Kieferapparate 501
Kiemen 523
Kiemenarme 385, 393
Kiemenbau, eulamellibranchiat *637*
– filibranchiat *637*
– protobranchiat *637*
Kiemenrinnen 511
Kieselschwämme 142, *143*
Kimberella sp. 22
Kinorhyncha 458
Klasse 24
Kleinsepten 277
Knospung extratentakulare 269–270
– intratentakulare 269–270
– stoloniale *270*
Kodonophyllum 282
Kollagen 21
Koloniebildung 268, 269–270
Kommensalismus 491
Kompensationssack 363, *373*
Konchiolin 524
Koprolithen 118, *510*
Korallen 133, 194, 646
Korallenriffe 241, 270–276
Korovinella 199, 200
– *sajanica* 200
Kragengeißelzellen 137, 138
Kutorgina 405–406
– *cingulata 405*
Kutorginida *383*, 405

L
Labechia 205
– sp. *205*
Längenzuwachs 466
Lagena 55, 79
– sp. *79*
Lagenidae 74
Lagenochitina 126
– *baltica* 126
– *prussica* 126
Lagenochitinidae 126
Lagodiopsis 371
lamellar 265
Lamellibranchiata 509, 520–644
Lamellodonta 535
– *simplex 534*, 535
Laminae 200, *202*
Laocaetis 175
– *paradoxa 175*
Lappen, paliforme 265
Lateralknospung 269, *270*
Laternula 634
Laternulidae 634

Latilaminae 200
Latimaeandra 308
Latomeandra 308
Lebensspuren 21
Leda 540
Lederkorallen 247–250
Ledidae 540
Leiodorella 159
– *expansa 159*
Leiofusidae 109
Leiomyalina 556
Leiopathes 245
Leiorhynchus 427
Leiosphaera 123
– cf. *media 123*
– *media 123*
Leistenzähne 530
Leitmerkmale 114
Lenticulina 74–76
– (*Astacolus*) 76
– (*Lenticulina*) 74–75
– (*Marginulinopsis*) 76
– (*Planularia*) 76
– (*Robulus*) 76
– (*Saracenaria*) 76
– (*Vaginulinopsis*) 76
– – sp. 77
Lepidocyclina 99
– *formosa* 99
– *rutteni* 99
Lepidocyclinidae 98–99
Lepidonotus gymnonotus 470
Lepidorbitoides 98
– (*Asterobis*) *havanensis* 98
– – *cubensis* 98
Leptaena 415–416
– *rhomboidalis 416*
Leptobrachites 217
Leptochondria 565–566
– *albertii 565*, 566
Leptoria 316
Leptotrypellina 355
Leucandra walfordi 181
Leucocyten 342
Leucon-Typ 139
Leuconia 139
Leucosoleniidae 181
Leucosolenia 138
Lichenopora 352
– *suecica 351*
Liebea 556
Ligament 525
Ligamentfalte 618
Ligamentleiste *575*
Ligamentlöffel *531*
Ligamenttypen amphidet *526*

– opisthodet *526*
– prosodet *526*
Lima 566, 567
Limacea 566–567
Limatulina 559
Limidae 525, 566–567, *637*, 638
Limopsidae 547
Limopsilla 547
Limopsis 547
– *lamellata* 547
– *striatopunctatus* 647
Lingula 387, 389, 398
– *anatina* 386, *399*
Lingulacea 397–398
Lingula-Typ 386–387
Lingulella 397
– *acutangula* 398
– *davisii* 397
Lingulina 78–79
Linoproductus 421
– *cora* 421
Litharchaeocystis costata 29
Lithistida 142, 146, 147, 157–167, 171
Lithistidae 167
Lithocampe tschernytschewii 113
Lithodomus 569
Lithoperidinidae 36
Lithophaga 569–570
– *lithophaga* 569
– *nasuta* 569, *570*
Lithorhizostomatida 217–218
Lithostrobus hexastichus 108
Lithostrotion 287
– *irregulare* 288
– *junceum* 288
Lithostrotionidae 287–288
Lituolacea 59–63
Lituolidae 60
longiconiform 268
Longlinophyllia 300
Lonsdaleia 295
– *duplicata* 295
– sp. 295
Lonsdaleiidae 295
lonsdaleioid *264*
Lopadolithen 32, *33*
Lopha 582
– *marshi* 584
Lophophor 339, *382*, 385
Lophophyllidium 281–282
– *proliferum* 281
Lophosmilia 268
Lorica 117
Lucina 593
– *concentrica* 593
Lucinidae 593–594

lucinoid *527*, 530
Lumbrinereidae 465
Lunaria 353
Lunula 526
Lunularia 369
Lunulites 369
– *vicksburgensis* 369
Luolishania 21
Lychniskida 175–179
Lychniskophora 175
Lydite 109, *110*
Lyidium 160
Lyopomata 396
Lyrodesma 528, 541, 542
– *acuminata* 541
Lyrodesmatidae 541
Lyssakida 172–174

M
Macrodon 546
Mactra 626
– *podolica* 628
Mactracea 626, 628
Mactridae 626, 628
Madrepora 307, 316
– *anglica* 316
Magas 438
– *pumilus* 438
Magellania 394
Malacostega 364–367
Malletiidae 539–540
Mamelonen 199, 202, *203*
Manicina areolata 648
Mantel 508
Mantellinie 522
Mantellinienverlauf *523*
Maotianshania 21
Marginulina 76
– *prima* 76
Marifugia cavata 466
Martinia 448
– *glabra* 448
Marywadea 463
Mastigophora 26, 27–47
Matthevia variabilis 512
– *walcotti* 512
Mawsonites 236
– *spriggi* 237
Meandrina 317
– *meandrites meandrites* 319
Meandrinidae 317
meandroid 269
Mecynoecia 346
Medusengeneration 227, 230
Medusina atava 229
– *limnica* 229

Meekella 417
Meeresspiegelschwankungen 273
Meerhand 248
Megaclone *144*
Megadesmidae 632
Megadesmus 632
– *cuneatus* 632
Megalodon 605–606
– *cucullatus* 605
Megalodontidae 605–607
Megalosphäre 56
Megamorina *144,* 161–162
Megaskleren 140–143
Megathyris 437
Meleagrinella 560
– *echinata* 560
Melitosphaera 112
Melonella 167
Membranilarnax 123
Membranipora 365
– *exhauriens poculifera* 365
– *famelica* 365
Membraniporella 371
– *nitida* 371
Mensch 20
Meonia semiglobularis 391
Mercenaria campechiensis ochlockoneensis 647
– *mercenaria* 647
Mercierella 477, 490
– *enigmatica* 479, 492
Meretrix 602
– *incrassata* 603
Merista 449
Meristella 449, *450*
Meristina 449
– *tumida* 449
Mesenterien 259, 262
Mesogloea 209
Mesophyllum 297–298
– *(Mesophyllum) auburgense* 297
Mesoplax 630
Mesoporen 342
Mesotriaene *141*
Metagenese 309
Metalaeospira 493
– *pileoformis* 493
Metaplax 630
Metasepten 277
Metriophyllum 279
– *bouchardi* 279
Micellen 31
Michelinia 324, 330
– *favosa* 329
Michelsarsia splendens 30
Micrampulla parvula 29
Microalcyonarites vulgaris 248

Microbacia 267
Microdictyon 21, 503
– *sinicum* 503
Microdictyonidae 503
Micromitra 401
– *sculptilis* *401*
Microphyllia 269, 308
– *seriata* 308
Micropora 368
– *coriacea* 368
Microseris 308
Microsolena 312
Mikro-Biotope 49
Mikrorhabdolithen 32, *33*
Mikroskleren 142, 143–146
Mikrosphäre 56
Miliola 71
Miliolacea 69–74
Miliolidae 71–72
Miliolina 69–74
Millepora 241
Milleporidae 241
Milleporina 241–242
Millericrinus sp. *496*
Miskoa 471–472
Miskoia 471
– *preciosa* 471
Modiola 568
Modiolodon 592
– *ganti* 591
– *oviformis* 591
– *winchelli* 591
Modiolopsidae 591
Modiolopsis 591
– *valida* 591
– *versaillensis* 591
Modiolus 568–569
– *minutus* 568
– *modiolatus* 568
Modiomorpha 591
– *concentrica* 591
Modiomorphacea 535
Modiomorphidae 591–592
Mollusca 508–644
monacanthin 263, *264*
Monastrea cavernosa 261
Monaxone *140, 141*
Mondgezeiten 645
Mondzyklus 646
Monhysterida 459
Monocyathea 134
Monocyathus porosus 134
Monogenerina 58, 65
monomyar 523
Monomyarier 524
Monoplacophora 20

Monopleura 612, 638
– *varians 612*
Monopleuridae *609*, 612, 619
Monticuli 202
Monticulipora 354
– *mammulata 354*
Monticuliporella 354
Montlivaltia 315
– *ellipsocentra 315*
Montlivaltiidae 315–316
Moostierchen 339–391
Morpholitscheibchen 32
Mucrospirifer 444–445
– *mucronatus 445*
Mulettia 572
Murinopsia 371
– *francquana 373*
Muschelsäulen 556
Muschelwächter 578
Muskeleindrücke 386–388
Muskelplatte *391*
Mya 625
– *arenaria 531*, 625, 626
– *truncata 522*
Myacea 531, 624–625
Myalina 556, *638*
– *blezingeri 556*
– *copha 638*
– *copei 556*, *638*
– *lepta 638*
– *miopetina 638*
– *pliopetina 638*
– *wyomingensis 638*
Myalinidae 556–557
Mycetozoida 47
Myidae 625
Myophor 393, 584, 620, 628
Myophoria 530, 549–550
– *kefersteini 550*
– *pesanseris 549*, 550
– *transversa 550*
– *vulgaris 549*, 550
Myophoriidae 547–551
Myrmecioptychium 177
Mytilacea 524, 526, 530, *636*, *637*, 638
Mytilidae 568–570
Mytilina 567–577
Mytilus 523, 568
– *eduliformis 568*
– *faujasii 568*
– sp. *526*
Myzostoma murrayi 497
– sp. *496*
Myzostomida 211, 495–497

N
Nährpersonen 341
Naiadacea *637*
Naiadites 557
– *carbonarius 557*
Najadites 557
Nannocladinella 119
Nannoconus 120–121
– *bucheri 121*
– *colomi 121*
– *elongatus 121*
– *steinmanni 120*, *121*
– *wassali 121*
Nanogyra 580, 581
– *striata 580*
Nanorthis 408
Nassellaria *108*, 109, *112–113*
Nauplius 20
Nautiloidea 20
Naviculopsis robusta 46
Nectophoren 240
Nectosoma 241
Neithea 565
– *quinquecostata 565*
Nellia 370
Nemathelminthes 458–459
Nematocysten 209
Nematoda *458*, 459
Nematomorpha 458
Nemavermes mackeei 458, 459
Nemertea 457, 459, 463
Nemertina *458*
Neobulimina 55
Neococcolithus sp. *34*
Neoflabellina 78
Neofordilla 534–535
– *elegans 534*
Neoliothyrina 435
Neomicrorbis 474, 477, 487–489, 493
– *azoricus 487*, 493
– *crenatostriatus 474*, 477, *486*, 488, 493
– sp. *474*, *489*
Neoschizodus 549
– *laevigatus 548*, 549
– *orbicularis 549*
Neoschwagerina 68, 69
Neoschwagerinidae 68
Neotenie 86
Neotremata 395, 400–404
Nephthyidae 465
Neptunsgehirn 317
Nereidae 466
Nesselkapseln 19, 209
Nesseltiere 209–338
Neusina agassizi 56
Nippfluten 646

Nipptiden 645, 646
Nisusia 406
– *festinata* 406
Nodicrescis 350
Nodosaria 55, 78
Nodosariacea 74–81
Nodosariidae 74–79
Nonion 55, 86
– *incisum* 86
Nonionella 86
– *auris* 86
Nonionellina flemingi 86
Nonionidae 86
Nothyocha insolita 46
Notothyrium 394, 395
Nubecularia 70
– *latifuga* 70
Nubeculariidae 70–71
Nucleospira 450
Nucula 524, 528, 538
– *nuclea* 539
Nuculacea 637
Nuculana 540
– *deshayesiana* 540
Nuculanidae 540–541
Nuculidae 538–539
Nuculina 537–543, 638
Nuculites 539–540
– *solenoides* 540
Nuculopsis 593
Nummulitenkalk 95, 96
Nummulites 94–96
– *gizehensis* 56
– sp. *94*
Nummulitidae 92–96

O
Oakleyite 342, *343*, 344
Oberfamilie 24
Obolacea 397
Obolella 400
– *chromatica* 400
Obolus 387, 397
– *apollinis* 387, 397
Octacium 149
Octactine 149
Octactinellida *148*, 149–150
Octocorallia 246–258, 323
Oeciopore 342, 346
Oecioporus 342
Oeciostom 343
Öffnermuskeln 386
Oesia 498
Ohrenqualle *214–216*
Oldhamina 424

– *decipiens* 424
Oldhaminidina *384*, 424
Oligochaeta 464, 494
Omphalopoma cristata 478
– *stellata* 478
Onchotrochus 268
Ontogenie 394
Onychocella 368
– *bathonica* 361
– *piriformis* 368
Onychophora 20
Ooecia 341–342
Opabinia regalis 23
Opercula 473–476
Opercularapparat 475
Operculina 94, 96
– sp. *96*
Opesium 363
Opetionella 155
– *radians* 155
Ophiobolidae 43–44
Ophiobolus 44
– *lapidaris* 44
Ophthalmidiidae 70
Ophthalmidium 70–71
– *inconstans* 70
– *northamptonensis* 70
Opis 594
– *cardissoides* 594
opisthodet *526*
opisthogyr 526
Opisthosome 125
Orbitoidacea 96–101
Orbitoides 97
– *media* 98
Orbitoididae 97–98
Orbitolina 62–63
– sp. *63*
Orbitolinidae 62–63
Orbulina 90–91
– sp. *91*
Ordnung 24
Orgelkoralle 247
Ornatovinea communis 474
Orthida *383*, 390, 394, 396, 406–413
Orthidina 406–411
Orthis 386, 408
– *calligramma* 409
Orthodesma 591
Orthohexaster 144
Orthotetes 417
– *elegans* 418
Orthotriaene *141*
Osangulariidae 84–85
Osculum 138, *139*
Ostrakum 524–525

Ostrea 532, 582
– *digitalina* 582
– *edulis* 582
– *leopolitana* 530
Ostreacea 530, *636, 637*
Ostreidae 523, 581–584, 638
Ostreina 578–584, 637
Ottoia 498–499
– *prolifica* 498
Otusia 407
– *sandbergi* 407
Outesia membranosa 29
Ovatoscutum 232
– *concentricum* 237
Ovicellen 362
– endotoichal *362*
– endozooecial *362*
– hyperstomial *362*
– peristomial *362*
Oxyhexaster 144, *145*
Oxytomidae 560

P
Pachycalymma 163
– *subglobosa* 163
Pachycardiidae 552–553, 595
Pachydomus 632
pachyodont 531
Pachyodonta 605, 607–623
Pachypora 327
Pachyteichisma 176
– *carteri* 176
Palaeoconcha 535
Palaeocyclus 295
Palaeofavosites 327
Palaeogyra 580
Palaeohirudo eichstaettensis 464
Paleomanon 167
Palaeonectris 235
Palaeoneilo 539
– *lineata* 647
– *maueri* aff. *dunensis* 539
Palaeoporella 135
Palaeoschada 135
Palaeoscolecida 494–495
Palaeosolen 536–537
– *costatus* 536
Palaeospira 493
Palaeotextularia 63, 64
Palaeotextulariidae 64–65
Palaeotremata 394, 395, 405–406
Palaferella 441
Pali 265
paliform 265
Palintrope 390
Paliurus elegans 474

Pallialeindrücke 385, 386
Palmnickia 39
– *lobifera* 38
Palmula 78
Paraconularia 225–226
Paracycloseris 268
Paracypellia 179
Parafusulina 67, 68
– *kingorum* 55
Paragnathus 500
Parallelodon 546
– *beyrichi* 546
Parallelodontidae 546
Parallelopora 203
Parapodien 466–467
Pararchaeomonas colligera 29
Parasiten 495
Parasitismus 457
Parasmilia 320
– *centralis* 321
parathekal 266, 267
Parathranium clathratum 42
Parazoa 17, 137
Parenchymtiere 459
Pareodinia 39
– sp. *38*
Parhabdolithus 32
Parietalmuskeln 363
parieties 130
Paropsonema 232
Parvancorina minchami 22
patellat 268
Paterina 401
– *ornatella* 401
Paterinacea 401
Paucijaculum samamithion 458, 462
Pecten 532, 563
– *jacobaeus* 563
– *solarium* 564
Pectinacea 524, 526, 559–566, *637*
Pectinidae 525, 563–566, *636, 637*, 638
Pectunculus 545
Pelecypoda 520
Pemma sp. *34*
Peneroplidae 72
Peneroplis 73
– sp. *73*
Pennatula aculeata 253
– *rubra* 252
Pennatulacea 253–257
Pennatulin 253
Pentaditrupa subtorquata 484
Pentalithen 32, *33*
Pentameracea 394
Pentamerida *383*, 424–426
Pentameridina 425–426

Pentamerus 392, 425–426
– *oblongus 425*
Pentaphyllia 300
Pentaspongodiscus ladinicus 114
Peregrinella 429
– *peregrina 429*
Peridiniales 36
Peridiniina 36–41, 122
Peridinium 36, 38
– *conicum 38*
Peridionites navicula 20
Perinotum 510, 511
Periostrakum 390, 524–525
Peripylome 121
peristomial *362*
Perna 572
Peronidella 182, 184
– *robusta 185*
Petalaxis ? *stylaxis 266*
Petaloide 256
Petalonamae 256–257
Petalonamidae 256–257
Petraia 279–280
– *radiata 279*
Petricola 604
– *pholadiformis 522, 604*
Petricolidae 604
Petrobiona 180
Petrostroma 182
Peytoia 238
– *nathorsti 238*
Pfählchen 265
Pfeilwürmer 461–463
Pferdeschwamm 150, *151*
phaceloid 269
Phacotus 43
Phaeodaria 108, 113
Phagocytose 146
Phanerochiderma 179
Pharetrones 182
Pharetronida 182–185
Phaulactis 283–284
– *tabulata 284*
Phillipsastraeidae 285–287
Phillipsastrea 286
– *hennahi 286*
Phiops aciculorum 465
Pholadacea 628–632
Pholadidae 628–630
Pholadomya 633
– *weisi 633*
Pholadomyacea 632–635
Pholadomyidae 633
Pholas 629–630
– *dactylus 629*
– *(Monothyra) orientalis 629*

– sp. *630*
Phormopora 349
Phormosella 172
Phosphat-Calculi *343*
Photosynthese 646
Phylactolaemata 378
Phyllodocida 465
Phylloporina 356
Phyllotriaene *141*
Phymatella 163–163
– *tuberosa 162*
Physalia 235
Phytomonadina 43
Pickaia 498
Pilae 201, *202, 205*
Pilulina 55
Pinna 523, 525, 577–578
– *nobilis 578*
– *pyramidalis 577*
– *squamosa 577*
Pinnina 577–578
Pinnotheres pinnotheres 578
Pisidiidae 597–598
Pisidium 597
– *amnicum 598*
– *personatum 598*
Placolithen 32
Placophyllia 313
– *dianthus 314*
Placuna 588–589, 590
– *(Placuna) sp. 589*
Placunopsis 588, 590
– *matercula 590*
– *ostracina 590*
Plafkerium ? *nazarovi 114*
Plagioglypta 518
Plagioptychus 613–614
– sp. *614*
Plagiostoma 566–567
– *lineatum 566, 567*
– *striatum 566, 567*
Plagiostomatites 566
Plantae 27
Planula 262
Planulina 55, 97
– *ariminensis 87*
– sp. *97*
Plasmuscolex 494
– *herodes 494*
Plathelminthes 456–457, 459
Plattwürmer 456–457
Platystrophia 408
– *lynx 408*
Plectambonitacea 413–414
Plectambonites 413
Plectodiscus 235

- *circus 234*
- *discoideus 234*
Plectorthis 408
- *parva 408*
Plegmosphaera 112
Pleospongia 130
Pleramplexus 280
Pleroma 160
Plerophyllum 278, 280
- *(Ufimia) schwarzbachi 280*
Pleurodictyum 327–330
- *dechenianum 328*
- *problematicum 327–328, 329*
Pleuromya 634–635
- *muscoloides 634,* 635
- *peregrina 634*
Pleuromyidae 634–635
Pleuronectites 559–560
- *laevigatus 560*
Pleurostomella 84
- sp. *84*
Pleurostomellidae 84
Plicatula 587–588
- *spinosa 588*
Plinthosella 165
- *squamosa 165*
plocoid 269
Plumatellites 378
- *proliferus 378*
Pneumatophoren 241
Pocilloporidae 307
Podamphora 42
Poecilosclerida 153
Poeciloscierina 153
Polpetta tabulata 108
Polyaxone 142
Polychaeta 327, 463, 464–494, 495
Polychaetaspis wyszogrodensis 500, 502
Polycoelia 280
Polydiexodina 68
Polygonosphaerites 196
Polymorphina 79
- *frondea 80*
Polymorphinidae 79–81
Polymorphismus 341
Polyparwandung 266
- dissepimental 266, *267*
- epithekal 266, *267*
- parathekal 266, *267*
- septothekal 266, *267*
- synaptikulothekal 266, *267*
Polypen *260*
Polypengeneration 227, 229–230
Polyplacophora 20, 510–513
Polypora 359
- *dendroides 359*

Polyporella 359
Polystomella 56, 92
Polythalamia 49
Polytholosia sp. *186*
Polyzoa 339
Pomatoceros 474, 483
- *triqueter* 466, 479, 483, *484*
Pomatostegus 474
Pontosphaera 33
- sp. *34*
Porambonites 425
- *aequirostris 425*
Porenkammer 363
Porifera 17, 130, 137–208, 324
Porina 374
- *saillans 374*
Porites 312–313
- *pelegrinii 312*
Poriticae 312–313
Portitidae 302
Poromyacea 635, 637
Porosphaera 184
- *globularis 185*
Porosphaerella 182
Porpita 231, 232–233, 235
- *porpita 233*
Porpites 295–296
- *porpita 296*
Porpitidae 232–235
Portlandia 540
- *arctica 541*
Posidonia 561
- *becheri 561, 562*
- *bronni 561*
Posidoniidae 561–562
Posidonomya 561
Pound Sandstein 21
Praeactinostroma 199
Praealveolina 73–74
Praeastartacea *637*
Praeastartidae 528
Praectenodonta attenuata 538
praeheterodont *527,* 528
Praeheterodonta 605
Praeradiolites 620–621
- *cylindraceus 621*
Prantlitina 48
Priapulida 21, 498–499
Priapulites koneceniorum 458, 498
Primärlamellen 394
Prionodesmacea *637*
Priscofolliculina 119
Prodentalium 517
- *raymondi 517*
Prodissoconch 530, 532
Productacea 420–422

Productella 420
– *subaculeata 420*
Productidina *384,* 419–423
Productorthis 396
Productus 420–421
– *(Horridina) horridus 421*
Progonionemus vogesiacus 228
Prokaliapsis 166
– *janus 166*
Proloculum 52, 56
Pronites 412
Propachastrella 156
– *primaeva 156*
Propora 325
– *exigua 326*
Prorichthofenia 422–423
– *permiana 422*
prosodet *526*
prosogyr 526
Prosom 125
Prostomium 463
Protaeropoma 300
– *wedekindi 300*
Protarthropoda 20
Protegulum 390
Protobranchia 524
protobranchiat *637*
Protocardia 600
– *hillana* 600, *601*
Protöcium 344
Prothysanostoma eleanorae 217
Protista 27
Protochonetes 419
Protodipleurosoma 236
Protolyella 239
– *radiata 239*
Protomedusae 210–211
Protoplax 630
Protosepten 276–301
Protoseris 307
Protospongia 172
– *hicksi 173*
Protospongiidae *148,* 172–173
Protostomia 17–18
Protosycon 181
– *punctatum 180*
Protozoa 17, 26–129
Protriaene *141*
Protula 483
– *intestinum* 466, *482*
Psammosphaera 57, 58
Pseudammodochium dictyoides 42
Pseudocardinalarea 390
Pseudochilidium 395
Pseudocolumella 265
Pseudocruralium 406

Pseudodeltidium 395
Pseudofossula 278
Pseudoglandulina 78
– sp. *79*
Pseudo-Interarea 390, *398*
Pseudomartinia 448
Pseudomonotidae 560
Pseudomonotis 560
– cf. *speluncaria* 560
– *speluncaria* 560
Pseudopodien 47, 50
Pseudopunctata 390
Pseudorbitoididae 99–100
Pseudorhizostomites 238
– *howchini* 237
Pseudorhopilema 238
Pseudosepten 130
Pseudospondylium 392
Pseudostega 369–370
Pseudostom 48
Pseudotextularia 88
– *varians* 88
Pseudouvigerina 83
Pseudovermilia 474
Ptenophyllidae 293–294
Pteranodon 554
Pteria 558
– *hirundo* 558
– *(Rhaetavicula) contorta 558*
Pteriacea 557–558, *637*
Pteridiniidae 254–257
Pteridinium 255–256, *257*
– *simplex* 255
Pteriidae 558, 563, *636,* 638
Pteriina 554–567
Pterinea 557–558
– *lineata* 558
Pterineidae 557–558
Pterobranchia 20
Pterocorallia 276
Pteroeides 254
– *spinosum* 254
Pugnax 428
– *pugnus 428*
Punctata 389
Punctospirifer 447
– *scabricosta* 447
Pycnodonta 578
Pycnodonte 578–580
– *vesicularis* 579
Pygocaulia 405
Pygope 436
– *diphya 436*
Pylome 121
pyramidal 268
Pyrenomoeus 539

Pyrgo 72
– *inornata* 72
– *sarsi* 70
Pyriporopsis portlandensis 361, 377
Pyrulina fusiformis 80

Q
Querteilung 224
Quinqueloculina 71–72, 81
– *maculata* 70
– sp. *72*

R
Radiocyatha 197–198
Radiolaria 107–117
Radiolarienschlamm 110
Radiolarite 110
Radiolites 631–622, 638
– *angeoides* 621
– *mamillaris* 621
Radiolitidae *609*, 619, 620–623
Rädertiere 458
Rafinesquina 415
– *trentonensis 415*
ramos 269
Ramulina 81
– *globulifera 80*
Rangea 256
– *longa 257*
– *schneiderhoehni 255*
Raphidonema 184
– *farringdonense 184*
– sp. *184*
Raumparasitismus 328
Receptaculites 195, 196
– *neptuni 194*, 195
– sp. *194*
Receptaculitidae 193–197
Rectangulata 352
Remanellina 118
Rensselaeria 431
– *strigiceps 431*
Reophacidae 59
Reophax 58, 59–60
reptoid 269
Reptonodicava 350
Requienia 611
– *ammonia 610*, 611
Requieniidae *609*, 611–612
Resilium 525, *526*
Resserella 410
– *elegantula 410*
Retihornera 348
retikulat 202
Retractores *386*
Retzia 449

Retziidina 449
Reussella 83
rhabdacanthin 263, *264*
Rhabdammina 58, 59
Rhabdolithen 32, *33, 34*
Rhabdosphaera claviger 33
– *tignifer 33*
Rhiniopora 371
– *cacus 372*
Rhipidigorgia 250
Rhipidogyra 269, 321
– *costata 322*
Rhipidogyridae 321
Rhipidomella 410–411
– *vanuxemi 410*
Rhizammina 58, 59
Rhizoclone 144
Rhizomorina 144, 158–160
Rhizophyllum 298
Rhizopoda 26, 47–107, 120
Rhizostomatida 217, 224
Rhizostomites 217
– *admirandus 218*, 219
Rhizostomitidae 217
Rhopalonaria 375
Rhynchonella 392, 428–429
– *loxia 428*
– *psittacea 390*
Rhynchonellacea 427–429
Rhynchonellida 383, 394, 427–430
Rhynchonellina 428
Rhynchopora 430
– *youngii 430*
Rhynchoporacea 430–439
Rhynchostreon 581
– *suborbiculatum 580*, *581*
Rhytiodentalium kentuckyensis 516
Richthofenia 423
– *communis 423*
– *(Coscinaria) 423*
Richthofeniacea 422–423
Riffe 146, 182, 199, 582
Riff-Fazies 50
Riffgürtel *271*
Riffkorallen 270–276
Rimulina 55
Rindenkorallen 251–252
Ringelwürmer 19, 463–502
Robertinacea 87–88
Ropalonaria 375
– *venosa 376*
Rostrospiracea 449
Rotadiscus 232
Rotalia 91–92
– sp. *91*
Rotaliacea 91–96

Rotaliidae 91–92
Rotaliina 74–101
Rotationsgeschwindigkeit 648
Rotatores *386, 387*
Rotatoria 458
Rotularia 489
– *bognoriensis 489*
– *clymenioides 489*
Rudisten 608–623
Rudistenkalk *615*
Rugia 437
Rugosa 19, *259,* 265, 266, 276–300, 323, 647, 648

S
Sabellidae 466
Saccammina 57, 58
Saccamminidae 57
Saccorhiza 57, *58*
Sägeplatte 500
Säulchen 201
Sagitta 462
– sp. *462*
Saitenwürmer 458
Salpingia 364
Saltermya 542
Sandwurm 468
Sanfilippoella costata 114
Saracenella 78
Sarcinula 324
Sarcodina 26
Sarcophytum 248–250
– *lobatum* 248, *249*
– sp. *250*
Sarkosepten 262
Saturnalis rotula 108
Saugwürmer 456
Saumriffe *271*
Sauvagesia 622–623
– *sauvagesi 623*
Scaphopoda 509, 513–519
Schalenstruktur 388–390
Scheincyclomerie 278
Schellwienella 417
„Schiffsbohrwürmer" 630
Schinkenmuscheln 577–578
Schizocrania 404
schizodont *527,* 529–530
Schizodonta 547–554
Schizodus 529, 549
– *obscurus* 548, *549*
– *subobscurus* 549
Schizophoria 411
– *striatula 411*
Schlauchwürmer 458–459
Schließmuskeleindrücke *523,* 524
Schließmuskeln 386

Schloß 391, 526–532
– actinodont *527,* 528
– ctenodont *527,* 528
– cyrenoid *527,* 530
– diagenodont 528
– dysodont 530
– isodont 530–531
– lucinoid *527,* 530
– pachyodont 531
– praeheterodont *527,* 528
– schizodont *527,* 529–530
Schloßfalte 618
Schloßformel 529–530
Schloßfortsatz 393, 394
Schloßplatte 393, 527
Schloßrand 392
Schloßzähne 391
Schlundrohr *259,* 262
Schnurwürmer 457
Schreibkreide 31
Schwämme 133, 194
Schwagerina 67–68
Schwammnadeln 140
Schwammriffe 146
Schwammtypen 138
Scleractinia 19, 244, *259,* 265, 278, 301–323
Sclerospongia 147
Sclerostyla 474, 477, 479, 491
– *ctenactis* 474, 479
– *macropus* 479, *480,* 481
– sp. *474, 479, 480*
Scolecodonten 463, 499–502
scolecoid 268
Scrupariina 364
Scyphistoma 224
Scyphomedusae 213–220
Scyphosphaera intermedia 33
– *pulcherima 33*
Scyphozoa 213–227
Sechsstrahler *142*
Sedentaria 473–494
Seefedern 253–257
Segelquallen 231–236
Seitenzähne 528
Semaeostomatida 224
Semimulticava 350
Semitextularia 58, 64
Septachaetetes eocenus 168
Septalapparat *264*
– amplexoid *264*
– lonsdaleioid *264*
Septalflächen 263
Septalkegel *264,* 298
Septalknospung 269, *270*
Septalporen 66
Septalränder 263

Septen *259*, 263–264
Septibranchia 524
Septodaearia 246
Septodaeum siluricum 246
septothekal 266, *267*
Septula 66, 362
Serpelriffe 493
Serpula 474, 484
– *gyrolithiformis* 491
– *helicalis* 491
– *infundibulum* 466
– *pusilla* 493
– *raricostata* 490
– *vermicuralis* 493
Serpulidae 466, 482–485, 646
Serpuliden-Deckel *473*, 474–476
Serpulimorpha 473–494
Serpulinae 483–485
Sestrostomella 182
– *rugosa* 180
Setae 465
Siderastrea 311
Siderolina 92
Siderolites 92–93
– *calcitrapoides* 93
– *spengleri* 92
Siderolitidae 92
Silicoflagellata 44–47
Silurovelella 235
sinupalliat *523*
Sinus 388
Siphonen 522
Siphonia 163–164
– *ficoides 164*
– *tulipa 163*
Siphonodentaliidae 519
Siphonodentalium 519
– *breve 518*
Siphonophorida 231, *240*–241
Siphonophrentis elongata 262
Siphonosoma 241
Siphonotreta 400
– *unguiculata* 400
Siphonotretacea 400
Sipunculiden 184
Sipunculus 499
Skelettopal 109, 140
Skelettstruktur, retikulat 202
– vermikulat 202
Skinnera brooksi 237
Skleren 140
Sklerite 140, 182
Sklerodermite 263
Skleroprotein 140
Soanites bimuralis 131
Solemya 536

Solen 623
Solenacea 623–624
Solenidae 623–624
Solenoconchae 516
Solenomorpha 536
– *pelagica 536*
Solenomya 536
Solenopsis 536
Solitaria 460
Somphocyathus 135
Soritidae 72–73
Sowerbyella 414
– aff. *sericea 414*
Spadella 463
Spatangopsis 239–240
– *costata 239*
Sphaeriidae 520
Sphaerium 597
– *corneum* 598
Sphaeroclone *144*, 166
Sphaerocoeliidae 185
Sphaerospongia 196
– *tesselata 196*
Sphaerulites 622
Sphenothallus angustifolius 222
Sphinctozoa 133, 185–188
Spicula 390–391
Spinatrypa 441
– *kelusiana 440*
Spinther 211, 497
Spiramen 374
Spiraster 155
Spirhexaster 145
Spirifer 446
– *striatus 446*
Spiriferacea *393*
Spiriferellina 447
Spiriferida *383*, 384, 390, 394, 439–451
Spiriferidina 442–448
Spiriferina 392, 447–448
– *pinguis* 448
– *rostrata 389, 447*
Spirocyste 19
Spirobranchus 474
Spiroloculina 71
– *excavata 70*
– sp. *71*
Spiroplectella 60
Spiroplectoides 61
Spiropora 346
– *crispula 491*
– *majuscula* 347
Spirorbidae 474, *475*, 485–489, 491, 492
Spirorbis 466, *484*, 485, 494
– *aberrans* 491, *492*
– *amonius* 493

– *aspera* 486
– *bernardi* 475
– *carbonarium* 493
– *koehleri* 475
– *(Laeospira) militaris* 474, 475, 476
– *omphaloides* 493
– *(Palaeospira) calypso* 474
– *perrieri* 475
– *pusillus* 467
– *refrathiensis* 491
– *spirillum* 485, 491
Spirotrichida 117–119
Spondylacea 587–588
Spondylidae 638
Spondylium 392
– discretum 392
– duplex 392
– sessile 392
– simplex 392
– triplex 392
Spondylus 530, 587
– *gaederopus 531*, 587
Spongilla 152–153
– *(Euspongilla)* 153
– *lacustris 138*
– *(Palaeospongilla)* 153
– – *chubutensis 153*
– *(Spongilla)* 153
Spongin 140, 150
Spongioblasten 140
Spongiomma 112
Spongiomorphida 244
Spongocoel 138, *139*
Spongophyllidae 291–292
Spongophyllum 291, 295
– *sedgwicki 292*
– sp. *291*
Spongostylus 112
– *carnicus 114*
Sporen 122
Sporentierchen 26
Sporozoa 26
Spriggina 236, 463, 471
– *floundersi 22, 470*, 471
Sprigginidae 471
Springfluten 646
Springtiden 645, 646
Spumellaria *108*, 109, 111–112, 114
Staatsquallen 240–241
Stachyspongia 160
– *spica 159*
Stamenocella 366
– *cuvieri 367*
Stauria 290–291
– *astraeiformis 291*
– *favosa 291*

Stauriidae 290–295
Staurocaryum 112
Staurocontium 112
Staurocromyum 112
Stauroderma 174
Staurodermatidae 174–175
Staurodermidae 174
Staurodoras 112
Staurolonche 112
Staurosphaera 112
Steckmuscheln 577–578
Stelleroidea 20
Stelletta sp. *140*
Stellispongia 182
Stellostomites 21, 218–219
– *eumorphus 219*
Stellostomitidae 218–219
Stenogyra truncata 479
Stenolaemata 344–356
Stenopora 355
Stenoscisma 430
– *humbletonensis 430*
– *schlotheimi 430*
Stenoscismatacea 429–430
Stensioina 87
– *exsculpta 83*, 87
– *pommerana* 87
Stephanolithen 32, *33*
Stephanolithion bigoti 33
Stephanophyllia 310
– *imperialis 310*
Stephanoscyphus 224
Stereom 266
Stereozone 266
Sternwürmer 461
Stichomicropora 368–369
– *sicki 369*
Stictostroma 203
Stielklappe 385
Stielmuskeln 386
Stielöffnung 395
Stolonen 342
Stolonifera 247
Stomatopora 346
– *dichotoma 347*
– *parvipora 347*
Stomodaeum 227, 262
Streptelasma 282
– ? sp. *286*
Streptelasmacea 282
Streptelasmaticae 282
Streptelasmatidae 282–283
Streptelasmatina 279–290
Streptorhynchus 417
– *pelargonatus 417*
Stricklandia 425

Stricklandinia 386
Stringocephalacea 431–433
Stringocephalidae 431–433
Stringocephalus 431–432
– *burtini* 431, *432*
Stringophyllidae 294–295
Stringophyllum 294–295
– *normale 294*
Strobilation 224, 309
Stromatolithen 204, 646
Stromatopora 204–205
– *concentrica 200*
– *pora 202*
– *solitaria 199*
Stromatoporella 204
– sp. *204*
Stromatoporoidea 198–208, 646
strongyl *141*
Strontiumsulfat 113
Strophalosia 420
– *goldfussi 420*
Strophalosiacea 419–420
Stropheodonta 416
Strophodonta 416
– *murchisoni 416*
– sp. *416*
Strophomena 386, 414–415
– *planumbona 415*
Strophomenacea 414–416
Strophomenida *383*, 394, 396, 413–424
Strophomenidina *384*, 413–418
Strudelwürmer 456
Stylaster 243
– *densicaulis 243*
– *microstriatus 243*
Stylasterina 242–243
styliform *141*, 265
Stylina 269, 306
– *delabechii 306*
Stylinidae 305–307
Stylocromyum 112
Stylophyllicae 313–314
Stylophyllum 313
Stylosmilia 306
Stylosphaera 112
Subsessiliflorae 254
Subumbrella 213, 228
Süßwasserschwamm *138*
Sutherlandia 330
Syenia 55
Sycon 138
– – Typ *139*
symbolothyrid 397
Synaptikel 265
synaptikulothekal 266, *267*
Synastrea 310–311

– *foliacea 310*
synodisch 646
– lunar 646
Synökie 328
Syntrophia 424
– *lateralis 425*
Syntrophiidina 424–425
Synura caroliniana 28
Syracosphaera cornifera 30
– *mediterranea 31*
– sp. *34*
Syringocnemidae 135
Syringophyllidae 324
Syringophyllum 324
Syringopora 333
– *fascicularis 332*
– *reticulata 332*
– sp. *332*
Syringothyris 445
– *cuspidata 446*
Systematophora 39
– *areolata 38*
syzygisch-lunar 646

T
Tabulae 132, 265, 479–481
Tabularium 265
Tabularknospung 269, *270*
Tabulata 19, *259*, 323–333, 491
Taenia 132
Taffia 413
– *planoconvexa 414*
Tamniscides 359
Tancredia americana 647
Tapes 602
– *gregaria 604*
Tastpolypen 240
Tateana 236
taxodont *523*, *527*
Taxodonta 537–547
Tectorium externum 66
– internum 66
Tectum 66
Tegmentum 512
Teleodesmacea *637*
Tellina 602
– *staurella 602*
Tellinidae 602, 638
Telmatoblasten 180, 182
Terebellidae 466
Terebratel 392
Terebratella 438
– *furcata 438*
– *pectunculoides 393*
Terebratellacea 389, *393*, 437
terebratellid *392*, *393*, 394

Terebratellidina *385*, 437–439
Terebratula 389, 435
– *grandis* 435
Terebratulacea 389, 390, 435–437
terebratulid *392*, 394
Terebratulida *383*, 384, 394, 430
Terebratulidae 435–436
Terebratulidina *385*, 433–437
Terebratulina 436–437
– *caputserpentis* 391
– *fajassi* 391
– *gracilis* 391, *437*
Teredinidae 630–632
Teredo 630–632
– *navalis* 569
– *petersi* 631
Testacea 48
Testacealobosa 48
Testicardines 405
Tetracladina *144*, 161–166
Tetraclone *144*
Tetracoelia 276
Tetracorallia 276
Tetractinella 450–451
– *trigonella* 451
Tetractinellida 156
Tetragonis 196
– *murchisoni* 194
Tetrakorallen 19, *259*
Tetraphyllia 300
Tetraproctosia 186–187
Tetrapyle pleuracantha 108
Tetraserpula canteriata 484
Tetraxone *140*, 141–142, 180
Tettragonis 196
Textularia 58, 61, *63*
Textulariidae 61
Textulariina 57–63
Thalamida 185
Thalamophoren 49
Thalamopora 350
Thamnasteria 269, 303
– *blaburensis* 305
Thamnasteriidae 303
thamnasterioid 269
Thamnastraea 303
Thamniscus 359
– *geometricus* 360
Thamnopora 327
Thaumastocoelia 185
Thecamoebida 48
Thecaphora 230
Thecidea 451
– *papillata* 451
Thecideacea 451
Thecideidae 390

Thecideina 451
Thecidium 451
Thecosmilia 269, 315–316
– *trichotoma* 315
Thecosphaera 112
Thekamöben 48–49
Theneopsis 156
– *steinmanni* 157
Theoconus junonis 108
Thigmotaxis 276
Thranium patulum 42
Thurammina 57, 58
Tintinnina 117–119
Tintinnopsella 119
– *carpathica 118*, 119
Tintinnopsis campanula 118
Tomopteridae *470*, 471
Tote Manneshand 248
Toucasia 611–612
– sp. *612*
toxokraspedont 439
Trabekel 263
– monacanthin 263, *264*
– rhabdacanthin 263, *264*
trabekulär 264–265
Trachelostomum rampii 29
Trachylinida 228–229
Trachypleura triadomarchica 513
Trapeziidae 599
Trapezium 599
– *trapezoidalis* 599
Tremadictyon 174
– *reticulatum* 174
Tremalithen 32, *33, 34*
Tremalithus sp. *34*
Trematis 403
– *terminalis* 403
Trematobolus simplex 535
Trematoda 456, 457
Trematoden-Larve *457*
Trematophyllum 294
Trematopora 356
Trepostomata 353–356
Tretenterata 396
Triaxone *142, 143, 170*
Triblastula 39
– cf. *utinensis* 38
Tribrachidium 21
– *heraldicum* 22
Tribus 24
Tricephalopora 371
– *bramfordensis* 372
Tridacna 600
– *gigas* 601, 646
Trigonia 530, 551–553
– *clavellata* 551

– *concentrica 529*
– *costata 551*
– *(Eotrigonia) 552*
– *navis 551*
– *(Neotrigonia) margaritacea 552*
Trigoniacea 529, *637*
Trigoniidae 551–552, 553, 638
Trigonioides 553
Trigonodus 552–553
– *sandbergeri 552*
Trigonosemus 437
– sp. *437*
Trilobita 20, 471
Triloculina 71
– *laevigata 70*
Trimerella 398
– *grandis 399*
Trimerellacea 398–399
Tripocyrtis plectaniscus 108
Triplesia 412–413
– *deformata 412*
Triplesiidina 412–413
Tritaxia 62
– *pyramidata 62*
Triticites 68
Trochammina 58, 61
Trochamminidae 61
Trochamminoides 58, 60
Trochoaster simplex 34
Trochocyathus 320
– *concinnus 320*
trochoid 268
Trochophora 20
Trochophora-Larve *532*
Trophozooid *309*
Trupetostroma 203
Tryblidiacea 20
Tryplasma 295–296
– *flexuosa 296*
Tryplasmatidae 295–296
Tubipora 247
– sp. *247*
Tubulata 346
Tubuliclidea 355
Tubuliporina 346–348
Tullimonstrum gregarium 23
Tunicata 20
Turbellaria 19, 456
Turbinaria 323
turbinat 268
Turbinolia 320
– *bowerbanki 321*
Tylhexaster 145
tylostyl *141*
tylot *141*
Tyrkanispongia 137

U
Übergangsformen 23
Ulrichotrypta 355
Umbellula monocephalus 253
Uncinulus 427–428
– *wilsoni 427*
Uncites gryphus 442
Unio 553–554
– *pictorum 553*
Unionidae 553–554, 638
Unionites 542–543
– *lettica 543*
Unterfamilie 24
Unterklasse 24
Unterordnung 24
Unterstamm 24
Untertribus 24
Urmund 17
Urnatella 460
Urtiere 26–129
Uvigerina 83
– *gallowayi basiquadrata 83*

V
Vaceletia 188
Vaginulina 78
Vallacerta hannai 46
Vallacertidae 46
Valvulina 62
– *limbata 62*
Varioparietidae 167
Vaughanina 100
– sp. *100*
Veilchenschnecke 233–234
Velella 235
– *cristata 234*
– sp. *231*
– *velella 235*
Velellidae 235
Velellina 231–236, 241
Veliger-Larve *533*
Velopecten 566
Velum 227
Velumbrella 232
Venericardia 596
– *planicosta 596*
Veneridae 525, 602–604, 638
Ventriculites 176
– *striatus 175*
Ventriculitidae 176
Venus 602
– *multilamella 603*
– *verrucosa 603*
Venuskörbchen *171*
Vepreculina 477
– *tubulifera 477*

Verbeekina 68, 69
Verbeekinidae 68–69
Verjüngung *270*
vermikulat 202
Vermiliopsis 477
– *labiata 478*
– *monodiscus 478*
– ? *torulosa 478*
Verneuilina 61
– *bradyi 62*
– *limbata 62*
Verneuilinidae 61
Verrucella delicatula 251
Verruculina 159
– *auriformis 159*
Vertebrata 17, 20
Vestibulum 357
Vibracula 342
Vibracularien 342
Viereckskrabben 578
Vierstrahler 141–142
Vinassaspongus transitus 114
Vinella 375–376
– *bilineata 376*
– *repens 377*
Vintonia doris 152
Volvocales 43
Volvocea 43
Volvox 137

W
Wachstumsallometrie 638
Wachstumsorientierung 489–490
Wachstumsvorgänge 645–649
Waldheimia 394
– *australis 389, 393*
Wandermuschel 585
Webbina 79
Wehrpersonen 342
Wehrpolypen 241
Weichkorallen 247–250
Weichtiere 508–644
Wimpertierchen 27, 117–119

Wirbel 388, 526
– opisthogyr 526
– prosogyr 526
Wiwaxia 471
– *corrugata 470*
Würmer 23
Wulst 388
Wurmmollusken 510

X
Xiphosphaera 112

Y
Yoldia 540, *593*
– *limatula 532*
Yunnanomedusa 21, 218–219
– *eleganta 219*

Z
Zahnformel 529–530
Zahngruben 391
Zahnplatten 392
Zahnstützen 392
Zaphrentiacea 282–289
Zaphrentidae 285
Zaphrentis 285
Zaphrentoides 282
Zeilleriacea 438–439
Zentralkapsel 109
Zoantharia 258–338
Zoarium 339, 340
Zooecium 339, 340
Zooflagellaten 28
Zooidalröhren 202
Zoosporen 56
Zooxanthellae 93, 272, 601
Zuwachsrhythmus 645, 646
Zygolithen 32, *33*
Zygolithus 32
– sp. *34*
Zygospira 439, *440*
Zygoten 56

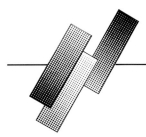

Evolution und Stammesgeschichte der Organismen

Herausgegeben von Prof. Dr. Lothar KÄMPFE, Zoologisches Institut der Ernst-Moritz-Arndt-Universität, Greifswald

3., neubearb. u. erw. Aufl.
1992. 523 S., 158 Abb.,
8 Portraits, 16 Tab.,
kt. DM 48,80
ISBN 3-334-60413-6
UTB-ISBN 3-8252-1691-8

Inhalt: Wesen der Evolution - Hauptmethoden der Evolutionsforschung - Wirkprinzipien der Evolution - Entstehung des Lebens - Molekulare Evolution - Evolution der Viren - Evolution der Prokaryoten - Entstehung der Eucyte - Evolution der Pilze - Hauptwege der Phylogenese im Pflanzenreich - Hauptwege der Phylogenese im Tierreich - Hauptwege der Phylogenese des Menschen

In geraffter Form werden sowohl die Wirkprinzipien der biologischen Evolution und der zu ihrer Aufklärung benutzten Methoden dargelegt als auch die stammesgeschichtlichen Entwicklungen in den großen Organismengruppen nachgezeichnet. Dabei macht die breite Verzahnung mit allen Teilgebieten der Biologie und weiterer Naturwissenschaften den Weg zu einer Evolutionsbiologie deutlich. Der Bogen spannt sich von der Entstehung des Lebens bis zur Menschwerdung, wobei in gebotenem Maße auf unterschiedliche Vorstellungen eingegangen wird. Die Fortschritte in der Theorienbildung sind im Überblick dargestellt.

Interessenten:
Studenten und Dozenten der Biologie, Biologielehrer, Paläontologen, Human- und Veterinärmediziner

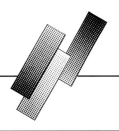

Preisänderungen vorbehalten.

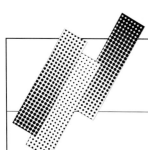

Lehrbuch der Speziellen Zoologie

Begründet von Alfred KAESTNER

Band I: Wirbellose Tiere

Herausgegeben von Hans-Eckhard GRUNER

Teil 1 • **Einführung, Protozoa, Placozoa, Porifera**

Bearbeitet von K. G. GRELL, H.-E. GRUNER und E. F. KILIAN

5. Auflage. 1993. 318 Seiten, 115 Abbildungen, 5 Tafeln, geb.
ca. DM 68,- Subskr.-Preis ca. DM 60,-
ISBN 3-334-60411-X

Teil 2 • **Cnidaria, Ctenophora, Mesozoa, Plathelminthes, Nemertini, Entoprocta, Nemathelminthes, Priapulida**

Bearbeitet von G. HARTWICH, E. F. KILIAN, K. ODENING und B. WERNER

5., Auflage. 1993. 621 Seiten, 348 Abbildungen und 8 Tafeln, geb.
ca. DM 98,- Subskr.-Preis ca. DM 86,-
ISBN 3-334-60474-8

Teil 3 • **Mollusca, Sipunculida, Echiurida, Annelida, Onychophora, Tardigrada, Pentastomida**

Bearbeitet von H.-E. GRUNER, G. HARTMANN-SCHRÖDER, R. KILIAS und M. MORITZ

5. Auflage. 1993. 608 Seiten, 377 Abbildungen, geb.
ca. DM 94,- Subskr.-Preis ca. DM 82,-
ISBN 3-334-60412-8

Teil 4 • **Stamm Arthropoda** (ohne Insecta)

Bearbeitet von M. MORITZ, W. DUNGER und H.-E. GRUNER

4., völlig neu bearb. u. stark erw. Auflage. 1993. Etwa 1100 Seiten, 699 Abbildungen geb. ca. DM 138,- Subskr.-Preis ca. DM 120,-
ISBN 3-334-60404-7

In Vorbereitung:
Teil 5 • **Insecta**

Teil 6 • **Tentaculata, Chaetognatha** . . .